高超声速真实气体流动
Real Gas Flows with High Velocities

〔俄〕 弗拉基米尔·卢尼奥夫(Vladimir V. Lunev) 著

袁先旭 陈坚强 毕 林 刘朋欣 译

科学出版社

北 京

图字：01-2019-0292 号

内 容 简 介

本书致力于研究空气中或其他大气层中高速飞行时所带来的真实气体流动物理特性和气体动力学效应，特别是在地球和其他行星大气的再入过程中的流动。

在专门讨论这些特殊问题前的章节中，先介绍了超声速的基础理论，并在一定程度上介绍了亚声速流动，从统计的方法论角度理解高速气体动力学这是必要的。因此，该专著主要面向航空航天工程专业的博士和硕士研究生，也适用于航空航天相关专业的研究人员。

图书在版编目（CIP）数据

高超声速真实气体流动/(俄)弗拉基米尔·卢尼奥夫(Vladimir V. Lunev)著；袁先旭等译. —北京：科学出版社，2023.3

书名原文：Real Gas Flows with High Velocities

ISBN 978-7-03-074340-4

Ⅰ.①高… Ⅱ.①弗… ②袁… Ⅲ.①高超音速空气动力学 Ⅳ.①V211

中国版本图书馆 CIP 数据核字(2022)第 241473 号

责任编辑：赵敬伟 赵 颖 / 责任校对：彭珍珍
责任印制：吴兆东 / 封面设计：无极书装

科学出版社 出版
北京东黄城根北街 16 号
邮政编码：100717
http://www.sciencep.com
北京虎彩文化传播有限公司 印刷
科学出版社发行 各地新华书店经销
*
2023 年 3 月第 一 版 开本：720×1000 1/16
2023 年 3 月第一次印刷 印张：47 1/4
字数：950 000
定价：298.00 元
(如有印装质量问题，我社负责调换)

前　言

本书涵盖了一系列由飞行器在空气 (或其他气体) 大气层中高速飞行时引起的气体动力学基本问题，这里术语 "**高速**" 是指**高超声速**或**超声速**，即速度明显大于声速的流动。

然而，高超声速理论仅仅是一般气体动力学的一个分支，对其孤立陈述会很困难，因为既需要大量地引用各种手册 (最好是引用一个手册，但并不总是能够如此)，又要概述一般理论的零碎内容 (当然这不可能与系统描述相比)。因此，除了专门讲述特定问题的章节外，本书还概述了气体动力学物理和数学基础。与此同时，概述部分还纳入了一些新的内容，包括方法论和有关问题的本质。

早期同一主题的专著已出版，这些专著对几代科学家的气体动力学的科学观点的形成起着重要作用，本书在此基础上合理安排布局。这有助于对气体动力学的系统更新和重新评估，其迅速发展应反映在科研人员的培训计划中，并及时更新相应的手册。因此，本书体现了在 20 世纪下半叶发展起来的高速气体动力学概念。

因此，本书是一本现代气体动力学手册，着重介绍超声速流动，特别是高超声速流动。鉴于此，书中省略了许多液体和气体流动中纯水动力学的一般理论，而亚声速流动只在超声速绕流中表现出来的一般性质的背景下才被涉及。

本书包括无黏和黏性气体动力学两大主题，但它们的章节分布是不均衡的。无黏气体动力学的阐述几乎贯穿整个专著，黏性流动理论仅仅在应用于高空大气中的高超声速飞行时进行了主要概述。因为文章篇幅、作者时间和精力有限，而黏流问题的研究是无限的。

从方法论的角度来看，在一般气体动力学理论分支中的高超声速流动研究中，渐近分析是典型的方法，即在某些极限流型 (具有高流速、极限薄、极限强激波等特征) 的研究中，能够充分反映运动体在实际流动条件下的流动特性。准确地说，这些渐近特性通常决定了高超声速和超声速气体动力学的边界。

伴随着高温的高超声速飞行中，通常会发生各种物理和化学反应过程，比如离解、电离和辐射；它们背后的原因正是本书主要讲述的气体——**真实气体**。

考虑真实气体性质往往会产生特殊的气体动力学效应，然而大多数情况下，这些效应叠加在流动的基本特性上，这使得用一般形式的气体状态方程的常用方法 (特别是定性分析方法) 成为可能。

　　然而，本书并不是气体物理手册。因此，仅从现象学的角度描述混合气体的物理性质和高温过程，这对于围绕着气体动力学方程的基本体系结构、构建特定的附加方程，从而建立真实气体流动的一般气体动力学理论是足够的。经验表明，这个方法对于那些从气体动力学出发继续研究这些问题的读者是适合的。

　　除了一般理论，本书还包括一系列特定的问题，其选择的难点是显而易见的，作者会被目前特定问题 (主要是绕流相关领域) 的典型性和意义所引导 (在某种程度上，也就是他的科学兴趣)。因此，本书只是简单介绍喷流和射流问题。

　　随着计算方法和计算设备的发展，许多以前不能解决的气动问题变得相当简单。然而，作者认为当涉及概念的提出时，目前的数值方法无法与分析方法相比，这些概念是理解气体动力学和其他物理问题本质的基础。基于此，作者试图避免烦琐的近似方法，尽管这些方法过去很有效。通过参考一些简单解析的例子、相似律和渐近分析方法，作者试图让读者对典型流动的基本特征以及真实气体对这些流动的影响有一个概念。同样地，尽管本书使用了精确的数值解和实验数据，但是没有专门介绍计算和实验气体动力学。

　　值得注意的是，目前的基本气体动力学数据要么是通过实验得到的，要么是现在越来越依靠精确的数值计算获得。然而经验表明，实验和数值都需要对流动性能和流动特性有充分的认识[①]；本书的重点正是描述这些流动特性。

　　最后，作者试图采用简洁的行文风格，因而对代数细节不再赘述，尤其是那些特定不具备一般性的内容。对于那些想熟练掌握的读者，概述推理过程和呈现最终结果是最好的方法，而对于那些希望加深认识的读者，也不存在障碍。

　　总的来说，这本书是为航空航天工业科研人员和工程师以及大学和科研机构的博士和硕士写的。

　　总之，这本书是我在俄罗斯中央机械制造研究所 (TsNIIMash)50 年的科学工作和在莫斯科物理技术研究所 40 年的教学工作经验的产出。在俄罗斯机械制造中央学院，我担任了高超声速气体动力学实验室的主任。然而，这本书并不只是作者一个人的功劳，它的产生得益于气动学界的创造氛围和俄罗斯杰出科学家们想法的碰撞。因此，谨以此对我所有的同事、合作者、老师和学生表达最真挚的感激，他们都是这本书的作者。

　　我特别感谢我的学生和同事：V. I. Vlasov, A. B. Gorshkov, G. N. Zalogin, B. A. Zemlyanskii 和 R. V. Kovalev，他们在理论和实践上对本书的形成提供了很大的帮助。

　　对于将本书从俄文翻译成英语的辛苦工作，我要感谢 Ninel T. Pashchenko 博士 (第 1~4 章) 和 Michail G. Lebedev 教授 (前言和第 5~14 章)，他们也承担了

---

① 可以解决任意问题的 "绝对" 数值算法，无需任何关于解的性质的先验认识，这种想法不过是天方夜谭。

俄文手稿的专业撰稿和文字编辑，并做了通稿翻译。

　　我真诚地感谢我的妻子 Maya S. Luneva，感谢她对本书在文学上、数学上的润色和多年来在成书过程中花费的心血。

著者

目　　录

第 1 章　气动模型和气体流动方程

本章将定义一个称为气动模型的气体流动模型，它能够充分描述标准尺寸的飞行器在中等密度介质中典型运动状态下的周围流场特征，例如，在地球和其他行星的大气层中飞行，或在试验测试平台中开展试验。在该模型的框架内，将推导出气体流动的控制方程，并将阐明一些伴随的理论问题。

首先，由于一维流动不需要借助复杂的矢量和张量计算，可以首先通过简单的一维流动来揭示气体动力学过程的机理和物理规律，然后再推导一般形式的气体动力学方程。

与此同时，本章只给出一些经典理论的精简形式，如运动学理论、张量分析等。详细的介绍可以参考 Kochin，Kibel 和 Roze(1963)，Loitsyanskii (1966)，Rakhmatullin Loitsyanskii 等 (1970)，Sedov(1972)，Landau 和 Lifshitz(1959) 等或其他学者的书籍。

1.1　气动模型概述

在讲述气体流动的一般理论之前，我们首先介绍适用于常见气体动力学问题中气体介质的气动模型。

通常，我们采用 "介质模型" 这个词时，意味着用一组控制方程去完全确定一个特定的过程，同时考虑一些额外条件 (如边界、初始条件等)。接下来将介绍气动模型的本质。

在构建气动模型 (和其他学科分支的模型一样) 时，应先考虑其应用的目的和条件，本书旨在为各种在大气层内的飞行器 (或各种空间轨道再入飞行器，即外流问题) 的工程发展，以及对喷流和导流 (内流问题) 的研究等提供指导。在本书的主题之一的外流问题中，气动模型的应用环境取决于飞行器的尺寸 L、飞行速度 U 和飞行高度 H 决定的流动介质参数，如压力 p、密度 ρ、温度 T 等。

然而，地球大气温度 T 在 $[200\,\mathrm{K}, 300\,\mathrm{K}]$ 范围内，变化相当小，但是压力和密度的变化可能有几个量级。图 1.1 为地球大气层的气体统计参数 (即所谓的 "标准大气" 参数)。对静力学方程 $\mathrm{d}p = -\rho g \mathrm{d}H$ 进行积分，其中重力加速度 $g = 9.81\,\mathrm{m/s^2}$，根据等温条件 $p/\rho = p_\mathrm{a}/\rho_\mathrm{a}$，可以得到

$$\frac{p}{p_\mathrm{a}} = \frac{\rho}{\rho_\mathrm{a}} = \frac{n}{n_\mathrm{a}} = \frac{l_\mathrm{a}}{l} = \exp(-\beta H), \quad \beta = \frac{g\rho_\mathrm{a}}{p_\mathrm{a}} = 0.14\,\mathrm{km^{-1}}$$

$$p_{\mathrm{a}} = 10^5 \mathrm{N/m^2} = 1\ \mathrm{atm}, \quad \rho_{\mathrm{a}} = 1.29\ \mathrm{kg/m^3}$$

$$n_{\mathrm{a}} = 2.5 \times 10^{19}\ \mathrm{cm^{-3}}, \quad l_{\mathrm{a}} = 6 \times 10^{-6}\ \mathrm{cm} \tag{1.1.1}$$

其中, 分子浓度 n、平均分子自由程 l 和 p_{a} 等参数用海平面的值进行归一化。图 1.1 表明, 上述公式准确地描述了 $\beta = 0.14\ \mathrm{km^{-1}}$ 时的大气密度和压力。

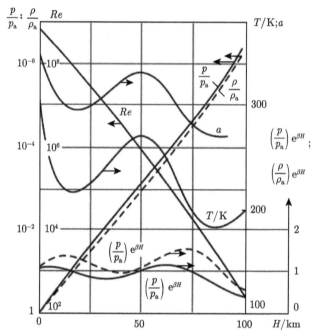

图 1.1　地球大气的参数分布图 (a(m/s) 代表声速; Re 对应于 $L = 1$ m、$U = 7$ km/s)

在稠密大气层内 ($H \leqslant 100$ km), 密度比 $\dfrac{\rho}{\rho_{\mathrm{a}}}$ 和其他比值的变化可能高达 10^6, 这势必会影响气体动力学机理和流动模型的一些特性。一般地, 这些模型的变化取决于飞行范围, 如图 1.2 所示的飞行条件。

绝大多数的气体动力学理论 (稀薄气体相关的理论除外) 是由基本模型或连续介质假设发展而来的, 连续介质假设认为, 气体是粒子结构, 允许分子和原子在充满粒子的空间中自由移动。地球大气的分子浓度高 (这将在 1.4 节中更详细地讨论), 所以该模型意味着可以通过将单分子的独立参数的集合转换到一组宏观的平均参数, 来描述气体的状态和属性。而对于稀薄气体 (如在高度 $H > 100 \sim 120$ km 的大气层内), 像压力和温度这些传统的热力学概念不再成立, 这种低密度介质的主要特性是, 分子的分布函数与速度、空间、时间等相关。该流动模型 (构成了气体动力学的理论基础) 可以认为是在构建气体密度递减的连续模型层次的最终阶段。

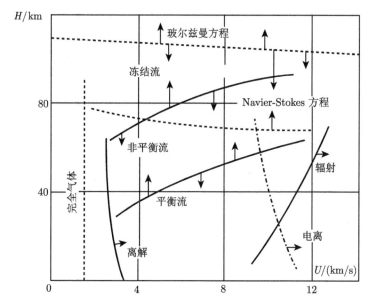

图 1.2 在地球大气层内飞行的半径为 1m 的球体绕流中的不同物理过程大致的影响范围

自由分子流动区域的密度更低 (飞行高度更高)，这种区域内的气体不再是连续介质。

随着气体密度增加 (即飞行高度 $H \leqslant 90 \sim 100$ km 时)，存在一个普适的简单宏观模型，我们称之为气体动力学介质模型，恰好气体动力这个词在一般意义上能够准确地描述这个范围内的流动状态。

在这种流动状态下，气体动力学特性可以通过一组宏观参数来描述，如气体速度矢量 U；基本热力学参数，如压力 p、密度ρ、温度 T 和比能 e(单位气体质量的能量)；以及一组动力学参数 (λ_i)。而在一般流动状态下，由每个组分 i 的混合物和状态决定。该模型主要包括以下几个内容。

(1) 热力学参数之间的约束 (代数) 关系称为状态方程。特别地，标准条件下的理想气体满足克拉珀龙 (Clapeyron) 状态方程 $p = \tilde{R}\rho T$ 和能量方程 $e = c_v T$，其中，$\tilde{R}$ 是给定气体的气体常数，c_v 是定容比热容。

(2) 内部宏观力 (应力) 和速度场之间的关系，或流变介质模型 (考虑黏性的情况下)。

(3) 基于质量、动量和能量守恒的基本方程组。

总体来看，按照气体密度增加的方向，可以将气体动力学发展体系依次分为两个阶段。一般地，气体中的每个微粒单元面除了受到静压力 p 产生的法向力外，还受到黏性应力的作用。同时，气体混合物组分 (多组分介质时) 间的热传导和热扩散通过微粒单元会产生热通量，这种效应被称为耗散。结合黏性流体的实际模型，推导出纳维-斯托克斯 (Navier-Stokes, N-S) 方程，是气动模型发展体系的最高阶段。

严格地说，决定黏性流动结构的主要参数并不是密度，而是一个无量纲参数，即雷诺 (Reynolds) 数，$Re = \rho U L/\mu$。气体或液体的黏度 μ 主要取决于温度。因此，大气飞行中雷诺数的数量级主要由密度决定。典型再入条件下，Re 和高度的依赖关系如图 1.1 所示。

在高雷诺数流动中，黏度的影响只在很窄的边界层内 (主要在固体表面附近)，边界层的厚度量级为 $LRe^{-1/2}$；在边界层外，可以认为流动是无黏的，用欧拉 (Euler) 方程描述。

该模型引出了气体动力学的一个广泛的分支，即无黏理论，或通常所说的理想流体，本书的大部分内容将专门针对这个问题进行讨论。

除了雷诺数，还有一个更重要的参数，马赫数 $M = U/a$，M 能够定性地描述气体动力学问题的物理和数学特性。其中，a 是气体中的声速。根据不同的马赫数，可将气体流动分为亚声速 ($M < 1$)、跨声速 ($M \approx 1$) 和超声速 ($M > 1$)。马赫数 $M = 0$ 时，表示不可压流动模型，而 $M \gg 1$ 为高超声速流动。

前面考虑的是气体介质模型最基础的特性，而温度升高时，会表现出其他的特性，即伴随的物理化学反应过程。

冷空气主要是双原子气体：氧气 (占空气分子总数的 21%)、氮气 (78%)，以及少量的氩 (约 1%) 的混合物。在相对较低的温度下，比如，$T \leqslant 500 \sim 700K$(即在马赫数 $M \leqslant 3$ 的中等超声速飞行范围内) 时，空气可以视为完全双原子气体。然而，随着飞行速度的增加，空气温度会有所增加。值得注意的是，在驻点位置 (如钝头体绕流中)，气体粒子内能增加的量级与气体相对运动的动能相当。在高超声速飞行中，内能的增加幅度是非常大的。因此，当速度 $U = 8 \sim 10$ km/s 时，完全气体的温度可能高达 $T \approx 3 \times 10^4 \sim 6 \times 10^4$ K。在这个温度下，一般气体状态无法存在或者原来的流动状态无法维持。

随着温度升高，空气分子的自由振动首先被激发，导致比热增加 (图 1.3)。氧分子在 $T > 2000$ K、氮分子在 $T > 4000$ K 时开始分解 (离解) 成单原子。随着温度进一步增加，开始发生电离过程，产生自由电子 (图 1.4)。

事实上，这些过程需要消耗大量的能量。图 1.5 所示的钝头体流动中，驻点位置的动能在物理和化学过程中被部分消耗。显然，分子振动的能量相对较小，而电离和离解过程需要消耗高达 75% 的流动能量。这些效应使得很多基于完全气体动力学的假设不再适用。

所以，物理化学过程与气体动力学过程之间速率的比值很关键。如果物理化学反应过程比气体动力过程中热力学状态的变化快得多，则可以认为气体是绝对平衡的,这种流动称为平衡流。相反地,在另一个极端条件下,气体粒子迅速离开所关注的流动区域,物理化学过程没有反应时间,因此气体组分不会发生变化,这种流动称为冻结流。

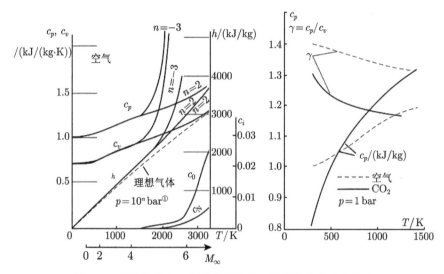

图 1.3 平衡气体和二氧化碳的比热、绝热指数和成分浓度

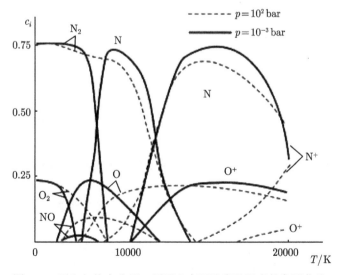

图 1.4 平衡气体中分子、原子和离子浓度随温度的发展曲线

---

① 1 bar=10^5 Pa。

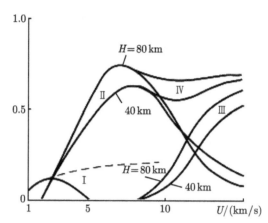

图 1.5　振动能 (I), 离解能 (II), 电离能 (III), 以及离解能和电离能的和 (IV) 与飞行高度为 40km 和 80km 时的无扰动气体平移动能 $1/2U_\infty^2$ 的比值 (虚线代表的是没有离解时的振动能量)

在这两种极端条件下, 仅仅用主要的热力学参数 (p, ρ, T, e) 就足够描述气体的状态方程, 并通过几个方程 (状态方程) 将这些参数联系起来。在这两种条件下, 流动控制方程的数值特性和气动力特性以及问题的公式化, 与完全气体流动的没有区别。

本书的主要部分就是专门讲述这些流动的理论, 我们称之为平衡气体动力学理论。基于这套理论发展的理论规律是很普适的, 所以在实际应用中适用范围相当广泛, 尤其是理论的适用更广, 甚至对物理化学非平衡流动的广泛中间区域也是有意义的。

非平衡气体动力学与平衡气体动力学不同, 需要添加一些微分方程 (在某些情况下, 数量可高达几十个), 导致物理特性和数值特性上出现一些新的效应。

物体绕流的类型取决于流动条件。因为物理化学过程的速率通常随着气体密度的增加而增加, 相对低海拔 (标准尺寸 $L \sim 1\mathrm{m}$ 的物体对应的高度 $H \leqslant 30\,\mathrm{km}$) 飞行的典型的流态是平衡流, 而非常高的海拔 (约 $H \geqslant 80\,\mathrm{km}$) 出现冻结流。同时, 黏性流动的高度范围也较低。物理化学过程影响的边界非常依赖飞行速度, 如图 1.2 所示。

在结束气体流动特性和模型的回顾之前, 我们将对构建气体流动模型的方法作一个重要的论述。

构建气体介质的物理模型有两种方法。第一种是由经验数据得到的物理规律和关系式, 这种方法 (将其称为现象学) 需要借助经验, 不需要详细了解分子水平的流体问题, 就足以建立流体和气体动力学理论。因此, 这个方法为所有已知的手册提供了理论依据, 本书自然也不例外。

第二种方法是分子动力学方法，是基于气体介质的特性分析得到的宏观规律，考虑了分子的随机运动和碰撞过程。基于玻尔兹曼 (Boltzmann) 方程的动力学理论是很普遍的，N-S 方程和欧拉方程都是可以从数学上推导出极限形式的玻尔兹曼方程。

虽然这个理论超出了本书的范围，但有时会用到它。基于这个理论，可以通过非常简单的分子物理原理更好地认识基本现象产生的原因。

值得注意的是，我们得到的气体介质和流动模型的适用范围不能从模型本身的框架内得到，只能通过相关研究得到，包括理论和实验研究。通俗地讲，是气体动力学和流体领域内研究学者通过长年累月的经验总结而得到的。

1.2 一维流动的气体动力学方程和假设

首先考虑一个非常简单的一维的真实气体流动：任意截面 (其面积设定为 $\Sigma_0 = 1$) 内流动不随纵轴 y 变化的直线管道流动。忽略壁面的影响，所以压力 p、密度 ρ、温度 T、内能 e 和流向速度 u 等参数只是位置 x 和时间 t 的函数。

几乎所有的力学和物理规律最初都是在质量固定的物体上提出的。因此，为了定义这样一个物体，我们引入一个被流面 $\Delta\Sigma^*$ 包围的流体微团 $\Delta\Omega^*$，没有流体通量穿过流面。因此，可以认为这个面是由相同粒子组成的，并随流体一起运动，仿佛被冻结一样。

我们将这样一个以流面 $\Delta\Sigma^*$ 为边界的流体小微团 $\Delta\Omega^*$ 作为基本流体粒子，假设流体是连续的，可以推导出由质量、动量和能量守恒定律组成的方程组。

流体粒子的质量守恒律为：$d(\rho\Delta\Omega^*)/dt = 0$。一维流动中 $\Delta\Omega^* = \Sigma_0\Delta x = \Delta x = x_2(t) - x_1(x)$，这里，$x_1(x)$ 和 $x_2(t)$ 是体元 $\Delta\Omega^*$ 的边界 (图 1.6(a))。

代入关系式：

$$\frac{\mathrm{d}}{\mathrm{d}t}(x_2 - x_1) = u_2 - u_1 = \frac{\partial u}{\partial x}\Delta x \quad \left(u_i = \frac{\partial x_i}{\partial t}\right) \tag{1.2.1}$$

得到质量守恒方程 (或连续性方程)：

$$\frac{\mathrm{d}\rho}{\mathrm{d}t} = \frac{\partial\rho}{\partial t} + u\frac{\partial\rho}{\partial x} = -\rho\frac{\partial u}{\partial x} \tag{1.2.2}$$

这里，$\mathrm{d}/\mathrm{d}t$ 描述的是流体粒子参数变化的全导数。函数 $\rho(t, x)$ 是作为时间变量的复合函数，可以表达为 $\rho(t, x) = \rho[t, x(t)]$，对其进行微分得到方程 (1.2.2)。

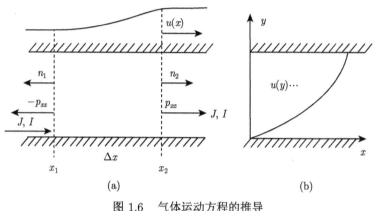

图 1.6　气体运动方程的推导

1.2.1　动量守恒定律

时刻 t 对 x 截面处的流体微团 $\Delta\Omega^*$ 施加一个向右的压力 $p_{xx}(x_2)$，应力合力为 $\Sigma_0 = 1$。这个应力的正方向和下面矢量的正方向都与 x 轴的正方向重合。在微团的左侧，施加同样大小的反向压力 $-p_{xx}(x_1)$。因此，作用于这个微团的净压力为 $(\partial p_{xx}/\partial x)\Delta x$。根据牛顿定律，质量为 $\rho\Delta x$ 的流体微团的动量方程为

$$\rho\frac{\mathrm{d}u}{\mathrm{d}t} = \frac{\partial p_{xx}}{\partial x} = -\frac{\partial p}{\partial x} + \frac{\partial \tau_{xx}}{\partial x}$$

$$p_{xx} = -p + \tau_{xx} \tag{1.2.3}$$

其中，第二个方程涉及一个假设 (非正式的)：流体中压强 p 的作用力可以从静力学或热力学中剥离出来。作用于流体质点的压力沿着由外向内的法向，与质点的指向无关。这一压力与静止气体中的压力具有相同的意义，并具有相同的热力学关系 (在下面给出)。

τ_{xx} 是黏性应力，用其他参数来表示就定义了一种介质的流变模型。本书中，我们只考虑牛顿流体。黏性应力只跟速度场有关，通过速度导数的线性组合就能得到黏性应力，而对于其他气体这是不可行的 (这是流体的一般属性)。下面将详细阐述该模型。这里我们只给出两种简单流动的黏性应力表达式，纵向一维流动和简单剪切流 (图 1.6 (b))，其流向速度 $u = u(y)$ 只与横坐标有关，则黏性应力为

$$\tau_{xx} = \mu'\frac{\partial u}{\partial x}, \quad \tau_{xy} = \mu\frac{\partial u}{\partial y} \tag{1.2.4}$$

本书中，黏性应力 τ 的第一个下标表示作用力的方向，而第二个下标表示作用面的法向。

第二个公式表示经验牛顿摩擦定律 (μ 是常规黏性系数), 而第一个公式是第二个的推广。系数 μ 和 μ' 之间的关系可能因速度矢量和面元之间的相互方向以及流动类型的不同而不同。气体中 $\mu' = 4\mu/3$, 而不可压缩流体中 $\mu' = 2\mu$。

需要注意的是, 式 (1.2.3) 中没有考虑质量、体积和力的影响, 我们将在 1.7 节中进行讨论。

1.2.2 能量守恒定律

我们将坐标系固定在移动的流体微团 $\Delta\Omega^*$ 上, 比如将原点定在微团中心。微团变形时, 各点的相对速度的量级均为 $\Delta u = (\partial u/\partial x)/\Delta x$, 因而相对运动的动能的量级是 $(\Delta u)^2 \sim (\Delta x)^2$, 可以忽略不计。流体微团中的气体被认为是静止的, 在这种情况下, 能量守恒定律可以表达为热力学第一定律:

$$\rho\Delta\Omega^* \mathrm{d}e + \mathrm{d}A = \mathrm{d}Q \tag{1.2.5}$$

其中, e 是气体内能 (单位质量); $\mathrm{d}A$ 是外力作用在微团 $\Delta\Omega^*$ 上所做的功; $\mathrm{d}Q$ 是外部输入的热通量。流体微团的边界 $x_i(t)$ 以 $\pm\Delta u /2$ 的速度朝着外力的反方向运动 (压力 p_{xx} 的作用面朝右运动, $-p_{xx}$ 朝左)。因此, 在 $\mathrm{d}t$ 时间内微团变形所做的功为

$$\mathrm{d}A = -p_{xx}\Delta u \mathrm{d}t = -p_{xx}\mathrm{d}\Delta\Omega^* = p\mathrm{d}\Delta\Omega^* - \tau_{xx}\frac{\partial u}{\partial x}\Delta\Omega^* \mathrm{d}t \tag{1.2.6}$$

重要的是, 鉴于 Δu 很小, 所以力的大小带来的差异可以忽略不计。

我们现在考虑公式 (1.2.5) 中的 $\mathrm{d}Q$ 项。首先, 它与一些质量强度 q 的外部热源 (如辐射) 有关。此外, 通过微团表面的热或能量通量的比热 (单位面积), 微团左侧的为 $J(x_1)$, 右侧的为 $J(x_2)$, 对微团的总贡献等于 $-(\partial J/\partial x)\Delta x$。代入 $\Delta\Omega^* = \rho\Delta\Omega^* \mathrm{d}\rho^{-1}$, 方程 (1.2.5) 可以简化为能量方程的两种微分形式之一:

$$\frac{\mathrm{d}e}{\mathrm{d}t} + p\frac{\mathrm{d}\rho^{-1}}{\mathrm{d}t} = \frac{\partial h}{\partial t} - \frac{1}{\rho}\frac{\mathrm{d}p}{\mathrm{d}t} = q_{\mathrm{eff}}, \quad h = e + \frac{p}{\rho}$$

$$q_{\mathrm{eff}} = q + \frac{\mu'}{\rho}\left(\frac{\partial u}{\partial x}\right)^2 - \frac{1}{\rho}\frac{\partial J}{\partial x} \tag{1.2.7}$$

其中, h 为气体的比焓, 使用中经常代替能量 e; q_{eff} 表示有效热流通量, 方程的左边是无黏气体的热力学第一定律的守恒形式。

从物理学角度出发, 得到的这三个气动力学方程是普适的。方程的形式既不由任何特定的气体特性决定, 也不与气体的内部流动过程有关。这是因为以这种方式定义的内能包含了流动中出现的所有物理化学过程, 包括平衡和非平衡过程。通常

这种方法在物理气体动力学中 (包括本书) 被采用,但它并不是唯一可行的方法。因此, 在燃烧理论中, e 往往意味着分子的平移动能, 而 q 中也包含了化学热源。

最后, 为了完整起见, 我们给出了气体组分 i 的化学动力学方程, 该气体组分质量浓度 $c_i = \rho_i/\rho$, 密度为 ρ_i。与前面的方程相似, 质量守恒定律可以简写为

$$\rho\frac{\mathrm{d}c_i}{\mathrm{d}t} = \rho\Lambda_i - \frac{\partial I_i}{\partial x} \tag{1.2.8}$$

其中, $\mathrm{d}(\rho_i\Delta\Omega^*) = \rho\Delta\Omega^*\mathrm{d}c_i$。

组分 i 的化学源用 Λ_i 表示, I_i 表示在扩散过程中通过微团表面的质量通量的比强度。在流体表面, 所有这些通量的总和为零: $\sum\limits_{i=1}^{n} I_i = 0$ 。同时, 方程的数目必须等于组分数, 气体动力学中组分数可能多达几十个。

现在, 我们定义通量 J 和 I_i。由于只考虑热传导, 可以从第一个通量中分离出 J_T, 第二个通量只考虑二元气体混合物 (比如, 原子和分子混合物的组成浓度分别为 c_1 和 $c_2 = 1 - c_1$)。通过经验傅里叶热传导和菲克 (Fick) 扩散法可以得到

$$J_T = -\lambda\frac{\partial T}{\partial x}, \quad I_1 = -\rho D_{12}\frac{\partial c_1}{\partial x} \tag{1.2.9}$$

其中, λ 和 D_{12} 分别表示热导和二元扩散。然而, 通常情况下, 由于组分的扩散, 能量转移到不同的成分。例如, 组分的焓分别是 h_1 和 h_2, 则总的能量通量为

$$J = -\lambda\frac{\partial T}{\partial x} - \rho D_{12}(h_1 - h_2)\frac{\partial c_1}{\partial x} \tag{1.2.10}$$

这个表达式可以简化为 $c_1 = c_1(T)$ (如在下文提及的等压平衡过程中)。在这种情况下, 可以得到

$$J = -\lambda_{\mathrm{eff}}\frac{\partial T}{\partial x}, \quad \lambda_{\mathrm{eff}} = \lambda + \rho D_{12}(h_1 - h_2)\frac{\mathrm{d}c_1}{\mathrm{d}T} \tag{1.2.11}$$

其中, λ_{eff} 表示气体的有效热传导。

这样, 我们就得到了一维流动的 N-S 方程。当方程中与耗散项相关的输运系数 μ、μ'、λ 和 D_{12}, 以及速度 u 的导数等趋于零时, 可以得到无黏流体的欧拉方程。

但是, 这四个方程[①](式 (1.2.8) 的所有方程被视为一个方程) 包含了 6 个未知数 u, p, ρ, T, e 和 c_i, 所以方程还没有封闭, 需要增加一个状态方程和一个输运系数来封闭这个方程组, 将在 1.3 节中进行讨论。

---

① 四个方程指式 (1.2.2)、式 (1.2.3)、式 (1.2.7) 和式 (1.2.8)。

1.3 状态方程

本节考虑的气体状态方程假定气体处于物理和化学平衡状态，也就是机械绝热系统。因此，平衡气体动力学的结果只适用于平衡过程，或可逆的流动过程，这些过程是由一系列状态无限缓慢地相互替换形成的，也就是说，相当缓慢 (在这个意义上) 地流动。

从热力学出发，在平衡流动中，用两个热力学参数 p 和 T 足够确定气体 (或任何其他介质) 的状态。因此，基于双参数气体模型的平衡态为

$$\rho = \rho(p, T), \quad e = e(p, T), \quad h = h(p, T) \tag{1.3.1}$$

从这些关系中消除温度，可以得到状态方程：$\rho = \rho(p, T)$ 或者 $\rho = \rho(p, h)$，至少能够充分表示不涉及温度的无黏方程。

最简单的双参数气体是满足以下克拉珀龙状态方程的理想气体：

$$p = nkT = nm \frac{N_0 k}{N_0 m} = \frac{R}{\bar{M}} \rho \mathrm{T} \tag{1.3.2}$$

其中，$R = kN_0 = 8.314 \mathrm{J/(mol \cdot K)}$，$k = 1.38 \cdot 10^{-23} \mathrm{J/K}$，$N_0 = 6.02 \times 10^{23} \mathrm{mol}^{-1}$，$\bar{M} = mN_0 \mathrm{g/mol}$，$m$ 是摩尔质量；R 是普适气体常数；N_0 为阿伏伽德罗常量，即 1 mol 气体的分子数；$\bar{M}$ 为摩尔气体质量，单位为 g/mol；k 为玻尔兹曼常量；n 是浓度数，或在给定 R 和 k 值的国际单位制 (SI) 系统中 1 m^3 单位体积内的分子数。然而，在物理上分子的浓度通常以 1 cm^3 为参考单位，如在 1.1 节中那样。

此外，对于理想气体有热量状态方程：

$$e = c_v T, \quad h = c_p T \quad (c_p/c_v = \gamma) \tag{1.3.3}$$

只有在等压比热 c_p 和等容比热 c_v 不变的条件下这个公式才是有效的。对于一般条件下，或大气条件下的空气，满足如下的理想气体参数：

$$c_p = 0.24 \ \mathrm{kcal/(kg \cdot K)} = 1 \ \mathrm{J/(kg \cdot K)} = 1000 \ \mathrm{m}^2/(\mathrm{s}^2 \cdot \mathrm{K})$$

$$c_v = 0.17 \ \mathrm{kcal/(kg \cdot K)} = 0.715 \ \mathrm{J/(kg \cdot K)} = 715 \ \mathrm{m}^2/(\mathrm{s}^2 \cdot \mathrm{K})$$

$$\bar{M} = 28.9, \quad \gamma = 1.405$$

在一般情况下，式 (1.3.1) 适用于广泛的液体介质，包括稠密气体 (所谓的范德瓦耳斯气体) 或在超高压力下的液态金属等。尽管我们主要关心的是大气层内的飞行状态，但本书中概述的理论是普适的，特别是对无黏介质的流动。

　　然而，式 (1.3.1) 的有效性通常受到平衡气体条件的限制。这种模型的证实和可靠性范围只能在非平衡过程热力学的框架内得到，其理论将在后续章节中概述，双参数平衡气体模型将被严格证实。然而，总体而言，它的起源可以在这里澄清。

　　我们考虑中等密度的气体混合物，其分子仅在相对较短的碰撞时间间隔内相互作用[①]。这种气体模型在大气飞行有关的整个实际范围内都是有效的，因为运动物体前方激波后的气体密度不能超过未扰动密度的 10 ~ 20 倍 (后面将会提及)，这并不足以让我们放弃所接受的模型[②]。

　　在所考虑的混合物中，个别组分与其他组分是相互独立的。尤其是混合物的每个组分 i 满足克拉珀龙方程 $\bar{M}_i p_i = R\rho_i T$，同时满足温度相关的能量 e_i 和内部自由度的状态方程。结合道尔顿定律，总压和能量可以确定为

$$p = \sum p_i = \frac{R}{\bar{M}}\rho T, \quad \frac{1}{\bar{M}} = \sum \frac{c_i}{\bar{M}_i}, \quad e = \sum c_i e_i$$

$$h = e + \frac{p}{\rho} = \sum h_i c_i, \quad h_i = e_i + \frac{p_i}{\rho_i}, \quad c_i = \frac{\rho_i}{\rho} \tag{1.3.4}$$

其中，c_i 是组分 i 的质量浓度。

　　在这些方程中，没有对气体混合物的化学平衡作假设，因此方程同样可以描述非化学平衡流动。甚至从一般物理角度考虑，当给定压力、温度和组分时，平衡气体的状态可以非常明确地用 $\bar{M} = \bar{M}(p,T)$，$h = h(p,T)$ 来描述，我们即使仅从一般的物理角度考虑就能得到这一合理的描述，进而得到式 (1.3.1) 表示的状态参数间的依赖关系。我们称 $\bar{M}$ 为混合气体摩尔质量 (简称摩尔质量)，标准条件下空气的摩尔质量为 $\bar{M} = 28.9$。

　　图 1.7 给出了在典型气体动力学的空气压力和温度范围内 $\bar{M}(p,T)$ 和 $h(p,T)$ 的平衡关系[③]。显然，在高温下空气的焓大于完全气体。随着温度 (以及原子浓度) 增加，摩尔质量减小。$\bar{M} \approx 10$ 低于原子空气的摩尔质量 $\bar{M} \approx 14$，这是因为气体电离后粒子数发生了变化，尽管已经忽略了对浓度的影响。同时，$\bar{M}$ 和 h 对压力存在弱对数依赖性。

　　我们将关注平衡气体状态方程的一些性质。通过关系式 (1.3.1) 可以引入定容 (密度) 和定压的总比热容概念，如下所示：

$$c_v = \left(\frac{\partial e}{\partial T}\right)_\rho = \left(\frac{\partial h}{\partial T}\right)_\rho - \frac{1}{\rho}\left(\frac{\partial \rho}{\partial T}\right)_\rho, \quad c_p = \left(\frac{\partial h}{\partial T}\right)_p \tag{1.3.5}$$

---

　　① 这些气体被称为理想气体，但在气体动力学中保留无黏气体的说法。

　　② 在一些气体动力装置的静压室中，气体密度可以超过标准密度的 100 倍甚至更多。在这种情况下，我们应该考虑分子间的相互作用，即范德瓦耳斯效应。

　　③ 这些和随后的曲线是根据 Predvoditelev 等 (1959) 在 $T<20000K$ 和 Kuznetzov(1965) 在 $T \geqslant 2000$ K 范围内计算得到的表格绘制的。

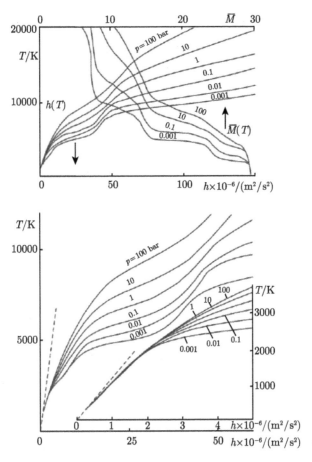

图 1.7　平衡气体焓、分子重量与温度的相互关系
(虚线代表完全气体)

这些热容包含了气体在物理化学转化中的热效应，从图 1.7 中可以看出，当平衡气体的变化范围足够大时，$h(p,T)$ 曲线的变化是单调的。在相对较低的温度下，变化曲线如图 1.3 所示。

所有气体遵循 $c_p > c_v$ 的物理规律。事实上，定压加热伴随着气体膨胀。因此，与定容加热不同的是，恒压条件下的部分热会用于膨胀做功。

将复合函数 $h = h[T, p(\rho, T)]$ 代入式 (1.3.5)，得到

$$c_p - c_v = \left(\frac{\partial p}{\partial T}\right)_\rho \left[\frac{1}{\rho} - \left(\frac{\partial h}{\partial p}\right)_T\right] \tag{1.3.6}$$

后面将给出 $\bar{M}$ 不变时气体的焓和内能，因此，热容可能只与温度有关。所以

$$c_p - c_v = \frac{R}{\bar{M}}, \quad \frac{p}{\rho h} = \frac{\gamma - 1}{\gamma} \tag{1.3.7}$$

其中，后一个公式是从式 (1.3.3) 得到的，只对完全气体有效。

　　为了强调这个气体状态和完全气体的状态方程之间的区别，我们根据式 (1.3.7) 重新将式 (1.3.4) 改写为

$$\frac{p}{\rho h} = \frac{RT}{\bar{M}h} = \frac{\gamma-1}{\gamma}\frac{1}{Z} = \frac{\gamma_* - 1}{\gamma_*}$$

$$\gamma_* = \frac{h}{e}, \quad Z(p,T) = \frac{h\bar{M}}{M_0 c_{p0} T}$$

$$\gamma_* = \gamma_*(p,T) = \frac{\gamma Z}{\gamma Z - \gamma + 1} \tag{1.3.8}$$

其中，c_{p0}、$\bar{M}_0$、γ 分别是比热比、摩尔质量、初始状态下 (对空气而言就是标准状态) 的气体绝热指数；函数 Z 是不完全气体的测量值。对于空气 (如图 1.8 所示，温度高达上千摄氏度)，它的变化范围比较小，$Z = 1 \sim 3.5$。

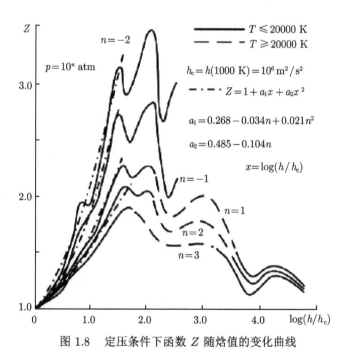

图 1.8　定压条件下函数 Z 随焓值的变化曲线

　　函数 γ_* 是有效绝热指数 (暂且这样分类)，空气和二氧化碳 (CO_2) 的变化曲线如图 1.9 所示。显然，高温空气的 γ_* 趋于常数，并且比冷空气的值小。

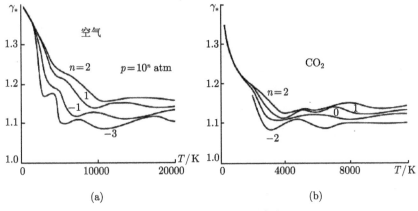

图 1.9 空气和二氧化碳的绝热指数 $\gamma_*(T)$

二氧化碳的振动自由度在很早阶段就能被激发，因此相比于空气，其在更低的温度就会显现出与完全气体的差异。

与完全气体不同的是，这种气体状态的有效绝热指数通常不等于比热比，即 $\gamma_* \neq \gamma_c = c_p/c_v$，如图 1.10 给出了 γ_* 和 γ_c 的比较。

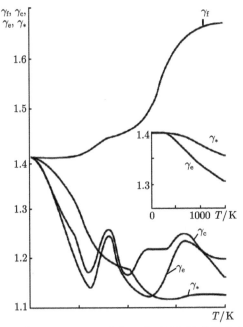

图 1.10 在 $p=1\text{atm}$ 下，空气温度对不同绝热指数的影响
$(\gamma_* = h/e,\ \gamma_e = a^2\rho/p,\ \gamma_c = c_p/c_v,\ \gamma_f = c_p^{(0)}/c_v^{(0)})$

从图 1.8 ~ 图 1.10 可以得到, Z, γ_* 等物理量随温度和压力的变化较小, 特别是与压力呈对数关系。因此, 实际应用中需要的 γ_* 值可以从图 1.10 中内插得到。而且, 当 p 和 T 变化区间不大时可以认为 γ_* 是常量, 所以可以用一个近似的完全气体的绝热指数来模拟真实气体。状态方程可以简便地表达为式 (1.3.8), 像这种 γ_* 略有不同的气体可以称为准完全气体。

最后, 我们讨论输运系数。标准条件下的一般气体, 输运系数只与温度相关。在较低温度下黏性系数遵循萨瑟兰 (Sutherland) 定律:

$$\mu = \mu_a \frac{T_0 + T_a}{T_0 + T} \left(\frac{T}{T_a}\right)^{3/2}, \quad \mu_a = 1.72 \times 10^{-5} \text{ kg/(m·s)}$$

$$T_0 = 110 \text{ K}, \quad T_a = 273 \text{ K} \tag{1.3.9}$$

这个方程在 $T_a \leqslant 2500$ K 都是有效的, 所以 T_0 和 μ_a 采用的是空气的值。由上式确定的 $\mu(T)$ 与下述的依赖关系吻合得很好, 如图 1.11(a)(虚线) 所示。

$$\mu = \mu_* (T/T_*)^{0.7}, \quad T_* = 200 \text{ K}$$

$$\mu_* = 1.3 \times 10^{-5} \text{ kg / (m·s)} \tag{1.3.10}$$

高温平衡气体的 $\mu(T, p)$ 曲线如图 1.11(b) 所示, 在峰值点之前, μ 与温度大致呈线性关系, 或者满足类似于式 (1.3.10) 的关系式:

$$\frac{\rho\mu}{p} = C \left(\frac{h}{h_0}\right)^{-n}, \quad n = 0.3, \quad h_0 = 10^6 \text{ J/kg}$$

$$C = 1.45 \times 10^{-10} \text{ (kg·s)/m}^3$$

$$T_0 = 1000 \text{ K} \leqslant T \leqslant 7500 \text{ K} \tag{1.3.11}$$

如图 1.11(b) 中的虚线所示, 在中等温度条件下, 上式 (Murzinov, 1966) 与式 (1.3.10) 相吻合。如果不考虑温度时, 更适用于平衡流动。而且, 上式适用的上限温度 $T = 7500$ K 对求解大多数再入问题都足够了。

用无量纲参数普朗特 (Prandtl) 数 (Pr)、施密特 (Schmidt) 数 (Sc) 和路易斯 (Lewis) 数 (Le) 代替热传导系数和扩散系数更方便, 它们的形式如下:

$$Pr = \frac{\mu c_p}{\lambda}, \quad Sc = \frac{\mu}{\rho D}, \quad Le = \frac{\rho D c_p}{\lambda} \tag{1.3.12}$$

在气体没有发生明显的物理化学转换的温度下, 这些无量纲量通常认为是常数, 表现出一阶量级。在 $200 \text{ K} \leqslant T \leqslant 2500$ K 的空气中, $Pr = 0.7 \sim 0.73$ (图 1.11(d))。

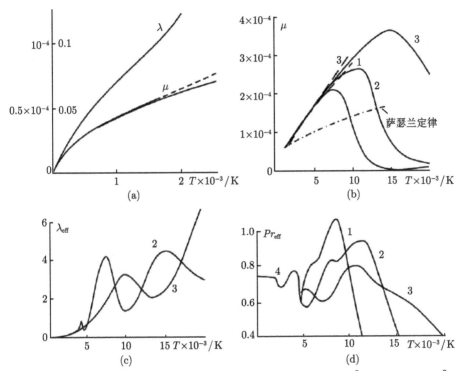

图 1.11　平衡气体的输运系数；曲线 1 ～ 4 分别代表压力 $p = 10^{-2}$ bar, 1 bar, 10^{2} bar, 10^{-1} bar；其中 $[\lambda]$=W/(m·K) ,$[\mu]$=kg/(m·s)

　　然而，流体的本质特性会随着温度升高而改变，因为化学反应会引起气体成分的变化。从图 1.4 可以看出，空气成分浓度随压力和温度的变化非常复杂，所以函数 μ 呈现明显的非单调性。很大程度上，高温气体的热导率亦如此。重点是，多组分混合物的能量传递受组分之间扩散的影响 (通常仅受组分扩散的影响)，所以在许多重要的问题中能量通量式 (1.2.10) 可表达为 $J = \lambda_{\mathrm{eff}}(\partial T/\partial x)$ 的形式，其中 λ_{eff} 是有效导热系数。如图 1.11(b)、(c)、(d) 分别给出了系数 $Re = \rho_{\infty}U_{\infty}L/\mu_{\infty}$ 和 λ_{eff} 以及有效普朗特数 Pr_{eff} 的变化曲线。值得注意的是，Pr_{eff} 表现出本质非单调行为 (Vasilevskii, Sokolova 和 Tirskii, 1986, 曲线 1~3；Hansen, 1959, 曲线 4)。

　　现在，我们将介绍流动行为。按惯例，在流体动力学问题的框架内，假设流动是不可压的。因此，当水在 1atm(标准大气压，1 atm=101325 Pa) 下，其相对体积变化低至 5×10^{-5}。然而，即使是这样小，可压缩性也至关重要。例如，在爆炸波的传播过程中，与气体不同的是，流体的黏度随着温度的升高，大约按照 $\mu \sim e^{\theta}/T$ 的规律降低。对于熔融石英，θ 高达 60000 K，而对水来说 $\theta \approx 1800$ K。与此同时，流体的热传导受温度的影响比气体的小。由于黏度升高，流体的普朗

特数相当大 (可达到几十, 甚至几百), 并强烈依赖于温度。

最后, 我们将对内能的定义作一些论述。在 1.2 节介绍的守恒定律中, 气体能量包括所有组分的能量, 取值由参考值决定。我们假设在标准条件下这些气体是完全气体, 尽管在超低温度下不再适用, 最重要的是, 当温度达到绝对温度几十 K 时, 气体会液化①。这些方程在这种接近极限的流动条件下不适用。同时, 由于内能表达式中的常数项具有可加性, 在守恒定律中可以忽略。因此, 在前面采用的平衡气体状态方程中, 其内能的参考值可以通过标准条件下完全气体条件来精确确定。空气中形成的氧和氮分子的能量为零, 而温度升高时混合气体中形成其他组分的能量, 其参考值由它们形成反应中的热效应决定。因此, 分子离解的原子能通常包含在这些能量中, 而往往这个能量相当巨大。

然而, 有可能会出现其他情况, 那时这种方法并不是最优的。因此, 在固体升华或液体蒸发过程中, 蒸汽的能量包含了汽化热。然而, 在能量方程中引入了相应的修正后, 这种蒸汽通常被认为是理想的。在凝聚态或非平衡态的亚稳态气体混合物 (如氢氧混合物、甲烷和氧气的混合物等) 的燃烧过程中也会发生类似的情况, 气态的燃烧产物可以作为单独的气体存在。与反应气体混合物的气体动力学不同的是, 在这种情况下, 初始气体和最终的气态产物的内能与初始或化合模态无关, 而是通过外部热源提供相互转化能。然而, 在这种情况下也可以引入一个单一的参考能量, 并且不同物质的相互转化过程可以认为是绝热的 (严格地说, 这个过程正是这种类型)。我们将在具体问题的解决过程中详细说明。

1.4　若干分子动力学理论知识

分子动力学理论的知识将被用来证实 (尽管在直观的层面上) 先前讨论过的气体介质的气体动力学模型。如果读者更擅长从现象来解释流动, 并且理解模型如读天书, 可以略过本节, 这并不会影响对整本书主要内容的研究, 至少不影响对非平衡态气体流动章节的学习。

一个连续模型至少需要满足以下两个条件。

(1) 研究的流动特征域 (体积)Ω 内有很多的分子。

(2) 平均自由程时间必须相对较小, 即 $\tau \ll t_0$ (其中 t_0 是气动过程的时间尺度), 局部变化的流动才能满足平均气体状态。这至少需要相对小的平均自由程, 即 $l \ll L$(L 是特征域 Ω 的特征尺度)。

第一个条件没有第二个条件重要。例如, 在本书提及的理论一般情况下的极

---

① 在 1 atm 时, 氧气在 $T = 90.3$ K 时液化, 氮气在 77.5 K 时液化。超声速气动装置中的空气液化是由工作气体 (空气) 加热不足而发生的。然而, 在这种情况下, 流动特征的变化使测量结果难以诠释, 这些状态的测量是无意义的。

限海拔 $H = 90$ km,在 1 mm^3 的体积内有超过 10^{10} 个分子,但平均自由程为 $l \approx 2$ cm。这个值相对于体积尺寸 $L = 1$m 是小的,但是如果以长度差 ΔL(用于推导微分的运动方程) 为特征长度,则这个值并不算小。

然而,事实证明 (见第 10 章),只需要少数分子碰撞就可以建立分子系综的混沌状态。这表明,连续介质模型甚至适用于平均自由程量级的流动区域。当然,随后将确定 (实验或理论) 模型的真实适用范围。

比值 $Kn = l/L$ 为克努森 (Knudsen) 数,确定了连续模型能够近似真实流动过程的范围。

通过分子动力学理论来确定连续模型的宏观参数,考虑一个小微团 $\Delta\Omega$,分子集的质量为 m_k,单位体积内有 n 个分子数,则瞬时密度和平均质量流速为

$$\rho = \frac{1}{\Delta\Omega}\sum m_k = nm, \quad U = \frac{1}{\rho\Delta\Omega}\sum_k m_k \boldsymbol{W}_k = \langle\boldsymbol{W}_k\rangle \tag{1.4.1}$$

其中,$\boldsymbol{W}_k$ 是分子混沌运动的绝对速度,并对体积内所有分子求和;第二个等式表示同种分子的平均速度,尖括号代表对特定分子集合的平均量。

在形式上,这些物理量可以定义为任意气体密度,但仅在高分子浓度下才能充分描述宏观的气体状态,这些参数不受其他扰动的影响。

此外,对所有单个分子求和得到宏观气体参数是不可行的,尽管形式上是正确的。鉴于此,分子动力学理论中使用的连续介质的宏观特性是与坐标 x, y, z 和速度投影 W_x, W_y, W_z 有关的分布函数。这个函数用 f 表示,速度区间 $(W_x, W_x + \mathrm{d}W_x)$ 内微团变化 $\Delta\Omega$ 引起的分子数的改变 $\mathrm{d}n$ 为

$$\mathrm{d}n = nf(x, y, z, W_x, W_y, W_z)\mathrm{d}\Omega\mathrm{d}W^3$$

$$\mathrm{d}\Omega = \mathrm{d}x\mathrm{d}y\mathrm{d}z, \quad \mathrm{d}W^3 = \mathrm{d}W_x\mathrm{d}W_y\mathrm{d}W_z \tag{1.4.2}$$

函数 f 由前面提到的玻尔兹曼方程控制[①]。在体积 $\Delta\Omega$ 内的气体速度 (同种类的分子) 根据下面的分布函数得到

$$\boldsymbol{U} = \int \boldsymbol{W}f\mathrm{d}W^3 = \langle\boldsymbol{W}\rangle, \quad U_n = \int W_n f\mathrm{d}W^3$$

$$U_n = \boldsymbol{U}\cdot\boldsymbol{N}, \quad W_n = \boldsymbol{U}\cdot\boldsymbol{n} \tag{1.4.3}$$

其中,U_n 是流体表面沿着法线 $\boldsymbol{n}$ 的传播速度 (在 1.2 节中介绍)。

现在,我们将定义分子的相对运动或热运动的平均动能,相对速度 $\boldsymbol{V} = \boldsymbol{W} - \boldsymbol{U}$

---

① 比如 Chapman 和 Cowling (1952), Huang (1963), 以及 Bond, Watson 和 Welch (1965) 的书籍。

$$\frac{1}{2}kT_x = \frac{1}{2}m \int V_x^2 f \mathrm{d}W^3 = \frac{1}{2}\mathrm{m}\left\langle V_x^2 \right\rangle$$

$$T = \frac{1}{3}(T_x + T_y + T_z) = \frac{m}{3k}\left\langle V^2 \right\rangle, \quad V^2 = V_x^2 + V_y^2 + V_z^2 \tag{1.4.4}$$

T 称为温度 (将在下文中给出论据)。

最后，我们将定义作用在单位面积 $\mathrm{d}\Sigma_x$ 上的内部法向应力，方向沿着 x 轴。为了消除速度 U 的平均流量，假定分子以相对速度 V_x 穿过这块可移动的流体区域。速度 $V_x > 0$ 的分子从流动微团表面 "流出"，反之，速度 $V_x < 0$ 的分子被流动微团表面 "吸收"。因此，单位时间内分子传递的总动量等于未知的应力 $\boldsymbol{p}_x$。$nmV_x f \mathrm{d}V_x$ 是分子流动的变量，可以得到如下等式：

$$\boldsymbol{P}_x = -nm \int V_x \boldsymbol{V} f \mathrm{d}W^3, \quad \boldsymbol{V} = \boldsymbol{i}V_x + \boldsymbol{j}V_y + \boldsymbol{k}V_z \tag{1.4.5}$$

其中，$\boldsymbol{i}, \boldsymbol{j}, \boldsymbol{k}$ 是坐标的单位向量。将 V_x 代入 $\boldsymbol{V}$ 得到 p_{xx}，即应力 $\boldsymbol{p}_x$ 在 x 轴上的投影可以用式 (1.4.4) 中 T_x 的积分来表示。求和得到黏性气体力学的基本不变量

$$p = -\frac{1}{3}(p_{xx} + p_{yy} + p_{zz}) = nkT \tag{1.4.6}$$

通常，式 (1.4.5) 和式 (1.4.6) 中的符号可以任意确定，此处与 1.2 节中 p_{xx} 的定义相对应。

应力的分量间不必彼此相等，但恰巧分量总和的三分之一与坐标系的方向无关，而且其相反数满足用平均分子动能定义的温度的克拉珀龙状态方程 (1.3.2)。

正如 1.3 节所强调的，这些结果仅适用于分子相互作用持续时间比平均自由时间短得多的中等密度气体。如果把分子碰撞截面定义为 σ，那么中等密度气体满足条件 $l \gg \sigma$。在这种气体条件下，分子间的引力不影响气体内部的压力，所以方程 (1.4.6) 可以写为每个单独组分的形式 (满足道尔顿定律)。

分子动力学平衡是气体介质的一种特殊状态。在没有外力的情况下，这种状态是各向同性的。因此，先前考虑的所有不同方向的量都必须是相互独立的 (即等式 $T_x = T$、$p_{xx} = -p$ 等必须保持不变)。在这种情况下，对应的分布函数可以简化为众所周知的**麦克斯韦分布函数**，其形式如下：

$$\frac{\mathrm{d}n_\varepsilon}{n} = f_0(\varepsilon) = \frac{2}{\sqrt{\pi}}\left(\frac{\varepsilon}{kT}\right)^{1/2} \mathrm{e}^{-\varepsilon/(kT)} \mathrm{d}\frac{\varepsilon}{kT}, \quad \varepsilon = \frac{mV^2}{2} \tag{1.4.7}$$

其中，$\mathrm{d}n_\varepsilon = \mathrm{d}n_v$，是随机运动动能在范围 $(\varepsilon, \varepsilon + \mathrm{d}\varepsilon)$ 内和速度在范围 $(V, V + \mathrm{d}V)$

内的分子数。在原始形式中，这个函数包括一个表示分子热运动总动能的任意常数，根据式 (1.4.4) 中的温度定义，每个分子对应的这个常数为 $mV^2/2 = 3kT/2$。

在各向同性气体状态下，各方向的平均速度分量相等，即 $m\langle V_s^2 \rangle/2 = kT/2$。所有温度 T 相同的气体混合物都满足这个方程。因此，热力学中用温度来衡量物质的相对热，准确地说，代表平衡气体温度，因为没有比分子随机运动的动能更直观的测量气体加热的方法了。物理学中也使用同样的公式来定义热力学温度，而中等密度或完全气体对应的温度量本身就是标准的。处于相互平衡状态的两个温度之间，原则上可以参照标准温度来校准任意状态下的温度。

上述结果代表了经典的**能量均分原理**，根据这一原理，在平衡气体混合物中，每个气体组分 i 在三个独立的平动自由度上能量是相同的，等于 $kT/2$。

基于以上原理，可以确定气体的热量方程。平动自由度的能量等于每分子 $3kT/2$，或者每摩尔气体 $3RT/2$。然而，在一般情况下，这不是气体的总能量。对于双原子或二元分子，两个振动自由度的分子能量等于 $kT/2$，或摩尔能量为 RT。因此，单原子和双原子气体的关系式分别为

$$e = c_v T = \frac{3}{2}\frac{RT}{\bar{M}}, \quad h = c_p T = \frac{5}{2}\frac{RT}{\bar{M}}, \quad \gamma = \frac{c_p}{c_v} = \frac{5}{3}$$

$$e = \frac{5}{2}\frac{RT}{\bar{M}}, \quad h = \frac{7}{2}\frac{RT}{\bar{M}}, \quad \gamma = \frac{7}{5} \tag{1.4.8}$$

此外，气体能量包括振动能、电子能级能、合成能等，即使在平衡态，这些能量也不满足均分原理。我们暂且不讨论这些问题 (第 10 章讨论)，因为平衡方程 (1.3.1) 的一般形式考虑了所有这些过程。

作为一个热力学系统，有必要对气体介质的平衡态进行论述，可以将平衡分为两个阶段。第一阶段，分子动力学平衡是典型的麦克斯韦分布，这是由于只发生了少数碰撞。在这一节中，以及在动力学理论中，正是考虑这种部分平衡的形式来对平衡和非平衡分类。一般气体动力学的基本假设中，尤其是本书的基本假设，流动可能会达到平衡或接近平衡状态。

然而，第二阶段的总气体平衡 (特别是高温气体中的物理化学过程) 并不遵循上述假设，因为这些流动过程通常需要发展很长时间才能达到稳定状态，即使在动力学平衡系统中也会发生非平衡的物理化学过程。在对平衡流和非平衡流进行分类时，应考虑这些过程。

现在，我们将介绍空间弱非均匀性的气流。众所周知 (1.2 节)，非均匀流中的应力同时包括静水压力和黏性应力，后者跟区域的方向相关。显然，该应力不是各向异性的，所以从方程 (1.4.5) 中无法推导出麦克斯韦分布。

而且，我们考虑一个小体积。基于分布函数，计算作用在该微团边界上的应

力，以及边界上的质量、动量和能量通量。所有粒子的积分能够得到宏观流动特性的微分方程 (因为体积很小)。当然，方程和所选分布函数的形式有关。根据玻尔兹曼方程，能够得到一些动力学理论的基本结果：

(1) 采用麦克斯韦平衡分布函数，得到无黏欧拉方程。

(2) 取 $f = f_0 + f_1$，其中 f_1 是 $l/L \ll 1$ 阶的修正项，能够得到 Navier-Stokes 方程，动力学理论给出了输运系数的表达式[①]。

因此，从动力学理论的观点来看，Navier-Stokes 方程相当于一种接近平衡态的非平衡气体状态。

在非平衡态时，很自然地提出状态方程和方程 (1.4.4) 定义的温度。结果是，这个与气体能量成比例的量，能够通过克拉珀龙方程 (1.4.6) 和热量方程 (1.4.8) (保留了相关的转动能量) 精确得到。综上，一般的气体动力学方程组是封闭的。

最后，初步讨论动力学理论得到耗散项的结构。考虑一个以平均速度 U 移动的流体区域，主方向与 x 轴对齐，与 y 轴垂直。对分布函数 (1.4.5) 进行粗略近似，选择两个平行区域 $\Delta y_\pm = \pm l/2$ (图 1.12)，并假设以平均速度 W_y 离开一个区域的分子被另一区域捕获并保留下来 (反之亦然)，所以上方转移的质量、

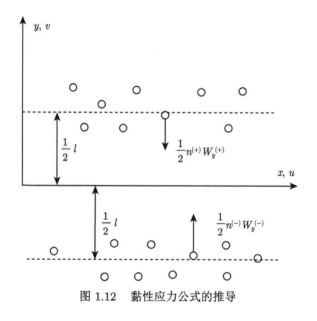

图 1.12　黏性应力公式的推导

---

① 方程的下一个近似也是已知的。然而，由于它们的有效性很差，而且难以考证，所以不能基于此获得任何重要的结果。

动力和能量的通量比为 $mn^{(+)}W_y^{(+)}/2$，而下方转移的为 $mn^{(-)}W_y^{(-)}/2$。在线性近似中，假设 $W_y^{(\pm)} = V_s \pm \Delta W_y$，其中 V_s 是粒子热速度的平均各向同性分量，与方向无关，并且和麦克斯韦速度 V_{s0} 接近。从流体区域的定义来看，它遵循 $n^{(+)}W_y^{(+)} = n^{(-)}W_y^{(-)}$。

在一个非常简单的剪切流中 (图 1.6(b))，当前面章节提及的速度沿着 x 轴并且等于 $\pm\Delta u/2$ 时，从上方和下方传递的动量等于 $nmV_s\Delta u/4$，对于 $n^{(\pm)} = n$ 和 $W_y^{(\pm)} = V_s$ 的校正为二次项。作用在该区域上侧的剪应力为

$$p_{xy} = \tau_{xy} = \frac{1}{2}nmV_s\Delta u = \mu\frac{\partial u}{\partial y}, \quad \Delta u = l\frac{\partial u}{\partial y}$$

$$\mu = \frac{1}{2}nmlV_s \sim \frac{\sqrt{mkT}}{\sigma^2} \tag{1.4.9}$$

其中，μ 就是黏度系数。后者近似满足条件 $V_s \sim (kT/m)^{1/2}$ 和 $nl\sigma^2 \sim 1$。

当平均气体速度方向沿着 y 轴并且在区域 $\Delta y_\pm = \pm l/2$ 时，速度等于 $\pm\Delta v/2$。然后，在我们的近似中，考虑到图 1.12 中的速度方向，可以得到 $W_y^{(\pm)} = V_s - V/2$，其中 $\Delta v = l\,(\partial v/\partial y)$。根据方程 (1.4.5)，在区域 $y = 0$ 的上侧，总应力为

$$p_{yy} = -mn\left(V_s - \frac{1}{2}\Delta v\right)^2 = -p_* + 2\mu\frac{\partial v}{\partial y}, \quad p_* = nmV_s^2 \tag{1.4.10}$$

其中，如式 (1.4.9) 所示，省略了 $(\Delta v)^2$ 阶项。尚未确定的量 p_* 与面元的方向无关，同时与状态方程 (1.4.6) 的压力 p 有关，则 p_* 为

$$p_* = p + \frac{2}{3}\mu\mathrm{div}\boldsymbol{u}, \quad \mathrm{div}\boldsymbol{u} = \frac{\partial u}{\partial x} + \frac{\partial v}{\partial y} + \frac{\partial w}{\partial z} \tag{1.4.11}$$

其中，u, v 和 w 是笛卡儿坐标系 (x, y, z) 的速度投影。我们将在 1.8 节中证明，先前提及的速度散度算子 $\boldsymbol{U}$ 实际上与坐标系无关。在 1.10 节中，使用现象学方法对任意介质进行分析，液体和气体得到了相同的结果。

类似地，在式 (1.4.9) 的推导中用 $c\Delta T$ 代替 Δu，得到式 (1.2.9) 中导热系数 $\lambda = nmlcV_s/2$ 的热通量 J_T，其中，c 是具有与气体热容量同量纲 (同阶) 的系数。使 $n^{(+)} \neq n^{(-)}$，可以类似地估计扩散系数 $D \sim lV_s \,/\, 2$(有关详细信息，请参阅第 13 章)。

但是，所有这些公式都是定性的，尤其是 1.3 节提出的黏度的另一个公式，$\mu \sim T^{0.7}$。

1.5   熵和热力学第二定律

在前面提到的平衡过程中，考虑状态方程 (1.3.1) 的方程组是封闭的。然而，没有热力学第二定律和熵的概念就无法建立完整的气体动力学理论。这些概念在热力学和统计物理学的教程中都有详细的讨论，所以本书仅限于对一些基本结果进行简要概述。

一个封闭的热力学系统存在一个状态函数——熵。例如，在可逆平衡过程中，周围介质没有质量交换，一定质量的气体体积满足以下规律：

$$T\mathrm{d}s = \mathrm{d}e + \mathrm{d}A = \mathrm{d}e + p\mathrm{d}\frac{1}{\rho} = \mathrm{d}h - \frac{1}{\rho}\mathrm{d}p = \mathrm{d}Q = q\mathrm{d}t \tag{1.5.1}$$

其中，$\mathrm{d}Q$ 是热通量；$\mathrm{d}A$ 是系统在周围介质上所做的功。除了第一个等式，其他等式用于无黏气体，其中 $\mathrm{d}A = p\mathrm{d}\rho^{-1}$。

由一系列无限缓慢的平衡状态构成的过程称为可逆过程，正向和反向的过程都是如此。

系统做的功取决于从状态 1 到状态 2 的路径；因此，在数学意义上，$\mathrm{d}A$ 不是全微分，并且在一般情况下，沿着某个相平面内 (如在 $(p，\rho^{-1})$ 内) 的封闭轮廓，$\mathrm{d}A$ 的积分不等于零。然而，系统的熵是状态函数；因此，$\mathrm{d}s = \mathrm{d}Q/T$ 是总微分，微分关系式 (1.5.1) 的积分因子是 T^{-1}。

对于从点 1 到点 2 的不可逆转变 (如瞬时的或足够快的)，满足以下不等式：

$$\Delta s = s_2 - s_1 \geqslant \int_1^2 \frac{\mathrm{d}Q}{T} \tag{1.5.2}$$

这里的等号只与可逆过程有关。因此，在一个封闭的、绝热孤立的系统中，平衡过程中的熵保持不变，而在不可逆过程中，熵是增加的。因此，熵的阈值与平衡状态有关。

熵是一个加性函数，如果孤立系统的各部分最初处于非平衡状态并开始相互作用，那么系统的熵增等于其各个部分的熵增之和，并在系统趋于平衡时熵会增加。

可以通过不同的加热体模型来论证这个观点，其热交换速度非常缓慢，以至于时间变化时在相应的体积内它们的温度 T_1 和 T_2 几乎是恒定不变的。当一个物体转移到另一个物体的热量 $\mathrm{d}Q > 0$ 时 (使 $T_2 > T_1$)，它们熵的变化呈平衡态，$T_1\mathrm{d}s_1 = \mathrm{d}Q$ 和 $T_2\mathrm{d}s_2 = -\mathrm{d}Q$，而整个系统的熵增是不可逆的：

$$\mathrm{d}s = \mathrm{d}s_1 + \mathrm{d}s_2 = \left(\frac{1}{T_1} - \frac{1}{T_2}\right)\mathrm{d}Q > 0 \tag{1.5.3}$$

这是平衡热力学的适用范围扩展到实际过程的特例，在这个实际过程中有可能将一个非平衡 (作为一个整体) 系统分割成一组具有局部温度和其他相关参数的当地子平衡系统。因此，我们可以将平衡热力学定律应用到这些子系统中，通过每个子系统的逆过程 (即微分方程) 来描述它们之间的相互作用和状态。

气体流动中，基本的气体粒子主导这些子系统，比如，式 (1.5.1) 或 1.2 节和 1.3 节的方程都是基于这些基本气体粒子推导的。事实上，受黏性和热传导强烈的影响，所有的耗散流具有明显的不可逆性。例如，在壁面滑移假设的圆管流动中，由于黏性的作用，初始的非均匀流动在圆管末端会变得均匀。反转运动中 (即速度方向反转)，均匀流无法恢复到初始状态。但在这种情况下，可以用微分方程 (1.5.1) 来描述熵增，即 $dQ = q_{\text{eff}}dt$，其中 q_{eff} 是热传导和机械能耗散引起的热量；同时，根据方程 (1.2.7) 可知，熵增总是正的。从这个意义上说，每个粒子的过程是可逆的。

另一个非常重要的例子是关于非平衡流动的。在这种情况下，由于不可逆性或指定反应的方向，气体的熵总是增加的。熵增量可以通过方程 $Tds = \Phi dt \geqslant dQ$ 得到，其中 Φ 是状态函数。

然而，这种情况只适用于连续流。当流动参数变得不连续时 (如激波)，从一种状态到另一种状态的跳跃过渡就不能用微分关系来描述。虽然熵增满足条件 (1.5.2)，但可以通过假想的可逆过程的两个状态来确定。

先前关于实际过程的不可逆性 (一般) 和这些过程的熵增长的表述应该得到解释，因为无界流动经过物体相当于无界热力学系统。鉴于此，限定问题并进一步概括为：初始状态均匀分布的真实定常绝热气体流动中，从初态到终态的净熵增量总是正的。

尽管从热力学第二定律的本质上来看，这一结论是显而易见的，但是我们采用 1.2 节中一维平衡黏性流的特例来解释该结论。结合方程 (1.5.1)、方程 $(1.2.7)(q=0)$ 和方程 (1.2.11)，假定定常流动的 ρu 为常数，当 $x \to \pm\infty$ 时，导数为零。在极限域内积分，熵增可表达为

$$\Delta s = s(+\infty) - s(-\infty)$$

$$= \frac{1}{\rho u} \int_{-\infty}^{+\infty} \frac{1}{T} \left[\mu' \left(\frac{\partial u}{\partial x} \right)^2 + \frac{\lambda_{\text{eff}}}{T} \left(\frac{\partial T}{\partial x} \right)^2 \right] dx > 0 \tag{1.5.4}$$

这证明了我们上述的观点。

现在考虑一些特例。由于熵和焓是状态的函数，所以方程 (1.5.1) 可以表示如下：

$$T\frac{\partial s}{\partial l} = \frac{\partial h}{\partial l} - \frac{1}{\rho}\frac{\partial p}{\partial l} = \frac{\partial e}{\partial l} + p\frac{\partial \rho^{-1}}{\partial l} \tag{1.5.5}$$

该式在平衡流动中沿任何 l 方向成立。

如果连续流是可逆绝热的 ($q_{\text{eff}} = 0$)，也是等熵的，即每个粒子的熵是常数 (有时只有整个流动的熵是恒定的流动才称为是等熵的；这种单调等熵的流动将在下文详述)。此时 $T\mathrm{d}s = \mathrm{d}Q = 0$，以下的绝热方程成立：

$$T\frac{\mathrm{d}h}{\mathrm{d}t} - \frac{1}{\rho}\frac{\mathrm{d}p}{\mathrm{d}t} = \frac{\mathrm{d}e}{\mathrm{d}t} + p\frac{\mathrm{d}\rho^{-1}}{\mathrm{d}t} \tag{1.5.6}$$

理论上，用熵和压强而不是 (p, T)，(p, h) 等物理量作为独立的热力学基本变量通常是方便的。在这种情况下，$h = h(p, s)$ 是一个完备的状态方程，它决定了如下的其他基本变量：

$$\frac{1}{\rho} = \left(\frac{\partial h}{\partial p}\right)_s, \quad T = \left(\frac{\partial h}{\partial s}\right)_p \tag{1.5.7}$$

这与式 (1.5.1) 是一致的。理想气体中，结合克拉珀龙方程对式 (1.5.1) 积分，得到

$$s - s_0 = c_p \ln \frac{T}{T_0} - \frac{R}{\bar{M}} \ln \frac{p}{p_0} \tag{1.5.8}$$

其中，s_0，p_0，T_0 是该公式适用范围内的若干常数参数 (详见 10.3 节)。显然，该公式不能推广到超低温范围。根据式 (1.3.7)，上式可改写为

$$h = c_p T = \Theta(s) p^{\frac{\gamma-1}{\gamma}}, \quad \rho = \frac{\gamma}{\gamma-1}\Theta^{-1} p^{\frac{1}{\gamma}}, \quad \Theta(s) = \mathrm{e}^{\frac{s-s_0}{c_p}} \tag{1.5.9}$$

这种依赖关系称为绝热或等熵。对于宽域参数的实际气体，可用有效指数 γ_* 代替指数 γ (参见式 (1.3.8))。通常，差值 $\gamma_* - 1$ 小，因此沿等熵线的熵 (γ_*) 很弱 (图 1.13)，验证参数 γ_* 是可取有效的。

总之，公式 (1.5.1) 中微分 $\mathrm{d}s$ 关于 p 和 T 的混合导数相等，满足状态方程 (1.3.4)，得到基本的热力学的吉布斯 (Gibbs) 方程：

$$\rho\left(\frac{\partial h}{\partial p}\right)_T = \frac{T}{\bar{M}}\left(\frac{\partial \bar{M}}{\partial T}\right)_p \tag{1.5.10}$$

尤其从这个关系式可以得到，在常分子质量气体中，焓不能依赖于压强。

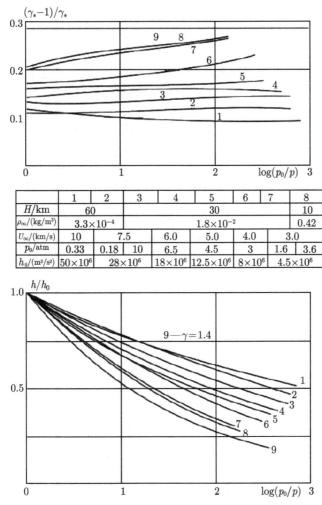

	1	2	3	4	5	6	7	8
H/km	60			30				10
$\rho_\infty/(\mathrm{kg/m^3})$	3.3×10^{-4}			1.8×10^{-2}				0.42
$U_\infty/(\mathrm{km/s})$	10	7.5		6.0	5.0	4.0	3.0	
p_0/atm	0.33	0.18	10	6.5	4.5	3	1.6	3.6
$h_0/(\mathrm{m^2/s^2})$	50×10^6		28×10^6	18×10^6	12.5×10^6	8×10^6	4.5×10^6	

图 1.13　等熵流动中的钝头体驻点处，不同 p_0 和 h_0 值下，h 和 γ_* 与压力的关系和大气飞行条件

1.6　声　速

声速是气体动力学的基本概念之一，气体速度与声速的相互关系很关键。一般地，通过简单的例子来阐述亚声速和超声速流动之间的本质区别。在 $t=0$ 时刻，静止气体中以速度 U 移动的质点 O 开始产生声音信号 (图 1.14)。显然，初始扰动的波阵面是半径为 at 的球面。在亚声速时 $(U<a)$，扰动超过声源，当 $t\to\infty$ 时，扰动充满整个空间；当 $U>a$ 时，现象完全不同。所有扰动都局限在**马赫锥**内，马赫锥的运动顶点 $x=Ut$ 位于声源位置，半锥角或马赫角 α^* 由下式

确定:

$$\sin\alpha^* = \frac{a}{U} = \frac{1}{M}, \quad \tan\alpha^* = (M^2-1)^{-1/2} \tag{1.6.1}$$

当声源以跨声速或声速运动且扰动波阵面几乎为平面时，就会出现一种特殊的情况 (通过观察图 1.14(a) 和 (b) 可以很容易地想象 M 在两个图中趋于统一)。

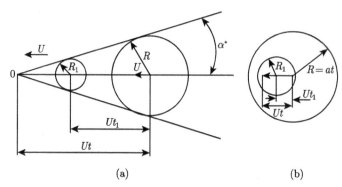

图 1.14　超声速 (a) 和亚声速 (b) 中声源扰动的传播

这个例子足以引起人们对这个问题的注意，尤其是在 1.2 节推导的原始方程中，没有直接引入声速。从声波传播速度的定义来看，声速是压力 (或其他物理量) 小扰动在气体内的传播。与之相反的是，熵扰动和气体粒子"冻结"在一起，并沿其粒子轨迹传播。假设静止气体中，压力扰动的波阵面沿 x 轴的传播速度为 D(图 1.15)，扰动波阵面前后的压力和密度分别为 p_1、ρ_1 和 p_2、ρ_2。

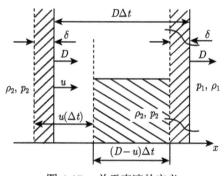

图 1.15　关于声速的定义

在贴体坐标系中，有限厚度的波阵面厚度为常数 δ，而且某些定常定律相关的参数扰动是连续的，波阵面位置为 $x' = x - Dt$。如果波阵面的外边界上没有黏性应力，则波阵面两侧的守恒定律与厚度无关 (详情见 1.7 节)。

假设一个由波阵面间距 $\Delta x = D\Delta t$ 限制的前后两个截面和单位面积圆柱面围成的气体微团,圆柱面与 x 轴同轴,微团质量为 $\rho_1 D\Delta t$。由于存在压差 $\Delta p = p_2 - p_1$,波阵面后的气体速度为 u;因此,流动经过波阵面后,当 $u > 0$ 时,气体质量的体积减小到 $(D - u)\Delta t$ (当 $u < 0$ 时体积增大)。

这个流动微团满足质量、动量和能量守恒律,则波阵面前后满足关系式:

$$\rho_2(D - u) = \rho_1 D, \quad p_2 - p_1 = \rho_1 Du, \quad \rho_1 D\left(e_2 - e_1 + \frac{1}{2}u^2\right) = p_2 u \quad (1.6.2)$$

通过消除这些方程中的速度,可以得到波阵面两侧气体的热力学参数之间的关系:

$$\frac{\Delta p}{\Delta \rho} = \frac{p_2 - p_1}{\rho_2 - \rho_1} = \frac{\rho_1}{\rho_2}D^2, \quad e_2 - e_1 = \frac{1}{2}\left(\frac{1}{\rho_1} - \frac{1}{\rho_2}\right)(p_1 + p_2) \quad (1.6.3)$$

这些公式适用于任意强度的波阵面。通过取极限来定义声速:

$$a^2 = \lim D^2 = \lim \frac{\Delta p}{\Delta \rho} = \frac{\partial p}{\partial \rho}, \quad \Delta p, \Delta \rho \to 0 \quad (1.6.4)$$

在这里,我们故意省略了导数的下标,因为这个导数所涉及的过程还没有建立。

关系式 (1.6.2) 已经被写为沿着 x 轴的正方向波阵面的运动。一般情况下,取 $D > 0$:

$$p_2 - p_1 = \pm\rho_1 Du \to \pm\rho_1 au \quad (1.6.5)$$

其中,"$\pm$" 分别表示扰动从左往右或从右往左传播 (图 1.15)。方程 (1.6.3) 与传播方向无关。

现在讨论导数 $\partial p/\partial \rho$ 以及声速可能的定义。为此,将双参数的状态方程 $\rho = \rho(p, s) = \rho(p, T)$ 展开为

$$\Delta \rho = \left(\frac{\partial \rho}{\partial p}\right)_s \Delta p + \left(\frac{\partial \rho}{\partial s}\right)_p \Delta s = \left(\frac{\partial \rho}{\partial p}\right)_T \Delta p + \left(\frac{\partial \rho}{\partial T}\right)_p \Delta T \quad (1.6.6)$$

特别地,牛顿认为声波中的压缩膨胀过程是等温的。对应的等温声速为 $a_T = (\partial p/\partial \rho)^{1/2}$,或者理想气体为 $a_T^2 = p/\rho$,这低于实验值[①]。

假设流动过程是等温的,这意味着存在一个强烈的温度均衡过程。同时,忽略气体中能量辐射的影响 ($T \leqslant 10000K$ 时能量辐射很小),并假设耗散仅影响扰动波阵面的内部结构,可以认为穿过波阵面的流动是绝热的,满足方程 (1.6.3) 得到的绝热方程 $\Delta e = -p\Delta(1/\rho)$。而且,下文将证明波阵面区域内耗散引起的熵增 (关系式 (1.5.4)) 也是很小的,所以认为波阵面也是等熵的 (不考虑特例,比如高

---

① 牛顿用大气中的悬浮颗粒和水蒸气来解释这种差异。有趣的是,可以引用空气动力学领域的著名科学家 von Karman(1947) 的评论: 有趣的是,即使是这样的天才也会屈服于诱惑,用一厢情愿的想法来解释理论和实验之间的本质差异。

频噪声振荡的衰减过程熵增很重要). 展开式 (1.6.6) 中取 $\Delta s = 0$, 则得到绝热或等熵的声速 a_e:

$$\frac{1}{a_e^2} = \left(\frac{\partial \rho}{\partial p}\right)_s \tag{1.6.7}$$

为了解释声速是如何引入运动方程的, 可以想象一个瞬时参数分布的流场. 然后, 基于 1.2 节中的方程可以确定空间和时间导数, 并根据增量 $\Delta \rho = (\partial \rho / \partial t)\Delta t$ 等得到下一时刻的解. 导数 $\partial p / \partial t$ 还是没有引入这些方程中, 因此增量 Δp 只能由状态方程 (1.6.6) 确定, 如下所示:

$$\frac{\mathrm{d}\rho}{\mathrm{d}t} - \frac{1}{a_e^2}\frac{\mathrm{d}p}{\mathrm{d}t} = \rho Q_e$$

$$Q_e = \frac{1}{\rho}\left(\frac{\partial \rho}{\partial s}\right)_p \frac{\mathrm{d}s}{\mathrm{d}t} = \left(\frac{\partial \rho}{\partial s}\right)_p \frac{q}{\rho T} = \left(\frac{\partial \rho}{\partial h}\right)_p \frac{q}{\rho} \tag{1.6.8}$$

其中, 右端的 Q_e 是状态和外部热源的函数, 当 $q = 0$ 时, 这一项完全消除. 用第二个关系式 (1.6.6) 和等熵声速可以得到同样的结果, 包括微分 $\mathrm{d}T/\mathrm{d}t$. 用方程 (1.5.1) 来消除这个导数, 又会得到方程 (1.6.8), 尽管形式更复杂.

扰动传播速度必须满足气体动力学, 如后文所述, 它等于 a_e.

理想气体中, 可以得到一系列的公式 (式 (1.3.2), 式 (1.5.9), 式 (1.4.4))

$$a^2 = a_e^2 = \gamma \frac{RT}{\bar{M}} = \gamma \frac{p}{\rho} = (\gamma - 1)h = (\gamma - 1)\Theta(s)p^{(\gamma-1)/\gamma}$$

$$= \frac{\gamma}{3}\langle V^2 \rangle \left(\Theta = \exp\left(\frac{s - s_0}{c_p}\right)\right) \tag{1.6.9}$$

其中, $\langle V^2 \rangle$ 是随机分子运动速度均方根的平方 (参见 1.4 节), 与声速同量级. 显然, 等熵流的声速随着压力的增加而增加, 这种情况确定了平衡气流的一些基本性质. 在一般情况下, 基于现有的热力学定律无法得到这种结论, 但对于所有已知的气体, 条件 $(\partial a_e^2 / \partial p)_s > 0$ 都是成立的.

一般来说, 气体动力学过程的基本性质, 例如扰动的产生和传播 (尤其是冲击波), 由比容 ρ^{-1} 相对压力的第二熵导数决定, 而不是由导数 $(\partial a_e^2 / \partial p)_s$ 决定. 更具体地说, 气体动力学的基本假设可以由以下条件表示:

$$\left(\frac{\partial^2 \rho^{-1}}{\partial p^2}\right)_s = -\left[\frac{\partial \rho^{-2} a_e^{-2}}{\partial p}\right]_s \frac{2A}{\rho^3 a_e^4} > 0$$

$$A = 1 + \frac{\rho}{2}\left(\frac{\partial a_e^2}{\partial p}\right)_s = \frac{\gamma + 1}{2} \tag{1.6.10}$$

这个条件比前一个条件弱，适用于所有已知的气体。后一个表达式 A 是理想气体的写法。

最后，与理想气体的情况类似，一般气体条件下声速可以表示为

$$a_e^2 = \gamma_e \frac{p}{\rho}, \quad \gamma_e = \gamma_e(p, T) = \gamma_e(p, h) \tag{1.6.11}$$

空气的平衡声速系数 γ_e 如图 1.10 所示。很明显，一般情况下，$\gamma_e \neq \gamma_* \neq \gamma_c$(见 1.3 节)。将状态方程 (1.3.8) 代入微分方程 (1.6.6)，即可得到这些量之间的关系：

$$\frac{1}{\gamma_e} = \frac{1}{\gamma_*} - \left[p \frac{\partial \ln\left(\frac{\gamma_* - 1}{\gamma_*}\right)}{\partial p} + \frac{\gamma_* - 1}{\gamma_*} h \frac{\partial \ln\left(\frac{\gamma_* - 1}{\gamma_*}\right)}{\partial h} \right]_s \tag{1.6.12}$$

由于 γ_* 仅微弱地依赖于其自变量，因此 γ_e 和 γ_* 之间的差异很小，并且为了估计 p 和 T 的有界范围，可以用有效的理想气体来代替真实气体，例如，绝热方程 (1.5.9) 中使 $\gamma_e = \gamma_*((\gamma_* - 1)$ 很小，反之亦然)。

针对最常见的状态方程形式 (依赖于 p 和 T)，我们推导出声速的一般表达式。除方程 (1.6.6) 外，还使用以下形式的绝热或等熵公式：

$$dh = c_p dT + \left(\frac{\partial h}{\partial p}\right)_T dp = \frac{dp}{\rho}, \quad c_p = \left(\frac{\partial h}{\partial T}\right)_p \tag{1.6.13}$$

所以，回到公式 (1.3.6) 中，可以得到

$$\left(\frac{\partial T}{\partial p}\right)_s = \frac{1}{c_p} \left[\frac{1}{\rho} - \left(\frac{\partial h}{\partial p}\right)_T \right] = \frac{c_p - c_v}{c_p} \left(\frac{\partial T}{\partial p}\right)_\rho \tag{1.6.14}$$

所以方程 (1.6.6) 可以重写为

$$\left(\frac{\partial \rho}{\partial p}\right)_s = \left(\frac{\partial \rho}{\partial p}\right)_T \cdot \left[1 + \left(\frac{\partial \rho}{\partial T}\right)_p \left(\frac{\partial p}{\partial \rho}\right)_T \left(\frac{\partial T}{\partial p}\right)_\rho \frac{c_p - c_v}{c_p} \right] \tag{1.6.15}$$

方括号中的导数的乘积等于 -1；通过对复合函数 $\rho = \rho[T, p(T, \rho)]$ 进行微分，可以证明上述观点是成立的。因此，可以得到

$$a_e^2 = \left(\frac{\partial p}{\partial \rho}\right)_s = \frac{c_p}{c_v} a_T^2, \quad a_T^2 = \left(\frac{\partial p}{\partial \rho}\right)_T \tag{1.6.16}$$

由于 $c_p > c_v$，所以等熵流动的声速始终大于等温流动的声速。

总之，我们将探讨等温条件下扰动的传播问题。为此，假设一个有限厚度的声源波阵面，气体与未受干扰的介质间会根据定律 $q = \alpha(T_1 - T)$ 进行密集的热

交换，仅能确定方程 (1.6.8)。但是，热交换系数很大时，即 $\alpha \to \infty$，得到 $T_1 \to T$。因此，式 (1.6.6) 中 $\Delta T = 0$，并用等温声速的关系式 $a_T^2 \dfrac{\mathrm{d}\rho}{\mathrm{d}t} = \dfrac{\mathrm{d}p}{\mathrm{d}t}$ 替换式 (1.6.8)。另一方面，对于有限小的 $T_1 - T$，方程 (1.6.8) 的有效性是毋庸置疑的。非平衡过程所有重要的问题将在 11.4 节中阐明。

1.7   流体和气体运动的积分方程: 一个简单的例子

运动的积分方程直接遵循质量、动量和能量守恒定律。我们将尽可能使用这些定律的一般形式，而不涉及所考虑介质的具体性质。

一般情况下，守恒定律应用于以控制面 Σ 为边界的运动控制体 Ω，气体在控制面 Σ 的法向速度为 U_n。如果 $\boldsymbol{n}$ 是面元的外法线 (图 1.16 (a) 和 (b)))，而 $\boldsymbol{U}_\Sigma$ 是固连在面元 $\mathrm{d}\Sigma$ 坐标系中的气体速度，则它们的标量积为 $\boldsymbol{n} \cdot \boldsymbol{U}_\Sigma = -U_n$。因此，在较小的时间间隔 $\mathrm{d}t$ 内，穿过这个面元 $\mathrm{d}\Sigma$ 有质量交换，质量为 $\rho U_n \mathrm{d}\Sigma \mathrm{d}t$ 的流体从控制体中流入 $(U_n > 0)$ 或流出 $(U_n < 0)$，并伴随着动量、能量以及物质组分的转移。

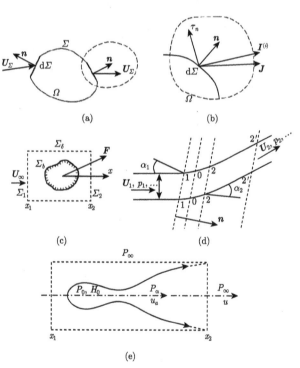

图 1.16   关于积分守恒定律和运动方程的推导

对于二维流动, 流体参数与垂直于绘图平面的 z 轴无关, 控制体 Ω 被限制在两个 z 为常数的平面层之间, 两个平面层之间的宽度为单位长度。控制体 Ω 在两个面上的流动互相补偿。

1.7.1 质量守恒定律

在没有内部质量源的情况下, 体积 Ω 中气体质量的变化只取决于流过表面 Σ 的气体质量。因此,

$$\frac{\partial}{\partial t}\left(\int_{\Omega} \rho \mathrm{d}\Omega\right) = \int_{\Sigma} \rho u_n \mathrm{d}\Sigma \tag{1.7.1}$$

自然, 在这种情况下, 没有内部质量源和扩散质量流通过边界; 但是, 如果为密度 ρ_i 写一个类似的方程 (方程 (1.2.8) 的对应项), 则其右侧将以表面积分和体积积分的形式包含这些项。

1.7.2 动量守恒定律

如果控制体 Ω 有固定质量, 并被一个流体表面包围, 根据牛顿定律, 它的总加速度是所有外部表面力 $\boldsymbol{p}_n$ 和某些体积力 $\rho\boldsymbol{g}$ 的总和 (积分)。但通常情况下, 控制体的质量是变化的, 因此还应考虑控制体内气体动量的变化情况。为此, 只要将气体的这一部分表示成一个单独的个体, 并考虑总动量是各项的矢量和这一事实就足够了。

单位体积的动量为 $\rho\boldsymbol{U}$, 则经历 $\mathrm{d}t$ 时间, 通过面元 $\mathrm{d}\Sigma$ 上的动量等于 $\rho U_n \boldsymbol{U} \mathrm{d}\Sigma \mathrm{d}t$, 因此我们得到控制体 Ω 的动量守恒积分方程如下:

$$\frac{\partial}{\partial t}\left(\int_{\Omega} \rho \boldsymbol{U} \mathrm{d}\Omega\right) = \int_{\Sigma} (\rho u_n \boldsymbol{U} + \boldsymbol{p}_n)\mathrm{d}\Sigma + \int_{\Omega} \rho \boldsymbol{g} \mathrm{d}\Omega$$
$$\boldsymbol{p}_n = -\boldsymbol{n}p + \boldsymbol{\tau}_n \tag{1.7.2}$$

与 1.2 节中相同, p 是压力; $\boldsymbol{\tau}_n$ 是黏性应力。

1.7.3 能量方程

推导能量方程不需要额外的主要假设。在时间 $\mathrm{d}t$ 内, 每个表面单元处, 外力对控制体 Ω 的气体做功为 $\boldsymbol{p}_n \cdot \boldsymbol{U} \mathrm{d}\Sigma \mathrm{d}t$。此外, 通过该区域的能量为 $\rho U_n E \mathrm{d}\Sigma \mathrm{d}t$, 其中 E 是每个单位质量气体的总能量 (内能和动能)。由于热传导和各种具有不同能量分子的扩散, 存在耗散通量 $\boldsymbol{J}$。如果这些向量的法向量为正, $J_n > 0$, 则控制体内的能量减少, 反之亦然。考虑到外部热源 q, 得到以下积分形式的能量

守恒方程：

$$\frac{\partial}{\partial t}\left(\int_{\Omega}\rho E\mathrm{d}\Omega\right)=\int_{\Sigma}(\rho u_n E+\boldsymbol{p}_n\cdot U-J_n)\mathrm{d}\Sigma+\int_{\Omega}\rho(\boldsymbol{g}\cdot U+q)\mathrm{d}\Omega$$

$$E=e+\frac{1}{2}u^2,\quad J_n=\boldsymbol{n}\cdot\boldsymbol{J} \tag{1.7.3}$$

方便起见，将以上得到的系统写成广义向量形式：

$$L_\chi=\frac{\partial}{\partial t}\int_{\Omega}\chi\mathrm{d}\Omega-\int_{\Sigma}U_n\chi\mathrm{d}\Sigma=\int_{\Sigma}P_\chi\mathrm{d}\Sigma+\int_{\Omega}Q_\chi\mathrm{d}\Omega \tag{1.7.4}$$

其中，L_χ 表示方程左侧的算子，而未知函数 χ 和表面力 P_χ 的广义向量形式为

$$\chi=[\rho,\rho\boldsymbol{U},\rho E]^{\mathrm{T}},\quad P_\chi=[0,\boldsymbol{p}_n,\boldsymbol{p}_n\cdot\boldsymbol{U}-J_n]^{\mathrm{T}}$$

$$Q_\chi=[0,\rho\boldsymbol{g},\rho q+\rho(\boldsymbol{g}\cdot\boldsymbol{U})]^{\mathrm{T}} \tag{1.7.5}$$

式中，上标 T 表示矩阵的转置。

将这些量代入式 (1.7.4)，我们可得到先前的方程。

对所得的方程进行两点说明。第一个与表面为 $\mathrm{d}\Sigma_b$ 的物体相关，它被外部控制面 (图 1.16(c) 中 $\Sigma=\Sigma_1+\Sigma_2+\Sigma_\delta$) 所包围。在这种情况下，控制体 Ω 受到表面 Σ 和 Σ_b 的限制，式 (1.7.4) 中的面积分应取整个表面的值 $\Sigma'=\Sigma+\Sigma_b$。但是，可以将表面 Σ_b 上的积分分离出来，以强调物体对流动的积分作用。然后动量方程的形式是

$$L_u=\frac{\partial}{\partial t}\int_{\Omega}\rho\boldsymbol{U}\mathrm{d}\Omega-\int_{\Sigma}\rho u_n\boldsymbol{U}\mathrm{d}\Sigma=\int_{\Sigma}\boldsymbol{p}_n\mathrm{d}\Sigma-\boldsymbol{F},\quad \boldsymbol{F}=\int_{\Sigma_b}\boldsymbol{p}_n\mathrm{d}\Sigma \tag{1.7.6}$$

在这里以及接下来的内容中，省略了带有 $\rho\boldsymbol{g}$ 的项；它们在气体动力学中的作用将在本节末尾讨论。

在前面的方程中，向量 $\boldsymbol{F}$ 表示作用在物体上的力。在确定这一力时，我们选择了 Σ_δ 表面法向 $\boldsymbol{n}$ 的外方向。因此，这里 $\boldsymbol{p}_n$ 是流体作用在物体表面上的应力。在二维流中，根据本节开头所做的保留，力 $\boldsymbol{F}$ 与单位宽度的物体 (例如机翼) 有关。在一般情况下，控制体只包含物体表面与平面 Σ 和 Σ_δ 相交的一部分。在这种情况下，表面 Σ 上的积分应仅在物体占据的区域外进行，而力 $\boldsymbol{F}$ 仅与区域 Ω 内的部分体积有关。

我们还注意到,施加在表面上并在式 (1.7.6) 中使用的条件 $u_n=0$,仅在没有表面注入气体的情况下才是合理的;否则,进入的气体动量会影响气体体积的总动量。在其他方程中,Σ_δ 表面上的相应积分表示气体组分的质量通量、能量通量等;它们可能是由表面扩散、热传导或气体注入而引起的。

第二点涉及这样一个事实:方程 (1.7.4) 中显示出现的当地速度 U 与坐标系的选取有关 (与穿过区域 $d\Sigma$ 的法向速度 U_n 相反)。需要关注的问题是当方程从一个坐标系转换到另一个坐标系时,方程将如何变化。我们将证明,对于任何惯性坐标变换 (但仅限于惯性坐标变换),方程不会改变其形式,其中速度根据以下定律进行变换:

$$\boldsymbol{U} = \boldsymbol{U}_0 + \boldsymbol{U}', \quad \boldsymbol{U}_0 = \text{const} \tag{1.7.7}$$

其中,$\boldsymbol{U}'$ 是新坐标系中的气体速度;$\boldsymbol{U}_0$ 是新坐标系相对于旧坐标系的速度。对于连续性方程 (1.7.1),这个结果是明显的,因为合速度根本没有进入该方程。现在考虑式 (1.7.2)。为了强调惯性条件在式 (1.7.7) 中的重要性,我们将考虑函数 $\boldsymbol{U}_0$ 的时间依赖性 (令 $\boldsymbol{U}_0 = \boldsymbol{U}_0(t)$),而不是它的空间依赖性 (例如,不包括这些坐标系的相对旋转)。显然,力 $\boldsymbol{p}_n$ 对于任何坐标变换都是不变的;因此,我们可以只考虑算子 $L_U(\boldsymbol{U})$ 的变换:

$$L_U(\boldsymbol{U}) = \frac{\partial}{\partial t}\left(\int_\Omega \rho \boldsymbol{U} d\Omega\right) - \int_\Sigma \rho u_n \boldsymbol{U} d\Sigma$$

$$= L_U(\boldsymbol{U}') + \boldsymbol{U}_0 L_\rho + M\frac{d\boldsymbol{U}_0}{dt}, \quad M = \int_\Omega \rho d\Omega \tag{1.7.8}$$

其中,算子 $L_U(\boldsymbol{U}')$ 是从算子 $L_U(\boldsymbol{U})$ 中用 $\boldsymbol{U}'$ 来代替 $\boldsymbol{U}$ 得到的;而算子 L_ρ 是连续性方程 (1.7.4) 形式的左侧,等于零;最后一项是气体体积 Ω 作为质量为 M 的固体的加速度,由于对坐标系进行了非惯性变换,这导致在动量方程中出现了惯性力。然而,对于定常速度 $\boldsymbol{U}_0$,这项也消失了,$L_U(\boldsymbol{U}) = L_U(\boldsymbol{U}')$,也就是说,动量方程保持了它的形式。

很容易证明,对于依赖于坐标的速度 $\boldsymbol{U}_0$,表达式 (1.7.7) 变得过于烦琐。接下来,我们将仅对恒定速度 $\boldsymbol{U}_0$ 变换能量方程 (1.7.3),把等式左侧的单一运算符中与 U 有关的项组合在一起。然后,针对等式

$$u^2 = \boldsymbol{U} \cdot \boldsymbol{U} = u_0^2 + 2 \cdot \boldsymbol{U}_0 \cdot \boldsymbol{U}' + (u')^2 \tag{1.7.9}$$

得到

$$\bar{L}_E(\boldsymbol{U}) = \frac{1}{2}\frac{\partial}{\partial t}\left(\int_\Omega \rho \boldsymbol{U}\cdot\boldsymbol{U}\mathrm{d}\Omega\right) - \int_\Sigma\left(\frac{1}{2}\rho u_n\boldsymbol{U}\cdot\boldsymbol{U} + \boldsymbol{p}_n\cdot\boldsymbol{U}\right)\mathrm{d}\Sigma$$

$$= \bar{L}_E(\boldsymbol{U}') + \frac{1}{2}u_0^2 L_\rho + \boldsymbol{U}_0\left[L_u(\boldsymbol{U}') - \int_\Sigma \boldsymbol{p}_n\mathrm{d}\Sigma\right] = \bar{L}_E(\boldsymbol{U}') \tag{1.7.10}$$

这里，运算符 $\bar{L}_E$ 比式 (1.7.4) 中的 L_E 长。根据式 (1.7.2)，考虑到 $L_\rho=0$ 和新坐标系中最后括号中表达式的消失，因此，这一说法得到了证实。(式 (1.7.3) 中的 ρg 和 J_n 项在推导过程中被省略，对这个结果显然没有影响。)

　　一般情况下，很难使用由此导出的积分方程来解决特定的问题；然而，有时它们有可能获得完整的结果。作为概括 1.6 节结果的示例，我们将得到有关均匀气体定常流动扰动传播的斜波阵面前后状态的表达式。因为这些关系在任何惯性坐标系中都是不变的，考虑将坐标固连在波阵面上，这种冻结模式如图 1.16(d) 所示。这里，所有参数在平面 1-1 上都是常数，平行于波阵面，仅沿法向 $\boldsymbol{n}$ 变化。所有流线，即粒子轨迹 1-0-2，都可以通过沿波阵面平移而重合。在流线上没有任何质量的转移 (如在光滑、隔热的管壁上)；也没有任何源项。

　　我们将控制体限制在平面 1-1 和 2-2 以及两条流线 1-0-2 上。设 v_n 是穿过波阵面的法向流速，$\boldsymbol{n}$ 是与流动平行、垂直于波阵面的单位方向矢量，J 是沿着法向的矢量 $\boldsymbol{J}$ 的大小，$\boldsymbol{\tau}$ 为沿法线方向作用在平面上的黏性摩擦矢量。显然，$v_{n1} = D$ 是波阵面通过气体传播的法向速度 (1.6 节)。那么我们有

$$-\boldsymbol{n}_1 = \boldsymbol{n}_2 = \boldsymbol{n}, \quad u_{n1} = v_{n1}, \quad u_{n2} = -v_{n2}$$

$$\boldsymbol{\tau}_{n1} = -\boldsymbol{\tau}_1, \quad \boldsymbol{\tau}_{n2} = \boldsymbol{\tau}_2, \quad J_{n1} = -J_1, \quad J_{n2} = J_2 \tag{1.7.11}$$

应用式 (1.7.4)，我们得到了体积末端部分的流动参数之间的关系：

$$\rho_2 v_{n2} = \rho_1 v_{n1} = m, \quad v_n = \boldsymbol{n}\cdot\boldsymbol{U}$$

$$\rho_2 v_{n2}\boldsymbol{U}_2 + p_2\boldsymbol{n} - \boldsymbol{\tau}_2 = \rho_1 v_{n1}\boldsymbol{U}_1 + p_1\boldsymbol{n} - \boldsymbol{\tau}_1$$

$$\rho_2 v_{n2}E_2 + p_2 v_{n2} - \boldsymbol{\tau}_2\boldsymbol{U}_2 + J_2 = \rho_2 v_{n2}H_2 - \boldsymbol{\tau}_2\boldsymbol{U}_2 + J_2$$

$$= \rho_1 v_{n1}H_1 - \boldsymbol{\tau}_1\boldsymbol{U}_1 + J_1 + mq_m$$

$$H = E + \frac{p}{\rho} = h + \frac{u^2}{2}, \quad h = e + \frac{p}{\rho} \tag{1.7.12}$$

其中，H 是气体的总焓，它在气体动力学中起着重要的作用；q_m 是指流入控制面之间的控制体的总热流量，与通过表面的质量流量 m 相关。

这些方程总是有一个平凡解, 在这个解中没有波阵面 ($p_2 = p_1$, $\boldsymbol{\tau} = 0$, $\boldsymbol{J} = 0$, 依此类推). 在下面的内容中, 我们将证明它们有一个更重要的解, 对应于代表气体动力学基本现象之一的激波.

现在, 我们将根据控制体边界上的流动参数, 得到无黏定常流中作用在物体上的力 $\boldsymbol{F}$ 的表达式 (图 1.16(c)). 将力 $\boldsymbol{F}$ 分解成两个分量, $\boldsymbol{X}$ 方向沿着 x 轴, 与自由流速度 $\boldsymbol{U}_\infty$ 平行, $\boldsymbol{Y}$ 与它正交. 我们将沿 x 方向的速度记为 u, 垂直于 x 方向的速度记为 $\boldsymbol{U}_N$. 然后, 将有 $\partial/\partial t = 0$ 的方程 (1.7.6) 投影到 x 轴上, 得到标量方程:

$$X = -\int\limits_{\Sigma_b} p n_x \mathrm{d}\Sigma = \int\limits_{\Sigma} (\rho u_n u - p n_x) \mathrm{d}\Sigma \tag{1.7.13}$$

$\boldsymbol{Y}$ 的表达式保持矢量 (此处, $\boldsymbol{n}_N$ 是法线 $\boldsymbol{n}$ 在 $x = \mathrm{const}$ 平面上的投影):

$$\boldsymbol{Y} = -\int\limits_{\Sigma_b} p \boldsymbol{n}_N \mathrm{d}\Sigma = \int\limits_{\Sigma} (\rho u_n \boldsymbol{U}_N - p \boldsymbol{n}_N) \mathrm{d}\Sigma \tag{1.7.14}$$

与外控制面 Σ 不同的是, 体表 Σ_b 的法线是指向流体内部的.

这些关系的缺点是当控制体膨胀时, 每一项的形式具有无界性; 因此, 有必要用无界量的差值去定义一个有限力. 为了避免这种情况, 我们将有 $\partial/\partial t = 0$ 的方程 (1.7.1) 乘以 U_∞, 然后从方程 (1.7.13) 中减去结果, 并在前面的表达式中的积分符号下引入自由流压力 p_∞ (p_∞ 在闭曲面上的积分等于零). 因此, 我们得到

$$X = \int\limits_{\Sigma} [\rho u_n (u - u_\infty) - n_x (p - p_\infty)] \mathrm{d}\Sigma \tag{1.7.15}$$

$$\boldsymbol{Y} = \int\limits_{\Sigma} [\rho u_n \boldsymbol{U}_N - (p - p_\infty) \boldsymbol{n}_N] \mathrm{d}\Sigma \tag{1.7.16}$$

从一般的物理学观点来看, 我们有充分的理由相信, $u - u_\infty, p - p_\infty$ 和 U_N 在远离物体的地方会衰减, 这种情况应针对每个特定问题进行证明, 当控制面无边界扩展时, 可以确保积分的收敛.

横向矢量力 $\boldsymbol{Y}$ 可以在一些横向轴上分解, 例如沿 y 轴和 z 轴上的单位矢量 $\boldsymbol{j}$ 和 $\boldsymbol{k}$, 如下:

$$\boldsymbol{Y} = \boldsymbol{j} Y_y + \boldsymbol{k} Y_z \tag{1.7.17}$$

这里, Y_y 和 Y_z 是 $\boldsymbol{Y}$ 的分力.

我们将选择一个与 x 轴同轴的圆柱控制体作为例子. 体积由端面 Σ_1 和 Σ_2 以及侧面 Σ_δ 围成 (图 1.16(c)); 我们将 Σ_δ 上的径向或法向气体速度表示为 $v_r =$

$-U_{n\delta}$。在两端面上，有 $U_{n1} = u_1$、$n_{x1} = -1$、$U_{n2} = -u_2$、$n_{x2} = 1$ 和 $n_{x\delta} = 0$。在这种情况下

$$X = -\int_{\Sigma_2} [\rho u(u_\infty - u) - (p - p_\infty)]\mathrm{d}\Sigma + \int_{\Sigma_1} [\rho u(u_\infty - u) - (p - p_\infty)]\mathrm{d}\Sigma$$

$$+ \int_{\Sigma_\delta} \rho v_r(u_\infty - u)\mathrm{d}\Sigma \tag{1.7.18}$$

$$\boldsymbol{Y} = \int_{\Sigma_1} \rho u \boldsymbol{U}_N \mathrm{d}\Sigma - \int_{\Sigma_2} \rho u \boldsymbol{U}_N \mathrm{d}\Sigma - \int_{\Sigma_\delta} [\rho v_r \boldsymbol{U}_N + (p - p_\infty)\boldsymbol{n}_N]\mathrm{d}\Sigma \tag{1.7.19}$$

这种控制体的质量守恒定律的形式为

$$\int_\Sigma \rho u_n \mathrm{d}\Sigma = \int_{\Sigma_1} \rho u \mathrm{d}\Sigma - \int_{\Sigma_2} \rho u \mathrm{d}\Sigma - \int_{\Sigma_\delta} \rho v_r \mathrm{d}\Sigma = 0 \tag{1.7.20}$$

如果侧面 Σ_δ 上的流动未受干扰 $(v_r = 0, U_N = 0, p = p_\infty, u = u_\infty)$，那么在式 (1.7.18) $\sim$ 式 (1.7.20) 中，所有 Σ_δ 上的积分都为零；此外，如果入口表面 Σ_1 上的流量未受干扰，那么式 (1.7.18) 和式 (1.7.19) 中的第一项也将消失。这种情况在超声速流动中很常见。仅在控制体包围主体一部分的情况下才需要保留 (例如，被平面 Σ_2 截断的前半部分的截面积为 s_b)。然后，如前所述，Σ_2 的积分应在区域 $\Sigma_2 - s_b$ 上进行，而关于 X 的式 (1.7.15) 和式 (1.7.18) 必须在其右侧包含 $p_\infty s_b$ 项。因此，与式 (1.7.18) 不同的是，对于 Σ_2 和 Σ_δ 上的未扰动流，我们得到

$$X = \int_{\Sigma_2 - s_b} [\rho u(u_\infty - u) - (p - p_\infty)]\mathrm{d}\Sigma + p_\infty s_b \tag{1.7.21}$$

最后，我们将讨论火箭发动机推力 T 的问题。在图 1.16(e) 中，我们绘制了从发动机喷嘴喷入周围介质 (即静止气体) 的射流。显然，在这种情况下，$U_\infty = 0$，而除了 Σ_2 面上，任何地方均有 $u=0$。

由式 (1.7.18)，有如下形式：

$$T = \int_{\Sigma_2} [\rho u^2 + (p - p_\infty)]\mathrm{d}\Sigma \to \int_{\Sigma_2} u \mathrm{d}G \tag{1.7.22}$$

后一个公式适用于较远的区域，即喷流压力等于周围区域的喷流压力 $(p = p_\infty)$。这里，$\mathrm{d}G = \rho u \mathrm{d}\Sigma$ 是气体流量单元。对于最远的截面，由于周围气体的黏性喷射，射流速度超过了初始 G_0，因此，式 (1.7.22) 给出了黏性射流的守恒定律。

但即使忽略黏度影响, 由式 (1.7.22) 可知, 在其他条件相同的情况下, 发动机推力随射流速度的增大而增大; 特别是当局部速度 U 与喷嘴轴线的夹角减小时, 发动机推力增大, 因为 $u = U \cos \theta$。

下面我们强调积分方程的一些重要特征。

首先, 它们只反映了连续介质的一般守恒定律, 与介质的其他特殊性质无关。

其次, 在推导方程时, 函数的连续性和可微性都没有用到; 它们在气体体积内或其边界处可保持任意量的气体动力学不连续性。

总之, 我们将对物体质量、力的作用和可能的性质作一些说明, 在一般情况下, 质量、力进入动量和能量方程 (项 ρg 和 $\rho g \cdot U$)。这些力中最传统的是重力以及其产生的重力加速度 g。然而, 对于气体, 甚至对于一般流体而言, 重力作用仅对低速运动是至关重要的 (这将在 1.12 节中展示)。同时, 在非等温气体和流体介质中, 在自然对流的产生过程中, 重力虽然不起决定性的作用, 但其作用不可忽视。

其他体积力也可以存在, 比如, 电磁力作用于运动中的等离子体 (包含自由电子和离子的介质)。此外, 在描述多相流 (如含尘气体的多相流) 时, 每一相都被视为一个独立的连续介质, 而各相之间的相互作用则被每一相的适当体积力所代替 (Rakhmatullin, 1965)。这些问题超出了本书的范围, 因此, 在下面的内容中, 除非专门涉及, 我们将不再考虑体积力 (包括重力)。

1.8 流体介质运动学的若干问题: 向量微分算子

在推导方程的微分形式之前, 首先考虑流体介质运动学的若干重要问题。运动学描述了几何的流型, 而微分向量算子 (如速度散度等) 使得将运动方程写成紧凑的、参考系固定的形式成为可能。

1.8.1 粒子轨迹和流线

流体粒子轨迹可以用其坐标随时间变化的形式来表示。例如, 在直角笛卡儿坐标系中

$$x = x^*(t), \quad y = y^*(t), \quad z = z^*(t)$$

$$u = \frac{\mathrm{d}x^*}{\mathrm{d}t}, \quad v = \frac{\mathrm{d}y^*}{\mathrm{d}t}, \quad w = \frac{\mathrm{d}z^*}{\mathrm{d}t} \tag{1.8.1}$$

其中, u, v 和 w 是瞬时速度 U 在相应坐标轴上的投影。这些关系决定了时空中的速度场。向量 $U(t, x, y, z)$ 的包络线, 或这些向量在每个点的切线, 称为瞬时流线 (图 1.17(a))。瞬时流线可以表达为一组斜率系数:

$$\frac{\mathrm{d}y}{\mathrm{d}x} = \frac{v}{u}, \quad \frac{\mathrm{d}z}{\mathrm{d}x} = \frac{w}{u}, \quad \frac{\mathrm{d}z}{\mathrm{d}y} = \frac{w}{v} \tag{1.8.2}$$

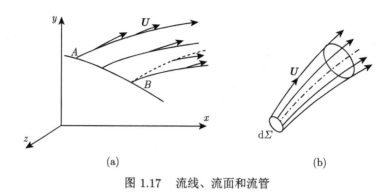

图 1.17　流线、流面和流管

穿过流线生成器 AB 的流线形成流面, 如果 AB 是闭合的, 则流面形成一个流管 (图 1.17(b))。

在非定常流动中, 流线一般与粒子轨迹 (迹线) 不重合 (如图 1.17(a) 中的虚线)。但在定常流动中, 流线和迹线重合, 流线、流面和流管能够显示流动。在任意的曲线坐标系 $x_i(i = 1,2,3)$ 中, 迹线可以表述为 $x_i = x_i^*(t)$, 但对应的速度分量 u_i 一般不等于 $\mathrm{d}x_i^*/\mathrm{d}t$, 即 $u_i \neq \mathrm{d}x_i^*/\mathrm{d}t$ (见 1.13 节)。

粒子的轨迹也可以由初始时刻 $t = t_0$ 时的拉格朗日坐标 x_0^*、y_0^*、z_0^* 来确定, 与原来的欧拉坐标 x、y 和 z 不同。

粒子轨迹的概念与任意参数 χ(固定气体粒子) 对时间的全导数 (或物质导数) 有关。这个导数表示为 $\mathrm{d}\chi\mathrm{d}t$, 与时间和空间上的偏导数不同。引入 $\chi(t, x_i) = \chi[t, x_i^*(t)]$ 后得到

$$\frac{\mathrm{d}\chi}{\mathrm{d}t} = \frac{\partial \chi}{\partial t} + \sum_i \frac{\partial \chi}{\partial x_i} \frac{\mathrm{d}x_i^*}{\mathrm{d}t} = \frac{\partial \chi}{\partial t} + u\frac{\partial \chi}{\partial x} + v\frac{\partial \chi}{\partial y} + w\frac{\partial \chi}{\partial z} = \frac{\partial \chi}{\partial t} + (\boldsymbol{U} \cdot \boldsymbol{\nabla})\chi \quad (1.8.3)$$

后一个公式是用笛卡儿坐标得到的, 其中的哈密顿 (Hamilton) 微分算子为

$$\boldsymbol{\nabla} = \boldsymbol{i}\frac{\partial}{\partial x} + \boldsymbol{j}\frac{\partial}{\partial y} + \boldsymbol{k}\frac{\partial}{\partial z} \quad (1.8.4)$$

1.8.2　旋度和变形率

这些概念表征了固定流体粒子初始体积的方向 (旋转) 和形状的变化。图 1.18 定性地显示了质点在平面剪切运动中粒子初始形状的演化 (图 1.18(a)) 和两种绕中心的旋转运动形式: $U(r) = c/r$(图 1.18(b)) 和 $U = \omega r$(图 1.18(c))。在前两种情况下, 粒子发生了变形 (在第二种情况下发生了明显的旋转), 而在第三种情况下, 粒子没有发生变形, 而是像固体一样绕某个点以相同的角速度 ω 旋转。

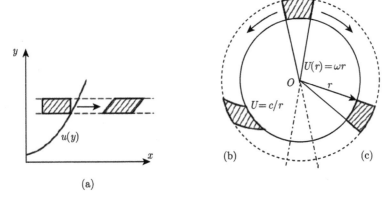

图 1.18   剪切和旋转流动

然而, 这种表象的描述不足以定性地描述流动运动学。相对平移速度为 U_0 的某个点 (极点 O), 考虑粒子中速度场的局部结构。相对速度可以展开成两项之和 (亥姆霍兹第一定理)。

$$U' = U - U_0' = \frac{\partial U}{\partial x}x' + \frac{\partial U}{\partial y}y' + \frac{\partial U}{\partial z}z' = U_\omega' + U_\omega', \quad r' = ix' + jy' + kz' \quad (1.8.5)$$

其中, r' 是任意点相对于极点的半径向量。这些项 (比如, 转动 U_ω' 和变形 U_ε', 或投影 $u' = u_\omega' + u_\varepsilon'$ 等) 在流动分类起着不同的重要作用。

很自然地, 旋转速度分量 (如果存在的话) 必须与固体情况下的形式相同, 角速度为 $\boldsymbol{\omega}/2$(即由矢量积决定)。

$$U_\omega' = \frac{1}{2}\omega \times r' = \frac{1}{2}\begin{vmatrix} i & j & k \\ \omega_x & \omega_y & \omega_z \\ x' & y' & z' \end{vmatrix}' = iu_\omega' + jv_\omega' + kw_\omega'$$

$$u_\omega' = \frac{1}{2}\omega_y z' - \frac{1}{2}\omega_z y', \quad v_\omega' = -\frac{1}{2}\omega_x z' + \frac{1}{2}\omega_z x', \quad w_\omega' = \frac{1}{2}\omega_x y' - \frac{1}{2}\omega_z x'$$

$$(1.8.6)$$

为了获得 $\omega_{x'}$ 等的表达式, 将方程 (1.8.5) 展开成速度分量 u_ω' 的多项式, 并分离出式 (1.8.6) 类型的结构。事实证明这是可行的, 并得到以下关系:

$$\omega_x = \frac{\partial w}{\partial y} - \frac{\partial v}{\partial z}, \quad \omega_y = \frac{\partial u}{\partial z} - \frac{\partial w}{\partial x}, \quad \omega_z = \frac{\partial v}{\partial x} - \frac{\partial u}{\partial y} \quad (1.8.7)$$

这些项是微分矢量算子的分量，即速度旋度。

$$\boldsymbol{\omega} = \text{curl}\boldsymbol{U} = \boldsymbol{\nabla} \times \boldsymbol{U} = \left| \begin{array}{ccc} \boldsymbol{i} & \boldsymbol{j} & \boldsymbol{k} \\ \dfrac{\partial}{\partial x} & \dfrac{\partial}{\partial y} & \dfrac{\partial}{\partial z} \\ u & v & w \end{array} \right|' \tag{1.8.8}$$

速度旋度是流体运动的一个重要运动学特征。涡度场和其他向量场一样，具有涡线、涡管和涡面 ("涡流层")。将图 1.17 中的 $\boldsymbol{U}$ 用 $\boldsymbol{\omega}$ 代替，可以得到直观的印象。

将式 (1.8.5) 其他展开项也以对称方式分组，可以得到速度场的应变分量：

$$u'_\varepsilon = \varepsilon_{xx}x' + \varepsilon_{xy}y' + \varepsilon_{xz}z'$$

$$v'_\varepsilon = \varepsilon_{yx}x' + \varepsilon_{yy}y' + \varepsilon_{yz}z'$$

$$w'_\varepsilon = \varepsilon_{zx}x' + \varepsilon_{zy}y' + \varepsilon_{zz}z'$$

$$\varepsilon_{xx} = \frac{\partial u}{\partial x}, \quad \varepsilon_{yy} = \frac{\partial v}{\partial y}, \quad \varepsilon_{zz} = \frac{\partial w}{\partial z}$$

$$\varepsilon_{xy} = \varepsilon_{yx} = \frac{1}{2}\left(\frac{\partial u}{\partial y} + \frac{\partial v}{\partial x}\right), \quad \varepsilon_{xz} = \varepsilon_{zx} = \frac{1}{2}\left(\frac{\partial u}{\partial z} + \frac{\partial w}{\partial x}\right)$$

$$\varepsilon_{yz} = \varepsilon_{zy} = \frac{1}{2}\left(\frac{\partial v}{\partial z} + \frac{\partial w}{\partial y}\right) \tag{1.8.9}$$

这里，ε_{ik} 是**应变率**。式 (1.8.9) 可以写成以下的紧凑形式：

$$U'_\varepsilon = E_\varepsilon \boldsymbol{r}', \quad E_\varepsilon = \|\varepsilon_{ik}\|, \quad \varepsilon_{ik} = \frac{1}{2}\left(\frac{\partial u_k}{\partial x_i} + \frac{\partial u_i}{\partial x_k}\right), \quad i, k = 1, 2, 3 \tag{1.8.10}$$

其中，$x_1 = x$，$x_2 = y$，$x_3 = z$；u_i 是速度分量；E_ε 是应变率矩阵或张量。然而，公式中的 ε_{ik} 仅在笛卡儿直角坐标系下有效 (见 1.14 节)。值得强调的是，应变速率是对称，即 $\varepsilon_{ik} = \varepsilon_{ki}$。

应变速率是建立黏性流体流变模型的基础。当 $\varepsilon_{ik} = 0$ 时，流体体积是 "凝固的"，不会发生变形。

当 $i \neq k$ 时，ε_{ik} 表示剪切变形，其中一个典型的例子如图 1.18(a) 所示，其中 $\varepsilon_{xy} = \varepsilon_{yx} = \dfrac{\partial u}{\partial y}$。初始矩形可以转变为同等面积的平行四边形 (即剪切变形伴随着粒子形状的改变)。例如，可以很容易证明 $(\Delta u/\Delta y)\Delta t$ 表示 y 轴 (冻结在流

体中) 在时间 Δt 内转过的角度 α(图 1.19(c))。因此，$2\varepsilon_{xy}$ 是最初与 x 轴和 y 轴重合的正交流体线之间角度的变化率。

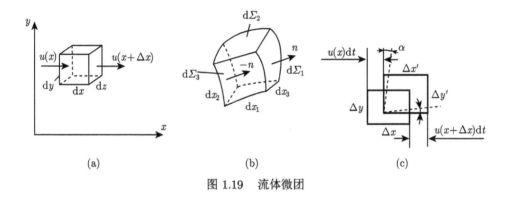

图 1.19 流体微团

与此相反，ε_{ii} 表征的是线性应变率 (即位于坐标轴上的流体片段长度的相对变化率)。我们注意到，ε_{ik} 不随坐标系的旋转和其他任何变化而变，只与速度场的内在特征相关。

最后，**体积应变率**或**速度散度**被定义为一个流体微团 $\Delta\Omega^*$ 的相对变化率 (参见 1.2 节):

$$\mathrm{div}\boldsymbol{U} = \lim_{\Delta\Omega^*\to 0} \frac{1}{\Delta\Omega^*} \frac{\mathrm{d}\Delta\Omega^*}{\mathrm{d}t} \tag{1.8.11}$$

在直角坐标系中，上式中流体微团的 $\Delta\Omega^*$ 和平行六面体的 $\Delta\Omega = \Delta x\Delta y\Delta z$ 一致 (图 1.19(a))。如果这个微团的对流速度为 $\boldsymbol{U}$，则经过 Δt 时间后，微团的边缘发展到 $\Delta x'$，其他边以此类推 (图 1.19(c))。对于小的时间间隔 Δt，线段以及它们之间夹角的变化很小，新的微团体仍然是矩形，于是有 $\Delta\Omega^* = \Delta x'\Delta y'\Delta z'$。然后，采用对数和差分表达式，并使用方程 (1.2.1) 计算流体线段长度的变化率，可以很容易地得到微元的相对变化率 (线性逼近的方式):

$$\mathrm{div}U = \frac{\partial u}{\partial x} + \frac{\mathrm{d}v}{\mathrm{d}y} + \frac{\mathrm{d}w}{\mathrm{d}z} = \boldsymbol{U}\cdot\boldsymbol{\nabla} = \varepsilon_{xx} + \varepsilon_{yy} + \varepsilon_{zz} \tag{1.8.12}$$

因此，我们可以得到一个重要结论: **法向应变率的总和与坐标旋转无关**。

与方程 (1.8.3) 比较至少可以得到，矢量 $\boldsymbol{\nabla}$ 的标量积不能交换顺序 (此处表示为 $\boldsymbol{\nabla}\cdot\boldsymbol{U} \neq \boldsymbol{U}\cdot\boldsymbol{\nabla}$，以便于与标准矢量区别)。

最后，基于所得的结果来分析图 1.18 的示例。图中 x-y 平面的法向沿着 z 轴，其中 $r = (x^2 + y^2)^{1/2}$。进行代数运算后，得到以下结果: ① 剪切流不仅有变形，$\varepsilon_{xy} = \varepsilon_{yx} = \partial u/\partial y$，还有旋转，$\omega_z = -\partial u/\partial y$，$\omega_x = \omega_y = 0$；② 旋转流动是无旋的 (即 $\omega = 0$)，日常所谓的旋转流动是这种无旋流。然而，这种流动实际上只可能在无黏流中存在，因为只有在无黏流中会绕着奇点 O 的固定旋转。这将在第 2 章中讨论；③ 只有纯粹的旋转和旋涡流动，即 $\omega_z = 2\omega$，流动才不会发生任何变形 (所有的 $\varepsilon_{km} = 0$)。

1.8.3　矢量散度

一般地，定义算子：

$$\operatorname{div}\boldsymbol{A} = \lim_{\Delta\Omega,\Delta\Sigma\to 0}\left(\frac{1}{\Delta\Omega}\int_{\Delta\Sigma} A_n \mathrm{d}\Sigma\right), \quad A_n = \boldsymbol{A}\boldsymbol{n} \tag{1.8.13}$$

其中，面元 $\mathrm{d}\Sigma$ 的外法线方向为 $\boldsymbol{n}$，而 A_n 是矢量 $\boldsymbol{A}$ 穿过这个面的通量。1.9 节中将会讲述面元 $\mathrm{d}\Sigma$ 包围的微团 $\mathrm{d}\Omega$ 上 (图 1.19(a) 和 (b)) 的积分，并推导出运动微分方程。

下面可以证明，$\boldsymbol{A} = \boldsymbol{U}$ 定义的速度与式 (1.8.11) 中给出的是等价的。考虑表面 $\Delta\Sigma^*$ 包围的流体微团 $\Delta\Omega^*$，最初与 $\Delta\Omega$ 一致。流过 $\Delta\Sigma$ 的气流速度 U_n 等于流体表面 $\Delta\Sigma^*$ 平移的法向速度，因此，方程 (1.8.13) 右侧表示流体微团的相对变化速率。特别地，方程 (1.8.12) 用投影分量 A_x, A_y, A_z 的向量 $\boldsymbol{A}$ 代替 u，v，w 是成立的。

为了使散度的一般定义更具普遍性，特别是与微团形状无关，将它与向量场的局部结构联系起来，在一个任意小的微团 $\Delta\Omega$ 中充满与 $\boldsymbol{A}$ 任意正切的矢量线。图 1.20 显示的是纵平面的微团部分。极线将表面 $\Delta\Sigma$ 分成了两部分，上面为 $\Delta\Sigma_+$，下面为 $\Delta\Sigma_-$。在简单的情况下 (图中的左侧部分)，每个矢量管把区域切分为 $\Delta\Sigma_+$ 和 $\Delta\Sigma_-$，而在复杂的情况下 (图中的右侧部分)，区域数会更多。针对第一种情况，一般每一对适当的区域有类似的推理。因为 $\boldsymbol{A}\cdot\boldsymbol{n} = A\cos(\boldsymbol{A}\cdot\boldsymbol{n})$，同样地，$A_n\mathrm{d}\Sigma = A\mathrm{d}\sigma$ 成立，其中 $\mathrm{d}\sigma$ 是矢量管的正截面。因此，引入沿矢量管的长度 l，用在 $\Delta\Sigma_-$ 面的积分差取代在 $\Delta\Sigma$ 面上对 $A_n\mathrm{d}\Sigma$ 的积分：

$$(A\mathrm{d}\sigma)_+ - (A\mathrm{d}\sigma)_- = \frac{\partial(A\mathrm{d}\sigma)}{\partial l}\Delta l = \left(\frac{\partial A}{\partial l} + \frac{A}{R_{\mathrm{eff}}}\right)\mathrm{d}\sigma\Delta l, \quad \frac{1}{R_{\mathrm{eff}}} = \frac{1}{\mathrm{d}\sigma}\frac{\mathrm{d}(\mathrm{d}\sigma)}{\mathrm{d}l} \tag{1.8.14}$$

其中，Δl 是微团的矢量管长度；R_{eff} 是有效矢量管长度 (向量到交叉区域的垂直延长线)。R_{eff} 的符号取决于沿 l 的方向矢量管是发散的还是收敛的。如果矢量场是由极点的射线形成的，那么在直径为 R 的球形束情况下 $R_{\mathrm{eff}} = 2R$，在平面束情况下 $R_{\mathrm{eff}} = R$。

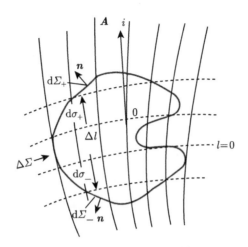

图 1.20 矢量微分算子的推导

小微团内参数 A, $\partial A/\partial l$ 和 R_{eff} 可以认为是不变的, 可以从积分中提取出来. 由于在面 $\Delta\Sigma_-$ 上对 $\mathrm{d}\sigma\Delta l$ 的积分等于 $\Delta\Omega$, 得到

$$\mathrm{div}\boldsymbol{A} = \frac{\partial A}{\partial l} + \frac{A}{R_{\text{eff}}} \tag{1.8.15}$$

因此, 一个向量的散度取决于当地矢量场的特性, 而与方程 (1.8.13) 积分中的微团形状无关. 所以, $A = A_0$ 是常数, 即 $\mathrm{div}\boldsymbol{A} = 0$. 这意味着, 表面法向 $\boldsymbol{n}$ 的积分乘以任何常数向量等于零, 同理, 原来 $\boldsymbol{n}$ 的积分也等于零.

总之, 将式 (1.8.13) 乘以 $\Delta\Omega$ 并在整个 Ω 上积分, 我们可以很容易证明: **微团内向量散度的积分, 等于穿过微团曲面的通量**. 因为微团 $\Delta\Omega$ 内的所有内边界的贡献相互补偿. 这就是著名的**高斯定理**.

一个标量函数的梯度是一个向量, 满足关系式

$$\mathrm{grad}\chi = \boldsymbol{I}\frac{\partial \chi}{\partial l}, \quad \boldsymbol{I}_1 \cdot \mathrm{grad}\chi = \frac{\partial \chi}{\partial l_1} \tag{1.8.16}$$

其中, $\boldsymbol{I}$ 代表 $\chi = \mathrm{const}$ 等值面的法向矢量, 沿着 χ 增加的方向; 而 $\boldsymbol{I}_1$ 和 l_1 是任意一个单位矢量和它的长度; 方程 (1.8.16) 的第二个公式和第一个相似, 在直角坐标系得到

$$\mathrm{grad}\chi = \boldsymbol{i}\frac{\partial \chi}{\partial x} + \boldsymbol{j}\frac{\partial \chi}{\partial y} + \boldsymbol{k}\frac{\partial \chi}{\partial z} = \boldsymbol{\nabla}\chi \tag{1.8.17}$$

将标量函数 χ 替换方程 (1.8.13) 积分中的矢量 $\boldsymbol{A}$, 可以得到上式向量. 在式

(1.8.15) 中取 $\boldsymbol{A} = \chi \boldsymbol{I}_1$，其中 $\boldsymbol{I}_1$ 是任意一个向量常数，再次得到关系式 (1.8.16)：

$$\boldsymbol{I}_1 \mathrm{grad}\chi = \boldsymbol{I}_1 \frac{1}{\Delta\Omega} \int\limits_{\Delta\Sigma} \chi \boldsymbol{n} \mathrm{d}\Sigma = \frac{\partial\chi}{\partial l_1}, \quad \Delta\Sigma, \Delta\Omega \to 0 \tag{1.8.18}$$

这些积分还可以用在 1.7 节的方程中，在 $\chi = p$ 的无黏气体中，可以得到作用在单位体积上的力。

1.8.4   向量对的散度

我们考虑一个更加复杂的算子，由 $(\boldsymbol{A} \cdot \boldsymbol{n}) \cdot \boldsymbol{B} = A_n B$ 的积分得到

$$\mathrm{div}(\boldsymbol{A} \cdot \boldsymbol{B}) = \frac{1}{\Delta\Omega} \int\limits_{\Delta\Sigma} A_n \boldsymbol{B} \mathrm{d}\Sigma = \frac{\partial(AB)}{\partial l} + \frac{AB}{R_{\mathrm{eff}}}, \quad \Delta\Sigma, \Delta\Omega \to 0 \tag{1.8.19}$$

第二个等号是很容易证明的，方程 (1.8.14) 和方程 (1.8.15) 中用 AB 代替标量 A 并不改变结果。与方程 (1.8.12) 类似，在直角坐标系中这个算子在方程中可写成如下形式：

$$\mathrm{div}(\boldsymbol{A} \cdot \boldsymbol{B}) = \frac{\partial(A_x \boldsymbol{B})}{\partial x} + \frac{\partial(A_y \boldsymbol{B})}{\partial y} + \frac{\partial(A_z \boldsymbol{B})}{\partial z} \tag{1.8.20}$$

在推导运动微分方程时需要这个算子。

1.9   气体动力学微分方程

1.7 节中方程的普适性是重要的优点，但是，只有在微分形式方程的基础上，才能完整地描述流动类型和局部流动特性。因此，使用这些方程时，需要假设流动参数的导数是连续的。但并不排除使用这些方程求孤立奇点 (线) 解析解的可能性，只是在这些孤立点附近可能会有无穷多个导数。

推导这些公式主要有两种方式。第一，将 1.7 节中的积分方程应用到表面 $\Delta\Sigma$ 包围的微团 $\Delta\Omega$。这种方法有其自身的优势，我们将在本节末尾中使用。然而，我们首先采用第二种方法，即对一个固定质量为 $\rho\Delta\Omega^*$ 的流体微团 $\Delta\Omega^*$ 应用守恒律。

1.9.1   质量守恒或连续方程

流体微团的质量保持不变，即 $\mathrm{d}(\rho\Delta\Omega^*)/\mathrm{d}t = 0$，结合方程 (1.8.11)，得到

$$\frac{\mathrm{d}\rho}{\mathrm{d}t} + \rho\,\mathrm{div}\boldsymbol{U} = 0 \tag{1.9.1}$$

1.8 节已经介绍了向量散度算子。此外，我们再引入一个纯物理性质的论证，有利于这个定义的统一：凭借这个方程，速度的散度表示气体密度的总导数。

1.9.2　动量方程：黏性应力场

根据牛顿定律，应力 $\boldsymbol{p}_n$ 作用在一个质量为 $\rho\Delta\Omega^*$ 的粒子外表面 $\Delta\Sigma$，在力 (不存在体积力) 的作用下粒子加速度为 $\mathrm{d}\boldsymbol{U}/\mathrm{d}t$。因此，通过方程 (1.7.2) 可以得到

$$\rho\frac{\mathrm{d}\boldsymbol{U}}{\mathrm{d}t} = \mathrm{div}P = \frac{1}{\Delta\Omega}\int\limits_{\Delta\Sigma}\boldsymbol{p}_n\mathrm{d}\Delta\Sigma = -\mathrm{grad}p + \mathrm{div}P_\tau,\quad \boldsymbol{p}_n = -\boldsymbol{n}p + \boldsymbol{\tau}_n,$$

$$\Delta\Sigma,\Delta\Omega \to 0 \tag{1.9.2}$$

与方程 (1.8.13) 类似，引入了总的内应力**张量 $\boldsymbol{P}$** 的散度 (在下文中解释)。在第二个等式中，静压部分被分离出来，同时应用了式 (1.8.18) 中梯度的定义。

用 $\boldsymbol{\tau}_n$ 替代 $\boldsymbol{p}_n$ 可以得到**黏性应力张量 $\boldsymbol{P}_\tau$** 的散度。显然，无黏流动的算子 $\mathrm{div}P$ 退化为 1.8 节中简单的矢量，即压力梯度 $\mathrm{grad}p$，沿着 p 等值线的法向。

从这个方程来看，张量散度是一个与坐标系无关的矢量，只能表示黏性应力场。这种方法的困难在于，向量 $\boldsymbol{p}_n$ 不仅依赖于坐标系，而且与面元方向有关，也就是说，这些向量的连续集合对应空间上的每个点。

然而，我们将看到，这个集合中只有三个与法线不一致的向量是独立的。考虑一个四面体，投影到对应坐标轴的面积分别为 $\Delta\Sigma_x,\Delta\Sigma_y,\Delta\Sigma_z$，法向 $\boldsymbol{n}$ 的基底面积为 $\Delta\Sigma_n$，如图 1.21 所示。沿各个坐标轴的正向，作用在这些面的应力为 $\boldsymbol{p}_x$，$\boldsymbol{p}_y$，$\boldsymbol{p}_z$(如在 1.2 节提到的一样)，作用于背面的力取负号。

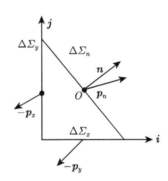

图 1.21　任意面上应力公式的推导

将式 (1.9.2) 应用到一般气体中，假设气体的加速是有界的。四面体内部的应力可以展开为 $\boldsymbol{p}_x = \boldsymbol{p}_{x0} + \Delta\boldsymbol{p}_x$。代入左侧的积分中，当 $\Delta\Sigma \to 0$ 时，积分为 $p_0\Delta\Sigma/\Delta\Omega \to \infty$ 的量级，其中 $\Delta\Sigma$ 是四面体的总面积。因此在主近似中，四面体表面上的应力必须相互补偿，从而得到以下的基本方程：

$$\boldsymbol{p}_n = n_x\boldsymbol{p}_x + n_y\boldsymbol{p}_y + n_z\boldsymbol{p}_z,\quad n_x = \frac{\Delta\Sigma_x}{\Delta\Sigma_n},\cdots \tag{1.9.3}$$

其中，n_x，n_y 和 n_z 是四面体法向 n 的方向余弦。作用在气体粒子上的力由扩展式中的膨胀项决定，其比值 $\Delta p_x \Delta \Sigma / \Delta \Omega$ 是有限的。而且，1.8 节所有常量的差分算子都等于零。

因此，黏性应力场是特指三个线性无关的基本矢量系统 p_x，p_y 和 p_z(或其他等效的系统)。然而，由于各基本矢量有三个投影坐标，因此黏性应力场为 9 个标量组成的**应力张量 P**。为了不偏离本节的主要目的，即运动方程的推导，下面概述这些张量的属性。

由于 p_x 等矢量 (和 p_n 不同) 仅是坐标的函数，可以采用前面几节介绍的算子。例如，$n_x p_x = p_x(ni)$，因此，对于 $A = i$，方程 (1.9.2) 中 p_n 相关的积分项等于 $\partial p_x / \partial x$，得到

$$\mathrm{div} P = \frac{\partial p_x}{\partial x} + \frac{\partial p_y}{\partial y} + \frac{\partial p_z}{\partial z} \tag{1.9.4}$$

由于这个公式是很重要的，我们通过直接分析作用在平行六面体坐标上的力重新推导 (图 1.19(a))。力 $p_x(x+\Delta x)\Delta \Sigma_x$ 作用在右侧面，而力 $p_x(x)\Delta \Sigma_x$ 作用在左侧面，其中 $\Delta \Sigma_x = \Delta y \Delta z$，$x$ 方向的力等于 $(\partial p / \partial x)\Delta \Omega$。将所有方向上的力求和得到方程 (1.9.4)。取 $p_x = -pi$，其他方向类似，并改变符号，得到压力梯度公式 (1.8.17)。同样地，计算微团的 p_n，可以得到任意坐标系下的 $\mathrm{div} P$ 表达式。

1.9.3   能量方程

为推导能量方程，应该概括 1.2 节的结果。三维流动中，评估热力学第一定律 (方程 (1.2.5)) 中的 $\mathrm{d} A$ 和 $\mathrm{d} Q$ 项，随体坐标系中粒子相对速度等于 ΔU。很明显，方程 (1.2.7) 的左侧不变化。一般都只计算热通量的有效比 q_{eff}，对式 (1.7.3) 的右侧进行积分。

$q_\tau (q_{\mathrm{eff}}$ 中的) 表征单位质量的气体热通量与机械能耗散的关系，当相对速度 ΔU 很小时，在对黏性力做功 $\tau_x \Delta U$ 积分时可以忽略流体微团 $\Delta \Omega^*$ 上 τ_x 的变化。在笛卡儿坐标系中，流体微团 $\Delta \Omega^*$ 的左右两面 $\Delta \Sigma_x^* = \Delta y \Delta z$(图 1.19(a)) 在黏性力 $\pm \tau_x \Delta \Sigma_x^*$ 作用下以 $\pm (1/2)(\partial U / \partial x)\Delta x$ 的速度从中心反向移动，移动的距离相等 (见 1.2 节)。在 $\mathrm{d} t$ 时间内，这些力所做的功为 $\mathrm{d} A_x = [\tau_x(\partial U / \partial x)]\Delta \Omega^* \mathrm{d} t$。因此，类似于式 (1.8.20)，对所有方向上的功求和，得到单位体积的热通量公式：

$$\rho q_\tau = \frac{1}{\Delta \Omega^*} \int_{\Delta \Sigma^*} (\tau_n)^0 \cdot U \mathrm{d} \Sigma = \tau_x \cdot \frac{\partial U}{\partial x} + \tau_y \cdot \frac{\partial U}{\partial y} + \tau_z \cdot \frac{\partial U}{\partial z}, \quad \Delta \Sigma^*, \Delta \Omega^* \to 0 \tag{1.9.5}$$

其中，$(\tau_n)^0$ 是体积 $\Delta \Omega^*$ 内任意一点的应力。

最后，根据方程 (1.7.3) 和方程 (1.8.13)，对流和扩散输运引起的能量通量比 q_j 等于矢量 $-\boldsymbol{J}$ 的散度。鉴于方程 (1.2.7)，能量方程或热力学第一定律为

$$\frac{\mathrm{d}e}{\mathrm{d}t} + p\frac{\mathrm{d}\rho^{-1}}{\mathrm{d}t} = \frac{\mathrm{d}h}{\mathrm{d}t} - \frac{1}{\rho}\cdot\frac{\mathrm{d}p}{\mathrm{d}t} = q_{\mathrm{eff}}$$

$$q_{\mathrm{eff}} = q + q_\tau + \mathrm{div}\boldsymbol{J} \tag{1.9.6}$$

得到的方程组是原始变量，或简单变量 U, p, ρ 等的方程组。现在我们来推导守恒形式的运动方程，即用守恒变量表示的方程 (守恒形式的含义将在后文阐述)。这些方程将直接应用固定微团 $\Delta\Omega$(图 1.19(a) 和 (b)) 的积分守恒律推导。

方程 (1.7.4) 中小微团的体积积分的被积式可视为常数，这样积分的第一项等于 $\partial\chi/\partial t\Delta\Omega$。至于面积分，将根据相应矢量的散度或其他算子表达。

在质量守恒方程 (1.7.1) 中，取 $\chi = \rho$，得到连续方程：

$$\frac{\partial\rho}{\partial t} + \mathrm{div}(\rho\boldsymbol{U}) = 0 \tag{1.9.7}$$

对于动量方程 (1.7.2)，通过微团 $\Delta\Omega$ 的质量等于单位体积动量 $\chi = \rho\boldsymbol{U}$。根据方程 (1.8.19)，在微表面 $\Delta\Sigma$ 上 $\rho\boldsymbol{U}U_n$ 的积分等于一对矢量 $\boldsymbol{A} = \rho\boldsymbol{U}$ 和 $\boldsymbol{B} = \boldsymbol{U}$ 的散度。同样的力 (方程 (1.9.2)) 作用在微团上，得到

$$\frac{\partial\rho\boldsymbol{U}}{\partial t} + \mathrm{div}(\rho\boldsymbol{U}\cdot\boldsymbol{U}) = \mathrm{div}P \tag{1.9.8}$$

在笛卡儿坐标系下，方程 (1.8.20) 和方程 (1.9.4) 可以得到相同的方程。

最后，在计算保守型能量方程的外力做功 $\boldsymbol{p}_n\cdot\boldsymbol{U}$ 的积分时，得到**矢量和张量乘积的散度**，写成黏性应力 $\boldsymbol{\tau}_n$ 形式为

$$\mathrm{div}(P_\tau\cdot\boldsymbol{U}) = \frac{1}{\Delta\Omega}\int\limits_{\Delta\Sigma}\boldsymbol{\tau}\cdot\boldsymbol{U}\mathrm{d}\Sigma = \frac{\partial(\boldsymbol{\tau}_x\cdot\boldsymbol{U})}{\partial x} + \frac{\partial(\boldsymbol{\tau}_y\cdot\boldsymbol{U})}{\partial y} + \frac{\partial(\boldsymbol{\tau}_z\cdot\boldsymbol{U})}{\partial z}, \quad \Delta\Sigma, \Delta\Omega\to 0 \tag{1.9.9}$$

这个积分内 $\boldsymbol{U}$ 不像 $\Delta\boldsymbol{U}$ 那样是小量，与方程 (1.9.5) 相比，区别只在于 $\boldsymbol{\tau}_n$ 等矢量都在导数符号内。反之亦然，笛卡儿坐标系中的表达式也是类似的。根据静压所做的功 $-p\boldsymbol{n}\cdot\boldsymbol{U} = -pu_n$，以及能量输运 ρEU_n，可以得到矢量 $\boldsymbol{U}$ 和标量乘积的散度。因此，所需方程可以写成以下形式：

$$\frac{\partial\rho E}{\partial t} + \mathrm{div}[(\rho E + p)\boldsymbol{U}] = \rho q - \mathrm{div}\boldsymbol{J} + \mathrm{div}(P_\tau\boldsymbol{U})$$

$$E = e + \frac{1}{2}u^2 \tag{1.9.10}$$

得到的这个不含变量系数导数的方程称为**守恒形式**或**散度形式**，在任何体积内积分都能得到守恒律。例如，1.7 节中提到的一维定常槽道流，方程 (1.9.7) 采用 $\partial \rho u / \partial x = 0$ 的形式。在区间 (x_1, x_2) 对这个方程积分，得到第一积分方程 (1.7.12)，与区间的内部结构无关。其他方程的推导也是类似的，因此，这种形式的方程在诸如发展求解数值气动问题的守恒型算法以及求解间断解 (有严格定义的间断) 时是非常方便的。此外，这个方法通常是推导任意坐标系下方程的唯一工具。

然而，这个方程包含了函数守恒变量的导数，在分析它们的基本数学特性和求解析解或半解析解时并不方便，下文方程中将用原始变量或简单的气动变量。

因此，我们推导得到了气体动力学方程的两种基本形式。这两种形式本质上是等价的，类似于 1.7 节中坐标变化，可以简单地从一种形式变换到另一种形式。

前面得到的方程都有一个与坐标系无关的通用的紧凑矢量形式。

与 1.7 节中得到的所有方程一样，这里的方程也都仅是在连续介质和耗散的假设下推导的。与此同时，我们没有限定介质的流变模型，即压力和其他参数分布的关系。这样的方程被称为**应力方程**。下一步将推导先前提到的关系，推导三维流动的 **Navier-Stokes 方程** (如 1.2 节中)。无黏流中，结合 1.3 节中的状态方程，这些方程是封闭的，称为**欧拉方程** (虽然欧拉本人并没有写过能量方程)。

得到的方程构成了一组基本气体动力学方程。气体流动中，方程的物理化学转化本质是相互独立的，转化能包含在内能 e 中。仅可以通过状态方程和传递向量 $\boldsymbol{J}$，就能将这组方程与一组物理化学方程关联起来。

总而言之，我们将给出笛卡儿坐标系 (x, y, z) 下无黏可压缩气体的显式标量运动方程，速度投影为 (u, v, w)。将方程投影到各个坐标轴上，并使 div $P_\tau = 0$；再将 $q_{\text{eff}} = q$ 代入方程 (1.9.6) 中。回顾式 (1.8.17)，得到如下方程：

$$\frac{\mathrm{d}u}{\mathrm{d}t} = \frac{\partial u}{\partial t} + u\frac{\partial u}{\partial x} + v\frac{\partial u}{\partial y} + w\frac{\partial u}{\partial z} = -\frac{1}{\rho}\frac{\partial p}{\partial x}$$

$$\frac{\mathrm{d}v}{\mathrm{d}t} = -\frac{1}{\rho}\cdot\frac{\partial p}{\partial y}, \quad \frac{\mathrm{d}w}{\mathrm{d}t} = -\frac{1}{\rho}\frac{\partial p}{\partial z}$$

$$\frac{\mathrm{d}h}{\mathrm{d}t} = \frac{\partial h}{\partial t} + u\frac{\partial h}{\partial x} + v\frac{\partial h}{\partial y} + w\frac{\partial h}{\partial z} = \frac{1}{\rho}\frac{\mathrm{d}p}{\mathrm{d}x} + q \tag{1.9.11}$$

1.10　牛顿流体和气体的流变模型

如 1.9 节所述，黏性应力场能够用三个基本矢量完全确定，即应力与三个线性无关的法向相关。根据方程 (1.9.3)，笛卡儿坐标系下的基本向量是 $\boldsymbol{p}_x$，$\boldsymbol{p}_y$，$\boldsymbol{p}_z$。由于这些向量在每个坐标轴上都有三个投影，所以应力场是 9 个标量组成的

张量矩阵:

$$P = \begin{pmatrix} p_{xx} & p_{yx} & p_{zx} \\ p_{xy} & p_{yy} & p_{zy} \\ p_{xz} & p_{yz} & p_{zz} \end{pmatrix} \tag{1.10.1}$$

矩阵的每列由相应向量 (第一个下标) 在坐标轴 (第二个下标) 上的投影组成。

如果法向用一列方向余弦表示,那么任何面元上的应力都可以表示为标量积:

$$\boldsymbol{p}_n = P\boldsymbol{n} = P \begin{pmatrix} n_x \\ n_y \\ n_z \end{pmatrix} = \begin{pmatrix} p_{nx} \\ p_{ny} \\ p_{nz} \end{pmatrix} = \begin{pmatrix} p_{xx}n_x + p_{yx}n_y + p_{zx}n_z \\ p_{xy}n_x + p_{yy}n_y + p_{zy}n_z \\ p_{xz}n_x + p_{yz}n_y + p_{zz}n_z \end{pmatrix} \tag{1.10.2}$$

很明显,矩阵中的行是矢量 $\boldsymbol{p}_n$ 在坐标轴上的投影。

很自然地注意到,这个矩阵的形式依赖于坐标系,一般不一定只是笛卡儿坐标系。然而,$\boldsymbol{p}_n$ 却是坐标不变量。这表明,这些矩阵描述了介质相同的应力状态 (或张量)。因此,这个张量代表了介质的物理特性 (或一个参数),如密度、速度等。黏性应力张量的散度 (1.9.2) 以及向量与张量积的散度 (1.9.5) 和 (1.9.9) 与应力 $\boldsymbol{p}_n$ 一样也是坐标相对不变量。

用 τ_{xy} 替换 p_{xy}(其他方向类似),可以得到黏性应力张量 P_τ,如下所示:

$$\boldsymbol{p}_n = -\boldsymbol{n}P + \boldsymbol{\tau}_n \to P = -pE + P_\tau \tag{1.10.3}$$

其中,E 为同量级的单位矩阵。

矩阵 (1.10.1) 完整的形式相当烦琐,往往使用其简写形式。用基本矢量 $\boldsymbol{I}_i$ 替换坐标 (x, y, z),例如,$x_i(i = 1, 2, 3)$。$\boldsymbol{p}_i$ 是基本应力矢量,p_{ik} 是其在单位矢量 $\boldsymbol{I}_k(i,\ k = 1, 2, 3)$ 上的投影,张量矩阵可以写成如下形式:

$$P = \|p_{ik}\| \tag{1.10.4}$$

确切地说,应力张量是主对角线对称矩阵;因此,$p_{ik} = p_{ki}$,即以下三个等式成立:

$$p_{xy} = p_{yx}, \quad p_{xz} = p_{zx}, \quad p_{yz} = p_{zy} \tag{1.10.5}$$

为了证明这一说法,我们将以沿 z 轴间隔的三角形平面之间的小微团 V 为研究对象,如图 1.21 所示。区域小面 $\Delta\Sigma_x$ 的应力分布可以被认为是均匀的,因此,力 $\boldsymbol{p}_x\Delta\Sigma_x$ 的作用中心与作用面的重心重合,或与对应线段的中点重合。接下来给出出面 $\Delta\Sigma_x$ 上中心点 O 法向轴的力矩。在这种情况下,$\boldsymbol{p}_n$ 的力矩等于零,应力分量 p_{xx}、p_{yy} 的力矩相互抵消,因为它们通过点 O,而且 $\boldsymbol{p}_z$ 作用于两侧。像以前

那样忽略微团 V 中内力的力矩，可以得到平衡条件 $p_{xy}\Delta\Sigma_x\Delta y = p_{yx}\Delta\Sigma_y\Delta x$，其中 Δx、Δy 是从点 O 到面的距离。几何上，$\Delta\Sigma_x\,/\,\Delta\Sigma_y = \Delta x\Delta y$，方程 (1.10.5) 中的一个式子得到证明。其他坐标平面上条件的证明类似。显然，对称张量一般只有 6 个独立分量，而不是 9 个。一般地，等式满足 (Loitsyanskii(1966) 已在书中证明)：

$$\boldsymbol{i} \times \boldsymbol{p}_x + \boldsymbol{j} \times \boldsymbol{p}_y + \boldsymbol{k} \times \boldsymbol{p}_z = 0 \tag{1.10.6}$$

将这个方程投影到基本矢量上，可以得到方程 (1.10.5)。

如前所述，方程 (1.8.10) 表示的应变率场是一个同类型的张量，相对应变率矢量场是一个不变量，所以由分量 ε_{ik} 组成的**应变率张量** E_ε 有了物理意义。正如方程 (1.8.10) 一样，得到

$$U_\varepsilon' = E_\varepsilon \boldsymbol{r}', \quad E_\varepsilon = \|\varepsilon_{ik}\| \tag{1.10.7}$$

类似于式 (1.10.2)，直接验证上述方程，这个乘积给出了应变率场的列向量 $u_\varepsilon', v_\varepsilon', w_\varepsilon'$(方程 (1.8.9))。

如 1.8 节所述，矩阵 E_ε 具有一个重要性质，即对角线元素的总和是速度的散度，因此坐标变换时不发生改变。应力张量也具有相同的属性，遵循斜对称张量的一般理论。为此，引入给定点的**法向平均应力**

$$p = -\frac{1}{4\pi}\int_{4\pi} p_{nn}\mathrm{d}\gamma \tag{1.10.8}$$

其中，γ 是旋转法向包围的立体角。因为 $p_{nn} = \boldsymbol{p}_n \cdot \boldsymbol{n}$，结合方程 (1.10.2)，可以将方程 (1.10.8) 的积分简化为与 $\boldsymbol{n}$，γ 无关的系数 p_{ik} 和 $n_i n_k$ 的积分之和。很容易得到，当 $i \neq k$ 时，乘积 $n_i n_k$ 在 γ 上的积分为零，而积分 n_i^2 等于 $4\pi/3$。可以得到

$$p = -\frac{1}{3}(p_{xx} + p_{yy} + p_{zz}) \tag{1.10.9}$$

根据 1.4 节，p 是气体状态方程中的静压。而在其他情况下，方程 (1.10.8) 或方程 (1.10.9) 中的平均值指的是压力。

由于在推导最后一个方程过程中，直角坐标系的方向是随机的，所以坐标系旋转不改变方程右端之和。对一般系统，式 (1.10.8) 给出了用应力张量的分量来表达 p 的可能性。

现在进入本章节的正题，即建立牛顿流体的**流变模型** (即应力场和速度场之间的关系)。先给出一些初步的考虑。

黏性应力只有在非均匀速度场中才存在，因此取决于速度导数。由于无黏流没有黏性应力 (或是极小量)，所以很自然地假设 (考虑黏性效应时) 应力的一阶近似与速度在空间上的导数线性相关。

然而，并非任何流动的不均匀性都会引起黏性应力，比如，在 "准固体" 的局部旋转流体中就没有黏性应力，因为在这种情况下，相邻粒子之间没有相互位移。换言之，根据式 (1.8.5) ∼ 式 (1.8.10)，当应变率为零，即 $\varepsilon_{ik} = 0$ 时，黏性应力不存在，因此接下来假设黏性应力是应变率的线性函数。

基于这些考虑，得到**广义摩擦定律** (适用于牛顿流体或者 Navier-Stokes 方程描述的黏性液体)：**在各向同性的牛顿流体中，应力张量 P 是应变率张量 E_ε 的线性函数**

$$P = -p^* E + 2\mu E_\varepsilon$$
$$p_{ii} = -p^* + 2\mu\varepsilon_{ii} = -p + \tau_{ii}, \quad p^* = p + \frac{2}{3}\mu\mathrm{div}\boldsymbol{U}$$
$$p_{ik} = \tau_{ik} = 2\mu\varepsilon_{ik}, \quad i \neq k \tag{1.10.10}$$

分量 ε_{ik} 由式 (1.8.10) 确定，应力张量 p^* 的各向同性分量和**体积黏度** $2\mu/3$ 可以满足式 (1.10.9)。很自然地，式 (1.10.10) 正好与先前得到的解一致 (参见方程 (1.4.10))。尤其是在一维黏性流动中，方程 (1.2.4) 得到 $\mu' = 4\mu/3$，而不可压缩流动得到 $\mathrm{div}\boldsymbol{U} = 0$ 和 $\mu' = 2\mu$。

假设流体是各向同性的，且应变率和应力之间存在线性关系，那么黏性系数与坐标系和气体速度无关，μ 取决于 1.3 节中讨论的其他热力学参数。

应变率和应力张量之间存在线性关系的流体介质称为牛顿流体，所有的气体和大多数液体是单分子组分。然而，多分子组分的流体具有更复杂的 "非牛顿" 流变特性，本书概论的理论模型不适用。

一般地，前面假设的广义摩擦定律是动力学理论的一个精确结果，尤其是在 1.4 节推导的简化模型的框架中。

然而，这个定律 (动力学理论出现前较长一段时间得到的) 本质上是一个经验公式，尽管很难直接从实验中得到其一般形式。

该定律可以通过推广原始的牛顿摩擦定律 (方程 (1.2.4)) 得到，并可以通过简单的实验得以验证。这些推广基于似乎合理的考虑，其中一部分已经在前文中给出，另外我们还假设介质的各向同性、张量及其转换的对称性 (Kochin，Kibel，Roze(1964) 的书中给出了这种启发性的推导，建议读者参阅)。这里不再赘述，显然目前还没有数据可以怀疑这个定律适用范围的可靠性 (参见 1.1 节)。

值得注意的是，方程 (1.10.10) 中偶尔会假设 $p^* = p + (2\mu/3 - \mu^{(2)})\mathrm{div}\boldsymbol{U}$。

然而，在条件 (1.10.9) 中通过假设 $\mu^{(2)}$ 为零，不仅引入了压力参数 p，而且

根据状态方程 (1.4.6)，将压力与表示平动分子运动平均动能的温度联系了起来。由于第二黏性系数有时与近平衡气体流动有关，我们将在 11.7 节详细讨论这个问题。

将式 (1.10.10) 代入微分方程 (1.9.2)~(1.9.4) 中，得到 Navier-Stokes 方程，参考方程 (1.8.9) 在直角坐标系下的形式表达为

$$\rho\frac{\mathrm{d}u}{\mathrm{d}t} = -\frac{\partial p}{\partial x} - \frac{2}{3}\frac{\partial}{\partial x}(\mu\mathrm{div}\boldsymbol{U}) + 2\frac{\partial}{\partial x}\left(\mu\frac{\partial u}{\partial x}\right) + \frac{\partial}{\partial y}\left[\mu\left(\frac{\partial u}{\partial y} + \frac{\partial v}{\partial x}\right)\right]$$
$$+ \frac{\partial}{\partial z}\left[\mu\left(\frac{\partial u}{\partial z} + \frac{\partial w}{\partial x}\right)\right]$$

$$\rho\frac{\mathrm{d}v}{\mathrm{d}t} = -\frac{\partial p}{\partial y} - \frac{2}{3}\frac{\partial}{\partial y}(\mu\mathrm{div}\boldsymbol{U}) + \frac{\partial}{\partial x}\left[\mu\left(\frac{\partial u}{\partial y} + \frac{\partial v}{\partial x}\right)\right] + 2\frac{\partial}{\partial y}\left(\mu\frac{\partial v}{\partial y}\right)$$
$$+ \frac{\partial}{\partial z}\left[\mu\left(\frac{\partial v}{\partial z} + \frac{\partial w}{\partial y}\right)\right]$$

$$\rho\frac{\mathrm{d}w}{\mathrm{d}t} = -\frac{\partial p}{\partial z} - \frac{2}{3}\frac{\partial}{\partial z}(\mu\mathrm{div}\boldsymbol{U}) + \frac{\partial}{\partial x}\left[\mu\left(\frac{\partial u}{\partial z} + \frac{\partial w}{\partial x}\right)\right] + \frac{\partial}{\partial y}\left[\mu\left(\frac{\partial v}{\partial z} + \frac{\partial w}{\partial y}\right)\right]$$
$$+ 2\frac{\partial}{\partial z}\left(\mu\frac{\partial w}{\partial z}\right) \tag{1.10.11}$$

显然，这些方程太繁杂，为了更直观地解释数学性质，假设不可压缩流体的黏性 μ 是常数；因为 $\mathrm{div}\boldsymbol{U} = 0$，Navier-Stokes 方程可表示为

$$\rho\frac{\mathrm{d}u}{\mathrm{d}t} = -\frac{\partial p}{\partial x} + \mu\Delta u, \quad \rho\frac{\mathrm{d}v}{\mathrm{d}t} = -\frac{\partial p}{\partial y} + \mu\Delta v, \quad \rho\frac{\mathrm{d}w}{\mathrm{d}t} = -\frac{\partial p}{\partial z} + \mu\Delta w \tag{1.10.12}$$

其中，符号 Δ 为拉普拉斯 (Laplace) 算子，在气体动力学中很关键，表示

$$\Delta = \boldsymbol{\nabla}\cdot\boldsymbol{\nabla} = \frac{\partial^2}{\partial x^2} + \frac{\partial^2}{\partial y^2} + \frac{\partial^2}{\partial z^2} \tag{1.10.13}$$

最后，为了封闭 1.9 节中的能量方程 (1.9.6) 或 (1.9.10)，我们必须定义热传导矢量 $\boldsymbol{J}$。正如 1.2 节提到的，这个矢量包括两个部分：热矢量 $\boldsymbol{J}_T$ 和扩散矢量 $\boldsymbol{J}_D$。而后者以及气体混合物的扩散矢量 $\boldsymbol{I}^{(c)}$，一般具有相当复杂的结构，将在第 12 章中讨论。至于第一项，在各向同性的介质中表示为

$$\boldsymbol{J} = -\lambda\mathrm{grad}T \tag{1.10.14}$$

其中，λ 为热导率 (见 1.3 节)。事实上，热量仅沿法线 $\boldsymbol{n}$ 传导，根据法线为 $\boldsymbol{n}$ 的等温面 $T = \mathrm{const}$ 得到。根据傅里叶定律 (见 1.2 节)，$J = -\lambda\partial T/\partial n$，参考式 (1.8.16) 可以得到式 (1.10.14)。

由式 (1.10.10) 和式 (1.9.5) 或式 (1.9.9) 可以轻松地写出笛卡儿坐标系下的能量方程，但由于它们的形式烦琐，这里不再赘述。在接下来的内容中，将给出其限制、简缩形式的 Navier-Stokes 方程。

1.11 初始条件和边界条件

为求解前文提出的气体运动方程，应该再限定初始条件和边界条件，使其足以确定在微分方程组通解中的任意函数。这些条件的数目和性质主要取决于方程的类型和数目，并分别对应各自类型的方程或者问题。首先，所有未知函数 f 在时间 $t = t_0$ 时刻的空间分布为

$$f(t_0, x, y, z) = f_0(x, y, z) \tag{1.11.1}$$

上式是问题的初始条件。严格说来，所有的流动从静止开始，所以它们是非定常的。但是，也存在广泛而重要的一类定常流动。在实际应用中，实验表明初始扰动会快速衰减。因此，如果尺寸为 L 的物体以 U_∞ 匀速运动 (在贴体坐标系中)，那么在时间 $t_1 \sim L/U_\infty$ 内，物体周围的流动会达到稳态 (如图 1.22 中的示例)。风洞中会发生同样的现象，启动效应会迅速衰减，可以认为经过模型的流动是定常的。

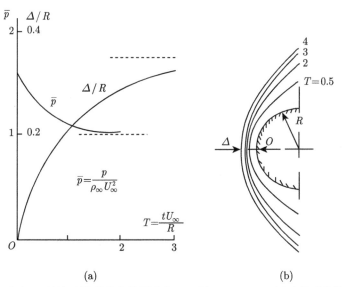

图 1.22 (a) 驻点 O 处流动达到稳态的压力和 (b) 以 $U_\infty = 2a_\infty$ 运动的球体前部分离激波的形状

飞机运动的速度是变化的，而且风洞内的流动也可能是非定常的，但是如果非定常时间尺度 t_2 明显大于流动达到稳态的时间 t_1，那么认为流动是**准定常**的，定常流动准则是适用的。在实际中这是典型流动状态，但是在分析特定问题时，需要确定 t_1 和 t_2/t_1。

1.11.1 边界条件

如果物体在一个均匀静止气体中运动，通常上游的干扰会衰减，因此，相对运动中可以设定一个自然边界条件：

$$x \to -\infty, \quad f \to f_\infty(y, z) \tag{1.11.2}$$

来流速度方向沿 x 轴方向。

其实，只有与物体有一定距离时这个条件才有意义。如 1.6 节 (图 1.14) 所述，图 1.22 和图 1.23 表示的超声速和亚声速流动是不同的。超声速流动中，扰动传播域在马赫锥或激波内，而在亚声速流动中没有边界。但是经验表明，亚声速流动中物体诱导的扰动通常不会影响到上游几倍 (甚至 1 倍) 物体直径的距离。

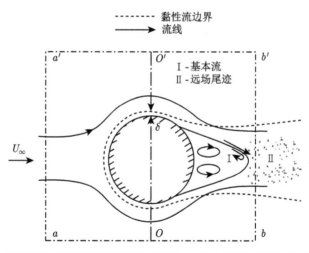

图 1.23　高雷诺数下亚声速黏性绕流示意图 ($aa'bb'$ 是施加边界条件的控制面)

至于距离物体下游很远的流动，从物理的角度来看，似乎没有必要考虑。而且，实验表明物体下游扰动影响的范围可能非常大。这可能是黏性效应导致的尾迹或者是超声速飞行后的马赫锥 (图 1.14 和图 1.23)。然而，为了从数学上得到这个理想问题的解，通常会提出一个条件，即物体下游的扰动全部或部分衰减 (如在亚声速流动中)。

物面上的流动条件比较简单，通常认为物体表面是固体且不可渗透，因此表面位移的速度和气体速度的法向速度必须重合。

物体表面由下式确定：

$$F(t, x, y, z) = 0 \tag{1.11.3}$$

其法向 $\boldsymbol{n}$ 分量如下：

$$n_x = F_x \Delta^{-1}, \quad n_y = F_y \Delta^{-1}, \quad n_z = F_z \Delta^{-1}, \quad \Delta^2 = F_x^2 + F_y^2 + F_z^2 \tag{1.11.4}$$

对方程 (1.11.3) 进行时间差分，得到表面上所有点的轨迹 $x^*(t)$, $y^*(t)$ 和 $z^*(t)$ 都必须满足的方程。方程可以写成如下能够确定表面法向速度的形式：

$$D = n_x \dot{x}^* + n_y \dot{y}^* + n_z \dot{z}^* = -F_t \Delta^{-1}, \quad x^* = \frac{\mathrm{d}x^*}{\mathrm{d}t}, \quad \ldots \tag{1.11.5}$$

同时，垂直于表面的气体速度为

$$v_n = n_x u + n_y v + n_z w = \boldsymbol{n} \cdot \boldsymbol{U} \tag{1.11.6}$$

因此，表面无渗透条件的一般形式为

$$v_n = \boldsymbol{n} \cdot \boldsymbol{U} = D = -F_t \Delta^{-1} \tag{1.11.7}$$

现在，考虑物体上气体速度的切向分量 $v_l = \boldsymbol{U} \cdot \boldsymbol{I}$，这里，$\boldsymbol{I}(l_x, l_y, l_z)$ 是一个与曲面相切的任意向量。由于所有的流体和气体都有黏性，所以流动与表面的相互作用必然会影响速度。动力学理论和实验结果表明，稠密气体流过物体表面时，满足无滑移条件：

$$v_l = \boldsymbol{U} \boldsymbol{I} = l_x \dot{x}^* + l_y \dot{y}^* l_z \dot{z}^* \tag{1.11.8}$$

固定的物体上 $v_l = 0$。然而稀薄流动 (飞行高度 $H = 80 \sim 100 \mathrm{km}$) 是个例外，其物体表面采用滑移条件 (见 12.1 节)。

然而，在密集的高速流中，或者更具体地说，在高雷诺数 ($Re > 10^4$) 时，黏性的影响集中在一个狭窄的壁面边界层内 (量级为 $LRe^{-1/2}$，请参阅 1.16 节)，但物体下游延伸的分离区或尾涡区情况下除外 (图 1.23)。在边界层外，可认为气体 (或流体) 是无黏或无摩擦的：在这些流动中 v_l 不能预先指定。

1.11.2 气体动力学问题解的存在性和唯一性

假设在数学上封闭的方程组描述的合理物理问题存在解，并且解是唯一的。一般解的存在性难以给出数学证明，但是气体动力学理论和实验的经验表明，这种假设是有效的 (除了一些物理奇性相关的问题)。

解的唯一性则比较复杂，因为即使来流条件看似相同，但流动仍可能存在非唯一性。在这种情况下，为了分离出流动的解 (如果可能的话)，需要增加一些额外的条件，而这些条件往往超出了问题本身表述的框架。

在典型气体动力学问题中，只有在仔细分析物理和数学特性的基础上，才有可能得到详细的公式，这将在下文中阐述。

1.12　气体动力学的相似性和建模

相似理论是研究物理和力学最有效的方法之一。在物理直觉和简单逻辑的基础上，这个理论往往能够得到相似律，预测某些特定问题解的结构 (有时不是显而易见的)，以及建立用于描述这些问题演化过程的规律。相似律对物理问题的意义和重要性在于，它们可以将大量不同的解简化到更窄的**群相似**，从而促进解的分类和确定控制参数。而且，相似性还提供了一种通过相似解来模拟流动的可能性。

推导相似律有两种基本方法。

(1) 无量纲化方法：参考问题涉及的量的特征尺度，将方程、初始条件和边界条件直接简化为无量纲形式。

(2) 量纲分析法，仅基于相似性对控制方程和未知参数进行量纲分析。

由于相似理论相当重要，我们将概述这两种方法。

1.12.1　第一种方法：无黏理想气体

设参考长度为 L，自由来流参数 (下标 "∞") 为

$$f(x,y,z,t) = 0, \quad L, \ \rho_\infty, \ p_\infty, \ h_\infty, \ \boldsymbol{U}_\infty(u_\infty, v_\infty, w_\infty) \tag{1.12.1}$$

其中，u、v 和 w 是笛卡儿坐标系 (x,y,z) 三个方向的速度分量。假定来流为均匀稳定的，但由于物体变形或其机动 (振荡等)，全场流动可能是非定常的。

引入无量纲量

$$p' = \frac{p}{\rho_\infty U_\infty^2}, \quad \rho' = \frac{\rho}{\rho_\infty}, \quad h' = \frac{h}{U_\infty^2}, \quad \boldsymbol{U}' = \frac{\boldsymbol{U}}{U_\infty} \tag{1.12.2}$$

和

$$x' = \frac{x}{L}, \quad y' = \frac{y}{L}, \quad z' = \frac{z}{L}, \quad t' = \frac{tU_\infty}{L} \tag{1.12.3}$$

其中，气体动力学问题中所有的有量纲参数都除以特征尺度。很明显，无量纲化方式的选择是相当任意的 (例如，可以选择 p/p_∞ 作为压力特征尺度)，但通常选择最方便的一种无量纲方式，特别是在分析超声速流动问题时。

这样做的目的是将控制方程、初始条件和边界条件无量纲化，并确定问题的解所依赖的无量纲参数或函数。如果这些参数，或所谓的**相似性准则**，对不同的流动是一致的，那么基于解的唯一性假设，无量纲函数 (1.12.3) 对无量纲参数 (1.12.2) 的依赖性也是相同的。类似这样的流动称为**相似流动**，这就是所谓的**相似律**。然而，相似流动的有量纲量 (如压力的量纲量 $p = p' \rho_\infty U_\infty^2$) 可能是完全不同的。

在无黏气体的连续、动量和能量方程 (1.9.11) 中，新的无量纲变量不改变方程形式，也没有增加额外的控制参数。理想气体的状态方程 $\gamma p' = (\gamma - 1)\rho' h'$ 也没有变化，这表明了选择无量纲参数的优越性。

因此，一个无量纲形式仅取决于无量纲条件：

$$p'_\infty = \frac{1}{\gamma M_\infty^2}, \quad h'_\infty = \frac{1}{(\gamma - 1)M_\infty^2}, \quad \rho'_\infty = 1$$

$$\boldsymbol{I}_\infty = \frac{\boldsymbol{U}_\infty}{U_\infty}, \quad \left(u'_\infty = \frac{u_\infty}{U_\infty}, \dots\right), \quad f(x', y', z', t') = 0 \tag{1.12.4}$$

其中，γ 和 M_∞ 分别为绝热指数和来流马赫数；$\boldsymbol{I}_\infty$ 为速度方向上的单位矢量。向量 $\boldsymbol{n}$ 和 $\boldsymbol{I}$ 在物体相同点处的瞬时斜率是一样的，因此，边界条件式 (1.11.7) 或式 (1.11.8) 没有改变。这些条件在不同流动中的一致性导致了流动的相似性。因此，特别是几何相似物体的无黏绕流问题仅涉及两个相似准则：γ 和 M_∞。

这是无黏完全气体绕流中经典的相似律。其他相似律将在研究相似理论后再讨论。

我们还注意到所谓的相似性退化的情况，相似律满足建模的条件减弱，即相似准则的数量减少。举一个不可压缩流动的例子，其中 $\rho = \mathrm{const}$，或者如下文所述的极限条件 $M_\infty \to 0$。这里不需要使用气体状态方程，引入 $p'' = (P - P_\infty)/(\rho_\infty U_\infty^2)$ 代替 p'。很容易证明，这种形式的问题根本不涉及相似准则，即在几何相似的不可压缩流动中相似变量是相同的。

1.12.2 第二种方法：相似理论

这个理论是基于以下假设提出的，直接来自一般的物理认识或日常经验[①]。

(1) **所有物理量可分为有量纲和无量纲**，但这并非没有一定的惯例。第一种，如长度、速度等，取决于选择的度量尺度，而第二种，如三角函数或速度的比值 (马赫数)，是无量纲的。

当然，一旦选择了一套测量物理量的系统 (如 SI)，就可以将这些量进行无量纲化，这不会给日常工程实践带来任何困难，甚至是有利的。然而，常用尺度单

[①] 已经有很多论著研究这个问题，Sedov(1959) 的专著、Barenblatt(1982) 的专著等。这里我们只概述一些必要的基本陈述，以了解该理论的应用。

位 (如长度单位: 英尺①、米、码②等) 往往由人的意愿选择, 因此相似理论的成功
在于拒绝使用标准计量单位, 而是选择适合每一特定物理问题的具体度量单位。

(2) **所有物理量可以被分成独立变量和非独立变量**。在力学上, 甚至在热力学
中, 有量纲量长度 L、时间 t、质量 M 可以构成一个独立系统, 而其他有量纲量
可以通过含独立变量的公式来确定, 或用所代表的相应的物理定律来表述。

(3) **独立变量和非独立变量之间总是存在幂次关系**。一般来说, 这在逻辑上是
可以证明的, 但我们需要认识到一个事实, 物理上除了用幂次关系来引入一个新
的物理量外, 再没有其他方式。

例如, 力 F 是物体质量 m 和加速度 a 的乘积。做的功 A 等于力与路径 S
的标量积, 所以量纲是 $[F] = MLt^{-2}$ 和 $[A] = ML^2t^{-2}$。

基于这个假设可以得到一个明显的结果。设 $f_k(k = 1, \cdots, K)$ 是一些独立量
纲的参数, 完全决定 f_n 的量纲。得到

$$f_n = \left(\prod_k f_k^{\alpha_{kn}} \right) \cdot \Pi_n \tag{1.12.5}$$

其中, α_{kn} 是常数; Π_n 是无量纲系数。下面给出相似性定理中众所周知的 Π 定理:
所有的物理定律可以表示为无量纲量之间的函数关系。

简单地说, 证明可以归纳如下。设 f_0 遵循一定的规律且取决于变量 f_k, f_n,
无论它们是常量还是变量。f_k 有独立量纲, 而 $f_n(n = K + 1, \cdots, N)$ 是非独立变
量, 因此, f_n(以及 f_0) 可以表示为式 (1.12.5), 进而得到

$$f_0 = f_0(f_k, f_n) = \left(\prod_k f_k^{\alpha_{k0}} \right) \cdot \Pi_0$$

$$\Pi_0 = \Pi_0 \left[f_k, \left(\prod_k f_k^{\alpha_{kn}} \right) \cdot \Pi_n \right]$$

$$k = 1, \cdots, K, \quad n = K + 1, \cdots, N \tag{1.12.6}$$

此外, 关键的一步是选择具体问题的 f_k 值, 而不是任何标准度量系统的统一
尺度。然后参考自身的尺度, 则所有的 $f_k = 1$, 而且原始的物理关系可以用无量
纲量之间的函数关系来代替:

$$\Pi_0 = \Pi_0(\Pi_{K+1}, \cdots, \Pi_N) \tag{1.12.7}$$

---

① 1 英尺 = 3.048×10^{-1} 米。

② 1 码 = 3 英尺 = 0.9144 米。

这种关系给出了某个相似定律的数学描述,如果变量或常数 Π_n 与问题的独立变量 (坐标、时间) 有关,则 Π_n 为**相似变量**;如果它们与问题的外部控制参数有关,则称为**相似准则**。

至此,完成了相似理论的一般描述。人们可以把它作为分析工具,只考虑具有启发性的实例,特别是下文提到的例子。

我们将用本节中的相似理论得到更多的结果。

首先考虑完全气体。流过给定物体的定常流问题的解可以写成以下形式,例如压力:

$$p = p(x, y, z, h, \gamma, \rho_\infty, p_\infty, U_\infty) \tag{1.12.8}$$

显然,在这个问题中,所选择的参数量纲应该是独立的,包括质量、长度和时间量纲。在气体动力学中很自然地选择物体长度 L、密度 ρ_∞ 和速度 U_∞ 作为度量参数,$\rho_\infty L^3$ 和 L/U_∞ 分别表征问题的质量特性和气体动态时间尺度。然后式 (1.12.8) 中的每个参数除以相应的尺度,例如,比值 $p' = p/(\rho_\infty U_\infty^2)$,我们可以看到,$p$ 仅依赖于那些无量纲参数,可以写成

$$p' = p'(x', y', z', t', M_\infty, \gamma, \boldsymbol{I}_\infty) \tag{1.12.9}$$

当然,这些量与先前一样,马赫数 M_∞ 表示无量纲的 p_∞。其他函数 (ρ' 等) 同样依赖这样的参数。

上述关系式表述了相似律,而对于无量纲化后相同的物体表面形状,式 (1.12.4) 中的参数 γ 和 M_∞ 为相似准则。

显然,从相似理论推导出的相似律更简短优雅,因为它不需要方程和边界条件的无量纲化过程。然而,这一优势一般是明显的,因为在选择控制参数时,特别是在减少其数量时,应牢牢记住该问题的一般公式、方程形式和边界条件等。

第二个例子是黏性热传导气体。在这种情况下,特征黏性 μ_∞ 和热传导率 λ_∞ 必须是方程 (1.12.8) 括号中的参数之一。μ 的量纲 $[\mu] = M/Lt$,但它用摩擦应力 $\tau \sim \mu \partial U/\partial y$ 更简单。由于摩擦应力的量纲与 $\rho_\infty U_\infty^2$ 一致,则 $[\mu] = [\rho U L]$。因此,提出一个附加的相似准则 (对于方程 (1.12.9)),即众所周知的雷诺数 $Re = \rho_\infty U_\infty L/\mu_\infty$。

接下来分析雷诺数是如何引入到无量纲动量方程中的。方程中的对流项和黏性项的量纲 (见式 (1.2.3) 和式 (1.2.4)) 分别为

$$\left[\rho u \frac{\partial u}{\partial x}\right] = \left[\rho_\infty \frac{U_\infty^2}{L}\right], \quad \left[\mu \frac{\partial^2 u}{\partial x^2}\right] = \left[\mu_\infty \frac{U_\infty}{L^2}\right] \tag{1.12.10}$$

相应地,方程除以 $\rho_\infty U_\infty^2/L$ 得到无量纲的 "无黏" 部分和黏性项系数 Re^{-1}。

热传导气体的能量方程中引入了温度变量，量纲 $[T] = [h/c_p]$，其中 c_p 是比热。因此，式 (1.2.7) 或式 (1.2.9) 中的"热传导"项除以对流项，可以得到

$$\frac{\partial \left(\lambda \frac{\partial T}{\partial x} \right)}{\partial x} : \rho u \frac{\partial h}{\partial x} = \frac{\lambda_\infty \rho_\infty U_\infty}{c_p L} = Pr Re, \quad Pr = \frac{c_p \mu}{\lambda} \tag{1.12.11}$$

其中，Pr 为 1.2 节中介绍的普朗特数。由于气体 $Pr \sim 1$，不论流动条件如何，动量和能量方程中的耗散项的作用是相同的，可以用雷诺数来表征。

因此，理想气体的相似准则如下：

$$\gamma = \frac{c_p}{c_v}, \quad M_\infty = \frac{U_\infty}{a_\infty}, \quad Re = \frac{\rho_\infty U_\infty L}{\mu_\infty}, \quad Pr = \frac{\mu_\infty c_p}{\lambda_\infty} \tag{1.12.12}$$

这些准则是气体动力学的基础，也是满足一般状态方程的真实气体的基础，只是后者准则的数量有所增加。

1.12.3　真实气体

前文已经提及，萨瑟兰公式 (1.3.9) 中已经包含真实气体属性，因为无量纲 Navier-Stokes 方程中 μ 涉及的特征温度 T_0 在 $\mu' \equiv \mu/\mu_\infty$ 中并没有消失。同样地，对一个不完全气体状态方程 (1.3.8)，用有效绝热指数 γ_*(取决于 p, T 或 p, h) 代替方程 (1.12.8) 中的 γ。然而，所有这些 γ_*, μ 等热力学参数，都是从其他拥有自己典型控制参数的科学分支中引入空气动力学中的。也就是说，在所得的公式或表格中，它们都依赖于有量纲的温度和压力。

这似乎与 Π 定理是矛盾的，因为其规定在无量纲量之间只存在唯一的关系。通过引入压力 (p_c)、温度 (T_c) 或焓 $(h_c = c_p T_c)$ 的特征尺度可以消除这一矛盾。在无量纲形式下，会引入一些附加的无量纲参数：$p_c/\left(\rho_\infty U_\infty^2 \right)$ 和 h_c/U_∞^2 等。

此外，p_c, T_c 这些特征尺度通常的单位为 $\mathrm{N/m^2}$，K 等。因此，无量纲流场仍然取决于流动参数 ρ_∞ 和 U_∞ 的量纲，所以可以在方程 (1.12.12) 的**相似准则**中增加这些参数，尽管违反了严谨的科学和美学。

出现一个更简单的情况，黏度与温度成幂次关系，即 $\mu \sim T^n$(方程 (1.3.9) 的近似)，这时方程中只有一个无量纲比值 $\mu/\mu_\infty = (T/T_\infty)^n$。可想而知，这种有奇妙特性的气体满足关系式 $\gamma_*(h) = \gamma_* \left(h' U_\infty^2 \right) = \gamma_*(h')$，但目前还没有发现这种气体。

退化或极限情况下，本书的相应章节会考虑减少一些准则或控制参数。

1.12.4　非定常流

以上分析不能用于分析任何非定常流动，正因如此，为了实现非定常流的分析建模必须对其进行修正。尤其是气体动力学中，典型时间尺度 L/U_∞ 不便于用

来描述绕其重心自由弹道飞行器在周期 t_0 内的简谐振荡。因此，应该引入另一个时间尺度 $t'' = t/t_0$ 替代无量纲时间 $t' = tU_\infty/L$ 去描述非定常过程。此外，非定常过程的特征长度 δ 也是一个控制参数，如飞行器头部或重心振荡的线性幅值。所以几何相似的物体都满足关系式：

$$f(x', y', z', t'', \delta/L) = 0 \qquad (1.12.13)$$

然而，时间和长度尺度导致附加的相似准则，形式为 $Sh = L/(U_\infty t_0)$ 和 δ/L 的比值。第一准则是运动方程中的**斯特劳哈尔 (Strouhal) 数** Sh。假设解的形式为 $u' = u'(t'', x', \cdots)$，代入无量纲对流导数项中得到

$$\frac{L}{U_\infty} \frac{\mathrm{d}u'}{\mathrm{d}t} = Sh \frac{\partial u'}{\partial t''} + u' \frac{\partial u'}{\partial x'} + \cdots \qquad (1.12.14)$$

其中，Sh 表征了一般绕流模式的非定常效应。一般来说，严格的定常流动 (和过程) 是不存在的，是非定常流动 $Sh \to 0$ 的极限情况。如果解是与时间相关的，这个问题可以近似为准定常。

然而，实际应用中 Sh 量级是非常重要的，不管它多么小。正如下文中将要提到的，自由飞行物体的振荡阻尼很大程度上取决于气体流动的非定常部分。

1.12.5 重液体中的物体运动

前文没有考虑重力加速度 $\boldsymbol{g}$ 对气流的影响，在 1.7 节采用忽略不计的说法。但是，重力加速度无处不在，所以应更详细地评估其影响。

为此，我们考虑一个在 x-z 平面的平面流动，z 轴方向与向量 $\boldsymbol{g}$ 相反。重心处的力为 $\rho \boldsymbol{g}$，动量方程仅投影在 z 轴上：

$$u \frac{\partial u}{\partial x} + w \frac{\partial u}{\partial z} = \frac{\partial p}{\partial z} = -\rho g \qquad (1.12.15)$$

代入变量式 (1.12.2) 和式 (1.12.3)，其中 L 是物体的垂直距离，在方程右端得到 ρ'/Fr 项，其中 $Fr = U_\infty^2/gL$ 是**弗劳德 (Froude) 数**，是新的表征重力 (或其他体外力) 对流动影响的相似参数。在中等密度流动外，这种影响取决于物理量 g、L 和 U_∞。与前文一样，当 $U_\infty > 100\mathrm{m/s}$，$L < 10\mathrm{m}$ 时，$Fr < 0.01$ 可以忽略。在这里，我们不做处理。也就是说，在火箭发射的气动阶段，与发动机推力相比，所有的气动力和**阿基米德浮力**可被完全忽略。阿基米德力在飞船飞行和船舶漂浮中是很重要的。然而，在等密度 $\rho' = 1$ 介质中的物体运动 (空气中的飞船或在很深处的潜艇)，方程 (1.12.15) 中代入 $p = p_{ef} - \rho g z$ 可消除最后一项。给定参数 U 和 p_{ef} 的流体动力学问题简化为相似的无重力流体问题。

但是，这种做法在舰艇表面是不可取的，重面波在它们的运动中起很重要的作用。然而，这些非常有趣的问题超出了本书的范围。

1.12.6 自相似性问题

让物体表面无限放大，并由奇点 (如物体的顶点或头部) 发出的一束射线组成。这样一个没有尺度的广义锥，需要假设解只取决于两个变量 $p' = p'(\xi, \eta)$，如 $\xi = y/x$ 和 $\eta = z/x$，就可以通过式 (1.12.9) 的描述得到无量纲参数。这样的流动称为**锥形流**，而这种减少独立变量以及降低维数的问题，称为**自相似**。然而，仍然有很多伴随而来的问题无法得到初步解决。尤其是，锥形解仅适用于超声速，而不适应亚声速流动。实际上，没有无限长的物体；在局部超声速流中，所有扰动都会向下游对流，因此锥形体绕流与锥体长度无关，只与锥体本身有关。这是**第一类自相似**。相反，亚声速流动总是依赖于边界条件，因此流动不可能是锥形流。然而，如第 2 章所述，物体头部的简单流动只需要一个参数就能表示末端效应。这是**第二类自相似** (Zel' dovich 和 Raizer，1967)。自相似解可以用分析或半解析的方法求解，这对于研究流动特性是很重要的，在本书中将重复使用。

1.13 曲线坐标系：欧拉方程

虽然直角坐标系简单，但有时用其他坐标系 (如曲线坐标系) 来描述流动或流动模式时更加简单并且更具有说明性。因此，本节我们推导其他正交坐标系统下的运动方程 (本书中不使用一般非正交坐标系，因为方程过于烦琐)。

曲线坐标系 x_1、x_2、x_3 和笛卡儿坐标系的区别主要有两点：第一，被 x_i = const 的坐标面相切的坐标单元体 $d\Omega$ 得到的长度 dl_i 和面积 $d\Sigma_i$ 是变化的 (图 1.19(b))；第二，坐标轴 x_i 的单位向量 $\boldsymbol{I}_i$ 的方向也是变化的。在一个正交坐标系下，任何空间曲线的单位长度 dl_i 和面积 $d\Sigma_i$，以及体积 $d\Omega$ 如下：

$$dl^2 = dl_1^2 + dl_2^2 + dl_3^2, \quad dl_i = H_i dx_i$$

$$d\Sigma_1 = H_2 H_3 dx_2 dx_3, \quad d\Sigma_2 = H_1 H_3 dx_1 dx_3$$

$$d\Sigma_3 = H_1 H_2 dx_1 dx_2, \quad d\Omega = H_1 H_2 H_3 dx_1 dx_2 dx_3 \tag{1.13.1}$$

其中，H_i 是**拉梅系数**或**比例因子**，从几何上可以很容易确定，如图 1.24 中的特例。使用式 (1.8.13)，可以得到这些坐标系下矢量 $\boldsymbol{A}$ 的散度表达式。与直角坐标系一样，沿每个方向 x_i 的矢量通量等于 $[\partial (A_i d\Sigma_i) / \partial x_i] dx_i$。因此，所有方向的和为

$$\mathrm{div}\boldsymbol{A} = \frac{1}{H_1 H_2 H_3} \left(\frac{\partial A_1 H_2 H_3}{\partial x_1} + \frac{\partial A_2 H_1 H_3}{\partial x_2} + \frac{\partial A_3 H_1 H_2}{\partial x_3} \right) \tag{1.13.2}$$

当 $\boldsymbol{A} = \boldsymbol{U}$ 或 $\boldsymbol{A} = \rho\boldsymbol{U}$ 时，可以得到这些坐标下与式 (1.9.1) 或式 (1.9.7) 同样形式的连续性方程。

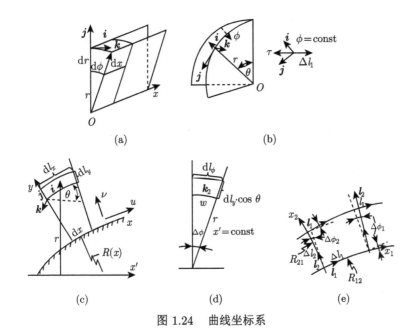

图 1.24 曲线坐标系

1.13.1 其他算子

为了得到全导数公式 (1.8.3) 的一般形式，取 $\mathrm{d}x_i^* = H_i^{-1}\mathrm{d}l_i^*$，其中 $\mathrm{d}l_i^*$ 是空间内粒子轨迹的一个单元。故

$$\frac{\mathrm{d}}{\mathrm{d}t} = \frac{\partial}{\partial t} + \sum_i \frac{u_i}{H_i}\frac{\partial}{\partial x_i}, \quad i = 1, 2, 3 \tag{1.13.3}$$

要定义压力梯度 (或任何其他矢量) 算子，在每个点引入与给定坐标系相切的直角坐标系 (l_1, l_2, l_3) 就足够了 (即有相同的单位向量 $\boldsymbol{I}_i$ 的系统)。对于这个坐标系，方程 (1.8.17) 是有效的，得到

$$\mathrm{grad}p = \boldsymbol{\nabla} p, \quad \boldsymbol{\nabla} = \sum_i \frac{\boldsymbol{I}_i}{H_i}\frac{\partial}{\partial x_i} \tag{1.13.4}$$

从方法论考虑，1.8 节中介绍的旋度算子，将在 1.14 节的末尾给出其在曲线坐标系下的形式。

最后，在曲线坐标系下，速度矢量 $\boldsymbol{U}$ 和其全导数形式为

$$\boldsymbol{U} = \sum_i \boldsymbol{I}_i u_i, \quad \frac{\mathrm{d}\boldsymbol{U}}{\mathrm{d}t} = \sum_i \boldsymbol{I}_i \frac{\mathrm{d}u_i}{\mathrm{d}t} + \sum_i u_i \frac{\mathrm{d}\boldsymbol{I}_i}{\mathrm{d}t} \tag{1.13.5}$$

单位向量 l_i 沿粒子轨迹的导数可以表示成式 (1.13.3) 同样的形式；在这种情况下，沿着坐标线的矢量的旋度以及标量积等于零，即 $l_i(\partial l_i/\partial x_j) = 0$，所以偏导数 $\partial l_i/\partial x_i$ 不等于零。

因此，在曲线坐标系中，包含与 u_i 成比例的附加项的速度全导数取决于坐标曲率。这些附加项称之为**惯性项**。

这些结果足以推导出特定坐标系下的无黏方程，下面给出在频繁使用的坐标系中的结果。

1.13.2　圆柱坐标系

在气体动力学中，这个坐标系使用的频率与笛卡儿坐标系一样高。如图 1.24(a) 所示：

$$x_1 = x, \quad x_2 = r, \quad x_3 = \phi, \quad l_1 = i, \quad l_2 = j, \quad l_3 = k$$

$$H_1 = H_2 = 1, \quad H_3 = r, \quad u_1 = u, \quad u_2 = v, \quad u_3 = w$$

$$\frac{\partial l_i}{\partial x} = \frac{\partial l_i}{\partial r} = 0, \quad \frac{\partial i}{\partial \phi} = 0, \quad \frac{\partial j}{\partial \phi} = k, \quad \frac{\partial k}{\partial \phi} = -j \tag{1.13.6}$$

显然，单位向量在子午面上移动时方向不变，但 j 和 k 轴会随之旋转。

基于此，连续方程可以写为如下形式：

$$\frac{\partial \rho}{\partial t} = -\mathrm{div}\rho \boldsymbol{U} = -\frac{1}{r}\left(\frac{\partial \rho ur}{\partial x} + \frac{\partial \rho vr}{\partial r} + \frac{\partial \rho w}{\partial \phi}\right) \tag{1.13.7}$$

同样地，全导数如下：

$$\frac{\mathrm{d}}{\mathrm{d}t} = \frac{\partial}{\partial t} + u\frac{\partial}{\partial x} + v\frac{\partial}{\partial r} + \frac{w}{r}\frac{\partial}{\partial \phi} \tag{1.13.8}$$

梯度算子为

$$\boldsymbol{\nabla} = i\frac{\partial}{\partial x} + j\frac{\partial}{\partial r} + k\frac{1}{r}\frac{\partial}{\partial \phi} \tag{1.13.9}$$

将这些表达式代入方程 (1.9.2)，可得到其在基本坐标向量上的投影。以式 (1.13.8) 为例，可以写成一个紧凑形式：

$$\frac{\mathrm{d}u}{\mathrm{d}t} = -\frac{1}{\rho}\frac{\partial p}{\partial x}$$

$$\frac{\mathrm{d}v}{\mathrm{d}t} - \frac{w^2}{r} = -\frac{1}{\rho}\frac{\partial p}{\partial r}$$

$$\frac{\mathrm{d}w}{\mathrm{d}t} + \frac{vw}{r} = -\frac{1}{\rho r}\frac{\partial p}{\partial \phi} \tag{1.13.10}$$

后两个方程的附加项分别是**离心力**和**科里奥利 (Coriolis) 加速度**。用方程 (1.13.8) 就能得到能量公式为

$$\frac{\mathrm{d}h}{\mathrm{d}t} = \frac{1}{\rho}\frac{\mathrm{d}p}{\mathrm{d}t} + q \tag{1.13.11}$$

平面 $(v=0)$ 和轴对称 $(v=1)$ 的流动与 ϕ 无关，并且 $\omega = 0$，所以动量方程 (用 r 代替 y) 是相同的，而连续性方程可以写成一个统一的形式：

$$\frac{\partial(\rho r^v)}{\partial t} + \frac{\partial(\rho u r^v)}{\partial x} + \frac{\partial(\rho v r^v)}{\partial r} = 0 \tag{1.13.12}$$

1.13.3 球坐标系

在这种情况下，一个点的位置由到圆心 O 的距离 r、倾角 θ 和子午角 ϕ (图 1.24(b)) 来确定。故

$$x_1 = r, \quad x_2 = \theta, \quad x_3 = \phi$$
$$\boldsymbol{I}_1 = \boldsymbol{i}, \quad \boldsymbol{I}_2 = \boldsymbol{j}, \quad \boldsymbol{I}_3 = \boldsymbol{k}$$
$$u_1 = v_r, \quad u_2 = v_\theta, \quad u_3 = v_\phi \tag{1.13.13}$$

根据图 1.24(b) 的分析，给出下面的关系

$$H_1 = H_r = 1, \quad H_2 = H_\theta = r, \quad H_3 = H_\phi = r\sin\theta$$

$$\frac{\partial \boldsymbol{I}_i}{\partial r} = 0, \quad \frac{\partial \boldsymbol{i}}{\partial \theta} = \boldsymbol{j}, \quad \frac{\partial \boldsymbol{i}}{\partial \phi} = \boldsymbol{k}\sin\theta$$

$$\frac{\partial \boldsymbol{j}}{\partial \theta} = -\boldsymbol{i}, \quad \frac{\partial \boldsymbol{j}}{\partial \phi} = \boldsymbol{k}\cos\theta, \quad \frac{\partial \boldsymbol{k}}{\partial \theta} = 0$$

$$\frac{\partial \boldsymbol{k}}{\partial \phi} = -\boldsymbol{\tau}, \quad \boldsymbol{\tau} = \boldsymbol{i}\sin\theta + \boldsymbol{j}\cos\theta \tag{1.13.14}$$

从图 1.24(b) 得到，当角度 θ 变化时，单位矢量 $\boldsymbol{i}$ 和 $\boldsymbol{j}$ 随半径矢量 $\boldsymbol{r}$ 一起旋转，而 $\boldsymbol{k}$ 矢量方向不变，因此对 θ 的导数表达式是显而易见的。在 $\phi =$ 常数、$\theta = \pi/2$ 平面内通过引入单位矢量 $\boldsymbol{\tau}$，很容易得到对 ϕ 的导数 (图 1.24(b))，该向量与子午面转过一个小角度 ϕ 引起的所有向量增量 $\Delta \boldsymbol{I}_i$ 共线。

由此得到以下的运动方程:

$$\frac{\mathrm{d}v_r}{\mathrm{d}t} - \frac{v_\theta^2 + v_\phi^2}{r} = -\frac{1}{\rho}\frac{\partial p}{\partial r}$$

$$\frac{\mathrm{d}v_\theta}{\mathrm{d}t} + \frac{v_r v_\theta}{r} - \frac{\cot\theta}{r}v_\phi^2 = -\frac{1}{r\rho}\frac{\partial p}{\partial \theta}$$

$$\frac{\mathrm{d}v_\phi}{\mathrm{d}t} + \frac{v_\theta v_\phi \cot\theta + v_r v_\phi}{r} = -\frac{1}{\rho r \sin\theta}\frac{\partial p}{\partial \phi}$$

$$\frac{\partial \rho}{\partial t} + \frac{1}{r^2}\frac{\partial(\rho v_r r^2)}{\partial r} + \frac{1}{r\sin\theta}\frac{\partial(\rho v_\theta \sin\theta)}{\partial \theta} + \frac{1}{r\sin\theta}\frac{\partial(\rho v_\phi)}{\partial \phi} = 0$$

$$\frac{\mathrm{d}}{\mathrm{d}t} = \frac{\partial}{\partial t} + v_r\frac{\partial}{\partial r} + \frac{v_\theta}{r}\frac{\partial}{\partial \theta} + \frac{v_\phi}{r\sin\theta}\frac{\partial}{\partial \phi} \tag{1.13.15}$$

当 $v_\phi = 0$ 和 $\partial/\partial\phi = 0$ 时，该方程组可用于极坐标 $(r、\theta)$ 系下的轴对称流，其对称轴是 $\theta=0$，$\theta = \pi$。同样，圆柱坐标系中，令 $u = 0$，$\partial/\partial x = 0$，我们得出相同的极坐标系 $r、\varphi$。在圆柱坐标系中，用 $\theta、v_r、v_\theta$ 代替 $\varphi、v、w$，可以保证动量方程 (1.13.10) 和 (1.13.15) 在这两种情况下是一致的。对应的连续性方程 (1.13.7) 和 (1.13.15) 可以统一表示为

$$\frac{\partial p}{\partial t} + \frac{1}{r^{\upsilon+1}}\frac{\partial \rho v_r r^{\upsilon+1}}{\partial r} + \frac{1}{r(\sin\theta)^\upsilon}\frac{[\partial\rho v_\theta(\sin\theta)^\upsilon]}{\partial \theta} = 0 \tag{1.13.16}$$

因此当 $\upsilon = 1$ 时，得到轴对称流动方程 (1.13.15)；而当 $\upsilon = 0$ 时，得到极坐标下的平面流动方程。

1.13.4   平面和轴对称流动的贴体坐标系

该坐标系通常固定在参考物 (气流中的物体) 表面，在物体表面上，假设其中一个坐标是常数。当扰动集中在物体附近时，使用该系统特别方便。在平面 $(\upsilon = 0)$ 和轴对称 $(\upsilon = 1)$ 物体上构建直角坐标系 x, y, ϕ，x 轴与子午横截面 $(y = 0$ 面) 轮廓对齐，y 轴垂直于子午横截面，ϕ 是子午面绕对称轴线的转角 (图 1.24(c) 和 (d))。可以得到

$$x_1 = x, \quad H_x = 1 + \frac{y}{R}, \quad x_2 = y, \quad H_y = 1$$

$$x_3 = \phi, \quad H_\phi = r^\upsilon, \quad \boldsymbol{I}_1 = \boldsymbol{i}, \quad \boldsymbol{I}_2 = \boldsymbol{j}, \quad \boldsymbol{I}_3 = \boldsymbol{k} \tag{1.13.17}$$

其中，r 是点到对称轴的距离；R 是物体轮廓的曲率半径。在这些坐标系中，全导数和梯度算子的形式为

$$\frac{\mathrm{d}f}{\mathrm{d}t} = \frac{\partial f}{\partial t} + \frac{R}{R+y}u\frac{\partial f}{\partial x} + v\frac{\partial f}{\partial y} + \frac{w}{r}\frac{\partial f}{\partial \phi} \tag{1.13.18}$$

$$\nabla p = \mathrm{grad}p = \boldsymbol{i}\left(\frac{R}{R+y}\right)\frac{\partial p}{\partial x} + \boldsymbol{j}\frac{\partial p}{\partial y} + \frac{\boldsymbol{k}}{r}\frac{\partial p}{\partial \phi} \tag{1.13.19}$$

平面流 $(v=0)$ 中，设 $w=0$，$\partial/\partial\varphi=0$。在推导单位向量的全导数时，除了考虑前文中的推理，应该同时考虑 x 轴上发生 Δx 位移后引起矢量 $\boldsymbol{i}$ 和 $\boldsymbol{j}$ 旋转了 $\Delta x/R$，而矢量 $\boldsymbol{k}$ 的方向不变。因为坐标三面体绕对称轴转动，所以以球坐标系下 $\boldsymbol{I}_i$ 的导数相同。因此，得到

$$\frac{\partial \boldsymbol{i}}{\partial x} = -\frac{\boldsymbol{j}}{R}, \quad \frac{\partial \boldsymbol{j}}{\partial x} = \frac{\boldsymbol{i}}{R}, \quad \frac{\partial \boldsymbol{k}}{\partial x} = 0, \quad \frac{\partial \boldsymbol{I}_i}{\partial y} = 0$$

$$\frac{\partial \boldsymbol{i}}{\partial \phi} = \boldsymbol{k}\sin\theta, \quad \frac{\partial \boldsymbol{j}}{\partial \phi} = \boldsymbol{k}\cos\theta$$

$$\frac{\partial \boldsymbol{k}}{\partial \phi} = -\boldsymbol{i}\sin\theta - \boldsymbol{j}\cos\theta \tag{1.13.20}$$

将所得结果求和，从运动方程 (1.9.2) 可以得到下面的方程组：

$$\frac{\mathrm{d}u}{\mathrm{d}t} + \frac{uv}{R+y} - \frac{w^2}{r}\sin\theta = -\frac{R}{R+y}\frac{1}{\rho}\frac{\partial p}{\partial x}$$

$$\frac{\mathrm{d}v}{\mathrm{d}t} - \frac{u^2}{R+y} - \frac{w^2}{r}\cos\theta = -\frac{1}{\rho}\frac{\partial p}{\partial y}$$

$$\frac{\mathrm{d}w}{\mathrm{d}t} + \frac{wv}{r}\cos\theta + \frac{uw}{r}\sin\theta = -\frac{1}{\rho r}\frac{\partial p}{\partial \phi}$$

$$\frac{\partial}{\partial t}\left(\rho r^v\frac{R+y}{R}\right) + \frac{\partial}{\partial x}(\rho ur^v) + \frac{\partial}{\partial y}\left(\rho vr^v\frac{R+y}{R}\right) + \frac{1}{r}\frac{\partial}{\partial \phi}\left(\rho w\frac{R+y}{R}\right) = 0$$
$$\tag{1.13.21}$$

用一个非常简单的例子来说明，参考定常轴对称气体流动方程，坐标系固定在半锥角为 θ 的锥上。实际上，动量方程 (1.13.21) 得到 $w=0$ 和 $R=\infty$ 时，形式与传统笛卡儿坐标系得到的相同。同时，连续性方程采用以下形式：

$$u\frac{\partial \rho}{\partial x} + v\frac{\partial \rho}{\partial y} + \rho\left(\frac{\partial u}{\partial x} + \frac{\partial v}{\partial y}\right) = \rho Q_{\mathrm{eff}}$$

$$Q_{\mathrm{eff}} = -\frac{v}{r}\left(u\frac{\partial r}{\partial x} + v\frac{\partial r}{\partial y}\right) = -\frac{v}{r}\left(u\sin\theta + v\cos\theta\right) \tag{1.13.22}$$

平面流动 ($v = 0$) 中，也可以得到与笛卡儿坐标系下相同形式的方程。

1.13.5　一般坐标系

其实，式 (1.13.1) ~ 式 (1.13.5) 是相当普遍的形式。然而，最后一个公式包含了导数项 $\partial \boldsymbol{I}_i/\partial x_k$，该项与坐标系的比例因子相关。这些关系式可以通过张量积分得到，在正交系中的形式为

$$\frac{1}{H_i}\frac{\partial l_i}{\partial x_i} = -K_{i,i+1}\boldsymbol{I}_{i+1} - K_{i,i+2}\boldsymbol{I}_{i+2}$$

$$\frac{1}{H_k}\frac{\partial \boldsymbol{I}_i}{\partial x_k} = K_i\boldsymbol{I}_k(i \neq k), \quad K_{i,k} = R_{i,k}^{-1} = \frac{1}{H_iH_k}\frac{\partial H_i}{\partial x_k} \tag{1.13.23}$$

其中，下标是循环的，即当 $i = 2$ 时，有 $i+1 = 3$, $i+2 = 1$；符号 $K_{i,k}$ 表示沿 x_i 的法向曲率向量在向量 $\boldsymbol{I}_i$ 和 $\boldsymbol{I}_k$ 平面上的投影。根据 **Dupin 定理**，三重正交坐标系的坐标平面与其主曲率线相交。通过简单的几何可以解释这些公式的由来。如图 1.24(e) 所示，画一个基本坐标单元，在 $x_3 = \text{const}$ 的面上侧边 $\Delta l_i = H_i\Delta x_i$。当矢量 $\boldsymbol{I}_1$ 沿 $x_2 = \text{const}$ 轴移动了一定的距离 Δl_1，会转动角度 $\Delta\phi_1 = K_{12}\Delta l_1$，因此 $\Delta\boldsymbol{I}_1 = -\boldsymbol{I}_2\Delta\phi_1$。在极限情况下，得到方程 (1.13.23) 中第一个公式的第一项。以此类推，$x_2 = \text{const}$ 的表面可得这个公式的第二项。考虑到在 $x_3 = \text{const}$ 的平面沿 $x_1 = \text{const}$ 线的矢量 $\boldsymbol{I}_1$ 位移，得到方程 (1.13.23) 的第二个公式。K_{ik} 的公式也能从图 1.24(e) 的分析中得到，例如，

$$K_{12} = \lim\frac{\Delta\phi_1}{\Delta l_1} = \lim\frac{(\Delta l_1)_{x_2+\Delta x_2} - (\Delta l_1)_{x_2}}{\Delta l_1\Delta l_2} = \frac{1}{H_1H_2}\frac{\partial H_1}{\partial x_2}, \quad \Delta x_1, \Delta x_2 \to 0 \tag{1.13.24}$$

结合式 (1.13.3) 和式 (1.13.5)，可以得到投影在单位向量 $\boldsymbol{I}_i$ 上的粒子加速度和运动方程：

$$\frac{\mathrm{d}u_i}{\mathrm{d}t} + u_iu_{i+1}K_{i,i+1} + u_iu_{i+2}K_{i,i+2} - u_{i+1}^2K_{i+1,i} - u_{i+2}^2K_{i+2,i} = -\frac{1}{\rho}\frac{1}{H_i}\frac{\partial p}{\partial x_i} \tag{1.13.25}$$

式中，$u_{i,k}(i \neq k)$ 为**科里奥利加速度**；而 u_i^2 为**离心加速度**。可以很容易地证明前文提及的方程在特定坐标系下都满足方程 (1.13.25)。

在气体流动研究中，特别是三维流动，经常使用**贴体坐标系**，该坐标系能够以最优的方式表现流动特性，其中一个坐标沿着流动速度的主方向，以此类推。一般地，这些坐标系固定在气流中的物体表面，两个坐标轴 x_1 和 x_3 在其表面上，x_2 轴与之正交。在非正交坐标系下表达运动方程是黎曼几何和张量微积分问题，需

要很烦琐的数学工具。本书中不用这些坐标系，对这个问题的详细讨论，读者可以参阅专门文献。

现在，将写出守恒方程 (1.9.7)~(1.9.10) 在曲线坐标下的形式。对于标量方程 (连续方程和能量方程)，使用散度算子 (1.13.2) 就足够了。但是，在相同算子的基础上对方程 (1.9.8) 进行转换，使用展开式 (1.13.5)，得到

$$H_1 H_2 H_3 \mathrm{div}(\rho \boldsymbol{U} \cdot \boldsymbol{U}) = \frac{\partial}{\partial x_1} \left(\rho H_2 H_3 u_1 \boldsymbol{U} \right) + \cdots$$

$$= \boldsymbol{I}_1 \frac{\partial}{\partial x_1} \left(H_2 H_3 \rho u_1^2 \right) + H_2 H_3 \rho u_1^2 \frac{\partial \boldsymbol{I}_1}{\partial x_1} + \cdots (1.13.26)$$

这里，只写出了相同类型组项的一项。将方程 (1.13.23) 中的导数项 $\partial \boldsymbol{I}_i / \partial x_k$ 代入这个方程，可以轻松得到在单位向量 $\boldsymbol{I}_i$ 上的投影。但是，由于自由项的出现，得到的方程不再是守恒方程。

这种令人遗憾的情况可以被克服，通过将向量 $\boldsymbol{U} = u \boldsymbol{i} + v \boldsymbol{j} + w \boldsymbol{k}$ 展开到直角坐标系下的空间不变单位向量，并将动量方程投影到相同方向上。在贴体坐标系下 (如图 1.25(a) 中的 x、y)，使用笛卡儿单位矢量和速度分量，可以直接从坐标单元体 (图 1.25(a) 中的虚线) 的守恒律 (1.7 节) 中得到相应的方程。但是，直接把坐标系变换到原来的笛卡儿坐标系更简单。以非定常二维方程为例来阐述这种转换的思想，方程的通用守恒形式为

$$\frac{\partial \chi}{\partial t} + \frac{\partial F}{\partial z} + \frac{\partial G}{\partial r} = 0 \tag{1.13.27}$$

其中，r、z 是圆柱或笛卡儿坐标系，如图 1.25(a) 所示，χ 是式 (1.7.9) 的列元素，最后两项的和是式 (1.9.7) ~ 式 (1.9.10) 散度算子的和。为了改写式 (1.13.27)，首

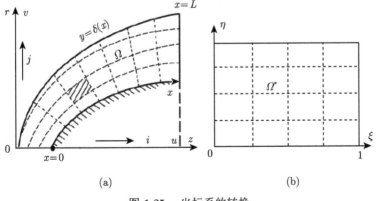

图 1.25　坐标系的转换

先将贴体曲线坐标 x、y(图 1.25(a)) 中的控制体 Ω 映射到正交坐标系 ξ、η 中的 Ω^*(图 1.25(b))。为了简单起见，我们引入与时间无关的变量：

$$\xi = f_1(y/\delta) = \xi(z, r), \quad \eta = f_2(x/L) = \eta(z, r), \quad f_i(1) = 1 \tag{1.13.28}$$

这里省略了相当简单但是很烦琐的代数运算，只给出转换的最终结果 (见文献，Fletcher，1988)

$$F_z + G_r = J(F_\xi^* + G_\eta^*) \tag{1.13.29}$$

此处和下文中的下标表示对相应变量的微分，J 是变换矩阵 (1.13.28) 的雅可比行列式 (Jacobian)，F^*、G^* 是**广义通量**：

$$
\begin{aligned}
J &= \xi_z \eta_r - \xi_r \eta_z \\
JF^* &= \xi_z F + \xi_r G, \quad JG^* = \eta_z F + \eta_r G
\end{aligned}
\tag{1.13.30}
$$

与时间无关的雅可比矩阵方程 (1.13.27)，采用完全守恒律的形式：

$$\frac{\partial \chi^*}{\partial t} + \frac{\partial F^*}{\partial \xi} + \frac{\partial G^*}{\partial \eta} = 0, \quad \chi^* = \frac{\chi}{J} \tag{1.13.31}$$

在原始方程 (1.13.27) 中，如果耗散过程允许的话，算子 F 和 G 包括对 z 和 r 的导数，也可以转化为对新变量 ξ 和 η 的导数，这并会不影响方程 (1.13.31) 的守恒定律的性质。这些运算符的主要特点是，它们可以用笛卡儿坐标系下的速度分量 u 和 v 以及固定的单位向量 $\boldsymbol{i}, \boldsymbol{j}$ 来表示 (图 1.25(a))，排除了在进行动量方程矢量投影时，在变换方程 (1.13.25) 中出现非守恒项的可能性。

1.14　曲线坐标中的 Navier-Stokes 方程

在曲线坐标系中推导 Navier-Stokes 方程时，应将应力方程和应变率张量分量 ε_{ik} 的推导分离出来。

回顾 1.9 节和 1.13 节中得到的结果，应力方程的推导相当简单。事实上，如果矢量 $\boldsymbol{A}_i$ 的分量被作用在面元 $\mathrm{d}\Sigma$ 的应力 $\boldsymbol{p}_i$ 所替代，则动量方程中应力张量散度的表达式几乎与方程 (1.13.2) 相同。在 1.9 节中此运算符的推导是通过微团 $\mathrm{d}\Omega$ 上的积分得到的。因此，得到

$$\mathrm{div}P = \frac{1}{H_1 H_2 H_3} \left[\frac{\partial(H_2 H_3 \boldsymbol{p}_1)}{\partial x_1} + \frac{\partial(H_1 H_3 \boldsymbol{p}_2)}{\partial x_2} + \frac{\partial(H_1 H_2 \boldsymbol{p}_3)}{\partial x_3} \right] \tag{1.14.1}$$

必须导出能量方程 (1.9.6) 中扩散热通量 q_τ 的表达式，这一项与欧拉方程相比是多出的，由式 (1.9.5) 确定。作用在微团 $\mathrm{d}\Omega^*$ 相反两个面 $\mathrm{d}\Sigma_i^*$ 上的作用力可

以忽略不计，因为这两个面上的速度差 $\pm(1/2)\Delta U$ 很小。因此，为了确定这些力所做的功，只需要引入当地笛卡儿坐标系 (l_1, l_2, l_2)，得到与前面相同形式的 q_τ。结合方程 (1.13.1)，传递参数 x_i，可以得到

$$q_\tau = \frac{\bar{\tau}_1}{H_1}\frac{\partial U}{\partial x_1} + \frac{\bar{\tau}_2}{H_2}\frac{\partial U}{\partial x_2} + \frac{\bar{\tau}_3}{H_3}\frac{\partial U}{\partial x_3} \tag{1.14.2}$$

最后，对流–扩散的热通量 $q_J = -\mathrm{div}\boldsymbol{J}$ 可简化为式 (1.13.2) 和式 (1.13.4) 的组合，例如，$\boldsymbol{J} = \boldsymbol{J}_T = -\mathrm{grad}T$。

现在我们来推导曲线坐标系下的应力和应变的流变关系。这个分析将在纯粹的几何基础上进行，尽管只是说明性的考虑，并不会调用相关的矩阵变换。

在空间的任意面元上，向量 $\boldsymbol{p}_n$ 和应变张量分量之间的关系仅取决于该面与坐标平面的相互方向 (如式 (1.9.3) 和式 (1.10.2))。因此，如果在这个面的中心 O 点 (坐标点为 x_O) 引入一个新的笛卡儿坐标系 l_i'，坐标单位矢量为 $\boldsymbol{I}_i'$，速度在这些方向上的投影为 u_i'，那么所有分量 p_{ik} 在这两个坐标系下是相同的，只要新的坐标系与 $x_i = \mathrm{const}$ 相切。应变率 ε_{ik} 也是相同的，因为它们描述的是相同流体段的拉伸和相对转动。那么，根据速度 u_i' 和坐标 l_i'，表达式 (1.8.10) 为

$$\varepsilon_{ik} = \frac{1}{2}\left(\frac{\partial u_i'}{\partial l_k'} + \frac{\partial u_k'}{\partial l_i'}\right) \tag{1.14.3}$$

原坐标 x_i 的新表达式可以通过重新计算在 O 点附近流动的速度和导数获得。值得注意的是，在原点处只有速度 $u_i' = u_i$ 成立，而它们相对各自坐标系的导数并不相等。

如果 l_i 是 x_i 坐标线的当前单位向量，那么在 O 点附近速度 u_i' 和 u_i 以及导数由下列公式给出 (在此附近 $\mathrm{d}l_i' = \mathrm{d}l_i = H_i\mathrm{d}x_i$)：

$$u_k' = \sum_i u_i(l_k'l_k), \quad i,k,m = 1,2,3$$

$$\frac{\partial u_k'}{\partial l_m'} = \frac{\partial u_k'}{\partial l_m} = \frac{1}{H_m}\sum_i\left[\frac{\partial u_i}{\partial x_m}(\boldsymbol{I}_k'\cdot\boldsymbol{I}_i) - u_i\left(\boldsymbol{I}_k'\frac{\partial \boldsymbol{I}_i}{\partial x_m}\right)\right] \tag{1.14.4}$$

当趋近于 O 点时，极限 $\boldsymbol{I}_i' \to \boldsymbol{I}_i$，后一公式可以简化，因为 $(\boldsymbol{I}_i')$ 项在此公式中为零或 1，于是最终得到

$$H_m\frac{\partial u_k'}{\partial l_m'} = \frac{\partial u_k}{\partial x_m} - \sum_i u_i\left(\boldsymbol{I}_k\frac{\partial \boldsymbol{I}_i}{\partial x_m}\right) \tag{1.14.5}$$

因此，曲线坐标系中计算应变率以及粒子的加速度的计算，可以简化为沿坐标轴的向量的导数。

利用这些关系和单位向量导数的表达式 (1.13.23)，可以得到 1.13 节中示例的公式。

因此，在**柱坐标系**中，得到

$$\varepsilon_{xx} = \frac{\partial u}{\partial x}, \quad \varepsilon_{rr} = \frac{\partial v}{\partial r}, \quad \varepsilon_{\phi\phi} = \frac{1}{r}\left(\frac{\partial w}{\partial \phi} + v\right)$$

$$2\varepsilon_{xr} = 2\varepsilon_{rx} = \frac{\partial v}{\partial x} + \frac{\partial u}{\partial r}, \quad 2\varepsilon_{x\phi} = \frac{\partial w}{\partial x} + \frac{1}{r}\frac{\partial u}{\partial \phi}$$

$$2\varepsilon_{r\phi} = \frac{\partial w}{\partial r} + \frac{1}{r}\frac{\partial v}{\partial \phi} - \frac{w}{r} \tag{1.14.6}$$

在**球坐标系**中，得到

$$\varepsilon_{rr} = \frac{\partial v_r}{\partial r}, \quad \varepsilon_{\theta\theta} = \frac{1}{r}\left(\frac{\partial v_\theta}{\partial \theta} + v_r\right), \quad \varepsilon_{\phi\phi} = \frac{1}{r}\left(\frac{1}{\sin\theta}\frac{\partial v_\phi}{\partial \phi} + v_r + v_\theta \cot\theta\right)$$

$$2\varepsilon_{r\theta} = \frac{1}{r}\frac{\partial v_r}{\partial \theta} + \frac{\partial v_\theta}{\partial r} - \frac{v_\theta}{r}, \quad 2\varepsilon_{r\phi} = \frac{\partial v_\phi}{\partial r} + \frac{1}{r\sin\theta}\frac{\partial v_r}{\partial \phi} - \frac{v_\phi}{r}$$

$$2\varepsilon_{\theta\phi} = \frac{1}{r}\left(\frac{1}{\sin\theta}\frac{\partial v_\theta}{\partial \phi} + \frac{\partial v_\phi}{\partial \theta} - v_\phi \cot\theta\right) \tag{1.14.7}$$

平面流中，这些公式取 $r \to \infty$ 和 $w = 0$。

在轴对称物体的贴体**曲线坐标系**中，可以得到

$$\varepsilon_{xx} = \frac{R}{R+y}\left(\frac{\partial u}{\partial x} - \frac{v}{R}\right), \quad \varepsilon_{yy} = \frac{\partial v}{\partial y}, \quad \varepsilon_{\phi\phi} = \frac{1}{r}\left(\frac{\partial w}{\partial \phi} + u\sin\theta + v\cos\theta\right)$$

$$2\varepsilon_{xy} = \frac{\partial u}{\partial y} + \frac{R}{R+y}\frac{\partial v}{\partial x} - \frac{u}{R+y}$$

$$2\varepsilon_{x\phi} = \frac{R}{R+y}\frac{\partial w}{\partial x} + \frac{1}{r}\left(\frac{\partial u}{\partial \phi} - w\sin\theta\right)$$

$$2\varepsilon_{y\phi} = \frac{1}{r}\left(\frac{\partial v}{\partial \phi} - w\cos\theta\right) + \frac{\partial w}{\partial y} \tag{1.14.8}$$

对于一般正交坐标系中的 ε_{ik} 表达式，可以将同样的算法应用到方程 (1.13.23) 中得到[①]。

---

① 我们注意到，在 Kochin 等 (1964) 的著作中，ε_{ik} 的一般表达式可以通过在曲线坐标系中直接计算流体段的应变得到。在 Sedov(1972) 的著作中，使用矩阵和张量变换 (包括正交坐标系以外的其他坐标系) 得到了相同的关系。

可以看出，从笛卡儿坐标变换到曲线坐标系时，某些量 ε_{ik} 出现了非微分项，部分是因为纯粹的数学效应。因此，气体作为刚体沿着任何轴 r 的平动或绕该轴的旋转运动中，尽管所有的 $\varepsilon_{ik}=0$，圆柱坐标系的速度 u 和 w 对 ϕ 的导数是非零的。同时，气体在 x 轴方向的膨胀过程中，除了 $\varepsilon_{\phi\phi}$ 和 ε_{rr}，所有 $\varepsilon_{ik}=0$，因为流体膨胀时，流线段表现出拉伸应变。

得到的一系列方程使我们能够得到任何特定情况下完整的 Navier-Stokes 方程组。在对式 (1.14.1) 中的 $\boldsymbol{p}_i$ 进行微分时，应该牢记展开式 $\boldsymbol{p}_i=\sum_k \boldsymbol{I}_k p_{ik}$ 中的单位向量 $\boldsymbol{I}_i$ 等都是可变的，所以运动方程中包含它们对 x_i 的导数，正如矢量 $\boldsymbol{U}$ 的微分一样。

用一个非常简单的例子来解释此过程——绕 x 轴旋转的不可压缩流动。该流动中，速度只有一个分量 $w=w(r)$。根据方程 (1.14.6)，得到

$$\boldsymbol{p}_2=\boldsymbol{p}_r=-\boldsymbol{j}p+\boldsymbol{k}p_{r\phi}, \quad \boldsymbol{p}_3=\boldsymbol{p}_\phi=\boldsymbol{j}p_{r\phi}-\boldsymbol{k}p$$

$$p_{r\phi}=\mu\varepsilon_{r\phi}=\mu\left(\frac{\partial w}{\partial r}-\frac{w}{r}\right) \tag{1.14.9}$$

应变速率和应力张量的其他分量均为零。因此，根据式 (1.13.6)，得到

$$\mathrm{div}P=\frac{1}{r}\left(\frac{\partial r\boldsymbol{p}_r}{\partial r}+\frac{\partial \boldsymbol{p}_\phi}{\partial \phi}\right)=-\boldsymbol{j}\frac{\partial p}{\partial r}+\frac{1}{r}\boldsymbol{k}\left(\frac{\partial rp_{r\phi}}{\partial r}+p_{r\phi}\right) \tag{1.14.10}$$

考虑式 (1.13.8) 和 (1.13.10)，可以得出如下形式的 Navier-Stokes 方程：

$$\frac{\partial w}{\partial t}=\nu\left(\frac{\partial^2 w}{\partial r^2}+\frac{1}{r}\frac{\partial w}{\partial r}-\frac{w}{r^2}\right)=\nu\frac{\partial}{\partial r}\left(\frac{\partial w}{\partial r}+\frac{w}{r}\right)=\nu\frac{\partial}{\partial r}\left(\frac{1}{r}\frac{\partial wr}{\partial r}\right) \tag{1.14.11}$$

为了解释最后一个公式的含义，推导曲线坐标系下涡量 $\boldsymbol{\omega}$ 的分量。局部笛卡儿坐标系下它们的表达式与式 (1.14.3) 相比，只是每一项前面的符号不同，所以它们的求导与 ε_{ik} 的求导是相同的。针对这个例子，可以得到

$$\omega_x=\omega=\frac{\partial w}{\partial r}+\frac{w}{r}=\frac{1}{r}\frac{\partial rw}{\partial r} \tag{1.14.12}$$

那么方程 (1.14.11) 可以转化为黏性流体力学中常用的某些形式：

$$\frac{\partial w}{\partial t}=\nu\frac{\partial \omega}{\partial r}, \quad \text{或者} \frac{\partial \omega}{\partial t}=\frac{\nu}{r}\frac{\partial}{\partial r}\left(r\frac{\partial \omega}{\partial r}\right) \tag{1.14.13}$$

1.15 湍 流 流 动

1.14 节中的流动一般默认是层流 (尽管它并不总是必要的)，即流体基本单元是有序的且相对位置保持不变 (1.2 节)，或相对整个流动尺度 L 很小，其粒子的

质量平均流动参数或多或少地具有平滑的瞬时空间分布 (或剖面)，既不取决于这些粒子选择 ("切割") 的模式，也不取决于粒子的尺寸。而且，这些流动参数剖面变化的时间尺度，仅仅是流动的一般气体动力学时间 t_0(例如，$t_0 \sim L/U$，U 为平均流速)。在这些流动中，质量、动量等在流体颗粒边界上的交换只能在分子水平上进行。

然而，在一定条件下，即雷诺数相当高时 (例如，$Re > 10^3 \sim 10^6$，视流动性质而定)，层流失稳，基本粒子的运动变得混乱、脉动，且与时间相关。

实验表明，这些波动或湍流结构的尺寸变化范围可能很大；然而平均尺寸，或湍流度 l_t 通常比 L 小，平均脉动时间 t_t 小于 t_0。因此，湍流粒子的质量平均流动参数的瞬态分布，第一，依赖于选择的粒子，第二，随时间尺度 t_t 迅速变化。

同时，l_t 和 t_t 远大于液体和气体分子间相互作用的特征距离和时间，这意味着，湍流是一种连续介质流动。因此，根据目前的观点，在 Navier-Stokes 方程的框架内详细地描述湍流结构，原则上是完全有可能的。

然而，基于此模型解决任何实际问题仍然是不可能的。第一，这些问题非常复杂 (鉴于 $l_t \ll L$ 和 $t_t \ll t_0$)，只能从微观水平上对分子混沌运动进行详细描述；第二，不可能给出详细初始/边界条件。因此，大部分的湍流理论都是基于简化的平均雷诺 (Reynolds) 湍流模型，即粒子的混沌运动与平均流动或主流动的叠加。平均流动参数是每个点在一定时间间隔内的平均，该时间间隔远大于脉动时间尺度。因此，流动参数与脉动时间无关。正是这些平均流动参数决定了湍流流动的主要特征，其空间分布非常类似于层流，具有连续性，并且在一定条件下甚至是稳态的。

这种从微观描述到统计描述的转换可能是基于不同的时间和空间尺度量级：$l_t \ll L$ 和 $t_t \ll t_0$；因此，在条件 $L^3 \gg \Omega^* \gg l_t^3$ 下，平均流动的单个流体微团 Ω^* 之间的交换，是由于湍流越过其边界而发生的。这个过程和 1.4 节中所述的分子交换非常相似，并且可以用湍流粒子代替单个分子定性地描述。这样可以得到与关系式 (1.10.10) 一样的**湍流应力**和应变率张量之间的关系式，只是用**湍流黏性系数** μ_t 和**湍流压力** p_t 取代分子的 μ 和 p。

基于这种类比，通常是用广义定律 (1.10.10) 来描述湍流模型：

$$P^{(\Sigma)} = P_\mu + P_t = -p_*^{(\Sigma)} E + 2\mu^{(\Sigma)} E_\varepsilon$$

$$\mu^{(\Sigma)} = \mu + \mu_t, \quad p^{(\Sigma)} = p + p_t$$

$$p_*^{(\Sigma)} = p^{(\Sigma)} + \frac{2}{3}\mu^{(\Sigma)}\mathrm{div}\boldsymbol{U} \tag{1.15.1}$$

其中，P_μ 和 P_t 分别是分子和湍流应力张量。同样地，式 (1.10.11) 中总热通量的

形式为

$$\boldsymbol{J}^{(\varSigma)} = \boldsymbol{J}_\mu + \boldsymbol{J}_t = -\lambda^{(\varSigma)}\mathrm{grad}T, \quad \lambda^{(\varSigma)} = \lambda + \lambda_t \tag{1.15.2}$$

其中，λ_t 是湍流导热系数。在这些方程中，应变率 ε_{ij} 和温度梯度由平均流速和温度决定。然而，与分子介质的纯热力学参数 p、μ、λ 不同，P_t、μ_t、λ_t 的值取决于流动结构；因此，这种模型在本质上是力学或气体动力学而非流变学的。为了简单起见，我们定义此湍流模型为**伪流变湍流模型**。

我们注意到，湍流输运系数通常远大于分子输运系数，即 $\mu_t \gg \mu$ 和 $\lambda_t \gg \lambda$，因此，同时考虑分子和湍流输送过程 (像前面的方程所做的一样) 是为了使公式具有普适性，并且至少能够在形式上包含从一个区域到另一个区域的过渡，而不是去揭示这个过程的本质，因为假定的伪流变定律 (1.15.1) 在流动区域 ($\mu_t \sim \mu$，$\lambda_t \sim \lambda$ 和 $p_t \sim p$) 的实验验证精度很差。

产生湍流的原因是流动不稳定性，流动参数有很大的梯度，这通常是由于黏性的作用 (参见 1.16 节)。然而，湍流应力本身主要是由对流的非线性造成的，即欧拉方程的无黏项。我们将用二维不可压缩欧拉方程的守恒定律形式和连续性方程的例子来证明这一点：

$$\frac{\partial u}{\partial t} + L(u) = 0, \quad \frac{\partial v}{\partial t} + L(v) = 0$$

$$L(f) = \rho\frac{\partial uf}{\partial x} + \rho\frac{\partial vf}{\partial y} + \frac{\partial p}{\partial x}, \quad f = u, v$$

$$\frac{\partial u}{\partial x} + \frac{\partial v}{\partial y} = 0 \tag{1.15.3}$$

我们将用参数 ϕ 表示平均稳态量 $\bar{\phi}$ 和随时间变化的脉动分量 ϕ' 的和：

$$\phi = \bar{\phi}(x, y) + \phi'(t, x, y), \quad \phi = u, v, p \tag{1.15.4}$$

其中，横杠指在时间间隔 $\Delta t \gg t$ 内的函数平均值，脉动分量的平均值为零。

将这些和代入式 (1.15.3) 中求平均，得到

$$L(\bar{u}) = -\frac{\partial\overline{\rho(u')^2}}{\partial x} - \frac{\partial\overline{\rho u'v'}}{\partial y}$$

$$L(\bar{v}) = -\frac{\partial\overline{\rho u'v'}}{\partial x} - \frac{\partial\overline{\rho(v')^2}}{\partial y}$$

$$\frac{\partial\bar{u}}{\partial x} + \frac{\partial\bar{v}}{\partial y} = 0 \tag{1.15.5}$$

算子 $L(\bar{u})$ 和 $L(\bar{v})$ 只包含平均值，而通过速度脉动的乘积求平均值得到的项表示**湍流应力**：

$$p_{xx} = -(\overline{\rho(u')^2}), \quad p_{yy} = -(\overline{\rho(u')^2}), \quad p_{xy} = p_{yx} = -(\overline{\rho u'v'}) \tag{1.15.6}$$

如前所述，基于分子流变模型的比拟法，利用一些附加的假设，将这些关系转换为伪流变模型 (1.15.1)。

然而，由于模型的函数 μ_t 和 p_t 尚不清楚，此时的湍流模型的公式尚未完整。它们的定义需要一些额外的假设和推理，我们将在第 12 章中重新讨论这个问题。

1.16　黏性和非黏性流动模型

显然，所有的流体，包括气体和液体，都具有一些耗散特性，如黏性、热传导性和扩散。因此，这些介质的流动似乎只能在传统或广义的 Navier-Stokes 方程的框架内被可靠地描述。然而，无黏流动理论忽略了气体和液体中的耗散效应，将 Navier-Stokes 方程简化为欧拉方程，取得了相当不错的效果。

通过以下推理可以初步证明，从更一般的黏性流模型转换为特定的或"简化的"无黏性模型是可能的。1.12 节中的一维流动例子说明：耗散项的相对作用由雷诺数 $Re = \rho U_\infty L / \mu$ 决定。长度尺度 L 和速度 U_∞ 决定流动参数导数阶数的情况下，它具有 Re^{-1} 的量级 (式 (1.12.10) 和式 (1.12.11))。

现在，我们将参照不可压缩流体的 Navier-Stokes 方程 (1.10.12) 更详细地讨论这个问题。假设这些公式中的导数项量级为

$$\frac{\partial U_i}{\partial l_j} \sim \frac{U_\infty}{L}, \quad \frac{\partial^2 U_i}{\partial l_j \partial l_k} \sim \frac{U_\infty}{L^2}, \quad U_i = u, v, w; \quad l_j, l_k = x, y, z \tag{1.16.1}$$

压力导数的量级由这些方程的对流项 (等式的左侧) 和耗散项 (右侧) 的量级决定，这里不再赘述。在无量纲变量式 (1.12.2) 和式 (1.12.3) 中，式 (1.10.12) 的形式为

$$u'\frac{\partial u'}{\partial x'} + v'\frac{\partial u'}{\partial y'} = -\frac{\partial p'}{\partial x'} + \frac{1}{Re}\left(\frac{\partial^2 u'}{\partial x'^2} + \frac{\partial^2 u'}{\partial y'^2}\right) \tag{1.16.2}$$

式 (1.10.12) 其他项也可写成同样的形式。

在这个等式中，所有导数项都为一阶，或者用另一个术语来说，它们都是正常阶的。因此，耗散项相对于对流项的阶数为 Re^{-1}。在空气动力学和更普遍的高速空气动力学问题中，雷诺数是非常大的。根据图 1.1，对于 $L = 1\text{m}$、$U_\infty = 7 \times 10^3 \text{m/s}$ 的物体，在飞行高度 $H < 90\text{km}$ 时，$Re > 10^3$；而在近地空间，即使 $U_\infty \approx 1\text{m/s}$，

雷诺数仍高达 $Re \sim 10^5$。因此，对于 $Re \gg 1$，方程 (1.16.2) 的右侧项可以省略，方程变成欧拉方程，这证明了无黏流模型是适当的。

然而，这种方法面临着一个根本性的障碍，我们将参考在零厚度平板上的水平 (沿 x 轴，如图 1.26 所示) 不可压缩流体的例子。在无黏公式中，由于常数解 $u = 1$、$v = 0$ 同时满足欧拉方程和平板上的无穿透条件 ($v' = 0$)，因此平板不会对流动产生任何干扰。然而，这个解不能满足无滑移边界条件 $u' = v' = 0$，这是黏性流动平板壁面条件。因此，在平板表面附近存在一个区域，或称为边界层，它的厚度为 δ，在边界层里黏性起着至关重要的作用，速度变化是 U_∞ 的量级。在边界层中，式 (1.16.1) 的右侧黏性项必须与左侧的对流项量级相当；只有在对 y 的导数阶数远大于对 x 的导数阶数时，它才是成立的。对 x 的导数阶数由平板长度 L 决定。

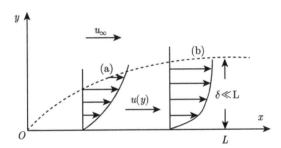

图 1.26 层流 (a) 和湍流 (b) 边界层中的流动

换句话说，存在如下关系：

$$\frac{\partial u}{\partial y} \sim \frac{U_\infty}{\delta} \gg \frac{\partial u}{\partial x} \sim \frac{U_\infty}{L}, \quad \frac{\partial^2 u}{\partial y^2} \sim \frac{U_\infty}{\delta^2} \gg \frac{\partial^2 u}{\partial x^2} \sim \frac{U_\infty}{L^2} \tag{1.16.3}$$

从不可压流连续方程得到

$$\frac{\partial v}{\partial y} = -\frac{\partial u}{\partial x'}, \quad v \sim \delta \frac{\partial u}{\partial x} \sim U_\infty \frac{\delta}{L} \tag{1.16.4}$$

然后，根据方程对流项和黏性项量级相当，得到

$$u\frac{\partial u}{\partial x} + v\frac{\partial u}{\partial y} \sim \frac{U_\infty^2}{L} \sim \nu \frac{\partial^2 u}{\partial y^2} \sim \nu \frac{U_\infty}{\delta^2} \tag{1.16.5}$$

我们得到如下边界层厚度的估计：

$$\delta \sim L Re^{-1/2} \tag{1.16.6}$$

在第 12 章中将给出层流平板边界层厚度更准确的估计值：$\delta \approx 5LRe^{-1/2}$。

通常在雷诺数 $Re \geqslant 10^5 \sim 10^6$ 时形成湍流边界层，可通过用湍流黏性系数 μ_t 代替分子黏性系数 μ 来进行类似的估计。然而，前者取决于边界层厚度 δ，这将导致通过实验得到的关系 $\delta/L \approx 0.38Re^{-0.2}$ 在湍流情况下相当小。

因此，在高雷诺数时，边界层相对厚度很小，即 $\delta/L \ll 1$，这使得引入一个研究高雷诺数流动的模型成为可能，其中黏性为次要因素。在该模型中，第一步，在壁面无穿透条件的无黏理论框架内来描述流动；第二步，用第一步得到的固壁上的流动参数分布作为边界层外缘的边界条件。

无黏流体理论作为空气动力学和流体力学的基础，形成了许多富有成果的分支。本书在接下来的 10 个章节中专门阐述无黏流动。第 12、13 章讨论黏性流动，对先前定义的模型进行更严格的证明。需要注意的是，分离流是无黏理论的特例 (图 1.23)，黏性在这些流动的发展中起着至关重要的作用。

第 2 章 无黏气体动力学：一般问题和简单解

本章以双参数气体为例阐述无黏气体动力学的一般概念和理论，对一维定常流动、细长体绕流 (在线性理论的框架下) 和特定不可压缩流精确解等具有理论意义和工程价值的典型问题进行了分析，并以此阐明了亚声速、跨声速和超声速气体流动的基本性质以及不同类型流动控制方程的区别。

本章涉及问题的更详细描述可参见 Liepmann 和 Roshko (1957),von Mises (1958) 和 Chernyi (1987) 的论著以及第 1 章绪论中所引用的文献。

2.1 流函数、势和涡

1.8 节已给出定常流中流线 (方程 (1.8.2)) 和流面的定义。假设流面具有一般表达式 $\Psi(x, y, z) = 0$，则其法线方向 $\boldsymbol{n}$ 由式 (1.11.4) 给出，并与流线和速度矢量 $\boldsymbol{U}$ 都正交。从而可以得到

$$u\frac{\partial \Psi}{\partial x} + v\frac{\partial \Psi}{\partial y} + w\frac{\partial \Psi}{\partial z} = 0 \tag{2.1.1}$$

就像前文中一样，这里，x, y, z 为笛卡儿坐标系统；u, v, w 为对应投影到坐标轴上的速度分量。显然，通过任意流线都可以画出穿过不同生成线 (图 1.17(a) 中的 AB) 的一整套流面集合。

根据偏微分方程理论的术语，流线是方程 (2.1.1) 的特征线 (见第 4 章)。

对于平面流动 (与坐标 z 无关且 z 方向速度 $w = 0$)，方程 (2.1.1) 给出的流线是物理流面与流动平面 $z = 0$ 的交线。对于轴对称流动 (与子午角 φ 无关且周向速度 $w = 0$)，方程 (2.1.1) 定义了与对称轴 x 同轴的流管，其中 $w = 0$ 且 y 需要替换为 r。在这种情况下流函数 ψ 可定义为

$$\frac{\partial \psi}{\partial x} = -C\rho v r^{\nu}, \quad \frac{\partial \psi}{\partial r} = C\rho u r^{\nu} \tag{2.1.2}$$

式中，$\nu = 1$ 对应轴对称流动；$\nu = 0$ 对应平面流动，此时 r 应该替换为 y。这些关系自动满足定常 ($\partial/\partial t = 0$) 连续性方程 (1.3.12) 和方程 (2.1.1)($w = 0$ 且 $y = r$)，在二维流动的各流线上流函数 ψ 为常数。

流场内两点流函数的差值决定它们之间 ($\nu = 1$ 时为两同心圆之间) 的气体流率。由图 2.1 可得

$$(2\pi r)^\nu (\rho u \Delta y - \rho v \Delta x) = \frac{(2\pi)^\nu}{C} \Delta \psi \tag{2.1.3}$$

令 $C = (2\pi)^\nu$ 并在任意两点之间积分上式即可证明上述结论。

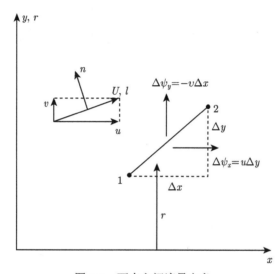

图 2.1　两点之间流量定义

一维非定常流动 (仅依赖 t 和 r 两个变量) 中，存在与流函数性质相似的质量函数 $m(t, r) = $ 常数，其满足连续性方程 (1.13.16) 和下列条件：

$$\frac{\partial m}{\partial t} = -C\rho v r^\nu, \quad \frac{\partial m}{\partial r} = C\rho r^\nu$$

$$C = (2\pi)^\nu \quad (\nu = 0\text{和}1), \quad C = 4\pi \quad (\nu = 2) \tag{2.1.4}$$

点 1 和 2 之间的气体质量等于 Δm。

2.1.1　旋度和速度环量

前文从纯运动学的观点介绍了直角坐标系下旋度算子的概念 (1.8 节)。这里给出这个算子更一般地定义并分析其性质。由此，首先定义速度矢量的环量 (可以更一般地表示任意矢量的环量)：

$$\Gamma_L = \int\limits_L \boldsymbol{U} \cdot \mathrm{d}\boldsymbol{L} \tag{2.1.5}$$

以 dL 为矢量微元，沿着某一曲线上的一段 L 进行积分。

下面介绍流体力学的两个基本定理。

斯托克斯 (Stokes) 定理：沿封闭环线的速度环量等于基于该矢量的旋度在通过该封闭环线上任意面 Σ 的通量，其中 n 为面 Σ 的方向量。

$$\Gamma = \oint_L U \cdot \mathrm{d}L = \int_\Sigma \omega_n \mathrm{d}\Sigma, \quad \omega_n = \omega \cdot n, \quad \omega = \mathrm{curl}U \quad (2.1.6)$$

对于定理中需要用到的矢量 dL 和 n 的坐标，我们并未考虑更加一般的情况，这里假定平面环线 L 和曲面 Σ 遵守右手定则，即我们沿着环线顺时针方向，此时方向量通常指向某一坐标轴方向。这个定理是矢量计算的一般定理，本书中未给出其证明。

汤姆孙 (开尔文)(Tomson(Kelvin)) 定理：对于正压流体 (其密度由压力唯一确定 $\rho = \rho(p)$)，沿封闭环线 L^* 积分得到的环量 Γ^* 不随时间变化。

计算时间导数 dΓ^*/dt 以证明此定理。在流场中取一流体微元 $\Delta L^* = \Delta r^*$ (r^* 是以任意极点为起点，L^* 上各点为终点的径向矢量) 可得到 (参见 Loytsian-skii(1970) 的著作)

$$\frac{\mathrm{d}}{\mathrm{d}t} U \cdot \Delta L^* = \Delta L^* \frac{\mathrm{d}U}{\mathrm{d}t} + U \frac{\mathrm{d}}{\mathrm{d}t} \Delta r^*$$

同时，

$$U \frac{\mathrm{d}}{\mathrm{d}t} \Delta r^* = U(\Delta U) = U \frac{\partial U}{\partial L} \Delta L = \frac{1}{2} \frac{\partial U^2}{\partial L} \Delta L$$

由于 $\partial U^2/\partial L$ 沿封闭环线的积分为零，可以得到 (利用式 (1.9.2) 和式 (1.8.16))

$$\frac{\mathrm{d}\Gamma^*}{\mathrm{d}t} = \oint_{L^*} \frac{\mathrm{d}U}{\mathrm{d}t} \mathrm{d}L^* = -\oint_{L^*} \frac{1}{\rho} \frac{\mathrm{d}p}{\mathrm{d}L} \mathrm{d}L^* \quad (2.1.7)$$

正压流体中 $\rho^{-1}\mathrm{d}p$ 是全微分，因此上面积分式的右边为零；否则此定理不成立。

从上述定理可知，如果零时刻某正压气体微元内没有涡存在，则此气体流动保持无旋。因而如果某处流动是无旋的 ($\omega = 0$)，其下游各处也是无旋的。

所以，气体流动中的涡可能由其非正压性质产生。

为了解释这个结论，利用流动特征参数表达定常二维 (平面或轴对称) 流动中的涡。由定义式 (1.8.7) 并令式 (1.9.11) 中 $\partial/\partial t = 0$，可以得到 Gromeka-Lamb 方程：

$$\frac{1}{2} \frac{\partial U^2}{\partial x} - v\omega = -\frac{1}{\rho} \frac{\partial p}{\partial x}, \quad \frac{1}{2} \frac{\partial U^2}{\partial r} + u\omega = -\frac{1}{\rho} \frac{\partial p}{\partial r}$$

$$\omega = \omega_z = \frac{\partial v}{\partial x} - \frac{\partial u}{\partial y} \quad (2.1.8)$$

根据式 (1.8.7)，涡量其他分量为零。分别在两动量方程左端乘以 v 和 u 并相减，即可得到对流线法向 $\boldsymbol{n}$ 求导的方程 ($\boldsymbol{n}$ 在 x 轴和 r 轴上的投影分别为 $-v/U$ 和 u/U)

$$U\omega = -\frac{1}{\rho}\frac{\partial p}{\partial n} - \frac{1}{2}\frac{\partial U^2}{\partial n} = -\frac{\partial H}{\partial n} + \frac{\partial h}{\partial n} - \frac{1}{\rho}\frac{\partial p}{\partial n}, \quad H = \frac{1}{2}U^2 + h \qquad (2.1.9)$$

式中，H 为 1.7 节中介绍的总焓。采用式 (1.5.5) 作为平衡态两参数状态方程并利用流函数关系 $\mathrm{d}\psi = (2\pi r)^{\nu}\rho \cup \mathrm{d}n$ 可得

$$\omega = (2\pi r)^{\nu}\rho\left(T\frac{\partial s}{\partial \psi} - \frac{\partial H}{\partial \psi}\right) \qquad (2.1.10)$$

接下来将证明虽然多数流动中总焓保持不变，但熵在流线中的分布不均匀且 $\omega \neq 0$——在非平衡流动 (其中式 (1.5.5) 不成立) 更是如此。

2.1.2　速度势

接下来讨论无旋流动 ($\omega = 0$)，包括很多亚声速或弱扰动超声速流动、喷管流动等。

对于无旋流动，可引入速度势 $\Phi(t,x,y,z)$

$$\boldsymbol{U} = \nabla\Phi = \mathrm{grad}\Phi, \quad u = \frac{\partial \Phi}{\partial x}, \quad v = \frac{\partial \Phi}{\partial y}, \quad w = \frac{\partial \Phi}{\partial z} \qquad (2.1.11)$$

很容易验证 $\boldsymbol{\omega} = \mathrm{curl}\boldsymbol{U} = 0$ 成立。

下面给出具有轴对称性 ($\nu = 1$) 和球对称性 ($\nu = 2$) 简单不可压缩流动的速度势表达式。引入当地笛卡儿坐标系 (x,y,z) (而不是 $\nu = 1$ 时的 x,r,φ 和 $\nu = 2$ 时的 r,θ,φ，见 1.13 节和图 1.24)，则表达式 (2.1.11) 可写作

$$v_r = \frac{\partial \Phi}{\partial r}, \quad v_{\varphi} = \frac{1}{r(\sin\theta)^{\nu-1}}\frac{\partial \Phi}{\partial \varphi}, \quad v_{\theta} = \frac{1}{r}\frac{\partial \Phi}{\partial \theta} \qquad (2.1.12)$$

在坐标原点 $r = 0$ 处放置流率为 $G = c\rho v_r r^{\nu}$ 的点源，此源项产生轴对称 ($c = 2\pi$) 或球对称 ($c = 4\pi$) 流动。此时周向速度和周向导数为零，由此势函数写为

$$\Phi = \frac{G}{2\pi\rho}\ln r \quad (\nu = 1); \quad \Phi = \frac{G}{4\pi\rho}\frac{1}{r} \quad (\nu = 2) \qquad (2.1.13)$$

在坐标原点 $r = 0$ 处放置涡线，在无涡和 $r > 0$ 处，任意同轴封闭圆形环线上的速度环量是常数，$\Gamma = 2\pi v_{\varphi}r$，而径向速度 v_r 处处为零。对应的速度势为 $\Phi = (\Gamma/2\pi)\varphi$。此表达式本身并不重要，因为流体力学方程中只包含速度势导数。

最后讨论气体动力学中坐标系问题。最常用的是欧拉空间坐标系。然而有时拉格朗日坐标更方便，它们更适合追踪固定流体微团，即相对于流体微团轨迹坐标系是恒定的。在这种情况下，一般非定常问题中的独立变量为粒子初始时刻的空间坐标 (x_0, y_0, z_0)，而空间坐标 (x, y, z) 即为拉格朗日坐标以及时间 t 的函数。定常流动中时间 t 的作用为流线上距离 (流向坐标 x) 所取代，而拉格朗日变量为从某初始位置 $x = x_0$ 而来的流线坐标 (y_0, z_0)。在二维流动中，流函数 ψ 和质量函数 m 通常用作拉格朗日变量。r 坐标下以 (x, ψ) 或 (t, m) 为变量的方程，可以通过 ψ 或 m 对 r 求导数后 (式 (2.1.2) 和式 (2.1.4)) 取倒数得到。

2.2 气体动力学方程积分

对于等熵绝热平衡流动，1.9 节中推导出的气体动力学微分方程可沿粒子轨迹进行积分 (参见 1.5 节)。此外，特定情况下这些方程有其他的积分形式：绝热定常流 (不一定为平衡态) 可用伯努利积分，非定常势流可用拉格朗日积分。下面描述得到这些积分关系以及沿流线方向和垂直流线方向运动方程的具体推导过程。

将速度矢量表示为 $\boldsymbol{U} = U\boldsymbol{l}$ ($\boldsymbol{l}$ 为单位矢量)，则方程 (1.9.2) 可转换为如下形式：

$$\frac{\mathrm{d}\boldsymbol{U}}{\mathrm{d}t} = \boldsymbol{l}\frac{\mathrm{d}U}{\mathrm{d}t} + U\frac{\mathrm{d}\boldsymbol{l}}{\mathrm{d}t} = -\frac{1}{\rho}\mathrm{grad}p \tag{2.2.1}$$

在流场各点处建立当地坐标系，其中 x 轴沿 $\boldsymbol{l}$ 或 $\boldsymbol{U}$ 的瞬时方向，则可得到物质导数 (式 (1.8.3)) 的表达形式如下：

$$\frac{\mathrm{d}}{\mathrm{d}t} = \frac{\partial}{\partial t} + U\frac{\partial}{\partial l} \tag{2.2.2}$$

其中，$\mathrm{d}l$ 是沿粒子轨迹的弧微分。

在式 (2.2.1) 两端乘以标量 l，并考虑到单位矢量 $\boldsymbol{l}$ 的增量 $\Delta\boldsymbol{l}$ 与 $\boldsymbol{l}$ 正交，则可得到投影至粒子轨迹方向上的运动方程：

$$\frac{\mathrm{d}U}{\mathrm{d}t} = \frac{\partial U}{\partial t} + U\frac{\partial U}{\partial l} = -\frac{1}{\rho}(\boldsymbol{l}\cdot\nabla p) = -\frac{1}{\rho}\frac{\partial p}{\partial l} = -\frac{\partial h}{\partial l} + \frac{q}{U} \tag{2.2.3}$$

最后一个等式是根据热力学第一定律得出的。

为得到垂直粒子轨迹方向的运动方程，在式 (2.2.1) 的两端点乘垂直于 $\boldsymbol{l}$ 的任意矢量 $\boldsymbol{n}$：

$$\boldsymbol{n}\cdot\frac{\mathrm{d}\boldsymbol{U}}{\mathrm{d}t} = U\left(\boldsymbol{n}\cdot\frac{\mathrm{d}\boldsymbol{l}}{\mathrm{d}t}\right) = U\left(\boldsymbol{n}\cdot\frac{\partial\boldsymbol{l}}{\partial t}\right) + U^2\left(\boldsymbol{n}\cdot\frac{\partial\boldsymbol{l}}{\partial l}\right) = -\frac{1}{\rho}\frac{\partial p}{\partial n} \tag{2.2.4}$$

令 n 为矢量 l 和 $\partial l/\partial l$ 所在的密切平面上轨迹的主法线。法向量 n 与 l 构成一个右手笛卡儿坐标系，则 $\partial l/\partial l = -n/R$，其中 R 为粒子轨迹的曲率半径，当轨迹是凸曲线时 R 大于零，当轨迹凹曲线时 R 小于零。此时，横向压力梯度为

$$\frac{\partial p}{\partial n} = -\rho U \left(n \cdot \frac{\partial l}{\partial t} \right) + \frac{\rho U^2}{R} \tag{2.2.5}$$

上式右边第二项代表由粒子轨迹曲率引起的离心力，第一项代表法向加速的非定常分量。

对于定常流动，沿主法线方向的压力导数可写为

$$\frac{\partial p}{\partial n} = \frac{\rho U^2}{R} = -\rho U^2 \frac{\partial \theta}{\partial l} \tag{2.2.6}$$

其中，$\theta(l)$ 为粒子轨迹密切面内的流线斜率。沿粒子轨迹另一法线方向 b（垂直于切面），方程 (2.2.4) 写为

$$\frac{\partial p}{\partial b} = -\rho U \left(b \cdot \frac{\partial l}{\partial t} \right) \tag{2.2.7}$$

对于定常流动，沿此方向的压力导数为零。

方程 (2.2.3) 将用于推导下文中两种非常重要的运动方程积分关系式。

2.2.1　定常绝热流动

对于定常流动，由式 (2.2.3) 可得

$$\frac{\mathrm{d}H}{\mathrm{d}l} = \frac{q}{U}, \quad H = \frac{U^2}{2} + h \tag{2.2.8}$$

总焓 H 又叫驻点焓（$U = 0$ 时，$h = H$）。对于绝热流动，总焓沿流线为常数，则沿流线伯努利积分成立：

$$\frac{U^2}{2} + h = H = \frac{U_\mathrm{m}^2}{2} = \mathrm{const} \tag{2.2.9}$$

式中，U_m 是在 $p \to 0$，$h \to 0$ 条件下（平衡流和某些其他流动），气体膨胀进入真空的极限速度。后文将在 11.11 节讨论另一种情况。

值得注意的是，推导式 (2.2.9) 并未利用状态方程或其他气体特性信息，因此该方程适用于任何绝热气体流动，而不用考虑气体物理化学过程特性（平衡或非平衡）。

由式 (2.2.3) 可以看出，密度近似常数的气体流动满足关系式 $(H - h)\rho = p_0 - p$，则可以得到

$$\frac{U^2}{2} + \frac{p}{\rho} = \frac{p_0}{\rho}, \quad \rho, p_0 = \text{const} \tag{2.2.10}$$

而不是式 (2.2.9)。

与总焓 H 一样，驻点压力 p_0 沿流线为常数。历史上，伯努利积分开始是指方程 (2.2.10)，后来泛指通用积分式 (2.2.9)。

由于在二维及轴对称流动中，流线可由其流函数值唯一地表示，则总焓 H 和滞止压力 p_0 可写为 $H = H(\psi)$ 和 $p_0 = p_0(\psi)$。对于来流均匀的绕流流动，整个流动区域内总焓 H 为常数且跨激波仍是连续的 (式 (1.7.12))。在绝热平衡流动中，流体粒子的熵是守恒的，因此 $s = s(\psi)$。如果在整个流动区域中，熵是相等的，则称这样的流动为等熵流或均匀等熵流。

2.2.2 正压气体的绝热势流

势流情况下 $U = \text{grad}\Phi$ 且 $U = \partial\Phi/\partial l$，则将式 (2.2.3) 对 l 进行积分即可得到拉格朗日积分式：

$$\frac{\partial\Phi}{\partial t} + \frac{1}{2}U^2 + h = C(t) \tag{2.2.11}$$

其中，函数 $C(t)$ 由某个特定点处的流动参数决定。对于无穷远处静止且 $h = h_\infty$ 的绕流，$C = h_\infty$ 成立；对于定常流动，拉格朗日积分转化为伯努利方程且 $C = H$。

从理想气体的伯努利方程出发，可得到一些沿流线成立的流动参数关系式。此时 $(\gamma - 1)h = a^2$ 且

$$H = h + \frac{U^2}{2} = \frac{a^2}{\gamma - 1} + \frac{U^2}{2} = \frac{U_m^2}{2} = \frac{a_0^2}{\gamma - 1} = \frac{1}{2}\frac{\gamma + 1}{\gamma - 1}a_*^2 \tag{2.2.12}$$

其中，a_0 是驻点 ($U = 0$) 处的声速，而 a_* 是临界声速 (即声速点 $U = a$ 处的当地声速)。因此

$$\frac{H}{h} = \frac{T_0}{T} = 1 + \frac{U^2}{2h} = 1 + \frac{\gamma - 1}{2}M^2, \quad M = \frac{U}{a} \tag{2.2.13}$$

再利用式 (1.5.9) 和式 (2.2.13) 可得

$$\frac{p_0}{p} = \left(\frac{p_0}{p}\right)^\gamma = \left(\frac{T_0}{T}\right)^{\frac{\gamma}{\gamma - 1}} = \left(1 + \frac{\gamma - 1}{2}M^2\right)^{\frac{\gamma}{\gamma - 1}} \tag{2.2.14}$$

其中，p_0 和 ρ_0 分别是等熵驻点处的压力和密度。对于低马赫数，式 (2.2.14) 的极限形式为

$$\frac{p_0}{p} = 1 + \frac{1}{2}\gamma M^2, \quad \frac{\rho_0}{\rho} = 1 + \frac{1}{2}M^2 \tag{2.2.15}$$

图 2.2 给出 p_0/p 随马赫数变化曲线。高马赫数下，压力随马赫数增加迅速衰减：

$$\frac{p}{p_0} = \left[(\gamma - 1)\frac{M^2}{2}\right]^{\frac{\gamma}{1-\gamma}} \tag{2.2.16}$$

声速点处 $(M = 1)$ 压力 p_* 和密度 ρ_* 几乎不依赖于 γ。当 γ 从 5/3 变化到 1 时，p_*/p_0 从 0.487 变为 0.605（γ 为 1.4 时，p_*/p_0 等于 0.528）。

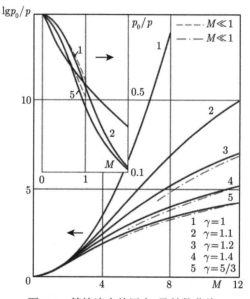

图 2.2　等熵流中的压力–马赫数曲线

当 $\gamma \to 1$ 时，由式 (2.2.14) 可得

$$\frac{p}{p_0} = \frac{\rho}{\rho_0} = \mathrm{e}^{-M^2/2} \tag{2.2.17}$$

还可以将关系式 (2.2.12) ~ 式 (2.2.16) 推广至 γ_* 和 γ_e（定义见式 (1.3.8) 和式 (1.6.11)）为常数的情况。利用关系式 $\rho a^2 = \gamma_\mathrm{e} p$ 和 $\gamma_\mathrm{e}(\gamma_* - 1)h = \gamma_* a^2$，则可通过将 γ 替换为 γ_* 的方式实现这种推广，因式 γ/γ_* 是 M^2 的系数。

除了这些众多的应用，式 (2.2.13) 和式 (2.2.14) 也是试验台及全尺度条件下气体动力学诊断的基础。实际上，在稳态流动中测量压力 p_0 和 p_∞ 即可得出来流

马赫数 M_∞，而测量滞止温度 T_0 即可得到 T_∞、a_∞ 和来流速度大小 U_∞。p_0 在钝体 (如钝前缘的长圆柱) 前驻点处测量 (皮托探针)，而静压通常在不受干扰的物面上测量，如离前缘几倍直径处的探针侧面 (亚声速情况)。而对于超声速流动，式 (2.2.14) 不再成立 (这种情况将在 3.6 节讨论)。

下面讨论定常绝热流动的其他一些性质。对于理想气体，等熵过程中声速随压力增长，即 $a^2 \sim p^{(\gamma-1)/\gamma}$。因此根据式 (2.2.12)，下列不等式在定常流中始终成立：

$$M < 1, \quad U < a_* < a; \quad M > 1, \quad U > a_* > a \qquad (2.2.18)$$

此外，由于声速 a 随压力增长，上述不等式对于所有满足 $(\partial a^2/\partial p)_s > 0$ 的气体 (见 1.6 节) 均成立，而 U 随压力增加而衰减，即 $\rho U \mathrm{d}U = -\mathrm{d}p$。

对于跨声速流动 ($U \approx a$)，利用下列展开式：

$$\frac{1}{2}\rho_*(U^2 - a_*^2) = p_* - p, \quad a^2 - a_*^2 = (p - p_*)\left(\frac{\partial a^2}{\partial p}\right)_s \qquad (2.2.19)$$

可以得到

$$1 - M^2 = 2A_* \frac{p - p_*}{\rho_* a_*^2} = 2A_*\left(1 - \frac{U}{a_*}\right)$$

$$A_* = \left[1 + \frac{1}{2}\rho\left(\frac{\partial a^2}{\partial p}\right)_s\right]_{p=p_*} = \frac{\gamma + 1}{2} \qquad (2.2.20)$$

以备后用。后一等式是对理想气体而言的。据 1.6 节所述，对于所有气体 $A > 0$。

然而上述关系式仅在沿熵为常数的流线或在均匀等熵流中声速线附近成立。而在更一般的非等熵流情况 (各流线对应的熵值不同，而总焓 H 相同) 下，声速点 (p_*, s_*) 附近的展开有如下结果：

$$a_*^2(M^2 - 1) = U^2 - a^2 = 2(h_* - h) + (a_*^2 - a^2) = -\frac{2}{\rho_*}A_*(p - p_*) - BT_*(s - s_*)$$

$$BT_* = 2\left(\frac{\partial h}{\partial s}\right)_p + \left(\frac{\partial a^2}{\partial s}\right)_p, \quad \left(\frac{\partial h}{\partial s}\right)_p = T \qquad (2.2.21)$$

对于理想气体 $a^2 = (\gamma - 1)h$ 且 $B = 3 + \gamma$，在某一给定流线的声速点处能得到另外结论，即单位面积的流量 ρu 为极大值，可由下面关系式得出：

$$\mathrm{d}\rho u = \rho(1 - M^2)\mathrm{d}u \qquad (2.2.22)$$

2.3 节内容将对此进行详细讨论。

最后介绍一个气体动力学 (特别是一维流动) 参数, 即速度系数 $\lambda = U/a_*$。根据式 (2.2.18), 超声速流动中 $\lambda \geqslant 1$ 而亚声速流动中 $\lambda \leqslant 1$, 当 $M \to \infty$ 时, λ 有界。对于理想气体,

$$\lambda^2 = \frac{U^2}{a_*^2} = \frac{\gamma+1}{\gamma-1}\frac{U^2}{U_m^2} = \frac{\gamma+1}{2}M^2\left(1 + \frac{\gamma-1}{2}M^2\right)^{-1} \to \frac{\gamma+1}{\gamma-1}, \quad 当 M \to \infty$$

$$(2.2.23)$$

2.3 一维稳态流动

考虑槽道中的定常流。假定槽道狭窄且为流线型, 从而保证表征槽道流动横向非均匀性的参数可以忽略, 从而只计入沿纵向坐标 (可能是曲线坐标) 的变化。这类问题称为水力学问题, 通常描述各类管道中的气体流动, 如喷气发动机、风洞等。

2.3.1 一般方程和马赫数的作用

槽道中流量守恒条件可写为下面形式:

$$\rho u \sigma = G = \mathrm{const}, \quad u > 0 \qquad (2.3.1)$$

式中, $\sigma(x)$ 为截面面积; 而 ρ 和 u 分别为截面平均密度和速度。对上式求微分并写下沿槽道轴线的动量方程和能量方程, 可得

$$\frac{1}{\rho}\frac{\mathrm{d}\rho}{\mathrm{d}x} + \frac{1}{u}\frac{\mathrm{d}u}{\mathrm{d}x} = -\frac{1}{\sigma}\frac{\mathrm{d}\sigma}{\mathrm{d}x}, \quad u\frac{\mathrm{d}u}{\mathrm{d}x} = -\frac{1}{\rho}\frac{\mathrm{d}p}{\mathrm{d}x}, \quad H = h + \frac{u^2}{2} \qquad (2.3.2)$$

其中, q 为单位质量的传热率。为封闭此方程组, 写下压力–密度微分关系式 (1.6.8), 其等价于平衡流动的状态方程 (从现在起假设流动是平衡的):

$$\frac{\mathrm{d}\rho}{\mathrm{d}t} = u\frac{\mathrm{d}\rho}{\mathrm{d}x} = \frac{u}{a^2}\frac{\mathrm{d}p}{\mathrm{d}x} + \rho Q_e, \quad Q_e = \left(\frac{\partial\rho}{\partial h}\right)_p \frac{q}{\rho} \qquad (2.3.3)$$

式中, 声速即平衡声速, $a = a_e$。

将上述方程联立可得如下基本方程:

$$(1 - M^2)\frac{\mathrm{d}u}{\mathrm{d}x} = Q_{\mathrm{eff}} = -Q_e - \frac{u}{\sigma}\frac{\mathrm{d}\sigma}{\mathrm{d}x} \qquad (2.3.4)$$

从式 (2.3.4) 可得出较普遍的结论, 可应用于一些特定的流动。本节末将讨论其他一些影响, 如摩擦和质量传递等, 它们只改变源项 Q_{eff} 的形式。

式 (2.3.4) 解的性质由参数 M 和 Q_{eff} 共同决定, 并有如下关系:

$$Q_{\mathrm{eff}} > 0, \quad \frac{\mathrm{d}u}{\mathrm{d}x} > 0, \quad M < 1; \quad \frac{\mathrm{d}u}{\mathrm{d}x} < 0, \quad M > 1$$

$$Q_{\mathrm{eff}} < 0 \quad \frac{\mathrm{d}u}{\mathrm{d}x} < 0, \quad M < 1; \quad \frac{\mathrm{d}u}{\mathrm{d}x} > 0, \quad M > 1 \qquad (2.3.5)$$

当 $Q_{\mathrm{eff}} > 0$ 时，气体在亚声速流动中加速而在超声速流动中减速；当 $Q_{\mathrm{eff}} < 0$ 时，情况相反。

在下列条件下会出现奇异声速点，这体现了上述问题的重要性：

$$M \to 1, \quad \frac{\mathrm{d}u}{\mathrm{d}x} \to \infty, \quad x \to x_*, \quad Q_{\mathrm{eff}}^* = Q_{\mathrm{eff}}(x_*) \neq 0 \tag{2.3.6}$$

假设流动在声速点附近绝热等熵 (后面会证实)，并利用 $U = u$ 情况下的关系式 (2.2.20)，则可得

$$A_* \left(1 - \frac{u}{a_*} \right)^2 = \frac{Q_{\mathrm{eff}}^*}{a_*}(x_* - x) \tag{2.3.7}$$

因此，在声速点附近速度增量满足 $a_* - u \sim (x_* - x)^{1/2}$，总焓和总熵增量的量级更高，即 $\Delta H, \Delta s \sim q(x_* - x)$，从而验证了前文假设。

当 $Q_{\mathrm{eff}}^* \neq 0$ 时，式 (2.3.7) 的解仅在等号右边项为正时 ($x = x_*$ 一侧) 存在。在亚声速加速型喷管中 ($M < 1, Q_{\mathrm{eff}}^* > 0$)，带有 $x = x_b, u = u_b$ 初始数据的连续解可延至声速点 $x_* > x_b$，而穿过此点，解不连续。

与此同时，从高压容器通过槽道型喷口喷出的气体流动不存在内部奇异性。此结论可通过观察声速截面 $x = x_*$ 到槽道端部 (入口 x_b 或出口 x_a，图 2.3) 的流动，并选取合适的初始条件 (例如喷口流量) 得到。流量不是已知条件，是由流过整个槽道的流动和槽道端部的边界条件决定。尽管声传播过程本身不包括在计算当中，但实际上隐式地计入了亚声速流动中来自上游流场扰动的影响。

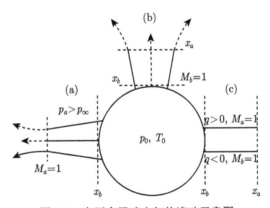

图 2.3 高压容器喷出气体流动示意图

因此正则解 (即在奇异点处具有有限导数 $\mathrm{d}u/\mathrm{d}x$ 的解) 有特殊作用。显然在这种情况下必须满足

$$M = 1, \quad Q_{\mathrm{eff}}^* = 0, \quad x = x_* \tag{2.3.8}$$

如果 Q_{eff}^* 在奇异点处符号改变, 则此喷管中声速可能发生连续变化 (从亚声速流动加速到超声速流动)。为了满足上述条件, 必须选择一个初始速度 $u_b(x_b)$ 使得在给定截面或解的正则性得到满足的地方达到声速。确切地说, 此问题的公式通常是针对喷管理论的。

2.3.2　拉伐尔喷管: 等熵流动

拉伐尔喷管是一种截面面积先收缩后扩张的喷管, 具有喉道 $O\text{-}O'$(图 2.4(a)), 也称临界截面。对于 $q = 0$ 的情况, 可以利用伯努利积分以及状态方程得到 $a = a(u)$ 关系式, 则式 (2.3.4) 有如下积分:

$$\ln \bar{\sigma} = \int_{a_*}^{u} (M^2 - 1)\frac{\mathrm{d}u}{u}, \quad \bar{\sigma} = \frac{\sigma}{\sigma_*} \tag{2.3.9}$$

其中, σ_* 为喉部截面面积。由式 (2.2.18), 当 $u > a_*$ 时, $M > 1$, 当 $u < a_*$ 时, $M < 1$; 因此上式右端积分始终为正且喉部截面 σ_* 为极小值, 即临界截面。从方程 (2.3.4) 可得到同样的结论: 当 $M = 1$ 时, 有 $Q_e = 0$, $\mathrm{d}\sigma/\mathrm{d}x = 0$ 且 $\mathrm{d}u/\mathrm{d}x$ 有界。此结果有很清晰的物理含义。根据式 (2.2.22), 流量在 $M = 1$ 达到最大, 且此处的管道截面面积为极小值。

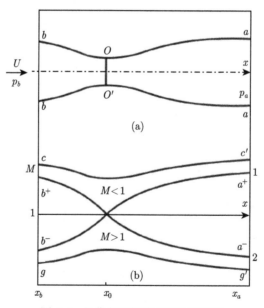

图 2.4　拉伐尔喷管基本理论示意图

式 (2.3.9) 有两个分支, 亚声速和超声速, 所以 $u(\sigma)$ 为二值函数 (分支点 $\bar{\sigma} = M = 1$)。对于理想气体, 利用式 (2.2.23) 积分关系, 式 (2.3.9) 等价于

$$\bar{\sigma} = \frac{\sigma}{\sigma_*} = \frac{1}{M}\left[\frac{2}{\gamma+1}\left(1+\frac{\gamma-1}{2}M^2\right)\right]^{\frac{\gamma+1}{2(\gamma-1)}} \tag{2.3.10}$$

图 2.5 给出各种 γ 对应的 $\bar{\sigma}(M)$ 曲线。亚声速情况几乎不依赖于 γ, 而超声速情况随 γ 变化较大。只要临界截面处达到声速, 则在任一喷管截面处 $(\bar{\sigma})$ 可实现两种马赫数流动 ($M^- < 1$ 和 $M^+ > 1$)。这种情况下只要出入口条件合适, 图 2.4(b) 中曲线线段 $b^{\pm}O$ 和 $Oa^{\pm}$ 形成的四种流动在理论上均可实现。除此之外, 还可能存在另外两种流动, 即完全亚声速 (gg') 和完全超声速流动 (cc'), 它们在临界截面处满足 $M \neq 1$ 和 $\mathrm{d}u/\mathrm{d}x = 0$。

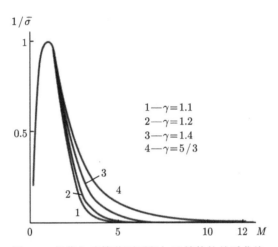

图 2.5　拉伐尔喷管截面面积与马赫数的关系曲线

在给定形状喷管的入口不能实现马赫数从正 (M_b^+) 到负 (M_b^-) 的变化, 因为在 $\sigma > \sigma_*$ 处已达到由面积比决定的声速, 而在横截面收缩的管道中则不可能达到。

拉伐尔喷管广泛应用于空气动力设备和火箭发动机中, 可将流动从亚声速加速到超声速。对于这些实际工程应用, 出口段压力 p_a 必须不小于周围环境压力 $p_\infty \leqslant p_a$, 否则过高的压力会渗入喷管造成边界层分离以及流动模式改变。出于同样的原因, 图 2.4(b) 中所示的与流动减速相关的解的其他分支很难实现。

下面给出一些例子。如果环境压力不超过声速下压力 $p_\infty \leqslant p_*$, 压力容器出口处 (滞止压力 p_0) 气体流量仅由收缩头 (喉部) 决定。离开喷管后, 气体继续膨胀, 其极限流线可看作喷管壁面的延伸, 此时喷管端部流速为声速。

另一个例子是球形源及其对锥形喷管和真空射流的应用。在扩张段头部, 当 $p_a \geqslant p_\infty$ 时, 头部的底端达到声速。可通过球形源流动模拟锥形喷管内流动。在气体动力学中, 此问题在球形区外 $x > x_*$ (源位于原点处) 有解, 而在此球形区表面上气体为声速 (图 2.3(b) 和图 2.6)。

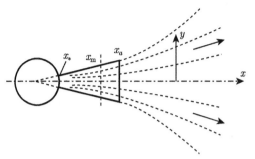

图 2.6　射流进入真空示意图

令 $p_\infty \ll p_a$，在极限条件下流动相当于气体膨胀为真空状态。从某一截面处 $x \geqslant x_\mathrm{m}$ 开始，气体流动速度达到极限值，而喷管中的密度按 $\rho/\rho_\mathrm{m} \sim (x_\mathrm{m}/x)^2$ 衰减。这个结果可应用于发动机在高高度下射流进入真空的膨胀研究 (图 2.6)。此情况下流管内截面 σ 处的流体密度遵循 $\rho \sim \rho_\mathrm{m}\sigma_\mathrm{m}/\sigma$，其中 ρ_m 和 σ_m 为初始参数，其在各流管 (略弯曲) 内的值不同。从式 (2.2.6) 可得到流管的曲率 $R^{-1} = -\partial\theta/\partial l$，其中 $l \sim x$ 是流线长度，θ 是流线相对于对称轴的倾角。在膨胀射流中，代入 $\partial p/\partial n \sim p/x$，得到 $(p \sim \rho^\gamma)$

$$\frac{\partial\theta}{\partial x} \sim \frac{p}{x\rho U^2} \sim C_1 x^{-(2\gamma-1)}$$

$$\Delta\theta = C_2 x_\mathrm{m}^{-2(\gamma-1)}\left[1 - \left(\frac{x_\mathrm{m}}{x}\right)^{2(\gamma-1)}\right], \quad C_i = \mathrm{const} \qquad (2.3.11)$$

式中，$\Delta\theta$ 表征 x_m 和 x 之间的流线曲率，$\Delta\theta$ 随 x 逐渐减小；而对于 $x_\mathrm{m} = \mathrm{const}$，$\theta$ 随 x 缓慢增大。令 $\partial p/\partial n = 0$ 在对称轴附近成立，则流线形成一束发散直线，其中心位于喷管出口附近。图 2.7 中的数据证实了这一结论。

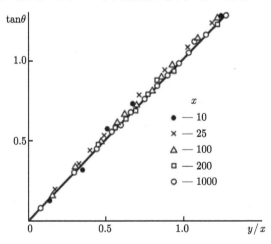

图 2.7　射流对称轴附近的流线斜率

2.3.3 热喷流

热喷流是指在喷管中加热使流动加速的现象, 多应用于火箭发动机。利用式 (1.6.8) 和式 (2.3.4), 则下列关系成立:

$$Q_{\mathrm{eff}} = -Q_{\mathrm{e}} - \frac{u}{\sigma}\frac{\mathrm{d}\sigma}{\mathrm{d}x}, \quad Q_{\mathrm{e}} = \left(\frac{\partial\rho}{\partial h}\right)_p \frac{q}{\rho} = -\frac{q}{h} \tag{2.3.12}$$

后面等式对于理想气体成立。因此, 截面面积为常数的喷管中加热可以使流动加速, 在 $M = 1$ 处会形成 "阻塞"。这种情况下无法再继续供热, 且从高压容器加热喷口喷出的气体流动可通过在出口截面 $x = x_a$ 处 (图 2.3(c)) 设置亚声速或声速来实现。只有当 q 改变符号并随喷口冷却, 且进一步加速为超声速时, 在喷口头部才可能存在声速点。当喷口全部冷却 ($q < 0$) 时, 仅当在初始截面 $x = x_b$ 后续流体加速时, 才会出现声速流动。

加热拉伐尔喷管内, 在临界截面处的气体速度为亚声速, 而声速截面位于喷管的扩张段。值得注意的是, 热喷流流速和马赫数的增高通常也伴随着温度和声速的增高。

2.3.4 变流量喷管

假设气体沿管道壁面喷射或抽吸进入管道, 则方程 (2.3.1) 中气体流量 $G = G(x)$ 是可变的:

$$\frac{1}{\rho}\frac{\mathrm{d}\rho}{\mathrm{d}x} + \frac{1}{u}\frac{\mathrm{d}u}{\mathrm{d}x} = \frac{1}{G}\frac{\mathrm{d}G}{\mathrm{d}x} - \frac{1}{\rho}\frac{\mathrm{d}\sigma}{\mathrm{d}x} \tag{2.3.13}$$

一般情况下, 注入气体的速度和焓可以是任意的; 水力学中上式等价于焓或动量的扰动方程。然而, 为了揭示流量影响, 假设注入气体参数等于槽道当地流动参数, 且过程绝热, 则式 (2.3.3) 成立, 且式 (2.3.4) 改写为

$$\frac{1}{u}(1 - M^2)\frac{\mathrm{d}u}{\mathrm{d}x} = \frac{1}{G}\frac{\mathrm{d}G}{\mathrm{d}x} - \frac{1}{\sigma}\frac{\mathrm{d}\sigma}{\mathrm{d}x} = \frac{\sigma}{G}\frac{\mathrm{d}}{\mathrm{d}x}\frac{G}{\sigma} \tag{2.3.14}$$

上式和式 (2.3.9) 有相同的解:

$$\ln\frac{G_*\sigma}{G\sigma_*} = \int_{a_*}^{u}(M^2 - 1)\frac{\mathrm{d}u}{u} \tag{2.3.15}$$

下面的分析与前文类似。在等截面槽道中, 通过气体喷射, 亚声速只能加速到声速, 此时流量最大值 G_* 出现在声速截面。若要进一步提升流速, 必须进行抽吸。

最后，我们关注水力学理论的本质缺点 (特别是黏性问题)。该理论所涉及的平均参数必须满足质量、动量、能量积分守恒定律以及状态方程：

$$G = \int_\sigma \rho u \mathrm{d}\sigma = \rho_{\mathrm{eff}} u_{\mathrm{eff}} \sigma, \quad \int_\sigma \rho u^2 \mathrm{d}\sigma = G u_{\mathrm{eff}}$$

$$\int_\sigma \rho u H \mathrm{d}\sigma = G H_{\mathrm{eff}}, \quad H_{\mathrm{eff}} = h_{\mathrm{eff}} + \frac{u_{\mathrm{eff}}^2}{2}, \quad \rho_{\mathrm{eff}} = \rho(h_{\mathrm{eff}}, p) \tag{2.3.16}$$

显然三个量 ρ_{eff}, u_{eff} 和 h_{eff} 不能同时满足上述四个定律及方程。但是我们应该认识到这种小缺陷是所采用理论的本质特征。

一维槽道流理论 (包括黏性流动推广及应用) 的详细介绍请见 Abramovich (1953) 和 Chernyi(1987) 的著作。

2.4　气体动力学线性方程

2.3 节对一维流动及其常微分方程的解进行了简要的论述。然而这种流动对气体动力学来说是一种特殊情况，下面讨论更一般的情况 (偏微分方程)。

本节将讨论二维平面 ($\nu = 0$) 或轴对称问题 ($\nu = 1$)。它们不仅是对真实流动问题的数学简化，而且反映了流动主要性质，是气体动力学的重要问题。

首先注意控制方程的一些数学性质。考虑到声速的重要性，将式 (1.6.8) 代入连续性方程 (1.9.1)，得到

$$\frac{1}{\rho a^2} \frac{\mathrm{d}p}{\mathrm{d}t} + \mathrm{div} \boldsymbol{U} = -Q \tag{2.4.1}$$

需要强调，根据 1.6 节，除非特别说明，a 指等熵情况下的声速 $a = a_{\mathrm{e}} = (\partial p / \partial \rho)^{1/2}$，可以认为 Q 等于式 (1.6.8) 中的 Q_{e}。对于理想气体，$a^2 = (\gamma p / \rho)^{1/2}$ 且 $Q_{\mathrm{e}} = -q/h$。

通过上述关系以及式 (1.13.7) ~ 式 (1.13.12)，可以得到平面和轴对称流动的控制方程：

$$\frac{1}{\rho a^2} \frac{\mathrm{d}p}{\mathrm{d}t} + \frac{\partial u}{\partial x} + \frac{\partial v}{\partial r} = Q_{\mathrm{eff}} = -Q - \nu \frac{v}{r}$$

$$\frac{\mathrm{d}u}{\mathrm{d}t} = -\frac{1}{\rho} \frac{\partial p}{\partial x}, \quad \frac{\mathrm{d}v}{\mathrm{d}t} = -\frac{1}{\rho} \frac{\partial p}{\partial r}, \quad \frac{\mathrm{d}h}{\mathrm{d}t} = \frac{1}{\rho} \frac{\mathrm{d}p}{\mathrm{d}t} + q$$

$$\frac{\mathrm{d}}{\mathrm{d}t} = \frac{\partial}{\partial t} + u \frac{\partial}{\partial x} + v \frac{\partial}{\partial r} \tag{2.4.2}$$

其中, Q_{eff} (与 2.3 节不同) 考虑了热源项和轴对称。

式 (2.4.2) 的前三个方程只涉及速度、压力的时间和空间导数, 形成了第一套封闭方程组。最后一个方程 (能量方程, 式 (1.3.11)) 包括沿流线方向 h 的导数。下面将描述怎样通过新的物理过程形成第二套封闭方程组。定常流动中可利用关于总焓 H 的关系式 (2.2.8) 消去式 (2.4.2) 中的一个动量方程。

此外, 仍然存在一些问题是关于这两套方程组是如何独立求解的, 即线性摄动理论问题, 将在 2.5 节讨论。

现在讨论小扰动均匀流 (其常数参数包含 U_0, p_0 等), 其物理量表达为

$$p = p_0 + p_1, \quad \rho = \rho_0 + \rho_1, \quad u = U_0 + u_1, \quad v = v_1$$

$$p_1, \rho_1, |u_1|, |v_1| \ll p_0, \rho_0, U_0 \tag{2.4.3}$$

将其代入式 (2.4.2) 并忽略二阶项 (如 $u_1 \partial u_1/\partial x$) 得到常系数线性方程组:

$$\frac{\partial u_1}{\partial t} + U_0 \frac{\partial u_1}{\partial x} = -\frac{1}{\rho_0}\frac{\partial p_1}{\partial x}, \quad \frac{\partial v_1}{\partial t} + U_0 \frac{\partial v_1}{\partial x} = -\frac{1}{\rho_0}\frac{\partial p_1}{\partial r}$$

$$\frac{1}{\rho_0 a_0^2}\left(\frac{\partial p_1}{\partial t} + U_0 \frac{\partial p_1}{\partial x}\right) + \frac{\partial u_1}{\partial x} + \frac{\partial v_1}{\partial x} = Q_{\text{eff}} \tag{2.4.4}$$

上述方程组已封闭。而如果连续性方程仍写成原来的形式 (式 (1.9.1), 仍保留密度导数), 则方程组不再封闭, 因为这样的连续性方程与能量守恒方程、状态方程相互独立, 须分别求解, 即

$$\frac{\partial h_1}{\partial t} + U_0 \frac{\partial h_1}{\partial x} = \frac{1}{\rho_0}\frac{\partial p_1}{\partial t} + \frac{U_0}{\rho_0}\frac{\partial p_1}{\partial x} + q$$

$$\rho_1 = \left(\frac{\partial \rho}{\partial p}\right)_h p_1 + \left(\frac{\partial \rho}{\partial h}\right)_p h_1 \tag{2.4.5}$$

下面讨论这个方程组的一些性质。式 (2.4.4) 中第一个方程对 r 求导, 第二个方程对 x 求导, 并相减可得

$$\frac{\partial \omega}{\partial t} + U_0 \frac{\partial \omega}{\partial x} = 0, \quad \omega = \frac{\partial v_1}{\partial x} - \frac{\partial u_1}{\partial r} \tag{2.4.6}$$

此方程存在涡量 ω 的一族解 $\omega(x - U_0 t)$, 该解具有旋涡随流场对流的形式。定常流中涡量沿横向均匀分布, 通解为

$$u_1 = u_{10}(r) + \frac{\partial \varphi_1}{\partial r}, \quad \varphi_1 = \varphi_1(x, r)$$

$$v_1 = \frac{\partial \varphi_1}{\partial r}, \quad \omega = -\frac{\mathrm{d}u_{10}}{\mathrm{d}r} \tag{2.4.7}$$

其中，u_1 包含的第一和第二项分别是扰动流动的涡和势分量，在当前近似下，第一项是一个给定函数，不影响方程 (2.4.4) 以及压力场。

为直接得到扰动势函数方程，可对式 (2.4.4) 进行交叉求导以消去压力。下面利用非线性方程 (2.4.2)$(q=0)$ 得到势函数方程。令 $u = \partial \Phi / \partial x$，$v = \partial \Phi / \partial y$，并利用式 (2.4.1) 和拉格朗日积分 (2.2.11) 消去 $\mathrm{d}p/\mathrm{d}t$ 可得

$$\frac{1}{a^2}\frac{\partial^2 \Phi}{\partial t^2} + 2\frac{u}{a^2}\frac{\partial^2 \Phi}{\partial t \partial x} + 2\frac{v}{a_1}\frac{\partial^2 \Phi}{\partial t \partial r} = \left(1 - \frac{u^2}{a^2}\right)\frac{\partial^2 \Phi}{\partial x^2} - 2\frac{uv}{a^2}\frac{\partial^2 \Phi}{\partial x \partial r}$$
$$+ \left(1 - \frac{v^2}{a^2}\right)\frac{\partial^2 \Phi}{\partial r^2} + \frac{v}{r}\frac{\partial \Phi}{\partial r} = 0 \tag{2.4.8}$$

利用 $a = a(h)$ 和拉格朗日积分，声速可通过 Φ 的一阶导数表达出来。因此上面方程为准线性，即对于高阶导数是线性的，而其系数与 Φ 的一阶导数有关。

对于均匀主流，所有 Φ 导数均为一阶小量，因此可将系数中的 u, v, a 设为 $u = U_0$，$v = 0$，$a = a_0$，以线性化方程，从而得到

$$\frac{1}{a_0^2}\frac{\partial^2 \Phi}{\partial t^2} + 2\frac{U_0}{a_0^2}\frac{\partial^2 \Phi}{\partial t \partial x} = (1 - M^2)\frac{\partial^2 \Phi}{\partial x^2} + \frac{1}{r^\nu}\frac{\partial}{\partial r}\left(r^\nu \frac{\partial \Phi}{\partial r}\right) \tag{2.4.9}$$

其中，当地马赫数 $M = U/a$ 为瞬时值。如果扰动足够小，$\Delta M^2 \ll 1 - M^2$，可令式中 $M^2 = M_0^2$，以线性化方程。否则，若 $\Delta M^2 \sim 1 - M^2$，则这种线性化定性上是错误的 (本章中令 $M = M_0$)。

下面作一些评述。可变流场 (如 $U_0(x, y)$) 和小参数 ε 的问题均可进行线性化，其解可写成以下级数展开式：

$$f(X, \varepsilon) = f_0(X) + \varepsilon f_1(X) + \varepsilon^2 f_2(X) + \cdots \tag{2.4.10}$$

上式是式 (2.4.3) 展开式的推广，其中 X 是自变量。将此解代入方程和边界条件，展开成 ε 的幂级数多项式，并令 ε 各幂次对应的系数为零，则可得一套回归方程组。其中关于一阶近似 $f_0(X)$ 的方程是非线性的，而关于较高阶近似 f_i 的方程是线性的 (系数为变量)。

通常将特定的线/面 $X = X_s(\varepsilon)$ 上的 f 的边界条件转换至 $X_0 = X_s(0)$ 处是很方便的。函数 f 满足边界条件：

$$f = f_s = f_{s0} + \varepsilon f_{s1}, \quad X = X_s = X_0 + \varepsilon X_1 \tag{2.4.11}$$

且在边界处是规则的。将上面关于 f 的等式展开:

$$f(X_s) = f_0(X_s) + \varepsilon f_1(X_s) = f_0(X_0) + \varepsilon[X_1 f_0'(X_0) + f_1(X_0)] = f_{s0} + \varepsilon f_{s1} \quad (2.4.12)$$

则可得边界条件

$$f_{s0} = f_0, \quad f_{s1} = f_1 + X_1 f_0', \quad X = X_0 \quad (2.4.13)$$

x_i 为多元变量时,$X_1 f_0'$ 等于 x_i 与 f_0 相对于 x_i 导数之积的总和。

下面讨论线性化方法的局限性。由于线性方程在某点/面存在奇异性,导致其解函数或导数无界。这种情况下方程中忽略的非线性项大小会超过方程的保留项,此时线性化不再合理。下面将以轴对称问题中对称轴附近为例阐明上述问题 (见 2.8 节和 2.9 节)。进一步地,当函数 $f_0 \sim 1$ 存在大导数时,例如 $\partial f_0/\partial X \sim \varepsilon^{-1}$,线性理论同样无法使用。

总之,只有在逼近 f_0 和 f_1 的近似解比原始方程解简单时,或能够揭示原始非线性方程本质特性时 (特别是当所求方程的解为 ε 量级时),线性化理论才是合理的。当细长体上作用力与相对厚度数量级相同 (即 $\theta \sim \varepsilon$) 或轴对称物体在小攻角 α 时,满足上述情况。

值得注意的是,函数 $f_1(X) = [f(\varepsilon, X) - f_0(X)]/\varepsilon$ 可由 $\varepsilon = 0$ 和 $\varepsilon \neq 0$ 时原始非线性方程的数值计算求得。此时线化理论提供了表示小 ε 时解的简单方法,进而可以评估空气动力学中的重要极限 (当 $\varepsilon \to 0$ 时) 参数。

2.5 声波传播

小扰动在均匀介质中的传播由线性方程组控制 (2.4 节)。下面仅考虑沿 x 轴传播 (例如在等截面管道内) 的平面绝热声波。这类具有简单解的问题可以帮助人们更深刻地认识非定常/定常超声速气体流动的显著特征。

令方程 (2.4.4) 中的量 U_0, ν, Q_{eff} 和 v_1 为零,得到

$$\frac{\partial u_1}{\partial t} = -\frac{1}{\rho_0} \frac{\partial p_1}{\partial x}, \quad \frac{\partial u_1}{\partial x} = -\frac{1}{\rho_0 a_0} \frac{\partial p_1}{\partial t} \quad (2.5.1)$$

利用交叉求导消去 p_1,则得到关于 u_1 的波动方程:

$$\frac{1}{a_0^2} \frac{\partial^2 u_1}{\partial t^2} = \frac{\partial^2 u_1}{\partial x^2} \quad (2.5.2)$$

其解的一般形式 (达朗贝尔解 (Dalembert solution)) 涉及两个任意函数:

$$u_1 = f_1(x - a_0 t) + f_2(x + a_0 t) \quad (2.5.3)$$

将此解代入方程 (2.5.1) 中的任意一个式子，得到压力表达式：

$$p_1 = p - p_0 = \rho_0 a_0 [f_1(x - a_0 t) - f_2(x + a_0 t)] \tag{2.5.4}$$

上式利用了 $u = 0$ 时 $p = p_0$ 的关系。绝热声波总是等熵的。事实上，令 $s = s(p, h)$ 则得

$$\Delta s = \left(\frac{\partial s}{\partial h}\right)_p \Delta h + \left(\frac{\partial s}{\partial p}\right)_h \Delta p = \frac{1}{T}\Delta h - \frac{1}{\rho T}\mathrm{d}p = \frac{\Delta Q}{T} \tag{2.5.5}$$

式中，ΔQ 对应波传播过程中释放的热量。如果 $\Delta Q = 0$，则 $\Delta s = 0$，$\Delta \rho = \rho_1 = p_1/a_0^2$，$h_1 = p_1/\rho_0$。

函数 f_i 有清晰的物理含义。如果 $f_2 = 0$，扰动波以声速从左到右传播并保持初始形态，反之亦然，如果 $f_1 = 0$，声波从右到左传播。比较式 (2.5.3) 和式 (2.5.4)，得到

$$p_1 = \Delta p = \rho_0 a_0 u_1, \quad u_1 = f_1(x - a_0 t), \quad f_2 = 0$$

$$p_1 = -\rho_0 a_0 u_1, \quad u_1 = f_2(x + a_0 t), \quad f_1 = 0 \tag{2.5.6}$$

上述公式与从物理考虑得到的式 (1.6.5) 一致，而小扰动条件为 $|\Delta p/p_0| = \gamma |u_1/a_0| \ll 1$，即产生波的活塞速度 u_0 必须远小于声速 ($u_0 \ll a_0$)。

在偏微分方程理论中，$\eta_\pm = x \pm a_0 t = \mathrm{const}$ 表示的线称为特征线，是扰动传播的轨迹。正号和负号分别对应第一和第二族特征线。如果 $f_i \neq 0$，则在条带 $\eta_1 < \eta < \eta_2$ 内，线 η_i 称为 (取决于波的方向) 前波阵面 (或艏波) 和后波阵面。

为解释上述结论，考虑由活塞运动 ($t = 0$ 时启动，活塞位置 $x = x_0(t)$，活塞速度 $u_0 = \dot{x}_0(t)$) 引起的槽道内气体运动。其流动图像见图 2.8。由于初始时刻

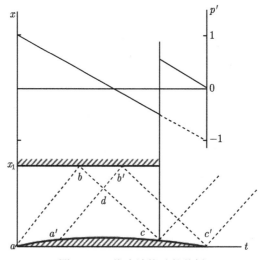

图 2.8　一维声波扰动的传播

气体静止，则 $f_2 = 0$ 且 f_1 由活塞处条件决定。这种情况下，$x_0 \sim u_0 t \ll a_0 t$，且当 $x \to 0$ 时

$$f_1(\eta_-) = f_1(-a_0 t) = u_0(t) = u_0\left(-\frac{\eta_-}{a_0}\right) \qquad (2.5.7)$$

因此在 $\eta_- = \text{const}$ 的所有射线上，此解和射线与活塞轨迹交点处的解完全相等。

如果槽道有壁面边界 $x = x_1$，则上述解仅在特征线 bc 左侧有效。在壁面处 $u = 0$ 且 $f_2 = -f_1$，从而决定了反射波 f_2 的形式，并保留了入射波 f_1 波形，这种反射形式称为镜面反射。此时 $\Delta p = 2\rho a f_1$，也就是说额外压力是由壁面反射效应而加倍 (4.7 节给出一特例)。如果活塞停在 a'，则根据式 (2.5.6)，高压区由三角形 $bb'd$ 表征，此时只存在 f_2 波。波在活塞处反射，这样 cc' 段的过程会不断重复而不会衰减，这是线性方程的特性。

如果反射波 f_2 入射到运动的活塞，经过反射一个由式 (2.5.7) 决定的局部波动解 f_1 应该被叠加到，以此来满足叠加准则。

图 2.8 给出活塞运动规律满足 $x = u_0 t(1 - t/t_0)$ $((t, x)$ 平面的抛物线弧，$t_0 = 1$) 时的压力扰动量 $p' = \Delta p/\rho a u_0$ (考虑壁面反射影响)。如果没有活塞运动信息，就无法确定 $t > t_0$ 时刻活塞压力。

上述例子说明了特征线的下列基本性质。

第一，特征线限制了解对初始条件和边界条件的影响或依赖区域。

第二，基于某一条特征线对解的拓展不是唯一的，而是依赖于对应边界条件的拓展。

第三，任意特征线可能是解的间断线。

第三个性质只针对线性问题。存在间断边界条件时，通过求解 f_i 得到的解也存在间断。然而此间断解无法代入式 (2.5.2)，因为 u_1 在间断处不存在导数。为说明这种情况，我们将对 (t, x) 的导数转换为对 (η_+, η_-) 的导数，其中 $\eta_\pm = x \pm a_0 t$，则式 (2.5.2) 变为

$$\frac{\partial^2 u}{\partial \eta_+ \partial \eta_-} = 0 \qquad (2.5.8)$$

假设活塞经过某一时间段 τ 获得恒定速度 u_0，转换函数 $u_0(t)$ $(t \leqslant \tau)$ 是光滑的。在 $-a\tau \leqslant \eta_- \leqslant 0$ 区间内，间断解变成 f_1(从 0 到 u_0) 的连续光滑分布，满足任意 τ 的方程 (2.5.8)，因为等式 $\partial f_1/\partial \eta_+ = 0$ 始终成立。因此，令 $\tau \to 0$，可得满足方程解的极限间断形式。

对于间断解，对原始气体动力学方程的线性的合理性有待讨论，因为在得到式 (2.4.4) 过程中舍去的二次项 $u_1 \partial u_1/\partial x \sim u_0^2/a_0 \tau$ 不能再被认为是小量 (τ 较小时)。

为了解决此问题，需在存在间断的区域内构建连续解，在这些解上必须满足守恒关系式 (1.6.5)。然而这些条件与式 (2.5.6) 是一致的，也就是说，根据通解 (2.5.3) 得到的间断解能够自动满足这些条件，从而以上问题得到了解决。

2.6　非线性效应：膨胀扇和激波

线性理论适用范围由条件 $u \ll a$ 决定。然而即使满足此条件，仍可能出现线性理论无法描述的现象，必须通过非线性波传播理论解释。第 4 章将详细讨论，到现在读者应该能理解这些影响的本质了。

以 2.5 节讨论的活塞问题为例。令活塞以速度 $u_0 > 0$ 突然开始运动，则压缩波和膨胀波分别向右和向左传播，它们的波前 (forward front) 位置方程和波前之后的压力方程分别为

$$x = \pm a_0 t, \quad p_1 - p_0 = \pm \rho_0 a_0 u_1 \tag{2.6.1}$$

其中，正号指向右传播的波；负号指向左传播的波。此过程图像见图 2.9(a)。

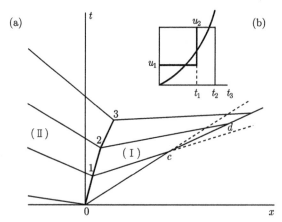

图 2.9　扰动传播的非线性效应：0—1—2—3 是活塞轨迹，I 和 II 分别是会聚和发散的特征线束，cd 是初始激波

令 $t = t_1$ 时刻，活塞速度突然由 u_1 变为 u_2，则新的扰动从 t_1 点开始传播，$x_1 = u_1 t_1$。由 2.5 节假设可知，扰动波以速度 a_0 传播，这是由初始和扰动后流动参数间的小差异造成的。

令活塞运动在 $t_2, \cdots, t_i$ 时刻逐步加速至 $u_3, u_4, \cdots, u_i$，而这个速度变化序列 u_i 可近似看作某一真实速度变化过程 (图 2.9(b))。扰动叠加可导致活塞前流动参数的显著变化，从而超出了线性理论适用范围。

关键点在于，每一个新的第 $i+1$ 次扰动都在已经有移动速度为 u_i 和声速为 a_i 的气体中传播，因此，扰动的绝对速度为 $u_i \pm a_i$ 且对应的特征线满足

$$x - x_i = (u_i \pm a_i)(t - t_i) \tag{2.6.2}$$

特征线所承载的相对扰动强度为

$$\Delta p_{i+1} = p_{i+1} - p_i = \pm \rho_i a_i (u_{i+1} - u_i) \tag{2.6.3}$$

下面，以前、后特征线为例来分析特征线的行为和相互位置关系。只保证二阶精度，可以将其表示为

$$a_1 - a_0 = (p_1 - p_0)\left(\frac{\partial a}{\partial p}\right)_s \tag{2.6.4}$$

则对于第一和第二声速波传播速度之差有下列等式 (推导过程中考虑了式 (2.6.1))

$$\Delta D = u_1 \pm (a_1 - a_0) = \pm A \frac{p_1 - p_0}{\rho_0 a_0} = u_1 A, \quad A = 1 + \frac{\rho}{2}\left(\frac{\partial a^2}{\partial p}\right)_s \tag{2.6.5}$$

值得强调的是，根据 1.6 节的假设，函数 A 恒为正，因此 ΔD 和 u_1 符号相同。从前面的讨论可得出以下重要结论：

主压缩波后的二次扰动波传播更快且追上初始波；反之，膨胀波后的二次扰动波传播更慢且将越来越滞后。

因此当活塞持续加速时，一系列会聚的压缩波向右传播 (图 2.9 中会聚的第一族特征线束 (I))，而一系列相继滞后的膨胀波向左传播 (发散的第二族特征线束 (II))，形成发散波。

下面详细讨论膨胀波及其在 $t_i, x_i \to 0$ 时的特殊情况。这是由原点产生的中心波，对应于突然施加的有限活塞速度 u_k (图 2.10(a))。此波有可变厚度并且通常来说是非定常的，然而对于前、后阵面均较靠近中心线 $x = -D^* t$ 的极限情况下的弱波，是可以被一个定常弱间断阵面取代 (2.5 节) 且依然满足关系式 (2.5.6) 的。

下面讨论压缩波。显然，满足条件 (2.6.5) 时特征线会相交，而式 (2.6.2) 和式 (2.6.3) 描述的解在特征线相交前一直成立。可利用之前给出公式得到两特征线的交点 (t_c, x_c)。当 t_1 越大且扰动速度 u_1 越低时，特征线交点位置越远。在极限情况下 $(u_1 \to 0)$，交点趋于无穷远且线性理论 (恒定斜率特征线) 处处适用。相反地，当 $t_1 \to 0$ 时，$t_c \to 0$，活塞一启动特征线立刻相交，线性理论也就不再适用了。显然，简单地将特征线向交点后继续延伸，会导致在特征线重叠区域出现没有物理意义的多值解。

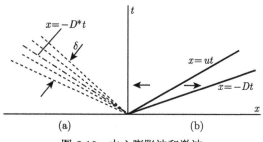

图 2.10　中心膨胀波和激波

从物理上，已经与前面波相交的二次扰动波，不能与前面的波同时存在。此时实验和理论 (见第 4 章) 表明压缩波相互作用引起扰动的叠加，会形成按非线性规律传播的 (速度为 D，见图 2.10(b)) 有限强度间断阵面或称为激波。

下面给出这种现象的另一种解释。令具有图 2.11 所示压力分布的波 (在 $t = t_1$ 时刻为 $p(x)$) 沿槽道的 x 轴方向传播，每一部分均按各自的相速度 $a(p)$ 传播并在 c 点处达到最大值。该传播过程的非线性效应将导致波的变形：膨胀段 ac 随时间延长 (膨胀扇面)，而压缩段则随时间变窄最终达到 "颠覆" 点，从而形成激波。

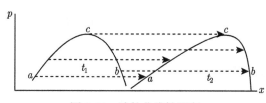

图 2.11　波的非线性形变

间断不会任意出现，因为穿过间断面的气流必须满足特定条件, 首先就是满足质量、动量和能量守恒 (见 1.7 节)。这些条件已部分地在 1.6 节进行了推导，其中式 (1.6.2) 和式 (1.6.3) 刻画了任意强度的以速度 D 在静止气体中传播的间断阵面。后续章节将专门讨论激波，此处需要提到的是，有限强度激波速度总是大于声速 ($D \geqslant a_0$)。

2.7　定常细长体绕流：相似律

如 1.6 节所述，由以亚声速 ($U < a$) 移动的质点引起的扰动在质点前传播并随着时间增长而填满整个空间，而当 $U > a$ 时所有扰动局限于一马赫锥内，其顶点在移动，而半锥角 α^* 等于马赫角，其表达式为

$$\sin \alpha^* = \frac{1}{M} = \frac{a}{U}, \quad \tan \alpha^* = (M^2 - 1)^{-1/2} \tag{2.7.1}$$

显然，扰动行为的显著差别必定也会发生在定常反向流动中。

考虑细长机翼绕流 $r = r_b(x)$，满足下列条件：

$$\frac{v}{u} = \tan\theta = r_b'(x) \approx \theta \ll 1 \tag{2.7.2}$$

其中，u 和 v 是贴体坐标系 (x, r) 下的速度分量 (图 2.12)。

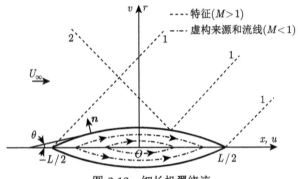

图 2.12 细长机翼绕流

与 2.5 节所述问题相反，这种情况下，线性方程组涉及三个未知函数 p，u_1 和 v。因此可利用式 (2.4.9) 得到定常流的势函数。令 $\Phi = U_\infty x + \varphi$ 及 $M = M_\infty = U_\infty/a_\infty$，则式 (2.4.9) 变为

$$(M_\infty^2 - 1)\frac{\partial^2 \varphi}{\partial x^2} = \frac{\partial^2 \varphi}{\partial r^2} + \frac{v}{r}\frac{\partial \varphi}{\partial r} \tag{2.7.3}$$

对于定常问题，下标 ∞ 表示来流参数。这种情况下

$$u = U_\infty + u_1, \quad u_1 = \frac{\partial \varphi}{\partial x}, \quad v = \frac{\partial \varphi}{\partial r}, \quad u_1, v \ll U_\infty \tag{2.7.4}$$

则边界条件可写成下列形式：

$$\frac{\partial \varphi}{\partial r} = v = U_\infty \theta(x) \tag{2.7.5}$$

对于极限情况下的细长体，r 轴与细长体表面法向量 $\boldsymbol{n}$ 重合，这种情况下等价于封闭机翼周线上的外方向导数 $\partial\varphi/\partial n$，这就是偏微分方程理论中著名的外冯·诺依曼 (von Neumann) 条件。为封闭此方程组，通过线化伯努利方程、状态方程和绝热方程，可得到压力、焓和密度，从而得到

$$h - h_\infty = \frac{p - p_\infty}{\rho_\infty} = \frac{1}{2}(U_\infty^2 - u^2 - v^2) = -u_1 U_\infty = -U_\infty \frac{\partial \varphi}{\partial x}$$

$$\rho - \rho_\infty = \frac{p - p_\infty}{a_\infty^2} \tag{2.7.6}$$

方程 (2.7.3) 属于数学物理手册中最为简单和典型的一类, 其性质本质上取决于系数 $M_\infty^2 - 1$。下面以平面流动 ($\nu = 0$) 为例说明此问题。

当 $M_\infty > 1$ 时, 该方程是双曲线型方程, 且可以通过将 $(M_\infty^2 - 1)^{-1/2}x$ 替换简化为波动方程 (参见 2.5 节)。这种方程最典型特征是初始条件和边界条件影响只局限于特征线所限定的范围, 具有局部化特征。

对于 $M_\infty < 1$, 该方程是椭圆型方程且可退化为拉普拉斯 (Laplace) 方程

$$\frac{\partial^2 \varphi}{\partial x^2} + \frac{\partial^2 \varphi}{\partial r_1^2} = 0, \quad r_1 = r\sqrt{1 - M_\infty^2} \tag{2.7.7}$$

此方程适用于描述不可压缩流中的任意扰动 (当 $M_\infty \to 0$ 时); 我们同样可以通过在方程 (2.4.8) 中令 u/a 和 v/a 趋于零, 来确保以上结论是对的。

在闭合曲线上给定条件, 可求得此方程 (与波动方程相反) 在该曲线外整个无界区域的解。对于内流问题, 可得到该曲线围成的整个封闭区域内的解。两个方程间的根本区别指明了它们在超声速和亚声速流动中的显著特征差异, 并影响各自求解方法的选择。

值得注意的是, 当 $M_\infty = 1$ 时, 方程 (2.7.3) 退化成一个常微分方程 ($v = 0$ 时为 $\mathrm{d}^2\varphi/\mathrm{d}r^2 = 0$), 此方程不再适合描述 $M_\infty \approx 1$ 的流动 (见第 5 章)。

下面讨论线性化问题的一些性质。

2.7.1　相似律

如 1.12 节所述, 一般情况下, 无黏流动对于几何相似且 M_∞ 和 γ 相等的流动通常具有相似性。下面我们将展示在关于扰动 p_1, u_1, v 的线性理论框架内, 相似律可简化为单一相似判据 $\theta_0 \beta_\pm$, 其中 θ_0 是物面的 (最大) 斜率且

$$\beta_\pm = \sqrt{M_\infty^2 - 1} \quad (M_\infty > 1), \quad \beta_\pm = \sqrt{1 - M_\infty^2} \quad (M_\infty < 1) \tag{2.7.8}$$

对于仿射相似的物体 (它们之间仅仅是特征长度即相对体厚度 $\tilde{r}_b = r_b/L\theta_0$ 不同, 其中 L 为相似物体的长度尺度), 它们的流场解可统一为相似的依赖关系。为了证明这一结论过程更具一般性, 我们采用方程组 (2.4.4)。忽略时间导数并消去 $\partial u_1/\partial x$, 可得

$$U_\infty \frac{\partial v}{\partial x} = -\frac{1}{\rho} \frac{\partial \Delta p}{\partial r}, \quad \Delta p = p - p_\infty = p_1$$

$$\frac{M_\infty^2 - 1}{\rho_\infty U_\infty} \frac{\partial \Delta p}{\partial x} + \frac{1}{r^\nu} \frac{\partial}{\partial r}(r^\nu v) = 0 \tag{2.7.9}$$

方程的解可表达为

$$K\tilde{p} = \frac{\beta \Delta p}{\rho_\infty U_\infty^2 \theta_0} = p'(x', r'), \quad \frac{\beta \Delta u}{U_\infty \theta_0} = u'(x', r')$$

$$\Delta u = u - U_\infty, \quad \frac{v}{U_\infty \theta_0} = v'(x', r')$$

$$x' = \frac{x}{L}, \quad r' = \beta \frac{r}{L}, \quad K = \theta_0 \beta (\beta = \beta_+, \beta_-) \tag{2.7.10}$$

上式中引入了压力系数 $\bar{p}$、归一化的压力系数 $\tilde{p}$ 和动压 $\rho_\infty U_\infty^2$（见 1.12 节），其定义如下：

$$\bar{p} = \frac{\Delta p}{\rho_\infty U_\infty^2}, \quad \tilde{p} = \frac{\bar{p}}{\sin^2 \theta_0} \tag{2.7.11}$$

利用上述变量，方程 (2.7.9) 可改写为不含控制参数的形式：

$$\frac{\partial v'}{\partial x'} = -\frac{\partial p'}{\partial r'}, \quad \pm \frac{\partial p'}{\partial x'} + \frac{1}{(r')^\nu} \frac{\partial}{\partial r'}((r')^\nu v') = 0 \tag{2.7.12}$$

第二个方程第一项前的正负号分别对应于超声速和亚声速流动。

在物体前较远的未受扰动流域，边界条件 $\Delta p = v = 0$ 是均质的。

物面上的无穿透条件 (2.7.5) 可写为

$$v_b' = \theta'(x') = \frac{\theta}{\theta_0}, \quad r_b' = \beta \frac{r_b}{L} = K\tilde{r}_b(x'), \quad \tilde{r}_b = \frac{r_b}{\theta_0 L} \quad (\beta = \beta_+, \beta_-) \tag{2.7.13}$$

因此，对于相同参数 $\theta_0 \beta_+$ 或 $\theta_0 \beta_-$，仿射相似物体 (具有相同 $\tilde{r}_b(x')$ 函数) 的解是相同的，因为式 (2.7.10) 中相对于无量纲参数的无量纲函数的形式是相同的。这就是线性理论框架内细长体绕流的一般相似率，参数 $K_0 = \theta_0 \beta$ 即为相似性判据。函数 p' 和 $\tilde{p}$ 同样满足相似率。

相似率提供了一种重新计算流动参数有效且系统的方法，甚至优于推导相似率的线性理论框架。因此，在图 2.13 中，楔形和锥形的超声速绕流流动中真实的压力增量 Δp 相对于线性理论值 $\Delta p_{\rm lin}$ 的比值 $\Delta p / \Delta p_{\rm lin}$ 相对于参数 $K = \theta_0 \beta$ (参见 2.8 节) 的曲线，甚至在 $\Delta p / \Delta p_{\rm lin} \approx 2/4$ 这种远超出线性理论适用范围形成的情况下，也形成了单一的曲线束。图 2.14 给出了平面圆弧翼型和二次曲线 $r = \theta_0 x(1 - x/L)^{1/2}$ 翼型的压力分布，以及具有相同经向剖面轮廓的轴对称纺锤体 (或称为卵形体) 的压力分布。很明显，不同 K 值对应的相似曲线几乎无法区分 (尽管相对于平面体，旋成体的绕流解仍和 K 值相关，见 2.8 节)。

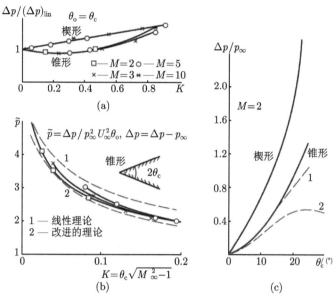

图 2.13　细长楔形和锥形体压力分布

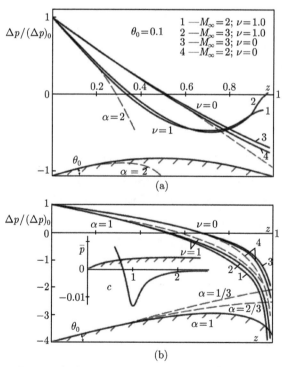

图 2.14　超声速流动中旋转体和机翼翼型上的压力

(线性 (虚线) 和精确解；$(\Delta p)_0$ 是前端压力增量)

式 (2.7.10) 形式解的普遍性特征意味着在相似变量平面 (x', r') 内任意某一固定部分的扰动会在物理变量平面产生形变。当 $M_\infty \to 1$ 时，按 $r \sim r'/\beta$ 规律向上或向下转移，因此扰动区会形成纵向极限条带。而扰动本身在平面中扰动按 $p \sim \theta/\beta_\pm$ 增长，在轴对称时扰动增长较慢 $p \sim \theta^2(-\ln K)$。

此两种情况下，不符合普适物理规律的结果表明，需要针对细长体理论进行进一步改进 (见 5.2 节)。

2.7.2 非定常比拟

非定常比拟，也就是说，由活塞膨胀运动 ($r = r_b(t)$，$v_b = \dot{r}_b(t)$) 引起的定常超声速二维流动和非定常一维流动问题具有相似性 (U_0 和 t_0 分别为速度和时间尺度)。对于后一种问题，引入下列无量纲量：

$$p'(t', r') = \frac{p - p_\infty}{\rho_\infty a_\infty U_0}, \quad v' = \frac{v}{U_0}, \quad t' = \frac{t}{t_0}, \quad r' = \frac{r}{a_\infty t_0} \qquad (2.7.14)$$

描述非定常膨胀的方程 (2.4.4)(舍去关于 x 的导数) 对于超声速流动转换成方程 (2.7.12)，其中第二个方程带上标符号 (正号)，x' 由 t' 取代。

相似地，活塞处边界条件为

$$v'_b = \frac{v_b}{U_0}, \quad r'_b = \frac{r_b}{a_\infty t_0} = \frac{U_0}{a_\infty}\tilde{r}_b(t'), \quad \tilde{r}_b = \frac{r_b}{U_0 t_0} \qquad (2.7.15)$$

当参数 $\beta_+ \theta_0 = U_0/a_\infty$ 和函数 $\tilde{r}_b(x')$、$\tilde{r}_b(t')$ 相同时，这两种问题具有相同无量纲形式解。

到目前为止，t_0 是任意的。现在令 $t_0 = L/U_\infty$，为物体穿过自身长度 L 所需的气体动力学时间。这种情况下，在相似流动中，有量纲公式转化如下 (下标 s、n 分别代表定常、非定常流)：

$$L = t_0 U_\infty, \quad U_0 = a_\infty \beta_+ \theta_0, \quad x = U_\infty t$$

$$r_s = \frac{U_\infty}{a_\infty \beta_+} r_n, \quad \Delta p_s = \frac{M_\infty^2}{\beta_+^2} \Delta p_n, \quad v_s = \frac{M_\infty}{\beta_+} v_n \qquad (2.7.16)$$

当纵向坐标 x 为 "时间" 坐标时，这两种问题等价。在一般非线性问题中，这些问题并不等价，但在数学上是相似的，从而导致更简单的非定常问题可以用来解决很多基础问题 (甚至包括定常问题)。

以上所有结果可被推广到三维流动，这可以通过在直角坐标系 x, y, z 下线化原始方程 (2.4.1) 和 (1.9.11) 来进行验证 (假设速度分量 v 和 w 是小量，v 和 $w \sim \theta_0 U_\infty$)。参数 θ_0 可以是相对体厚度 (包含任意形状近似平面翼) 或攻角 α。

得到的方程组与式 (2.4.4) 的不同之处在于，其中 r 被 y 取代，Q_{eff} 被 $-\partial w/\partial z$ 取代，并存在线性方程 $\rho dw/dt = -\partial p/\partial z$ (与式 (2.4.4) 前两个方程类似)。导数 $\partial p/\partial x$ 因子 $\beta_{\pm}$ 仍然保留在式 (2.7.9) 的第二个方程中，因此可引入广义相似性变量 (2.7.10)(通过额外参数 $w' = w/\theta_0 U_\infty$，$z' = z\beta_{\pm}/L$)。事实证明，在不依赖攻角的贴体坐标系下定义物体外形非常方便，此时在相似准则中引入参数 α/θ_0，物体外形的相似性条件形式为 $f'(x', y', z') = 0$。

2.8 超声速流动中的细长体

2.8.1 平面流动

定义平面翼型为无穷长机翼的纵向截面，不考虑其末端效应。此机翼绕流示意见图 2.12。令式 (2.7.3) 中 $r = y$，$\nu = 0$，则得到与 2.5 节相似的达朗贝尔解：

$$\varphi = f_1(\xi_-) + f_2(\xi_+), \quad \xi_{\pm} = x \pm \beta_+ y, \quad u - U_\infty = u_1 = \frac{\partial \varphi}{\partial x} = f_1' + f_2'$$

$$v = \frac{\partial \varphi}{\partial y} = \beta_+(-f_1' + f_2'), \quad \beta_+^2 = M_\infty^2 - 1 > 0 \tag{2.8.1}$$

图 2.12 给出了第一族、第二族特征线 ξ_- 和 ξ_+。当 $f_2 = 0$ 时，所有扰动集中于首特征线 $x = \beta_+ y$ 右侧，且它的解由 f_1 决定 (f_1 形式由边界条件 (2.7.5) 决定)。因此得到

$$v = -\beta_+ f_1'(x - \beta_+ y) = -\beta_+ f_1'(x) = U_\infty \theta(x)$$

$$f_1'(\xi_-) = -U_\infty \theta(\xi_-)\beta_+^{-1}$$

$$\Delta p = p_1 = p - p_\infty = -\rho_\infty U_\infty u_1 = \rho_\infty U_\infty^2 \beta_+^{-1} \theta(\xi_-) \tag{2.8.2}$$

边界条件从物面延伸到 x 轴，因此表面形状通过其斜率 $\theta(x)$ 而影响解。利用机翼长度 L 和特征斜率 θ_0 对所有坐标及物面倾角进行无量纲化，则可将解表示为变量 (2.7.10) 的形式 (y 替换成 r)：

$$p' = v' = -u' = \theta'(x' - y') = \frac{\theta}{\theta_0} \quad (Ly' = y\beta_+) \tag{2.8.3}$$

在机翼面上，下列关系成立：

$$\frac{\Delta p}{p_\infty} = B\theta(x), \quad B = \frac{\gamma M_\infty^2}{\sqrt{M_\infty^2 - 1}} \tag{2.8.4}$$

此式在空气动力学中非常普遍。可从图 2.13 和图 2.14 中的数据判断得到其应用范围 (甚至包括尖锐后缘物体)。

从关系式 $\Delta p \ll p_\infty$ 出发考虑线性理论的适用范围：$B\theta_0$ 和 θ_0 的量级较小。在对应高超声速以及跨声速流动的极限情况下，该条件有如下形式：

$$B\theta \sim M_\infty \theta \ll 1, \quad M_\infty \gg 1$$

$$B\theta \sim \theta(M_\infty^2 - 1)^{-1/2} \ll 1, \quad M_\infty - 1 \ll 1 \tag{2.8.5}$$

5.2 节将对跨声速范围进行更彻底的分析并得到更详细的适用条件。此外，尽管存在正式的估计，但是线性理论实际适用范围仍需要通过精确解进行验证。

注意一个有趣的流动特征。从关系式

$$\frac{v}{u_1} = -(M_\infty^2 - 1)^{1/2} \tag{2.8.6}$$

可知，在跨声速流动中，纵向速度扰动远超过横向速度扰动，而在高超声速流动中情况相反。

对于宽度 h 和长度 L 的薄翼型，其阻力 X 写为

$$X = h \int_{-L/2}^{L/2} \Delta p n_x \mathrm{d}x = \frac{\rho_\infty U_\infty^2 h}{\sqrt{M_\infty^2 - 1}} \int_{-L/2}^{L/2} \theta^2 \mathrm{d}x = \frac{1}{2}\rho_\infty U_\infty^2 L h c_x \tag{2.8.7}$$

式中，c_x 为翼型的无量纲阻力系数 (更确切地说是翼型单侧阻力系数)。根据前面讨论的相似律，归一化阻力系数为

$$\bar{c}_x' = \frac{c_x \sqrt{M_\infty^2 - 1}}{\theta_0^2} \tag{2.8.8}$$

上述公式为给定仿射相似外形进行相似性判断的通用参数 (不是 c_x)。

无黏压力分布引起的阻力称为波阻。由于压力和相对翼型厚度 δ/L 与 θ_0 呈线性关系，则翼型阻力与 θ_0 呈二次方关系。需注意阻力系数在一定程度上是个有条件的量，依赖于物体长度尺度的选取[①]。此处选取机翼弦长为长度尺度，但是机翼厚度同样可以被选择。对于平面流动取 $h = 1$。

考虑带攻角 α 的倾斜平板。其上下表面压力分别为 $\Delta p_\pm = \pm \rho_\infty U_\infty^2 \alpha/\beta_+$，而此平板的阻力和升力系数分别为

$$c_x = \frac{2X}{\rho_\infty U_\infty^2 L} = \frac{4\alpha^2}{\sqrt{M_\infty^2 - 1}}, \quad c_y = \frac{2Y}{\rho_\infty U_\infty^2 L} = \frac{4\alpha}{\sqrt{M_\infty^2 - 1}} \tag{2.8.9}$$

---

① 式 (2.8.7) 中的系数 1/2 也是有条件的；从历史上看，它与大气中的不可压缩流动有关，根据伯努利方程 (2.2.10)，动压为 $\rho_\infty U_\infty^2/2$ 而不是 $\rho_\infty U_\infty^2$，这在超声速气体动力学中更合适。

式中，X 为阻力；Y 为升力 (与 $\boldsymbol{U}_\infty$ 垂直)。与阻力相反，因为壁面法线在 y 轴投影 $n_y \approx 1$，升力和 α 呈线性关系。

下面给出具有弦长 L 和边缘斜率 θ 的抛物线弧的另一绕流解。令弦中点位于原点 (图 2.12)，可得

$$y_b = \frac{1}{4}\theta_0 L(1 - 4x^2/L^2), \quad \theta = -2x\theta_0/L$$

$$u' = 2\xi'_- = -v', \quad -\frac{1}{2} < \xi'_- = \xi_-/L < \frac{1}{2}$$

$$\xi_- = x - \beta_+ y, \quad -\frac{1}{2}L \leqslant x \leqslant \frac{1}{2}L \tag{2.8.10}$$

这种情况下翼型表面压力分布是线性的 (图 2.8) 且 $c'_x = 2/3$。对于线性问题，如果翼型攻角为 α，局部压力和满足 $\Delta p \sim \alpha + \theta$。因此，机翼升力等于两部分升力之和：其一是翼型在零攻角情况下的升力，其二是 α 攻角的弦作为孤立平板时的升力。但是此时机翼阻力不再是简单求和，而是正比于局部攻角的平方 $(\alpha + \theta)^2$。

下面讨论对细长体超声速绕流中的非线性影响。方程解在未受到扰动情况下向无穷远处传播。这种特殊性质是由所采用流动模型的近似性导致的，考虑以下两点并进行严谨分析则此性质不再成立。

首先，由于机翼中心部分引起的扰动会被末端效应抵消，所以需要考虑真实机翼展长的有限性。对于有限长物体的三维绕流，所有扰动在远离物体处耗散 (和锥形体绕流情况相同)。

第二，需要考虑扰动相互作用引起的非线性效应 (与 2.6 节所述类似)。线性理论认为首、尾特征线处存在有限增量或压力间断。根据 2.6 节，认为其对应于弱激波，并在远场消失 (见第 4 章)。

值得注意的是另一个重要影响：根据式 (2.8.8)，机翼阻力随 $M_\infty \to 1$ 的增加无限增加。这个结论与线性化条件 (2.8.6) 相悖，但是同时它也说明阻力确实在增加。这种影响称为声障，将在第 5 章讨论。

2.8.2　轴对称问题

为简便起见，考虑活塞膨胀的前缘 $(r = r_b(t)$ 处) 气体流动中的声学问题。对于超声速流动，可采用式 (2.7.16) 变换重新计算该问题。利用原方程组 (2.4.4) 代替势方程，并简化为两个等式，其中 u_1、U_0 和 $\partial/\partial x$ 等于零。

令 $t = 0$ 时刻，活塞在 $r = 0$ 处以常速度 $v_b = U_0$ 开始加速，该问题仅依赖于参数 (U_0, a, t, r)，因此根据 1.12 节的相似律，问题的解是自相似的且依赖于单

一变量 $\eta = r/at$，相似准则为 $K = U_0/a$。令

$$\Delta p = \rho U_0^2 P(t,r), \quad v = \frac{U_0^2}{a} V(t,r) \tag{2.8.11}$$

代入 $P = P_0(\eta)$ 和 $V = V_0(\eta)$，则式 (2.4.4) 变为

$$P_0' = \eta V_0', \quad \eta^2 P_0' = (\eta V_0)', \quad \eta = r/at \tag{2.8.12}$$

此系统的解为

$$V_0 = \eta^{-1}(1-\eta^2)^{1/2}, \quad P_0 = \frac{1}{2} \ln \frac{1+\sqrt{1-\eta^2}}{1-\sqrt{1-\eta^2}} \tag{2.8.13}$$

截止到 η_0^2 阶项，得到锥形体内的流动参数为

$$V_0(\eta_0) = \frac{1}{\eta_0}, \quad P_0(\eta_0) = \ln \frac{2}{\eta_0} = \ln \frac{2a}{U_0}, \quad \eta_0 = U_0/a \tag{2.8.14}$$

与平面问题不同，轴对称问题中首特征线 $\eta = 1$ 处有 $\Delta p = \rho a v = 0$。这种情况下会出现新特征，即压力的二次律。事实上，活塞做功 $A \sim p r_b^{1+\nu}$ 引起内能增加 $E \sim \Delta p R^{1+\nu}$，因此有 $\Delta p/p \sim (U_0/a)^{1+\nu}$。当 $\nu = 0$ 时，Δp 与 U_0^2 呈线性关系；当 $\nu = 1$ 时，Δp 与 U_0^2 呈二次方关系。一个较小的修正系数 $\ln U_0$ 不改变此结论。

利用 2.7 节的非定常比拟 (关系式 (2.7.16))，对于锥角 $2\theta_c$、顶点位于 $x = 0$ 的超声速尖锥绕流，解式 (2.8.11) ～ 式 (2.8.14) 可以变换为

$$v = \theta_c U_\infty V_0(\eta), \quad \tilde{p} = \frac{p - p_\infty}{\rho_\infty U_\infty^2 \theta_c^2} = P_0(\eta)$$

$$\tilde{p}_c = \ln \frac{2}{\eta_c} = \ln \frac{2}{\theta_c \beta_+}$$

$$\eta = \frac{r}{x} \beta_+, \quad \eta_0 = \theta_c \beta_+, \quad \beta_+ = \sqrt{M_\infty^2 - 1} \tag{2.8.15}$$

此处，$\tilde{p}$ 为归一化压力系数 (式 (2.7.11))，函数 $V_0(\eta)$ 和 $P_0(\eta)$ 由式 (2.8.13) 给出。从图 2.13 看出，锥形体上压力小于楔形体上压力，且近似正比于 θ_c^2。然而，在非线性范围内 ($\Delta p \sim p$)，两者压力均遵循二次方关系，且在 $M_\infty \gg 1$ 情况下两者差别很小。从图 2.13 ～ 图 2.15 可看出，线性理论在 $K = \theta_c \beta_+ \leqslant 0.5$ 或跨声速范围 $M_\infty \geqslant 1.015$ 时是较准确的。后者可以由下面的事实得到：当 $M_\infty \to 1$ 时，轴对称情况下解的奇异性较平面问题弱得多 ($\ln \beta_+$ 代替 β_+^{-1})，且一般情况下，与平面问题 (2.8.5) 相比，线性理论更适用于轴对称问题。

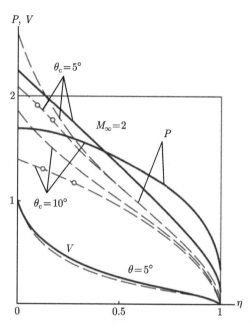

图 2.15　锥形体压力和横向速度型

(虚线对应线性理论下的 P_0 和 V_0，圆圈对应修正线性理论，实线代表精确解)

$$\Delta u \sim \Delta p / \rho U_\infty^2 \sim \theta^2 |\ln \beta_+ \theta| \ll 1, \quad v/U_\infty \sim \theta \ll 1 \tag{2.8.16}$$

图 2.15 给出函数 $P_0(\eta)$ 和 $V_0(\eta)$，在 $K \approx 0.15$（$M_\infty = 2$ 且 $\theta = 5°$）时，与精确解相似，但当 K 的取值加倍时，与精确解的差异变大。与楔形体绕流相反，压力随距物面距离的增大而减小。这可通过流管收缩以及流线凹度进行解释。因为弓形波上流线斜率（在线性理论框架下等于零）小于锥面上流线斜率；根据方程 (2.2.6)，该现象将导致压力增加，此压力规律适用于小 θ_c 和 M_∞ 的锥形体绕流。

值得注意的是，$\eta \to 0$ 时的解不是无界的，因为靠近 $\eta \to \eta_0$ 和 η_c 时，舍去项和保留项比值的量级为 $v(\partial/\partial y)/U_\infty(\partial/\partial x) \sim v/(U_\infty \eta_c) \sim 1$，严格来说，在此壁面区域进行线性化是不合理的。然而，考虑到此区域范围较小，它对整个解的影响也小。可以通过计入部分舍去项来改善小 K 值的结果（图 2.13(b) 和 (c)，图 2.15）。此修正的线性理论（Lighthill，1947）将在 6.4 节和非线性理论一起讨论。

线性理论可给出积分形式的有效解（甚至以基本函数的形式）；下面将针对一般情况讨论此解。函数 (2.8.13) 给出原方程组解，其中 η 被 $\varsigma = r/a(t-\tau)$ 取代。选取沿 τ 轴分布的基本锥形源为基本函数，叠加得到一般解（$F = V, P$）

$$F = C_0 F_0(\eta) + \int_0^{\tau_m} C'(\tau) F_0(\varsigma) d\tau, \quad \tau_m = t - r/a \tag{2.8.17}$$

上界 τ_m 很容易选择，因为 $\tau > \tau_m$ 时的扰动在时间区间 $t-\tau$ 内无法达到点 (t,r)。当 $\tau_m \to 0$ 时，可以消去积分式，余下项为 $t \to 0$ 时的解。通常可以通过预先将算子 F 替换为积分上限 $\tau_m - \varepsilon$ 并代入式 (2.4.4) 中，使最终结果中 ε 趋于零来避免在积分上限附近对积分式进行微分时出现的奇异性。

最后，为确定任意函数 $C(\tau)$，将 r、v、τ_m 分别近似取为 r_b、v_b、t。此时 $V_0 \approx a(t-\tau)/r$，r^{-1} 可被提出积分符号之外。进行分部积分并令 $C(0) = C_0 = 1$，可得

$$r_b v_b = \frac{1}{2}\frac{\mathrm{d}r_b^2}{\mathrm{d}t} = U_0^2 \int_0^t C\mathrm{d}\tau, \quad C = \frac{1}{2U_0^2}\frac{\mathrm{d}^2 r_b^2}{\mathrm{d}t^2} \tag{2.8.18}$$

由此可得到这些问题积分形式的解。采用多项式 $C = \sum_n C_n \tau^n$ 近似任意函数 C，即可通过基本函数来表达解。求和式中每一项对应一个特解。例如，求和式 $C = 1 + C_1\tau$ 与下列解相关：

$$r_b = U_0 t\left(1 + \frac{C_1 t}{3}\right)^{1/2}, \quad V(\eta) = V_0(\eta) + C_1 V_1(\eta)$$

$$P = P_0(\eta) + C_1 P_1(\eta)$$

$$V_1(\eta) = \frac{1}{2}t V_0 - \frac{1}{2}\frac{r}{a}P_0, \quad P_1 = t P_0 - \frac{r}{a}V_0 \tag{2.8.19}$$

上述解可通过变量的代换 $\mathrm{d}\tau = (r/a\varsigma^2)\mathrm{d}\varsigma$ 以及利用方程 (2.8.12) 得到。替换 P_0 和 V_0 ($\eta = \eta_b$) 并利用 2.7 节的比拟，推导出超声速流动中仿射相似体绕流的压力：

$$\tilde{p}(z) = \Delta p/\rho_\infty U_\infty^2 \theta_0^2 = \ln 2/\eta_b - 3z(\ln 2/\eta_b - 1)$$

$$r_b = \theta_0 x(1-z)^{1/2}, \quad \eta_b = r_b \beta_+/x = K(1-z)^{1/2}$$

$$z = cx, \quad \beta_+ = (M_\infty^2 - 1)^{1/2}, \quad K = \theta\beta_+ \tag{2.8.20}$$

式中，c 的量纲为 L^{-1}。物体外形和其压力分布见图 2.14(b)。显然，解 (式 (2.8.20)) 在大部分区域都与精确解吻合良好。而在尾缘 $z \approx 1$ 附近，物面外廓切线是竖直的，线性理论不成立，因此解 (2.8.20) 与精确解差别较大。在 $x = 2/3$ 处，物体相对尺寸为 $r_0/\theta_0 x = 3$。切除物体前缘任意部分，并设 $cL = \alpha$ 可得单参数等值线族 (图 2.14(b))，$r_b = \theta_0 x(1-\alpha x/L)^{1/2}$，其压力同样由式 (2.8.20) 确定。对于 $2cL = 1$，曲线前部 ($x \leqslant L/4$) 与抛物线弧 $r_b = \theta_0 x(1-x/L)$ (长度为 L) 的前部相似。在此区域两种外形上压力是相同的，但在较远处则不同。

与平面翼型相反，轴对称物体上的压力并不遵循局部规律。因此在卵形体上 (图 12.14)，$\theta = \mathrm{d}r_b/\mathrm{d}x > 0$ 区域出现较大负压，而翼型后缘的压力本质上取决于

后缘外形。因此尽管 θ 在减小，后缘压力呈抛物线增长，这是汇流"累积"效应的表现，在轴对称情况下相当典型。同时，斜率 θ 减小的影响大于物方程 (2.8.20) 确定的外形上的影响，从而造成了压力减小。

从图 2.14(b) 看出，$\alpha = 1$ 时的压力曲线 (2.8.20) 在 $z \approx 0.5$ 处过零点；因此在翼型后缘 $\alpha = 1/2 \sim 1/3$ 处，Δp 在斜率 $\theta > 0$ 处为负。此压力波进一步传播到达前缘柱体处，从而使得压力分布产生振荡 (图 2.14(c)，$\alpha = 2/3$)。

上述效应导致物体前缘阻力比相同相对半径端面 r_0/L 的锥形体小，其中 $\alpha = 2/3$ 时，$c_x \approx 0.012$；而 $\theta = r_0/L = 0.058$ 的等效锥体 $c_x \approx 0.015$。极小阻力体的线性问题解说明其是卵形体，类似于 $\alpha = 2/3$ 的抛物线弧 (Ferrari，1965)。

相似地，在线性理论框架内，楔形是最优的绕流体前端。事实上给定固定的后端，并给定楔形面一个扰动，$\theta = \theta_0 + \theta_1$，$\theta_1 \ll \theta_0$，则可得正比于 $\theta^2 - \theta_0^2$ 积分的阻力增量 (恒为正)。

对于由两段直线段组成、给定厚度 h 和长度 L 的机翼，具有尖后缘并在 $x_l = l$ 处相交时 $(l = L/2)$ 阻力达到最小 $X \sim (h/l)^2 + [h/(1-l)]^2$。然而如果此机翼后缘具有有限厚度 d 且背压 $p_d < p_\infty$，则在某有限厚度 $d > 0$ 处存在极值 (Kraiko 和 Pudovikov,1997)。

这些例子说明，尽管计算气体动力学得到快速发展，但摒弃线性理论还有很长的路，因为解析解可给出定性和通用结果。我们需要指出，针对有限展宽薄翼型的三维超声速和亚声速绕流流动已发展了较好的线性理论，然而本书中没有提及。该理论框架给出具有较强通用性的定性和定量结果。

2.9　细长体亚声速绕流

如 2.8 节，下面将利用源项方法针对细长对称体进行求解，并获得一些较普适的结果。值得注意的是，这些问题的一般理论与保角映射方法 (见 2.10 节) 和奇异积分方程理论 (Sedov, 1965; S.M. Belotserkovskii, 1965; Vorobyev, 1986；其他) 相关。

具体方法为在气体流动中利用沿 x 轴分布的源项 (强度为 $q(x)$) 代替绕流体，使得区分内外流动的流线与绕流体轮廓线重合 (图 2.12)。每一个在 $(x', 0)$ 处的微元源项均有势，是方程 (2.7.3) 的基本解并且依赖于所考虑问题的维度。

对于平面流动 $(\nu = 0)$，势函数形式为

$$\mathrm{d}\varphi(x, y, x') = q(x') \ln r' \mathrm{d}x', \quad r' = \sqrt{(x - x')^2 + \beta_-^2 y^2}$$

$$\beta_-^2 = 1 - M_\infty^2 > 0 \tag{2.9.1}$$

此处 r' 是从点 (x, y) 到源 $(x', 0)$ 的距离。此源引起的径向速度为 $v_r = q/r'$，从而保证流量不变。由于方程 (2.7.3) 是线性的，可推导如下形式的积分：

$$\varphi = \int_{x_1}^{x_2} q(x') \ln r' \mathrm{d}x', \quad q = 0, \quad x < x_1 = -\frac{1}{2}L, \quad x > x_2 = \frac{1}{2}L \qquad (2.9.2)$$

令线段 (x_1, x_2) 外 $q = 0$，而 (x_1, x_2) 即为积分限。

扰动速度场由下列积分式给出：

$$u_1 = u - U_\infty = \frac{\partial \varphi}{\partial x} = \int_{x_1}^{x_2} \frac{q(x')(x - x')}{r'^2} \mathrm{d}x'$$

$$v = \frac{\partial \varphi}{\partial y} = \beta_-^2 y \int_{x_1}^{x_2} \frac{q(x')}{r'^2} \mathrm{d}x' \qquad (2.9.3)$$

为了使势函数成为原始边界值问题的解，必须在物面 $y_b(x)$ 上满足无穿透条件 (2.7.5)，则 $q(x)$ 函数必须满足一个积分方程 (通过将 $v[x, y_b(x)] = U_\infty \theta(x)$ 代入式 (2.9.3) 的第二个公式得到)。

此方程具有奇异性，使计算极大简化。事实上，当 $y, (x - x') \to 0$ 时，此奇异性给出区间 $|x' - x| \sim y_b$ 内积分的主要部分。此部分积分量级不小于 y_b^{-2}，远大于其余部分的积分。因此当 $y \to 0$ 时，$|x' - x| \sim y_b$ 附近区域积分由 $q(x')$ 决定。令 $q(x') = q(x) + q'(x)(x - x')$，则 $y \sim y_b \sim \theta L$ 处的解如下：

$$v = \beta_- q(x)(\arctan z_2 - \arctan z_1) + \frac{1}{2} q'(x) \beta_- y \ln \frac{z_2^2 + 1}{z_1^2 + 1} \quad (y \sim \theta L)$$

$$z = \frac{x' - x}{\beta_- y}, \quad z_{1,2} = \frac{x_{1,2} - x}{\beta_- y}, \quad z_1 < 0, \quad z_2 > 0 \qquad (2.9.4)$$

令此函数满足翼型上的边界条件。此解的第二项在 y 轴上为零且在其附近很小 ($q(x')$ 展开式随后舍去项的量级更小)。在第一项中，坐标 $z_{1,2} \sim \theta^{-1}$ 且可被其极限值 $z_{1,2} \to \mp\infty$ 取代。则

$$v[x, y_b(x)] \to v(x, 0) = \beta_- \pi q(x) = U_\infty \theta(x), \quad y \to 0 \qquad (2.9.5)$$

此式得出函数 $q(x)$。尽管在一般解形式中存在奇异性，但仍然可以将边界条件拓展至 $y = 0$ 轴处。根据问题的对称性，此公式可给出下翼面的解 $(y < 0)$。

下面给出 2.8 节中翼型的解。此翼型包含两段对称的抛物线弧 (式 (2.8.10)，弦长 L，边缘斜率 θ_0)。将 $\theta = -2\theta_0 x/L$ 代入方程 (2.9.3) 可得

$$u' = \frac{u_1\beta_-}{\theta_0 U_\infty} = \frac{2}{\pi} + \frac{x}{\pi L}\ln\frac{\beta_-^2 y^2 + (L/2 - x)^2}{\beta_-^2 y^2 + (L/2 + x)^2}$$

$$- 2\frac{\beta_- y}{\pi L}\left(\arctan\frac{L/2 - x}{\beta_- y} + \arctan\frac{L/2 + x}{\beta_- y}\right) \tag{2.9.6}$$

当 $y \to 0$ 时，上式右端取极限值，因此在求解物面上速度、压力分布，$\Delta p = -\rho_\infty U_\infty u_1$ 时，可认为 $y = 0$。图 2.16 给出沿 x 轴和 y 轴的纵向速度分布。当 $y \to 0$ 时 (尽管存在奇异性)，为了证明积分 (2.9.3) 收敛，写出下式 ($\beta_- = 1$)

$$u_{1\varepsilon} = q(x)\left[\int_{x_1}^{x-\varepsilon}\frac{\mathrm{d}x'}{x - x'} + \int_{x+\varepsilon}^{x_2}\frac{\mathrm{d}x'}{x - x'}\right] + I \tag{2.9.7}$$

上式积分 I 中，$q(x') - q(x)$ 位于分子上，因而是非奇异的。方括号中为两项数值相同但符号相反的奇异项，相加时相互抵消。因此，当 $\varepsilon \to 0$ 时，方括号内的量是有界的，且 $u_{1\varepsilon} \to u_1$ (在柯西意义上类似的奇异积分称为收敛)。

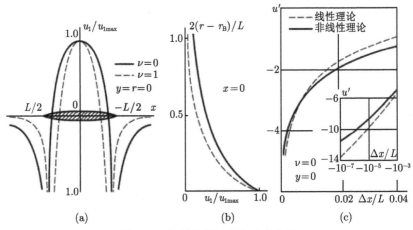

图 2.16　细长体附近纵向速度分量

得到的方程解满足 2.7 节所述的相似律，并通过类似式 (2.7.10) 的基本公式表达出来，在 $M_\infty^2 \to 1$ 时与 $M_\infty > 1$ (2.8 节) 时存在相同奇异性。

将所得解与 2.8 节结果进行对比，可看出亚声速流动和超声速流动之间的本质差异：在亚声速流动中不存在间断和扰动高度集中的区域；其覆盖整个流动区

域，并在所有方向上随距物体距离的增长而衰减。解不再具有局部特性。例如，在物体中心点 $x=0$ 处速度扰动等于 $2/\pi$，而在超声速流动中，此点处 $\Delta p=u_1=0$。

解 (2.9.3) 与 2.8 节所得解之间的第二个差异在于方程 (2.9.3) 在翼型边缘处的奇异点，当 $x\to x_{1,2}$ 时，$u_1\sim\ln|x-x_{1,2}|\to-\infty$ 且 $p_1\to\infty$。这从理论上说明了线性化的不合理性，而从物理概念上看，这意味着尽管扰动角很小，边缘附近的扰动是有限的。因此细长翼型绕流问题从整体上说是非线性的 (如果没有针对边缘外形采取特别处理)，这个问题将在 2.11 节讨论。下面的讨论中令前缘速度为零，且将机翼边缘附近的精确解和线性理论解结果加以比较 (图 2.16(c))。

由于前后缘压力分布的对称性，亚声速流动中的抛物线弧翼型阻力为零 (与超声速流动相反)。此结论可通过特殊外形绕流或简化计算进行解释。事实上这也是一般理论的特殊表现 (见 2.12 节)。

这里简述轴对称问题。这种情况下，关于势的方程 (2.7.3) 有基本解 $\varphi'=-q(x')/r'$ $(\nu=1)$，则通解写为

$$\varphi=-\int_{x_1}^{x_2}\frac{q(x')\mathrm{d}x'}{r'},\quad r'=\sqrt{(x-x')^2+\beta_-^2 r^2}$$

$$u_1=\frac{\partial\varphi}{\partial x}=\int_{x_1}^{x_2}\frac{(x-x')q(x')\mathrm{d}x'}{r'^3},\quad v=\frac{\partial\varphi}{\partial r}=\beta_-^2 r\int_{x_1}^{x_2}\frac{q(x')\mathrm{d}x'}{r'^3}\qquad(2.9.8)$$

此处假设在区间 $[x_1,x_2]$ 外，有 $q=0$，物面 $r=r_b$ 上边界条件 $v\to v_b=U_\infty\mathrm{d}r_b/\mathrm{d}x$，导出源项 $q(x')$ 的积分方程。与平面问题一样，当 $r'\to 0$ 时，积分具有奇异性，可设 $q(x')=q(x)$ 并将 $q(x)$ 分离出此积分。但是不能在分母上设置 $r_b=0$，因此如同 2.8 节所述，物面外形直接反映在旋转体绕流解当中，而不是只通过斜率 $\theta_b(x)$ 表示。

然而，由于具有相同奇异性，可以将积分式中的 $r_b(x')$ 替换为 $r_b(x)$，从而推导出解

$$U_\infty\frac{\mathrm{d}r_b}{\mathrm{d}x}=v_b=\left.\frac{(x'-x)q(x)}{r_b\sqrt{(x'-x)^2+\beta_-^2 r_b^2(x)}}\right|_{x'=x_1}^{x'=x_2}=2\frac{q(x)}{r_b}$$

$$q(x)=\frac{1}{4}U_\infty\frac{\mathrm{d}r_b^2}{\mathrm{d}x},\quad r_b^2\beta_-^2\ll(x_i-x)^2\qquad(2.9.9)$$

此解仅对具有尖端 (x_1,x_2) 的物体适用，尖端物面外形满足 $r_b=\theta_0|x_i-x|^\alpha$，$\alpha\geqslant 1$，$\theta_0\ll 1$ 且 $q(x_i)=0$。与平面问题不同的是，q 的值与马赫数 M_∞ 无关。

利用分部积分，关于 u_1 的方程 (2.9.8) 变为

$$u_1 = \left.\frac{q(x')}{r'}\right|_{x'=x_1}^{x'=x_2} - \int_{x_1}^{x_2} \frac{q'\,\mathrm{d}x'}{r'}, \quad q' = \frac{\mathrm{d}q(x')}{\mathrm{d}x'} \tag{2.9.10}$$

如前文所述, 由于 $q(x_i) = 0$, 第一项为零。

如果 $q(x')$ (即物面外形 $r_\mathrm{b}(x)$) 由 x 多项式的形式给出, 对式 (2.9.8) 和式 (2.9.10) 积分可简化为基本函数。下面写出式 (2.8.10) 所描述的抛物线弧绕流解 u_1 (端面 $x = \pm L/2$):

$$\tilde{u}_1 = \frac{u}{U_\infty \theta_0^2} = \frac{1}{4}\left(1 - 3\tilde{x}^2 + \frac{3}{2}\beta_-^2 \bar{r}^2\right)\ln\frac{\Delta_- - \bar{x} + 1}{\Delta_+ - \bar{x} - 1} - \frac{3}{8}(3\bar{x}+1)\Delta_- + \frac{3}{8}(3\bar{x}-1)\Delta_+$$

$$\Delta_\pm = \sqrt{(1 \pm \bar{x})^2 + \beta_-^2 \bar{r}^2}, \quad \bar{x} = 2x/L$$

$$\bar{r} = 2r/L, \quad \bar{r}_\mathrm{b} = \frac{\theta_0}{2}(1 - \bar{x}^2) \tag{2.9.11}$$

在极限情况下, $r \to r_\mathrm{b} \to 0$ (对于 $|\bar{x}| < 1$) 和 $r \to 0$ (对于 $|\bar{x}| > 1$), 也就是沿 x 轴, 可得

$$\tilde{u}_{1\mathrm{b}} = \frac{1}{4}(1 - 3\bar{x}^2)\left[\ln\frac{16}{K_-^2(1 - \bar{x}^2)} - 3\right], \quad |\bar{x}| < 1, \quad K_- = \theta_0\beta_-$$

$$\tilde{u}_{10} = \frac{1}{4}\left[(3\bar{x}^2 - 1)\ln\frac{|\bar{x}| - 1}{|\bar{x}| + 1} + 6|\bar{x}|\right], \quad |\bar{x}| > 1 \tag{2.9.12}$$

当 $\theta_0 \ll 1$ 时, 解跟 2.8 节所述超声速流动的情况解 $u_1 \sim \Delta p \sim \theta_0^2 \ln K_-$ 同量级。与平面流动类似, 函数 $u_{1b}(x)$ 中心对称且具有相同奇异性, 即当 $x \to x_i$ 时, $u_1 \sim \ln|x - x_i|$。此奇异性积分在求解阻力时是可积的。与平面问题相反, 解相对于端点非对称, 且物体外对称轴上的解与 M_∞ 无关。图 2.16(a) 和 (b) 给出沿 x 轴和 y 轴的速度剖面 $\tilde{u}_1$。

下面简要讨论一类更重要的问题, 即非对称翼型的平面绕流问题, 对于这类问题, 源项方法不适用。汤姆孙定理认为在绕流体内存在任意涡源分布, 并且绕流体外任意封闭曲线上的速度环量为 $\varGamma$。这种情况下绕流体外流动无旋, 但解不唯一, 因为在无黏模型框架内, 环量本身需引入额外的物理假设才能确定。

目前为止, 这种假设仅适用于一类具有无穷薄机翼后缘 (图 2.17) 的绕流问题。对于小攻角绕流不存在分离, 流动从机翼尾缘光滑脱落。在无黏模型框架下此假设对应于特定的环量值。茹科夫斯基假设 (Joukowski hypothesis) 的引入使得汤姆孙定理具有工程实用性。

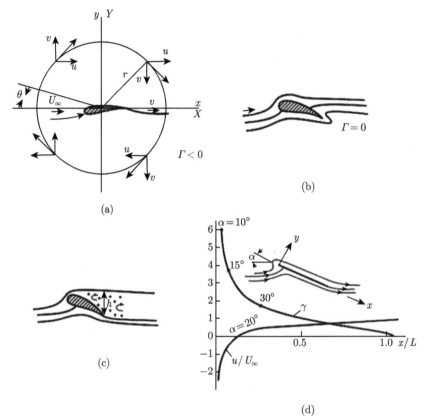

图 2.17 非对称绕流：(a) 根据茹科夫斯基假设的环量流动；(b) 无环量流动；(c) 基尔霍夫射流模型；(d) 带攻角平板绕流

下面讨论图 2.17 流动模式的形成机制。在无环量的机翼绕流中，在机翼两侧存在两个驻点 (图 2.17(b))，但其没有物理意义，因为理论和试验表明不可能实现尖锐边缘的无分离绕流。因此流动须进行自适应调整，基尔霍夫 (Kirchhoff) 提出一个具有外部流线包围、物体后部存在无限范围气体死水区的射流模型 (图 2.17(c))。此滞止区压力 p_d 为常数但是不能解出。然而实际外部射流从滞止区 "带走" 流体 (通过黏性力作用) 并在此区域内形成旋流，因此形成一个黏性回流区/分离流的充分发展区域。但是如果此区域宽度 h 较小 (当迎角小于某特定临界值时 $(\alpha < \alpha_{cr})$)，外部射流可把流体完全 "抽吸" 出此区域，从而实现机翼无分离绕流的茹科夫斯基环量模型。

下面利用不可压缩绕流平板 (零厚度，长度 L，迎角 α，图 2.17(a)) 的例子说明此类问题的性质，其后缘流动光滑脱落。与之前问题不同的是，平板对自由来流不产生位移效应，故平板绕流仅可通过在长度方向上布置强度 $\gamma(x)$ 的涡来模拟。每个平板微元 dx' 可在点 (x, y) 处诱导产生速度场 $v^{(\gamma)} = [\gamma(x')/2\pi r]dx'$，总速度场由下面积分给出：

$$u_\Gamma = -\frac{y}{2\pi}\int_0^L \frac{\gamma(x')\mathrm{d}x'}{r^2}, \quad v_\Gamma = \frac{1}{2\pi}\int_0^L \frac{\gamma(x')(x-x')\mathrm{d}x'}{r^2}$$

$$r^2 = (x-x')^2 + y^2 \tag{2.9.13}$$

总速度场为

$$u = u_\infty + u_\Gamma, \quad v = v_\infty + v_\Gamma$$

$$u_\infty = U_\infty\cos\alpha, \quad v_\infty = U_\infty\sin\alpha \tag{2.9.14}$$

在平板表面有 $v = 0$；而当 $y \to 0$ 时推导出关于 $\gamma(x)$ 的积分方程

$$\int_0^L \frac{\gamma(x')\mathrm{d}x'}{x-x'} = -2\pi U_\infty\sin\alpha \tag{2.9.15}$$

左边积分式在柯西 (Cauchy) 意义上收敛且独立于 x。此方程有解

$$\gamma = -2U_\infty\bar\gamma\sin\alpha, \quad \bar\gamma = [(1-\bar x)/\bar x]^{1/2}$$

$$\Gamma = \int_0^L \gamma(x')\mathrm{d}x' = -\pi U_\infty L\sin\alpha, \quad \bar x = x/L \tag{2.9.16}$$

显然，当 $x \to 0$ 时，$\gamma \to \infty$；当 $x \to L$ 时，$\gamma \to 0$。图 2.17(d) 给出此函数图像。可以看出速度 u_Γ 由积分式 (2.9.3) 确定 (其中 β_- 取为 1，q 取为 $\mp\gamma/2\pi$)。正、负号分别指代平板的上、下侧。在平板上有 $u_{\Gamma\pm} = \pm\gamma/2$，而总速度为

$$u_\pm = U_\infty(\cos\alpha \pm \bar\gamma\sin\alpha) \tag{2.9.17}$$

图 2.17(d) 给出 $\alpha = 20°$ 时函数 $u_\pm$ 曲线。图中标记的驻点为平板下表面 $\bar\gamma = \cot\alpha$ 上的点。在平板外 $y = 0$ 处，$v = [(L-x)/x]^{1/2}\sin\alpha$。紧接平板后缘之后 $v = 0$ 且 $u = u_\infty$，尽管流线具有有限曲率 $K \sim \partial v/\partial x \sim (L-x)^{-1/2}$，但得到的解实际满足光滑流动脱离条件。在后缘 $\pm x^{-1/2}$ 处 $u_\pm \to \infty$ 且 $v \sim (-x)^{1/2}$ (在 2.11 节将针对驻点奇异性从更普适的角度进行分析)。

通过伯努利方程得到的平板压力在 $x \to 0$ 时具有不可积奇异性 ($\bar\gamma^2 \sim 1/x$)；然而当计算平板两侧压差 Δp 时，奇异性相互抵消，从而得到下列关于平板两侧压差及总法向力的关系式：

$$\Delta p = p_- - p_+ = \rho_\infty U_\infty^2\bar\gamma\sin(2\alpha)$$

$$N = -\rho_\infty \Gamma U_\infty \cos\alpha = \frac{1}{2}\pi\rho_\infty U_\infty^2 \sin(2\alpha) \tag{2.9.18}$$

然而除了法向力，平板前缘还受到纵向 (沿 x 轴) 吹吸力作用，大小为 $T = -N\tan\alpha$ (将在 2.12 节讨论)。这是由边缘处存在无穷大速度和无穷大负压流动 (在不可压缩流动模型框架内) 的向心加速引起的。此力是有限厚度 x 的边存在，当 $h/L \to 0$ 时，其存在极限值。物理上通过平板前缘局部流动分离，或者通过考虑气体可压缩性效应，可以克服这种矛盾 (见 5.6 节)。

2.10 圆柱、球和其他不可压缩绕流体

由于不可压缩流动势能方程 (2.7.7) 是线性的，则可将问题分解成两个部分：求解势和速度场的线性问题，以及利用伯努利方程及速度场求解压力场的问题。

采用极坐标系 (r, θ)，其原点位于物体中心，射线 $\theta = 0$ 沿 $-U$ 方向。这种情况下恒定密度的连续性方程 (1.13.16) 可利用式 (2.1.12) 简化为势能方程：

$$\frac{1}{r^\nu}\frac{\partial}{\partial r}\left(r^\nu\frac{\partial\Phi}{\partial r}\right) + \frac{1}{r^2(\sin\theta)^{\nu-1}}\frac{\partial}{\partial\theta}\left[(\sin\theta)^{\nu-1}\frac{\partial\Phi}{\partial\theta}\right] = 0 \tag{2.10.1}$$

此处，$\nu = 1$ 代表圆柱；$\nu = 2$ 代表球。在物面 $r = r_0$ 处满足无穿透条件，无穷远处扰动衰减

$$\frac{\partial\Phi}{\partial r} = v_r = 0, \quad r = r_0$$

$$\frac{\partial\Phi}{\partial r} \to -U_\infty\cos\theta$$

$$\frac{1}{r}\frac{\partial\Phi}{\partial\theta} = v_\theta \to U_\infty\sin\theta, \quad r \to \infty \tag{2.10.2}$$

由于流动结构简单，因此可采用简单的分离变量法，则由边界条件 (2.10.2) 确定的解形式为

$$\Phi = -R(r)\cos\theta, \quad v_r = -R'\cos\theta, \quad v_\theta = \frac{R}{r}\sin\theta \tag{2.10.3}$$

选择的 $R(r)$ 函数满足边界条件时，该解满足原始势方程

$$R' \to U_\infty, \quad r \to \infty, \quad R' = 0, \quad r = r_0 \tag{2.10.4}$$

在平面流动情况下，将式 (2.10.3) 代入方程 (2.10.1) 可得

$$r(rR')' = R \tag{2.10.5}$$

这个方程有两个解 $R = cr^n, n = \pm 1$。将两个解联立, 则可得满足边界条件 (2.10.4) 的解

$$R = U_\infty \left(r + \frac{r_0^2}{r} \right) \tag{2.10.6}$$

根据伯努利方程 (2.2.10), 圆柱表面速度和压力分布如下:

$$\frac{U}{U_\infty} = \bar{U} = 2 \sin \theta$$

$$C_p = 2\bar{p} = \frac{p - p_\infty}{\frac{1}{2} \rho_\infty U_\infty^2} = 1 - \frac{U^2}{U_\infty^2} = 1 - 4 \sin^2 \theta \tag{2.10.7}$$

需要注意的是, 在空气动力学以及高速气体动力学中压力系数是指 C_p, 而不是 2.7 节所介绍的 $\bar{p}$。

相似地, 对于轴对称球体绕流可得

$$(r^2 R')' = 2R, \quad R = U_\infty \left(r + \frac{r_0^3}{2r^2} \right) \tag{2.10.8}$$

在物面上有

$$\bar{U} = \frac{3}{2} \sin \theta, \quad C_p = 1 - \frac{9}{4} \sin^2 \theta \tag{2.10.9}$$

图 2.18 给出 $\bar{U}(\theta)$ 和 $C_p(\theta)$ 曲线。当 $\theta > 30°$ (对于圆柱) 和 $\theta > 42°$ (对于球) 时, 绕流体表面压力均小于自由来流中静压, 这可通过作用于凸流线上的离心力来解释 (图 2.19)。物面上的速度在 $\theta = \pi/2$ 处达到最大 $U^{(m)}$, 对于圆柱其速度等于 $2U_\infty$, 对于球体等于 $3U_\infty/2$。

对于圆柱环形绕流, 周向速度 $v_\theta = -\Gamma/2\pi r$ 的叠加显著改变了流型, 特别是驻点 $\theta = \theta_0$ 偏离对称轴, 其新位置由物面 $r = r_0$ 上条件 $U = 0$ 确定

$$\frac{U}{U_\infty} = 2 \sin \theta_0 + \Gamma_0 = 0, \quad \Gamma_0 = -\frac{\Gamma}{2\pi U_\infty r_0} \tag{2.10.10}$$

对于临界值 $\Gamma_0 = \Gamma_* = 2$, 两个驻点退化成单个点 $\theta_0 = -\pi/2$ (或 $\theta_0 = 3\pi/2$), 而对于 $\Gamma_0 > \Gamma_*$, 方程 (2.10.10) 的解不存在, 此时驻点从物面上 "浮起" (图 2.19)。通过旋转圆柱可得到类似的物理流动模式和马格努斯升力 (Magnus lift), 可利用保角映射方法对机翼绕流进行重新计算得到 (见下文)。

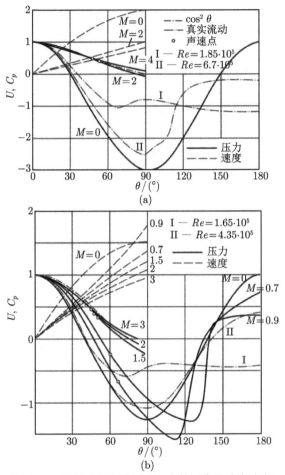

图 2.18 圆柱 (a) 和球面 (b) 上的压力和速度分布

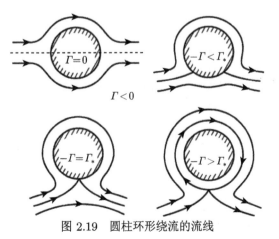

图 2.19 圆柱环形绕流的流线

椭圆体及其他一些复杂绕流体的解析解是已知的。下面给出一些特殊解 (推导过程省略)[①]。因此在图 2.20(a) 中给出与来流垂直时圆盘 1 和平板 2∼4 绕流情况下的速度分布：

$$1.\ \bar{v} = \frac{2}{\pi} \frac{\bar{r}}{\sqrt{1 - \bar{r}^2}}$$

$$2.\ \bar{v} = \frac{\bar{r}}{\sqrt{1 - \bar{r}^2}}, \quad \bar{v} = \frac{v}{U_\infty}, \quad \bar{r} = \frac{\bar{r}}{r_0}$$

$$3.\ \bar{r} = \frac{4}{4 + \pi} \left[\frac{(3 + \bar{v}^2)\bar{v}}{(1 + \bar{v}^2)^2} + \arctan \bar{v} \right]$$

$$4.\ \bar{r} = \frac{2}{\pi} \left[\frac{\bar{v}}{(1 + \bar{v}^2)} + \arctan \bar{v} \right] \tag{2.10.11}$$

公式 1 和 2 对应于无分离流，只在系数上不同；公式 3 描述的是射流 (类似于图 2.17(c))，具有开放的无穷滞止区，$p_d > p_\infty$；公式 4 与半无穷台阶面相关。

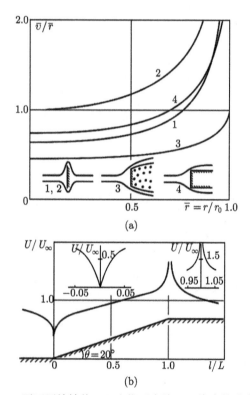

图 2.20　不可压缩钝体 (a) 和楔形台阶 (b) 绕流的速度分布

---

① 式 (2.10.11) ∼ 式 (2.10.13) 的解由 G.Yu.Stepanov 提供，它们是通过复势方法获得的 (见下面的讨论，以及 Sedov(1950), Lavrent'yev 和 Shabat(1973) 等的书)。

最后一个问题用来阐述求解方法, 且给出一类特殊的楔形台阶绕流流动 (图 2.20(b)), 其解析解以参数形式给出物面上速度分布:

$$U = U_\infty |\frac{\xi}{\xi - 1}|\varepsilon, \quad l = A \int_0^\xi |\frac{\xi - 1}{\xi}|^\varepsilon \mathrm{d}\xi \tag{2.10.12}$$

此处 θ 为楔角, $\varepsilon = \theta/\pi$, l 是沿楔形面的距离; $\xi = 0$ 和 $\xi = 1$ 对应于 $l = 0$ (楔形前缘) 和 $l = L$ (末端)。当 $\theta = \pi/2$ 时, 对于平面台阶 (公式 4) 此解简化为式 (2.10.11)。图 2.20(b) 给出了 $\theta = 20°$ ($\varepsilon = 1/9$) 时沿台阶的速度分布; 在此 θ 值 (或者更小) 下, $A \approx L$。

在拐点 $l = 0$ 和 $l = 1$ 附近, 函数 $U(l)$ 有如下的奇异渐近关系:

$$U = U_\infty \left|\frac{(1 - \varepsilon)l}{A}\right|^{\varepsilon/(1-\varepsilon)}, \quad U = U_\infty \left|\frac{A}{(1 + \varepsilon)(L - l)}\right|^{\varepsilon/(1+\varepsilon)} \tag{2.10.13}$$

下节将给出拐点绕流结果的一般性质。

实际上, 由于黏性驱动形成回流, 对于 $\theta > \pi/2$ 时的流态, 采用无黏计算是错误的。这里不深入讨论回流形成机制, 而通过比较充分发展分离条件下的不可压缩、高雷诺数流动 ($Re > 10^5$, Schlichting, 1968) 的理论结果和试验数据, 来说明其对无黏流态的改变 (图 2.18)。这些数据与球体和圆柱前缘计算的理论结果 ($\theta \leqslant 40° \sim 60°$) 一致, 而较大 θ 区域则受分离区影响。因此, 即使它们给出相当精确的物体前缘速度分布, 这类绕流体的无黏解也不能用来计算物体受力 (若仅用于评估热通量, 这可能有意义)。

理想情况下这些结果可以推广到其他同类钝体头部 (不是特别扁平的椭球体等)。然而仍然存在相反的例子: 图 2.20 给出的平板速度分布与无分离和射流中平板绕流情况差别较大。因此应当仔细评估流体流动中 (至少是不可压缩), 绕流体后方施加条件对上游流动的影响。

最后总结求解二维势流问题的方法, 称为复速度势或保角映射方法, 其核心如下。引入复速度势 w 和复变量 z

$$w = \varphi(x, y) + \mathrm{i}\psi(x, y), \quad z = x + \mathrm{i}y \tag{2.10.14}$$

其中, φ 和 ψ 分别为速度势和流函数; $\mathrm{i}^2 = -1$; (x, y) 平面看作复变量 z 平面, 总速度为 $U = u + \mathrm{i}v$, 这里, u 和 v 分别是 x 和 y 轴上的速度分量。利用柯西-黎曼方程 (Cauchy-Riemann equations)

$$u = \frac{\partial \varphi}{\partial x} = \frac{\partial \psi}{\partial y}, \quad v = \frac{\partial \varphi}{\partial y} = -\frac{\partial \psi}{\partial x} \tag{2.10.15}$$

$w(z)$ 是解析函数。

对于解析函数，导数 $\mathrm{d}w/\mathrm{d}z$ 与 z 平面上方向无关，即

$$\frac{\mathrm{d}w}{\mathrm{d}z} = \frac{\partial\varphi}{\partial x} + \mathrm{i}\frac{\partial\varphi}{\partial x} = \frac{1}{\mathrm{i}}\frac{\partial\varphi}{\partial y} + \frac{\partial\psi}{\partial x} = \bar{U}, \quad \bar{U} = u - \mathrm{i}v = \overline{u + \mathrm{i}v} \qquad (2.10.16)$$

式中，$\bar{U}$ 为复速度，是真实速度 U 的共轭复数 (由字母上的横线表示)。

在 z 平面设定一条物体轮廓线 L_z，作与 z 平面对应的辅助平面 $\varsigma = \xi + \mathrm{i}\eta$，设定两平面之间的映射关系 $z = f(\varsigma)$ 或 $\varsigma = F(z)$，z 平面上的轮廓线 L_z 对应 ς 平面的轮廓线 L_ς。这种情况下复速度势转换为

$$w(z) = w[z(\varsigma)] = W(\varsigma) = \Phi(\xi, \eta) + \mathrm{i}\Psi(\xi, \eta) \qquad (2.10.17)$$

选择 L_ς 使得对应此轮廓线绕流的假想速度势 $W(\varsigma)$ 是已知的。利用简单的转换关系，即可得到物理平面 (x, y) 上对应原轮廓线 L_z 绕流的速度势 $w(z)$。因此绕流问题可简化为寻找对应的保角映射方法将 z 平面投影到 ς 平面。

通过上述方法即可得问题的解 (式 (2.10.11) ~ 式 (2.10.13))。此理论的详细介绍以及求解范例在所引用的很多经典流体力学教科书中均有提及。

2.11　驻点和奇异线

驻点是气体动力学流动中的一个要素，通常产生于钝体绕流和亚声速尖头体绕流。由于驻点附近速度很小，局部流动可看作不可压缩，且根据式 (2.2.15) 可知密度为常数。在亚声速流动中，所有子区域彼此相互作用，所以下面得到的解涉及较多自由参数，以刻画全局流动的性质 (来流参数、典型尺寸等)。只能通过匹配全局解和局部解来确定这些参数，下文将针对几个例子进行说明。

2.11.1　平面有旋和无旋流

将坐标系 (x, y) 原点置于驻点，令 $y = 0$ 流线方向为 x 轴，此坐标系下的平面不可压缩流动方程有简单特解 (图 2.21(a) 和 (b))

$$u = ax + 2\omega y, \quad v = -ay, \quad p = p_0 - \frac{1}{2}\rho a^2(x^2 + y^2), \quad a, p_0, \omega = \mathrm{const} \qquad (2.11.1)$$

式中，常数 p_0 和 ω 分别为驻点处的压力和涡量 (见 1.8 节)。在形如 $y = y_0(x)$ 钝体 (原点处的有限曲率半径为 R) 的驻点附近，上述表达式可看作通解展开式的首项。为了考虑绕流体外形相对平面的偏离带来的影响，应该保留展开式中的二次项

$$u = ax, \quad v = -ay - \frac{3}{2}\frac{a}{R}x^2, \quad y_0 = -\frac{1}{2}\frac{x^2}{R} \qquad (2.11.2)$$

舍去二阶项，分析 $x, y \to 0$ 时的流线，可得

$$\frac{\mathrm{d}x}{\mathrm{d}y} = \frac{u}{v} = -\frac{x}{y} - \frac{2\omega}{a}, \quad (x + ky)y = C, \quad k = \frac{\omega}{a} \tag{2.11.3}$$

这是一族带有奇异鞍点的双曲线。它们的渐近线 $y = 0$ 和 $x + ky = 0$ 也是穿过原点的流线。此无旋流型是对称的，在有旋流动中穿过驻点的流线的角系数等于 K（图 2.21(b)）。根据式 (2.11.1) 驻点附近的压力分布是对称的，且剪切涡量对其不产生影响。

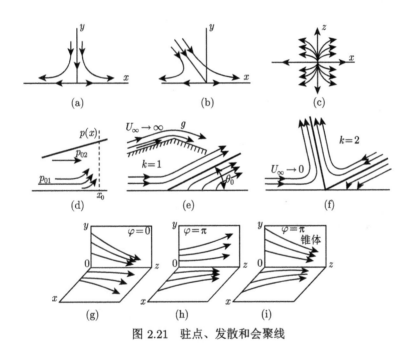

图 2.21 驻点、发散和会聚线

圆柱绕流情况下 ($\omega = 0$)，通过与解 (2.10.7) 的比较可得 $a = 2U_\infty R$，从而使得穷举的局部解和通解匹配。

2.11.2 轴对称流动

令 y 轴为对称轴。此情况下，速度场和压力场

$$u = ax, \quad v = -2ay, \quad p = p_0 - \frac{1}{2}\rho a^2(x^2 + 4y^2) \tag{2.11.4}$$

满足运动方程。由方程 $\mathrm{d}y/\mathrm{d}x = v/u$ 描述的流线为 $yx^2 = \text{const}$，较平面流动能够更快地趋近于平面 $y = 0$。它们在空间形成以 y 轴为同心轴的旋转双曲线面。

对于球体，$a = 3U_\infty/(2R)$。对于椭圆旋转体，纵轴和横轴分别为 b 和 a，其无量纲速度梯度为

$$\bar{u}'_a = \frac{a}{U_\infty}\frac{\partial u}{\partial x}, \quad \bar{u}'_R = \frac{R}{U_\infty}\frac{\partial u}{\partial x}$$

其中，R 为驻点处的曲率半径。图 2.22 给出无量纲速度梯度随 b/a 的变化曲线，可以看出，当 $b/a \to \infty$ 时 (对于椭圆 $\bar{u}'_R = (b+a)/b$)，$\bar{u}'_R \to 1$；这说明 $\bar{u}'_R$ 不依赖于相似绕流体外形。同时对于扁平体，这些数据很难通用 (考察平板绕流不同区域的数据，见 2.10 节)。在平板绕流的无分离流中 $\bar{u}_a = 1$，而对于圆盘 $\bar{u}_a = 2/\pi$。

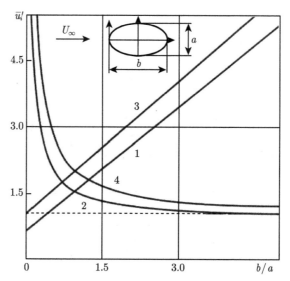

图 2.22　椭圆形 (3 和 4) 及椭圆体 (1 和 2) 上驻点处的无量纲速度梯度 $\bar{u}_a$ (1 和 3) 和 $\bar{u}_R$ (2 和 4)

2.11.3　两对称平面

取 $y = 0$ 平面为流动平面，笛卡儿坐标系中 x 轴和 z 轴为平面上坐标轴。此坐标系下运动方程有如下形式的解：

$$u = ax, \quad w = cz, \quad v = -by, \quad b = a + c$$

$$p = p_0 - \frac{\rho}{2}(a^2x^2 + b^2y^2 + c^2z^2) \tag{2.11.5}$$

在每一对称平面，流线族形成鞍状：

$$yx^\chi = \text{const}, \quad x = \frac{b}{a}, \quad z = 0$$

$$yz^\chi = \text{const}, \quad x = \frac{b}{c}, \quad x = 0 \tag{2.11.6}$$

在 $y = 0$ 平面形成节点:

$$\frac{\mathrm{d}z}{\mathrm{d}x} = \frac{cz}{ax}, \quad z = x^\kappa, \quad \kappa = \frac{c}{a} \tag{2.11.7}$$

图 2.21(c) 给出了 $\kappa < 1$ 时的流线族 (当 $\kappa > 1$ 时, x 和 z 轴相互交换)。上述所有情况具有共同的特征: 在速度场中流线形成奇异曲线族。

我们认为, 驻点为流动发散点。数学上, 这些流动是可逆的: 可以将速度分量赋予相反符号以获得流动会聚点。然而从物理概念上看, 由于 $y \approx 0$ 近壁处黏性效应以及无滑移壁面条件 (见 1.16 节), 无法实现会聚流动。下面的问题可对这种情况进行初步解释。

2.11.4 正压梯度驻点

假设壁面处 (与 x 轴重合) 的压力分布沿壁面增长, 且在近壁面流管的位置 x_0 处 (驻点, 速度在此处衰减为零) 压力为 p_0。同时压力梯度假设为正, $\mathrm{d}p/\mathrm{d}x = \rho q > 0$。

上述情况可以实现, 例如, 某一平面的双层绕流 (图 2.21(d)), 上层的驻点压力和宽度均大于下层流体 ($p_{02} > p_{01}$), 而下层流体的宽度很小以至于几乎不影响总压力场。

事实上, 近壁低压子层 (厚度极小) 的存在可导致整个流态的重构。假设情况恰好相反: 忽略子层内压差且仅仅评估平面附近的速度场。令 $v = 0$, 则从运动方程可得

$$u\frac{\partial u}{\partial x} = -\frac{1}{\rho}\frac{\partial p}{\partial x} = -q, \quad u = \sqrt{2q(x_0 - x)}, \quad q > 0 \tag{2.11.8}$$

首先, 解在 $x > x_0$ 区间不连续, 在此区域内不可能构建具有连续速度分布且有意义的无黏解, 即当 x 从右侧趋于 x_0 时, 有 $u \to 0$。其次, 在 $x < x_0$ 区域所作假设同样得不到有意义的解。事实上, 从连续性方程 (考虑式 (2.11.8)) 得出

$$v = q^{1/2}y[2(x_0 - x)]^{-1/2} \tag{2.11.9}$$

这说明, 当 $x \to x_0$ 时, $y \neq 0$ 处流线卷起, 对外部流动形成障碍, 从而引起整体流动结构的重建。

从物理上看, 这种情况可通过黏性影响消除, 因为外界流动在低压子层处形成射流, 从而抵消逆压梯度, 例如带正压力梯度的边界层 (1.16 节), 但此时会形成环流区域。

2.11.5　不可压缩楔形绕流

2.9 节所述绕流解的一个显著特征即机翼前后缘处均存在对数奇异点 (速度和压力无穷大)。下面讨论尖楔形体 (楔形角 θ_0，见图 2.21(e)) 附近的不可压缩流动。势方程 (2.10.1) 有如下族解：

$$\Phi = CU_\infty r^n \Theta(\theta), \quad C = \text{const}$$

$$v_r = nCU_\infty r^{n-1}\Theta, \quad v_\theta = CU_\infty r^{n-1}\Theta' \tag{2.11.10}$$

这里使用的是极坐标系，其中 $\theta = 0$ 射线与来流方向相反。常数 C 量纲为 L^{-n} 且需与未知局部解和通解联立求得。在平面情况下，方程 (2.10.11) 中 ν 取 1，可得关于 Θ 的方程及其解：

$$\Theta'' + n^2\Theta = 0, \quad \Theta = -\cos(n\theta)$$

$$v_r = -nCr^{n-1}\cos(n\theta), \quad v_\theta = nCr^{n-1}\sin(n\theta)$$

$$U = (v_r^2 + v_\theta^2)^{1/2} = nCU_\infty r^{n-1} \tag{2.11.11}$$

此解满足轴 $\theta = 0$ 上的对称条件 $v_\theta = 0$，且当 $C > 0$ 时，$v_2 < 0$。令物面 $\theta = \pi - \theta_0$ 上 $v_\theta = 0$，可得方程的特征值 $n = k\pi/(\pi - \theta_0)$ (k 为整数) 和对应的非平凡特征函数 Θ_k。由于 $n > 1$，当 $r \to 0$ 时，边缘处速度 v_r 和 v_θ 趋于零，而压力趋于滞止值 $p_0 = p_\infty + (1/2)\rho_\infty U_\infty^2$。因此在不可压缩流 (亚声速流动类似，因为其控制方程也是椭圆的) 中，在任意 θ_0 处由楔形引入的扰动具有有限强度，这也是线性细长机翼绕流问题中出现奇异点的原因 (2.9 节)。

在所有特征解中，一阶解 ($k = 1$) 为主要部分，因为其他解在 $r \to 0$ 时衰减快得多。当 $\theta_0 = \pi/2$ 或 $n = 2$ 时，此解与之前得到的平板驻点解一致。极限情况 $\theta_0 \to 0$ 对应于稳态流动。可通过变换角度 θ 和改换速度符号，并通过前面的解求得机翼楔形尾缘解。

$k \geqslant 2$ 时的特征解除了对称轴和楔形面外，还包括额外的射线，这些射线表示流线 (数量等于 $k-1$)。例如 $k = 2$ 时，此射线为 x 轴和楔形体之间夹角的平分线。解函数描述射线夹角外部流动 (图 2.21(f))，且只有作为有限长度楔形绕流解的展开项是有意义的。因此在下文中不讨论 $k \geqslant 2$ 的情况。特征解拓展到楔形区域内部的流动在 $\theta = \pi$ 轴上具有非零的周向速度 (n 为整数时除外)，也就是说，在轴上存在源项 (强度为 r^{n-1}) 或从右侧无穷远处有流体汇。

同时注意到，对于凸角绕流，$\theta_0 < 0$ (图 2.21(g)) 且 n 的最小值为 $n = \pi/(\pi + |\theta_0|) < 1$。此时 $r \to 0$，速度分量 $v_i \sim r^{n-1} \to \infty$ (2.10 节曾提及)。根据伯努利方程，此时 $p \to -\infty$；在不可压缩流体模型范围内，可通过引入射流模型

来消除奇异性 (图 2.20(a))。$\theta_0 > 0$，$r \to 0$ 时可得到无界解 (仅对特定的 $n < 0$ 而言)。此解对应于在 $r = 0$ 处总流量为零的某源-汇。显然，此局部问题的可能解的种类大大超过其在真实流动中的可能解。

下面联立此局部解和 2.9 节所得长度为 L 抛物线弧绕流解。对于 $\theta_0 \ll 1$，有 $n - 1 = \theta_0/\pi$；则在楔形体附近，表达式 (2.11.11) 中的速度 v_r 可展开成下列形式：

$$\frac{v_r}{C_1 U_\infty} = \left(\frac{r}{L}\right)^{\theta_0/\pi} = 1 + \frac{\theta_0}{\pi} \ln \frac{r}{L} + \cdots \qquad (2.11.12)$$

其中，C_1 是新的常数。比较此展开式和前缘附近的极限解表达式 (2.9.6) 可得

$$u' = \frac{\pi}{\theta_0} \frac{u_1}{U_\infty} = 2 + \ln \frac{r}{L} \approx \ln \frac{r}{L}$$

$$\Delta x = r = x + \frac{1}{2} L \to 0, \quad y \to 0 \qquad (2.11.13)$$

当 θ_0 很小，关系式 $v_r = U_\infty + u_1$ 在楔形表面附近成立；前两式在 $C_1 = 1$ 时一致。因此在表达式 (2.11.12) 和式 (2.11.13) 同时适用的区域，

$$1 \ll \left| \ln \frac{r}{L} \right| \ll \frac{\pi}{\theta_0}$$

原始解 (2.9.6) 和 (2.11.11) 也是一致的 (图 2.16(c))，r 非零时，该解在相当宽范围内是相似的。另一个局部解和通解匹配的例子是薄楔形台阶绕流。当 $A = L$ 时 (L 为台阶长度)，台阶绕流的极限解 (2.10.13) 与式 (2.11.10) 和式 (2.11.12) ($C_1 = 1$) 一致。值得注意的是，对无穷多特征解序列引入一组系数 C_k，利用 C_k 可满足楔形体后缘的任何条件[①]。

2.11.6 奇异面和奇异线

一般地，之前讨论的三维驻点是三维流动中的很少出现的例外。奇异发散或会聚的流线和流面较其更经常发生。下面讨论一个例子，流体以攻角 α、流速 U_∞ 流过一无穷长圆柱 C，其中圆柱体轴线与 z 轴重合。这种情况下纵向速度分量 $w = U_\infty \cos \alpha$ 是常数，且在横截面 $z = \text{const}$ 内的流动和以流速 $U_{n\infty} = U_\infty \sin \alpha$ 流过 C_n 的平面流动等价。这样的流动模型适用于任何细长体绕流。

设定圆柱和流动有对称平面 $\varphi = 0$ 和 π。这种情况下周线 C_n 上驻点在迎风 ($L_{+,\varphi} = 0$) 和背风侧 ($L_{-,\varphi} = \pi$)。横截面上驻点附近的速度分布由式 (2.11.2) 给出 ($\omega = 0$)。为得到 $L_\pm$ 线附近流线的空间分布，需考虑速度分量 w 和方程 (1.8.2)：

$$x = x_0 \exp(az/w), \quad y = y_0 \exp(-az/w) \qquad (2.11.14)$$

---

① 在 VanDyke(1972) 的书中描述了匹配过程；然而，其分析通常仅限于一次近似。

当 $az \to \infty$ 时，所有流线趋于它们的收敛面 $y = 0$ $(x_0 \neq 0)$ 而远离发散面 $x = 0$。当 $az \to -\infty$ 时，这两个面的作用相互转换，因此它们在数学上是等价的，称之为奇异流面。在这些面上存在发散或会聚的奇异流线，它们与 $L_{\pm}$ 线一致，满足方程 (2.11.15)，和奇异节线相似，并且具有无穷远极点 $z \to \pm\infty$。当然并非所有发散或会聚曲线族都包含奇异线。

当流动从圆柱 $(a > 0)$ 迎风面并沿 z 轴流过，对称面是一发散面，而圆柱面是一会聚面。发生器 $L_{\pm}$ 在第一个面上是会聚线，而在第二个面上是发散线。在背风面 $(a < 0)$，奇异面和奇异线则反过来 (图 2.21)。

一般情况下奇异流线的性质取决于如何选择穿过流线的流面，因此这些奇异线称作面奇异线。然而也可能存在空间奇异线，其性质是相同的 (图 2.21)。值得注意的是，与平面钝体绕流相反 (2.10 节，图 2.18)，即使在小攻角下也可实现偏向圆柱并在背风侧形成会聚线的无分离绕流。

2.12　亚声速流动作用力

如 2.8 节和 2.9 节所述，在无黏超声速和亚声速流动中，绕流体作用力有很大差异，也就是说，在超声速流动中绕流体受到阻力，而在亚声速流动中则不存在。虽然此结果是通过特殊形状绕流体得到，但结论是普适的。在超声速流动中阻力是激波作用的结果 (在 3.6 节证明)，此处讨论亚声速流动中施加在绕流体上的作用力及性质。

如 1.7 节所述，远场解的渐近行为有着重要的作用。首先考虑亚声速无旋绕流解的渐近行为。从 2.10 节可以看出，不可压缩圆柱或球绕流中的速度扰动按 $\Delta U \sim r^{-(2+\nu)}$ 关系衰减。利用关系式 (2.9.3) 和式 (2.9.8) 并令 $r' \to \infty$ 可得到相同结果。同时，对于圆柱环形绕流有 $\Delta U \sim r^{-1}$。

现在将此结果推广到任意形状绕流体，利用展开关系

$$r' = \sqrt{(x - x')^2 + r^2} = r_0 - 2\frac{xx'}{r_0} + \cdots, \quad r_0^2 = x^2 + r^2, \quad |x'| \ll L \ll r_0 \quad (2.12.1)$$

将其代入势函数 (式 (2.9.2) 和式 (2.9.7)) 可得

$$\varphi = C_1 \ln r_0 - C_2 \frac{2x}{r_0^2} + \cdots, \quad \nu = 0$$

$$\varphi = \frac{C_1}{r_0} + C_2 \frac{2x}{r_0^3} + \cdots, \quad \nu = 1$$

$$C_1 = \int_{x_1}^{x_2} q(x') \mathrm{d}x', \quad C_2 = \int_{x_1}^{x_2} x' q(x') \mathrm{d}x' \quad (2.12.2)$$

由于内部虚拟源项产生的流线被限制在物体外形轮廓线内 (分隔了外部真实流动和内部虚拟流动), 则此处内部虚拟源项总强度 $C_1 = 0$。因此展开式 (2.12.2) 中的第二项在方程中占主导作用, 决定了 $r_0 \to \infty$ 时的流动渐近行为, 而更高阶项则被舍去。

一般情况下系数 C_2 不等于零, 称为偶极子强度, 方向与 x 轴相同。下面讨论两个距离为 Δx、符号相反的源项, q_1 和 $q_2 = -q_1$, 所有的流线从其中一个源项 "离开" 而 "到达" 另外一个。当 $\Delta x \to 0$, $q_1 \to \infty$ 且它们的积为常数时 ($q_1 \Delta x \to \text{const}$), 称为偶极子。值得注意的是, 一般情况下三维拉普拉斯方程有相同的基本解 $\varphi \sim (r')^{-1}$, 对应一个球形源; 在这些基本解中, 可从任意绕流体内 (包括较大厚度物体) 的任意点 (x', y', z') 测量矢量半径 r'。因此该通解可由分布源 $q(x', y', z')$ 的积分形式求出。在远场可认为其是一系列不同方向偶极子的叠加。此时式 (2.12.1) 增加了正比于 y'/r_0 和 z'/r_0 的项, 在式 (2.12.2) 中会出现三个同量级的相似项, 而非带 C_2 系数的单项式。

该结论在可压缩流中同样成立, 由于远场各参数扰动较小, 所以在一般的亚声速流情况下 (有限 $M_\infty > 0$), 可由线性方程 (2.7.3) 描述。解 (2.12.2) 的渐近关系仍然成立, 但引入一修正系数 β_- (根据式 (2.9.1))。因为通过任意绕流体封闭曲线的总流量为零, 所以 C_1 此时依然为零。因此扰动势在无穷远处按 $\varphi_0 \sim r_0^{-(1+\nu)}$ 衰减。而在 $\nu = 1$ 情况下此衰减关系对于任意三维物体均成立。速度扰动按 $\Delta U \sim \partial \varphi_0 / \partial r \sim r_0^{-(2+\nu)}$ 衰减, 与渐近关系式 (2.9.3) 和式 (2.9.8) 一致。

现在讨论平面无旋机翼环形绕流的渐近解, 可通过沿机翼内分布总环量为 Γ 的涡进行模拟 (2.9 节)。远离物体处, 这些涡等价于 (主项近似) 位于 $x, r = 0$ 处的集中涡, 并产生周向速度场 $v_\theta = \Gamma/(2\pi r_0)$ (根据 2.1 节), 其比无环量速度场衰减更慢。因此亚声速势流远场处速度扰动的衰减规律满足

$$\Delta U \sim r_0^{-(2+\nu)}, \quad \nu = 0, 1, \quad \Gamma = 0; \quad \Delta U \sim r_0^{-1}, \quad \nu = 0, \quad \Gamma \neq 0 \qquad (2.12.3)$$

其中, r_0 是距物体的距离。

下面用此结果评估沿着和垂直来流方向 U_∞ 作用在物体上的力 X 和 Y (基于式 (1.7.18) 和式 (1.7.19))。这些公式以流动参数积分 (跨外部控制面 Σ) 的形式给出力的表达式 (图 1.16(c))。现在评估当控制面趋于无穷 ($\Sigma \to \infty$) 时这些力的渐近行为。令 ΔU 为表面 Σ 的速度扰动阶数, 当 $X \sim (\Delta U)^2 \Sigma$ 时, $Y \sim \Delta U \Sigma$。前者是显而易见的, 而后者基于这样的事实: 不仅式 (1.7.18) 的最后一项是 ΔU^2, 而且在线性假设下积分项 $\rho U \Delta u + \Delta p$ 为零, 因此 Y 为二阶项 $(\Delta U)^2$。

证明下面的定理: 一个无分离、定常、无黏、亚声速、无环量的势流中, 一个有限大小的物体在无边际的流体中匀速运动时, 只要是附体流动、没有分离, 则物体不会受到阻力。这个定理叫作达朗贝尔悖论 (Dalembert paradox)。为了证明此

定理，考虑下列事实：根据式 (2.12.3)，当 $\Sigma \sim r_0^{1+\nu}$ 时，速度扰动 ΔU 为 $r_0^{-(2+\nu)}$ 量级。因此当评估充分远平面处的作用力时 $(r_0 \to \infty)$，至少有 $X < Y \sim r_0^{-1}$。

在无旋环流中，在较大半径 r_0 处 $(\Sigma \sim r_0)$，周向速度 $v_\theta \approx \Gamma/(2\pi r_0)$ 占主要部分。因此可认为纵向力 $X \sim (\Delta U)^2 \Sigma \sim r_0^{-1}$ 等于零，而升力 $Y \sim \Delta U r_0$ 仍为有限值。可通过大半径 r_0 圆 (图 2.17(a)) 的控制面并应用式 (1.7.16) 对其进行评估。这种情况下在面积微元 $\mathrm{d}\Sigma = r_0 \mathrm{d}\theta$ 上的流动参数为

$$U_n = U_\infty \cos\theta, \quad U_N = v = v_\theta \cos\theta, \quad n = n_y = \sin\theta$$

$$p - p_\infty = \rho U_\infty(U_\infty - u) = -\rho v_\theta \sin\theta \tag{2.12.4}$$

将这些关系代入式 (1.7.16) 且对整个圆积分可得茹科夫斯基公式

$$Y = -\rho_\infty U_\infty \Gamma \tag{2.12.5}$$

当环量小于零 (顺时针旋转流动，见图 2.17(a)) 时，此力沿 y 轴向上；而当环量大于零时，此力沿 y 轴向下。直观上这个结论可如此解释：根据速度叠加，机翼上表面的速度大于下表面的值，而压力则小于下表面的值。因此，无分离流平面的升力计算可简化为求解平面周围的环量。

对于长度 L，迎角 α 的薄平板，根据 2.9 节所述，其环量为 $\Gamma = -\pi U_\infty L \sin\alpha$，因而其升力为 $Y = \pi\rho_\infty U_\infty^2 L \sin\alpha$。将此力在平板法线及自身平面上投影得 $N = Y\cos\alpha$ 且 $T = -Y\sin\alpha = -N\tan\alpha$；抽吸力 T 的成因已在 2.9 节讨论过。

对于 $\alpha \ll 1$，根据相似律 (2.7.10)，能够考虑气体可压缩性的影响

$$\Gamma = \oint u_1 \mathrm{d}x = (1 - M_\infty^2)^{-1/2}\Gamma_0, \quad c_y = \frac{2Y}{\rho_\infty U_\infty^2 L} = \frac{2\pi\alpha}{\sqrt{1 - M_\infty^2}} \tag{2.12.6}$$

显然，当 $|1 - M_\infty| \to 0$ 时，平板升力的增量遵循与式 (2.8.9)(超声速平板流) 相似的规律，但是在亚声速流动中阻力恒等于零。

值得注意的是，用来描述薄机翼的三维亚声速绕流有两个模型：用来模拟机翼本身的涡面模型和机翼尾缘脱落的涡街模型 (包含沿流向分布的涡)。这些涡的强度由尾缘处的平滑脱落条件确定。这些涡引起升力 Y 以及诱导阻力 X (与平面流动不同，参见 Belotserkovskii(1965) 的著作)，这里不再详述其中的数学过程。与此同时，超声速流体中的物体受到阻力 (2.8 节)。如图 2.23 所示，甚至当 $M_\infty < 1$ 时，阻力系数随马赫数的增加而迅速增加，这种现象将在下文通过激波形成来解释[1]。

---

[1] 图 2.23 ~ 图 2.25 取自 Schlichting(1968)，其中给出了许多其他有助于说明推理的结果。

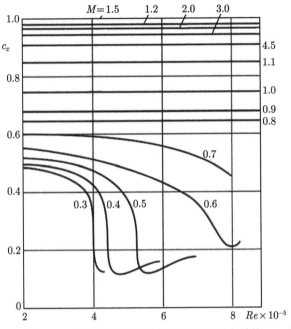

图 2.23 不同马赫数和雷诺数下球体阻力系数 c_x

下面考虑黏性对亚声速绕流的影响。如 1.16 节所述, 真实流体流动中的物体总是受到摩擦阻力, 这是因为无黏理论中未考虑物面无滑移条件。然而对于高雷诺数 ($Re < 10^3$), 摩阻影响相对较小, 因此黏性的主要作用体现在分离流和回流的形成上 (其定性作用见图 2.23)。这些流动很大程度上改变了钝体绕流的常规模式 (图 2.18), 称此物体为非流线型。这里不详细讨论分离区的形成机制, 仅指出分离形成的原因: 黏性壁面层的低压流管不能克服物体后部汇聚流动中的相对高压。此类定性例子请见 2.11 节。

对于不可压缩流体中的流线型物体 (如小攻角薄机翼), 尾缘无分离流 (2.9 节) 情况下的无黏理论与试验数据 (图 2.24) 吻合良好。但是, 黏性在无分离流动模式形成中的作用及其对环量选择的影响仍然至关重要 (见 2.9 节)。随着攻角增加, 理论和试验值之间偏离迅速拉大, 因为背风面流动分离导致了压力增长, 使流线变得不规则。

不可压缩钝体绕流存在非零阻力 (图 2.25)。不考虑 $Re \leqslant 10^3$ 范围 (在此范围内阻力系数 $c_x(Re)$ 由公式 $c_x = 2X/\rho_\infty U_\infty^2 S_0$ 得到, 变化较大, S_0 为物体横截面面积), 下面主要讨论 $Re = 10^3 \sim 2 \times 10^5$ 范围, 在此范围内 $c_x(Re)$ 近似为常数 ($c_x(Re) \approx 0.4 \sim 0.5$), 也就是黏性致稳区域。图 2.18 中, 试验曲线 I 对应于此范围; 它们具有近似常数的低背压 $\bar{p}_d = -(0.5 \sim 1)p_\infty$, 这种情况在具有相对低速的流动分离区域是常见的。

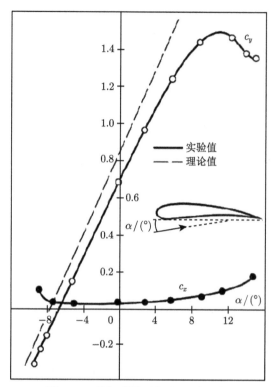

图 2.24　某机翼翼型的升/阻力系数

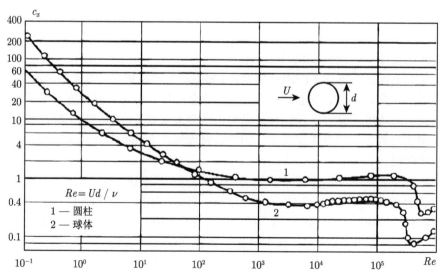

图 2.25　不可压缩流中圆柱和球体绕流中流动阻力系数随雷诺数的变化曲线

在两种情况下均可观察到阻力迅速下降的现象，并在 $Re \geqslant 5 \times 10^5$ 处达到较小值 $c_x \approx 0.1 \sim 0.3$，这种影响称作阻力危机，且可通过近壁边界层的湍流作用解释。由于此时速度型较层流流动中更凸 (图 1.26)，分离点向后移动，流型近似于无黏流动 (图 2.18 中的曲线)。此效应通常用于通过人工的预先边界层湍流化以减小伪流线型物体的阻力，从而推迟流动分离。

虽然前文对黏性影响的描述非常简略，但给出了无黏流模型适用范围。

2.13 空气动力学特性

在 2.8 节中式 (2.8.9) 给出了阻力系数 c_x 以及横向力系数 c_y。然而工程实际通常涉及更宽范围的气动力系数。根据 1.7 节所述，物体受力 $\boldsymbol{F}$ 相对于方向矢量 $\boldsymbol{l}$ 的投影 F_l 为

$$F_l = -\iint\limits_{\Sigma_\mathrm{b}} (p - p_\infty) n_l \mathrm{d}\Sigma = \frac{1}{2} q S_0 c_l, \quad n_l = \boldsymbol{n} \cdot \boldsymbol{l} \tag{2.13.1}$$

此处，S_0 是物体的特征横截面面积；$q = \rho_\infty U_\infty^2$ 是动压；$\boldsymbol{n}$ 是物面 Σ_b 的外法线；c_l 是 F_l 的气动力系数。通常使用两个坐标系来描述物体运动动力学，也就是适合流动系统 (x, y, z) (其中 x 轴沿速度矢量 $\boldsymbol{U}_\infty$ 方向) 和贴体系统 (τ, n, b) (图 2.26(a))。τ 轴方向通常沿物面或沿对称轴 (图 2.26(b))，而 n 轴通常位于物体

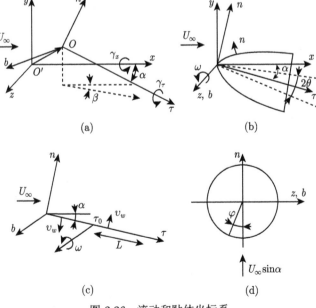

图 2.26 流动和贴体坐标系

对称面上 (如果有)。x 轴和 τ 轴之间的夹角 α 称作攻角, 两轴所在平面为攻角平面。x 轴和 τ 轴在 (x, z) 平面投影之间夹角 β 称作滑移角。此外必须给出适合流动坐标系和贴体坐标系间相对位移, 以及相对于 τ 轴和 x 轴的旋转角 γ_τ 和 γ_x。因此有

$$F_l = X, Y, Z, T, N, B, \quad l = x, y, z, \tau, n, b \tag{2.13.2}$$

式中, X 为阻力; Y 为升力; T 和 N 分别为轴向 (纵向) 力和法向力; Z 和 B 为各自坐标系中的侧向力。

此外, 绕流流动中外力相对于不同 l 轴的瞬时力矩为

$$\boldsymbol{M}_l = -\iint\limits_{\Sigma_{\mathrm{b}}} (p - p_\infty)[(\boldsymbol{n} - n_l \boldsymbol{l}) \times \boldsymbol{r}_l] \mathrm{d}\Sigma = \frac{1}{2} q L S_0 c_{ml} \boldsymbol{l} \tag{2.13.3}$$

式中, $\boldsymbol{n} - n_l \boldsymbol{l}$ 是正交于 $\boldsymbol{l}$ 的法向 $\boldsymbol{n}$ 的分量, L 是体长; $\boldsymbol{r}_l$ 是从物面上某点到 l 轴的矢量距离; c_{ml} 为力矩系数。这些量和 c_l 一起, 称为物体的气动特性参数。除了物体外形本身, 它们还依赖于物体运动规律, 以及相似准则参数 M_∞、Re_∞ 等。前文公式中只考虑法向压力, 但实际上也能够同样考虑黏性摩擦切向力的影响。

矢量 $\boldsymbol{l}$ 正交于 $\boldsymbol{r}_{l0}$ 时, 则力矩 $\boldsymbol{M}_l$ 根据熟知的力学定律变化:

$$\boldsymbol{M}_l = \boldsymbol{M}_{l0} + \boldsymbol{F}'_l \times \boldsymbol{r}_{l0} \tag{2.13.4}$$

式中, $\boldsymbol{F}'$ 为 $\boldsymbol{F}$ 正交于矢量 $\boldsymbol{l}$ 的分量。

在轴对称物体的定常绕流中, x, y 和 τ, n 平面与攻角平面重合, 因此攻角 α 成为唯一的控制参数, 如图 2.26(b) 和 (c) 所示, 其中虚线对应顶角为 2θ 的锥形和楔形面。这种情况下有下列关系:

$$c_y = c_n \cos\alpha - c_\tau \sin\alpha, \quad c_x = c_n \sin\alpha + c_\tau \cos\alpha \tag{2.13.5}$$

如果 $\boldsymbol{M}_0 = \boldsymbol{M}_z(0)$ 为绕 z 轴穿过原点的力矩, 则绕 z 轴穿过 τ_0 点的力矩为

$$M(\tau_0) = \boldsymbol{M}_0 - \tau_0 N, \quad c_m = c_{m0} - c_n \tau / L \tag{2.13.6}$$

当 $\tau_0 = \tau_\mathrm{d} = L c_\mathrm{d}$, $c_\mathrm{d} = c_{m0}/c_n$ 时, 力矩等于零, 也就是说, 当 z 轴穿过此点时, 物体不旋转, 例如, 在自由飞行条件下 τ_0 点与物体重心重合时。τ_d 为压力中心, 而 c_d 为压力系数中心, 取决于 α 和其他控制参数。显然 τ_d 为合力与 τ 轴的交叉作用点。

c_d 是最重要的气动性质之一, 决定了自由弹道飞行的稳定性 (为了使此流动稳定, τ_d 必须位于重心之后) 以及飞行器可控性。对于一般外形物体, 相对于压力中心 $\boldsymbol{M} = 0$。当 α、β 和 γ 变化时, 这些点沿某特定面移动。

显然对于旋转体, 当 $\alpha = 0$ 时, $c_m = c_n = 0$, 因此对于小攻角有

$$c_n = c_n^{\alpha}\alpha, \quad c_m = c_m^{\alpha}\alpha, \quad c_d = c_{d0} = c_m^{\alpha}/c_n^{\alpha} \tag{2.13.7}$$

此处, c_m^{α}、c_n^{α} 等为气动导数。一般情况下 $c_{d0} \neq 0$, 仅在求解三维问题时可进行估值 (例如, 2.4 节中针对 α 线化)。在小攻角情况下的平板超声速绕流中, 压力为常数, $\Delta p \sim \alpha$, 压力中心即为平板中心, $c_{d0} = 1/2$。

另一个在滑翔/控制飞行器中的重要特征参数是升阻比 K ($K = c_y/c_x$)。其在自由近似水平飞行中可表征飞行器滑翔范围: 当 c_y 更大且 c_x 更小时, 着陆之前的滑翔距离更远。当平板绕流攻角 $\alpha^{-1} \sim K$ 时, 可达到理论最大值 L/D (见 2.8 节)。对于任意有限厚度的真实物体 $c_{x0} > 0$, 当 $\alpha \to 0$ 时, $K \sim \alpha/c_{x0}$。

现在考虑非定常绕流性质。首先分析一个例子: 令长度为 L, 攻角为 α 的平板在 $t = 0$ 时刻突然绕 τ_0 旋转, 角速度为 ω (见图 2.26(d))。则平板上每一点法向速度 $v_\omega = \pm\omega(\tau - \tau_0)$, 其中正负号分别对应平板的上下面。在线性理论框架内, 此问题简化成方程 (2.4.9) 的解 (边界条件 $v_n = U_\infty\alpha + v_\omega$); 这种情况下, 定常 ($v_n = U_\infty\alpha$) 和非定常问题 ($v_n = v_\omega$) 可以分离。在初始阶段, 当诱导声波近似平面波时, 后一问题有局部解 $\Delta p = \rho_\infty a_\infty v_\omega$。此时根据式 (2.13.1) 和式 (2.13.3), 作用于单位宽度平板下表面的力和力矩 (关于点 τ_0) 为

$$N_\omega = \frac{1}{2}\rho_\infty a_\infty\omega(1 - 2\bar{\tau}_0)L^2, \quad \bar{\tau} = \frac{\tau}{L}$$

$$M_\omega = -\frac{1}{3}\rho_\infty a_\infty\omega(1 - 3\bar{\tau}_0 + 3\bar{\tau}_0^2)L^3 \tag{2.13.8}$$

当 $\bar{\tau}_0 \leqslant 1$ 时, 式 (2.13.8) 圆括号中各项的和为正, 产生的力矩会阻碍旋转。

一般情况下, 旋转可能是由绕质心的平板振动或是质心沿曲线运动引起的, 包含常攻角及常滑移角的情况 (见 8.7 节)。因此可以预见, 作用于物体上的力和力矩不仅依赖于流动中物体的瞬时位置, 而且依赖于角速度甚至移动加速度。此外, 控制面偏转可能导致物体外形变化, 从而拓展非定常流的控制参数集。一般地, 非刚性物体表面可能会发生弯曲振荡 (颤振)。

描述物体飞行非定常运动 (见 1.12 节) 的斯特劳哈尔数 (Strouhal number, Sh) 通常较小。例如, 对于长度尺度 L 为 1m, 速度 $U_\infty \geqslant 1000\text{m/s}$, 振动频率较高 $\nu = 10\text{Hz}$ 的物体, $Sh = \nu L/U_\infty \leqslant 10^{-2}$, 从而可以忽略方程中的非定常项并使用准定常解, 将非定常项看作 $M_\omega = M^\omega\omega$ 的线性修正。可根据与式 (2.13.3) 相同的格式, 引入旋转空气动力学系数 c_ω 及其导数 c^ω (Belotserkovskii, 1956, 1965)。

这些参数值虽小，却能显著影响弹道再入动力学。事实上，小振幅方程如下：

$$J\ddot{\alpha} = -M^{\dot{\alpha}}\dot{\alpha} - M^{\alpha}\alpha \tag{2.13.9}$$

此处，J 是物体的惯性力矩；而 $M^{\dot{\alpha}}$ 和 M^{α} 是对应的力和力矩导数。显然，M^{α} 必须为正，否则物体翻滚。对于小 α 和 $\dot{\alpha}$，方程的解可写为以下形式：

$$\alpha = \alpha_0 \mathrm{e}^{-\varepsilon t/2}\mathrm{e}^{\mathrm{i}\nu t}, \quad \nu^2 = \frac{M^{\alpha}}{J}, \quad \varepsilon = \frac{M^{\dot{\alpha}}}{J} \tag{2.13.10}$$

此处，ν 为振动频率；ε 为振动衰减率。不管 ε 多小，当 $\varepsilon < 0$ 时，经过较长时间，振幅无限增大；当 $\varepsilon > 0$ 时，振动逐渐停止。后一种情况示例见式 (2.13.8)，其中对于任意 $\bar{\tau}_0 \leqslant 1$，旋转导数 $M^{\dot{\alpha}} > 0$（由于 $\omega = -\dot{\alpha}$）。

2.14　物体加速运动

2.13 节关注的是定常物体绕流，然而在非定常流中出现了一个全新的作用力（与物体加速有关）。容易联想到，这些力必定因物体加速移动而出现。事实上，当物体经过时间区间 Δt 从速度 U 加速到 $U + \Delta U$，携带的流体质量 m 获得额外动量 $m\Delta U$，从而产生阻力 $F \sim m\Delta U/\Delta t$。如果扰动区域尺寸和物体尺寸 d 同量级，$m \sim \rho d^3 \sim \rho V$，$V$ 是体积，因此可推出等式

$$F = m\frac{\mathrm{d}U}{\mathrm{d}t}, \quad m = \lambda' \rho d^3 = \lambda \rho V \tag{2.14.1}$$

此公式类似于牛顿定律。式中，m 称为表观质量；λ' 和 λ 为系数。

显然，由于表观质量 m 和运动体质量 M 的可比性，所以 m 在水动力学中有着重要的影响；然而在空气动力学中，由于气体密度很小，通常有 $m \ll M$。此外，在加速 $\dot{U} \sim U^2/d$ 情况下（对应于非常短时间区间 d/U 内速度增量 $\Delta U \sim U$，$c_x, \lambda \sim 1$），力 F 可与定常流动中的力相当，$X = (1/2)c_x\rho U^2 S$，S 是物体的中心截面。加速度较小的流动则遵循准定常近似。因此空气动力学中只考虑非定常侧向运动的影响，2.13 节已给出关于它们作用的描述。由于在此情况下，力正比于角速度（旋转速度），所以通常使用旋转导数概念而不是表观质量系数来表征这些力。

然而从方法论角度考虑，下面将讨论不可压缩流体中圆柱或球体加速运动问题，并证明这种情况下达朗贝尔定理（2.12 节）不再成立。令物体以可变速度 $-U_\infty(t)$ 在静止流体中沿 x 轴运动。由于在不可压缩水动力学中，声速无穷大（$a = \infty$），所以在贴体坐标系 (x, y, z) 中，将势函数方程 (2.4.8) 简化为具有相同

瞬时准定常速度场的定常流动中的拉普拉斯方程。然而在这种情况下，速度和压力分布是随时间变化的，流场中的压力分布需通过拉格朗日积分式 (2.2.11) 给出。

此积分不方便直接应用于固定物体非定常回流，因为需引入虚拟压力梯度 $\partial p/\partial x \sim \dot{U}_\infty$ 以抵消流体质量加速度，但是其影响机制尚不清晰。因此我们将利用实验室坐标系 (x', y', z') (其中无穷远处流体静止)，并引入扰动速度 $\boldsymbol{U}'$ 和速度势 φ'

$$\boldsymbol{U}' = \boldsymbol{U} - \boldsymbol{U}_\infty, \quad \varphi'(t, x', y', z') = \varphi(t, x, y, z) - xU_\infty$$

$$x' = x + x_0(t), \quad y' = y, \quad z' = z, \quad \dot{x}_0 = -U_\infty$$

$$\varphi = U_\infty(t)\bar{\varphi}(x, y, z)$$

$$\varphi' \to 0, \quad 当 x' \to \pm\infty, \quad \varphi \to xU_\infty, \quad 当 x' \to \pm\infty \qquad (2.14.2)$$

此处，$\boldsymbol{U}$ 和 φ 是由 2.10 节所述准定常流动的速度和速度势。它们正比于 $U_\infty(t)$ 并与时间相关。在拉格朗日积分式 (2.2.11) 中设置 $C(t) = h_\infty$ 可得

$$\frac{\Delta p}{\rho} = h - h_\infty = -\left(\frac{\partial\varphi'}{\partial t} + \frac{U'^2}{2}\right) \qquad (2.14.3)$$

将下列关系式代入方程 (2.14.3):

$$(U')^2 = (u')^2 + (v')^2 + (w')^2 = U^2 - 2uU_\infty + U_\infty^2 \quad (u' = u - U_\infty)$$

$$\frac{\partial\varphi'}{\partial t} = \dot{U}_\infty(\bar{\varphi} - x) + U_\infty(u - U_\infty), \quad u = \frac{\partial\varphi}{\partial x} \qquad (2.14.4)$$

最后可得

$$\frac{\Delta p}{\rho} = \frac{1}{2}(U_\infty^2 - U^2) - \dot{U}_\infty(\bar{\varphi} - x) \qquad (2.14.5)$$

物体作用力等于 $\Delta p n_x$ 的表面积分；根据达朗贝尔原理，式 (2.14.5) 中第一项准定常项对积分没有影响。因此 F 是由式 (2.14.5) 中第二项确定。利用 2.10 节中对应的解并计算 $\Delta p \cos\theta$ 的表面积，则可得式 (2.14.1) 中，$\lambda = 1$ (圆柱) 或 $\lambda = 1/2$ (球)(关于表观质量的其他例子和一般理论参见 Loytsianskii(1966) 的著作)。

最后讨论不可压缩流体中活塞的非定常加速 ($r = r_0(t)$) 问题。如同前文所述，瞬时的速度分布为 $v = \dot{r}_0(r_0/r)^\nu$，其中 $\nu = 1$ 和 $\nu = 2$ 分别指代圆柱和球形活塞。压力分布由拉格朗日积分 (2.14.3) 决定，其中，

$$\varphi' = \varphi = \dot{r}_0 r_0 \ln(r/r_0), \quad \nu = 1; \quad \varphi = \dot{r}_0 r_0^2/r^2, \quad \nu = 2 \qquad (2.14.6)$$

在圆柱形活塞中，由于 $\Delta p \sim \ln r$，所以当 $r \to \infty$ 时，压力 (或表观质量) 趋于无穷。可以通过考虑圆柱的末端影响以及可压缩效应来避免得到此没有物理意

义的结果 (水中的声速为 $a \approx 1500\mathrm{m/s}$)。值得注意的是，当研究物体的脉冲运动 ($\dot{U}_\infty = \infty$) 时 (此时式 (2.14.1) 给出无穷大的力)，需要考虑介质的可压缩性。

球形活塞问题同样存在有界解，其在无穷远处按 $\Delta p \sim r^{-1}$ 衰减。此解可应用于水下爆炸、火箭水下发射等过程中的气泡膨胀问题。

第 3 章 激 波

3.1 引言：问题的公式表达

在前面章节中，扰动的传播过程被认为是线性近似的。然而，如 2.6 节所述，连续的压缩波彼此追赶，引起初始扰动增强，形成激波。从连续压缩波形成激波的过程是激波理论的重要原理，将在第 4 章描述。在本章中，我们把激波看作是已经形成的、单独的流动元素。

图 3.1 为超声速流动中物体附近激波的示例。根据激波的外形，可以分为弓形激波和内部激波，前者代表所有扰动的前阵面，后者代表内部扰动；根据激波的起源，激波分为附体激波 (附着在物体前缘或在物体表面弯曲，图 3.1(c) 和 (d))、脱体激波 (与物体分离，图 3.1(a)，(b) 和 (d))、浸没激波 (由流动区域内部的压缩形成，图 3.1(d))，以及将在下文讨论的其他类型的激波。

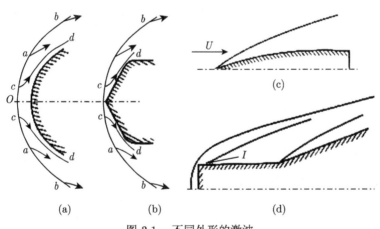

(a)　　　　　　(b)　　　　　　(d)

图 3.1　不同外形的激波

当稳定的间断形成后，必须在间断两侧都要满足 1.7 节导出的质量、动量和能量守恒方程 (1.7.12)。

首先，我们考虑正激波，其阵面与穿过激波的气体流动速度矢量正交。此时，速度矢量方向在穿过激波时不会改变，因此气体流动是一维的，关系式 (1.7.12) 可以有所简化。而且，我们 (一直到第 11 章) 在方程 (1.7.12) 中，只考虑绝热激

波 (q_m=0)。假设在 1、2 节末尾的方程 (图 1.16(d)) 的耗散项可以忽略；这样就给出了无黏激波两侧流动参数的关系式：

$$\rho_1 u_1 = \rho_2 u_2 \quad (u = v_n), \quad p_1 + \rho_1 u_1^2 = p_2 + \rho_2 u_2^2$$

$$H_1 = h_1 + \frac{u_1^2}{2} = h_2 + \frac{u_2^2}{2} = H_2 \tag{3.1.1}$$

结合 1、2 节，我们在极限下得到一个零厚度间断阵面，两侧参数用关系式 (3.1.1) 联系起来。如果在阵面内没有质量、动量和能量源，阵面的内部结构并不重要。因此，如果左边的流动参数预先设定，那么需要调用状态方程来封闭含有四个未知参数 u_2, ρ_2, p_2 和 h_2 的三个方程组。

我们暂时假设这个方程具有 $\rho = \rho(p, h, \lambda)$ 的形式，λ 为参数。在研究非平衡流动时会遇到这样的方程，λ 可以是状态方程 (1.3.4) 化学组分的浓度。此时，对于穿过激波的方程中的参数 λ，需要附加一个条件。不过，对于激波后平衡气体状态，状态方程 $\rho = \rho(p, h)$ 是二维方程 (1.3 节)，因此，无黏激波问题的公式是封闭的。

然而，这就出现了零厚度激波概念本身是否是无黏流动元素的问题 (该问题超出了无黏理论的内容)，因为把间断解 (3.1.1) 代入 Navier-Stokes 方程获得了无限大的耗散项，而该项在从 Navier-Stokes 方程转到欧拉方程时被省略了。

在 3.2 节考虑黏性激波结构的示例时，将回答这一基本特性的问题。我们可以看到，激波阵面厚度 δ 作为耗散效应集中区是极其小的，是分子自由程的量级；这就可以把激波波阵面看作一个数学表面，至少对无黏流动是可行的。从 3.3 节到第 12 章都将采用这一假定。

在激波厚度非常小的前提下，就可以在贴合激波本身的坐标系内把激波认为是准定常的 (即忽略 1.7 节积分守恒定律中的时间相关项)。事实上，对于黏性激波厚度为 δ 的围绕激波的控制体内，在质量守恒定律 (1.7.1) 中，时间相关项与以速度 D 流过这一区域气体速度之比的量级为 $(\rho\delta/t_0)/(\rho D) \sim \delta/Dt_0 \ll 1$。这是由于假设激波厚度相对小，其中 t_0 为气体动力学问题的时间尺度。

因此在激波贴体坐标系内，激波两侧的流动参数就由无黏定常守恒律 (1.7.12) 或一维激波关系式 (3.1.1) 联系起来。

激波理论的第二个关键点与两个物理上相反的状态相关，这些状态由方程 (3.1.1) 确认得到：

$$u_2 < u_1, \quad p_2 > p_1, \quad \rho_2 > \rho_1, \quad h_2 > h_1, \quad e_2 > e_1$$

$$u_2 > u_1, \quad p_2 < p_1, \quad \rho_2 < \rho_1, \quad h_2 < h_1, \quad e_2 < e_1 \tag{3.1.2}$$

式中，$e = h - p/\rho$ 是内能。前面书写的有关 e 的不等式可以从后文式 (3.3.5) 或式 (3.4.22) 中得到。在两种状态下，下标 1 的状态都是流入间断阵面的流动。换句话说，若仅仅考虑守恒定律，不论是压缩激波还是稀疏激波，都是允许的。

然而，根据 2.6 节的概述，这些状态的物理意义并不相同。在 3.3 节和 3.4 节，这个问题会被更详细地考虑；在严格证明前，将假定气体中只存在压缩激波，非常规介质的情况将会在 4.12 节中考虑。

与气体特性有关，我们注意到 (回到 1.3 节)，高温气体的状态方程具有相当复杂的形式。因此，后面我们将针对能够保证压缩波存在的一般性气体展开讨论。

最后需要指出的是，在本章中我们将考虑平衡绝热激波。在这种假设下，激波两侧的气体状态是平衡的，并要求具有相同的状态方程从而保证从一种状态转换为另一种状态存在可逆的过程。因此，对于由于激波加热引起电离的流体，当压力和温度恢复到它们的初始值时，气体就会恢复到其初始状态。完全气体是这种情况下的一个最简单的例子。

在非平衡气体中传播的激波提供了相反的例子。爆炸波和爆燃波就是这种现象，它们前面的介质是亚稳定状态而非平衡状态。例如，氢、氧气体爆炸后及随后进行冷却，会形成水蒸气而非最初的混合物。这些非平衡激波特性以及那些非绝热激波特性，将作为非平衡流动在第 11 章予以考虑。

3.2 黏性气体中的激波结构

前面已被采用的数学表面概念的无黏激波阵面对非常广泛的无黏流动是恰当的，并且是非常有效的。然而由于耗散效应，真实的激波阵面一定具有有限厚度 δ 和连续结构。

描述这种结构的第一步是应用 Navier-Stokes 方程。为此，在关系式 (1.7.12) 中，我们将设 $\tau = \dfrac{4}{3}\mu(\partial u/\partial x)$ 和 $J = -\lambda(\partial T/\partial x)$，并充分利用控制区可以任意放置的可能性。然后，这些关系式就可以表示为 Navier-Stokes 方程的积分形式：

$$\rho u = m, \quad p + \rho u^2 - \frac{4}{3}\mu\frac{\partial u}{\partial x} = I$$

$$mH - \lambda\frac{\partial T}{\partial x} - \frac{4}{3}\mu u\frac{\partial u}{\partial x} = mH_0$$

$$H = h + \frac{1}{2}u^2, \quad m, I, H_0 = \text{const} \tag{3.2.1}$$

这些积分可以通过一维黏性流方程 (1.2 节) 直接积分得到。

为了得到定解，我们假定气体流动从左到右，来流参数为 u_1, ρ_1, p_1 和 h_1。该问题没有长度尺度；因此，在无量纲化方程时，长度 x 可以只表示组合参数 $\delta_1 = \mu_1/(\rho_1 u_1)$。更加特别的是，$\delta/\delta_1$ 只有在问题 (3.2.1) 解决之后才能得到。

对于普朗特数 $Pr = \mu c_p/\lambda = 3/4$ 的完全气体的特殊情况，该方程组有简单解 (Becker, 1912)，对于双原子气体，$Pr \approx 0.7$，能量方程可以表示为

$$\frac{\lambda}{c_p}\left(\frac{\partial h}{\partial x} + \frac{4}{3}Pr\frac{\partial}{\partial x}\frac{u^2}{2}\right) = \frac{\lambda}{c_p}\frac{\mathrm{d}H}{\mathrm{d}x} = m(H - H_0) \tag{3.2.2}$$

该方程有一族解，$H - H_0 = \mathrm{const} \cdot \exp(mc_p x/\lambda)$，但是只有有界的解 $H + H_0$ 才值得关注。因此，在这种流动以及在无黏流动中，气体的总焓是守恒的。

把这点考虑进来，通过状态方程把动量方程中的压力 $P = [(\gamma - 1)m/(\gamma u)]h$ 消掉，可得

$$\frac{4}{3}\mu u\frac{\mathrm{d}u}{\mathrm{d}x} = m\frac{\gamma + 1}{2\gamma}u^2 - Iu + m\frac{\gamma - 1}{\gamma}H_0 \tag{3.2.3}$$

方程右侧是 u 的二次三项式，u 的根 u_1 和 u_2 是已知的。因为，随着 $\mathrm{d}u/\mathrm{d}x \to 0$ 和 $x \to \pm\infty$，这个方程是从式 (3.1.1) 中显而易见的。牢记这一点，我们把该方程转为如下的形式：

$$\bar{u}\frac{\mathrm{d}\bar{u}}{\mathrm{d}z} = (\bar{u} - 1)(\bar{u} - u_2), \quad \bar{u} = \frac{u}{u_1} = \frac{\rho_1}{\rho}$$

$$\mathrm{d}z = \frac{3(\gamma + 1)\rho u}{8\gamma\mu}\mathrm{d}x, \quad \bar{u}_2 = \frac{\rho_1}{\rho_2} = k \tag{3.2.4}$$

这个解在其定义区内没有最大值；因此，随着 z 的增加，函数 $\bar{u}$ 只能减少 ($u_2 \leqslant u \leqslant u_1$) 或增加 ($u_2 \geqslant u \geqslant u_1$)。不过因为方程的右端恒为负的后一种情况是不存在的。因此对于考虑的流动，第一种条件总是成立的 (即气体总是减速的)。方程的解具有如下形式：

$$\left(\frac{u_1 - u}{u_1 - u_2}\right)\left(\frac{u_1 - u_2}{u - u_2}\right)^k = 2^{k-1}\exp[(1 - k)z], \quad u_2 = ku_1$$

$$u \to u_1, \quad x \to -\infty; \quad u \to u_2, \quad x \to +\infty \tag{3.2.5}$$

这个解显示在图 3.2 中，其中，截面 $z = 0$ 位于 $u = (u_1 + u_2)/2$ 的点。

我们可以基于所得的结果得到两个基本结论。第一个结论是：在黏性一维流动穿过间断阵面 (激波) 时，只有压缩波是可能存在的。即在式 (3.1.2) 的两种情况下，只有第一种情况对应的压缩激波是可能的。

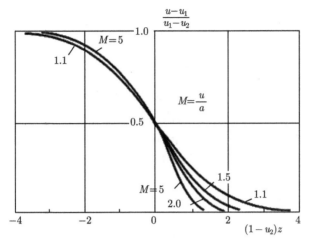

图 3.2　黏性激波阵面中的速度曲线 (a 为声速)

这一结论只基于一个特殊例子，却具有气体的普遍性质。在 3.4 节中，基于热力学第二定律的特性，我们将赋予它更一般的形式。

第二个结论是：被黏性粗化的激波阵面厚度 δ 与气体平均分子自由程 l 的量级相同。事实上，让我们定义一个波前厚度，例如，根据条件 $\Delta z(1-k) \sim 1$。然后，引用最简单的气体动力学理论内容，特别是适合黏性的式 (1.4.9)，$\mu = \rho V l/2$(这里 V 是分子热速度)，我们得到下列的估计值：

$$\delta \sim \Delta x \sim \frac{\mu}{\rho u(1-k)} \sim \frac{lV}{u(1-k)} \tag{3.2.6}$$

实际上，根据流动 (3.2.6) 的控制参数，量 δ 只有几个 (不超过 10 个) 分子自由程的量级。

很显然，这个结论引出了在 Navier-Stokes 方程框架内描述激波结构是否合理的疑问。不过，经验和玻尔兹曼 (Boltzmann) 方程框架内的更准确计算显示，先前的结果是定性有效的 (Kogan, 1969)。这里，我们的目的仅仅是验证考虑气体耗散效应可以排除绝热和平衡稀疏波，并只允许压缩激波的存在。

我们注意到，获得的解具有一个有趣的特性：随着波前密度的增加，即对于 $(u_1 - u_2)/u_2 \ll 1$ 的情况，波前厚度 δ 将无限地增加。这一悖论在所采用的流动模型框架内始终存在；然而，在任何尺度长度 $L \sim \delta$ 的真实流动中，无限的或非常大的波前厚度与把它看作平面是不相容的，对于 $\delta \gg L$ 时更是如此。

3.3　完全气体中的正激波

下面我们将主要使用三种形式的状态方程：

$$\frac{p}{\rho h} = \frac{\gamma - 1}{\gamma}, \quad \frac{p}{\rho h} = \frac{\gamma_* - 1}{\gamma_*}, \quad \rho = \rho(p, h) = \rho(p, s)$$

$$\gamma_* = \gamma_*(p, h) \tag{3.3.1}$$

这些方程适合完全气体和函数 γ_* 变化很小的准完全气体, 以及 3.4 节采用的一般形式。本节主要考虑完全气体, 其激波关系式拥有简单解。

依据相对法向流入速度 (v_{n1}) 和流出速度 (v_{n2}), 我们在激波贴体坐标系内写出关系式 (3.1.1)。对于非时变和时变过程 (1.6 节), 它们分别为

$$v_{n1} = u_1, \quad v_{n2} = u_2, \quad v_{n1} = D, \quad v_{n2} = D - u \tag{3.3.2}$$

这里, u 称为卷吸速度, 即被以速度 D 穿过静止气体的激波卷吸的气体速度。那么, 关系式 (3.1.1) 变为

$$\rho_1 v_{n1} = \rho_2 v_{n2}, \quad p_1 + \rho_1 v_{n1}^2 = p_2 + \rho_2 v_{n2}^2$$

$$h_1 + \frac{v_{n1}^2}{2} = h2 + \frac{v_{n2}^2}{2} = H_n \tag{3.3.3}$$

这里, H_n 是总焓的法向分量, 穿越激波时是守恒的。

从式 (3.3.3) 中消掉速度 v_{n2}, 可得

$$p_2 = p_1 + \rho_1 v_{n1}^2 (1 - k), \quad k = \frac{\rho_1}{\rho_2}$$

$$h_1 = h_1 + \frac{1}{2} v_{n1}^2 (1 - k^2), \quad v_{n2} = k v_{n1} \tag{3.3.4}$$

对于给定的 v_{n1}, p_1, h_1 和 ρ_1, 该方程与状态方程一起即可形成一组封闭的热力学关系式。

由 1.6 节导出这些方程的对于时变波 (较式 (3.2.2)) 更为方便的另一种形式:

$$u = v_{n1} - v_{n2} = D(1 - k), \quad p_2 = p_1 + \rho_1 D u$$

$$e_2 = h_2 - \frac{p_2}{\rho_2} = e_1 + (1 - k)\frac{p_1}{\rho_1} + \frac{1}{2}u^2, \quad D = v_{n1} \tag{3.3.5}$$

由以下公式引入法向马赫数 M_n:

$$M_{n1}^2 = \frac{v_{n1}^2}{a_1^2} = \frac{v_{n1}^2}{(\gamma - 1)h_1} = \frac{\rho_1 v_{n1}^2}{\gamma p_1}, \quad M_{n2}^2 = \frac{v_{n2}^2}{a_2^2} \tag{3.3.6}$$

并在完全气体状态方程 (3.3.4) 中替换 p_2 和 h_2,可得 k 的二次方程,k 的第一个根为 $k=1$,对应没有扰动的情况;第二个根对应的是激波:

$$k = \frac{\rho_1}{\rho_2} = \frac{\gamma - 1}{\gamma + 1} + \frac{2}{\gamma + 1}\frac{1}{M_{n1}^2} = \frac{a_*^2}{v_{n1}^2} \tag{3.3.7}$$

其中,a_* 是临界声速 (2.2 节)。

从式 (3.3.4) 中消掉 k,可得表达式:

$$\frac{p_2}{p_1} = \frac{2\gamma}{\gamma + 1}M_{n1}^2 - \frac{\gamma - 1}{\gamma + 1} = 1 + \frac{2\gamma}{\gamma + 1}(M_{n1}^2 - 1)$$

$$\frac{h_2}{h_1} = \frac{T_2}{T_1} = 1 + \frac{2(\gamma - 1)}{(\gamma + 1)^2}(M_{n1}^2 - 1)\left(\gamma + \frac{1}{M_{n1}^2}\right) \tag{3.3.8}$$

形式上,激波关系式是可逆的。连同式 (3.3.7),可以写出以下方程:

$$\frac{\rho_2}{\rho_1} = \frac{\gamma - 1}{\gamma + 1} + \frac{2}{\lambda + 1}\frac{1}{M_{n2}^2} = \frac{a_*^2}{v_{n2}^2} \tag{3.3.9}$$

结合式 (3.3.7),得到

$$v_{n1}v_{n2} = a_*^2, \quad M_{n2}^2 = \frac{2\left(1 + \dfrac{\gamma - 1}{2}M_{n1}^2\right)}{2\gamma M_{n1}^2 - (\gamma - 1)} \tag{3.3.10}$$

其中,第一个关系式称为普朗特公式。

从式 (3.3.7) 和式 (3.3.8) 中消掉 M_{n1},得到激波绝热线 (Rankine, 1870; Hugoniot, 1895),这样称呼是为了把它与绝热–等熵线区分开来。

$$\bar{p} = \frac{p_2}{p_1} = \frac{\bar{\rho} - k_0}{1 - k_0\bar{\rho}}, \quad \frac{\rho_1}{\rho_2} = \frac{1}{\bar{\rho}} = \frac{\bar{h}}{\bar{p}} = \frac{k_0\bar{p} + 1}{\bar{p} + k_0}, \quad \bar{h} = \frac{h}{h_1}, \quad k_0 = \frac{\gamma - 1}{\gamma + 1} \tag{3.3.11}$$

完全气体正激波的所有这些参数和其他函数都表示在图 3.3 中。

所得到的公式使得用公式表达激波理论的两条定理成为可能。其将在 3.4 节中针对一般情况加以证明。

定理 1(Zemplen, 1905) 在完全气体中,只有压缩激波可以存在。

为证明该定理,对完全气体,我们依据方程 (3.3.11) 重写状态方程 (1.5.9),从而获得激波后的熵函数:

$$\overline{\Theta} = \frac{(k_0\bar{p} + 1)\bar{p}^{1/\gamma}}{\bar{p} + k_0}, \quad \frac{\mathrm{d}\overline{\Theta}}{\mathrm{d}\bar{p}} = B(\bar{p})(\bar{p} - 1)^2, \quad B(\bar{p}) > 0 \tag{3.3.12}$$

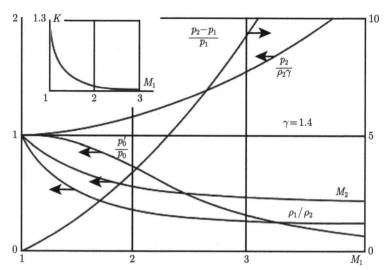

图 3.3　马赫数 $M_1 = v_{n1}/a_1$ 时，正激波波后相关的流动参数；p_0 和 p_0' 分别是激波前后的滞止压力，K 是滞止点准确压力增量 $p_0' - p_1$ 与其近似值之比

通过量 Θ 评估激波和等熵过程中熵变的差异更方便，因为在等压条件下，它可以直接给出密度差异。我们不必写下函数 $B(\bar{p})$ 的表达式，因为在该函数中只有符号比较重要。由此得出导数 $\mathrm{d}(\overline{\Theta})/\mathrm{d}\bar{p} > 0$，即函数 $\overline{\Theta}$ 和差分 $s - s_1$ 随着 $\bar{p}$ 或 M_{n1} 单调增加。由于 $\bar{p} = 1$ 时，$\overline{\Theta} = 1$，从而得出如下重要结论：气体的熵，在压缩激波中增加，在稀疏激波中减少。

　　然而，穿越激波时，气体状态急剧变化。根据 1.5 节的分类，显然这个过程是不可逆的。热力学第二定律指出，在不可逆绝热过程中，熵只能增加；因此，在完全气体中，只有压缩激波可以存在，即证明了定理 1。

　　定理 2　气体以超声速流入压缩激波中；以亚声速流出压缩激波，即 $M_{n1} > 1$ 和 $M_{n2} < 1$(如果稳定稀疏激波能够存在，则情况与前面相反。)

　　该结论来源于式 (3.3.7) 和式 (3.3.9)，因为对于 $\rho_2 = \rho_1, M_{n1} = M_{n2}$。

　　由此可得，激波超越并吸收了在初始波之前传播的所有激波和声波，而在初始波之后传播的所有扰动超越并将其替换，正如 2.6 节假设的一样。在形成气体流动结构时，这是重要并且根本的因素。

　　我们还可以得出另外两个结论。由前面公式可知，压力、焓、内能、密度和熵随着 M_{n1} 单调增加。同时，卷吸速度随着 M_{n1} 增加而减少。所有这些量都单一地依赖这个参数。

　　根据式 (3.3.12)，对于小的 $\bar{p} - 1$ 差异，$\overline{\Theta} - 1 \sim (\bar{p} - 1)^3$，即弱激波中熵的变化只是三阶小量。

　　$\gamma = 1.4$ 时完全气体的函数 $\bar{p}_2/\bar{\rho}_2^\gamma$ 表示在图 3.3 中。在激波后面，总有 $\bar{p}_2/\bar{\rho}_2^\gamma >$

1。然而，对于 $M_{n1} \leqslant 1.5$，我们可以假设 $\bar{p}_2/\bar{\rho}_2^\gamma \approx 1$，以此限定等熵弱激波的范围。这种情况中，相对压力增加为 $\Delta p/p_1 \leqslant 1/3$。对于更高的 M_{n1}，激波后的气体密度明显小于将气体等熵压缩到相同压力时的情况，这一差别随着 M_{n1} 的增加而增加。

现在，我们考虑有关激波密度的极限流态。随着 $M_{n1} \to 1$，有 $p \to p_1$ 等关系。根据 1.6 节，当激波自身退化为声波时，$v_{n1} = D \to a_1^2$，比值 $\Delta p/\Delta \rho \to a_1^2$ 和 $\Delta h/\Delta p \to \rho_1^{-1}$ 保持有限值。当 $\Delta M_{n1}^2 = M_{n1}^2 - 1$ 时，增量本身是线性的。对于 p_2 和 h_2，这是显然的；而对于 ρ_2，要从式 (3.3.7) 中得出

$$\frac{\rho_2 - \rho_1}{\rho_1} = \frac{\Delta \rho}{\rho_1} = 1 - k = \frac{2}{\gamma + 1}\left(1 - \frac{1}{M_{n1}^2}\right) \to \frac{4}{\gamma + 1}(M_{n1} - 1) \qquad (3.3.13)$$

类似地，M_{n2} 与 $\rho_1 - \rho_2$ 的关系式可以从式 (3.3.9) 中得出。总结这些相关性并省略所有 $(M_{n1} - 1)^2$ 阶项，可得

$$1 - M_{n2} = M_{n1} - 1, \quad M_{n2} + M_{n1} = 2(M_{n1} \to 1) \qquad (3.3.14)$$

在另一种强激波极限情况下，$v_{n1} \gg a_1$，稳定激波后面的密度比和马赫数仅受限于 γ：

$$k = k_0 = \frac{\rho_1}{\rho_2} = \frac{\gamma - 1}{\gamma + 1}, \quad M_{n2}^2 = \frac{\gamma - 1}{2\gamma} \qquad (3.3.15)$$

同时，传播中的波后压力比和温度比，以及气体速度 u 的增加没有上限。

对于一般形式的状态方程，没有显式解。但对于强激波 (真实气体性质通常在激波后表现出来)，在准完全形式 (3.3.1) 中采用平衡状态方程，可以获得一些通解。令马赫数 M_{n1} 足够高，并满足以下条件：

$$\frac{p}{p_1} \approx \frac{\rho_1 v_{n1}^2}{p_1} = \gamma_{e1} M_{n1}^2 \gg 1$$

$$\frac{h}{h_1} \approx \frac{v_{n1}^2}{2h_1} = \frac{1}{2}(\gamma_{*1} - 1)\frac{\gamma_{e1}}{\gamma_{*1}} M_{n1}^2 \gg 1 \qquad (3.3.16)$$

这里，$\gamma_e = \rho a^2/p$(1.6 节)。对于激波传播进入冷气体 $\gamma_{e1} = \gamma_{*1} = \gamma$ 的情况，式 (3.3.4) 简化为

$$p_2 = \rho_1 v_{n1}^2(1 - k), \quad h_2 = \frac{1}{2}v_{n1}^2(1 - k^2) \qquad (3.3.17)$$

把它们代入准完全状态方程，得到

$$k = k_* = \frac{\gamma_* - 1}{\gamma_* + 1}, \quad \gamma_* = \frac{h}{e} = \frac{1 + k}{1 - k} \qquad (3.3.18)$$

该式形式上与完全气体的表达式一致。

我们注意到式 (3.3.16) 中的约束 $h_2 \gg h_1$ 比 $p_2 \gg p1$ 更严格, 因为 $\gamma_* - 1$ 的差异很小。

这些关系表明: 强激波后的气体状态取决于激波传播的法向速度和激波前面的气体密度, 而不是温度或静压。需要注意的是, 随着 $M_{n1} \to \infty$, 比值 $p_2/\rho_1 v_{n1}^2$ 和 h_2/v_{n1}^2 保持有限, 这就是所谓的 "激波高超声速稳定性"。不过, 根据状态方程或关系式 $\gamma_* = \gamma_*(p, h)$, 对于真实气体, 密度比可以依赖激波前面的密度 ρ_1 和速度 U_1。这一典型的情况适合大气中的激波, 即 $T_1 = 300\mathrm{K}, a_1 = 350\mathrm{m/s}$。这样, "最小的高超声速" 马赫数 $M_{n1} \geqslant 6$(或 $k/k_0 \leqslant 1.15$) 就同速度 $v_{n1} \geqslant 2000\mathrm{m/s}$ 和温度 $T_2 \geqslant 2500\mathrm{K}$ (图 3.4) 联系在一起。在这些条件下, 已存在不容忽略的氧气电离现象 (1.3 节)。只有对于 $M_{n1} \leqslant 4$, 即 $k/k_0 \geqslant 4/3$, 才有 $T_2 \leqslant 1200\mathrm{K}$, 并且如果忽略振动激励自由度, 完全气体模型才能适用于空气 (图 1.3)。同时, 激波风洞中, 滞止温度并不是很高, 高超声速稳定性可以以传统形式实现。

对于高温下的空气或二氧化碳, $\gamma_* = 1.1 \sim 1.2$, 接近于 1(1.3 节, 图 1.9)。k 的值很小: 如果对于 $\gamma = 1.4$ 的完全气体, k 的值是 1/6,; 对于平衡空气, 根据图 3.4, $k = 0.05 \sim 0.1$。因此, 压力对应 k 阶项、焓对应 k^2 阶项是准确的, 可以令方程 (3.3.17) 中的 $k = 0$, 得到

$$p_2 = \rho_1 v_{n1}^2, \quad h_2 = \frac{1}{2} v_{n1}^2 \qquad (3.3.19)$$

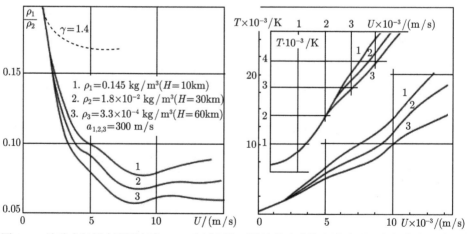

图 3.4 地球大气层中不同高度 H, 穿过平衡正激波的密度比和激波后温度与激波传播速度 U 的相关性

在这种近似条件下, 压力和焓 (与密度和温度截然不同) 与激波后气体状态

无关。

基于这个特性，可以简单迭代求解激波后的平衡参数。在方程 (3.3.4) 中，设 $k = 0$，可得压力和足够精确的焓。然后把这些结果代入状态方程，得到接近真实状态的密度值。重复该过程，可以迅速接近精确解。

最后将提及强激波的一个更重要特性。根据方程 (3.3.5)，在 $p_1 = 0$ 时，方程变为

$$e - e_1 = h - h_1 - \frac{p}{\rho} = \frac{1}{2}u^2 \tag{3.3.20}$$

换言之，穿过静止气体激波后单位质量内能的增量等于其动能。

这里，为了普适性保留 e_1 和 h_1；对于 $M_\infty \gg 1$，它们在式 (3.3.4) 中的相对作用大于 p_1。在这种意义上，下面公式比式 (3.3.18) 更加准确：

$$\frac{1+k}{1-k} = \frac{h - h_1}{e - e_1} \tag{3.3.21}$$

式 (3.3.21) 可以通过合并 $p_1 = 0$ 时的式 (3.3.4) 和式 (3.3.20) 得到。

3.4 标准气体中激波

本节分析是 Sedov(1965) 书中内容的概括和发展。考虑具有一般状态方程 $\rho = \rho(p, h)$ 或 $\rho = \rho(p, s)$ 的气体，并与完全气体中具有相同特性的平衡激波区分，即

A. 仅存在压缩激波，其熵、压力和内能增加，而气体相对速度减少 (Zemplen 定理)。

B. 相对激波的气体速度大于激波前的局部声速，小于激波后的局部声速。

C. 由激波导致的气体的熵、压力、焓和速度，随着气体流经激波的相对速度单调增加；所以，对于给定的激波，激波后的气体状态是唯一的 (在正常假设下，函数 $\rho(p, h), e(p, h)$ 具有唯一值)。

D. 弱激波是等熵的，其中熵增量是压力增量的三阶小量。

不同于完全气体，密度不需要是单调的；这样的要求对如空气 (图 3.4) 等气体太过严格。这样的气体称为标准气体，它们的状态方程遵守以下约束：

$$\left(\frac{\partial^2 \rho^{-1}}{\partial p^2}\right)_s = \frac{1}{\rho^6 a_e^6}\left[\frac{\partial^2 p}{\partial (\rho^{-1})^2}\right]_s = \frac{2A}{\rho^3 a^4} > 0, \quad A = 1 + \frac{1}{2}\rho\left(\frac{\partial a^2}{\partial p}\right)_s$$

$$p\left(\frac{\partial \rho^{-1}}{\partial h}\right)_p < L, \quad L = 1 \tag{3.4.1}$$

式 (3.4.1) 是充分不必要条件，特别是对于弱激波。同时，如果 C 项不包含对卷吸速度单调性的要求，则可以令 $L = 2$，即对于弱激波，弱化第二约束 (3.4.1) 以保留其他性质。这种情况下保证了激波后的气体状态唯一性得以保留，可以通过压力和焓的单调性证明。

式 (3.4.1) 中的条件不满足任何热力学定理。不过，可以把所有已知气体看作标准气体 (直到有反例出现)。对于准完全气体 (1.3 节)，采用以下形式：

$$A = \frac{\gamma_e + 1}{2} + \frac{p}{2}\left(\frac{\partial \gamma_e}{\partial p}\right)_s > 0, \quad \gamma_e = \frac{p a_e^2}{p}, \quad \frac{p}{\rho h} = \frac{\gamma_* - 1}{\gamma_*}$$

$$p\left(\frac{\partial \rho^{-1}}{\partial h}\right)_p = \frac{\gamma_* - 1}{\gamma_*} + \frac{h}{\gamma_*}\left(\frac{\partial \gamma_*}{\partial h}\right) < 1 \tag{3.4.2}$$

由于函数 γ_e 和 γ_* 是其变量的弱相关函数 (见 1.3 节中图 1.9 和图 1.10)，上述公式中最后一项数值相对较小。

为证明前面列出的激波特性公式，消去式 (3.3.4) 中的参数 $v_{n1} = v_1$，导出以下关系式 (省略下标 2 和 n)：

$$h - h_1 = \frac{1}{2}\left(\frac{1}{\rho_1} + \frac{1}{\rho}\right)(p - p_1), \quad \rho = \rho(p, h) \tag{3.4.3}$$

结合平衡状态方程，这种相关性表示激波的绝热线：$h = h(p, p_1, h_1)$。该式将激波后所有可能的状态与给定的初始状态 1 联系起来。激波绝热线的示例见图 3.5。

激波绝热线也可以用其他变量表示，如函数关系变量 $p = p(\rho^{-1})$ 或式 (3.3.11) (图 3.6)。在这个相平面中，图 3.6(a) 中正割线 AB 的斜率 β 与下面公式中的激波传播速度有关，可以从方程 (3.3.4) 导出：

$$\frac{p_B - p_A}{V_A - V_B} = V_A^{-2} v_{nA}^2 = V_B^{-2} v_{nB}^2 = \tan\beta, \quad V = \rho^{-1} \tag{3.4.4}$$

式中，下标 A 和 B 分别表示激波前后的参数。不过，一般情况下这些绝热线可以不单调 (图 3.6(b))，这使分析变得更加困难。至于式 (3.4.3) 曲线的单调性，将针对下文的标准气体进行分析。

在相平面 (h, p) 中，激波绝热线由一条穿过点 1 的曲线表示，曲线参数为 p_1, h_1, s_1 等。一般来讲，该曲线也描述了一个特定的非绝热的可逆性过程。该过程在激波后以给定传播速度 v_1 将气体从状态 1 转变为激波后的给定状态 (p, h)。这个辅助过程将在下面用于计算激波后的熵。

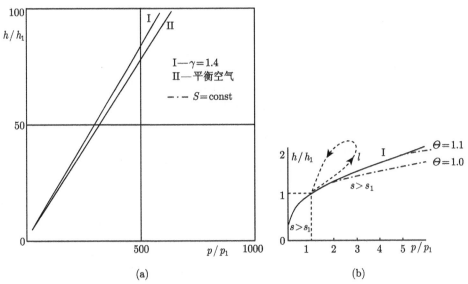

图 3.5 　(I) 完全气体中的激波绝热线；(II) $p_1=1$atm 和 $T=300$K 时的平衡态空气中的激波绝热线

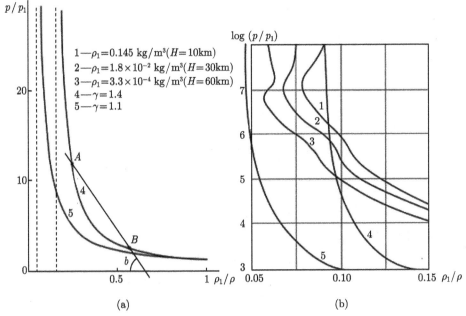

图 3.6 　平衡空气 (与图 3.4 的条件相同) 和完全气体的绝热线

为此，我们以参数的形式 $h = h(v_1^2), p = p(v_1^2)$ (式 (3.3.4)) 考虑激波绝热线，求导后可以求出沿激波绝热线熵变化率：

$$T\mathrm{d}s = \mathrm{d}h - \frac{1}{\rho}\mathrm{d}p = \frac{1}{2}\left(1 - \frac{{\rho_1}^2}{\rho}\right)\mathrm{d}v_1^2 \tag{3.4.5}$$

激波后的熵随着激波传播速度而增加。接近点 1 时, 激波退化为声波, 此时 $v_1 \to a_1, p_2 \to p_1$。所以, 当 $M_1 = v_1/a_1 > 1$ 时, 穿过激波后熵增加 $(s > s_1)$; 当 $M_1 < 1$ 时, 熵减少 $(s < s_1)$。因此, 根据热力学第二定律: 作为间断波阵面参数, 激波在气体中只能以超声速传播。从式 (3.3.3) 和式 (3.3.8) 可以得出, 密度、压力和焓随着马赫数 M_1 增加, 这就证明了在完全气体中, 只有压缩激波可以存在。

将这个结论推广到任意气体, 分析点 1 附近解的性质, 并拓展到函数 $\rho(p, s)$:

$$\frac{\rho_1}{\rho} = 1 - \frac{p - p_1}{p_1 a_1^2} + \frac{1}{2}\rho_1\left(\frac{\partial^2 \rho^{-1}}{\partial p^2}\right)_{s,1}(p - p_1)^2$$
$$+ \rho_1\left(\frac{\partial \rho_{-1}}{\partial s}\right)_p(s - s_1) + \cdots, \quad \left(\frac{\partial \rho^{-1}}{\partial p}\right)_s = -\frac{1}{\rho^2 a^2} \tag{3.4.6}$$

式中, 导数的下标 s 和 p 表示求导时为定值; 下标 1 表示点 1。

根据式 (3.4.5), 最后一项阶数大于 Δp^2, 因此该项可以舍去。考虑式 (3.4.1), 并联立式 (3.4.6) 与式 (3.3.4) 得到

$$\frac{1}{2}\rho_1 a_1^2\left(\frac{\partial^2 \rho^{-1}}{\partial p^2}\right)_{s,1}(p - p_1) = A_1\frac{p - p_1}{\rho_1 a_1^2} = M_1^2 - 1 \tag{3.4.7}$$

把式 (3.4.6) 中的 ρ_1/ρ 代入式 (3.4.5), 并将式 (3.4.7) 中的 $\mathrm{d}p$ 替代导数 $\mathrm{d}v_1^2 = a_1^2\mathrm{d}M_1^2$, 积分后得到激波理论基本关系式:

$$T_1(s - s_1) = \frac{1}{12}\left(\frac{\partial^2 \rho^{-1}}{\partial p^2}\right)_{s,1}(p - p_1)^3 + \cdots \tag{3.4.8}$$

由于 $s > s_1$, 对于弱激波, $p - p_1$ 的差异的符号取决于导数 $(\partial^2 \rho^{-1}/\partial p^2)_s$ 的符号, 而根据式 (3.4.1), 该项的符号为负。因为在激波中熵总是增加的, 所以弱激波只能是压缩激波。

把这些结果推广到有限强度激波。激波绝热线 $h(p)$ 是连续的, 因为对于 $p \geqslant p_1$, 密度满足不等式 $\rho \geqslant \rho_1 > 0$。因此, 激波只能在以下情况才是稀疏激波: 图 3.5(b) 中, 源于点 1 的激波绝热线从右侧开始以 $v_1 > a_1$ 增加, 并与直线 $p = p_1$(曲线 1) 相交, 在交点处 $\rho = \rho_1$ 和 $h = h_1$(式 (3.3.4))。这意味着只能在点 1 处相交, 此时作为状态方程函数的熵 $s = s_1$, 这就与式 (3.4.5) 沿激波绝热线熵单增的条件相矛盾。因此, 具有物理意义上的激波绝热线全部位于点 1 的右侧 (压缩区), 从而证明了该论点。

点 1 左侧的绝热线分支对应稀疏区 ($p < p_1$) 和亚声速马赫数 ($M_1 < 1$), 更重要的是, 该区域熵减。根据式 (3.4.5), 这一绝热线分支延长到 v_1 减小的区域, 将导致随后的熵减。直线 $p = p_1$ 不能以这样的方式相交, 甚至在形式上也不能获得熵减的压缩激波。

下面表达式来自关系式 (3.4.8), 点 1 处的激波绝热线与等熵线的切角是二阶的。将状态方程拓展到点 1 附近:

$$h - h_1 = \frac{p - p_1}{\rho_1} - \frac{(p - p_1)^2}{2\rho_1 a_1^2} + \frac{1}{6}\left(\frac{\partial^2 \rho^{-1}}{\partial p^2}\right)_s (p - p_1)^3 + T(s - s_1) + \cdots \quad (3.4.9)$$

在等熵线上 $s = s_1$, 根据式 (3.4.8), 激波绝热线 $\Delta s \backsim (\Delta p)^3$, 从而证明了该论点。一般而言, 根据式 (3.4.5), 激波绝热线总是位于局部等熵线 (激波后侧, $\rho dh = dp$) 上方, 其相对位置见图 3.5(b)。

现在证明激波后侧流动为亚声速。由于穿过激波的关系式对于下标 1 和 2 是对称的, 与式 (3.4.7) 相似, 对点 2 附近进行展开, 产生以下对称关系式:

$$\frac{1}{2}\rho_2 a_2^2 \left(\frac{\partial^2 \rho^{-1}}{\partial p^2}\right)_s (p_1 - p_2) = M_2^2 - 1 \quad (3.4.10)$$

由于 $p_2 > p_1$, 不等式 $M_2 < 1$ 成立。

这样, 从 A ~ D 所有论点已经得到证明, 但其中论点 B 和 C 只针对弱激波进行了证明。式 (3.4.5) 证明了有限强度激波熵的单调性; 对于焓的单调性, 根据热力学第二定律, 由压力的单调性同样得到证明:

$$\frac{dh}{dv_1} = \frac{1}{\rho}\frac{dp}{dv_1} + T\frac{ds}{dv_1} \quad (3.4.11)$$

现在, 我们将考虑压力和卷吸速度 u, 在一般情况下, 证明不等式 $M_2 < 1$。为此, 沿激波绝热线对式 (3.3.4) 和式 (3.3.5) 求导:

$$\frac{dp}{dv_1^2} = \rho_1(1 - k) - \rho_1 v_1^2 \frac{dk}{dv_1^2}, \quad k = \frac{\rho_1}{\rho} \quad (3.4.12)$$

和

$$\frac{du}{dv_1} = (1 - k) - 2v_1^2 \frac{dk}{dv_1^2} \quad (3.4.13)$$

联立之前的方程, 可得

$$\frac{1}{\rho_1}\frac{dp}{dv_1^2} = \frac{1}{2}(1 - k) + v_1 \frac{du}{dv_1^2} \quad (3.4.14)$$

压力 $p(v_1)$ 的单调性是从 $u(v_1)$ 的单调性推出的，但反之不成立。设 $\rho = \rho(p, s)$，推导出

$$\frac{\mathrm{d}\rho^{-1}}{\mathrm{d}v_1^2} = \left(\frac{\partial \rho^{-1}}{\partial p}\right)_s \frac{\mathrm{d}p}{\mathrm{d}v_1^2} + \left(\frac{\partial \rho^{-1}}{\partial s}\right)_p \frac{\mathrm{d}s}{\mathrm{d}v_1^2} = -\frac{1}{\rho^2 a^2}\frac{\mathrm{d}p}{\mathrm{d}v_1^2} + \left(\frac{\partial \rho^{-1}}{\partial h}\right)_p T\frac{\mathrm{d}s}{\mathrm{d}v_1^2} \quad (3.4.15)$$

把压力导数 (3.4.12) 代入该式，并引入式 (3.3.3) 和式 (3.4.5)，可得

$$v_1^2 \frac{\mathrm{d}k}{\mathrm{d}v_1^2} = -\frac{1-k}{1-M^2}\left[M^2 - \frac{1}{2}(p - p_1)\left(\frac{\partial \rho^{-1}}{\partial h}\right)_p\right] \quad (3.4.16)$$

引入激波后马赫数 M：

$$M^2 = \frac{v^2}{a^2} = \frac{\rho_1^2 v_1^2}{\rho^2 a^2} = -\rho_1^2 v_1^2\left(\frac{\partial \rho^{-1}}{\partial p}\right)_s \quad (3.4.17)$$

则式 (3.4.13) 变为

$$(1 - M^2)\frac{\mathrm{d}u}{\mathrm{d}v_1} = (1 - k)\left[1 + M^2 - (p - p_1)\left(\frac{\partial \rho^{-1}}{\partial h}\right)_p\right] = W_1 > 0 \quad (3.4.18)$$

根据第二个条件 (3.1.1)，前面公式中的不等式成立。该条件只依赖气体特性，而非其他条件。

这样，激波压缩波阵面的不等式就得到证明：

$$\frac{\mathrm{d}s}{\mathrm{d}v_1} > 0, \quad (1 - M^2)\frac{\mathrm{d}u}{\mathrm{d}v_1} > 0, \quad (1 - M^2)\frac{\mathrm{d}p}{\mathrm{d}v_1} = W_2$$

$$W^2 = 2\rho_1 v_1(1 - k)\left[1 - \frac{1}{2}(p - p_1)\left(\frac{\partial \rho^{-1}}{\partial h}\right)_p\right] > 0 \quad (3.4.19)$$

为证明函数 $\rho(v_1)$、$h(v_1)$ 和 $u(v_1)$ 的单调性，必须确保条件 $1 - M^2 > 1$ 在整个激波速度范围内恒成立。

正如前面已证明的，对于弱激波，点 1 附近 $M < 1$，式 (3.4.18) 括号内的表达式为负，$\mathrm{d}u/\mathrm{d}v_1 > 0, \mathrm{d}p/\mathrm{d}v_1 > 0$。不过，这些导数符号只随 $1 - M^2$ 的差异变化，根据式 (3.4.18)、式 (3.4.14) 和式 (3.4.5)，得到沿激波绝热线关系式：

$$m > 1, \frac{\mathrm{d}u}{\mathrm{d}v_1}, \quad \frac{\mathrm{d}p}{\mathrm{d}v_1} \to \infty, \quad \frac{\mathrm{d}s}{\mathrm{d}p} = \frac{\mathrm{d}s}{\mathrm{d}v_1}\frac{\mathrm{d}v_1}{\mathrm{d}p} \to 0 \quad (3.4.20)$$

对于弱激波 ($M < 1$)，马赫数在趋近于 1 时必然是增大的。

但这种情况不可能发生，证明如下：求出沿激波绝热线 M^2 对 p 的全部导数；在声速点，根据关系式 (3.4.20) 和条件 (3.4.1)，得出

$$\frac{\mathrm{d}M^2}{\mathrm{d}p} = -\rho_1 v_1^2 \left(\frac{\partial^2 \rho^{-1}}{\partial p^2} \right)_s + \left[\rho_1 \left(\frac{\partial \rho^{-1}}{\partial p} \right)_s + \rho_1 v_1^2 \left(\frac{\partial \rho^{-1}}{\partial p \partial s} \right) \frac{\mathrm{d}s}{\mathrm{d}v_1} \right] \frac{\mathrm{d}v_1^2}{\mathrm{d}p}$$

$$= -\rho_1 v_1^2 \left(\frac{\partial^2 \rho^{-1}}{\partial p^2} \right)_s < 0 \tag{3.4.21}$$

这就与获得声速点条件 $(\mathrm{d}M/\mathrm{d}p > 0)$ 相矛盾。因此论点 B 已被证明适用于标准气体。

需要指出的是，为了证明该论点，我们只用到了声速点处 $\mathrm{d}v_1/\mathrm{d}p = 0$，即 $W_2 > 0$(式 (3.4.19))。令式 (3.4.1) 中 $L = 2$，足以使后面不等式成立。在这种情况下，除了 $u(v_1)$ 相关的单调性，上述激波特性 A~D 都是满足的。

下面将详细解释沿激波绝热线上密度可能发生的异常情况。对于 $M_1 \gg 1$，关系式 $M^2 \approx k \ll 1$ 通常成立，所以，在条件 (3.4.1) 下，式 (3.4.16) 中括号内的表达式符号也可以改变，见图 3.3 和图 3.6(平衡态空气)。

现在，我们讨论内能 e。在对气体介质特性没有任何附加的 (相对于 (3.4.1)) 假设的情况下，e 随着激波速度 v_{n1} 的单调性不遵循方程 (3.4.11) 的对应部分，$\mathrm{d}e = T\mathrm{d}s - p\mathrm{d}\rho^{-1}$。在这个问题上不再详细阐释，这种情况 (以及密度的非单调性) 不会影响激波关系式 (对于单值函数 $\rho(p,h), e(p,h)$ 等) 解的唯一性。在时变问题中，绝热线有时会采用以下形式：

$$e - e_1 = \frac{1}{2}(p + p_1) \left(\frac{1}{\rho_1} - \frac{1}{\rho} \right), \quad p = p(e, p) \tag{3.4.22}$$

类似于图 3.6(b) 中函数 $p(\rho^{-1})$，函数 $\rho(v_{n1})$ 的非单调性可能导致函数 $e(\rho^{-1})$ 的非单调性，甚至 $e(\rho^{-1})$ 的非唯一性。

最后再讨论弱激波。根据方程 (3.3.14)，对于完全气体 $M_1 + M_2 = 2$。在式 (3.4.7) 和式 (3.4.10) 精度范围内，左边的系数可以认为是相等的。因此，综合这些公式，对于 $M_1 \approx 1$，在一般情况下我们也能获得相同的结果。采用卷吸速度 $u = v_{n1} - v_{n2}$，得到

$$v_{n1} - a_1 = a_2 - v_{n2}, \quad v_{n1} = \frac{1}{2}(a_1 + a_2 + u) \tag{3.4.23}$$

方程 (2.4.7) 减去方程 (3.4.10)，得到

$$(M_1^2 - 1) - (M_2^2 - 1) = M_1^2 - M_2^2 = 2A_1 \frac{p_2 - p_1}{\rho_1 a_1^2} \tag{3.4.24}$$

这里需要强调，式 (3.4.22)～ 式 (3.4.24) 的推导没有考虑二阶项，并且与约束条件 (3.4.1) 无关。

3.5　斜　激　波

斜激波所在平面与来流气体速度矢量 $\boldsymbol{U}_1$ 的倾斜角为 α。如上所述，间断波阵面在其自己的坐标系内为准定常，与激波曲线的半径或流动尺度长度相比，它的厚度非常小，这是因为，激波元可以假设为平面和控制体 Ω 边界上的耗散项，根据 1.7 节中的积分形式守恒方程，此耗散项可以忽略。

设 U 为贴合激波阵面坐标系中的气体局部速度。根据对称性，穿过平面激波时，速度矢量只在流动平面内 (或攻角平面内) 变化，其速度矢量 $\boldsymbol{U}_1$ 和外法向 $\boldsymbol{n}$ 指向来流气体方向。平面内流线见图 1.16(d) 和图 3.7(注意到在图中，法线的方向是相反的；但矢量符号会相应变化，因此方程 (1.7.12) 的形式不会改变)。

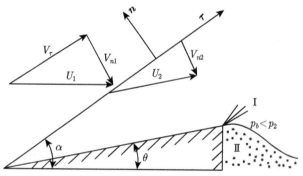

图 3.7　斜激波和楔形体绕流；I：膨胀扇；II：底部区

分析两个平行于激波的平面，在激波前、后会受到黏性区和热传导的影响，即激波的流动变量跃迁区完全限制在两个平面间。此时可以把这些平面方程 (1.7.12) 应用到黏性激波前、后 (下标分别为 1 和 2) 的相关参数，而把耗散项省略。把关系式改写为

$$\rho_2 v_{n2} = \rho_1 v_{n1}, \quad v_n = -\boldsymbol{n} \cdot \boldsymbol{U}, \quad \rho_2 v_{n2} \boldsymbol{U}_2 - p_2 \boldsymbol{n} = \rho_1 v_{n1} \boldsymbol{U}_1 - p_1 \boldsymbol{n}$$

$$
\begin{aligned}
\rho_2 v_{n2} \left(e_2 + \frac{1}{2} U_2^2 \right) - p_2 \boldsymbol{n} \cdot \boldsymbol{U}_2 &= \rho_1 v_{n1} \left(e_1 + \frac{1}{2} U_1^2 \right) - p_1 \boldsymbol{n} \cdot \boldsymbol{U}_1 \\
&= \rho_1 v_{n1} \left(e_1 + \frac{1}{2} U_1^2 + \frac{p_1}{\rho_1} \right) \\
&= \rho_1 v_{n1} \left(h_1 + \frac{1}{2} U_1^2 \right)
\end{aligned}
\tag{3.5.1}
$$

图 3.7 中，v_n 是穿过固定激波的气流法向速度；τ 为激波阵面正切矢量；v_τ 为速度矢量在波阵面的投影。用 τ 乘以式 (3.5.1) 中第二个标量方程，结合第一个方程，可得 $v_{\tau 2} = v_{\tau 1}$，即速度的切线分量穿过激波阵面时不会改变。

把同样的方程投影在法线 $\boldsymbol{n}$ 上，得到式 (3.3.3) 或式 (3.3.4) 可以描述激波热力学特性（见 3.3 节和 3.4 节）。

联立式 (3.3.4) 和式 (3.5.1)，可得激波后速度矢量的表达式：

$$\boldsymbol{U}_2 - \boldsymbol{U}_1 = \frac{p_2 - p_1}{\rho_1 v_{n1}}\boldsymbol{n} = v_{n1}(1-k)\boldsymbol{n}, \quad k = \frac{\rho_1}{\rho_2} = \frac{v_{n2}}{v_{n1}} \tag{3.5.2}$$

根据式 (3.5.1) 中最后一个方程，得出

$$H_2 = h_2 + \frac{1}{2}U_2^2 = h_1 + \frac{1}{2}U_1^2 = H_1 \tag{3.5.3}$$

这说明穿过定常激波的滞止焓不变，即 2.2 节中伯努利 (Bemoulli) 方程的常数不变。这是对 3.3 节获得的总焓 H 的法向分量 H_n 结果的推广（方程 (3.5.3) 的两边同时减去 $v_\tau^2/2$ 可得）。

如果 α 是流动平面内激波的倾角，则 $v_{n1} = U_1 \sin \alpha$，并且前面提到的激波关系式变为

$$p_2 - p_1 = \rho_1 U_1^2 \sin^2 \alpha (1-k) \tag{3.5.4}$$

和

$$h_2 - h_1 = \frac{1}{2}U_1^2 \sin^2 \alpha (1-k^2) \tag{3.5.5}$$

以上获得的关系式适合固定激波。令激波元以速度 $\boldsymbol{U}_0$ 在空间移动，$\boldsymbol{U}$ 是激波贴体坐标系中的速度，$\boldsymbol{U}'$ 是在固定坐标系中的速度，则有

$$\boldsymbol{U}' = \boldsymbol{U} + \boldsymbol{U}_0, \quad v_{n1} = -\boldsymbol{n}\boldsymbol{U} = -\boldsymbol{n}\boldsymbol{U}' + D, \quad D = \boldsymbol{n}\boldsymbol{U}_0 \tag{3.5.6}$$

这里，D 是速度 $\boldsymbol{U}_0$ 波阵面的法向分量。根据 1.7 节，体积 Ω 的积分守恒律对任意惯性坐标系恒成立。所以在新的坐标系中，如果 $\boldsymbol{U}$ 被 $\boldsymbol{U}'$ 代替，式 (3.5.6) 中速度 v_{n1} 由 $\boldsymbol{U}'$ 和 $\boldsymbol{U}_0$ 确定，关系式 (3.5.1) 不会改变。

为了确定任意笛卡儿坐标系 (x, y, z) 中速度矢量 $\boldsymbol{U}$ 的分量 u, v 和 w，将方程 (3.5.2) 投影到坐标轴上：

$$u_2 - u_1 = n_x v_{n1}(1-k), \quad v_2 - v_1 = n_y v_{n1}(1-k), \quad w_2 - w_1 = n_z v_{n1}(1-k) \tag{3.5.7}$$

这里，n_x, n_y 和 n_z 是法线 $\boldsymbol{n}$ 的方向余弦。如果以一般形式 $F(x, y, z, t) = 0$ 给定激波外形，n_x, n_y 和 n_z 以及激波和气体的法向速度 D 和 v_{n1} 就可以由式 (1.11.3)~

式 (1.11.7) 确定。如果公式与选择的法线方向不一致，方程右手边的符号应取相反。

接着我们将分析激波的一些本质特性 (与坐标系无关)。令 α 为流动平面内局部激波倾斜角，θ 为流动穿过激波的偏转角，θ 等于气流中楔形体的半顶角 (图 3.7)。根据几何分析得出

$$\frac{v_{n2}}{v_\tau} = \tan(\alpha - \theta) = \frac{\tan\alpha - \tan\theta}{1 + \tan\alpha\tan\theta} = k\tan\alpha$$

$$v_{n1} = U_1\sin\alpha, \quad v_\tau = U_1\cos\alpha, \quad v_{n2} = kv_{n1} \quad k = k(\alpha) = \frac{\rho_1}{\rho_2} \tag{3.5.8}$$

$$\zeta = \tan\theta = \frac{(1-k)\eta}{1 + k\eta^2}, \quad \eta = \tan\alpha \tag{3.5.9}$$

$$k\zeta\eta^2 - (1-k)\eta + \zeta = 0, \quad k = k(\eta) \tag{3.5.10}$$

对于小角度 $\theta, \zeta \to 0$，存在两个极限解。对应正激波的第一个解，$\eta \to \infty, \alpha \to \pi/2$，第二个解对应小密度激波，$k \to 1$。函数 $\zeta(\eta)$ (称为激波极线) 在点 (ζ_0, η_0) 有一个最大值，如图 3.8、图 3.9(完全气体) 所示。因此存在一个激波流动偏转的极限角 θ_0，如果楔形体的半顶角 $\theta > \theta_0$，那么激波脱体 (图 3.1(b))。

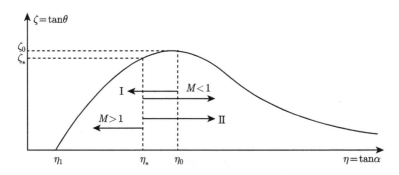

图 3.8　激波极线；I 和 II 分别为弱激波分支和强激波分支

显然，$\zeta(\eta)$ 是单值函数，但其反函数 $\eta(\zeta)$ 是二值的，并有两个分支。激波后压力较大的分支 $\eta > \eta_0$ 称为强激波分支，而 $\eta < \eta_0$ 称为弱激波分支。分歧点 (η_0, ζ_0) 由方程 $\mathrm{d}\zeta/\mathrm{d}\eta = 0$ 确定，这里，

$$\frac{\mathrm{d}\zeta}{\mathrm{d}\eta} = \frac{(1-k)(1-k\eta^2) - \eta(1+\eta^2)\dfrac{\mathrm{d}k}{\mathrm{d}\eta}}{(1+k\eta^2)^2}$$

$$v_1 \frac{\mathrm{d}}{\mathrm{d}v_1} = \eta(1+\eta^2)\frac{\mathrm{d}}{\mathrm{d}\eta} \tag{3.5.11}$$

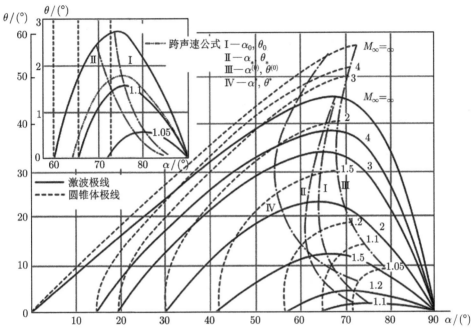

图 3.9 $\gamma=1.4$ 条件下激波极线和圆锥体极线。I~IV 是 $M=$ 常数曲线上的限制角和声速角；
I 和 II 是楔形体；III 和 IV 是圆锥体。

分歧点和声速点 (η_*, ζ_*) 的相对位置非常重要，这里 $\eta_* = \tan\alpha_*$，α_* 是激波后的声速角，有

$$M_2^2 = \frac{v_{n2}^2 + v_\tau^2}{a^2} = \frac{1+\eta^2}{\eta^2}M_{n2}^2 = 1 \tag{3.5.12}$$

对于 3.4 节描述的标准气体，$M_2 \geqslant 1$，导数 $\mathrm{d}\zeta/\mathrm{d}\eta \geqslant 0$，说明除了 3.4 节介绍的论点 A~D，标准气体还有一个特性：

E. 激波后的声速点不可能属于强激波分支 (即 $\eta_* \leqslant \eta_0$)。

要证明 E，应首先证明 $M_2 \geqslant 1$ 时式 (3.5.11) 中分数的分子为正。为此，消去 k 的导数，并根据式 (3.4.1)，用最大值 $1/2$ 代替式 (3.4.16) 中括号内最后一项。这一过程只减小了分子；式 (3.4.16) 中的表达式按照 M_2 并采用式 (3.5.14)，得到不等式：

$$(1-M_{n2}^2)(1+k\eta^2)\frac{\mathrm{d}\zeta}{\mathrm{d}\eta} \geqslant \frac{\eta^2(1-k)}{1+\eta^2}\Phi(\eta)$$

$$\Phi = (M_2^2 - k) + (M_2^2 - 1)k\eta^2 \tag{3.5.13}$$

由于 $k \leqslant 1$，有 $\Phi \geqslant 0$，并且对于 $M_2 \geqslant 1$，$\mathrm{d}\zeta/\mathrm{d}\eta \geqslant 0$。

由此可以推导出一系列不等式：

$$\eta \leqslant \eta_*, \quad M_2 \geqslant 1; \quad \eta_* \leqslant \eta_0, \quad \eta \geqslant \eta_*, \quad M_2 < 1 \qquad (3.5.14)$$

弱激波和强激波分支在最大值点 (ζ_0, η_0) 分开，除了在 $\Delta\eta = \eta_0 - \eta_*$ 范围，通常在强激波分支后，$\eta > \eta_0$，流动是亚声速；在弱激波分支后，$\eta < \eta_0$，流动是超声速。

对于完全气体 $a^2 = \gamma p/\rho$，从式 (3.5.12)、式 (3.3.7) 和式 (3.3.10) 得出 (考虑到 $v_{n1} = U_1 \sin\alpha$)：

$$v_{n1}\frac{\mathrm{d}k}{\mathrm{d}v_{n1}} = -\frac{4}{(\gamma+1)M_{n1}^2} = -2(k - k_0), \quad k_0 = \frac{\gamma-1}{\gamma+1} \qquad (3.5.15)$$

和

$$M_2^2 = \frac{(1 + k\eta^2)(1 - k_0)}{k\eta^2(1 - kk_0)} \qquad (3.5.16)$$

把式 (3.5.15) 代入式 (3.5.11)，并在式 (3.5.11) 中设 $\mathrm{d}\zeta/\mathrm{d}\eta = 0$，式 (3.5.16) 中 $M_2 = 1$，得到关于 η_0 和 η_* 的方程：

$$k(1 - K)\eta_*^2 = 1 - k_0, \quad k(1 - K)\eta_0^2 = 1 + k - 2k_0, \quad k = k(\eta) \qquad (3.5.17)$$

替换求解激波关系式获得的函数关系变量 $k(\eta)$，从而得到关于 η_0 和 η_* 的方程。对于完全气体 $\gamma=1.4$，这些角度见图 3.9。显然，差分 $\alpha_0 - \alpha_*$ 很小，对于 $M_1 \approx 1.5$，仅大于 $4°$。由于对于 $\eta = \eta_0$，$\mathrm{d}\zeta/\mathrm{d}\eta = 0$，$\theta_0 - \theta_*$ 差异的数量只有 $1°$ 的几分之一。

在一般情况下，激波分支的选择并不总是很容易，要由气流中物体的整体形状及流动问题的全局条件确定。经验表明，流动通过尖锐体时，如果尖锐体倾斜角处处小于限制角 ($\theta < \theta_0$)，由于底部区 (图 3.7 中的 I 区和 II 区) 稀疏波的影响，弱激波分支总会出现，这就与强激波后的亚声速流动不一致。因此在数值求解尖锐体绕流时变问题时，从任意初始条件 (以及绕流体后侧的条件) 开始，总能获得极限定常弱激波流动。

同样，尖锐物体贴体强激波解也同样很容易得到。可以把物体表面看作与强激波分支 Oc 交叉的流线 cd(图 3.1(a) 和 (b))，其中 a 为满足 $\theta = \theta_0$ 的分支点。这样的物体 (带槽道的轴对称物体) 具有一个附着强贴体激波的尖锐边缘。这种情况下，绕流体后侧表面的凹面维持了高压。由于黏性效应，导致前面分离区的形成，这样的流态实际上不能实现。在无黏解的范围内，该例阐明了问题的本质。

这里需要强调: 激波的从一个分支转变到另一个分支突变型切换的临界特性。事实上, 对于角度 $\theta < \theta_0$ 的楔形体, 激波是贴体的, 但是, 无论正差值 $\Delta\theta = \theta - \theta_0 > 0$ 多小, 在物体前面都会形成与轴向正交的脱体激波。因此, 从上面或者下面 $\Delta\theta \to 0$, 解在形式上有不同的极限。不过, 激波的非直线部分的长度与楔形体长度的比随着 $\Delta\theta$ 减小, 这就解释了这一矛盾。

接下来将讨论斜激波的一些特殊极限性质。在高超声速中, 当 $M_1 \to \infty$、$k \to k_0$ 时, 特征角 α_0 和 α_* 相同。随着 γ 的减少, 由以下关系式确定的特征角增加:

$$\eta_* = \eta_0 = k_0^{-1/2} = \left(\frac{\gamma+1}{\gamma-1}\right)^{1/2}, \quad \eta = \tan\alpha$$

$$\zeta_* = \zeta_0 = \frac{1}{2}(1-k_0)k_0^{-1/2} = \frac{1}{\gamma+1}\left(\frac{\gamma+1}{\gamma-1}\right)^{1/2}, \quad \zeta = \tan\theta$$

$$\sin\theta_0 = \frac{1-k_0}{1+k_0} = \frac{1}{\gamma}, \quad \sin\alpha_0 = \frac{1}{\sqrt{1+k_0}} = \left(\frac{\gamma+1}{2\gamma}\right)^{1/2} \tag{3.5.18}$$

这一点处激波后压力为 $p = \rho_\infty U_\infty^2/\gamma$。这些角度示意见图 3.10(a)。

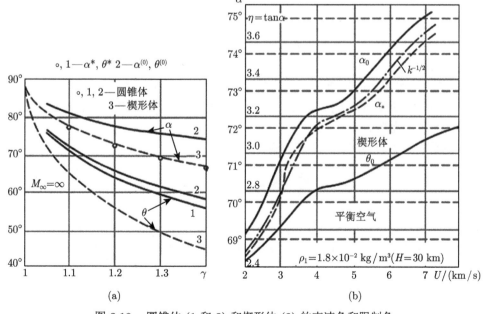

(a)   (b)

图 3.10 圆锥体 (1 和 2) 和楔形体 (3) 的声速角和限制角

根据式 (3.5.8)，得到

$$\tan(2\alpha - \theta) = \frac{(1+k)\tan\alpha}{1 - k\tan^2\alpha} \tag{3.5.19}$$

由此得出：对于 $\alpha = \alpha_0$ 和 $k = k_0$，关系式 $2\alpha_0 = \theta_0 + \pi/2$ 成立；显然，这个关系式与 γ 无关。

至于平衡态空气，其真实气体特性仅在高马赫数 M_1 和小 $k = (\gamma_* - 1)/(\gamma_* + 1)$ (3.3 节) 时表现出来。舍去式 (3.5.11) 中的导数 $\mathrm{d}k/\mathrm{d}\mu$，并在式 (3.5.12) 中设 $a^2 = \lambda_e p/\rho$ 和 $\gamma_e - \gamma_*$，可获得与完全气体相同的公式：

$$\eta_0^2 = \eta_*^2 = k^{-1/2} = \left(\frac{\gamma_* + 1}{\gamma_* - 1}\right)^{1/2} \tag{3.5.20}$$

平衡态空气对应值见图 3.10(b)。正如预期的一样，$\eta_0 > \eta_*$ 近似于 $k^{-1/2}$。

对于准正激波，根据式 (3.5.9) 中的限制，$\alpha \to \pi/2$，得到

$$\theta k = (1 - k)\omega, \quad \omega = \pi/2 - \alpha \tag{3.5.21}$$

对于高超声速流动和 $k \ll 1$，有 $\theta \gg \omega$，即正激波的激波偏离角比激波中流动偏转角小很多。

根据式 (3.5.8) 得到激波后总速度：

$$U_2^2 = v_\tau^2 + v_{n2}^2 = U_1^2 \left[1 - (1-k)\sin\alpha^2\right], \quad u_2 = U_2 \cos\theta \tag{3.5.22}$$

因此，随着 $1 - k \to 0$，对于 $M_{n1} \approx 1$ 和具有小倾斜角 $\alpha \ll 1$(在 α^2 二阶精度之内) 的激波，激波后的总速度几乎是守恒的。对于小倾斜角情况，由于 $\theta < \alpha$，激波后面的纵向速度 $u \approx U_1$。总之，在小倾斜角的激波中，纵向速度和总速度是守恒的，与密度无关。

对于激波后的马赫数，以下不等式恒成立：

$$M_2^2 = \frac{v_\tau^2}{a_2^2} + M_{n2}^2 \leqslant \frac{v_\tau^2}{a_1^2} + M_{n1}^2 = M_1^2 \tag{3.5.23}$$

根据 3.4 节已经证明的不等式 $M_{n2} < 1, M_{n1}^2 > 1$ 和 $a_2 > a_1$，上面的不等式显然成立。条件 $M_1 \gg 1$ 和 $\alpha \ll 1$ 同时满足时，不等式 $M_1\alpha \geqslant 1$ 成立。根据式 (3.5.4)：

$$a_2^2 = \gamma\frac{p_2}{\rho_2} = \gamma k U_1^2 \alpha^2 \left[\frac{1}{\gamma M_1^2 \alpha^2} + (1 - k)\right]$$

$$M_2^2 > \frac{v_\tau^2}{a_2^2} \sim \frac{1}{k\alpha^2} \gg 1 \tag{3.5.24}$$

因此, 对于 $\alpha \ll 1$, 流动穿过激波时保持高超声速, 但是随着 $M_1 \to \infty$, 马赫数 M_2 仍然存在上界。

考虑弱激波 $M_{n1}^2 - 1 \ll 1$, 此时 $\Delta p/p_1 \ll 1$, $\Delta p = p_2 - p_1$, $\theta \ll 1$。对于斜激波, 式 (3.4.7) 变为

$$M_1^2 A_1 \bar{p} = M_{n1}^2 - 1 = M_1^2 \sin^2 \alpha - 1, \quad \bar{p} = \Delta p/\rho_1 U_1^2 \tag{3.5.25}$$

将运动方程 (3.5.8) 中 k 的表达式代入式 (3.5.4) 中的第一个公式, 得到一般关系式:

$$\bar{p} = \sin^2 \alpha \frac{\tan \alpha - \tan(\alpha - \theta)}{\tan \alpha} = \frac{\sin \alpha \sin \theta}{\cos(\alpha - \theta)} \tag{3.5.26}$$

随着极弱的激波向特征线靠近, $\bar{p} \to 0$、$\alpha \to \alpha^*$、$\sin \alpha^* = M_1^{-1}$, 对于小的 $\bar{p}$ 和 θ:

$$\Delta \alpha = \alpha - \alpha^* = \frac{A_1 \bar{p} M_1^2}{2\sqrt{M_1^2 - 1}}, \quad \bar{p} = \frac{\theta}{\sqrt{M_1^2 - 1}} \tag{3.5.27}$$

根据线性理论可以推出式 (3.5.27) 中的第二个公式, 而第一个公式能够区分弱激波和特征线; 对于完全气体, $\Lambda_1 = (\gamma + 1)/2$(式 (3.4.1))。

现在讨论跨声速激波的特性。随着 $M_1 \to 1$ 和 $\alpha \to \alpha^* \to \pi/2$, 式 (3.5.25) 应该写为以下形式:

$$A_1 \bar{p} = M_1^2 - 1 - \cos^2 \alpha - M_1^2 - 1 - \omega = \omega^{*2} - \omega^2$$

$$\omega = \pi/2 - \alpha, \quad \omega_* = \pi/2 - \alpha^* \tag{3.5.28}$$

对于 $\theta \ll 1$ 和 $\alpha \approx \pi/2$, 联立式 (3.5.26) 的极限形式, 得出跨声速激波关系式:

$$\theta = \omega \bar{p} = A_1^{-1} \omega (M_1^2 - 1 - \omega^2) = \bar{p}(M_1^2 - 1 - A_1 \bar{p})^{1/2} \tag{3.5.29}$$

根据式 (3.5.29) 以及适合跨声速 ($k \approx 1$) 速度方程 (3.5.21), 遵循从式 (3.3.21) 得出的 $\theta \gg \omega$, 存在与高超声速相反的条件。

式 (3.5.28) 和式 (3.5.29) 对于两种激波分支都有效, 当 $\theta \to 0$ 时, 方程给出了正激波的一个解 $A_1 \bar{p} = M_1^2 - 1$。曲线 $\theta = \theta(\omega)$ 在以下点取得峰值:

$$\omega_0 = \frac{\pi}{2} - \alpha_0 = \left(\frac{M_1^2 - 1}{3}\right)^{1/2}, \quad \theta_0 = \frac{2}{3\sqrt{3}A_1}(M_1^2 - 1)^{3/2} \tag{3.5.30}$$

显然，跨声速流线穿过激波的偏转极小，因此对于 $M_1 = 1.05$，偏转角不超过 $1°$，而对于 $M_1 = 1.005$，偏转角大约是 $0.0333°$（即 $2'$），所以实际上不存在保证激波贴体的相对合理的物体厚度。

为获得激波后声速点的 ω 和 θ，采用式 (2.2.20)，设 $p = p_1$ 和 $M = M_1$。联立式 (3.5.28) 和式 (3.5.29)，推出

$$\theta_* = \frac{(M_1^2 - 1)^{3/2}}{2A_1\sqrt{2}}, \quad \omega_* = \frac{\pi}{2} - \alpha_* = \left(\frac{M_1^2 - 1}{2}\right)^{1/2} \tag{3.5.31}$$

值得注意的是，特征角 ω 和 ω_* 与状态方程无关。

最后，根据式 (3.5.28)、式 (3.5.30) 和式 (3.5.31)，得到激波后压力关系式：在点 ω_0 处，$\bar{p} = \bar{p}_0$；在点 ω_* 处，$\bar{p} = \bar{p}_*$：

$$A_1\bar{p}_0 = \frac{2}{3}(M_1^2 - 1), \quad A_1\bar{p}_* = \frac{M_1^2 - 1}{2} \tag{3.5.32}$$

因此，在跨声速激波中压力增加是较小的，只有 $\bar{p} \sim M_1^2 - 1$ 的量级。把 $\bar{p}_0$ 代入式 (3.4.23)，对于 $\alpha \approx \pi/2$，式 (3.4.23) 中的 M_1 和 M_2 可以认为是总马赫数，当 $\omega = \omega_0$，得到激波后马赫数 M_0 的表达式：

$$M_0 = 1 - \frac{1}{3}(M_1^2 - 1) \tag{3.5.33}$$

当 $M_1 \leqslant 1$ 时，式 (3.5.33) 对于理论研究非常简便，而且具有足够的精度 (图 3.9)。

3.6   穿过激波的损失

考虑激波中熵增的一些结果。熵增会产生重要的影响：激波后滞止压力 p_{02}(或总压) 总是小于等熵滞止压力 p_{01}。事实上，激波中滞止焓 H 是守恒的，而熵是增加的，$s_2 > s_1$。所以，根据式 (1.5.1) 中的第一个条件，有

$$\left(\frac{\partial p}{\partial s}\right)_h = -\rho T < 0, \quad \left(\frac{\partial h}{\partial s}\right)_p = T > 0 \tag{3.6.1}$$

因此可以推出，在激波后的滞止点：

$$p_{02} = p(H, s_2) < p_{01} = p_0 = p(H, s_1) \tag{3.6.2}$$

理论和实验都表明，使超声速流动等熵减速是不可能的，所以在超声速流动中的钝头体前面，总是会形成激波 (图 3.1)；在轴对称时，形成正激波。因此，在物体

滞止点，对于 $M_1 \leqslant 1$，压力等于 p_0；对于 $M_1 \geqslant 1$，$p_{02} = p_0'$。在解释皮托探针测量总压时，我们应该牢记这个事实，正如 2.2 节所述。

通过式 (2.2.14)，可得正激波后面完全气体流动的关系式：

$$p_0' = p_2 \left(1 + \frac{\gamma - 1}{2} M_2^2\right)^{\gamma/(\gamma-1)} \tag{3.6.3}$$

正激波后面的量 p_2 和 M_2 由式 (3.3.8) 和式 (3.3.10) 确定，相关公式很烦琐，在此不再赘述。

p_0' 和 p_0 的比较见图 3.3(3.3 节)。显然，对于弱激波，$p_0 \approx p_0'$；但对于 $M_1 \gg 1$ 时，$p_0 \gg p_0'$。这种情况中，量 $M_2^2 = (\gamma - 1)/2\gamma$ 相当小；把这个量扩展到式 (3.6.3)，并考虑式 (3.3.8)，可以得到一个简单的表达式：

$$p_0' = \frac{(3 + \gamma)\gamma}{2(\gamma + 1)} p_1 M_1^2 \ll p_0 \approx p_1 \left(\frac{\gamma - 1}{2} M_1^2\right)^{\gamma/(\gamma-1)} \tag{3.6.4}$$

该公式具有更一般的形式，以使其结果不依赖于 γ。由于 M_2^2 很小，正激波后面的流动可以认为是不可压缩的，有恒定的密度 $\rho = \rho_2$。这种情况下，根据适合不可压流体的伯努利方程 (并考虑式 (3.3.3) 和式 (3.3.4))，得到

$$p_0' = p_2 + \frac{\rho_2 v_{n2}^2}{2} = p_1 + \left(1 - \frac{k}{2}\right) \rho_1 U_1^1, \quad k = \frac{\rho_1}{\rho_2} \tag{3.6.5}$$

与精确解的比较 (图 3.3) 表明：对于 $\gamma = 1.4$，这个简单的公式在 $M_1 \geqslant 2$ 时已有足够的精度。对于完全气体，这个公式在 M_1 的值较大时与式 (3.6.4) 一致。显然，对于较小的 k 值 (或 $\gamma_* - 1$)，激波后面的压力与滞止点压力近似 (式 (3.3.17))。

我们可以确信，对于发动机超声速喷管喷流进入静止环境介质的例子，在激波中熵增的影响和相关总压减少的影响是负面的 (图 1.6(e)，1.7 节)。这种情况中，充分远离喷管、压力为 p_∞ 的无黏平面平行的流动就会建立，发动机推力 (式 (1.7.22)) 表示如下：

$$T = \int_{\Sigma_2} \rho U^2 a \mathrm{d}\Sigma = \int_G U \mathrm{d}G, \quad \mathrm{d}G = \rho U \mathrm{d}\Sigma \tag{3.6.6}$$

这里，积分是有限积分，并且 G 是发动机内的气体流率。如果初始 (即在喷管喉道) 熵 s_0 在发动机流动中是守恒的，则发动机内所有流线的速度是相同的，等于 $U_0(p_\infty, s_0)$，而推力为 $T_0 = GU_0$。然而，如果由于激波的形成使流动的熵增加，那么根据式 (3.6.1)，气体速度将降低，根据量 $\Delta T = G\Delta U$，推力也减少，这样，穿

越激波就会发生推力损失。因此，最大推力应当是由设计完美、没有激波的喷管提供的，流动参数均匀分布在整个出口段，出口压力为 p_∞，出口熵为 s_0。

另一个类似的对基本特性的影响是物体的波阻。第 2 章表明，与超声速流动的情况不同，亚声速无旋流中的物体不会产生阻力 (达朗贝尔悖论，2.12 节)。这意味着，当激波形成、熵增加时，流动潜在所需的正压关系式 $\rho = \rho(p)$ 被破坏了。为验证这一影响，我们将在图 1.16(c) 中选择一个控制面，使其侧面 Σ_δ 超出熵扰动区域以及其在式 (1.7.18) 中的影响和表面 Σ_1 的影响趋近于零。因为我们研究熵增影响，在无黏流动中，其在无穷远处不会消失，在分析表面 Σ_2 上有限积分时，假设 $p = p_\infty, u = U$ 和 $v = 0$。对表面 Σ_2 使用伯努利方程和状态方程 $h = h(p, s)$，得到 (T_* 是 T 的平均值)

$$h - h_\infty = \Delta h = \frac{1}{2}(U_\infty + u)(U_\infty - u) = T_* \Delta s$$

$$\Delta s = s - s_\infty, \quad T_* > T_\infty \tag{3.6.7}$$

则阻力公式为

$$X = \int\limits_{\Sigma_2} \rho u(U_\infty - u)\mathrm{d}\Sigma = \int\limits_{\Sigma_2} \frac{2U}{U + U_\infty} \rho T_* \Delta s \mathrm{d}\Sigma \tag{3.6.8}$$

为了求这些积分的值，需要在整个流线上预先分配足够多的熵的分布点，由于对于给定的压力 $p = p_\infty$，所有的流动参数 (ρ, T, U) 只依赖于熵。

因此，对于无黏流，物体的阻力可以表达为熵增的形式。所以，当激波形成时，阻力总是增加，这就是其称为波阻的原因。在初始亚声速流中，如果在局部出现了超声速区，也会出现波阻 (5.1 节)。

因此，接下来的问题是将超声速流动减速时 (即在超声速风洞扩压器或在吸气式发动机空气入口，如图 3.11 所示) 的熵增减到最少。在这些装置的出口，期望产生尽可能高的滞止压力，以便一方面促进喷射工况气体，在另一方面增加推力 (主要通过增加流速 $G_* = \rho_* a_* \sigma_* \backsim p_*$，在通道喉部 $M \approx 1$，2.3 节)。这一点可以通过构造一系列使气体减速的激波来实现。例如，图 3.11 中的 I 区，有一系列激波 1、2、3 等，终止在一个正激波附近；II 区，出口处有一个单独的脱体激波，可以认为是一种可选的流动方案。结果表明：通过一系列激波的气流的熵是较低的，而压力比通过一个单独的相同 (在某种意义上) 强度的激波高。

这一结论是显而易见的，如果压差为 Δp 的单独激波被大量的 N 个弱激波取代，而每个弱激波的熵增是小量 (根据式 (3.4.8))，$\Delta s_N \backsim (\Delta p/N)^3$，总的熵增为 $\Delta s \backsim N^{-2}$。这样的波系等同于等熵气体压缩。那么，在 2.3 节一维理论范围

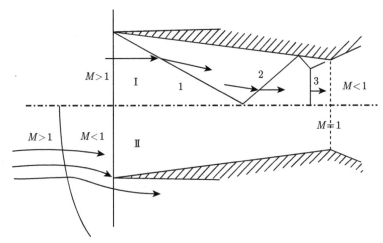

图 3.11 在一系列激波中 (I) 和单独正激波 (II) 中，超声速扩压器中的流动减速

内，图 3.11 中的扩压器就可以认为是可逆的拉瓦尔喷管 (图 2.3 中的曲线 b^+a^-)，具有超声速入口和亚声速出口。然而，正如第 4 章将要展示的，实际上，这样没有激波的喷管流动几乎不能实现。

该结论自然地推广到以给定角度将流体转向的情况。例如，在流动通过多楔形弯曲壁面和其他性质上类似的情况时，每当引入一个新的表面弯曲发生器时，伴随的激波就会导致熵增。尽管大量计算的经验已经表明了它的真实性，但从解析角度看，这一点只能在某些特殊情况下得到证明。

3.7 活塞和楔形体问题

这些问题可以归结为推导激波背后的流动参数对同一激波波后速度的依赖关系。这些解都是局部的，涉及一些非常简单的问题，如楔形体的超声速绕流和管道内活塞前的一维绕流。我们将把研究限制在与后面有超声速流型的弱激波分支相对应的流动。只有这些区域会与定常流动参数有关，并通常在飞行器前缘得以实现。

对于完全气体，活塞问题有显式解；我们写出气体卷吸速度的解 $u = v_{n1} - v_{n2}$，该速度在活塞运动的任何方向恒为正。为此，方程 (3.3.7) 中的 k 应该代入式 (3.3.5)，得出诱导波速 $D = v_{n1}$ 的二次方程。该方程的解可以表示如下：

$$\frac{D}{a_1} = \frac{\gamma+1}{4}\frac{u}{a_1} + \sqrt{\frac{(\gamma+1)^2}{16}\frac{u^2}{a_1^2} + 1}, \quad p - p_1 = \rho_1 D u \tag{3.7.1}$$

式中，根号前的正号对应压缩波。至于压力公式，已在 1.6 节推导。

需要注意的是，相关函数 $D(u)$ 和 $u(D)$ 都是单调的 (区别于 3.5 节中有两个解的楔形体问题)，可以确保活塞问题解的唯一性。

给定楔形角 θ，对于激波倾角 α，楔形体问题简化为求解式 (3.5.8) 或式 (3.5.9)。此时，没有形如式 (3.7.1) 的简单解，其数值结果表示在图 3.9 和图 3.10 中。而对于弱激波分支后面的有限分离流动区，可以获得一些显式解。这些精确解将在下面给出。

3.7.1 线性近似和二次近似

第 2 章已经解决了活塞前方以低速 u 移动的声波问题和超声速流动流过小迎角 θ 薄型机翼的问题。对应的解表达如下：

$$\Delta p_{\text{lin}} = p - p_1 = \rho_1 a_1 u, \quad \sqrt{M_\infty^2 - 1}\Delta p_{\text{lin}} = \rho_\infty U_\infty^2 \theta \qquad (3.7.2)$$

其中，下标 ∞ 表示尖劈上的来流参数。在线性理论范围内，第一种情况用声波 $\mathrm{d}x/\mathrm{d}t = a_1$ 来表示扰动阵面；在第二种情况，用倾斜角为 $\alpha^* = \arcsin M_\infty^{-1}$ 的马赫线来表示扰动阵面。

活塞运动或薄体绕流中线性理论和精确理论的关系存在问题。在精确理论框架内，在未知的弓形激波上强加边界条件，而弓形激波的位置却不能从第 2 章介绍的经典线性理论获得。然而，根据 2.4 节的介绍，在这些精确问题的线化过程中，因为流动解主要近似为常数，扰动边界条件可以直接从激波 X_s 转换到主特征线 X_0。这样就会得到第 2 章的解。于是，根据式 (3.4.7) 和式 (3.5.27) 就可以确定弓形激波的位置。

下面将推导线性理论的二阶修正。为此，在活塞问题中，应该从关系式 (3.3.5) 中排除量 D，采用式 (3.4.6) 和式 (3.4.1) 得到的关系式扩展到 Δp，得到以下结果：

$$u = \left[\frac{1}{\rho_1}(1-k)\Delta p\right]^{1/2} = \frac{\Delta p}{\rho_1 a_1}\left(1 - \frac{1}{2}A_1\frac{\Delta p}{\rho_1 a_1^2} + \cdots\right)$$

$$\frac{p - p_1}{\rho_1 a_1^2} = \frac{Du}{a_1^2} = \frac{u}{a_1} + \frac{1}{2}A_1\frac{u^2}{a_1^2} + \cdots \qquad (3.7.3)$$

正如图 3.12 所示，第二个公式 (从第一个公式转化来的) 的适用范围能够扩展到活塞的声速，$u \leqslant a$。如果我们在这个范围考虑式 (3.7.1) 中根号下的 u^2 项的小量时，出现该结果是合理的。

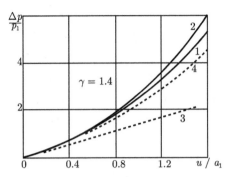

图 3.12 相对压力增加：激波中 (1)，简单波 (2，见 4.6 节)；3 和 4 是线性近似和二次近似

根据式 (3.5.26)，尖劈问题中有类似的结果，结合式 (3.7.2) 和式 (3.5.27)，可以扩展为

$$p' = \frac{\Delta p}{\Delta p_{\mathrm{lin}}} = 1 + \frac{1}{2}BK, \quad K = \theta\sqrt{M_\infty^2 - 1} \tag{3.7.4}$$

其中，K 是 2.7 节介绍的相似参数，而系数 B 由以下公式确定：

$$(M_\infty^2 - 1)^2 B = A_1 M_\infty^4 - 2(M_\infty^2 - 1) \tag{3.7.5}$$

当 $M_\infty \geqslant 2.5 \sim 3$ 时，得到 $B \approx A_1$(精度在百分之一的量级)，所以 p' 对参数 K 线性相关。这种情形下，该公式的结果实际上与图 2.13 和下面的图 3.13(a) 中的

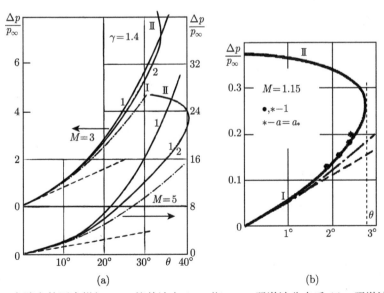

(a)　　　　　　　　　　(b)

图 3.13 尖劈上的压力增加：1：简单波中 (4.6 节)；2：弱激波分支后 (I)、强激波分支后 (II)；虚线和圆点–虚线分别代表线性公式和二次方程公式

数据一致, 而且其应用范围远远超出线性理论应用区域的理论极限 (对于中等马赫数 M_∞, 一直到 $\Delta p/p_\infty \leqslant 4$ 都可以适用). 在跨声速区域, 随着 $M_\infty \to 1$, 项 $BK \to \infty$. 不过, 根据图 3.13(b), 对于所有 $\theta < 2\theta_0/3$, 该公式都是有效的, 其中 θ_0 是尖劈极限角, 根据式 (3.5.30), 项 BK 是有限的, $BK = 2/3^{3/2} < 1$. 在这个范围, 对于尖劈公式 (3.5.29) 是有效的; 考虑到式 (3.5.30), 它在 $\overline{p}/(M_\infty^2 - 1)$ 方面的展开形式为 $p' = 1 + \theta/(3\sqrt{3}\theta_0)$, 当 $M_1 \to 1$ 时, 结果与式 (3.7.4) 一致.

3.7.2 薄激波层的高超声速近似: 牛顿公式

正如 3.3 节提到的高超声速流动, 当 $M_\infty \sin\alpha \gg 1$ 时, 穿透激波的密度比相当小, 所以 $k = (\gamma_* - 1)/(\gamma_* + 1) = 0.05 \div 0.2$ (图 3.4). 这就促使我们把 k 当作小的量来使用, 并随着 $k \to 0$, 或 $M_\infty \to \infty$ 和 $\lambda_* \to 1$ 时, 构建渐近解.

对于活塞问题, 它的极限解是初步的. 这种情况下, 对于 $k = k(D/a_1)$, 应该用 u 代替精确解 (3.3.5) 中的 D.

而针对尖劈问题, 根据式 (3.5.8), 对于中等的值 $\tan\alpha \sim 1$, 得到

$$\alpha - \theta = k\tan\theta + 0(k^2), \quad \sin\alpha = (1+k)\sin\theta \tag{3.7.6}$$

从前面的关系式得出一个重要的结论: 当气体在激波中被高度压缩时, **激波层的厚度**, 即激波和物体之间的被扰动的流体层, 是相对较小的, 以至于看起来激波是松散地附着在物体上的 (这点不同于线性理论). 在线性理论中, 激波类似于未扰动的主特征线, 激波层的厚度只与体形弱相关.

把式 (3.7.6) 代入式 (3.5.4) 和式 (3.5.5), 得到与式 (3.7.6) 同样的近似公式, 尖劈流动的参数为

$$p - p_\infty = \rho_\infty U_\infty^2 (1+k)\sin^2\theta$$

$$h - h_\infty = \frac{1}{2}U_\infty^2(1+k)^2\sin^2\theta, \quad k(\alpha) = k(\theta) \tag{3.7.7}$$

把第一个公式中的主要项分离出来 (随着 $k \to 0$):

$$\Delta p = p - p_\infty = \rho_\infty U_\infty^2 \sin^2\theta = \rho_\infty U_n^2, \quad U_n = U_\infty \sin\theta \tag{3.7.8}$$

尽管这个公式只是被初步推导出的, 它也提供了正确量级的压力和压力的变化趋势, 当然, 这超出了线性理论的范畴. 根据线性理论, $\Delta p \sim \theta$. 接下来将表明, 当物体表面与流动的倾斜角 $\theta > 0$ 时, 这个公式对于物面是有效的. 该公式被广泛用于工程评估, 并被命名为牛顿公式, 这是源于该公式是牛顿 (Sir Isaac Newton) 在他的物体阻力定律框架内推导得到的.

牛顿假设在充分稀薄的气体中，粒子可以到达物面而不发生碰撞。粒子与物面的相互作用假设为完全非弹性，存在速度法向分量的损失，但是速度切向分量是守恒的。单位时间内以局部攻角 θ 入射在物体表面 $\mathrm{d}\sigma$ 上 (图 3.14) 的粒子质量等于 $\rho_\infty U_\infty \sin\theta \mathrm{d}\sigma$。这个粒子质量乘以速度法向分量 $U_n = U_\infty \sin\theta$，得到气体动量损失的法向分量，等于作用在气体上的法向力 $(p - p_\infty)\mathrm{d}\sigma$，该结果体现在式 (3.7.8) 中。

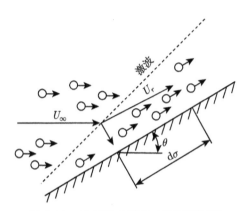

图 3.14　牛顿阻力模型 (虚线是激波)

对于中等 M_∞，扰动边界层厚度与物体大小具有可比性；因此，牛顿激波理论 (Newtonian theory) 并不能给出满意的结果，故而被水动力学者们遗忘。然而对于高超声速和小 k，激波层厚度很小，可以采用牛顿的流动理论，至少可以用其进行粗略的计算。

牛顿理论的概念和公式将在第 7 章进行更详细地讨论，本节仅对其进行测试。

在图 3.15 和图 3.16 中，分别作出了楔形体上的压力曲线 (压力指 Δp) 和相对激波层厚度曲线 $(\alpha - \theta)/k\tan\theta$，压力是由式 (3.7.8) 计算得到的。显然，如果角度 θ 不太小并且不太接近激波中的流动偏转限制角 θ_0，精确曲线与近似曲线相当类似，因为在这两种情况不满足条件 $\alpha \approx \theta$。事实上，对于小 θ 和有限 M_∞，参数 k 不再是小量，而对于带有流动偏转限制角的楔形体，在 $k \ll 1$ 时根据式 (3.5.18)，$\tan\alpha/\tan\theta \approx 2$，得到了与角激波层厚度完全不同的值，即 $\alpha - \theta \approx \sqrt{k}$。在 $\theta = \theta_0$，根据牛顿公式推导出压力 $\Delta p = \rho_\infty U_\infty^2/\gamma^2$，比精确值小 γ 倍。

在图 3.15 中的参数范围，牛顿公式 (3.7.8) 的精度不低于 $10\% \sim 30\%$，在评估该公式的适用性时应牢记这一点。确定钝头体驻点压力的相对误差是 $k/2$(参见式 (3.6.5))。把牛顿公式代入式 (2.12.7)，我们得到楔形体的阻力系数 $C_x = 2\sin^2\theta$。

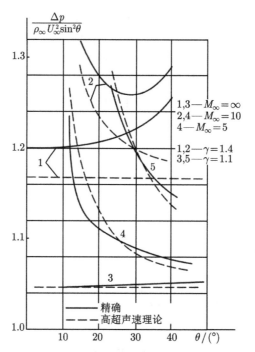

图 3.15　楔形体上压力增量与其牛顿值之比

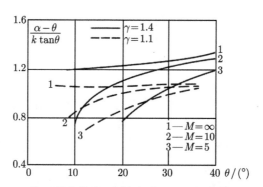

图 3.16　楔形体上激波层厚度与其近似 (高超声速) 值之比

　　作为牛顿公式实际应用的范例,我们讨论高超声速流动中的双楔形体问题,见图 3.17。第一道激波后压力为 $p_1 = \rho_\infty U_\infty^2 \sin^2 \theta_1$,密度为 $\rho_1 = \rho_\infty / k \gg \rho_1$。通过把 "局部" 牛顿公式应用在第二个楔形体上,可以获得第二道激波后的压力:

$$p_2 = p_1 + \rho_1 U_1^2 \sin^2 \theta_2 = p_1 + k_1^{-1} \rho_\infty U_\infty^2 \sin^2 \theta_2 \cos^2 \theta_1 \qquad (3.7.9)$$

　　p_2 明显大于第二个单独楔形体上的压力 $p_3 = \rho_\infty U_\infty^2 \sin^2(\theta_1 + \theta_2)$,至少对于 $\theta_1 \sim \theta_2$ 是这样的 (与 3.6 节活塞非定常问题的类似结果相比)。

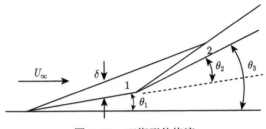

图 3.17   双楔形体绕流

值得注意的是，增加的压力 p_2 只作用在第二个楔形体上的一小部分 (k 量级)，并浸入第一个楔形体产生的激波层，作用在楔形体这部分的力的量级为 $X \sim k_1 p_2 \sim \sin^2 \theta_2$。在评估作用在飞行器上部结构或控制装置上的力时，应该牢记这一影响。

继续 3.6 节的分析，比较来流正激波后面的滞止压力与图 3.17 中 1 区和 2 区斜激波后面的滞止压力。分别用 p_0', p_{01}' 和 p_{02}' 表示这些压力。对于薄激波层 $k_2 \ll 1$，1 区和 2 区中的气体速度近似相等，$U_1 = U_\infty \cos \theta_1$ 和 $U_2 = U_1 \cos \theta_2$，所以对于小 θ_i，可以认为 $U_i \approx U_\infty$，即可获得系列不等式：

$$p_0' \approx \rho_\infty U_\infty^2 \ll p_{01}' \approx \frac{1}{k_1} p_0' \ll p_{02}' \approx \frac{2}{k_1 k_2} p_0' \qquad (3.7.10)$$

这个例子证明了 3.6 节提出的观点，即可以通过一系列具有相同偏转角的弱激波替代单个激波，以此降低超声速流动滞止引起的波损失。

第 4 章 特征线理论

小扰动超声速和非稳定亚声速流动中的特征线轨迹已经在第 2 章被介绍过 (甚至在更早的 1.6 节, 以马赫线的形式被介绍)。接下来, 本章概述了特征线理论 (作为数学物理方程理论的一部分) 在气体动力学方程上的应用。本章的大部分内容致力于描述该理论在气体动力学的应用, 分析一般和局部的流动特性, 包括求解压缩波和膨胀波、激波的产生, 以及扰动与流动不均匀性 (如激波) 的相互作用。

4.1 问题的数学模型

我们将考虑由三个独立变量控制的方程, 例如, 非定常的平面流动和轴对称流动或定常的三维流动, 如方程 (2.4.2) 或方程 (1.9.11), 考虑或不考虑时间非定常项。

需要说明的是, 这类流动的基本特性和相关的约束条件 (注解: 数学物理的语言用 '约束', 比如边界条件约束, 某个拉格朗日乘子约束) 对于我们所考虑的理论非常重要。首先, 为了具有普遍性, 我们不限定状态方程, 这样, 这里的声速不仅可以认为是等熵的 ($a = a_e$, 同前面章节一样), 还可以被视为任意扰动在气体中传播的速度。类似地, 式 (2.4.2) 中的源项 Q_{eff} 不仅包括轴对称和外部热源的效应, 还包括其他效应 (如化学源)。一般来说, 对于该函数唯一的约束条件是它的局部特性和流动参数导数的独立性。这一约束条件在辐射气体动力学 (第 14 章) 中是至关重要的, 在辐射气体动力学中, 热源不仅取决于局部流动参数, 还取决于其空间分布的积分, 这里不考虑这种微积分方程理论。

这类方法的一个重要特性是它们的拟线性, 即它们只在高阶导数时是线性的。它们的解由 1.11 节中描述的附加约束条件的一般公式确定。这类偏微分方程 (双曲或椭圆) 本质上是求解一个初值问题或柯西问题。问题可以简化为把所有未知的函数 (p, u 等) 限定在三维空间 (t, x, r) 内的特征表面问题, 因此, 它们沿两个任意方向 (ξ, η) 的导数与 Σ 相切 (图 4.1(a))。我们用 (n, ξ, η) 代替原始的变量, 这里, n 是不在 Σ 上的任何坐标线 (如它的法线)。那么在转换的方程组中, 每一个所需函数的三个一阶导数中的两个在表面 Σ 上是已知的, 而对于 n 的未知的法向导数可以由方程组自身确定, 这些导数构成一个封闭的线性代数方程组。类似地, 随后对方程和初值求微分, 我们也可以确定高阶外法向导数和初始表面 ($n = 0$)

邻域的级数表达式:

$$f_i(n, \xi, \eta) = f_{i0} + n \left(\frac{\partial f_i}{\partial n} \right) + \frac{1}{2} n^2 \left(\frac{\partial^2 f_i}{\partial n^2} \right) + \cdots \tag{4.1.1}$$

这里,f_i 代表 p, u 等。

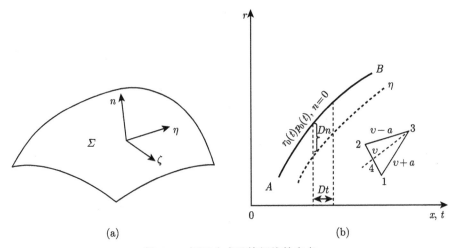

图 4.1 柯西公式及特征线的定义

从前面的分析得出,对于求解柯西问题,只需要知道函数 (不是它们的导数) 在初始表面的值就可以了。

然而,式 (4.1.1) 中的系列表达式只能用于如下情况:初始表面上的外法向导数可以从前面提到的线性代数方程组中唯一确定。为此,要求由这些导数系数组成的行列式 D 是非零的 ($D \neq 0$)。当 $D = 0$ 时,方程组的解要么不存在,要么不唯一,因此在这种情况下,柯西问题要么无解,要么就是在表面 Σ 上有无穷个解。这样的表面被称为特征面。

在数学上,对于一般形式的偏微分方程组,它们遵循的 Cauchy-Kovalevskaya 定理可以证明柯西问题解的存在和唯一性:如果问题的所有函数是解析的,并且初始表面与特征面不相切,则系列表达式 (4.1.1) 在初始表面 Σ 的邻域是收敛的。

举一个非常简单的例子,我们将结合用于绝热平衡气体流动的等熵方程 (1.5 节):

$$\frac{\mathrm{d}s}{\mathrm{d}t} = U \frac{\mathrm{d}s}{\mathrm{d}l} = u \frac{\partial s}{\partial x} + v \frac{\partial s}{\partial y} + w \frac{\partial s}{\partial z} = 0 \tag{4.1.2}$$

这里, $\mathrm{d}l$ 是沿流线一段弧线的微分。显然, 该方程不涉及以流线/流面法向为自变量的导数, 均是该方程的特征面。给定这个表面上的熵无法得到它在这个表面邻域的分布信息, 此外, 我们不能任意指定特征流面上的熵, 这是因为根据前面的方程, 流线上的熵是常数。

这个结果可以推广到更一般的情况, 如热力学第一定律的非定常方程:

$$\frac{\mathrm{d}h}{\mathrm{d}t} = \frac{\partial h}{\partial t} + u\frac{\partial h}{\partial x} + v\frac{\partial h}{\partial y} + w\frac{\partial h}{\partial z} = \frac{1}{\rho}\frac{\mathrm{d}p}{\mathrm{d}t} + q \tag{4.1.3}$$

该方程的特征线就是流体微团的轨迹:

$$\frac{\mathrm{d}x}{\mathrm{d}t} = u, \quad \frac{\mathrm{d}y}{\mathrm{d}t} = v, \quad \frac{\mathrm{d}z}{\mathrm{d}t} = w \tag{4.1.4}$$

导数 $\mathrm{d}h/\mathrm{d}t$ 和 $\mathrm{d}p/\mathrm{d}t$ 是精确沿着这些曲线计算的。此外, 当流动参数 (如压力) 沿着特征线分布事先给定时 (这里没有因果关系, 它在描述一个数学上的事实), h 的外法向导数无法确定。

这些初步的信息显示了特征面在数学物理中扮演着重要的角色。我们将从包含两个独立变量 (t, r) 或 (x, r) 的方程开始研究。对于这些方程, 2.5 节介绍的特征线, 同前面提及的特征面起着相同的作用。

推导特征方程有不同的等效方法。第一种方法是用 (n, η) 替代运动方程中的自变量, 其中, $n = 0$ 是初始曲线 $r = r_0(t)$ 或 $r = r_0(x)$ 的方程, 而 η 是沿该曲线测量的变量 (图 4.1(b))。然后我们检查变换后的方程在未知函数对 n 的导数的可解性, 显而易见, 未知导数的数量与求解它们的方程数量是一致的, 所以方程组是可解的。

第二种方法是通过增加微分关系式扩展初始方程组, 这些增加的微分关系式是通过沿初始曲线对初始函数 f_{i0} 求微分得到的, 从而可以获得这些函数导数的关系, 得到式 (4.1.1) 类型的局部解, 但无法确定它们代表的初始曲线与某个特征线是否一致。

第一种确定特征线的方法更为直观, 而第二种方法对于复杂的方程更为正式, 也更适合烦琐的方程组。在下文中, 两种方法都会用到。

对于我们关心的问题, 求解外法向导数的线性代数方程组分解为 2.4 节提到的独立的两组方程组, 动量和连续方程组 (2.4.2) 属于第一组, 包括压力和速度沿一般方向的导数。第二组包括方程组 (2.4.2) 中的能量方程、方程组 (1.6.8) 中与压力和密度导数有关的方程; 特殊情况下, 方程 (1.6.8) 就是等熵方程 (4.1.2)。所以, 可以分别考虑这两个方程组的特征值 (尽管这不是必要的); 这一现象将用于下面的内容。

　　根据前面的分析，所有类型的气体动力学方程都具有流线特征值，也称之为特征轨迹。不过，在本章中，我们的关注点主要是在波动方程的特征值上，正如 2.8 节介绍的那样；这些精确特征值的存在确定了方程的类型，换句话说，本章的全部分析都集中在双曲方程 (波动方程，对应双曲方程)。

　　现在，我们将考虑偏微分方程组中柯西问题的另一个特性。如第 2 章所示，双曲波动方程可以描述非定常或定常超声速流动，拥有一对特征值；而可以描述亚声速流动的椭圆拉普拉斯方程没有任何特征值。因此，在后者情况下，对任意初始表面，对柯西问题的表达公式的约束条件就比较少。

　　然而，事实并非如此。我们用方程 (2.7.3) 来解释微扰动 $(v = 0)$；利用变量的变化，可将方程 (2.7.3) 简化为以下形式：

$$\omega \frac{\partial^2 \phi}{\partial x^2} + \frac{\partial^2 \phi}{\partial y^2} = 0 \quad (\omega = \pm 1) \tag{4.1.5}$$

当 $\omega = 1$ 时，这是拉普拉斯方程 $(M_\infty < 1)$；当 $\omega = -1$ 时，这是波动方程 $(M_\infty > 1)$。它有以下一组解 (Hadamard 解)：

$$\omega = 1 : u_n = (C_{1n}^{(+)} \mathrm{e}^{\pi n y} + C_{2n}^{(+)} \mathrm{e}^{-\pi n y}) \sin(\pi n x)$$

$$v_n = -(C_{1n}^{(+)} \mathrm{e}^{\pi n y} - C_{2n}^{(+)} \mathrm{e}^{-\pi n y}) \cos(\pi n x)$$

$$\omega = -1 : u_n = C_{1n}^{(-)} \cos\left[\pi n(x + y)\right] + C_{2n}^{(-)} \cos\left[\pi n(x - y)\right]$$

$$v_n = C_{1n}^{(-)} \cos\left[\pi n(x + y)\right] - C_{2n}^{(-)} \cos\left[\pi n(x - y)\right] \tag{4.1.6}$$

这些周期性的解 (周期等于 $\Delta x = 2/n$) 对应于 x 轴上的柯西问题，针对特定问题的选择通过系数 $C_{in}^{(\pm)}$ 确定。

　　对于 $\omega = -1$，解由沿特征线 $x \pm y = \text{const}$ 传播的两个波组成，它处处有界，因此，初始值 (系数 $C_{in}^{(\pm)}$) 的微小变化就与解的微小的变化相关联。这类问题被称为适定问题，但是 $\omega = -1$ 的情况，并不对应一个具体的亚声速流动物理问题。另一方面，一般情况下 $(C_{in}^{(\pm)} \neq 0)$，$\omega = 1$ 的解是增加的，并且当 $ny \to \infty$ 时会发散；所以，初始值的任何变化 ("误差")，无论多么小，都会导致结果的发散。

　　(注：因为发散) 这就是为什么没有亚声速流动的物理问题可以简化为椭圆方程的柯西问题。这类方程的典型特征是在封闭曲线上提出的边值问题；此外，如果该问题是远场区域的公式表达，那么，某些条件就应该施加在离物面曲线无限远的地方 (气体动力学问题中处于流体中的物体)。2.9 节和 2.10 节中的问题就是以这种方式进行精确表述的；对于椭圆方程的一系列类似问题，其解的存在唯一性定理已经得到证明。

综上所述，数学上，描述超声速流动物理的数学模型可以用双曲方程描述，特征线/特征面理论降维求解高阶偏微分方程；描述亚声速的数学模型可以用椭圆方程描述，当成边值问题求解，无法使用特征线理论求解。

4.2　一维非定常流动

我们将从非定常的一维流动开始研究，平面 ($v = 0$)、圆柱 ($v = 1$) 和球形 ($v = 2$)。这种情况下，通过根据式 (2.4.1) 转换的式 (1.13.16)，重新写出方程组 (1.13.10)，给出以下形式的第一组方程：

$$\frac{\partial v}{\partial t} + v\frac{\partial v}{\partial r} + \frac{1}{\rho}\frac{\partial p}{\partial r} = 0, \quad \frac{1}{\rho}\frac{\partial p}{\partial t} + \frac{v}{\rho}\frac{\partial v}{\partial r} + a^2\frac{\partial v}{\partial r} = a^2 Q_{\text{eff}}, \quad Q_{\text{eff}} = -Q - \frac{vv}{r} \quad (4.2.1)$$

根据式 (1.6.8)，在平衡绝热流中，$Q = 0$。我们进行自变量转换：

$$(t, r) \to (t', n), \quad t' = t, \quad n = r - r_0(t)$$

$$\frac{\partial}{\partial t} = \frac{\partial}{\partial t'} - \dot{r}_0\frac{\partial}{\partial n'}, \quad \frac{\partial}{\partial r} = \frac{\partial}{\partial n} \qquad (4.2.2)$$

这里，n 是初始曲线 $r = r_0(t)$ 上的外法向方向坐标；而 t 是流向坐标 η(图 4.1(b))。为求解方程组 (4.2.1) 以 n 为自变量的导数，我们将其转换为

$$D\frac{\partial v}{\partial n} = D_1 = \frac{1}{\rho}\frac{\partial p}{\partial t} - (v - \dot{r}_0)\frac{\partial v}{\partial t} - a^2 Q_{\text{eff}}$$

$$D\frac{\partial p}{\partial n} = D_2 = -(v - \dot{r}_0)\left(\frac{1}{\rho}\frac{\partial p}{\partial t} - \frac{a^2}{v - \dot{r}_0}\frac{\partial v}{\partial t} - a^2 Q_{\text{eff}}\right) \qquad (4.2.3)$$

这里，D 是方程组 (4.2.1) 的行列式，由以 n 为自变量的导数的系数组成：

$$D = (v - \dot{r}_0)^2 - a^2 \qquad (4.2.4)$$

如果 $D \neq 0$，对于给定的初始函数 $p_0(t)$ 和 $v_0(t)$ 分布，我们可以确定 n 的外法向方向导数，即求解柯西问题。但下面的这种情况无法求解：所需的函数限制在初始曲线上，以至于变为特征线，或满足方程

$$D = 0, \quad \dot{r} = \frac{\mathrm{d}r}{\mathrm{d}t} = v \pm a \qquad (4.2.5)$$

这里，省略下标 0，正负号分别代表第一族特征线和第二族特征线。我们注意到，与第 2 章的线性方程组不同，第 2 章的特征线事先给定，且不依赖所需的解，特

征线的斜率是常数；在一般非线性方程组情况下，由于采用拟线性冻结系数方法近似，所以特征线只能在求解问题的过程中获得，特征线的斜率不是常数。

特征线的两个主要特性如下描述。

(1) 对于 $D = 0$，方程组 (4.2.3) 不包含外法向方向导数 n。因此，特征线表示关于解的法向导数中可能存在的间断线，这种间断指的是弱间断。同时，强间断指的是函数本身的不连续性；例如，激波或接触间断的情况。

(2) 方程 (4.2.3) 是通过非退化转换得到的，因此与原方程等价。然而，对于 $D = 0$，方程的左端项在特征线上消失了，因此，$D_1 = D_2 = 0$。很容易看出，这两个方程退化为一个方程，只包括沿这些特征线的流向导数。这样，特征线上数据 p_0 和 v_0，无法任意指定，必须满足相容方程 (下标 0 省略)：

$$dp \pm \rho a dv = \rho a^2 Q_{\text{eff}} dt = \rho a^2 Q_{\text{eff}} \frac{dr}{v \pm a} \tag{4.2.6}$$

这里，dt 和 dr 是沿特征线的微分，正负号分别代表同前面方程相同的特征线。这些约束条件在求解过程中自动满足。

由于存在两组特征线，式 (4.2.5) 和式 (4.2.6) 等价于原始方程组。为确定这一情况，我们引入新的特征变量 (η_+, η_-)，使其满足以下条件：

$$d\eta_{\pm} = dr - (v \pm a)dt \tag{4.2.7}$$

变量 η_+ 和 η_- 分别在第一族特征线和第二族特征线上是常数。对于这种转换，关系式 $2adt = d\eta_- - d\eta_+$ 成立，我们从式 (4.2.6) 得到

$$\frac{\partial p}{\partial \eta_-} + \rho a \frac{\partial v}{\eta_-} = \frac{1}{2}\rho a Q_{\text{eff}}, \quad \eta_+ = \text{const}$$

$$\frac{\partial p}{\partial \eta_+} - \rho a \frac{\partial v}{\eta +} = -\frac{1}{2}\rho a Q_{\text{eff}}, \quad \eta_- = \text{const} \tag{4.2.8}$$

现在，考虑只涉及沿流体微团轨迹导数的第二组方程：

$$\frac{dr}{dt} = v \tag{4.2.9}$$

将柯西问题在这些特征线上公式化，我们就能根据式 (4.2.4) 确定 p 和 v 的外法向方向的导数；然而，h 和 ρ 或 s 不能根据式 (4.2.4) 确定。因此，流体微团轨迹也是完备方程组的特征线，而方程组本身 (例如式 (4.1.2) 或式 (4.1.3)) 是相容方程。

特征线 (4.2.5) 称为波动特征线，它们在确定方程组及其解的类型和定性参数方面，发挥关键作用。特征线的几何意义和物理意义是：它们是相对于运动流体微团以声速传播到两侧的扰动或声波的轨迹。

与波动特征线不同，轨迹特征线 (4.2.9) 只沿流体微团轨迹传递信息，从方程组或流动基本性质来看，它们一般起次要作用。甚至对于 $\rho = \rho(p)$ 和 $h = h(p)$ 的正压气体也是如此，所以方程 (4.1.2) 可以省略。显然，轨迹特征线是不同族特征线之间的角平分线。

这里，我们仅介绍特征线理论应用于气体动力学方面的主要成果。关于特征线方法及其详细算法，可以方便地研究各种典型问题的解结构及其可解性的直观或启发式证明。

为此，我们把所有方程的系数"拟线性地冻结"或假设为常数，限定在小三角形 1-2-3 内，在点 1 和点 2 处的参数根据实际问题预先给定，三角形的两边 1-3 和 2-3 是特征线 (图 4.1(b))。那么，式 (4.2.5) 和式 (4.2.6) 中沿这些特征线的微分关系式就可以由以下有限差分方程组代替：

$$r_3 - r_1 = (v + a)(t_3 - t_1)$$

$$p_3 - p_1 + \rho a(v_3 - v_1) = \rho a^2 Q_{\text{eff}}(t_3 - t_1)$$

$$r_3 - r_2 = (v - a)(t_3 - t_2)$$

$$p_3 - p_2 - \rho a(v_3 - v_2) = \rho a^2 Q_{\text{eff}}(t_3 - t_2) \tag{4.2.10}$$

通过求解这些方程，我们得到点 3 的坐标及在这一点所需的 p_3 和 v_3 的值。

为了求出点 3 处的焓和密度，我们将从该点沿流动的反方向放出一条流体微团轨迹，直到它与线段 1-2 相交于点 4(图 4.1(b)；这是最典型的，但不是唯一的形式)。那么，以下关系式成立：

$$r_3 - r_4 = v(t_3 - t_4), \quad h_3 - h_4 = \frac{1}{\rho}(p_3 - p_4) + q(t_3 - t_4)$$

$$h_4 = \frac{1}{2}(h_1 + h_2) \tag{4.2.11}$$

这就解决了点 3 的问题。类似的算法适用于其他轨迹方程组。

现在，我们关注波动特征线的特性及其作用。为此，我们假设气体是正压的。在非特征曲线 AB(图 4.2) 上描述柯西问题，需要限定 p 和 v 分布在 AB 上。随后，把方程 (4.2.10) 应用于覆盖特征线 AC 和 BC 之间的域 ABC 中的每个基本三角形，并构建所有区域内的解。由此，在非特征曲线上根据实际问题预先给定的初始值可以完全确定由该曲线形成的曲线三角形内的解及通过其端点的不同族的相交波特性 (黎曼定理)，这个三角形给出了初始曲线在给定段的解的确定域 (当过程在曲线 AB 右侧"发展"时)。

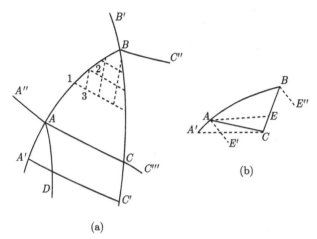

(a)

(b)

图 4.2　被特征线和流体微团轨迹分开的解的影响域、依赖域和决定域

　　求解拓延到区域 $ACC'A'$ 也取决于施加在初始曲线延长线 AA' 上的条件; 后者的条件可以任意变化, 从而导致边界特征线 AC 上解的法向导数的间断。

　　此外, 如果 AD 和 BC'' 是不同族的特征线, 则它们之间 $DABC''$ 区域内的解取决于曲线 AB 上预设的值。该区域是曲线 AB 对解的影响区。延长特征线 BC 和 AC 到 $B'C'$ 和 $A''C'''$, 我们定义一个无界域 $B'CA''$, 作为点 C 的相关区, 而 $C'CC'''$ 是点 C 解的影响区。显然, 从数学的 (而不是物理的) 观点来看, 双曲方程的特征线问题中的影响域和依赖域的概念是可逆的。

　　因此, 特征线是关于初始条件或边界条件解的影响域、依赖域和决定域的边界, 也可能是法向导数的间断线。

　　现在, 考虑一下轨迹特征线和影响域、依赖域和决定域的关系。显然, 如果该区域 (图 4.2(b) 中的 ABC) 位于穿过曲线 AB 端部的流体微团轨迹 AE' 和 BE'' 之间, 则考虑这些因素不会改变初始曲线的影响域。激波后的流动 (可由 AB 段识别) 是相反情况的例子。指定激波轨迹决定了激波后所有的参数, 与柯西问题的表达式对应。由于激波后气体的相对法向速度小于声速 (3.4 节), 第一族特征线 CB 总是赶上激波, 而流体微团轨迹 AE 位于激波和第二族特征线 AC 之间, 因此缩小了曲线 AB 的确定域, 因为填充三角形 ACE 的流体微团轨迹携带着激波前半部分 $A'A$ 的信息。

　　我们将引入几个典型问题, 并证明它们的可解性。如前所述, 这些问题都是基于特征线方法的算法, 并且都被限制在第一组方程和波动特征线上。

　　第一个问题是 Goursat 问题: p 和 v 这两个函数的分布预先给定在不同族的两组相交的特征线上 (图 4.3(a) 中 AC 和 CB)。在点 3 和三角形 ACB 内其他的点在给定特征线之间的解由式 (4.2.10) 确定。

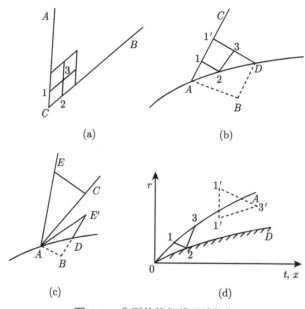

图 4.3　典型的特征线理论问题

　　第二个问题位于第一族特征线 (图 4.3(b) 中 AC，在 AC 上，两个参数 p 和 v 是预先给定的) 和线段 AD 上，AD 位于由特征线 AC 和 AB 形成的夹角内；在 AD 上，只有一个所需函数是预先给定的。这可以是活塞以速度 $v_p(t)$ 运动的轨迹，或是给定压力 $p_p(t)$ 的滞止气体区的边界。沿着特征线 1-2，采用差分关系式 (4.2.10)，再加上点 2 处的附加约束条件 $v = v_p$ 或 $p = p_p$，我们可以完全确定在该点的解。那么，对于点 3 处的 Goursat 问题也就得到解决。

　　在该问题中，特征线 AC 可由图 4.3(c) 所示的非特征曲线 AE 代替。这种情况中，位于 AE 上的柯西问题完全决定了三角形 AEC 中的解；可以进一步简化为前一个问题的解。但是，如果两个参数都在线段 AE' 上给定，即可确定在三角形 $AE'B$ 内的解，而 AD 位于三角形内，因此，我们不能再给定这条线上任何参数的分布。

　　最后，我们考虑一个特定类型的流动问题。当 $t = 0$ 时，活塞按照规律 $r_p(t)$ 开始运动，在活塞前面形成激波 $R(t)$(图 4.3(d) 中的线段 OD 和 OA)。根据 3.7 节，活塞初始速度 $v_0 = \dot{r}_p(0)$ 确定了初始激波速度 $\dot{R}(0)$ 和点 1 附近的流动参数。在特征线 1-2 上确定点 2 处参数的方法已在前文给出。始于点 2 的第一族特征线 2-3 与激波延长线相交于点 3。方程 (4.2.10) 给出了 p_3 和 v_3 之间的线性关系式。同样的物理量也可以用激波关系式 (3.3 节) 的形式表示，一般的书写形式为 $p_3 = p_s(\dot{R}_3)$ 和 $v_3 = v_s(\dot{R}_3)$。参数 p_3, v_3 和 $\dot{R}_3$ 可以由这三个方程确定，其他参数，$h_3 = h_s(\dot{R}_3)$ 和 $\rho_3 = \rho_s(\dot{R}_3)$，需要在邻域继续计算。

这种问题容易推广到行进中的激波前方是非均匀介质的情况。由于环境介质中的参数是确定的，与激波后的状态无关，该状态始终在确定域内传递，例如，外部流动的 1′-1′ 段 (图 4.3(d))。可以采用一些适当的数值方法，通过微积分的方式继续求解；这种构造求解的方法被称为行进法。

特征线理论不仅提出了气体动力学问题的表达公式和解析解的原理，为流动结构的解释提供了基础，而且也是"行进法"这种数值差分方法的理论基础。特别是，在初始边界条件确定域外侧的点上，看起来似乎没有差分格式可以给出获得稳定解的可能性，因此，要在有限差分网格的空间与时间步长比上施加约束条件。

由 Magomedov 和 Kholodov(1969) 发展的网格特征法 (图 4.4) 提供了这个结论的简单图示。不同于标准特征线方法，它在计算过程中只储存 r 轴上网格点的信息，进入式 (4.2.10) 的点 1 和点 2 上的参数通过对网格点 r_{k-1}, r_k 和 r_{k+1} 进行插值确定。这种情况中，该方法是稳定的。

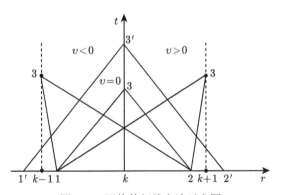

图 4.4 网格特征线方法示意图

形式上，也可以采用线段 $[r_{k-1}, r_{k+1}]$ 外侧点 1′ 和点 2′ 进行计算。这种情况中，这些点上的流动参数可以采用相同的网格点确定，尽管通过外推法，可以更大时间步长 Δt 来确定点 3′ 的解。但是，点 3′ 位于线段 $[r_{k-1}, r_k]$ 确定域之外，实验和理论都表明，这种计算方法是不稳定的。

点 3 位于初始区间的确定域内，满足以下约束条件：

$$\Delta t = t_3 - t_k \leqslant \frac{\Delta r}{a + |v|}, \quad \Delta r = r_{k+1} - r_k = r_k - r_{k-1} \cdots \tag{4.2.12}$$

这是柯朗 (courant) 准则的一个特例，为保证差分法进行双曲线方程计算的稳定性，这一约束条件必须满足。

总之，我们将给出一些其他形式的相容方程；它们基于以下的转换，可用于

代替式 (4.2.6):

$$dp = a^2 d\rho + \left(\frac{\partial p}{\partial \rho}\right)_s ds \tag{4.2.13}$$

这种情况下，相容方程包括三个微分，这种形式不便从前面提到的特征线法的算法中得出。然而，这个缺点在等熵一维流动 ($s = \mathrm{const}, Q_{\mathrm{eff}} = 0$) 中不存在，条件 (4.2.6) 可以写为等价的形式 (最新的表达式适合完全气体):

$$\pm dv = \frac{dp}{\rho a} = \frac{a}{\rho} d\rho = \frac{dh}{a} = \frac{2}{\gamma - 1} da \tag{4.2.14}$$

4.3　二维定常流动

在笛卡儿坐标系或圆柱形坐标系 (x, r) 内，速度分量 u 和 v 的定常二维 (平面，$v = 0$；轴对称，$v = 1$) 流动方程组 (2.4.2) 具有以下形式:

$$u\frac{\partial u}{\partial x} + v\frac{\partial u}{\partial r} = -\frac{1}{\rho}\frac{\partial p}{\partial x}, \quad u\frac{\partial v}{\partial x} + v\frac{\partial v}{\partial r} = -\frac{1}{\rho}\frac{\partial p}{\partial r} \tag{4.3.1}$$

$$\frac{u}{\rho a^2}\frac{\partial p}{\partial x} + \frac{v}{\rho a^2}\frac{\partial p}{\partial r} + \frac{\partial u}{\partial x} + \frac{\partial v}{\partial r} = Q_{\mathrm{eff}}, \quad Q_{\mathrm{eff}} = -Q - \frac{vv}{r} \tag{4.3.2}$$

$$\frac{dh}{dt} = u\frac{\partial h}{\partial x} + v\frac{\partial h}{\partial r} = \frac{1}{\rho}\frac{dp}{dt} + q \tag{4.3.3}$$

根据 4.1 节或 2.4 节的分类，方程组 (4.3.1) 和 (4.3.2) 属于第一组方程组，而方程 (4.3.3) 是第二组方程。第一组包含三个未知函数 u, v 和 p 的导数；但它可以分解，从而降低了确定特征线行列式 D 的阶。为此，我们将用速度 U 及其与 x 轴上投影的夹角 θ 代替未知函数 u 和 $v(u = U\cos\theta, v = U\sin\theta)$。

分别用 u 和 v 乘以方程组 (4.3.1) 中的第一个方程和第二个方程，求和并使用热力学第一定律 (4.3.3)，我们再次得到在 2.2 节已知的方程 (2.2.8):

$$\frac{1}{2}\frac{dU^2}{dt} = -\frac{1}{\rho}\frac{dp}{dt}, \quad \frac{d}{dt}\left(h + \frac{U^2}{2}\right) = \frac{dH}{dt} = q \tag{4.3.4}$$

对于绝热流动 ($q = 0$)，遵循伯努利方程，$h + U^2/2 = H(\psi)$，其中，ψ 是流函数 (2.1 节)。现在，分别用 $\sin\theta$ 和 $\cos\theta$ 乘以方程组 (4.3.1) 中第一个、第二个方程，再相减，可得

$$-\zeta\frac{\partial p}{\partial x} + \frac{\partial p}{\partial r} + \rho U^2\left(\frac{\partial \theta}{\partial x} + \zeta\frac{\partial \theta}{\partial r}\right) = 0, \quad \zeta = \tan\theta \tag{4.3.5}$$

现在，让我们对连续方程 (4.3.2) 进行变换。传递给变量 U 和 θ，我们得到中间等式：

$$\frac{\partial u}{\partial x} + \frac{\partial v}{\partial r} = \cos\theta\frac{\partial U}{\partial x} + \sin\theta\frac{\partial U}{\partial r} - U\sin\theta\frac{\partial \theta}{\partial x} + U\cos\theta\frac{\partial \theta}{\partial r}$$

由于方程右端前两项之和为 $U^{-1}\mathrm{d}U/\mathrm{d}t$，我们可以把连续方程 (采用式 (4.3.4) 的第一个公式) 变为以下形式：

$$\frac{M^2-1}{\rho U^2}\left(\frac{\partial p}{\partial x} + \zeta\frac{\partial p}{\partial r}\right) - \zeta\frac{\partial \theta}{\partial x} + \frac{\partial \theta}{\partial r} = \frac{Q_{\mathrm{eff}}}{U\cos\theta}, \quad M^2 = U^2/a^2 \tag{4.3.6}$$

这样，方程组 (4.3.5) 和 (4.3.6) 就只包括 p 和 θ 关于 x 和 r 的导数，与 4.2 节类似，形成了第一组方程，其特征线特性显然与第二组方程 (方程组 (4.3.3) 和 (4.3.4)) 无关。

考虑第一组方程，预先给定关于柯西问题的曲线 $r = (r_0)$ 在 (x,r) 平面内，这意味着，在这条曲线上，函数 $p_0(x)$ 和 $\theta_0(x)$ 的值是已知，因此，它们沿这条曲线的全微分表示如下：

$$\frac{\partial f}{\partial x} + r_0'\frac{\partial f}{\partial r} = \frac{\mathrm{d}f_0}{\mathrm{d}x}, \quad f = p, \theta \tag{4.3.7}$$

如 4.1 节所示，为了获得初始曲线附近的解，必须确定这条曲线上的外法向方向导数，即 p 和 θ 以 x 和 r 为自变量的导数。根据获得特征线的第二种方法 (4.1 节)，如果方程系数构成的行列式不为零 (这里，p 的导数除以了 ρU^2)，我们可以根据式 (4.3.5)~ 式 (4.3.7) 确定这些导数：

$$D = \begin{vmatrix} -\zeta & 1 & 1 & \zeta \\ \beta^2 & \beta^2\zeta & -\zeta & 1 \\ 1 & r_0' & 0 & 0 \\ 0 & 0 & 1 & r_0' \end{vmatrix} = \beta^2(r_0' - \zeta)^2 - (1 + \zeta r_0')^2, \quad \beta^2 = M^2 - 1 \tag{4.3.8}$$

然而，根据线性代数方程组的理论，如果 $D = 0$，即方程没有唯一非零解，即如果初始曲线是特征线，并受以下方程 (省略下标 0) 控制，则方程组无解：

$$\frac{\mathrm{d}r}{\mathrm{d}x} = r' = \frac{\beta\zeta \pm 1}{\beta \mp \zeta} = \tan(\theta \pm \alpha^*)$$

$$\sin\alpha^* = \frac{1}{M} = \frac{a}{U}, \quad \beta = \cot\alpha^* \tag{4.3.9}$$

当 $M > 1$ 时，该方程确定了两族实数波动特征线（"+""−" 分别表示第一族和第二族）。

根据微分方程的分类，这样的方程称为双曲型方程。显然，4.2 节中考虑的非定常流体微团轨迹运动方程就是这种类型。对于那些方程组，实数特征线总是存在，而在亚声速定常流中（$M < 1$），是椭圆型方程，没有实数波动特征线。

最后，在声速（$M = 1, \beta = 0$）时，通常只能在孤立的声速线上得到，两族特征线融合，产生了抛物型退化方程组，因此，在声速线附近，$|M^2 - 1| \ll 1$，方程组是混合型或跨声速型（见第 5 章和第 6 章）。

下面，将更详细地考虑超声速流动。对于 $D = 0$，代数方程组要么是不相容，要么就是没有唯一解，在后者情况下，用方程组右边的列代替 D 的任意列得的所有行列式都为零。

我们用 B 表示这个列，而 A_n 是行列式 D 的列，那么，方程组的相容方程可以写为以下形式：

$$D = |A_1, A_2, A_3, A_4| = 0, \quad D_1 = |B, A_2, \ldots|$$

$$D_2 = |A_1, B, \ldots| = 0, \quad D_3 = 0, \quad D_4 = 0 \tag{4.3.10}$$

条件 $D_1 = 0$ 意味着列向量线性相关：

$$B = \sum_{n=2}^{4} \alpha_n A_n, \quad \alpha_n = \text{const}$$

将这些表达式代入 D_2，并采用叠加准则，可得

$$D_2 = \alpha_2 D + \alpha_1 |A_1, A_2, A_3, A_4| + \cdots = 0$$

根据假设，因为 $D = 0$，其他行列式由于拥有相同的列向量，其他行列式也就消除了。

因此，所有的相容关系都导致相同的结果，经过一些代数变化，可以表示为以下形式：

$$N \mathrm{d}p \pm \mathrm{d}\theta = \frac{1}{MU} Q_{\text{eff}} \mathrm{d}l_{\pm}$$

$$N = \frac{\beta}{\rho U^2}, \quad \beta^2 = M^2 - 1, \quad \mathrm{d}l_{\pm} = \frac{\mathrm{d}r}{\sin(\theta \pm \alpha^*)} = \frac{\mathrm{d}x}{\cos(\theta \pm \alpha^*)} \tag{4.3.11}$$

这里，上下符号分别表示第一族和第二族特征线；而 $\mathrm{d}l_{\pm}$ 是沿特征线长度的微分。每条特征线上 p 和 θ 的分布满足相容性条件；正如 4.2 节，它们等同于写成特征

变量 (η_+, η_-) 的原始方程组:

$$\mathrm{d}\eta_\pm = \mathrm{d}r - \tan(\theta \pm \alpha^*)\mathrm{d}x = 0 \qquad (4.3.12)$$

轨迹方程组 (4.3.3) 和 (4.3.4) 的特征线用流线表示为

$$\frac{\mathrm{d}r}{\mathrm{d}x} = \frac{v}{u} = \tan\theta \qquad (4.3.13)$$

此时,如 4.2 节所述,相容关系由方程组自身来表示。必须强调的是,对于任何马赫数,包括不可压流动的情况,流线就是特征线。在不可压流动中,它们的特征线特性表现为有旋流 (总焓 $H(\psi)$ 沿流线变化,2.1 节)。

在以前的分析中,一般方程组不必预先分解为第一和第二方程组,就可获得特征线。这种情况中,方程组的行列式将是十阶,而不是四阶,自然具有同式 (4.3.9) 和式 (4.3.13) 一样的特征根 (注:这里的根是指行列式的特征根)。

典型问题的表达式及其分类与 4.2 节讨论的内容一致,只有变量 t 应该恰当地用 x 代替。特别是,图 4.3(d) 中的情形也与流过带有附着激波 (曲线 OD 和 OA) 的尖头体的超声速流动有关。我们特别指出,关于特征线投影在法线上的速度等于声速,它遵从式 (4.3.9) 和图 4.5(a) 中 α^* 的定义。如前所述,流线是特征线之间夹角的平分线,它们的几何和物理意义与非定常流情况下的意义 (4.2 节解释的) 一致:它们是声扰动以与流线等角传播的轨迹 (流体微团轨迹)。

对于狭窄区域的高马赫数流动,一维非定常超声速流动和二维定常超声速流动之间的类比尤为明显。为了把方程变为与 4.2 节类似的方程,在方程 (4.3.9)、(4.3.11) 和 (4.3.13) 中设定以下条件是充分的:

$$\theta \ll 1, \quad M \gg 1, \quad u = U = U_{\max} = \mathrm{const}, \quad v = \theta U, \quad x = Ut \qquad (4.3.14)$$

这是细长体高超声速绕流非稳定类推的特殊情况,将在第 8 章进行讨论。

然而,定常超声速流具有其自身的特定属性,特别是在高超声速和跨声速流动的限制条件中。在第一种情况中,随着 $\alpha^* = \arcsin M^{-1} \to 0$,两族波动特征线都趋向于单一的流线族,在一定条件下,这就会产生新的影响,即解的确定域是无界的。

通过讨论气体射流沿着一束线性的发散束流扩散进入真空的例子,我们来解释这一影响,其中,马赫数是近似根据源流定律 (2.3 节) 增加的。设 θ 是图 4.5(b) 中初始曲线 A 点和 B 点速度矢量的扩散角,如果在这条曲线及其邻域,$M \sim 1$,则源于这些点的不同族的特征线相交于 C 点,并形成一个有界解的确定域。若该曲线及其下游流线满足条件 $\alpha^* \ll \theta$,或 $K = M\theta \gg 1$,则情况并非如此。在那种情况下，极限特征线 $A'C'$ 和 $B'C'$ 渐近趋向于流线，并随着 M 的增加，它们的相交点 C' 变得无穷大，这些特征线 $(A''C'', B''C''')$ 不再相交，因此，该初始曲线的确定域变为无界，而影响域的边界由流线包络。

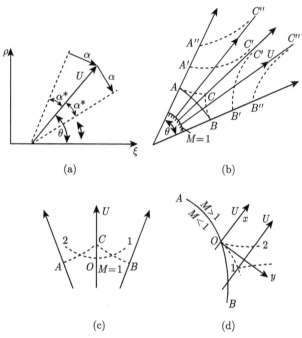

图 4.5　特征线 (虚线) 和流线。高超声和跨声速流动的决定域和影响域

与此相反，在跨声速条件中，随着 $M \to 1$，在声速线上，当两条特征线趋向于流线的法线时，角度 $\alpha^* \to \pi/2$。如果在这种情况下，声速线与流线正交，那么，它就与源于点 O 的特征线 $O1$ 和 $O2$ 相切 (图 4.5(c))。这样，初始跨声速曲线的确定域仅占该曲线的临域。在特定条件下，可以在拉瓦尔 (Laval) 喷管喉道处出现与流线正交的声速线 (图 4.6(a) 中的 OA 线)，是一个特征线的包络。

同时，如果声速线与流线不正交，某些向下游传播的特征线 (图 4.5(d) 中的 $O1$) 又可以在点 O 形成声速线，从而通过亚声速区向上游传播扰动。

这些影响既可以发生在喷管流动中 (图 4.6(b))，也可以发生在通过物体的流动中，在公式化表达相关问题时，应该予以考虑 (第 5 章)。

通常，特征线在声速线上有一个奇点。为说明这一点，我们使笛卡儿坐标系的 x 轴与矢量 U 的方向一致，y 轴与 U 的法向一致，原点在声速点 O(图 4.5(d))。然后根据关系式 (2.2.21) 和小量 $\Delta p, \theta$ 和 $M-1$，可以把声速点附近的特征线方

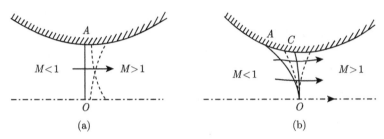

图 4.6 喷管中的跨声速流动

程 (4.3.9) 转换为以下形式:

$$\frac{\mathrm{d}x}{\mathrm{d}y} = \cot(\theta \pm \alpha^*) = \theta \pm \sqrt{M^2-1} = \theta \pm \left(2A\frac{\Delta p}{\rho_* a_*^2} + B\frac{T_*\Delta s}{a_*^2}\right)^{1/2}$$

$$\Delta p = p - p_*, \quad \Delta s = s - s_* \qquad (4.3.15)$$

显然,如果流场是规律的 $(\Delta p, \theta, \Delta s \sim x, y)$,右端的 θ 项就可以忽略;那么,该方程的解的形式为 $x \sim y^{\kappa}$。对于具有熵分布 $\Delta s \sim y$ 的简单平面平行等压涡流,有 $\kappa = 3/2$。根据式 (2.3.7),在源流声速线附近 (图 4.5(c)),解是奇异的,形式为 $\Delta p \sim \sqrt{x}$,因此,$\kappa = 4/3$。如果特征线的特性是有规律的,也存在这种情况(即对于 $\theta \sim x, y$ 和 $\Delta p, \Delta s \sim x^2, y^2$),但也可能存在例外。

当 $M \to \infty$ 和 $M \to 1$ 时,简要分析与两族波动特征线融合有关的方程组的退化。在第一种限制条件下,只有流线是特征线;然而在实际情况中,这种轨迹退化只在 $M = \infty$ 时才会精确实现,例如,气体膨胀到真空中。对于有限马赫数,不管多高的马赫数,尽管横向扰动的传播速度比扰动传输的对流速度小,横向于流线的作用是守恒的。

相反,当 $M \to 1$ 时,横向扰动传播速度相对较高,这是抛物线方程特有的,如热传导方程;因此,这样的退化称为抛物型退化。但是,将在 5.2 节给出的简单例子表明,抛物型声速近似 (对于 $M = 1$) 甚至在定性上都不足以描述跨声速流动。这样的描述只可能在第 5 章给出的特殊的冯·卡门 (von Karman) 方程的基础上出现。

总之,我们将通过以下形式将特征方程 (4.3.9) 转换为另一种常用形式:

$$\frac{\mathrm{d}r}{\mathrm{d}x} = \frac{\beta\zeta \pm 1}{\beta \mp \zeta} = \frac{v\sqrt{M^2-1} \pm u}{u\sqrt{M^2-1} \mp v} = \frac{uv \pm a\sqrt{U^2-a^2}}{U^2-a^2}$$

$$U^2 = u^2 + v^2, \quad u = U\cos\theta, \quad v = U\sin\theta \tag{4.3.16}$$

这种形式的特征方程组是由气体动力学方程组直接推导出来的，即不需要通过未知函数 p 和 θ。根据物理和几何观点，这种形式没有式 (4.3.9) 直观，尤其是用相关函数 $p = p(U, s)$ 代替压力 (使用伯努利方程和状态方程)，导致 (如 4.2 节中) 在相容关系中出现第三个微分 $\mathrm{d}s$。

还有一点需要注意的是：以上特征线方程组是针对第一阶方程组得出的。然而在第 2 章，该方程组的线性表达式简化为势函数 ϕ 的二阶波动方程，例如，典型的方程形式 $\phi_{xx} = \phi_{yy}$(下标表示相关变量的微分)。通过 $u = \phi_x$ 和 $v = \phi_y$ 变换，方程简化为两个一阶方程 $u_x = v_y$ 和 $u_y = v_x$。对于该方程，本节的分析是适用的；最终，我们得到相容关系 $\mathrm{d}u \mp \mathrm{d}v = 0$ 或 $\mathrm{d}\phi_x \mp \mathrm{d}\phi_y = 0$ 的特征线方程 $y' = \pm 1$(这在 2.5 节和 2.8 节是很显然的结果)。

4.4 三 维 流 动

为了避免使用处理这种问题的经典矩阵理论，我们将把三维方程组的特征线特性简化为前面讨论的二维方程组的推广，这有可能获得更直观的几何解释结果，因此我们将把方程组 (1.9.11) 和连续方程 (2.4.1) 写为以下形式：

$$\frac{\partial u}{\partial t} + u\frac{\partial u}{\partial x} + v\frac{\partial u}{\partial y} + \frac{1}{\rho}\frac{\partial p}{\partial x} = -w\frac{\partial u}{\partial z} = Q_u \tag{4.4.1}$$

$$\frac{\partial v}{\partial t} + u\frac{\partial v}{\partial x} + v\frac{\partial v}{\partial y} + \frac{1}{\rho}\frac{\partial p}{\partial y} = -w\frac{\partial v}{\partial z} = Q_v \tag{4.4.2}$$

$$\frac{1}{\rho a^2}\frac{\partial p}{\partial t} + \frac{u}{\rho a^2}\frac{\partial p}{\partial x} + \frac{v}{\rho a^2}\frac{\partial p}{\partial y} + \frac{\partial u}{\partial x} + \frac{\partial v}{\partial y} = Q_{\text{eff}}$$

$$Q_{\text{eff}} = -Q - \frac{\partial w}{\partial z} - \frac{w}{\rho a^2}\frac{\partial p}{\partial z} \tag{4.4.3}$$

$$\frac{\partial w}{\partial t} + u\frac{\partial w}{\partial x} + v\frac{\partial w}{\partial y} = -\frac{1}{\rho}\frac{\partial p}{\partial z} - w\frac{\partial w}{\partial z} = Q_w \tag{4.4.4}$$

根据 4.1 节，为获得特征面，我们应该在一个面上处理柯西问题，并找到无法确定该表面上外法向方向导数的条件。由于特征线的特性是局部的，我们将把坐标系 (t, x, y, z) 的原点 O 放在考虑的点上，通过 z 轴画一个面 Σ。那么，所有以 z 为自变量的导数是已知的，并且可以代入方程组的右端。

对于给定的 Q_w 值，方程 (4.4.4) 与方程 (4.1.2) 和 (4.1.3) 的形式相同，因此具有相同的特征面，这些特征面是由穿过 z 轴的流体微团轨迹 (定常流动中的流线) 形成的。因此，按照 4.1 节的分类，方程 (4.4.4) 和 (4.1.3) 属于第二组方程。

考虑第一组方程的其他方程。我们开始定常的三维流动分析，设导数 $\partial/\partial t = 0$，为了将问题简化为二维问题，引入一个坐标系，其中点 O 处的当地速度矢量 $\boldsymbol{U}$ 位于 $z = 0$ 的平面内。此时，$w = 0$，$U^2 = u^2 + v^2$，因此式 (4.4.1)～式 (4.4.3) 不同于 4.3 节中只采用 Σ 上已知导数 $\partial w/\partial z$ 的方程，即方程右侧的 Q_{eff} 不同。因此，将式 (4.3.9) 中的 r 用 y 代替，这些方程就具有与式 (4.3.9) 相同的波动特征线。那么，在变量 x, y, z 中，x 轴与矢量 $\boldsymbol{U}$ 的方向一致，并且角度 $\theta \ll 1$，这些特征线具有以下形式：

$$\frac{\mathrm{d}y}{\mathrm{d}x} = \pm \tan \alpha^* = \pm (M^2 - 1)^{-1/2}, \quad \alpha^* = \arcsin \frac{1}{M} \tag{4.4.5}$$

因此，如果与表面 Σ 相切的特征线面与当地流线的夹角为马赫角 α^*，表面 Σ 就是特征线表面。显然，投影在这个表面上的法向速度等于声速。将坐标系绕 x 轴转动，所有穿越 O 点的特征面的包络就是特征锥，它的对称轴与速度矢量的方向一致，半锥角等于马赫角：

$$y^2 + z^2 = x^2 (M^2 - 1)^{-1} \tag{4.4.6}$$

显然，这是 1.6 节介绍的马赫锥。它的特征线 (4.4.5) 是三维方程组的双特征线，通过这些特征线可以绘制一系列特征面。当特征锥是曲线锥面时 (图 4.7(a))，在点 O 的邻域内，双特征线是与当地流线夹角为马赫角 α^* 的三维曲线。

通常特征面的特性与 4.3 节描述的二维流动的特性相同。顶点为 O 的曲线锥面是该点的影响域。部分初始面 Σ 的确定域被特征线面 S_1 包围，S_1 是从边界流出的马赫曲线锥面的内包络线，而它的影响域是这些曲线锥面 S_2 的外包络线 (图 4.7(b))。

考虑平面流动作为三维流动的极限情况，我们得到在平面附近，平面流动的特征线是特征面与流动平面垂直的相交线。在子午线平面附近，轴对称流动的特征线是对称轴法向平面与圆环的特征面的交线。圆周中心位于交线上。

一般来讲，特征面可以是不同的形状。举例说明，我们在图 4.7(c) 中绘制了一个曲面 $OABCD$，将三角形 AOC 影响域限制在顶点为 O 的前马赫锥之外，有时会采用这种曲面来发展差分方法以求解类似问题。

特征面上的相容关系遵循式 (4.3.11)，函数 Q_{eff} 由式 (4.4.3) 确定：

$$\pm \frac{\partial \theta}{\partial l_{\pm}} + \frac{1}{MU} \frac{\partial w}{\partial z} + \frac{\sqrt{M^2 - 1}}{\rho U^2} \frac{\partial p}{\partial l_{\pm}} = -\frac{Q}{UM} \tag{4.4.7}$$

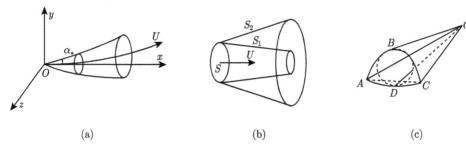

(a) (b) (c)

图 4.7 特征面和特征曲锥面

其中，$\mathrm{d}l_{\pm}$ 是 $z = 0$ 平面内沿双特征线的微分，如式 (4.4.5) 所示，在原点，$z = 0$ 平面与矢量 U 正交，θ 是该矢量相对 x 轴的倾斜角，正负号与第一族和第二族特征面有关。因为无法确定特征面的外法向方向导数，所以这些关系式都是其偏微分方程。

现在我们将考虑 y, z 平面内的二维非定常流动方程，在式 (4.4.1)$\sim$ 式 (4.4.4) 中，设 $u = 0$。式 (4.4.2) 和式 (4.4.3) 与 4.2 节中类似方程相比，仅方程右端项不同，因此，在 y, t 平面内，具有相同的特征线 $\mathrm{d}y/\mathrm{d}t = (v \pm a)$。穿过特征线和 z 轴的平面对应一组波动特征面。类似地，特征线 $\mathrm{d}z/\mathrm{d}t = (w \pm a)$ 对应穿过 y 轴的表面。显然，将坐标系绕 t, y, z 空间中的点 O 或 t 轴旋转会得到一组类似的特征面，其包络是顶点为 O 点的特征锥面。对于小 t，特征锥的方程如下：

$$(y - vt)^2 + (z - wt)^2 = a^2 t^2 \tag{4.4.8}$$

非定常方程的特征线特性的几何解释如图 4.7 所示，仅用 t 代替 x。在固定坐标系中，点 O 处的扰动影响域是由以速度 a 扩展的圆环形成的，其原点与以速度 U 运动的流体微团重合，如图 1.14 所示 (1.6 节)。

为了推导出沿特征面的相容关系仅采用关系式 (4.2.6) 是不够的，因为式 (4.2.6) 的右侧 Q_v 项不能应用于式 (4.4.2)。我们将通过 4.2 节所述的其他方法得到所需关系式，即将式 (4.4.2) 乘以 ± 1、式 (4.4.3) 乘以 a，再求和，从而得到微分方程组：

$$\pm \frac{Dv}{Dt} + \frac{1}{\rho a}\frac{Dp}{Dt} = Q_{\pm}, \quad \frac{D}{Dt} = \frac{\partial}{\partial t} + (v \pm a)\frac{\partial}{\partial y}$$

$$\tilde{Q}_{\pm} = aQ_{\mathrm{eff}} \pm Q_v = -a\left(Q + \frac{\partial w}{\partial z} + \frac{w}{\rho a^2}\frac{\partial p}{\partial z}\right) \mp w\frac{\partial v}{\partial z} \tag{4.4.9}$$

这里，算子 D/Dt 表示沿 $z = 0$ 平面内特征线 $\mathrm{d}y/\mathrm{d}t = v \pm a$ 的导数，上下标分别对应第一和第二族曲线。这些方程以及式 (4.4.7) 由于不包括外法向方向导数，

所以适用于穿过 z 轴的特征面。我们注意到，不同于式 (4.4.7)，式 (4.4.9) 对于 y 轴和 z 轴的方向没有限制，但当 y 轴与矢量 $\boldsymbol{U}$ 方向一致时，$w = 0$，这时方程组就会变为最简的形式。

最后，我们将概述一般情况下的三维时间相关流动。数学上，这种情况中的柯西问题可以放在四维空间中超体积 $\Omega_t(t, x, y, z)$ 内的任何超曲面 $\Sigma(t, x, y, z) = 0$ 上处理。在 t_0 时刻，未知函数的初始分布必须预先在体积 Ω_0 内设定。

特征线或特征面推广到一般情况，用特征线表面 $S(t, x, y, z) = 0$ 所表示。对于 $t = t_0$ 的初值问题，这些曲面被构造为初始体积 $\Omega_0(x_0, y_0, z_0)$ 内部每个点 $O(x_0, y_0, z_0)$ 所有影响域的包络线。这些区域依次由所有声波扰动三维前缘的包络线构成，声波扰动是由沿轨迹 $x^*(t), y^*(t), z^*(t)$ 运动的气体流体微团产生的 (参考 1.8 节)。在每一时刻，该影响域被以下表面限制在一个有界体积内：

$$(x - x^*)^2 + (y - y^*)^2 + (z - z^*)^2 = R^2$$

$$x^* = \int\limits_{t_0}^{t} u\mathrm{d}t, \quad \ldots, \quad R = \int\limits_{t_0}^{t} a\mathrm{d}t \tag{4.4.10}$$

这类点影响域的简单示例见 1.6 节的图 1.14；对于超声速 $(U > a)$，这只是马赫锥 (或曲线锥面)，对于 $U < a$，该区域包含其内部的初始点 O。

与二维流动情况中一样，特征面方程组和及其相互关系式可应用于发展求解气体动力学方程的数值方法，或用于证实这些方法。在延时流动的非定常转换过程中，非定常方程常用来求定常解，基于定常边界条件假设，通过松弛非定常数值模拟来得到一个拟稳态的解。由此得到的双曲率方程就避免了数值上求解复杂非线性椭圆形方程边值问题的困难。

4.5 简 单 波

当 $Q_{\text{eff}} = 0$，且所有系数只取决于压力 p 时，沿特征线的相容关系式 (式 (4.2.6) 和式 (4.3.1) 分别表示非定常的一维流动和定常的二维流动) 可以进行有限形式积分。这些条件可以在两参数气体的平面绝热流中 $(v = 0, q = 0)$ 实现，在这种情况中，ρ, a, h 和 U 只与 p 相关，因此整个流场中总焓 H 和熵 s 恒定。对于下面将要讨论的应用情况，这也是非常重要的。[①]

我们把定常和非定常问题的积分相容关系式写为以下形式：

$$J^{(\pm)} = v \pm P_1(p) = C_{\pm}(\eta_{\pm}), \quad P_1 = \int \frac{\mathrm{d}p}{\rho a}$$

---

① 上述的可积条件是充分但非必要的。Sedov(1965) 提出了一类具有特殊分布 $H(\psi)$ 和 $s(\psi)$ 的涡流的特殊可积情形。

$$d\eta_\pm = dr - (v \pm a)dt = 0 \tag{4.5.1}$$

$$I^{(\pm)} = \theta \pm P_2(p) = C_\pm(\eta_\pm), \quad P_2 = \int \frac{\sqrt{M^2 - 1}}{\rho U^2}dp$$

$$d\eta_\pm = dr - \tan(\theta \pm \alpha^*)dx = 0 \tag{4.5.2}$$

常数 $C_\pm$ 是根据某一点的流动参数确定的, 而组合参数 $J^{(\pm)}$ 和 $I^{(\pm)}$ 沿相应特征线保持常数, 称为黎曼不变量.

对于理想气体, 积分 P_i 简化为初等函数:

$$P_1 = \frac{2}{\gamma - 1}(a - a_0), \quad \frac{a}{a_0} = \left(\frac{p}{p_0}\right)^{(\gamma-1)/2\gamma} \tag{4.5.3}$$

$$P_2 = \sqrt{\frac{\gamma + 1}{\gamma - 1}} \arctan \sqrt{\frac{\gamma + 1}{\gamma - 1}(M^2 - 1)} - \arctan \sqrt{M^2 - 1}$$

$$\frac{p}{p_*} = \left(\frac{2}{\gamma + 1} + \frac{\gamma - 1}{\gamma + 1}M^2\right)^{\gamma/(1-\gamma)} \tag{4.5.4}$$

这里, 积分极限是这样选择的: 对于确定的 $a = a_0$, $P_1 = 0$; 在声速点上, $a = a_*, p = p_*$ 和 $M = 1$, $P_2 = 0$. P_2 的其他表达式也是已知的, 但是, 所有这些表达式都可以通过三角关系 (trigonometric relations) 相互化简为常数项.

设待讨论的区域与定常流动区相邻, 例如, 图 4.8 中特征线 ac 左侧的区域 I. 那么, 常数 C_- 在整个区域 II 是恒定的, 区域 II 被源于区域 I 的第二族特征线 $\eta_- = \text{const}$ 充满. 如果定常流动参数区受到第二族特征线限制, 则两族特征线的作用互换.

这些解和由它们描述的流动一般称为简单波, 或定常情况下的普朗特–迈耶波或普朗特–迈耶流动, 非定常情况下的黎曼波.

黎曼不变量给出了包括物体表面的整个区域 II 的流动参数之间的单值关系式:

$$v - P_1(p) = v_1 - P_1(p_1), \quad \theta - P_2(p) = \theta_1 - P_2(p_1) \tag{4.5.5}$$

这里, p_1, v_1 和 θ_1 是区域 I 内的一些定常参数.

由于组合参数 C_+ 沿第一族特征线是常数, 当特征线自身是直线时, 所需函数在第一族特征线上也是常数. 特征线的斜率和特征线上的参数由活塞的边界条件

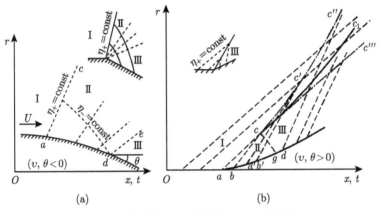

图 4.8 简单波：(a) 膨胀波和 (b) 压缩波

$r = r_p(t)$ 确定,对于流动中的物体表面,$r = r_b(x)$,其中 $v = \dot{r}_p(t)$ 或 $\tan\theta = r_b'(x)$。物体表面上的压力由方程 (4.5.5) 确定,特征线的斜率由方程 (4.2.5) 和 (4.3.9) 确定。如果 d 点右侧壁面倾斜角 (图 4.8) 是常数 (或活塞具有定常速度),那么,在特征线 de 后面存在一个定常流动参数区域 Ⅲ,区域 Ⅲ 中的特征线是平行的。

简单波中最重要的是特征线斜率的变化规律。对于非定常和定常问题,以下关系式在第一族 (确定的) 特征线上成立：

$$\mathrm{d}(v+a) = \frac{\mathrm{d}p}{\rho a} + \mathrm{d}a = A\frac{\mathrm{d}p}{\rho a}, \quad A = 1 + \frac{1}{2}\rho\left(\frac{\partial a^2}{\partial p}\right)_s$$

$$\mathrm{d}(\theta + \alpha^*) = \mathrm{d}\theta + \mathrm{d}\arcsin\frac{1}{M} = \frac{A}{\sqrt{M^2-1}}\frac{\mathrm{d}p}{\rho a^2} \tag{4.5.6}$$

其中,对于讨论的简单波,微分 $\mathrm{d}v$ 和 $\mathrm{d}\theta$ 沿第二族特征线,通过相容关系式与 $\mathrm{d}p$ 联系起来；在计算微分 $\mathrm{d}M^2 = \mathrm{d}(U^2/a^2)$ 时,我们认为在均匀等熵流动中,根据伯努利方程,等式 $\rho\mathrm{d}U^2 = -2\mathrm{d}p$ 在整个流场中成立。

如 1.6 节所示 (并用于第 3 章),对于标准气体,系数 A 始终为正；因此,在简单波中,直线特征线的斜率在与压力相同的方向变化。根据前面的分析,通过凸壁 ($\mathrm{d}\theta/\mathrm{d}x < 0$, 图 4.8(a)) 的流动中,斜率和压力都减小,源于表面曲线部分 ad 的第一族特征线形成一束发散的直线。在活塞问题中,对于减速活塞运动 ($v_p = \dot{r}_p, \ddot{r}_p < 0$),会发生同样情况。这意味着在膨胀流中,后续的扰动不会超越前面的扰动,因此,不会形成膨胀波 (该结论已在 2.6 节、3.3 节和 3.4 节讨论过)。

相反,在通过凹壁 ($\mathrm{d}\theta/\mathrm{d}x > 0$, 图 4.8(b)) 的流动中,特征线形成一束收敛的直线 (即扰动相互超越),由于每一条特征线拥有定常的流动参数,因此这些特征线交叉后，就会出现多值解的区域。对于一维非定常流动，如加速的活塞 $(\ddot{r}_p > 0)$，上述结论依然成立。

两条相近特征线的交点，$\eta_+ = \mathrm{const}$，与表面保持有限的距离，由于表面特征线之间的距离趋于零。首先，我们讨论非定常流。设 (t_a, r_a) 和 (t_b, r_b) 是 t, r 平面内活塞运动轨迹与两条特征线的交点，特征线在 c 点相交：

$$t_c = t_a + \frac{(v+a)_b(t_b - t_a) - (r_b - r_a)}{(v+a)_b - (v+a)_a}, \quad r_c = r_a + (v+a)_a(t_c - t_a) \quad (4.5.7)$$

设 $t_b = t_a + \Delta t, \Delta t \to 0$，根据极限关系式改写式 (4.5.6)：

$$(v+a)_b - (v+a)_a = \frac{\mathrm{d}(v+a)}{\mathrm{d}p}\Delta p = \frac{A}{\rho a}\Delta p$$

$$\frac{\Delta r}{\Delta t} \to v_a, \quad \frac{\Delta p}{\Delta t} = \rho a \frac{\Delta v}{\Delta t} \to \rho a \ddot{r}_p, \quad \Delta p = p_b - p_a \to 0 \quad (4.5.8)$$

即可得到极限接近两条特征线交点的坐标：

$$t_c = t_a + a(A\ddot{r}_p)^{-1}, \quad r_c = r_a + a(v+a)(A\ddot{r}_p)^{-1} \quad (4.5.9)$$

为了获得定常流的类似结果，我们分别用 x 和 $\tan(\theta + \alpha^*)$ 取代 t 和 $(v+a)$，并设 $\mathrm{d}r/\mathrm{d}x = \tan\theta$。简单起见，令 $\theta_a = 0$，即可得

$$x_c = x_a + \frac{(M^2-1)^{3/2}}{AM^4}R, \quad \frac{1}{R} = \frac{\partial\theta}{\partial l}, \quad r_c = r_a + (M^2-1)(AM^4)^{-1}R \quad (4.5.10)$$

这里，l 是沿物体轮廓线的弧长；R 是曲率半径；两个公式中的所有参数都与初始点 a 相关。

在点 c 上方，形成一个由交叉的第一族特征线覆盖的区域。因为每一条特征线拥有流动参数的定常值，所以这是多值解区。为了确定它的边界，认为该结论对于任何一组有限接近的特征线 (如源于曲线 ad 的 $a'c'$ 和 $b'c'$) 都是有效的。一组这样的 c' 点形成了特征线族的包络线。例如，对于以恒定加速度 $\ddot{r}_p = \mathrm{const}$ 运动的活塞，根据式 (4.5.9)，$a'c'$ 和 $b'c'$ 的长度和速度 a 一起向右增加；因此，包线 cc'' 位于特征线 ac 的延长线 cc''' 的上方。这种情况中，两条曲线就限制了多值解区边界，如图 4.8(b) 所示。

一般情况下，多值区的分布可以是不同的；不过，这样的多值解没有物理意义。这种情况下，不存在物理意义上的连续解，所以，我们必须引入一条两侧具有单值解的间断线 cc_1。这样，在这条曲线的左侧有无扰动区 I，而在这条曲线右侧区域充满了源于活塞或壁面的第一族特征线。

从数学观点来看，间断可以是任意的，但是，为了描述真实情况，我们必须要求在间断上满足守恒定律，即这种间断只能是压缩波，点 c 是其起始点。激波的形成过程已在 2.6 节讨论，而这里是基于更严格的理论进行讨论的。

正如 3.4 节所述，激波以超声速穿过未受到扰动的气体，而相对于受到扰动的气体，激波以亚声速传播。因此，在区域 Ⅲ，第一族特征线同时从激波的左右侧进入激波。我们已在 4.2 节中讨论了这种激波结构 (图 4.3)。由此可知：首特征线 ac 右侧的简单波区域 Ⅱ 被第二族特征线 cg 约束，区域 Ⅲ 的解严格来说不是简单波。

我们注意到，真实的流动结构可能更加复杂，因为压缩波中可能同时出现多个激波及其带来的干扰 (4.9 节)。激波发生点的位置取决于 M；对于常数 A(对于完全气体，$A = (\gamma+1)/2$)，在 $M = 2$ 时，距离 $x_c - x_a$ 最大，而对于 $M \to 1$ 或 $M \to \infty$，在壁面曲率不连续的点立刻形成激波。

4.6 膨胀波和压缩波特性

在本节中，简要叙述膨胀波和压缩波一些其他的物理和数学特性 (与 4.5 节相比)。

4.6.1 膨胀波

在图 4.9 中，我们给出了管道内理想气体从静止 $(v_1 = 0, a_1 = a_0)$ 开始膨胀的相关函数 $p(v)$，以及沿壁面 $(p_1 = p_*, \Delta\theta = \theta_1 - \theta)$ 以声速开始流动的相关函

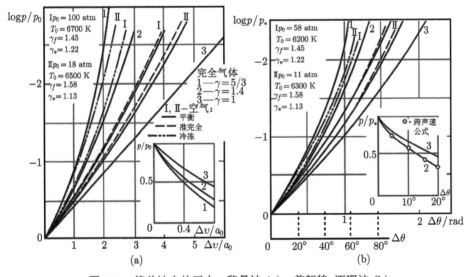

图 4.9 简单波中的压力：黎曼波 (a)，普朗特–迈耶波 (b)

数 $p(\Delta\theta)$；曲线是根据式 (4.5.3)～ 式 (4.5.5) 获得的。显然，对于 $\Delta v \leqslant a_0/2$ 或 $\Delta\theta \leqslant 15°$，$\gamma$ 的影响相对较小，但对于高膨胀比，γ 的影响显著；膨胀波中的压差随着 γ 的减小而减小。

一般来讲，对于任意气体，没有类似解析关系曲线，然而，我们可以近似地对真实气体使用关系式 (4.5.3) 和式 (4.5.4)，并采用由初始状态确定的有效绝热指数 $\gamma = \gamma_*$(1.3 节)。图 4.9 中给出的平衡空气的数据证实了这种简化方法的可行性。

在图 4.9 中，还绘制了具有所谓冻结绝热指数 γ_f(图 1.10) 的真实气体曲线；该指数对应于膨胀波前的初始平衡气体成分。第 11 章将详细讨论这一过程，这里仅指出正在讨论的物理过程对膨胀波中的流动参数有相当大的影响 (通过相应的绝热指数)。

由于高温空气与 γ_* 的近似单位值有关 (2.3 节，图 1.9)，给出式 (4.5.3)～式 (4.5.5) 的极限形式 (随着 $\gamma \to 1$)：

$$\frac{v}{a_0} = -\frac{2}{\gamma-1}\left[1-\left(\frac{p}{p_0}\right)^{\frac{\gamma-1}{2\gamma}}\right] \to \ln\frac{p}{p_0} \tag{4.6.1}$$

$$\theta_1 - \theta = \Delta\theta \to \left(-2\ln\frac{p}{p_*}\right)^{1/2} - \arctan\left(-2\ln\frac{p}{p_*}\right)^{1/2} \tag{4.6.2}$$

极限曲线如图 4.9 所示，可用作小量 $\gamma-1$ 的参考值。

角点周围的流动或活塞后面突然以匀速运动的流动是简单膨胀波的特例。我们可以设想这样一种流动，通过让图 4.8 中的弧长 ad 消失，点 a 和点 d 上的流动参数保持不变。那么，在极限条件下，我们得到一个附着在角顶点的压缩波或具有扇形特征线的中心膨胀波：

$$\eta = \eta_+ = \frac{r}{t} = v + a, \quad \eta = \eta_+ = \frac{r}{x} = \tan(\theta + \alpha^*) \tag{4.6.3}$$

在首特征线和尾特征线上，以自相似解 $p(\eta), v(\eta)$ 或 $\theta(\eta)$ 相对于 η 的间断导数形式，式 (4.6.3) 联立式 (4.5.5) 给出了简单波流动参数分布。一般而言，气流绕该压缩角的流动将产生压缩激波，而不可能产生中心压缩波。

图 4.10 为超声速流动中简单波的示例，即管道中的流动和通过尖角的流动。一般情况下，中心波 abc 起源于拐角点 a，由简单波的区域右边界为从对称线或激波反射回来的特征线 bd。

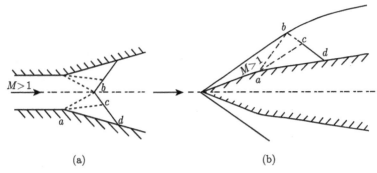

图 4.10 二维超声速流动中的简单波

考虑声速特征线附近普朗特–迈耶波的特性。对于 $\Delta p = p_* - p$ 中连续的 P_2，扩展式 (4.5.2)，并考虑极限式 (2.2.20)，得到

$$\frac{\Delta p}{p_*} = C(\Delta\theta)^{2/3}, \quad C = \frac{3^{2/3}\rho_* a_*^2}{2A^{1/3}p_*} = \frac{\gamma}{2}\left(\frac{18}{\gamma+1}\right)^{1/3} \tag{4.6.4}$$

对于 $\gamma = 1.4$，系数 $C = 1.38$。对于 $\Delta\theta \leqslant 20°(M < 5$，图 4.9(b))，该公式有足够的精度。对于有限曲率 R^{-1} 的表面，我们可以写出 $\theta = x/R$，使得，随着 $x \to 0$，$\Delta p \sim x^{2/3}$，$\partial p/\partial x \to \infty$。奇异性体现在其自身位于第一族特征线斜率分布中，这可通过求式 (4.5.6) 的积分并考虑式 (2.2.20) 来证明这一点：

$$\phi = \Delta(\theta + \alpha^*) = \left(2A_*\frac{\Delta p}{\rho_* a_*^2}\right)^{1/2} \sim x^{1/3} \tag{4.6.5}$$

在中心膨胀波中，极坐标角度 ϕ 是唯一的自变量，反演 (4.6.5) 给出相关函数 $\Delta p \sim \phi^2$ 和 $\theta \sim \phi^3$，即初始特征线附近的压力和流动偏转角有以 ϕ 为自变量的零导数。因此，最靠近声速线的第二族特征线与一条第一族特征线以 2ϕ 角相交，其极坐标 (r, ϕ) 方程为 $2\phi \mathrm{d}r/\mathrm{d}\phi = -r$，该方程的解为 $r\phi^{1/2} = \text{const}$。随着 $\phi \to 0$，即靠近前端声速特征线时，这些特征线达到极限。

在其他大流动偏转角的极端情况下，对于较高的当地马赫数和 $U \sim U_{\max}$，式 (4.5.2) 和式 (4.5.4) 给出以下结果：

$$\Delta\theta_{\max} - \Delta\theta = \frac{2}{\gamma - 1}\frac{1}{M}$$

$$\Delta\theta_{\max} = \frac{\pi}{2}\left(\sqrt{\frac{\lambda+1}{\lambda-1}} - 1\right) \quad (M \gg 1) \tag{4.6.6}$$

当较高马赫数 $M_1 \gg 1$ 的流动膨胀时，它只能产生小角度 $\Delta\theta \leqslant 2\left[(\gamma-1)M_1\right]^{-1}$ 偏转，而相对压力变化 $p/p_1 = (M_1/M)^{2\gamma/(\gamma-1)}$ 可以很大。

用 v 代替 $\Delta\theta U_{\max}$，我们可以把方程 (4.6.6) 化简为适用于非定常波动方程 (4.5.3) 的一次积分，它是前面提到的非定常高超声速模拟的一种特殊表现形式。

膨胀进入真空中的流动极限偏转角 $\Delta\theta U_{\max}$ 随着 γ 减小而增加，对于 $\gamma = 5/3, 7/5$ 和 $5/4$，分别等于 $\pi/2, 0.72\pi$(或 130°) 和 π。对于 $\gamma < 5/4$，理论上不存在极限偏转角，$\theta = \pi$ 处的压力达到极限。在实际情况中，由于黏性影响和流动分离，偏转角远小于极限偏转角。

对于膨胀进入真空的非定常气体，速度 $v_{\max}$ 大于在相同滞止条件下定常膨胀的速度 $v_{\max}$：

$$-v \to v_{\max} = \frac{2a_0}{\gamma-1} > U_{\max} = \sqrt{\frac{2}{\gamma-1}}\, a_0 \tag{4.6.7}$$

4.6.2　压缩波

对于相同的活塞速度或流动偏转角，存在如何比较简单波和激波中压力增加的问题。如图 3.12 和图 3.13 所示，图中简单波的压力总是高于激波中的压力，至少，对于弱激波是这样。

为了更直观地说明情况，我们将比较活塞前端一维非定常波的压力，假设理想气体被极高地压缩，$p \gg p_0$。简单波和激波后相应的压力增加如下所示：

$$\frac{p}{p_0} = \left(\frac{\gamma-1}{2}\frac{v}{a_0}\right)^{2\gamma/(\gamma-1)}, \quad \frac{p}{p_0} = \frac{\lambda(\lambda+1)}{2}\left(\frac{v}{a_0}\right)^2, \quad \frac{v}{a_0} \gg 1 \tag{4.6.8}$$

显然，对于 $v \gg a_0$，简单波中的压力比激波中的压力大一个数量级。对于定常压缩波可以获得类似的结果：根据式 (3.3.8)，在 $M_1 \gg 1$ 的流动中，激波中压力以系数 $p/p_1 \sim M_1^2$ 增加，而在等熵压缩波中，根据式 (2.2.16)，当 $\gamma = 1.4$ 时，压力增加的系数为 $p/p_1 \sim M_1^7$。在简单压缩波中，流动可以偏转的角度 $\theta_{\max} = 130°$，而在斜激波中，$\Delta\theta = 45°$(这些结果都是针对 $\gamma = 1.4$ 给出的)。然而，超声速流动中无激波压缩是很少见的，所有这些估计值只能作为参考。

对于弱压缩波，式 (4.5.5) 中的积分 P_1 可以表示为以下形式 (直至二阶项)：

$$\Delta v = v - v_1 = \int_{p_1}^{p}\frac{\mathrm{d}p}{\rho a} = \frac{\Delta p}{\rho_1 a_1} - \frac{1}{2}a_1 A_1\left(\frac{\Delta p}{\rho_1 a_1^2}\right)^2 + \cdots$$

$$\Delta p = p - p_1, \quad A = 1 + \frac{1}{2}\rho\left(\frac{\partial a^2}{\partial p}\right)_s \tag{4.6.9}$$

这里，第一项 $\Delta p = \rho_1 a_1 \Delta v$ 对应 2.5 节的线性理论。我们用同样的精度将其代入第二项，可得

$$\frac{\Delta p}{\rho_1 a_1^2} = \frac{\Delta v}{a_1} + \frac{1}{2} A_1 \left(\frac{\Delta v}{a_1}\right)^2 + \cdots \qquad (4.6.10)$$

这个公式 (用 u 代替 Δv) 与弱非定常激波表达式 (3.7.3) 采用类似的展开方式，展开积分 P_2，我们得到适合弱斜激波的式 (3.7.4)，从中得出一个重要结论：$p(v)$ 或 $p(\theta)$ 的表达式，以及 4.3 节中熵增的表达式只在三阶项 $((\Delta p)^3$ 阶) 不同。因此，在弱激波中，黎曼不变量、$v - P_1(p)$ 或 $\theta - P_2(p)$ 具有相同的精度。

因此，获得的二次公式 (对简单波和激波都有效) 在与波相交的任何流线 (图 4.11 中的 de；详细参见 4.8 节) 上均成立。图 3.12 和图 3.13 中的数据表明了二次公式在简单压缩波中的应用范围。显然，前面的公式对于膨胀波也是成立的。

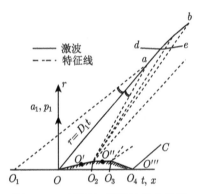

图 4.11 弱激波/膨胀波的交叉线

弱激波和特征线相对位置有一个更有趣的特性。由式 (3.4.23) 可知，这种波的传播速度等于激波前后声波速度之和的一半。因此，在非定常一维流动中，弱激波是激波前后特征线之间夹角的平分线。通过在小范围内对方程 (4.5.6) 进行积分，并考虑式 (3.4.7)，我们可以得到定常波的类似结果：

$$\theta + \alpha^* - \alpha_1^* = \frac{2}{\sqrt{M_{n1}^2 - 1}} \frac{v_{n1} - a_1}{a_1} = 2 \frac{\sin \alpha - \sin \alpha_1^*}{\cos \alpha} = 2(\alpha - \alpha_1^*)$$

$$v_{n1} = U_1 \sin \alpha, \quad a_1 = U_1 \cos \alpha_1^* \qquad (4.6.11)$$

这里，α 是激波角；而 α_1^* 和 $\theta + \alpha^*$ 分别是激波前后特征线的斜率，我们可以将该公式简化为式 (3.5.27)。

4.7   在非均匀介质中扰动的传播

只有在均匀无界的平面流动中，即关系式 (4.2.6) 和式 (4.3.11) 中的 $Q_{\text{eff}} = 0$，扰动才可能以简单波的形式传播。在复杂外形物体周围的真实流动中，扰动既与曲线激波后形成的非均匀、非等熵涡旋流相互作用，也与激波本身相互作用；由于流动的非平面性，扰动也会发生畸变。为了阐明这些影响，我们将考虑两组问题，即连续流动中扰动演化问题和给定性质表面 (如不连续表面等) 的扰动反射问题。

4.7.1   连续介质中的波

设弱扰动波是一束狭窄的第一族特征线 0-1, 0-2(图 4.12(a) 和 (b))，它从点 O(即物体轮廓线弯曲的地方) 开始沿着 x 轴在等压平面平行的 (或轴对称) 绝热超声速流动中传播。特殊情况下，这种扰动可能是有限强度膨胀波的阵面。这样的波称为短波 (Ryzhov 和 Khristianovich, 1958)，因为它的横向尺寸比流向尺寸小得多。对于这种波，相容关系式 (4.3.11) 沿着特征线 (4.3.9) 是有效的：

$$N\mathrm{d}p \pm \mathrm{d}\theta = Q^{(\text{eff})}\mathrm{d}l_{\pm}, \quad Q^{(\text{eff})} = \frac{Q_{\text{eff}}}{MU}, \quad N = \frac{\sqrt{M^2 - 1}}{\rho U^2} \tag{4.7.1}$$

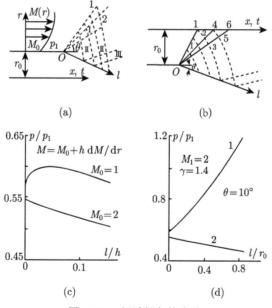

图 4.12   经过拐角的流动

函数 Q_{eff} 由式 (4.3.2) 和式 (4.2.1) 确定。在下文中，除非另外声明，否则将 Q_{eff} 设为零。一般的情况将在之后的章节讨论。

设短波与第二族特征线的线段 1-2 相交。显然，该片断的长度 Δl_{12} 很小；因此，沿着该线段系数 N 可以取为常数。如果来流中的函数 $Q_{\text{eff}} = 0$，由于连续性，它在短波内部的值也很小，且 $Q_{\text{eff}}\mathrm{d}l$ 是二阶项。因此，沿线段 1-2，即穿过短波，普朗特–迈耶公式是有效的：

$$\theta - N\Delta p = 0 \tag{4.7.2}$$

非均匀涡流中的系数 N 是沿短波测得的距离的函数，而在均匀涡流中，N 是常数。

下面讨论一些典型的例子。

4.7.2　旋涡流动中的短波

我们接下来讨论所有参数为横向连续非均匀分布的流动，其中压力 $p = p_1$ 和流动倾斜角 $\theta = 0$ 是常数。短扰动波沿第一族特征线传播。例如，在含曲线激波的绕体流动中，物体下游是一个具有横向熵梯度的流动，这种有熵梯度的流动使普朗特–迈耶波发生变形。

这种情况中，从带上标的相容方程 (4.7.1) 中消除变量系数 N，并根据积分 (4.7.2)，我们得到一个微分方程及其积分：

$$\frac{\mathrm{d}p}{p-p_1} + \frac{\mathrm{d}\theta}{\theta} = 0, \quad \frac{\Delta p}{\Delta p_0} = \frac{p-p_0}{p_0-p_1} = \frac{\theta_0}{\theta} = \left(\frac{N_0}{N}\right)^{1/2} \tag{4.7.3}$$

这里，p_0, θ_0，和 N_0 是给定特征线上点 O 处的参数，对应于局部普朗特–迈耶波中势流中小的偏转。对于理想气体，函数 $N/p = (M^2-1)^{1/2}/\gamma M^2$ 在 $M = \sqrt{2}$ 时最大。因此，若马赫数为 $M = M_0 \geqslant \sqrt{2}$，随着离壁面的距离增加，点 O 处的初始流线曲度就减小，而在高马赫数情况下，压力扰动随着 $(M/M_0)^{1/2}$ 的增大而增大。

在均匀轴对称流中，与对称轴距离 r_0 的 O 点处形成弱中心膨胀波（图 4.12(a) 和 (b)）。在 $v = \theta U$ 和 $\theta \ll \alpha^*(\sin \alpha^* = M^{-1})$ 情况下，波阵面附近的特征线方程 (4.3.11) 采用以下形式：

$$\mathrm{d}\theta \pm N\mathrm{d}p = -\theta \frac{\mathrm{d}r}{r} \tag{4.7.4}$$

窄波中的系数 N 可以认为是常数。对于有限的 $r \sim r_0$，方程 (4.7.4) 的右端是二阶小量；因此，方程 (4.7.2) 中，$N = \theta \Delta p$，沿波成立。此时方程 (4.7.4) 沿着短波有解：

$$\frac{\theta}{\theta_0} = \frac{\Delta p}{\Delta p_0} = \frac{\Delta K}{\Delta K_0} = \left(\frac{r_0}{r}\right)^{1/2}, \quad K = \tan(\theta + \alpha^*) \tag{4.7.5}$$

特征线的角系数增量关系式紧随方程 (4.5.6)，根据方程 (4.7.2)，方程 (4.5.6) 在短波中是有效的。因此，初始扰动在远离对称轴的地方开始衰减 (图 4.12(b))，反之亦然。在后者情况下，解 (4.7.5) 在轴上有一个奇点，在奇点附近方程失效，因为随着 r 的减小，发散短波的宽度与离轴的距离相当。这种情况中，方程 (4.7.4) 中最后一项不能忽略，积分 (4.7.2) 不再适用。

对于首特征线附近的中心简单波，设 $\Delta p, \theta \sim \phi$，从式 (4.7.5) 中得到估算值 $\partial p/\partial\phi$：随着 $\phi, r \to 0$，$\partial\theta/\partial\phi \sim (r_0/r)^{1/2}$，其中，$\phi$ 是简单波中特征线的偏转角，在轴上点 1 处这些导数没有极限。沿着特征线 1-3 确定对称轴的影响域 (图 4.12(b))，关系式 $r \sim r_0\phi$ 成立；因此，压力和角度 θ 沿特征线随着 $\Delta p, \theta \sim \sqrt{\phi}$ 变化。

考虑圆柱 ($v = 1$) 和球 ($v = 2$) 的对称非定常流动，例如，从半径为 r_0 的活塞的膨胀波突然开始膨胀或压缩。根据式 (4.2.1) 和式 (4.2.6)，式 (4.7.4) 在该条件下的对应方程为

$$dv \pm \frac{dp}{\rho a} = -v\frac{v}{r}dr \tag{4.7.6}$$

显然，平面黎曼不变量，$\rho a v = \Delta p$，在穿越短激波时是守恒的，沿短波的解是

$$\frac{\Delta p}{\Delta p_0} = \frac{\Delta v}{\Delta v_0} = \frac{\Delta K}{\Delta K_0} = \left(\frac{r}{r_0}\right)^{-v/2}, \quad K = v + a \tag{4.7.7}$$

对于 $v = 1$，解与式 (4.7.5) 一致，而球形波在 $r > r_0$ 时的衰减和在 $r < r_0$ 时的增强都比圆柱的波快得多。

接下来我们讨论这些波中的特征线束的特性。根据式 (4.7.7) 或式 (4.7.5)，特征线的斜率趋向于未扰动流动的斜率；不过，它们不会变为平行。为证明这一点，我们根据式 (4.7.7) 写出特征线方程，得出

$$\frac{dr}{dt} = K + K_1 + \Delta K \left(\frac{r}{r_0}\right)^{-v/2} \tag{4.7.8}$$

其中，下标 1 表示波前参数。

由于在窄波中 $\Delta K \ll K_1$，我们在式 (4.7.8) 的右侧设 $r = r_0 + K_1(t - t_0) \approx K_1 t$，对于 $r > r_0$ 和 $t > t_0$，得到特征线的渐近线形式：

$$r = K_1 t + 2\Delta K_0 \left(\frac{r_0 t}{K_1}\right)^{1/2}, \quad \nu = 1$$

$$r = K_1 t + \frac{r_0 \Delta K_0}{K_1} \ln \frac{K_1 t}{r_0}, \quad v = 2 \tag{4.7.9}$$

从一束特征线分离出来的单独特征线的参数为 ΔK_0。显然，式 (4.7.9) 中的第二项慢于平面波宽度 $\Delta r \sim K_0 t$，但随着 $t \to \infty$ 而增加。在 $v = 1$ 和 $K = \tan(\theta + \alpha^*)$ 时，通过用 x 替换 t，从式 (4.7.9) 可以推导出稳态圆柱形波的特征线外形。

式 (4.7.5) 也适用于拐角小的圆角引起的波。在远离物体的地方，波的宽度远超过它的初值，这与有效值为 r_0 的中心波不同。

所得结果可以推广到更复杂的函数 $Q^{(\mathrm{eff})}$（见式 (4.7.1)），它有内部扰动源的含义。为表明这一点，用 $Q_r^{(\mathrm{eff})} = \alpha_\theta \Delta\theta + \alpha_p \Delta p, \alpha = \alpha(x, r)$ 的形式表示这些函数，并采用积分式 (4.7.2) 沿其他族特征线求解相容方程。

4.7.3 激波/接触间断的相互作用

在图 4.13 中流线 ab 将流场分为区域 I 和区域 II，设扰动 I 和 II 的短波从流线 ab 上的线段 1-3 的任意侧入射，分别在第二族特征线 2-1 和第一族特征线 $2'$-1 上，通过区域 I 中点 2 和点 1 之间的压差 $p_2 - p_1$ 和区域 II 中点 $2'$ 和点 1 之间的压差 $p_2' - p_1$ 来表示这些波的强度。在区域 I 中，我们采用非常小的三角形 1-2-3，方程 (4.7.1) 的系数在三角形内可以设为常数。那么，沿第一族特征线 2-3 写出方程 (4.7.1) 的差分形式 (通过类推式 (4.2.10))，并从其任一侧减去 $Np_1 + \theta_1$ 的和，我们得到方程：

$$\Delta L_{31} = N(p_3 - p_1) + (\theta_3 - \theta_1) = \Delta L_{21} + Q^{(\mathrm{eff})} \Delta l_{32}$$

$$\Delta L_{21} = N(p_2 - p_1) + (\theta_2 - \theta_1)$$

$$= 2N(p_2 - p_1) - Q^{(\mathrm{eff})} \Delta l_{21} = 2(\theta_2 - \theta_1) + Q^{(\mathrm{eff})} \Delta l_{21} \tag{4.7.10}$$

其中，关于算子 ΔL_{21} 的最后两个方程是从关于第二族特征线的方程 (4.7.1) 得出的 (原始形式的式 (4.7.10) 的第一个公式对任何线段 2-1 都是有效的)。考虑到有关微分 $\mathrm{d}l_\pm$ 的式 (4.3.11)，Δl_{32} 和 Δl_{21} 是正的，因此，它们分别表示特征线线段 3-2 和 2-1 的长度。

类似于式 (4.7.10)，我们写出有关区域 II 内三角形 1-$2'$-3 的关系式，并考虑接触间断上压力和倾斜角的连续性，可得确定点 3 处流动参数的方程组：

$$N_{\mathrm{I}}(p_3 - p_1) + (\theta_3 - \theta_1) = 2N_{\mathrm{I}}(p_2 - p_1) + Q_{\mathrm{I}}^{(\mathrm{eff})} \Delta l_{\mathrm{I}}^{(-)}$$

$$= 2(\theta_2 - \theta_1) + Q_{\mathrm{I}}^{(\mathrm{eff})} \Delta l_{\mathrm{I}}^{(+)}$$

$$\Delta l^{(-)} = \Delta l_{32} - \Delta l_{21}, \quad \Delta l^{(+)} = \Delta l_{32} + \Delta l_{21}$$

$$N_{\text{II}}(p_3 - p_1) - (\theta_3 - \theta_1) = 2N_{\text{II}}(p_2' - p_1) + Q_{\text{II}}^{(\text{eff})}\Delta l_{\text{II}}^{(-)}$$

$$= 2(\theta_2' - \theta_1) + Q_{\text{II}}^{(\text{eff})}\Delta l_{\text{II}}^{(+)} \tag{4.7.11}$$

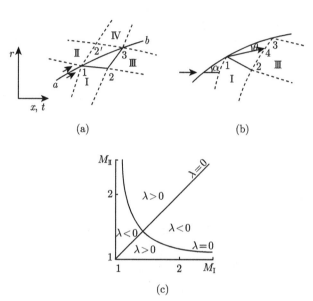

图 4.13   接触间断 (a), (b) 和激波 (c) 扰动的相互作用

由于 ab 是流线，则有 $\Delta l_{32} = \Delta l_{21}$ 和 $\Delta l^{(-)} = 0$。在没有接触间断的情况下 ($N_{\text{I}} = N_{\text{II}}$ 等)，可以简单地对扰动进行相加：

$$p_3 - p_1 = p_2 - p_1 + p_2' - p_1, \quad \theta_3 - \theta_1 = \theta_2 - \theta_1 + \theta_2' - \theta_1 \tag{4.7.12}$$

一般情况下，从间断两侧入射的扰动影响可以分开考虑。因此，选择波 I，即，将 $p_2' = p_1$ 和 $Q_{\text{II}}^{(\text{eff})} = 0$ 代入方程 (4.7.11)，我们得到解：

$$p_3 - p_2 = \lambda(p_2 - p_1), \quad p_3 - p_1 = (1 + \lambda)(p_2 - p_1)$$

$$\theta_3 - \theta_2 = -\lambda(\theta_2 - \theta_1) + (1 - \lambda)Q_{\text{I}}^{(\text{eff})}\Delta l_{32}$$

$$\theta_3 - \theta_1 = N_{\text{I}}(1 - \lambda)(p_2 - p_1) = (1 - \lambda)(\theta_2 - \theta_1 + Q_{\text{I}}^{(\text{eff})}\Delta l_{21}) \tag{4.7.13}$$

系数 λ 的表达式如下：

$$\lambda = \frac{N_{\text{I}} - N_{\text{II}}}{N_{\text{I}} + N_{\text{II}}} = \frac{M_{\text{II}}^2(M_{\text{I}}^2 - 1)^{1/2} - M_{\text{I}}^2(M_{\text{II}}^2 - 1)^{1/2}}{M_{\text{II}}^2(M_{\text{I}}^2 - 1)^{1/2} + M_{\text{I}}^2(M_{\text{II}}^2 - 1)^{1/2}} \tag{4.7.14}$$

其中, 后一个公式只对理想气体有效。函数 λ 是交替符号并且 $|\lambda| \leqslant 1$; 在 $M_{\text{I}} = M_{\text{II}}$ 的线上 (即没有间断的情况下), $M_{\text{I}}^2 M_{\text{II}}^2 = M_{\text{I}}^2 + M_{\text{II}}^2$, 可得 $\lambda = 0$(参见图 4.13(c) 中的 $M_{\text{I}} M_{\text{II}}$ 平面)。

显然, 点 3 处的流量参数及用差值 $p_2 - p_1$ 表达的 $p_3 - p_2$ 与函数 $Q^{(\text{eff})}$ 无关; 差值 $p_3 - p_2$ 反映了反射波 III 的强度特性, λ 是反射系数。差值 $p_3 - p_1$ 是折射系数 $1 + \lambda \geqslant 0$ 的折射波 IV 的强度。对于角 θ 的扰动, 反射系数和折射系数为 $-\lambda$ 和 $1 - \lambda \leqslant 0$, 此外, 内部扰动源与函数 $Q^{(\text{eff})}$ 是成比例的。

接下来讨论一些例子。设波与刚性直线壁面 ab 相互作用 (否则, 弯曲部分本身将是一个扰动源)。这种情况中, $\theta_3 = \theta_1$, 根据关系式 (4.7.11) 可得, 压力分布是加倍的, $p_3 - p_1 = 2(p_2 - p_1)$。在 $\lambda = 1$ 或 $N_{\text{I}} \gg N_{\text{II}}$ 的假设下, 可从式 (4.7.13) 推导出相同的结果。这种情况中, 反射扰动和入射扰动是相等的, 即 $p_3 - p_2 = p_2 - p_1$。相反, 在 $\lambda = -1$ 时, $p_3 = p_1$, 即压力扰动在间断上被抵消, 而角度扰动是加倍的 $\theta_3 - \theta_1 = 2(\theta_2 - \theta_1)$(根据函数 $Q^{(\text{eff})}$ 而相应增加)。根据式 (4.7.14), 在固定值 M_{I} 时, 设 $M_{\text{II}} \to 1$ 或 $M_{\text{II}} \to \infty$, 可以获得 $\lambda = 1$ 的状态; 在固定值 M_{II} 时, 设 $M_{\text{I}} \to 1$ 或 $M_{\text{I}} \to \infty$, 可以获得 $\lambda = -1$ 的状态。

一维非定常流动 (或在极限情况下, 间断两侧具有相同速度 $U_{\text{I}} = U_{\text{II}}$ 的高超声速流动, 4.3 节) 的解析解是非常直观的。这种情况中, 式 (4.7.11)~ 式 (4.7.14) 中, 用 v 代替 θ, 用 $(\rho a)^{-1}$ 代替 N, 得出

$$\lambda = \frac{(\rho a)_{\text{II}} - (\rho a)_{\text{I}}}{(\rho a)_{\text{II}} + (\rho a)_{\text{I}}} = \frac{\rho_{\text{II}}^{1/2} - \rho_{\text{I}}^{1/2}}{\rho_{\text{II}}^{1/2} + \rho_{\text{I}}^{1/2}} \tag{4.7.15}$$

这里, 第二个等式是针对理想气体的。

如果扰动出现在密度大的介质中, 不等式 $\lambda > 0$ 成立, 反之亦然。在 $\rho_{\text{I}} \ll \rho_{\text{II}}$ 时 (如刚性壁面的反射), 则有 $\lambda \approx 1$, 因此压力扰动加倍。在 $\rho_{\text{I}} \gg \rho_{\text{II}}$ 时, 即在真空中膨胀时, $\lambda \approx -1$ 和 $p_3 = p_1$, 压力扰动消失, 而速度扰动加倍, $v_3 - v_2 = 2(v_2 - v_1)$。空气-地球 (水) 就是一个典型的例子, 即使是最强的摧毁城市的地震也不会伤害到飞鸟。

最后, 我们将讨论来自对称轴的扰动反射。让我们考虑图 4.12(b) 中的三角形 4-5-6; 用有限差分代替式 (4.7.4) 中的微分, 设 $\theta/r = \theta_5/r_5$, 并考虑轴上的条件, 我们得到以下关系式:

$$2\theta_5 = N(p_6 - p_5) = N(p_5 - p_4), \quad p_6 - p_4 = 2(p_5 - p_4) \tag{4.7.16}$$

即入射在对称轴上的扰动与 $\lambda = 1$ 时从刚性壁面反射的扰动相比, 强度加倍。

自然，这种接触间断扰动相互作用的局部分析，只有在区域 II 中流动为超声速时成立。否则，发生在区域 II 的扰动在该区域内向上游传播，在区域 I 内同样如此。该问题将在 5.8 节论述。唯一的例外是在区域 II 中的气体是静止的极限情况下，压力为常数，$p = p_1$，马赫数为零，$M_{\mathrm{II}} = 0$。来自这个接触间断的反射，扰动仅改变符号，对应于 $\lambda = -1$。

4.7.4 来自声速线的扰动反射

设图 4.13(a) 中的 ab 是声速线，这种情况下该图并不绝对准确，因为，当 $M \to 1$ 时，两族特征线彼此相切，并且，如果特征线垂直于流线，则特征线与声速线也相切 (如 4.3 节中的图 4.5(c) 所示)。这种情况下，由于气流的亚声速特性，不能按超声速流动特性来简单地确定区域 II 中流动对扰动的响应。然而，无论声速线形状是够受到扰动，声速线上的声速等于临界速度，$a = a^*$，在理想气体中，临界速度是常数。此时，压力是熵 s 的函数，$p = p^*(s)$，$\partial p^*/\partial s < 0$。在均匀等熵流动中，$p^* = \mathrm{const}$，式 (4.7.11) 的第一个公式给出反射系数 $\lambda = -1$，同定常压力区域 II 中来自接触表面反射的情况一致。换句话说，入射在声速线上的扰动改变了反射的符号。

同时，当熵沿声速线变化时，在前面关系式中给出的 $p_3 - p_1$ 是施加在反射扰动上的附加扰动 (以及壁面反射引起的扰动 $\theta_3 - \theta_1$)。这种情况中，把反射系数定义为 $\lambda = (p_3 - p_2)/(p_2 - p_1)$ 是没有意义的。

4.7.5 在回流点后的流动

作为说明，我们将讨论中心膨胀波 (图 4.12 中的 I) 之后沿直线壁面 Ol 的流动。拐点前的流动是平行等压流动，尽管存在旋涡，马赫数随着离壁面的距离增加而增加。中心波 I 中初始 (点 O 处) 扰动的演化由式 (4.7.3) 确定，并取决于 N_0/N，函数 N 在 $M = \sqrt{2}$ 有最大值 $N = N_m = (2\gamma p)^{-1}$。因此，在壁面上 $M = M_0 < \sqrt{2}$，膨胀波随着 r 的增加而衰减；因此，在膨胀波中，压力增加，而偏转角减小。与波 I 相交的波 II 是压缩波，并从直线壁面 Ol 反射为压缩波 III。根据式 (4.7.12)，这些波与压缩波 II 相互作用，引起波 I 下游区和沿表面 Ol 的压力增加。

当 $M_0 > \sqrt{2}$ 时，流动模式是相反的；波 I 及其下游和表面 Ol 上的压力都减小。如果点 $M = \sqrt{2}$ 在波 I 内，则拐角后的压力沿壁面先增加后减小。两种情况如图 4.12(c) 所示。

现在继续讨论轴对称流动，它最初是绕圆柱轴线的轴对称均匀流，转向对称轴或远离对称轴。转向对称轴时，根据方程 (4.7.5)，波 I 中的扰动强度减小，压力升高，且波 II 为压缩波。这种情况中，压力沿壁面 Ol 增加，即在第 2 章 (图 2.14) 讨论的扰动叠加。相反，当流动转向远离对称轴时，如在扩散喷管中，波

I 中的压力减小，而波 II 是膨胀波且压力沿壁面 Ol 减小。两种情况如图 4.12(d) 所示 (曲线 1 和 2)。

4.8　声波和激波的相互作用

在本节中，我们将只考虑孤立激波与短声波的相互作用。

设图 4.13(b) 中的 ab 是激波，激波后面为超声速流动，α 是激波与入射均匀超声速流动速度矢量的夹角，激波上的 1-3 段是短扰动波。这种情况中，式 (4.7.11) 的第一个关系式需要用激波关系式 (3.5 节) $p = p_s(\alpha)$ 和 $\theta = \theta_s(\alpha)$ 补充，或用以下差分形式补充：

$$p_3 - p_1 = p_s'(\alpha_3 - \alpha_1), \quad (\theta_3 - \theta_1) = \theta_s'(\alpha_3 - \alpha_1)$$

$$p_s' = \mathrm{d}p_s/\mathrm{d}\alpha, \quad \theta_s' = \mathrm{d}\theta_s/\mathrm{d}\alpha \tag{4.8.1}$$

对于非定常波，如式 (4.7.11) 所示，N^{-1} 和 θ 分别用 ρa 和 v 代替，而导数 p_s' 和 θ_s' 应该分别用 $p_D' = \mathrm{d}p_D/\mathrm{d}D$ 和 $v_D' = \mathrm{d}v_D/\mathrm{d}D$ 代替，这里，$p_D(D)$ 和 $v_D(D)$ 分别是激波后的气体密度和速度，D 是激波传播速度。不同于图 4.13(a)，这种情况中的特征线长度不再相等，$\Delta l_{32} \neq \Delta l_{21}$，而 $\Delta l^{(-)} = \Delta l_{34}$ 是 Δl_{32} 被流线 1-4 切断的线段长度。因此，从式 (4.8.1) 中消去 α 或 D，得到类似式 (4.7.13) 的关系式：

$$p_3 - p_2 = \lambda(p_2 - p_1) + \Delta p_Q, \quad p_3 - p_1 = (1 + \lambda)(p_2 - p_1) + \Delta p_Q$$

$$\theta_3 - \theta_2 = -\lambda_s(\theta_2 - \theta_1) + \Delta\theta_Q, \quad v_3 - v_2 = -\lambda_D(v_2 - v_1) + \Delta v_Q$$

$$\lambda = \lambda_s, \lambda_D, \quad 2N\Delta p_Q = (1 + \lambda)Q^{(\mathrm{eff})}\Delta l_{34}$$

$$\lambda_s = \frac{Np_s' - \theta_s'}{Np_s' + \theta_s'}, \quad \lambda_D = \frac{p_D' - \rho a v_D'}{p_D' + \rho a v_D'} \tag{4.8.2}$$

这里，Δp_Q 项只用于稳态激波，其他项 $\Delta\theta_Q$ 和 Δv_Q 可以推导出同样的形式，这里没有给出。对于标准气体 (根据 3.4 节的判断)，导数 p_s', p_D' 和 v_D' 为正，不定式 $\theta_s > 0$，因此，$|\lambda| \leqslant 1$ 对应于激波后的超声速流动。$\Delta p_Q, \Delta\theta_Q$ 和 Δv_Q 项考虑了激波演化过程中流动非均匀性的影响。当 $Q = 0$ 时，函数 $Q^{(\mathrm{eff})} \sim -vv/r$，所以，$\Delta p_Q$ 的符号与径向速度的符号相反。特别是在图 4.13(b) 所示的情况中，我们有 $v > 0$，因此，与平面流动相比，轴对称流动本身引起了激波衰减。

从 3.3 节到 3.5 节的关系式可以推导出反射系数的公式，这里不再赘述。对于弱激波，采用二次方程 (3.7.3) 和 (3.7.4)，并穿过激波的压力增量 Δp 的系数

N 和 ρa 展开，可得

$$\lambda_D, \lambda_s \sim (\Delta p)^2 \text{或} \lambda_s \sim (\alpha - \alpha^*)^2, \quad \Delta p \to 0, \quad \sin\alpha^* = M_1^{-1} \tag{4.8.3}$$

同时，弱激波是等熵的，前面提到的二次方程公式对激波和连续压缩波 (3.4 节、3.7 节和 4.6 节) 是相同的，并有更高阶 $(\Delta p)^3$ 的精度。对于理想气体，函数 λ_s 和 λ_D 如图 4.14 所示。如果 λ_D 是 D/a_1 的递减函数，那么，λ_s 的特性更为复杂，并可根据符号变化来表示其特性。当接近激波后的声速点时，导数 θ'_s 保持为正；因此，激波前的马赫数存在极限，$M_1 < \infty$，$M_2 \to 1$，而激波后 $\lambda_s \to -1$。

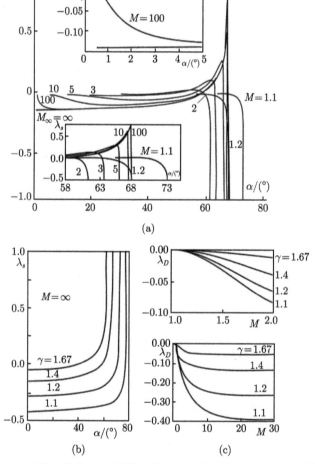

图 4.14　来自稳定状态 (λ_s) 激波和非稳定状态 (λ_D) 激波的反射系数分布

在式 (3.5.4)、式 (3.5.11) 和式 (3.5.16) 中，设 $M_1 = \infty$ 和 $k = k_0$，根据式

(4.8.2)，我们得到极限公式：

$$\lambda_s = \lambda_{s\infty} = \frac{\sqrt{2(\gamma-1)} - \sqrt{\gamma(1-k\eta^2)}}{\sqrt{2(\gamma-1)} + \sqrt{\gamma(1-k\eta^2)}}$$

$$k = (\gamma-1)/(\gamma+1), \quad \lambda_{D\infty} = \lambda_{s\infty} \quad (\eta=0) \tag{4.8.4}$$

图 4.14(a) 中绘制了不同的 γ 值对应的曲线 $\lambda_{s\infty}(\eta)$。在声速点，因为 $k\eta^2 = 1$，有 $\lambda_{s\infty} = 1$，而随着 $\eta \to 0$，有 $\lambda_{s\infty} \neq 0$，即在区间 $[0, \alpha_*]$ 的极值点，对于有限大的 M_1，极限曲线 $\lambda_{s\infty}(\eta)$ 与函数 $\lambda_s(\eta)$ 的极限值不一致。这是因为式 (4.8.4) 仅对 $M_1\alpha \to \infty$ 有效，而在 $M_2 \to 1$ 时，没有考虑由声速点附近扰动的作用而在激波上产生的位移。

如图 4.14 所示，因为在远离"声速"值的大攻角范围内 $\gamma = 1.4$(参见 3.5 节)，入射在激波上 (沿特征线 1-2，图 4.15 中) 的扰动反射系数相当小，即 $|\lambda| < 0.1 \sim 0.15$。对于 $\lambda = 0$，发生于壁面的普朗特–迈耶波可以没有变化地到达激波，因此，可以忽略激波反射的扰动。对于二维机翼的楔形鼻状结构的弯曲尾部下游的流动，在流动中发生由非常弯曲的激波引起大的涡旋之前，在三角形 0-2-3 内，可以根据 4.6 节中的普朗特–迈耶公式 (激波膨胀方法 SEM) 确定。图 4.15 中的数据证明了该方法的有效性。

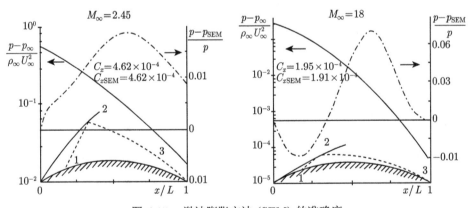

图 4.15　激波膨胀方法 (SEM) 的准确度

接下来讨论弱波的情况。此时所有的特征线几乎是平行的，似乎不能发生相互作用。但实际上，所有激波都会赶上并吸收所有前面的扰动，反之亦然，后面的扰动都会赶上激波 (2.6 节和 3.4 节)。根据式 (3.4.23) 和式 (4.6.11)，在平面 (x, r) 或 (t, r) 内的激波是激波前后两条特征线 O_1a、O_2a 之间的角平分线。

基于这一结论，现在我们能够阐明线性理论的一个棘手的问题 (2.5 节和 2.8 节)，即经过薄翼型的流动或活塞诱导的扰动衰减问题 (图 4.11)。源于机翼边缘的

前端特征线 Oa 和尾部特征线 Oc 表示相互作用的弱激波，以及与远离物体的膨胀波相互作用的弱激波。

作为举例，我们讨论一个特殊但很重要的问题，在没有后续扰动的假设下，弓形激波与源于点 O_2 的中心膨胀波 O_2ab 相互作用的问题 (Landau, 1944)。这个问题通常出现在无限长的具有楔形鼻状结构机翼的情况或活塞突然停止的情况。

在弱激波上，反射系数 $\lambda \approx 0$，则膨胀波到达激波时没有变形，并因此确定相互作用区域 ab 内激波后的流动参数。对于中心波 O_2ab 中的非定常一维问题，关系式 $v+a=(r-r_0)/(t-t_0)$ 沿曲线 ab 成立，其中，r_0 和 t_0 是点 O_2 的坐标，t_a 和 r_a 是点 a 处的参数。把 $u=v$ 和 $a_2=a$ 代入式 (3.4.23)，又因为 $t>t_a \gg t_0$ 和 $r>r_a \gg r_0$，就得到激波阵面 r_s 的方程：

$$\frac{\mathrm{d}r_s}{\mathrm{d}t} = D = \frac{1}{2}(a_1+v+a) = \frac{1}{2}a_1 + \frac{1}{2}\frac{r_s}{t} \tag{4.8.5}$$

由此得出

$$r_s = a_1 t + C_d \left(\frac{t}{t_a}\right)^{1/2}, \quad C_d = ra - a_1 t_a$$

$$r_a = D_1 t_a, \quad t_a = (a_2 t_0 - r_0)(D_1 - a_2)^{-1}, \quad t \geqslant t_a, \quad r \geqslant r_a \tag{4.8.6}$$

其中，a_1 和 a_2 是激波前后的声速。

采用式 (3.4.7)，我们得到激波强度衰减规律：

$$D - a_1 = v_{n1} - a_1 = \frac{1}{2}A\frac{p-p_1}{\rho_1 a_1} = \frac{1}{2}C_d \left(\frac{t}{t_0}\right)^{-1/2}, \quad t \geqslant t_a \tag{4.8.7}$$

显然，在远离物体的地方，激波斜率趋向于首特征线的斜率，而它们之间的相对位置 $(r_s - a_1 t)/a_1 t$ 随着 $t^{-1/2}$ 减小。

对于轴对称 ($\nu = 1$) 流动和球形 ($\nu = 2$) 流动，推导类似的关系式时可以应用更常规的方法。关系式 (4.7.7)~ 式 (4.7.9) 中，设 $\Delta K_0 = K_0 - K_1(K_1 = a_1)$，可得

$$K = v + a = a_1 + \Delta K_0 \left(\frac{r}{r_0}\right)^{-\nu/2} \tag{4.8.8}$$

因为弱激波和简单波中的流动参数与三阶小量一致 (4.6 节)，所以，图 4.11 中整个压缩-膨胀区 $O_1O'O''$ 可以认为是单独的简单波，不必考虑特征线的相互作用和激波的形成。其中，式 (4.7.9) 给出的量 ΔK_0 沿特征线是常数。公式中的最后一项和 $\Delta K_0/K_1$ 都是不能忽略的小量，因为它们和激波的特征线偏差是同阶小量，忽略它们会导致在确定这些曲线交叉点时产生大的误差。因此，为了求解方

程 (4.8.5)(第一个方程)，用式 (4.8.8) 表示 $v + a$ 项，通过式 (4.7.9) 消去 ΔK_0，并在 $(r/r_0)^{-\nu/2}$ 项中设 $r = a_1 t$，从而得到以下激波外形和强度方程：

$$\frac{\mathrm{d} r_s}{\mathrm{d} t} - a_1 = \frac{\mathrm{d}(r_s - a_1 t)}{\mathrm{d} t} = \frac{1}{4t}(r_s - a_1 t), \quad \nu = 1$$

$$r_s = a_1(t - t_a) + r_a \left(\frac{t}{t_a}\right)^{1/4}, \quad D - a_1 = \frac{r_a}{4 t_a}\left(\frac{t_a}{t}\right)^{3/4} \tag{4.8.9}$$

$$\frac{\mathrm{d} r_s}{\mathrm{d} t} - a_1 = \frac{r_s - a_1 t}{2t}\left(\ln \frac{a_1 t}{r_0}\right)^{-1}, \quad \nu = 2$$

$$r_s = r_a + a_1(t - t_a) + r_a \left(\frac{t}{t_a}\right)^{1/2}$$

$$D - a_1 = \frac{r_a}{2t}\left(\frac{t}{t_a}\right)^{-1/2} \tag{4.8.10}$$

这里，t_a 和 r_a 是激波点参数，从该点开始所有假设是有效的。r_0 不包括在这些关系式中，这就使这些关系式具有普适性。特别是，当图 4.11 中物体轮廓线的拐角处被曲线 $O'O_2O''$ 平滑后，这些关系式依然有效。显然，激波衰减速度随着空间维度的增加而增加。

在 2.7 节非定常模拟框架内得到的结果，也可以通过采用变量 $t = x/U_\infty, a = U_\infty \sin \alpha^* = U_\infty / M_\infty$，扩展到稳态超声速流动。

对于机翼或图 4.11 所示的旋转体绕流，总体而言，弱激波 $O_4 c$ 赶上并吸收了从点 O_3 开始传播的膨胀波，此时激波强度为零。即表面区域 $O'O''O'''$ 产生的膨胀波赶上激波 $O_1 ab$，并减小了激波强度，使其极限变为零。这种流动也许有其他特性，这里不再讨论。

上述内容对远程超声速飞行器的 (数千米) 的声学效应及激波作用提供了一个解释。

4.9 任意间断的破碎

我们开始考虑一个简单的管道内时间相关的一维流动问题。当 $t = 0$ 时，设在管道截面 I 的任一侧，存在两个定常但不同流动参数的区域 II 和 III，这些区域可以是静止气体区或定常速度流动区。我们将 $t > 0$ 时截面 I 上的流动称为间断的破碎。对该过程的一些可能的认识如图 4.16(a)～(c) 所示。显然，在间断两侧形成激波还是形成中心膨胀波取决于它的初始参数；因此，它们在传播时过程形成了被接触间断分隔开的定常–参数区 (IV 和 V)。通过平衡条件，或动态适应性条件，即接触间断两侧压力和速度相等的约束条件，这些区域中的参数相互关联并与初始数据相关。这些条件可以写为以下形式：

$$p_{\text{IV}}(\text{II}, u_{\text{IV}}) = p_{\text{V}}(\text{III}, u_{\text{V}}), \quad u_{\text{IV}} = u_{\text{V}} \tag{4.9.1}$$

括号内的罗马数字表示对应流动区域参数的相关性。这些相关性由压缩激波关系式 (3.3 节和 3.4 节) 或稀疏波关系式 (4.5 节和 4.6 节) 确定。根据物理上的分析，这些问题的可解性是显然的。

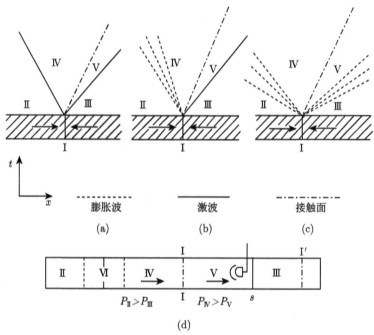

图 4.16　任意间断 (a)~(c) 和激波管 (d) 的非定常破碎

这些问题在激波管中普遍存在，激波管是研究高温流动特性的试验设备。这种装置的草图如图 4.16(d) 所示。在管道中，最初处于静止状态的驱动气体 (II) 和工作气体 (III) 被膜片 I 隔开，在某一预设压差 $p_{\text{II}} > p_{\text{III}}$ 下，膜片破裂。这种情况下，随着图 4.16(b) 中膜片的破裂，间断破碎了，即定常参数区 IV 中的膨胀波 VI 向左传播，而邻近定常参数区 V 中的激波 s 向右传播。后一个区域 (气栓) 是高速、高温 (高达 10^4K) 区。尽管该过程的持续时间极短 ($\Delta t \sim 10^{-5}$s)，但现代测量技术的发展使得对气栓进行物理和气体动力学研究成为可能。为了加速气栓中的气体，使用了多级配置，例如，在激波 s 前多安装一个膜片 I'，这个新间断的破碎如图 4.16(b) 所示。

现在考虑定常间断的破碎。我们将区别相对运动激波干扰和同向运动激波干扰 (图 4.17(a) 和 (b))。激波 1-2 和 1-3 表示为初等激波，或入射激波，因为它们的斜率和它们之后的参数 (II 区和 III 区中) 是预先设定的。二次激波或产生的波 (反射波或折射波) 是需要确定的。这些波可以是激波 1-4、中心膨胀波 1-5 和接触间断 1-6。方便起见，和特征线一样，我们按流动向上偏转或向下偏转分为第一族激波和第二族激波 (在图中的平面内)。

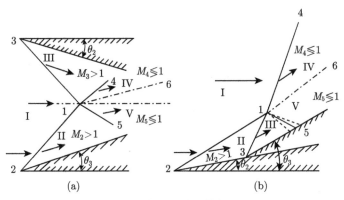

图 4.17 定常激波干扰的例子

相对运动激波区 II 和 III 之间以及同向运动激波区 I 和 III 之间的动力学相容方程简化为压力等式，IV 区和 V 区的流动方向为接触间断 1-6 的方向：

$$p_V = p_s(II, \theta_V) = p_{IV} = p_s(III, \theta_{IV})$$

$$p_{IV} = p_s(I, \theta_{IV}) = p_V = p_s(III, \theta_V), \quad \theta_{IV} = \theta_V \tag{4.9.2}$$

这里，θ 是相对于外部流动 I 中速度矢量的流动偏转角。第一和第二个方程分别对应图 4.17(a) 和图 4.17(b)。一般来说，函数 p_s 用 3.5 节激波关系式或 4.6 节中心膨胀波关系式表示。对于激波，这些函数用 3.5 节中的参数形式 $p = p_s(\alpha)$，$\theta = \theta_s(\alpha)$(其中，$\alpha$ 是激波斜率) 确定。这些方程的解决定了二次波的角度 θ_i(或 α_i) 和压力 p_i；IV 区和 V 区的其他流动参数根据 θ_i 和 p_i 项确定。

在二次间断后面的流动是超声速的假设下，我们简要描述这些解的性质。相对运动激波在 III-IV 和 II-V 区总有激波的特性，因为它们是由汇流 II 和 III 产生的。

相反，同向运动激波相互作用中的间断 1-5 可以是激波也可以是膨胀波。弱激波 3-1 可能被弱压缩波取代，根据 4.8 节 (图 4.14)，在所考虑的情况下，从主激波 2-1-4 上反射的波可以是膨胀波或压缩波，也可以是弱激波。同时，在强波相互作用时，双楔上的压力大于斜率等于双楔总斜率的单楔 (3.7 节) 上的压力，即

$p_{\text{III}} > p_{\text{IV}}$。一般来讲,这种情况下波 1-5 一定是膨胀波。所有这些情况如图 4.17(b) 所示。

通常,即使对于完全气体,方程 (4.9.2) 的解也是非常麻烦的,一个罕见的例子是接近特征线的非常弱的激波。在线性理论框架内,对于同向运动激波有:$p_{\text{IV}} = p_{\text{III}} = p_{\text{I}} + N^{-1}\theta_{\text{III}}$,所以,间断 1-5 根本不存在 (系数 N 根据式 (4.3.11) 确定)。类似地,对于图 4.17(a) 所示的相对运动激波,这里,$\theta_{\text{II}} > 0$ 和 $\theta_{\text{III}} < 0$,可得如下关系式:

$$p_{\text{V}} = p_{\text{IV}} = p_{\text{I}} + N^{-1}(\theta_{\text{II}} + |\theta_{\text{III}}|), \quad \theta_{\text{IV}} = \theta_{\text{V}} = \theta_{\text{II}} - |\theta_{\text{III}}| \tag{4.9.3}$$

在对称流中,$\theta_{\text{III}} = -\theta_{\text{II}}, \theta_{\text{IV,V}} = 0$ 和 $p_{\text{IV,V}} - p_{\text{I}} = 2(p_{\text{II}} - p_{\text{I}})$,即反射激波中的压力增量是短波从壁面反射时的两倍。随着入射激波强度增加,$p_{\text{IV,V}}$ 增加,并且在接下来的超声速流动中,在 3.7 节得到的双楔规律同样成立。

根据二值函数 $p_s(\theta)$,二次激波 1-4 或 1-5 可能既属于弱激波分支也属于强激波分支 (根据 3.5 节),弱激波后的流动通常是超声速流动,强激波后的流动则总是亚声速流动。对于流经物体的情况,选择合理的流动结构取决于附加的下游条件,例如,取决于飞行器尾部的外形 (图 4.17 中没有展示),它的前端会产生初等激波。

前面讨论的是超声速流动 II 和 III 之间或 I 和 III 之间的间断破碎,分别如图 4.17(a) 和图 4.17(b) 所示。在这些情况中,产生的间断数 (不包括接触间断) 等于初始的间断数 (即两个)。这些激波的相互作用被认为是有规律的,尽管该术语通常只用于弱激波分支的二次激波的流动 (即激波后面的超声速流动)。

设图 4.18 中的激波 1-4(不论它属于哪一族) 附着在弱激波分支的激波 1-2 上,激波 1-4 后是亚声速流动。在亚声速流动中不存在间断,所以,区域 IV 中的量 p_{IV} 和 θ_{IV} 一定与超声速流动 II 中形成的间断 1-3 后面的区域 V 中的量相同。在三态点,只有一组 (可能是两组,因为二值函数 $p_s(\theta)$) 值 p_{IV} 和 p_{II} 以及激波 1-2 和 1-4 的激波角 α_{12} 和 α_{24} 符合相容方程:

$$p_{\text{IV}} = p_s(\text{I}, \theta_{\text{IV}}) = p_s(\text{II}, \theta_{\text{V}}) = p_{\text{V}}, \quad \theta_{\text{IV}} = \theta_{\text{V}} \tag{4.9.4}$$

状态 II 只取决于状态 I 和角度 α_{12}。因此,这些激波是相互关联的,不能独立表示。二次激波 1-3(图 4.18) 可以属于任何分支;因此,图 4.18(a), (b) 和 (d) 中,它属于第二族;而在 (c) 中,它属于第一族;最后的形式表示同向运动激波的特殊情况。在图 4.18(b) 和 (c) 中,激波 1-4 属于第一族;在 (a) 中,激波 1-4 属于第二族。在这点上,(d) 是中间形式,其特征是:在相互作用后,区域 IV 和 V 中的流动仍保持原方向。

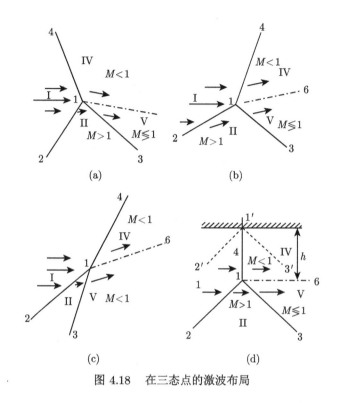

图 4.18   在三态点的激波布局

两个给定的激波与激波后的亚声速流相互作用是不可能的，因为在这些激波后无法构造间断。

激波极坐标法在分析激波相互作用形式时是非常直观的，我们以图 4.19 为例进行定性的说明。它们表现了给定初始状态激波后可能的状态，初始状态与图 4.17 和图 4.18 中的区域 I-III 相关，用点 1-3 来表示。这些极坐标图关于垂直轴对称，它的右侧和左侧分别表示第一族激波 ($\theta > 0$) 和第二族激波 ($\theta < 0$)。极坐标图的上下部分 (点 O 上下) 分别对应于强激波分支和弱激波分支。

在求解相对运动激波干扰问题时，二次极线 II 和 III 附着在初等极线 I 上。二次极线相交点 4 和 4′(图 4.19(a)) 给出了图 4.17(a) 中区域 IV 和 V 的 p 和 θ 的值。对于在极线 II 上点 3(图 4.19(b)) 的同向运动激波，我们构建了极轴 III，如果间断 1-5 是激波，则根据轴线 III 与极线 I 的交点 4 和 4′ 可得激波 1-4 (图 4.17(b)) 后的流动参数值。否则，只能沿着图 4.19(c) 中的膨胀波 3-5 的递减曲线 $p(\theta)$ 才可能从点 3 过渡到点 5 的状态。图 4.19(a) 中二次极线 II 或 III 与极线 I 的相交点 6_2 和 6_3，或图 4.19(b) 的点 4 和 4′ 对应于三个激波的交叉点 (三重点) 后面的状态。

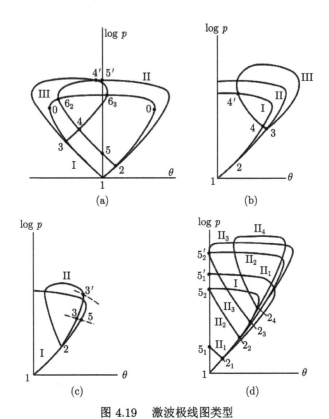

图 4.19　激波极线图类型

考虑图 4.17(a) 中对称相对运动激波 2-1 和 3-1 的相互作用，相当于这些激波中一个激波的反射，即来自刚性壁面的 2-1 的反射。如果存在这种相互作用 (参见极线 II_4)，它们的结果用极线 II 和 II_i 与轴对称极线 I 的相交点 $5,5'$ 和 $5_i,5'_i$ (图 4.19(a) 和 (d)) 来表示。极线 II 情况中的点 5_2 与极线 I 上面的点重合，这种类型的相互作用如图 4.18(d) 所示，它的特征是可能存在的有规律的壁面反射激波 $2'-1'$，壁面位于三重点 1 的同一流动区域中，点 1 位于与壁面距离为 h 的任意位置。

这种类型的激波极线图的相对位置有时会产生相当矛盾的结果。考虑图 4.19(a) 中初始点 2 接近点 1 的极线 II；这些近距离的点意味着图 4.18(a) 中的激波 2-1 是弱激波。这条极线与极线 I 的相交点 6_2 对应于激波 1-4 的近极限斜率；因此，当弱激波 2-1 是入射激波，例如，入射在钝头体前面的法向激波上 (图 4.20(a))，这就会导致不小的局部扰动，如图 4.20(b) 所示。这会带来如下问题：如何把这个矛盾的结果与实验数据联系起来？在实验数据中，即使在有许多小扰动的风洞中，也能观察到未发生畸变的激波。答案是，由于激波后亚声速流动中扰动的快速衰减，随扰动一起消失的是畸变区域范围，而不是激波形状畸变。至于激波后伴随的熵扰动，它们因为黏滞效应被消除了。在图 4.20(b) 中，尽管相当随意，我们也绘制出了受扰动激波 4'-1-3' 的真实位置，被扰动区围成一个圆环。

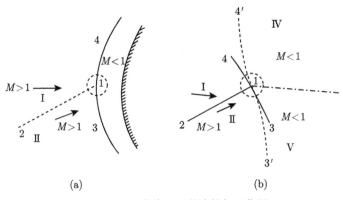

图 4.20　弱激波和强激波的相互作用

4.9.1　不规则激波相互作用

到目前为止，我们只研究了满足条件 (4.9.2) 或 (4.9.4) 的间断点的相互作用。然而，这些方程可能根本没有解。图 4.17(a) 中的对称情况就是一个非常简单的例子；这种情况中，激波从壁面以角度 θ_2 发生反射，θ_2 大于穿过流动 II 中激波最大可能的流动偏转角 θ_0。带有附加激波的流动不可能通过这个角度的楔形物，因此，图 4.19(a) 中极线 II 和 III 根本不会相交。在考虑同向运动激波时，假设中心膨胀波 1-5 中的偏转角 (图 4.17(b)) 大于外流的偏转角 θ_0，即使压力 p_{IV} 与流动 I 中正激波后的压力相同。这种情况中，点 3 处相应的膨胀波轨迹 (图 4.19(c)) 不能与极线 I 相交。

人们会很自然地问，这是什么样的流动？在以 $\theta > \theta_0$ 的角度流动通过楔形体的时候，在楔的前面产生了脱体激波，但是，这种激波与初级激波相互作用形成的三重点，应该考虑作为构建一般无规律激波模式的模块。这样就形成了激波干扰的无规律区或马赫区，它的组成部分是强分支的中心马赫激波，或马赫盘。这种区域最简单的形式，即如图 4.21 所示，从壁面或对称轴以大于极限角的角度反射的激波 2，其中，1-0-1' 就是精确的马赫盘。特别是在平面和轴对称射流进入静止恒压介质中，可以实现这种状态。

更加复杂的无规律激波相互作用的例子在图 4.22 中给出，涉及由超声速或高超声速飞机机身、对称平面内控制表面和机翼的钝边缘引起的激波干扰[①]。第一个

[①] 相互作用模式的分类是参考 Edney(1968),Roslyakov,Starykh 和 Uskov(1987) 相关结论给出的。

例子图 (a)，是类似图 4.21 中相对运动激波马赫干扰的非对称形式。其他两个例子图 4.22(b) 和 (c) 与入射激波 2-1 和从壁面脱离的激波 4-1-1'-3 的干扰相关。形式 (图 (d)) 涉及同向运动激波，如图 4.179(b) 所示；在图 4.17(b) 中的情况下，它不可能实现，随后，我们必须连续 (从上到下) 引入图 4.18 中所示的三重点 $(1, 1'$ 和 $1'')$ 类型，只有这样才能满足每一个点上的相容方程。

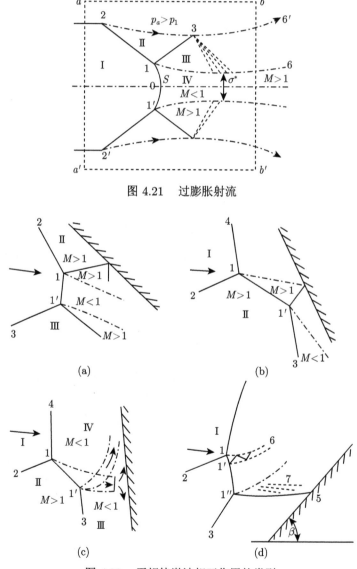

图 4.21　过膨胀射流

图 4.22　无规律激波相互作用的类型

我们将重点讨论图 4.22(d) 中表示的流型的两种典型元素[1]。它们是入射在壁面上的二次激波 1-5 和含有大量压缩波和膨胀波的超声速低熵射流 6。由于穿过斜激波后至少有三重通道，射流的熵比邻近区域内的熵小得多，因此，冲击压力和滞止压力都比较高。一般来讲，低熵射流的形成是典型的激波干扰，当射流入射在障碍物上时，往往会导致严重的问题 (特别是与传热有关的问题)。不过，这种情况不一定会发生，因为由于压差 $p_{\text{III}} - p_{\text{IV}}$ (在图 4.22(c) 中，两种情况都已表示) 的存在，这个非常窄的射流可能被吹离物体。

让我们作一个重要的注释。不规则布局形成的影响具有阈值性质 (对于角度 θ 接近最大流动偏转角 θ_0 的楔状体，3.5 节)，即相互作用可能是有规则的，也可能是不规则的，且没有中间阶段。不过，两种射流的宽度，低熵 1-1' 和亚声速 1'-1'' (图 4.22(d))，随着物体倾斜角 β 的减小而减小，射流也被流动带走。膨胀波 7 趋向于中心膨胀波，使激波 1-5 衰减直到消失，这样，就提供了从一个区域到另一个区域的平滑过渡。

然而，我们注意到，不规则激波相互作用的阈值，是根据激波中可能产生的最大流动偏转确定的，实际上只是理论上限。例如，在激波从壁面反射的情况中，当到达图 4.18 所示类型的区域时，通常已经出现马赫盘的三重结构。这个区域对应图 4.19(d) 中极线 II_2 的点 2_2 和点 5_2 (冯·诺依曼准则)，而由线段 2_2-2_3 表示的反射区变得不稳定，根本无法实现。这种情况下，图 4.18(d) 中的正激波 I-1 就变成了曲线马赫盘。

最后，马赫盘后面的 (以及所有强激波分支后面的) 流动是亚声速的，所以需要特殊的条件来维持它。因此，此类激波的尺寸和外形不能只由局部相互作用条件来控制，还取决于下游条件，可能还取决于耗散效应。这样的例子将在 5.5 节中给出。

4.10 薄层中的扰动

在 4.7 节，我们讨论了扰动在非均匀流动中穿过等值线的传播。现在，我们将研究相同条件下流向扰动的传播。这种现象在自然界也会发生，例如，声音在相对温暖 (冷) 的大气边界层中传播的情况。类似的情形也发生在某些绕钝头体的三维高超声速流动中。与该问题相关的某些影响将以极限模型问题的例子进行讨论。

设气体在恒定宽度 R 的平面管道内 (图 4.23) 从左到右流动；宽度为 δ 的较低的子层内气体速度是 w。子层内的密度和声速 ρ_2 和 a_2，与外层中 (即管道内的上面部分) 的 ρ_1 和 a_1 不同。我们假设不定式 $\rho_2 \ll \rho_1$ 和 $a_2 \gg a_1$ 成立 (即子

---

[1] 具体例子可参考 Zemlyanskii,Lesin,Lunev, 和 Shmanenkova(1982)。

层被高度加热)。最初，所有的量是常数，外层中气体是静止的。这样的流动可以通过节气阀突然切断 $z = 0$ 平面内从挡板狭槽流出的气体流动而获得。对应的流动条件如下：

$$t = 0, \quad z > 0, \quad f = f_A, \quad t > 0, \quad z = 0, \quad w = 0 \tag{4.10.1}$$

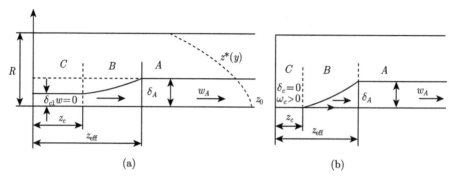

图 4.23　子层加热的长管道内的扰动传播

在严格的公式中，流动是由非定常方程组来描述的 (4.4 节)，而扰动区从右侧以特征线表面 $z^*(y)$(图 4.23(a)) 为界，$z^*(y)$ 沿以下双特征线与管道较低表面相交：

$$z_0 = (w + a_2)_A t \gg z_1 = a_1 t \tag{4.10.2}$$

这里，下标 A 表示 A 区未扰动气体 (图 4.23)。在薄子层内 $\delta \ll z_0$，我们可以忽略横向压差，因此子层内的气体运动方程 (1.2 节中的广义一维方程组) 为以下形式：

$$\frac{\partial \rho_2 \delta}{\partial t} + \frac{\partial \rho_2 \delta w}{\partial z} = 0$$

$$\frac{\partial w}{\partial t} + w \frac{\partial w}{\partial z} = -\frac{1}{\rho_2} \frac{\partial p}{\partial z} = -\frac{a_2^2}{\rho_2} \frac{\partial \rho_2}{\partial z} \tag{4.10.3}$$

从与后一个方程类似的方程可知：如果在距离 $\Delta z_2 \sim a_2 t$ 处 $\Delta p \sim p$，则外层中纵向诱导速度的阶是 $w_1 \sim (t/\rho_1)(\Delta p)/(\Delta z) \sim p/\rho_1 a_2$，因此，气体流体微团的相对流向位移为 $w_1 t/\Delta z_2 \sim (a_1/a_2)^2 \ll 1$。这种情况中，外层中声波的纵向速度相对较小，扰动只有通过子层才能穿透进入外层，因此，外层中的气体及气体中的扰动保留在平面 $z = \mathrm{const}$ 内。

方程组 (4.10.3) 包括两个方程，涉及三个未知函数 p_2, w 和 δ；因此，应该根据内层和外层之间相互作用的条件而多得到一个关系式。在严格的公式中，它可以根据层–层接触面 $y = \delta(t, z)$ 上的压力相等条件和该接触面上的法向速度相等条件而导出。不过，为了得到明显的结果，我们将修改这些等式，进行以下流动区域的分析：

(1) 中心区，$z = a_1 t \gg R$，在整个 $z = \text{const}$ 截面，由于来自管道壁面的多重扰动反射，压力是常数；

(2) 正前方附近，$z \approx z_0(t)$，从上壁面反射的外层扰动还未到达子层边界。

我们将从第一个区开始。这里，封闭条件已经根据外层的气体状态方程得到，在 $z = \text{const}$ 的每一个截面，质量是常数，在子层，$\rho_2 \sim p^{1/\gamma}$:

$$p(R-\delta)^\gamma = p_A(R-\delta_A)^\gamma, \quad \rho_2(R-\delta) = \rho_{2A}(R-\delta_A) \tag{4.10.4}$$

引入一个新的未知函数，即气体质量 $m = \rho_2\delta$，考虑到 $R\Delta\rho_2 = -\Delta m$，并采用式 (4.10.4)，我们把方程组 (4.10.3) 转换为以下形式：

$$\frac{\partial m}{\partial t} + \frac{\partial mw}{\partial z} = 0, \quad \frac{\partial m}{\partial t} + w\frac{\partial w}{\partial z} = -a_{\text{eff}}^2 \frac{1}{m}\frac{\partial m}{\partial z}$$

$$a_{\text{eff}}^2 = a_2^2 \frac{\delta}{R} < a_2^2 \tag{4.10.5}$$

该方程组与 4.2 节的一维非定常等熵流方程组仅在名称上有所不同，因此，它们具有相同的特征线 (4.2.5) 和相容方程 (4.2.6):

$$\frac{\mathrm{d}t}{\mathrm{d}z} = w \pm a_{\text{eff}}, \quad a_{\text{eff}}\mathrm{d}m = \mp m\mathrm{d}w \tag{4.10.6}$$

有效声速 a_{eff} 比热动力学声速 a_2 小 (对于 $\delta < R$); 因此，扰动波阵面，$z_{\text{eff}} = (w + a_{\text{eff}})t$，以小于声速的速度传播。对于这样精确表达的问题，这个波阵面将未扰动区 (A) 和扰动区 (B) 分开 (图 4.23)。

相容方程 (4.10.6) 给出中心膨胀波类型的积分 (黎曼不变量的对应项)，积分的常数 C_- 在向前阵面 $z_{\text{eff}}(t)$ 上确定：

$$w - P_m = -C_- = w_A, \quad P_m = \int_{m_A}^{m} \frac{a_{\text{eff}}}{m}\mathrm{d}m \tag{4.10.7}$$

在第一族直线特征线上的关系式，$z/t = w + a_{\text{eff}}$，以及常数 w 和 a_{eff} 可以解决这个问题。

设 $\delta \ll R$，那么气体压力和密度接近于初始值，因此，在计算 a_{eff} 和 P 值时，我们可以设 $m = \rho_{2A}\delta$ 和 $a_2 \approx a_{2A}$，从而得到式 (4.10.7) 的以下形式：

$$2a_2\sqrt{\frac{\delta}{R}} - w = 2a_2\sqrt{\frac{\delta_A}{R}} - w_A \tag{4.10.8}$$

设 $w = w_C = 0$，可以得到子层的相对厚度和中心静止气体区域 C 中的压力，及区域 C 的首特征线 z_C（图 4.23(a)）：

$$w_C = 0, \quad \frac{\delta_C}{\delta_A} = \left(1 - \frac{w_A}{2a_{\mathrm{eff},A}}\right)^2, \quad z \leqslant z_C = a_2\sqrt{\frac{\delta_C}{R}}$$

$$\frac{p_C}{p_A} = 1 - \gamma\frac{\delta_A}{R}\left(1 - \frac{\delta_C}{\delta_A}\right) \tag{4.10.9}$$

方程的解与一维管道流动中的标准中心黎曼波的解相似。然而，在 $w_A \geqslant 2a_2 \times (\delta_A/R)^{1/2}$，它变得没有意义，必须由以下形式代替：

$$\delta_C = 0, \quad w_C = w_A - 2a_{\mathrm{eff},A} > 0, \quad z \leqslant z_C = w_C t, \quad \frac{p_C}{p_A} = 1 - \gamma\frac{\delta_A}{R} \tag{4.10.10}$$

这种情况下，气体完全从子层流出 (图 4.23(b))，同时，特征线 z_C 是流体微团闭合轨迹。

中心膨胀波中 δ 的减小伴随着由式 (4.10.9) 和式 (4.10.10) 确定的中心区域压力的减小。因此，尽管存在逆压梯度，子层中的气体可以通过自身动量进行扩散，这样的气体传播称为惯性传播，下文中的三维超声速流动分析中将经常用到它。

问题是，真实扰动阵面和有效阵面 z_{eff} 之间发生了什么，它似乎只是数学上的渐近退化的问题。为了回答这个问题，让我们分析真实阵面 $z_0(t)$ 附近的解。随着子层厚度 δ 的变化，扰动波向上传播进入外层；这个波可以认为是一维线性波 (在平面 $z = \mathrm{const}$ 内)，在子层边界上的条件为 $\Delta p = \rho_1 a_1 \dot{\delta}$(2.5 节和 4.2 节)。为了阐明问题，只需要把问题限制在小速度 $w \ll a_2$ 的情况下，这就使方程 (4.10.3) 是线性的：

$$\frac{1}{\rho_2 a_2^2}\frac{\partial \Delta p}{\partial t} + \frac{\partial w}{\partial z} = -\frac{1}{\delta}\frac{\partial \delta}{\partial t} = -\frac{\Delta p}{\rho_1 a_1 \delta}, \quad \frac{\partial w}{\partial z} = -\frac{1}{\rho_2}\frac{\partial \Delta p}{\partial z} \tag{4.10.11}$$

该方程组的相容方程具有一般形式 (4.2.6)。如在 4.7 节讨论的，短波阵面附近的积分 (4.10.12) 沿第二族特征线是有效的：

$$\Delta p - \rho_2 a_2 \Delta w = 0 \tag{4.10.12}$$

沿第一族特征线从相容方程 (4.2.6) 中消去 w，我们得到以下方程及方程的解：

$$\frac{\mathrm{d}\Delta p}{\mathrm{d}t} = -\frac{1}{2}\frac{\rho_2 a_2^2}{\rho_1 a_1 \delta}\Delta p = -\frac{1}{2}\frac{a_1}{\delta}\Delta p, \quad \frac{\Delta p}{(\Delta p)_0} = \exp(-a_1 t/2\delta) \tag{4.10.13}$$

显然，波动阵面附近的每一个初始扰动都随着时间而衰减，因此，随着时间推移，特征线 z_{eff} 变成了真正的扰动前缘，尽管被它前面的扰动掩盖。

4.11 激波阵面方程

在 4.8 节，基于式 (4.8.5)~ 式 (4.8.10)，分析了弱激波的衰减，式 (4.8.5)~ 式 (4.8.10) 将作为激波阵面传播方程。它们遵循激波关系式，并沿着超越前面的声波前进。下文中，将根据 $y = R(t, z)$ 定律，针对在 (y, z) 平面中的静止气体中传播的二维非定常波，引入一个更普适的激波阵面方程。这个方程既可以用于分析研究，也可以用于证实求解气体动力学双曲问题数值方法的正确性。

首先，我们将写出具有激波 $y = R(t, 0)$ 的一维问题方程，激波 $y = R(t, 0)$ 在图 4.24(a) 和图 4.13(b) 中用曲线 ab 表示。为此，我们把相容方程 (4.2.6) 应用到同一图中绘制的第一族特征线的线段 2-3，由此得出方程 (4.7.10) 的对应方程：

$$p_3 - p_1 = \rho a(v_3 - v_1) = \Delta L_{21} + \rho a^2 Q_{\text{eff}} \Delta t_{32}$$

$$\Delta L_{21} = p_2 - p_1 + \rho a(v_2 - v_1), \quad \Delta t_{32} = t_3 - t_2 \tag{4.11.1}$$

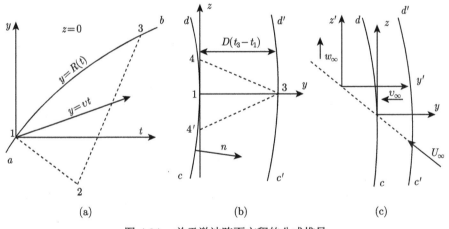

图 4.24 关于激波阵面方程的公式推导

这里，假设 ΔL_{21} 项根据上述的 (时间) 解是已知的，且点 2 在第一族特征线 2-3 的任意位置，在 2-3 上采用相容方程推导该方程。我们写出平面 $z = 0$ 内的激波关系式：

$$v = D(1 - k), \quad k = \rho_\infty/\rho, \quad D = R_t = \partial R/\partial t$$

$$p = p_\infty + \rho_\infty D^2(1 - k) = p_\infty + \rho_\infty v D \tag{4.11.2}$$

这里，下标"∞"表示未扰动流动参数，由此得出

$$p_3 - p_1 = p_D' R_{tt} \Delta t, \quad v_3 - v_1 = v_D' R_{tt} \Delta t$$

$$\Delta t = t_3 - t_2, \quad v'_D = \mathrm{d}v/\mathrm{d}D$$

$$p'_D = \mathrm{d}p/\mathrm{d}D = \rho_\infty(v + Dv'_D) \tag{4.11.3}$$

设 $\Delta t \to 0$；可以把方程 (4.11.1) 简化为所需的微分方程：

$$\boldsymbol{\kappa}\frac{\partial^2 R}{\partial t^2} = \omega - \rho a^2 \Delta Q_{\text{eff}}, \quad \boldsymbol{\kappa} = p'D + \rho a v'_D$$

$$\omega = \lim\frac{\Delta L_{21}}{\Delta t}, \quad \delta = \lim\frac{\Delta t_{32}}{\Delta t}, \quad \Delta t, \Delta t_{32} \to 0 \tag{4.11.4}$$

如前所述，点 2 是任意取的点；不过，如果间隔 1-2 属于第二族特征线，那么，根据三角形 1-2-3 的几何性质和方程 (4.2.5)，$\mathrm{d}y/\mathrm{d}t = v \pm a$，可得

$$\delta = \frac{D + a - v}{2a} = \frac{a + kD}{2a} \tag{4.11.5}$$

与式 (4.8.5) 不同，式 (4.11.4) 是二阶方程；对于被中心膨胀波 $y/t = v + a$ 赶上的弱激波，它可以简化为一阶方程。这种情况中的函数 $a(p)$ 或 $a(v)$，对于激波和简单波是一致的，所以，根据等式 $a + v + a_\infty = 2D$(式 (3.4.23)) 和条件 $v \ll Dv'_D$，可以得到

$$\Delta L_{21} = 2\rho a\Delta v = 2\rho a B^{-1}\Delta(v + a), \quad p'_D = \rho a v'_D, \quad B = 1 + (\mathrm{d}a/\mathrm{d}v), \quad v'_D = \frac{2}{B}$$

那么，对于 $Q_{\text{eff}} = 0$，方程 (4.11.4) 的形式变为 $R_{tt} = \frac{1}{2}\frac{\mathrm{d}(y/t)}{\mathrm{d}t}$，通过积分，得到方程 (4.8.5)。

现在，我们将讨论平面或轴对称的二维问题。如 4.4 节所述，(y, z) 平面内的相容方程 (4.4.9)，用式 (4.4.9) 定义的 $\tilde{Q}_\pm$ 取代 aQ_{eff} 之后，就有相同的"一维非定常"形式 (4.2.6)。方程 (4.11.1) 可以应用到这个问题。为了简化函数 $\tilde{Q}_\pm$ 的形式，我们将坐标系 (y, z) 拟合为激波 (图 4.24(b) 中的 cd) 的瞬时形式 $y = R(0, z)$，使 y 轴沿着 cd 的法线方向。在原点附近，法向 $\boldsymbol{n}$ 与 y 轴的偏差是 z^2 量级，在这个精度范围内，有 $n_y = 1$ 和 $n_z = -R_z$，而激波后的速度 $\boldsymbol{U}$ 在 z 轴上的投影为

$$w = Dn_z(1 - k) = -vR_{zz}z \quad (R_{zz} = \partial R/\partial z) \tag{4.11.6}$$

这个量以及其他系数可以归结于整个小三角形 1-2-3，因此，考虑到式 (4.4.3)，我们可以把它放进相容方程 (4.4.9)：

$$\tilde{Q}_\pm = -a\left(Q + \frac{\partial w}{\partial z}\right), \quad \frac{\partial w}{\partial z} = -vR_{zz} \tag{4.11.7}$$

由于在此附近, 如前文所述, 激波速度是 $D = R_t$, 我们得到以下偏微分方程, 而不是式 (4.11.4):

$$\kappa \frac{\partial^2 R}{\partial t^2} - \chi \frac{\partial^2 R}{\partial z^2} = \omega - \rho a^2 \delta Q, \quad \chi = \rho a^2 v \delta \tag{4.11.8}$$

由于 $\kappa, \chi > 0$, 该方程是双曲线方程, 具有两条特征线:

$$\frac{\mathrm{d}z}{\mathrm{d}t} = \pm a\beta, \quad \beta^2 = \frac{\rho v \delta}{\kappa} \tag{4.11.9}$$

系数 β 根据式 (4.11.2) 和式 (4.11.5) 确定。

这些特征线切断了激波影响域在点 3 上的解。在 (t, y, z) 空间, 沿激波设 $y = Dt$, 可以得到它们在 (y, z) 平面 (图 4.24(b) 中的三角形 4-3-4′) 上的投影, 因此, 我们有

$$z = \pm \beta_1 (y_3 - y), \quad \beta_1 = \bar{a}\beta, \quad \bar{a} = a/D \tag{4.11.10}$$

然后, 从点 3 向后发射出特征锥, 并设 $y = 0$, 我们得到该点的解与波 cd 上数据的依赖域:

$$|z| \leqslant \beta y_3 = \beta D t_3 \tag{4.11.11}$$

对于完全气体, 我们将求出系数 β 的值, 根据式 (3.3.5)$\sim$ 式 (3.3.8), 下列公式成立:

$$k = \frac{\gamma - 1}{\gamma + 1} + \frac{2}{\gamma + 1} \bar{a}_\infty^2, \quad \bar{a}_\infty = a_\infty / D, \quad v = \frac{2}{\gamma + 1} D (1 - \bar{a}_\infty^2)$$

$$a^2 = \gamma \frac{p}{\rho} = k D^2 \left(\frac{2\gamma}{\gamma + 1} + \frac{\gamma - 1}{\gamma + 1} \bar{a}_\infty^2 \right) \tag{4.11.12}$$

将这些表达式代入式 (4.11.9), 可得

$$\beta^2 = \frac{(1 - \bar{a}_\infty^2)(\bar{a} + k)}{2\bar{a} [2k + \bar{a}(1 + a_\infty^2)]} \tag{4.11.13}$$

函数关系变量 $\beta(\bar{a}_\infty, \gamma)$ 绘制在图 4.25 中。如图所示, β 在 $\bar{a}_\infty = 0$ 时最大, 即当 $D/a_\infty \to \infty$ 时, 随着 $\bar{a}_\infty$ 的增加, β 单调减小; 对于所有的 $\bar{a}_\infty$ 和 $\gamma > 1.32$, 可得 $\beta < 1$。然而, 对于较小的 γ(这是高超声速激波的情况, $D \gg a_\infty$, 在激波后面有物理化学反应, 参见 1.3 节和 3.4 节), 参数 β 可能大于 1, 例如, 在 $\gamma = 1.1$、$\bar{a}_\infty < 0.28$ 和 $\bar{a}_\infty = 0$、$\gamma < 1.32$ 的范围内; 我们注意到, 在 $\bar{a}_\infty = 0$, 随着 $\gamma \to 1$, β 无限地增加 ($\beta \sim k^{-1/4}$)。

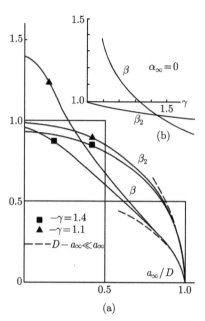

图 4.25　式 (4.11.9) 和式 (4.11.15) 中的系数 β 和 β_2

对于弱波 ($D - a_\infty \ll a_\infty$)，式 (4.11.13) 被简化为它的极限形式：

$$\beta^2 = (D - a_\infty)/2a_\infty \tag{4.11.14}$$

当 $a_\infty \geqslant 0.8$ 时，得到了接近精确解的结果。显然，随着 $D \to a_\infty$，$\beta \to 0$，即对于声波阵面，点 3 上的解由一维方程 (4.11.4) 确定，或由沿阵面法向的流动参数分布确定。该结论只对激波的局部参数有效，不适用于内部流动区。然而，我们注意到，在接近该极限时，点 3 的影响域收缩得非常慢，如 $\beta \sim (D - a_\infty)^{1/2}$。

现在比较特征线 (4.10.10) 和从点 3 发出的波特征线；为此，设式 (4.4.8) 中 $y = Dt$：

$$z = a\beta_2(t_3 - t) = \bar{a}\beta_2(y_3 - y)$$

$$a^2\beta_2^2 = \left[a^2 - (D - v)^2\right] = a^2 - k^2 D^2 \tag{4.11.15}$$

对于完全气体，曲线 $\beta_2(\bar{a}_\infty)$ 也表示在图 4.25 中。对于弱激波，则有

$$\beta_2^2 = 2(D - a_\infty)/a_\infty \tag{4.11.16}$$

这种情况下，系数 $\beta_2 = 2\beta$，即被特征锥切出的激波区是其依赖域的两倍，随着 $D \to a_\infty$，两个区域都变得无限小。然而，对于强激波，系数 $\beta_2 = \left[(\gamma + 1)/2\gamma\right]^{1/2}$

接近于 1(在这种情况下：随着 $\gamma \to 1$ 和 $\bar{a}_\infty \to 0$，$\beta_2 \to 1$)。在 $\gamma > 1.43$ 时，不定式 $\beta_2 > \beta$ 对于所有 $\bar{a}_\infty$ 保持有效。不过，对于较小的 γ，强激波不定式的符号相反。

因此，一定条件下，求解方程 (4.11.8) 的依赖域的角度范围可以超过内部流动区域中特征锥的角度范围。

获得的方程可以推广到激波相对于固定坐标系 (y, z) 中传播的情况，坐标系位于 $t = 0$ 时的激波 (图 4.24(c) 中的 cd) 瞬时位置，激波位于以速度 U_∞ 相对坐标系运动的气体中，速度 U_∞ 在 y 轴和 z 轴的投影分别为 $-v_\infty$ 和 w_∞。这种情况下，坐标系 $y' = y + v_\infty t, z' = z - w_\infty t$ 固定在未扰动气体中。方程 (4.11.9) 仍保持其形式，不过，系数由激波传播的相对速度 $D' = D + v_\infty$ 来确定。在最初的坐标系 y, z 中，这个方程为如下形式：

$$\kappa \frac{\partial^2 R}{\partial t^2} + 2\kappa w_\infty \frac{\partial^2 R}{\partial t \partial z} - (\chi - \kappa w_\infty^2) \frac{\partial^2 R}{\partial z^2} = \omega - \rho a^2 \delta Q \qquad (4.11.17)$$

这个方程的特征线 $\mathrm{d}z/\mathrm{d}t = w_\infty \pm a\beta$，就是特征线方程 (4.11.9) 的自然推广。

在后面有超声速流动的三维稳态激波中，也存在类似于 (4.11.9) 的方程 (Lunev, 2000)。这种情况下，对于弱激波，$\beta < 1$；对于强激波，$\beta > 1$。我们注意到，与激波后 ($\beta > \beta_2$ 或 $\beta > 1$) 的波特征锥确定的解相比，拓展激波阵面方程的解的影响域和依赖域，需要对求解无黏问题差分方法的稳定性准则进行修正，如柯朗 (Courant) 判据 (见 4.2 节)。

最后，我们将对激波传播方程作出一些普适性的评述。在任意坐标下，激波传播的法向速度 D 与阵面外形 $y = R(t, z)$ 有关：

$$D = \frac{\partial n}{\partial t} = n_y R_t, \quad n_y = (1 + R_z^2)^{-1} \qquad (4.11.18)$$

这里，n_y 是 n 在阵面的局部法向投影，n 是沿阵面的距离。对于 $D = a$ 的声波阵面，不必求解后面的流动问题就可以确定阵面外形。当声波在高度非均匀介质中传播时，如果速度 w 为零，则可能出现不寻常的阵面外形 (图 4.23(a))。在中心膨胀波作用下的弱激波衰减问题 (4.8 节) 是更加复杂的例子在这个问题中，我们根据激波关系式的坐标和时间来表示激波速度，从而得到方程 (4.11.18) 的解析解。

方程 (4.11.18) 不仅描述了激波的传播，而且还描述了由剧烈气动加热产生的烧蚀前缘。在这种情况下，用一个非常简单的公式 $D = D(n_y)$ 表示，这个方程是 $R_t = \Phi(R_z)$ 类型的一阶非线性方程，有时具有非平凡解。类似的三维问题导致了 $x_{tyy} = x_{zzz}$ 类型的偏微分方程 (Lunev, 1987)。

前文已经给出激波阵面的波方程。显然，不同类型激波的传播问题导致不同类型的数学物理方程，不同类型方程的解具有相当不同的性质。

4.12　异常介质中的波

在第 2~4 章，对标准气体和满足条件 (3.4.1) 的介质进行了波过程的分析。在这些介质中，只可能出现具有 3.4 节和 3.5 节描述的特性 A~E 的压缩激波。因此，连续压缩波具有收敛特性，而稀疏波在传播时发散。所有已知气体 (总是具有有限压缩性) 和均匀液体 (在高度压缩时表现出来) 均属于这种范畴。此外，大多数固体物质 (至少是金属) 即使在超高压下远超过它们的弹性极限，仍属于标准介质。这种 10^5 量级的大气压或更高的压力，伴随着几千摄氏度以上的高温，是在固体爆炸或高速撞击物体时获得，例如，太空垃圾或流星体撞击空间飞行器时 (此时，撞击速度大于等于 5km/s，在金属中获得的压力为 $p \sim 10^6$ 大气压)。在这些条件下，这些物质的性质可以用 $p = p(\rho, e)$ 类型的状态方程以及无黏气体动力学方程来描述。尽管它们具有特殊特征及相当复杂的状态方程形式 (比如，在零压力时具有有限密度，这与气体的性质有质的区别)，前面概述的波过程的理论依然可以应用于这些问题。

然而，在自然界中存在着不服从这些条件的物质或介质，这种介质中的波过程有时具有异常的性质，不同于先前讨论的那些波过程。首先，这些是经过相变的凝聚态物质，伴随着在这个范围内声速异常地减小，而压强以恒定熵增加。这些阶段可称为 "冰–水" 状态 (在标准条件下，冰中的声速约为 4km/s，水中的声速约为 1500m/s)。

接下来我们将通过一些孤立的例子概述在这种异常介质中波过程的一些性质。在这些过程的气体动力学模型框架内解释问题的本质。更详细的分析可以在 Zeldovich 和 Raizer(1967) 中找到。

这些介质的状态方程对应的曲线可以用分段光滑曲线表示。p-V 图中的等熵曲线 (如图 4.26 中曲线 II 所示，$V = \rho^{-1}$) 由对应 "冰" 相状态的曲线 1-2-3、对应 "水" 相状态的曲线 5-6-8 和任意选择的两相状态线段 3-4-5 组成。根据式 (3.4.1) 的观点，这些区域的每一段可以认为是标准的；然而，通过曲线使区域 2-3-5 平滑时，我们得到导数 $(\partial^2 V / \partial p^2) < 0$ 的区域，这就与条件 (3.4.1) 相矛盾。

我们将从激波开始。现在，用图 4.26 中曲线 II 表示激波的绝热线，性质类似于等熵线。连接激波前后介质状态的割线 1-6 的斜率 β，可根据关系式 (3.4.4) 中的激波速度 D_{1i} 确定，其中，下标 i 表示激波后的状态 (式 (3.4.4) 中，$D_{12} = v_{n1}$)。对于标准介质 (图 4.26 中的曲线 I)，这条割线与绝热线相交，除点 1 之外，只在点 2 相交，这就确保了在该点激波后状态的唯一性和激波方程解的唯一性。相反，异常介质性质的一个特别表现是这些解的非唯一性,这可以在 II 型激波绝热线上实现。其中,弧线 1-2-3 表示"冰"相的激波绝热线;点 3 处对应于相变开始的值 p_3, T_3 和 V_3;角度 β_3 或激波速度 D_{13} 是该状态的最大值。

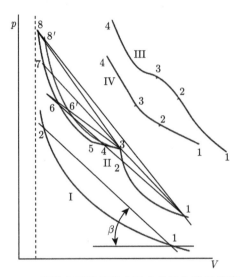

图 4.26 标准介质和异常介质中的绝热线和等熵线

曲线 II 的最后一段 (即弧线 3-5-8) 描述了两相介质和"水"状态。这种情况下,割线 1-6 与绝热线相交于点 2、点 4 和点 6;随着 $\beta \to \beta_3$,有交叉点 3 和点 7,并且,只有在 $\beta > \beta_3$ 或 $D > D_{13}$ 时,这个问题的解是单值的 (点 8),同在标准介质中一样。

所以,对于这种激波绝热线,在给定速度的激波后面存在几种可能的状态。为了说明情况,我们将考虑以下过程。设活塞获得类似极限速度 u_3 的速度突增,这样存在"冰"相的参数极限值就能在以速度 D_{13} 传播的激波后面实现。类似 2.6 节,在时间间隔 Δt 内给活塞一个速度增量 Δu。这将产生一个内部或重复的压缩波,以速度 D_{3i} 在处于状态 3 的介质中传播;前面提到的相变就在这个波的后面实现了。简要描述这个问题,我们假设这种状态转换瞬间发生,点 3 的"冰"相转换为平衡状态,即两相状态 4 和"水"状态 6。这种相变是紧随其自身的重复绝热过程 (如图 4.26 中任意曲线 3-6′-8′ 所示) 发生的,与两条绝热线的相对位置无关。

设 D_{3i} 大于激波速度 D_{13}^*,D_{13}^* 与激波后的气体有关。例如,对于割线 3-8,实现了这一点。这种情况中,反复叠加的重复激波赶上前面的激波,并与前面的激波一起形成一个激波阵面;可以预料:随着 $\Delta t \to 0$,给活塞一个初始速度 $u = u_3 + \Delta u > u_7$,就形成一个孤立激波,它的速度由割线 1-8 确定,其中点 8

位于初始激波绝热线上。

然而，对于 $D_{3i} < D_{13}^*$，反复叠加的重复激波不能追上前面的激波，它将落后于首激波。这种情况下，总扰动阵面由以不同速度传播的两个连续阵面组成。随着 $\Delta t \to 0$，突然给予活塞一个速度 $u < u_7$ 时，这时激波阵面分离也会发生。只有对于 $u > u_7$，即在激波速度 $D > D_{13} = D_{17}$ 时，两个阵面才在 $\Delta t = 0$ 时合并，并且所考虑的物质表现为标准介质。

必须要强调的是，前面提到的两个阵面的连续过程本质上是非定常的，因此，对于包含两个阵面的控制面 (1.7 节中图 1.16(d))，不能写出定常守恒定律。所以，初始激波绝热线的某一条线段，即点 3 左侧的线段 3-5-7，状态 1 介质中传播的孤立激波不可能在物理上实现。

我们注意到，重复激波是金属的特征线，在压力范围内可以观察到两个连续压缩波阵面，即弹性的 (或快速) 和塑性的 (或缓慢)，说明在压力范围内发生了弹性–塑性转变。

现在，我们通过连续压缩波的演变来解释重复激波的形成过程。让活塞按照 $x = x_p(z)$ 的规律加速压缩半空间 $x \geqslant 0$，空间中充满具有图 4.26 中的等熵线 III 性质的介质。活塞轨迹如图 4.27(a) 所示，曲线上的点对应等熵线 III 上同名的状态。这种情况下，随着在气体中 (图 4.8(b)) 简单压缩波开始向左传播，特征线向右移动且斜率在轨迹线段 1-2 上增加。根据 4.5 节的理论，这就导致被掩盖的激波 S_1 的形成。然而，线段 2-3 上的声速减小，且导数 $\partial^2 V/\partial p^2 < 0$；因此，在这里特征线斜率减小到"标准"区域 3-4，之后斜率又开始增加。这种情况下，会聚的特征线束 2-3 和 3-4 引起了重复激波 S_2。如果这条激波的斜率小于激波 S_1 的斜率，即使时间间隔 $t_4 - t_1$ 减小，这些激波也不会合并，这就会形成一对连续激波，正如前面以另一种方式形成的连续激波一样。

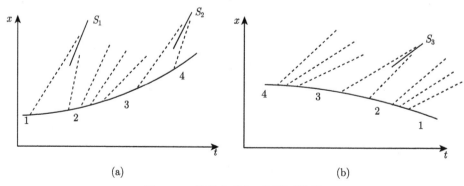

图 4.27　异常介质中不同类型的波

现在，让我们考虑活塞膨胀在所研究介质中引起的稀疏波 (图 4.27(b))。初始状态是 4, 这种情况中, 这是一条向右传播的简单稀疏波; 特征线斜率在线段 4-3 上减小, 在线段 3-2 上增加。这就导致特征线相交, 因此, 对于被掩盖的稀疏激波 S_3, 激波两侧的状态与 3.3 节相同的公式相关, 也与第二组不定式 (3.1.2), 即与 $p_1 \geqslant p_2$ 等相关。

然而, 稀疏波的激波特性不是所有两相介质固有的。因此, 例如, "液体-水蒸气"介质的等熵线有一个性质不同的形式 IV, 这是由于液体中的声速比水蒸气大得多, 即等熵线 3-4 的斜率比线段 1-2 的斜率大得多。相应地, 特征线的斜率在由活塞产生的特征线束中减小。

最后, 我们注意到, 前面的分析只针对体积波, 不能推广到基于一维近似弹性理论的杆模型中的波动问题, 因为这种情形下存在其独特的"准一维"状态方程或应力-应变本构关系式。

第 5 章　混合 (亚声速–超声速) 流

以有非常简单的解的一些特殊问题为基础，第 2 章讨论了超声速和亚声速流动的特性。在第 3 章和第 4 章，我们研究了定常超声速流动和时间相关的亚声速流动的局部和某些一般特性，即双曲问题。混合流包含超声速和亚声速区域，以及局部马赫数 $M \approx 1$ 的跨声速转捩区，接下来，我们将讨论混合流的某些特性。对于自由流马赫数 $M_\infty \approx 1$ 的流动保留了相同的跨声速项。

5.1　混合流的形成

混合流区域，首先出现在绕钝体的超声速流动中，正弓形激波和近正弓形激波后形成的亚声速流及其边缘后部的超声速流动中 (见 3.1 节的图 3.1)。反之亦然，在亚声速流动中也可能出现局部超声速流动。因此，在绕圆柱的不可压缩流中，最大气流速度等于两倍自由流速度，$U^{(m)} = 2U_\infty$ (参见 2.10 节)。因此，在相同的速度分布下，在 $\theta = \pi/2$，$M\infty \geqslant M_\infty^* \approx 0.5$ 时，流动已经达到声速。在相同条件下，对于球体，临界马赫数为 $M_\infty^* \approx 2/3$。实际上，在球面上以很低的马赫数就能达到声速，尤其是声速减小的情况，如 2.10 节图 2.18 中曲线所示，这些 "可压缩" 流曲线不再对称。在声速点下游，球体上的压力持续下降，而当地马赫数 M 却在增加。然而，在 $\theta \approx 130°$ 时，压力急剧增大，流动再次变为亚声速。这是数值计算中激波被消除的表现，沿此激波，超声速流动精确地减速。

这种效应是两种相互抵消的效应之间的折中，可以大致解释如下：一方面，与 4.5 节和 4.6 节所述一致，沿凸表面流动的超声速壁流，必须不断加速，而压力必然要减小 (参见 2.5 节中图 2.8 节，2.7 节图 2.14 和 4.8 节图 4.15)。而另一方面，靠近物体底部的外部亚声速流随着压力上升而不断膨胀，这样，如 4.7 节所述，"亚声速" 扰动的反射及超声速区凹面流线诱发压缩波，累积形成激波。显然，第二个方面的影响是主要的。

对于更高的亚声速马赫数 M_∞，局部超声速区也出现在薄翼型上。事实上，在机翼 (2.9 节) 较高点上，速度损失为 $U_\infty - u \approx 0.7\theta_0(1 - M_\infty^2)^{-1/2}U_\infty$。此方程中，让 $u = a_\infty$，我们得到一个预估的条件，在此条件下，得到声速：$1 - (M_\infty^2)^2 \sim \theta_0^{2/3}$。因此，当机翼前缘斜率 θ_0 和马赫数 M_∞ 增加时，2.9 节中得到的解将不再适用。

混合流动区域几乎总是出现在绕非常薄的物体的跨声速流动中。亚声速流动中的局部超声速区域在前文已经讨论过。在超声速流动中，当 $M_\infty \to 1$ 时，$\theta_0 \sim$

$(M_\infty - 1)^{3/2}$ (3.5 节)，极限流动偏转角度减小。因此，在尖锐的机翼边缘会导致激波脱落 (图 5.1(a))。正如 2.11 节中讨论的那样，尖锐的边缘会形成滞止线。这些流动结构如图 5.1 中的 (a) 和 (b) 所示，而图 5.1(c) 显示了 $M_\infty = 1.1$ 时的马赫数等值线或马赫数等高线[①]。

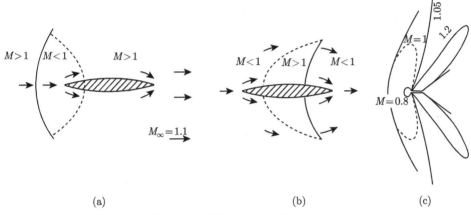

(a)　　　　　　　　　　　(b)　　　　　　　　(c)

图 5.1　经薄翼的超声速流动结构

图 5.2(a) 所示的是非常典型的翼型上的速度 (马赫数) 分布，当 $M_\infty > 1$ 时，沿翼型的流动速度按照超声速绕流规律增加；而在 $0.75 < M_\infty < 1$ 时，发生在翼型的鼻翼附近的超声速区域被激波终止，沿此激波发生了超声速到亚声速的跃迁。

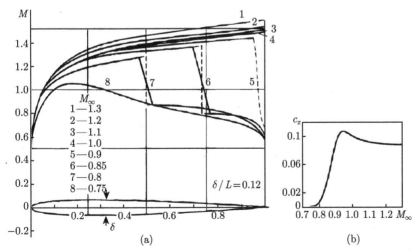

图 5.2　NASA-0012 机翼表面马赫数分布 (a) 和机翼阻力系数 (b)

[①] 图 5.1 和图 5.2 中展示的数据由 Yu.B.Lifshitz 提供。

　　我们注意到, 这种激波也可能是翼型后缘会聚流动的一种效应。它们不能在
"附着"在机翼后缘的激波中偏转 (图 5.1(a)), 这导致它们向上游的传播。同样的
影响也可能在钝体上发生。

　　我们注意到, 当 $M_\infty > 1$ 时, 图 5.2(a) 中给出的 $M(x/L)$ 曲线沿翼型长度
的自由流马赫数 M_∞ 较弱; 当 $M_\infty < 1$ 时, 闭合激波后面是跨声速流动稳定性
规律的具体体现 (Diesperov, Yu.BLifshitz 及 Ryzhov, 1974)。

　　此外, 呈现的流动结构在一定意义上来说是理想的, 即它们没有考虑激波诱
导的边界层局部黏性分离。

　　因此得出了一个重要的结论: 在绕体流动中, 出现超声速区域和终止激波时,
达朗贝尔定理或悖论 (2.12 节) 不再成立。经过激波熵 s 增, 因此在经过激波后,
气体状态方程 $\rho = \rho(p, s)$ 不再满足正压条件 $\rho = \rho(p)$, 这是达朗贝尔定理的基
础。但 3.6 节已经表明, 物体在无黏流动中阻力表现为熵增。这种阻力总是与激
波一起出现, 因此被称为波阻。

　　因此, 当 $M_\infty < 0.75$ 时, 根据达朗贝尔定理, 机翼翼型阻力 (图 5.2(b)) 为
零, 因为在这种情况下, 流动是位势流。然而, 随着 M_∞ 的增加, 流动中形成
了激波, 阻力迅速增加 (尽管在 $M_\infty > 1$ 时, 流动在某种程度上是稳定的)。在
$Re = 10^5 \sim 10^6$ 范围内, 图 2.23 中球体的阻力系数随着 M_∞ 的增加而急剧增加,
其中由于波阻的影响, 黏度效应最小。当 $M_\infty \geqslant 3$, $\theta \leqslant \pi/2$ 时, 球体前端的压力
在超过自由流的静压。而底部压力 p_d 正如实验所示仍保持较小, $p_d \leqslant p_\infty$, 使得
阻力系数在 $M_\infty > 1$ 时保持稳定。

　　物体阻力的出现一定伴随着物体表面压力分布的不对称性, 超声速流动就是
如此 (图 2.8, 图 2.14 和图 4.15)。然而, 在没有任何阻力的情况下, 当 $M_\infty = 0.75$
时, 亚声速流动中翼型上的压力曲线是非对称的 (图 5.2(a))。

　　现在我们将详述薄体的阻力。对于二维物体, 数量级为 $X \sim \theta^2$, 对于轴对称
物体数量级为 θ^4(2.8 节)。这一结果不能通过控制面法得到, 因为在线性理论框
架内, 不能确定弱弓形激波的熵增量 Δs。在这种情况下, 小增量 $\Delta s \sim \theta^3$ 由扰
动传播区域的范围来补偿, 该区域在线性理论框架内是无界的, 但当我们考虑弓
形激波的衰减时, 它就变为有界的 (4.8 节)。

　　这里注意到, 我们只确定了阻力的一些原因, 关于超声速流动中物体阻力的
更具体的定律和数据将在第 7 章中陈述。

5.2　跨声速冯·卡门方程和恰普雷金方程

　　前边概述的跨声速薄体扰流问题不能用第 2 章中的线性小扰动理论来描述,
除了当 $M_\infty^2 \to 1$ 时解不可能增长外, 该理论根据方程 (2.7.3) 中系数 $M_\infty^2 - 1$ 的

稳定性, 排除了混合流动区的存在。同时, 在更精确的方程 (2.4.9)(导数 $\partial/\partial t = 0$) 中, 关于 x 的高阶导数有系数 $M^2 - 1$; 为了在线性化过程中用常数系数 $M_\infty^2 - 1$ 取代这个系数, 即转换为方程 (2.7.3)。在流动中, ΔM^2 的变化与 $1 - M_\infty^2$ 的差值相比必须是一个小量。根据方程 (2.2.20), 有

$$(M_\infty^2 - M^2)\beta^{-2} = 2A_*\bar{p}\beta^{-2} \ll 1$$

$$\bar{p}_* = \Delta p/\rho_* a_*^2, \quad \beta^2 = |M_\infty^2 - 1|, \quad \Delta p = p - p_\infty \tag{5.2.1}$$

这里, 用星号标出的参数是在声速点的参数。对于理想气体, $2A_* = \gamma + 1$。然而, 依据 2.8 节和 2.9 节, 在线性理论框架内, 对于平板 ($\nu = 0$), $\bar{p}_* \sim \theta/\beta$; 对于轴对称体 ($\nu = 1$), $\bar{p}_* \sim \theta^2 |\ln K|$, $K = \theta_0\beta$。因此, 我们可以得到以下关于物体最大坡度的约束条件:

$$\theta_0 \ll \theta_0^* = \beta^3/2A_*M_\infty^2 \sim |1 - M_\infty^2|^{3/2}, \quad \nu = 0$$

$$\theta_0 \ll \theta_1^* = \beta |\ln K|^{-1/2}, \quad \nu = 1 \tag{5.2.2}$$

这些约束条件非常强, 特别是在二维流动中 (例如, 对于 $|M_\infty - 1| = 0.05$, θ_0 的值应至少小于 $1°$, 这就导致线性小扰动理论在跨声速流中对任何实际翼型都不适用)。同时, 如果违反了此条件, 那么高阶导数系数 $M^2 - 1$ 可能不仅是可变的, 甚至正负交替, 这就导致混合流动区域的出现。

当 $M_\infty \to 1$ 时, 这些解法的无限增长需要考虑原始方程 (2.4.8) 中势能的非线性。在这种情况下, 一些替代选择似乎是可行的。在方程 (2.4.8) 中令 $M = 1$, 对于平面流动我们得到

$$-2\bar{v}\frac{\partial\bar{v}}{\partial x} + \frac{\partial\bar{v}}{\partial y} = 0, \quad \bar{v}\frac{v}{U_\infty} = -\frac{x - x_b}{2(y - y_b)} \tag{5.2.3}$$

其中, 沿着该方程的特征线 (类似于方程 (4.1.3) 的流线) 穿过机翼上的点 (x_b, y_b) 时, 速度 $v = U_\infty\bar{v}$ 保持恒定, 由该速度分布的运动方程得到的压力随着远离物体的 $\Delta p \sim \ln y$ 的增加而增加。因此, 方程 (5.2.3) 中省略的 $\partial^2\phi/\partial x^2$ 项, 将起着至关重要的作用, 即使其系数 $M^2 - 1$ 比较小也必须要保留。

考虑到这些问题, 现将 $\Delta M \sim M^2 - 1 \ll 1$ 跨声速小扰动理论构建如下。我们舍弃方程 (2.4.8) 中所有的二阶项, 得到方程 (2.4.9), 但系数 $M_\infty^2 - 1$ 依赖于 Δp。因此, 我们通过以下方程, 将小扰动视为流动参数与临界值或声速值的偏差:

$$u_1 = u - a_* = \frac{\partial\phi}{\partial x} \ll a_*, \quad v = \frac{\partial\phi}{\partial r} \ll a_*$$

$$u_1 \to U_\infty - a_*, \quad v \to 0, \quad x \to -\infty r \to \pm\infty \tag{5.2.4}$$

再利用式 (2.2.20) 和式 (5.2.1) 得到

$$M_2 - 1 = -2A_* \frac{p - p_*}{\rho \infty a_*^2} = 2A_* \frac{u_1}{a_*} \tag{5.2.5}$$

则式 (2.4.9) 控制的跨声速薄体绕流形式如下:

$$2A_* \frac{\partial \phi}{\partial x} \frac{\partial^2 \phi}{\partial x^2} = \frac{a_*}{r^v} \frac{\partial}{\partial r} \left(r^v \frac{\partial \phi}{\partial r} \right) \tag{5.2.6}$$

这是针对薄体绕流的冯·卡门方程。如果 x 轴与声速点的速度方向一致,则在流动内部声速点附近该方程是有效的。

这个方程的一个重要结果是得到了针对薄体绕流的跨声速相似率。令 $\phi = \kappa_\phi L a_* \phi_t$, $r = \kappa_r L r_t$, 及 $x' = x/L$(其中, κ_ϕ 和 κ_r 是待定系数,下标 t 指无量纲量),这是跨声速流动的特性。因 $\kappa_\phi = \theta_0 \kappa_r$, θ_0 为特征体坡度,边界条件 $\partial \phi / \partial r = a_* \mathrm{d} r_b / \mathrm{d} x$ 具有通用的形式 $\partial \phi_t / \partial r_t = \mathrm{d} r_{bt} / \mathrm{d} x'$。转换方程 (5.2.6),令第一项的系数 $2A_* \theta \kappa_r^3 = 1$,可得下列一组无量纲变量:

$$x' = \frac{x}{L}, \quad r_t = (2A_* \theta_0)^{1/3} \frac{r}{L}, \quad \phi_t' = (2A_*)^{1/3} \theta_0^{-2/3} \frac{\phi}{L a_*}$$

$$u_t' = \frac{\partial \phi_t'}{\partial x'} = (2A_*)^{1/3} \theta_0^{-2/3} \frac{u_1}{a_*}, \quad v' = \frac{\partial \phi_t'}{\partial r_t} = \frac{v}{\theta_0 a_*}$$

$$p_t' = -u_t' = (2A_*)^{1/3} \theta_0^{-2/3} \frac{p - p_*}{\rho_* a_*^2}, \quad \theta' = \frac{\theta}{\theta_0} \tag{5.2.7}$$

在这些变量中,如果在后面的方程中有 $2A_* = 1$ 和 $a_* = 1$,则 ϕ_t' 的方程与式 (5.2.6) 的形式相同。

最后,根据自由流边界条件 $u_1 = u_{1\infty}$,借助式 (5.2.5) 可以得到所需的相似准则:

$$K_t = u_{t\infty}' = (2A_*)^{1/3} \theta_0^{-2/3} \frac{U_\infty - a_*}{a_*} = \frac{M_\infty^2 - 1}{(2A_* \theta_0)^{2/3}} \tag{5.2.8}$$

式 (2.2.19) 和式 (2.2.20) 用于后边的变换。

通常用自由流参数而不是声速值来表示量 p 和 u。根据方程 (2.2.20),重新计算相应的相似变量并简化为

$$p_t = (2A_*)^{1/3} \theta_0^{-2/3} \frac{p - p_\infty}{\rho_* a_*^2} = p_t' + K_t$$

$$u_t = (2A_*)^{1/3}\theta_0^{-2/3}\frac{u-U_\infty}{a_*} = u'_t + K_t, \quad u_t \to 0, \quad x \to -\infty \qquad (5.2.9)$$

方程 (5.2.7) 中的其他参数没有改变。

至于无量纲变量 $p_t(K_t)$ 等的相关性，只能通过求解特定问题得到。

导出的相似定律可以很自然地推广到含激波的流动中 (图 5.3)。为了证明这一点，用 θ_0 代替激波中速度偏转角 θ，用相似变量写出式 (3.5.29)：

$$p_t(K_t - p_t/2)^{1/2} = 1, \quad \omega_t = \omega(2A\theta_0)^{-1/3} = p_t^{-1} \qquad (5.2.10)$$

图 5.4 给出 $p_t(K_t)$ 曲线，它包含了两条激波分支。当 $K_t \to \infty$ 时，式 (5.2.10) 的关系变为适用于楔状体的线性相关性理论，$p_t = 2K_t$，而对于正激波关系 $p_t = 2K_t$。

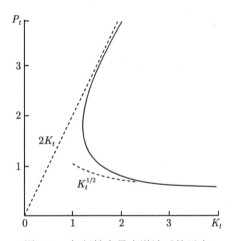

图 5.3 相似性变量中激波后的压力

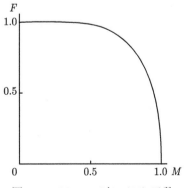

图 5.4 $M < 1$ 时 $F(M)$ 函数

　　冯·卡门方程广泛用于理论研究中。例如,远离物体的跨声速流动渐近性 (Cole 和 Cook, 1986),或者跨声速流动的局部特性 (见 6.3 节)。同时,预估它对计算薄体绕流有很高的适用性。显然,它对于含有附着激波的超声速流动的适用性比较局限。在其他情况下,亚声速流动减速导致在尖劈和头部速度接近零,因此,局部扰动超出小扰动的范围,具有与 2.9 节相同的定性性质。

　　最后,为了证实方程 (5.2.6) 的推导,我们将评估原始方程 (2.4.8) 中的混合导数的省略项的作用。在相似性变量中,方程中第二项与第三项的比率是同量级的:

$$\frac{2v}{a_\infty}\frac{\partial v}{\partial x} : \frac{\partial v}{\partial r} = 2\theta_0^{2/3}\left(\frac{\partial v'}{\partial x'} : \frac{\partial v'}{\partial r'}\right) \tag{5.2.11}$$

显然,当 $\theta_0 \to 0$ 时,这个项从方程 (2.4.8) 中消失。即在这种情况下,高阶非线性项是具有二阶导数 $\partial^2\phi/\partial x^2$ 的第一个非线性项。

　　现在,我们将详述恰普雷金 (Chaplygin) 方程。在研究平面势流时,有时需要速度图变量,自变量是速度的绝对值 U 和它与 x 轴的倾斜角 θ,而未知的函数是速度势 ϕ 和流函数 ψ。在这些变量中,运动方程的推导可以概括如下。将 (U, θ) 和 (x, y) 变量的微分 $\mathrm{d}\phi$ 和 $\mathrm{d}\psi$ 表达式相等,我们得到以下表达式:

$$\mathrm{d}x = A_x\mathrm{d}U + B_x\mathrm{d}\theta, \quad \mathrm{d}y = A_y\mathrm{d}U + B_y\mathrm{d}\theta \tag{5.2.12}$$

其中,系数 A 和 B 包含函数 ϕ 和 ψ 关于 U 和 θ 的导数。这些系数必须满足关系 $\partial A/\partial\theta = \partial B/\partial U$。事实上,运用这些关系及 ϕ 和 ψ 的二阶导数相互抵消,我们得到恰普雷金方程:

$$\frac{\partial\phi}{\partial U} = -\frac{\rho_0(1-M^2)}{\rho U}\frac{\partial\bar\psi}{\partial\theta}, \quad \frac{\partial\phi}{\partial\theta} = \frac{\rho_0 U}{\rho}\frac{\partial\bar\psi}{\partial U}, \quad \bar\psi = \frac{\psi}{\rho_0} \tag{5.2.13}$$

其中,ρ_0 被认为是流动中驻点密度。此方程组是线性的,因为在等熵流动中 ρ 和 M 只是 U 的函数。按下式对变量进行变换 (Leybenson, 1935):

$$\mathrm{d}s = \frac{\beta}{U}\mathrm{d}U, \quad \beta^2 = |1-M^2| \tag{5.2.14}$$

我们可以将方程 (5.2.13) 改为对称形式:

$$\frac{\partial\phi}{\partial s} = jF\frac{\partial\bar\psi}{\partial\theta}, \quad \frac{\partial\phi}{\partial\theta} = F\frac{\partial\bar\psi}{\partial s}, \quad F = \frac{\rho_0}{\rho}|1-M^2|^{1/2}$$

$$M > 1, \quad j = 1; \quad M < 1, \quad j = -1 \tag{5.2.15}$$

对于 $M < 1$，函数 F 曲线绘制在图 5.4 中。显然，对 $M \leqslant 0.5$，F 几乎是 1。在这种情况下，令 $F = 1$，结果表明，方程组 (5.2.15) 等价于拉普拉斯方程。

最后，对于跨声速流动，$|1 - M^2| \ll 1$，基于式 (5.2.5) 的关系，方程组 (5.2.13) 简化为势能 ϕ 的线性 Tricomi 型方程 (1952) 和 $\bar{\psi}$ 的相似方程。

$$\frac{\partial^2 \phi}{\partial U^2} = \frac{2A_*}{a_*^3}(U - a_*)\frac{\partial^2 \phi}{\partial \theta^2} \tag{5.2.16}$$

自然地，恰普雷金方程保留了原始的特征性质：当 $M > 1$ 时，是双曲型方程；当 $M < 1$ 时，是椭圆型方程。这些方程的线性性质使它们在分析研究气流的内在特性方面具有优势。它们的缺点是在气体流动中，很难建立物体轮廓上的边界条件。尽管如此，压缩流动的第一个解是由精确运用恰普雷金方程得到的。因此，恰普雷金 (1901) 自己得到了射流的解法，Khristianovich(1940) 在方程 (5.2.15) 的基础上，利用 $F = 1$ 解决了翼型绕流问题。

5.3 气体动力学问题的控制方程

气体动力学问题的公式简化为控制方程的选择 (在本例中是欧拉方程) 及一组初始值和边界条件，这些在 1.11 节以普适的公式表述过。在下面的章节中概述的理论是针对特定类型的问题来确定这些条件。下文中，不涉及 $v_n = 0$ 型的刚性表面上显著的气密性条件。因此，我们将局限于讨论施加在一个特定表面 Σ 的外部条件，此表面包含气体流中的一个物体 (图 5.5 和图 5.6)，把重点放在最小化由这个表面确定的计算域 Ω 范围。如果不恰当地缩小这个区域可能使解失真甚至出现定性的错误 (如风洞壁面对翼型压力的影响，图 2.8)。同时，从节约成本的角度看，无论是进行实验研究还是构建数值算法，扩大计算域 Ω 意义不大。因此，正确地将边界条件从无穷远处确定到物体表面 Σ(尽管仍可能离物体很远) 非常重要。

如 1.11 节所述，在绕体的无界流动 (让它是均匀的) 问题中，当 $x \to -\infty$ 时，我们可以任意指定物体前方无限远处的流动参数 (速度的绝对值，与 x 轴的夹角 θ_∞，压力 p_∞ 等)。此外，从物理角度来看，应该考虑在无穷远处所有其他方向声扰动的衰减：

$$p \to p_\infty, \quad \theta \to \theta_\infty, \quad U \to U(p,s), \quad |x|, r \to \infty \tag{5.3.1}$$

在处理有限总能量的时变扰动在无界空间中的传播问题中，当距离 r 或时间 t 无限增大时，扰动将逐渐消失。

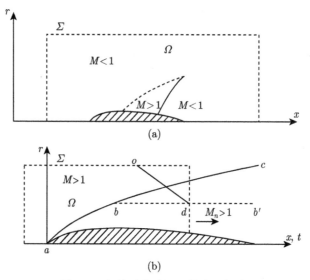

图 5.5　气体动力学问题的边界条件

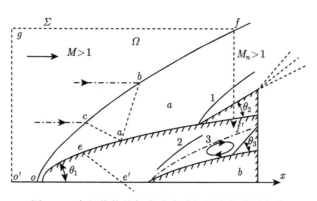

图 5.6　在经物体的超声速流动问题中的边界条件

这些一般性说明同样适用于椭圆和双曲型问题。但对于这些问题，将边界条件应用到有限距离表面上的方法是不同的，因此我们将会单独讨论这个问题。

5.3.1　超声速流动

在这种情况下，弓形激波必须与表面 Σ 出口截面相交，如图 5.6 的 f-f'。如第 4 章中所述，如果法向马赫数为 $M_n > 1$，严格来讲，则不应该在这部分区域施加任何边界条件。这类区域或边界被认为是不受约束的。然而，有一些有限差分算法需要在自由边界上施加边界条件来实现闭合。通常，表面 Σ 法向的二阶导数等于零。一般，我们将这个条件写为以下形式：

$$\alpha_1 \left| \frac{\partial f}{\partial n} \right| + \alpha_2 \left| \frac{\partial^2 f}{\partial n^2} \right| \leqslant \varepsilon \ll 1 \tag{5.3.2}$$

其中，f 是一个特定函数；α_i 为权重系数；ε 根据所考虑的问题要求的精度来确定，在数值算法中通常取为零。

我们可以很自然地假设，在自由表面下游，在物体表面没有台阶或者在射流和喷管流动中没有障碍时，由这些障碍物产生的扰动可以向上游传播 (以激波或前向分离区形式) 到自由表面。另外，解的确定域也必须包括这些障碍物。

仔细研究图 5.6 中所示超声速尖锥和钝锥绕流动问题的公式 (钝锥前部亚声速和跨声速流动的分析将在 5.4 节给出)。边界条件的一般形式是在边界 $\Sigma(o'gff')$ 指定边界条件，该边界条件完全包含所考虑的扰动区域。这一类方法称为间断捕捉技术，此方法通过激波的自动定位来确定这些问题的解。即不用施加任何特殊条件。在这种情况下，自由来流物理参数值被预先分配在边 $o'g$ 和 gf，如果需要，式 (5.3.1) 的条件预设在 ff' 边。f 点必须位于激波上。

激波捕捉法是建立在式 (1.9.7)~ 式 (1.9.10) 的基础上的守恒形式。因为黏性影响，这些算法将不连续性地置于某个条带 h 上，条带通常与几个计算网格一样大。对于 $h \ll L$，L 为域 Ω 的范围。在这些方程中，沿着这个条带的导数可以忽略。因此，我们沿条带 h 的积分得到相同的守恒定律 (1.7.12)，该定律与条带两侧的流动参数有关 (图 1.16(d))。在域 Ω 内，分离出来的条带 h 可以看作是一个孤立的表面，该表面上有一个具有对应关系的激波。这种情况类似于 $Re \gg 1$ 时黏性气体流中的激波的情况 (3.2 节)。

一个只涉及尽可能小的域 $\Omega_{\min}$ 的更高效的公式，被简化为在未知的激波头部施加边界条件。在该激波上，第 3 章的守恒定律成立。物体的形状必须在探寻方程解的区域内指定。因此，预先对物体外形 oa 进行赋值，我们可以得到以激波和第一族特征线为界的域 oab 内的解。同时，在 $x > x_a$ 的物体形状不影响所求的解。

相应地，在非均匀自由流中，特征线 ac 左侧的流动只受流管 oc 中参数分布的影响。当然，只有当流管 cb 中气体的冲压不是很高时，这才是正确的。否则，特征线 ac 转变为激波。

这些问题的解的唯一性与弱激波分支和强激波分支有关。我们可以在 3.5 节推理的框架内得到关于全局条件的解。然而，如果机体迎风面发生弯曲的话就会出现新的情况 (如装备防护罩的机体)。在无黏气体中，可以构造图 5.6 中类型 3 的一组不连续性的解，这些不连续性将限制不同的恒压滞止空气区域。实际上，气体通过外部流动从这样一个区域喷出，当弯曲角度 $\theta \leqslant \theta_{\mathrm{cr}}$ 时，防护罩处于无分离流动 (根据实验数据，对于层流 $\theta_{\mathrm{cr}} \approx 5°$；对于湍流边界层，$\theta_{\mathrm{cr}} \approx 10°$，尽管角度 θ_{cr} 随外部条件不同可能有较大的变化)。因此，考虑到黏性效应，我们可以为这种情况选择一个唯一的无黏解 (就像 2.9 节选择翼型周围的环流一样)。然而，当 $\theta > \theta_{\mathrm{cr}}$ 时，压力突变导致边界层分离 (像在圆柱体一样，见 2.10 节)，因此在防护罩前部形成了一个激波 2 的分离区域。在高雷诺数时，这个区域外部的流动是无黏的，只有考虑到特定的黏性效应，才可以得到该问题的唯一解。

在三维问题中，特征线 ab 和 ca 以及其他线是相应的特征表面、激波等的轨迹，尤其是对类似于轴对称的物体。然而，三维流动是特殊的。因此，在图 5.6 所示的三维绕流中，双特征线 ee' 将对称轴上半平面的影响域限定在物体上。对于三角翼绕流问题，边的影响域、对称平面等问题非常重要。然而，这些问题本质上是三维问题 (见第 6 章)。

在前面概述的问题中，计算通常涉及激波和由相应特征限制的物体之间的整个域。在足够弱的激波后出现二维等熵流，如由细长体或缓慢移动的活塞引起的激波。后一个问题将在下面论述。

从点 b 开始 (图 5.5(b))，让活塞前的激波足够弱。因此，根据 4.6 节，它相当于一个简单波。根据方程 (4.8.3)，扰动到达弱激波时的反射系数为零。那么对 $Q_{\mathrm{eff}} = 0$ 时，4.5.1 节的黎曼 (Riemann) 积分，$J^{(-)} = v - P(p) = 0$，沿特征线 od 保持不变。因此，该条件可以用作线 bb' 上的一个边界条件。在类似的定常问题中，应该使用积分 (4.5.2) 以及纵向速度分量的伯努利方程。

然而，严格来说，只有在二维等熵流中，才可能将边界条件从激波转移到更接近物体的表面，根据方程 (4.2.6)，在一般情况下，在 $Q_{\mathrm{eff}} \neq 0$ 时，$J^{(-)}$ 沿特征线 od 变化，且不能精确地从激波到线 bb' 进行精确描述。在这种情况下，来自物体的扰动也不能被激波反射，但其会在没有简单波的区域 $b'bc$ 被反射。尽管如此，形如式 $J^{(-)} = 0$ 这种类型的条件有时被用在自由边界而不是式 (5.3.2) 类型的亚声速流动上。

5.3.2　亚声速流动

这种情况下，影响域是无界的，要求边界条件的 $\varSigma$ 表面离物体相当远，将方程 (5.3.2) 的条件作为距离远近的标准。

根据 2.9 节、2.10 节和 2.12 节，当 $U' \sim (r/r_0)^{-n}$ 时，势流中的速度扰动在远离物体的地方消失，这里，r_0 为物体尺寸；r 为与物体的距离；$n = 1$ 和 2 分别为翼型周围的环流和自由环流，$n = 3$ 为轴对称流动。因此，下面 $\varSigma$ 表面修正的弱约束条件比之前的物理模型更合理：

$$\frac{\partial U' r^n}{\partial r} \leqslant \varepsilon \ll 1, \quad U' = (U_\infty - u), v \tag{5.3.3}$$

其中，U_∞ 是自由流速度。茹科夫斯基环量 Γ 由一个 $r \gg r_0$ 时，服从 $U' \sim \Gamma/r$ 条件的迭代过程决定。

上述的所有物体只是指流线型 (well-streamlined) 的物体 (像 2.12 节定义的那样)，对于分离区和尾流区，这些区域不影响前面的流动。在 2.12 节概述过的流型，这里不再赘述。

5.3.3 跨声速流动

随着亚声速马赫数 ($M_\infty < 1$) 增大时，拉普拉斯方程解的渐近线在物体上形成一个条纹，按照式 (2.9.1)，有式 $(\beta_- r/r_0)^{-n}$，其中 $\beta_- = (1 - M_\infty^2)^{1/2}$。当 $M_\infty > 1$ 时，线性理论不能保证扰动衰减；在 $r \to \infty$ 时，解的渐近线由激波衰减定律决定 (4.8 节)。因此，当 $M_\infty \approx 1$ 时，在两种情况下，扰动都会在外部速度矢量 U_∞ 的法向消失，但比纵向慢得多。这必然相应地反映在表面 Σ 的选择上。对于 $M_\infty = 1$，当 $r \to \infty$ 时，跨声速理论[①]给出了解的渐近线：

$$u' = U_\infty - u \sim r^{-n}, \quad v \sim r^{-m}$$

$$v = 0 : n = 2/5, \quad m = 3/5$$

$$v = 1 : n = 6/7, \quad m = 9/7 \tag{5.3.4}$$

u' 分量的慢阻尼并非巧合，因为当 $M_\infty \to 1$ 时，线性理论也给出了 $u'/v \sim \beta_\pm^{-1} \to \infty$ 的判断。相应地，在 Σ 表面，边界条件可以采用式 (5.3.3) 的形式。

我们在结论中注意到，一般来说，将边界条件转换到边界 Σ 并不简单，通常可以进行数值实验验证。上述所有内容只作为参考。

5.4 钝体的超声速绕流

本节致力于分析与钝体相关的数学难题，钝体问题是数学物理中最复杂的问题之一。这些流动的纯气体动力学特性将在第 7 章讨论。

一般流型如图 5.7 所示。以激波捕获技术为基础的数值计算问题的普适公式与 5.3 节是一样的，条件 $M_n > 1$ 施加在闭合边界 bd 上，闭合边界 bd 位于

[①] 相关例子可参考 Coleand Cook(1986) 的书。

以 $o''edbo$ 为界的域 Ω 上 (图 5.7(a))。可以正确表述问题的最小域 $\Omega_{\min}$，受弓形激波 4 和极限特征线 1 和 2 的约束 (图 5.7(b) 和 (c))，它们仍然有可能到达声速线 3 并将扰动传递到亚声速区域，从而影响整个流动。在图 5.7(b) 中，来自物体的波到达声速线，声速线反过来又与弓形激波交换扰动。在图 5.7(c) 中，声速线处于物体和激波之间，只通过特征线与激波相互作用。根据图 5.8～图 5.11[①]，第一种情况是平板和平头圆柱体的特征线，类似于球体那样的物体，置于 $M_\infty \leqslant 2$ 的流体中。第二种情况是球体在高马赫数 $(M_\infty \geqslant 3)$ 下的典型情况。

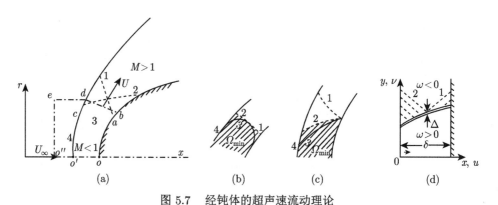

图 5.7　经钝体的超声速流动理论

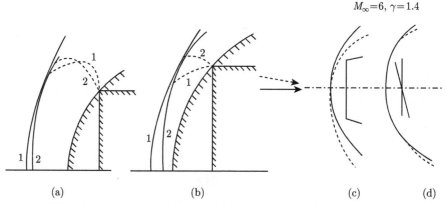

图 5.8　弓形激波的形状和经物体流动中的声速线：柱体 1 和平板 2(a)；球体 1 和圆盘 2(b)，圆盘前部产生的弓形激波：适合物体的 (c) 和适合流动的 (d) 参考结构

[①] 在中等 M_∞ 下的光滑物体数据由 O.M.Belotserkovskii(1966) 提供；在高 M_∞ 下的数据由 Lunev, Magomedov 和 Pavlov(1968) 提供；通过圆盘的数据由 Kholodov 提供；图 5.8(c) 和 (d) 中的数据为实验数据。

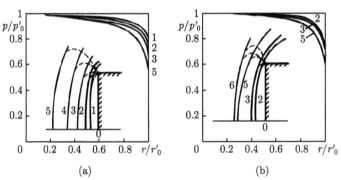

图 5.9　压力分布：(a) 平板上和平顶柱体；(b) 物体前部的弓形激波，激波层中声速线 (虚线)，$M_\infty = \infty, \gamma = 1.02(1), 1.05(2), 1.1(3), 1.2(4), 1.4(5), M_\infty = 6, \gamma = 1.4(6)$

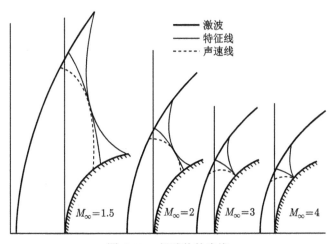

图 5.10　经球体的流线

　　问题最简单的 (从验证的角度) 表述是运用 4.4 节描述的定常方法[1]。经验表明，在定常边界条件下，对几乎任何初始条件，非定常的解常常会收敛为定常解。在这种情况下，在跨声速区域，包含 $M_n > 1$ 的边界出口 (图 5.7(a) 中的 db) 施加自由约束条件式 (5.3.2) 就足够了。

　　基于精确的定常解性质的其他方法也在不同时期得到广泛的认可。这些方法是基于预先指定弓形激波形状的逆方法，也就是预先指定后面的流动参数。取特定的流面作为诱导激波的钝体，根据 Cauchy-Kovalevskaya 定理 (4.1 节)，这个问题有唯一的解。在选择合适的激波形状时，这个解可以包含在其解析域内 (即没有奇点的域)。改变这个激波的形状，原则上可以取得一个非常合适物体轮廓的

---

① Godunov(1959,1975),Magomedov 和 Kholodov(1969),Lyubimov 和 Rusanov(1970) 等。

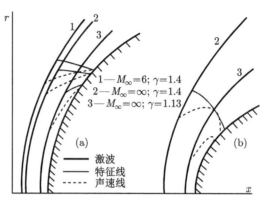

图 5.11　经球体 (a) 和环形柱体 (b) 的流线

理想外形。因此，抛物型弓形激波对应于亚声速和跨声速内的球体绕流。

逆方法常用于求解球体、柱体及相似物体的绕流问题[①]。然而，结果证明这些方法不适用于处理有奇异拐点甚至有平滑拐角的平头圆柱的绕流。其中一个原因是激波形状对物体形状的变化不是很敏感 (图 5.8)。特别是，由于这个原因逆方法几乎被前面提到的直接与非定常的方法取代。然而，逆方法作为某些迭代过程的一个元素，在某种程度上相当于非定常的方法 (如 Telenin 和 Tinyakov, 1961)，因此逆方法具有独特的意义。

如 4.1 节所示，椭圆方程的柯西问题是不适定的。然而，在这种情况下，存在一个稳定因素，即在位于声速线上方的超声速区域，柯西问题的椭圆解与双曲解必须一致。在双曲解的域中，柯西问题是适定的，且给出了一个约束解。因此，我们有理由相信一般的解也会是正确的约束解。精确地揭示亚声速、超声速流动区域相互作用的机理对于定常边值问题都是重要的。下面将以一个线性方程组模型为例来说明这一点：

$$\omega \frac{\partial u}{\partial x} + \frac{\partial v}{\partial y} = q = \text{const}, \quad \frac{\partial v}{\partial x} - \frac{\partial u}{\partial y} = 0 \qquad (5.4.1)$$

在图 5.7(d) 所示的 x, y 坐标系中，函数 u 和 v 分别表示穿过和沿着扰动层或激波层的速度分量，厚度 δ 映射在条纹上，线 $x = 0$ 和 $x = \delta$ 代表激波和物体表面。当 $q = 0$，$\omega = \pm 1$ 时，这个坐标系简化为势能方程 (4.1.5)。当 $\omega = 1$ 时，这是拉普拉斯方程，它是亚声速流动区域的模型方程，$v < a_*$；而在 $\omega = -1$ 时，这是超声速区域的波动方程，$v > a_*$。这里声速视为常数 (更严格的条件 $u^2 + v^2 \geqslant a^2$ 并不能改变问题的本质)。这种从一种类型的方程到另一类型的方程的不连续跃迁，可

---

① Garabedyan(1957), Vaglio-Laurinand Ferri(1958), Van Dyke(1959), Lunev 和 Pavlovetal(1966)。

以被视为在声速线附近一个极薄的 "跨声速" 邻域内的连续跃迁 $-1 \leqslant \omega(v) \leqslant 1$ 的极限情况。在这个区域，方程 (5.4.1) 被看作是非线性冯·卡门方程 (5.2.6) 对应的方程。

为了便于说明，我们将为方程 (5.4.1) 建立如下边值问题：

$$x = 0, \quad u = A = \text{const} > 0; \quad x = \delta, \quad u = 0; \quad y = 0, \quad v = 0 \qquad (5.4.2)$$

它的解为

$$u = u_0 = A(1 - \bar{x}), \quad \bar{x} = x/\delta, \quad \bar{y} = y/\delta$$

$$v = v_0^{(+)}(\bar{y}) = (q + A)\bar{y}, \quad \bar{y} \leqslant \bar{y}_*^{(0)} = a_*(q + A)^{-1}$$

$$v = v_0^{(-)}(\bar{y}) = a_* + (q - A)(\bar{y} - \bar{y}_*^{(0)}), \quad \bar{y} \geqslant \bar{y}_*^{(0)} \qquad (5.4.3)$$

为了使这个问题更切合实际，应该设 $q - A > 0$。直线 $\bar{y} = \bar{y}_*^{(0)}$ 的位置 (在本例中是一条直线) 是由解在线上的连续条件决定的，尽管导数 $\partial v/\partial y$ 是不连续的。然后，在其他考虑因素的基础上预设物体 $y = h$ 上的声速点位置，从而间接考虑其他特征尺度，我们就可以确定厚度 $\delta = \bar{y}_*^{(0)}h$。

为了决定确保问题的唯一性，我们将考虑通过令 $A = q = 0$ 得到齐次问题的对应解。这个问题与满足条件 (5.4.2)($A = 0$) 且 n 为整数的非平凡解 (4.1.6) 有关。

$$\omega = 1 : u_n^{(+)} = C_n^{(+)} F_n^{(+)} \sin(\pi n \bar{x})$$

$$v_n^{(+)} = -C_n^{(+)} F_n^{(-)} \cos(\pi n \bar{x})$$

$$F_n^{(\pm)} = e^{\pi n \bar{y}} \pm e^{-\pi n \bar{y}} \qquad (5.4.4)$$

$$\omega = -1 : u_n^{(-)} = C_n^{(-)} \sin(\pi \bar{n} x) \cos(\pi n \bar{y})$$

$$v_n^{(-)} = -C_n^{(-)} \cos(\pi n \bar{x}) \sin(\pi n \bar{y}) \qquad (5.4.5)$$

其中，$C_n^{(\pm)}$ 是任意常数，也就是说，在每个单独的域中，对于 $\omega = \pm 1$，解不是唯一的。只能通过要求声速线 $\bar{y}_* = \bar{y}_*^{(0)} + \bar{y}_*^{(n)}$ 上解的连续性来修正这种情况。为了确定这条线和常数 $C^{(\pm)}$，假设它们比较小，我们有下列三个条件：

$$u_n^{(+)}(\bar{y}_*^{(0)}) = u^{(-)}(\bar{y}_*^{(0)}), \quad v^{(\pm)} = v_0^{(\pm)}(\bar{y}_*) + v_n^{(\pm)}(\bar{y}_*^{(0)}) = a_* \qquad (5.4.6)$$

在这种情况下，$\bar{y}_*^{(n)} = C_{*n} \cos(n\pi \bar{x})$ 和方程 (5.4.6) 被简化为关于 C_{*n} 和 $C_n^{(\pm)}$ 的齐次方程组，对于该方程组，离散的 n 的非平凡解似乎是不可能的。因此，整体来看，问题具有唯一可解性 (在物体表面一个固定的声速点，自动满足条件 $C_{*n} = C_n^{(\pm)} = 0$)。

如前文所述,通过在对超声速区域进行初步计算的基础上,用逆方法求解也可以得到相同的结果。在这种情况下,条件 $y_n^{(-)} = v^{(-)}$ 应该施加在特定线 $\bar{y} = \bar{y}_0(x)$ 上。这个方法只可能得到平凡解。

显然,即使在前面列举的例子的框架内,这种推理也并不直观严谨,不能佐证非线性气体动力学问题。本书旨在阐明椭圆和双曲区域之间相互作用的机制,以及基于此机制的混合问题的正确性和唯一性。结合经验加上更接近最初问题的理论研究[①],已经证明这种情况在超声速钝体绕流问题中可以实现。

现在从另一个角度来考虑这些问题的性质,该角度更能说明控制这些流动的气体动力学机制,该机制部分基于 2.3 节中激波层流和喷管流之间的类比。以一个垂直于外部速度矢量的平板模型为例,y 轴和 x 轴分别沿平板方向和平板法向 (图 5.7(d))。作为一个粗略的近似,我们将对穿过激波层的流动参数进行平均,设 $p = p(y)$,$u = u(y)$ 等。这使得该流动类似于喷管内的流动,分布流量 $G'(x) = \rho_\infty v_{1n} = \rho_\infty U_\infty \cos\omega$ 通过激波 $x = \delta(y)$,其中 $\tan\omega = \delta'$。由于激波上所有的流动函数仅依赖于 δ',使得激波层内的气体速度与激波本身的速度相同,$v = v_s(\delta')$,因此我们赋予方程 (2.3.16) 普适的形式:

$$(1 - M^2)\delta'' = \Phi(\delta', \delta, y), \quad M^2 = v^2/a^2 \tag{5.4.7}$$

我们有一个唯一的对称条件,二阶方程 $\delta_0' = \delta'(0) = 0$,这给出了一组带有参数 $\delta_0 = \delta(0)$ 的积分曲线。该参数由经过奇点 $y = y_*$,$M = 1$ 的积分曲线的正则性条件确定。根据式 (2.3.9),在该奇点上,可以设 $\Phi = 0$。对于平板 (或盘),这一点很自然地与拐角 $y_* = r_0$ 重合 (参考 6.3 节)。而对光滑的物体,可以获得确定它的附加条件,例如,从在激波上声速角 δ' 的值开始。

在求解的设计方法中,包括数值方法,问题的所有数学和气体动力学性质都应该考虑在内。因此,像式 (5.4.7) 这种类型的方程构成 Dorodnitsyn(1956) 积分关系法的基础,这是第一个直接求解这些问题的方法[②]。

我们注意到,用于求解这些问题的方法和分类可以进一步发展。在第 7 章,我们将概述一些其他的方法,介于逆方法和正方法之间,特别适合于高超声速钝体绕流问题 (所谓的 "全局迭代法")。

5.5 喷管和射流

在本节中,我们将概述与喷管流动和气体射流流入静止的环境介质或流入同向流有关的问题的显著特征。

---

① 这些研究通常基于 Tricomi(1950) 方程。这个相当具体和广泛的理论的使用超出了本书的范围 (参见 5.2 节和 5.3 节引用的专著)。

② 这种方法是由 O.M.Belotserkovskii(1957) 和 Chushkin(1957) 针对超声速和亚声速钝体绕流提出的。

可以施加于喷管作为冲压发动机或风洞的一个最基本要求是，在出口截面 bb(图 5.12) 的流动是均匀的、等熵的，不管是液体发动机还是固体发动机。这个要求产生于前文的推力优化目的 (3.6 节) 及下文的非扰动大气层飞行模拟的必要性。

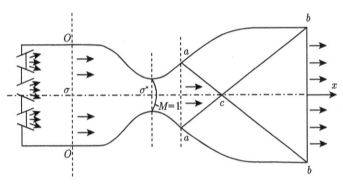

图 5.12　超声速喷管

方法上，整个喷管流动问题可以分解为两个连续的问题。问题一：不考虑入口边界层效应的情况下，从喷管入口到近似或完全的超声速流动区域。问题二：纯粹的超声速流动区域。

显然，对于问题一，实际上进入预燃烧室的气体和燃料燃烧的位置的入口效应不能用无黏的气体动力学框架来描述。所以，无黏假设只对相对较长的燃烧室可行。在这种情况下，我们可以假设驻点压力和总焓 H 在 σ_0 区域的横截面 OO 内的初始值。在水力学近似值中 (2.3 节)，这个截面内的马赫数为函数 $M_0 = M(\sigma_0/\sigma_*)$(这里 σ_* 是临界的，或者喷管的横截面)，它决定这个截面内的所有其他参数，即速度 u_0，压力 p_0，熵 s，气体流量 G 等。同时，在精确解中，u_0(或 M_0) 是这个问题的特征值，其在求解过程中确定。一般来说，只有无限远离喷管喉道，$u=u_0$ 等条件需要被严格满足；当 $x \to -\infty$ 时，这些函数的导数为零。因此，图 5.12 中截面 OO 的选择由约束条件 (5.3.2) 决定。

解决问题二至少有两种方法。第一种是给定的喷管外形 ab。那么，在线 aa 上 (4.2 节) 产生的柯西问题在特征三角形 aca 内有一个解。另外，在特征线 cb 和壁面 ab 之间的区域，其次在特征线 cb 和对称轴之间的区域，即图 4.3(b) 中显示的问题已经被成功解决。

第二种方法是在截面 bb 内，有均匀参数分布的喷管外形结构。在这种情况下，三角形 cbb 内的流场参数为常数，在特征线 ac 和 cb 上提出的 Goursat 问题的求解确定了所需的喷管外形 ab。很自然，前面的喷管外形在 $x < x_\text{a}$ 时必须确

保满足条件 $M_c = M_b$，从而避免了因熵的增加而形成激波。

5.5.1　超声速射流

我们将从超声速射流以给定的恒定压力 $p = p_a$ 向环境空间喷射开始。为了求解超声速喷流问题，应该指定喷管出口处的 (图 5.13(a) 中 bb 段) 初始参数。然后运用匹配技术得到解，如特征法 (4.2 节和 4.3 节)。

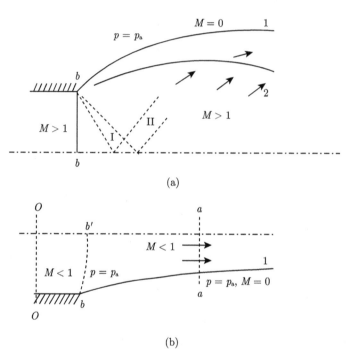

图 5.13　超声速 (a) 和亚声速射流外流 (b)

射流外流形态很大程度上取决于喷管与周围的压力比 $n = p_b/p_a$。这里，p_b 为喷管出口压力，而 p_a 为大气压力。在欠膨胀射流中 $(n > 1)$，气体在喷管边缘的膨胀波 I 中加速，轴对称射流和二维射流的流型有所不同。

典型的轴对称射流是射流边界 1 下的内部激波 2 形成的 (图 5.13(a) 和图 5.14(a))。中心过度膨胀区域的气体沿此激波流到激波和射流边界之间的激波层。此激波的形成是由于流动轴对称性造成的气体在波 II 中的膨胀，波 II 起源于波 I。因此，当接近射流边界时，这个波中的压力比 p_a 小。因此，从射流边界反射的波为压缩波 III(图 5.14(a))。由于扰动积累，被淹没的激波 2 正是形成于这个波中。激波要么可以定向朝下，如图 5.14(a) 所示，要么在 n 值较高时朝上，如图 5.13(a) 所示。随后由对称轴反射的膨胀波与这个激波相互作用。在这种情况下，射流边界沿其整个长度弯曲。

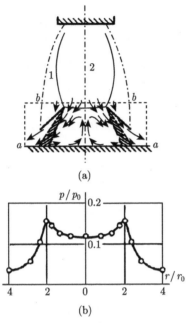

(a)

(b)

图 5.14 欠膨胀射流中激波的形成

在二维射流中 (图 5.14(b))，在从对称平面反射的膨胀波 II 到达之前，射流边界 1 的初始区域是直线。反过来，从射流边界反射的波为压缩波 III，在其内部可能也形成内激波 2。然而，离喷管出口有相当大的距离。在这两种情况下，射流核心的气体相对于周围气体过度膨胀。由于入射激波 2 的扰动，这种情况最终导致远离喷管的地方的流动收敛，这可以是规则的 (在 4.9 节的表达中)，更多是不规则的，如图 4.21 和图 5.15 所示。

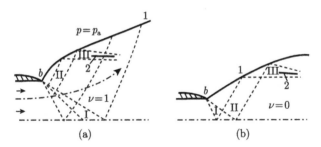

图 5.15 膨胀射流与障碍物的相互作用

过度膨胀的射流 ($n < 1$) 的流出往往伴随着这种扰动。在这些射流中，产生

于喷管边缘的激波中，压力值重新恢复到 $p = p_a$。当 n 减小时，扰动变得不规则，其激波形态如图 4.21 所示 (4.9 节)。

在这种情况下，中心激波后亚声速小射流中的压力为 $p_{\text{IV}} > p_a$。因此，这个小射流必定加速，这是由形成于二次激波 1-3 的反射的稀疏波保证的，二次激波来源于点 3 的外部射流边界 2-6′。在该波入射到内部射流边界 1-6 的区域，在后者形成声波横截面，声波和初始面积比在 2.3 节已确定。然而，即使在这个截面，中心射流的压力也必定减小。这肯定与外部超声速流 Ⅲ 有关。总的来说，正是这些条件决定了几何流型，如中心亚声速射流的不规则激波外形 (4.9 节图 4.22)。

在问题的精确描述中，图 4.21 中轮廓 $\Sigma(abb'a')$ 必须包含整个流动区域 (像钝体绕流)。在入口截面，所有流动参数必须预先指定。非扰动大气条件 $p = p_a$，必须施加在外形的右侧面，$M_n < 1$，它的约束条件是自由出流。

当喷管和周围环境压力比 p_b/p_a 减小时，这种流型会被破坏。在这种情况下，马赫盘会替代进入喷管，使射流外流为亚声速。

5.5.2　亚声速射流

只在出口压力 $p_b \geqslant p_a$ 时，亚声速射流才是有物理意义的。在 $p = p_a$ 时，等压线 bb' 位于喷管外部 (图 5.13(b))，因为来自极点 b 的扰动部分的气流对流。然而，这些扰动也表现在槽道内的某个区域，位于 OO 和 bb' 截面之间。

当外部压力 p_a 低于声速压力 p_* 时，射流就成为超声速的。其包含声速线 bb' 和产生于 b 点的膨胀波 (图中没有画出)。在这种情况下，问题的公式化与图 5.12 中喷管的情况是相同的，式 (5.3.1) 的条件施加在截面 OO 上。在 $p_a > p_*$ 时，射流是亚声速的。根据已知压力 p_a，射流经过的最终截面面积 σ_a 由流量方程 $G = \rho U \sigma_a$ 确定。在精确的公式中，方程 (5.3.2) 的渐近约束条件施加在亚声速截面 oo 和 aa 上。

5.5.3　射流与障碍物的相互作用

这个问题 (图 5.15) 类似于钝体绕流中的问题。比如在 5.4 节中，边界条件施加在外形 $aabb$ 上。这里，我们只详述发生在某一障碍物上的扩展射流的一个重要例子。在这种情况下，可能没有无黏解。事实上，由于内部激波，一个外部环形射流形成了。在这个射流中，冲压高于中心区域 2 中的冲压，而中心马赫盘后的驻点压力低于因环形射流转变产生的周边压力。因此，无黏定常流中的气体不能从中心区域流出，表明没有定常解。而实验中观察到的定常流动是黏性稳定的。射流 1 通过混合区射向中心小射流，在流动中心形成一个中心分离区域，流动往往是脉动的。这种情况一般出现在非均匀流动问题中，不管是经物体的亚声速流动还是超声速流动，比如一个物体放置在前端物体的尾流区中。

5.6 亚声速凸角绕流

在研究流经盘、平板此类的钝头体 (图 5.8 和图 5.9)，或者靠近喷管喉道附近弯曲壁面的流体运动情况时，会出现这样的问题。我们在这里讨论这些流动特性时，假设流动在横向是等熵的，并且最重要的是，流体能够加速仅仅是因为拐角点的存在，其他因素如前面所述的变截面的通道或者弯曲的壁面都不存在。

这个问题的关键是拐角点和声速点的相互位置。物理上，声速点不能位于拐角点的下游，因为亚声速流动中不会出现这种无穷大的压力梯度。具体地，对于不可压缩流体 (或者马赫数 $M \ll 1$ 的气体)，式 (2.11.10)(2.11 节图 2.21(g))，或者特殊情况 (2.10.13)(2.10 节图 2.20(b)) 这些问题的数学解，会给出拐角点处无穷大的非物理速度，速度增长规律如下：$U = C_m U_\infty (r/L)^{-m}$, $m = \theta/(\pi + \theta)$，这里，$r$ 为到拐角的距离，θ 为偏转角 (图 5.16(a))，U_∞ 和 L 分别是标量速度和长度，$C_m \sim 1$，为物体的形式参数。

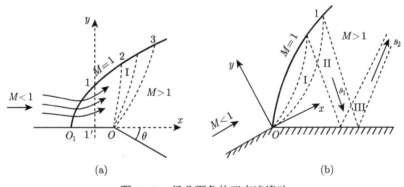

图 5.16 经凸面角的亚声速流动

对不可压缩流，流动会在拐角点下游形成充满蒸气的空化区来消除这种数理逻辑上的矛盾。另一方面，对于气体，这个解在以拐角点 O 为圆心半径 r_0 的圆内不存在，半径 r_0 由下列条件确定：

$$U \geqslant M_0 a_\infty, \quad r \leqslant r_0 = L(C_m M_\infty/M_0)^{1/m} \tag{5.6.1}$$

其中，a_∞ 为声速；M_0 为特定马赫数，这限制了不可压缩理论的应用。显然，随着自由流马赫数 M_∞ 和指数 m(或角度 θ) 的减小，可压缩性的影响域缩小。在低马赫数 M_∞ 时，这个区域极小且被包含在黏性边界层中，因此在整个流动尺度上可以忽略不计。

　　因此，只有两个声速点的位置是可能的：在拐角点 O(图 5.16(a)) 上游某一距离 h 处的 O_1 点或者当从左侧靠近时的点 O 本身 (图 5.16(b))。两种情况具有一个相同的特性：扰动可以通过源自拐角的特征线束 I 和声速线之间的相互作用向上游传播。

　　然而，在流动中第一种情况几乎不能实现。事实上，假设声速线 O_1-1-3 右侧的流动为超声速流动，允许其在从点 O_1 到 O 的表面加速，那么流线就会发散且相对于壁面而言是凸起的，如图 5.16(a) 所示。然而，这种模式必定伴随沿壁面法线 $1'$-1 的负压力梯度 $\partial p/\partial y$，这与超声速流动中声速点 1 的压力一定高于声速点 $1'$ 相矛盾。

　　因此，在这些流动中最有可能的情况是，声速点与拐角一致，因为拐角是从左侧靠近 (图 5.16(b))。尽管还没有很严谨地证明这个论断，但经验上，许多计算结果证实了这一论断，如 5.4 节图 5.8 和图 5.9 及图 5.17～ 图 5.19 所示[①]。

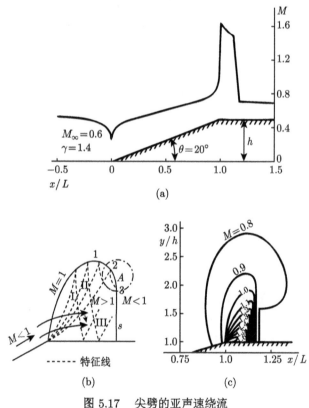

图 5.17　尖劈的亚声速绕流

① 图 5.17～ 图 5.19 的数据由 Kovalev 提供。

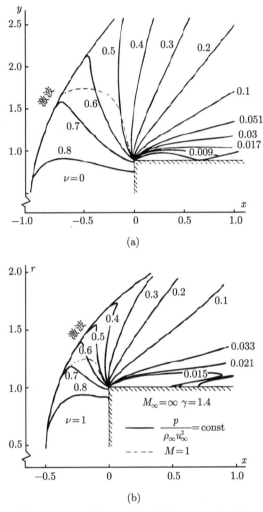

图 5.18　经平板 (a) 和平底圆柱 (b) 的流线

接下来，我们将基于该假设精确分析拐角周围的流动。中心膨胀波 I 源于拐角点 (图 5.16(b))，在拐角点的对应于普朗特–迈耶波的特征扇。因此，在拐角下游出现一个超声速区域，在这一区域膨胀波 I 被声速线反射成为压缩波 II，随后被壁面反射又成为压缩波 (波 III)。这些压缩波的累积导致一个激波 (图 5.16(b) 中 s_1 或 s_2) 或一族激波系的产生。

现在我们以亚声速流动中角 θ 较小时 (与 2.10 节图 2.20(b) 相同) 的尖劈绕流为例来讨论这种流动。其表面马赫数分布如图 5.17(a)，拐角点之前的流动类

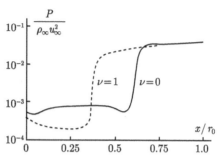

图 5.19   平头侧表面物体上的压力分布

似于图 2.20(b) 中的不可压流动，速度沿表面以相同的加速度单调增加。拐角下游超声速流动区域的波形如图 5.17(b) 所示，而拐角附近的计算马赫数等值线分布如图 5.17(c) 所示。声速线和闭合激波 s 构成了马蹄形的超声速区域边界。

图 5.17(b) 中激波 s 属于第二族波系，该激波是由声速线递减区域 1-2-3 所反射的特征线会聚而产生的，该分析对于激波起始点 A 附近的波形和声速线到激波的跃迁方面没有要求。此外，尽管关于这个问题进行了许多分析研究，这个区域的流型还是没有完全弄清。显然，如果讨论薄翼和旋转体的亚声速或跨声速绕流有关的问题，流型从本质上还是依赖于特定约束条件。

这里提供经平板 ($\nu = 0$) 或平底圆柱 ($\nu = 1$) 的超声速流动 ($M_\infty = \infty$) 的另外一个例子。这些物体拐角点下游的流线见图 5.18。这里，声速线的形状已经在 5.4 节描述过了，而反射波形与图 5.16(b) 中的类似。从图 5.18(a) 和 (b) 的等压线和物体侧表面的压力分布上都可以清晰地看出 (图 5.19)，激波产生于壁面反射的波 III 内。在激波形成前，这些物体侧面初始区域的压力，取决于产生于声速点的普朗特–迈耶波中流动偏转。

同时，在随后的激波中，由于激波前部较大的局部马赫数，压力增加一个量级。这些物体远离声速点的侧表面的压力由完全不同的定律决定，这将在第 9 章论述。

在平面和轴对称流中曲线的定性表现有所不同，显然是由于 4.7 节讨论的涡量和轴对称的影响。

5.7   扰动与亚声速区域的相互作用

在 4.7 节，我们对接触间断两侧超声速流扰动的反射进行了分析。在某种意义上，相互作用只是局部的，其结果只依赖于相互作用点附近的条件，其产生的扰动只向下游传播。然而，当来自高超声速流的扰动发生在亚声速流中时，相似的问题就成为非局部，因为亚声速流中扰动向上游传播。

作为说明，我们将讨论沿与 x 轴成一直线的壁面的双层流动问题，上部流 I 为超声速流，下层流 II 为亚声速流，厚度为 $\delta(x)$，速度为 u。让一个比较弱的阶梯状扰动波从亚声速次层 (图 5.20(a) 和 (b))$O(x=0)$ 点区域 I 入射。我们将这个波表示为特征线 aO，其有给定的初始压力差 $p_2 - p_1$ 或流动偏转角 $\theta_2(\theta_1 - 0)$。这里，下标 1 和 2 分别指的是初始域 1 和 2 中的参数，对应特征线 aO 的左边和右边。特征线 aO 离 O 点较远。入射波可以是激波 ($\theta_2 < 0$，图 5.20(a))，也可以是狭窄的膨胀波扇 ($\theta_2 > 0$，图 5.20(b))。

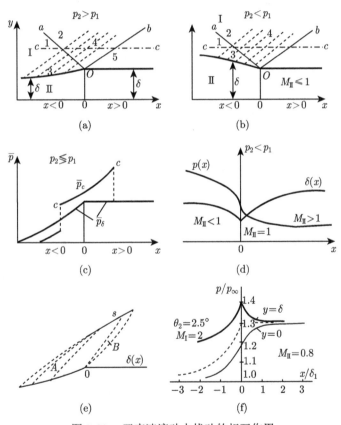

图 5.20 亚声速流动中扰动的相互作用

此扰动沿亚声速次层向下游传播，在流动 I 中形成波 W_3。我们把这个区域 (图 5.20 中区域 3) 称作自由交互区。

接下来的分析中会用到线性超声速理论框架，当 $x < 0$ 时，次层边界的流动参数，由下标 3 表示，在远离点 O 的特征线 aO 上，与线性方程 (4.5.2) 有关，可

以表示为

$$N\Delta p_3 = \theta_3, \quad N\Delta p_2 = -\theta_2$$

$$\Delta p_i = p_i - p_1, \quad (\rho u^2)_{\mathrm{I}} N = \sqrt{M_{\mathrm{I}^2 - 1}} \tag{5.7.1}$$

这里，下标 I 和 II 指相应层的流动参数。

在入射特征线 aO 和反射特征线 Ob 之间的区域 4，流动参数分别由沿第一族 (从底部) 和第二族 (从上部) 特征线传播的两波 W_3 和 W_2 的干扰决定。在这些特征线上，方程 (4.5.2) 是有效的。

$$W_2: \quad N(p_4 - p_2) = \theta_4 - \theta_2; \quad W_3: \quad N(p_4 - p_3) = \theta_3 - \theta_4$$

$$\text{或者} \Delta p_4 = \Delta p_3 + \Delta p_2, \quad \theta_4 = N\Delta p_4 + 2\theta_2 \tag{5.7.2}$$

波 W_2 也延伸到区域 5，到反射特征线 Ob 的右边。这给次层边界上的压力和倾角 $\theta = \delta'$ 之间提供了一种关系。基于式 (5.7.1) 和式 (5.7.2)，可以得到

$$N(p - p_1) = \frac{\mathrm{d}\delta}{\mathrm{d}x} + N(p_i - p_1)$$

$$x < 0: \quad p_i = p_1, \quad x > 0: \quad p_i - p_1 = 2(p_2 - p_1) \tag{5.7.3}$$

我们将通过让方程 (2.3.4) 中的 $\mathrm{d}p = -\rho u \, \mathrm{d}u$，采用一维、水力学的近似值研究此问题，修订其为

$$\phi(p)\frac{\mathrm{d}p}{\mathrm{d}x} = \frac{\mathrm{d}\delta}{\mathrm{d}x}$$

$$\phi(p) = \frac{G(1 - M_{\mathrm{II}}^2)}{(\rho^2 u^3)_{\mathrm{II}}}, \quad G = \rho u \delta = \rho_1 u_1 \delta_1 \tag{5.7.4}$$

这里，G 为次层气体流量。

将此方程与方程 (5.7.3) 组合，得到次层压力方程

$$\phi\frac{\mathrm{d}p}{\mathrm{d}x} = N(p - p_i) \tag{5.7.5}$$

自然地，常数解 $p = p_i$ 满足此方程。假设次层的扰动很小，我们也让方程 (5.7.5) 中 $\phi = \mathrm{const}$，因此得到解

$$p - p_i = C_1 \mathrm{e}^{\kappa x} + p_i - p_1, \quad \kappa = \frac{N}{\varphi} = \frac{M_{\mathrm{II}}^2 \sqrt{M_{\mathrm{I}}^2 - 1}}{\delta_1 M_{\mathrm{I}}^2 (1 - M_{\mathrm{II}}^2)} \tag{5.7.6}$$

κ 的等式为理想气体流动情况下列出，在这两层中相同。当 $x \to -\infty$ 时，第一项消失。然而，当 $x \to \infty$ 时，为无穷，因此 $C_1 = 0$ 是可能的。在 $x = 0$ 这个点，考虑到压力和层界面斜率的连续性，压缩波和膨胀波的解可以作为一个整体表示为相同的形式：

$$x < 0: \quad \bar{p} = \frac{p - p_1}{p_2 - p_1} = C_2 \mathrm{e}^{\kappa x}, \quad C_2 = 2$$

$$x > 0: \quad \bar{p} = 2, \quad p = p_5 = p_1 + 2(p_2 - p_1), \quad \theta = 0 \tag{5.7.7}$$

次层 II 厚度由流量方程 $\delta(x) = G/\rho u$ 决定，它的边界在 $x = 0$ 点有弯曲。第一个解涉及 $x < 0$ 区域，而第二个解涉及 $x > 0$ 区域和次层 II 外部。其为特征线 Ob 右侧的整个区域 5，对应于固体壁微弱扰动的反射。压缩波和膨胀波 ($M_{\text{II}} < 1$) 的边界形状 $\delta(x)$ 如图 5.20(a) 和 (b) 所示。

同时，我们还注意到了亚声速和超声速次层流动扰动相互作用的定性差异：$M_{\text{II}} > 1$ 时，在次层有 $\kappa < 1$，因此限定在 $x \to -\infty$，只在 $C_1 = 0$ 时，可以得到解。即次层的解在点 $x = 0$ 前都是常数。

现在我们研究流动 I 中的扰动场。波 W_2 很简单，因此在区域 3 和 4 中，第一族特征线上所有的流动参数是常数，尽管它们在特征线 aO 上有不连续性。从式 (5.7.2) 和式 (5.7.7) 看，遵从当特征线 Ob 从左边接近，有 $\bar{p}_4 \to 3$ 和 $\theta_4 \to -\theta_2$；而特征线 Ob 从右边接近，有 $\bar{p} = 2$ 和 $\theta_5 = 0$。因此，这个特征线是此解的不连续线，带有参数跳跃，$\Delta \bar{p} = -1$，$\Delta \theta = -\theta_2$，如图 5.20(c) 所示。图中简单绘出了次层边界 II 上的压力系数 $\bar{p}$ 的分布，也就是壁面上和某纵向截面 c-c 上的分布。在入射波为压缩波的情况下，特征线 Ob 代表膨胀波。反之，当入射波为膨胀波时，Ob 代表压缩波或弱激波。换言之，声波从亚声速流动区域反射形成的波结构包含一个过渡带。整体来看，在过渡带中扰动强度超过反射波所产生的强度。

在两种限定情况下，式 (5.7.7) 的解是无效的。其中，次层压力接近驻点压力 p_0，或者次层流动为跨声速。事实上，在这两种情况中，方程 (5.7.5) 中的系数 $\phi(p)$ 不能认为是常数，其是解 (5.7.6) 的基础。在第一种情况中，让方程 (5.7.5) 中的 $\phi \sim u^{-3}$ 和 $2(p_0 - p) = \rho u^2$，重写速度项 u，很容易得到它类似于式 (5.7.6) 积分形式的解。

如果流动 II 最初是跨声速且入射波强度足够大，流动可以加速到超声速度，那么系数 $\phi(p)$ 在 $M_{\text{II}} = 1$ 时改变符号，对于方程 (5.7.5)，该点为奇点。次层厚度在声波截面中是最小的，这必须包括扰动到达的点 O，因为在自由交互区域，压力只能由于厚度的减小而沿着次层单调减小。让 $\phi = \alpha(p - p_*)$，这里 $\alpha > 0$ 为一常数，p_* 为声速压力 ($M_{\text{II}} = 1$)。对于奇点附近，我们得到下列解：

$$\alpha(p - p_*)^2 = 2(p_* - p_i)x > 0$$

$$x < 0: \quad p_i = p_1 > p_*, \quad x > 0: \quad p_i = p_5 < p_* \tag{5.7.8}$$

这个解类似于关于槽道 (2.3.8) 的解。在点 $x = 0$ 处，导数 $\mathrm{d}p/\mathrm{d}x$ 是无穷的。然而按照式 (5.7.3)，次层边界 $\theta = N(p_* - p_i)$ 斜率是有限的，早些阶段是不连续的。在这种近似值下，式 (5.7.5) 可以再次积分为正交形式。其解绘制在图 5.20(d) 中，同式 (5.7.6) 有一样的渐近，但传播到 x 轴两侧 ($x \to \pm\infty$)。

我们注意到：依照式 (5.7.6)，扰动衰减域的大小在任意情况下为 $\Delta x \sim 1/\kappa$ 阶；当马赫数 M_{II} 减小时，它们增大，且随差分 $|1 - M_{\mathrm{II}}|$ 减小。在层 II 中，只有当产生的压力 p_5 比驻点压力小的时候，压缩波和亚声速流动的相互作用物理上才是可能的。否则亚声速流动就会阻塞，并伴随着流动的全局重构。

在线性公式化中，得到的波形延伸到无穷远。然而，如果考虑非线性影响，它就略微有些变化。特别是，非线性膨胀波是连续和发散的。一般来说，这必然导致在图 5.20 的次层边界和压力剖面中所有的不连续面和弯曲面都要光滑。

这里，我们只详细论述非线性压缩波问题。在亚声速子层压缩波反射点附近预期的非线性波形如图 5.20(e) 所示。在这种情况下，波 3 和 4 中的第一族特征线形成发散束 A，其中的激波 s 是初始的。然而在这个波 $\theta > 0$ 内，点 O 附近，波发生了改变，产生了膨胀波 B。

Chernyi(1952) 在非线性公式中求解次层二维问题时得到了这个波的交互模式。此解的特征线也包含点 O，在 O 点上次层边界弯曲。在这种情况下，依照 2.11 节，该点在内亚声速流中，当压力 $p = p_0$ 时，即为流动的驻点。二维理论导致沿次层边界和壁面不同的参数分布，参考先前提到的例子，其显示在图 5.20(f) 中。然而，一维理论 (虚线) 给出了壁面压和干扰区域范围内适当的结果。

在激波与亚声速流区域交互点，一个类似的拐角点显然是不可避免的，包括一个半无限点。因为在这种情况下，外部流动必然要在交互点转变有限角 $\Delta\theta$。该角度由超声速流压力差 $p_0 - p_1$，$p_0 - p_2$ 或 $p_0 - p_5$ 决定。绕这样一个角 $\Delta\theta \neq \pi/2$ 的不可压缩 ($p \approx p_0$) 内部流动中，拐角点是奇异的 (2.11 节)，有无限导数 $\mathrm{d}p/\mathrm{d}x$，如图 5.20(f) 所示。

5.8　定常解的存在性

在气体动力学中，通常假设非定常问题总是有解的。假设有以下形式的时变方程：

$$\frac{\partial f}{\partial t} = L(f), \quad f = u, v, \cdots \tag{5.8.1}$$

这里，$L(f)$ 是一个微分算子，不包含对时间的导数。在 $t = t_0$ 时，设定一个任意的初始场 $f = f_0$，短时间的时间积分推进后得到 $\Delta f = \Delta t \cdot L(f)$，依次类推。需要判断的是，当 $t \to \infty$ 时，这个过程是否趋于定常。图 1.22 为典型示例。大量运行的风洞实验数据也支持这一观点，必须考虑设备启动后一段时间间隔后才能达到定常，并基于定常采用多种的数值方法 (如 4.4 节)。

然而，前文已经讨论了很多无黏定常解的非唯一性的例子。5.7 节介绍的射流与障碍物的相互作用 (图 5.15) 就是这类例子。带有弓形激波和内部激波的无黏绕流中也会发生类似的情形。在这种流动条件下，由于物体附近的熵通常较高，所以靠近壁面流线的驻点压力低于周边压力，这是由假设的无分离流中物体后部的压力造成的。这会产生与 2.11 节相同的情况 (图 2.21(b))，即在顺压梯度下有低压子层。在这种流动中，不可能存在无黏定常流动，因为没有任何因素来平衡流动的无黏分离。实际上，这种效应只有理论意义，因为在现实中，在钝体下游形成的黏性分离区会吸收这种分离。在这种情况下，黏性在流型的形成及其唯一性中起着关键的作用，如亚声速绕流 (2.10 节和 2.12 节) 中前分离区域的形成 (5.3 节)。

总之，我们注意到，由于差分格式的黏性效应，这些效应可能出现在类似的无黏问题的数值解中，这与物理黏性效应类似。特别是，这些解可以包含无黏分离区，尽管任何把它们归因于物理因素的尝试都是不合理的。

最后，存在一个可能性：在同样的外部条件下，出现一个非定常的周期性流动，而不是定常流动。工程上的一个例子是，前部有分离激波的吸气式发动机 (见 3.6 节中图 3.11 所示的底板) 或亚声速绕流中的喘振效应。这种不良的影响是由发动机中强烈的压力和流量脉动造成的。这样的脉动出现在有封闭的前腔的超声速绕流中 (如图 3.11 的入口截面)。我们甚至从沸腾的水壶上跳跃的盖子、从掀翻的瓶子倾泻而出的汩汩之水等都能看到这样的情况。

尤其是将考虑到的物理因素的范围扩大到黏性、非平衡等现象时。

第 6 章　自相似解和解群

在本章中，我们根据一个统一的方法论标准收集了很多的问题，即它们的自相似性 (参见 1.12 节)。其导致了维度的减少，从而简化了它们的求解。同时，这些经典的问题，连同它们的解，使人们能够对更一般类的流动的局部和全局特性作出更明确的结论。

6.1　基 本 概 念

我们将考虑一类具有以下类型的解群[①]的问题。

$$\varphi(x,r) = B_1 r^n f(\zeta) = \bar{B}_1 x^m \bar{f}(\zeta), \quad \zeta = B_2 x r^{-k}$$

$$\bar{f} = \zeta^{-n/k} f, \quad m = n/k, \quad \bar{B}_1 = B_1 B_2^{n/k}, \quad B_i = \text{const} \tag{6.1.1}$$

这里，x 和 r 为任意独立的变量 (如时间或坐标)；而 φ 和 $f(\zeta)$ 可以是由几个未知函数组成的列。在此情况下，问题可以简化为关于函数 $f(\zeta)$ 的常微分方程或方程组。也就是，数学上的二维问题简化为一维问题，三维问题简化为二维问题，以此类推。当 $k \neq 1$ 时，线 $\zeta = \text{const}$ 是曲线；当 $k = 1$ 时，形成了射线束。之前我们已经遇到了这样的问题。因此，超声速流经过圆锥体和楔体 (2.8 节) 与 $n = 0$ 和 $k = 1$ 相对应，而对不可压缩流中的楔体 (2.9 节)，我们有 $k = 1$，其指数 n 取决于楔体顶角。

方程 (6.1.1) 的解也被认为是自相似，因为其在所有截面 $x = \text{const}$ 都与其本身相似。相似性和量纲法在它们既定的结构中起着重要作用 (见 1.12 节)。例如，我们回顾一下锥形体，其表面由源于锥体顶部极点的任意发生器产生的射线束组成。经这些物体的定常超声速流问题缺乏一个长度尺度。因此，方程 (1.12.9) 括号中的无量纲参数组合可以独立组成，假设此解仅依赖于两个变量 $p' = p'(y/x, z/x)$。我们将在本章中利用几个部分来阐述锥形流。对于经过锥体或楔形机头的亚声速流动，由于外形的特征长度 L 的影响，这种流动并不是锥形的。

另外一个例子是一维时变气体流，这种气体流是根据 $r_p = ct^n$ 规律由活塞扩张引起。如果活塞引起的激波速度太大，则存在下面的条件：

$$R \gg a_\infty, \quad p_\infty \ll \rho_\infty \dot{R}^2, \quad e_\infty \ll \dot{R}^2 \tag{6.1.2}$$

[①] Ovsyannikov(1980) 给出了气体动力学中的群分析。

这里，外部气体参数 a_∞ 和 e_∞ 不再记入 3.3 节的激波关系。因此，由式 (1.12.9) 的关系必定有

$$p = p(r, t, c, \rho_\infty, n, \gamma), \quad [c] = Lt_0^{-n}, \quad t_0 = [t] \tag{6.1.3}$$

显然，在这种情况下，激波的传播遵从 $R \sim ct^n$ 这一规律。因此，仅有量纲压力和速度的作用由它们的联合变量 $\rho_\infty c^2 t^{2(n-1)}$ 和 $ct^{(n-1)}$ 来担任。而独立变量由 $\eta \sim r/ct^n$ 来表示。换言之，这种解法属于公式 (6.1.1) 所表示的解群。在 6.8 节中将可以看到，强爆炸波经典问题也属于自相似类，而这个问题最简单的形式 ($n = 1$) 相当于一常数速度 $v_p = r_p/t$ 下的活塞扩张。在这种情况下，没必要让 $a_\infty = 0$;简单地说，出现了一个新的相似参数 v_p/a_∞。这些问题在 2.8 节和 3.7 节讨论过。

我们注意到，这两类问题有根本的区别。对于锥体问题，指数 n 和 k 都是根据相似性和量纲理论事先确定的。同时，在楔体的不可压缩流局部问题中，这些指数在求解过程中被确定为特征值。第一类问题 (除锥体流之外，这一类也包括强爆炸波问题，看下面内容) 有时称为第一类自相似问题 (与 Zeldovich (1966) 给出的分类一致)。第二类问题 (不可压缩流中的楔体和锥体，跨声速渐近) 称为第二类自相似问题。

通常情况下，自相似解反映了描述整个流动的一般解或全局解特定片段的局部渐近，无论是时间上还是空间上的，在这种情况下，局部解与全局解的匹配模式取决于自相似性的种类。因此，有楔形机头的机翼周围或有锥形机头的回转体周围的超声速流提供了关于第一类自相似的一种很简单、很典型的例子。在这些情况下，机头的局部自相似性解是独立确定的，然后在纵坐标上继续向后流动。然而，在亚声速流中机头附近的局部解法必须包括自由参数，如系数 B_i。其允许在机头下游施加某些条件。应该指出，这种搭配是在特殊情况下才能纯解析地进行 (例如在 2.11 节楔体问题中)。因此，所得到的局部解是否是全局解的内在问题，通常是通过直觉或使用特殊的数值解处理来解决。

我们注意到，下面介绍的问题的选择是相当零散的，主要是与超声速流有关的 (6.4 节 ~6.7 节)。6.8 节和 6.9 节专门讨论强爆炸波理论，如第 9 章所述，此理论应用在高超声速流理论中。只有两节涉及不可压缩 (6.2 节) 和跨声速流 (6.3 节) 理论。最后，6.10 节论述黏性自相似问题。

6.2 不可压缩流中的锥体

在这一节，我们将用同样的方法在锥形头部附近得到一种渐近解，像 2.11 节中的楔体一样。运用置换函数 $\Phi = CU_\infty r^n \Theta(\theta)$ 可以简化势能方程 (2.10) 为关于

函数 $\Theta(\theta)$ 的常微分方程：

$$(\Theta' \sin\theta)' + [n(n+1)\sin\theta]\Theta = 0$$

$$\theta = 0, \pi - \theta_0: \quad v_\theta, \Theta' = 0 \tag{6.2.1}$$

这是一个齐次方程，其齐次边界条件施加在对称轴上，且锥面的半顶点角为 θ_0。如方程 (2.11.11) 讨论的那样，这个方程对特征值 $n = n(\theta_0)$ 有非平凡解。

把 t 换成 $\cos\theta$，我们将方程 (6.2.1) 代入勒让德 (Legendre) 方程

$$\frac{\mathrm{d}}{\mathrm{d}t}\left[\left(1 - t^2\right)\frac{\mathrm{d}\Theta}{\mathrm{d}t}\right] + n(n+1)\Theta = 0 \tag{6.2.2}$$

在这些变量中，函数 $\Theta(t)$ 必须满足条件

$$\theta = 0, \quad t = 1: \quad \frac{\mathrm{d}\Theta}{\mathrm{d}\theta} = -\sin\theta\frac{\mathrm{d}\Theta}{\mathrm{d}t} = 0, \quad \frac{\mathrm{d}\Theta}{\mathrm{d}t} < \infty$$

$$\theta = \pi - \theta_0, \quad t = t_0 = -\cos\theta_0: \quad \frac{\mathrm{d}\Theta}{\mathrm{d}t} = 0 \tag{6.2.3}$$

问题简化为这个边界值问题寻找最小特征值 n。勒让德方程拥有一系列本征解，也就是，勒让德多项式 $P_n(t)$ 对应整数本征值 n，并以 $t = \pm 1$ 终点段为界。然而，所有这些解中，只有两个适用于我们的条件：第一个解法 ($n = 1$) 对应非扰动流；第二个解法 ($n = 2$) 对应钝体的驻点附近。

$$\Theta_1 = -P_1 = -t, \quad \theta_0 = 0, \quad t_0 = -1, \quad n = 1$$

$$\Theta_2 = -P_2 = -\frac{3}{2}t^2 + \frac{1}{2}, \quad \theta_0 = \pi/2, \quad t_0 = 0, \quad n = 2 \tag{6.2.4}$$

同时，在 2.11 节楔体的解法中，$n = 2$ 对应钝体驻点，$\theta_0 = \pi/2$。对于尖角，$\theta_0 < \pi/2$，我们有 $1 < n < 2$，其附近非解析速度分布 v_θ, $v_r \sim r^{n-1}$。我们很自然期望锥体有相同的结果。然而，锥体中类似的特征值问题没有简单的解法。方程 (6.2.2) 有两个奇异点，$t = \pm 1$，它们附近有如下解：

$$\Theta = (1 - mz)(C_1 + C_2 \ln z), \quad z = 1 \pm t, \quad m = \frac{n(n+1)}{2} \tag{6.2.5}$$

在它们附近有导数 $\mathrm{d}\Theta/\mathrm{d}\theta \approx C_2 z^{-1}(\sin\theta) \sim C_2 z^{-1/2}$。当 $t \to 1$ 或 $\theta \to 0$ 时，利用边界条件 (6.2.3)，应令 $C_2 = 0$。由于通解已经包含了一个任意常数，接着令 $C_1 = -1$。然后，单一条件 $\mathrm{d}\Theta/\mathrm{d}\theta = 0$ 在锥体表面 $\theta = \pi - \theta_0$ 时满足特征值

$n(\theta_0)$ 的确定。这种相关性可以通过数值求解 (使用差分方法或超几何级数展开，Selezneva, 1998) 来确定，见图 6.1。图中也给出了锥体表面的量 $\Theta_0 = \Theta(t_0)$(对于楔体 $\Theta_0 = 1$)。

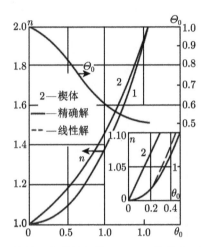

图 6.1　锥体和楔体特征值 $n(\theta_0)$ 及锥体表面函数 Θ_0

然而，在细长锥体 $\theta_0 \to 0$ 的问题中，使锥体表面位于第二个奇异点 $t \to -1$ 的影响范围内，它的大小为 $\Delta z = 1 + t \sim \theta_0^2$。在这种情况下，式 (6.2.2) 的渐近解可以由方程线性化得到。这个解在 θ 上是线性的，对于特征值问题是非线性的，因为 Θ 和 n 都依靠 θ_0。

我们将用以下的级数形式来求小 θ_0 时这个问题的解：

$$\Theta = -t + \varepsilon \Theta_1 +, ..., \quad n = 1 + \varepsilon \tag{6.2.6}$$

将这种展开式代入方程 (6.2.2)，只保留 ε 阶项，我们得到关于 Θ_1 的方程

$$[(1 - t2)\Theta_1']' + 2\Theta_1 = 3t \tag{6.2.7}$$

它有一个通解 (Gonor，1989)

$$\Theta_1 = -\frac{1}{2}t \ln(1 - t^2) + C_1'\left(\frac{1}{2}t \ln \frac{1+t}{1-t} - 1\right) + C_2't \tag{6.2.8}$$

在这个解法中，设 $C_1' = -1$，当 $t \to 1$ 时，我们排除奇异点；通过适当地选择常数 C_2'，我们确保满足条件 $\Theta_1(1) = 0$。

得到解的形式如下：

$$\Theta_1 = -t[\ln(1 + t) - \ln 2] + 1 - t \tag{6.2.9}$$

因为 θ_0 较小时，关于锥体我们有 $1+t_0 = \theta_0^2/2$，忽略 $\varepsilon\ln\varepsilon$ 阶项，由条件当 $t = t_0$ 时，$\mathrm{d}\Theta/\mathrm{d}t = 0$，我们得到

$$n = 1 + \frac{1}{2}\theta_0^2 \tag{6.2.10}$$

图 6.1 和图 6.2 的数据比较显示，式 (6.2.9) 和式 (6.2.10) 的渐近解有比较好的精确度，当 $n - 1 \leqslant 0.05 \sim 0.08$ 或 $\theta_0 \leqslant 20° \sim 25°$ 时，即关于较粗的圆锥体。

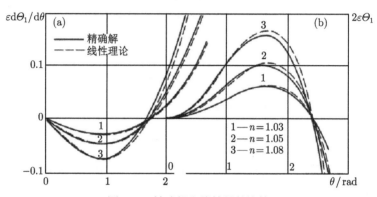

图 6.2　精确解和线性解的比较

与 2.11 节楔体的问题截然不同，这里我们得到的只是当 $\gamma \to 0$ 时决定渐近方程主要项的最小本征值 n。对于解中的任意常数 C，如前所述 (见 2.11 节和 6.1 节)，通过将得到的解与锥体头部的全局解匹配来确定。我们注意到该解也可以应用在可压缩亚声速流中。因为，当流动速度降低或接近物体表面时，当地马赫数化为零。因此，势能方程 (2.4.8)(其中省略了与时间相关的项) 中与流体压缩相关的 M^2 阶项也就没有了。

6.3　一些跨声速问题

本节将着重讨论亚声速流中凸体拐角点附近的流动。在第 5.6 节讨论拐角点和声速点的相对位置问题时，我们做出了一个较为可信的推断，即这两个点是重合的。至少，在这些情况中，拐角处的气流转弯是气体获得声速的唯一途径。接下来，在这一假设下，我们得到了亚声速流中拐角点附近的自相似解。我们注意到，同非压缩流中的楔体 (2.11 节) 和锥体 (6.2 节) 问题相似，要得到的解属于第二类自相似解 (与普朗特–迈耶 (Prandtl-Meyer) 波不同)，其中包含一个不确定的任意常数。如 2.11 节所述，由于局部解与全局解的相互影响，只能通过匹配来确定，这在亚声速流中是不可避免的。

通过 2.3 节讨论亚声速函道流我们发现: 在声速部分, 如果没有采取特殊的预防措施 (如选择合适的函道外形), 解是奇异的。相似的奇点应该也出现在我们讨论的问题中。因为这一点, 与 6.1 节所作的说明一致, 在分析声速点附近时, 人们应该以式 (6.1.1) 普通形式寻找冯·卡门方程 (5.2.6) 的解, 用 y 取代 r。我们将 x 轴与声波点前方的壁面对齐, 将坐标原点 $(x, y = 0)$ 放在该点上, 如图 5.16 所示。指数 n 和 k 的关系由方程 (5.2.6) 项的比值仅依赖于 ζ 来确定:

$$\varphi_x \varphi_{xx} : \varphi_{yy} \sim y^\chi F(\zeta) = F(\zeta), \quad \chi = n - 3k + 2 = 0 \tag{6.3.1}$$

改变变量如下:

$$x' = B_2 x, \quad y' = y, \quad \varphi' = C_0 \varphi, \quad \zeta = x'/(y')^k, \quad C_0 = 2A_* B_2^3 B_1 \tag{6.3.2}$$

接下来, 省略以上变量的上标撇。将式 (6.3.2) 代入式 (5.2.6), 得到式 (6.1.1) 中函数 f 的方程

$$L(f) = k^2 \zeta^2 f'' - 5k(k-1)\zeta f' + 3(k-1)(3k-2)f = f' f'' \tag{6.3.3}$$

速度分量如下:

$$\varphi_x = y^{2(k-1)} f', \quad \varphi_y = y^{3(k-1)} \psi(\zeta), \quad \psi = (3k-2)f - k\zeta f' \tag{6.3.4}$$

采用冯·卡门近似, 我们得到 $U - a_* \sim \varphi_x$, 因此在声速线上 $\varphi_x = 0, f'(\zeta) = 0$, 及 $\zeta = \zeta_* = \text{const}$, 而在亚声速和超声速流动区域, 分别为 $\varphi_x < 0$, $\varphi_x > 0$。要求的解必须满足: 首先, 壁面的非穿透条件, 当 $y = 0$ 时, $\varphi_y = 0$, $x < 0(\varphi_x < 0)$; 其次, 当 $\varphi_x > 0$ 时, 成为声波线下游的中心膨胀扇。在流经拐角点时, 必然形成这样的膨胀波。此外, 仅在 $k > 0$ 时, 声速线 $\zeta_* = \text{const}$ 可以通过拐角点, 这种情况将在下面讨论。

由于当 $y \to 0$, $x < 0$ 时, $\zeta \to -\infty$, 为了使 φ_x 值不为零或无穷, 必须满足估计值 $f \sim (-\zeta)^{3-2/k}$, $f'/\zeta^2 \sim (-\zeta)^{-2/k} \to 0$。于是在这个区域, 可以忽略方程 (6.3.3) 的右端项, 变为线性齐次方程 $L(f) = 0$。鉴于该事实, 当 $\zeta \to -\infty$ 时, 解的渐近展开式为

$$f = C_1(-\zeta)^{3-2/k} + C_2(-\zeta)^{3-3k} + C_3(-\zeta)^{3-4/k} \tag{6.3.5}$$

展开式的前两项代表有任意常数 C_1 和 C_2 的线性方程的一般解。第三项由于方程的非线性将第一个高阶项代入方程右端得到。因此, 系数 $C_3 \sim C_1^2$。对于 $y \to 0$, 此解可得

$$\varphi_x = -C_1(-x)^{2-2/k}, \quad \varphi_y = -C_2(-x)^{3(k-1)/k} \tag{6.3.6}$$

在这个解中，指定 $C_1 > 0$，$C_2 = 0$，我们可以满足壁面上的条件 $x < 0$。然而，通过改变方程 (6.3.2)，不同 C_1 的整个积分曲线族简化为单一的曲线。鉴于该事实，仅通过选择合适的指数 k，在域 $\varphi_x > 0$ 内可以满足条件，即问题的特征值。

这个解相当于指数 $k = 5/4$，首先通过数值计算得到 (Valio-Laurin, 1960)，然后以一个参数形式 (Falkovich 和 Chernov, 1964) 给出：

$$f = \frac{C}{21}(t-1)^{-7/8}(7t^2 - 140t + 160)$$

$$\zeta = C^{1/3}(t-1)^{-5/8}(t - 8/5)$$

$$C > 0, \quad 1 < t < \infty \tag{6.3.7}$$

鉴于式 (6.3.4) 和式 (6.3.6)，当 $y \to 0$，$x < 0$ 时，这个解满足条件 $\varphi_y = 0$，即倾向于 $t \to 1$，$\zeta \to -\infty$。同时，当 $t \to \infty$，$\zeta \to \infty$ 时，这个方程有渐近性：

$$f \to f_3 = \frac{1}{3}\zeta^3, \quad \varphi_x = (x/y)^2, \quad \varphi_y = -\frac{2}{3}(x/y)^3 \tag{6.3.8}$$

在这种情况下，当 $y \to 0$ 时，在射线 $x/y = \text{const}$ 上，$\zeta \sim y^{-1/4} \to \infty$。在 $x/y > 0$ 上，这个解描述了一个中心膨胀波，与在 4.6 节得到的声速线附近的普朗特–迈耶波渐变相吻合。值得注意的是，函数 $f_3(\zeta)$ 是方程 (6.3.3) 的 k 独立的解 (当 $x < 0$ 时，它控制某个压缩波，很难从物理上解释)。

在声速线上，当 $\zeta = \zeta_*$ 时，式 (6.3.7) 的解变为

$$f'(\zeta_*) = 0, \quad t = 4, \quad \zeta_* > 0, \quad f_* = f(\zeta_*) < 0$$

$$x = \zeta_* y^{5/4} > 0, \quad \varphi_y = 7/8 f_* y^{3/4} < 0 \tag{6.3.9}$$

由于声速线与流线是正交的，故其与 y 轴形成的夹角为 $dx/dy \sim y^{3/4}$，当 y 较小时，其夹角明显小于声速线斜率，$dx/dy \sim y^{1/4}$。因此，依照图 5.16(b)，来自拐角点的特征线束进入声速线，进而在亚声速区域形成相互关联的流动部分，$\varphi_x < 0$。需要说明的是，由于波本身引起的前一个亚声速流动的不均匀性，膨胀波集中在一起，不再是简单膨胀波 (拐角点处例外，此处式 (6.3.8) 的解是有效的)。当 $y \to 0$，$x > 0$ 时，得到的解给出了无约束的速度扰动，φ_x 和 φ_y。然而，这只是证明了冯·卡门方程在描述有限扰动流动时的不足之处。

得到的解是奇异解，这是事先假定的。气体速度趋于声速，沿着壁面 (在槽道流中，有 $\varphi_x \sim (-x)^{1/2}$，2.3 节) 根据 $\varphi_x \sim (-x)^{2/5}$ 规律，沿着 y 轴根据 $\varphi_x \sim y^{1/2}$ 规律。例如，这种奇异性可以通过计算一个平面圆柱体和平板上的压力曲线 (图 5.8 和图 5.9) 来说明，这些曲线在拐角点和声速点附近有无穷导数。这些流

动的横向非等熵性并没有改变奇异点的性质，尽管它可以对奇异点出现的区域范围产生影响。

总之，我们将关注一些其他的自相似跨声速解法。对 $k = 2$，方程 (6.3.3) 有一个解

$$f = f_2 = C\zeta^2 + 2C^2\zeta + C^3/3, \quad \zeta = x/\zeta^2$$

$$\varphi_x = 2Cx + 2C^2y^2, \quad \varphi_y = 4C^2xy + 4C^3y^3/3 \tag{6.3.10}$$

对应于一个特定的沿流线 $y = 0$，$\varphi_y = 0$ 有规律的跨声速流动，通常由初始冯·卡门方程的解的级数展开得到。在这种情况下，声速线 $\varphi_x = 0$ 有形状 $x = \zeta_*y^2$，$\zeta_* = -C_1$，同时在 $C > 0$ 时，朝后方 (见 4.3 节图 4.6(b) 曲线 OA)。声速线左边，$\varphi_x < 0$；声速线右边，$\varphi_x > 0$。这种情况可以分配到收缩扩张型喷管对称轴上的声速点附近。在这种情况下，零速度斜率线 OC，$\varphi_y = 0$ 和 $x = -Cy^2/3$，位于超声速区域。另一种情况，$C < 0, \zeta_* > 0$ 对应于超声速气流减速，与任何已知的流动无关联。

最后我们注意到，这一方法也适用于研究跨声速流动中远离物体的渐近解。对于二维流动，这个问题的解简化为方程 (6.3.3)；对于轴对称流动，则简化为有参数解的式 (6.3.9) 类型的方程。结果是在第一和第二种情况，$k = 4/5$ 和 $k = 4/7$，分别导致速度渐近 $\varphi_x \sim y^{-2/5}$，$\varphi_y \sim y^{-3/5}$，$\varphi_x \sim y^{-6/7}$，$\varphi_y \sim y^{-9/7}$，这些内容在 5.4 节已经介绍过。

6.4 超声速流动中的锥体

我们将讨论流经半锥角 θ_c，处于零攻角时圆锥体的流动问题。在圆柱坐标系中，这个问题的解只依赖于角坐标 $\eta = r/x$，这样控制方程 (4.3.5) 和 (4.3.6) 简化为下式 (这里，θ 为流线与 x 轴的倾斜角)：

$$\eta D\zeta' = -\zeta(1 + \zeta\eta)(1 + \zeta^2), \quad \zeta = \zeta(\eta) = \tan\theta$$

$$\eta Dp' = -\zeta(\eta - \zeta)\rho U^2$$

$$D = (1 + \zeta\eta)^2 - \beta^2(\eta - \zeta)^2 = (1 + \zeta\eta)^2 \left[1 - \beta^2 \tan^2(\varphi - \theta)\right]$$

$$\beta^2 = M^2 - 1, \quad \varphi = \arctan\eta \tag{6.4.1}$$

采用 3.5 节的常规关系式作为边界条件施加在激波上 ($p = p_s(\eta_s)$ 和 $\zeta = \zeta_s(\eta_s)$)，而在锥体表面，$\eta = \eta_c = \zeta_c$。在 $D = 0$ 或 $\sin(\varphi - \theta) = M^{-1}$ 时，这个方程组有一奇点。在这种情况下，射线 η 必须与一特征线一致，而垂直于射线的速度为 $v_\varphi = a$。然而，这是不可能的，因为第一族特征线横穿锥体和激波之间的扰

动层，并进入激波层。因此，在扰动区域内，该方程组没有奇点 (在线性理论框架内，奇点出现在外边界层，即特征线上 (2.8 节))。因此，可以从特定的激波中寻求问题的解，与在求解过程中得到对应的锥体 (逆问题)。

一般情况下，该类问题没有解析解。因此，我们要在数值结果的基础上作分析。例如，在楔体情况下，解有两个分支，一个弱的和一个强的锥形分支。第一支锥形极坐标图 $\alpha(\theta_c)$ 绘制在 3.5 节的图 3.9 中。极限锥角 $\alpha^{(0)}$，仍然附着在锥体，在有极限角度 θ_0 的楔体上比激波角度 α_0 稍大一些。同时，锥体的极限角度 $\theta^{(0)}$，其前边的激波仍然附载，比 θ_0 大，特别是超声速 M_∞ 较小时 (参见图 3.9 和图 3.10)。这同样适用于锥角，激波角 α_* 是声速的。此外，在锥体表面用 $M_c = 1$ 也可以区分锥体声速角 θ^*。这个角度限制了锥形流的存在，因为在 $M_c < 1$ 时，流动中出现亚声速区域。

对于 $M_\infty \leqslant 2$，穿过激波层的压力是非均匀的，而当 M_∞ 增大时，压力平衡并接近恒定 (图 6.3)。由于熵的恒定性，密度和总速度曲线也具有同样的特性。

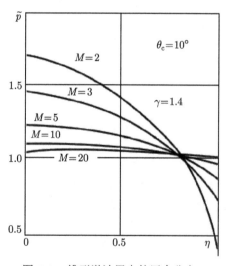

图 6.3　锥形激波层中的压力分布

当 $\gamma = 1.4$ 时，锥体压力标绘在图 6.4 中。代表压力的归一化压力系数 $\tilde{p}$ 依靠

$$p_c - p_\infty = \tilde{p}_c \rho_\infty U_\infty^2 \sin^2 \theta_c \tag{6.4.2}$$

其概括了牛顿公式 (3.7.8)，导致了相同的数量级，包括细长锥体，从图 2.13(2.7 节) 可以清楚看到。

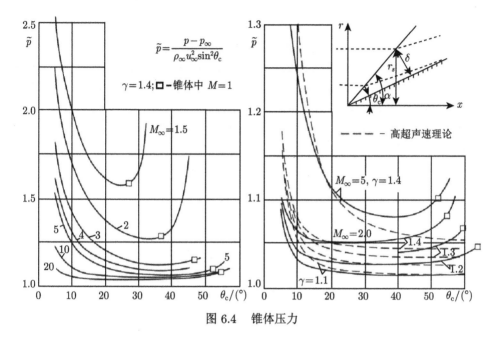

图 6.4 锥体压力

我们进一步研究某些极限流态，这些流态允许解析地处理问题。

小扰动：2.8 节在线性理论框架内，我们得到式 (2.8.15) 的解，对锥体压力非常适合。现在，该节提到的修正解 (Lighthill, 1947) 可推导如下。在方程组 (6.4.1) 中省略 ζ^2 和 $\zeta\eta$ 阶的项，让 $\beta^2 = \beta_\infty^2 = M_\infty^2 - 1$，将其代入公式：

$$\eta D \zeta' = -\zeta, \quad D = 1 - \beta_\infty^2 \eta^2$$

$$\eta D \bar{p}' = -\zeta(\eta - \zeta), \quad \bar{p} = (p - p_\infty)/\rho_\infty U_\infty^2 \qquad (6.4.3)$$

然而，与 2.8 节相反，我们保留第二个方程右端的二次项 ζ^2，它只对靠近壁面区域很重要。这个方程组的解与式 (2.8.13) 相似，考虑了条件 $\bar{p} = 0$(与解 $\zeta = 0$ 一起)，对于 $\beta_\infty\eta = 1$，精确到二次项，得到

$$\zeta = \frac{\zeta_c^2}{\eta}\sqrt{D}, \quad \bar{p} = \zeta_c^2\left[\frac{1}{2}\ln\frac{1+\sqrt{D}}{1-\sqrt{D}} - \frac{\zeta_c^2}{2\eta^2}\right] \qquad (6.4.4)$$

在锥体表面 $(\eta = \zeta_c)$ 有

$$\tilde{p}_c = \ln(2/K) - 1/2, \quad K = \zeta_c\beta_\infty(\zeta_c = \theta_c) \qquad (6.4.5)$$

对式 (2.8.15) 的修正项 $-1/2$ 改善了 $K \leqslant 0.2$ 的结果，包括 $p(\eta)$ 和 $\zeta(\eta)$ 的项。但在 K 较大时，结果会变差。然而，在后一种情况下，超出了理论的适用范

围 (图 2.13~ 图 2.15)。理论上，这种部分包含二次项的做法不是很严谨，特别是在奇点 $\eta = \eta_s$ 出现时，其附近的线性化是不正确的。线性理论给出弓形激波中的零扰动 $\zeta_c = \bar{p}_c = 0$，不允许去评估它的强度 (像楔体中的做法一样) 及其对环境的作用。然而，对 $K \leqslant 0.1$(图 6.5)，比值 $\bar{p}_s/\bar{p}_c$ 足够小，以及激波斜率 $\Delta\alpha$ 的偏差来自自由流的特性。这在图 3.9(b) 清晰可见，θ 较小时，锥形极线 $\alpha(\theta)$ 近乎垂直。例如，当 $M_\infty = 2$，$\theta_c = 5°$ 时，我们从图 2.15 确定 $\bar{p}_s = 0.0025$。然后由式 (3.5.27) 得到 $\Delta\alpha \approx 0.2°$，$\theta_s \approx 0.25°$。关于楔体，在同样条件下，$\Delta\alpha = 4°$。

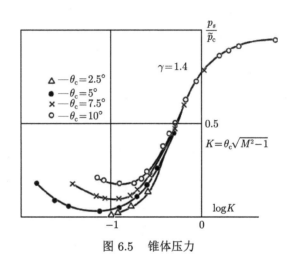

图 6.5　锥体压力

我们强调在图 2.13 条件限制下，锥体压力取决于参数 $K = \theta_c\beta_\infty$，向下到 $M_\infty = 1.015$，向上到 $\theta \approx \theta^{(0)}$，也就是遵循 2.7 节的相似定律，不表现出 5.2 节中提到的特定的跨声速效应。然而，这在流动中不是固有的。因此，当 $K \geqslant 0.3$ 时，图 6.5(Lipnitskii 的数据) 中 $\bar{p}_s/\bar{p}_c$ 曲线合并为单一曲线，但在 K 较小时分开，它们的最小值随 θ_c 减小。因此，如先前所示，这个解与线性理论一致。然而，这些曲线随着 K 值的进一步降低而增长，这显得相当意外，只能用非线性跨声速效应的表现来解释。同时，由于计算的参数范围没有满足过于严格的条件 (5.2.7)，这些曲线不遵循 5.2 节中的跨声速相似律。

高超声速近似：在 3.7 节中，假设沿激波的密度比较高，$k = \rho_\infty/\rho_s \ll 1$，或在薄激波层的框架下，推导出流经楔形体的一个简单解。这里，我们将得到锥体的一个相似解。对锥体 $(v = 1)$ 和楔体 $(v = 0)$，我们将以相同的方式评估激波层厚度。在外部流入激波 $r_s(x)$ 和流出激波层横截面 δ 的气体速率相等的条件下，遵循 (图 6.4)：

$$(\pi rs)^v r_s \rho_\infty U_\infty^2 = (2\pi r_a)^v \rho_a U_a \delta$$

$$\delta/r_a = k_a/2^v \cos\alpha, \quad k_a = \rho_\infty/\rho_a \ll 1 \tag{6.4.6}$$

这里，ρ_a 和其他参数是经过激波层横截面的平均量。对于薄的激波层，采用 $r_a = r_s$，$U_a = U_\infty \cos\alpha$。此外，激波层压差较小时 (图 6.5)，有 $\rho_a = \rho_s = \rho_\infty/k$，当角度 θ_c 不太接近极限角度 θ_0 和 $\theta^{(0)}$ 时，即当 $\cos\alpha \approx 1$ 时，$\alpha \approx \theta_c$，$r_s = L\sin\theta_c$，这里，L 为沿机身测得的长度。那么由方程 (6.4.6) 可以得到

$$\delta/l = \tan(\alpha - \theta_c) = \alpha - \theta_c = \frac{1}{2^v}k\tan\theta_c \tag{6.4.7}$$

显然，楔体上激波层的厚度是锥体上的两倍。在这种近似法中，锥体的第一个方程 (6.4.1) 有解，$\zeta = 2\zeta_c - \eta$。用这个解和方程 (6.4.7)$\bar{p}_s = (1-k)\sin^2\alpha \approx \sin^2\theta_c$ 给出的激波条件，得到第二个方程的解 (Chernyi，1966)：

$$\bar{p} = \bar{p}_c - \frac{(\eta - \zeta_c)^2}{k_0(1+\zeta_c^2)^2}, \quad \bar{p}_c = \left(1 + \frac{k_0}{4}\right)\sin^2\theta_c, \quad k_0 = k(\theta_c) \tag{6.4.8}$$

在图 6.4 和图 6.6 中，我们对比了得到的近似解和精确解。像 3.7 节一样，在 $K = M\sin\theta_c \geqslant 1$ 范围内，以及即使是接近极限角度 θ_c 的压力，结果也是相当令人满意的 (在几个百分点内)。与图 3.15 的比较显示，高超声速理论的实际精度，锥体比楔体高。事实说明，锥体上激波层厚度比楔体小一半。因此，零厚度激波层对应的牛顿压力 (3.7.8) 的增量要变为四分之一。我们注意到，牛顿公式的应用范围比确定激波层厚度小的条件范围广。事实上，按照 3.5 节，后者是由条件 $M_\infty \sin\alpha \gg 1$ 或 $K = M_\infty \sin\theta_c \gg 1$ 决定的。然而，对 $\theta_c \approx \theta^{(0)}$，我们有

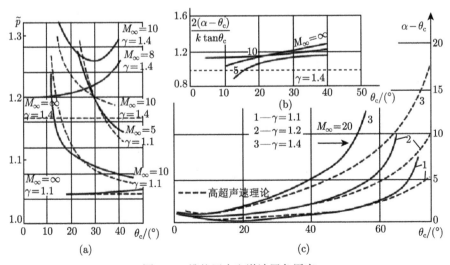

图 6.6 锥体压力和激波层角厚度

$\theta_c \sim k^{-1/2}$(3.5 节)，按照式 (6.4.7)，$\alpha - \theta_c \sim k^{1/2}$ 代替先前的结果 $\alpha - \theta_c \sim k$。同时，从图 3.15 看到，牛顿公式甚至对 $K \sim 1$ 时给出了合理的参数值 (我们注意到，当 $M_\infty \to \infty$ 时，这个参数 K 与 2.7 节的参数 K 一致)。

6.5 锥 形 流 动

锥形流动方程，下面称为锥形方程，是退化的，因为自变量的数量比原方程少。这导致了方程特性的改变，由于在超声速流动中椭圆形区域的出现，它们的类型甚至可能会改变。经锥体流动的问题提供了一个非常简单的例子。在这个例子中，初始偏微分方程退化为一个常微分方程组，边界条件不包含任何与跨声速转捩有关的奇点。

为了阐明这些问题，我们将在一个球面坐标系中 (图 6.7) 使用气体流动方程 (1.13.15)，使所有对 r 的导数等为零。因为所有的流动参数只取决于角变量，θ 和 φ。这里，我们不写出这些方程，但为了方便起见，对于 v_r, v_θ, v_φ，将引入一个新的符号 u, v, w 书写。

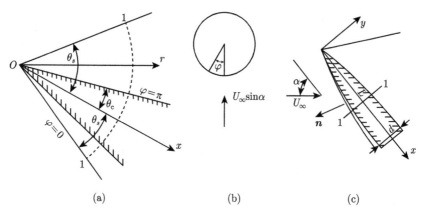

图 6.7　处于非零迎角时，非零攻角物体扰流问题坐标系

在单位球体的所有点上，我们将引入一个当地的笛卡儿坐标系；考虑到表达式 (1.13.14) 中的比例系数，我们得到

$$\mathrm{d}x = \mathrm{d}r, \quad \mathrm{d}y = r\mathrm{d}\theta, \quad \mathrm{d}z = r\sin\theta\mathrm{d}\varphi \tag{6.5.1}$$

然后沿任意流线满足下列关系式：

$$\frac{\mathrm{d}r}{u} = \frac{\mathrm{d}y}{v} = \frac{\mathrm{d}z}{w}, \quad r\frac{\mathrm{d}\theta}{v} = r\sin\theta\frac{\mathrm{d}\varphi}{w} \tag{6.5.2}$$

在这些变量中，熵方程为

$$\frac{\mathrm{d}s}{\mathrm{d}t} = \frac{v}{r}\frac{\partial s}{\partial \theta} + \frac{w}{r\sin\theta}\frac{\partial s}{\partial \varphi} = v\frac{\mathrm{d}s}{\mathrm{d}x} + w\frac{\mathrm{d}s}{\mathrm{d}z} + w\frac{\mathrm{d}s}{\mathrm{d}z} = \frac{1}{r}Q \tag{6.5.3}$$

在绝热流中，$Q = 0$。我们注意到，对径向速度 u，式 (1.13.15) 的第一个方程是相同的类型；唯一的区别是在 $Q = u^2 + v^2$ 这种情况下。根据 4.1 节 ~4.7 节的分类，这些方程属于第二类。因此，与 4.3 节中一样，它们有轨迹特征线

$$\frac{\mathrm{d}\varphi}{\mathrm{d}\theta} = \frac{w}{v\sin\theta} \tag{6.5.4}$$

与方程 (6.5.2) 一致，这些锥形流线是物理流线在单位球体上的投影。它们的形状与 γ 无关。因此，它们在三维空间形成了一个由射线 $\theta = \mathrm{const}$，$\varphi = \mathrm{const}$ 产生的流线表面族。这些表面是等熵的，然而当它们被锥形激波沿射线横穿时，熵变化非常大。

现在，我们细想式 (1.13.15) 中的第二、第三、第四个方程，它们形成了第一类方程，以相应导数封闭。它们的微分算子在 x，y 变量上与 4.3 节的二维流中相同的算子保持一致。因此，尽管是锥形，它们必定有相同的波形特征，式 (4.3.16) 的形式写成

$$\frac{\mathrm{d}y}{\mathrm{d}x} = \frac{1}{\sin\theta}\frac{\mathrm{d}\theta}{\mathrm{d}\varphi} = \frac{vw \pm \sqrt{v^2 + w^2 - a^2}}{w^2 - a^2} \tag{6.5.5}$$

这些方程右端的区别只解决了相容性条件。这些特征只存在于 $\theta = \mathrm{const}$，$\varphi = \mathrm{const}$ 射线的法向速度分量 U_n 大于声速的情况下：

$$U_n^2 = v^2 + w^2 \geqslant a^2, \quad M_n^2 = U_n/a \geqslant 1 \tag{6.5.6}$$

只有在这种情况下，锥形方程组是双曲线的，而在 $M_n < 1$ 时，是椭圆形的。因此，锥形方程组可以是椭圆形的，即使最初的锥形流动问题是双曲线的。

对于攻角为 α 的圆锥体，典型的椭圆和双曲线锥形流动区域如图 6.8 所示。锥体本身有 $v = 0$，在对称平面 $\varphi = 0$，π 时有 $w = 0$，以及在激波之后的相同平面有 $v_s = U_n < a$。因此，可以预期在这些平面，椭圆率条件总能得到满足。在 $\alpha = 0$ 处的整个锥流区域内也是如此，考虑到解对 α 的连续性，在一定的小 α 范围内也是如此。然而，速度分量 w 随 α 增加，它的最大值接近 $\varphi \sim \pi/2$。大约在这附近，出现了一个锥形双曲线流动区域。在细长锥体中，它首先出现在接近机体表面的地方，然后向激波方向传播，因此变得"敞开"。这种过渡是接近跳跃式的 (参见图 6.8 中 $\alpha = 15°$，$16°$ 的数据)。然而，在流动的收敛区域 ($\varphi \approx \pi$)，再次有 $|v| < a$，因此，再次出现一个椭圆形区域。沿激波 (图 6.8(e) 的 AB) 会出现这种超声速–亚声速过渡。在图 6.8 的另外部分 $M_n = 1$ 曲线可能也是弱激波。相反，θ 较大时，在靠近激波处出现双曲线区域，而接近锥体本身的流动是椭圆形的。

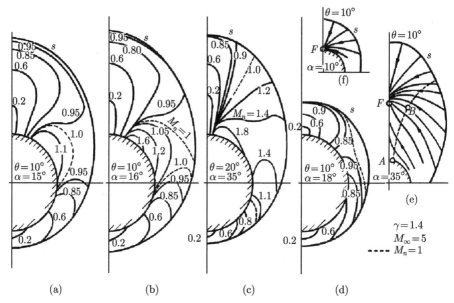

图 6.8　锥形流动中的激波 (s)、马赫数分布 (a)~(d) 和流线 (e) 和 (f)

之前的讨论提供了锥形物体的超声速流动问题公式化的基础。这种方程前面描述过。施加在物体表面的边界条件是传统的无穿透条件，$v_n = 0$(或者圆锥时，$v = 0$)。在激波 $\theta = \theta_s(\varphi)$ 上，根据 3.5 节，有下面的关系：

$$p_s = p_s(v_{n\infty}^2), \quad h_s = h_s(v_{n\infty}^2)$$

$$\rho_s = \rho(p_s, h_s) = \rho_\infty/k, \quad \boldsymbol{U} = \boldsymbol{U}_\infty - \boldsymbol{n}v_{n\infty}(1-k) \tag{6.5.7}$$

这里，量 p_∞，ρ_∞，h_∞ 是预先指定的。

使半平面 $\varphi = 0$，$\varphi = \pi$，与攻角平面的迎风面和背风面一致，我们可以得出激波中关于外法向余弦 $\boldsymbol{n}$ 和相应的自由流速度 $\boldsymbol{U}$ 的分量的下列公式：

$$n_r = 0, \quad n_\theta = \Delta^{-1}, \quad n_\varphi = -\theta'_s(\Delta\sin\theta_s)^{-1}$$

$$v_{n\infty} = -\frac{1}{\Delta}\left(v_\infty - w_\infty\frac{\theta'_s}{\sin\theta_s}\right), \quad \Delta = \left(1 + \frac{(\theta'_s)^2}{\sin^2\theta_s}\right)^{1/2}$$

$$u_\infty = U_\infty(\cos\theta_s\cos\alpha - \sin\theta_s\sin\alpha\cos\varphi)$$

$$v_\infty = -U_\infty(\sin\theta_s\cos\alpha + \cos\theta_s\sin\alpha\cos\varphi)$$

$$w_\infty = U_\infty\sin\alpha\sin\varphi \tag{6.5.8}$$

一般情况下，这些条件施加在封闭曲线 $\theta_s(\varphi)$ 上，对应 $\varphi = 0 \sim 2\pi$(或者对应 $\varphi = 0 \sim \pi$，在对称面上)。然而，在开放的双曲线区存在时，计算迎风区域可以独立于背风区域，并可用任意边界线将其隔开。该边界线上的局部法向速度为超声速，$v_n > a$。这是必要的，尤其是锥体在高迎角情况下，当出现一个黏性分离区时，无黏解不再真实。除此之外，锥形解也可以应用在背风侧、分离线上方，有变形轮廓的半圆锥体 (甚至可以是非圆锥形)。

数学上，这个问题与 5.5 节所考虑的超声速流过物体的问题是相同的，需要类似的算法来求解。因此，对于原双曲问题，利用推进法提供了稳定方法的对应版本。该方法沿 r 轴进行，直到解稳定并成为锥形。当计算域减小时，在边界线上附加一个自由边界条件 (5.3 节)。

6.6　攻角下的锥体

该问题的数学公式在 6.5 节已给出。这里我们将进行这种流动的气体动力学分析，它的很多特性可扩展到有相同形状的旋转体。在数值计算和牛顿公式 (3.7.8) 的基础上进行分析，分析得比较好，特别是在马赫数 M_∞ 较高时。在这个公式中，U_n 由 $v_{n\infty}$ 的关系式 (6.5.8) 决定，θ_c 取代 θ_s。因此，对于 $v_{n\infty} = v_\infty$，有

$$p - p_\infty = \rho_\infty U^2 \bar{p} = \rho_\infty v_\infty^2 = \rho_\infty U_\infty \sin^2 \theta_1 \qquad (6.6.1)$$

这里，θ_1 为一给定的锥形发生器的当地迎角：

$$\sin \theta_1 = \sin \theta_c \cos \alpha + \cos \theta_c \sin \alpha \cos \varphi \qquad (6.6.2)$$

图 6.9(a) 和 (b) 的数据显示出这些公式令人满意的精度，包括角度 $\theta_c + \alpha$ 较小的情况，$K_{\alpha+\theta} = M_\infty \sin(\alpha + \theta_c) \geqslant 1$。这时我们希望，从这些公式中导出并在下面考虑的某些特殊情况也是适当的。因此，θ_c，α 较小时，有

$$\theta_1 = \theta_c + \alpha \cos \varphi$$

$$\tilde{p}_\theta = \bar{p} / \sin^2 \theta_c = 1 + 2\bar{\alpha} \cos \varphi + \bar{\alpha}^2 \cos^2 \varphi, \quad \bar{\alpha} = \alpha/\theta_c \qquad (6.6.3)$$

函数 $\tilde{p}_\theta$ 只取决于参数 $\bar{\alpha}$，图 6.9(c) 中的数据确认了这一点。对较高迎角的细长锥体，$\theta_c \ll \alpha$，我们可以得到另外一个极限关系：

$$\tilde{p}_\alpha = \bar{p} / \sin^2 \alpha = (K_1 + \cos \varphi)^2, \quad K_1 = \theta_c \cot \alpha \qquad (6.6.4)$$

此函数只取决于参数 K_1，图 6.10 中的数据确认了这一点，而激波形状也取决于法向马赫数 $M_n = M_\infty \sin \alpha$。当 $K_1 \to 0$ 时，在相同马赫数 M_n 下，锥形横截面中的流动与经圆柱的流动相同 (在第 8 章中我们将用一般相似律叙述高超声速流动中所有这些事实，而且关于这个问题将给出一些其他的数据)。

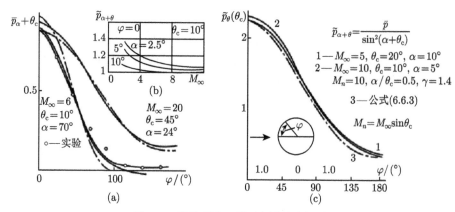

图 6.9　锥体压力：精确解和牛顿理论

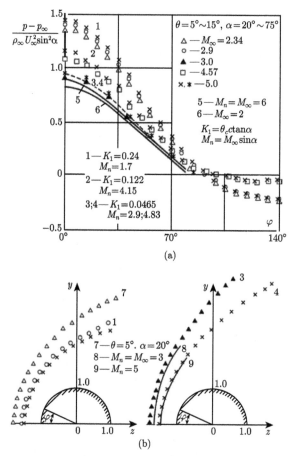

图 6.10　大迎角时在锥形横截面流动中的压力 (a) 和激波 (b)，实线涉及经圆柱的二维流动

图 6.8 和图 6.11 中锥形激波 $\theta_s(\varphi)$ 的形状与球体 $r = \text{const}$ 有关，或者与图 6.7(a) 中的 1-1 有关。然而，在细长锥体表面附近，这个球体接近图 6.7(c) 中横截面 $x = \text{const}$，或 1-1。在 α 较大时，这个截面不可能与锥形激波相交，锥形激波总是有当地正攻角，并且特征转换为 $\alpha \to \pi/2$，$\varphi \to \pi$。在这种情况下，截面 $x = \text{const}$ 与激波沿类双曲线相交。因此，在这个平面内激波不会闭合，如图 6.10(b) 所示。

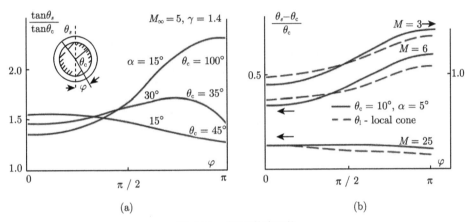

(a)   (b)

图 6.11　锥形激波形状

在图 6.8 中，激波层厚度在 $\varphi = 0$ 时比在 $\varphi = \pi$ 时小，而在 $M_\infty \gg 1$ 时，情况相反。如图 6.11 所示 (具体情况将在 7.11 节解释)。

我们注意到：严格地讲，只有在激波层的速度达到超声速时，气流才会保持锥形。然而，即使违反了这一条件，只要激波附在机头顶部，也可能存在数学上的锥形解。

现在讨论小迎角时的锥体。对 $\theta_c = 10°$ 的锥体，图 6.12 中我们绘制出了函数曲线。

$$\lambda(\varphi) = \frac{\bar{p} - \bar{p}_c}{\bar{p}_0 - \bar{p}_c}, \quad \tilde{p}_\theta(\theta_1) = \frac{\bar{p}}{\sin^2 \theta_1}, \quad \tilde{p}_\theta(\theta_c) = \frac{\bar{p}_c}{\sin^2 \theta_c} \qquad (6.6.5)$$

这里，当 $\varphi = 0$ 时，$\bar{p}_0 = \bar{p}$；当 $\alpha = 0$ 时，$\bar{p}_c = \bar{p}$。在 $\bar{\alpha} \ll 1$ 时，省略方程 (6.3.3) 中有 $\bar{\alpha}^2$ 的项，可以得到 $\lambda = \cos\varphi$。实际上，图 6.12(a) 中符号表示的精确解遵循这个规律，除了背风侧 $\varphi \geqslant 3\pi/4$。

图 6.11(b) 和图 6.12(b) 显示了局部锥法测试结果，根据该方法，$\varphi = \text{const}$ 平面内，流经带攻角锥体的流动参数与半顶角 $\theta_c = \theta_l$ 的锥体在 $\alpha = 0$ 处参数相同。显然在 $\varphi \leqslant 3\pi/4$ 区域，对于压力，与 $\tilde{p}_\theta = 1$ 的牛顿公式相比，首选局部锥法。尽管它的精确度不是很高。而且，仅在 $M_\infty \geqslant 4$ 时人们可以论及这个方法的

任何精确度。当 $M_\infty = 20$ 时，两条曲线 $\tilde{p}_\theta(\theta_1)$ 和 $\tilde{p}_\theta(\theta_c)$ 都同样接近线 $\tilde{p} = 1$。同时，局部锥法相当好地预测了激波相隔距离。

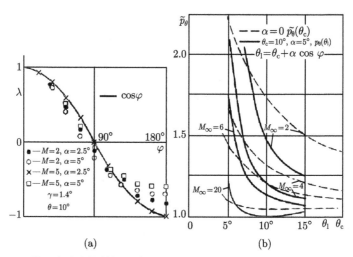

(a)　　　　　　　　　(b)

图 6.12　锥形流动中的外围压力分布：精确解与当地锥形方法 (方程 (6.6.5))

α 较小时，精确解也遵循所建立的规律。事实上，激波边界条件扩展的一般形式如下：

$$f = f_0 + \alpha f_1 \cos\varphi, \quad w = \alpha w_1 \sin\varphi$$

$$f = u, v, p, \rho, \theta_s \tag{6.6.6}$$

将此形式的解代入方程 (1.13.15)，舍弃 α^2 阶的项，方程就变成一个关于函数 $f_1(\theta)$ 和 $w_1(\theta)$ 的常微分方程组。这些解对确定小 α 时作用在物体上的横向力和力矩很重要 (见 2.13 节)。没有必要从线性方程组确定这些函数。当 $\alpha = 0$ 和某个小 α 时，也可以通过求解具体的问题来确定。

我们注意到：直到 $\bar{\alpha} \leqslant 1/2$，锥体的圆周速度很好地遵循式 (6.6.6) 的关系，这一点从图 6.13 中可以看到。然而，当 $\bar{\alpha}$ 增加时，w 峰值朝更大的 φ 值移动。

然而，线性问题的解给出了熵和物体附近流线面的一个定性上不正确的行为。在线性化中省略方程 (6.5.3) 中的项 $w\partial s/\partial \varphi \sim \alpha^2$，给出 $\partial s/\partial \theta = 0$，也就是在子午面 $s = s_0 + \alpha s_1 \cos\varphi$ 中，熵是常数。一般来说，在一些 α 阶前的激波中，根据式 (6.5.4)，真正的等熵表面有外形 $\varphi = \varphi_0 + \alpha\varphi_1(\theta)$，不同于有相同初始射线的子午面。考虑到恒定的 s_0，等熵表面上的熵差和子午面上的熵差是 α^2 阶的。

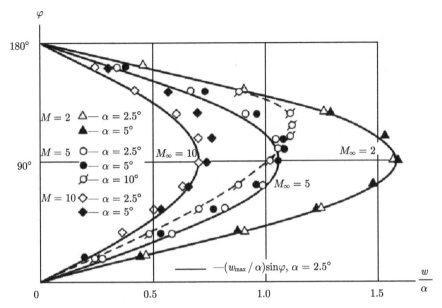

图 6.13 非零迎角锥体上圆周速度的相对分布

然而，在锥体表面有 $v = 0$，因此方程 (6.5.3) 的两个项在某一壁面涡子层可能是同一阶的。我们会更详细地研究此问题。在锥体附近，鉴于流线收敛到物面这一事实，有 $v < 0$。因此，可以接受

$$v = -a(\theta - \theta_c), \quad w = \alpha b \sin \varphi, \quad a, b > 0 \tag{6.6.7}$$

因此，在这附近方程 (6.5.4) 和锥形流线表面有如下形式：

$$\kappa \frac{\mathrm{d}(\theta - \theta_c)}{\theta - \theta_c} = -\frac{\mathrm{d}\varphi}{\sin \varphi}, \quad \kappa = \kappa(\varphi) = \frac{a}{b}\bar{\alpha} > 0 \tag{6.6.8}$$

在较小的对称平面内，式 (6.6.8) 的解采取下式：

$$\theta - \theta_c = C\varphi^{-1/\kappa} \quad (\varphi \approx 0), \quad \theta - \theta_c = C(\pi - \varphi)^{1/\kappa} \quad (\varphi \approx \pi) \tag{6.6.9}$$

在驻点附近，第一族流线形成马鞍形，如图 2.21(a) 所示 (2.11 节)。然而，在 $\varphi \approx \pi$ 区域，流线形成一个结点，如图 6.14 所示。显然，当 $\alpha \ll \theta_c$ 时，有 $\kappa < 1$，且所有流线在这种情况下与物体表面成切线 (除垂直奇异线之外，见图 6.14(a))。因此，在费里 (Ferri) 点 F，所有锥形流线收敛到上锥发生器。费里点 F 为熵多值性点。锥体背风侧流动的收敛显然是这一区域压力分布偏离余弦线的原因 (图 6.12(a))。

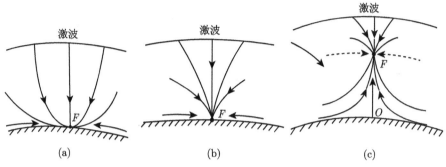

图 6.14　锥形流动中驻点附近不同的流线型

κ 值随 α 的增加而增加。定性地扩展这个结果到有限值 $\alpha \sim \theta_c$，可以达到 $\kappa > 1$。在这种情况下，奇异的锥形流线位于圆锥表面，而收敛到 F 点的流线与对称面成切线 (图 6.14(b))。如图 6.14(c) 一样，此对称面为收敛平面 (2.11 节)。这种情况可以在图 6.8(f) 给出的流型中看到。

最后，在较大攻角时，背风区域的流动显示出定性的重构。一个规则的收敛点 O 出现在锥体上，与不可压缩无黏流中柱体后流动相似。而费里点 F 像之前一样，浮在流动中 (图 6.14(c))。在这种情况下，预期的 κ 值要更大 ($\kappa > 1$)。因此和之前一样，锥形流线曲面与对称面相切。这种流型的例子见图 6.8(e)。点 F 是空间收敛线的成像，所有扰动区域的流线向它会聚。

现在我们将讨论圆周速度 w 在 φ 下的表面分布。在我们的命名中，关于物体表面的第三个方程 (1.13.15)，采取下式：

$$w\frac{\partial w}{\partial \varphi} + uw\sin\theta_c = -\frac{1}{\rho}\frac{\partial p}{\partial \varphi} = -\frac{\partial h}{\partial \varphi} \qquad (6.6.10)$$

我们将限制在 $\alpha < \theta_c$，用以估计牛顿压力分布 (6.6.1)：

$$\frac{1}{\rho}\frac{\partial p}{\partial \varphi} = -\beta\alpha^2\sin\varphi, \quad \alpha^2 = \gamma p/\rho$$

$$\beta = \frac{2\cos\theta_c\sin\theta_1\sin\alpha}{M_\infty^{-2} + \gamma\sin^2\theta_1} \qquad (6.6.11)$$

这个公式没有密度，是很方便的，因为声速平方 $\alpha^2 \sim p^{(\gamma-1)/\gamma}$ 的压力依赖性比 ρ 的弱得多。当 $\alpha \ll \theta_c$ 时，方程 (6.6.10) 左端第一项可以省略，公式可推导为

$$w = ug\sin\varphi, \quad g = \frac{\beta}{M^2\sin\theta_c}, \quad M = \frac{u}{a} \qquad (6.6.12)$$

马赫数 M 随 M_∞ 而增加，因此系数 g 减小，如图 6.13 所示。$\alpha \sim \theta_c$ 时，方程 (6.6.10) 左端的两项同阶，方程是非线性的，$w(\varphi)$ 分布不再是正弦曲线。

最后，对于 $\alpha \gg \theta_c$，其为主要影响左端的第一项。这就给了伯努利方程的圆周速度 $(1/2)w^2 + h = h_0$，这里 h_0 是射线 $\varphi = 0$ 上的焓。在这种情况下，$w(\varphi)$ 分布与横向超声速流动中圆柱上的圆周速度一致，自由流马赫数与法向马赫数 M_n 相等。显然，这个解不能以无激波或甚至无分离的方式继续到 $\varphi = \pi$。

现在我们讨论靠近扩散 ($\varphi = 0$) 和收敛 ($\varphi = \pi$) 线的流动。让

$$w = Ug\psi, \quad \frac{1}{\rho}\frac{\partial p}{\partial \varphi} = -\beta \alpha^2 \psi, \quad u = U$$

$$\varphi = 0: \quad \psi = \varphi, \quad \varphi \approx \pi: \quad \psi = \pi - \varphi \tag{6.6.13}$$

在这种情况下，方程 (6.6.10) 有解

$$g\pm = -\frac{1}{2}j\sin\theta_c \pm \Delta, \quad \Delta^2 = \frac{1}{4}\sin^2\theta_c + j\bar{\beta}M^{-2}$$

$$\varphi = 0: \quad j = 1, \quad \varphi = \pi: \quad j = -1 \tag{6.6.14}$$

当 $\beta \to 0(\alpha \to 0)$ 时，明显地，条件 $g \to 0$ 与 $j = -1$ 时的根 g_+ 和 $j = -1$ 时的根 g_- 有关 ($\beta > 0$ 时两个根都是正的)。然而后者，当 $\beta > 0$ 时，仅在 $\Delta^2 > 0$ 时存在解。也就是，在角 α 的有限范围内。因此，当 α 增加时，收敛线附近的压力必然改变，系数 β 减小 (在图 6.12(a) 中可以看到)，甚至改变正负号，这对应于局部压力最大值的出现 (图 6.9(a))。在这种情况下 ($\beta < 0, j = -1$)，收敛线 $\varphi = \pi$ 与解 g_+ 有关，g_+ 现在为正。

6.7 超声速流中的薄三角翼

我们将讨论：以一个带有顶角 2β 的三角平板为基础，通过边缘画两个接近平板的表面。因此表面 (翼的厚度) 之间的距离 d 远小于平板的长度 L 和半宽度 l。与其他形状的机体相比，条件 $d \ll L, l$，是该翼型的区别性特征。$l/L = \tan\beta$ 称为翼展，而其倒数 $L/l = \tan\chi$ 称为展弦比或机翼后掠度，χ 为后掠角，因此 $\beta + \chi = \pi/2$。最后，在垂直于边缘的平面中，机翼截面附近的边缘形状称为边缘截面轮廓 (图 6.15(c) 和 (d))。

一般来说，翼基可由平面的任意部分或微弯的曲面呈现 (图 6.15(d))。即使是后者，具体的翼面也是很特殊的。该机翼在平面上的投影为翼平面图。在这种情况下，有效机翼厚度必须满足条件 $d' \ll l$ 和 $d' \ll L$(图 6.15(d))。

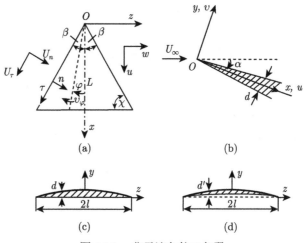

图 6.15　非零迎角的三角翼

图 6.15 中参考坐标系 x, y 贴体于翼面。原点 O 在平面顶点，y 轴与平面垂直。我们假设自由流速度矢量 $\boldsymbol{U}_\infty$ 位于 $x\text{-}y$ 平面，与 x 轴形成迎角 α。在图 6.15 中，$x\text{-}y$ 为对称平面，尽管这个条件不是必需的。假设翼为圆锥形也同样如此。唯一重要的条件是整个域的流动都是超声速的，这对迎角有一定限制条件，$\alpha \leqslant \alpha_{\max}$。否则亚声速流动将由于末端效应而暴露。

在 x, y, z 坐标中，自由流速度分量如下：

$$u_\infty = U_\infty \cos\alpha, \quad v_\infty = U_\infty \sin\alpha, \quad w_\infty = 0 \tag{6.7.1}$$

我们将给机翼边缘附加另外一个参考坐标系 τ, y, n。对应的自由流速度分量 U_τ 和 U_n 为

$$U_{\tau\infty} = U_\infty \cos\beta \cos\alpha, \quad U_{n\infty} = U_\infty \sin\beta \cos\alpha \tag{6.7.2}$$

将投影 $U^{(n)}$ 引用到与机翼边缘垂直的平面上，那么对于自由流速度有

$$U_\infty^{(n)} = (U_{n\infty}^2 + v_\infty^2)^{1/2} = U_\infty(\sin^2\alpha + \cos^2\alpha \sin^2\beta)^{1/2} \tag{6.7.3}$$

接下来，我们将证明机翼流动变化规律主要由机翼边缘法向马赫数 $M_\infty^{(n)}$ 和法向攻角 ε 决定：

$$M_\infty^{(n)} = U_\infty^{(n)}/a_\infty, \quad \tan\varepsilon = v_\infty/U_{n\infty} = \tan\alpha/\sin\beta \tag{6.7.4}$$

当 $M_\infty^{(n)} < 1$ 时，机翼完全嵌入有半顶角 $\alpha_\infty^* = \arcsin M_\infty^{-1}$ 的外前部马赫锥。这是亚声速边缘区。在这种情况下，根据 6.5 节，锥形变量中的控制方程是椭圆型的，也就是流动是锥形亚声速，所有的机翼部件互相影响。在这种情况下，在当

地马赫数 $M^{(n)} < 1$ 时，靠近边缘的流动同经它的外形的亚声速流动大体上类似 (但不完全相同)。这种流动显示在图 6.16(a) 和 (b) 中，$\alpha = 0$。然而，当 $\alpha \neq 0$ 时，主要结论也是有效的。

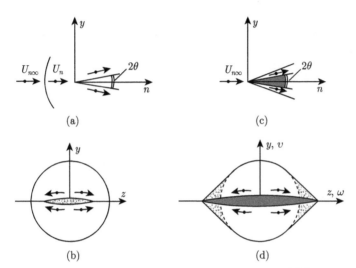

图 6.16　零迎角机翼的亚声速边缘 (a), (b)；超声速边缘 (横截面)(c) 和 (d)

相反，当 $M_\infty^{(n)} > 1$ 时，机翼超过前马赫锥，一般情况下由激波替代。这是超声速边缘区，显示在图 6.16(c) 和 (d) 中，参考机翼的例子，有楔形边缘、横截面顶角 2θ 及附着在边缘的激波。因为平行于边缘的速度分量在激波中是守恒的，$U_\tau = U_{\tau\infty}$。马赫数为 $M_\infty^{(n)}$，在 n, y 平面内，流动与经过有半顶角 θ 的楔体的流动相同。在斜弱激波之后，有 $M_\infty^{(n)} > 1$。因此，在弓形激波和内顶马赫锥之间的区域 (图 (6.16(d)) 的阴影部分)，锥形变量运动方程是双曲型的，不会发生上下机翼表面之间的相互作用。然而，在内顶马赫锥之内，由于对称平面的影响，相应的方程是椭圆型的，流动是锥形亚声速的。

然而，如果这个例子中的 θ 在给定马赫数 $M_\infty^{(n)}$ 经楔体的流动中增长到超过限定角度 θ_0，那么将形成附着激波，在它之后我们有 $M_\infty^{(n)} < 1$(图 6.16(a))，即经边缘的当地流动是亚声速的。在这种情况下，锥形方程是椭圆的。然而，同 5.1 节讨论的跨声速流动中的类似，当我们从边缘撤回时会出现局部双曲线区域。

在攻角为 α 时，三角平板提供了另外一个例子 (图 6.17)。对于 $M_\infty^{(n)} > 1$，边缘附近的流动在 n, y 平面内与经迎角为 ε 时平板的二维流动相同，在迎风侧可能有附着的激波 (将分开讨论背风侧)。接近边缘我们又有双曲线区域，在内部马赫锥，有椭圆区域 (图 6.17(a) 和 (b))。然而，这种流动仅在 $\varepsilon < \theta_0$ 时能实现，在 $\varepsilon > \theta_0$ 时，激波从迎风侧边缘分离，它后边的马赫数比整体的小 ($M_\infty^{(n)} < 1$)。因

此，在 n, y 平面上通过边缘的局部流动是亚声速的 (图 6.17(c) 和 (d))。我们强调：因为 $\varepsilon > \alpha$，$\theta_0(M_\infty^{(n)}) \leqslant \theta_0(M_\infty)$，迎角 α 相同、掠角为零时，边缘上可以比平板上较早得到激波中极限的偏转角。

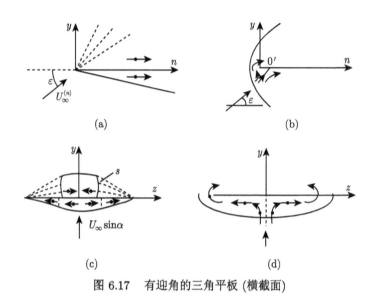

图 6.17　有迎角的三角平板 (横截面)

现在我们讨论流线型及平面周围流场结构的其他元素。在方程 (6.7.2) 的项中，我们将计算靠近边缘 z 轴上的速度投影：

$$w = -U_\tau \sin \beta + U_n \cos \beta = \Delta U_n \cos \beta$$

$$\Delta U_n = U_n - U_{n\infty} \tag{6.7.5}$$

首先考虑 $\alpha = 0$ 的情况。在边缘附近,不管是亚声速还是超声速,期望 $U_n > 0$,也就是, 在 $\tau = \text{const}$ 平面内, 气体流动远离边缘。然而, 在 $x = \text{const}$ 平面内 (图 6.15(a) 左边部分), 因为沿激波的总压损失, 有 $U_n < 0$, $w < 0$。因此, 气体流动远离对称面, 在这种情况下, 代表扩散、传播、水平 (图 6.17(b) 和 6.18(a))。

然而, 与 2.11 节讨论的流动不同, 在平板中心的传播线上, 压力不能达到最高点。相反, 通常在边缘能得到这些流动中压力的最大值。问题的关键是, 在 $x = \text{const}$ 平面内, 这个流动模式由与时间相关的活塞膨胀提供, 就像用时间 t 替代坐标 x 形成的机翼流动一样。膨胀活塞以速度 w 吸入气体, 随着压力的减小, 气体流出中心区域。

这种类型的气体传播, 是由给定的初始气体速度 (在我们研究的情况中, 在边缘) 引起的, 而不是当地压力峰值。在 4.10 节其称为类惯性的传播, 在三维流动中是很普遍的。对 $\alpha > 0$，在先前使用的非定常三角平板流动中，膨胀活塞同样获得法向转化速度 $U_\infty \sin \alpha$。$M_\infty^{(n)} > 1$，小角 $\varepsilon < \theta_0$ 时，超声速边缘的三角平板迎风侧附着激波后的流动不同于前面讨论的流动 (图 6.17(a)、(b) 和 6.18(a))。

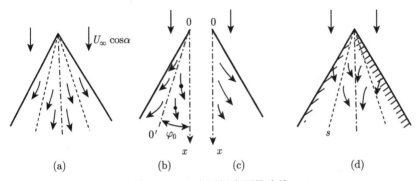

图 6.18　三角平板表面的流线

然而，当 $\varepsilon > \theta_0$ 时，情况发生改变，激波从边缘分离。激波从边缘发生脱体，以至于机翼边缘暴露在激波 ($m^{(n)} < 1$) 后的亚声速法向气流中，或者换种说法，机翼完全没入马赫锥中，并且机翼边缘为亚声速。在攻角 α 不太大或角度 ε 仍接近 θ_0 时，期望平板上的驻点 (图 6.17(c) 的 O') 距边缘距离较小 (如在图 2.17 中机翼周围的流动中)，而随着拐角点从下面接近，达到声速 $|U_n| = a$。在三角翼中，点 O' 形成射线 OO'，或 $\varphi = \varphi_0$ (图 6.18(b))。在这条线上的法向速度分量 v_φ(图 6.15) 消失。因此，这是当地压力最大值线，同时也是扩散线，而对称轴则是有自身压力峰值的收敛线。

在其他极限的亚声速情况下，$\varepsilon \approx \pi$，$\alpha \approx \pi$，围绕三角平板的流动与在对称平面内有压力峰值经钝体的流动更相似。因此，扩散线位于平板的对称面内时，存在一个大攻角范围。这种情况显示在图 6.17(d) 和 6.18(c) 中。当从锐边到钝边变化时，它不会发生质的变化。

在平板的背风侧，$\varepsilon < \theta_0$ 时，形成附着在边缘的中心膨胀波。其后面的法向流必然是超声速的。在这种情况下，$\Delta U_n > 0$，$w > 0$，因此气体远离边缘向对称面流动。然而，因为当地马赫数为 $M^{(n)} > 1$，这种通过内激波 s 的超声速气流速度减小，见图 6.17(b) 和 6.18(d)。在 $\varepsilon > \theta_0$ 时，即在亚声速边缘，流型通常是相同的，因为从底部绕边缘流动的气体速度在迎风侧也增加到超声速法向速度。在这两种情况下，这种无黏流型都可以被闭合激波引起的分离区所打破，特别是在大攻角下。

总之，我们注意到尖板上的压力通常是近似恒定的。正因如此，所有流动非均匀性，特别是，传播线的排列等，都是精确地由微小的压力增加的分布引起的。

机翼上压力分布的例子如图 6.19 所示，在亚声速边缘情况中 (图 6.19(a))，迎风侧压力最大值位于边缘处附近 (同样的情况在图 6.17(c) 中)。在超声速边缘情况中 (图 6.19(b))，其附近的压力最高点在中心稀薄区发生转变。激波后的中心压缩区在背风侧明显可见 (激波本身在计算中被抹去了)。

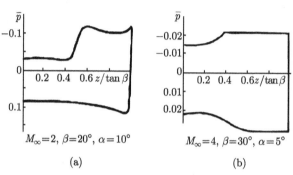

图 6.19　三角平板迎风侧 (底部) 和背风侧 (顶部) 压力

绕机翼的超声速流动的主要特性在相应章节另外讨论。大攻角时机翼上的流动分析和分类由 Chernyi(1965) 和 Bashkin(1984) 给出。

6.8　强　爆　炸　波

我们将讨论高能量的气体爆炸问题，这里爆炸装置的大小 l 和质量 m 比爆炸区长度和区里产生的气体质量小得多。因此，一颗大小约 1m 的核弹的破坏范围可以扩大到数公里以上，气体质量 $M \approx 5 \times 10^6 \mathrm{kg}$，大大超过 m，被集中在半径 $R = 100\mathrm{m}$ 的地面区域。因此，在 $R \gg l$ 时，l 和 m_0 不再是问题的相关参数，可以被排除在参数组 (6.1.3) 之外。那么，唯一的过程控制参数 (除了描述气体性质的参数) 为释放在爆炸中的能量 E_0，在以下有效积分区域内：

$$E = 2^\nu \pi^\delta \int\limits_0^R \rho \left[\frac{1}{2} \nu^2 + (e - e_\infty) \right] r^\nu \mathrm{d}r = E_0$$

$$\delta = 0, \quad \nu = 0; \quad \delta = 1, \quad \nu = 1 和 2 \tag{6.8.1}$$

一般来说，能量量纲为 $[E] = ML^2 t_0^{-2}$，这里 M，L 和 t_0 分别为质量、长度和时间 (1.12 节)。对三维问题 ($\nu = 2$)，是合适的。然而在轴对称问题中 ($\nu = 1$)，能量应该指单位长度 L。在平面问题中 ($\nu = 0$)，它应该指单位面积 L^2。因此，$[E_0] = ML^\nu t_0^{-2}$。用该量除以密度 ρ_∞，式 (6.1.13) 中所需的参数 C 为

$$C = (E_0/\rho_\infty \pi^\delta)^{1/(3+\nu)}, \quad [C] = Lt_0^{-n}, \quad n = \frac{2}{3+\nu} \tag{6.8.2}$$

对强爆炸阶段的理想气体 (真实气体效应问题将在下节讨论), 即在条件 (6.1.2) 下, 我们以 $\rho_\infty \dot{R}^2$ 组合项和 $\dot{R}$ 在压力和速度上进行缩比, 得到如下形式:

$$R = \chi_\nu(\gamma) \left(\frac{E_0}{\rho_\infty \pi^\delta} \right)^{1/(3+\nu)} t^{2/(3+\nu)}, \quad p = \rho_\infty \dot{R}^2 P(\eta, \nu, \gamma)$$

$$\nu = \dot{R} V(\eta, \nu, \gamma), \quad \rho = \rho_\infty \bar{\rho}(\eta, \nu, \gamma), \quad \eta = \frac{r}{R} \tag{6.8.3}$$

消去 $\dot{R}$ 可以得到另一个压力的表达式

$$p/\rho_\infty = \kappa_\nu(\eta, \gamma)(E_0/(\rho_\infty \pi^\delta))^{2/(3+\nu)} t^{-2(1+\nu)/(3+\nu)}$$

$$= \chi_\nu^{1+v} \kappa_\nu \frac{E_0}{\pi^\delta R^{1+v}}, \quad \kappa_\nu = \chi_\nu^2 \frac{4}{(3+v)^2} P(\eta) \tag{6.8.4}$$

显然, 对于 $\nu = 0$, 1 和 2, 强爆炸波分别遵循 $R \sim t^{2/3}$, $t^{1/2}$ 和 $t^{2/3}$ 规律传播, 而压力与爆炸能量成正比, 与爆炸区体积成反比。

下面我们将把这个问题的数学公式概括成一般形式, 尤其包括根据 $r_p = ct^n$ 规律的活塞膨胀问题 (6.1 节)。函数 $P(\eta)$, $V(\eta)$ 和 $\bar{\rho}(\eta)$ 满足普通微分方程组, 不包括系数 χ_ν。在强爆炸波上 (即根据方程 (3.3.16), 在 $(\gamma - 1)\dot{R}^2 \gg 2a_\infty$ 条件下), 下列关系有效:

$$\eta = 1, \quad P(1) = \frac{2}{\gamma + 1}, \quad V(1) = \frac{2}{\gamma + 1}, \quad \bar{\rho}(1) = \frac{\gamma + 1}{\gamma - 1} \tag{6.8.5}$$

对柯西问题, 关系 (6.8.5) 决定初始条件。未知的比率 $\eta_p = r_p/R$ 由活塞关系确定:

$$v_p = \frac{\mathrm{d} r_p}{\mathrm{d} t}, \quad v(\eta_p) = n\eta_p \tag{6.8.6}$$

就爆炸而言, $\eta_p = 0$, 系数 χ_ν 根据积分 (6.8.1) 确定。数学分析显示 (Sedov, 1946, 1972), 只在 $n \geqslant 2/(3 + \nu)$ 时, 满足条件 (6.8.5) 和 (6.8.6) 的积分曲线存在。而对 $n = 2/(3 + v)$, 条件 $\eta_p = 0$ 才有可能, 也就是只对强爆炸波。为了解释这个结果, 我们将评估气体能量, 比如说动能, 运用关系 (6.8.3):

$$E_{\mathrm{kin}} \sim \rho_\infty R^{1+v} \dot{R}^2 \sim t^\omega, \quad \omega = (3+v)n - 2 \tag{6.8.7}$$

显然, 当 $\omega > 0$ 时, 能量随活塞膨胀而增加, 而它在 $\omega = 0$ 和 $n = 2/(3+v)$ 是常数时, 与强爆炸时一样。然而, 当 $\omega < 0$, $t \to 0$ 时, 趋于无穷, 是不现实的, 是数学解所反映的。

用方程 (6.8.3)，很容易看到在 $\omega = 0$ 时，在以表面 $\eta_1 = \text{const}$ 和 $\eta_2 = \text{const}$ 为界的体积 Ω 内，能量 E_{12} 是常数。因此，沿任何表面 $\eta = \text{const}$ 的能量通量也是常数 (Sedov 积分，见式 (6.10.2))。

Sedov 已经得到强爆炸问题的解析解，因为过于烦琐，这里不作介绍。系数 χ_v 和 $\kappa_\nu(0)$ 在图 6.20 中给出，而流动参数分布显示在图 6.21 中。从这些参数分布中，可以看出爆炸波流动的如下重要特性：在一个相当大的爆炸区域中央，密度接近于零，而压力接近常数。为了解释这一事实，我们将介绍拉格朗日 (Lagrangian) 坐标 m，其为被流体表面 $r = r_m(t)$ 限制的气体质量。在爆炸波中，有 $m = m_s = M$ 和 $r_M = R$。因为在 $r_m(t)$ 时，气体熵是常数，运用式 (6.8.3) 和式 (6.8.4)，从绝热方程我们得到

$$\frac{\rho(m)}{\rho_s(m)} = \left[\frac{p(m)}{p_s(m)}\right]^{1/\gamma} = \left[\frac{p(m)}{p_s(M)}\frac{m}{M}\right]^{1/\gamma} \tag{6.8.8}$$

这里，p_s 和 ρ_s 是紧跟激波后的参数，经过坐标为 m 的点。显然，$p(m) \sim p_s(M)$；因此，从关系 $\mathrm{d}m = 2^\nu \pi^\nu \rho r^\nu \mathrm{d}r$ 中我们得到下列估计值：

$$\frac{m}{M} \sim \eta^{\gamma(\nu+1)/(\gamma-1)}, \quad \frac{\rho}{\rho_s} \sim \eta^{(\nu+1)/(\gamma-1)},$$

$$r_m \sim \left(\frac{m}{\rho_\infty}\right)^{(\gamma-1)/\gamma(1+\nu)}, \quad R^{1/\gamma} \sim t^{2/\gamma(3+\nu)} \tag{6.8.9}$$

当 $\gamma > 1$ 时，轨迹 $r_m(t)$ 总是比爆炸波传播得慢。在中心 $\eta = 0$，从前面的估计值得到密度 $\rho = 0$，温度 $T = \infty$。对其他 η，$\gamma - 1$ 越小，密度越小。大部分高密度气体集中在靠近爆炸波的薄层。当 $\gamma \to 1$ 时，这一层厚度的估计值 $\Delta\eta \sim (\gamma-1)/(1+\nu)$，可以通过令 $\eta^{(1+\nu)/(\gamma-1)} = \text{const} \sim 1$ 得到。

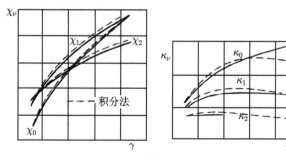

图 6.20　强爆炸解中的系数

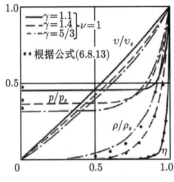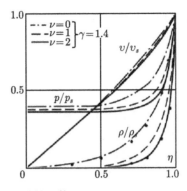

图 6.21 强爆炸区域的参数

为了获得压力分布，我们改变动量方程中的变量 t 和 m，然后考虑沿粒子轨迹 $\mathrm{d}m/\mathrm{d}t = 0$，我们得到

$$\frac{\mathrm{d}v}{\mathrm{d}t} - \frac{1}{\rho}\frac{\partial p}{\partial r} = \left(\frac{\partial v}{\partial t}\right)_m - 2^\nu \pi^\delta r^\nu \frac{\partial p}{\partial m} = 0 \qquad (6.8.10)$$

在爆炸波附近，大部分气体在此聚集，在 $\gamma - 1 \ll 1$ 时，我们可以设 $r = R$，$v = v_s = \dot{R}$。然后进行积分，得到

$$\frac{p}{p_s} = 1 + B\left(1 - \frac{m}{M}\right), \quad B = \frac{R\ddot{R}}{(1+\nu)p_s} = \frac{(\gamma+1)(n-1)}{2n(1+\nu)} \qquad (6.8.11)$$

在 $p_s = 2\rho\dot{R}^2/(\gamma+1)$ 和 $R \sim t^n$ 时可以得到第二个等式，也就是，包括幂律活塞的情况。对爆炸而言有

$$\tilde{p} = \frac{p}{p_s} = \frac{3-\gamma}{4} + \frac{\gamma+1}{4}\frac{m}{M}, \quad \kappa_\nu(0) = \frac{2(3-\gamma)}{(\gamma+1)(3+\nu)^2}\chi_\nu^2 \qquad (6.8.12)$$

这里，比率 $\tilde{p}(\eta)$ 与 ν 无关，需要注意的是，图 6.21 中的精确曲线 $\tilde{p}(\eta)$ 与 ν 关系不大。

我们也将给出 Sedov 精确解中逼近极限 $\gamma \to 1$ 所导出的公式，为了提高精确度对所得到的表达式作一些修正。如图 6.21 所示，结果的精确度相当不错。

$$\tilde{p} = \frac{3-\gamma}{4}\left(1 - \frac{\gamma+1}{4}\eta^\beta\right)^{-1}, \quad \tilde{\rho} = \frac{\rho}{\rho_s} = \frac{1}{4}\eta^\beta\left(1 - \frac{1}{2}\eta^\beta\right)^{-2}$$

$$\tilde{\nu} = \frac{v}{v_s} = \eta\left(\frac{\gamma+1}{2\gamma} + \frac{\gamma-1}{2\gamma}\eta^\beta\right), \quad \beta = \frac{1+\nu}{\gamma-1} \qquad (6.8.13)$$

η 较小时，公式中的线性项对 $\tilde{\nu}$ 是精确的，与 ν 无关。

我们注意到对小 $\gamma - 1$ 的一个很重要的结果：爆炸区域动能与内能之比为

$$E_{\text{kin}}/E_{\text{e}} \sim \frac{1}{2} M \dot{R}^2 / [p_0 M / \rho_\infty (\gamma - 1)] \sim \gamma - 1 \tag{6.8.14}$$

这意味着大部分爆炸能量转换为气体的内能。当 $\gamma \to 1$ 时，爆炸区域的压力等于 $p_0 = (\gamma - 1)\rho_\infty E/M$。

这些爆炸流动特性提供了 Chernyi(1962) 积分关系法的基础。此方法的构成要件如下：如果整个气体质量集中在靠近激波处，那么其动能约等于 $M_s^2/2$。内能可以由整个体积 $r \leqslant R$ 内的压力 $p = p(0) = p_0$ 来确定。那么积分形式的能量方程，类似于方程 (6.8.1)，有简单的形式：

$$\frac{1}{2}\rho_\infty R^{1+\nu} v_s^2 + \frac{p_0 - p_\infty}{\gamma - 1}(R^{1+\nu} - r_p^{1+\nu})$$

$$= \frac{1 + \nu}{2^\nu \pi^\delta} E_0 + (1 + \nu) \int p_0 r_p^\nu \dot{r} \mathrm{d}t, \quad v_s = \frac{2}{\gamma + 1} \dot{R}(1 - a_\infty^2/\dot{R}^2) \tag{6.8.15}$$

为了普遍性，通过保留有 p_∞ 和 a_∞ 的项，我们还包含了膨胀活塞和有反压力的情况。先前的结果与方程 (6.8.12) 结合，对于强爆炸而言，

$$\chi_\nu = \left[\frac{(3 + \nu)^2(1 + \nu)(\gamma - 1)}{2^{1+\nu}\alpha(\gamma)}\right]^{1/(3+\nu)}, \quad \alpha(\gamma) = \frac{6\gamma - \gamma^2 - 1}{(\gamma + 1)^2} \tag{6.8.16}$$

在 $\gamma \leqslant 5/3$ 时，得到的 χ_ν 和 $\kappa_\nu(0)$，与比值 p_0/p_s 均接近精确值 (图 6.20 和图 6.21)。这证明了因子 $\alpha(\gamma)$ (当 $\gamma \to 1$，$\alpha \to 1$) 中 $\gamma - 1$ 阶项形式的不完整。

在爆炸比较弱的阶段，激波关系中外部气体参数 p_∞ 和 h_∞ 不能省略。换言之，反压力不能忽视。在这种情况下，式 (6.1.3) 中的括号也必须包括声速 $a_\infty = (\gamma p_\infty/\rho_\infty)^{1/2}$，与参数 c，均包含长度和时间的量纲。这使分离出时间 (t_0) 和长度 (L) 尺度成为可能，因此，式 (6.8.3) 和式 (6.8.4) 解中的函数 $P, V, \bar{\rho}, \chi_\nu$ 和 κ_ν 不仅取决于 η，而且取决于无量纲变量 τ

$$\tau = a_\infty t/L, \quad L = (E_0/\pi^\delta \rho_\infty a_\infty^2)^{1/(1+\nu)} \tag{6.8.17}$$

这些函数满足偏微分方程 (Korobeinikov, 1991)，只取决于参数 γ 和 ν。

极限 $\tau \to 0$ 对应于强爆炸。这种情况的自相似解作为使用数值或任何其他方法计算爆炸后期的初始数据。当 $\tau \to \infty$ 时，函数 $p \to p_\infty$，$\nu \to 0$，$\rho_s \to \rho_\infty$，和 $\dot{R} \to a_\infty$。因此，反压力的解常写作

$$p = p_\infty P_1(\gamma, \nu, \eta, \tau), \quad R = L\bar{R}(\gamma, \nu, \eta, \tau) \tag{6.8.18}$$

然而，中心爆炸区的密度 $\rho(p_\infty, s)$ 并不趋向于 ρ_∞，因为区域中熵 s 仍然很高，而在区域中心我们有 $s = \infty$ 和 $\rho = 0$(这使得在 6.10 节中讨论的，而在无黏解中忽略的耗散效应的作用变得至关重要)。正是这种低密度的火球，在阿基米德力的作用下飘浮在空气中。

下面，介绍一个更重要的爆炸流动参数：动量 J。在对称流动中，总动量矢量为零。因此确定 J，在 $\nu = 0$ 时，为流动的一半；在 $\nu = 1$ 时，为一个单位子午角 $\mathrm{d}\varphi$；在 $\nu = 2$ 时，为一个单位固体角 $\mathrm{d}\Omega$。

$$J = \int\limits_0^R \rho v r^\nu \mathrm{d}r = C\rho_\infty \dot{R}R^{1+\nu} \tag{6.8.19}$$

这里，C 为无量纲系数。依据式 (6.8.3) 和式 (6.8.4)，对强爆炸阶段，有

$$\frac{1}{\rho_\infty}J = \frac{2C\chi^{2+\nu}}{3+\nu}\left(\frac{E_0}{\rho_\infty\pi^\delta}\right)^{(2+\nu)/(3+\nu)}t^{(1+\nu)/(3+\nu)}, \quad C = \frac{1}{(2+\nu)\gamma - 1} \tag{6.8.20}$$

这里，从式 (6.8.13) 的解可以计算常数 C，对于压缩区域的平均压力 $\tilde{p} = 3/4$。不过，这种相当粗糙的近似值足以用于估计。显然，由于邻近流动区域在前边提到的角度 $\mathrm{d}\varphi$、$\mathrm{d}\Omega$(当 $\nu = 1$ 和 2) 以及对称平面上 (当 $\nu = 0$) 作用的压力，在 $t = 0$ 时，动量 $J = 0$ 增长不受 t 的限制。

为了演示精确解收敛于点爆炸模型的速率，我们将提供对于理想气体 $\gamma = 1.4$，初始半径为 R_0，压力为 $p_0 = 10^3 p_\infty$，温度为 $T_0 = 10T_\infty$，密度为 $\rho_0 = 100\rho_\infty$ 的一个球形体积 V 突然膨胀的计算结果。球体的初始能量为 $E_0 = \rho_0 V_0/(\gamma - 1)$，因此在方程 (6.8.17) 中，$L_0 = 13.3R_0$。

在流动发展的初始阶段，即 $t \sim R_0/a_0$ 或 $\tau \sim 0.1$ 时，这是一个间断破碎问题 (4.9 节)，涉及复杂的波的变化过程，不遵循任何自相似定律 (图 6.22)。只有

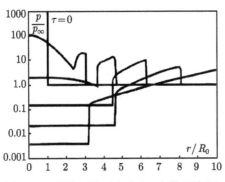

图 6.22　爆炸区域压力分布 (在较早阶段)

在膨胀波多次贯穿扰动区域后，当压力变得足够低时，$p_s/p_\infty \leqslant 1.5$，扰动区域的压力剖面才开始对应点爆炸理论 (图 6.23)。同时，激波后的压力和后者的形状更早地开始遵循点爆炸理论 (图 6.24)。

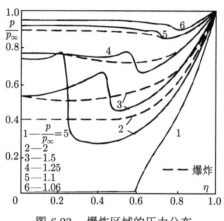

图 6.23　爆炸区域的压力分布

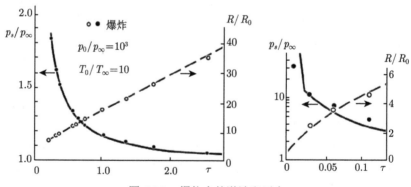

图 6.24　爆炸中的激波和压力

在这个例子中，我们通过大量静止压缩气体模拟了引爆装药的初始阶段。同时，在装药爆炸时，激波背后膨胀到周围介质的气体不仅拥有能量，而且还具有动量。同样的情况发生在活塞短暂的膨胀和停止后引起的气体加速。在两种情况下，问题的公式化似乎涉及两个积分初始参数，能量 E_0 和动量 J_0。这个问题是非自相似问题，涉及长度 L 和时间 t，这两个尺度是参数的维度：

$$E_0 \sim \rho_\infty \dot{R}_0^2 R_0^{1+\nu} \sim L^{3+\nu} t_L^{-2}, \quad J_0 \sim \rho_\infty \dot{R}_0 R_0^{1+\nu} \sim L^{2+\nu} t_L^{-1} \tag{6.8.21}$$

这里，当 $t = 0$ 时，R_0 和 $\dot{R}_0$ 是激波的初始位置和速度。然而，该问题在点公式中没有解，因为在有限动量 J_0 下，当 $R_0 \to 0$ 时，能量 $E_0 \sim J_0^2/R_0$ 无限增长。

因此，这个问题的解仅在有限的初始的 R_0 和 $\dot{R}_0$ 时是可能的，需要预先设置某些流动参数 $(p, \nu$ 等) 分布，其细节的影响随时间衰减。然而，按照式 (6.1.20)，这种流动中总动量增大，参数 J_0 的影响也随时间消失，点爆炸理论决定解的渐近性。

将点爆炸的有效启动向前移位一个时间间隔 t_0，该时间间隔是通过式 (6.8.20) 用 J_0 确定的，显然可以加速达到这些渐近解。在第 9 章，爆炸理论应用在经薄钝体的高超声速流动中，我们确信这种可能性确实存在。

6.9 真实气体中的爆炸

现在我们讨论在爆炸区域伴随高温状态的物理和化学过程的影响。应该指出的是，这些影响总是涉及空气中有限强烈的爆炸波，为此，条件 (3.3.16) $(\gamma - 1)\dot{R}^2 \gg 2a_\infty^2$ 成立 (因此，在 $\dot{R} \gg 2000\text{m/s}$ 时，激波后的温度 $T_s \gtrsim 2500\text{K}$ 足够开始离解)。用准理想形式的状态方程，$p/\rho h = (\gamma_* - 1)/\gamma_*, h = \gamma_* e$(对高温空气，有效的绝热指数为 $\gamma_* = 1.1 \sim 1.2$，见 1.3 节的图 1.9)。与理想气体 $\gamma = 1.4$ 的情况相比，对给定的 R，我们得到激波后的速度和压力以 $p_0 \sim \dot{R}^2 \sim (\gamma_* - 1)/(\gamma - 1)$ 形式减少。

然而，赋予爆炸波一个确定值 γ_* 是相当困难的。因此，在理想气体中，爆炸区中心温度是无穷的。此外，当激波速度下降到值 $\dot{R} \leqslant 4a_\infty$，$p_s/p_\infty \leqslant 20$ 时，激波后的气体可以认为是理想气体 (3.3 节)。因此，该边界，气体的真实属性在其中显现出来，受限于质量坐标 m_* 的一固定值。

显然，该问题是非自相似的，因为一般形式的状态方程包括附加的物理量 p_c 和 h_c(1.12 节)。

这个问题的解决 (如数值解) 需要在一个满足能量积分 (6.8.1) 的小初始质量 m_0 内预先给定一个合理的参数分布 (可以用类似的方式考虑装药爆炸产物的影响)。在这种情况下，如果适当地考虑了初始质量 m_0 的膨胀和能量从这个质量向外部气体的转移，那么在 $m > m_0$ 区域内，可以期望参数看似真实性的描述。在质量 $m \leqslant m_*$ 内的气体非理想的影响，可以在使用简单的有效能量法获得理想气体解的框架内加以考虑 (Lunev, 1968)。为了做到这一点，我们将式 (6.8.1) 中气体的内能表示为

$$E_e = 2^\nu \pi^\delta \int_0^R \rho e r^\nu \mathrm{d}r = \frac{2^\nu \pi^\delta p_0 R^{1+\nu}}{(1+\nu)(\gamma - 1)} + \Delta E$$

$$\Delta E = \int_0^M \left(e - \frac{p}{\gamma - 1} \right) \mathrm{d}m = \int_0^M \frac{\gamma - \gamma_*}{\gamma - 1} e \mathrm{d}m = \frac{\gamma - \bar{\gamma}_*}{\gamma - 1} E_e \tag{6.9.1}$$

这里，$\bar{\gamma}_*$ 为 γ_* 的质量平均值；而 ΔE 为爆炸区域内相同 R 下真实气体和理想气体的内部能量。因为 $\gamma \geqslant \gamma_*$，有 $\Delta E > 0$。将表达式 (6.9.1) 代入式 (6.8.1)，简化后者为近似形式 (6.8.15)，右端的 E_0 由有效能量 E_* 替代，这里，

$$\frac{E_*}{E_0} = 1 - \frac{\Delta E}{E} = 1 - \frac{\gamma - \bar{\gamma}_*}{\gamma - 1}\frac{E_e}{E} \approx \frac{\bar{\gamma}_* - 1}{\gamma - 1} \tag{6.9.2}$$

这个等式由 $E_e \approx E$ 推导而来，鉴于式 (6.8.14)，至少对较强爆炸而言，这是合理的。然而，E_* 不是常数。当固定质量 m_* 时，其为关于压力的函数，$E_* = E_*(p_0)$。将该解代入，如式 (6.8.15) 中，导致在恒定熵下附加项为 $\partial(\gamma_* - 1)/\partial p$ 阶导数的出现。然而，依据图 1.13(1.5 节)，对于平衡气体，这些导数非常小，可以舍弃这些附加项。因此，如果这些解中的能量 E_* 与时间有关，或者，更确切地说，是与压力 (p_0) 有关的参数，式 (6.8.12)~ 式 (6.8.16) 的解与精确解均可用在真实气体中。

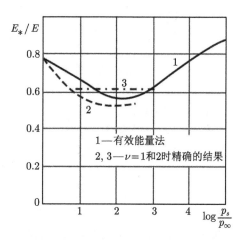

图 6.25　气体爆炸中的相对有效能量

在爆炸区域，用于计算有效能量比 E_*/E_0 所需的焓值，可以通过沿粒子轨迹 $r_m(t)$ 对绝热方程 $\gamma_* \mathrm{d}\ln h = (\gamma_* - 1)\mathrm{d}\ln p$ 积分得到。其中粒子轨迹可以是，在由如式 (6.8.12) 给定的小质量 m_0 和近似的压力分布下的任意初始焓曲线。如图 6.25 所示，为一个对于地面球形爆炸的计算例子。在 $p_s/p_\infty \approx 100$ 时，由于图 1.8 中 (1.3 节) 曲线 $Z(T)$ 的峰值，有效能量有最小值，$E_*/E_0 \approx 0.5/0.6$。当 $p \to p_\infty$ 时，比率 $E_*/E_0 \approx 0.8$，这可以由对非导热和非辐射气体，爆炸中心区域高温守恒来解释。

平衡气体较弱的压力相关性导致比率 E_*/E 在密度 ρ_∞ 上的弱相关，取决于爆炸等级。然而，对于 $\gamma = 1.4$ 的强爆炸，对所有 ν，我们有 $p_s M/\rho E = 0.70/0.66$。

因此，质量上的熵分布，比率 E_*/E_0 略微取决于空间维度。图 6.25 中的曲线印证了这一点，通过处理 $\nu = 2$(Brode，1959) 和 $\nu = 1$ 时 (Rose，1962) 的精确计算数据得到。

得到的解不能涵盖气体物理对爆炸过程发展的所有方面的影响，尤其是初始阶段。特别是，由于没考虑气体光度引起的能量减少。在一个非常简单的近似值中，因气体辐射能量，解中的能量 E_* 应该减少。

此外，即使对理想气体，爆炸中心无限的温度增长也需要考虑气体的热导率，其在无黏流动模式的框架内没有考虑。6.10 节我们将讨论这个问题。

然而，所有这些因素不改变基本的强爆炸的幂律发展。核爆炸 (泰勒，1950) 观察数据的处理结果确认了这一点，见图 6.26。

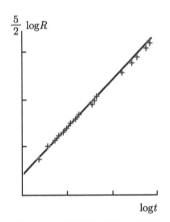

图 6.26　强爆炸理论与实验

6.10　自相似时变耗散流

本章前面几节讨论了无黏流问题。为了通用性，下面我们讨论黏性、导热气体中一些与时间有关的自相似问题，这清楚地表明了耗散效应在这类流动中所起的作用。

1.9 节运动方程中耗散项的存在涉及问题新的控制参数，即黏度 μ 和导热系数 λ。

如果式 (1.2.9)～ 式 (1.2.11) 的热通量向量写成如下形式：

$$p_2 = \frac{c_p \mu}{\lambda}, \quad J = -\lambda \frac{\partial T}{\partial r} = -\frac{\lambda}{c_p} \frac{\partial h}{\partial r} = -\frac{\mu}{Pr} \frac{\partial h}{\partial r} \tag{6.10.1}$$

这里，h 为气体焓；c_p 为其比热；Pr 为普朗特数 (见 1.3 节)。那么，气体温度不再进入 1.9 节的运动方程和理想气体的状态方程 $\gamma p = (\gamma - 1)\rho h$。然后，与密度 ρ_∞ 结合，除前面讨论的相关参数问题外，得到两个新的参数，即运动黏度 μ/ρ 和热导率 $\kappa = \lambda/c_p\rho_\infty$。这两个参数都有相同的量纲 L_2/t_0。自然，这使得自相似解的构建更加困难。然而，这样的解可以存在，接下来给出一些确定的解。

导热气体中的爆炸。6.8 节给出的强爆炸问题的解在爆炸中心有奇点。当靠近中心时，气体温度增加，$T \sim \eta - (1+\nu)/(\gamma-1)$(式 (6.8.9)，此处和接下来的名称与 6.8 节相同)。因此，气体热传导的重要性急剧增加。同时，在爆炸区域，雷诺数 $Re \sim \rho R\dot{R}/\mu$ 足够高，根据 1.16 节的结论，除中心奇点附近之外，该区域的流动应该认为是无耗散的。因为，如 6.8 节所述，在爆炸区域，动能所起的作用相对较低，它的黏性耗散可以忽略，能量方程中相应的项可以省略。这将问题简化为无黏导热气体中的爆炸问题。下面将讨论爆炸最初的、强度有限的阶段。

然而，这个问题对依赖参数 λ/c_p 的焓的特定形式，仅对 $\nu = 1$ 和常数 λ/c_p，是自相似的。因为该参数的量纲 L^2/t_0 与量纲 $[E/\rho_\infty] = L^{(3+\nu)/2}/t_0^2$ 一致 (这里，E 为爆炸能量)。若使该函数 $\lambda/c_p = Ch^m$ 有更一般的形式，仅在 $\nu = 0$，让 $m = -1/2$；$\nu = 1$，让 $m = 0$；$\nu = 2$，让 $m = 1/6$，然后量纲 $[C/\rho_\infty] = L^{2(1-m)}/t_0^{(1-2m)}$($[h] = L^2/t_0^2$) 能与 $[E/\rho_\infty]$ 相等。

在这些自相似问题中，能量方程有一个积分。该积分可从积分方程 (1.7.3) 由一个可变的体积 Ω_η 写出。该体积以表面 $r = \eta R$ 为界，其自相似变量 η 为常数值。气体流经此边界的速度为 $\eta\dot{R} - \nu$，由于体积 Ω_η 内能恒定，方程 (1.7.3) 的左端为零。那么方程 (1.7.3) 得到如下形式：

$$\rho(\eta\dot{R} - \nu)\left(e + \frac{1}{2}v^2\right) - pv + \frac{\lambda}{c_p}\frac{\partial h}{\partial r} = 0, \quad e = \frac{1}{\gamma}, \quad \rho e = \frac{p}{\gamma - 1} \qquad (6.10.2)$$

这里利用解的光滑性，即 $r = 0$ 时，$\partial h/\partial r = 0$，这是导热气体中固有的。因此在 $\lambda = 0$ 时遵循 6.8 节提到的 Sedov 积分。

下面我们将仅讨论更简单的轴对称问题 $(\nu = 1, m = 0)$，让参数

$$\varepsilon = \frac{\lambda}{c_p\rho_\infty}\left(\frac{\rho_\infty}{E}\right)^{1/2} \ll 1 \qquad (6.10.3)$$

较小。在这种情况下，我们应期望 (稍后会展示) 热传导影响的区域 $\eta \leqslant \eta_\varepsilon$，将深深地嵌入爆炸区域内的等压中心区域 $\eta < \eta_p$(图 6.21 中 $\eta_p \sim 0.6 \sim 0.7$)。

根据 6.8 节描述的强爆炸流的具体特性，等压区内能的再分配不改变其对总的值的比例 $pR^{(1+\nu)}/(\gamma-1)$。因此对该区域对压力 $p_0(t)$ 和由式 (6.8.3) 和式 (6.8.4) 的解所决定的爆炸波 $R = R(t)$ 没有影响。在等压区，压力可以只作为时间的函数，而动能 $(v^2/2$ 项) 可以忽略。然后传递到式 (6.8.3)，通过公式 $h = 0.5\dot{R}H(\eta)$

引入一个新的变量，代入方程 (6.10.2) 得到

$$\bar{\varepsilon}\frac{\mathrm{d}H}{\mathrm{d}\eta} = \eta(\gamma U - 1), \quad U = \frac{V}{\eta}, \quad \eta = \frac{r}{R}$$

$$\bar{\varepsilon} = \frac{(\gamma-1)\lambda}{4c_p\rho_\infty R\dot{R}P_0} = \frac{(\gamma-1)(3+\nu)}{4P_0}\varepsilon t^{(\nu-1)/(3+\nu)}, \quad P_0 = P(0) \tag{6.10.4}$$

在此情况下，$\nu = 1$，$\lambda/c_p = \mathrm{const}$，参数 $\bar{\varepsilon}$ 是常数。

等压区第二个方程是连续性方程，压力给定，其在自相似变量中 ($\nu = 1$) 以式

$$\frac{1}{\rho}\eta^2(1-U)\frac{\mathrm{d}\rho}{\mathrm{d}\eta} = -\frac{1}{H}\eta^2(1-U)\frac{\mathrm{d}H}{\mathrm{d}\eta} = \frac{\mathrm{d}}{\mathrm{d}\eta}(\eta^2 U) \tag{6.10.5}$$

当 $\varepsilon = 0$ 时 (没有热传导)，这些方程有无黏或外部解：

$$U = \frac{1}{\gamma}, \quad V = \frac{1}{\gamma}\eta, \quad H = H_e = C_1\eta^{-2/(\gamma-1)}, \quad C_1 = \frac{4\gamma(3\gamma-1)}{(\gamma+1)^2} \tag{6.10.6}$$

通过与式 (6.8.13) 联立，得到常数 C_1。这个解代表传热问题内部解的一个极限。为了得到该解，我们将变量

$$\bar{H} = H/H_0, \quad \zeta = \bar{\eta}^2 = \eta^2/\bar{\varepsilon}H_0 \tag{6.10.7}$$

这里，$H_0 = H(0)$ 是未知量，指爆炸中心。由式 (6.10.4) 和式 (6.10.5) 得到

$$\frac{\mathrm{d}\bar{H}}{\mathrm{d}\zeta} = \gamma U - 1, \quad U = \frac{V}{\eta} \tag{6.10.8}$$

$$\bar{H}\frac{\mathrm{d}}{\mathrm{d}\zeta}(\zeta U) = -\zeta(1-U)\frac{\mathrm{d}\bar{H}}{\mathrm{d}\zeta} = \zeta(1-U)(1-\gamma U) \tag{6.10.9}$$

对于 $\eta = 0$，所需的解必须满足条件 $\bar{H} = 1$ 和 $V = 0$。后者仅当方程 (6.10.9) 的当地解 $U = \zeta/2$ 唯一有界 (如 $\eta \to 0$) 满足，且唯一的无限解 $U \sim (\zeta\ln\zeta)^{-1}$ 不满足的情况。当 $\zeta \gg 1$ 时，方程组 (6.10.8) 和 (6.10.9)，带有一个 $\zeta^{-\gamma/(\gamma-1)}$ 阶的误差项，有如下渐近解：

$$\gamma U \to 1, \quad \bar{H}\zeta^{1/(\gamma-1)} = \frac{H}{H_0}\left(\frac{\eta^2}{\bar{\varepsilon}H_0}\right)^{1/(\gamma-1)} \to C_2 \tag{6.10.10}$$

常数 C_2 在求解过程中确定，常数 H_0 到目前为止还未确定。变量 ζ 和 η 之间的关系，由式 (6.10.10) 较大的 ζ 和式 (6.10.6) 对应较小的 $\eta \leqslant \eta_e$ 联立解得到

$$H_0 = \beta\bar{\varepsilon}^{-1/\gamma}, \quad \zeta = \bar{\eta}^2 = \eta^2/\beta\bar{\varepsilon}^{(\gamma-1)/\gamma}, \quad \beta = (C_1/C_2)^{(\gamma-1)\gamma} \tag{6.10.11}$$

这里，$\bar{V} = V(\beta\bar{\varepsilon}^{(\gamma-1)/\gamma}) - 1/2$，曲线 $\bar{H}(\bar{\eta})$ 和 $\bar{V}(\bar{\eta})$ 绘制在图 6.27 中，$\gamma = 1.4(C_2 = 0.487)$，$\gamma = 1.1(C_2 = 1.71)$。为了比较，同一图中也以虚曲线给出了根据式 (6.10.6) 确定的、有限的外部关系：$\bar{V} = \bar{\eta}/\gamma$ 和 $\bar{H} = \bar{H}_e(\bar{\eta})$。当 $\bar{\eta} \approx \bar{\eta}_\varepsilon \approx 1.5$ 时，内解接近于有限曲线，其与热传导影响边界 $\eta_\varepsilon = \eta(\zeta_\varepsilon) \approx 1.2\beta^{1/2}\bar{\varepsilon}^{(\gamma-1)/2\gamma}$ 有关。从式 (6.10.11) 得出，随爆炸中心温度增加，当 ε 减小时，η_ε 减小。靠近爆炸中心，有解：$H = 1 - \bar{\eta}^2$ 和 $\bar{V} = \bar{\eta}^3/2$。

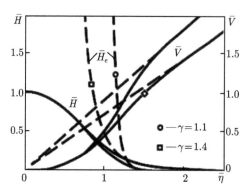

图 6.27　热传导气体爆炸中心附近的焓和速度

　　热源问题。现在我们讨论强爆炸波更迟的或更远的阶段，在这个阶段压力完全均衡，但在中心区域温度分布仍然不均匀，在中心 $r = 0$ 处，温度变得不受限制。在导热气体中，我们模拟这个分布的演变如下：当 $t = 0$ 时，在静态气体中，让温度 T_∞ 拥有一个三维 ($\nu = 2$)、二维 ($\nu = 1$，热细丝) 或一维 ($\nu = 0$，热平面) 的域。当 $\nu = 1$ 和 $\nu = 0$ 时，每个长度或面积单位的热量 Q，瞬间在 $r = 0$ 点释放。除温度 T 和焓 h 之外，其他参数都假设为常数，而气体是静态的。那么能量方程 (1.9.6) 简化为热方程：

$$\frac{\partial T}{\partial t} = \frac{\kappa}{r^\nu}\frac{\partial}{\partial r}\left(r^\nu\frac{\partial T}{\partial t}\right), \quad \kappa = \frac{\lambda}{c_p\rho_\infty} \tag{6.10.12}$$

在 $r = 0$ 时，我们要求此解是有界的；在 $r \to \infty$ 时，此解是衰减 ($T \to T_\infty$) 的。通过替换 $T - T_\infty = \Delta T$，温度会从这个线性问题的相关参数中去除，现在，$Q/\rho_\infty c_p L^{1+\nu}$ 代表量 T(这里，L 是一个有长度维度的参数)。由于我们的问题中没有长度，对于 L 我们采取组合 $(\kappa t)^{1/2}$，因为 $[\kappa] = L^2/t_0$。因此，问题的解可以表现为

$$\Delta T = C\frac{Q}{\rho c_p}(\kappa t)^{-(1+\nu)/2}e^{-\zeta/4}, \quad \zeta = \frac{r}{\sqrt{\kappa t}} \tag{6.10.13}$$

任意常数 C 由下列空间热守恒条件决定：

$$2^\nu \pi^\delta \rho c_p \int\limits_0^\infty \Delta T r^\nu \mathrm{d}r = Q \tag{6.10.14}$$

这里，$\nu = 0$ 时，$\delta = 0$；$\nu = 1$ 和 2 时，$\delta = 1$。

有下列常数：$C_0 = 1/\sqrt{\pi}$，$C_1 = 1/4$ 和 $C_2 = 1/8\pi$。在 $r = 0$ 点，温度在 $t = 0$ 时为有限值，并且随时间减小。由传热引起的扰动区域像 $r \sim \sqrt{\kappa t}$ 那样扩散，明显滞后于爆炸波，在极限情况下，它代表声波 $a_\infty t$。

始于纵向速度的平面。让 $t = 0$ 时刻，平面 $y = 0$，其上有液态气体 $(y > 0)$，在静止状态，以密度 ρ_∞、焓 h_∞、声速 a_∞ 等为特征，突然获得一个恒定的纵向速度 U。由此产生的流动依赖于时间和垂直于平面的坐标 y，不依赖于纵向坐标 x。在这种情况下，1.8 节 ~1.10 节的运动方程以式

$$\rho \left(\frac{\partial u}{\partial t} + v \frac{\partial u}{\partial y} \right) = \frac{\partial}{\partial y} \left(\mu \frac{\partial u}{\partial y} \right) \tag{6.10.15}$$

$$\rho \left(\frac{\partial v}{\partial t} + v \frac{\partial u}{\partial y} \right) = -\frac{\partial p}{\partial y} + \frac{4}{3} \frac{\partial}{\partial y} \left(\mu \frac{\partial v}{\partial y} \right) \tag{6.10.16}$$

$$\frac{\partial \rho}{\partial t} + \frac{\partial \rho v}{\partial y} = 0 \tag{6.10.17}$$

$$\rho \left(\frac{\partial h}{\partial t} + v \frac{\partial h}{\partial y} \right) = v \frac{\partial p}{\partial y} + \frac{1}{Pr} \frac{\partial}{\partial y} \left(\mu \frac{\partial h}{\partial y} \right) + \mu \left(\frac{\partial u}{\partial y} \right)^2 + \frac{4}{3} \left(\frac{\partial v}{\partial y} \right)^2$$

$$Pr = \frac{\mu c_p}{\lambda} \tag{6.10.18}$$

这里，u 和 v 分别是 x 和 y 轴上的速度投影，把普朗特数 Pr 考虑为常数。我们将施加下列初始边界条件：

$$t = 0, y \geqslant 0: \quad u = v = 0, \quad \rho = \rho_\infty, \quad h = h_\infty$$

$$y = 0: \quad u = U, \quad v = 0, \quad h = h_w = \mathrm{const}$$

$$t > 0, \quad y \to \infty: \quad u \to 0, \quad h \to h_\infty \tag{6.10.19}$$

一般情况下，所表述的问题是非自相似的，因此，除外部参数 ρ_∞ 等之外，也涉及速度 U、运动黏度 $\nu = \mu/\rho_\infty$，量纲为 L^2/t_0。然而，在两种极限情况下，问题可以简化为自相似问题，下面将予以讨论。

第一种情况是经典版的瑞利 (Rayleigh) 问题。假设周围介质为不可压缩流体，速度 U 非常小以至于能量的黏性耗散可以忽略。那么密度和熵可以假设为常数，速度分量 $\nu = 0$，方程 (6.10.15) 与热方程 (6.10.12) 一样，有相同的式：

$$\frac{\partial u}{\partial t} = \nu \frac{\partial^2 u}{\partial y^2}, \quad \nu = \frac{\mu}{\rho} \tag{6.10.20}$$

这些有平行流线的流动称为层流。此问题是线性的，定量 u/U 与 U 无关，只依赖参数 t，y 和 ν。这给出了单一 (和热源问题一样) 的自相似变量 $\zeta = y/2\sqrt{\nu t}$。在这种情况下，方程 (6.10.20) 简化为常微分方程 $u'' + 2\zeta u' = 0$，根据误差积分，它的解表示如下：

$$\frac{u}{U} = \bar{u}(\zeta) = 1 - \Phi(\zeta), \quad \Phi(\zeta) = \frac{2}{\sqrt{\pi}} \int_0^\zeta e^{-\zeta^2} d\zeta \tag{6.10.21}$$

这个解呈现在图 6.28 中。变量 ζ 的形式本身就导致了分层流前扰动指数衰减的规律，$\delta = 2\zeta_\delta \sqrt{\nu t}$。

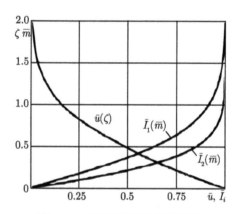

图 6.28　瑞利和斯提瓦森问题

前面讨论的流动对应条件 $U \ll a_\infty$(参见 2.2 节)。反之，让速度为超声速，$U \gg a_\infty$ (斯提瓦森 (Stewartson) 问题，1955)。在这种情况下，气体通过动能的黏性耗散加热，导致厚度 $y = \delta(t)$ 的黏性高温子层的形成，除纵向、准分层流之外，它的膨胀也诱发了一个速度 $v > 0$ 的横向流和 $y = R(t)$ 的激波。我们假设这个激波强度有限，速度 $\dot{R} \sim \dot{\delta} \gg a_\infty$，压力 $p \sim \rho_\infty \dot{\delta}^2$。

数学上，该子层加热是由方程 (6.10.8) 中的项 $\mu(\partial u/\partial y)^2$ 引起的。因为 $u \sim U$ 这项，与 μU^2 的乘积成比例，使之有可能形成。连同密度 ρ_∞，量纲为 L^4/t_0^3 的

控制参数 $\mu U^2 / \rho_\infty$，以及自相似变量 ζ，这里，

$$y = \zeta \chi^{1/4} t^{3/4}, \quad \chi = \mu_0 U^2 / \rho_\infty \tag{6.10.22}$$

式中以及下面的 μ_0，ρ_0，h_0 等是黏性子层的尺度参数。通过与式 (6.8.3) 类比，这种自相似性与此类型的解相关：

$$R = A_R \chi^{1/4} t^{3/4}, \quad \rho = \rho_\infty \bar{\rho}(\zeta)$$

$$p = \rho_\infty \dot{R}^2 \bar{p}(\zeta) = A_p (\chi/t)^{1/2} \bar{p}(\zeta), \quad v = \dot{R} \bar{v}(\zeta)$$

$$h = 0.5 \dot{R}^2 \bar{h}(\zeta), \quad A_p = 9 A_R^2 / 16, \quad A_R = \text{const} \tag{6.10.23}$$

现在我们来评估黏性子层参数。自然，我们假设 $\delta \sim R$，$\dot{\delta} \sim \delta/t$，式 (6.10.23) 流动参数 p 和 v 的阶在子层不变。按照 1.16 节的流程，使方程 (6.10.15) 左右端的阶数相等，得到 $\rho_0 \delta^2 \sim \mu_0 t$，当比较方程 (6.10.18) 左端第一项和右端第三项时，得到 $\rho_0 h_0 \delta^2 \sim \mu_0 U^2 t$（因为 $h_0 \gg h_\infty$ 时，$\Delta h_0 \sim h_0$，如我们假设的，$h_w \leqslant h_0$）。将这些假设与状态方程相结合，得到子层厚度和其中流动参数阶数的估计：

$$\delta = A_\delta \chi^{1/4} t^{3/4}, \quad h \sim h_0 = U^2$$

$$\rho \sim \rho_0 = \frac{\gamma}{\gamma - 1} \frac{p_0}{h_0} = A_\rho \frac{\rho_\infty}{U^2} \left(\frac{\chi}{t} \right)^{1/2}$$

$$A_\rho = \frac{9\gamma}{16(\gamma - 1)} A_R^2 \bar{p}_0, \quad \bar{p}_0 = \bar{p}(0) \tag{6.10.24}$$

寻求子层的解如下：

$$\bar{u}(\zeta) = u/U, \quad \tilde{h}(\zeta) = h/h_0, \quad \tilde{\rho}(\zeta) = \rho/\rho_0 \tag{6.10.25}$$

如方程 (6.10.23) 中相同的函数 p 和 v 一样。然而，函数 h 和 ρ 的解的形式与式 (6.10.23) 不一致。对满足条件的中间阶段，这些困难可以避免：

$$U^2 \gg \dot{\delta}^2 \sim (\chi/t)^{1/2} \gg a_\infty^2 \tag{6.10.26}$$

考虑我们的估计，$\mu_0 \sim \mu_\infty (h_0 / h_\infty)$，这里，$h_0 \sim U^2$ 和 $h_\infty \sim a_\infty^2$，我们将这些条件代入下式：

$$\frac{\dot{\delta}^2}{U^2} \sim \frac{M_\infty}{\sqrt{Re_t}} \ll 1, \quad \frac{\dot{\delta}^2}{a_\infty^2} \sim \frac{M_\infty^3}{\sqrt{Re_t}} \gg 1, \quad M_\infty = \frac{U}{a_\infty}, \quad Re_t = \frac{\rho_\infty U^2 t}{\mu_\infty} \tag{6.10.27}$$

· 312 ·

这里，Re_t 是基于沿平板走过路径 Ut 的雷诺数。在这种情况下，在黏性子层 ($m_R \sim R\rho_\infty$)，相对量——压力差 $\Delta p/p$、气体密度 ρ_0/ρ_∞ 和气体质量 $m_0/m_R \sim \rho_0/\rho_\infty$，是阶 d^2/U 量级，因此它们极小。

这使得将扰动域再分为两个子域成为可能，即黏性子层，子层含有限小的质量和压力，厚度为定值；邻近激波的激波层，像强爆炸波一样，集中了几乎所有扰动气体的质量。

在激波层，可以忽略方程的耗散项。因为，当与黏性子层比较时，其中的密度 $\rho \sim \rho_\infty \gg \rho_0$，由于温度非常低，黏度 $\mu \ll \mu_0$。所以，该层的流动是无黏的，类似活塞诱导的流动，活塞的作用由黏性子层承担。后者的厚度 δ 根据幂律增加（参见式 (6.10.24)）。相应的解有式 (6.10.23)。6.8 节详细叙述了，这里不再赘述。

为了求解黏性子层的问题，我们转到拉格朗日坐标，即气体质量 m。根据式 (2.1.4) 重写方程 (6.10.5) 得出

$$\frac{\partial u}{\partial t} = \frac{\partial}{\partial m} \rho \mu \frac{\partial u}{\partial m}, \quad \frac{\partial m}{\partial y} = \rho, \quad \frac{\partial m}{\partial t} = -\rho v \tag{6.10.28}$$

考虑式 (6.10.26)，在方程 (6.10.18) 中，我们舍弃有 $\partial p/\partial y$ 的项和右端最后一项，然后将该方程与乘以 u 的方程 (6.10.15) 相加，得到气体 H 总焓的方程。为简单起见，令 $Pr = 1$，则

$$\frac{\partial H}{\partial t} = \frac{\partial}{\partial m} \left(\rho \mu \frac{\partial H}{\partial m} \right), \quad H = h + \frac{1}{2} u^2 \tag{6.10.29}$$

对初始 ($t = 0$) 和边界条件 ($y = 0$)，我们采用相同的条件 (6.10.19)。然而，在黏性子层的边缘应该有 $u = 0$，另外有新的条件 $h = H = 0$。因为，根据式 (6.10.23) 和式 (6.10.26)，激波层和黏性子层的焓比为阶 $\delta^2/U^2 \ll 1$，由于条件 $m_0/m_R \ll 1$，$m \to 0$ 时，可以渐近地满足条件 $u \to 0$ 和 $H \to 0$，这些后面我们会确认。

式 (6.10.28) 和式 (6.10.29) 与式 (6.10.20) 的不同仅在于通过变量 $\rho\mu$ 代替 v。为了得到说明性的结果，假设 $\mu \sim h$（代替空气中 $\mu \sim h^{0.7}$，参见式 (1.3.11)），也就是说，基于式 (6.10.24)，让

$$\mu\rho = \mu_0 \rho_0 = C^2 t^{-1/2}, \quad C^2 = A_\rho \chi^{3/2} \frac{\rho_\infty^2}{U_\infty^4} \tag{6.10.30}$$

接着我们引入一个新的变量 $\bar{m}$（对应式 (6.10.21) 的 ζ）和函数

$$\bar{m} = \frac{m}{2\sqrt{2} C t^{1/4}}, \quad \bar{u} = \frac{u}{U}$$

$$\bar{H} = \frac{H}{H_w}, \quad H_w = h_w + \frac{1}{2}U^2 \tag{6.10.31}$$

那么，式 (6.10.28) 和式 (6.10.29) 的解有同样的形式，$\bar{H} = \bar{u} = 1 - \Phi(\bar{m})$，如式 (6.10.21)，见图 6.28。我们注意到：之前得到的关系式 $\bar{H} = \bar{u}$ 是我们将在第 12 章要讨论的克罗克 (Crocco) 积分的特殊情况。

利用逆变换 $\mathrm{d}y = \rho^{-1}\mathrm{d}m$，基于式 (6.10.24) 式 (6.10.31)，我们得到初始变量 ζ 和 $\bar{m}$ 的关系式：

$$\zeta = \frac{2\sqrt{2}}{A\rho^{1/2}}I(\bar{m}) = \frac{8}{3}\sqrt{\frac{2(\gamma-1)}{\gamma}}\frac{I(\bar{m})}{\bar{p}_0^{1/2}A_R}, \quad I(\bar{m}) = \int_0^{\bar{m}} \tilde{h}(\bar{m})\mathrm{d}\bar{m}$$

$$\bar{h} = H_w(1-\Phi) - \frac{1}{2}(1-\Phi)^2, \quad I = H_W I_1(\bar{m}) - I_2(\bar{m}), \quad \tilde{H}_w = \frac{H_w}{U^2} \tag{6.10.32}$$

式中，积分 $I(\bar{m})$ 以指数收敛到它的极限值 I_∞，这证明了对函数 $\bar{u}$ 和 $\bar{H}$ 外部边界条件渐近置换的合理性，如先前所述。在这种情况下，$I_{1\infty} = 0.565$ 和 $I_{2\infty} = 0.165$，$\bar{I}_i = I_i/I_{i\infty}$ 曲线绘制在图 6.28 中。用式 (1.2.9)、式 (6.10.28) 和式 (6.10.31) 可以很容易地显示出对壁面的热流量为 $\partial T/\partial y \sim (1-\tilde{H}_w)t^{-3/4}$。对于一个绝热板，带有条件 $y = 0$ 时，$\partial h/\partial y = 0$，我们有 $H_w = U^2$ 和 $h_w = U^2/2$；$h_w = 0$ 时，我们有 $H_w = U^2/2$。

最后，让式 (6.10.32) 中的 $I = I_\infty$，得到式 (6.10.24) 中的系数，$A_\delta = \zeta_\delta$，δ 根据 A_R 和子层压力 $\bar{p}_0$ 表达。另一个 A_δ 和 A_R 之间的关系式遵从幂律活塞问题的解，当 $\gamma = 1.4$ 时，给出 $A_\delta/A_R = 0.59$ 和 $\bar{p}_0 = 0.61$(后者接近于由式 (6.8.11) 计算出的 $\bar{p}_0 = 0.6$)，使得该问题封闭。

涡流扩散。设 $t = 0$ 时，流体中存在一个旋转流动，涡集中在点 $r = 0$ 处，其他地方为零，环形的流线、流线上有常量 Γ_0，圆周速度 $w = \Gamma_0/2\pi r$(参见 2.1 节)。Navier-Stokes 方程 (1.14.11) 控制这个流动的演变。因此，预先指定的初始流场自动满足这些方程，似乎没有理由作进一步演变。然而，在黏性流体中，每个地方的流场必须是连续的，包括 $r = 0$ 点。因此，在这个点上应该让 $w = 0$，与无黏问题中 $w \to \infty$ 明显不同。

在瑞利问题中，比率 Γ/Γ_0 只能取决于变量 $\zeta = r/\sqrt{vt}$。那么，方程 (1.14.11) 有一般解

$$2\pi r w = \Gamma = C_1 + C_2 \mathrm{e}^{-\zeta^2/4} \tag{6.10.33}$$

这个问题的初始边界条件如下：

$$t \to 0, \quad r > 0: \quad \Gamma \to \Gamma_0$$

$$t > 0, \quad r \to 0: \quad \Gamma \to 2\pi w r \to 0$$

$$r \to \infty: \quad \Gamma \to \Gamma_0, \quad p \to p_0 \tag{6.10.34}$$

因此，遵从 $C_1 = -C_2 = \Gamma_0$。对于较小的 r，得到的速度场 $w \approx r/8\pi\nu t$，对应于以角速度 t^{-1} 减小的固体旋转，准固体域的范围像 $\sqrt{t}$ 一样扩大。

我们也将计算这个流动的径向压力分布。像遵从方程 (1.13.10) 和 (1.14.10) 一样，对于 $\nu = 0$，投影在 r 轴上的运动方程有 $\partial p/\partial r = \rho w^2/r$。当 $\gamma \to \infty$ 时，让 $p \to p_0$，我们可以用自相似的形式表示这个问题的完整解 (因为量纲 $[\Gamma_0] = [\nu]$，这里，ν 为运动黏度)：

$$\bar{w} = \frac{2\pi\sqrt{\nu t}}{\Gamma_0} w = \frac{1}{\zeta}(1 - e^{-\zeta^2/4}), \quad \frac{4\pi^2\nu t(p - p_0)}{\rho\Gamma_0^2} = \bar{p} = -\int_{\bar{r}}^{\infty} \frac{\bar{w}^2}{\zeta} dr \tag{6.10.35}$$

$\bar{w}(\zeta)$ 和 $\bar{p}(\zeta)$ 曲线绘制在图 6.29 中。对于 $\zeta > 3.5$，它们与 $\zeta < 0.6$ 时初始无黏曲线 $\bar{w} - 1/\zeta$ 和 $\bar{p} = -1/2\zeta^2$ 一致，有准固态解 $\bar{w} = \zeta/4$ 和 $\bar{p} = \bar{p}(0) + \zeta^2/32$。在 $\zeta_m = 2.24$ 点，函数 $\bar{w}$ 有最小值 $\bar{w}_m = 0.319$，而 $\bar{p}(0) = -0.173$。在原有的变量中，量 $w_m \sim (\nu t)^{-1/2}$ 和 $-p(0) \sim 1/\nu t$ 随时间减小，而点 $r_m = \zeta_m\sqrt{\nu t}$ 离开旋涡中心。

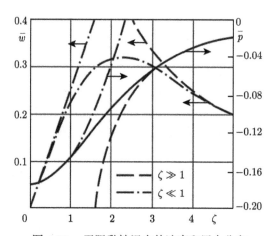

图 6.29 无限黏性涡中的速度和压力分布

让我们再讨论一个类似问题。让一个与时间无关的旋转力矩 M_0 在点 $r = 0$(这是前面讨论过的瑞利问题的翻版)，突然施加到最初是静止的流体上。这个问题与边界条件有关，$r \to 0$ 时，$2\pi r^2\mu(\partial w/\partial r) \to M_0$。反过来，与式 (6.10.33) 的解有关，$C_1 = 0$，$C_2 = M_0/\mu = \Gamma_0$。对于 $\zeta \ll 1$ 或 $r \ll \delta = 2\sqrt{\nu t}$，这个解给出

$w = \Gamma_0/(2\pi r)$，即由集中涡诱导的与时间无关的非旋转速度场，包含整个 $t \to \infty$ 时的受扰流区域。从技术上讲，在时间间隔 $t \gg t_0 = r_0^2/4v$ 之后，通过旋转一个半径为 r_0 的无限圆柱可以实现此解，角速度 $\Omega = \Gamma_0/(2\pi r_0^2)$ 不变。在这种情况下，总动量力矩 $I = M_0 t$ 无限地随时间增加，也对应于一个无限的无黏流体中的集中涡。

第 7 章 强激波流动

从这一章开始，我们将讲述高超声速流动理论，即高马赫数 ($M_\infty \gg 1$) 流动理论，并特别关注含有强激波的物体绕流流动。在这种情况下，物理现象的机理研究变得更加困难；但同时，由于可以对控制方程进行相应简化，将有助于进行纯粹的气体动力学分析。这种简化是基于高超声速流中的强激波导致了某些参数的量级较小而进行的。同时，高超声速流动的许多特性可以推广到中等超声速流动中。

7.1 高超声速稳定性和可压缩激波层

本节的分析都是认为参数

$$M_{n\infty}^{-2} \ll 1, \quad k = \rho_\infty/\rho_s \ll 1 \quad (\gamma - 1 \ll 1) \tag{7.1.1}$$

的量级很小。这里，$M_{n\infty}$ 为垂直于激波的自由来流马赫数 (对于倾斜角为 α 的斜激波，有 $M_{n\infty} = M_\infty \sin \alpha$)；$k$ 是激波前后的密度比 (波前与波后的密度值分别用下标 ∞ 与 s 表示，后面出现的其他参数也是如此)。对于理想气体，当 $M_{n\infty} \to \infty$ 时，$k \to (\gamma - 1)/(\gamma + 1)$，因此当 $\gamma \to 1$ 时，$k \to 0$ (条件 (7.1.1) 也表明这一点)。然而对于空气，当 $M_{n\infty} \geqslant 5$ 时，有 $\rho_s/\rho_\infty = 5 \sim 20$ (见 3.3 节的图 3.4)。因此我们假定 $M_{n\infty}^{-2}$ 和 k 的值很小。显然，这一假设对于 $\sin \alpha \sim 1$ 的钝体绕流是有效的。下文探讨的理论就主要针对这种流动。

条件 (7.1.1) 蕴涵了物体绕流的两个重要特性，即其**高超声速稳定性** (hypersonic stabilization) 和厚度很薄的**压缩激波层**。本节就主要考虑这两个显著特性[1]。

如 3.3 节所述，对于高马赫数 $M_{n\infty} \gg 1$，或更精确地说，对于 $(\gamma-1)M_{n\infty}^2 \gg 2$ (参见方程 (3.3.16))，激波关系式 (3.3.4) 不再依赖于自由流参数 p_∞ 和 h_∞，即不再依赖于 $M_{n\infty}$，可以简化成式 (3.3.17) 的形式，或对于斜激波，有

$$\overline{p}_s = \frac{p_s}{p_\infty U_\infty^2} = (1-k)s, \quad \overline{h}_s = \frac{h_s}{U_\infty^2} = \frac{1}{2}(1-k^2)s$$

$$\overline{\rho}_s = \frac{\rho_s}{\rho_\infty} = \frac{\gamma_* + 1}{\gamma_* - 1}, \quad s = \frac{U_{n\infty}^2}{U_\infty^2} = \sin^2 \alpha \tag{7.1.2}$$

---

[1] 下文中，激波层被看作是与物体相邻的气体层，其流动参数与紧随激波之后的参数具有相同数量级。该气体层不一定是被压缩的，如第 8 章和第 9 章。但一般来说，这一术语有时泛指物体和激波之间的任意气体层。

为了通用性, 此处采用准理想形式的状态方程, $p/\rho h = (\gamma_* - 1)/\gamma_*$ (见 1.3 节); 对于理想气体有 $\gamma = \gamma_*$。现在我们假设以角度 α_c 为特征的激波在点 c 处满足高超声速条件 (5.3 节的图 5.6)。由于 $\alpha \geqslant \alpha_c$, 所以 c 点上游也满足高超声速条件。因此, 马赫数 M_∞ 不再进入特征线 ca 左边区域内的边界条件, 且不再影响 $\bar{p}$、$\bar{h}$、$\bar{\rho}$、$\overline{U} = U/U_\infty$ 等流动参数; 进一步, 可以从 1.12 节介绍的相似标准中消除 M_∞。这就是本节所关注的**高超声速稳定性定律**。它在 3.3 节中用于激波, 现在则推广到整个流动中。对于 $M_n \gg 1$, 它的适用范围不仅依赖于自由流的马赫数 M_∞, 还依赖于物体的外形。因此从图 7.1(a) 中可以看到, 当 $M_\infty \geqslant 10$, 或不太精确的话, 在 $M_\infty \geqslant 6$ 时, 钝体绕流的激波形状是稳定的。同时, 球头 ($\omega \leqslant 60°$) 处的压力甚至在 $M_\infty \geqslant 3$ 时都几乎是稳定的 (图 7.2(a)), 尽管在 $\omega \geqslant 70°$ 处的压力曲线明显产生发散[①]。还应当注意到, 钝度较小的圆柱体上的激波和压力分布 (图 7.3), 在任意给定 M_∞ 下, 一般都会沿柱体长度方向产生发散。此外, 当 $M_\infty \geqslant 6$

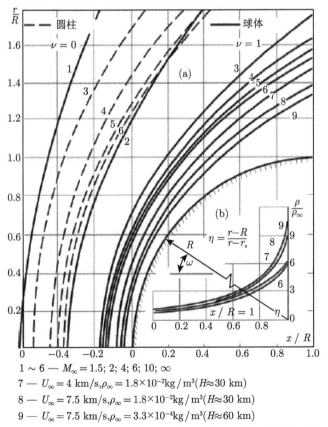

$1 \sim 6 — M_\infty = 1.5; 2; 4; 6; 10; \infty$

$7 — U_\infty = 4 \text{ km/s}, \rho_\infty = 1.8 \times 10^{-2}\text{kg}/\text{m}^3 (H \approx 30 \text{ km})$

$8 — U_\infty = 7.5 \text{ km/s}, \rho_\infty = 1.8 \times 10^{-2}\text{kg}/\text{m}^3 (H \approx 30 \text{ km})$

$9 — U_\infty = 7.5 \text{ km/s}, \rho_\infty = 3.3 \times 10^{-4}\text{kg}/\text{m}^3 (H \approx 60 \text{ km})$

图 7.1 绕球体和圆柱的弓形激波形状 (a), 以及球体表面附近激波层的密度分布 (b)

[①] 这一章中的计算数据主要取自 Lunev, Magomedov 和 Pavlov (1971)。

时，所有曲线至少定性地看都是相似的；而当 $M_\infty \leqslant 2$ 时，激波远离物体，物体表面上没有升压区，即 $\Delta p < 0$。

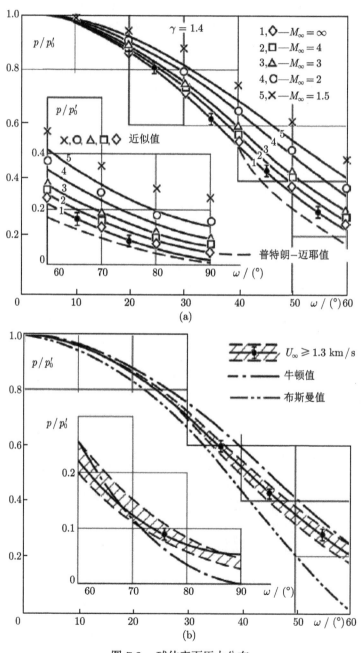

图 7.2　球体表面压力分布

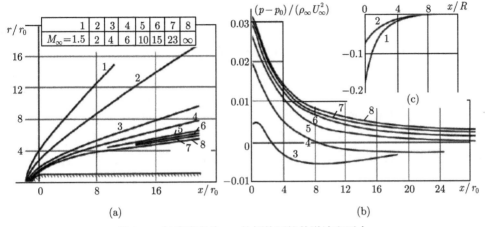

图 7.3 钝度半径为 r_0 的顿体圆柱的激波和压力

对于真实气体 (即离解空气), 高超声速流还取决于自由来流速度 U_∞ 以及密度 ρ_∞, 但密度的影响较小。同时, 尽管激波形状和密度分布可能明显不同 (图 7.1(a) 和 (b)), 但当速度 $U_\infty \geqslant 1.3\,\mathrm{km/s}$、$M_\infty \geqslant 4$ 时, 在 $\omega \leqslant 70°$ 区域内所有压力分布都处在一个较窄的带状区域中, 如图 7.2(b) 中阴影区所示。

高超声速稳定性定律蕴涵了等熵关系的一种简单形式, 它沿流线有下式成立:

$$\overline{h} = \overline{h}_{ss}(\overline{p}/\overline{p}_{ss})^{(\gamma-1)/\gamma} = \frac{1}{2}q(\gamma)s^{1/\gamma}\overline{p}^{(\gamma-1)/\gamma}$$

$$q(\gamma) = (1+k)(1-k)^{1/\gamma} = 1 + k^2 + \cdots, \quad k = \frac{\gamma-1}{\gamma+1} \qquad (7.1.3)$$

其中, 量 s 代表气体的熵, 由流线上的激波角决定, 而体现在激波波后参数 $\overline{h}_{ss}$ 和 $\overline{p}_{ss}$ 上。当 $\gamma = 1 \sim 5/3$ 时, q 的值在 $1\sim1.05$ 的范围内变化。所以在下文中, 我们假定 $q=1$。这样就有

$$\overline{h} = \frac{1}{2}s^{1/\gamma}\overline{p}^{(\gamma-1)/\gamma}, \quad \overline{\rho} = \frac{\gamma}{\gamma-1}\frac{\overline{p}}{\overline{h}} = \left(\frac{1}{k}+1\right)s^{-1/\gamma}\overline{p}^{1/\gamma} \qquad (7.1.4)$$

在高超声速稳定区的下游, 流线上的变量 $\overline{p}$ 和 $\overline{h}$ 仅依赖于 M_∞, 这种依赖关系通过局部压力的作用实现。

对于真实气体, 等熵关系的一般形式如下:

$$\overline{h} = \overline{h}(s, \rho_\infty, U_\infty), \quad \overline{\rho} = \overline{\rho}(s, \rho_\infty, U_\infty) \qquad (7.1.5)$$

但是, 考虑到 γ_* 沿等熵线会发生微弱变化 (图 1.15), 我们可以以 γ_* 代替式 (7.1.4) 中的 γ。γ_* 可以从激波后的关系式 $k = (\gamma_*-1)/(\gamma_*+1)$ 中计算得到。

下面来研究**压缩激波层**的问题。当 $k \ll 1$ 时，激波中的强压缩会使得在物体表面附近产生厚度为 δ 的薄激波层 (图 7.4)。采用从气体流量平衡中得到的式 (6.4.6) 及公式中的符号，该条件可以写成

$$\delta/L = 2^{-\nu}(U_\infty r_a/U_a L)k_a \ll 1, \quad k_a = \rho_\infty/\rho_a \ll 1 \tag{7.1.6}$$

其中，L 是物体的长度，如物体的曲率半径或直径。如果激波层中参数的平均值取 $U_a \sim U_\infty$，$\rho_a \sim \rho_s \gg \rho_\infty$，则显然可取 $r_a \sim L + \delta \approx L$。特别是对于半锥角为 θ 的圆锥和尖劈，我们在 3.7 节和 6.4 节中推导出公式 $\alpha - \theta = (1/2^\nu)\tan\theta$。

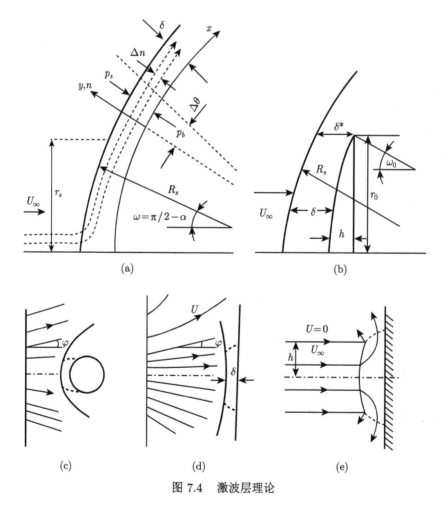

图 7.4 激波层理论

一般来说，这一估算是从条件 $k_a \ll 1$ 得出的，即假定所有流线上激波层内的密度较高，$\rho_a \gg \rho_\infty$ (例如 $\rho_a \approx \rho_s$)。考虑到关系式 $\rho/\rho_{ss} \sim (p/p_{ss})^{1/\gamma}$，这只

有在**压力的量级沿流线守恒**, 或角度 θ 的量级守恒时才有可能出现。相反, 在平底圆柱侧面周围有 $\rho/\rho_{ss} \ll 1$, 且这一区域内激波远离物体, 因此 δ/L 的比值增加 (图 7.4(b))。

式 (7.1.6) 在钝体轴线附近含有一个不定式, 因为在这种情况下有 $r_a \to 0$, 且 $U_a \to 0$。因此设

$$r_a \approx r, \quad U_a \approx U_s = U_\infty \cos\alpha \sim U_\infty r/R_s \tag{7.1.7}$$

其中, R_s 是激波的曲率半径, 这样就得到极限公式

$$\delta/R_s \approx k_a/2^\nu \ll 1, \qquad k_a \approx \rho_\infty/\rho_s \ll 1 \tag{7.1.8}$$

对于不同形状的物体, 该公式具有不同的含义。对于曲率半径 $R_s \sim r_0 = L$ 的**小钝度钝体**, 则当 $k \to 0$ 时, 有

$$R_s - R \sim kR \quad \text{或} \quad K_s - K \sim kK \ll 1 \tag{7.1.9}$$

其中, $K_s = R_s^{-1}$ 和 $K = R^{-1}$ 分别是激波和物体的曲率, 此时激波与物体形状一致, 如图 7.1(a) 所示。这样可以从条件 (7.1.8) 推断出条件 (7.1.6)。然而对于 $R \gg r_0$ 的**大钝度钝体**, 如垂直于流动的平板或平底圆柱, 就可能达不到极限 $R_s \to R$。按照 6.3 节所述, 这种情况下, 必须假定物体 "肩部"(图 7.4(b) 中的拐点) 附近的流动是跨声速的, 且有 $U_a \approx a_* \approx U_\infty k^{1/2}$。这是根据图 5.8(5.4 节) 中声速线的整理得到的。这样就有

$$\delta \sim \delta^* \approx 2^{-\nu} r_0 k^{1/2}, \quad R_s \sim 2^\nu r_0 k^{-1/2} \tag{7.1.10}$$

我们注意到在 3.7 节中, 带有近极限角的尖劈和锥体都可以进行相同的估算 $\delta \sim k^{1/2} L$。因此任何情况下条件 (7.1.6) 都满足, 尽管 δ 随 k 减小这一特定规律可能会不同。该条件和基于该条件建立的薄激波层模型正是本章所研究理论的基础。

我们注意到, 之前认可的不同类型钝体的区分是带有条件的。因此, 对于中心半角 ω_0 的球冠体 (图 7.4(b)), 在 $\omega_0 > k^{1/2}$ 时, 可以看作是小钝度钝体; 而在 $\omega_0 < k^{1/2}$ 时, 则可看作是大钝度钝体。

如前所述, 基于气体流量平衡的激波层厚度的计算方法相当通用, 只要适当考虑激波中速度的量级, 很容易将其扩展到其他类型的流动中, 如三维流、非均匀流等。因此, 长椭球横向绕流中, 激波内膨胀速度的阶数由物体表面的最小曲率半径 $R_{\min}$ 决定, 因而有 $\delta \sim kR_{\min}$。

另一个例子是非均匀扩张射流中的物体 (参见 2.3 节)。当 $R_s \sim R$ 时，对称轴附近激波的速度 (图 7.4(c) 和 (d)) 可以表示为

$$U_s/U_\infty \approx \cos(\alpha + \varphi) \approx \omega_1 = \omega + \varphi = r/R_{\text{eff}}$$

$$R_{\text{eff}}^{-1} = R_s^{-1} + m, \quad m = \frac{\partial \varphi}{\partial r} \tag{7.1.11}$$

其中，ω_1 是激波 (或物体) 当地倾角的余角；R_{eff} 是非均匀流中物体的**有效曲率半径**。因而用 R_{eff} 代替式 (7.1.8) 中的 R_s，则有 $\delta \sim kR_{\text{eff}}$。扩张流动中有 $m > 0$，因此 $R_{\text{eff}} < R$，且对称轴及其附近的激波层厚度要小于在均匀流中的厚度。相反，在收缩流动中，$m < 0$，当 $mR \to -1$ 时，激波层厚度急剧增加，之前的估算几乎不再有用。有意思的是，虽然 $R_s \to \infty$，但膨胀射流流场 (图 7.4(d)) 内平板上的激波层厚度是有限的，为 $\delta \sim k/2^\nu m$，而这在均匀流 (或尤其在收缩流) 中是不可能的。

通过平底圆柱的射流，同半宽为 h 的有界射流 (图 7.4(e)) 与平面障碍之间的相互作用有些相似。这种情况下，在激波与射流边界的相交点达到声速，而激波层厚度为 $\delta \sim \delta^* \sim h\sqrt{k}$。

在估算过程中，我们自然地淘汰了一些会不符合预设流动方式的异常情况。因此，当欠膨胀射流撞击障碍物时 (5.5 节)，射流中产生的边缘激波导致了回流前进区 (图 5.15) 的形成。

最后我们注意到，每个极限理论，仅在量级较小的参数确实能达到真实存在值的情况下，才可能在实际应用中有用。在此之前已明确了高超声速流的稳定性范围 (其下限 $M_\infty \geqslant 5 \sim 6$ 可以有条件地作为高超声速定律适用范围的起始点；这一点将在后面章节中详述)。但压缩激波层的某些特性使得情况更为复杂。极限理论历史悠久、内容丰富；然而在下文中，它只反映出：在实际值 $k \geqslant 0.05$ 时，其部分理论和气体动力学示意图及简单结果才保持有效性，而这一点也并不总能实现[①]。

7.2　布斯曼公式和牛顿公式

激波层厚度很小时，能由此推导出一些楔形流和锥形流的简单解，见 3.7 节和 6.4 节。采用与 $k \to 0$ 情况下相同的假设，可以利用牛顿公式 (3.7.8) 求解压力：

$$\Delta p = p_{\text{N}} - p_\infty = \rho_\infty U_n^2 = \rho_\infty U_\infty^2 \sin^2 \theta, \quad \bar{p}_{\text{N}} = \sin^2 \theta \tag{7.2.1}$$

牛顿以他自己的粒子模型为基础，并假设气体粒子不受干扰到达物体表面并将其法向动量传给物体，从而推导出这一公式。所以如果式 (7.2.1) 中的 U_n 代表

[①] 该理论在 Hayes 和 Probstein(1966)、Chernyi(1966)、Lunev(1975) 等的书中有详细论述。

粒子和物体面元之间的相对法向速度，则该公式对处于任何流 (均匀或非均匀流，包括时间相关流) 中的所有物体面元都适用。

当然，这个简化的模型甚至没有考虑到各种定性因素。我们将注意下面的一些因素。

首先，这个模型似乎适用于强稀薄气体，其分子到达物体表面时几乎没有相互碰撞。但这种情况下的切向应力很重要。特别是，如果物体表面以远小于 U_∞ 的速度反弹气体粒子 (参见 12.1 节)，那么粒子在碰撞中几乎完全损失其动量，因而沿自由流速度分量方向的力 $\rho_\infty U_\infty^2 \Delta\sigma$ 将作用在每一面元 $\Delta\sigma$ 上。因此，牛顿公式不适用于稀薄气体。

其次，牛顿公式不适用于处在**气动阴影** (aerodynamic shadow) 内的物体背风面。但这一点甚至未被提及。在工程应用中，基准压 p_d 是单独确定的，而且在高马赫数 M_∞ 下估算气动力时可以忽略不计。

最后，与气体层相互作用的高密度入射流，在达到物体表面后沿物体表面移动，而不是随表面自身移动。入射发生后，在沿曲面流动的气体中产生了离心力，这些力由沿流向法向 n 的压力梯度决定。曲率为 R_1^{-1}、沿流线法向 n 的压力梯度可由式 (2.2.5)$\partial p/\partial n = \rho U^2/R_1$ 求出。

小钝度钝体上极薄激波层内的流线，以及激波 $r_s(x)$，与物体表面 $r_b(x)$ 十分贴合。因此当 $\delta/L \to 0$ 时，有

$$\mathrm{d}l = \mathrm{d}x, \quad R_1 = R_s = R, \quad n = y, \quad r_s = r_b(x), \quad u = U \tag{7.2.2}$$

这里，x 和 y 为物体表面的贴体坐标 (见图 7.4(a) 和 1.13 节中的图 1.24(c))；u 为速度在 x 方向上的投影。这样，对前面的 $\partial p/\partial n$ 公式进行积分就得到**布斯曼 (Busemann) 公式**：

$$p = p_s - p_{\mathrm{B}}, \quad p_s = p_{\mathrm{N}} = \rho_\infty U_\infty^2 \sin^2\theta$$

$$p_b = p_s - p_{\mathrm{B}}(0)$$

$$p_{\mathrm{B}} = \int_y^\delta \frac{\rho U^2}{R}\,\mathrm{d}y = \frac{I(\psi)}{r_{\mathrm{b}}^{1+\nu}R}, \quad I(\psi) = \frac{1}{(2\pi)^\nu}\int_\psi^{\psi_s} U\,\mathrm{d}\psi$$

$$\mathrm{d}\psi = (2\pi r)^\nu \rho U\,\mathrm{d}y, \quad \psi_s = \pi^\nu r_s^{1+\nu}\rho_\infty U_\infty \tag{7.2.3}$$

其中，ψ 为流线函数，而 ψ_s 为穿过激波层的气体流量。积分 $I(\psi)$ 代表激波与 $\psi = \mathrm{const}$ 的流线之间气体动量矢通量 $I(\psi)$ 的绝对值。这个沿物体表面的矢量，可以通过求解对称平面流 ($\nu = 0$) 一半的通矢量得到；或在轴对称情况下，通过求解两个闭合子午平面之间单位角 $\Delta\varphi$ 的通矢量得到。离心力及布斯曼压力差 p_{B} 正是由矢量 I 的转向而引起的。

在同样的近似下，激波层厚度为

$$\delta = \frac{1}{(2\pi r)^\nu} \int\limits_0^{\psi_s} \frac{\mathrm{d}\psi}{U} \tag{7.2.4}$$

当激波角度 $\alpha \to \theta$ 时，激波后的压力 p_s 趋于牛顿压力公式 (7.2.1)，这证明牛顿公式适用于激波层外缘。我们注意到式 (7.2.3) 中第一个 p_B 等式更为通用，可以运用到比极薄激波层更普遍的情况中，这样每一条流线都应当被看作有其各自的曲率 R^{-1}。该等式同样也适用于三维流。

当然，由于代入的量 p_s 和 U 事先未知，布斯曼公式没有给出最终解 (在下文中，我们要推导出 $k \to 0$ 时的极限解)。不过仅根据力学原理，我们就能得到不同形状物体上的压力特性。在 $R > 0$ 的**凸形物体**上，有 $p_B > 0$，因此从激波到物体，压力逐渐减小；而在 $R < 0$ 的**凹形物体**上结果相反，即 $p_B < 0$。在直线流中 $p_B = 0$，这一情况使我们能推导出 3.7 节和 6.4 节中尖劈和锥体绕流的有效极限解。

似乎布斯曼公式对牛顿公式的适用性提出了疑问。但如 6.4 节中所示，牛顿公式在定量和定性上都给出了较好的结果，甚至在存在离心力的带攻角锥体绕流中也有较好的结果。这一点主要通过以下事实来解释：首先，式 (7.2.3) 中的 p_s 项通常占主导地位，并在 $\alpha \approx \theta$ 时接近于牛顿项；其次，针对凸起物在 $\alpha > \theta$ 时，从式 (3.5.26) 得到的不等式 $p_s > p_N$，在一定程度上被式 (7.2.3) 中负的 p_B 项所抵消。因此，下文中我们将仅讨论牛顿公式，它给出了一个非常简单的、与物体形状和流动条件无关的局部压力定律。当然，该公式需要对各种类型的物体进行全面验证，而这正是后面要做的。

对于钝体，通常会用到**修正的牛顿公式**

$$\bar{p}' = \frac{p_b}{p_0'} = \sin^2\theta = \cos^2\omega, \quad p_0' = p_\infty + \rho_\infty U_\infty^2\left(1 - \frac{1}{2}k\right) \tag{7.2.5}$$

其中，p_0' 为正激波后的驻点压力 (式 (3.6.5))。该修正公式仅通过 p_0' 把流动条件考虑进去，它们的影响很小，特别对高超声速而言 (参见 7.1 节)。因此，对于在地球大气层不同高度、以 $U_\infty \geqslant 1.3\,\mathrm{km/s}$ 速度 ($M_\infty \geqslant 4$) 移动的球体，图 7.2(b) 中的 $\bar{p}'$ 曲线处在一较窄条带中，该条带的中心线可由以下公式 ($\omega \leqslant 80°$ 时成立) 近似得到：

$$\bar{p}' = \frac{p_b}{p_0'} = 1 - \frac{7}{6}\sin^2\omega + 0.225\sin^6\omega, \quad \omega = \frac{\pi}{2} - \theta \tag{7.2.6}$$

当然，这对激波层结构来说是不恰当的：激波层厚度、其密度分布等，很大程度上取决于气体的物理和化学状态。但对于 $\gamma = 1.4$ 的理想气体，有一个更精

确的、取决于马赫数 M_∞ 的近似关系 (图 7.2(a)):

$$\overline{p}' = 1 - \left(1.2 - \frac{1.5}{M_\infty^2}\right)\sin^2\omega + \left(0.27 - \frac{1.1}{M_\infty^2}\right)\sin^4\omega \qquad (7.2.7)$$

图 7.5 给出了椭圆和椭球上的压力 $\overline{p}'$ 分布。两条曲线相互之间很接近，也很接近于牛顿曲线。图 7.6 中也展示了不同 γ 及标度长度下，欠膨胀射流场及射流中球体上的压力分布 (Lunev 和 Khramov，1970)。虽然这些曲线在原坐标系上是发散的，但当以 $\overline{p}'(\omega_1)$ 为依赖变量时，它们都聚合成一较窄条束。其中，$\omega_1 = \omega + \varphi$ 为局部角，p_0' 的值取 $\varphi = 0$ 时的计算结果。对均匀流中的球体，这一窄束处在略低于 $\overline{p}'(\omega)$ 曲线的位置。这是由给定流线上，横向局部冲压 $\rho_1 U_1^2$ 或 p_{01}' 的减小而造成的。同理，公式 $\overline{p}' = \cos^2\omega_1$ 给出了略偏高的压力值，因此采用公式 $p = p_{01}'\cos^2\omega_1$ 更为准确。

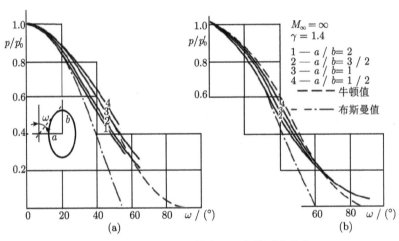

图 7.5　椭圆 (a) 和椭球 (b) 上的压力分布

很自然地将牛顿公式推广到二维锐体绕流，称为**局部尖劈法**，由于线性及二次近似中薄体上压力定律的局部特性 (2.8 节、3.7 节和 4.6 节)，该方法可以用在更小的角度值 θ 和自由流马赫数 M_∞ 上。图 7.7 显示，成功运用该方法计算出了接于钝锥锥裙上的压力。锥裙周围的流动实质上是非均匀的，其当地马赫数约为 2.5。紧靠锥裙前方每一点的局部流动参数用作来流参数。同时，采用自由流参数 ("外" 牛顿公式 (7.2.1)) 进行的计算给出了较粗略的锥裙压力近似值。

除了 6.6 节中给出的带攻角锥体的数据之外，图 7.8 中我们还给出了带尖顶的细长体的结果。牛顿公式及其广义式，**局部圆锥法**，在 $M_\infty \geqslant 3$ 时，已给出较好的结果。在锥体绕流中，压力准确值和牛顿公式得到的压力值，在 $\alpha = 0$ 时，以及 $\alpha > 0$ 时的 $\varphi = \pi/2$ 平面中都是相似的。

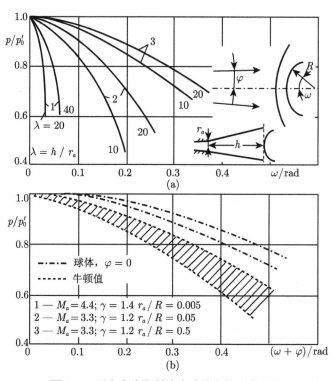

图 7.6　不完全膨胀射流中球体上的压力分布

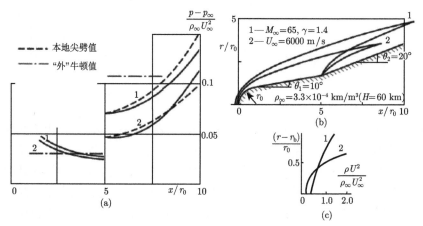

图 7.7　钝锥锥裙物体压力分布 (a)，激波形状 (b)，以及锥裙前冲压分布 (c)

　　我们现将估测一下牛顿公式的适用范围 (除空气动力阴影区域之外，参见之前的讨论)，看看大多数典型的例子都说明了什么。

　　(1) 在球头边缘，随着激波压力 p_s 的减小，式 (7.2.3) 中的离心力分量 p_B 增加，而相对压力 p_b/p_s 急剧减小 (图 7.9(a))。扰动层内的体积平均密度 ρ_a 也减小 (图 7.9(c))。这导致了激波从物体脱离，这与 7.1 节所述一致。在这一范围内，7.1 节中的推算方法以及牛顿公式是不适用的 (详见 7.5 节)。

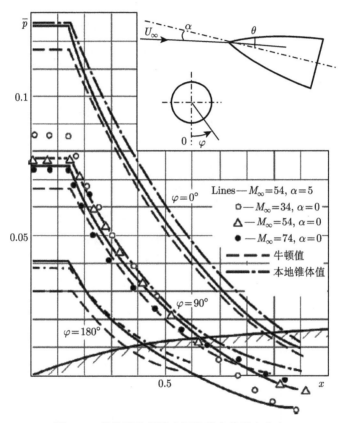

图 7.8　带锥形头部的尖细长体上的压力分布

(2) 在内凹物体上，可以明显地观察到布斯曼公式所预测的定性特征 (图 7.10)。这里，由于离心力的作用，压力试验值增至几乎与驻点压力 p_0' 一样高，并超过了牛顿公式预测的压力值 [1](在这一区域形成了局部黏性分离区)。表面曲率断点附近也观察到相似的、但略小的压力增加，这导致了流线内凹区域的出现。图 7.11 中给出了这样的例子。在这种情况下，布斯曼效应限制了牛顿公式的应用。

(3) 牛顿力学 (Newtonian concept) 在物体母线 (body generator) 负折点的下游流动区，以及阴影下的流动区内不适用。拐点周围的超声速流是伴随着膨胀波的产生而来的，在原则上是不能用牛顿流动模型来描述的。如果拐点上

---

[1] 这一例子绝不是空谈。当物体表面 (飞行器头部或流星体) 因剧烈气动加热在空气中燃烧时就会出现这种物体外形。参见 Voronkin，Lunev 和 Nikulin(1978)。

游是亚声速流，那么由物体表面母线的弯折所引起的流动膨胀向上游传播，因此，根据 5.6 节所述，无论物体的局部斜度是怎样，拐点附近都将变成跨声速流。图 7.11 和图 7.12 中的大钝度钝体就给出了这样的例子。

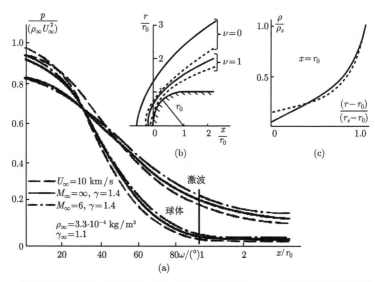

图 7.9　物体和弓形激波上的压力分布 (a)，激波形状 (b)，以及激波层密度分布 (c)

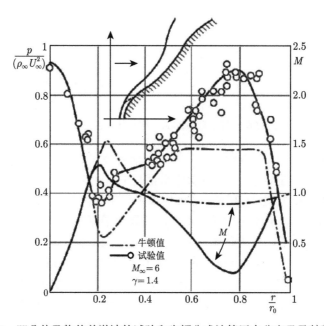

图 7.10　凹凸体及物体前激波的试验和牛顿公式计算压力分布及马赫数分布

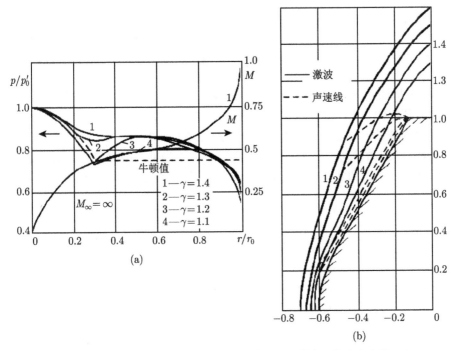

图 7.11 球形钝锥上的压力和马赫数分布 (a)，激波形状及声速线 (b)

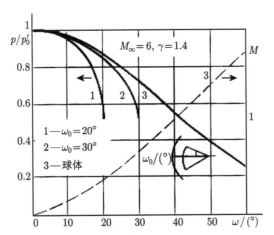

图 7.12 球冠体上的压力，以及球体马赫数分布

　　然而，除了一些总体看来就很明显的特殊情况 (如前面所列出的和其他特定的某些情况)，此部分所给出的例子表明，在估算轮廓平滑变化的锐体和钝凸体上的压力，并帮助理解压力特性的机理这些方面，牛顿公式及其广义式能给出较好的准确性。这就是该公式的吸引力所在，以及在高超声速、甚至超声速空气动力

学中广泛应用的原因。

7.3　钝体：相似律

5.4 节描述了钝体激波后的亚声速流和跨声速流的特性，及其对应问题的公式表达。其中图 5.4～ 图 5.11 展示了几个典型的流动类型。这里，我们将以本章所得结果为基础，确定亚声速和跨声速流动区域的形状及大小，并推导出以有效绝热指数 γ_* 或激波密度比 $k = (\gamma_* - 1)/(\gamma_* + 1)$ 为唯一相似参数的相似定律。

从式 (2.2.13) 和式 (2.2.14) 得到，声速点的压强 p_* 和焓 h_* 较弱地依赖于 γ：

$$p_*/p_0' = [2/(\gamma + 1)]^{\gamma/(\gamma+1)} = 0.605 \sim 0.525$$

$$h_*/H = 2/(\gamma + 1) = 1 \sim 0.83, \quad \gamma = 1 \sim 1.4 \tag{7.3.1}$$

而另一方面，从牛顿公式 $p_*/p_0' = \cos^2 \omega_*$ 得到，声速点位置和钝体表面马赫数分布一般仅略依赖于流动条件或 γ。因此当 $M_\infty \geqslant 4$ 时，球体绕流的中心声速角 ω_* 在 $36° \sim 41°$ 变化。声速点的激波倾斜角 α_* 由 3.5 节中的条件 $\tan \alpha_* = k^{-1/2}$ 决定。假定激波与物体形状相似，根据 $\omega_{*s} \approx k^{1/2}$ 这一定律，我们得到，当 $k \to 0$ 时，声速点将移至对称轴处，正如图 5.11 和图 7.11 中所看到的。

现在我们考虑有拐角点的物体，如球冠体 (spherical segments)。如果弓面中心角 ω_0 大于球体的极限特征角坐标 ω_1，那么声速点不会影响亚声速流动区。相反，在 $\omega_0 < \omega_1$ 的情况下，拐点后的压力突降将在整个亚声速区并向上游传播，根据 5.6 节中的分析，这将引起声速点向拐角处偏移。图 7.12 显示了球冠体上的压力分布。这些物体中的极端例子是平底圆柱 (图 7.4(b))。平底面上在 $\Delta r \approx 2\delta^*$ (根据式 (7.1.9)，其中 $\delta^* \sim k^{1/2}r_0$) 的距离内，压力从值 $p = 0.9p_0'$ 降到声速 $p_* \approx 0.6p_0'$。连同有关声速线形状的数据一起，这表明平底面上跨声速区长度量级约为 $\delta^* \sim k^{1/2}r_0$。

由条件 $p_*/p_0' = \cos^2 \omega_{1*}$ (其中 $\omega_{1*} = \omega_* + \varphi_*$) 决定了非匀速流中圆柱体和球体 (图 7.4(c) 和图 7.6) 上的声速点位置 ω_*。而物体之前激波的声速点则由公式 $\omega_{s*} + \varphi_{*s} \approx k^{1/2}$ 确定 (其中，φ_* 和 φ_{*s} 为流线到达声速点时的倾斜角)。在平面障碍物上，我们则有 $p_*/p_0' = \cos^2 \varphi_*$ (其中，$\varphi_* \approx k^{1/2}$)。

所有上述的内容仅与大钝体有关，只能推广到同类的物体上。在介于中间的情况下，如中间角小于球体声速角，即 $\omega_0 < \omega_*$ 的球冠体上，声速线将经过拐点；而激波上，声速线将于 $\gamma_* \to 1$ 时逼近对称轴，正如球体情况下一样。图 7.11 中所示的物体也是如此。

综上所述，我们可以推导出一个非常简单的、用于钝体头部平衡激波层的相似定律。一般来说，某指定气体的严格相似条件是：与自由流速度 U_∞ 相等，并在一定程度上与自由流密度 ρ_∞ 相等 (1.2 节)。但亚声速和跨声速流动区域内的压强和焓，从在驻点的最大值变化到极限特征附近的最小值，这些值之间的差异并不是很大。因此对于这一区域内的球体，我们有 $p/p_0' \geqslant 0.5$, $h/H \geqslant 0.7$。同时，如 1.3 节和 1.6 节中所述，局部真实气体流可以通过本地有效绝热指数 γ_* 和平衡指数 $\gamma_e = \rho a_e^2/p$ 来表征，γ_e 决定平衡声速并依赖于 γ_* 及其导数 (式 (1.6.12))。通常，量 γ_* 和 γ_e 的变化很小，同时焓的变化在 1.5~2 倍，而压力变化在一个数量级左右 (1.3 节中的图 1.9 和图 1.10)。因此在本书关注的流动区域内，它们可以看作是常量，这样决定平衡绕流的各种条件仅由两个参数 γ_* 和 γ_e 来描述。

然而，对于温度高达 $T \leqslant 10000$ K 或飞行速度 $U_\infty \leqslant 10 \sim 15$ km/s 的空气，γ_e/γ_* 之比与 1.0 相差不超过 10%。因为 γ_e 能够直接进入方程，而 γ_* 经过小的差值 $\gamma_* - 1$ 进入方程，因此 γ_e 可以通过 γ_* 代入方程。

这样，在前面认定的约束条件下，高超声速气流中，流动在钝体激波层的亚声速和跨声速区内依赖于唯一的参数 γ_*，它通常根据正激波后 $k = (\gamma_* - 1)/(\gamma_* + 1)$ 的值来选取。一般而言，经常把量 k，而不是 γ_*，用作相关公式中的相似参数。

该相似定律的应用很广，准确性很好，这在图 7.13 中很明显。图中，我们给出了半径为 R 的球体 ($\nu = 1$) 和圆柱 ($\nu = 0$) 上，各种典型的平衡离解空气和理想气体扰流下，较宽范围的激波脱体距离 δ、对称轴上激波的曲率半径 R_s，以及

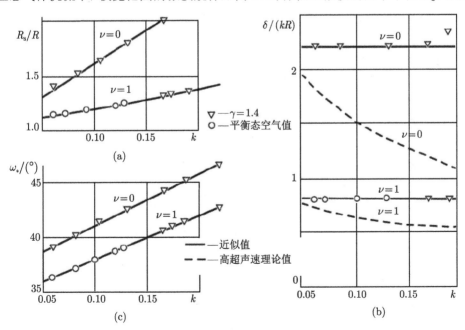

图 7.13　球体绕流的几何参数，虚线代表 7.8 节中的解

声速角 ω_* 的值。所给出的数据可以较好地由以下公式近似:

$$\nu = 1: \quad \delta = 0.78kR, \quad R_s = (1.05 + 1.65k)R, \quad \omega_* = 34 + 40k$$

$$\nu = 0: \quad \delta = 2.2kR, \quad R_s = (1.02 + 6.1k)R, \quad \omega_* = 36 + 43.5k \qquad (7.3.2)$$

对于垂直于来流的圆盘和平板,激波层厚度的 k 相关性在图 7.14 中给出。这些曲线由以下公式近似:

$$\nu = 1: \quad \delta/r_0 = (1 + 0.6k)k^{1/2}, \quad \delta^*/r_0 = (0.4 + 2.1k)k^{1/2}$$

$$\nu = 0: \quad \delta/r_0 = (1.5 + 4.5k)k^{1/2}, \quad \delta^*/r_0 = (0.9 + 6k)k^{1/2} \qquad (7.3.3)$$

图 7.14 中还同时给出变量 $b = (r_0^2/x)(\partial p/\partial x)/p_0'$,该量表征着圆盘绕流对称轴上的压力梯度。压力分布仅取决于 k 这一事实被用于球体的通式 (7.2.6) 所证实。根据式 (7.2.5),式中的 p_0' 仅取决于 k。

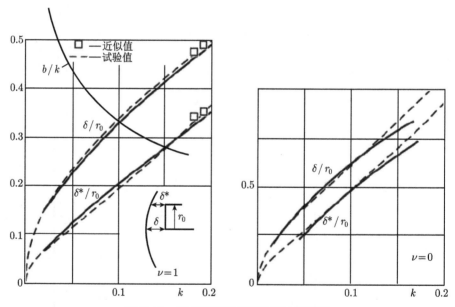

图 7.14 圆盘和平板扰流的激波层厚度

7.4 气 动 特 性

物体气动特征的定义已在 2.13 节中给出。本节我们将采用牛顿公式计算某些特例的气动系数并研究其特性。取气动阴影区下的压力和外部压力相同,即 $p_d = p_\infty$。

我们从放置在与入射流呈攻角 $\alpha + \theta$ 的任意形状的平板开始 (角度 θ 在图 2.26(b) 中为带攻角的尖劈引入)。像通常对机翼的处理一样,将所有的力除以

图 2.26(b) 所示坐标系中平板的表面积 Σ，我们得到

$$c_\tau = 2\bar{p}\sin\theta, \quad c_n = 2\bar{p}\cos\theta, \quad \bar{p} = \sin^2(\alpha+\theta)$$

$$c_x = 2\bar{p}\sin(\alpha+\theta), \quad c_y = 2\bar{p}\cos(\alpha+\theta)$$

$$K = c_y/c_x = \cot(\alpha+\theta) \tag{7.4.1}$$

其中，K 为平板的升阻比。

对于有限厚度的物体，这些力通常针对最大横截面，或中间部分的面积 S_0。对于尖劈或锥体，$S_0 = \Sigma\sin\theta$，因此式 (7.4.1) 中的所有系数都应除以 $\sin\theta$。对于很小的 $\alpha \ll \theta$，我们给出表达式

$$c_x = c_\tau = 2\sin^2\theta + 3\alpha\sin 2\theta, \quad c_n^{(\alpha)} = 2\sin 2\theta\cos\theta \tag{7.4.2}$$

其中，$c_n^{(\alpha)} = (\partial c_n/\partial\alpha)_{\alpha=0}$ 为 2.13 节中介绍的 c_n 的气动导数。对于如图 2.26 中虚线所示的双边尖劈，$c_n^{(\alpha)}$ 应加倍，而 $c_x = 2\sin^2\theta + O(\alpha^2)$。

对于无厚度平板 (平面翼)，应当设式 (7.4.1) 中 $\theta = 0$。这种情况下，该公式及压力的二次律不再适用于小的攻角 $\alpha < \alpha^* = \arcsin M_\infty^{-1}$；压力将以一有限值 $c_n^{(\alpha)}$ 遵循 $\tilde{p} \sim \alpha$ 的规律和 $c_x \sim \alpha^2$ 的二次律 (参见 2.8 节和 2.13 节)。

考虑到在恒定压力下，沿法向的合力将从平板惯性中心穿过，就很容易确定长度为 L、面积为 Σ 的平板相对于前点 O 的力矩系数。如果 τ_d 为合力到起点的距离，根据式 (2.13.3)，对应的力矩及其系数等于

$$M_0 = \tau_d(p - p_\infty)\Sigma, \quad c_{m_0} = 2\tau_d/L \tag{7.4.3}$$

矩形板压力中心系数为 $c_d = c_{m_0}/c_n = \tau_d/L = 1/2$，而三角板则为 $c_d = 2/3$。

对于顶角为 2θ、长度为 L 的尖劈 (图 2.26(b))，法线经过长度为 $L_b = L/\cos\theta$ 的母线中点，与 τ 轴在点 $\tau_d = L_b/(2\cos^2\theta)$ 处相交。将该结果与 7.4.2 相比，并用 L 和中间面积 $S_0 = L\tan\theta$ 来表示力矩，可以得到

$$c_d = \tau_d/L = (2\cos^2\theta)^{-1}$$

$$c_{m_0} = c_d c_n = 2\sin^2(\alpha+\theta)/\sin 2\theta, \quad c_{m_0}^{(\alpha)} = 2 \tag{7.4.4}$$

接下来我们要研究旋转体及类似物体。对于零入射角的圆锥，和尖劈一样，也有 $c_x = 2\bar{p} = 2\sin^2\theta$；相同的阻力系数值对于锥体的任何外切多面体都是合适的。实际上，多面体每一个面上的压力，在这种情况下和内切锥体上的一样。从式 (2.13.1) 的积分符号中提取出压力因子，我们得到如下形式的力：$X = T = (p - p_\infty)S_0$，以及如下形式的系数：$c_x = c_\tau = 2\bar{p}$。

针对椭圆锥体，也可以推导出一个简单的 c_x 公式：

$$c_x = 2\sin\theta_1 \cdot \sin\theta_2 \tag{7.4.5}$$

其中，θ_1 和 θ_2 为对称子午平面上锥体的半顶角。

在旋转体表面，法向量 $\boldsymbol{n}$ 在贴体坐标系 τ、n 和 b 轴上的投影 (图 2.26(b)) 如下：

$$n_\tau = -\sin\theta, \quad n_n = -\cos\theta\cos\varphi, \quad n_b = -\cos\theta\sin\varphi \qquad (7.4.6)$$

为了计算作用在物体上的力和力矩，我们分离出长度 $\Delta\tau$ 的环形单元以及之中被子午角 $\Delta\varphi$ 所切表面的面积元。作用在这一面积元上的力的分量为 $\Delta_\varphi\bar{T} = \bar{p}r\Delta r\Delta\varphi$ 和 $\Delta_\varphi\bar{N} = \bar{p}r\cos\varphi\Delta r\Delta\varphi$ (其中 $\bar{T} = T/\rho_\infty U_\infty^2$ 等)。第一个分量产生相对于 z 轴的力矩 $\Delta M = \Delta_\varphi\bar{T}r\cos\varphi$，而第二个分量给出了力矩 $\Delta M = \Delta_\varphi\bar{N}\tau$。之后，在 $\alpha \leqslant \theta$ 时运用牛顿公式 (6.6.1) 并对 φ 和 r 连续积分，我们得到

$$S_0\Delta c_\tau = 2\pi J_1 r\Delta r = 2\pi J_1' r\Delta\tau, \quad S_0\Delta c_n = 2\pi J_2 r\Delta\tau = 2\pi J_2' r\Delta r$$

$$LS_0\Delta c_{m0} = 2\pi(r^2\Delta r J_1 + \tau r\Delta\tau J_2)$$

$$J_1 = \frac{2}{\pi}\int_0^\pi \bar{p}\mathrm{d}\varphi = 2\sin^2\theta\cos^2\alpha + \cos^2\theta\sin^2\alpha, \quad J_1' = J_1\tan\theta$$

$$J_2 = \frac{2}{\pi}\int_0^\pi \bar{p}\cos\varphi\mathrm{d}\varphi = \cos\theta\sin\theta\sin 2\alpha, \quad J_2' = J_2\cot\theta$$

$$c_\tau = \frac{2\pi}{S_0}\int_0^{r_0} J_1 r\mathrm{d}r, \quad c_n = \frac{2\pi}{S_0}\int_0^L J_2 r\mathrm{d}\tau$$

$$c_{m0} = \frac{2\pi}{S_0 L}\int_0^{r_0} r^2 J_1\mathrm{d}r + \frac{2\pi}{S_0 L}\int_0^L r\tau J_2\mathrm{d}\tau \qquad (7.4.7)$$

其中，$2r_0$ 为物体横截面直径；而 Δc_τ 等是环形单元的气动系数。

对于尖锥，有 $r_0 = L\tan\theta$ 和 $\mathrm{d}r = \tan\theta\mathrm{d}\tau$，由此我们推导出下列气动系数表达式：

$$c_\tau = 2\sin^2\theta\cos^2\alpha + \cos^2\theta\sin^2\alpha$$

$$c_n = \cos^2\theta\sin 2\alpha, \quad c_{m0} = \frac{2}{3}\sin 2\alpha$$

$$c_\mathrm{d} = \frac{c_{m0}}{c_n} = \frac{2}{3\cos^2\theta} \qquad (7.4.8)$$

很明显，锥体的压力中心比尖劈更远离顶角，两者的系数都与攻角无关。对于很小的 θ，$\alpha \ll 1$，从式 (7.4.8) 得到

$$c_x = 2\theta^2 + 3\alpha^2, \quad c_y = c_n = 2\alpha, \quad c_\mathrm{d} = 2/3 \qquad (7.4.9)$$

这些锥体的升阻比由下式决定：

$$K = c_y/c_x = 2\alpha/(2\theta^2 + 3\alpha^2) \tag{7.4.10}$$

根据式 (6.6.1)，$\alpha > 0$ 时的压力 $\bar{p}$ 在点 $\varphi = \varphi_0$ ($\cos\varphi_0 = -\tan\theta\cot\alpha$) 处消失。显然，在 $\varphi > \varphi_0$ 处，即使从形式上看，牛顿公式也不再适用，因此在这一范围设定 $\bar{p} = 0$。这里不再给出气动系数的公式，这些公式虽易推导却很烦琐，我们只要注意到和之前一样，$c_{\mathrm{d}} = 2/(3\cos^2\theta)$。

在图 7.15 中画出由此得到的 $K(\alpha, \theta)$ 升阻比曲线。这些曲线在 $\theta < 30°$ 时有最大值。对于细长锥体，在点 $\alpha = (2/3)^{1/2}\theta$ 处达到最大值，$K_{\max} = 1/(3\alpha)$，该值比薄板的牛顿近似值 $K_{\max} = \alpha^{-1}$ 要小。当 $\alpha > \alpha_0$ 时，其中 $\tan^2\alpha_0 = 2(1-\tan^2\theta)$，升阻比 K 为负值，c_y（从式 (7.4.8) 和式 (2.13.5) 得到）也是如此，这是由作用在 $y < 0$ 区域的轴向力 T 的增加而造成的；当 $\theta \geqslant 45°$ 时，任意 α 都是此结果。当 $\theta \to 90°$ 时，有 $K = -\tan\alpha$。与精确解的对比表明，牛顿公式在计算高马赫数 M_∞ 下锥体的升阻比时相当准确，至少 $\alpha \leqslant \theta$ 时，在无黏气体动力学适用范围内是如此 ($\alpha > \theta$ 时，锥体背风一侧分离区的影响会比较大)。

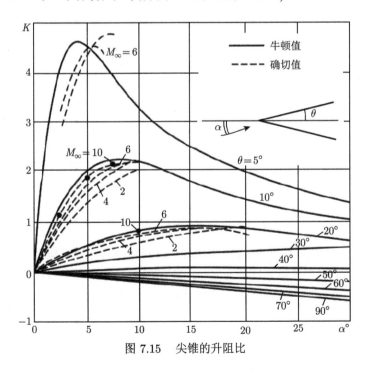

图 7.15 尖锥的升阻比

至于钝体，我们将给出中心角为 $\omega_0 = \pi/2 - \theta_0$ 的球冠体在 $\alpha = 0$ 时的 c_x 公式，这是从 $M_\infty = \infty$ 下的压力分布 (7.2.6) 计算得到的

$$\nu = 0: \quad c_x = 2\bar{p}_0' \left(1 - \frac{1}{3}\sin^2\omega_0\right)$$

$$\nu = 1: \quad c_x = 2\bar{p}_0' \left(1 - \frac{1}{2}\sin^2\omega_0\right)$$

$$\bar{p}_0' = p_0'/\rho_\infty U_\infty^2 \tag{7.4.11}$$

对于圆柱, 我们有 $c_x = \dfrac{4}{3}\bar{p}_0'$; 而对于球体, 则有 $c_x = \bar{p}_0'$ ($M_\infty = \infty$ 和 $\gamma = 1.4$ 时, $\bar{p}_0' = 0.92$)。这些公式都较高的准确度 (图 7.16)。对于垂直于流动的圆盘或平板, 在 $\omega_0 = 0$ 时达到最大值 $c_x = 2\bar{p}_0'$。显然在该近似中, 垂直于流动的任意形状平板都有相同的阻力系数。

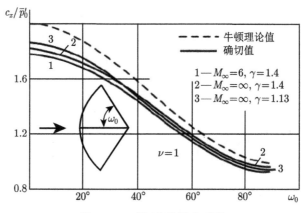

图 7.16   球冠体的阻力系数

在牛顿公式的基础上, 我们还能推导出一些有用的普遍定律。比如, 可以通过消除等式 (7.4.7) 中 J_1 和 J_2' (该公式由 Krasilnikov 提出) 的 $\cos^2\theta$ 而得到

$$(2 - 3\sin^2\alpha)c_n = \sin 2\alpha(2\cos^2\alpha - c_\tau) \tag{7.4.12}$$

图 7.17 给出了该公式与计算精确解和试验数据的对比。可以发现, 当 $\sin^2\alpha = 2/3(\alpha = 54.7°)$ 时, 任何物体的系数 c_τ 都等于 $2/3$(当然在牛顿理论体系内)。但应当注意的是式 (7.4.12) 仅在 $\alpha \leqslant \theta$ 时有效。对于很小的 α, 从式 (7.4.12) 和式 (2.13.15) 得到

$$c_n = \alpha(2 - c_\tau), \quad c_y = 2\alpha(1 - c_\tau), \quad c_x = c_\tau + 2\alpha^2 \tag{7.4.13}$$

我们注意到, 将式 (7.4.12) 和式 (7.4.13) 用于钝体时, 应当由 $c_n/\bar{p}_0'$ 和 $c_\tau/\bar{p}_0'$ 代替 c_n 和 c_τ。

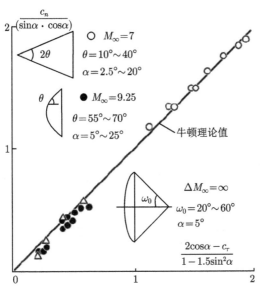

图 7.17　不同旋转体气动特征之间的相关性

在牛顿公式的基础上，我们还可以得到近轴对称物体阻力的**面积律**。在柱坐标系中，使气流中物体的形状仅略不同于某一轴对称物体：

$$r_b = r_\varepsilon(x, \varphi) = r_0(x) + \varepsilon r_1(x, \varphi), \quad \varepsilon \ll 1 \qquad (7.4.14)$$

选择物体 $r_0(x)$，这样在任意 $x = $const 的横截面，其面积和原物体的面积相同。则有

$$S = \frac{1}{2} \int_0^{2\pi} r_\varepsilon^2 \mathrm{d}\varphi = \pi r_0^2 + \varepsilon r_0 J, \quad J = \int_0^{2\pi} r_1 \mathrm{d}\varphi = 0 \qquad (7.4.15)$$

依照牛顿公式，$\bar{p} = n_x^2$，沿 x 轴作用在物体表面每一面积元 (法向量为 $\boldsymbol{n}$) 上的力 $\mathrm{d}X$ 与 $n_x^3 r_\varepsilon$ 成正比。修改成二阶项，就有

$$n_x = -\Delta^{-1} r_\varepsilon' = n_{x_0} - \varepsilon \Delta_0^3 r_1' \quad (r' = \partial r / \partial x)$$

$$n_{x_0} = -\Delta_0^{-1} r_0', \quad \Delta_0^2 = 1 + (r_0')^2$$

$$\mathrm{d}X \sim n_x^3 r_\varepsilon = r_0 n_{x_0}^3 - \varepsilon (r_0 \Delta_0^{-3} r_1' - n_{x_0}^3 r_1) \qquad (7.4.16)$$

基于条件 $J = 0$，括号内后一表达式相对于 φ 的积分也为 0。由此我们得到作用于物体上的力的二阶形式 $X = X_0 + \varepsilon X_1 = X_0$，即 $X_1 = 0$。从而各对照物体间阻力的不同与它们形状的差异相比是高阶的，它们的横截面积相同。

这一效果被称为**面积律**[①]。其特例就是小攻角 $\alpha \ll \theta$ 时的轴对称体绕流，这种情况下，由物体入射角引起的物体阻力变化的量级，仅为 $\Delta c_x^2 \sim \alpha^2$。

近轴对称体的面积律已被证实，但它的适用范围其实更加广泛。图 7.18 中显示了不同横截面的锥体，相应地，其沿周压力分布也不同，但阻力系数仅稍有不同。

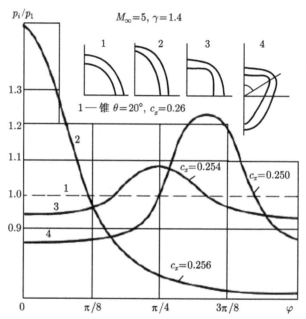

图 7.18　有相同长度和横截面积尖锥体的压力分布和激波形状

然而，这一结果并不是定律。对于中间截面积为 $S_0 = \pi L^2 \bar{S}$ $(\bar{S} = \tan\theta_1 \tan\theta_2)$ 且 $\theta_1, \theta_2 \ll 1$ 的椭圆锥 (参见式 (7.4.5))，变量 $c_x = 2\bar{S}$ 与比率 θ_2/θ_1 无关，也就是说，面积律仍成立。但对于有限的 θ_1 和 θ_2 及 $\bar{S}$ =const，c_x 的值在锥体时最大，而当 $\theta_2/\theta_1 \to 0$，即椭圆翼时，该值减小并消失。

牛顿公式可以简化最小阻力体的某些变分问题的解。这可以通过一些简单的例子来说明。由此，对于薄的符合幂律的物体，$r = Cx^n$，牛顿压力系数为 $\bar{p} = n^2C^2x^{2(n-1)}$，而阻力系数为

$$c_x = 2^{1+\nu}N(n)(r_b/x)^2, \quad N = n^3[(3+\nu)n - 2]^{-1} \tag{7.4.17}$$

当 $n < 1$ 时，该物体有一钝头，薄体近似用于该钝头是不正确的，不过我们将忽略这一点。设具有相同长宽比 r_b/x 的物体 $\mathrm{d}N/\mathrm{d}n = 0$，则 $\nu = 0$ 时，$n = 1$，

[①] 面积律的严格公式由 Kogan(1961) 和 Kraiko(1974) 证明。

$N = 1$；以及 $\nu = 1$ 时，$n = 3/4$，$N = 27/64$(图 7.19(a))。因此，最小平面阻力体为尖劈，而最小旋转阻力体为尖顶凸体，虽然它的阻力系数比锥体并没有好很多 (锥体的阻力系数为 $N = 1/2$)。我们注意到，6.8 节和第 8 章中的精确自相似解求出后者为 $n = 0.71$，而在线性理论体系内，最优旋转体同样也是尖顶形物体 (参见 2.8 节)。

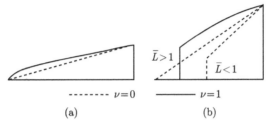

图 7.19　最优外形物体的轮廓线

另外的例子是这样一个物体，其纵切面是长度为 L、前后弧面半径为 r_0 和 r_{m}、侧倾角为 θ 的梯形 (图 7.19(b))。对于这样的物体，牛顿公式给出

$$\frac{1}{2}c_x = (1 - r_0^{-1+\nu})\sin^2\theta + r_0^{-1+\nu}$$

$$\bar{r}_0 = r_0/r_{\mathrm{m}} = 1 - \bar{L}\tan\theta, \quad \bar{L} = L/r_{\mathrm{m}} \tag{7.4.18}$$

二维情况下 ($\nu = 0$)，系数 $c_x = 2 - \bar{L}\sin 2\theta$ 随角度 θ 增加而减小；而后者反过来又被 $\bar{L} \geqslant 1$ 时的条件 $\bar{r}_0 \geqslant 0$ 且 $\bar{L}\tan\theta \leqslant 1$，或 $\bar{L} \leqslant 1$ 时的条件 $\sin 2\theta = 1$ ($\theta = 45°$) 所约束。因此，最优物体在 $\bar{L} \geqslant 1$ 时是一角度为 $\theta = \arctan 1/L$ 的尖劈，而在 $\bar{L} \leqslant 1$ 时是一角度为 $\theta = 45°$、平凸头部半径为 $\bar{r}_0 = 1 - \bar{L}$ 的截头尖劈。对于旋转体，方程 $\mathrm{d}c_x/\mathrm{d}\theta = 0$ 有解，$\tan 2\theta = 2/\bar{L}$。因为 $\tan 2\theta > 2\tan\theta$，所以 $\bar{L}\tan\theta < 1$，且要求物体的凸头半径为有限值，$r_0 > 0$。

不过，我们注意到，之所以求得的解简单，是由于前面例子中 c_x 本就是解析表达式，这是一个特例而不是定律。即使在牛顿理论体系内求取物体侧面的任意轮廓线，如图 7.19，都要用到变分演算方法。不过，这对之前所研究例子的结果仅略有影响，虽然图 7.19(b) 所画的最优旋转体的侧面原应是尖顶状[1]。

最后，我们将讨论时间相关气动特征的计算及其特性。在惯性坐标系 x、y、z (图 2.26) 中，设 v_n' 为物体面积元沿曲面法向 $\boldsymbol{n}$ 的局部速度。如 2.13 节所述，空气动力学中的非定常影响通常很小，因此采纳如下条件：

$$v_n' \ll U_{n\infty} = -(\boldsymbol{U}_\infty \cdot \boldsymbol{n}) \tag{7.4.19}$$

---

[1] 牛顿自己求得了对应解。参见 Miele 所编写的书中 Gonor 和 Kraiko 的文章。

并给出如下形式的牛顿公式:

$$\Delta p = \rho_\infty v_{n\infty}^2 = \rho_\infty (U_{n\infty} + v_n')^2 = \Delta p_0 + p_n'$$

$$\Delta p_0 = \rho_\infty U_{n\infty}^2, \quad p_n' = 2\rho_\infty U_{n\infty} v_n' \tag{7.4.20}$$

其中,Δp_0 和 p_n' 分别为过压的拟稳态分量和非定常分量。对于长为 L、以瞬时攻角 α 和角速度 ω 围绕中心 τ_0 旋转的薄板,我们有 (见 2.13 节中的图 2.26(d))

$$v_n' = v_\omega = -\omega L(\bar\tau - \bar\tau_0), \quad \bar p_\omega = -2\bar\omega(\bar\tau - \bar\tau_0)\sin\alpha$$

$$U_{n\infty} = U_\infty \sin\alpha, \quad \bar\omega = \omega L/U_\infty, \quad \bar\tau = \tau/L \tag{7.4.21}$$

不同于 2.13 节中的类似实例,这里我们仅考虑薄板的迎风面 (图 2.26(d)),牛顿公式仅适用于这一面,并结合式 (2.13.3),得到旋转力矩系数:

$$c_\omega = \frac{M_\omega}{0.5\rho_\infty U_\infty^2 L^3} = -\frac{4}{3}\bar\omega(1 - 3\bar\tau_0 + 3\bar\tau_0^2)\sin\alpha \tag{7.4.22}$$

很明显,由此得到的力矩 M_ω 与从另一个近似推导出的式 (2.13.8) 中的 M_ω 仅相差一个正的因子,因此,如 2.13 节中一样,$\omega = -\dot\alpha$ 时,系数 $c^\alpha > 0$。

然而,由式 (7.4.21) 所确定的量 p_ω 仅部分考虑了平板旋转对诱导压力的影响。实际上,进入激波层的气体粒子沿平板以近定常速度 $u = U_\infty \cos\alpha$ 在空间中沿曲线轨迹运动。在 $t = 0$ 时与贴体坐标系 (n, τ) (图 2.26) 相重合的固定坐标系 (n', τ') 内,平板下表面 $(\alpha > 0)$ 的粒子轨迹由方程 $\mathrm{d}n'/\mathrm{d}t = -v_\omega$,$\mathrm{d}\tau'/\mathrm{d}t = u$ 描述,或者对于 $\tau \approx \tau'$ 且 $\omega = -\dot\alpha$,有

$$\frac{\mathrm{d}n'}{\mathrm{d}\tau} = \frac{\dot\alpha}{u}(\tau_0 - \tau), \quad n' = \frac{\dot\alpha}{u}(\tau\tau_0 - 0.5\tau^2) \tag{7.4.23}$$

这里,n' 的表达式中去掉了积分常数。这些轨迹的曲线性和时间依赖性导致了时变压力中除牛顿分量 (7.4.21) 之外的离心或惯性分量的产生。该分量可以用基于通用方程 (2.2.5) 的布斯曼公式的对应项来估算。式 (7.4.21) 没有充分考虑到物体由沿曲线轨迹运动而引起的自身旋转的影响。对于高超声速流中的细薄体,这些影响将会在 8.7 节中讨论。

7.5 有限解:自由层

7.2 节中推导出的布斯曼公式 (7.2.3) 仍未封闭,这是由于该公式积分中的速度分布 $U(\psi)$ 事先未知。但随后运用渐近条件 $k \to 0$ 及 $\delta/R \to 0$,该问题就能得

以封闭，至少小钝度钝体是如此 (就 7.1 节而言)。为此，考虑到 $p \sim \rho_\infty U_\infty^2$，我们将求得沿流线方向激波层内的速度增量以及绝热流中的焓增量。这样就有

$$\Delta h = -\frac{1}{2}\Delta U^2 \sim \frac{1}{\rho}\Delta p \sim kU_\infty^2 \frac{\Delta p}{p} \tag{7.5.1}$$

随着 $k \to 0$，增量 Δh 和 ΔU 消失，也就是说，速度和焓沿流线方向是守恒的。因此，激波层的极限解具有以下含 x, ψ 变量的一般形式：

$$U = U_0(s), \quad h = h_0(s), \quad \rho = \rho(p, s), \quad p = p_\mathrm{N}(x) - p_\mathrm{B}(x, s)$$
$$p_\mathrm{N} = p_s = \rho_\infty U_\infty^2 \sin^2\theta, \quad r_s(x) = r_b(x)$$
$$s(\psi) = \sin^2\alpha_\psi, \quad \alpha_\psi = \alpha(\psi) \tag{7.5.2}$$

其中，α_ψ 为弓形激波在与某给定流线 $\psi =$const 相交处的攻角。

该解仅含一个任意函数，即激波形状 $r_s(x)$，它将决定熵函数 $s(\psi)$。对于小钝度钝体，当 $\delta/R \to 0$ 时，$r_s(x) = r_b(x)$，所以该解仅由物体形状决定。再加上 $k \to 0$ 时，激波之后的法向速度 $\nu_n = kU_\infty \sin\alpha \to 0$；因此，总速度等于切向速度，$U_s = U_\infty \cos\theta$。

作为例子，给出半径 R_s 的球激波之后的速度分布。该例子中有

$$U_s = U_\infty \cos\alpha = U_\infty r_s/R_s = U_\infty(\psi_s/\psi_0)^{1/(\nu+1)}$$
$$U = U_s\bar{\psi}^{1/(\nu+1)}, \quad \bar{\psi} = \psi/\psi_s, \quad \psi_0 = \pi^\nu R_s^{1+\nu}\rho_\infty U_\infty \tag{7.5.3}$$

该极限解有明显的物理意义：有限压力梯度无法改变无穷大密度气体的速度和焓 (内能)，因此这些量沿流线恒定，气体粒子则因惯性而沿流线运动。我们将这些力学极限流称为**牛顿流**，虽然牛顿自己并没有充分了解它们的特性。

我们注意到这些流的一些重要特性。**流线中压力、速度和焓的分布与气体的物理特性无关，而仅由物体形状决定。**但是，该论断不能推广用于气体的密度、温度和物理化学组成的分布，它们是由状态方程中给定的 p 和 h 决定的。在非绝热流中，焓由方程 $\mathrm{d}h/\mathrm{d}t = q$ 确定，该方程是理论中唯一的微分关系式，必须在常规激波处初始状态和某预设函数 q 的条件下沿流线进行积分。

所得解的形式十分简单，有人可能会引入相应修正对其加以改善。例如，用类似于 $U = U_0(\psi) + kU_1(x, \psi)$ 等的展开式 ((Chernyi, 1966) 该方法在此提出)。3.7 节和 6.4 节中，正是采用这种方法推导出了锥体和尖劈的解。但这种方法并不适用于钝体。我们可以通过计算对称轴上激波层的厚度 δ 来证实这一点，采用式 (7.2.4) 和 ρ_s 代替了 ρ 的式 (7.5.3)：

$$\delta_0 = \frac{1}{2^\nu} k R_s \int\limits_{\bar\psi \to 0}^{1} \frac{\mathrm{d}\bar U}{\bar U} = \begin{cases} kR, & \nu = 1 \\ -kR\ln\bar\psi \to \infty, & \nu = 0 \end{cases} \tag{7.5.4}$$

很明显，二维情况下流量的积分是发散的。这一不合理的结果是由于忽略了物体表面的非零速度 ($\psi = 0$ 时 $U \neq 0$)。事实上，采用式 (7.5.1) 和牛顿压力公式，我们得到壁面层的速度约为 $U \sim U_s k^{1/2}$；把这一结果考虑进来就可以消除方程 (7.5.4) 中积分的发散性。

因此，解在点 $k = 0$ 附近是非解析的，不能通过常规展开方式来寻求极限解的修正。这在许多含有驻点和附着线的其他流动中是常见的。

同时，与式 (7.5.3) 的对比显示，内层相对气体流量为 $\bar\psi \sim k^{(\nu+1)/2}$，内层速度为 $U \sim k^{1/2}$，这使得内存对 p_B 的积分 (7.2.3) 的贡献很小，约为 $\Delta p_B \sim k^{1+\nu/2}$。用式 (7.2.3)、式 (7.2.5) 和式 (7.5.3)，我们可以将圆柱和球体上压力写成

$$\frac{p}{p_0'} = \sin^2\theta - \frac{\cos^2\theta}{1+\nu}\int_0^1 \bar\psi^{1/(\nu+1)}\mathrm{d}\bar\psi = 1 - \beta\sin^2\omega$$

$$\beta = (3+\nu)/(2+\nu) \tag{7.5.5}$$

对于圆柱有 $\beta = 3/2$，而球体则有 $\beta = 4/3$。牛顿公式对两个物体都给出了 $\beta = 1$，而近似公式 (7.2.6) 则对球体给出了 $\beta = 7/6$。显然式 (7.5.5) 在 $\sin^2\omega' = (2+\nu)/(3+\nu)$ 时给出了零压力，即 $\nu = 0$ 时的 $\omega' = 55°$ 处和 $\nu = 1$ 时的 $\omega' = 60°$ 处。此时式 (7.5.5) 中的两个项是相等的；这意味着作用于激波层外缘，即作用在激波自身上的牛顿压力完全被离心力抵消。

然而在这种情况下，在物体上随着 $p \to 0$，$\rho \to 0$；因此体积平均密度 ρ_a 也会变得很小，这将引起扰动层厚度 δ 的增加，并违反了奇性点附近的理论适用条件。

同时，激波后 ω' 点的压力为 $p/p_0' = (3+\nu)^{-1}$，其量级为 1。激波的相邻带也是如此，此处式 (7.2.3) 中的积分 p_B 仍与 p_s 有很大不同。所以，此相邻带的厚度 δ_f 较小，在**分离点** ω' 附近就好像脱离了物体，形成了与激波相邻的**自由层** (Lighthill，1957)。自由层未被物体撑起，因为物面上的压力很小，它仅在外流冲压的作用下才改变形状。图 7.20(b) 和 7.2 节的图 7.9 可以定性地支持了自由层模型，在紧随钝体后的扰动层厚度急剧增大的区域内，激波压力 p_s 要比物面压力 p_b 大好几倍。

为了确定自由层的形状，我们将用到 7.2 节的式 (7.2.3) 中引入的动量通矢量的分量 I_x 和 I_r

$$I_x = \int\limits_{r_b}^{r_s} \rho u^2 r^\nu \mathrm{d}r, \quad I_r = \int\limits_{r_b}^{r_s} \rho u v r^\nu \mathrm{d}r \tag{7.5.6}$$

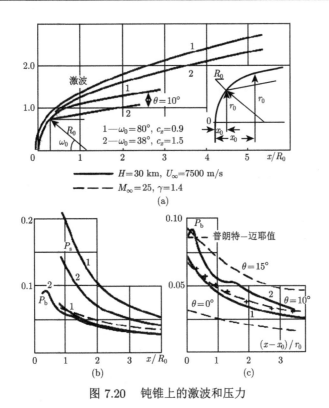

图 7.20　钝锥上的激波和压力

我们注意到, I_r 不等于作用在物体分隔区上的力 γ, 因为它不仅由物体表面的压力分布 (图 7.21(d) 中的 Oa) 所决定, 还要由 $\nu = 0$ 时的对称轴 (线 OO') 上的压力, 或之前提及 (见式 (7.2.3) 的注释)$\nu = 1$ 时的子午面 (图 7.21(d) 中阴影区 $O'Oab$) 上的压力所决定。

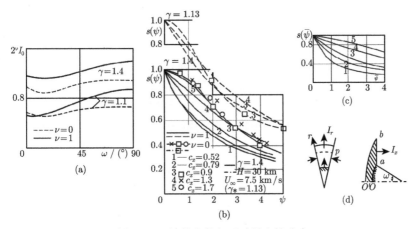

图 7.21　钝体上的相对动量和焓分布

分量 I_x 由纵向动量守恒定律 (1.7.13) 决定，该定律将在 $p_\infty = 0$ 时，为由激波和 $x =$const 部分限定的控制体写成

$$\pi^\nu r_s^{1+\nu} \rho_\infty U_\infty^2 - (2\pi)^\nu I_x - (2\pi)^\nu \int_{r_b}^{r_s} p r^\nu \mathrm{d}r$$

$$= X = \frac{1}{2} C_x r_b^{1+\nu} \rho_\infty U_\infty^2 \tag{7.5.7}$$

此处，X 为局部半径为 r_b 的物体的阻力，或是 $\nu = 0$ 时物体半边 (half-body) 的阻力。下文中，上式左边的最后一项将被省略，因为这一区域内的压力在厚度层 $\Delta r \sim k r_s$ 之外很小。

既然压缩激波层的动量通矢量 $\boldsymbol{I}$ 是沿着激波 $r_s(x)$ 方向的，则由式 (7.5.6) 和式 (7.5.7) 得到关系式：

$$\frac{\mathrm{d}r_{1s}}{\mathrm{d}x_1} = \tan\alpha = \frac{I_r}{I_x} = \frac{2^\nu I_0}{\Psi - 1}$$

$$I_0 = \frac{2I_r}{c_x \rho_\infty U_\infty^2 r_0^{1+\nu'}}, \quad \Psi = \frac{2 r_s^{1+\nu}}{c_x r_0^{1+\nu}} = \frac{2\bar{\psi}_s}{c_x}$$

$$x_1 = \frac{x}{r^{(0)}}, \quad r_1 = \frac{r}{r^{(0)}}, \quad r^{(0)} = \left(\frac{X}{\pi^\nu \rho_\infty U_\infty^2}\right)^{\frac{1}{1+\nu}} = \left(\frac{c_x}{2}\right)^{\frac{1}{1+\nu}} r_0 \tag{7.5.8}$$

图 7.21(a) 画出了球冠体相对横向动量 I_0 的分布。在我们的模型范围内，分量 I_r 和物体阻力 X 在自由层的每一段都可以看作是常量；在 $c_x r_0^{1+\nu} =$const 的限制条件下，使得可以在一定范围内改变变量 c_x 和中间截面半径 r_0 的值。在这些假设下，方程 (7.5.8) 有解：

$$\frac{1}{2+\nu} r_{1s}^{2+\nu} - r_{1s} = 2^\nu I_0 x_1 + C \tag{7.5.9}$$

其中，C 为由分离点条件决定的常量。

当 $\gamma \to 1$ 时，这些解的极端局限性使我们无法相信它们在定量上是可靠的。不过从中得到的结论有相似律的含意，也就是说，根据式 (7.5.8)，7.1 节中引入的熵函数 $s(\Psi)$ 在**简化流函数**上的分布，仅取决于参数 $2^\nu I_0$。换言之，钝体附近的激波后，流线内的熵分布仅取决于物体流动所产生的力的作用。为支持这一推测，在图 7.21(b) 中画出了在给定流动条件下不同物体的 $s(\Psi)$ 曲线。在 $c_x > 0.5$ 时，它们形成了较窄的带状区域，这在二维流和轴对称流中是很常见的。同时，在原始坐标中建立的 $s(\bar{\psi})$ 曲线之间的差异 (图 7.21(c)) 较大。当然，在自由流分离点之前，即 $\Psi < 1$ 时，这些曲线取决于物体形状；但区别不是很大，在此范围内更有 $s \approx 1$。

至于自由流分离点下游的物体压力，主要由波动过程来确定，该波动过程伴随有凸型壁周围流动的转向出现，例如，球形绕流 (7.1 节图 7.2(a)) 就遵循控制普朗特–迈耶波的定律，尽管该绕流具有轴对称和高度旋转特性。

同时，半顶角为 $10°$ 的短钝锥，其头部是一中心角为 ω、半径为 R_0 的球冠体 (图 7.20(a))，在平衡态的空气中，其侧面压力单调递减，并在 $x/R_0 \geqslant 3$ 时已达到牛顿态 (图 7.20(b))。

在图 7.20(c) 中，相对于曲线 1，我们还画了一条横坐标以比率 $(c_{x2} : c_{x1})^{1/2} = 1.3$ 偏移的点曲线。可以用式 (7.5.8) 引入的相似度变量 x_1 对曲线 1 和 2 进行比较。实际上，这一处理使得曲线相互间更接近 (除 $x_1 - x_0 \leqslant r_0$ 部分之外)。这一相似律将在第 9 章中从其他角度来研究。

7.6 活 塞 问 题

接下来我们将以板、圆柱和球 ($\nu = 0$，1 和 2) 为例，研究时间相关的活塞膨胀问题，$r = r_p(t)$。假定活塞前的激波 $R(t)$ 以高超声速 $\dot{R} \gg a_\infty$ 传播，活塞本身也以此速度传播，$\dot{r}_p \gg a_\infty$，激波前后的密度比很大，$\rho_s/\rho_\infty = k^{-1} \gg 1$。除了出于对求解方法的兴趣，在时间相关模拟中，该问题与高超声速细锐体绕流密切相关 (第 8 章)。

可以从用于扰动层的质量守恒定律推算出激波层厚度 $\delta = R - r_p$，与方程 (6.4.6) 中的一样：

$$M = 2^\nu \pi^\kappa \rho_a \delta r_a^\nu = \pi^\kappa \rho_\infty R^{1+\nu}, \quad \delta/R \sim k_a = \rho_\infty/\rho_a \ll 1$$
$$\kappa = 0, \quad \nu = 0, \quad \kappa = 1, \quad \nu = 1, 2 \tag{7.6.1}$$

与 7.1 节中一样，必须满足如下条件：沿粒子轨迹的压力分布具有相同量级，即 $p/p_{ss} \sim 1$，p_{ss} 为紧跟激波之后的粒子压力。这是使体积平均密度守恒 ($\rho_a \sim \rho_s$) 的必要条件。因此，缓慢减速的活塞满足了该条件，但爆炸冲击的情况下却破坏了该条件 (6.8 节)。

牛顿公式 (7.2.1) 给出了压力 $\Delta p = \rho_\infty \dot{r}_p^2$。但在式 (6.8.11) 中，当 $\gamma \to 1$ 时，该公式可取 $p_s/\rho_\infty \approx \dot{R}^2 \approx \dot{r}_p^2$，活塞加速时另外还有一项，$\ddot{R} \approx \ddot{r}_p$。这与激波和活塞之间的压缩气体层的惯性力成正比。这是对布斯曼公式 (7.2.3) 的类比，可用于正要研究的时间相关流动。

我们还将给出该流动的一个更简单的解法。如果压缩层很薄，活塞 $r_p(t)$ 推动的气体质量 $M = \rho_\infty R^{1+\nu}/(1+\nu)$ (在 1 个单位内但很小的空间角 $\mathrm{d}\Omega$)，其动量 $M\dot{R}$ 由于压力的变化而增长

$$\Delta p = p - p_\infty = \frac{\rho_\infty}{(1+\nu)R^\nu} \frac{\mathrm{d}}{\mathrm{d}t}(R^{1+\nu}\dot{R}) = \rho_\infty \dot{R}^2 + \frac{\rho_\infty R \ddot{R}}{1+\nu} \tag{7.6.2}$$

对于 $\dot{R} \approx \dot{r}_p$，上式中的首项为牛顿压力，而第二项对应于式 (7.2.3) 中的布斯曼项 p_B，它是由质量为 M 的物质加速而产生的惯性力引起的。该公式在 $m = 0$ 且 $\gamma = 1$ 时与式 (6.8.11) 一致。在加速活塞上的压力比牛顿压力要大，而减速活塞上的压力则要小，就像外凸和内凹物体一样 (7.2 节)。

对于幂次律活塞，$r_p = ct^n$，图 7.22 给出了 $\nu = 1$ 的活塞上过压与牛顿压之比 $\bar{p} = (p - p_\infty)/\rho_\infty \dot{r}_p^2$。其中，$\gamma = 1$ 的曲线 1 由 $R = r_p$ 时的式 (7.6.2) 得到，而 2~4 是精确曲线。一般情况下，在 $\gamma > 1.2$ 且 n 并不太临近爆炸冲击值 $n = 2/(3 + \nu) = 1/2$ 时，量 $\bar{p}$ 接近于 1。当 $n \to 1/2$ 时，牛顿压 $\rho_\infty \dot{r}_p^2 \to 0$，而 $R/r_p \to \infty$，因此，用 r_p 代替 R 是错误的。6.8 节中的积分法 (式 (6.8.11) 和式 (6.8.15)) 已经在 $n \geqslant 0.7$ 时给出了令人满意的结果。

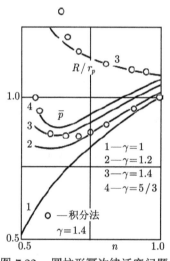

图 7.22   圆柱形幂次律活塞问题

关于这一点，我们注意到，根据式 (6.8.9)，在 $n = 2/(3 + \nu)$ 时，用于等质量线 $r_m(t)$ 的牛顿公式，给出了一个错误的运动定律：

$$p_m/p_s \sim \dot{r}_m^2/\dot{R}^2 \sim t^{-q}, \quad q = \left[\frac{2(\gamma - 1)}{\gamma(3 + \nu)}\right]^2, \quad M \sim \rho_\infty R^{1+\nu} \tag{7.6.3}$$

它不同于爆炸冲击波中心部分的解 $p_m/p_s = \text{const}$ (6.8 节)。

注意到该时间相关问题与 7.2 节中定常问题之间存在相似性之后，现在把重点放在它们之间的差异上：后一种情况下，气体速度沿粒子轨迹 (流线) 是守恒的；而在时间相关流中，一般情况下气体速度、活塞速度 ($\nu \sim \dot{r}_p$) 及激波速度 ($\nu \sim \dot{R}$) 都是可变的。

下面我们将详细研究 7.5 节中所述自由层的非定常分析。活塞突然停止时，

$\dot{r}_p = 0$，其表面形成了一个压力急剧下降的膨胀波。将极限值 $p = 0$ 和 $\rho_\infty = 0$ 代入方程 (7.6.2)，我们得到它的积分以及与式 (7.5.8) 相似的解：

$$\dot{R}R^{1+\nu} = \dot{R}_0 R_0^{1+\nu} = J_0/\rho_\infty, \quad t \geqslant 0$$
$$R = \left[R_0^{2+\nu} + (2+\nu)tJ_0/\rho_\infty\right]^{1/(2+\nu)} \tag{7.6.4}$$

其中，R_0 和 $\dot{R}_0$ 为 $t = 0$ 时的初始参数；J_0 为 $\nu = 0$ 时和 $\nu = 1$ 时每单位经线角 $(\mathrm{d}\varphi)$、每单位空间角 $(\mathrm{d}\Omega)$ 的气体动量 (参见 7.5 节)。在气体质量 $M \sim \rho_\infty R^{1+\nu}$ 逐渐增加的自由惯性驱动的运动中，该动量是恒定的，但仅当薄激波层内的压力升高传播至整个扰动区为止。之后气体动量 J 开始增加，解 (7.6.4) 不再有效。随着时间的推移，该解逐步定量化，在 $J \gg J_0$ 时，甚至逐步定性化。这与点爆轰流中能量为 $E_0 \sim R_0^2 R_0^{1+\nu}$ (等于活塞停止前所做的功) 的解是相似的。如 6.8 节所示，这一有效爆炸冲击的解代表了活塞问题的渐近性。

我们注意到，解 (7.6.5) 中的参数 R_0 在 $t \to \infty$ 且 $R/R_0 \to \infty$ 时可以略去。因此我们得到一个集中式或点式初始动量的解。但是，这样用公式来表述问题是不实际的，因为 $R_0 \to 0$ 时，对应的能量 $E_0 \sim J_0/R_0$ 变成不受限的。这一问题已在 6.8 节的最后探讨过。

综上所述，在该流动模型范围内，我们将研究一个简单的、类似于 7.4 节中解决的变分问题 (在第 8 章时间相关模拟的范围内)，即在活塞膨胀定律 $r_p = ct^n$ 中，什么样的 n 值使活塞做的功最小。在方程 (7.6.2) 中用 r_p 代替 R，我们得到活塞压力公式如下 $(p_\infty = 0)$：

$$p = \rho_\infty c_0^2 t^{2(n-1)}, \quad c_0^2 = c^2 \left(n^2 + \frac{n(n-1)}{1+\nu}\right) \tag{7.6.5}$$

活塞所做的功与下面的积分成正比：

$$E = \int_0^t pr^\nu \dot{r}\mathrm{d}t = c^{3+\nu}\bar{N}t^\omega, \quad \omega = (3+\nu)n - 2$$
$$\bar{N} = AN, \quad A = 1 + \frac{n-1}{n(1+\nu)}, \quad N = \frac{n^3}{\omega} \tag{7.6.6}$$

其中，系数 N 与方程 (7.4.17) 求解幂次律物体 $r \sim x^n$ 最小阻力问题中的一样。在牛顿近似中，或 $A = 1$ 时，E 的最小值在 $n_\nu = 3/(3+\nu)$ 时达到；或者说，对于 $\nu = 0$、1 和 2，E 分别在 $n_0 = 1$、$n_1 = 3/4$ 和 $n_2 = 3/5$ 时达到最小值。同时，对于 $\nu = 0$、1 和 2，函数 $\bar{N}(n)$ 分别在 $n_0 = 0.95$、$n_1 = 0.71$ 和 $n_2 = 0.565$ 时达到最小值。至于方程 $\mathrm{d}\bar{N}/\mathrm{d}n = 0$ $(n_0 = 0.175$、$n_1 = 0.14$ 和 $n_2 = 0.12)$ 的二次根，它们给出了 $\omega < 0$ (见 6.8 节)，这没有什么物理意义。

7.7　驻点附近的级数截断法

7.5 节中沿流线具有恒定速度 $U(\psi)$ 和焓 $h(\psi)$ 的极限解 $(k \to 0)$, 用于钝体壁面层是不正确的, 因为壁面上速度为零 $(U(0) = 0)$, 使得我们无法计算二维激波层厚度。这种情况下, 7.5 节中所确定的量 $U(0) \sim k^{1/2}$, 在计算布斯曼公式 (7.2.3) 内 p_B 的积分过程中可以忽略, 但对实际值 $k \geqslant 0.05$ 来说, $U(0)$ 一般并不算小量。

在下文中, 我们将推导出在钝体对称轴附近的局部方程及其解, 它们将不存在这样的问题。这些解也是渐近的, 并对应于条件

$$\varepsilon = \max\{k, \delta/L, \delta K_s, \delta K\} \ll 1, \quad M_\infty^{-2} \ll 1 \tag{7.7.1}$$

其中, 和前面一样, L 为物体标度长度; δ 为激波层厚度; K_s 和 K 分别是激波和物体的特征曲率。代入式 (7.7.1) 中的参数之间的关系式仅能通过对特定流动的分析来确定, 这在 7.1 节中已经给了一些初步建议。

注意到, 该解的局部特征与整个问题的椭圆性之间存在矛盾, 这似乎排除了在问题最小定义域 $\Omega_{\min}$ 的子域中建立解的可能性 (参见 5.4 节)。但实际上当 $\varepsilon \to 0$ 时, 控制方程**退化**而失去其椭圆性, 因此可以使用**级数截断法**在对称轴附近建立本地解。对于满足条件 $K_s - K \ll K_s$ (式 (7.1.9)) 的小钝度钝体, 在求解其对称轴附近流动的过程中, 我们将对该退化机理进行分析, 而把一般理论留至 7.13 节。

将采用贴体曲线坐标 x, y (1.13 节图 1.24(c))。设 l 为所要研究的流动区域沿对称轴 x 方向的长度尺度, 这样在坐标轴附近, 激波和物体表面相对于矢量 $\boldsymbol{U}_\infty$ 的倾斜角 α 和 θ 可以由下式求得:

$$\omega_s = \frac{\pi}{2} - \alpha \sim K_s l \ll 1, \quad \omega = \frac{\pi}{2} - \theta \sim K l \ll 1 \tag{7.7.2}$$

以下的关系式对垂直于和相切于激波的速度分量 v_n 和 v_τ, 以及沿 x 和 y 轴方向的速度分量 u 和 v 有效 (见 7.1 节图 7.4(a); 下标 s 代表激波之后的流动参数):

$$v_n = -\boldsymbol{n} \cdot \boldsymbol{U}, \quad v_{n\infty} = U_\infty \sin \alpha, \quad v_{ns} = k \nu_{n\infty}$$

$$v_{\tau s} = v_{\tau s} = U_\infty \cos \alpha$$

$$v_s = v_{\tau s} \sin(\alpha - \theta) - v_{ns} \cos(\alpha - \theta)$$

$$u_s = v_{\tau s} \cos(\alpha - \theta) + v_{ns} \sin(\alpha - \theta) \tag{7.7.3}$$

那么在式 (7.7.1) 和式 (7.7.2) 的条件下, 激波之后的压力和速度分量如下:

$$p = p_\infty + \rho_\infty U_\infty^2 (1 - k) \sin^2 \alpha \approx \rho_\infty U_\infty^2 (1 - \sin^2 \omega_s)$$

$$\Delta p = p - p_0' \approx -\rho_\infty U_\infty^2 \sin^2 \omega_s \sim \rho_\infty U_\infty^2 K_s^2 l^2$$

$$u_s \approx U_\infty \sin \omega_s \sim U_\infty K_s l$$

$$\nu_s \approx U_\infty[-k + \sin\omega_s \sin(\alpha - \theta)] \sim -U_\infty[k + K_s(K_s - K)l^2] \tag{7.7.4}$$

下面对运动方程组 (1.13.21) 进行分析。设方程组中的速度 ω 及导数 $\partial/\partial t$ 和 $\partial/\partial\varphi$ 为 0，并考虑方程 (2.4.1)(具有相同的函数 Q)，可以将方程组写成如下形式：

$$\frac{u}{H_x}\frac{\partial u}{\partial x} + v\frac{\partial u}{\partial y} + \frac{uv}{H_x R} = -\frac{j_1}{\rho H_x}\frac{\partial p}{\partial x} + Q_1$$
$$H_x = 1 + y/R \tag{7.7.5}$$

$$j_2\left(\frac{u}{H_x}\frac{\partial v}{\partial x} + \nu\frac{\partial v}{\partial y}\right) - \frac{u^2}{H_x R} = -\frac{1}{\rho}\frac{\partial p}{\partial y} + Q_2 \tag{7.7.6}$$

$$\frac{1}{r^\nu H_x}\left[\frac{\partial(r^\nu \rho u)}{\partial x} + \frac{\partial(H_x r^\nu \rho v)}{\partial y}\right]$$
$$= \frac{j_3}{\rho a^2}\left(\frac{u}{H_x}\frac{\partial p}{\partial x} + \nu\frac{\partial p}{\partial y}\right) + \frac{1}{r^\nu H_x}\left(j_5\frac{\partial(r^\nu u)}{\partial x} + \frac{\partial(r^\nu H_x v)}{\partial y}\right) = -Q + Q_3 \tag{7.7.7}$$

$$\frac{u}{H_x}\frac{\partial h}{\partial x} + v\frac{\partial h}{\partial y} = \frac{j_4}{\rho}\left(\frac{u}{H_x}\frac{\partial p}{\partial x} + v\frac{\partial p}{\partial y}\right) + q + Q_4 \tag{7.7.8}$$

方程 (7.7.7) 中采用了转换式 (1.6.8)。形式上引入系数 j_i 是为了表明这些项在下文的各种近似中将被忽略，而虚拟项 Q_i 将在 7.13 节中用到，在那之前设所有的 $Q_i = 0$。对于原方程组，所有的 $j_i = 1$。

可以根据对激波的估算 (7.7.4) 来求出方程组中每个项的阶，

$$u\frac{\partial u}{\partial x} \sim U_\infty^2 K_s^2 l, \quad \frac{1}{\rho}\frac{\partial p}{\partial x} \sim \frac{k}{\rho_\infty}U_\infty^2 K_s^2 l$$

$$u\frac{\partial v}{\partial x} \sim U_\infty^2 K_s^2(K - K_s)l^2, \qquad u^2 K \sim U_\infty^2 K_s^2 K l^2$$

$$v\frac{\partial v}{\partial y} \sim \frac{1}{\delta}U_\infty^2[k + K_s(K_s - K)l^2]^2$$

$$\frac{u}{\rho a^2}\frac{\partial p}{\partial x} \sim U_\infty K_s^2 l, \qquad \frac{\partial u}{\partial x} \sim U_\infty K_s \tag{7.7.9}$$

对于小钝度钝体，方程 (7.7.6) 左边的前两项与最后一项相比很小，可以省略。这就产生了一个基本的 (后文中也会介绍) 简化运动方程组，它将在

$$j_2 = 0, \quad j_1 = j_2 = j_3 = j_5 = 1 \tag{7.7.10}$$

时，由原方程组推导得到。

这些方程在高超声速流动理论中起到非常重要的作用，称为 **薄激波层方程**。

让 j_1、j_2 和 j_4 等于零，j_3 和 j_5 等于 1，我们就得到 7.5 节的牛顿极限解。但这种情况下，保留了纵向压力梯度项，否则将在物体表面得到零速度，而不是约为 $u \sim k^{1/2}$ 的有限速度，而这正是需要修正的地方。从式 (7.7.9) 中的前两个近似得到，这些项的比率在激波附近约为 k，也就是说，压力梯度的作用仅在相对速度为 $u/u_s \sim k^{1/2}$ 的一个小的壁面层子区域内是重要的。此外，定性上来讲，牛顿近似在对称轴附近并不适用，该处总存在着一个长度为 l_k、流速为 ψ_k 的区域。最后两个量的大小如下：

$$K_s l_k \leqslant k, \quad \psi_k \leqslant \psi_0 k^{1+\nu}, \quad \psi_0 = \pi^\nu \rho_\infty U_\infty^2 R_s^{1+\nu} \tag{7.7.11}$$

根据式 (7.7.4)，此处不满足条件 $v \ll u$，流线不平行于激波。由式 (7.7.2) 的条件 $K_s^2 l^2 \ll 1$ 所限定的区域正是下文中要研究的。

通过比较式 (7.7.9) 中最后的两个估算，可以发现式 (7.7.7) 中带压力梯度的项的相对量级为 $K_s^2 l^2$，可以省略。因此下文中设 $j_3 = 0$。由于热源或物理化学过程的存在，将导致方程 (7.7.7) 中出现 Q_{eff} 项，密度将沿轴线方向将发生变化。不过，本节暂时将只研究 $Q_{\text{eff}} \equiv 0$ 的流动 (更普遍的情况将在 7.9 中研究)。这种情况下无须用到方程 (7.7.8)，因此暂不考虑。

应当注意的是气体的这种 **不可压缩性** 是由滞止密度沿激波的增加，$\rho_0' = \rho_0'(s)$，以及随后在此附近马赫数沿流线的小幅度变化 ΔM^2 而导致的；而不是由等熵流中 (存在相关关系 $\rho/\rho_0' = 1 - 1/2M^2$) 较小的局部马赫数 M 引起的 (2.2 节)。之前提到，激波周围也可能含有超声速区。实际上，在激波的声速点，有 $x/R \approx \omega_{s*} \sim k^{1/2}$ (7.3 节)，所以当 $k \to 0$ 时，激波的亚声速区可能隐没在 $x \ll R_s$ 的区域内，所研究的理论在这一区域也是适用的，因为小量参数 k 和 x/R 独立于该区域。

我们将进一步简化方程，设 $H_x = 1 + K_y \approx 1$，并略去式 (7.7.5) 中的 nv/R 项，它小于 $v\partial u/\partial y$ 项。牢记这一假设，我们接下来就对相对尺寸 $K_s l \ll 1$ 及 $Kl \ll 1$ 的钝体对称轴周围区域进行求解。暂时保留式 (7.7.6) 中的因子 j_2，以便分析该项的作用，将其他的 j_i 设为 1。

基于这些假设，在式 (7.7.2) 和式 (7.7.4) 中设 $l = x$，可以得到激波处未知函数级数展开式的首项：

$$p_s = \rho_\infty U_\infty^2 [1 - K_s^2 x^2 + O(x^4)]$$
$$u_s = U_\infty \{K_s x + O[x^3 + k(K_s - K)x]\}$$
$$-v_s = U_\infty \{k + K_s(K_s - K)x^2 + O[x^4 + k(K_s - K)^2 x^2]\} \tag{7.7.12}$$

激波形状由式 (7.7.2) 决定，δ 为坐标轴处的激波层厚度，则

$$\mathrm{d}y_s/\mathrm{d}x = \omega - \omega_s, \quad y_s = \delta + \frac{1}{2}x^2(K - K_s) + O(x^4) \qquad (7.7.13)$$

随后，将用下列展开式的形式寻求问题的解：

$$v = -U_\infty[kf_0(\zeta)] + K_s(K_s - K)x^2 f_2(\zeta) + \cdots$$

$$u = U_\infty K_s x f_1(\zeta) + \cdots, \quad p = \rho_\infty U_\infty^2[p_0(\zeta) - K_s^2 x^2 p_2(\zeta) + \cdots]$$

$$\rho = \frac{\rho_\infty}{k}[\rho_0(\zeta) + K_s^2 x^2 \rho_2(\zeta) + \cdots]$$

$$r = x + O(x^3), \quad \varsigma = y/\delta \qquad (7.7.14)$$

当密度恒定 $\rho = \rho_\infty/k$ 时，在坐标轴上有 $\rho v \partial v/\partial y = -\partial p/\partial y$，可以得到与式 (3.6.5) 相同的伯努利方程：

$$p_0' = -kf_0 f_0', \quad p_0(1) = 1 - k, \quad f_0(1) = 1$$

$$p_0 = 1 - \frac{1}{2}k - \frac{1}{2}kf_0^2 \qquad (7.7.15)$$

因为 $f_0 \sim 1$，有 $p_0 - 1 \sim k$，也就是说在理论精度范围内，有 $p_0 = 1$ 和 $\rho_0 = 1$。

将式 (7.7.14) 展开代入连续方程 (7.7.7) 中，并让 x 的阶项之和等于零，得到未知函数之间的第一个关系式：

$$\lambda(1+\nu)f_1 = \frac{\mathrm{d}f_0}{\mathrm{d}\zeta} = f_0', \quad \lambda = \frac{\delta}{kR_s} \qquad (7.7.16)$$

根据该关系式，由式 (7.7.5) 和式 (7.7.6) 得到

$$(f_0')^2 - (1+\nu)f_0 f_0'' = 2(1+\nu)k\lambda^2 p_2 \qquad (7.7.17)$$

$$\lambda(1+\nu)^2 p_2' = -R_s K(f_0')^2 + j_2 \lambda R_s(K_s - K)[(1+\nu)^2(f_0 f_2)' - 2(1+\nu)f_0' f_2] \qquad (7.7.18)$$

函数 ρ_2 没有代入这些方程中，因此，在该近似中气体密度在运动方程中也可以看作是恒定的。

既然函数 f_0 和其他函数不再依赖于 x，边界条件 (7.7.4) 应当从激波 y_s 转换成 $\zeta = y/\delta = 1$ 的一条线。为此应当采用 2.4 节最后所述的过程，即展开式

$$-\frac{v_s}{U_\infty} = kf_0(1) + \frac{k}{\delta}f_0'(1)(y_s - \delta) + K_s(K_s - K)x^2 f_2(1) + \cdots$$

$$= k + K_s(K_s - K)x^2$$

$$\frac{p_s}{\rho_\infty U_\infty^2} = p_0(1) + \frac{1}{\delta}p_0'(1)(y_s - \delta) + x^2 K_s^2 p_2(1)$$

$$= 1 - K_s^2 x^2 + \cdots \tag{7.7.19}$$

但是，用于速度 u 或函数 f_1 的相似过程仅影响到高阶项，而这些高阶项并没有考虑进来。因此，根据关系式 $p_0'(1) = -kf_0'(1)$ 及 y_s 的展开式 (7.7.13)，可以得到未知函数的边界条件如下：

$$\zeta = 1, \quad f_0 = 1, \quad f_0' = \lambda(1 + \nu), \qquad f_2 = \frac{3 + \nu}{2}\frac{K_s - K}{K_s}$$

$$p_2 = 1 + \frac{1 + \nu}{2}\frac{K_s - K}{K_s}$$

$$\zeta = 0, \quad f_0 = f_2 = 0 \tag{7.7.20}$$

我们注意到上述理论的关键点：由两个方程 (7.7.17) 和 (7.7.18) 组成的方程组含有三个未知函数 f_0、f_2 和 p_2，以及两个未知参数 K_s 和 δ，因此条件 (7.7.20) 不足以确定它们。还注意到，忽略式 (7.7.6) 中的 $\mathrm{d}\nu/\mathrm{d}t$ 项可以去除函数 f_2，即在方程中取 $j_2 = 0$。但这仍然不能确定参数 K_s 和 δ。不过对于小钝度钝体，$|K_s - K| \ll K$，可以略去式 (7.7.18) 中的最后一项和函数 f_2，这样方程组就可解了。三阶方程组具有四个边界条件 (7.7.20)，使得参数 λ 也能确定，或是 $K_s = K$ 时的 δ 值。

一般情况下，确定 x 级数后续项的过程会导致新的 f_3、f_4 等未知函数，以及激波曲率高阶导数的出现。换而言之，这些级数不是递归的，之前提及的方程可解性问题只是简单地转移到下一个近似中。只有**截断**这些级数才能递归求解，也就是说，基于某一特定的假设，将后续项去除。

不过，如前所述的用于一次近似的级数截断法，在高超声速气动学中广泛运用，特别是在驻点或物体迎风面的附着线附近，研究各种气体力和物理因素对激波层流动的影响。其中的一些问题将在 7.8 节 ~7.11 节中讨论。

7.8　钝体对称轴附近的等密度流

这一问题的描述已在前面的章节给出。采用级数截断法，推导出展开式 (7.7.14) 的系数控制方程组 (7.7.17) 和 (7.7.18)。对于小钝度钝体 (如球体等)，我们可以在这些方程中设 $j_2 = 0$，从而使方程组闭合。此外，考虑到式 (7.7.17) 的右侧仅在壁面子层是重要的，因此可以设定 $p_2 = p_2(0) = \beta$，其中常量 β 仍未知。这样，问题就简化成如下方程组 (Li 和 Geiger，1957)：

$$(f_0')^2 - (1+\nu)f_0 f_0'' = 2(1+\nu)^2 k\lambda^2 \beta \tag{7.8.1}$$

$$\lambda(1+\nu)^2 p_2' = -R_s K(f_0')^2, \quad \lambda = \delta/kR_s \tag{7.8.2}$$

该方程组必须依照下列条件求解：

$$\zeta = 0, \quad f_0 = 0; \quad \zeta = 1, \quad f_0 = p_2 = 1; \quad f_0' = \lambda(1+\nu) \tag{7.8.3}$$

还需要作用在 f_0 上的边界条件来决定仍然未知的激波层厚度 $\delta = \lambda k R_s$。

基于等式 $2f_0'' = \mathrm{d}(f_0')^2/\mathrm{d}f$，将方程 (7.8.1) 转换成关于的线性方程，函数 $f_0'(f)$ 含有积分：

$$\frac{u}{u_s} = \frac{f_0'}{\lambda(1+\nu)} = [2k\beta + (1-2k\beta)f_0^{2/(1+\nu)}]^{1/2} \tag{7.8.4}$$

该解给出了流函数 $\psi = f_0\psi_s$ 内的速度分布 $u(\psi)$，这与 $k=0$ 时的式 (7.5.3) 相一致。显然，k 的阶项仅在子层 $f_0 \leqslant k^{(1+\nu)/2}$ 是重要的，这在 7.5 节已经指出。忽略这些项，我们得到解：

$$p_2 - \beta = -\frac{R_s}{(2+\nu)R} f_0^{(2+\nu)/(1+\nu)}, \quad \beta = p_2(0) = \frac{3+\nu}{2+\nu} \tag{7.8.5}$$

其中，β 和方程 (7.5.5) 中的一样。对方程 (7.8.1) 进行微分，得到

$$(1-\nu)f_0' f_0'' = (1+\nu)f_0 f_0''', \quad f_0'(0) = \lambda(1+\nu)\sqrt{2k\beta} \tag{7.8.6}$$

由于方程阶数的增加，$f_0'(0)$ 必须补充限制条件，该条件可以从 $\zeta = 0$ 时的原始方程中得到。

进一步求解二维流和轴对称流的过程是不同的。对于 $\nu = 0$，有

$$f_0 f_0''' = f_0' f_0'', \quad f_{0\pm}'' = \pm\kappa^2 f_{0\pm} \tag{7.8.7}$$

其中，κ 为一任意常量。后一方程存在满足条件 $f_0(0) = 0$ 的解：

$$f_{0+} = \frac{1}{2}C(\mathrm{e}^{\kappa\zeta} - \mathrm{e}^{-\kappa\zeta}), \qquad f_{0-} = C\sin\kappa\zeta \tag{7.8.8}$$

这里，C 为常量。

但是对于较小的 k 值，不能通过 f_{0-} 的方式来满足其他条件。实际上，f_{0-} 的条件在 $\zeta = 0$ 和 $\zeta = 1$ 时已经满足，可以得到 κ 的方程 $\sqrt{2\beta k}\cos\kappa = 1$，该式在 $2\beta k < 1$ 时无解。因此对于小的 k 值，仅 $f_0 = f_{0+}$ 有效。

从边界条件 (7.8.3) 和 (7.8.6) 可得到

$$\kappa C = \lambda\sqrt{2\beta k}, \quad C\sinh\kappa = 1, \quad \lambda = C\kappa\cosh\kappa, \quad \sqrt{2\beta k}\cosh\kappa = 1 \quad (7.8.9)$$

方程 (7.8.6) 可以变成一个关于 e^{κ} 的二次方程。对于 $k \ll 1$，该方程的解有如下形式：

$$e^{\kappa} = \frac{1+\sqrt{1-2k\beta}}{\sqrt{2k\beta}} \approx \frac{2}{\sqrt{2k\beta}}, \quad C = \sqrt{2k\beta} \quad (7.8.10)$$

$$\lambda = \frac{\delta}{kR_s} = \frac{1}{2}\ln\frac{2}{k\beta}, \qquad \beta = \frac{3}{2} \quad (7.8.11)$$

式 (7.8.10) 中根号前的负号被省略了，因为从式 (7.8.9) 中的前两个方程可得 $\kappa > 0$。基于式 (7.8.10)，解可以采取如下形式：

$$f_0 = \sqrt{2k\beta}\sinh\kappa\zeta = \sqrt{\frac{k\beta}{2}}(e^{\kappa\zeta} - e^{-\kappa\zeta})$$
$$= \left(\frac{1}{2}\beta k\right)^{(1-\zeta)/2} - \left(\frac{1}{2}\beta k\right)^{(1+\zeta)/2} \quad (7.8.12)$$

对于轴对称流 ($\nu = 1$)，式 (7.8.6) 存在能满足式 (7.8.3) 的条件以及 $f_0'(0)$ 的条件的解：

$$\lambda = \delta/kR_s = (1+\sqrt{2k\beta})^{-1}, \quad \beta = 4/3 \quad (7.8.13)$$

$$f_0 = \frac{2\sqrt{2k\beta}}{1+\sqrt{2k\beta}}\zeta + \frac{1-\sqrt{2k\beta}}{1+\sqrt{2k\beta}}\zeta^2 \quad (7.8.14)$$

图 7.23 中给出了由此得到的二维流动及轴对称流动的法向 (f_0) 和切向 ($u/u_s = f_0'/(1+\nu)\lambda$) 速度分量分布。图中还画出了 f_0 的确切曲线，它和 f_0 的近似曲线很接近。对于 $\nu = 1$，$k \to 0$ 时的 u/u_s 极限曲线与壁面压力梯度无关，仅与牛顿流相对应。但对于二维流，k 相关性一直存在着。同时，在 $k = 0.05 \sim 0.2$ 的实际范围内，u/u_s 曲线几乎是线性的，且仅略微依赖于 k。

我们注意到，紧邻壁面附近区域内的两个速度分量都是线性的：$u = ax$ 以及 $\nu = -(1+\nu)ay$，正如 2.11 节中在驻点附近建立流线时所假设的一样。在这一例子中 $a = \sqrt{2k\beta}U_{\infty}K_s$。

$\nu = 0$ 的切向速度在物体周围几乎是恒定的，而对于 $\nu = 1$，其切向速度在任何地方都是线性的。这一显著不同是由附着线或附着点周围的涡流特性造成的。

$$\Omega = \frac{\partial v}{\partial x} - \frac{\partial u}{\partial y} \approx -\frac{\partial u}{\partial y} = -\frac{xK_s^2 U_{\infty}f_0''}{\lambda^2(1+\nu)k} \quad (7.8.15)$$

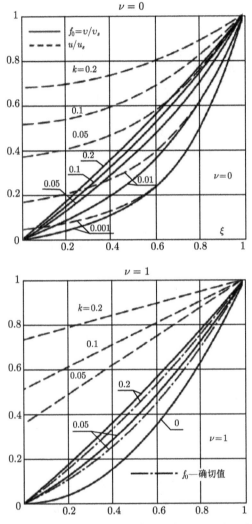

图 7.23 钝体对称轴周围物体表面和激波之间的速度分布

涡量随 k 的减小而增加。但是根据式 (7.8.7)，$\nu = 0$ 时，在壁面上有 $f_0''(0) = 0$ 及 $\Omega = 0$；那么依照涡量守恒定理，这一特性可以扩展到整个钝体表面。

以上所得解对小钝度钝体是有效的，但它的适用范围其实还更广一些。实际上，方程 (7.8.1) 仅从量 β 的角度依赖于方程 (7.8.2)，或是更为通用的方程 (7.7.18)，β 记入到 k 的低阶项中，其自身量级约为 1。因此设 $\beta = 1$，就能以一种更为通用的形式给出结果，虽然这是近似意义上的。图 7.24 证实了该论断的正确性。图中，不同形状的物体，包括圆盘，其 δ/R 的 k 相关性，都与 $\beta = 1$ 时式 (7.8.11) 和式 (7.8.13) 所确定的曲线很接近。

$$\frac{\delta}{kR_s} = \frac{1}{2}\ln\frac{2}{k} \quad (\nu = 0), \qquad \frac{\delta}{kR_s} = \frac{1}{(1+\sqrt{2k})^{1/2}} \quad (\nu = 1) \tag{7.8.16}$$

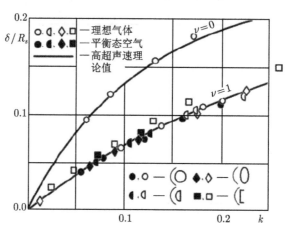

图 7.24 相对于不同物体曲率半径的激波脱体距离

对于小钝度钝体，进一步可取 $R_s = R$，实际上从一开始就作了此假设。这种形式的比率 δ/kR 在图 7.13 中由点曲线画出。其准确性对于轴对称流，还算令人满意。但对于实际范围在 $k = 0.05 \sim 0.2$ 的二维流动，其误差就相当大；$R_s = R$ 这一假设的误差也较大。

最后，我们用已经得到的结果来估算式 (7.7.1) 中的小参数 ε：

$$\varepsilon \sim -k\ln k, \quad \nu = 0; \qquad \varepsilon \sim k, \quad \nu = 1 \tag{7.8.17}$$

但 $k = 0.2 \sim 0.05$ 时，有 $-\ln k = 1.5 \sim 3$。所以 $\nu = 0$ 时，对于 k 和 ε，不同的渐近方式没有什么特别的含义。

之前的结果与均匀来流及近轴区密度恒定有关。下面我们将从**非均匀绕流**开始研究更为复杂的流动。在 7.1 节和 7.2 节中谈及过这一问题，并展示了物体有效曲率 $K_{\text{eff}} = m + K$ 所起的决定作用 (其中，$m = \partial\varphi/\partial x$，为外流线倾角的导数；$R^{-1} = K = K_s$，为驻点附近物体和激波的曲率)。在扩张流中 (如射流)，气体密度依照 $\rho \sim h^{-2}$ 的定律减小，h 为到源的有效极点的距离 (2.3 节)。因此，外部密度沿物体或激波的变化 $\Delta\rho/\rho = -2\Delta h/h$，并引起膨胀：

$$\rho_\infty = \rho_{\infty 0}(1 - bx^2), \quad b = (m + K_s)m, \qquad m = h^{-1} \tag{7.8.18}$$

假定它为高超声速流 $U \approx U_\infty$，并去掉速度绝对值的相似偏差。这样可以得到小钝度钝体绕流激波后的函数如下 (而不是式 (7.7.12))：

$$u_s = U_\infty \sin(\omega + \varphi) = U_\infty x K_{\text{eff}}, \quad \nu_s = -kU_\infty$$

$$p_s = \rho_\infty U_\infty^2 (1 - K_{\text{eff}}^2 \beta_s x^2), \quad \beta_s = 1 + bR_{\text{eff}}^2 \tag{7.8.19}$$

使用展开式 (7.8.14) 并用曲率 K_{eff} 替代 K_s，可以得到同式 (7.8.1) 完全一样的方程且具有相同的解，其中涉及代替 λ 的参数 $\lambda_{eff} = \delta K_{eff}/k$，以及同样用以确定参数的式 (7.8.11) 和式 (7.8.13)。由于所有的这些公式仅略微依赖于 β，激波层厚度首先由有效曲率 K_{eff} 控制 (正如在 7.1 节中最后所给出的估算一样)，其次在一定程度上依赖于密度膨胀系数 b。

图 7.25 中给出了与图 7.6 相同条件下，轴对称欠膨胀射流球体绕流的确切比率 δ/kR。曲线是相对于 k 或比率 $R/h = mR$ (Lunev 和 Khramov，1970) 而画的。这些曲线无规律可循。但当相对于比率 δ/kR_{eff} 绘制时，它们就形成了唯一的由式 (7.8.16) 决定的 k 相关性 ($K = 0$ 的平板数据也遵循该相关)。

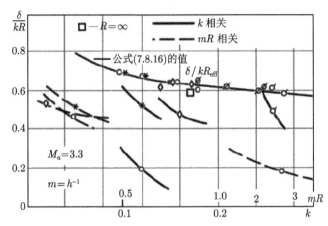

图 7.25 欠膨胀射流场内球体激波层厚度

用 λ_{eff} 代替方程 (7.8.2) 中的 λ，在条件 $p_2(1) = \beta_s$ 下存在解：

$$p_2(0) = \beta = \beta_s + \frac{1}{2+\nu}\frac{K}{K_{eff}} \tag{7.8.20}$$

一般而言，β 依赖于 b 和 K，但实际上，之前的假设 $\beta = 1$ 与图 7.6 中 $p(\omega_1)$ 曲线的一般特性相一致。

下面我们将研究气体流动中气体通过物体表面的**弱入射**问题；入射气体密度、法向速度和声速分别为 ρ_w、ν_w 和 a_w。假设入射气体子层相对厚度很小，$\delta_w/R \ll 1$，这样入射气体和外层气体的交界面及弓形激波都紧贴物体，它们的曲率相同：$K_s = K_w = K$。这可能是通过物体多孔表面的入射流，或是由在过热激波辐射作用下物质的气化而引起的。和前面一样，由经过入射气体外边界的高超声速外流所产生的压力作用在该表面，并引起气体在入射气体子层扩散。该压力在驻点附近为 $p = \rho_\infty U_\infty^2(1 - K_s^2\beta x^2)$，系数 β 与没有入射流时一样。假定 β 在整个子层是常数。

内层的气体运动方程与激波层中的相同。两种流动在交界面上都必须满足无渗透条件。在物体表面的法向速度分量是预先指定的，而切向分量设为零。和前面一样，按以下形式给出内层解：

$$\nu = \nu_{\mathrm{w}} f_0(\zeta), \quad u = a_{\mathrm{w}} K x f_1(\zeta), \quad \zeta = y/\delta_{\mathrm{w}} \tag{7.8.21}$$

将这些表达式代入运动方程，得到类似于式 (7.8.16)、式 (7.8.17) 的方程组，以及边界条件：

$$f_0' = -(1+\nu)\lambda_{\mathrm{w}} f_1, \quad \lambda_{\mathrm{w}} = \delta_{\mathrm{w}} K/M_{\mathrm{w}}, \quad M_{\mathrm{w}} = \frac{\nu_{\mathrm{w}}}{a_{\mathrm{w}}}$$

$$(f_0')^2 - (1+\nu)f_0 f_0'' = \frac{2}{\gamma_{\mathrm{w}}} \lambda_{\mathrm{w}}^2 (1+\nu)^2 \beta, \quad \gamma_{\mathrm{w}} = a_{\mathrm{w}}^2 \rho_{\mathrm{w}}/\rho$$

$$\zeta = 0, \quad f_0' = 0, \quad f_0 = 1; \quad \zeta = 1, \quad f_0 = 0 \tag{7.8.22}$$

该问题有解 (对于 $\nu = 0$，式 (7.8.7) 中的 f_{0+} 类解不满足边界条件)：

$$\nu = 1: \quad f_0 = 1 - \zeta^2, \quad \lambda_{\mathrm{w}} = \left(\frac{\gamma_{\mathrm{w}}}{2\beta}\right)^{1/2}$$

$$\nu = 0: \quad f_0 = \cos(\pi\zeta/2), \quad \lambda_{\mathrm{w}} = \frac{\pi}{2}\left(\frac{\gamma_{\mathrm{w}}}{2\beta}\right)^{1/2} \tag{7.8.23}$$

对于 $M_{\mathrm{w}} \ll 1$，子层相对厚度 $\delta_{\mathrm{w}} K \sim M_{\mathrm{w}}$ 很小；而这正是所得解的适用条件。例如，$\beta = 1.17$ 的球体 (见 7.2 节)，对于 $\gamma_{\mathrm{w}} = 1.4$，我们得到 $\delta_{\mathrm{w}} = 0.77 R M_{\mathrm{w}}$。

比较固定面两边的切向速度。为此，分别用 1 和 2 代表外层和内层参数，并有如下关系式：

$$\frac{u_1}{u_2} = \frac{U_\infty \sqrt{2\beta k}}{a_{\mathrm{w}}\sqrt{2\beta/\gamma_{\mathrm{w}}}} = \frac{U_\infty \sqrt{\gamma_{\mathrm{w}} k}}{a_{\mathrm{w}}} \approx \frac{a_*}{a_{\mathrm{w}}} \tag{7.8.24}$$

其中，a_* 为外层气体的临界声速。如果两逆流气体都是理想气体且相同，那对于 $M_\infty \gg 1$，就得到 $u_1/u_2 \approx (T_0/T_{\mathrm{w}})^{1/2}$，其中 T_0 和 T_{w} 分别为外流和入射流的临界温度。因为在高超声速大气飞行中，通常有 $T_0 \geqslant T_{\mathrm{w}}$。也就是说，考虑到黏性，内流会被外流排开。我们注意到，所得解仅在入射层厚度比黏性混合区及边界层的厚度大很多的情况下，在物理上才是合理的，后者的厚度约为 $\delta \sim R \cdot Re^{-1/2}$，其中 Re 为雷诺数 (参见 1.16 节)。

7.9 沿对称轴的变密度流

前面的例子中，在高超声速激波层内密度沿对称轴保持不变，这是由压强保持不变和流动的等熵特性而决定的。但这在高超声速真实气体流中是特例，并不常见，因为气体密度会因温度辐射的改变或化学反应而变化 (见第 10~14 章)。下面将研究这一类流动的气动特性。

我们将以一个简单的、由方程 $\mathrm{d}h/\mathrm{d}t = q$ 所描述的非等熵过程为例。当 $q = q(h)$ 时，该方程有积分

$$\int_h^{h_s} \frac{\mathrm{d}h}{q} = \int_y^{\delta} \frac{\mathrm{d}y}{\nu} = -t \tag{7.9.1}$$

前面章节所采用的坐标系中，y 轴是沿物体表面指向流体的方向，因此 $\nu < 0$，气体在点 $y = \delta$ 处以初始焓 $h = h_s$ 流入激波层。

这里的函数 t 是指气体粒子从激波传到驻点所花费的时间。因为 $t > 0$，所以对 $q > 0$ 有 $h > h_s$，$q < 0$ 则有 $h < h_s$。一般情况下，这并不是方程 (7.9.1) 的解，因为函数 q 和 ν 还没有进行定义。但可以得到一个重要结论：设驻点附近 $\nu = -\nu_0 y/R$，ν_0 和 R 为标定常数，可以得到

$$t = -(R/\nu_0)\ln(y/R) + \mathrm{const} \to \infty, \quad y/R \to 0 \tag{7.9.2}$$

因此当 $y \to 0$ 时，积分 t 也一定是奇异的，但这仅在 $q \to 0(y \to 0$ 时$)$ 的情况下才有可能，即驻点为流动的温度平衡点。在问题的物理表述中忽略这一因素会产生不符合实际的结果。因而，对常量 q 有 $h - h_s = qt$。这样当 $t \to \infty$ 时，则有：$q > 0$ (加热) 时，$h \to \infty$；或者 $q < 0$ 时，在某点 $y = y_0$ 处的零点温度 $T = T_0$。除此之外的解的延拓不具有物理意义。

这一问题将在第 14 章中研究，这里我们将只讨论变密度问题中的流场描述，并不指定密度变化的具体原因 (Lunev, 1971)。很容易就看出，密度的变化没有改变对速度和压差数量级的估算，也不影响展开式 (7.7.14) 的使用。特别是，和前面一样，ρ_2 项没有通过式 (7.7.18)(其中 $j_2 = 0$) 代入模拟方程 (7.7.16)，而连续方程中含压力梯度的项可以略去。但方程 (7.7.7) 中右边的 Q 没有消失，该量代入函数 f_1 与 f_0 之间的关系式中，这就使得随后的方程形式更为复杂。不过我们将引入一个新的变量 (**Dorodnitsyn 变量**, 1940) 及函数：

$$\eta = \int_0^y \rho_0 \mathrm{d}y, \quad \zeta = \frac{\eta}{\eta_\delta}, \quad \rho_0 = \frac{\rho k}{\rho_\infty}, \quad \rho_0 \nu = -kU_\infty f_0(\zeta) \tag{7.9.3}$$

并从薄激波层的简化连续方程

$$\frac{\partial \rho u x^\nu}{\partial x} + \frac{\partial \rho \nu x^\nu}{\partial y} = 0 \tag{7.9.4}$$

推导出之前的切向速度表达式

$$\bar\lambda(1+\nu)u = xU_\infty f_0', \quad \bar\lambda = \eta_\delta K_s/k \tag{7.9.5}$$

由此, 在与 7.8 节中相同的假设下, 我们得到如下的方程 (而不是方程 (7.8.1)):

$$(f_0')^2 - (1+\nu)f_0 f_0'' = 2(1+\nu)^2\bar\lambda^2 k\beta/\rho_0 \tag{7.9.6}$$

该方程与方程 (7.8.1) 的不同之处仅在于右边变化的密度 $\rho_0 \neq 1$。后者约为 k, 且只在 f_0 很小的壁面子层内才很重要。将该方程的模拟积分 (7.8.4) 写成

$$f_0' = \bar\lambda(1+\nu)(f_0^{2/(1+\nu)} + 2k\beta/\tilde\rho_0)^{1/2}$$

$$\frac{1}{\tilde\rho_0} = \frac{1+\nu}{2}f_0^{2/(1+\nu)}\int_{f_0}^1 \frac{1}{\rho_0}f_0^{-(3+\nu)/(1+\nu)}\mathrm{d}f_0 \tag{7.9.7}$$

式 (7.9.6) 或式 (7.9.7) 必须采用以下等式封闭:

$$\rho_0 = \rho_0(h_0), \quad f_0\frac{\mathrm{d}h_0}{\mathrm{d}\zeta} = f_0' f_0\frac{\mathrm{d}h_0}{\mathrm{d}f_0} = -q_0$$

$$h = 2h/U_\infty^2, \quad q_0 = 2q\eta_\delta/(U_\infty^3 k) \tag{7.9.8}$$

通过式 (7.9.7) 将等式中的 f_0' 消除, 我们得到 $q = q(h)$ 时函数 $h_0(f_0)$ 的微积分方程, 但该方程也不存在简单解。为此, 我们将只对此问题和一些数值例子进行定性分析。

积分式 (7.9.7) 并不准确。当 $f_0 \to 0$ 时, 如果函数 ρ_0 是有界的 (在下文中将做这样的假设), 则对于很小的趋于极限的 f_0, 我们得到 $\tilde\rho_0 = \rho_0$。那么对于很小的 f_0, 式 (7.9.7) 将采用如下形式:

$$f_0' = \bar\lambda(1+\nu)\sqrt{2k\beta/\rho_0} \quad (\rho_0 f_0^{2/(1+\nu)} \ll 2k\beta) \tag{7.9.9}$$

其中的不等式决定解的适用范围。将其代入方程 (7.9.8), 并从物理角度考虑设 $q = c(h_{0e} - h_0)$, 其中 $h_{0e} = h_0(0)$, $c > 0$, 将得到 $f_0 \to 0$ 时的渐近式 $h_e - h \sim f_0^\alpha$, 其中 $\alpha = c/f_0'(0) > 0$。

在该壁面子层之外, 积分式 (7.9.7) 的形式与 7.8 节中一样, $f_0' = \lambda(1+\nu)f_0^{1/(1+\nu)}$, 因此在同样 $\beta = (3+\nu)/(1+\nu)$ 的情况下, 方程 (7.8.2) 对于 $p_2(\zeta)$ 解也与之前一样。

将式 (7.9.6) 中的 ρ_0 用适当的平均值 $\bar\rho_0$ 代替, 就得到了前面的解, 只是用 $k_0 = k/\bar\rho_0$ 代替了 k。同样的关系式决定了广义激波层厚度:

$$\nu = 0: \quad \frac{\eta_\delta}{kR_s} = \frac{1}{2}\ln\frac{2}{\beta k_0}$$

$$\nu = 1: \quad \frac{\eta_\delta}{kR_s} = \frac{1}{1+\sqrt{2\beta k_0}} \tag{7.9.10}$$

图 7.26 给出了原始坐标上球体的真实速度分布，$\nu_0(y/\delta) = -\nu/U_\infty k$，它与同图中的密度分布相对应，与气体辐射及化学非平衡都有关。它们相互之间偏差较大，但在 f_0, ζ 变量中收敛成较窄的带状。相同情况下的激波层厚度也明显不同：$\delta/(kR_s) = 0.3 \sim 0.8$，但对应的广义厚度却与等密度情况下 (7.3 节) 的量 $\eta_\delta \approx 0.8 kR_s$ 接近。

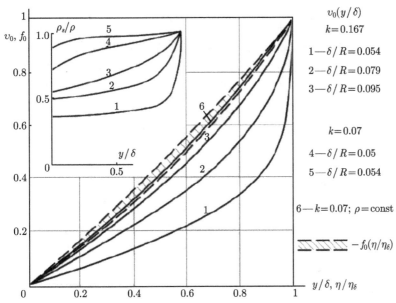

图 7.26 化学非平衡 (曲线 1~3) 和平衡辐射 (曲线 4 和 5) 球体绕流中，
沿对称轴的密度和速度分布

这一结果具有相似律的含义，表明 Dorodnitsyn 变量中的解对于钝体对称轴周围、激波和物体之间的各种密度分布都具有通用性。但是在壁面子层，该结果不正确。基于式 (7.9.7)，速度分布直接依赖于密度分布。

最后，设参数 k_0 为常量，采用 7.8 节中函数 f_0 的解，使用变量 ζ 表示时间 t，则

$$\frac{U_\infty t}{R_s} = -\frac{U_\infty}{R_s} \int\limits_y^\delta \frac{\mathrm{d}y}{\nu} = \frac{\eta_\delta}{kR_s} \int\limits_0^1 \frac{\mathrm{d}\varphi}{\varphi_0} = \frac{\ln \varphi_\nu}{2(1+\nu)a}, \quad a = \sqrt{\frac{\beta k_0}{2}}$$

$$\varphi_0 = \frac{(1-a)(1+a^\zeta)}{(1+a)(1-a^\zeta)}, \quad \varphi_1 = \frac{4a + (1-2a)\zeta}{(1+2a)\zeta} \tag{7.9.11}$$

在驻点附近，当 $\zeta \to 0$ 时，函数 φ_ν 和 t 有以下渐近式：

$$\varphi_\nu \to \frac{b_\nu}{\zeta}, \quad b_0 = \frac{2(1-a)}{(1+a)(-\ln a)}, \quad b_1 = \frac{4a}{1+2a}$$

$$\frac{U_\infty t}{R_s} \to \frac{1}{2(1+\nu)a}\left(\ln\frac{1}{\zeta} + \ln b_\nu\right) \tag{7.9.12}$$

7.10　三维薄激波层

和前面的章节一样, 本节将在相同的限定条件 (7.1.1) 或 (7.7.1) 下, 分析三维激波层的气体流动特性, 进而对前面得到的结果加以推广.

首先, 薄激波层中限定流的流线, 当 $\delta \to 0$ 时, 与其在物体表面的投影相一致, 是物体表面的测地线, 它们在切面上投影的测地曲率在每一点都为零 (见 1.13 节). 取 $K_l = R_l^{-1}$ 为流线的法向曲率, $\boldsymbol{n}_e$ 为密切平面 (osculating plane) 内流线的主法线, $\boldsymbol{\tau}_1$ 和 $\boldsymbol{\tau}_g$ 分别为物体切面内流线的切向和法向单位矢量, $\boldsymbol{n}$ 为其法线. 这样**法向曲率矢量 $\boldsymbol{K}_1$** 有如下分量:

$$\boldsymbol{K}_1 = K_1\boldsymbol{n}_1, \quad (\boldsymbol{K}_1\boldsymbol{n}) = K, \quad (\boldsymbol{K}_1\boldsymbol{\tau}_g) = K_g, \quad (\boldsymbol{K}_1\boldsymbol{\tau}_1) = 0 \tag{7.10.1}$$

其中, K 为物体表面的**正截面曲率**; 而 K_g 为表面流线的**测地曲率** (geodesic curvature), 即流线在物体切面上投影的曲率.

从式 (2.2.6) 得到: 压力梯度 ∇p 在流线垂直面上的投影与主法线 $\boldsymbol{n}_p$ 平行, 并等于

$$\boldsymbol{n}_1\frac{\partial p}{\partial n_1} = \rho U^2 \boldsymbol{K}_1 = \rho U^2(\boldsymbol{n}K + \boldsymbol{\tau}_g K_g) \tag{7.10.2}$$

从而得到

$$\frac{\partial p}{\partial n} = \frac{\rho U^2}{R}, \quad \frac{\partial p}{\partial \tau_g} = \rho U^2 K_g, \quad \frac{1}{R} = K \tag{7.10.3}$$

比较式 (7.10.3) 中的第二个公式和用于 $\boldsymbol{\tau}_g$ 方向、流动长度尺度为 L 的牛顿公式 $p \sim \rho_\infty U_\infty^2$, 得到

$$\frac{\partial p}{\partial \tau_g} \sim \frac{\rho_\infty U_\infty^2}{L}, \quad L K_g \sim k\frac{U_\infty^2}{U^2} \tag{7.10.4}$$

这样, 对于 $U \sim U_\infty$ 的流线, $k \to 0$ 时有 $K_g \to 0$, 因此在极限条件下, 这些流线实际上与物体表面的测地线一致, 而其主法线则与物体表面的法线一致, 这有待于进一步证实. 该例中, 流线的初始方向以及速度 U 的常数值由物体上的激波条件根据局部攻角 (对于 $k \to 0$, 见 7.5 节) 决定. 因此, 受限流流线的建立简化成纯几何问题. 接着从式 (7.10.3) 的第一个公式 (y 代替 n) 得到相同的布斯曼公式 (7.2.3), 但根据 7.2 节, 该例中每一流线都有自己的曲率半径.

然而该极限解，第一，非常烦琐；第二，如 7.5 节所示，不适用于钝体的壁面层，特别在驻点附近，切向压力梯度所起的作用十分重要。因此，考虑到要将 7.7 节和 7.8 节的结果推广到三维流中，我们将推导出薄激波层方程的极限形式。

采用 1.13 节引入的正交坐标系 x_1, x_2, x_3，并设物体表面 $x_2 = 0$。这样，对于带激波的小钝度钝体上的薄激波层，可以对方程 (1.13.25) 作如下简化。

首先，x_1 和 x_3 坐标线的所有曲率 K_{ik} 可以用其在物体表面 $x_2 = 0$ 上的值代替。用 K_1 和 K_2 表示主曲率 K_{12} 和 K_{32}，用 K_{1g} 和 K_{3g} 表示测地曲率 K_{13} 和 K_{31}。

其次，去除所有含物体表面法向速度分量的项，其值约为 $u_2 = \nu \sim kU_\infty$；对流导数中的 $\nu \partial/\partial x_2$ 项除外，因为激波层中 $\Delta x_2 \sim \delta \sim kR_{\min}$，其中 $R_{\min} = \min R$。

第三，用物体表面的法线 y 代替坐标轴 x_2，因为它们之间的差异为更高阶的小量。

最后，在薄激波层中可以假定比例因子 $H_2 = 1$。这样动量方程 (1.13.25) 可以采取以下形式：

$$\frac{u_1}{H_1}\frac{\partial u_i}{\partial x_1} + \nu\frac{\partial u_i}{\partial y} + \frac{u_3}{H_3}\frac{\partial u_i}{\partial x_3} + u_i u_k K_{1g} - u_k^2 K_{kg}$$

$$= -\frac{1}{H_i}\frac{1}{\rho}\frac{\partial p}{\partial x_i}, \quad i = 1, \quad k = 3; \quad i = 3, \quad k = 1 \tag{7.10.5}$$

$$\rho(u_1^2 K_1 + u_3^2 K_3) = \partial p/\partial y \tag{7.10.6}$$

如果 θ 为本地速度矢量 $\boldsymbol{U}$ 与 x_1 轴之间的角度，则 $u_1 = U\cos\theta$, $u_3 = U\sin\theta$，对物体表面任意正截面的曲率运用**欧拉公式**，$K = K_1\cos^2\theta + K_3\sin^2\theta$，可以将式 (7.10.6) 简化成式 (7.10.3) 的第一个方程。

下面对到达钝体驻点 $x_i = 0$ 的中心流线周围的流动问题进行求解，坐标轴 x_1 和 x_2 正沿着钝体的两个对称面，且比例参数 $H_1 = H_3 = 1$[①]。

因为在每一个对称面内的激波和物体表面都可以局部表示成半径为 R_1 和 R_2 的圆，7.7 节中所有关于二维流压力和速度的结论在这些表面都有效。因此，就可以得到如下激波展开式：

$$p_s = \rho_\infty U_\infty^2 (1-k)(1 - x_1^2 K_{1s} - x_3^2 K_{3s})$$

$$u_{is} = U_\infty x_i K_{is}, \quad k\rho_s = \rho_\infty, \quad \nu_s = -U_\infty k, \quad y_s = \delta \tag{7.10.7}$$

和 7.8 节中一样，在方程中为 ν 假定 $K_{is} = K_i$。如前所述，我们寻求问题的级数截断解：

---

① Lunev 和 Magomedov(1963)。

$$u_i = U_\infty x_i K_{is} \bar{u}_i(\zeta), \quad \nu = -U_\infty k f_0(\zeta)$$

$$p - p_\infty = \rho_\infty U_\infty^2 [p_0(\zeta) - x_1^2 K_{1s}^2 p_{21}(\zeta) - x_3^2 K_{3s}^2 p_{23}(\zeta)], \quad \zeta = y/\delta \quad (7.10.8)$$

沿对称轴的压力分布和式 (7.7.15) 一样，因此假定 $p_0 = 1$。接着将展开式 (7.10.8) 代入式 (7.10.5) 和式 (7.10.6) 及连续方程 $\mathrm{div}(\rho \boldsymbol{U}) = 0$（散度算子 (1.13.2) 中参数 $H_i = 1$），和 7.7 节中一样，设 $\rho = \mathrm{const}$，可以得到常微分方程组：

$$\lambda_1 \bar{u}_1 + \lambda_3 \bar{u}_3 = f_0', \quad \lambda_i = \delta K_{is}/k \quad (7.10.9)$$

$$f_0 \bar{u}_i' - \lambda_i \bar{u}_i^2 = -2\lambda_i \beta_i k, \quad \beta_i = p_{2i}(0) \quad (7.10.10)$$

$$K_{is} p_{2i}' = -\lambda_i K_i \bar{u}_i^2, \quad i = 1, 3 \quad (7.10.11)$$

就如同处理二维流问题一样，此处量 $p_2(0)$ 由其壁面值代替。边界条件如下：

$$\zeta = 0, \quad f_0 = 0; \quad \zeta = 1, \quad f_0 = \bar{u}_i = p_{2i} = 1 \quad (7.10.12)$$

多余的 (相对于方程组阶而言) 条件用来确定未知的激波脱体距离。变量 $\mathrm{d}\zeta = (f_0/2t)\mathrm{d}t$ 在 $\zeta = 0$ 时换为 $t = 0$ 后，我们得到方程 (7.10.10) 的如下解，及方程 (7.10.9) 的解。

$$\bar{u}_i = \kappa_i \frac{c_i + t^{u_i}}{c_i - t^{u_i}}, \quad \mu_i = \lambda_i \kappa_i, \quad \kappa_i = \sqrt{2k\beta_i}$$

$$f_0 = c_0 t^{(\mu_1 + \mu_3)/2} [(c_1 - t^{\mu_1})(c_3 - t^{\mu_3})]^{-1} \quad (7.10.13)$$

此处满足条件 $f_0(0) = 0$。然后使 $t = 1$ 的点和激波一致 ($\zeta = 1$)，从条件 (7.10.12) 得到

$$c_0 = (c_1 - 1)(c_3 - 1), \quad c_i = \frac{1 + \kappa_i}{1 - \kappa_i}, \quad \int_0^1 \frac{f_0}{t}\mathrm{d}t = 2 \quad (7.10.14)$$

后面的积分用来确定 δ。

当 $k^{1/2} \to 0$ 时，得到极限形式的解：

$$\bar{u}_i = \left(1 - \frac{1}{2}\lambda_i \ln t\right)^{-1}, \quad f_0 = \bar{u}_1 \bar{u}_3 \quad (7.10.15)$$

该解给出了壁面值 $\bar{u}_i = 0$，而实际上有 $\bar{u}_i \sim k^{1/2}$，但和之前一样，该解可用来从方程 (7.10.11) 计算 p_2，并进一步可计算 k 阶误差，这样就有公式

$$\beta_1 = 1 + \frac{1 - 3\omega}{2(1 - \omega)^2} - \frac{\omega^2 \ln \omega}{(1 - \omega)^3}$$

$$\beta_3 = 1 - \frac{\omega(3 - \omega)}{2(1 - \omega)^2} - \frac{\omega \ln \omega}{(1 - \omega)^3}, \quad \omega = \frac{K_3}{K_1} \quad (7.10.16)$$

图 7.27(a) 中给出了这些曲线。显然，$\omega \geqslant 0.5$ 时的系数 β_i 与球体 ($\omega = 1$) 的值 $\beta = 4/3$ 仅略有差异；$\omega = 0$ 时 $\beta_1 = 3/2$ 且 $\beta_3 = 1$ 的情况对应着垂直于流动的无限长圆柱，即对应于二维问题。

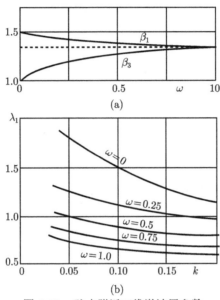

图 7.27　驻点附近三维激波层参数

图 7.27(b) 中给出了激波层厚度，或 λ_1 曲线。最外侧的曲线分别对应着圆柱 ($\omega = 0$) 和球体 ($\omega = 1$)。

最后，$\bar{u}_i$ 和 f_0 曲线在图 7.28 中画出。轴向速度几乎与 ω 无关。$\omega \geqslant 0.25$ 时的纵向速度系数 $\bar{u}_1$ 也只有微小变化，而 $\omega = 0$ 对应的是圆柱。当 $\omega \to 0$ 时，系数 $\bar{u}_3$ 在各处都有 $\bar{u}_3 \to 1$；壁面除外，此处 $\bar{u}_3 = \sqrt{2\beta_i k}$。因此，在 $K_3 \ll K_1$ 的长条状物体周围形成了纵向涡流子层。但从物理角度来看该层没有研究意义，因为这一情况下的速度分量比 $u_3/u_1 \sim \omega \to 0$。在 2.11 节中已对物体表面流线进行了研究。

我们注意到所得解明显依赖于激波曲率，而就 β_i 而言它又依赖于物体曲率。该解适用于有两对称面的大钝度钝物体，虽然这种情况下的激波形状并不确定。

下面我们将探讨整体上的非对称流。在带激波小钝度钝体上，当 $\delta/R \to 0$ 时，中心流线沿物体和激波的公法线 $\boldsymbol{n}_0$ 方向经过驻点，与自由流平行。由于所有表面在本地都有两个对称面，分别经过曲率线切线和法线 $\boldsymbol{n}_0$，之前所得解在这附近都适用。

但随着物体上激波层厚度的增加，物体在其前端点附近的较大范围内是非对称的，流动的对称性由于受亚声速区边缘的影响而被破坏。这种情况下，中心流线可能会弯曲并在局部攻角 $\alpha < \pi/2$ 的点上与激波相交。原则上，驻点压力 p_0'' 就会变得比正激波后的驻点压力 p_0' 大。但这一差异通常很小。

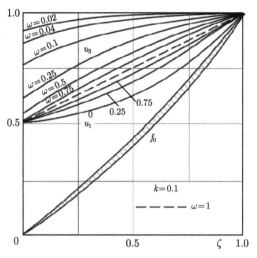

图 7.28 轴向 (f_0) 和纵向 (u_i) 速度分布

这造成的最显著影响是驻点从物体前部脱离。这在图 7.29 中显而易见，图中显示了带入射角的球冠体绕流。该绕流中有一剧烈膨胀从拐角处产生，就好像将驻点推开。

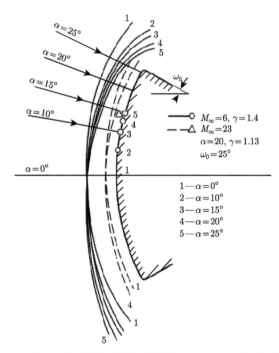

图 7.29 带入射角球冠体绕流的激波形状和驻点位置 (符号标记)

7.11　锥体对称平面附近的流动

下面我们将继续采用级数截断法建立局部解。首先对半顶角为 θ_c 的圆锥在攻角 α 时的情况进行分析；之后给出对所得解进行一般性推广的过程。我们不但要研究物体的迎风面，在迎风面使用级数截断法是很自然的；还要研究背风面，这就要对解的适用范围加以适当限制。后一种情况下的解由条件 $\alpha \leqslant \theta_c$ 所约束，否则背风母面将在气动阴影中。为保持公式的一致，两个流动面在相同的半平面 $\varphi = 0$ 周围仅攻角不同 (分别为 $\alpha > 0$ 和 $\alpha < 0$)。

在球坐标系 r, θ, φ 中，速度分量 u, v 和 w (或方程 (1.13.15) 中的 v_r, v_θ 和 v_φ)，以及其他流动参数，与 r 无关。因此激波也为锥状，并在对称面附近有如下形状：

$$\theta = \theta_s(\varphi) = \theta_{s0} + \frac{1}{2}\theta_s'' \varphi^2 + \cdots$$

$$\theta_{s0} = \theta_c + \varepsilon, \quad \varepsilon \sim k = \rho_\infty/\rho_s \ll 1 \tag{7.11.1}$$

其中，ε 为带角激波层的厚度。

在局部问题范围内无法确定导数 θ_s''，同样也不能确定轴对称问题中物体和激波形状的差异。但由于 $\varepsilon \to 0$ 时，$\theta_s'' \to 0$，设 $\theta_s'' = 0$，将级数 (7.11.1) 截断，正如 7.7 节中所做的一样。

接着略去方程组 (1.13.15) 中对 t 和 r 的导数项，考虑式 (6.5.8) 和式 (6.6.1)，我们将在 φ 内寻求其级数截断形式[①]的解：

$$u = U_\infty u_0(\zeta)\cos\alpha_0, \quad v = -kU_\infty f_0(\zeta)\sin\alpha_0$$

$$w = \varphi U_\infty f_1(\zeta)\sin\alpha, \quad \alpha_0 = \theta_c + \alpha$$

$$\zeta = (\theta - \theta_c)/\varepsilon \tag{7.11.2}$$

$$p - p_\infty = \rho_\infty U_\infty^2 [p_0(\zeta)\sin^2\alpha_0 - \varphi^2 p_2(\zeta)\sin\alpha_0\cos\theta_c\sin\alpha] \tag{7.11.3}$$

此处，$\alpha > 0$ 和 $\alpha < 0$ 分别对应着锥体的迎风面和背风面。相应地，$\varphi = 0$ 的平面在前一种情况下 ($w > 0$) 为流动扩张面，在后一种情况下 ($w < 0$) 为流动收缩面。

设式中 $\theta_s = \theta_c$，即忽略 ε，就可以从式 (6.5.8) 得到这些函数的边界条件：

$$\zeta = 0, \quad f_0 = 0; \quad \zeta = 1, \quad u_0 = f_0 = f_1 = p_2 = 1 \tag{7.11.4}$$

但为了使函数 p_0 中出现 k 阶项，如 6.4 节中所做的一样，我们对该函数进行了特例处理。从关系式 (6.5.7) 得到，p 对 φ 在激波处的严格展开由 θ_s 代替了 θ_c 的式 (7.11.3) 决定。对 φ 展开后一公式，可以得到

[①] Lunev(1975)。整个锥形激波层的积分形式解由 Gonor(1958) 得到。

$$p_0(1) = 1 - k + 2\lambda k(1 - \omega), \quad \lambda = \varepsilon/k \tan\theta_c$$

$$1 - \omega = \tan\theta_c/\tan\alpha_0, \quad \omega = \sin\alpha/\cos\theta_c \sin\alpha_0 \tag{7.11.5}$$

参数 λ 和在之前研究的问题中一样, 而参数 ω 在下列范围内:

$$0 \leqslant \omega \leqslant 1, \quad 0 \leqslant \alpha \leqslant \pi/2 - \theta_c$$

$$-\infty \leqslant \omega \leqslant 0, \quad -\theta_c \leqslant \alpha \leqslant 0 \tag{7.11.6}$$

接下来我们要构造问题的解。锥体上的速度 $v = 0$, 而在激波层内的量级约为 k 阶 $(v \sim k)$。因此从式 (1.13.15) 中的第一个方程, $\partial u/\partial\theta = v$, 得到对称面 $(\omega = 0,\ \varphi = 0)$ 上的径向速度 $u = u_s = $const, 或 $u_0 = 1$。此外, 式 (1.13.15) 的第二个方程中只剩两项, $v\partial v/\partial\theta$ 和 uv。因此, 将该式积分可以得到

$$p_0(\zeta) - p_0(1) = \frac{1}{2}k(1 - f_0^2) - \lambda k(1 - \omega) \int_\zeta^1 f_0 \mathrm{d}\zeta \tag{7.11.7}$$

与钝体驻点的情形不同, 该公式没有给出确切解, 因为量 $f_0(\zeta)$ 和 λ 仍未知。

在计算展开式 (7.11.2) 和式 (7.11.3) 中的其他函数的过程中, 我们会相应地对方程 (1.13.15) 进行简化: 设 $p_0 = 1$, 并略去除了含 $\nu\partial/\partial\theta$ 的项之外、所有涉及函数 $\nu \sim kU_\infty$ 的项, 因为在激波层 $\Delta\theta \sim \varepsilon$。然后, 替换方程中的这些展开式, 并将相同 φ 幂次项合并, 就得到常微分方程组:

$$f_0 f_1' = \lambda\omega(f_1')^2 + \lambda(1 - \omega)f_1 - 2k\lambda\beta \tag{7.11.8}$$

$$f_0' = \lambda\omega f_1 + 2\lambda(1 - \omega), \quad p_2' = \lambda\omega f_1^2 \tag{7.11.9}$$

与之前一样, 方程里 k 阶的单项中, 函数 $p_2(\zeta)$ 由其壁面值 $p_2(0) = \beta$ 代替。对变量做变换 $\lambda t \mathrm{d}\zeta = f_0 \mathrm{d}t$, 并在 $\zeta = 0$ 时取 $t = 0$, $\zeta = 1$ 时取 $t = 1$, 这和 7.10 节中的处理方式一样, 用以确定 λ。这样, 再考虑到边界条件, 就得到如下解:

$$f_0 = \frac{(\kappa_1 - \kappa_2)t^{1-\omega}}{(\omega - \kappa_2)t^{\kappa_2} - (\omega - \kappa_1)t^{\kappa_1}}$$

$$f_1 = \frac{\kappa_1(\omega - \kappa_2)t^{\kappa_2} - \kappa_2(\omega - \kappa_1)t^{\kappa_1}}{\omega[(\omega - \kappa_2)t^{\kappa_2} - (\omega - \kappa_1)t^{\kappa_1}]}$$

$$\kappa_{1,2} = -\frac{1}{2}(1 - \omega) \pm \sqrt{\frac{1}{4}(1 - \omega)^2 + 2k\beta\omega} \tag{7.11.10}$$

当 $k = 0$ 时, 有 $\kappa_1 = 0$ 及 $\kappa_2 = -(1 - \omega)$, 因此该解表现为其极限解, 或牛顿形式:

$$f_1 = \frac{(1 - \omega)t^{1-\omega}}{1 - \omega t^{1-\omega}}, \qquad f_0 = f_1 t^{1-\omega} \tag{7.11.11}$$

此解给出壁面的圆周速度为零 $f_1 = 0$。实际上,当 $t \to 0$ 时,从式 (7.11.10) 中得到

$$f_1 = 2k\beta/(1-\omega), \quad |1-\omega| \gg 2k\beta$$

$$f_1 = \sqrt{2k\beta}, \quad |1-\omega| \ll 2k\beta \tag{7.11.12}$$

在第一种情况下,对于 k 阶理论的准确性而言,解 (7.11.11) 到处都适用。但在第二种大攻角的情况下,与 7.8 节中的二维问题类似,壁面层所起的作用十分重要。该情况仅在 $\omega \approx 1$,即在锥体的迎风面才发生。

运用解 (7.11.11),可以得到如下结果:

$$\lambda = \frac{\theta_s - \theta_c}{k \tan \theta_c} = \int_0^1 f_0 \frac{\mathrm{d}t}{t} = -\frac{1}{\omega^2} \ln(1-\omega) - \frac{1}{\omega} \tag{7.11.13}$$

$$p_0 = 1 - \frac{1}{2}k + k\Phi(\omega)$$

$$2\omega^4 \Phi(\omega) = (1-\omega)[3\omega(2-\omega+\omega^2) - 2(3-3\omega+2\omega^2)\ln(1-\omega)] \tag{7.11.14}$$

最终,式 (7.11.9) 的最后一个方程有解

$$p_2(0) = \beta = 1 - \frac{6 - 9\omega + 2\omega^2}{2\omega^2} - \frac{3(1-\omega)^2}{\omega^3} \ln(1-\omega) \tag{7.11.15}$$

在图 7.30 中,这些结果与 $M_\infty = 5$ 且 $\theta_c = 10°$ 时的确切数据做了比较。在迎风母线 ($\omega > 0$) 上,公式 (7.11.13) 给出了一个接近确切值的 λ,虽然该情况下的 k 并不是很小;大攻角范围 $\alpha \approx \pi/2 - \theta_c$ 内会出现特例。同时,在整个 α 范围内,公式 (7.11.14) 给出的值几乎和锥体上确切压力一样。和在二维问题中一样,布斯曼公式 (7.11.15) 给出了一个偏高的周边压力梯度值,牛顿值 $\beta = 1$ 更符合实际情况。

下面我们将对解 (7.11.13)~ 解 (7.11.15) 进行一般性推广分析。图 7.31 给出了式 (7.11.6) 中的整个范围内,λ、Φ 及 β 对 ω 的依赖关系。当 $\omega \to 0$,或 $\alpha/\theta_c \to 0$ 时,该解与零入射角时锥体的解一致 (6.4 节)。小攻角下,或 $|\omega| \leqslant 1$ 时,有

$$\lambda = \frac{1}{2} + \frac{1}{3}\omega, \quad \beta = 1 + \frac{1}{4}\omega$$

$$p_0(0) = 1 + \frac{1}{4}k - \frac{7}{30}k\omega \tag{7.11.16}$$

另一种极限情况下,$\omega \to 1$ 或 $\alpha/\theta_c \to \infty$,有 $\beta = 3/2$ 及 $p_0 = 1 - \frac{1}{2}k$,就像流场中垂直于流动方向的圆柱。但极限公式 (7.11.11) 在这种情况下给出了

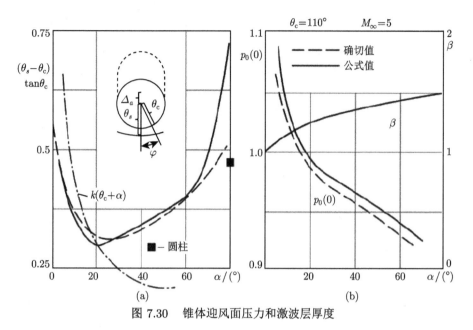

图 7.30　锥体迎风面压力和激波层厚度

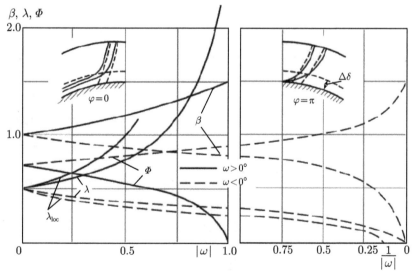

图 7.31　尖锥附着线的流动参数

$\lambda \to \infty$，正如在二维问题中一样。为改善这一结果，应当使用原来的解 (7.11.10)。但为了不涉及复杂的分析，我们将问题限制于这样一点：对于 $\omega = 1$ 的方程组，式 (7.11.8) 和式 (7.11.9) 恰与 7.8 节中二维问题的方程组一致，这就必然会得到含有限值 λ 的相同解。之后，如图 7.30(a) 所示，相同流动条件下圆柱的 δ/R，与锥体的确切比率 $(\theta_s - \theta_c)/\tan\theta_c$ 十分吻合。

接下来，我们将详细讨论 6.5 节中定义的锥形流线。运用式 (6.5.2) 和式 (7.11.2)，可以得到流线方程

$$\frac{\mathrm{d}\varphi}{\varphi} = -\frac{\varepsilon \sin \alpha}{k \sin \theta_c \sin \alpha_0} \frac{f_1}{f_0} \mathrm{d}\zeta = -w f_1 \frac{\mathrm{d}t}{t} \tag{7.11.17}$$

在结果 (7.11.11) 的范围内，此方程有解：

$$\varphi/\varphi_1 = (1 - \omega t^{1-\omega})(1 - \omega)^{-1} \tag{7.11.18}$$

此处，φ_1 为激波的流线 (流面) 坐标。当 $\omega > 0$ 时，角度 φ 随 t 增加；当 $\omega < 0$ 时，角度 φ 随 t 减小，即随着壁面的接近。但在任何情况下，$t = 0$ 时的角度 $\varphi = \varphi_0 = \varphi_1(1 - \omega)^{-1}$ 是有限的。这意味着在牛顿极限理论范围内，激波层的等熵流面局限在激波的 φ_1 线束与锥体的 φ_0 线束之间，这些线束是流线。在线性理论范围内，对于很小的 α，在 6.6 节中得到了类似的结果。但在 6.6 节中显示，若考虑到壁面真实速度的分布，会导致涡流子层的形成，其流面几乎与锥面平行，而其本身就是迎风对称平面内、熵与激波斜率 $\theta_s + \alpha$ 对应的流面。当在图 7.31(其中的虚线是公式 (7.11.18) 所给出的流线，而实线是准确流线) 中的壁面层 $\Delta\delta$ 上运用速度 (7.11.12) 时，我们的问题也可以得到同样的定性结果。

从前面的讨论能回答所得解是否适用于锥体迎风面的问题。实际上它还适用于激波外层 (符合牛顿理论的部分)，压力梯度在其中不起任何作用，所以式 (7.11.8) 的第一个方程中的右边部分可以被去掉。但是在壁面子层 (图 7.31 中的 $\Delta\delta$)，当 $\omega < 0$ 时，来流流线的熵不由局部解决定；来流密度 ρ 也不由局部解决定，实际上它代入方程 (7.11.8) 的系数 k 中，或是式 (7.11.12) 的第一个 f_1 公式中。我们仅能确定该密度比紧随激波后的密度小，它们之比等于 $(p_-/p_+)^{1/\gamma}$，其中 p_+ 和 p_- 分别代表锥体迎风和背风母面压力。这将导致激波层厚度的增加，而该量无法由所得解来确定；并将最终导致压力的改变，正如 6.6 节的图 6.12 中所看到的一样。

为此要慎重考虑这样一个事实：图 7.31 中的量 λ，或激波层厚度，在背风面比迎风面小。而从图 6.6 节的图 6.11 中得到，这种情况确实会出现。

特例就是当 $\lambda \to 0$，$\beta \to 0$ 且 $\Phi \to 3/2$ 时，$\alpha \to -\theta_c$，或 $\omega \to -\infty$ 的情况。这是一个周边梯度为零的零厚度激波层，并且根据式 (7.11.12)，物体的圆周速度也为零。但对于零斜度激波，$\theta_s + \alpha = 0$，我们的理论无法描述其参数范围。

最后，我们讨论一下所得解在其他锥形物体对称面附近的适用性。显然，为了能应用该理论，物体的表面，在与外部速度矢量对齐的坐标系中，必须和周围某等效密切圆锥相一致。图 7.30(a) 给出了 $\alpha = 0$ 时椭圆锥的横截面。这种情况下，等效锥必须处于正攻角 $\Delta\alpha$。

本节结束时，我们把得到的激波斜度 λ 与顶角为 $\theta_{\mathrm{loc}} = \alpha_0 = \alpha + \theta_{\mathrm{c}}$、处于零入射角的本地锥上的同样斜度相比较。对于此锥，公式 (6.4.7) 在本书的标记法中采用如下形式：

$$\lambda_{\mathrm{loc}} = \frac{\theta_s - \theta_{\mathrm{c}}}{k \tan\theta_{\mathrm{c}}} = \frac{1}{2}\frac{\tan\alpha_0}{\tan\theta_{\mathrm{c}}} = \frac{1}{2(1-\omega)} = \frac{1}{2} + \frac{1}{2}\omega \tag{7.11.19}$$

正如从图 7.31 得出的一样，该公式与式 (7.11.13) 或式 (7.11.16) 相比，高估了迎风母面 ($\alpha > 0$) 的激波斜度，而低估了背风母面 ($\alpha < 0$) 的斜度。后一种情况下，该公式在整个 ω 范围与用于 λ 的式 (7.11.13) 大体一致。但即使 $\alpha > 0$ 时，在直至 $\omega \leqslant 1/2$ (对于细长锥为 $\alpha \leqslant \theta_{\mathrm{c}}$) 的范围内，两公式也都给出了较接近的值。在这样的准确度内，考虑到在高超声速近似中压力接近于牛顿压力，可以说，局部锥规律适用于带攻角的锥体。

7.12　在高超声速流动中的射流

本节我们将讨论逆向轴对称高度欠膨胀射流 (图 7.32(a) 中的 I) 周围，或高强度球形源流周围，参数为 ρ_∞ 和 U_∞ 的均匀高超声速流问题。无界超声速流中的逆向超声速射流 (图 7.32(a) 中的 II)，这种情况下，两股流动被相对于外流凸起的分界面 Σ 隔开；分界面两边都形成了激波 s。喷嘴下游远处的高度欠膨胀射流也是高超声速的，因此可以假定激波 s 后的激波层很薄，这样之前的压缩激波层理论可推广应用于此类问题。

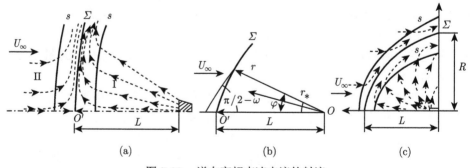

(a)　　　　　　　　　　　(b)　　　　　　　　　　　(c)

图 7.32　逆向高超声速来流的射流

不连续接触面 Σ 的形状和位置由 Σ 两边的等压条件决定。从牛顿公式计算该压力，得到如下关系式：

$$p = \rho_\infty U_n^2 = \rho_\infty U_\infty^2 \cos^2\omega = \rho_1 U_1^2 \cos^2(\omega - \varphi) \tag{7.12.1}$$

其中，ρ_1 和 U_1 为分界面 Σ 之前流动 I 的参数，而 ω 和 φ 为分界面及其右侧流线相对对称轴 OO'（图 7.32(b)）的倾斜角。

如 2.3 节（图 2.6 和图 2.7）所述，在高度欠膨胀射流对称轴附近某处的流动，与以 O 为有效中心的等效球形源（图 7.32(b)）和声速面 $r = r_*$（声速面上含有流动参数 ρ_* 和 $U = a_*$）所产生的流动很相似。此流动的流线为直线，而密度 ρ 和速度 $U(\rho)$ 随相对中心的距离 r 的变化由适用于球形源的关系式 $\rho U r^2 = \rho_* a_* r_*^2$ 控制。在该假定下，另设射流膨胀较强，这样速度 U 就可以等于其最大值，$U_{\mathrm{m}} = [(\gamma + 1)/(\gamma - 1)]^{1/2} a_*$，从对称轴上的等式 $\rho_\infty U_\infty^2 = \rho_1 U_{\mathrm{m}}^2$，我们得到中心 O 和驻点 O' 之间的距离 $r = L$，以及内层激波之前的密度 ρ_{10}（下标 0 指对称轴）：

$$L = \left(\frac{\gamma + 1}{\gamma - 1}\right)^{1/4} L_0, \quad L_0 = r_{*0} \Omega^{1/2}$$

$$\frac{\rho_{10}}{\rho_{*0}} = \frac{\gamma - 1}{\gamma + 1} \frac{1}{\Omega}, \quad \Omega = \frac{\rho_{*0} a_{*0}^2}{\rho_\infty U_\infty^2} \tag{7.12.2}$$

因而断定，内层激波之前的流动实际上是高超声速流，假定下式成立（参考 2.2 节）：

$$M_1 \sim (\rho_*/\rho_1)^{(\gamma-1)/2} \sim \Omega^{(\gamma-1)/2} \gg 1 \tag{7.12.3}$$

对分界面两侧的压力运用方程 (7.8.19)，可得到分界面 Σ 在对称轴上的曲率 K_Σ：

$$\beta_{s\mathrm{I}} K_\Sigma^2 = \beta_{s\mathrm{II}} K_{\mathrm{eff}}^2, \quad K_{\mathrm{eff}} = m - K_\Sigma$$

$$m = \frac{\partial \varphi}{\partial l}, \quad K_\Sigma = \frac{\partial \omega}{\partial l} \tag{7.12.4}$$

其中，l 为沿 Σ 子午面所测得的曲线坐标（7.8 节中记为 x）。分界面 Σ 相对于内流 I 是凹的，这在式 (7.12.4) 中已经考虑。

对于 $\beta_{s\mathrm{I}} \approx \beta_{s\mathrm{II}} \approx 1$，从式 (7.12.4) 得到 $K_\Sigma \approx K_{\mathrm{eff}} \approx m/2$，因此，有 $\omega = \varphi/2$。两种流动的激波层厚度由 7.8 节中相应的公式决定。

对称轴周围的更大范围内，对于极坐标系（图 7.32(b)）中的给定函数 $\rho(\varphi)$，方程 (7.12.1) 可以采用如下形式：

$$(\gamma - 1)\bar{r}^2 \bar{\Omega} \cos^2 \varphi = (\gamma + 1) \cos^2(\omega - \varphi)$$

$$\bar{r} = \frac{r}{L_0} = \frac{r}{r_{*0}} \Omega^{1/2}, \quad \bar{\Omega}(\varphi) = \frac{\rho_* a_*^2 r_*^2}{\rho_{*0} a_{*0}^2 r_{*0}^2} \tag{7.12.5}$$

此处的参数 $\Omega(\varphi)$ 表示 φ 角度下有效球源局部参数 $\rho_* a_*^2$ 和 r_*^2 的分布特征。这种情况下，方程 (7.12.5) 决定了函数 $\omega(\bar{r}, \varphi, \gamma)$，且通过方程 $\mathrm{d}\bar{y}/\mathrm{d}\bar{x} = \tan\omega$（其中，

$\bar{x} = x/L_0$ 和 $\bar{y} = y/L_0$ 是无量纲笛卡儿坐标) 决定分界面 $\varSigma$ 的形状。此形状仅依赖于 γ 及函数 $\bar{\varOmega}(\varphi)$。对于 $\bar{\varOmega} = 1$ 的球源，它仅依赖于 γ。换言之，在高超声速近似 ($\varOmega \gg 1$) 中，长度 L_0 是源强度 (参数 ρ_* 和 a_*) 及其尺寸 r_* 归一化问题里的唯一标度长度。

图 7.33 中的例子证实了该相似律。图中给出了计算得到的 $M_\infty = 3$ 的超声速球体绕流的流线谱[①]。当以模拟变量 $\bar{x}, \bar{y}$ 进行作图时，该流线谱几乎独立于 $\varOmega$。值得注意的是，在气流的后部，内部激波向对称轴偏转，并由对称轴进一步反射，就像超声速欠膨胀射流向周围介质喷射的情况一样 (见 5.5 节)。该例中，$\varSigma$ 上的声速线是连续的，因为对于分界面两边相等的 γ，沿 $\varSigma$ 的马赫数分布也相同。$\varSigma$ 两边的 γ 不同，马赫数分布也不同，这会引起流动在亚声速和跨声速区域出现重要的干涉现象 (见 5.7 节)。

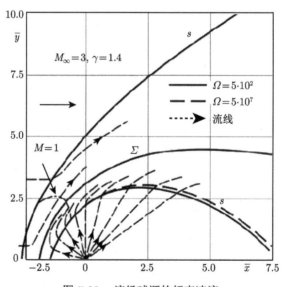

图 7.33　流经球源的超声速流

下面更详细地研究带流动参数 ρ_a 和 U_a，并以气体流量 $G = \pi r_a^2 \rho_a U_a$ 从半径 r_a 的喷管中流出的准直射流。这种情况下，方程 (7.12.5) 仅描述了射流某一中心区域内的 $\varSigma$ 面，该区域内的流管承受着很大的冲击压。在压力和强度相对较小的射流外围，内激波层的流动在外流作用下发生偏转，就像 7.5 节的自由层，相对于射流转向 $180°$，变成如图 7.32(c) 所画的喷泉状。

---

① 采用 Lebedev 和 Sandomirskaya(1981) 的数据。Baranov、Krasnobaev 和 Kulikovskii(1970) 将该问题运用在太阳风与星际介质之间的相互作用上，解决了高超声速近似中球源情况下的这一问题。Vasil'kov 和 Murzinov(1973) 解决了更普遍情况下的这一问题。

为估算该射流的横向尺寸 R 及简化问题，设 $M_a \gg 1$。这样从喷管流出的射流的动量为 $I_a = GU_a = GU_m$。设偏转后的射流内，其马赫数和速度仍有 $M \gg 1$ 且 $U \approx U_m$，此时得到了相同的射流动量，只是符号相反：$I = -I_a$。因此，射流在从外流到分界面上 $X = 2I_a$ 的力的作用下发生偏转，分界面为外流起到了固定面的作用，并在喷管出口区 (图 7.32(c)) 表现出 $X = 0.5c_x\pi R^2\rho_\infty U_\infty^2$ 的阻力 (其中，c_x 为分界面的阻力系数)。之后让这两个 X 的表达式相等，就得到射流的尺寸：

$$R \approx \frac{2}{\sqrt{c_x}}\bar{I}_a^{1/2} \approx \frac{2}{\sqrt{c_x}}\frac{U_m}{U_\infty}\left(\frac{\rho_a}{\rho_\infty}\right)^{1/2}r_a, \quad \bar{I}_a = \frac{I_a}{\pi\rho_\infty U_\infty^2} \tag{7.12.6}$$

显然，必须满足条件 $R \gg r_a$，该流动模型才能实现。

式 (7.12.2) 中，ρ_a 代替 ρ_*、U_a 代替 a_*、r_a 代替 r_*，就可以估算射流纵向范围为 $L \sim \bar{I}^{1/2}$。显然，该喷射形成的有效实体，在不同方向上具有相同长度，必须要有 $c_x \sim 1$。

因此，逆向高超声速流的高度欠膨胀射流问题中，在满足 $\Omega_a = \rho_a U_a^2/(\rho_\infty U_\infty^2)$ $\gg 1$ 的条件下，有效标度长度为 $\bar{I}_a^{1/2}$。该相似律在一定程度上是对之前为球源建立的定律的推广。它多次被包括射流矩阵[①]在内的试验所证实。

7.13　退化激波层方程

在之前的薄激波层模型的框架内，我们得到两类钝体流动问题的求解方法，即牛顿极限解 (7.5 节) 和嵌在椭圆亚声速流区域内用于对称轴及扩散线 (7.9 节 ~7.11 节) 周围的局部解。由于我们没有用精确方程而采用其对应的退化方程，所以才有了求解的可能。退化方程在渐近 (当 $k = \rho_\infty/\rho_s \ll 1$) 估算的基础上通过去除精确方程中的独立项而得到，因而方程不再具有椭圆特性。前面研究的例子中，7.7 节 ~7.9 节中局部解的控制方程，在 $j_2 = 0$ 且 $j_{i\neq 2} = 1$ 时，从式 (7.7.5)~ 式 (7.7.8) 的原方程组得到；而 7.5 节中极限解的控制方程则在 $j_1 = j_2 = j_4 = 0$ 且 $j_3 = j_5 = 1$ 时得到。

就此，我们假设右边的 Q_i 与未知函数的导数无关，进而给出方程中每一特征项的响应度。原则上，为了通用，可以在方程中所有或多数项之前引入系数 $j_i^{(k)}$，并研究其变化的影响。但这里我们仅限于之前研究过的系数 j_1 和 j_2 的变化，并设其他系数等于 $1(j_5 \neq 1$ 的情况将在 12.14 节中讨论)。研究的目的是确定特征线 $x(y)$ 或 $y(x)$ 的形状，以及在 $0 \leqslant j_1$，$j_2 \leqslant 1$ 范围内参数 j_1 和 j_2 可取值的存在范围。

---

① Gubanova，Karpman 和 Lunev(1988)。

方程 (7.7.8) 有特征流线 $uy' = H_x\nu$。通过使用式 (4.3.7) 类的关系式，并做与 4.3 节中同样的运算，对式 (7.7.5)~ 式 (7.7.8) 的方程组进行补充，我们得到特征方程，其中的一个根与特征流线 $uy' = H_x\nu$ 相关。同伯努利方程相比，这一过程中用到了一个修正的相容方程：

$$\mathrm{d}u^2 + j_1 j_2 \mathrm{d}\nu^2 = -2j_1 \rho^{-1}\mathrm{d}p + Q'\mathrm{d}t, \quad Q' = uQ_1 + j_1\nu Q_2 \tag{7.13.1}$$

此外，还可以得到一对特征波等于式 (4.3.16)(满足条件 $j_1 = j_2 = 1$) 的两个根：

$$H_x(a^2 - j_2\nu^2)x'_{\pm} = -j_2 u\nu \pm \Delta$$

$$\Delta^2 = j_2 a^2(u^2 + j_1 j_2\nu^2 - j_1 a^2) = j_1 j_2 a^2(M_{\mathrm{eff}}^2 - 1)$$

$$M_{\mathrm{eff}}^2 = (j_1 a^2)^{-1}(u^2 + j_1 j_2\nu^2) \tag{7.13.2}$$

有效马赫数 M_{eff} 在退化方程中所起的作用与精确解中的传统马赫数一样。当 $\Delta^2 > 0$ 或 $M_{\mathrm{eff}} > 1$ 时，该公式给出一对实特征波；而 $\Delta^2 < 0$ ($M_{\mathrm{eff}} < 1$) 时，该特征波则为虚数。这两种情况正对应着双曲线和椭圆这两种类型的方程。

当 $j_2 = 0$ 时，我们有单一的特征曲线族，$x = \mathrm{const}$，这些线垂直于物体表面。由于该特征曲线在抛物线方程中是特有的 (如热方程)，$j_2 = 0$ 的情况将被称为原始方程的**退化抛物线方程** (虽然该术语用在第 12 章研究的黏性激波中更为恰当)。

当 $j_1 = 0$ 且 $j_2 \neq 0$ 时，式 (7.13.2) 为任意局部马赫数给出了一对特征波线 $\sqrt{j_2}uy'_{\pm} = \pm H_x(a \pm \sqrt{j_2}\nu)$，它们与 4.2 节中时间相关的特征线类似。当 $M > 1$ 时，方程的特征线只改变了形式；而当 $M < 1$ 时，则要对原椭圆方程的**退化双曲线方程**进行处理。从下列条件中选择参数 j_1 可以使同一退化方程在 $j_1 \neq 0$ 时守恒 (Vigneron，1978)

$$j_1 = 1, \quad \Delta_*^2 = u^2 + j_2\nu^2 - a^2 > 0, \quad M_{\mathrm{eff}} \geqslant 1 \tag{7.13.3}$$

$$j_1 \leqslant j_{1*} = u^2(a^2 - j_2\nu^2)^{-1}, \quad \Delta_*^2 < 0, \quad M_{\mathrm{eff}} \leqslant 1 \tag{7.13.4}$$

第一个条件表明，无须改变方程组中的 j_1，其自身本就是双曲线方程。第二个条件同样确保了方程组在 $M < 1$ 时的双曲特性。在钝体的亚声速薄激波层内，有 $\nu^2/a^2 \sim k \ll 1$ 及 $j_{1*} \approx u^2/a^2$。其中一条对应于 7.8 节中解的 $j_{1*} = \mathrm{const}$ 或 $M_{\mathrm{eff}} = 1$ 线在图 7.34 中画出，激波的坐标 x_s 与 x_0 之比约为物体上的 k，$x_s/x_0 \sim k$。根据式 (7.3.14)，由于 $j_1 \sim x^2 k$，系数 j_1 必然随着对称轴的接近而减小，物体上的气体速度 $u_b \sim xk^{1/2}$ 也是如此。定性来讲，$M_{\mathrm{eff}} = 1$ 线与 $M = \mathrm{const}$ 的等马赫数线相似，而在 $M_{\mathrm{eff}} > 1$ 区域内，特征线的特性与在 4.3 节中所述的相似。

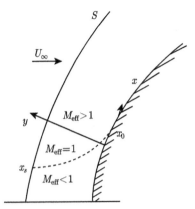

图 7.34　钝体上激波的 $M_{\mathrm{eff}} = 1$ 线

退化方程的特性构成了**全局迭代法**[①]的基础,该方法 (与稳定法相比) 十分有效且节省计算花量。在该方法中,通过将精确方程中的单独项替换成式 (7.13.5) 求和形式的项来构造退化方程组

$$\varphi_k = j_i \varphi_k^{(n+1)} + (1 - j_i)\varphi_k^{(n)} \tag{7.13.5}$$

使得该退化方程组可以在坐标 x 上用推进求解技术求解。式 (7.13.5) 中的第二项由前面第 n 次迭代循环 (第 n 层) 所决定,而在计算第 $n+1$ 次循环的过程中,它又转移到右边的 Q_i 中。如果迭代过程是收敛的,将得到极限情况下的精确项 φ_k 以及整体解。φ_k 通常被看作代表纵向动量方程 (7.7.5) 中的导数 $\partial p/\partial x$,或是横向动量方程 (7.7.6) 中的导数 $\mathrm{d}\nu/\mathrm{d}t$。

由此而得到的方程可以转换成如下形式:

$$(j_1 a^2 - u^2)\frac{\partial \psi_k^{(n+1)}}{\partial x} = \Phi_k, \quad j_2 u \frac{\partial \nu^{(n+1)}}{\partial x} = \Phi_3$$

$$k = 1, 2, \quad \psi_1 = u, \quad \psi_2 = p \tag{7.13.6}$$

其中,右边的 Φ_k 仅包含了坐标、n 和 $n+1$ 层的未知函数、及其对 y 的导数。当 $j_2 = 0$ 时,导数 ν_x 从式 (7.13.6) 的第二个方程或抛物线方程组的式 (7.7.6) 中消失,方程取 $\Phi_3 = 0$ 的形式。在 $j_1 u^2 = a^2$ 条件下的奇异线 $y = y^*(x)$ 上,导数 $\psi_{kx}^{(n+1)}$ 也从这些方程中消失。

该形式的方程要用到解的推进求解 (在坐标 x 上) 技术,而该技术仅当法向马赫数 (垂直于 $x =$ const) 为 $M_{\mathrm{eff},n} > 1$ 时才有可能,即要满足条件 (7.13.3) 和 (7.13.4)(参见 5.3 节)。

[①] 全局迭代法在 Davis(1979),Vigneron(1978),Glazkov、Tirskii 和 Shcherbak(1990),Blotner(1991),Vlasov 和 Gorshkov(2001) 等的研究中开发并使用,主要用于黏性激波层问题 (见 12.14 节)。

为实现之前提到的推进求解技术，必须在每一迭代中预先指定对称轴 $x = 0$ 上的初始条件；之后，在 $x = 0$ 周围，运用 (7.7.14) 类的扩展式将 (7.7.5)~(7.7.8) 的方程组简化成由两个普通方程组成的含三个未知函数 (f_0, f_1 和 p_2) 的方程组。因此，要从上一步的近似中来预先设定函数：抛物线方程中的 f_2，或是双曲线方程中的 p_2；只有这样才能预先设定下一步解在轴上的初始条件。

然而，由此得到的局部解含有一个该解无法确定的未知参数：轴上的激波曲率 K_s (或是与其相关的激波厚度)。对该参数预先赋值就完全确定了退化方程的初始条件，进而可以在给定的迭代循环中用推进求解技术建立后续解。因此，用来表述问题的退化公式必须在任何条件下的每一次迭代中都要能确定该参数，这些条件无论如何都必须与通过跨声速流的通道条件相关 (例如，从 5.4 节中所示 Dorodnitsyn 方法中奇异点处解的常态条件类推)。

因此，含未知边界的问题 (激波)，即使其退化方程已失去椭圆性，仍保持着椭圆特性。否则无法保证迭代过程的收敛性，该迭代基于以针对椭圆或混合型 (第 5 章) 问题解的退化方程进行。

特别地，用第 n 次迭代得到的激波形状 $y = \delta_n(x)$ 来计算下一步 (或第 $n+1$ 次) 迭代，这种算法已得到公认。导数 $\delta_n'(x)$ 用来预先设定激波第 $n+1$ 次的边界条件；而物体表面的附加条件用来确定新的激波形状 $\delta_{n+1}(x)$。实质上，该算法被简化成激波上反柯西问题的迭代序列 (见 5.4 节)，这样至少在每一次迭代中，会有利于解的稳定性。

这种全局迭代法主要用在双曲线方程中，并要求双曲方程中 $\varphi_k = \partial p/\partial x$ 采用式 (7.13.5) 中和的形式，且参数 j_1 从条件 (7.13.3) 和 (7.13.4) 中选取，这是由于，这种情况下的第 $n+1$ 次迭代考虑了 $\partial p/\partial x$ 项的一小部分。而同时，仅在 $j_2 = 0$ 才能实现的退化抛物方程，过去常用在第一近似 (**薄激波层法**) 中；通过为轴上的激波曲率预先赋予与物体曲率相等或接近的值，这里被仅用来获取对称轴上的初始封闭条件 (参见 7.7 节和 7.8 节)。但上一种情况下，无论对激波层后面的解采用何种延拓模式，它总体上仍保持形式上的近似。

最后，我们将详细讨论**三维激波方程**。设 U_τ 为 1.13 节引入的正交坐标系 (x_1, x_2, x_3) 中速度在坐标平面 $x_2 = \text{const}$ 上的投影，$x_2 = 0$ 在物体表面。我们将再引入一个本地笛卡儿坐标系 (x, y, z) 及速度投影 u, v 和 w。此处，x 轴与矢量 U_τ 方向一致；y 轴与 x_2 线相切，即近似垂直于物体表面；而 z 轴与它们正交；原点处 $w = 0$。之后，按照方程组 (7.7.5)~(7.7.7) 类推，可以将运动方程写成以下形式：

$$u\frac{\partial u}{\partial x} + v\frac{\partial u}{\partial y} = -\frac{j_{11}}{\rho}\frac{\partial p}{\partial x} + Q_1 \qquad (7.13.7)$$

$$j_2 \frac{\mathrm{d}v}{\mathrm{d}t} = j_2 \left(u\frac{\partial v}{\partial x} + v\frac{\partial v}{\partial y} \right) = -\frac{1}{\rho}\frac{\partial p}{\partial y} + Q_2 \tag{7.13.8}$$

$$\frac{u}{\rho a^2}\frac{\partial p}{\partial x} + \frac{v}{\rho a^2}\frac{\partial p}{\partial y} + \frac{\partial u}{\partial x} + \frac{\partial v}{\partial y} + \frac{\partial w}{\partial z} = -Q + Q_3 \tag{7.13.9}$$

$$u\frac{\partial w}{\partial x} + v\frac{\partial w}{\partial y} = -\frac{j_{13}}{\rho}\frac{\partial p}{\partial z} + Q_w \tag{7.13.10}$$

我们将根据系数 j_{12} 和 j_2 来建立该方程组的特征属性。右边假定的 Q_i 的含义和之前一样。我们的推理与 4.4 节中的类似,不同之处在于,4.4 节中 $j_{1i} = j_2 = 1$ 且 x 轴与全速度矢量 $\boldsymbol{U}$ 方向一致。用公式表示经过 z 轴的面的初始值问题时,$\partial w/\partial z$ 和 $\partial p/\partial z$ 项已知,可以重置到方程的右边。这就立即确定了最后一个方程的特性:与 4.4 节中一样,都以流线体现。而式 (7.13.7)~式 (7.13.9) 的微分算子与用于二维激波的式 (7.7.5)~式 (7.7.7) 中的一样。当 $j_2 = 0$ 且 $j_{11} = 1$ 时,我们从这些方程中得到薄激波层的退化抛物线方程,这些方程的形式采用 $(x_1,\ y,\ x_3)$ 坐标系中式 (7.10.5) 和式 (7.10.6) 形式。在 $j_2 = 1$ 及如下条件下:

$$a^2 j_{11} < u_1^2 + u_3^2 = U_\tau^2 \tag{7.13.11}$$

我们得到一对特征波面,其相对于 x_2 面的斜率由方程 (7.13.2) 决定。扰动穿过激波层沿这些面传播,从物体表面到激波,再从激波到物体表面。

下面将研究经过 y 轴 (或 x_2 线) 的特征面。在这些面上,对 y 的导数已知。通过方程 (7.13.7) 将导数 $\partial u/\partial x$ 从方程 (7.13.9) 中消除,结合最后的两个方程,可以得到如下的方程组:

$$\frac{1}{\rho}\left(j_{11} - \frac{u^2}{a^2} \right)\frac{\partial p}{\partial x} + \frac{\partial w}{\partial z} = Q_4$$
$$u\frac{\partial w}{\partial x} + \frac{j_{13}}{\rho}\frac{\partial p}{\partial z} = Q_5 \tag{7.13.12}$$

其中,Q_4 和 Q_5 为确定的右侧,在 y 轴上已知。

如果条件 (7.13.11) 成立,对于所有的 j_{13},该方程组有一对特征波,其斜率为

$$\frac{\mathrm{d}z}{\mathrm{d}x} = \pm \left[\frac{j_{11} - u^2/a^2}{j_{13}} \right]^{-1/2} \tag{7.13.13}$$

相对应的特征面在本地流面的两边传播并穿过 x_2 线,从而形成了后者的影响域。并在与激波和物体表面相交时形成三角形特征曲线。我们注意到,此处系数 j_{11} 和 j_{13} 的影响不同,而在条件 $j_{11} > u^2/a^2$ 不成立的区域中 (驻点附近),再像前面那样对条件进行双曲线化是不可能的。

这里将不讨论这一问题。我们仅注意到，在使用此方法的过程中，之前所给出的概念上的描述因需要增加更多细节限制条件而变得更加复杂，这些细节处理确保了方法的正常使用，但却是次要的。因此，我们采用了一些经验方法去估算求解过程中的一些项，例如，在前一次迭代阶段计算方程中的其他项；在 x 轴的点 $k+1$ 处对 $(\partial p/\partial x)^{(n)} = (p_{k+2}^{(n)} - p_{k+1}^{(n)})/\Delta x$ 类导数进行预估等。通常许多经验方法在理论上可以通过对在第 $n+1$ 次迭代中的微分算子进行分析，或相反，通过引入新的假定方程 (如在导数 $\delta'^{(n+1)}$ 计算中的光滑处理) 来保证其正确性。

我们注意到，全局迭代技术主要是为计算黏性激波层 (见第 12 章) 而发展的。然而，其有效性在很大程度上与之前提及的 Navier-Stokes 方程的无黏算子的特性有关。这些方法的局限性在于它们仅适用于较光滑的物体和较高的自由流马赫数。此外，到目前为止，这些方法的发展仅针对于有对称轴或有两个对称平面的流动，这种流动的附近存在着扩展式 (7.7.14) 或式 (7.10.8)，因而能得到推进求解算法在初始条件下的局部解。对于三维流，这些解甚至涉及了两个不确定参数，即激波在轴上的曲率 K_{1s} 和 K_{3s}(见 7.10 节)。

我们还注意到，虽然所有的推理都未正式与流动的高超声速特性相关联，但经验表明，这些迭代法主要适用范围恰是高超声速流动，因为激波层厚度的减小确保了甚至第一近似的准确性，且有利于迭代的收敛。

最后，我们介绍一个在方法上和历史上都很有趣的超级退化问题的例子，结果它在原理上却是非封闭的。这就是针对圆盘的 Hayes 问题 (1959)，该问题在 $j_1 = 0$、$j_2 = 0$，并具有恒定密度 $\rho = \rho_s$ 时的牛顿近似中得以求解。用于该问题的方程组 (7.7.5) 和 (7.7.7) 相对于速度 u 和 ν 是封闭的，并具有 $x = \text{const}$ 的特征线，因此其为退化抛物线方程。在这里，方程 (7.7.6) 用来确定压力场。按照 7.5 节，流线上的速度分布 $u(\psi)$ 完全由激波形状 $y = \delta(x)$ 决定；后者的微分方程可以通过对积分式 (7.5.4) 反复微分而得到。该方程有积分式 (Lunev，1975)：

$$t = Z(1 + 2Z)^{-3/2}, \quad Z = (\delta')^2/k, \quad t = x^2 K_s^2/k \tag{7.13.14}$$

$Z(t)$ 是带有奇异点 $Z = 1$，$t = t_0 = 0.192$ 的双值函数，在该奇异点处，$\delta' \to \infty$ 且 $\partial p/\partial x \to \infty$。仅 $0 \leqslant Z \leqslant 1$ 的部分有物理意义。该解含有一个参数，即对称轴上的激波曲率 K_s，用来决定求解所需的额外条件。然而该问题的退化公式中不涉及声速，求解过程中并没有这一条件，且该误差在随后的所有迭代中都无法消除。同时，若将两个特征点重合在一起 (即奇异点和 $x = r_0$ 的拐角)，会产生与 7.3 节所示非常不同的结果，尽管 $k \to 0$ 时，曲率 $K_s \sim \sqrt{k}/r_0 \to 0$，并且恒定密度区以及速度分布 (7.5.3) 向圆盘越来越大的部分传播。

第 8 章　尖薄体高超声速绕流

本章致力于研究尖薄体高超声速绕流 (关于薄体/钝体的情况将在第 9 章讨论)。与第 2 章中所述适用的线性小扰动理论不同的是，本章所述的是小扰动理论，并且仅对有限薄体和有限高马赫数是严谨的。非线性理论可以定性或定量地求解复杂的非线性方程，对比之前的线性小扰动理论。基于渐近理论的高超声速理论框架内显示出的很多通用规律能加以扩展，至少是可以定性地扩展至中等高超声速的情况。

"尖薄体绕流的非线性高超声速理论" 的基础来自钱学森 (Tsien) (1946)，Falkovich(1947)，Ilyushin(1948) 和 Hayes(1948) 等的著作。该理论的系统表述在 Chernyi(1966)，Hayes 与 Probstein(1966) 和 Lunev(1975) 的著作中给出。

8.1　非线性理论的特征

下述状态 (图 8.1) 是基于尖薄体高超声速绕流的非线性理论。

$$\theta_0 = \max \operatorname{con}(\boldsymbol{n}, \boldsymbol{U}_\infty) \ll 1, \quad M_\infty = U_\infty/\alpha_\infty \gg 1$$

$$\varepsilon = M_\infty^{-1} + \theta_0 \ll 1 \tag{8.1.1}$$

其中，$\boldsymbol{n}$ 是物体表面的法向矢量；$\boldsymbol{U}_\infty, \alpha_\infty, M_\infty$ 分别是自由来流的速度、声速和马赫数 (图 8.1)。

通常认为，θ_0 代表相对厚度 d / L(这里，d 和 L 分别是物体的直径和长度)，然而，式 (8.1.1) 中的第一个约束条件比 $d/L \ll 1$ 要更强。也就是说，后者的约束条件在长圆柱体绕流时可以满足，但扰动场则取决于其钝体头部，其中 $\operatorname{con}(\boldsymbol{n}, \boldsymbol{U}_\infty) \sim 1$。

薄体绕流的情况在第 2 章中已有讨论，然而，第 2 章中概述的线性小扰动理论的适用性除了 θ_0 足够小以外，还要满足一个额外的约束条件：

$$v \sim U_\infty \theta_0 \ll \alpha_\infty, \quad M_\infty \theta_0 \ll 1 \tag{8.1.2}$$

其中，v 是体诱导横向 (与速度 $\boldsymbol{U}_\infty$ 相关) 速度分量。

区别于线性小扰动理论的是，下文所概述的高超声速薄体绕流理论本质上是非线性的 (如同 5.2 节中的近声速理论)，但当条件 (8.1.2) 满足时则转变成线性理论。该理论的基础由如下流动的约束条件提供，这些特性在前面的章节中曾作为特例提及。

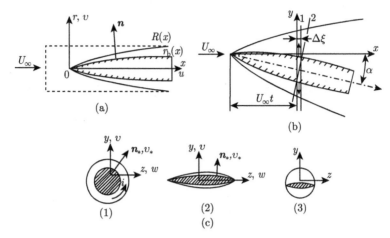

图 8.1   尖薄体绕流

(1) 扰动区域横向尺寸数学上是小扰动量。如果是物体绕流问题，其尖头斜率需要满足不等式：$\alpha^* \approx M_\infty^{-1} \sim \varepsilon \ll 1$。而如果边界是一族强的弱激波 (下文将只考虑该种激波)，则与 3.7 节一致的是，顶角为 θ 的楔的倾斜角为 $\alpha \approx \theta(1+k)$，其中 $k = \rho_\infty/\rho_s$，是激波的密度比。这里要强调的是，与第 7 章不同，系数 k 不再认为是一个数学上的小扰动参数。

(2) 扰动的热力学参数 (p, ρ 等) 是有限值，尽管速度扰动是数学上的小量。实际上，当 $M_\infty\theta \geqslant 1$ 时，甚至线性理论在激波或膨胀波里也都给出有限的压力分布，$\Delta p/p \sim M_\infty\theta$，这一点，可由 3.5 节和 4.6 节的准确结论加以确认。

(3) 对纵向流动速度的二阶守恒。由于 M_∞^{-2} 的精确性，总速度与极限速度重合，$U \approx U_\mathrm{m}$，则其在速度 $\boldsymbol{U}_\infty$ 上的投影为 $u = U\cos\theta = U_\mathrm{m}(1 + O(\varepsilon^2))$。在 3.5 节末尾作出了位于角度 $\alpha \ll 1$ 的激波后速度的相似性结论。

然而，在这种情况下，横向速度的形式为 $v \sim U_\infty\theta_0$，因此遵循 "平截面法"。可表述如下：令一物体以速度 $-\boldsymbol{U}_\infty$ 在静止的空气中运动，则可以忽略与速度矢量 $\boldsymbol{U}_\infty$ 正交的速度 $\Delta u = u - U_\infty \sim U_\infty\varepsilon^2$，即固定薄层 $\Delta\xi$ 的纵向气体位移量。

(4) 最后，纵向速度扰动是数学上的小扰动量，$\Delta u/U \sim \varepsilon^2$，使之有可能将下式替换成稳态方程：

$$u\frac{\partial}{\partial x} \to U_\infty\frac{\partial}{\partial x} \to \frac{\partial}{\partial t'}x = U_\infty t \tag{8.1.3}$$

则这些方程在更小的空间内变为非定常方程，这就引出建立在 2.7 节中线性方程的非定常高超声速版本。这种类比在特定情况下的表示在 4.3 节已提到。其中处于与式 (8.1.1) 类似约束条件下的三维气流特征方程转化为 4.2 节中的一维非定常的特征方程，即定性类比变成了定量类比。

这些特征将在下面加以概括, 其构成了下文中非线性高超声速绕流理论的基础。

8.2 基本方程: 时变类比

我们将首先同时考虑平面 ($v = 0$) 和轴对称面 ($v = 1$) 的二维流动方程, 其在 x 轴与速度 U_∞ 对齐的柱坐标系统 x, r 中。令 $r = r_{\rm b}(x)$ 作为气流中的物体的外形, u 和 v 分别是速度在 x 轴和 r 轴上的分量 (图 8.1(a)), 则在物体表面, 有

$$v/u = \tan \theta = r_{\rm b}'(x) \sim \theta_0, \quad v \sim u\theta_0 \tag{8.2.1}$$

在笛卡儿坐标系 x, y, z 中, 激波的通用关系 (第 3 章) 有如下形式:

$$\Delta p = p - p_\infty = \rho_\infty v_{n\infty}^2 (1 - k), \quad \Delta h = h - h_\infty = (1/2) v_{n\infty}^2 \left(1 - k^2\right)$$

$$u = u_\infty + n_x v_{n\infty}(1 - k), \quad v = v_\infty + n_y v_{n\infty}(1 - k)$$

$$w = w_\infty + n_z v_{n\infty}(1 - k), \quad v_{n\infty} = U_\infty \sin \alpha, \quad k = \rho_\infty/\rho \tag{8.2.2}$$

其中, $U_{n\infty}$ 是气体流入激波的正速度; α 是激波与速度 U_∞ 之间的倾斜角, 在二维情况下有

$$n_x = -\sin \alpha, \quad n_y = n_r = \cos \alpha$$

$$n_z = 0, \quad v_\infty = w_\infty = 0, \quad u_\infty = U_\infty \tag{8.2.3}$$

气流中的扰动主要由流体在物体表面的偏转引起。因此在包含激波的整个扰动区域, 气流在物体表面达到最大偏转, 即扰动速度 $v \sim \theta_0 U_\infty$。对于弱激波, 其中 $\cos \alpha \sim 1$(见 3.5 节), 由式 (8.2.2) 可知其符合如下关系:

$$v/U_\infty \sim (1 - k) \sin \alpha \sim \theta_0, \quad u \sim U_\infty \tag{8.2.4}$$

如果 $1 - k \sim 1$, 则 $\alpha \sim \theta_0$; 若 $k \approx 1$, 激波为弱激波, 其倾斜角接近于马赫角, 即 $\alpha^* \approx M_\infty^{-1}$, 所以, 在一般情况下, 有

$$\alpha \sim \varepsilon = \alpha^* + \theta_0 = M_\infty^{-1} + \theta_0 \ll 1, \quad \delta \sim \varepsilon L \ll 1 \tag{8.2.5}$$

其中, δ 是扰动区域的展向特征尺度。对于理想气体, 可通过将式 (8.2.4) 中的 k 替代式 (3.3.7) 中 ($M_{n\infty} = M_\infty \sin \alpha$), 从而得到这个结果:

$$(1 - k) \sin \alpha = \frac{2}{\gamma + 1} \left(1 - \frac{1}{M_{n\infty}^2}\right) \sin \alpha \sim \alpha - \frac{1}{M} \sim \theta_0 \tag{8.2.6}$$

其他参数的形式可由式 (8.2.2) 得到：

$$\Delta p \sim \rho_\infty U_\infty^2 \varepsilon\theta_0, \quad p \sim \rho_\infty U_\infty^2 \left(M_\infty^{-2} + \varepsilon\theta_0\right) \sim \rho_\infty U_\infty^2 \varepsilon^2$$

$$\Delta h \sim U_\infty^2 \varepsilon\theta_0, \quad h \sim U_\infty^2 \varepsilon^2, \quad \rho = \gamma p/(\gamma-1)h$$

$$\Delta u = u - U_\infty \sim U_\infty \varepsilon\theta_0, \quad u = U_\infty \left[1 + O\left(\varepsilon\theta_0\right)\right]$$

$$\left(\rho_\infty U_\infty^2 = \gamma p_\infty M_\infty^2, \quad U_\infty^2 = (\gamma-1)M_\infty^2 h_\infty\right) \tag{8.2.7}$$

很明显，比率 $p/\rho_\infty U_\infty^2$ 和 h/U_∞^2 与 ε^2 都是数学上的小量，而比值 $\Delta p/p_\infty$ 及 $\Delta h/h_\infty$ 则可能是任意值。

我们将证明上述所得的形式在整个扰动区域内是守恒的，从动量的横向分量的方程可知

$$\frac{1}{\rho}\frac{\partial p}{\partial r} = -u\frac{\partial v}{\partial x} - v\frac{\partial v}{\partial r} \sim U_\infty^2 \left(\frac{\theta_0}{L} + \frac{\theta_0^2}{\varepsilon L}\right) \tag{8.2.8}$$

从该方程和沿流线的绝热关系，可以得到在扰动层中参数增量的相同估计：

$$\frac{\Delta p}{\rho_\infty U_\infty^2} \sim \varepsilon\theta_0 \Delta h \sim \frac{\Delta p}{\rho} \sim \varepsilon\theta_0 U_\infty^2$$

$$\frac{\Delta\rho}{\rho} \sim \frac{1}{\gamma}\frac{\Delta p}{p} \sim \frac{\theta_0}{\varepsilon} \tag{8.2.9}$$

最后，由伯努利方程可以获得速度亏损的估计：

$$u\Delta u \sim U\Delta U - v\Delta v, \quad U\Delta U \sim \Delta h$$

$$\Delta U \sim \Delta u \sim U_\infty \varepsilon\theta_0 \tag{8.2.10}$$

该预估已在 8.1 节中给出，现在得到了其通用结果。8.1 节中制定的平截面法正是基于这一方法。

所得结论可以很容易扩展到一般的三维情况，在笛卡儿坐标系中，U_∞ 沿 x 轴方向，物面函数为 $f(x,y,z) = 0$，其法向矢量的导数为

$$n_x = f_x\Delta^{-1} \ll 1, \quad n_y = f_y\Delta^{-1}, \quad n_z = f_z\Delta^{-1}$$

$$\Delta = \left(f_x^2 + f_y^2 + f_z^2\right)^{1/2} \tag{8.2.11}$$

对于横截面 $x =$ 常数的外形 (图 8.1(c))，引入法向 $\boldsymbol{n}_*$，在法向上，有

$$n_{*y} = f_y\Delta_*^{-1}, \quad n_{*z} = f_y\Delta_*^{-1}, \quad \Delta_* = \left(f_y^2 + f_z^2\right)^{1/2} \tag{8.2.12}$$

然而, 对于薄物体 (在条件 (8.1.1) 的意义上), 有

$$f_x^2 \sim \theta_0^2 \left(f_y^2 + f_z^2 \right), \quad \Delta = \Delta_*, \quad n_y = n_{*_y}, \quad n_z = n_{*_z} \tag{8.2.13}$$

因此, 物面的无穿透条件有如下形式:

$$v_n = u n_x + v n_y + w n_z = u n_x + v_* = 0, \quad v_* = v n_{*_y} + w n_{*_z} \sim \theta_0 U_\infty \tag{8.2.14}$$

这里, v_* 是投影到法向 $\boldsymbol{n}_*$ 上的速度, 该速度分量严格地决定了贯穿整个扰动区域的横截速度。然后, 对于激波的当地角 α, 可以得到相同的条件 (8.2.5)。同样, 对于其他流动参数有相同的估计。

仅对与物体相切的横向速度分量需要额外的估计, 其值由周向压力梯度决定, 而不是由无穿透条件。定义该速度符号为 ω_l, 相对应的方向为 l, 并考虑可能的条件 $l \geqslant \delta \sim \varepsilon L$, 则从运动方程可以得到

$$\frac{\mathrm{d} w_l}{\mathrm{d} t} \sim \frac{1}{\rho} \frac{\partial p}{\partial l} \sim \frac{U_\infty^2 \theta_0 \varepsilon}{l}, \quad w_l \sim U_\infty \theta_0 \frac{\delta}{l} \leqslant U_\infty \theta_0 \tag{8.2.15}$$

纵向速度的扰动 $\Delta u \sim U_\infty^2 \varepsilon^2$ 阶数上要小于横截速度 v 的扰动 (其在 8.1 节被假定为 $\omega_l \sim U_\infty \theta_0$)。这使得简化气体运动方程 (1.9.11) 可行。首先, 精确到二阶小量 ε^2, 可令这些方程的全导算子 $\mathrm{d}/\mathrm{d} t$ 中 $u = U_\infty$; 其次, 下列形式:

$$\frac{\partial u}{\partial x} \sim \varepsilon \theta_0 \frac{U}{L} \ll \frac{\partial v}{\partial y} + \frac{\partial w}{\partial z} \sim U \frac{\theta_0}{\varepsilon L} \tag{8.2.16}$$

在散度运算符中可以被忽略, 然后精确到 ε^2 二阶小量, 方程采用下述形式:

$$\frac{\mathrm{d} v}{\mathrm{d} t} = -\frac{1}{\rho} \frac{\partial p}{\partial y}, \quad \frac{\mathrm{d} w}{\mathrm{d} t} = -\frac{1}{\rho} \frac{\partial p}{\partial z}, \quad \frac{\mathrm{d} h}{\mathrm{d} t} = -\frac{1}{\rho} \frac{\partial p}{\partial t}$$

$$\frac{\mathrm{d} \rho}{\mathrm{d} t} + \rho \operatorname{div} \boldsymbol{U} = 0, \quad \operatorname{div} \boldsymbol{U} = \frac{\partial v}{\partial y} + \frac{\partial w}{\partial z}$$

$$\frac{\mathrm{d}}{\mathrm{d} t} = U_\infty \frac{\partial}{\partial x} + v \frac{\partial}{\partial y} + w \frac{\partial}{\partial z} = \frac{\partial}{\partial t} + v \frac{\partial}{\partial y} + w \frac{\partial}{\partial z}$$

$$x = U_\infty t \tag{8.2.17}$$

该方程未包含纵向速度 u, 用 t 代替 x, 这与在 y, z 平面内的二维非定常流动方程相一致。对该方程, 考虑边界条件, 物体 $f = 0$, 激波 $F = 0$, 并将这些曲面与 y, z 平面上时变曲面进行关联:

$$f(x, y, z) = f(U_\infty t, y, z) = f_*(t, y, z)$$

$$F(x, y, z) = F(U_\infty t, y, z) = F_*(t, y, z) \tag{8.2.18}$$

则物体表面和激波的正速度 D_f 和 D_F 由关系式 (1.11.15)∼ 式 (1.11.17) 决定, 如下所示:

$$D_f = -\frac{f_{*t}}{\Delta_*} = v_* = -U_\infty n_x, \quad D_F = -U_\infty n_x = v_{n\infty} \tag{8.2.19}$$

类似于一般的激波关系式 (8.2.2), 上式同样可用于定常和非定常流。

这些结论在平面和轴对称流动中尤其明显, 其中在物体 $r_b(x)$ 和激波 $R(x)$ 上有如下关系:

$$v = U_\infty \frac{\mathrm{d}r_b}{\mathrm{d}x} = \frac{\mathrm{d}r_{*b}}{\mathrm{d}t}, \quad v_{n\infty} = U_\infty \sin\alpha = \frac{\mathrm{d}R_*}{\mathrm{d}t}$$

$$r_{*b}(t) = r_b(U_\infty t), \quad R_*(t) = R(U_\infty t) \tag{8.2.20}$$

所以, 高超声速薄体定常绕流可以和数学及物理上等效的非定常活塞诱导气流相关联。将 $U_\infty t$ 代替 x, 即可获得最初物体外形的活塞膨胀定律。在 $x = $ 常数的平面的定常气流和力矩 $t = x/U_\infty$ 的等效非定常流中所有流体参数 (Δu 除外) 都是相同的, 这就是 "高超声速的时变类比" 的内容。

区别于线性小扰动理论方程, 系统 (8.2.17) 是非线性的。该方程的对流项之比的量级阶数为

$$(v\partial/\partial y)/(U_\infty \partial/\partial x) \sim \theta_0\varepsilon = M\theta_0(1 + M\theta_0)^{-1} \tag{8.2.21}$$

若 $M\theta_0 \geqslant 1$, 这些项的量级是同阶的, 只有当 $M\theta_0 \leqslant 1$, 亦即满足条件 (8.1.2) 时, 非线性项可从这些方程中获得。方程的系数可以设定为常数 ($\rho = \rho_\infty$ 等), 从而方程 (8.2.17) 变为线性。因为在这种情况下激波接近马赫线, $\alpha = \alpha^*$, 则有 $v_{n\infty} \approx \alpha_\infty$, 从而激波关系变性为正向特征的关系, 所以该激波符合线性理论的框架。这些问题已在第 2 章和第 4 章中得到了充分论述。

获得的结论同样适用于带内激波的气流, 同样由于弓形激波后气流的高超声速特性, 其角度 α 为小值, 并遵循下述预估:

$$M^2 = U^2/\alpha^2 \sim \rho U_\infty^2/p \sim \varepsilon^{-2} \gg 1 \tag{8.2.22}$$

对于激波后气流参数的估计, 关系式 (8.2.22) 同样适用, 这一点与前述相同。同样的结论也适用于由表面转角点产生的中心膨胀波, 前提是转角点处的流动转角较小, $\Delta\theta \sim \theta_0$。这些波的压差满足关系 $\Delta p/\rho U^2 \sim \varepsilon\theta_0$, 即遵循沿特征量的相容关系。尽管在转角点附近, 所有参数的梯度都很大, 但微分方程各项的相对作

用并没有改变, 这是因为 $\varepsilon \ll 1$, 致使中心波的倾斜度小, 则乘以因子 ε 后的波内的纵向导数 (相对于 x) 总是小于横向导数。

之前的平截面法都是建立在 x 轴与速度 U_∞ 对齐的流动贴体坐标系中, 现在令其之间有一个小的夹角 α_0, 则可得到

$$u_\infty = U_\infty \cos\alpha = U_\infty\left(1 - \frac{1}{2}\alpha_0^2\right), \quad v_\infty = U_\infty\alpha, \quad w_\infty = U_\infty\beta$$

$$\alpha_0^2 = \alpha^2 + \beta^2, \quad \varepsilon = \theta_0 + \alpha_0 + M_\infty^{-1} \tag{8.2.23}$$

其中, α 和 β 分别为倾斜角和偏航角 (见 2.13 节的图 2.26)。接下来, 将 U_∞ 替代成 u_∞, 即可得到与之前仅在 $x =$ 常数时相同的结论。这意味着, 若考虑平截面法或时变类比, 图 8.1(b) 中的 1 和 2 部分 (或其他邻近部分) 是等效的, 其唯一的区别是等效活塞当前在 2 部分以速度 v_∞ 和 ω_∞ 膨胀。

注意到, 区别于第 7 章的薄激波层理论, 这里并不假设密度比 $k = \rho_\infty/\rho$ 为小值, 因为我们的分析是为了揭示流动 $\varepsilon \to 0$ 时的渐近特性, 与 k 无关。然而, 在 k 值小的情况下得到的结果也一样, 很明显条件 $u \approx U_\infty$ 有效; 而因为与 7.1 节一致, 受扰动的层厚度为 $\Delta r \sim (\rho_\infty/\rho)\,\theta_0 L$。关于横向压差的估计, 式 (8.2.8) 和式 (8.2.9) 仍然有效, 而不等式 (8.2.16) 只会加剧, 因为 $\partial u/\partial x \sim k$。7.5 节对相应限制 (如 $k \ll 1$) 的非定常流进行了分析。

最后, 我们注意到, 尽管一般来讲, 在方程的数值解中时变类比没有主要优势, 由于减少一个方程不是至关重要的。但它在建立物理定律中起到相当大的作用, 在这些情况下可能降低问题的维度, 亦即减少不相关变量的个数, 相关的示例将在后续考虑。

8.3　积分守恒定律的类比

在 8.2 节的延续中, 我们将建立等效定常和非定常流的内部特征之间的类比。当考虑经过物体的定常流时, 我们选择与 x 轴同轴, 也就是与速度矢量 U_∞ 同轴的圆柱形控制表面 (图 8.1(a)), 并经过激波横截面外轮廓。令 S_R 为该轮廓定义的横截面积, S_0 为物体横截面积, 然后通过这个表面的气体流量可表示为

$$\rho_\infty U_\infty S_R = \int\limits_{S_R - S_0} \rho u \, \mathrm{d}S, \quad \rho_\infty S_R = \int\limits_{S_R - S_0} \rho \, \mathrm{d}S \tag{8.3.1}$$

其中, 第二个关系是当 $u = U_\infty$ 时由第一个关系得到。所以, 穿过 $x =$ 常数部分的质量流率的守恒定律, 等于在截面 $\xi = x - U_\infty t =$ 常数的非定常流中的扰动层质量的守恒定律。

接下来考虑纵向动量守恒定律, 对于 $\xi = $ 常数部分的活塞膨胀, 完全不存在纵向坐标。所以, 等效非定常流的纵向动量守恒定律的类比物是能量守恒定律。为证明此, 令用于物体阻力的式 (1.7.21) 中的 $\Sigma_2 = S_R$, 并将 $p_\infty S_R$ 项转换成式 (8.3.1) 的第一个方程的项。

则式 (1.7.21) 变成

$$\int_{S_R - S_0} \rho \left[u \left(U_\infty - u \right) - \frac{p}{\rho} + \frac{u}{U_\infty} \frac{p_\infty}{\rho_\infty} \right] \mathrm{d}S = X \tag{8.3.2}$$

调用伯努利方程和关系式 $h = e + p/\rho$, 可得到

$$u \left(U_\infty - u \right) - \frac{p}{\rho} + \frac{u}{U_\infty} \frac{p_\infty}{\rho_\infty}$$

$$= e + \frac{v^2}{2} + \frac{w^2}{2} - \frac{u}{U_\infty} e_\infty - \frac{1}{2} \left(U_\infty - u \right)^2 - \frac{U_\infty - u}{U_\infty} h_\infty \tag{8.3.3}$$

方程 (8.3.3) 可变成如下形式:

$$\int_{S_R - S_0} \rho \left(e + \frac{v^2}{2} + \frac{w^2}{2} \right) \mathrm{d}S = X + \rho_\infty e_\infty S_R + E_1$$

$$E_1 = \int_{S_R - S_0} \rho \left[\frac{1}{2} \left(U_\infty - u \right)^2 + \frac{U_\infty - u}{U_\infty} h_\infty \right] \mathrm{d}S \tag{8.3.4}$$

该关系式对任意物体的高超声速绕流均正确有效, 但如果满足条件 (8.1.1), 则从 8.2 节中预估的视角来看, 精确到 ε^2 阶, E_1 项可被省略, 这样可得到

$$\Delta E = E - E_\infty = \int_{S_R - S_0} \rho \left(e + \frac{v^2}{2} + \frac{w^2}{2} \right) \mathrm{d}S = X, \quad E_\infty = \rho_\infty e_\infty S_R \tag{8.3.5}$$

上述方程表现了在单位宽度水平层内与物体运动方向垂直的非定常流的能量守恒定律。等效的活塞膨胀功, 或活塞给予气体的能量 $\Delta E = x$, 与原始物体在单元路程内拉力 x 做功相等。

最后, 我们将考虑垂直于 x 轴的横向动量守恒定律。为了简单起见, 在自由流体中令其为 0, 令 $\boldsymbol{I}$ 为动量通量矢量 (与 7.2 节和 7.5 节中所介绍的不同), 则该定律在 y 轴上的表现形式为

$$I_y = \int_{S_R - S_0} \rho u v \mathrm{d}s = -Y_y, \quad J_y = \int_{S_R - S_0} \rho v \mathrm{d}s = \frac{I_y}{U_\infty} = -\frac{Y_y}{U_\infty} \tag{8.3.6}$$

第二个关系式是当 $u = U_\infty$ 时，由第一个关系式导出的；其代表活塞膨胀中的单元平面层的动量 J 的守恒定律，该膨胀将动量 J_y 沿 y 轴给予气体。

由此，时变类比给出下述关系式：

$$\Delta E = X, \quad U_\infty J = I = -Y \tag{8.3.7}$$

我们注意到，迄今为止，控制表面末端部分的平截面法的实现足以导出守恒定律方程 (8.3.5) 和 (8.3.6)。然而，如果物体的所有部位都很薄，则这些方程式可直接由作用在物体上力的平衡推导得出：

$$X = -\int_0^x \oint_l p n_x \mathrm{d}l\mathrm{d}x = \int_0^t \oint_l p v_* \mathrm{d}l\mathrm{d}t = \Delta E \tag{8.3.8}$$

$$-Y_y = \int_0^x \oint_l p n_y \mathrm{d}l\mathrm{d}x = U_\infty \int_0^t \oint_l p n_{*y} \mathrm{d}l\mathrm{d}t = U_\infty J_y \tag{8.3.9}$$

这里，l 是物体横截部分的周长；右端积分就是活塞膨胀功和带入气体的动量；n_* 是物体横截面外形的法线；v_* 是沿该法线的速度。

在对称流中速度 $Y = J = 0$；由此，如同在 6.8 节和 7.5 节中所做那样，我们需要回顾动量 I_r 和 J_r 在式 (8.3.6) 的第二个关系，并在半平面流动 $(v = 0)$ 和轴对称流动 $(v = 1)$ 内两个近子午线部分之间区域内重写该关系式。关系 $I_r = U_\infty J_r$ 保持有效，但对应的力 Y_r 不仅仅依赖于物体上的压力分布，相关解释由图 7.21 给出 (7.5 节)。

8.4 相 似 律

我们介绍下述无量纲量：

$$x' = x/L, \quad y' = y/(L\theta_0), \quad z' = z/(L\theta_0) \tag{8.4.1}$$

$$p' = \frac{p}{\rho_\infty U_\infty^2 \theta_0^2}, \quad h' = \frac{h}{U_\infty^2 \theta_0^2}, \quad \rho' = \frac{\rho}{\rho_\infty}$$

$$u' = \frac{u - U_\infty}{U_\infty^2 \theta_0^2}, \quad v' = \frac{v}{U_\infty \theta_0}, \quad w = \frac{w}{U_\infty \theta_0} \tag{8.4.2}$$

在这些变量中，对于三维流动，我们用一般形式表示机身物面形状和未知激波面。对于平面和轴对称流动，我们用显式形式表示：

$$f(x', y', z') = 0, \quad F(x', y', z') = 0$$

$$r_b' = r_b\left(x'\right)/L\theta_0, \quad R' = R\left(x'\right)/L\theta_0 \tag{8.4.3}$$

对于新的变量，方程 (8.2.17)，及物面的边界条件方程 (8.2.14) 均未改变其形式：

$$v_n' = n_x' + v'n_{*_y} + w'n_{*_z} = 0 \quad \left(\theta_0 n_x' = n_x\right) \tag{8.4.4}$$

然而，对于理想气体，在自由来流中，弓形激波上的关系式 (8.2.2) 涉及决定经过物体流动的参数：

$$p_\infty' = \left(\gamma M_n^2\right)^{-1}, \quad h_\infty' = \left[(\gamma - 1)M_n^2\right]^{-1}, \quad M_n = M_\infty \theta_0 \tag{8.4.5}$$

在解的唯一性假设下，如果两个物体的几何外形相似并且自由来流参数相同 (即在无量纲坐标 x'，y'，z' 下，无量纲自由来流参数 p'，v' 等相同)，则无量纲方程的解相同，这就是薄体绕流高超声速相似律。对于理想气体，我们有

$$\frac{p}{\rho h} = \frac{p'}{\rho' h'} = \frac{\gamma - 1}{\gamma}, \quad \left(\alpha'\right)^2 = \frac{\alpha^2}{U_\infty^2 \theta_0^2} = \gamma \frac{p'}{\rho'} \tag{8.4.6}$$

在这种情况下，相似准则是参数

$$\gamma, M_\infty \theta_0 \tag{8.4.7}$$

在非常高马赫数 $M_{\infty 1}$(试验中很难实现) 下的薄体绕流可利用较小马赫数 $M_{\infty 2}$ 的气流模拟得到，只要根据等式 $\theta_2 = \theta_1 M_{\infty 1}/M_{\infty 2}$ 来增大相对物体厚度即可。在该情况下，相似物体相应点处压力变化为 $p \sim \theta_0^2$ 等。

如果在一个非流动贴体坐标中，物体外形被预先指定，则所有在激波关系式 (8.2.2) 中出现的自由流体速度要素都需要考虑，根据式 (8.2.23)，纯运动学准则如下：

$$v_\infty' = v_\infty/U_\infty \theta_0 = \alpha/\theta_0, \quad w_\infty' = \beta/\theta_0 \tag{8.4.8}$$

采用 2.13 节中所给出定义，相似流动的气动系数可表示为

$$c_x = \theta_0^2 c_x', \quad c_x' = \frac{2}{s_0'} \int_0^1 \oint_{l'} p'n_x' \mathrm{d}l' \mathrm{d}x'$$

$$c_y = \theta_0 c_y', \quad c_m = \theta_0 c_m'$$

$$S_0' = s_0 \theta_0^{-2}, \quad l' = l\theta_0^{-1} \tag{8.4.9}$$

其中，c_x'，c_y'，c_n' 等对相似流动均相同。

推导出的相似定律很有用，并在宽的 θ_0 和 M_∞ 范围内具有好的正确性，这一点可以参考 6.6 节 (图 6.10) 中细圆锥实例，并可由图 8.2 中数据证实。如同

图 2.13, 参数 $K = \theta_0 \sqrt{M_\infty^2 - 1}$; 该参数是在 2.7 节的线性理论框架内获得的, 且当 $M_\infty \gg 1$ 时, 可转换为 $M_\infty \theta_0$。所以, 该量在整个 $M_\infty > 1$ 范围内可作为薄体绕流的相似准则, 但跨声速马赫数 $M_\infty \approx 1$(5.2 节) 除外。

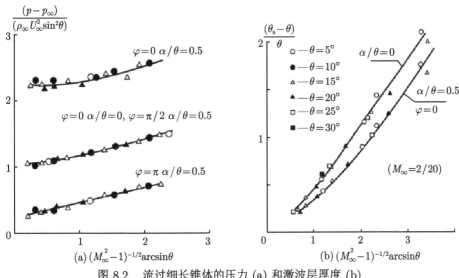

图 8.2　流过细长锥体的压力 (a) 和激波层厚度 (b)

对于 $M_\infty^2 \theta_0^2 \gg 1$, 可以在激波关系式中令 $p_\infty' = 0$, $h_\infty' = 0$, 则其解不再依赖 $M_\infty \theta_0$。在这种情况下, 绝热系数 γ 为单一相似准则。

在 1.12 节中, 我们介绍了从相似性和量纲理论得来的一般相似性准则的推导。在时变类比框架内对本书所论及情况的相似推理没有特殊问题。活塞膨胀的理想气流 (为保持简单性, 考虑一维情况) 随下述参数而定:

$$t, r, T, d, \rho_\infty, \alpha_\infty \tag{8.4.10}$$

这里, T 和 d 分别是活塞膨胀定律中的时间和尺度特征。接下来, 构建这些参数的无量纲组合, 记住对经过物体的原始定常流有 $x = U_\infty t$, $L = U_\infty t$, $d = \theta_0 L$, 则可获得解的下述结构。例如, 对压力

$$p = \rho_\infty \frac{d^2}{T^2} P\left(\frac{t}{T}, \frac{r}{d}, \frac{d}{\alpha_\infty T}, \gamma\right) = \theta_0^2 \rho_\infty U_\infty^2 P\left(\frac{x}{L}, \frac{r}{\theta_0 L}, M_\infty \theta_0, \gamma\right) \tag{8.4.11}$$

其表现了相似定律。

在原来的定常公式中, 相似性定律的推导有点复杂, 因为这种情况下, 所有独立变量都具有相同量纲。为此, 需要引入特征速度 $U_\infty \theta_0$ 来替代 U_∞, 与 1.12 节中一般相似定律中所做相同, 采用两个独立尺寸 L 和 $L\theta_0$ 来分别测量在纵向和横向上的距离; 当重温等效非定常流时, 这些是自动进行且更方便的。

之前我们曾为理想气体写过相似准则 (8.4.7)，为了保存理论的完全性，也将考虑两个参数平衡气体的一般情况。若采用有效绝热参数，在准理想形式下，其状态方程是最方便的，如同在 1.3 节：

$$\frac{p}{\rho h} = \frac{p'}{\rho' h'} = \frac{\gamma_* - 1}{\gamma_*}$$

$$\gamma_*(p, h) = \gamma_* \left(\theta_0^2 \rho_\infty U_\infty^2 p', \theta_\infty^2 U_\infty^2 h'\right) = \gamma_*' \left(p', h'\right) \tag{8.4.12}$$

在这种情况下，气流只有当函数 $\gamma_*'(p', h')$ 相同时才是相似的；对于某一指定类别的气体，以式 (8.4.5) 的观点来看，可导致下列相似性参数：

$$U_\infty \theta_0, \rho_\infty, p'_\infty, h'_\infty \tag{8.4.13}$$

该相似准则方程内量纲数应与 1.12 节中所呈现的相同。

与 1.12 节中一般相似定律之间的区别仅在于，与物体正交的速度 $U_\infty \theta_0$ 是控制参数，而不是总自由流体速度 U_∞。因为该速度严格地决定了靠近物体的激波层内气体的组分和状态。相似流动的对应点有相同的特征参数：压力、温度和其他热力学参数。

对于完全无扰动的气体，准则 (8.4.5) 导出为相似准则 $M_\infty \theta_0$，但通过状态方程保留了其解对于 ρ_∞ 和 $U_\infty \theta_0$ 的依赖性。然而对于空气，可以忽略 ρ_∞ 的依赖，因为事实上 γ_* 对 p 依赖很弱 (1.3 节)。考虑到真实气体的性质通常仅表现在非常强烈的激波中，也就是 $M_\infty \theta_0 \gg 1$，则在高超声速稳定性定律框架内后面的参数都可以被略去。在此情况下，解仅依赖于参数 $U_\infty \theta_0$。

8.5　薄翼绕流

有一类特殊的物体可以用尖薄机翼来表示，机翼纵向跨度 l 远超过厚度 d，可以极大地简化流过它们的数学问题。在该情况下，翼表面上的所有点都接近一个特定平面 $y = 0$(图 8.1(c) 中的点 2 和点 3)。同时也要求翼的跨度远大于马赫锥体宽度。此外，各个位置处与物体正交的 $\boldsymbol{n}$ 和 y 轴之间角度要小。因此，需要满足下列条件：

$$\varepsilon = \theta_0 + M_\infty^{-1} \ll 1, \quad \varepsilon_z = \varepsilon L/l \ll 1, \quad M_\infty \gg 1$$

$$\theta_0 = \max \cos \left(\boldsymbol{U}_\infty, \boldsymbol{n}\right) \ll 1 \tag{8.5.1}$$

这些约束条件比方程 (8.1.1) 更强，例如，图 8.1(c) 中的外形 2 可满足条件，但外形 3 则无法满足，尽管后者也已非常扁平，即 $\varepsilon_2 \sim 1$。条件 $\varepsilon \ll 1$ 可导出之前讨论过的平截面法和相似定律。然而，条件 $\varepsilon_2 \ll 1$ 代表着一些新的可能性，这些将在下文讨论。

在这种情况下，弓形激波 $F(x,y,z) = 0$ 附在前缘上，其外法向法线的方向余弦如下：

$$n_x = F_x \Delta^{-1} \sim \theta_0 \ll 1, \quad n_y = F_y \Delta^{-1} \approx 1$$

$$n_z = F_z \Delta^{-1} \sim \varepsilon_z \ll 1, \quad \Delta = \left(F_x^2 + F_y^2 + F_z^2\right)^{1/2} \approx F_y \qquad (8.5.2)$$

由方程 (8.2.2) 可得到 w 为

$$w \sim U_\infty \theta_0 \varepsilon_z \ll v \sim U_\infty \theta_0 \qquad (8.5.3)$$

压力梯度诱导了物体上同阶的圆周速度，令方程 (8.2.15) 中的 $l \sim \varepsilon L / \varepsilon_2$，则可轻松得到

$$\left(w \frac{\partial}{\partial z}\right) : \left(v \frac{\partial}{\partial y}\right) \sim \varepsilon_z^2, \quad \frac{\partial w}{\partial z} : \frac{\partial v}{\partial y} \sim \varepsilon_z^2 \qquad (8.5.4)$$

由于这些关系式，可将式 (8.2.17)～ 式 (8.2.20) 中的对应项都略去，于是引入 ε^2 阶的误差，并从动量方程中分离出一个独立的方程组：

$$\frac{\mathrm{d}v}{\mathrm{d}t} = U_\infty \frac{\partial v}{\partial x} + v \frac{\partial v}{\partial y} = \frac{\partial v}{\partial t} + v \frac{\partial v}{\partial y} = -\frac{1}{\rho} \frac{\partial p}{\partial y}$$

$$\frac{\mathrm{d}\rho}{\mathrm{d}t} + \rho \frac{\partial v}{\partial y} = 0, \quad \frac{\mathrm{d}h}{\mathrm{d}t} = \frac{1}{\rho} \frac{\mathrm{d}p}{\mathrm{d}t}, \quad x = U_\infty t \qquad (8.5.5)$$

该方程组在物体 $r_b(x,z)$ 和激波 $R(x,z)$ 上具有下述边界条件：

$$v = U_\infty \frac{\partial r_b}{\partial x} = \frac{\partial r_*}{\partial t}, \quad v_{n\infty} = U_\infty \frac{\partial R}{\partial x} = \frac{\partial R_*}{\partial t} \qquad (8.5.6)$$

由此获得的方程和边界条件控制着在 $z =$ 常数的平面内由活塞膨胀 $r_*(t,z)$ 诱导产生的平面非定常流。每个平面的解是相互独立的，这使得原问题的维数降低。如需要，其他速度分量 u 和 v 可由已知 v, ρ, p 和激波的边界条件下，以纯动力学方程确定。

该结论称为条纹规则，其物理含义为：在 $x =$ 常数和 $z =$ 常数的平面内气体都近乎静止。

然而，这些推论仅适用于翼边缘是平坦的、翼尖是圆形的情况。也就是说，翼展决定了对 z 求导的阶数。举例来说，图 8.3 中翼前缘拐角点的轨迹不满足这些条件。实际上，这些点的影响范围处于横截面尺寸阶数为 $\Delta z \sim \varepsilon L \sim \varepsilon_z L$ 的马赫锥内，这决定了这些奇异域内对 z 求导的阶数。上述范围内，方程 (8.5.4) 中的比率是 ε_z，而不是 ε_z^2。因此，条纹规则的精度在奇异域内自然降低了一阶。

在方程的解中引入阶为 ε_z 的修正，则奇异域内的解可表示为

$$p(x,y,z) = p_0(x,y,z) + \varepsilon_z p_1(x,y,z) \qquad (8.5.7)$$

其中，p_0 项对应于条纹规则。然而，对于有限数量的奇异域，其相对面积小 (阶数为 ε_z)。域内解的阶数为 ε_z 的误差，在积分特性上引入了与条纹规则本身相同的二阶误差 ε_z^2，如升力。

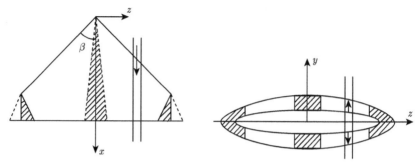

图 8.3　考虑条纹规则，奇异区域为阴影部分

作为验证，我们将考虑顶角为 2β 的三角板。围绕板的流动是锥形的，且只依赖于比率 y/x 和 z/x。6.7 节对这些流动进行了分析，这里我们只关注与小攻角 $\alpha \ll 1$ 相关的奇点。故 $\varepsilon = \alpha + M_\infty^{-1}$ 和 $\varepsilon_z = \varepsilon \cot \alpha$。由 8.4 节所述，该问题的相似准则为

$$M_\infty \alpha, \alpha L/l = \alpha \cot \beta \tag{8.5.8}$$

当 $\alpha/\tan \beta \to 0$ 时，条纹规则适用。则板上的压力与角度为 $\pm \alpha$ 的楔上的相同，且仅依赖于 $M_\infty \alpha$。这一点由图 8.4(a) 所示板的迎风面数据证实。因此，中间低压区域 (见 6.7 节) 的解对参数 $\alpha \cot \beta$ 的依赖相对较弱。

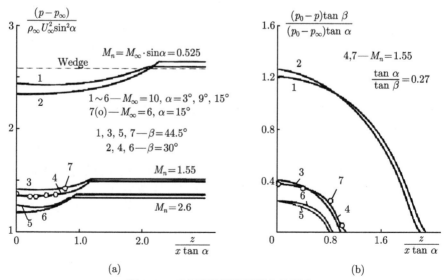

图 8.4　三角形机翼迎风面上的压力

8.6 大攻角下的薄体绕流

当扰动区域的横截面尺寸 δ 较小时，平截面法在高超声速气流经过大攻角 α 的薄，大展弦比物体时也同样适用。6.6 节中表述，在这些条件下，对细圆锥体而言，该定律甚至能在中等的法向马赫数 M_n 下成立。因此，接下来的分析必须符合约束条件：

$$\varepsilon = \max(\delta/L, d/L) \ll 1, \quad M_n = M_\infty \sin\alpha > 1 \tag{8.6.1}$$

其中，L 是物体长度；d 为其直径。

其实，第 2 个约束条件确保了第 1 个约束条件的实现。在这种情况下，对 $M_{n-1} \sim 1$ 或 $M_n \gg 1$，有 $\delta \leqslant d$；然而，当 $M_n \to 1$ 时，比值 δ/d 增加，故问题的真正数学上的小参数为 $\varepsilon = \max(\delta/L)$。因此，下文将描述的理论超越了高超声速理论的范畴。此外，在本节的末端，我们同样要讨论将所获得的结论延伸至亚声速马赫数 $M_n < 1$ 的可能性。

我们注意到，高 α 时，气流背风区域可能相当厚 (6.6 节)，并且还存在黏性的分离区 (这里并未考虑)。如果确实如此，我们的分析仅适用于迎风面。

与之前相同，我们将以变量形式写下物体和激波的形状：

$$f(x', y', z') = 0, \quad F(x', y', z') = 0$$
$$x' = x/L, \quad y' = y/\varepsilon L, \quad z' = z/\varepsilon L \tag{8.6.2}$$

则正交的方向余弦如下：

$$n_x = f_x \Delta^{-1} = \varepsilon f'_x \Delta_*^{-1} = n_x \varepsilon$$
$$n_y = f_y \Delta^{-1} = f'_y \Delta_*^{-1} = n_{*_y}, \quad n_z = n_{*_z}$$
$$f'_x = \frac{\partial f}{\partial x'}, \quad f'_y = \frac{\partial f}{\partial y'}, \quad f'_z = \frac{\partial f}{\partial z'}$$
$$\Delta = (f_x^2 + f_y^2 + f_z^2)^{1/2} = \Delta_*/\varepsilon L, \quad \Delta_* = \left[(f'_y)^2 + (f'_z)^2\right]^{1/2} \tag{8.6.3}$$

其中，n_{*_y} 和 n_{*_z} 是正交于物体横截面轮廓 $x =$ 常数的方向余弦。我们引入无量纲变量

$$p = p'\rho_\infty v_\infty^2, \quad \rho = \rho'\rho_\infty, \quad h = h'v_\infty^2$$
$$u = u'u_\infty, \quad v = v'v_\infty, \quad w = w'v_\infty$$
$$u_\infty = U_\infty \cos\alpha, \quad v_\infty = U_\infty \sin\alpha, \quad v_n = v'_n v_\infty \tag{8.6.4}$$

在这些变量中，只有关系式 (8.2.2) 中速度公式改变了形式：

$$u' \cot \alpha = \cot \alpha - \varepsilon n'_x v'_{n\infty}(1 - k)$$

$$v'_{n\infty} = \varepsilon \cot \alpha u'_\infty n'_x + v'_\infty n_{*_y} + w'_\infty n_{*_z} \tag{8.6.5}$$

无量纲自由流体参数如下：

$$u'_\infty = v'_\infty = \rho'_\infty = 1, \quad w'_\infty = 0$$

$$p'_\infty = \left(\gamma M_n^2\right)^{-1}, \quad h'_\infty = \left[(\gamma - 1)M_n^2\right]^{-1} \tag{8.6.6}$$

采用新变量，则运动方程的形式为

$$\frac{\mathrm{d}}{\mathrm{d}t'}\left(u' \cot \alpha\right) = -\frac{\varepsilon}{\rho'}\frac{\partial p'}{\partial x'}$$

$$\frac{\mathrm{d}}{\mathrm{d}t'} = u'\varepsilon \cot \alpha \frac{\partial}{\partial x'} + v'\frac{\partial}{\partial y'} + w'\frac{\partial}{\partial z'} \tag{8.6.7}$$

$$\frac{\mathrm{d}v'}{\mathrm{d}t'} = -\frac{1}{\rho'}\frac{\partial p'}{\partial y'}, \quad \frac{\mathrm{d}w'}{\mathrm{d}t'} = -\frac{1}{\rho'}\frac{\partial p'}{\partial z'}$$

$$\frac{1}{\rho'}\frac{\mathrm{d}\rho'}{\mathrm{d}t'} + \varepsilon \cot \alpha \frac{\partial u'}{\partial x'} + \frac{\partial v'}{\partial y'} + \frac{\partial w'}{\partial z'} = 0$$

$$\frac{\mathrm{d}h'}{\mathrm{d}t'} = \frac{1}{\rho'}\frac{\mathrm{d}p'}{\mathrm{d}t'}, \quad \frac{p'}{\rho' h'} = \frac{\gamma - 1}{\gamma} \tag{8.6.8}$$

最后，物体的边界条件如下：

$$v'_n = \varepsilon \cot \alpha u' n'_x + v' n_{*_y} + w' n_{*_z} = 0 \tag{8.6.9}$$

从式 (8.6.5) 之后，精确至 ε 阶，下列关于激波的关系式成立：

$$u' \cot \alpha = \cot \alpha + O(\varepsilon), \quad 或 u' = 1 \tag{8.6.10}$$

以方程 (8.6.7) 的观点，其右端部分的阶数也是 ε，沿流线可满足该关系式。可令方程 (8.6.8) 中的 $\mu' = 1$，从而只引入阶数为 ε^2 的误差。这些方程在式 (8.6.7) 中变成相互独立的，这一状态与 8.2 节是完全相似的。之后产生了两个推论 (Sychev，1960)。

首先是相似定律：有限攻角下，高超声速流经过相似的薄体时，若满足以下条件，则流动相似：

$$K_1 = (d/L) \cot \alpha, \quad M_n = M_\infty \sin \alpha \tag{8.6.11}$$

对于相似的锥体, 已在 6.6 节中建立其准则 (对圆锥体有 $d/L = \theta_0$)。

同前一致, 相似性表现为前面介绍的无量纲函数对无量纲变量 $p'(x/L, y/d, z/d)$ 等的依赖性的一致性, 因为前面使用的参数 ε 是由解确定的, 因此依赖于相同的相似性准则。

对于小的 α 角, 该准则转换为 8.4 节中的准则:

$$K_1 \to \theta_0/\alpha, \quad M_n \to M_\infty \alpha = M_\infty \theta_0/K_1 \tag{8.6.12}$$

第 2 个推论是从条件 (8.6.10) 得出的平截面法或时变类比。我们将变量替换:

$$x = tu_\infty = tU_\infty \cos \alpha \tag{8.6.13}$$

则当 $u' = 1$ 时, 方程 (8.6.8) 转变成横截面 $\xi = x - u_\infty t = 0$ 时的非定常流方程。其变化遵循 $u_\infty \partial/\partial x = \partial/\partial t$。等效活塞不仅遵循 $f(U_\infty t, y, z) = f_x(t, y, z)$ 定律, 同时在 $\xi =$ 常数的平面内以速度 $-v_\infty$ 运动。物体和激波的状态自动转成非定常的。

这里的平截面法的物理意义与之前一样: 气体一如既往地保留在与物体轴正交的平面内。因为当 $\cot \alpha \sim 1$ 时, 速度 (u') 恒定不变; 同时由于小 $\cot \alpha$ 下速度很小。参数 $(d/L) \cot \alpha$ 代表在流速 $v_\infty = U_\infty \sin \alpha$ 中, 标度长度为 d, 时间 $t_0 = L/u_\infty$ 时, 随时间变化的活塞膨胀的斯特劳哈尔数 (见 1.12 节)。显然, 这种非定常性很小, 与 $(d/L) \cot \alpha$ 一样, 且随 $(d/L) \cot \alpha \to 0$ 而消失。在这种情况下, 每一个 $x =$ 常数的平面内的气流流动与流过相同平面翼型的流动一致。如同以速度 v_∞ 经过初始物体的局部横截面的气流流动。

相似定律的正确性可由图 6.10(见 6.6 节) 中所示的锥体数据来判断。显然, 激波外形和压力分布遵循相似准则, 压力与法向马赫数 M_n 关系不大。假设式 (8.6.1) 的失效导致了 $\theta_0 \geqslant 10°$ 时激波形状违背相似定律, 尽管物体上压力分布的相似性仍然很好, 这显然归功于其牛顿性质。当 $K \leqslant 0.05$ 时, 解与马赫数 M_n 下的二维圆柱体绕流相一致。

与 8.2 节和 8.4 节类似, 所获得结论可扩展至迎风面内有弯曲的物体 (带内激波或膨胀波的气流), 并以一般形式的状态方程推广到实际气体流动的情况。在后一种情况下, 通过 8.4 节的类比, 量纲准则 ρ_∞ 和 $v_\infty = U_\infty \sin \alpha$ 应该添加到相似准则 (8.6.12) 中。

之前获得的一些结论可以推广到薄体绕流的非均匀流体中 (例如, 安装到机身上的翼前缘、水平尾翼、垂尾等产生曲线激波的情况)。为此, 横断面 d_1(在 $x =$ 常数平面内) 和纵向 L_1(沿 x 轴) 等非均匀性尺度满足:

$$d \leqslant d_1, \quad d \ll \min(L, L_1) \tag{8.6.14}$$

对于 $d \ll d_1$，只能考虑 x 方向上的来流非均匀性。除此之外，若 $L \ll L_1$，则物体将与之前一样，处于均匀流体中。

通常情况下 $(u_\infty \neq 常数)$，纵向速度场可以不均匀，则平截面法不再适用，从方程 (8.6.7) 只能断定，沿流线的速度变量 u' 同 ε 一样是小量。当 $(d/L) \cot \alpha \to 0$ 时，方程 (8.6.8) 和边界条件 (8.6.5) 中所有对 x 的导数都化为零。其结果是，在每个法线截面上，除了纵向速度不变或较小外，流场与经过钝体的二维横向流的局部速度 v_∞ 相同。在后种情况下，如果沿物体的压力梯度为正，在激波层内能产生内部驻点，这将导致流体类型发生质的变化 (见 9.8 节)。

现在我们要讨论将结论扩展到亚声速 $(M_n < 1)$ 的可能性。形式上，整个前面的分析对这些流动保持其有效性，因为自由来流条件 (8.6.8) 对是否存在激波是无关的。然而，必须满足条件 $\delta \ll L$。为了估计小 M_n 时的比值 δ/d，可以用圆柱体的亚声速流动数据；与 2.10 节相一致，该流动中的速度扰动减小得相当快，为 $(d/r)^2$。通过与这一流动类比，可以预测：①物体下游的黏性区域，其超压水平与迎风面相当，无法对迎风面的流体产生可观的影响；②对于一个 $(d \ll L)$ 的偏航圆柱体，远离物体前端的法向截面的流动可由 2.10 节中的无黏解充分描述。

然而，时变类比不能直接应用于不可压缩流体内有变横截面物体的情况。因为如 2.14 节所述，二维活塞膨胀问题无解。因此，当亚声速流经过一个高攻角的相当长的薄体时，物体的长度 L 不能忽略。在这种情况下，与 2.12 节相一致，远离物体的扰动以 $(L/r)^3$ 阶消散。

位于跨声速 $M_n \approx 1$ 时，在 $x =$ 常数的横截面内，扰动流区的长度要明显大于物体横截面尺寸 d(5.2 节的图 5.1)。这极大地限制了在马赫数 $M_n < 2$ 下平截面法的适用范围。在其他情况下，这至少需要补充分析和试验。

8.7　非定常流动：曲面体法则

令一薄体在一固定空间 (x'', y'', z'') 内以高超声速 $-U_\infty$ 运动，同时相对于一惯性坐标系 (x, y, z) 以初始速度 ($t = 0$ 时，即开始跟踪物体运动)$-U_{0\infty}$ 运动。两个坐标系中同名的坐标轴互相平行，且 x 和 x'' 轴与速度 $\boldsymbol{U}_{0\infty}$ 方向一致 (图 8.5(a))。

物体的机动既包括关于某点 O 的空间摆动，如质心，也包括伴随矢量 $\boldsymbol{U}_\infty$ 旋转而沿曲线轨迹的运动。假定速度矢量的绝对值 U_∞ 不变，只考虑其方向的变化。

我们将同时引进物体贴体 (τ, n, b) 坐标系和流动贴体 (x', y', z') 坐标系；当 $t = 0$ 时，后者与惯性系相一致 (见 2.13 节)；在图 2.26(a) 中，流动贴体坐标系由 (x, y, z) 表示，而惯性坐标系缺失。物体贴体与流动贴体坐标系的相对位置由攻角 α 和侧滑角 β(图 2.26(a)) 决定；物体贴体坐标系与惯性 (或固定) 坐标系由

τ 轴与 (x,z) 平面之间的俯仰角 α_t，τ 轴在 (x,z) 平面上的投影 τ' 和 x 轴之间的偏航角 β_t(图 8.5(b)) 决定。偏航角小时，则是 τ 轴和 (x,y) 平面之间夹角。明显地，对 $t=0$，有 $\beta_t = \beta$。为了保持确定性，还需要预先设定流动贴体和物体贴体坐标系关于 x 和 τ 轴的旋转角 (图 2.26(a) 中的 γ_x 和 γ_τ)。自然地，在不稳定问题中，所有引入的坐标角都是非定常的。

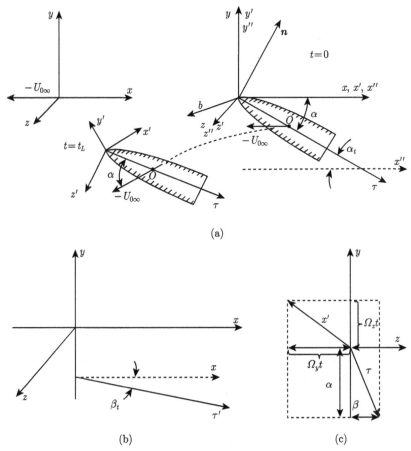

图 8.5　薄体的非定常运动

在物体贴体和流动贴体坐标系中，预先给定物体形状如下：

$$f_0(t, \tau, n, b) = 0, \quad f(t, x, y, z) = 0 \tag{8.7.1}$$

在通常情况下，f_0 是依赖于时间的事实，意味着物体形状本身的变化 (控制的偏移、摆动等)。函数 $f_0(\cdots)$ 到 $f(\cdots)$ 的变化由相应的坐标变化决定。

对于一般理论，我们只需要在惯性坐标系中的物体外形，至于外形的特殊形式和坐标系的相互位置，这些数据将仅用于以下应用。

现在令物体表面与 x 轴之间有一个小的阶数为 $\bar{\theta}$ 的夹角；同样假设在惯性坐标系中物体速度的时间依赖成分 D_f 较小，亦即满足下述条件：

$$\varepsilon' = \varepsilon + \bar{\omega} \ll 1, \quad \varepsilon = M_\infty^{-1} + \bar{\theta}$$

$$\bar{\theta} = \max|n_x|, \quad n_x = \cos(\boldsymbol{n}, \boldsymbol{x})$$

$$\bar{\omega} = D_{f0}/U_\infty, \quad D_{f0} = \max|D_f| \tag{8.7.2}$$

这里，$\boldsymbol{n}$ 是物面的瞬时法向；而速度 D_f 是根据 1.11 节中描述的过程所决定：

$$D_f = \Delta^{-1} f_t, \quad \Delta = \left(f_x^2 + f_y^2 + f_z^2\right)^{1/2} \tag{8.7.3}$$

如果长度为 L 的物体以瞬时角速度 $\boldsymbol{\omega}$ 沿某一特定点 O 旋转，则 $D_f \sim \omega L$。在这一特定的摆动运动中，有 $\omega \sim \alpha_m/T$，α_m 和 T 为摆动的振幅和时间 (这些状态在 7.4 节和 7.6 节中利用近似牛顿公式进行了探讨)。小的 ω 确保了角度 $\omega L/U_\infty$ 也为小量，该角度是物体在特征气体动力学时间间隔 $\Delta t \approx L/U_\infty$ 内的旋转角，在此间隔中，物体横切了固定在空间中一个或另一个平面。

首先，我们将考察由运动中的物体引入流场中的扰动，在 (x, y, z) 坐标系中，气体速度在物体表面上的法向分量为 $v_n = D_f$。所以，与方程 (8.2.14) 类似，由无穿透条件我们可获得如下对沿正交量 $\boldsymbol{n}_*$ 的速度分量 v_* 的估计，$\boldsymbol{n}_*$ 正交于 $x = $ 常数的物体横截面轮廓：

$$v_* = vn_{*_y} + vn_{*_z} = D_f - n_x u \sim (\bar{\theta} + \bar{\omega})U_\infty \ll U_\infty \tag{8.7.4}$$

与 8.2 节中一样，这个约束条件决定着激波层内横向速度的阶数。从激波关系可导出气体进入弓形激波的速度 $v_{n\infty}$ 的估计：

$$v_* \sim v_{n\infty}(1 - k) \sim (\bar{\theta} + \bar{\omega})U_\infty$$

$$v_{n\infty} = D_f - (\boldsymbol{n}_f \cdot \boldsymbol{U}_\infty), \quad k = \rho_\infty/\rho_s \tag{8.7.5}$$

其中，D_f 是激波传播的速度；$\boldsymbol{n}_f$ 正交于激波；两者均由激波形状项 $F(t, x, y, z) = 0$ 决定，类似于式 (8.7.3)：

$$D_f \sim \alpha_\infty + D_f, \quad \frac{v_{n\infty}}{U_\infty} \sim \frac{1}{M} + \bar{\theta} + \bar{\omega} \sim \bar{\varepsilon} \ll 1 \tag{8.7.6}$$

扰动区域厚度 δ 由激波角 α_s 决定：

$$\delta \sim \alpha L \sim \bar{\varepsilon} L \tag{8.7.7}$$

将所有这些结论代入激波关系式, 可获得下述预测, 其本质上与 8.2 节相同:

$$\Delta p \sim \rho_\infty U_\infty^2 \bar{\varepsilon}(\bar{\theta} + \bar{\omega}), \quad p \sim \rho_\infty U_\infty^2 \bar{\varepsilon}^2$$

$$\Delta h \sim U_\infty^2 \bar{\varepsilon}(\bar{\theta} + \bar{\omega}), \quad h \sim U_\infty^2 \bar{\varepsilon}^2$$

$$\Delta u = u' - U_\infty \sim U_\infty \bar{\varepsilon}(\bar{\theta} + \bar{\omega}) \tag{8.7.8}$$

与在定常流体中一样, 精确至 $\bar{\varepsilon}^2$ 阶, 纵向速度为 $u' = U_\infty$。与 8.2 节中一样, 这些估计也适用于内部流体区域, 这证明了平截面法的有效性。与此一致的是, 气体不离开平面, $x^n = \xi = x - U_\infty t = $ 常数, 该平面固定于空间中, 并与速度矢量 $\boldsymbol{U}_{0\infty}$ 垂直。

为将时变类比推导至这种情况, 将 t, x 转化为变量 t, ξ。则鉴于条件 $\Delta u \sim \bar{\varepsilon}^2$, 精确至 $\bar{\varepsilon}^2$ 阶, 我们有

$$\left.\frac{\partial}{\partial t}\right|_x + u\left.\frac{\partial}{\partial x}\right|_t = \left.\frac{\partial}{\partial t}\right|_\xi + \Delta u \frac{\partial}{\partial \xi} = \left.\frac{\partial}{\partial t}\right|_\xi \tag{8.7.9}$$

导数 $\partial u/\partial x$ 可从连续性方程中略去, 边界方程转换为只依赖时间的约束条件, 与 8.2 节中有着相同的方式。根据表达式 (8.7.4) 可直接得出法向速度 v_*, 以及正交于物体和激波表面的 $\boldsymbol{n}$ 与正交于其横截面轮廓的 $\boldsymbol{n}_*$ 之间的一致性。因此, 薄体的三维非定常问题简化成在 $\zeta = $ 常数的平面内活塞膨胀的一系列非定常二维方程, 用另一种说法, 与 8.2 节中定常问题有所区别的是, 我们的对应初始问题现在变成了一系列连续的二维非定常问题, 从而又获得了平截面法 (Telenin, 1956)。

现在要对物体加速度 $\dot{U}_\infty$ 求值, 这里还不违反平截面法。明显地, 这样做要求长为 L 的物体在时间间隔 $t_L = L/U_\infty$ 内经过一给定段 $\xi = $ 常数的速度增量为 ΔU_∞, 且该增量满足式 (8.7.8) 中 Δu 的条件式:

$$\Delta U_\infty \sim \dot{U}_\infty L/U_\infty \leqslant \bar{\varepsilon}^2 \tag{8.7.10}$$

该约束条件对所有高超声速飞行条件而言不是很苛刻。因此, 设定 $U_\infty = $ 常数。

我们现在回到 $\xi = $ 常数的平面内等效活塞的非定常问题。每一个活塞在时刻 $t = t_0$, 在物体前端 $x = 0$ 与平面 $\xi = -U_\infty t_0$ 的交点开始膨胀。但是, 与 8.2 节中时变类比相一致, 该平面内相同的活塞膨胀定律 $f_*(t, \xi, y, z) = 0$ 产生了一个特定的物体, 外形为 $f^*(\xi, x, y, z) = 0$, 其以速度 $\boldsymbol{U}_{0\infty}$ 在定常流体中运动; 物体外形是由函数 $f_* = 0$ 获得的。对变量 $t = (x - \xi)/U_\infty = x/U_\infty + t_0$ 进行逆变换:

$$f_*(t, \xi, y, z) = f[t, U_\infty(t - t_0), y, z]$$

$$= f\left(\frac{x - \xi}{U_\infty}, x, y, z\right) = f^*(\xi, x, y, z) = 0$$

$$-U_\infty t_L = -L \leqslant \xi = -U_\infty t_0 \leqslant 0 \tag{8.7.11}$$

物体外形 $f^* = 0$ 表示着初始外形 $f = 0$ 的某一特定变形。每一平面 $\xi =$ 常数都对应着其自身的变形或弯曲体；通过对经过该物体定常绕流问题的求解，我们获得这个平面内外形 $p = p_\xi(\xi, x, y, z)$ 的解。因此，对这些解设定 $t = t_L$，则给出了初始问题的解：

$$p(x, y, z) = p_\xi(x - L, x, y, z) \tag{8.7.12}$$

这种方法使得用一组三维问题的解法取代一般情况下原始四维问题的解法成为可能。这些解的数量 (或 $\xi =$ 常数平面的数量) 由初始问题解所需的精度决定。

我们现在更详细地考虑具有固定外形 $f_0(\tau, n, b) = 0$(参见式 (8.7.1)) 的薄刚性体的非定常运动，忽略其围绕 x 轴的旋转 (如公转物体的情况)。因为物体横截面 $x =$ 常数和 $\tau =$ 常数的瞬间轮廓是一致的，精确至 2 阶。为了确定等效曲面体外形，必然要写出其轴 τ 的外形表达式。后者可由图 8.5 中的俯仰角 (α_t) 和偏航角 (β_t)，某点 $O(x_0, y_0, z_0)$ 的位移 (Δ_y, Δ_t) 得到。例如，该点可以是物体由轨迹的曲率造成的惯性中心。则曲面体 τ 轴的方程可写成如下形式：

$$y - y_0 = -(x - x_0)\alpha_{t0} + \Delta y_\tau, \quad \alpha_{t0} = \alpha_t(0), \cdots$$

$$z - z_0 = (x - x_0)\beta_{t0} + \Delta z_\tau, \quad \beta_{t0} = \beta_t(0)$$

$$\Delta y_\tau = -(x - x_0)\Delta\alpha_t + \Delta_y, \quad \Delta\alpha_t = \alpha_t - \alpha_{t0}, \cdots$$

$$\Delta z_\tau = (x - x_0)\Delta\beta_t + \Delta_z, \quad \Delta\beta_t = \beta_t - \beta_{t0} \tag{8.7.13}$$

将 $t = t_0 + x/U_\infty$ 代入这些方程中，可以获得曲面体轴上点对初始物体和外形的替代项 Δy^* 和 Δz^*：

$$f^*(x, y, z) = f(x, y + \Delta y^*, z + z^*)$$

$$\Delta y^*(t_0, x) = \Delta y_\tau(t, x), \quad \Delta z^*(t_0, x) = \Delta z_\tau(t, x) \tag{8.7.14}$$

$$t = t_0 + x/U_\infty$$

令所有角速度都非常小，则可满足下述条件：

$$\bar{\omega} = \frac{L}{U_\infty} \max\left(|\dot{\alpha}_t|, |\dot{\beta}_t|\right) \ll \bar{\theta} = \max(\theta_0, |\alpha_t|, |\beta_t|) \tag{8.7.15}$$

其中，θ_0 为相对物体厚度。

则对于 $t \leqslant t_L = L/U_\infty$，替代项 Δy^* 和 Δz^* 也相对是小量：$\Delta y^*, \Delta z^* \ll \bar{\theta}L$。接下来，使用任意的一个流动贴体坐标系，可以假设该坐标系不用绕矢量 $\boldsymbol{U}_\infty$ 或

x' 轴旋转。旋转速度 Ω 只在 y 轴和 z 轴上有分量 Ω_y 和 Ω_z(因为对于 $\bar\theta \ll 1$，其投影 Ω_x 小到可以忽略)。更多地，对 $t = 0$，所有平面 (x, y)，(x', y') 和 (τ, n) 都与攻角平面一致。则当 $t = 0$ 时，有 $\alpha_{t_0} = \alpha_0$，$\beta_{t_0} = \beta_0 = 0$；而当 $t > 0$ 时，可获得下列依存关系：

$$\alpha_t = \alpha_0 + \Delta\alpha_t, \quad \Delta\alpha_t = \dot\alpha_{t_0}t = (\dot\alpha_0 - \Omega_z)\,t = -\omega_z t$$

$$\beta_t = \Delta\beta_t = \dot\beta_{t_0}t = \left(\dot\beta_0 - \Omega_y\right)t = -\omega_y t$$

$$\Delta_y = -\frac{1}{2}\Omega_z U_\infty t^2, \quad \Delta_z = -\frac{1}{2}\Omega_y U_\infty t^2 \tag{8.7.16}$$

这里，ω_y 和 ω_z 是惯性坐标系内物体的总角速度，方程 (8.7.16) 中描述的角度之间关系可由图 8.5(c) 证明。图中给出了单位矢量 $\boldsymbol{x}'$ 和 $\boldsymbol{\tau}'$ 在物体贴体和流动贴体坐标系内 (y, z) 平面上和 y，z 轴上的投影。

将这些表述代入式 (8.7.13)，并令 $t = t_0 + x/U_\infty$，则可得到

$$\Delta y^* = \Delta y_0 - \alpha_1 x - \alpha_2 x^2$$

$$\Delta z^* = \Delta z_0 - \beta_1 x - \beta_2 x^2$$

$$\alpha_1 = \dot\alpha_0\,(t_0 - x_0/U_\infty) + x_0\Omega_z/U_\infty$$

$$\beta_1 = \dot\beta_0\,(t_0 - x_0/U_\infty) + x_0\Omega_y/U_\infty$$

$$U_\infty\alpha_2 = \dot\alpha_0 - \frac{1}{2}\Omega_z, \quad U_\infty\beta_2 = \dot\beta_0 - \frac{1}{2}\Omega_y \tag{8.7.17}$$

这里，没有写出常数 Δy_0 和 Δz_0，因为这些只意味着曲面体相对于初始物体的最初替代项，并不影响曲面体外形和由之得到的解。我们注意到，对于常数角度 α 和 β，即当一个物体只在其运动轨迹的曲线上旋转时，参数 t_0 从式 (8.7.17) 中消失，故在所有 $\xi = $ 常数段内曲面体都相同。

将式 (8.7.17) 代入式 (8.7.14)，可得到曲面体外形 $f^* = 0$，其中包含小参数 α_i 和 β_i，该物体的绕流问题可用这些参数的展开形式来表示：

$$p\,(t_0, x, y, z) = p_0 + \alpha_1\,(t_0)\,p_{1\alpha} + \alpha_2 p_{z\alpha} + \beta_1\,(t_0)\,p_{1\beta} + \beta_2 p_{2\beta} \tag{8.7.18}$$

函数 $p_i\,(x, y, z)$ 等都是独立于角速度和参数 t_0，其值可通过求解对应的线性问题或对非线性问题的解 $p\,(\alpha_i)$ 进行数值微分 (利用类型公式 $(p\,(\alpha_i) - p_0)/\alpha_i = p_{i\alpha}$) 来确定。非线性问题的解对有限小的 α_i 值可以依次地、相互独立地获得。

在 $t_L = L/U_\infty$ 时刻，初始物体的解可通过替代式 (8.7.17) 中的 $t_0 = (L - x)/U_\infty$ 而从式 (8.7.18) 获得。

为了证明曲面体法，我们将考虑一块板以假定攻角 $\alpha(t) > 0$ 沿曲线轨迹运动；如上文所述，$\bar{\omega}t_L \ll \alpha_0$，根据迎风侧的式 (8.7.13) 和式 (8.7.17) 相一致，将相应曲线"带"的形状写成

$$r = (\alpha_0 + \alpha_1)\tau + \alpha_2\tau^2, \quad \alpha_1 = \alpha_1(t_0) \tag{8.7.19}$$

这里，将不必要的常数略去，且与 7.4 节一样，x 由 τ 替代。

在时变类比和 7.6 节的流动模型框架内，该带迎风侧的压力由公式 $p = \rho_\infty U_\infty^2 \bar{p}$ 决定。其中，与所考虑的方法一致，压力系数 $\bar{p} = (rr')'$ 须以常数 α_1 和 α_2 计算，从而导致

$$\bar{p} = (rr')' = \bar{p}_0 + 2\alpha_0\alpha_1(t_0) + 6\alpha_0\alpha_2\tau, \quad \bar{p}_0 = \alpha_0^2 \tag{8.7.20}$$

对比该结果和方程 (8.7.18)，有 $\bar{p}_{1\alpha} = 2\alpha_0$ 及 $\bar{p}_{2\alpha} = 6\alpha_0\bar{\tau}$，最后将方程 (8.7.17) 中的 α_1 和 α_2 替换成方程 (8.7.20) 中的板长 L，则可获得如下解：

$$p = \bar{p}^{(0)} + \bar{\omega}_z\bar{p}^{(\bar{\omega})} + \bar{\Omega}\bar{p}^{(\bar{\Omega})}, \quad \bar{p}_0^{(0)} = \bar{p}_0 + 2\dot{\alpha}_0 t_L \approx (\alpha_0 + \dot{\alpha}_0 t_L)^2$$

$$\bar{p}^{(\bar{\omega})} = -2\alpha_0(2\bar{\tau} - \bar{\tau}_0), \quad \bar{p}^{(\bar{\Omega})} = \bar{\tau}, \quad \bar{\tau} = \tau/L \leqslant l$$

$$\omega = \Omega_z - \dot{\alpha}_0, \quad \Omega = \Omega_z, \quad \bar{\omega} = \omega l/U_\infty, \quad \bar{\Omega} = \Omega l/U_\infty \tag{8.7.21}$$

这里，$\bar{p}^{(0)}$ 是对应于瞬间攻角 $\alpha_1 = \alpha_0 + \dot{\alpha}t_L$ 的准静态解。$\bar{p}^{(\omega)}$ 项不同于方程 (7.4.21) 中的相似项，在圆括号内其采用 $2\bar{\tau}$ 替代 τ。这是因为 $\bar{p}_\omega$ 的表达式 (8.7.20) 中的布斯曼 (Busemann) 项 rr''。后者在牛顿形式 (7.4.21) 中并未考虑进去，而其影响可能很重要。最后，$\bar{p}^{(\Omega)}$ 项的表达也没有在式 (7.4.21) 中考虑，表明角速度 $\dot{\alpha}$ 和 Ω 对解的影响是不同的。

作为结论，将简单涉及薄体非定常高超声速绕流的相似定律。在这种情况下，准则 $\tilde{\omega}_i = \omega_i L/\bar{\theta}U_\infty$，$\omega_i = \dot{\alpha}$，$\dot{\beta}$ 和 $\bar{\Omega}$ 须添加到 8.4 节推导出的相似准则中；这些表示物体在某时间间隔 $t_L = L/U_\infty$（这里，θ 为物体表面对矢量 U_∞ 倾斜的特征角）内旋转时的相对角度。

为进行验证，将考虑半顶角为 θ_0 的楔在高超声速流动中进行微小振荡，则量 $p_{1\alpha}$ 为常数，曲面体外形膨胀的二次项在线性公式中给出压力的线性增加：$p_{2\alpha} \sim x$。因此，与式 (8.7.20) 一致，系数 $p_{\dot{\alpha}}$ 同样对 x 呈线性。图 8.6 是用精确的线性公式和之前的高超声速近似计算出的 $x = 0$(Stepanov 的数据) 与广义相似性标准 $K = \theta_0\sqrt{M_\infty^2 - 1}$ 的对比图，同前一样，涵盖了中等高超声速范围。显然，除了低超声速马赫数 $M_\infty < 2$ 范围内，高超声速理论不再适用外，精确曲线和近似曲线在小 K 时均很接近。

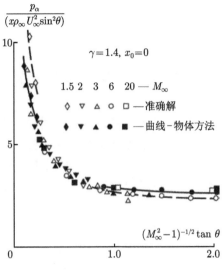

图 8.6　振动楔上的压力

第 9 章 钝薄体绕流

从工程角度来看，尖薄体在高超声速飞行中用途有限，由于过高的加热会破坏尖锐鼻锥和前缘，因此实际中经常将其钝化。然而，在高超声速下，哪怕轻微的钝化都会明显影响物体阻力，并因而影响流体的模态。Hammitt 和 Bogdonoff(1955)，Bertram(1956) 通过实验揭示了小钝化对流经细长体的影响，并且，Cheng 和 Pallone(1956)，Chernyi(1956，1966) 的著作中对此进行了解释，将这种影响与强爆炸理论相联系。在接下来的内容中，我们将证明这个理论及其相应的补充 (Lunev,1975) 充分反映了控制这些流动的机制，尽管它并不能精确计算所考虑的问题。本章将专门研究这些机制以及这些流动的定性特征。

9.1 钝薄体绕流的一般模式

首先，我们将评估小钝化对满足如下条件的物体和流体的影响范围：

$$r_0 \ll R \ll L, \quad d \ll L, \quad \varepsilon = \theta_0 + M_\infty^{-1} \ll 1, \quad c_{x0} \sim 1 \tag{9.1.1}$$

这里，r_0 是钝鼻锥中央部分的半径；其自身阻力系数为 c_{x0}；L 为物体长度；d 为其直径；$R(x)$ 为弓形激波外形；θ_0 为物体横向面 $r = r_b(x)$ 与自由流速度矢量 U_∞ 之间的最大倾斜角。除了最后几节，我们将主要处理二维物体 ($v = 0$) 和旋转物体 ($v = 1$)。

鼻锥特征倾斜角为 $\theta \sim \pi/2$，其上的牛顿压力 (见 7.2 节) 为 $p \sim p_0' \approx \rho_\infty U_\infty^2$。同时，横向面上压力为 $\Delta p = p - p_\infty \sim \rho_\infty U_\infty^2 \theta_0^2 \ll p_0$。因此，刚经过鼻锥附近的气体经历了强膨胀，其中或多或少有一个延长过渡过程，如图 9.1 所示。令 c_{xb} 为中央部分面积为 $S_0 \sim d^{1+v} \sim (\theta_0 L)^{1+v}$ 的横向面的阻力系数。则鼻锥对横向面的阻力比为

$$\frac{X_0}{X_b} \sim \frac{c_{x0} r_0^{1+v}}{c_{xb} S_0} \sim \bar{X} = \frac{1}{2} c_{x0} \left(\frac{r_0}{L}\right)^{1+v} \theta_0^{-(3+v)} \tag{9.1.2}$$

令前述公式中的 $\bar{X} = 1$，可得到该物体的长度和厚度，其鼻锥和横向面对总阻力的贡献相同：

$$L \sim r_0 \left(c_{x0}/2\right)^{1/1+v} \theta_0^{-(3+v)/1+v}, \quad d \sim L\theta_0 \tag{9.1.3}$$

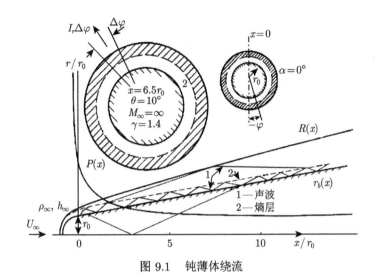

图 9.1   钝薄体绕流

现在令 I_{r0} 和 I_{rb} 为气体在鼻锥和横向表面所获得的横截面方向的动量通量（从 7.5 节均衡流体意义上来说，见图 7.21 及图 9.1）。对这些量，可推导出如下估算：

$$I_{r0} = \pi^v r_0^{1+v} \rho_\infty U_\infty^2 I, \quad I_{rb} \sim \Delta p L R^v \sim \rho_\infty U_\infty^2 \theta_0^{2+v} L^{1+v}$$

$$\frac{I_{r0}}{I_{rb}} \sim I \left(\frac{r_0}{L}\right)^{1+v} \theta_0^{-(2+v)} = \bar{X} I_0 \theta_0, \quad I_0 = \frac{2I}{c_{x0}} \tag{9.1.4}$$

参数 I_0 是在 7.5 节 (方程 (7.5.8)) 中引入的，则令 $I_{r0} \sim I_{rb}$，可得到相应物体的长度

$$L' \sim L\theta_0^{1/(1+v)} \sim r_0 I_0^{1/(1+v)} \theta_0^{-(2+v)/(1+v)} \tag{9.1.5}$$

现在，我们将评估 M_∞ 对以鼻锥作为一个单独钝体所引起的高压传播区域 L_M 的影响。为此，使阻力 X_0 与压差 $\Delta p \sim p_\infty$ 作用在扰动区域末端的力 $X_M \approx \pi^v R^{1+v} \Delta p$ 相等。令激波为马赫锥，$R \approx L_M/M_\infty$，则可得到

$$L_M \sim r_0 M_\infty^{(3+v)/(1+v)} c_{x0}^{1/(1+v)} \tag{9.1.6}$$

明显地，对 $M_\infty \gg 1$，鼻锥影响的范围 $L_M \gg r_0$；当 $M_\infty \geqslant 10$ 时，钝板和圆柱体的 L_M/r_0 分别超过 10^3 和 10^2；而处于中等 M_∞ 时，钝化对流体的影响只是局部特征。其相应例子由图 7.3 所示。

估算结果表明，即使是很小的钝化也会对薄体高超声速流动带来较大的影响。因此，对 $c_{x0} \approx 1$(圆柱体或球体)，$\theta = 2.5° \sim 15°$(或 $\theta_0 = 0.045° \sim 0.3°$) 的钝楔 $(v=0)$，有 $L/r_0 = 6000 \sim 30$；对钝锥 $(v=1)$，有 $L/r_0 = 400 \sim 10$。可见比率

L'/r_0 仍然很大，但对 $I_0 \sim 1$(见 7.5 节中图 7.21)，L'/r_0 是 L_0/r 的 $1/\theta_0^{1/(1+v)}$。这表明鼻锥对物体阻力产生了重要影响。

我们现在将考虑钝薄体和激波之间扰动层的结构。7.1 节中根据流线之上的 "熵" 分布 $s(\psi) = \sin^2 \alpha(\psi)$ (式 (7.1.2)$\sim$ 式 (7.1.5))，描述了在邻近鼻锥的强激波后无量纲焓 $\bar{h} = h/U_\infty^2$ 和密度 $\bar{\rho} = \rho/\rho_\infty$ 对压力 $p = \bar{p}\rho_\infty U_\infty^2$ 的依赖性；这里，$\alpha(\psi)$ 是激波对应于给定流线的倾斜度，扰动层内邻近物体横向面的压力通常由局部激波倾斜度 α_1 决定。对 $\alpha_1 \ll 1$，其量级为 $\bar{p} \sim \alpha_1^2$。所以，焓和密度的量级在这里由参数 s 确定，其变化范围很广，$s = \alpha_1^2 \sim 1$。

邻近物体表面处，流线横穿鼻锥附近激波，其 $s \sim 1$，形成了高熵层。高熵层理论上存在于距鼻锥任意距离的无黏气体中。与式 (7.1.4) 相一致，该层中流体参数的量级如下所示：

$$\bar{h} \sim \alpha_1^{2(\gamma-1)/\gamma}, \quad \bar{\rho} \sim (\gamma-1)^{-1}\alpha_1^{2/\gamma}, \quad M^2 \sim \bar{\rho}/\bar{p} \sim (\gamma-1)^{-1}\bar{h}$$

$$\Delta u = U_\infty - u \approx U_\infty - U \approx U_\infty \bar{h} \tag{9.1.7}$$

与此相反，在邻近激波且离鼻锥足够远处，穿过激波 $s \sim \alpha_1^2 \ll 1$ 的流线上的流动参数与尖薄体绕流 (见 8.2 节) 的相同：

$$\bar{h} \sim \alpha_1^2, \quad \bar{\rho} \sim 1, \quad M^{-2} \sim \alpha_1^2, \quad \Delta u \sim U_\infty \alpha_1^2 \tag{9.1.8}$$

这些流线形成低熵激波层，其马赫数 $M \gg 1$，在下文中，将其简称为激波层。对该层而言，第 8 章中的平截面法或时变类比均有效。同时，高熵层内的局部马赫数相对较低 ($M \approx 2 \sim 3$，图 9.2)，而速度损耗 Δu 的量级更小，尤其是对于小量 $\gamma - 1$。因此，对该层而言，平截面法的精确度要低于低熵激波层。

故高熵层中的气体相比于相同参数下的低熵激波层中气体具有更高的温度和更低的密度 (图 9.2 和图 9.3)；因而，各种物理和化学过程可在高熵层中精确开展，而近激波气体则可保持低温而近乎理想。该层内的低密度导致了层内压力均一 (与 6.8 节中图 6.21 的爆炸区域类似)，这是由扰动从壁面和密度大的激波层频繁反射所致 (参见 4.7 节)，而激波层内的扰动路径由于局部马赫数相当高而变得相当长 (见图 9.1)。

根据前面的介绍资料可知，钝薄体流动问题的公式可简化如下：由于钝化影响的范围非常大，在侧表面和鼻锥之间 $x = 0$ 的位置，初始参数曲线的细节对远离该段流体的影响可以忽略，该结论同样适用于鼻锥外形 (类似于 6.8 节中的强爆炸问题)。故只有通过鼻锥的力参数 X_0 和 I_{r0} 才考虑初始条件，这些力作用于小的长度区域 $\Delta x, \Delta r \sim r_0 \ll L$。在自由层模型 (第 7.5 节) 中使用了相同的控制参数，不同之处是该模型忽略了表面压力对激波形状的影响。

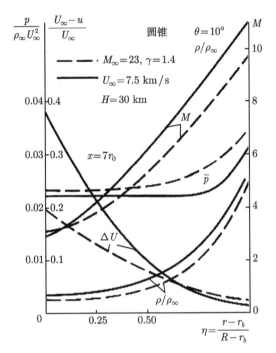

图 9.2　球形钝圆锥的激波层流体参数

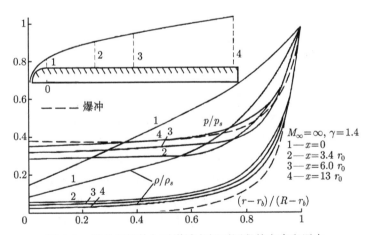

图 9.3　钝化圆柱体与弓激波之间不同段的密度和压力

9.2　相似律和爆炸类比

在 9.1 节末尾采用的钝薄体绕流模型有一个重要推论, 即对 1.12 节推导出的相似定律的简化, 在该定律的阐述中, 仅要求物体侧表面外形 $r^{(b)}(x)$ 的几何相似

就足够了, 即

$$\bar{r}^{(b)}\left(x'\right) = r^{(b)}/L = \left(r_b - r_0\right)/L, \quad x' = x/L \tag{9.2.1}$$

将附加参数 X_0 和 I_{r0} 代入通用关系式 (1.12.9), 并考虑其大小, 则可获得额外相似准则:

$$\bar{X}_1 = \frac{X_0}{\pi^v \rho_\infty U_\infty^2 L^{1+v}} = \left(\frac{r^{(0)}}{L}\right)^{1+v}, \quad \frac{r^{(0)}}{r_0} = \left(\frac{2}{c_{x0}}\right)^{1/(1+v)}$$

$$I_0 = I_{0r}/X_0 = 2I/c_{x0} \tag{9.2.2}$$

由此可见, 有效尺寸 $r^{(0)}$ 是鼻锥的唯一参数, 与其外形和大小无关。7.5 节中引入了参数 I_0 (参见图 7.21), 对于 $c_{x0} \sim 1$ 的钝物体 (鼻锥), 这个参数对体形的依赖性很弱。除此之外, 9.1 节中显示, 对薄体而言, 其主要的鼻锥影响由其阻力 X_0 决定。为此, 下文中将只处理 $\bar{X}_1$ 这一准则。依据 1.12 节, 相同外形物体 $\bar{r}^{(b)}(x')$ 的相似准则为

$$\bar{X}_1, \gamma, M_\infty, \rho_\infty, U_\infty \tag{9.2.3}$$

上述最后两个参数与真实气体流动有关。若这些参数一致, 则变量 x/L 和 r/L 的无量纲函数是相同的:

$$\bar{p} = p/\rho_\infty U_\infty^2, \quad \bar{h} = h/U_\infty^2, \quad \bar{\rho} = \rho/\rho_\infty, \quad \bar{v} = v/U_\infty \tag{9.2.4}$$

对于钝锥和楔, 其方程为 $r^{(b)} = \theta_x$, 其中长度 L 和参数 $\bar{X}_1$ 可略去, 然而, 尺度长度 $r^{(0)}$ 仍保留, 这和 7.5 节一样, 可导出相同的相似变量:

$$x_1 = \frac{x}{r^{(0)}} = \frac{x}{r_0} \left(\frac{2}{c_{x0}}\right)^{1/(1+v)}, \quad r_1 = \frac{r}{r_0} \left(\frac{2}{c_{x0}}\right)^{1/(1+v)} \tag{9.2.5}$$

在图 9.4 中, 我们用相似变量给出了经过带部分鼻锥的圆锥体和圆柱体扰流。这里, 激波 $R_{1(x_1)}$ 在具有不同鼻锥的物体上几乎是一致的 (这一点对锥体和圆柱体也相同), 同时压力接近于情况 $x/r_0 \geqslant 2 \sim 3$, 尽管在 $x \sim r_0$ 范围内的转捩过程和钝体下游内部激波的结构形成中存在不同 (参见 5.6 节)。对于具有圆形和椭圆形鼻锥的圆柱体和平板, 我们可以得到相同的结论 (图 9.5)。

在图 9.4(b) 中, 我们注意到在相似的横截面内, 压力和熵函数 $\bar{p}/\bar{p}^\gamma$ 的轮廓也彼此接近, 包括在本模型中未描述其熵分布的高熵区域。该结果对上述公式来说有点出乎意料, 可以解释如下。高熵层内流线分布 $r_{\psi_1}(\psi)$ 由方程 $\mathrm{d}\psi = (2\pi)^v \rho u r^v \mathrm{d}r$ 的积分决定。对 $u \approx U$, 在相似变量 (9.2.5) 中, 有

$$r_{\psi_1}^{1+v} - r_{b1}^{1+v} = \int\limits_0^\Psi \frac{\mathrm{d}\Psi}{\bar{\rho}\bar{U}}, \quad \Psi = \frac{2\psi}{\pi^v c_{x0} \rho_\infty U_\infty}$$

$$\bar{\rho} = \bar{\rho}(\bar{p}, s), \quad \bar{U}(\bar{p}, s) = U/U_\infty \tag{9.2.6}$$

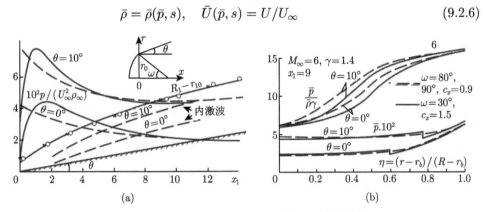

图 9.4 经过带部分鼻锥的圆锥体和圆柱体扰流

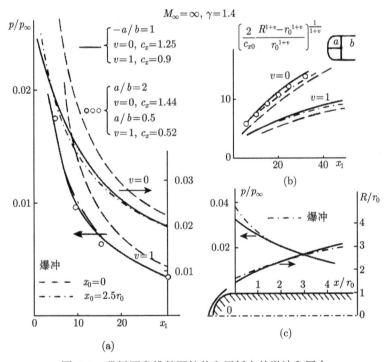

图 9.5 带椭圆鼻锥的圆柱体和平板上的激波和压力

这里如同 9.1 节, 函数 $s(\psi) = \sin^2 \alpha$ 由激波对给定流线 $\psi = $ 常数 (函数 ψ 在 7.5 节中引入) 的倾斜角 $\alpha(\psi)$ 决定。我们注意到, 即使当横穿高熵层流体的速率 $\psi \approx \pi^v r_0^{1+v} \rho_\infty U_\infty$ 与总流体速率 ψ_R 的比值很小, 即 $\psi_\delta/\psi_R \sim (r_0/R)^{1+v}$ 时, 因高熵层内部的密度低 (量级 $\rho \sim \rho_\infty \alpha_l^{2/\gamma}$, 参见式 (9.1.7)), 其厚度 $r_\delta = r_\psi(\psi_\delta)$ 仍可能相当可观。

横穿高熵层的压力 $\bar{p}(x_1)$ 为常数 (9.1 节的图 9.2 及图 9.3)，对研究中的相似流体，压力只依赖于变量 x_1。然而，根据图 7.21，函数 $s(\psi)$ 只微弱依赖于钝物体外形，因此，遵循函数 $s(r_1)$ 对物体外形和整个流动的相似性的轻微依赖性。

如前所述，问题的示意图可以很容易地在第 8 章的时变类比框架内进行解释。在这种情况下，作用于限制在稳态薄层 $\Delta\xi$，$\xi = x - U_\infty t$ 气体的鼻锥上的作用力等效于能量释放 (爆炸)，与 8.3 节一致，其与作用在鼻锥上阻力 $E_0 = X_0$ 相等。该阻力对气体动量 $J_0 = I_{r0}U_\infty^{-1}$ 的增加决定于式 (9.1.2) 和式 (9.1.4)。与此同时，横向面的作用等效于活塞膨胀，与定律 $r_p(t) = r^{(b)}(U_\infty t)$ 相一致。这就是爆炸–活塞模型或爆炸类比 (Chernyi, 1956, 1966)。我们注意到在能量 (式 (6.8.15)) 和动量 (式 (7.6.2) 或式 (6.8.11)，第一个方程中 $m = 0$) 近似方程的框架内，对参数 E_0 和 J_0 的预分配足以确定 $x = 0$ 时的初始参数 p_0 和 $R = R_0$。

基于时变类比的爆炸–活塞模型没有考虑到后者在高熵层中不成立的事实。然而，正如将在 9.3 节中显示的那样，这对整个流动只有轻微的影响。

时变类比使推导具有仿射相似侧面的物体 $r^{(b)}/dr$ 的相似律成为可能；该定律将 8.4 节中的相似定律推广到钝物体 (Chernyi, 1966)。为此，引入该问题的尺度参数 $d = L\theta_0$ 和 $t_L = L/U_\infty$。根据 E_0 和 J_0(式 (6.8.21))，给出两个参数

$$\bar{X}_2 = \frac{E_0 t_L^2}{\rho_\infty d^{3+v}} = \bar{X}_1 \theta_0^{3+v}, \qquad \frac{J_0 t_L}{\rho_\infty d^{2+v}} = I_0 \theta_0 \tag{9.2.7}$$

显而易见，只有在 $I_0\theta_0 \approx 0$ 的情况下才能探索相似定律，对具有相同外形 $r^{(b)}/L\theta_0$ 的物体，其相似准则如下：

$$\bar{X}_2, \quad \gamma, \quad M_\infty\theta_0, \quad \rho_\infty, \quad U_\infty \tag{9.2.8}$$

以下公式和相似变量与 8.4 节并无不同。

与前述相同，对于楔和圆锥，通过令 $\bar{X}_2 = 1$ 获得问题的标度长度并导出下述变量 (参见式 (9.2.5))：

$$x_2 = x_1 \theta^{(3+v)/(1+v)}, \qquad r_2 = r_1 \theta^{2(1+v)} \tag{9.2.9}$$

对钝平板和圆柱体，有 $r^{(b)} = 0$，则等效的时变问题是爆炸问题。然而，6.8 节中所述的初始动量 $J_0 \neq 0$ 的点爆炸问题无解。因此，为使 x/r_0 较小的情况满足两个守恒定律 (而不是一个)，将等效点爆炸后的影响源定位于物体前的某一特定点 $x = -x_0$，故在 $x = 0$ 平面内，气体的横向动量与 J_0 相等 (修正的爆炸类比，Lunev 和 Pavlov，1966)。通过变量 $x = U_\infty t$，并考虑式 (6.8.17)，可将爆炸的解式 (6.8.3) 和式 (6.8.4) 表示为如下形式：

$$\bar{p} = \kappa_v(\gamma, \eta, \tau)\,(x_1 + x_{10})^{-2(1+v)/(3+v)}$$

$$R_1 = (R/r_0)(2/c_x)^{1/(1+v)} = \chi_v(\gamma, \tau)(x_1 + x_{10})^{2/(3+v)}$$

$$\eta = r/R, \quad \tau = (x_1 + x_{10})M_\infty^{-(3+v)/(1+v)}, \quad x_{10} = x_0/r^{(0)} \tag{9.2.10}$$

对 $\tau = 0$,图 6.20(6.8 节) 给出了系数 κ_v 和 χ_v,其相对应的坐标移动 $x_0 = U_\infty t$ 可通过将 $J_0 = r_0^{1+v}\rho_\infty U_\infty I$ 代入式 (6.8.20) 而确定:

$$x_{10} = \left[(3+v)I_0/2C\chi^{2+v}\right]^{(3+v)/(1+v)} \tag{9.2.11}$$

远离鼻锥 $(x \gg x_0)$ 处,参数 x_{10} 可被略去,则式 (9.2.10) 相当于经典爆炸类比;其中只要知道阻力系数 c_{x0} 就足够了。

当 $\gamma = 1.4$ 时,结合 C 的公式 (6.8.20) 和图 7.21,当 $v = 1$ 时 $x_{10} = 3.7$;当 $v = 0$ 时,$x_{10} = 5$(两种情况下对圆形鼻锥有 $x_0 \approx 2.5r_0$)。该移动使得曲线明显靠近准确曲线,包括图 9.5 中的鼻锥邻近区域。特别是对于球状钝化圆柱体,可获得如下公式 (稍微修正过的):

$$\bar{p} = \frac{0.9p_0}{x + 2.7r_0}, \quad R = 1.1r_0\left(\frac{x}{r_0} + 2.7\right)^{1/2} \tag{9.2.12}$$

对于 $x \leqslant 4r_0$,精确到几个百分点,而对更大的 x 值,实际上是精确的 (公式 $R/r_0 = 1 + (x/r_0 + 0.2)^{1/2}$ 的精度更高)。

在有限压力或马赫数 M_∞ 的情况下,与式 (6.8.17) 相一致,该解可以表示成另一种形式:

$$p - p_\infty = p_\infty P_1(\gamma, v, \eta, \tau), \quad R_1 = M_\infty^{2/(1+v)}\bar{R}(\gamma, v, \tau) \tag{9.2.13}$$

对钝化圆柱体的数据进行相似变量处理,并加入坐标偏移 (图 9.6),可见不同 M_∞ 下的曲线都归拢到一起,尽管在初始坐标中它们可能有明显不同 (图 9.6)。

对图 9.7 中 $c_x \approx 0.2/0.5$ 较小的钝锥尾迹数据可以得出类似的结果。这些物体,参数 $I_0 = 1/2$,可导出一个大的 x_{10} 值。我们注意到,所有压力曲线的振荡性质 (适用于爆炸过程) 都具有 $p < p_\infty$ 的稀疏区域。

非常自然地,坐标移动剥夺了爆炸类推的简单性。因此,它的作用主要归结为解释类比和现实之间的差异。特别是在有小半顶角 $\theta(I_0 \sim \theta^{-1}, x_{10} \sim \theta^{-(3+v)/(1+v)})$ 的圆锥体及楔形鼻锥的特殊情况下。另一个例子是当 $\gamma - 1$ 较小时 (与式 (6.8.20) 相一致),有 $x_{10} \sim (\gamma - 1)^{-(2+v)/(1+v)}$。在这两种情况下,爆炸类推不能解释没有坐标移动的情况 (可参见 9.3 节的图 9.9)。

最后,我们将讨论爆炸类推对物体下游远尾迹流动的适用性。图 9.7 给出了可适用的压力情况。然而,远离物体的消耗效应在尾流的中心是不可避免的;为评估这些效应,我们需要忽视物体表面的边界层影响 (1.16 节),并假设流体末端

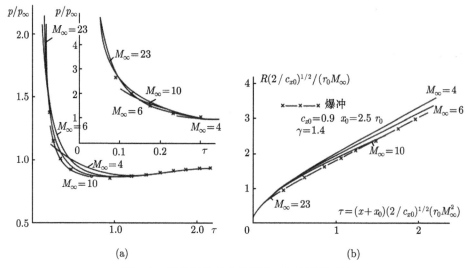

图 9.6　钝化圆柱体上的压力 (a) 和激波 (b)

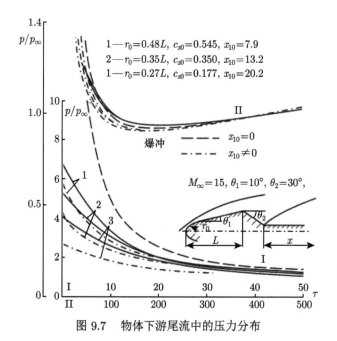

图 9.7　物体下游尾流中的压力分布

是无黏的。举例来说，对半径为 r_0，$c_{x0} \sim 1$ 的钝的短物体，可进行上述处理，对该情况更细致的考虑将在下文中讨论。从物体脱落的高熵层中相对低的速度损耗的角度来看，我们将忽略其中的黏性效应，并通过时变类比结合 6.10 节中导热气体爆炸的问题。

根据这些解，从两个方面对限制条件下的旋转体进行分析，当 $M_\infty \gg 1$ 时，尾流具有强激波，另一方面，在远端尾流中，其压力已被均一化 ($p \approx p_\infty$)。在第一种情况下，6.10 节中爆炸问题的解决定于参数 ε，在式 (9.10.3) 中对 $E = 0.5c_x\pi r_0^2\rho_\infty U_\infty^2$ 是相等的。

$$\varepsilon = \left(\frac{2}{c_{x0}\pi}\right)^{1/2}\frac{\lambda}{c_p\rho_\infty r_0 U_\infty} \sim \frac{1}{Re} = \frac{\mu_0}{\rho_\infty U_\infty r_0} \qquad (9.2.14)$$

一般而言，雷诺数中的黏度 μ_0 须由尾流核心参数来计算。对实际问题，通常有 $Re \gg 1$(图 1.1)，因此有 $\varepsilon \ll 1$，如 6.10 节中的假定。

令式 (6.10.11) 中 $\bar{\varepsilon} \sim \varepsilon$，$\beta \sim 1$；并考虑式 (9.2.5) 和式 (9.2.10)，可得尾流近轴区域焓的量级为

$$h \sim \frac{1}{2}U_\infty^2\left(R'\right)^2\varepsilon^{-1/\gamma} \sim \frac{U_\infty^2}{2}\frac{r_0}{x}Re^{1/\gamma} \qquad (9.2.15)$$

与此同时，在非黏滞高焓层中，其焓值的量级为

$$h \sim \frac{1}{2}U_\infty^2\bar{p}^{(\gamma-1)/\gamma} \sim \frac{U_\infty^2}{2}\left(\frac{r_0}{x}\right)^{(\gamma-1)/\gamma} \qquad (9.2.16)$$

明显地，当公式 (9.2.16) 确定的焓值小于等于公式 (9.2.15) 的焓值时，爆炸的热缘解不能应用于尾流。也就是说，其只适用于 $x > r_0Re$ 的情况，因为与初始无热传导解相比，将热传导考虑进来只能降低物体尾流下游的温度。

远尾流中焓增量的相似渐近线 $c_p\Delta T \sim 0.5U_\infty^2\left(r_0/x\right)Re$ 也可由热源的解 (6.10.13) 给出。该焓也仅当 $x > r_0Re$ 时变得低于驻点焓 $U_\infty^2/2$。

9.3 高熵层在真实气体效应中的作用

本节中首先要涉及高熵层内物理和化学过程对钝薄体绕流的影响 (从图 9.2 可知高熵层内密度和温度在很大程度上取决于该层中气体的状态)，其次会涉及在高熵层内违反时变类比的影响，其内速度损耗稍大于低熵激波层 (因此，在图 9.2 中有 $\Delta u/U_\infty \approx 0.4 \div 1$)。

爆炸模拟使得用与 6.9 节中处理爆炸问题相同的有效能量方法来解决这一问题成为可能。为此，将纵向动量方程 (8.3.3) 转化成能量守恒定律 (8.3.5)，并利用式 (6.9.1) 将后者变成如下形式：

$$(2\pi)^v\int_{r_b}^R\left(\rho\frac{v^2}{2} + \frac{p}{\gamma-1}\right)r^v\mathrm{d}r = E_* + \frac{\pi^v R^{1+v}p_\infty}{\gamma-1}$$

$$E_* = E_0 + E_1 - E_2$$

$$\frac{E_1}{E_0} = \frac{1}{2}\int_0^{\Psi_\delta} \frac{(U_\infty - U)^2}{U_\infty U}\mathrm{d}\Psi, \quad \frac{E_2}{E_0} = \int_0^{\Psi_\delta} \frac{(\gamma - \gamma_*)h}{\gamma_*(\gamma - 1)U_\infty U}\mathrm{d}\Psi \qquad (9.3.1)$$

这里，函数 Ψ 与式 (9.2.6) 和式 (7.5.8) 中的相同；γ_* 为有效绝热指数 (见 1.3 节)。与 E_1 表达式 (8.3.5) 相比较，这里略去了带 h_∞ 的项，因其在 $M_\infty^2 \gg 1$ 的情况下是个小量；并且总速度 U 取代了纵向速度 u。

在高熵层外，以条件 $\Delta u/U \sim \alpha_1^2 \ll 1$ 来看，E_1 表达式中的被积函数为小值 (参见 9.1 节)，因此，上限 Ψ_δ 的选择并不重要。如果真实气体特性只在高熵层中体现，则对 E_2 积分函数也是如此。而高熵层外其有效绝热指数 $\gamma_* \approx \gamma$(对 $\theta \leqslant 10°$ 的圆锥，在 $U_\infty \leqslant 7\mathrm{km/s}$ 时有效)。

与 6.9 节相同，E_* 可称为等效爆炸的有效能量；在我们的问题中也将引入有效阻力系数的概念 (Lunev，1959，1975)：

$$c_x^* = \lambda c_{x0}, \quad \lambda = E_*/E_0 = 1 - (E_2 - E_1)/E_0 \qquad (9.3.2)$$

基于 9.2 节中提到的函数 $s(\Psi)$ 的普遍特质，可以忽略比率 λ 对鼻锥外形的依赖，并将其认为只是压力的函数。然而，由于 $\bar{h} \sim \bar{p}_{(\gamma_*-1)/\gamma_*}$，其对 $\bar{p}$ 的依赖性很小。这可由平衡空气流中为钝锥计算得到的比率 c_x^*/c_{x0} 数据而证实，如图 9.8

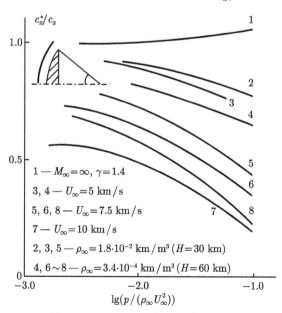

图 9.8   切实有效的鼻锥阻力系数比

所示。因此，我们将该能量精确替代解 (9.2.3) 中的 E_0，这等效于引入下述变量：

$$x_1^* = x_1, \quad r_1^* = r_1, \quad x_2^* = x_2, \quad r_2^* = r_2 \tag{9.3.3}$$

估算表明，E_1/E_0 的作用并不重要 (图 9.8 中的曲线 1)。一般而言，令 $\Delta U/U \approx \bar{h}$，可得到 $\bar{p} \ll 1$ 时，$E_1/E_0 \sim \bar{p}^{2(\gamma-1)/\gamma} \ll 1$。唯一的例外是 $\gamma \to 1$ 的情况，由于因 $\Psi \to 0$ 导致 $U \to 0$(参见 7.5 节)，所以对 $v = 1$，E_1 积分函数不是小值，对 $v = 0$ 甚至产生偏离。然而，这种相当投机性的限制情况与正在考虑的问题没有什么关系。

将空气中的真实过程考虑进来会明显减小 c_x^* 值，并因此降低流过薄体时的钝性效应。为支持该猜想，在图 9.9 中给出了钝圆柱体上的压力分布。对不同的流动条件，其差别近乎一倍。与此同时，当使用改变后的相似坐标 x_1^* 时，曲线被拉近了；因此，有效阻力系数模型足够反映真实气体效应在钝薄体上的作用机制。

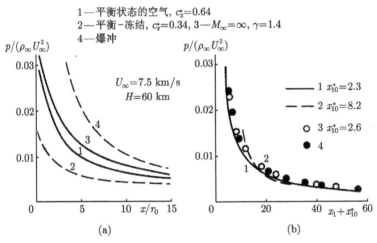

1—平衡状态的空气, $c_x^* = 0.64$
2—平衡 - 冻结, $c_x^* = 0.34$, 3—$M_\infty = \infty$, $\gamma = 1.4$
4—爆冲

图 9.9　气流中球状钝化圆柱体上的压力

9.4　钝锥绕流

钝头锥形体广泛用于火箭工程，所以我们将更详细地讨论流过这些物体的流动。如无特殊说明，本节所给的例证均为半顶角为 θ 的圆锥，或具有在 $x = 0$ 处 (图 9.1 及图 9.10) 与圆锥表面光滑连接的球形鼻锥 (中部半径为 r_0) 的圆锥。下面的图中使用了下面的符号：

$$\Delta \bar{R} = (R - r_b)/r_0, \quad r_b = r_0 + x \tan \theta$$

$$\Delta \bar{p} = (p - p_\infty)/(\rho_\infty U_\infty^2), \quad \bar{p} = p/(\rho_\infty U_\infty^2)$$

$$\widetilde{p} = \bar{p} / \sin^2 \theta \tag{9.4.1}$$

图 9.10∼ 图 9.13 说明了马赫数效应 (或等平衡气流时大气飞行条件的影响) 对经过圆锥流体的影响。由图 9.10 可知, $\theta = 10°$ 的球锥上的压力分布由马赫数

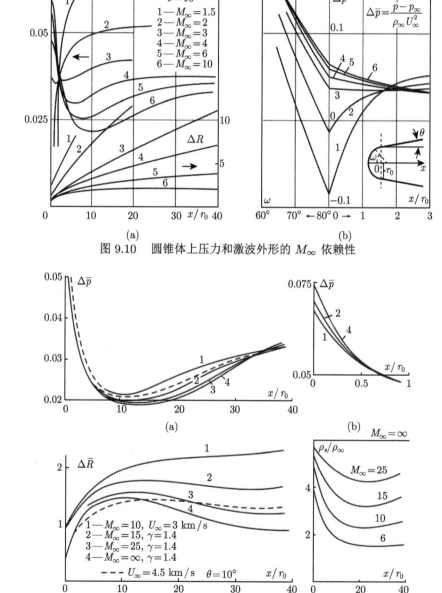

图 9.10　圆锥体上压力和激波外形的 M_∞ 依赖性

图 9.11　经过圆锥体的高马赫数流体的压力 ((a) 和 (b)), 激波 (c) 和激波后密度 (d)

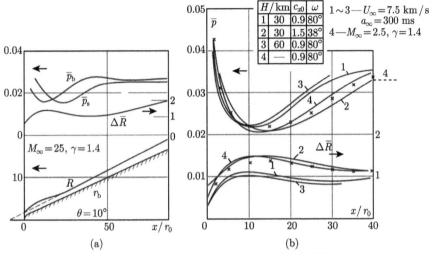

图 9.12　高马赫数下圆锥体上的压力和激波

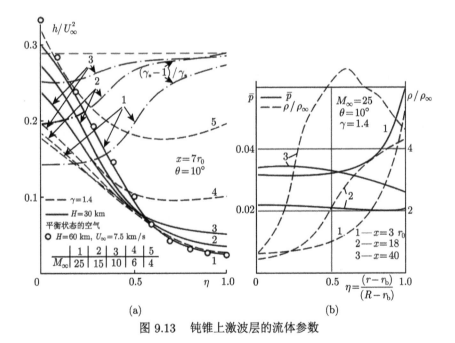

图 9.13　钝锥上激波层的流体参数

M_∞ 定性确定。当 $M_\infty \leqslant 3$ 时，钝化效应只是局部的 (影响区域为 $x \leqslant 2r_0$)，而在过渡段 $x = 0$ 的邻近区域形成了负的过压区域 ($\Delta p < 0$)，使远离驻点的球体上的压力小于尖锥体上的压力，并从下面接近锥形分布。

作为对比，当 $M_\infty > 3$ 时，球上的压力要大于圆锥上的，因此进一步的流动取决于流动的膨胀，而流动在球体上还没有完全膨胀。当 $M_\infty \geqslant 4$ 时，圆锥上出现压力波动，该波动具有钝薄圆锥高超声速流体的显著特征。与 9.1 节相一致，波的长度随 M_∞ 而增加，而其幅值增长至值 $\bar{p}_{\max}/\bar{p}_{\min} \approx 2$。该波的形成是由于起初圆锥表面与之前一样落在鼻锥诱导的激波之后，以致压力降低；然而，随着 x/r_0 增加，它们的轨迹愈加靠近，且处于圆锥体/激波相互影响的区域压力增加。接着，物体上压力 p_b 和激波斜面 (或激波上压力 p_s) 变得与尖锥上相同，激波的极限位置对应于对原始圆锥鼻锥进行替换的尖锥中的位置 (图 9.12(a))。

在图 9.14 中对物体压力 $p_b(x)$ 和激波压力 $p_s(x)$ 进行对比，其中后一参数对激波形状更敏感。图中不同 θ 的 $\bar{p}_b(x)$ 曲线在 $x > 0$ 时已分开，且在图 9.14(a) 中 $M_\infty \gg 1$ 时的 $\bar{p}_s(x)$ 曲线相继与圆柱体 ($\theta = 0$) 曲线偏离；而当 $M_\infty = 4$ 时 (图 9.14(b))，两者在 $x < 30r_0$ 处几乎相同。

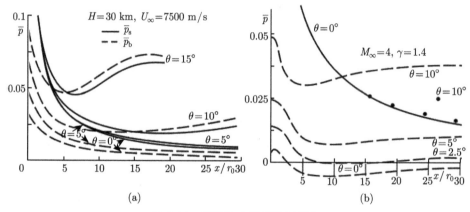

图 9.14　圆锥体上及激波后压力

这些压力波在钝圆柱上也存在 (仅在有限的 M_∞ 处)，尽管它们相对较弱，有 $\Delta p < 0$。相同的效应在反压力爆炸中也存在 (见 6.8 节)。同时，$\theta \leqslant 15°$ 的楔形上没有压力波动；在这种情况下，压力平滑地降低至与尖楔相对应的值 (图 9.15)。

从图 9.10 和图 9.11 可知，对 $\theta = 10°$ 的圆锥，当 $M_\infty \geqslant 10$ 或 $M_{\infty n} = M_\infty \sin\theta > 2$(对理想气体) 时，超压 Δp 已几乎与马赫数无关。与此同时，当 M_∞ 值差不多高达 25($M_{\infty n} \approx 5$) 时，激波层厚度和结构对自由流马赫数敏感，该马赫数决定着满足 7.1 节中高超声速稳定性定律的下限。

压力波使激波层结构多样化，因此，从图 9.13(b) 可知，激波层内有密度峰值，其值明显超过激波后的密度值。这发生在最小压力区域内进入激波层的流线上，其后的压力沿流线增加。

大气飞行中的物理化学过程大约在 $U_\infty \geqslant 45\mathrm{km/s}$ 或 $M_\infty \geqslant 15$(图 9.11) 时开始影响 $\theta = 10°$ 圆锥的压力和激波形状。然而，高熵层内的焓和密度分布在更早时已受其影响 (图 9.13)。真实气体效应很容易由 $(\gamma_* - 1)/\gamma_*$ 的曲线来说明；

因此, 对 $U_\infty < 7.5\mathrm{km/s}$(或一般情况下, 对 $U_{\infty n} \leqslant 1.5\mathrm{km/s}$), 在密集的激波层内有效绝热指数为 $\gamma \approx 1.4$; 而在高熵层内则降到 $\gamma \approx 1.15$(可参见 1.3 节中的图 1.13)。在上述图 9.14 中的条件下, 圆锥表面上的密度从理想气体的 $\rho_0/\rho_\infty = 0.4 \sim 0.5$ 变化到真实空气的 $\rho_0/\rho_\infty = 0.7$。我们也注意到, 按照 1.12 节, 密度 ρ_∞ 变化 100 倍 (对应于 H 从 $30 \sim 60\,\mathrm{km}$ 变化的大气情况) 对结论的影响相对较小 (观察图 9.12 中的曲线 1 和 3 及图 9.13(a) 中的曲线和符号)。

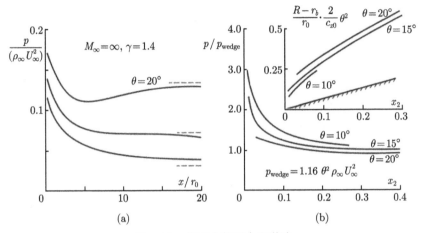

图 9.15   楔形上的压力和激波

乍看起来, 人们可能会认为, 马赫数 M_∞ 和真实气体性质对圆锥上压力分布的影响不重要 (如图 9.12 中在 20% 以内)。然而, 在对精度有较高要求的气动计算中, 这些区别需要加以考虑; 在 9.5 节中我们需要明确这一点。此外, M_∞ 和气体特性对激波层厚度和结构的影响更加可观 (图 9.11 ~ 图 9.13)。

图 9.4 和图 9.12(b) 给出了鼻锥外形对流过圆锥流体的影响及对 9.2 节中相似定律的验证。在后一图中的曲线 2 描述的是 $\omega = 38°$, $c_x = 1.5$ 部分的鼻锥, 与曲线 1 有相同的流动条件。这些条件的 $x(x \leqslant 3r_0)$ 小值区域由 7.5 节的图 7.20(c) 表示。与图 7.20(c) 相同, 描述坐标 x 和 ΔR 以速度 $(c_{x2}/c_{x1})^{1/2} = 1.3$(象征) 扩大的曲线 1 与曲线 2 接近; 因此, 两者在相似坐标 x_1 和 r_1 (式 (9.2.5)) 中相互接近。在鼻锥最近的邻域中, 物体的压力不仅取决于鼻锥阻力, 还同样取决于外形; 尽管这种依赖要弱于对圆锥表面角 θ 的依赖 (图 7.20(c))。

最后, 对图 9.12(b) 中的曲线 2 和 4 进行讨论, 尽管与图 9.8 相一致, 其有效阻力系数几乎相同 ($c_x^* \approx 0.9$), 但是后者是关于理想气体, 而前者是关于平衡气体: $c_x^* \approx 0.9$。这些曲线的紧密性验证了 9.3 节中的相似定律。

现在将考虑不同 θ 角圆锥的流动, 相应的数据如图 9.14 ~ 图 9.18 所示。这些流体遵循 9.2 节的相似定律, 根据该规律, 物体上的压力 $\tilde{p}$(式 (9.4.1)) 和激波

形状 $\Delta R_2 = (\Delta R_1)\,\theta^{-1}$ 由坐标 $x_2 = x_1\theta^2$ 决定 (式 (9.2.10))。在这些变量中，压力曲线和激波在图 9.16(a) 中形成相当窄的束，值得注意的是，在原始变量表示的坐标系中它们根本无法进行比较 (例子可见图 9.17 和图 9.14，其中图 9.17 中 $\alpha \neq 0$ 的数据将于 9.5 节解释)。

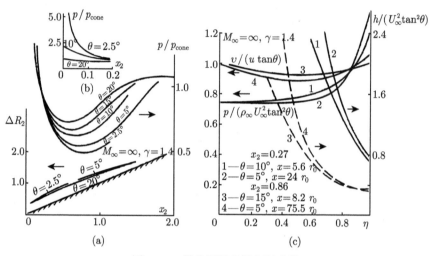

图 9.16　钝化圆锥体的相似定律

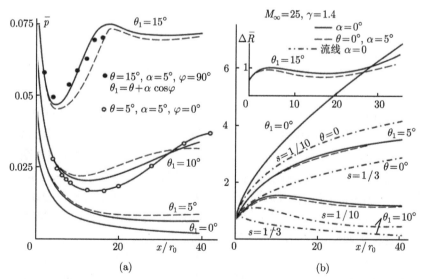

图 9.17　以各种攻角 α 经过带不同半顶角 θ 圆锥体流体的压力 (a) 和激波、流线 (b)

图 9.15(b) 和图 9.18 分别给出了楔形和真实气体中圆锥的相似数据。后者使用了变量 x_2^* 和 r_2^*(式 (9.3.3))。对于激波和物体表面之间的流体参数轮廓，不同 θ

下的圆锥，只有压力和流线斜率分布相似。同时，只在邻近激波的层内 (图 9.16(c) 和图 9.18(b)) 其密度和焓分布相似。

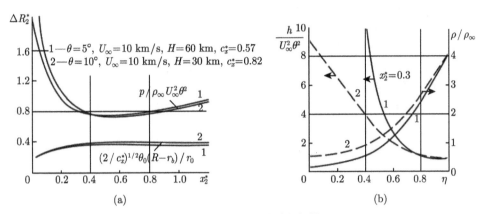

图 9.18　圆锥体的流动相似性

然而，由图 9.16(b) 而知，相似定律不再适用于 $x_2 \leqslant 0.2$，尽管当 $\theta \geqslant 10°$ 时该区域是鼻锥相对小的邻域；$\theta \leqslant 5°$ 该区域则相当大，并涵盖 $x > 10r_0$ 的区域。这里的激波平衡距离远超过物体厚度，以至于其影响减弱至像是对圆柱 (或平板) 施加了额外的压力。因此，从 7.5 节的图 7.20(c) 可知，θ 对短的或细长圆锥上压力的依赖接近于线性 (图 9.14(b))；只有当 $x_2 \geqslant 0.2$ 时才是二次方的。

现在我们将考虑高熵层内流线的行为。在图 9.17(b) 中给出了对钝圆锥 ($\theta = 10°$) 和圆柱体 ($\theta = 0$) 在 $s = 1/3$ 和 $s = 1/10$ 时的流线 (参见 9.1 节)，其 $M_\infty = 25$。流线到壁面之间的距离，以及高熵层厚度一般随 x 增加以 $\delta/r_0 = (r_0/r_b)\,p^{-1/\gamma}$ 的规律变化。因此，在圆锥上，$x/r_0 \to \infty$ 时，$\delta/r_0 \to 0$，这导致又薄又强的旋涡壁亚层的形成 ($\theta = 10°$ 时，其在 $x/r_0 > 30$ 的位置已经形成)。与此相反，经圆柱流体发生流线分离，至少直到激波层压力与外界压力相等。与此同时，这些流线明显地偏离了激波，这就不可能使用牛顿公式来确定高熵层边缘上的压力 (与爆炸区域内相同，见 7.6 节)。

最后，我们将考虑钝薄体的阻力系数

$$c_x = \frac{2\,(X_0 + X_b)}{\pi^v r_b^2 \rho_\infty U_\infty^2} = c_{x0} \left(\frac{r_0}{r_b} \right)^2 + c_{xb}$$

$$c_{xb} = \frac{4}{r_b^2} \int\limits_{r_0}^{r_b} \Delta \bar{p}\, r_b \mathrm{d}r_b \tag{9.4.2}$$

这里，第一项和第二项分别代表鼻锥和物体侧向面对阻力的贡献。图 9.19 为相应的球钝锥的例子。在初始坐标内 (图 9.19(a))，x/r_0 相对较小，系数 c_x 随 θ 减小而增大；这是由圆锥中部面积 πr_b^2 的降低和鼻锥对圆锥的总阻力的显著贡献造成的。对距离鼻锥的距离而言，情况刚好相反，因为当 $x/r_0 \to \infty$ 时，系数 c_x 趋近于其极限值，对尖锥来说，$c_x = 2.08 \sin^2 \theta (6.4$ 节)。同时，如果使用坐标 x_2，则 c_x 随 θ 单调变化。与薄体相似准则相一致，比率 c_x/θ^2 一定是独立于 θ 的 (对一固定的 $M_\infty \theta$，见 8.4 节和 9.2 节)。然而，为使准则有效，r_0 项必须在式 (9.4.2) 中物体半径的表达式 $r_b = r_0 + \theta x$ 中略去；这只能当 $x\theta \gg r_0$ 时成立。因此，圆锥阻力系数的精确值与牛顿系数的比值 $c_x/c_{x\mathrm{N}}$ 具有较好的相关性：

$$x_{x\mathrm{N}} = c_{x0}\left(\frac{r_0}{r_b}\right)^2 + 2\sin^2\theta\left[1 - \left(\frac{r_0}{r_b}\right)^2\right] \tag{9.4.3}$$

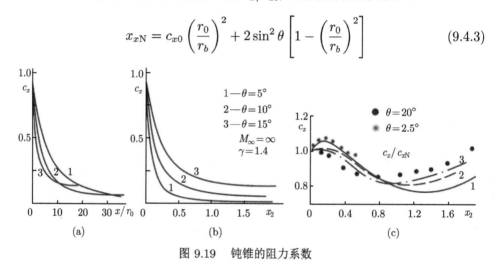

图 9.19　钝锥的阻力系数

这些比率如图 9.19(c) 所示，它们形成了相当狭窄的曲线束。

我们现在将考虑在钝锥上 (如在飞行器外壳) 包含在激波层内的物体突出元件 (如防护罩、控制件等) 周围流动的详细特征。由图 9.20 可知，在具有不同鼻锥但有相同相似参数 $X_1 = (2/c_{x0})^{1/2} r_0/L$(式 (9.2.2)) 的双圆锥上的压力和激波只有轻微不同。包括第二个圆锥 (防护罩) 上的流动，它是流经钝体激波层相似的象征。

然而，主要的影响是由于激波层上的气体密度有一个量级的变化，防护罩上的压力显著增加 (几倍)；这强调了激波层中密集部分对框架上具有附加结构的飞行器的空气动力特性的贡献 (在 3.7 节中早已关注)。该影响可导致根本性的后果。为阐明该影响，在图 9.21 中展示了防护罩上近似压力和马赫数的分布，该防护罩可以看作从 $\theta = \theta_1$ 的圆锥表面以 $\theta_2 = 25°$ 伸出的钝头体 (圆锥的局部马赫数为 $M_0 \approx 3$，内激波的限制角为 $\alpha = 34°$)。显然，在一特定点 η_* 有当地马赫数 $M = 1$；其远场的流动是亚声速的，与 5.3 节相一致，这导致了流动问题公式的改变，以及 (在一般情况下) 考虑某些下游边界条件的必要性。

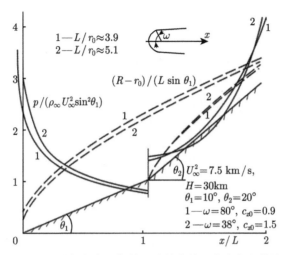

图 9.20 带损坏发动机的圆锥体上的压力分布和激波

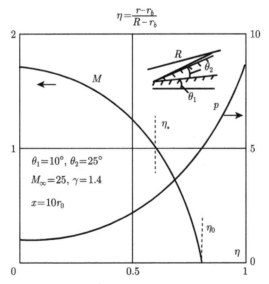

图 9.21 第二个圆锥体或控制器弯曲边缘上的压力和马赫数

更多地, 在特定点 $\eta = \eta_0$, 有 $M = 0$; 因此, 与 2.11 节相一致 (图 2.21)。如果没有全局流动的重组和黏性驱动的分离流的形成, 第二个锥上就不会有进一步的无黏流动 (在图 5.15 中为喷射型)。钝掠翼缘无黏解的存在性问题将在 9.9 节中进行讨论。

这些影响通过激波层的结构和厚度表现出来, 在很大程度上取决于马赫数 M_∞; 因此, 当钝薄体带有防护罩、控制装置等时, 其气动特性的马赫数效应比没有这些结构时更为明显。

9.5　有攻角的旋转体

与本章主题一致，本节我们只考虑低攻角 ($\alpha \ll 1$) 的情况，因而满足条件 (9.1.1)。在这种情况下，三维效应与鼻锥诱导效应相叠加。然而在高攻角情况下，$\alpha \sim 1$，鼻锥效应只影响局部；流动遵循的定律与 6.6 节和 7.11 节中尖体所考虑的流动定律相同 (除了薄壁涡流层，见 9.8 节)。

与之前相同，我们将利用贴体圆柱参考系 x, r, φ，其中 x 是物体的对称轴，原点 $x = 0$ 位于鼻锥和侧面的交界处，对称平面 $\varphi = 0$ 与迎风面有关。

似乎在这些条件下，爆炸活塞模型的逻辑推论是激波的轴对称性和内含物体的中心低密度爆炸区域周围压力梯度的缺失，如非轴对称电荷爆炸。实际上，当没有物体阻止展向压力均一时，这样的流动在图 9.22(实验数据) 中钝体后的远尾迹中实现，因此，开始为非轴对称的激波，进而变成轴对称的。在这种情况下，在 9.2 节的模型框架内，远尾迹流动由物体阻力 X_0 和横向力 Y_0 决定；或在爆炸类推框架内，由爆炸能 $E_0 = X$ 和动量 $J_0 = Y_0/U_\infty$ 决定。考虑后者可得到，爆炸区域内气体的质心 $y = y^*(t)$ 移动速度为

$$\frac{\mathrm{d}y^*}{\mathrm{d}t} = U_\infty \frac{\mathrm{d}y_0}{\mathrm{d}x} = v, \quad \pi^v \rho_\infty R^{1+v} v = J_0 \tag{9.5.1}$$

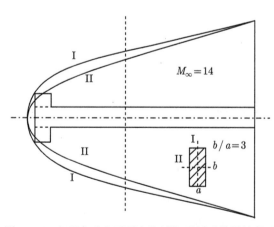

图 9.22　在两个垂直平面上流过矩形板时的激波外形

在原来的定常流中，这相当于尾流轴按照 $y = y_0(x) = y^*(x/U_\infty)$ 弯曲。对于 $M_\infty \gg 1$，在轴对称尾流中 ($v = 1$)，有 $R \sim t^{1/2} \sim x^{1/2}$ 和 $y_0 \sim \ln x$，在尾流平面内 ($v = 0$) 有 $R \sim x^{2/3}$ 和 $y_0 \sim x^{1/3}$(Ryzhov 和 Tarent'ev，1974)。

然而，一般来说，该模型运用到钝薄体绕流时是不正确的，因为在中等当地马赫数 ($M_0 \approx 3$) 的高熵层内，切向方向扰动的平均路径可能相当大。这是由物体表面的特征方程得到的，当切线速度 $\omega = 0$ 时，其形式为

$$\frac{\mathrm{d}x}{\mathrm{d}\varphi} \approx M_0 r_b = M_0 (r_0 + \theta x) \tag{9.5.2}$$

对该方程从 $\varphi = 0$ 到 $\varphi = 2\pi$ 进行积分，可得到长度 l_φ，该长度是扰动从初始的子午线平面返回到其从相对的径向平面反射时经过的路程：

$$l_\varphi \approx (r_0/\theta) (\exp 2\pi M_0 \theta - 1) \tag{9.5.3}$$

比率 l_φ/r_0 随 θ 增加，甚至当 $\theta = 0$ ($M_0 \geqslant 3$) 时 L_φ/r_0 的值都相当高 ($l_\varphi/r_0 \approx 2\pi M_0 \geqslant 20$)。我们注意到，切线速度 $\omega \neq 0$，这里并未对其考虑，只能增加 l_φ 值；除此之外，若 ω 为超声速，则扰动根本无法从背风面返回到迎风面。

与此同时，相同的扰动在 $l_r \approx 2M_0\delta$ 的距离上穿过高熵层厚度 δ 的两倍。图 9.23 中显示了在典型情况 $\theta = 10°$ 和 $\alpha = 5°$ 时圆锥横截面的激波层厚度和等熵面 ($s = $ 常数，s 是 7.1 节和 9.1 节中引入的参数) 的外形。显然，在 $\delta \sim r_0$ 的情况下，有 $l_r \ll l_\varphi$。换句话说，高熵层内扰动的均等化在径向上要快于切线方向。

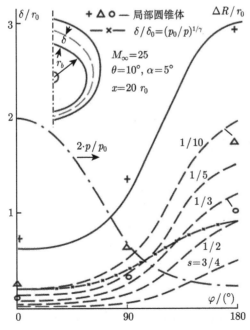

图 9.23 球形钝锥上激波层内的激波外形和等熵表面 $s = $ 常数

　　因此，从整体特性的角度概括鼻翼效应时，同样要预先指定其切向分布，亦即，纵向力 $X^{(\varphi)}\Delta\varphi$，以及在横截和切向方向的纵动量通量 $I_r^{(\varphi)}\Delta\varphi$ 和 $I_\varphi^{(\varphi)}\Delta\varphi$，其中 $\Delta\varphi$ 是接近的径向平面之间的小角度，除此之外，还有物体表面和等熵流面 $\psi_s=\psi(s,r,\varphi)$ 之间的气流速率 $Q^{(\varphi)}(\psi_s)\Delta\varphi$，以及其上的熵分布 $s(\psi_s)$。

　　然而，对回转钝体，小角度 α 只在所有的流体参数分布中引入小的不对称，因而可以表示成如下形式：

$$F(\varphi)=F_0+\alpha F_1(\varphi),\quad F=X^{(\varphi)},\quad\cdots \tag{9.5.4}$$

　　与此同时，攻角对过侧面气流的影响为 α/θ 阶，例如，可根据牛顿压力分布 $p\sim(\theta+\alpha\cos\varphi)^2$ 得出 (见 6.6 节)。在此背景下，可以忽略式 (9.5.4) 中 α 阶项的影响。

　　其次，与 9.1 节和 9.2 节中的分析相一致，决定鼻锥效应对流动影响的主要参数是其阻力 $X_0=2\pi X_0^{(\varphi)}$ (Lunev，Zemlyanskii 和 Magomedov，1969)。在低攻角时，钝体前的弓形激波会在贴体流动的参考系内保持其形状 (5.4 节中图 5.8)。尽管加上了参数 α/θ，这些结果仍可为 9.2 节的规律和相似准则推广到钝薄体的非对称流场提供依据。图 9.24 给出了不同鼻锥的几何相似双锥上的相似定律对压力和激波的试验结果，图 9.25 比较了激波层相似部分的参数曲线。

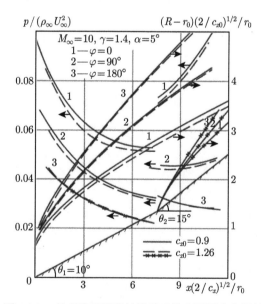

图 9.24　具有锥形弹的钝锥流动的表面压力和激波

　　让我们考虑钝薄体绕流的其他特征，在图 9.26 中给出了流动贴体坐标系中球形钝锥和圆柱前激波的纵向和展向截面外形 (随后的图解也与同样的物体相关)。

这些激波在离鼻锥相当远的地方保持着对称的、由鼻锥诱导的形状。因此，当攻角 $\alpha = 5°$ 时，$\theta = 10°$ 的圆锥上激波的外形只有当 $x > 10r_0$ 的迎风面才会变化，而在背风面激波到 $x \leqslant 30r_0$ 的位置都保持不变。对于钝圆柱体，其一直包含在波形中，直至与其最邻近区域相交，这与式 (9.2.2) 相一致，这种情况只发生在 $\alpha \leqslant 6°$，$x/r_0 \approx (\tan \alpha)^{-2} \geqslant 10^2$ 的情况下。我们注意到这些数据与 $M_\infty = \infty$ 相关，然而，这些影响只随 M_∞ 降低而增大。

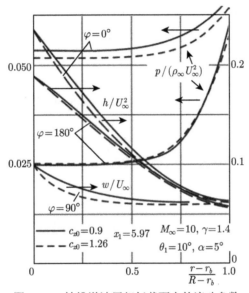

图 9.25　钝锥激波层相似截面内的流动参数

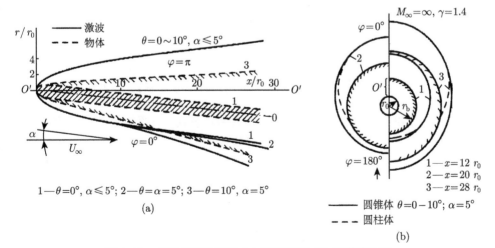

图 9.26　经过钝锥的径向 (a) 和横截面 (b) 的激波外形

之前提及的钝圆柱上激波的特性是圆柱流场具有特殊特征的原因。由图 9.27 可知,若不考虑鼻锥邻近区域 (与其尺寸相当) 以及直到圆柱与激波层密集的近激波部分的 "接触点",圆柱绕流在马赫数 $M_{0n} \approx M_0 \sin \alpha < 1$(其中 M_0 是高熵层内的特征马赫数) 时与经圆柱的二维横流定性相似 (在 8.2 节的平面段定律的框架内),$\varphi = 0$ 和 $\varphi = \pi$ 处的压力近似相等;而 $\varphi = \pi/2$ 处的压力要小于相同截面 $\alpha = 0$ 处的压力。对有限 M_∞ 的情况,$\varphi = \pi/2$ 处压力会更小于外压 p_∞。

对 $\alpha < \theta$ 的圆锥,下面的半经验局部钝锥准则有效:圆锥表面的压力分布和入射时锥体径向面上的激波形状 (其与局部或等效锥体的相同数量相吻合,且具有相同鼻锥 ($\alpha = 0$),且有半顶角) 等于初始圆锥的给定发生器的局部攻角,即 $\theta_1 = \theta + \alpha \cos \varphi$(Lunev,Murzinov 和 Ostapovich,1960)。为支持该推论,在图 9.17 中比较了具有相同 θ_1 的初始和局部圆锥的激波层内的压力分布,激波外形和流动参数;这里,曲线和符号与形成的窄束的相同参数相关,而具有给定 θ 的圆锥的 $\varphi = \pi/2$ 发生器上的压力近乎与攻角无关。尖锥的相似准则在 6.6 节中给出。与此同时,该准则不能扩展到某一攻角的钝圆柱体,显而易见,也不能扩展至 $\alpha \approx \theta$ 时 $\theta \leqslant 5°$ 的细长圆锥 (图 9.27(b))。

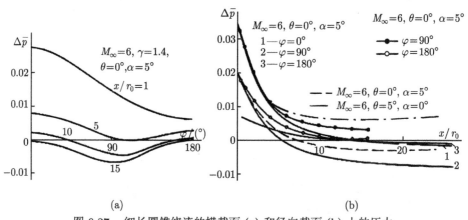

图 9.27 细长圆锥绕流的横截面 (a) 和径向截面 (b) 上的压力

局部圆锥准则也能扩展至具有非对称鼻锥的情况。如图 9.28 所示,其中鼻锥的不对称性是由角度 $\theta_1 = 45°$ 的圆锥鼻锥与横向圆锥表面之间交界处的转折所致,以致在每个径向平面内鼻锥具有其自身尺寸 r_i。因此,局部等效圆锥是具有相同外形但自身尺寸为 $r_0 = r_i$ 的有对称鼻锥的圆锥。在坐标 x/r_i(符号) 中重建这些曲线可得出结论:它们几乎完全一致。

局部圆锥准则可扩展至激波层内的流动参数分布,至少对不太长的圆锥是适用的 (当 $x \leqslant 30r_0$ 时,图 9.29 给出了 $\theta = 10°$ 的圆锥在 $\alpha = 5°$ 时的密度曲线)。由图 9.23 可知,在这些限制下,高熵层内的等熵表面的外形也相似,尽管高熵层

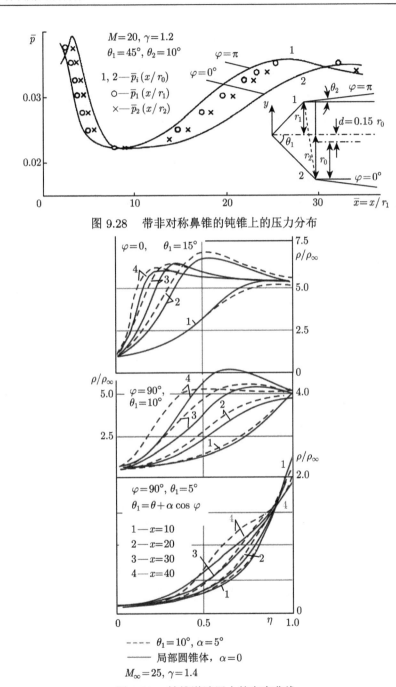

图 9.28 带非对称鼻锥的钝锥上的压力分布

图 9.29 钝锥激波层内的密度曲线

厚度 δ 的切向分布不遵从一般情况下 $\delta p^{1/\gamma} \approx$ 常数的定律, 但是与该层内纵向气流速率的均一 φ 分布相一致。

　　然而，随 x/r_0 增加，由于切向流动效应，初始和等效圆锥之间密度曲线的一致性，不论是定量上还是定性上，都受到了破坏 ($x = 40r_0$，在图 9.29 中)，而高熵层的厚度在圆锥的迎风面变得比等效圆锥小，而在背风面变得比等效圆锥大。

　　钝锥表面上的切线速度 ω 的 φ 分布近似遵循正弦定律，就像尖锥 (6.6 节的图 6.13) 的情况，当 α 较小时，函数在射线 $\varphi = \pi/2$ 上有最大值，随着 α 增大，该最大值的位置向 φ 更大的地方位移。图 9.30(a) 给出了函数 $\omega/(u\sin\alpha)$ 在物体上 (在平面 $\varphi = \pi/2$ 内) 的情况 (随 x/r_0 增加而增至某一极值)；在 $x = $ 常数的几个截面上，速度 ω 在同一平面内的横向分布如图 9.30(b) 所示。显然，接近物体表面过程中，ω 值增加了 2~3 倍。该效应是由密度瞬时下降所致，其中，对于相同量级的切向压力梯度，高熵层内气体具有比密集激波层更大的切向加速度。

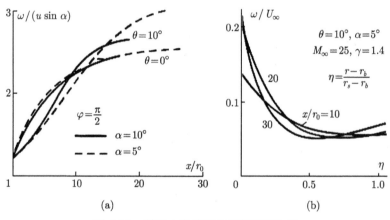

图 9.30　钝锥上激波层内切向速度分布

　　细长钝锥上压力分布的特殊性质也反映在其空气动力学特征的类型上。图 9.31 给出一个示例，即 $\alpha \leqslant \theta = 10°$ 的球形钝锥。由于鼻锥的显著影响，切向力系数 c_τ 仅轻微依赖于攻角，至少比尖锐鼻锥情况更轻微，与式 (7.4.8) 相一致，当 α，$\theta \ll 1$ 时，有 $c_\tau = 2\theta^2 + \alpha^2$。

　　在这方面，恰恰是横向空气动力学特征，亦即，物体的向前点 c_m 的法向力系数 c_n 和其力矩系数 c_m 是特别值得关注的。

　　因为对 α 的依赖性是保守的，所以将这些系数表述成比率 c_n/α 和 c_m/α 的形式，使得这些曲线明显接近。当 $\alpha \to 0$(比如，$\alpha = 1°$) 时，这些比率趋于有限空气动力学导数 $c_n^{(\alpha)}$ 和 $c_m^{(\alpha)}$。压心 c_d 与攻角关系不大，但应该记住，在工程上对确定压心的精度有相当严格的要求。图 9.32 给出了不同流动条件下球状钝锥的 c_d 值。显然，马赫数 M_∞ 和真实气体特性对 c_d 的影响达到几个百分点，这对 c_d 来说是相当高的。

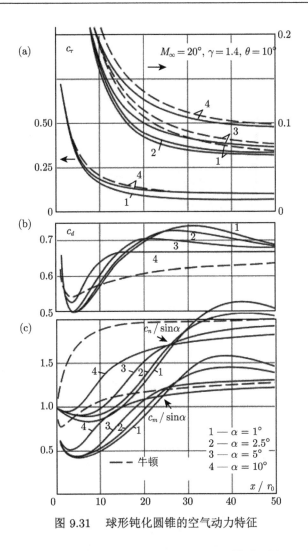

图 9.31　球形钝化圆锥的空气动力特征

压力波对 c_n, c_m 和 c_d 有明显影响，这与局部圆锥准则相一致，在迎风面收缩，在背风面延伸，这决定了圆锥表面上参数分布具有相当复杂的特性。在这方面，对比精确数据和牛顿数据很有趣；这可在默认积分 J_i 的稳定性前提下利用式 (7.4.7) 和式 (7.4.13) 进行比较。最终公式 (对 $\alpha < \theta \ll 1$) 如下：

$$c_\tau = c_{x0}\lambda^2 + \left(2\theta^2 + \alpha^2\right)\left(1 - \lambda^2\right), \quad \lambda = r_0/r_b$$

$$c_n = c_{n0}\lambda^2 + 2\alpha\left(1 - \lambda^2\right), \quad c_{n0} = \alpha\left(2 - c_{x0}\right)$$

$$c_m = \frac{l_0}{L}c_{n0}\lambda^2 + \frac{4}{3}\frac{\alpha}{\theta}\frac{r_b}{L}\left[1 - \frac{2}{3}\lambda + \frac{3}{2}\lambda^2 + \frac{3}{2}\lambda\theta\left(1 - \lambda^2\right)\right]$$

$$c_d = \frac{c_m}{c_n} \tag{9.5.5}$$

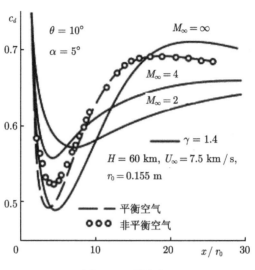

图 9.32　钝锥的压心

这里, L 是从其前点测量所得的物体长度; 而 l_0 是从钝处压心到前点之间的距离; 带 c_{x0} 和 c_{n0} 的项表示由于受到鼻锥的影响, 而其他项是横截面的影响。图 9.31 中也给出了球形钝锥 ($c_{x0} = 1$, $l_0 = r_0$) 的曲线。当圆锥厚度 r_b/r_0 增加时, c_n 和 c_m 对尖锥相对值的逼近要快于 c_τ; 然而, 其与精确值相差明显 (近乎为两倍)。这是由于, 鼻锥主要通过表面压力来影响钝锥的横截系数, 而其表面压力明显低于尖锥, 这导致了 c_n 和 c_m 的降低。压力中心的位置与精确值有很大差别 (图 9.32)。在式 (9.5.5) 的框架内, c_n/α, c_m/α 和与 α 无关。

至于钝薄体的时变气动特性, 本书只考虑将 8.7 节中建立的针对尖体的曲线体法则扩展至非定常情况的可能性。该可能性首先基于经鼻锥流动的准稳态特性 (经鼻锥和长体流动的施特劳哈尔数比率作为一个整体, 其量级为 $r_0/L \ll 1$, 见 1.12 节), 其次, 关于钝薄体上高熵层中违反时间依赖性的类比对这些物体的主要流场参数的影响相对较弱 (9.3 节)。

为了检验图 9.33 中的曲钝体法则, 我们已经将按照这种方法确定的等式 (8.7.18) 中的系数 p_i(对 $l = r_0$, 考虑方程 (8.7.21)) 与精确的时间相关线性问题的解进行了比较, 其形式为

$$p_1 = \bar{p}_i/\cos\varphi, \quad \bar{p}_1 = \bar{p}_{\alpha 1}, \quad p_2 = \bar{p}_{\alpha 2}, \bar{p}_3 = \bar{p}^{(\bar{\omega})}, \quad p_4 = \bar{p}^{(\bar{\Omega})} \tag{9.5.6}$$

显然, 相同流动参数的曲线相当接近。

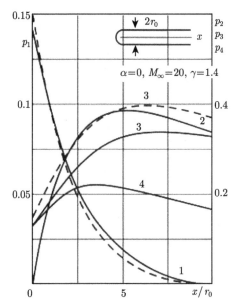

图 9.33　钝头圆柱绕流的非定常参数 (实线对应曲线化物体方法，虚线对应精确解)

9.6　钝前缘翼

一个非常简单的例子是，在以下条件下，一个三角形板有一个超声速的具有 (在 7.1 节的意义上) 小厚度 r_0(图 9.34) 的钝前缘和尖鼻锥:

$$\alpha \ll \beta, \quad \varepsilon = \alpha / \sin \beta \ll 1$$

$$L \gg r_0, \quad l = L \tan \beta \gg r_0, \quad M_{n\infty} = M_\infty \sin \beta \gg 1 \tag{9.6.1}$$

这里，L 是长度；$2l$ 是翼展 (跨度)；ε 是在正交于前缘的平面内平板的正攻角 (式 (6.7.4)，图 6.17)。对攻角 α 的限制是由于以下描述的流动的显著特征只有在流动受这些条件限制时才会表现出来，然而，在 $\alpha \sim \beta$ 的情况下，流型类似于 6.7 节中描述的尖锐前缘翼。

首先考虑靠近前缘且充分远离鼻锥的流域 A(图 9.34)，这样可忽略鼻锥的影响。与式 (6.7.2) 和式 (6.7.3) 相一致，当 $\alpha \ll \beta$ 时，外部速度 $\boldsymbol{U}_\infty$ 沿前缘轴 τ 和在与前缘正交的平面内的分量 $U_{\tau\infty}$ 和 $U_\infty^{(n)}$，以及 $U_\infty^{(n)}$ 在平板 (或在 n 轴) 上的投影 $U_{n\infty}$ 如下:

$$U_\infty^{(n)} = U_{n\infty} = U_\infty \sin \beta, \quad U_{\tau\infty} = U_\infty \cos \beta \tag{9.6.2}$$

当前缘处于高超声速流动中，且 $U_{n\infty} \gg \alpha_\infty$ 时，区域 A 中的流动与自由流的偏航角为 β，且与沿前缘有恒定速度分量 $U_\tau = U_{\tau\infty}$ 的有限钝平板绕流是相同的。

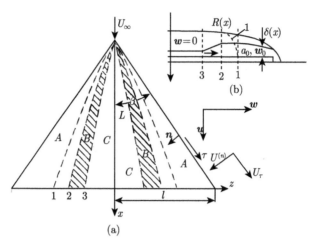

图 9.34　钝前缘三角形平板绕流

垂直于前缘的平面内的解,与速度为 $U_\infty^{(n)}$,攻角为小攻角 ε 且将坐标 x 替换为 n 的钝平板流动的解 (9.2 节) 相同。具体来说,压力、激波形状,以及按照式 (7.1.4) 所述的等熵流面内的焓分布由下列公式确定:

$$\bar{p}_n(\bar{n}, \bar{y}) = \bar{p}/\sin^2\beta, \quad \bar{p} = p/\rho_\infty U_\infty^2$$

$$\bar{R}(\bar{n}) = R/n_0, \quad \bar{n} = n/r_0, \quad \bar{y} = y/r_0$$

$$h/U_{n\infty}^2 = \bar{h}_n(\bar{p}_n, \bar{s}_n) = \frac{1}{2}\bar{p}_n^{(\gamma-1)/\gamma} s_n^{1/\gamma}$$

$$s/\sin^2\beta = s_n(\bar{\psi}_{sn}) = \sin^2\alpha_n, \quad \bar{\psi}_{sn} = \psi_n/r_0\rho_\infty U_{n\infty}$$

$$s = \sin^2\alpha_s, \quad s_n = \sin^2\alpha_n \tag{9.6.3}$$

这里,ψ_n 是正交于前缘平面内的二维流动的气流速率;α_n 是激波部分与该平面的倾斜角;α_s 是激波 $R(n)$ 的当地攻角;s 为熵函数 (见 7.1 节)。在平板表面上,有 $s_n = 1$, $s = \sin^2\beta$。

与 9.1 节和 9.2 节中采用的分类相一致,设定 $s_n \sim 1$ 的流体范围为高熵层,而 $s_n \ll 1$ 的范围为低熵激波层。从 6.7 节类推,我们记下速度在 x 轴和 z 轴上的投影:

$$u = U_\infty\left(1 - \bar{v}\sin^2\beta\right), \quad w = U_\infty\bar{v}\sin\beta\cos\beta$$

$$U_{n\infty}\bar{v} = U_{n\infty} - U_n \tag{9.6.4}$$

在区域 A 中,速度损耗 v 由伯努利方程确定:

$$\bar{v} = 1 - \sqrt{1 - 2\bar{h}_n} \sim \bar{h}_n \tag{9.6.5}$$

$\bar{v}$ 的量级在激波和高熵层中是不同的，也就是说，

$$\bar{v}_s \sim \bar{p}_n \sim (\mathrm{d}R/\mathrm{d}n)^2 \ll 1, \quad v_0 \sim \bar{p}_n^{(\gamma-1)/\gamma} \tag{9.6.6}$$

这里，下标 0 代表平板上的流动参数。

因此，在激波层内，8.5 节的条带规则修正为二阶，与该规则相一致，气体只在 $z =$ 常数的平面内流动。在高熵层内，速度损耗 $\bar{v}$ 更大；恰恰是这种情况产生了下面所考虑的影响。问题的关键是，A 区域的准二维流动在施加了下述条件的对称平面影响域中违反了上述规律：

$$w = 0, \quad z = 0 \tag{9.6.7}$$

该区域的边界是通过鼻锥邻近区域的有限特征表面。该平面与平板 $y = 0$ 的交线 $z_0(x)$ 是双特征的，在高本地马赫数下，其方程可转化为以下形式：

$$U_\infty \frac{\mathrm{d}z_0}{\mathrm{d}x} = w_0 + \alpha_0, \quad \alpha^2 = (\gamma - 1)U_{n\infty}^2 \bar{h}_n \tag{9.6.8}$$

与此同时，倾斜角为 α_s 的激波特征倾斜度由本地马赫数确定：

$$U_\infty \frac{\mathrm{d}z_s}{\mathrm{d}x} \sim \alpha_s \sim U_\infty \bar{p}^{1/2} \sim U_\infty \alpha_s, \quad \bar{p} \sim (\mathrm{d}R/\mathrm{d}x)^2 \sim \alpha_s^2 \tag{9.6.9}$$

因此，有

$$z_s/z_0 \sim (\alpha_s/\sin\beta)^{1/2} \ll 1 \tag{9.6.10}$$

所以，高熵层中对称平面的影响范围远大于激波层；与尖锐平板情况不同，甚至产生 $z_0 \sim l$ 关系。因此，对称平面的影响只通过高熵层沿 z 轴传播，可见图 9.34(b) 中的曲线 1.

在这种情况下，可采用双层模型进行估算，该模型基于爆炸类推和 6.8 节中在 $z =$ 常数的平面内对钝平板的积分方程，但考虑了在高熵层中 z 轴方向的流动带有一些层平均参数 $\alpha_\alpha, \omega_\alpha$ 等 (Lunev, 1965, 1975)。然而，如果只想揭示定性影响，该模型可被进一步简化，可在每一 $x =$ 常数部分令激波外形 $R(x, z)$ 的第一近似为与问题对应的常数参数，则该问题可简化为 4.10 节中讨论 (图 4.23) 的有相同主要定性影响的问题。特别是沿 z 轴的扰动扩散也等同于 $\alpha_{\text{eff}} = \alpha_\alpha (\delta/R)^{1/2}$，因此其值要小于高熵层中的平均声速 α_α。所以，未扰动的区域 A 和中心膨胀波 (图 9.34 中的范围 B) 之间的边界位于理论马赫锥内。在该圆锥的最近邻域内关于扰动衰减的相同结论是正确的 (4.10 节)。由于高熵层内的气体传播平板上的压力降低；在由膨胀波的闭合特征 $z_c(x)$ (图 9.34 中的曲线 3) 所限定的中心区域 C 中，其由式 (4.10.9) 确定，所有后续的结果将在 4.10 节中讨论。

之前提到的工作得到的模型解的第一和第二近似值如图 9.35 所示, 对不同的 γ 和截面 $\tau = x\sin\theta/(r_0 c_x)$ (其中 c_x 为平板前缘的阻力系数)。随着 γ 减小, $\bar{v}$ 增大, 因而增加了传播效应并降低了压力。该影响沿平板推进了相当长距离, $L \sim 10^3 r_0$。我们注意到在第二个近似中, 考虑到激波外形沿 z 轴变化, $\bar{p}(z)$ 曲线在对称轴上出现局部极大值。该第二效应是由于比率 δ/R 有一定的增加, 同时激波间隔距离随压力而降低。这些结论已在 Machine building 中央研究机构 (TsNIIMash) 的 U-11 设备上执行的实验中定性验证 (Krasil'nikov 和 Ivanov, 1972), 观察到的压降值要大于理论值, 可能是由所采用喷管的锥度和其内部的流量分流造成的 (图 9.35(c))。

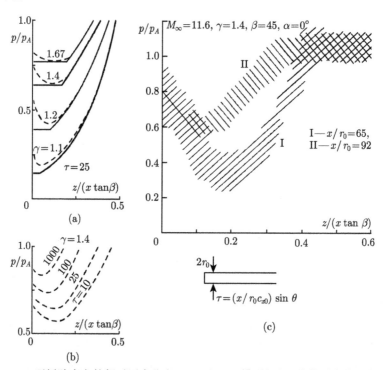

图 9.35 平板跨度上的相对压力分布: (a) 和 (b) 模型问题 (实线和虚线分别对应第一和第二近似); (c) 实验值

这里所讨论的流动是惯性驱动气体的典型例子, 其传播更多地是因为前缘上的边界条件而不是局部压力最大值 (参见 4.10 节和 6.7 节)。此外, 诱导的压力梯度甚至延缓了气体传播。因此, 气体可完全从中心高熵区域流出, 后者则被激波层的流线填满——该效应也同样发生在 4.10 节的解中。

随攻角 α 的增大, 该效应更有可能出现。在这种情况下的薄子层 ($\delta \ll R$) 中, αx 几乎不影响压力分布, 其值近乎常数, 如同在尖锐平板上。反过来, 这又导致

沿流线速度的恒定 ("冻结"), 以及其于 x 轴倾斜的角度 θ 的稳定。由方程 (2.2.6) 可得

$$\rho U^2 \frac{\partial \theta}{\partial l} = \frac{\rho U^2}{R} = \frac{\partial p}{\partial n} \tag{9.6.11}$$

这里, l 和 n 分别是沿流线和正交于流线的坐标; R 为其曲率半径。对 $\partial p / \partial n \approx 0$ 的情况, 则遵循流线斜率及其径向散度的恒定性, 这就是目标结果。

9.7 钝头机翼

我们将讨论具有小攻角 $\alpha \ll 1$ 且带有小半径 r_0 的鼻锥和尖/钝 (小钝化半径 r_1) 前缘的三角形平板。假设 β 很小 (图 9.36(a)) 且 $M_\infty \sin\beta \gg 1$, 因为在这种情况下, 鼻锥诱导激波和前缘或机翼平面之间的干扰产生的一个显著的影响恰恰表现在以下方面。这种效应由机翼平面上出现的发散线构成, 其原因将在下文中加以解释; 这些线近乎平行于轴 $z = 0$, 并通过鼻锥诱导激波和前缘的交叉区域, 假定为点 A。

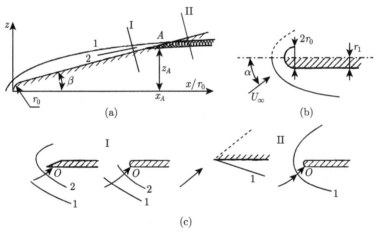

图 9.36　钝头三角形平板绕流示意图

图 9.37 说明了该效应, 并绘出了在不同 $x =$ 常数的横截面内流线对 x 轴的倾斜角导数 $\partial \theta / \partial z = \theta'(z)$ 的分布 (数据来自 Kovalev)。曲线 1 与平板前面的部分对应, 亦即, 点 A 前的区域 $x < x_A$ (将对该区域内流体样式进行分析)。而与 $x > x_A$ 的区域对应的曲线 2~4 与曲线 1 有本质区别, 在这些曲线上, 邻近 $z = 0$ 轴处的导数 $\theta'(z)$ 为负数, 这是与曲线 1 的不同之处, 且该轴为收敛线。然而, 当 z 增大时, 该导数的符号发生变化, 并在点 O 处达到最大值。在这种情况下, 相应流线的最大分离应该出现在 $\theta'(z)$ 曲线的拐点 $z = z_A$ 处, 此处有 $\theta''(z_A) = 0$,

$\theta'''(z_A) > 0$，并且下面的展开是有效的：

$$\theta - \theta_A = (z - z_A)\,\theta'(z_A)^3\,\theta'''(z_A) \tag{9.7.1}$$

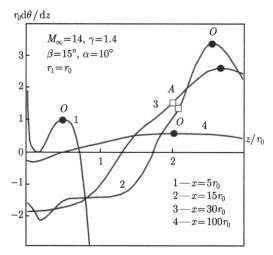

图 9.37　平板上收敛线与发散线的定义

$z_A(x)$ 曲线是通过与轴 $z = 0$ 距离为 $\Delta z \approx 2r_0$ 的点 A 邻近区域的发散线。该距离对应点 A 处的平板宽度，并几乎与局部平板宽度无关。下面将解释这种流型产生的原因。

与钝锥一样，鼻锥诱导的激波外形 $R(x, z)$ 是由爆炸类推定律 (9.2 节) 决定的。因此，对给定平板长度 $(x \leqslant x_A)$，其框架位于最初的轴对称爆炸波内。图 9.36 给出了一般平板流动模式的示意图 ((a) 和 (b) 为俯视图和侧视图)，图 9.36(c) 为在假定点 A 附近的弓形激波与该点前方不同法向截面的尖锐前缘相互作用的示意图。在弓形激波后 $x < x_A$ 的区域 I 内，与前缘正交的马赫数 $M^{(n)}$ 比较小。因此，在正交于前缘的平面内，围绕前缘的流体通常是亚声速或伴随着分离激波 2。在区域 II 内马赫数 $M_\infty^{(n)} > 1$，所以前缘之前会形成一个独立激波 (附着或分离)。对小的 α 和 β，激波 1 和 2 的相互作用通常是有规律的，尽管在我们讨论的情况内不重要。

图 9.38 中的曲线 1 和 2 分别表示尖锐和钝化前缘上相对平板迎风面的 O 点而言的压力分布 (图 9.36(c))[1]。在 $x < x_A$ 处初始压力的降低是由于沿激波的压力降低，当 $x \to x_A$ 时，其随后的压力增加是由于前缘/激波层干扰。在同一图中绘出了流线和 x 轴之间的夹角 θ。很明显，在点 A 附近的前缘上出现了压力和角

---

[1] 具体讨论参见 Lesin 和 Lunev(1994)。

θ 的不连续；这种不连续 (4.9 节) 导致出现标有 "×" 的高压区。尽管没有中断，在钝前缘处也出现了压力最大值。

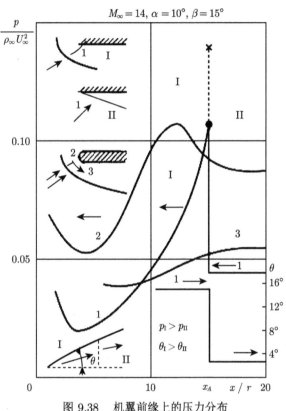

图 9.38　机翼前缘上的压力分布

因此，在激波层和机翼前缘之间的相交区域产生了一个小的压力升高区，或 "点"；后续的点的扩大在平板横向表面上产生了一束发散流线和中心发散线 (图 9.37 和图 9.39 中的 $z_A(x)$)。例如，对比图 9.38 中曲线 2 和 3，前缘压力降至与尖锐平板对应的值几乎是立即发生的 (至少对 $\alpha \sim \beta$)；因此，之前提到的发散流线束就像被冻结了一样。与 4.10 节、6.7 节和 9.6 节中的一样，我们重新讨论导致近壁流面收敛于通过点 A 的线 $z = z_A$ 的邻域的惯性驱动气体传播 (尽管初始有些不同)。通过所描述的惯性驱动气体传播效应对确定作用在飞行器上的力几乎是不可能的。然而，由于热通量对近表面流线行为特别敏感，它们会影响表面热通量的分布。这在图 9.39 中得到证实，其中在平板上几乎恒定压力下的扩散效应导致热通量在 $x \sim 100 r_0$ 距离处的峰值增加 1.5 倍[①]。这些热通量峰值位于 $z = z_A$ 附近的窄带 Δz 内，这是由三维传热的特殊特征造成的，这将在 12.15 节

_____

① 在 Gubanova, Zemlyanskii, Lesin, Lunev 和 Nikulin(1992) 的实验中发现了这种效应。

中进行介绍 (实验在 $r_0 = 2r_1$ 处实施 (图 9.36(c)); 因此, 图 9.39 中区域 A 离轴线距离大概是图 9.37 中计算值的 2 倍 (该实验在相同条件下实施, 但 $r_0 = r_1$))。

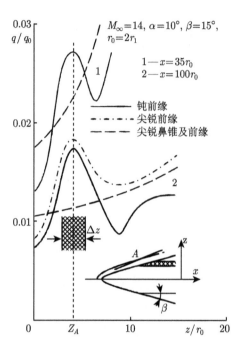

图 9.39 三角形平板上的热通量分布 (q_0 为鼻锥驻点处的热通量)

9.8 钝体三维涡层的一些性质

9.5 节在分析计算数据的基础上描述了钝薄体上高熵层内三维流动的一些性质。本节将对对称平面内流动的收敛线和发散线附近的流动 (图 9.40) 进行更一般的分析研究。我们的分析将仅限于壁面层, 并假设壁面层由紧贴物体表面的等熵流面 (由参数 s 确定, 参见 7.1 节和 9.1 节) 填充。假定物体表面的压力分布是预先设定的, 且亚层内表面的法向压力为常数。此外我们将采用贴体坐标系 x, y, φ (式 (1.13.21)) 以及在其轴上的速度投影 u, v 和 w, 和物体的横向曲率半径 r_b。对钝锥有 $r_b = r_0 + x \sin\theta$, 其中 θ 为半顶圆锥角, r_0 为鼻锥中心截面半径。

在位于对称平面内的发散线 ($\varphi = 0$) 和收敛线 ($\varphi = \pi$) 邻域内, 对压力 $p(x,y)$ 和切向速度 w 的推广如下:

$$\frac{1}{\rho}\frac{\partial p}{\partial \varphi} = -U_\infty^2 \beta \alpha^2 \widetilde{\varphi}, \quad w = U_\infty g \widetilde{\varphi}$$

$$\widetilde{\varphi} = \varphi, \quad \varphi \approx 0, \quad \tilde{\varphi} = \pi - \varphi, \quad \varphi \approx \pi \tag{9.8.1}$$

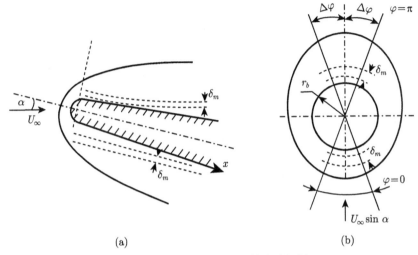

(a)

(b)

图 9.40 钝体对称面附近的流动问题

该推广与尖锥的压力和切向速度分布类似 (式 (6.6.13))。这里，U_∞ 为某一特定速度尺度，例如，圆锥绕流中的自由流速度。密度 $\rho = \rho_0(p)s^{-1/\gamma}$ 和声速 $\alpha = \alpha_0(p)s^{1/2\gamma}$ 连同参数 s 都依赖于讨论中的等熵表面 (下标 0 表示表面参数)。在采用的参考系内，各处的速度 w 及其系数 g(式 (9.8.1)) 都是正值，包括背风面收敛线。同样假设系数 β 为正，除特别规定的情况下，流动收敛线上有一个局部压力峰值 (如 6.6 节的图 6.9 中尖锥和图 9.27 中钝锥)。

在作了上述介绍后，我们首先将研究在收敛线和发散线附近的等熵流面分布。为此，考虑厚度为 δ_m 的窄流管，由两个几乎包住物体表面的等熵流面和由一个小角度 $\Delta\varphi$(图 9.40) 确定的两个子午截面所限制。则当 $\Delta\varphi \to 0$ 时，在流管内的气流速率和涡层上的等熵流面分布有如下形式：

$$\frac{\partial}{\partial l}\left(\rho\delta_m U r_b\right) = -\frac{\partial}{\partial\varphi}\left(\rho w\delta_m\right) = -jU_\infty\rho\delta_m g$$

$$\frac{\partial y}{\partial y_1} = \frac{\delta_m}{\delta_{m1}}, \quad j=1, \quad \varphi=0; \quad j=-1, \quad \varphi=\pi \tag{9.8.2}$$

指定下标 1 为某一确定初始 (例如, 确定 $l = l_1$) 参数，等熵表面与物体间距离 $y = y_1$ 为前者的拉格朗日坐标。系数 $j = 1$ 与流体收敛线相关，而 $j = -1$ 与分散线相关，l 是沿流管的距离；对于接近物体表面的等熵面，暂时认为 l 与 x 一致。以式 (9.8.1) 的观点，方程的解为

$$mr_b = m_1 r_{b1} \mathrm{e}^{-j\xi}, \quad m = \rho U \delta_m$$

$$\xi = \int_{x_1}^{x} \frac{g}{r_b \bar{U}} \mathrm{d}x, \quad \bar{U} = \frac{U}{U_\infty} \tag{9.8.3}$$

对零入射角的圆锥, 在 $g = 0$ 和 $\xi = 0$ 时的估计值 $\delta \sim \left(r_b p^{-1/y}\right)^{-1}$, 导致 9.4 节前面得到的远离锥鼻的高熵层厚度的渐变。因此, 入射角 $(g > 0)$ 的圆锥绕流导致在物体迎风面的高熵层 $(\varphi = 0, j = 1)$ 变窄, 而背风面 $(\varphi = \pi, j = -1)$ 处则变宽, 对应高熵层涡量分别增加和降低; 这一点在图 9.29(9.5 节) 中被密度曲线证实。

因子 e^ξ 不一定是 x 的指数函数。因此, 在非常简单情况下, 对钝锥恒定有 $g = g_1$ 和 $U = U_1$ 时, 可得

$$r_b = r_0 + x\sin\theta, \quad \xi = \omega \ln\frac{r_h}{r_0}$$

$$\frac{m}{m_1} = \left(\frac{r_0}{r_b}\right)^{1+jw}, \quad \omega = \frac{g_1}{\bar{U}_1 \sin\theta} \tag{9.8.4}$$

在发散线上一直有 $\mathrm{d}m/\mathrm{d}x < 0$; 而在收敛线上, 当 $\omega < 1$ 时, 有 $\mathrm{d}m/\mathrm{d}x < 0$, 而当 $\omega > 1$ 时, 则有 $\mathrm{d}m/\mathrm{d}x > 0$。在后一情况下, 收敛效应略胜于纯 "圆锥" 气体传播。接近钝锥鼻锥处 (至少是球形鼻锥), 有 $x = x_1 = 0$, 可令 $\omega \approx \alpha U \sin\varphi$ (其中, α 为攻角), 因此 $g_1 \approx \bar{U}_1\alpha$。所以对 $\bar{U}_1 \approx 1$, 当 $\alpha < \theta$ 时, $\omega < 1$; 当 $\alpha > \theta$ 时, $\omega > 1$。对于更复杂的函数 $g(x)$, 解 (9.8.4) 包含带微分 $\mathrm{d}m/\mathrm{d}x$ 的指数项, 其符号在收敛线上交替变化。

现在开始分析在等熵近壁流面上切向速度 ω 的特性。对于圆锥面 (对该情况要有限制条件), 与我们的变量对应的方程 (1.13.21) 的形式为

$$r_b L(w) + uw\sin\theta = -\frac{1}{\rho}\frac{\partial p}{\partial \varphi}, \quad L(w) = u\frac{\partial w}{\partial x} + \frac{w}{r_h}\frac{\partial w}{\partial \varphi} \tag{9.8.5}$$

对称平面附近的近壁流面来说, 须令 $v = 0$ 和 $u = U$。在这种情况下, 预先给定物体表面或其附近 (如前所述) 的压力分布 $p(x, \varphi)$ 可将方程 (9.8.5) 变换成一个分离的一阶方程, 该方程是与 ω 相关的函数, 其初始条件是在初始段 $x = x_1$ 内的 $\omega = \omega_1(\varphi)$, 由此, 倾斜度为 $r_b\mathrm{d}\varphi/\mathrm{d}x = \omega/u$ 的流面表示了该方程的特征。对 $\omega > 0$, 这些特征接近流动收敛线 $\varphi = \pi$, 一般情况下可能满足该线上的对称条件 $\omega = 0$, 而不用与压力分布的 "拟合" 一致。因此, 我们将假设在解决全局问题时得到的物体上的压力分布与这个对称性条件一致。稍后我们再来讨论这个问题。

在发散线和收敛线附近, 我们将采用方程 (9.8.1) 的推广形式, 因而将方程 (9.8.5) 简化为如下形式:

$$\frac{\mathrm{d}g}{\mathrm{d}\zeta} + G = 0, \quad \zeta = \int_{x_1}^{x} \frac{\mathrm{d}x}{r_b \bar{U}}$$

$$G = jg^2 + g\bar{U}\sin\theta - \beta_0, \quad \beta_0 = \beta\alpha^2/U_\infty^2 \tag{9.8.6}$$

给定系数 $\bar{U}$ 和 β_0，该方程可在 $x = x_1$ 处的初始条件 $g = g_1$ 下求解。对于 g(或 α) 为小量的情况，方程 (9.8.6) 内的项 g^2 可以忽略。则该方程有积分形式的解；对有恒定 β_0 和 $\bar{U}$ 的圆锥，其形式为

$$g - g_0 = (g - g_1) r_0/r_b, \quad g_0 = \beta_0/(U\sin\theta) \tag{9.8.7}$$

该解与收敛线和发散线的解相同，当 $x/r_0 \to \infty$ 时，趋于渐近极限 $g = g_0$ 的速度非常缓慢。一般情况下，方程 (9.8.6) 解的性质取决于类比的方程 (6.6.14)$G = 0$ 的根是实根还是虚根：

$$g_\pm = -j\frac{1}{2}\bar{U}\sin\theta \pm \Delta, \quad \Delta = \frac{1}{4}\bar{U}^2\sin^2\theta + j\beta_0, \quad g_+ - g_- = 2\Delta \tag{9.8.8}$$

对 $\beta_0 > 0$，若 $\Delta^2 < 0$ 或 $\beta_0 > (1/4)\bar{U}^2\sin^2\theta$，在发散线 ($j = -1$) 上其根一直是实根；在收敛线 ($j = -1$) 上一直为虚根。相应地，函数 G 可表示为如下形式：

$$G = j(g - g_+)(g - g_-), \quad \Delta^2 > 0$$

$$G = j\left[(g + (1/2)\bar{U}\sin\theta)^2 - \Delta^2\right], \quad \Delta^2 < 0 \tag{9.8.9}$$

对恒定 $\bar{U}$ 和 β_0，方程 (9.8.6) 的解简化为函数 $\xi(g)$ 的简表积分，这里不再给出。然而，在一般情况下，无法推导出该方程解的积分形式，因此只对解进行定性分析。对 $j = 1$，有根 $g_+ > 0$ 和 $g_- < 0$，因此，g_+ 为常数时，当 g 从 $g > g_+$ 或 $g < g_+$ 向 g_+ 接近时，遵循 $g - g_+ \sim \mathrm{e}^{-2\zeta\Delta}$ 定律。对 $j = -1$，但 $\beta_0 > 0$ 和 $\Delta^2 > 0$ 时，有根 $g_+ \geqslant g_- > 0$。在这种情况下，对 $g < g_+$，函数 g 接近 g_-，且当 $g < g_-$ 时增加，当 $g > g_-$ 时减小。然而，对 $g > g_+$，在一确定点 x_∞ 附近，随 $g \sim (\xi_\infty - \xi)^{-1} = $ 常数 $(x_\infty - x)^{-1}$ 函数 g 增大。与式 (9.8.9) 相一致，对 $\Delta < 0$ 可获得相同结论。在这两种情况下，无界解的渐近性由方程 $g^1 = g^2$ 的解确定，其遵从有限惯性方程的形式 (9.8.5)，$L(\omega) = 0$。

该方程的特性为流面 $\mathrm{d}\varphi/\mathrm{d}x = \omega/(ur_b)$，其中 $\omega = $ 常数。当 $u = $ 常数，且 ω 在初始截面 $x = x_1$ 的分布形式为 $\omega_1 \sim \pi - \varphi$ 时，这些特征的束 (图 9.41(b) 中的虚线) 在点 x_∞ 处收敛至线 $\varphi = \pi$，当接近该点时，导数 $\partial\omega/\partial\varphi \sim g$ 无界增加。

然而，接近线 $\varphi = \pi$ 的强流体导致在奇点 x_∞ 邻域内涡层厚度的无界增长，与式 (9.8.3) 相一致，所得解中厚度的渐近性为 $\delta \sim (x_\infty - x)^{-\mu}$，其中指数 $\mu > 0$。该解不能延拓到 $x > x_\infty$ 的区域，故真实流动需要在收敛线上形成一个局部压力

峰值，从而进行自我重组。在这种情况下，当 $\Delta^2 > 0$ 时，β_0 变成负值，如同在 $j = 1$，$\beta_0 > 0$ 时相应解的特征。

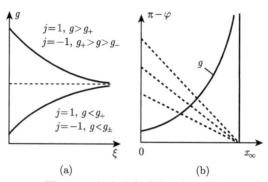

图 9.41 切向速度系数及流线特性

为求解参数 β_0，将牛顿公式 (6.1.1) 应用至细长钝锥。之后同样令 $M_\infty \theta^2 \gg 1$ 且 $U \approx U_\infty$，从式 (6.6.11) 中的 β 部分和式 (9.8.1) 可导出估值 $\beta_0 \sim \alpha / \theta_l M^2$，其中 $\theta_l = \theta + \alpha \cos\varphi$，$M$ 为给定等熵流面上的当地马赫数 (与 9.1 节和 9.4 节相一致，在钝锥表面上，M 的范围从 2～4，且随距壁面距离而增加)。因此，对 $j = -1$ 和 $\beta_0 > 0$，不等式 $\Delta^2 > 0$ 只在低攻角 $\alpha < (1/4) M^2 \theta^2 (\theta - \alpha)$ 情况下才有效。

这些流动有一个更重要的性质。物理量 g_+(对应 $j = 1$) 和 g_-(对应 $j = -1$) 随着参数 β_0 增加而减小，因此也随着 s 增加而减小，因为 $\beta_0 \sim s_0^{1/\gamma}$。根据式 (9.8.3)，流管在迎风面变窄，对小攻角而言，即使在背风面也会变窄，因此，壁面区域的极限解在径向平面的流体参数 (如同 9.4 节和 9.5 节所提到的) 和切向速度 ω 上都具有巨大梯度。

该问题与高超声速翼缘绕流及嵌入不均匀激波层钝体上的控件有关 (图 9.42)。然而，这只适于具有有限非零速度 u 和约束参数 g 的流动，其中等熵面与物体表面在最初部分互相包含，在下游更远处保持其彼此位置，从而在体表形成一个范围无限大、熵值恒定的薄的涡流层。在发散线上，对任意攻角 $\alpha < \pi/2 - \theta$ 该情况均可产生。下面将考虑另一种情况。

我们注意到，方程 (9.8.6) 可以用于有效地检查薄壁涡流层流动的数值解的精度，这样的数值解其结构往往很繁杂。

9.9 流经偏航圆柱体的非均匀高超声速流动

将机翼薄前缘置于不均匀流动中，压力可能会大大增加，导致如 9.4 节中的图 9.21 所示的壁面层内的流动减速。在这种流动中，9.8 节中采用的沿流线的总

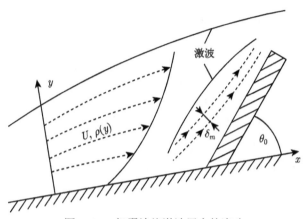

图 9.42 机翼边缘激波层内的流动

速度 U 阶守恒的假设不再成立。

我们将讨论半径为 r_0 的偏航圆柱体的发散平面内气体的涡层 (图 9.42(a))，其压力沿圆柱增加，并在形成层流线上的某些点 $x = x_m$ 处达到驻点值 $p = p_m$。在这些点附近，压力和速度分布 (考虑伯努利方程) 表示为如下形式：

$$p_m - p = \text{const} \, (x_m - x)^n$$
$$U = [2 \, (p_m - p) / \rho_m]^{1/2} = q \, (x_m - x)^{n/2}, \quad q = \text{const} > 0 \qquad (9.9.1)$$

这里，q 是系数；而指数 $n = 1$ 对应于在点 x_m 处的有限压力梯度，$n = 2$ 对应于压力峰值。如之前所示，方程 (9.8.6) 在物体的流动发散线上没有奇点，故函数 g 在发散线上有界。在这种情况下，若 $n = 1$，方程 (9.9.1) 推广形式中 U 的部分不能适用于 $x > x_m$ 区域；如同 2.11 节中类似的二维问题 (图 2.21(d))。遵从相同 $\delta_m \sim (x_m - x)^{-1/2}$ 定律的流管厚度也无界增长。因为在这种情况下，解 (9.8.3) 的积分收敛于点 x_m。严格来说，在这附近解 (9.8.3) 本身无效，因为不能令该处的 $\mathrm{d}l = \mathrm{d}x$；与此相反，对该解有 $\mathrm{d}l/\mathrm{d}x \to \infty$。

然而，与二维问题中不可避免的流动分离和流型全局重组的类似情况不同，这种情况无法在无黏气体动力学框架内描述。在我们的案例中，强制流动重组可能仍然是在无黏流模型的框架内进行的。为了阐明可能的流型，考虑接近压力峰值 p_0 的点 x_0 的激波层流动，这是对应于 $p_m = p_0$ 流线的方程 (9.9.1) 中 $n = 2$ 的情况。将假设当 $x \leqslant x_0$ 时，流线上的驻点压力 p_m 沿激波层法向增加。图 9.43(a) 表示对应的流型。$p_m > p_0$ 的流线可自由连续通过点 x_m，因而形成直流区域 I。与此同时，$p_m > p_0$ 的流线无法跨越障碍，从而反转形成了回流区域 II。这两种流动由方程 $y = y_s(x)$ 所描述的通过物体表面上的驻点 $x = x_0$, $y = 0$ 的流线 S 分隔。

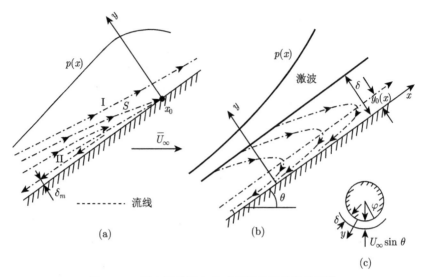

图 9.43　压力沿前缘上升时邻近机翼前缘的流体

这样的驻点可出现在弓形激波和圆柱体相交的区域内 (图 9.21 中示出该情况) 或出现在存在密度极大值的激波层内 (图 9.13(b))。

在点 x_0 附近的流动问题可用与 2.11 节中相同方式求解。与式 (2.11.1) 和式 (2.11.5) 类似，基于式 (9.8.1) 推广该邻域内的速度场为

$$u = ax' + 2wy, \quad x' = x - x_0$$

$$v = -by, \quad w = U_\infty g\varphi = cz$$

$$z = r_0\varphi, \quad a, b, c = \text{const} > 0 \tag{9.9.2}$$

由连续方程可得 $b = a + c$，此外在对称平面内的流线方程为

$$\frac{\mathrm{d}y}{\mathrm{d}x} = \frac{v}{u} = -\frac{(a+c)y}{ax' + 2wy} \tag{9.9.3}$$

其中，ω 为线 S 上的涡流，约定为正值。

方程 (9.9.3) 给出了一簇带单个鞍形点的 "广义" 双曲型流线：

$$\left(x' + \bar{k}y\right) y^{a/(a+c)} = \text{const}, \quad \bar{k} = 2\omega/(2a+c) \tag{9.9.4}$$

在 $y = 0$ 平面内，流线构成一个节点，并由相同的方程 (2.11.7) 控制。分离的奇异流线 $y_s(x)$(图 9.43(a) 中的线 S) 和零纵向速度 $u = 0$ 的线 $y = y_0(x)$ 如下：

$$2\omega y_s = -(2a+c)x', \quad 2\omega y_0 = -ax \tag{9.9.5}$$

后者依赖于 c 和 g。在该线上，流线有一个垂直切线，有限曲率 K，非零总速度 $U = |v|$，以及压力 $p < p_m$，而纵向压力梯度则由离心压力梯度 $\rho v^2 K$ 平衡。

在线 $y_0(x)$ 的邻域内，解 (9.8.3) 无效。然而，该解对区域 II 内的反向流线适用，并给出了当 $x_0 - x \to \infty$ 时质量流动速率 $m \to 0$ 渐近式递减。这些流线不离开物体表面附件。

为了分析近壁回流中传播系数 g 的特性，只需改变方程 (9.8.6) 中 x 轴的方向，并令 $u = -U$。此时坐标 ζ 保持为正，前面对该方程根的分析仍有效。

为分析这些流动的特点，我们将考虑远处的驻点所限制的区域 $x_0 \to \infty$，即所讨论的整个流体区域都属于区域 II，亦即，已进入该区域的流线在激波 $y = \delta$ 后反转了方向，如图 9.43(b) 所示。该流型可响应无边界的非均匀流动流过无限 (或有限细长) 的圆柱体，其表面压力沿 x 轴单调增加。可认为流体的非均匀性只是由于沿 x 轴的密度 ρ_∞ 的增加，并假设驻点焓 H、流速和流量为常数。

在圆柱体上的高超声速激波层内，圆柱诱导激波后的压力 p_δ 与密度 ρ_δ 和 ρ_∞ 成比例；而由函数 $s = p_\delta/\rho_\delta^\gamma \sim \rho_\infty^{1-\gamma}$ 确定的熵 (这里为理想气体，γ 为绝热指数) 沿 x 轴单调降低，并因此在接近物体表面时穿过反向流线。

在从激波到 $y_0(x)$ 线的直流中，气体的熵 s 和焓 h 增加，而密度 ρ 和总速度 U 降低；反之从 $y_0(x)$ 线到壁 $y = 0$ 的反向流中，s 和 h 减小，ρ 和 U 增加。当截面 x_1 向左位移时，壁面上速度增加，而焓和密度降低 (压力 p_s 增大)。

当然，该流型仅在回流中由压力流降低导致的流管膨胀被方位角方向的气流抵消的情况下才可实现，这确保了相对薄激波层的保持。否则，就可能出现全局流动重组。

第 10 章　松弛气体的物理化学模型

10.1　问题的描述

到目前为止，我们的研究主要限于两参数的完全气体流动。这类气体的状态完全可由一对热力学参数确定，如压力或密度，以及温度、焓、内能或熵等任何能量参数。前面 1.1~1.4 节中我们注意到，只有平衡状态或处于平衡过程的气体，才能被认为是两参数气体 (下面将给出严格的证明)。但实际情况下，这种过程是非常有限的，因此一般情况下均为非平衡态，并由一系列动力学参数 λ_i 确定。这些参数包括混合气体组分的质量 (或体积等) 浓度、激发自由度、振动能级 (如分子) 或电子能级。

这些参数由微分形式的描述物理过程及化学反应的物理化学动力学方程 (1.2.8) 确定，问题决定的参数包含在右端项的参数 Λ_i 中。对于平衡态，$\lambda_i = \lambda_{ie}(p, T)$ 是压力和温度的单值函数，因此，我们可将其视为二元气体 (下标 e 表示平衡态参数)。因此，平衡态的求解是非平衡态弛豫方程气体求解的一部分，也就是说，平衡态气体动力学是非平衡态气体动力学的一种特例。

本书中的非平衡气体动力学问题分两个方面进行阐述 (在本书中也相应安排了两章)。一部分包含中等密度或稀薄非平衡混合气体的物理化学模型 (1.1~1.4 节)，包括给定条件下的状态描述、控制方程 Λ_i 等，这些方程将在本章进行讲述。接下来将讲述不同物理化学模型的分类体系，如量子模型和统计物理模型、气体动力学理论、化学反应理论等条件下的理论[①]与实验研究。由于本书主要关注气体动力学，因此有关的阐述具有描述性和唯象性特点。

非平衡气体动力学的第二部分内容与弛豫过程引起的气体动力学性质的某些特定影响有关，这将会在第 11 章进行讲述。在本章和第 11 章中，我们仅处理无黏的流动。非平衡耗散效应将在第 13 章中讨论。

10.2　松弛介质模型的基本假设

要建立描述松弛气体的模型，需要描述其所有的独立热力学参数和方程

[①] 这些理论的基础和细节请参阅 Zeldovich 和 Raizer(1967), Clarke 和 MacChesney(1964), Hirschfelder, Curtiss 和 Bird(1954), Gordiets, Osipov 和 Shelepin(1980), Kuznetsov(1982), Chernyi 和 Losev(eds.) (1995), Maikapar(ed.)(1975), Bond, Watson 和 Welch(1966) 等的文章。

(1.2.8) 的右端项如压力、温度及动力学参数:

$$f = f(p, T, \lambda_i), \quad f = \rho, h, e, s, \Lambda_i \tag{10.2.1}$$

1.4 节是有关本书所研究气体的基本描述。由于分子动力学弛豫时间及物理化学平衡态的差异,气体的非平衡过程也有所不同。此处的假设是以整体的流动模型为基础的,以下即是这些假设的依据。只要有分子发生碰撞,即满足麦克斯韦分布 (参考 1.4 节) 所描述的分子动力平衡条件。这使得 1.1 节中我们关注的平移自由度与静态压力条件下的温度各向同性假设成为可能。这种结论是基于气体动力学的相关理论而获得的。但从预测角度,这种结论也可通过弹性体碰撞的相关理论体系获得。让质量分别为 m_1 和 m_2 的两个粒子以 V_0 的相对速度直线碰撞,我们将该速度归因于第一个粒子的作用。该弹性碰撞的结果可通过动量和能量守恒定律进行描述:

$$m_1 V_0 = m_1 V_1 + m_2 V_2, \quad m_1 V_0^2 = m_1 V_1^2 + m_2 V_2^2 \tag{10.2.2}$$

该现象有着众所周知的结论,即

$$V_1 = \frac{\bar{m} - 1}{\bar{m} + 1} V_0, \quad V_2 = \frac{2\bar{m}}{\bar{m} + 1} V_0, \quad \bar{m} = \frac{m_1}{m_2}$$

$$\Delta E = E_0 - E_1 = \frac{m_1}{2} \left(V_0^2 - V_1^2 \right) = \frac{4\bar{m}}{(1 + \bar{m})^2} E_0 \tag{10.2.3}$$

在气体混合物中,例如在空气中,所有的原子和分子的质量通常是相同量级的。因此,现在我们将令 $\bar{m} \sim 1$。此时,碰撞过程中粒子动能的变化也同初始能量有相同量级,即 $\Delta E \sim E_0$;因此,在一般的有弹性的随机碰撞过程中,质量为 m_1、速度为 V_0 的粒子的能量会显著不同于以其他速度移动的粒子。例如,经过 $(n + 1)$ 次碰撞后几乎处于静止状态的粒子,其能量将相应降低至 $E_{n+1} = qE_n \sim q^{n+1} E_0 (q < 1)$。因此,这种粒子经过多次碰撞后将失去其自身能量,这就是我们想证明的现象。

这种现象使我们可以应用统一的能量分配原理来描述 1.3 节和 1.4 节中所有有着相同温度 T 和单位平动自由度能量 $kT/2$ 的气体组分。这种情况只有对 $\bar{m} \ll 1$ 的情况下的电离气体有所例外,该现象将在本章节的末尾单独介绍。

在同一时刻,为达到气体混合物中的物理化学平衡,需进行成千上万次的碰撞,因此,尽管在当前压力和温度条件下分子动力学处于平衡环境,但碰撞还是会发生,我们将通过以下论述来解释这一结果。为便于举例说明,我们研究由 A 和 B 以及一些激发形成的原子或分子组成的双原子分子 AB。这些过程可以用符号形式表示为

$$AB + M \rightleftharpoons A + B + M, \quad A + M \rightleftharpoons A^* + M \tag{10.2.4}$$

其中，A^* 表征激发粒子；M 表征碰撞过程中参与能量与动量交换的第三类粒子。其中第一个反应式也适用于电离过程，如果 AB 被认为是中性粒子，则 A 表示正离子 AB^+，B 为电子 e^-。在这些碰撞过程中粒子的动能是不守恒的，因此，该类过程称为非弹性碰撞。仅仅因为原子和分子平移运动能量重新分配的不同，导致了非弹性碰撞显著不同于前面所提到的弹性碰撞过程。通常情况下，所有这些反应所吸收的能量 ε_D 远高于分子的平均能量 $3kT/2$。因而，氧气 (O_2)，氮气 (N_2)，一氧化氮 (NO) 分子的离解特征温度 $\theta_D = \varepsilon_D/k$ 分别为 59000 K、113000 K 和 75000 K，即这些分子和原子的离解发生在温度 $\theta_D \geqslant (10^5)$ K (能量通常也以电子伏特为单位，对于 1eV 相应有 $\Delta\theta_D = 11600$ K)。

然而，决定粒子间碰撞结果的是那些相对热运动的动能 $\varepsilon = mV^2/2 > \varepsilon_D$ 的碰撞。正因为如此，这些粒子的相对数量 n_D/n 在 θ_D/T 增加时呈指数下降 (与式 (1.4.7) 的麦克斯韦方程一致)，在通常气体动力学温度范围即 $T \leqslant 25000$ K 时将变得很低。实际上，即使在高能量条件下，也并不意味着每个粒子的碰撞是非弹性的，这对碰撞中粒子发生反应的概率的降低起重要作用。

当然，高速度分子数量的减少违反了麦克斯韦分布，形成了分子动力学平衡假设的基础，并从而影响相应物理化学过程的发生频率。然而，考虑到假定过程有不同的状态，因而可以建立连续的分布关系。

根据 1.4 节，在保持各向同性物性条件下，违背麦克斯韦速度分布函数并不妨碍温度和压力的各向同性假设。

式 (10.2.4) 可解释导致前述现象的原因，该式从左到右均包含能量的吸收项，反之，则为能量的释放项。在这里，最重要的是第三类粒子 M 的能量，即能量吸收项，用以保证粒子的动量平衡。

现在我们将讨论内部的自由能。根据量子力学原理可知，双原子分子振动能的值是离散或按量子特征分布的。其 k 级激发水平则根据其相应的粒子数而有所不同。在一定的限制条件下，这些粒子的运动是随机的，因而其量子水平总体上与其自由能相关。我们将这个总量称为组合或模式。任意物质的双原子分子具有唯一的振动模式，多原子分子则具有多种模式。

电子围绕原子和分子核运动的轨迹也是离散的，因而随运动范围增大而提高的能量值也是离散的。因此，单个自由能可归因于单个运动轨迹，而总的自由能则取决于每个电子的总体运动。每个微团内的量子水平可能非常高 (如氧、氮分子或是其他分子，在分子解离之前具有几十个不同的振动能级)。

对于简单情况下的双原子分子的振动，其特征如图 10.1 所示，其中的莫尔斯曲线代表了势能 ε 对分子中原子间距的依赖程度。该曲线为水平渐近线，$\varepsilon \to \varepsilon_D$

其中，ε_D 为离解能或自由原子的相互势能。

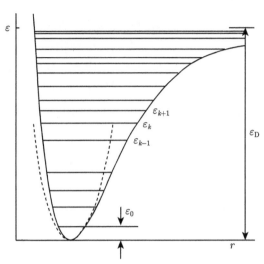

图 10.1 双原子分子的振动势能曲线 (实线和虚线分别代表非谐波莫尔斯振荡器和谐波振荡器)

严格来说，分子的转动能量也按量子水平分布。然而，对于我们关心的气体动力学问题，自由旋转度与平移度之间的平衡时间与平移度和自由旋转度之间的平衡时间相当。而且，在典型的旋转激发模式下，根据均匀能量分布的原则 (1.3 节和 1.4 节)，即每个自由度的能量为 $kT/2$。由于这个原因，在中等密度气体的气体动力学中，旋转和平移自由度统一为一个单一的外部自由度组合，并由同一平移温度 T 表征。

与此同时，所有组分的单个平移温度模型是不能描述电离气体混合物或等离子体中的电离气体的。事实上，电子质量 $\bar{M} \approx 1/2000$，显著小于原子和分子的质量 $(\bar{M} > 1)$，原子和分子在这个意义上为重粒子。在这种情况下，根据式 (10.2.3) 有 $\overline{m} \ll 1$，在碰撞中的能量损失相对较小即 $\Delta E / E_0 \sim \overline{m}$，可以延长重粒子和电子动能的均匀化过程。然而，在大致相同的条件下，所有的电子通常具有平衡态的麦克斯韦速度分布，尽管其具有不同的平移电子温度 T_{el}，而平移电子温度与重粒子的温度 T 并不一致 (这种差异通常以电子温差表示)。在这种情况下，平移电子温度 T_{el} 是动力学参数 λ_i 之一。鉴于其特殊性质，这种影响将在 10.12 节中单独讨论；在此，在没有特别说明的情况下，认为 $T_{\text{el}} = T$。

我们注意到，由于简化模型是基于分子动力学和物理化学平衡时间建立的，所以不具有普适性，其主要应用于气体温度不太高的场合。由于 $\theta_D \approx T$，正向反应率与麦克斯韦分布恢复速率相当，而在极限条件 $T \gg \theta_D$，几乎每次碰撞均可导致分子的离解或激发达到量子水平。

现在，我们将讨论平衡热力学的微分定律 (特别是第一和第二定律) 应用于伴随着气体组分变化的非平衡过程方面的相关理论。首先作如下假设并在后面予以证明：对于一个热力学系统中的气体混合物，一种物质转化为另一种物质等价于减少或增加其质量，并同时伴随能量的释放或吸收。这意味着，不同于在平衡气体动力学中考虑的具有固定的、独立的物质质量的封闭热力学系统，这里考虑的非平衡系统在建模中是非闭合系统，并存在与环境的热量和质量交换过程。由于这些过程的变化速率较小，它们可以被认为是可逆的，而每一混合分量 (分子微团的统一组分) 或每个组分内部的自由度均可以视为一个局部平衡的热力学子系统，并具有自身的温度、能量、熵等。

这种情况类似于 1.5 节中提到的具有不同温度的组分存在缓慢的热量交换过程的例子。在此处的例子中，我们认为所有重粒子的温度 T 是相同的 (电子温度 T_{el} 在前面已经讨论过)。至于内部自由度，在一般情况下，给定组分 i 粒子中的原子或分子如具有相同的激发自由度，因而可视为一个单独的组分。然而，单组分可能达到量子水平的平衡状态 (如自由分子的振动度，这种情况下将在 10.7 节予以说明)，该组分有自己的温度 $T_1^{(v)}$，但并不一定等于 T。在这种内部的平衡情况下，组分可视为单自由度和一个温度为 $T_1^{(v)}$ 的单独局部均衡子系统。我们将称这种类型的非平衡态气体混合物为多温度气体，以区别于前面提到的温度与平移温度相同的单温度气体。

前面讲述的知识仅仅是一系列支撑非平衡气体动力学基础的假设。下面我们将通过一些具体的内容完善这个模型，并进行详细的阐述。

10.3 气体混合物的状态方程

对于中等密度的气体组分状态方程，通用的克拉珀龙方程可以表示为

$$p = \sum_i p_i = nkT = NRT = \rho RT / \bar{M}$$

$$n = \sum_i n_i, \quad N = \sum_i N_i, \quad \overline{M}^{-1} = \sum_i c_i \overline{M_i}^{-1} \tag{10.3.1}$$

其中，k 为玻尔兹曼常量；R 为气体常数；n_i 和 N_i 分别为组分 i 粒子的数量及其摩尔数；n 和 N 为单位体积混合物中的粒子数；$\overline{M_i}$ 和 $\overline{M}$ 分别为组分 i 和整体混合物的分子量。除质量和组分浓度值 c_i 和 n_i 外，摩尔浓度 x_i 和摩尔质量浓度 κ_i (单位质量混合物中组分 i 的摩尔数) 也经常用到：

$$x_i = \frac{n_i}{n} = \frac{N_i}{N} = \frac{p_i}{p} = \bar{M}\frac{c_i}{\overline{M}_i} = \overline{M}\kappa_i$$

$$\overline{M} = \sum_i x_i \overline{M}_i, \quad \sum_i x_i = \overline{M}\sum_i \kappa_i = \sum_i c_i = 1 \tag{10.3.2}$$

参数 $\overline{M}$ 具有所有纯气体摩尔质量的物性特征。其中，$\bar{M}/N_0$ 表示混合物的平均分子量，$\rho = n\overline{M}/N_0$ 表示平均密度，质量为 $\overline{M}$ 的混合物中的粒子数等于阿伏伽德罗常量 $N_0 = 6.3 \times 10^{23}$。若 $V_i = \bar{M}_i/\rho_i$ 与 V 分别为组分 i 的摩尔体积及气体混合物总体积，则有 $p_i V_i = pV = RT$。

在热力学状态方程的推导中，我们认为统一的能量分布原理同样可以推广到转动自由度 (见 10.2 节)。单位摩尔质量的每一种自由度有着相同的能量 $RT/2$，由于该原因，平动和转动自由度可能综合形成一个统一的外部自由度。

双原子分子具有两个独立的自由度，也即具有旋转轴。由于通过两个原子绕纵轴旋转的转动惯量相对较小，因而可以忽略不计。二氧化碳 (CO_2) 分子 (三原子分子) 中的原子排列成一列，从而使分子也具有两个转动自由度，而水 (H_2O) 分子排成三角形，因而具有三个转动自由度。

伴随着外部自由能 $E_i^{(0)}$ 的存在，组分 i 的总摩尔能量 E_i 和焓值 H_i 包含了内部自由度能 $E_i^{(v)}$ 和焓 H_{0i}：

$$E_i = E_i^{(0)} + E_i^{(v)} + H_{0i}, \quad E_i^{(v)} = \sum_k E_{ik}^{(v)}$$

$$H_i = E_i + p_i V_i = H_i^{(0)} + E_i^{(v)} + H_{0i}$$

$$E_i^{(0)} = C_{vi}^{(0)} T, \quad H_i^{(0)} = C_{pi}^{(0)} T$$

$$C_{vi}^{(0)} = \frac{1}{2} l_i R, \quad C_{pi}^{(0)} = \frac{1}{2}(l_i + 2) R \tag{10.3.3}$$

其中，$C_{vi}^{(0)}$ 和 $C_{pi}^{(0)}$ 为外部自由度摩尔比热；而 l_i 为自由度的数量，$l_i = 3$ 为原子，$l_i = 5$ 为双原子分子及二氧化碳分子 (参见式 (1.3.7))，$l_i = 6$ 为水分子；$E_{ik}^{(v)}$ 为组分 i 的第 k 个自由度的内部能量，这一问题将在 10.7 节中讨论。

一般情况下，焓 H_{0i} 值的大小依赖于相对参考点内部能量的大小和所研究的物理过程，也依赖于热力学第一定律的表示模式。因此，在物质的气态与液态的转换过程，我们可将蒸发潜热用正号表示，而冷凝或凝固潜热用负号表示。类似于有燃烧存在的过程，采用这种方法可以消除方程中因相态转变而在能量方程中引入的热源。值得指出的是，这种方式较为易于理解。一般情况下，只保留所研究物理过程中参与能量交换的项。因此，在超声速空气动力学中，膨胀气体可被冷却到冷凝温度。由于我们不考虑这些问题，所以将从 H_0 中删去相应的蒸发潜热。

在我们所讨论的气体动力学问题中，由于多组分和多过程的存在，所以普遍的做法是将生成的能量表示为物质的内部能量。此外，我们将 $H_{0i} = 0$ 定义为该混合物在标准温度下的初始状态 (如氮、氧和二氧化碳分子)。正因为如此，原子的数量 H_{0i} 代表了相应数量的分子在分解时所产生的能量，对于离子，则是其电离时产生的电离能，等。例如，如果 ε_D 是双原子分子的解离能，那么原子形成的摩尔能等于 $H_{0a} = (1/2) N_0 \varepsilon_D$。

具体能量和焓值可以通过式 (10.3.3) 获得的摩尔数除以分子量而得到：

$$e_i = E_i \bar{M}_i^{-1} = e_i^{(0)} + e_i^{(v)} + h_{0i}, \quad e_i^{(v)} = \sum_k e_{ik}^{(v)}$$

$$h_i = e_i + \rho_i^{-1} p_i = H_i \bar{M}_i^{-1} \tag{10.3.4}$$

具体摩尔数通过下式求和获得：

$$f = \sum_i c_i f_i, \quad f_i = h_i, e_i$$

$$F = \sum_i x_i F_i, \quad f_i = H_i, E_i \tag{10.3.5}$$

我们注意到，这里提到的 $h_i, e_i^{(v)}$ 等值，指的是单位质量组分的准确值，而 $h, e^{(v)}$ 等则指的是单位混合气体的相关值。式 (10.3.5) 的焓可表示为

$$h = \sum_i c_i h_i = c_p^{(0)} T + e^{(v)} + h_0$$

$$c_p^{(0)} = \sum_i c_i c_{pi}^{(0)}, \quad e^{(v)} = \sum_i c_i e_i^{(v)}, \quad h_0 = \sum_i c_i h_{i0} \tag{10.3.6}$$

$$H = C_p^{(0)} T + E^{(v)} + H_0, \quad H_0 = \overline{M} h_0$$

$$C_p^{(0)} = \sum_i x_i C_{pi}^{(0)} = \overline{M} C_p^{(0)}, \quad E^{(v)} = \overline{M} e^{(v)} \tag{10.3.7}$$

其中，$c_p^{(0)}$ 与 $C_p^{(0)}$ 分别为外部自由度的总值和摩尔热；$e^{(v)}$ 和 $E^{(v)}$ 是内部自由度的能量近似；h_0 和 H_0 为气体混合物的总能量。前面式子中的 $e^{(0)}$ 和 $E^{(0)}$ 表达式可分别由 $c_{pi}^{(0)}$ 和 $C_{pi}^{(0)}$ 代替。

我们注意到，在反应进行过程中，当单位固定质量气体的摩尔数发生变化时，则该混合物的摩尔质量也会发生变化。

在前面的公式中，我们没有单独讨论电离气体。一般来说，它表现为单原子气体，具有其自身的温度、分压力、焓和摩尔热，即

$$p_{\rm el} = n_{\rm el}kT_{\rm el}, \quad E_{\rm el} = C_{v,\rm el}T_{\rm el} = \frac{3}{2}N_0kT$$

$$C_{v,\rm el} = \frac{3}{2}R, \quad C_{p,\rm el} = \frac{5}{2}R \tag{10.3.8}$$

由于电子的质量浓度非常小, 而比热却相对较高, 因此摩尔量通常指的是电离气体的值。在平衡温度 $(T_{\rm el} = T)$, 电离气体对压力和焓 (能量) 的贡献可由式 (10.3.1) 和式 (10.3.7) 表示。然而, 根据电离气体的温度差异 $(T_{\rm el} \neq T)$, 这种影响可由式 (10.3.5) 予以适当考虑。

我们可通过下式来表示非平衡气体混合物的熵:

$$s = \sum_i c_i s_i, \quad s_i = s_i^{(0)} + s_i^{(v)}, \quad s_i^{(v)} = \sum_k s_{ik}^{(v)}, S_i = \bar{M}_i s_i \tag{10.3.9}$$

在此, $s_i^{(0)}$ 和 $s_{ik}^{(v)}$ 分别表示外部和内部自由度。对于温度为 T_i 的组分, 根据式 (1.5.1) 有

$$T_i {\rm d}s_i = {\rm d}h_i - \frac{1}{\rho_i}{\rm d}p_i = {\rm d}e_i + p_i{\rm d}\rho_i^{-1} \tag{10.3.10}$$

根据式 (10.3.3) 和式 (10.3.4) 对上式进行积分, 在 $h_i = h_i^{(0)}$ 时我们可以获得同式 (1.5.8) 的理想气体情况相同的外部自由度。

$$s_i^{(0)} = c_{pi}^{(0)} \ln T_i - \frac{R}{\bar{M}_i} \ln p_i + s_{0i}', \quad \ln p_i = \ln p + \ln x_i \tag{10.3.11}$$

在实际应用中, 人们感兴趣的通常只是不同状态下熵的差异, 因而 s_{0i} 往往是不必要的 (式 (1.5.8) 和式 (1.6.9))。然而, 在 10.6 节和 10.8 节的平衡条件中, 常数 s_{0i} 直接体现在方程中, 可以通过统计物理的方法予以确定。

为了确定内部自由度的熵 $s_{ik}^{(v)}$, 我们需定义给定能量温度 $e_{ik}^{(v)}$ 条件下局部热平衡系统 (10.2 节) 的温度 $T_{ik}^{(v)}$ 的概念。在这样一个模型的框架内, 温度 $T_{ik}^{(v)}$ 自然可以确定为总能量为 $e_{ik}^{(v)} = e_{ike}^{(v)}\left(T_{ik}^{(v)}\right)$ 的平衡介质温度 (下标 e 表示介质的平衡参数)。相应 $e_{ike}^{(v)}$ 的确定关系将在 10.7 节中讨论, 熵 $s_{ik}^{(v)}$ 可从式 (10.3.10) 中略去 $p_i{\rm d}\rho_i^{-1}$ 项后导出。由于在式 (10.3.11) 中已经叙述过, 在此可表示为

$$T_{ik}^{(v)}{\rm d}s_{ik}^{(v)} = {\rm d}e_{ik}^{(v)}, \quad s_{ik}^{(v)} = \int_0^{T_{ik}^{(v)}} \frac{{\rm d}e_{ik}^{(v)}}{T_{ik}^{(v)}}, \quad e_{ik}^{(v)} = e_{ike}^{(v)}\left(T_{ik}^{(v)}\right) \tag{10.3.12}$$

该积分在 $T \to 0$ 时的收敛情况将在 10.7 节来证明。在内部和外部自由度之间的平衡状态 $(T_{il}^{(v)} = T)$，组分 i 的熵可根据式 (10.3.10) 确定：

$$s_i = \bar{s}_i(T) - \frac{R}{M_i} \ln p_i + s_{0i}, \quad \bar{s}_i = \int_0^T \frac{\mathrm{d}h_i}{T}$$

$$h_i = h_i^{(0)}(T) + e_i^{(v)}(T) \tag{10.3.13}$$

下面将讨论气体混合物熵的一些重要特性。对式 (10.3.13) 进行求和，我们可以获得

$$s = \sum_i c_i s_i = \bar{s}(T) - \frac{R}{M} \ln p + s_0 + s_\mathrm{m}$$

$$\bar{s} = \sum_i c_i \bar{s}_i, s_0 = \sum_i c_i s_{0i}$$

$$s_\mathrm{m} = -R \sum_i \frac{c_i}{M_i} \ln x_i = -\frac{R}{M} \sum_i \ln x_i \tag{10.3.14}$$

显然，由于 $x_i < 1$，混合的熵总是正的 $(s_\mathrm{m} > 0)$，正因如此，气体混合物熵总是大于各组分熵的总和，而其分压等于总压力。这种结果根据热力学第二定律很容易解释。我们想象一下，将容器中的每个组分按成分分隔为单组分气体，并处于相同的温度和压力条件。如果将分隔装置拿走，这些气体将相互混合、相互扩散，但压力和温度不会发生任何变化。这个过程是不可逆的，因而其熵是增加的。

如果将单组分气体的不同部分视为不同的组分，则式 (10.3.14) 将导致吉布斯悖论。其原因是，从实验用的容器方面来看，分子最初在不同的部分，其状态事实上也彼此不同，使得它们后续过程的混合是不可逆的。由于考虑这种差异是没有意义的，因而式 (10.3.14) 也不适用于描述这种情况。该例子表明，熵的概念不能在经典热力学背景下被完全理解，而是需要统计物理学的研究手段。

综合起来，我们将考虑一个简单的三参数气体模型，即除了主要变量 p 和 T，状态由唯一的参数 λ 确定。如要建立定性的非平衡影响关系，通常这种模型就足够了。因此，该模型可应用于式 (10.2.4) 的独立反应情况，其中其他的中性成分是不变的。

三参数混合模型中一个非常简单的例子是内部自由度处于平衡态的相同元素原子和分子 (用下标 a 和 m 表示) 的二元混合物，即 $e_i^{(v)} = e_{ie}^{(v)}(T)$，在这种情况下有

$$\overline{M}_\mathrm{a} = \frac{1}{2} \overline{M}_\mathrm{m}, \quad c_{pa}^{(0)} = 5 \frac{R}{M_\mathrm{m}}, \quad c_{pm}^{(0)} = \frac{7}{2} \frac{R}{M_\mathrm{m}} \tag{10.3.15}$$

式 (10.3.1) 和式 (10.3.6) 可表示为

$$p = \frac{R\rho T(1+c)}{\overline{M}_{\mathrm{m}}}, (c = c_{\mathrm{a}}, \quad c_{\mathrm{m}} = 1 - c)$$

$$h = ch_{\mathrm{a}} + (1-c)h_{\mathrm{m}} = c_p^{(0)}T + e^{(v)} + ch_0 \tag{10.3.16}$$

$$c_p^{(0)} = cc_{pa}^{(0)} + (1-c)c_{pm}^{(0)} = \frac{R}{2\overline{M}_{\mathrm{m}}}(7 + 3c)$$

$$e^{(v)} = ce_{\mathrm{a}}^{(v)} + (1-c)e_{\mathrm{m}}^{(v)} \tag{10.3.17}$$

其中, 内部自由度的能量不确定。

10.4 松弛方程与极限流态

在 1.2 节中, 确定动力学变量 λ_i (方程 (1.2.8)) 的松弛微分方程是由传统守恒定律得来的。本节, 我们将确定这些方程中的源函数 Λ_i。这里只针对三参数混合情况进行讨论, 这已足够理解这些函数的主要结构。多组分气体的情况将在 10.9 节中给出。

显然, 只要外部条件允许, 任何非平衡态系统都将逐渐趋于平衡状态。由此, 应当指出, 在固定 p 和 T 的情况下, λ 的值将由函数 $\lambda_{\mathrm{e}}(p, T)$ 确定, 即 λ_{e} 为方程 $\Lambda = 0$ 的根。因此, 此函数在平衡态附近可进行展开, 其中只有一项在展开中不变:

$$\frac{\mathrm{d}\lambda}{\mathrm{d}t} = \Lambda = \frac{\lambda_{\mathrm{e}} - \lambda}{\tau}, \quad \frac{1}{\tau} = \frac{\partial \Lambda}{\partial \lambda}\bigg|_{\lambda = \lambda_{\mathrm{e}}} > 0 \tag{10.4.1}$$

事实上, 由于任何热力学系统在物理上明显地趋向于平衡, 所以 τ 为正, 其仅在 $\lambda < \lambda_{\mathrm{e}}$ 时 $\Lambda > 0$ 和 $\lambda > \lambda_{\mathrm{e}}$ 时 $\Lambda < 0$ 的情况下成立。其中, $\lambda_{\mathrm{e}}(p, T)$ 为当地 p 和 T 下 λ 的局部平衡值。

然而, 即使在 $\lambda - \lambda_{\mathrm{e}}$ 的值较大的情况下, 该表达式也是适用的。此时, 参数 τ 由众所周知的中值定理选取的 λ 和 λ_{e} 的中点计算获得。在这种情况下, 参数 $\tau = \tau(p, T, \lambda)$ 是由一个更为复杂的函数简化得到。

此即为参数弛豫时间的具体定义。

事实上, 为了说明方便, 这里假设 λ_{e} 和 τ 都为常数, 那么方程 (10.4.1) 有如下形式:

$$\lambda_{\mathrm{e}} - \lambda = (\lambda_{\mathrm{e}} - \lambda_0)\,\mathrm{e}^{-t/\tau}, \quad \lambda_0 = \lambda(0) \tag{10.4.2}$$

显然，当 $t/\tau \to \infty$ 时，$\lambda \to \lambda_e$。即，气体将松弛到一定的平衡状态。实际上，对于任意初始气体状态，有 $t/\tau \geqslant 2-3$，此时具有合理的弛豫时间。如果气体以速度 U 沿 x 轴方向流动，则 $\delta_r \sim \tau U_\infty$ 区域也是气体的松弛区域。在此区域中，对任意初始条件 λ_0，气体都将达到接近平衡的状态 $(\lambda \approx \lambda_e)$。

将上述结论推广到适用于多组分气体的一般情况，有如下结果：

$$\frac{\mathrm{d}\lambda_i}{\mathrm{d}t} = \Lambda_i = \sum_j \frac{\lambda_{ej} - \lambda_j}{\tau_{ij}} \tag{10.4.3}$$

其中，弛豫时间 τ_{ij} 是所有 λ_j 的函数。然而，接下来我们将看到，源函数 Λ_i 实质上更为复杂，并不是所有情况都能简化成这种形式。

最典型的弛豫区域是激波后的区域。一个与之相关的非常简单的例子是激波过渡区域。此区域内，跨越头激波的动力学参数是守恒的。黏性厚度 δ_v (图 10.2) 由 3.2 节的解确定，其通常比松弛区域厚度 δ_r 要小，物理和化学过程也都发生在激波后区域。在这种情况下，式 (10.4.2) 应有 $\lambda_0 = \lambda_1$ 和 $\lambda_e = \lambda_{2e}$。这里，下标 1 和下标 2 分别指激波前和激波后参数。在这种情况下，弛豫区域特性将依赖于 λ_1 和 λ_{2e} 之间的关系，如图 10.2 所示。这一问题，我们将留到第 11 章中再进行详细的讨论。

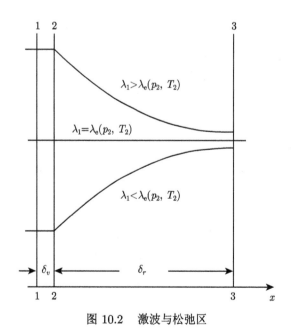

图 10.2　激波与松弛区

这里，我们将采用分子动力学进行方程的推导，这将有助于加深对稠密气体结构的理解。我们假设粒子 A 只有两种状态的内部自由度，即激发状态 A_2 和平衡状态 A_1，其数值浓度分别为 n_2 和 n_1。此时，方程 (10.2.4) 可以写为

$$\mathrm{M} + \mathrm{A}_1 \Longleftrightarrow \mathrm{M} + \mathrm{A}_2 \tag{10.4.4}$$

这里，M 是任意混合气体中参与碰撞能量交换的第三组分，其浓度 $n \geqslant n_A = n_1 + n_2$。严格地说，碰撞的结果必须依赖于此组分的种类。然而，到目前为止，我们都将忽略这一问题。

显然，式 (10.4.4) 的正向反应速率 r_f 正比于同时出现在相互作用空间的 A_1 和 M 粒子之间的碰撞可能性。也就是说，它们同时出现在相互作用体积元中。中等密度气体的情况下，其尺寸与粒子的平均自由程相比较小。这些独立事件的概论正比于 $n_1 \cdot n$；因此，$r_f = \bar{k}_f n_1 n$。而逆反应速率为 $r_r = \bar{k}_r n_2 n$，系数 $\bar{k}_f$ 和 $\bar{k}_r$ 分别为正反应和逆反应速率常数。其均为温度的函数，反应速率的衡量标准通常为 (摩尔)/(体积)·(时间)。

单位体积内用摩尔表示的激发粒子数有效生成速率 r 为

$$r = r_f - r_r = \bar{k}_r n (K n_1 - n_2), \quad K = \bar{k}_f / \bar{k}_r \tag{10.4.5}$$

函数 $K(T)$ 是这一过程的平衡常数，平衡浓度 $n_{1e}(T)$ 和 $n_{2e}(T)$ 满足平衡条件：

$$\frac{n_{2e}}{n_{1e}} = \frac{p_{2e}}{p_{1e}} = \frac{x_{2e}}{x_{1e}} = K(T) \tag{10.4.6}$$

如果局部平衡浓度 $n_{ie}(T)$ 归结于固定参数 p 和 T，则瞬时浓度 n_{1e} 和 n_{2e} 必须满足守恒条件：

$$n_1 + n_2 = n_{1e} + n_{2e} = n_A \tag{10.4.7}$$

依据公式 (10.3.1) 和公式 (10.3.2)，重写公式 (10.4.5) 为

$$\frac{1}{\bar{k}_r} r = \frac{n_A n}{n_{1e}} (n_{2e} - n_2) = \frac{n_A^2 n}{n_{1e}} (\bar{n}_{2e} - \bar{n}_2)$$

$$= n^2 \frac{n_A}{n_{1e}} (x_{2e} - x_2) = n^2 \frac{n_A}{n_{1e}} \frac{\overline{M}}{\overline{M}_2} (c_{2e} - c_2)$$

$$n_A / n_{1e} = 1 + K, \quad \bar{n}_i = n_i / n_A$$

$$x_i = \frac{n_i}{n}, \quad c_i = \frac{\overline{M}_i}{\overline{M}} x_i \tag{10.4.8}$$

这里，x_2 和 c_2 分别为 A_2 粒子的摩尔浓度和质量浓度，$\overline{M}_A$ 和 $\overline{M}$ 分别为 A 粒子的分子量和混合物的分子量 (见 1.3 节)；n_i 为 A 粒子激发态的相关自由度或者内部自由度的等级 (在我们的示例中，为 2 级)。

　　然而, 若将式 (10.4.1) 的函数 r 转变为函数 Λ, 应该谨记的是, 全导数 $d\lambda/dt$ 是对流体中一个固定的质点来说的, 而函数 r 是对单位体积来说的。因此我们将取具有固定质量 ρv 的流体体积 v。此时, A_2 粒子在此体积中的数量为 $n_2 v$, 其形成速率为 $N_0 v r$, 其中, N_0 为阿伏伽德罗常量。因此, 松弛方程可写为如下形式:

$$\frac{dv n_2}{dt} = N_0 v r \tag{10.4.9}$$

　　显然, 浓度 n_2 的值不仅受反应速率 r 的影响, 也受体积 v 的影响。因此, 为了得到形如式 (10.4.1) 的方程, 我们需要将体积 v 内 A_2 的粒子数计入质量 $m n_2 v = \rho_2 v = \rho v c_2$ 中 (其中, m 为分子 A 的质量)。因此, 鉴于沿轨道气体质量 ρv 为常量的情况, 式 (10.4.9) 可根据式 (10.3.2) 重写为

$$\frac{dc_2}{dt} = \Lambda = \frac{c_{2e} - c_2}{\tau}, \quad \Lambda = \frac{\overline{M} r}{\rho} \left(\overline{M} = N_0 m \right)$$

$$\frac{1}{\tau} = \bar{k}_r n^2 \frac{m \overline{M}}{\rho \overline{M}} (K+1) = \frac{(K+1) p \bar{k}_r}{kT} \tag{10.4.10}$$

　　显然, 在这个例子中 $\tau \sim p^{-1}$, 也即是说, τ 与压力 p 呈反比例关系。这是松弛时间的一个重要特性。

　　此外, 参数 τ 还有另一种以松弛进程的结果为中心的理解形式, 即弛豫过程中粒子碰撞的有效间隔时间。在本例中, $\tau = l_{eff}/V$, 其中, V 是热运动的速度, l_{eff} 是粒子的有效自由程。其与体积集中度 n 呈反比关系, 假设 $\sigma_{eff} l_{eff} n = 1$ 的情况下, 我们可以得到

$$\tau = \frac{1}{n V \sigma_{eff}} \tag{10.4.11}$$

其中, σ_{eff} 是给定反应的有效截面, 其值通常较小; 因此, 在空气中的反应和进程通常控制在 $10^{-22} \sim 10^{-14}$ cm² 范围内。

　　此时, 我们就可以将式 (10.4.10) 转换为更适合松弛方程的形式。为了完成这个转换, 我们将其乘以单粒子的激发能量 ε_2, 以及单位质量内粒子 A 的数量 $N_0/\overline{M}_A$。之后, 我们将获得关于混合气体单位质量内激发粒子能量 $c_A e^{(v)}$ 的方程: (这里, 我们可以再次回忆, 10.3 节中介绍的能量 $e_i^{(v)}$ 与单位质量组分 i 的关系。)

$$\frac{dc_A e^{(v)}}{dt} = \frac{c_A \left(e_e^{(v)} - e^{(v)} \right)}{\tau}, \quad e^{(v)} = \frac{c_2 \varepsilon_2 N_0}{c_A \overline{M}_A} \tag{10.4.12}$$

该方程可视为松弛方程的一种特殊形式和简化版本。而对多级内部自由度或复杂

形式的化学反应而言，其所使用的方程形式要更加复杂，我们将留到 10.9 节 ~10.11 节中进行讨论。

对于松弛方程 (10.4.1)，我们可以如文献中那样，对这个简单的有限区域内平衡冻结流例子进行更加准确的定义 (详见 1.1 节)。而更为普通的情况将在第 11 章中进行考虑。对于在尺寸为 L 的区域 Ω 内以速度 U 流动的气体，$t_0 = L/U$ 是区域内粒子的运动时间，或者说气体动力学时间。如果此时间与弛豫时间 τ 相比较小，区域 Ω 内 $\Delta\lambda$ 可写为

$$\Delta\lambda = \lambda - \lambda_0 \sim (\lambda_e - \lambda)\, t_0/\tau \ll \lambda_e - \lambda_0 \quad (t_0 \ll \tau) \tag{10.4.13}$$

换句话说，混合气体将没有时间进行改变，直到气体粒子离开区域 Ω。因此，当 $t_0/\tau \to 0$ 时，极限解为 $\lambda = \lambda_0$。这样的流动状态即称为冻结流。

当然，反过来，对于 $t_0 \gg \tau$ 的情况，式 (10.4.13) 中对 $\Delta\lambda \sim t_0/\tau$ 的判断将显得很不合理。很自然地，假设 $\mathrm{d}\lambda/\mathrm{d}t$ 是有界的。这里，式 (10.4.1) 可以写为另一种形式：

$$\lambda_e - \lambda = \tau\frac{\mathrm{d}\lambda}{\mathrm{d}t} = \tau\frac{\mathrm{d}\lambda_e}{\mathrm{d}t} + \tau\frac{\mathrm{d}\,(\lambda - \lambda_e)}{\mathrm{d}t} \approx \tau\frac{\mathrm{d}\lambda_e}{\mathrm{d}t} \sim \Delta\lambda_e\frac{\tau}{\tau_0}$$

$$\frac{\mathrm{d}\lambda_e}{\mathrm{d}t} = \frac{\partial\lambda_e}{\partial p}\frac{\mathrm{d}p}{\mathrm{d}t} + \frac{\partial\lambda_e}{\partial T}\frac{\mathrm{d}T}{\mathrm{d}t} \sim \frac{\Delta\lambda_e}{t_0} \tag{10.4.14}$$

这里，$\Delta\lambda_e$ 是流动区域内变量 λ_e 对时间 t_0 的导数。当 $t_0/\tau \to 0$ 时，称极限解 $\lambda = \lambda_e\,(p, T)$ 为平衡近似，而该过程本身也可称为平衡过程或准平衡过程。这种情况是具有小参数的高阶导数方程性质的典型表现。将方程乘以 τ，式 (10.4.1) 即可变为这样的形式。

平衡过程应与平衡状态区分开来，因为在前者中，$\lambda = \lambda_e\,(p, T)$ 的值随着 p 和 T 的变化而变化。在这种情况下，λ 的形成速率是有限的，根据式 (10.4.14)，它等于 $\mathrm{d}\lambda_e/\mathrm{d}t$，其表示 p 和 T 的时间导数。与此同时，各气体粒子的组成与状态都接近于平衡。

这里，我们将强调极限流态的一个重要特性：在 $\lambda = \mathrm{const}$ 和 $\lambda = \lambda_e\,(p, T)$ 两种情况下，前述差分松弛方程可由有限的关系式或状态方程所取代。因此，这也再次表明该气体是一种两参数介质 (这将在 11.3 节中详细讨论)。

最后，我们对当地平衡动力学参数 $\lambda = \lambda_e$ 的概念做一些评论。在将这些引入式 (10.4.1) 时，假定其中的函数 $\Lambda = \Lambda\,(p, T, \lambda)$ 是压力和温度的表达式，即其值还依赖于 $\lambda_e = \lambda_e\,(p, T)$。然而，其他的参数对 (如 (p, h)，(ρ, s) 等) 也可以被选作主要热力学变量。在这种情况下，从式 (10.4.1) 重复相同的推导过程，我们同样可以得出一些局部平衡参数 $\lambda_e = \lambda_e\,(p, h)$ 等。不同的是，一般来讲，这样的

推导都应该是从 $\lambda_e(p, T)$ 开始的。这些局部平衡参数的变化形式则常在一般的理论中使用。然而，如 10.3 节所述，精确的 p 和 T 是最适合的热力学变量，因为其他热力学参数可以用它们进行方便的表达。因此，如果不是另行说明，接下来的局部平衡参数都是指函数 $\lambda_e(p, T)$。

10.5　气体成分和基本反应

首先，气体动力学涉及我们的自然环境。也就是说，在空气中，它表示氧气 (质量的 23%)、氮气 (质量的 76%)、惰性氩气、水蒸气、二氧化碳和其他少量物质 (约 1%) 的混合物。在高温条件下，空气则主要由以下的原子和分子构成：

$$O, \quad O_2, \quad N, \quad N_2, \quad NO \tag{10.5.1}$$

此外，高温气体是等离子体，也就是说，它包含前面列出的组分中的正离子 (NO^+ 等)、自由电子，并且，有时还存在负离子 (如 O_2^-)。

空气中的碳和氢元素可能存在以下化合物状态：

$$CO, \quad CO_2, \quad H_2O, \quad OH, \quad H, \quad H_2 \tag{10.5.2}$$

也就是各种复合氧化物 NO_n，碳氢化合物 C_nH_m，氰化物 CN 等。所有这些化合物在生态问题上都具有重要意义，当然这远超出了本书所涉及的范围。然而，高温气体的动态模型并未考虑这些少量气体带来的影响。与此同时，所有这些化合物，特别是式 (10.5.2) 中提及的，在其他星球 (如火星、金星、木星等) 的大气环境中，以及在火电厂的燃烧产物和包括火箭引擎在内的各种热机的燃烧产物中将起到重要作用。在气动动力学中，我们必须处理因包含钠、氟和其他元素的隔热涂层蒸发而形成的更为复杂的混合物。

本章介绍的一般理论是关于所有这些气体的混合物。不过，下面我们将主要研究空气的混合物，以及在地球大气层的航空航天飞行相关问题。

关于平衡空气的组分已在图 1.4 中进行了部分说明。我们注意到，尽管氮氧化物 (NO) 浓度相对较小 (不超过 10%)，但它在化学反应动力学和等离子体产生中起着重要的作用。而更小一级的离子和电子则在放射物理学和某些反应动力学中起着关键作用。

气体混合物的变化主要由一些环境因素 (压力，温度) 决定；但是，元素组分守恒条件在每种混合物中都成立。表示如下：

$$\sum_i c_i d_{ij} = c_j^{(*)}, \quad \sum_j d_{ij} = 1, \quad \sum_j c_j^{(*)} = 1 \tag{10.5.3}$$

这里，$c_j^{(*)}$ 是该混合物中元素 j 的质量分数；d_{ij} 为种类 i 的质量分数。例如，氧原子、O_2 和 NO 分子以及它们的离子状态，都包含氧原子，从而有

$$c_O + c_{O^+} + 2\left(c_{O^2} + c_{O^{2+}}\right) + 16/30\left(c_{NO} + c_{NO^+}\right) + \cdots = c_O^{(*)} \tag{10.5.4}$$

其中，$c_O^{(+)}$ 等都是离子浓度，离子和中性质量之间的差异可以忽略不计。对地球大气而言，我们有 $c_O^{(*)} = 0.23$ 和 $c_N^{(*)} = 0.76$。但是，这样的关系可能会有所不同，例如，在存在扩散的情况下，有时会导致流动区域中的元素分离 (详见第 13 章)。

对于带电粒子，即离子 (正负离子) 和电子，也存在类似的附加守恒条件。气体动力学问题中的气体通常是中性的，也就是说，如果我们处理的体积单元 (在气体动力学领域内，参见 1.4 节) 包含有大量的粒子，其中是不包含空间电荷的。关键是带电粒子相互作用的库仑力相当大，以至于在没有外部电磁力的情况下，不可能进行任何明显的电荷分离。换言之，气体动力学问题的离子化气体 (除了特别说明的情况下) 可以在准中性等离子体模型框架内进行处理。这样的等离子体，所有的流程都遵守电荷守恒定律：

$$n^+ - n^- - n_{el} = 0 \tag{10.5.5}$$

这里，n_{el}，n^+ 和 n^- 分别是电子和所有种类的正离子和负离子的浓度数值。

现在我们来对空气中混合物的一些过程进行说明，其他气体混合物也是如此。对于空气混合物，下列反应是最重要的：

$$1. \ O_2 + M + \varepsilon_D \Longrightarrow O + O + M \quad (\varepsilon_D = 5.1 \text{ eV})$$

$$\theta_D \Longrightarrow \varepsilon_D / k = 59000 \text{ K}$$

$$2. \ N_2 + M + 9.8 \text{ eV} \Longrightarrow N + N + M, \quad \theta_D = 113000 \text{ K}$$

$$3. \ NO + M + 6.5 \text{ eV} \Longrightarrow N + O + M, \quad \theta_D = 75000 \text{ K}$$

$$4. \ N + O_2 + 1.4 \text{ eV} \Longrightarrow NO + O, \quad \theta_D = 16000 \text{K}$$

$$5. \ O + N_2 + 3.3 \text{ eV} \Longrightarrow NO + N, \quad \theta_D = 38000 \text{ K}$$

$$6. \ N_2 + O_2 + M + 1.9 \text{ eV} \Longrightarrow 2NO + M, \quad \theta_D = 22000 \text{ K} \tag{10.5.6}$$

这里，ε_D 是每一个公式中的元素从左至右的反应所吸收 (对于 $\varepsilon_D > 0$) 或释放 (对于 $\varepsilon_D < 0$) 的能量；θ_D 是该反应的特征温度。在所有的反应中能量都被吸收，即，它们都是吸热的。与此相反，在放热反应 ($\varepsilon_D < 0$) 中能量将被释放 (很明显，ε_D 的符号依赖于反应进行的方向)。

上述列表中的前三个反应都是分子离解和原子重组的反应。其中，M 是公式 (10.2.4) 中引入的第三类粒子。接下来的两个反应都是交换反应。我们注意到，该交换反应需要少量的能量才能实现，而最重要的是它并不需要第三类粒子 M 的存在。事实上，尽管 NO 分子的浓度通常较小，但这会导致这些反应在空气混合物动力学中发挥重要作用。最后的一个反应形式上相当于 N_2 和 O_2 两个分子的离解反应，并形成 NO 分子。此反应在混合空气动力学中并不起任何重要的作用。

接下来，我们将写出空气中的基本电离反应：

$$1. \ N_2 + M + 15.6\,\mathrm{eV} === N_2^+ + e^- + M, \quad \theta_D = 180000\,\mathrm{K}$$

$$2. \ N + M + 14.6\,\mathrm{eV} === N^+ + e^- + M, \quad \theta_D = 170000\,\mathrm{K}$$

$$3. \ O_2 + M + 12.1\,\mathrm{eV} === O_2^+ + e + M, \quad \theta_D = 140000\,\mathrm{K}$$

$$4. \ O + M + 13.6\,\mathrm{eV} === O^+ + e^- + M, \quad \theta_D = 160000\,\mathrm{K}$$

$$5. \ NO + M + 9.3\,\mathrm{eV} === NO^+ + e^- + M, \quad \theta_D = 110000\,\mathrm{K}$$

$$6. \ N + O + 2.8\,\mathrm{eV} === NO^+ + e^-, \quad \theta_D = 32000\,\mathrm{K}$$

$$7. \ O + O + 6\,\mathrm{eV} === O_2^+ + e^-, \quad \theta_D = 70000\,\mathrm{K}$$

$$8. \ N + N + 5.6\,\mathrm{eV} === N_2^+ + e^-, \quad \theta_D = 65000\,\mathrm{K} \tag{10.5.7}$$

这里，反应 1 ~ 反应 5 是直接电离反应，而其他反应 (反应 6 ~ 反应 8) 涉及联合电离反应。鉴于所需能量较小，对于飞行速度 $U_\infty \leqslant 7\,\mathrm{km/s}$ 的情况，反应 6 将是支持空气离子化的电子的主要产生源。本质上这个过程在形式上相当于两个过程：N 原子和 O 原子再结合为 NO 分子 (式 (10.5.6) 中的反应 3) 和该分子的直接电离 (式 (10.5.7) 中的反应 5)。

上面列出的反应是典型的双原子分子的反应。三原子分子可能发生的反应数量则会有所增加。两个连续的反应将取代单个离解反应，例如，

$$CO_2 === CO + O, \quad CO === C + O$$

$$H_2O === OH + H, \quad OH === O + H \tag{10.5.8}$$

这里，粒子 M 被略去。正向反应涉及分子解离，而反向反应则涉及碳、氢，以及基本的 CO 和 OH 的燃烧过程。在形式上，上述过程并不会与式 (10.5.6) 中涉及的重组过程有所不同。

为了方便起见，我们将在最后按一定分类介绍之前列出的反应。依据化学计量方案，它们可以被分为两组。第一组反应，这里还是称之为离解，其与式 (10.2.4)

中的第一个过程一致，为了使反应正向进行，需要成对或二元粒子碰撞才能实现，而三元碰撞则用于反向重组和去离子流程：

$$AB + M \xrightleftharpoons{\hspace{2em}} A + B + M \tag{10.5.9}$$

这些反应包括式 (10.5.6) 中的反应 1 ～ 反应 3 和反应 6，式 (10.5.7) 的反应 1 ～ 反应 5 和式 (10.5.8) 的全部反应。我们将参照式 (10.5.6) 中的反应 4 和反应 5，以及式 (10.5.7) 中联合电离反应 5 ～ 反应 8 作为交换反应的第二组反应。它们将按照如下的公式进行反应：

$$A + B \xrightleftharpoons{\hspace{2em}} C + D \tag{10.5.10}$$

这里，并不需要第三类粒子 M。而从形式上来说，当 B ＝ D ＝ M 时，式 (10.4.4) 的激发过程仍然可以用此式来表示。与此相同，有电子交换反应：

$$A^+ + B \xrightleftharpoons{\hspace{2em}} A + B^+ \tag{10.5.11}$$

该反应未在式 (10.5.8) 中提及。所有这些反应都是通过二元机制在两个方向上进行的。为简洁起见，我们将式 (10.5.9) 和式 (10.5.10) 中的所有反应类型都称为二元反应。

10.6 熵和平衡条件

在上述平衡气体条件下，$\lambda_i = \lambda_i(p, T)$ 等应该已知的参数尚没有方法来确定。在下文中，我们将阐述由热力学第二定律确定的热力学系统平衡条件并将其用熵 s 对动力学变量 λ_i 的导数来表示。

对于原形式 $s = s(p, T, \lambda_i)$，有关联形式 $s = s(p, h, \lambda_i)$ 或 $s = s(e, \rho, \lambda_i)$（见 10.3 节），其依赖关系将在我们分析的第一部分完成。这些函数的区别如下：

$$ds = s_h^{(p,\lambda)}dh + s_p^{(h,\lambda)}dp + \sum_i s_{\lambda i}^{(p,h)}d\lambda_i$$

$$= s_e^{(\rho,\lambda)}de + s_\rho^{(e,\lambda)}d\rho + \sum_i^{\Sigma} s_{\lambda i}^{(\rho,e)}d\lambda_i$$

$$s_{\lambda i} = \frac{\partial s}{\partial \lambda_i}, \quad f_\alpha^{(\beta,\gamma)} = \left(\frac{\partial f}{\partial \alpha}\right)_{\beta,\gamma} \tag{10.6.1}$$

这里，下标指的是所述相应参数导数的分量；上标指的是求导过程中保持恒定的分量参数。$\lambda_i = \text{const}$ 系统是一个两参数系统，对于式 (1.5.1)，热力学第二定律

是有效的。因此，我们有

$$s_e^{(\rho,\lambda)} = s_h^{(p,\lambda)} = \frac{1}{T}, \quad s_p^{(h,\lambda)} = -\frac{1}{\rho T}, \quad s_\rho^{(e,\lambda)} = -\frac{p}{T\rho^2} \tag{10.6.2}$$

显然，对于 $\lambda_i = \text{const}$，T 是外部自由度的精确温度。

鉴于热力学第一定律，式 (1.2.7) 与系统中的内部过程无关，式 (10.6.1) 可以变换为以下形式：

$$\mathrm{d}s = T^{-1}\mathrm{d}Q + \mathrm{d}s^{(q)}, \quad \mathrm{d}s^{(q)} = \sum_i s_{\lambda i}^{(q)}\mathrm{d}\lambda_i, \quad \mathrm{d}Q = \mathrm{d}h - \rho^{-1}\mathrm{d}p \tag{10.6.3}$$

这里，$\mathrm{d}Q$ 是热通量差。导数 $s_{\lambda i}^{(q)}$ 称为绝热量，因其不仅取决于常数 p 和 h 或 ρ 和 e，也随 (p, h, λ) 或 (e, ρ, λ) 变量空间满足 $\mathrm{d}Q = 0$ 的绝热曲线的选取而改变。因此，式 (10.6.1) 表示函数 $h = h(p, s, \lambda_i)$ 或 $e = e(\rho, s, \lambda_i)$ 的微分形式，下述关系是有效的：

$$s_{\lambda i}^{(q)} = s_{\lambda i}^{(p,h)} = s_{\lambda i}^{(\rho,e)} = -\frac{1}{T}h_{\lambda i}^{(p,s)} = -\frac{1}{T}e_{\lambda i}^{(\rho,s)} \tag{10.6.4}$$

从式 (10.6.3) 可知，一个系统的熵的改变不仅会由于有热量供给系统 ($\mathrm{d}Q$)，而且也会因为存在组合物或系统状态 ($\mathrm{d}s^{(q)}$) 的改变而改变。因而，将非平衡状态作为一个整体，调用松弛方程 (10.4.3) 我们可以得到任意条件下的熵生成方程过程：

$$\frac{\mathrm{d}s}{\mathrm{d}t} = \frac{q}{T} + \frac{\mathrm{d}s^{(q)}}{\mathrm{d}t}, \quad q = \frac{\mathrm{d}Q}{\mathrm{d}t}$$

$$\frac{\mathrm{d}s^{(q)}}{\mathrm{d}t} = \sum_i s_{\lambda i}^{(q)}\Lambda_i \tag{10.6.5}$$

尽管按照 10.2 节的模型，由局部平衡子系统组成的气体混合物处于准关闭状态。而实际上，在非平衡过程中，我们将其视为一个整体的、关闭的状态。简单地说，该组分在混合物中的变化满足后面将要引入的条件。然而，根据热力学第二定律，一个封闭的、绝热的绝缘系统的总熵只能增加，并在平衡点达到最大值。因此，令式 (10.6.3) 和式 (10.6.5) 中的 $\mathrm{d}Q = 0$，我们可以得出如下条件：

$$\mathrm{d}s^{(q)} = \sum_i s_{\lambda i}^{(q)}\mathrm{d}\lambda_i \geqslant 0, \quad \frac{\mathrm{d}s^{(q)}}{\mathrm{d}t} = \sum_i s_{\lambda i}^{(q)}\Lambda_i \geqslant 0 \tag{10.6.6}$$

第一个条件表示在一个独立系统中，其过程发展的总体趋势，第二个条件则表示独立于该过程的特性。由于 $s_{\lambda i}^{(q)}$ 和 Λ_i 是状态函数而不是过程函数，它们是受到一定约束的。这里，等号涉及平衡状态，此时熵达到最大值。在接近这种状态时，$d\lambda_i$ 不改变熵的值。

因此动力学变量的绝热熵变化或 λ 变化在平衡状态 (平衡点) 附近为零。

从式 (10.6.6) 的不等式推导的 $f_i(\lambda_j) = 0$ 类型的平衡条件逻辑如下所示。如果 λ_i 是独立参数，那么，除了一个唯一的 $d\lambda_j$，令所有变量 $d\lambda_{i \neq j}$ 为 0 ($d\lambda_{i \neq j} = 0, d\lambda_j \neq 0$)。我们可以得到 $s_{\lambda j}^{(q)} \geqslant 0$，其中，$d\lambda_j$ 为不同符号的情况仅在平衡点存在 $s_{\lambda j}^{(q)} = 0$ 时有可能，该等量关系可视为平衡条件。

然而，在一般情况下，变量 $d\lambda_i$ 并不是独立的，它们是相关联的。首先，气体元素组成是由式 (10.5.3) 表征的；其次，真实的过程是在这些条件的基础上进行的。这些条件决定了实际封闭系统中一些成分的消失和另一些成分的出现受反应结构控制 (例如，一个单一的氧分子会分解产生两个氧原子)。正因如此，我们必须消除这些关系，并通过一系列的独立变量来解决不等式 (10.6.6) 中的问题。

在这方面，首先需要解决两个问题。即如何根据典型的热力学函数和变量来表述 $s_{\lambda j}^{(q)}$，以及如何对变量 $d\lambda_i$ 施加约束。我们将从第一个问题开始。气体混合物熵的微分是

$$ds = d\sum_i s_i c_i = \sum_i s_i dc_i + \sum_i c_i ds_i, \quad ds_i = ds_i^{(0)} + \sum_k ds_{ik}^{(v)} \quad (10.6.7)$$

这里，c_i 是进入系统的各组分质量浓度；s_i 是其比熵；$s_i^{(0)}$ 和 $s_{ik}^{(v)}$ 是独立热力学子系统外部和第 k 个内部自由度的熵 (见 10.2 节和 10.3 节)。

我们将调用热力学第一定律

$$dQ = dh - \frac{1}{\rho}dp = d\sum_i h_i c_i - \sum_i \frac{c_i}{\rho_i}dp_i$$

$$= \sum_i h_i dc_i + \sum_i c_i \left(dh_i - \frac{1}{\rho_i}\right)dp_i \quad (10.6.8)$$

考虑到式 (10.3.4)，式 (10.3.9)，式 (10.3.10) 和式 (10.3.12)，上式括号中的表达式为

$$dh_i - \frac{1}{\rho_i}dp_i = dQ_i = \sum_{k=0} dQ_{ik}, \quad dQ_{i0} = dh_i^{(0)} - \frac{1}{\rho_i}dp_i = T_i ds_i^{(0)}$$

$$dQ_{ik} = de_{ik}^{(v)} = T_{ik}^{(v)} ds_{ik}^{(v)}, \quad k = 1, \cdots \quad (10.6.9)$$

简洁起见，我们将指定 ds_i 和 $ds_{ik}^{(v)}$ 由 ds_n 来表示，相应的温度 T_i 以及 $T_{ik}^{(v)}$ 由 T_n 来表示。那么，对于绝热过程 ($dQ = 0$) 的关系式 (10.6.8) 有如下形式：

$$\sum_i h_i dc_i + \sum_n c_n T_n ds_n = 0 \quad (c_n = c_i, \quad \text{当 } n = i, ik) \quad (10.6.10)$$

将式 (10.6.7) 乘以 T, 再减去该式, 即, 基本组分的外部自由度温度 (即, 存在重粒子的情况, 如温度 $T_{el} \neq T$ 的电子气体), 我们得到

$$T\mathrm{d}s^{(q)} = -\sum_i \left[g_i - (T - T_i) s_i\right] \mathrm{d}c_i + \sum_n (T - T_n) c_n \mathrm{d}s_n \tag{10.6.11}$$

这里, g_i 为 i 组分的比热力学势:

$$g_i = h_i - T_i s_i \tag{10.6.12}$$

因此, 比较方程 (10.6.11) 和方程 (10.6.3) 我们可以得到

$$Ts_{\lambda i}^{(q)} = -g_i + (T - T_i) s_i = -h_i + Ts_i, \quad \mathrm{d}\lambda_i = \mathrm{d}c_i$$

$$Ts_{\lambda n}^{(q)} = c_n (T/T_n - 1), \quad \mathrm{d}\lambda_n = T_n \mathrm{d}s_n = \mathrm{d}Q_n \tag{10.6.13}$$

我们注意到, 式 (10.6.13) 中有 $T_n\mathrm{d}s_n = \mathrm{d}Q_n$, 其等于单个组分 i 的热流入或由能量传输而引起的内部自由度。

因此, 熵在一个非平衡绝热过程的变化是受整个系统内相互间的物理化学转换以及其独立子系统之间的能量交换影响的。

现在我们开始考虑另一个问题, 即在气体混合物中进行反应所受到的约束。这些约束条件通常称为反应的化学计量关系或物理化学过程。它们被写成如下的形式:

$$\sum_i v_i' \mathrm{A}_i \Longleftrightarrow \sum_i v_i'' \mathrm{A}_i \tag{10.6.14}$$

这里, A_i 是该介质 (混合组分物质) 的符号。其通过同时发生的碰撞参与每一个反应, 而其中的 v_i' 和 v_i'' 是该反应的化学计量系数, 其代表了粒子 A_i 正/逆反应的数量。在每一个正向反应中有 $\Delta v_i = v_i'' - v_i'$, 而 Δv_i 在逆向反应中不存在。我们称之为给定反应的化学计量差异。因此, 对于式 (10.5.9) 解离型反应我们有

$$v_{\mathrm{AB}}' = v_{\mathrm{A}}'' = v_{\mathrm{B}}'' = 1, \quad v_{\mathrm{A}}' = v_{\mathrm{B}}' = v_{\mathrm{AB}}'' = 0$$

$$\Delta v_{\mathrm{AB}} = -1, \quad \Delta v_{\mathrm{A}} = \Delta v_{\mathrm{B}} = 1$$

$$v_{\mathrm{M}}' = v_{\mathrm{M}}'' = 1, \quad \Delta v_{\mathrm{M}}' = 0 \tag{10.6.15}$$

对于不包含粒子 M 的交换反应 (10.5.10), 我们有

$$v_{\mathrm{A}}' = v_{\mathrm{B}}' = v_{\mathrm{C}}'' = v_{\mathrm{D}}'' = 1, \quad v_{\mathrm{A}}'' = v_{\mathrm{B}}'' = v_{\mathrm{C}}' = v_{\mathrm{D}}' = 0$$

$$\Delta v_{\mathrm{A}} = \Delta v_{\mathrm{B}} = -1, \quad \Delta v_{\mathrm{C}} = \Delta v_{\mathrm{D}} = 1 \tag{10.6.16}$$

因此, 第 s 次反应中每一个出现或者消失的粒子数目必定落在 $\Delta n_{is} \sim \Delta v_{is}$ 区间内, 或与质量浓度有如下关系:

$$\Delta c_{is} = \overline{M}_i \Delta v_{is} \Delta R_s \tag{10.6.17}$$

这里, ΔR_s 为给定反应的系数, 其正比于给定过程的混合反应质量比例。我们称之为反应位移, 并与反应速率相关。我们注意到, 式 (10.5.3) 中质量和混合物元素组成的守恒条件满足以下条件:

$$\sum_i \Delta c_{is} = 0, \quad \sum_i \overline{M}_i \Delta v_{is} = 0$$

$$\sum_i \Delta c_{is} d_{ij} = 0, \quad \sum_i \overline{M}_i d_{ij} \Delta v_{is} = 0 \tag{10.6.18}$$

将方程 (10.6.17) 代入方程 (10.6.11), 并对所有 i 求和, 我们可得出绝热过程的熵差表达式:

$$T \mathrm{d}s^{(q)} = -\sum_s \chi_s \mathrm{d}R_s + \sum_n c_n \left(T - T_n\right) \mathrm{d}s_n \geqslant 0$$

$$\chi_s = \sum_i G_i \Delta v_{is}, \quad G_i = \overline{M}_i g_i = H_i - TS_i \tag{10.6.19}$$

这里, G_i 为 $T_i = T$ 时的摩尔热力学势。

该不等式构成了平衡条件推导的基础。我们注意到, 首先, 一个平衡的系统必须是等温的, $T_n = T$ 必须得到满足。其次, 式 (10.6.19) 中的第二项必须为 0。下一步是假设在所有其他过程保持平衡的情况下, 任何第 s 个过程都有可能独立地偏离平衡 (严格地说是理论上的) 的基础上。令任意变量 $\mathrm{d}R_s \neq 0$, 其他变量均为 0, 并考虑对任意 $\mathrm{d}R_s$ 均有 $\mathrm{d}s^{(q)} \geqslant 0$。当系统返回平衡状态时, 我们可得到如下平衡条件:

$$\mathrm{d}s^{(q)} = 0, \quad \chi_s = \sum_i G_i \Delta v_{is} = 0$$

$$\Delta H_s = \sum_i H_i \Delta v_{is} = T \sum_i S_i \Delta v_{is} = T \Delta S_s \tag{10.6.20}$$

这里, ΔH_s 和 ΔS_s 分别是 Δv_{is} 的摩尔组分消失或出现的第 s 阶反应的摩尔焓和气体混合物的熵的总变化量。我们这里强调, 该变化量仅涉及反应的最终结果 (也可以称其为 Δv_{is} 的变化), 而不是辅助粒子 M 的反应速率参数 (参见 10.2.4)。

混合气体的每一个反应过程中都必须遵循该条件, 而无论此反应过程是否为独立的过程。也就是说, 在系统的单一反应或多反应中的一个反应过程中, 该系统作为一个整体且可以视为系统内部的每一个过程都是内部平衡的。

这一热力学的基本假设，被称为细致平衡原则，它是直观而明显的。然而，到目前为止，我们仅对在变量 dR_s 为实际独立的情况下进行了严格的证明。否则，它仅仅是判定系统平衡的充分条件。事实上，如果气体混合物或固定参数 λ_i，i 为数量，则必满足 J 条件式 (10.5.3) 或式 (10.5.5)。在 $s \leqslant L$ 时，通过平衡条件 $\chi_s = 0$ 可知，只有 λ_i 的 $L = I - J$ 个参数可能是独立和已知的。因此，这些条件和参数 dR_s (根据气体中可能存在的过程的数量，其数量可能是相当大的) 中，只有 L 个变量可能是独立的，因为它们的平衡也涉及其他的平衡过程。当 $s > L$ 时，参数 χ_s 和 dR_s 在平衡状态附近通过如下线性方程来确定：

$$dR_s = \sum_{l=1}^{L} \alpha_{sl} dR_l, \quad \chi_s = \sum_{k=1}^{L} \beta_{sk}\chi_k$$

$$s > L, \quad l, k = 1, \cdots, L \tag{10.6.21}$$

其中，α_{sl} 和 β_{sl} 为方程系数或状态参数。

在这些相关项中，条件 (10.10.19) 为

$$ds^{(q)} \sum_{l=1}^{L} s_{Rl}^{(q)} dR_l \geqslant 0, \quad s_{Rl}^{(q)} = \chi_l + \sum_{k=1}^{L} \gamma_{lk}\chi_k$$

$$\gamma_{lk} = \sum_{s>L} \alpha_{sl}\beta_{sk}, \quad l, k = 1, \cdots, L \tag{10.6.22}$$

在此不等式中，变量 dR_l 可以指定为相互独立的变量。这将引出必要的平衡条件 $s_{Rl}^{(q)} = 0$ 或含变量 χ_l 的系统 L 阶线性齐次方程。在一个非零行列式中，当 $\Delta \neq 0$ 时，该系统只有解 $\chi_l = 0$，这也证明了细致平衡原理 ($\Delta = 0$ 情况是基本不可能出现的，因为变量 p 和 T 在空间上与系数 α_{sl} 和 β_{lk} 都存在依赖关系)。

现在，我们将触及热力学势 $g = h - Ts$ 的平衡条件，其通常用于热力学中。回顾式 (10.6.3)，dg 的微分表达式可以写为如下形式：

$$dg = dh - Tds - sdT = \frac{1}{\rho}dp - sdT - T\sum_i s_{\lambda i}^{(q)} d\lambda_i \tag{10.6.23}$$

显然，这里有 $g_{\lambda i}^{(p,T)} = -Ts_{\lambda i}^{(q)}$。因此，相比于 $T_n = T$ (式 (10.6.23)，式 (10.6.13)，式 (10.6.6))，我们可以得到一个关于 p 和 T 为常数的条件：

$$dg^{(p,T)} = \sum_i g_{\lambda i}^{(p,\mathrm{T})} d\lambda_i = -T\sum_i s_{\lambda i}^{(q)} d\lambda_i = \sum_i g_i dc_i \leqslant 0 \tag{10.6.24}$$

如前文所述，等号表示平衡状态。因此，在等压系统（$p =$const 和 $T =$const）中的热力学势只能减小，并在最小值时达到平衡状态。而进一步的平衡条件也与前述情况相同。

该结果能够导出平衡状态附近的动力学变量的熵分布，这对于进一步的应用相当重要。为此，我们选择了 L 个广义的独立动力学变量 ξ_i。对一般情况而言，原系统中的每一个变量 λ_i 由至少包含一个变量 ξ_l 的项加以确定，这具有完整的意义。与式 (10.6.3) 比较分析，我们可以将广义变量的绝热熵差写为如下形式：

$$\mathrm{d}s^{(q)} = \sum_{l=1}^{L} D_l \mathrm{d}\xi_l, \quad D_l = s_{\xi l}^{(q)} = s_{\xi l}^{(p,h)} = s_{\xi l}^{(\rho,e)} \tag{10.6.25}$$

由于在平衡点 $\xi_l = \xi_{le}$ 熵具有最大值，由于所有的变量 $\mathrm{d}\xi_l$ 都是独立的，故所有的 D_l 在该点都为 0。因此，在该点附近且 p 和 h 固定时，有如下的扩展形式：

$$D_l = \sum_{l=1}^{L} D_{lk}\Delta\xi_k, \quad \Delta\xi_k = \xi_k - \xi_{ke}$$

$$D_{lk} = \left(\frac{\partial D_l}{\partial \xi_k}\right)_{p,h} = \left(\frac{\partial^2 s}{\partial \xi_k \partial \xi_l}\right)_{p,h} \tag{10.6.26}$$

相较于平衡值，熵的绝热偏差为

$$s - s_{\mathrm{e}} = \frac{1}{2}\sum_{l}^{L}\sum_{k}^{L} D_{lk}\Delta\xi_k\Delta\xi_l \leqslant 0 \tag{10.6.27}$$

因此，在平衡状态附近，在动力学变量空间，相较于平衡值的熵的绝热偏差为二阶量。对于在 10.3 节末介绍的具有单个动力学变量 λ 的三参数系统，式 (10.6.27) 具有如下扩展形式：

$$s - s_{\mathrm{e}} = \frac{1}{2}s_{\lambda\lambda}^{(q)}\left(\lambda - \lambda_{\mathrm{e}}\right)^2, \quad s_{\lambda\lambda}^{(q)} \leqslant 0$$

$$s_{\lambda}^{(q)} = s_{\lambda\lambda}^{(q)}\left(\lambda - \lambda_{\mathrm{e}}\right) \tag{10.6.28}$$

式 (10.6.27) 的二次型被称为负定义。其在任意独立变量的线性变化中具有固定的符号。因此，对于所有的 $l = k$，具备条件 $D_{ll} \leqslant 0$。

根据二次型理论，存在如下的系统变量线性变换：

$$\Delta\xi_l = \sum_{k=1}^{L} \bar{c}_{lk}\Delta\tilde{\xi}_k, \quad \Delta\tilde{\xi}_k = \sum_{k=1}^{L} c_{lk}\Delta\xi_k \tag{10.6.29}$$

其中，$\bar{c}_{lk}$ 和 c_{lk} 分别是线性变换矩阵及其逆矩阵，它们将上述二次型变换为了规范形式，其仅包含平方和：

$$s - s_e = \frac{1}{2} \sum_{l=1}^{L} \widetilde{D}_{ll} \left(\Delta \tilde{\xi}_l \right)^2$$

$$\widetilde{D}_l = \left(\frac{\partial s}{\partial \tilde{\xi}_l} \right)_{p,h} = \widetilde{D}_{ll} \Delta \tilde{\xi}_l, \quad \widetilde{D}_{ll} = \frac{\partial^2 s}{\partial \tilde{\xi}_l^2} \leqslant 0 \tag{10.6.30}$$

这些变量被称为规范变量。

10.7　内部自由度的平衡：玻尔兹曼分布

本问题可分解为两个问题：内部自由度的一组或一个模式内两个任意量子能级的部分平衡问题 (这一部分的概念在 10.2 节中已介绍)，以及作为整体的本地或内部的平衡模式。

我们将首先从式 (10.4.4) 中物质 A 的两个量子能级的平衡问题开始讨论。假设符号 A_1 和 A_2 分别为处于两个激励能级的粒子。该反应的化学计量差为 $\Delta v_1 = -1$ 和 $\Delta v_2 = 1$。在这种情况下有 $\Delta v_M = 0$，式 (10.6.20) 的条件可以写为如下形式：

$$\Delta H = H_2 - H_1 = T \left(S_2 - S_1 \right) = T \Delta S \tag{10.7.1}$$

该公式的含义是非常明显的，与方程 (1.5.1) 相一致，其给出了一个可逆的等温等压过程中的熵增量 ΔS，即将 1mol 的 A_1 粒子转化为 1mol 的 A_2 粒子会产生热流 ΔH。

能级间的摩尔焓之差可以写为如下形式：

$$H_2 - H_1 = N_0 \left(\varepsilon_2 - \varepsilon_1 \right) = \left(R/k \right) \left(\varepsilon_2 - \varepsilon_1 \right) \tag{10.7.2}$$

其中，N_0 为阿伏伽德罗常量；R 为气体常数；k 为玻尔兹曼常量 (这里以及在接下来描述的 kT 或 $k\theta$ 中均为此意义)；ε_1 和 ε_2 为不同级的能量水平 (这里 $\varepsilon_2 > \varepsilon_1$)。此处也揭示了式 (10.3.4) 中形成焓 h_{0i} 的意义。粒子 A_1 和 A_2 可被认为是相互独立的物质，其自身压力分别为 p_1 和 p_2，熵分别为 S_{01} 和 S_{02}，其他的热力学参数 $h_i^{(0)}$ 和能量 $e_i^{(v)}$ 均相同，这里不做考虑。然后，根据式 (10.3.9)～ 式 (10.3.13)，粒子摩尔熵之差可表示为

$$\Delta S = S_2 - S_1 = R \left(\ln p_1 - \ln p_2 \right) + S_{02} - S_{01} \tag{10.7.3}$$

因此，式 (10.7.1) 所需的平衡条件有如下形式：

$$\frac{p_2}{p_1} = \frac{n_2}{n_1} = K(T) = \frac{I_2}{I_1} e^{-(\varepsilon_2-\varepsilon_1)/(kT)}, \quad \ln I_k = S_{0k}/R \tag{10.7.4}$$

这里，省略了下标 e；n_2 和 n_1 分别为粒子 A_2 和 A_1 的浓度数值或 A 粒子的能级数。该公式还确定了所有相似的平衡条件下与典型的平衡常数 $K(T)$ 相关的幂律温度。作为确定的系数 I_1 和 I_2，如前所述，在统计物理框架内它们被称为相等能量能级下的简并因子 (例如，在索末菲原子模型的所有电子轨道中，既包含圆形轨道，也包含椭圆形轨道)。

现在，我们将考虑由一组给定自由度和量子水平的同类粒子所组成的系统。很显然，总的平衡必要条件要求这些能级水平两两平衡，且满足式 (10.7.4) 的条件。令 n_0 为 A 粒子数量为零的情况。下标 0 和 k 分别为式 (10.7.4) 中的 1 和 2，我们可以得到能量水平为 k (能量为 ε_k) 的粒子群的玻尔兹曼分布或细致平衡原理：

$$\frac{p_k}{p_0} = \frac{n_k}{n_0} = \bar{I}_k e^{-(\varepsilon_k-\varepsilon_0)/(kT)}, \quad \bar{I}_k = \frac{I_k}{I_0} \tag{10.7.5}$$

这种分布是统计物理中的吉布斯分布的一种特例。为方便起见，在下文中，我们将假定 $\varepsilon_0 = 0$，从而以基本能级作为基准点。每单位体积 A 中所有颗粒的总数为

$$n_A = \sum_{k=0}^{m} n_k = n_0 Z, \quad Z = \sum_{k=0}^{m} \bar{I}_k e^{-\varepsilon_k/(kT)} \tag{10.7.6}$$

这里，$m = k_{max}$ 为前述粒子离解或电离时上一能级的粒子数量；函数 Z 为给定的一组自由度的统计总和，在本例中，其依赖于温度，当 $Z \to 0$，即，$T \to 0$。根据式 (10.7.5) 我们可以消去 n_0：

$$\bar{n}_k = \frac{n_k}{n_A} = \frac{\bar{I}_k}{Z} e^{-\varepsilon_k/(kT)} = K_{kA} \tag{10.7.7}$$

令 $n_A = N_0$，我们可以得到这些粒子所有能级的总摩尔能量：

$$E^{(v)} = \sum_{k=0}^{m} \varepsilon_k n_k = \frac{N_0}{Z} \sum_{k=0}^{m} I_k \varepsilon_k e^{-\varepsilon_k/(kT)} = RT^2 \frac{\partial \ln Z}{\partial T} \tag{10.7.8}$$

当 $T \to 0$，我们可以到近似表达式：

$$E^{(v)} \approx N_0 \bar{I}_1 \varepsilon_1 e^{-\varepsilon_1/(kT)}, \quad Z - 1 \approx \bar{I}_1 e^{-\varepsilon_1/(kT)} \tag{10.7.9}$$

其可确保式 (10.3.12) 中的积分表达式 $s^{(v)}$ 收敛。

多组 l 的内部自由度总能量 $E_\Sigma^{(v)}$ 与函数 Z_Σ 存在如下关系：

$$Z_\Sigma = \prod_l Z_l, \quad E_\Sigma^{(v)} = \sum_l E_l^{(v)} \tag{10.7.10}$$

我们将这一结果应用到双原子分子振动情况。在这种情况下，能级在一定程度上近似符合规律 $\varepsilon_k = k\varepsilon_v$。其中，$\varepsilon_k$ 为第一级的能量 (对于零级或是基本能级，假定 $k = 0$ 且 $\varepsilon_v = 0$)，且 $I_k = 1$。

这就是谐振子模型，其假设了分子的原子间吸引力呈线性 (如无弹性弹簧上的载荷)。在这种情况下，式 (10.7.6) 和式 (10.7.8) 可整合为如下形式：

$$Z = Z_m = \sum_{k=0}^m q^k = \frac{1 - q^{m+1}}{1 - q}$$

$$q = \mathrm{e}^{-\theta_v/T}, \quad k\theta_v = \varepsilon_v$$

$$E^{(v)} = E_{vm} = \frac{R\theta_v q}{1 - q}(1 - \beta_m), \quad \beta_m = \frac{(m+1)q^m}{Z_m} \tag{10.7.11}$$

这里，E_v 是振动能量；θ_v 是特征振动温度。对于氧分子和氮分子，我们分别有 $\theta_v = 2230$ K 和 3340 K。这比 10.2 节给出的相同分子的典型解离和离子化温度 ($\theta_\mathrm{D} \geqslant 60000$ K) 要低得多。由于上一个振动能级的能量为 $\varepsilon_m = m\varepsilon_v \approx \varepsilon_\mathrm{D}$，也就是等于解离能，因此有 $m \approx \theta_d/\theta_v$。对于氮和氧，该结果分别为 $m \approx 26$ 和 $m \approx 34$。然而，对于分子的高振动水平，该谐振子模型是不正确的，其分布实际上是更广泛的 (参见 10.2 节的图 10.1)。这种非谐振的效应导致其所产生的振动是前述振动的 2 倍，即 $m \approx 2\theta_\mathrm{D}/\theta_v$。

然而，对于存在平衡的分子离解情况，温度范围为 $\theta_v \leqslant T \leqslant 3\theta_v$，即，$q = \mathrm{e}^{-\theta_v/T} \leqslant \mathrm{e}^{-1/3}$。在这些条件下，对于高水平情况的分子浓度是相当小的，且对总振动能量贡献很小。因此，其可应用于谐振子模型。由于任意先前所作的假设中 m 的值都有很多的限制，所以系数 β_m 等也是如此。根据方程 (10.7.11)，对应于该级别趋向于无穷大时，q^m 可以忽略不计 ($m \to \infty$)：

$$E_v^{(\infty)} = \frac{R\theta_v}{\mathrm{e}^{\theta_v/T} - 1}, \quad Z = \frac{1}{1 - \mathrm{e}^{-\theta_v/T}} \tag{10.7.12}$$

函数 $E_v^{(\infty)}$ 和 β_m 如图 10.3 所示。这些方程即最广泛应用的经典谐振子模型。方程 (10.7.1) 可应用于截断谐振子模型。对于函数 T/θ_v 取较大值时，式 (10.7.12) 有如下渐近表达式：

$$E_v^{(\infty)} = RT\left(1 - \frac{\theta_v}{2T}\right), \quad Z = \frac{T}{\theta_v}\left(1 - \frac{\theta_v}{2T}\right) \tag{10.7.13}$$

如图 10.3 所示，当 $T/\theta_v > 1$ 时，该渐近表达式成立。当 $T/\theta_v \gg 1$ 时有 $E_v^{(\infty)} \to RT$，这对应于经典的两个自由度下动能和势能与振动相关的均匀能量分布原理。在这种情况下，方程 (10.3.3) 中应有 $l_i = 7$，绝热指数 $\gamma = 9/7$。

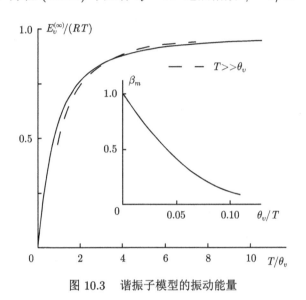

图 10.3　谐振子模型的振动能量

我们还注意到，如前所述，方程 (10.7.11) 应用于截断振荡器时，如果同时满足以下不等式，则限制方程 $E_v = RT$ 仅表示中间渐近性：

$$\theta_v/T \ll 1, \quad q^m = e^{-m\theta_v/T} \ll 1 \tag{10.7.14}$$

事实上，当 $q \to 1$ 时，表达式 (10.7.11) 中的 Z_m 和 E_{vm} 具有一个可移动的奇异点，且其可以被消除。例如，通过 $\Delta = 1 - q \ll 1$ 扩大它们的值，此时会有如下渐近表达式：

$$Z_m = (m+1)\left(1 - \frac{1}{2}m\Delta\right)$$

$$E_{vm} = -R\theta_v \frac{q}{Z_m}\frac{\partial Z_m}{\partial \Delta} = \frac{1}{2}mR\theta_v = \frac{1}{2}R\theta_D$$

$$\Delta = 1 - q \approx \theta_v/T \ll 1 \tag{10.7.15}$$

当 $\Delta = 0$ 时，该公式保持恒定且与温度无关。在此限制下，式 (10.7.7) 的能级数量分布将变为均匀，即 $n_k = n_A/m$。但是，它们的能量等于 $k\varepsilon_v n_A/m$，随着 k 的增长而增长。该模型的分子离解能量为 $\varepsilon_D = m\varepsilon_v$，故摩尔平衡振动的极限能 (当 $T \to \infty$) 为 $E_{vm} = \frac{1}{2}N_0\varepsilon_D$。

　　然而，式 (10.7.13) 和式 (10.7.15) 中氧和氮分子的极限平衡状态在实际中是无法实现的，因为在其适用范围内，平衡空气混合物中几乎没有任何分子。与此同时，在 10.11 节中，我们将使用式 (10.7.15) 进行一个不同的解释。

　　现在，我们将以二氧化碳 (CO_2) 为例，对三原子分子进行研究。根据这种分子内原子的线性排列，其具有四种振动模式：两种纵向的排列 (对称和反对称) 分别有 $\theta_{v1} = 3380$ K，$\theta_{v2} = 1920$ K；以及两种相互垂直方向的横向排列，此时 $\theta_{v3,4} = 960$ K。后者称之为多重模式或退化模式。

　　鉴于 $\theta_{v3,4}$ 的值较小，随着温度的升高，二氧化碳开始与主要成分为氧气和氮气的理想气体有所区别 (对于 $T > 300$ K 情况，参见 1.1 节的图 1.3)。

　　对于 T/θ_v 取较大值时，二氧化碳总的分子振动能量 $E_v = 4RT$ 是相当大的。根据式 (10.3.3)，分子的总自由度数 $l_i = 13$，此时，绝热指数为 $\gamma = 15/13$。即使不考虑解离效应的影响，该值也非常接近于混合气体值。然而，当离解开始时，该限制条件也难以实现。该属性对于其他自由度都是很常见的，例如，对于原子和分子的电子态。

　　然而，对于这一规则，存在一个重要的例外，即转动自由度，根据量子理论，它也取决于离散水平。这些能级的能量相对较小，因此在中等气体密度的范围内，其也可视为旋转温度为 T_r 的平衡–激发状态。此外，如同许多其他分子 (可能氢气除外) 一样，对于空气分子旋转特性温度 θ_r 非常小，即使在标准温度下，旋转自由度也都只是以经典方式激发，该状态下每一个旋转模式的摩尔能量为 $RT/2$。这使得引入 10.2 节中的外部自由度成为可能。

　　现在，我们将更加细致地考虑整体为非平衡状态混合气体内部自由度的内部或局部的独立平衡问题。如前所述，在一般情况下，每个量子能级都可以被认为是一个独立的自由度。然而，处理速率的层次结构通常是这样的，即在一个组内达到量子能级 (10.7.7) 的平衡能量分布比在该组和其他自由度之间要快得多。然后，在玻尔兹曼分布 (10.7.7) (其实只是给定模式内部平衡的证据) 和能量 $E^{(v)}$ 的公式 (10.7.8) 中整个群可以被视为单个自由度以及独立地拥有各自单独属性温度 $T^{(v)}$ 的热力学系统 (不是 T)。正因如此，这些公式将确定温度 $T^{(v)}$。

　　而这种方法通常应用于分子振动问题。在这种情况下，相邻能级水平越接近，越容易达到平衡状态。而原子和分子的电子态，从能量活跃的角度看，距离通常是相当遥远的。这也阻碍了电离过程的内部平衡进程。

　　我们得出如下的结论：单独的量子能级数目甚至可能会因不同的自由度模式的干扰而增加。因此，分子的振动能级 k 具有 l 个电子激发能级，从而使这些能级的总数可以通过独立模式的能级数量 kl 确定。

10.8　化学反应平衡与气体组成

现在，我们根据一般化学计量关系 (10.6.14) 来讨论化学反应的平衡条件。用表达式 (10.3.3) 和式 (10.3.13) 替代组分的摩尔焓和摩尔熵并代入平衡条件 (10.6.20) 中，假设分子内部自由度是平衡的 (否则系统总体上不能达到平衡)，则由内部自由度的能量所确定的项表达如下：

$$E_i^{(v)} - TS_i^{(v)} = E_i^{(v)} - T\int_0^T \frac{\mathrm{d}E_i^{(v)}}{T} = -TRJ_i^{(v)}$$

$$J_i^{(v)} = \sum_l J_{il}^{(v)}, \quad J_{il}^{(v)} = \frac{1}{R}\int_0^T E_{il}^{(v)}\frac{\mathrm{d}T}{T^2} = \ln Z_{il} \tag{10.8.1}$$

这里，$E_{il}^{(v)}$ 是组分 i 的内部自由度的第 l 组能量；Z_{il} 是相应的统计和 (方程 (10.7.8))。于是，我们引入变量

$$\omega_s = \frac{1}{R}\sum_i \Delta v_{is} C_{pi}^{(0)}, \quad \theta_s = \frac{1}{R}\sum_i \Delta v_{is} H_{0i}$$

$$J_s^{(v)} = \sum_i \Delta v_{is} j_i^{(v)}, \quad \Delta v_s = \sum_i \Delta v_{is}$$

$$\ln I_s = \frac{1}{R}\sum_i \Delta v_{is}\left(S_{0i} - C_{pi}^{(0)}\right) \tag{10.8.2}$$

根据式 (10.7.10)，条件 (10.6.20) 可表达为如下形式：

$$\prod_i p_i^{\Delta v_{is}} = (kT)^{\Delta v_s}\prod_i n_i^{\Delta v_{is}} = K_s(T) = (kT)^{\Delta v_s \bar{K}_s(T)}$$

$$K_s(T) = I_s T_s^{\omega_s} Q_s \mathrm{e}^{-\theta_s/T}$$

$$Q_s = \exp J_s^{(v)} = \prod_i Z_i^{\Delta v_{ls}}, \quad Z_i = \prod_l Z_{il} \tag{10.8.3}$$

这些条件通常被称为质量作用定律。如 10.4 和 10.7 节所述，函数 $K_s(T)$ 和 $\bar{K}_s(T)$ 是平衡常数，分别表达为分压和组分浓度的函数。关于摩尔浓度和质量浓度的平衡条件也可表达为如下形式：

$$\prod_i x_i^{\Delta v_{is}} = \bar{M}^{\Delta v_s}\prod_i \left(\frac{c_i}{\bar{M}_i}\right)^{\Delta v_{is}} = p^{-\Delta v_s}K_s = K_{sp}(T, p) \tag{10.8.4}$$

现在，我们解释这些公式中相关的变量的含义。$R\omega_s$ 是混合物总热量的变差，$R\theta_s$ 是给定反应的总热量，θ_s 是特征温度 (和 10.2 节中的 θ_D 相同)。该量的数值通常相当大，为此，函数公式 (10.8.3) 中的 $K_s(T)$ 对温度的依赖性主要取决于因子 $e^{-\theta_S/T}$。因子 Q_s 由内部自由度的能量来确定，按照积分 $J_{il}^{(v)}$ 和函数 Q_s 所遵循的乘法定律，其依赖于单个组分的贡献。在此种情况下，根据方程 (10.7.9)，当 $T \to 0$ 时，$J_s \to 0$，进而系数 $Q_s \to 1$。当温度较高时，该因子以指数形式依赖于温度。

作为说明，根据式 (10.7.12)，我们针对双原子分子的振动能量 $E^{(v)}$ 计算该因子的值。在此情况下，关于表达式 (10.8.2) 中的 $J_S^{(v)}$，对分子来讲，应令 $\Delta v_{is} = -1$，对原子来讲，$E_i^{(v)} = 0$，于是得到

$$Q_S = 1 - e^{-\theta_v/T} \to \frac{\theta_v}{T}, \quad \text{当 } \frac{\theta_v}{T} \ll 1 \tag{10.8.5}$$

我们注意到，在当前普遍认为反应的平衡常数是已知的，至少对最常用气体是已知的。诸多参考书中均能查阅到平衡常数表，如 Glushko(1978) 以及 JANAF 热化学表 (1985)。

进一步我们讨论平衡常数的若干性质。在 10.6 节中，我们引入相关反应和无关反应的概念，后者的数量与差值 $L = I - J$ 相等，其中，I 和 J 分别是混合物组分个数和元素个数。例如，在氮氧混合物中至少存在式 (10.5.6) 的六个反应并带有六个平衡条件。再考虑两个关于 O 和 N 元素的质量平衡关系，即式 (10.6.3)，对五个组分 (O, O_2, N, N_2 及 NO) 而言，这显然是过多的。但是，从式 (10.8.3) 可以得出，对后续的反应，$\prod_i p_i^{\Delta v_{is}}$ 项与前三个反应具有相同的表达形式。因此，平衡常数 $K_s(T)$ 需满足相同的规律。从这个意义上讲，式 (10.5.6) 中的三个任意反应可视作无关反应，而其他的则为相关反应。

在一般情况下，如果第 s 个反应取决于先前的 L 个反应，则根据式 (10.8.3)，则存在如下条件：

$$K_s = \sum_{l=1}^{L} K_l^{\alpha_{ls}}, \quad \Delta v_{is} = \sum_{l=1}^{L} \Delta v_i \alpha_{ls} \tag{10.8.6}$$

通过对方程 (10.8.3) 取对数形式，可以确信上式是正确的；于是，关于 $\ln p_i$ 线性的相关方程变为具有系数 α_{ls} 的独立方程的线性组合。

因此，用以确定平衡气体成分的独立方程的个数始终等于未知变量的个数。另外，我们还注意到，使用守恒条件 $\sum_i c_i = 1$、$\sum_i x_i = 1$ 及 $\sum_j c_j^* = 1$ (其中，c_j^* 为组元浓度，见 10.5 节)，可以替代前文中所提到的条件。

现在我们给出 10.5 节所述的二元反应的通用形式。对式 (10.5.9) 类型的反应，按照式 (10.6.15) 的形式表达平衡条件式 (10.8.3) 和式 (10.8.4)，有

$$\frac{p_A p_B}{p_{AB}} = T\frac{n_A n_B}{n_{AB}} = K(T) = IT^\omega Q e^{-\frac{\theta}{T}} \tag{10.8.7}$$

$$\frac{c_A c_B}{c_{AB}} = \frac{\rho_D}{\rho}e^{-\theta/T}, \quad \rho_D = \frac{\bar{M}_A \bar{M}_B}{R\bar{M}_{AB}}IT^{\omega-1}Q \tag{10.8.8}$$

这里，省略了下标 s。

函数 ρ_D 表征了反应的特征密度。在这里，式 (10.8.2) 表达为如下形式：

$$R\omega = C_{pA}^{(0)} + C_{pB}^{(0)} - C_{pAB'}^{(0)}, \quad R\theta = H_{0A} + H_{0B} - H_{0AB}$$

$$J^{(v)} = J_A^{(v)} + J_B^{(v)} - J_{AB'}^{(v)}, \quad Q = \exp J^{(v)} = Z_A Z_B Z_{AB}^{-1} \tag{10.8.9}$$

对一个二元反应而言，变量 $R\theta$ 为单位摩尔原始反应物的分解能，而 $\varepsilon_D = k\theta$ 是单个粒子的解离或电离能。按照式 (10.3.7)，我们有 $C_p^{(0)} = 5R/2$ (对原子) 及 $C_p^{(0)} = 7R/2$ (对双原子分子)，以致对后者离解反应，我们有 $\omega = 3/2$。中性粒子和其离子的摩尔热是相同的，而电子的热容与原子的是相同的；因此，对电离反应，我们有 $\omega = 5/2$。

如果混合物粒子 A 和 B 仅仅是由分子 AB 分解而形成的，那么有 $n_A = n_B$，$p_A = p_B$ 以及 $x_A = x_B$，从式 (10.8.7) 可以得到

$$\frac{p_A^2}{p_{AB}} = T\frac{n_A^2}{n_{AB}} = K(T), \quad \frac{x_A^2}{x_{AB}} = K_p = -\frac{1}{p}K \tag{10.8.10}$$

如果 A 和 B 是离子和电子，那么该关系式同样给出与正离子 $n^+ = n_A$、电子 $n_{el} = n^+$ 和中性粒子 $n_n = n_{AB}$ 的浓度相关的萨哈方程。更普遍的情况下，可以类似地写出复合分子 AB 分解成正负离子 (A 和 B) 的公式。所有情况下，气体混合物分解还可以描述为离解度或电离度 $\alpha = n_A/n_{AB}$，或通过分解分子的相对数目进行描述。对由单元素原子 $c_A = c$ 和分子 $c_{AB} = 1-c$ 组成的二元混合物而言，式 (10.8.8) 可表达为如下形式：

$$\frac{c^2}{1-c} = \frac{\rho_D}{\rho}e^{-\theta/T} \tag{10.8.11}$$

那么，根据状态方程 $(10.3.16)\overline{M}_m p = (1+c)R\rho T$，我们有

$$c^2 = \frac{\varphi}{1+\varphi}, \quad \varphi = \frac{\rho_D RT}{p\bar{M}_m}e^{-\theta/T} \tag{10.8.12}$$

氧气的特征密度为 $\rho_D \approx 1.5\times10^5$ kg/m³，氮气的特征密度为 $\rho_D \approx 1.3\times10^5$ kg/m³，在温度范围 $T \leqslant 7000$ K 内二者的偏差均很小 (不超过 15%)。这些较大的值 (标准空气密度为 $\rho_a \approx 1.3$ kg/m³) 将由相同条件下很小的量 $e^{-\theta/T}$ 来抵消 (对 $\theta \geqslant 60000$ K 时空气的气态组分)。特征密度 ρ_D 具有守恒性，至少在参数估计 (理想离解气体的 Lighthill 模型) 时可视为常数。有趣的是，可以通过假设分子振动在能量 $Ev = RT/2$ 下被激发一半，而忽略其他自由度的能量来使得 ρ_D 保持恒定。这种情况下，我们应该令 $C_p^{(0)} = 4R$，$C_v^{(0)} = 3R$ 及 $E_i^{(v)} = 0$，在式 (10.8.9) 中，令 $\omega = 1$ 且 $Q = 1$，于是获得 ρ_D 的常数值。

下面我们将进一步考虑关于温度和压力的平衡气体组分的振动方程，该方程由平衡常数 K_s 和 K_{ps} 对以上参数的相关性来确定。对表达式 (10.8.3) 和式 (10.8.4) 作微分，并对式 (10.6.20) 中的最后一个式子作微分，同时考虑式 (10.3.10)，我们有

$$\mathrm{d}\ln K_{ps} = \mathrm{d}\ln K_s - \Delta v_s\frac{\mathrm{d}p}{p}, \quad \Delta v_s = \sum_i \Delta v_{is}$$

$$\mathrm{d}\ln K_s = \frac{\Delta H_s}{RT^2}\mathrm{d}T, \quad \Delta H_s = \sum_i \Delta v_{is}H_i \tag{10.8.13}$$

显然，对 $\Delta H_s > 0$，以上函数随温度的增大而增大，而函数 K_{ps} 随压力的增大而减小。如果化学反应造成粒子总数增加，那么 $\Delta v_s > 0$，反之亦然。对二元反应，$\Delta v_s = 1$ 且 $\Delta H_s = H_A + H_B - H_{AB}$，因此，对吸热反应，反应过程吸收热量 (包含在新产生粒子的内能 H_A 和 H_B 中)，我们有 $\Delta H_s > 0$。因此，根据式 (10.8.10)，按照方程 $x_{AB} = 1 - 2x_A$，粒子的摩尔浓度 x_A 和 $x_B = x_A$ (以及其他形式的浓度) 随温度的升高而增加，随着压力的增大而降低。

为方便描述，根据式 (10.8.12) $(\rho_D = \rho_D(T))$，对二元气体混合物，我们有

$$\left(\frac{\partial c}{\partial p}\right)_T = -\frac{c}{2p}\left(1 - c^2\right) < 0 \tag{10.8.14}$$

对理想的解离气体[①]$(\rho_D = \mathrm{const})$，我们有

$$\left(\frac{\partial c}{\partial p}\right)_T = \frac{c}{2T}\left(1 - c^2\right)\left(1 + \frac{\theta}{T}\right) > 0 \tag{10.8.15}$$

当 $c = 0$ 或 $c = 1$ 时，上述导数值为零；当 $c = 1/\sqrt{3}$ 时，导数存在极值。我们注意到，在平衡空气中氧原子和氮原子具有同样的不等式关系。这一点在图 1.4 中已经得以证明。

[①] 多组分气体混合物在多个化学反应条件下的组分浓度的通用形式见 Lunev (1975)。

10.9 化学反应速率

在 10.4 节, 我们推导出了方程 (10.4.10) 中关于内部自由度弛豫过程的源函数 Λ_i 的通用形式。下面我们将获得由化学计量机制表达式 (10.6.14) 描述的任意物理化学过程的反应速率的更加通用的表达式。

按照化学反应的表达式, 为了使反应正向进行, 各种类型的 ν_i' 粒子必须出现在相互作用范围之内, 而各种类型的 ν_i'' 粒子在逆向反应中则是必需的。从 10.4 节的推论中可以得出, 正向 r_{f} 和逆向 r_{r} 的化学反应速率必须与如下乘积项成正比:

$$r_{\mathrm{f}} = \bar{k}_{\mathrm{f}} \prod_i n_i^{v_i'} = k_{\mathrm{f}} \prod_i p_i^{v_i'}, \quad r_{\mathrm{r}} = \bar{k}_{\mathrm{r}} \prod_i n_i^{v_i''} = k_{\mathrm{r}} \prod_i p_i^{v_i''} \tag{10.9.1}$$

其中, 正如 10.4 节所讲, $\bar{k}_{\mathrm{f}}$ 和 k_{f} 为正向反应速率; $\bar{k}_{\mathrm{r}}$ 和 k_{r} 为逆向反应速率。

另一方面, 按照方程 (10.6.17), 第 s 次化学反应中各个组分粒子数目的增量 Δn_{is} 必须与化学当量差 v_{is} 成正比。因此, 类比式 (10.4.4), 第 s 次化学反应中组元 i 的单位体积摩尔数的生成率可以表达为如下形式:

$$r_{is} = \Delta v_{is} r_s, \quad r_s = r_{\mathrm{f}s} - r_{\mathrm{r}s} = k_{\mathrm{f}s} \prod_i p_i^{v_{is}'} - k_{\mathrm{r}s} \prod_i p_i^{v_{is}''} \tag{10.9.2}$$

这里, r_s 为第 s 次化学反应的速率, 与式 (10.6.17) 引出的参数 R_s 对时间的导数成正比。因为 r_s 对粒子浓度的依赖性在式 (10.9.1) 中已有体现, 该常数不再依赖于压力, 而只依赖于反应过程本身、温度和内部自由度的激发程度, 在特殊情况下, 只依赖于温度 $T_{ik}^{(v)}$。

无论速率 r、r_{f} 和 r_{r} 表达为何种形式 (粒子数目 n_i, 或单位体积摩尔数 $N_i = n_i/N_0$, 或分压 p_i 等), 如 10.4 节所讨论的, 它们的量纲均可确定为物质的量/(体积 × 时间)(即 $\mathrm{mol/m^3 \cdot s}$)。而化学反应速率 k_{f}、$\bar{k}_{\mathrm{f}}$ 等的量纲可以根据状态方程 $p_i = n_i kT$ 来确定。

进一步, 我们将关于 r_s 的公式转化为如下形式:

$$r_s = k_{\mathrm{r}s} \prod_i p_i^{v_{is}'} \left(\widetilde{K}_s - \prod_i p_i^{v_{is}} \right) = X_s \Phi_s$$

$$X_s = k_{\mathrm{r}s} \prod_i p_i^{v_{is}'} = k_{\mathrm{r}s} p^{\beta_s} \prod_i x_i^{v_{is}'}, \quad \beta_s = \sum_i v_{is}'$$

$$\Phi_s = \widetilde{K}_s - \prod_i p_i^{\Delta v_{is}} = \widetilde{K}_s - p^{\Delta v_s} \prod_i x_i^{\Delta v_{is}}$$

$$\widetilde{K}_s = k_{\mathrm{f}s}/k_{\mathrm{r}s}, \quad x_i = p_i/p, \quad \Delta v_s = \sum_i \Delta v_{is} \tag{10.9.3}$$

以上公式中，k_{rs} 通常简称为化学反应速率常数。如果 $r_s > 0$，化学反应朝正向进行，反之亦然。当内部和外部自由度平衡时，函数 $\tilde{K}_s$ 与 10.8 节引入的平衡常数相一致。在平衡状态，$r_s = 0$，而且平衡条件由 10.8 节得到的质量作用定律来给出。

关于质量浓度的方程 (10.9.2) 和方程 (10.4.10) 是相似的，根据方程 (10.6.17)，可表达为如下形式：

$$\frac{\mathrm{d}c_{is}}{\mathrm{d}t} = \Delta v_{is} \frac{\bar{M}_i}{\rho} r_s = \Delta v_{is} \frac{\bar{M}_i}{\bar{M}} \frac{RT}{p} r_s, \quad r_s = \rho \frac{\mathrm{d}R_s}{\mathrm{d}t} \tag{10.9.4}$$

对离解类型的化学反应 (10.5.9)，我们有 $\beta_s = 2$ 及 $\Delta \nu_s = 1$；这种情况下，根据式 (10.9.3) 和式 (10.9.4)，我们有

$$\frac{\mathrm{d}c_{is}}{\mathrm{d}t} = \Delta v_{is} \frac{\bar{M}_i}{\bar{M}} \left[p F_{1s}(T, \lambda_n) - p^2 F_{2s}(T, \lambda_n) \right]$$

$$F_{1s} = RT k_{fs} x_{\mathrm{M}} x_{\mathrm{AB}}, \quad F_{2s} = RT k_{rs} x_{\mathrm{M}} x_{\mathrm{A}} x_{\mathrm{B}} \tag{10.9.5}$$

正如前面所述，λ_n 意味着全部运动变量；括号内第一项代表正向反应速率 (离解和电离)，与压力成正比；而第二项代表再化合反应速率，与压力的平方成正比。

同时，对交换反应过程 (10.5.10)，我们有 $\beta_s = 2$ 及 $\Delta \nu_s = 0$，于是式 (10.9.4) 为如下形式：

$$\frac{\mathrm{d}c_{is}}{\mathrm{d}t} = \Delta v_{is} \frac{\overline{M}_i}{\overline{M}} p F_{1s}(T, \lambda_n)$$

$$F_{1s} = RT \left(k_{fs} x_{\mathrm{A}} x_{\mathrm{B}} - k_{rs} x_{\mathrm{C}} x_{\mathrm{D}} \right) \tag{10.9.6}$$

正如弛豫方程 (10.4.10) 所表达的那样，上述公式的右端项与压力成正比。

如果组分 i 同时参与几个反应，那么结果方程具有如下形式：

$$\frac{\mathrm{d}c_i}{\mathrm{d}t} = \sum_s \frac{\mathrm{d}c_{is}}{\mathrm{d}t} = \frac{\overline{M}_i}{\rho} r_i, \quad r_i = \sum_s \Delta v_{is} r_s \tag{10.9.7}$$

因此，氮原子同时参与化学方程式 (10.5.6) 中的反应 2~5，以及化学方程式 (10.5.7) 中的反应 2、6 和 8。但这种情况下，总速率 r_i 中的求和数非常庞大，因为对于式 (10.5.8)，给定粒子 A 和 B 所发生的化学反应与第三粒子 M_k 所发生的化学反应不同，通常来讲，它们与式 (10.9.3) 中的不同系数 $X_s = X_{sk}$，以及不同的函数 $\tilde{K}_s = \tilde{K}_{sk}$ 有关。此外化学反应速率将依赖于 M_k 组分的类型。

然而，在内部和外部自由度处于平衡状态时，函数 $\tilde{K}_s = K(T)$ 和 Φ_s 将不再依赖于第三粒子的组分。这种情况下，所有的化学反应具有相同的函数 Φ_s，也

就具有相同的平衡条件, 可合并成具有如下相同反应速率的单一化学反应:

$$k_{\mathrm{rs}}^{(\mathrm{eff})} = \sum_k k_{\mathrm{rs}k} \left(x_{\mathrm{M}_k}/x_{\mathrm{M}} \right), \quad x_{\mathrm{M}} = \sum_k x_{\mathrm{M}_k} \tag{10.9.8}$$

其中, x_{M_k} 为 M_k 粒子的浓度。

现在我们将详述化学反应速率。如果化学反应的正方向为吸热反应 (如分子离解及分子和原子电离的吸热反应), 那么正向反应速率通常由阿伦尼乌斯 (Arrhenius) 定律来确定:

$$k_{\mathrm{f}} = F\left(T, \lambda_n\right) \mathrm{e}^{-\varepsilon_{\mathrm{a}}/kT} \tag{10.9.9}$$

这里, ε_{a} 为活化能; 而 $F\left(T, \lambda_n\right)$ 是温度 (与指数函数相比较弱) 和运动变量 λ_n 的函数。表达式出现指数函数主要是因为存在如式 (1.4.7) 中的麦克斯韦分布, 高速分子数量遵循此定律而增加, 其相互之间的碰撞过程为吸热过程。

对于许多可由气体动力学理论来描述的气体, 其激发能量 ε_{a} 等于或者非常接近于离解或电离能 ε_{D}。在这种情况下, 逆向 (放热) 化学反应常数 k_{r} 不包括指数因子, 也就是说, 它们是温度的弱相关函数。它们由实验标定, 其与温度的关系为指数相关, 即 $k_{\mathrm{r}} \sim T^{-n}$, 对大多数空气混合物, n 在 $1/2 \sim 3/2$ 变化。

当内部自由度处于不平衡状态时, 函数 $F\left(T, \lambda_n\right)$ 对变量 λ_n 的依赖性将变得很明显, 因为激发 (振动或电子激发) 的分子离解所需的振荡能较未激发状态所需的略小。这种情况出现在更多粒子处于振荡状态的情况。在内部自由度局部平衡的情况下, 变量 λ_n 可认为是对应于局部温度 $T_n^{(v)}$ 的 (见 10.7 节)。在振动的非平衡激发 (振动离解效应) 条件下, 分子离解过程的相关性表达式 $F\left(T, \lambda_n\right)$ 如前面所述应该为 $F\left(T, T_n^{(v)}\right)$ 的形式, 这一问题将在 10.11 节中讨论。

10.10 复杂系统的弛豫过程

在 10.4 节, 我们讨论了两级系统内部自由度的弛豫过程, 并为此系统推导出了更为简单的弛豫方程 (10.4.10)。下面我们将讨论内部自由度的多级系统的弛豫过程, 如振动过程。我们采用一组浓度为 n_{A} 的粒子 A, 给定其组 (模式) 并考虑其内部自由度的变化。

因为不同外部作用和自发影响, 每个粒子从第 j 个激发态到第 k 个激发态 (亦即粒子 A_j 向粒子 A_k 转化) 具有 $j - k$ 个跃迁的可能性及其向相反方向跃迁的可能性。如果 n_j 和 n_k 为粒子的数值浓度, 那么, 类似于 10.4 和 10.9 节, 粒子 A_k 的摩尔数的体积变化率 r_k 可以表达为如下形式:

$$r_k = \sum_j r_{jk}, \quad r_{jk} = r_{jk}^{(v)} + r_{jk}^{(T)}$$

$$r_{jk}^{(b)} = n_b \left(\bar{k}_{jk}^{(b)} n_j - \bar{k}_{kj}^{(b)} n_k \right)$$

$$b = v n_b = n_A; \quad b = T n_b = n_M$$

$$\sum_k^m n_k = \sum_j^m n_j = n_A, \quad k, j = 1, \cdots, m; k \neq j \tag{10.10.1}$$

这里，$\bar{k}_{jk}^{(v)}$ 和 $\bar{k}_{kj}^{(v)}$ 为粒子 A 相互碰撞时的内部能量交换速率；而 $\bar{k}_{jk}^{(T)}$ 和 $\bar{k}_{kj}^{(T)}$ 为粒子 A 因和任意粒子 M 相互碰撞 (浓度为 n_M) 内部自由度能量交换而产生的激发和失活的速率。对分子振动，它们分别为 $V\text{-}V$ 和 $V\text{-}T$ 型交换。

对 j 求和，我们有

$$r_k = r_k^{(v)} + r_k^{(T)}, \quad r_k^{(b)} = \sum_j r_{kj}^{(b)} = n_b \left(\bar{k}_{A_k}^{(b)} n_A - \bar{k}_{kA}^{(b)} n_k \right)$$

$$\bar{k}_{A_k}^{(b)} = \sum_{j \neq k} \bar{k}_{jk}^{(b)} \left(n_j / n_A \right), \quad \bar{k}_{kA}^{(b)} = \sum_{j \neq k} \bar{k}_{kj}^{(b)} \tag{10.10.2}$$

这里，$\bar{k}_{A_k}^{(b)}$ 和 $\bar{k}_{kA}^{(b)}$ 分别为粒子 A_k 关于 j 的出现和消失速率的总等效常数。关于粒子 A_k 的质量浓度 c_k，由方程 (10.4.10)，我们推导出

$$\frac{\mathrm{d}c_k}{\mathrm{d}t} = \Lambda_k = \Lambda_k^{(v)} + \Lambda_k^{(T)} = \frac{\bar{M}_A}{\rho} r_k$$

$$\Lambda_k^{(v)} = \frac{\bar{M}_A}{\rho} r_k^{(v)}, \quad \Lambda_k^{(T)} = \frac{\bar{M}_A}{\rho} r_k^{(T)}, \quad c_k = \frac{n_k}{n_A} c_A \tag{10.10.3}$$

这里，$\bar{M}_A$ 表示粒子 A 的分子质量；c_A 表示其摩尔浓度。以上为态–态动力学方程，我们将研究其通用形式，并在接下来的内容中阐述该方程组的特性。需要强调的是，方程组是在粒子 A_k 数目变化没有其他来源的情况下推导出来的。更通用的形式将在本节最后作讨论。

在平衡态，根据细致平衡原理 (10.6~10.8 节)，上述方程所有右端项都须为零，因此，式 (10.7.5) 和式 (10.7.7) 所给出的化学反应速率常数和平衡常数具有如下关系：

$$\frac{n_k}{n_j} = \frac{\bar{k}_{jk}^{(b)}}{\bar{k}_{kj}^{(b)}} = K_{kj}^{(v)}(T), \quad \frac{n_k}{n_A} = \frac{\bar{k}_{Ak}^{(b)}}{\bar{k}_{kA}^{(b)}} = K_{kA}^{(T)}(T) \tag{10.10.4}$$

已知平衡常数条件下，以上方程中需要确定的系数 $\bar{k}_{fk}^{(b)}$ 的个数将减半。

然而，实际情况却复杂得多。首先，这些系数为一组特殊过程的平均结果。例如，通过类比式 (10.9.8)，考虑具体过程，需要令

$$n_\mathrm{A}\bar{k}_{fk}^{(v)} = \sum_l \bar{k}_{jkl}^{(v)} n_l, \quad n_\mathrm{M}\bar{k}_{jk}^{(T)} = \sum_i \bar{k}_{jki}^{(T)} n_{\mathrm{M}_i} \tag{10.10.5}$$

其中，系数 $\bar{k}_{jkl}^{(v)}$ 和 $\bar{k}_{jki}^{(T)}$ 与浓度为 n_{M_i} 的组分 i 的粒子和粒子碰撞时 A_j 到 A_k 粒子转变的概率成正比；这些初始系数可以认为只与温度相关。值得注意的是，这种细节化并不是最终的，化学反应振动的弛豫过程中系数 $\bar{k}_{jkl}^{(v)}$ 等还与参与反应的多种组分的电子能级相关。

在求解原子和分子层面的粒子相互作用的量子力学问题时，将复杂系统分割成部分的基础过程是很有必要的。问题的解可为主要系数 $\bar{k}_{jkl}^{(v)}$ 等提供数据支撑。但是，目前此类问题尚未得到完全解决，而直接通过实验确定该系数是可能的。再者，尽管式 (10.10.5) 的表达形式不会增加式 (10.10.3) 中的方程个数，但因其本身方程个数很多而极大地增加了方程的复杂度。

因此，至少在当前阶段，直接将态–态动力学系统应用于气体动力学问题，其可能性很小，这就促使我们针对该物理过程寻找简化的物理模型。这些物理模型是针对振动弛豫过程而发展起来的，主要基于 V-V 交换速率远大于方程 (10.10.2) 中所有其他过程的速率的假设。这就意味着需要满足以下条件：

$$n_\mathrm{A}\bar{k}_{jk}^{(v)} \gg n_\mathrm{M}\bar{k}_{jk}^{(T)} \tag{10.10.6}$$

那么，系统的某特定的准定常解必定是由任意初值条件经过一定的弛豫时间 $\Delta t \sim (n_\mathrm{A}\bar{k}_k^{(v)})^{-1}$ 而获得的 (见 10.4 节)。然而，因为式 (10.10.3) 中的 $\Lambda_k^{(\nu)}$ 项表征了给定振动模态的变化过程，亦即该模态的绝热过程，该解与单位摩尔的分子 A 的给定的初始的总振动能量 E_v 相一致。因此，该解控制的状态 (若该状态被认为是独立热力学系统，在 10.2 节中称之为局部平衡态) 由基于波尔兹曼分布式 (10.7.5)~式 (10.7.7) 以及自身振动的温度 T_v (由振动能量 E_v 来确定) 来描述，而不是温度 T：

$$\frac{n_j}{n_k} = K_{jk}(T_v) = \frac{I_j}{I_k}\mathrm{e}^{-(\varepsilon_j - \varepsilon_k)/(kT_v)} \tag{10.10.7}$$

通过类比式 (10.4.12) 的推导过程，推导关于分子 A 单位质量振动能量 e_v 的演化过程的控制方程，我们将式 (10.10.3) 乘以 $\varepsilon_k/m_\mathrm{A}$，也就是乘以质量为 m_A 的单个粒子的第 k 级振动能量。然后，将这些方程求和，有

$$\frac{\mathrm{d}c_\mathrm{A}e^{(v)}}{\mathrm{d}t} = \Lambda^{(v)} + \Lambda(T), \quad e_v = \frac{1}{c_\mathrm{A}m_\mathrm{A}}\sum_k \varepsilon_k c_k$$

$$\rho \Lambda^{(v)} = N_0 \sum_k \varepsilon_k r_k^{(v)} = 0$$

$$\rho \Lambda^{(T)} (T, T_v, p) = N_0 \sum_k \varepsilon_k r_k^{(T)}, \quad N_0 = \bar{M}_A / m_A \tag{10.10.8}$$

这里, 正如 10.4 节所述, e_v 为每单位质量粒子 A 的振动能量; 而 $c_A e_v$ 是单位质量混合物的能量。

这里所采用的假设 $\Lambda^{(\nu)} = 0$ 主要是基于 $V\text{-}V$ 过程在全局上是绝热的, 而 $\Lambda_k^{(T)}$ 项 (式 (10.10.3)) 中的浓度 n_k 和 n_j 可表达为关系式 (10.10.7) 的形式, 最终导致了前文所述的相关关系式 $\Lambda^{(T)} = \Lambda^{(T)} (T, T_v, p)$。

明确这些方程的形式需要对所考虑的过程本质作进一步的假设。特别是, 对 $V\text{-}T$ 弛豫过程, 在简谐振动模型的框架内存在 Landau-Teller 方程:

$$\frac{\mathrm{d} c_A e_v}{\mathrm{d} t} = \Lambda^{(T)} (T, T_v, p) = \frac{c_A [e_v(T) - e_v(T_v)]}{\tau_v}$$

$$\tau_v = p^{-1} B(T) \mathrm{e}^{-\alpha T^{1/3}} \tag{10.10.9}$$

这里, 常数 α 和 "慢" 温度函数 $B(T)$ 依赖于气体的类型。该方程的形式虽然与方程 (10.4.12) 的形式相一致, 但前者与总振动能量相关。对更为复杂的分子模型而言, 函数 $\Lambda^{(T)}$ 的形式将变得更加复杂; 但是 T、T_v 和 p 的形式保持不变。

现在讨论一个更加复杂的问题。粒子 A_k 浓度的改变也可能是由化学反应所致, 期间粒子 A 会以不同的激发能级出现或消失 (例如, 从第 k 个激发能级通过式 $A_k \rightleftharpoons B + C$ 进行解离, 或是原子 B 和 C 到重组为分子 A_k)。这里, 方程 (10.10.3) 可改写为更加通用的形式。这里给出 $\Delta \nu_A = -1$ 下, 式 (10.9.4) 的相对浓度的方程形式:

$$c_A \frac{\mathrm{d} \bar{c}_k}{\mathrm{d} t} = \Lambda_k + \Lambda_k^{(w)}, \quad \Lambda_k^{(w)} = W_k - \bar{c}_k \frac{\mathrm{d} c_A}{\mathrm{d} t}, \quad \bar{c}_k = \frac{c_k}{c_A} = \frac{n_k}{n_A}$$

$$W_k = \frac{\bar{M}_A}{\rho} (r_{rk} - r_{fk}), \quad \frac{\mathrm{d} c_A}{\mathrm{d} t} = \frac{\bar{M}_A}{\rho} (r_r - r_f) \tag{10.10.10}$$

这里, r_{rk} 和 r_{fk} 分别为粒子 A_k 的生成率和分解率; 而 r_r 和 r_f 分别为粒子 A 的整体的生成率和分解率。相对浓度 $\bar{c}_k$ 的改变还依赖于总浓度 c_A 的变化, 这将在 $\Lambda_k^{(w)}$ 表达式的第二项中考虑到。

以上所得到的结果为非平衡气体的多温度模型的构建和验证的典型算例。需要注意的是, 上述仅为该理论的简短综述, 相关细节请见 10.1 节所引书目 (10.11 节也是如此)。

10.11 松弛反应的相互作用

我们注意到,化学反应常数依赖于内部自由度的状态。很显然,该因素的相反关系同样存在,因为在离解过程中受激后的分子会降低混合物的总振动能量,而在重组过程中会增加总振动能量。我们称这个相互关联过程为松弛反应的相互作用 (R-R) 或振动–解离 (V-D) 作用。接下来,我们将讨论对它们模型的影响规律,以期获得控制方程和公式的通用形式及其本质特征。

我们考虑离解类型为式 (10.5.9) 的化学反应,并将之表达为 A$=\!=\!=$BC$=\!=\!=$B+C 的形式。我们把正向反应速率 r_f 和反向反应速率 r_r 的总和作为粒子 A_k (即粒子 A 的第 k 个激活态) 的分解过程分速率的总和。

$$r_f = n_M n_A \bar{k}_f = \sum_k r_{fk'}, \quad r_{fk} = n_M n_k \bar{k}_{fk}$$

$$r_r = n_M n_B n_C \bar{k}_r = \sum_k r_{rk}, \quad r_{rk} = n_M n_B n_C \bar{k}_{rk}$$

$$n_A \bar{k}_f = \sum_k n_k \bar{k}_{fk}, \quad \bar{k}_r = \sum_k \bar{k}_{rk} \tag{10.11.1}$$

这里,如前所述,n_M 是辅助中性粒子 M 的浓度;n_A 是粒子 A 的总浓度;n_k 是粒子 A_k (即粒子 A 的第 k 个激活态) 的浓度;n_B 和 n_C 是粒子 B 和 C 的浓度;$\bar{k}_f$ 和 $\bar{k}_{fk}$ 分别是正向反应的总反应速率常数和部分反应速率常数;$\bar{k}_r$ 和 $\bar{k}_{rk}$ 分别是反向化学反应速率对应的反应速率常数。

为了估计 $\bar{k}_{fk}$,作如下猜想。粒子碰撞时的相对平动能量在 $\varepsilon + d\varepsilon \sim \varepsilon$ 变化,反应速率 $\bar{k}_{fk\varepsilon} d\varepsilon/(kT)$ 与麦克斯韦分布 (1.4.7) 所确定的浓度 dn_ε 成正比;但是只有在能量 ε 高于某特定的能量阈值 ε_{ak} 情况,碰撞才会诱发反应。然而,即使在 $\varepsilon > \varepsilon_{ak}$ 情况下,粒子碰撞不一定总能够产生反应,其概率随着 $\varepsilon - \varepsilon_{ak}$ 差值的不同而减小。综合考虑以上诸因素,我们假设

$$\varepsilon_{ak} = \alpha \varepsilon_D - \beta \varepsilon_k, \quad kT\bar{k}_{fk\varepsilon} = B_k (\varepsilon - \varepsilon_{ak}) e^{-\frac{\varepsilon}{kT}}, \quad \varepsilon \geqslant \varepsilon_{ak} \tag{10.11.2}$$

其中,α、β 相关系数;B_k 是一个相关的函数;ε_k 是第 k 级能量;ε_D 是粒子分解 (离解或电离) 的能量,只有指数因子取自式 (1.4.7)。对该公式积分,我们有

$$\bar{k}_{fk} = \frac{B_k}{(kT)^2} \int_{\varepsilon_{bk}}^{\infty} (\varepsilon - \varepsilon_{ak}) e^{-\varepsilon/(kT)} d\varepsilon = F_k e^{-\alpha \varepsilon_D/(kT)}, \quad F_k = B_k e^{\beta \varepsilon_k/(kT)}$$

$$\tag{10.11.3}$$

对比式 (10.9.9)、式 (10.11.1) 和式 (10.11.3)，我们有

$$\bar{k}_{\mathrm{f}} = F e^{-\varepsilon_{\mathrm{a}}/(kT)}, \quad \varepsilon_{\mathrm{a}} = \alpha \varepsilon_{\mathrm{D}}$$

$$F = \sum_{k=0}^{m} F_k \bar{n}_k, \quad n_k = \frac{n_k}{n_{\mathrm{A}}}, \quad m = \max k \tag{10.11.4}$$

通常情况下，n_k 是独立变量，由系统态–态动力学方程 (10.10.10) 及相应的物理化学动力学方程所确定。后者的条件只会增加 10.10 节所述问题解决的难度，为此，下面我们将问题限制于量子能级的内部平衡情况来讨论。按照第 10.7 节，该状态可表征为具有密度 n_k 且单一振动温度为 T_v 的玻尔兹曼分布式 (10.7.7) 或式 (10.10.7)。这种情况下，因总和式 (10.11.4) 而有相关关系 $\bar{k}_{\mathrm{f}} = \bar{k}_{\mathrm{f}}(T_v, T)$。

举例说明，令系数 B_k 满足

$$B_k = B_0 e^{\gamma \varepsilon_k/(k\theta_{\mathrm{D}})}, \quad B_0 = \mathrm{const}, \quad k\theta_{\mathrm{D}} = \varepsilon_{\mathrm{D}}, \quad \gamma \geqslant 0 \tag{10.11.5}$$

该关系式 (Marrone 和 Treanor，1963) 意味着 $\gamma > 0$ 时（$\gamma = 0$ 时，所有 $B_k = B_0$）从高能级离解的可能性会进一步增大。为了从式 (10.11.4) 中消除 $\bar{n}_k$，我们使用式 (10.7.7) 并用 T_v 替代 T。然后，按 k 求和，我们有

$$\bar{k}_{\mathrm{f}} = F e^{-\varepsilon_{\mathrm{a}}/(kT)}, \quad F = F(T, T_v) = B_0(T) Z(T^*) Z^{-1}(T_v)$$

$$\frac{1}{T^*} = \frac{1}{T_v} - \frac{B}{T} - \frac{\gamma}{\theta_{\mathrm{D}}} \tag{10.11.6}$$

先前引入的虚拟温度 T^* 可以代表任何含义，而由式 (10.7.6) 所确定的函数 $Z(T^*)$ 在无穷远点 $T^* = \pm\infty$ 是连续的。对于该截断谐振子 (式 (10.7.11))，在 $m = 30$ 的条件下，函数 $Z_m(T^*)$ 和能量 $E_{vm}(T^*)$ 曲线如图 10.4 所示。当 $T^* \to \infty$ 时，根据式 (10.7.15)，它们的极限是 $Z_m(T^*) \to m + 1$，$E_{vm}(T^*) \to \left(\frac{1}{2}\right) N_0 \varepsilon_{\mathrm{D}}$。当 $T^* < 0$ 时，两函数均无物理意义。此时，即 $T^* \to -\infty$ 时，$Z_m(T^*) \to \infty$，$E_{vm}(T^*) \to N_0 \varepsilon_v m = N_0 \varepsilon_{\mathrm{D}}$。

当 $T_v = T$ 时，引入平衡函数 $F = F_{\mathrm{e}}$，式 (10.11.6) 可写成如下形式：

$$F = F_{\mathrm{e}}(T) \cdot F_v(T, T_v), \quad F_{\mathrm{e}}(T) = B_0(T) Z(T_{\mathrm{e}}^*) Z^{-1}(T)$$

$$F_v = \frac{Z(T^*) Z(T)}{Z(T_{\mathrm{e}}^*) Z(T_v)'}, \quad \frac{1}{T_{\mathrm{e}}^*} = \frac{1 - \beta}{T} - \frac{\gamma}{\theta_{\mathrm{D}}} \tag{10.11.7}$$

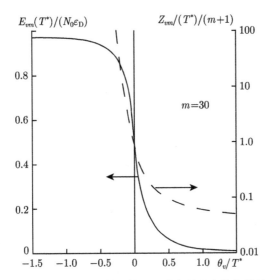

图 10.4　能量与振荡器统计和对虚拟温度的依赖性

图 10.5 给出了函数 $F_v = F/F_e$ 对相关参数的依赖度。当比率 T_v/T 增大时，函数随之以若干阶的速度增加。当 $T_v \to 0$ 时，或者更精确地讲，当 $T_v \ll \theta_v$ 且 $T_v \ll T$ 时，函数将达到其最小值。函数 F_v 也强烈依赖于参数 γ，而参数 β 在合理的物理变化范围内对 F_v 的影响相对较弱。在该图中还给出了振动能级的梯形分布曲线，该分布在较低能级处为玻尔兹曼分布，在较高能级处经 δ 次减小后变为零，极大地降低了离解速率。较高的振动能级带来的分子解离可能会对玻尔兹曼分布产生一定的干扰，而该模型的结果定量地表征了可能干扰的影响。

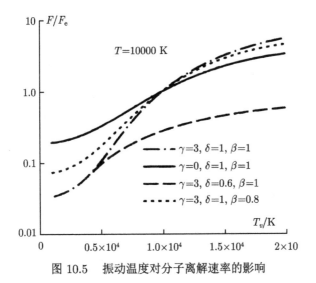

图 10.5　振动温度对分子离解速率的影响

现在我们来讨论逆反应速率。原子 B 和 C，复合成为分子 BC，无从知道分子的振动自由度状态。因此，函数 $\bar{k}_{rk}$ 和 $\bar{k}_k$ 通常与该状态无关[①]。因此，假设它们仅依赖于温度 T，而非 T_v。尽管如此，原子仍然可能重组为一定的分子。在此，问题的解决需要使用细致平衡原理 (10.6~10.8 节)。根据此原理并按照平衡状态下的式 (10.11.1)，本问题将满足如下条件：

$$r_{fk} = r_{rk}, \quad r_f = r_r$$

$$\frac{n_B n_C}{n_A} = \frac{\bar{k}_f}{\bar{k}_r} = \frac{n_k}{n_A} \frac{\bar{k}_{fk}}{\bar{k}_{rk}} = \frac{1}{kT} K_s(T) \tag{10.11.8}$$

这里，K_s 是总体反应的平衡常数；而比率 n_k/n_A 由式 (10.7.7) 的玻尔兹曼分布确定。由式 (10.11.8) 可得 $\bar{k}_{fk}(T, T_v) = \bar{k}_{fk}(T, T)$，此外，我们还可得出，函数 $\bar{k}_{rk}$ 和 $\bar{k}_r$ 在结合过程中总是平衡的，当然，要去除粒子 B 和 C 对它们的影响。类似的结论对于电离反应同样成立，这时粒子 B 和 C 分别代表离子和电子。

现在考虑逆反应过程，即 A＝＝＝B+C 类型的反应对振动自由度弛豫过程的影响，以获得式 (10.10.10) 类型的方程以及单位质量的粒子 A 给定振动模态下的总能量 e_v。如 10.10 节所述，我们假设粒子在各自振动温度 T_v 下处于平衡状态。将式 (10.10.10) 两边分别乘以单个粒子的单位能量 ε_k/m_A 并按 k 求和，我们得到关于 e_v 的方程：

$$c_A \frac{de_v}{dt} = \Lambda^{(T)} + \Lambda^{(w)}, \quad \Lambda^{(w)} = \frac{1}{m_A} \sum_k \varepsilon_k \Lambda_k^{(w)}$$

$$= \frac{\bar{M}_A}{\rho c_A} [(e_r - e_v) r_r - (e_f - e_v) r_f]$$

$$m_A e_r r_r = \sum_k \varepsilon_k r_{rk}, \quad m_A e_f r_f = \sum_k \varepsilon_k r_{fk} \tag{10.11.9}$$

这里，参数 e_v 和 $\Lambda^{(T)}$ 与方程 (10.10.8) 中相同；而差值 $e_f - e_v$ 和 $e_r - e_v$ 分别给出了离解和复合该模态粒子 A 单位质量的能量的降低和增加量。在平衡状态下，按照细致平衡原理，我们得到条件 $e_f = e_r(T)$。按照前面对逆反应速率的阐释，在未达到平衡状态时，e_r 对 $T (e_r = e_r(T))$ 同样具有相似的依赖性。同时，能量 e_f 和正反应速率必定依赖于反应粒子 A 的状态，也就是说，至少依赖于温度 T_v。因此，式 (10.11.9) 中输入的能量具有以下函数形式：

$$e_v = e_v(T_v), \quad e_f = e_f(T, T_v), \quad e_r = e_r(T) \tag{10.11.10}$$

[①] 原则上，这种依赖性可以通过 "第三" 粒子 M 而存在 (式 (10.5.9) 和式 (10.9.8))；但是，它基本不予考虑。

通过举例，我们将在截断谐振子模型的框架内评估双原子分子离解的能量 e_f 和 e_r。将式 (10.11.9) 中的 e_f 和 e_r 按 k 求和，并考虑式 (10.7.7)、式 (10.7.8)、式 (10.7.11) 和式 (10.11.1) ～ 式 (10.11.6)，我们得到

$$N_0 \sum_k \varepsilon_k r_{fk} = N_0 n_M n_A \sum_k \varepsilon_k \bar{n}_k \bar{k}_{fk}$$

$$= n_M n_A B_0 E_{vm}(T^*) e^{-\varepsilon_a/(kT)} = \overline{M}_A e_f r_f \qquad (10.11.11)$$

将这些方程与式 (10.11.1)、式 (10.11.4)、式 (10.11.6) 比较，可得

$$e_f(T, T_v) = e_f(T^*) = \frac{1}{\overline{M}_A} E_{vm}(T^*)$$

$$e_r(T) = e_f(T, T) = e_f(T_e^*) = \frac{1}{\overline{M}_A} E_{vm}(T_e^*) \qquad (10.11.12)$$

参数 T^* 和 T_e^* 由式 (10.11.6) 和式 (10.11.7) 确定，函数 $E_{vm}(T^*)$ 如图 10.4 所示。有趣的是，通常来讲，即使是在平衡条件下我们也有 $e_f = e_r \neq e_v(T)$。例如，对方程 (10.11.7) 在 $\beta = 1$ 且 $\gamma = 0$ 时，我们有 $T_e^* = \infty$，而且，按照式 (10.7.15)，无论温度取什么值，总有 $E_{vm} = R\theta_D/2$。同时，平衡态振动能 $Ev \leqslant RT$，因此当 $T \ll \dfrac{\theta_D}{2}$，有 $E_{vm}(T_e^*) > E_v(T)$ 且 $e_f, e_r > e_v(T)$。换句话说，要离解的分子及复合所得的分子的平均振动能大于该组分所有分子的平均振动能。

10.12 电子温度的弛豫过程

前文中所得的结果，即平衡条件 (10.8 节)、反应速率表达式 (10.9 节) 等，均与电离气体相关。尤其是萨哈方程 (10.8.10) 决定了电子和离子的平衡条件，而形如式 (10.11.4) 的通用公式则决定了离解反应的电离速率以及参与离解反应的中性粒子或重粒子电子激发的非平衡度。因为气体中的电子是由若干组分的电离反应而产生，相应的运动方程通常写为正离子和负离子。准中性的等离子体的总电子密度由电荷守恒定律 (10.5.5) 来确定。

我们注意到，大多数与大气层飞行相关的气体动力学问题中，我们关心的电子摩尔浓度 x_{el} 通常很低，不会影响气体混合物总特性 (对飞船返回舱再入飞行条件，我们有 $x_{el} < 0.01$)。但是，电离度对等离子体中无线电波的传输或衰减特性有重要作用，而且，在高温条件下，许多运动过程 (如离解、电离、内自由度激发) 包含电子影响。这些过程速率严格取决于电子温度 T_{el}，这就使得电子温度的确定成为一个重要问题。

在如 10.2 节所采用的气体混合物现象学模型的框架内,电子仅是气体混合物中的一种组分,并满足单一气体状态方程 (10.3.8),其自身温度为 T_{el}。在一般情况下,其与重粒子的常规平移温度不同。T_{el} 的方程遵循液体体积的热力学第一定律:

$$\frac{\mathrm{d}}{\mathrm{d}t}\left(\frac{3}{2}n_{\mathrm{el}}kT_{\mathrm{el}}v\right) + p_{\mathrm{el}}\frac{\mathrm{d}v}{\mathrm{d}t} = \Lambda_{n,\mathrm{el}}v, \quad p_{\mathrm{el}} = n_{\mathrm{el}}kT_{\mathrm{el}} \tag{10.12.1}$$

这里,n_{el} 为由其自身的动力学方程确定的电子数浓度 (见 10.9 节);$\Lambda_{n,\mathrm{el}}$ 为生成函数;左侧第二项为体积 v 改变而引起的电子压力做功。

我们注意到,可以为具有其自身温度 T_i 的气体混合物中的任意单个组分写一个相似的能量方程。然而,在分子动力学平衡时,所有这些方程必须以共同温度 $T_i = T$ 作为其极限解,而该温度由总的能量方程来确定。

对方程 (10.4.10) 作同样的推导,按照式 (1.8.11) 将式 (10.12.1) 中 $v^{-1}\mathrm{d}v/\mathrm{d}t$ 项替换为气体速度的散度 $\operatorname{div}\bar{U}$,我们得到特定电子 (单位质量下的) 密度 e_{el} 情况下的控制方程:

$$\frac{\mathrm{d}e_{\mathrm{el}}}{\mathrm{d}t} + \frac{2}{3}e_{\mathrm{el}}\operatorname{div}\bar{U} = \Lambda_{\mathrm{el}} - \frac{e_{\mathrm{el}}}{c_{\mathrm{el}}}\frac{\mathrm{d}c_{\mathrm{el}}}{\mathrm{d}t}$$

$$c_{\mathrm{el}} = \frac{\rho_{\mathrm{el}}}{\rho} = \frac{n_{\mathrm{el}}m_{\mathrm{el}}}{\rho}, \quad \Lambda_{\mathrm{el}} = \frac{1}{\rho}\Delta_{n,\mathrm{el}}, \quad e_{\mathrm{el}} = \frac{3}{2}\frac{kT_{\mathrm{el}}}{m_{\mathrm{el}}} \tag{10.12.2}$$

这里,m_{el} 为电子质量;c_{el} 为其质量浓度,由方程 (10.9.4) 确定,具体为

$$\frac{\mathrm{d}c_{\mathrm{el}}}{\mathrm{d}t} = \frac{1}{\rho}\bar{M}_{\mathrm{el}}r_{\mathrm{el}} = \frac{N_0 m_{\mathrm{el}}}{\rho}r_{\mathrm{el}}, \quad r_{\mathrm{el}} = r_{\mathrm{fel}} - r_{\mathrm{rel}} \tag{10.12.3}$$

这里,r_{fel} 和 r_{el} 为所有电子离解和去电离反应的总速率;函数 Λ_{el} 由不同反应过程共同确定。

$$\Lambda_{\mathrm{el}} = \Lambda_{\mathrm{el}}^{(T,T_{\mathrm{el}})} + \Lambda_{\mathrm{el}}^{(T_l^{(v)},T_{\mathrm{el}})} + \Lambda_{\mathrm{ion}} \tag{10.12.4}$$

这里,我们只给出其中一项;一般情况下,该项指的是相同类型相应过程的总和。前两项由电子气体与外/内自由度 (具有温度 $T_{\mathrm{e}}^{(v)}$) 之间的能量交换所确定。在一般情况下,如果它们的分布不同于玻尔兹曼分布,则它们还包括单个量子能级。与式 (10.4.2) 推导方式相同,我们可以用以下示意形式表示该项:

$$\Lambda_{\mathrm{el}}^{(m)} = k\frac{T_m - T_{\mathrm{el}}}{\tau_{\mathrm{el}}^{(m)}}, \quad T_m = T, T_l^{(v)} \tag{10.12.5}$$

这里,$\tau_{\mathrm{el}}^{(m)}$ 为弛豫时间,且当 $\Lambda_{\mathrm{el}}^{(m)} \sim n_{\mathrm{el}}$ 时,$\tau_{\mathrm{el}}^{(m)} \sim n_{\mathrm{el}}^{-1}$。式 (10.12.4) 右边的最后一项源于它们在电离和去电离过程中形成和消失所引起的电子能量变化。类

比式 (10.11.9)，我们给出如下表达形式：

$$\rho \Lambda_{\text{ion}} = kN_0 \left(T_{\text{f,el}} r_{\text{f,el}} - T_{\text{r,el}} r_{\text{r,el}} \right) \tag{10.12.6}$$

这里，$T_{\text{f,el}}$ 和 $T_{\text{r,el}}$ 是生成和消去的电子的平均温度；与分子振动能相似 (10.11 节)，它们不等于局部温度 T 和 T_{el}，因为在电离和去离子过程中，优先出现和消失的电子可能具有不同于平均能量的能量。概括了 10.11 节的推理，我们注意到，反向反应速率 $r_{\text{r,el}}$ 和函数 $T_{\text{r,el}}$ 必须仅取决于温度 T 和 T_{el}，而函数 $r_{\text{f,el}}$ 和 $T_{\text{f,el}}$，与式 (10.11.10) 类似，在一般情况下也必须依赖于相关粒子的电子激发程度。

然而，值得注意的是，在没有电磁场 (主要通过电子将能量传递至流动) 的绕流或管流周围的流动相关的气体动力学问题中，所获得的方程很少全部使用。最通常的做法是，我们根据式 (10.12.5) 中一些项的有限特性作适当的近似。例如，电子与第 l 分子振动模态之一二者之间的能量交换 (V-T_{el} 交换) 速率通常大于其他模式能量交换，基于此事实，我们可以假设 $T_{\text{el}} = T_l^{(v)}$，进而从控制方程组中去除方程 (10.12.4)。

10.13　结　论

在此，我们将对之前讨论的非平衡气体混合物的物理化学模型进行总结。在处理物理化学动力学方程的右端项时，仅仅阐述了其通用形式，其具体的形式或多 (10.10 节、10.11 节) 或少 (10.12 节) 由各种系数来确定，该系数有常数也有变量。反过来，这些系数的形式可在相应的物理理论的框架内来确定 (前面部分工作就是这么做的)；但是，这些系数的最终确定还需实验数据来进行对比验证。

这些实验还要使用到光学或电物理学技术来测量一些特定参数，如密度、温度、电子浓度等；通常在激波后弛豫区内进行测量 (参见 10.4 和 11.5 节)，个别情况下，比如在喷管中，则需要在膨胀流动中进行测量 (见 11.11 节)。进行关于飞行器再入大气层的独立全尺寸实验同样也可以获取这些系数。化学反应速率所需要的参数通过与相应问题的解的对比来获取。为此，最终的结果通常依赖于先验结构，这也是计算的核心所在。

特别地，在 10.11 节所得的公式中，函数 $B(T)$，系数 α、β 和 γ，以及 m 是需要确定的 (系数 α 的确定较为简单，因为如上所述，鉴于值 ε_{a} 和 ε_{D} 较为接近，我们可以假定 $\alpha = 1$)。如果需要考虑更多的物理因素的影响，对应的公式形式将会比较复杂，这些系数的个数也相应增加。例如，化学反应速率的有效值不仅依赖于粒子的类型，还依赖于其激发程度。

这种影响因素通常是不可控的，并且会在不同实验中以各种方式表现出来，进而造成所得到的化学反应数据较为分散。同时，化学反应速率公式中的其他因素的考虑，需要在很大的参数范围内进行更宽泛的实验来确定。这在技术层面通常是不太可行的。

　　我们还注意到，我们将化学反应速率表达为通式的形式 (10.10 节和 10.11 节所推导出的那种形式)，其真实情况很可能未必如此。按照式 (10.5.7) 的表达式 1~5，并未包含分子和原子电离的相关描述。需要注意的一点是，由于相邻较低电子能级的能量之间的巨大差异，激发和粒子电离速率相近，所以，在没有达到其与外部自由度平衡的状态的情况下，我们不能把单一温度归因于电子的状态。在这种情况下，我们使用式 (10.11.1) 以及能级弛豫方程的解来描述非平衡电离 (逐步电离机理)。此外，我们在第 14 章还将介绍，非平衡电离过程会明显地受到原子和分子的辐射影响。

　　原则上，因为电离速率依赖于 N 和 O 原子的电子态激发度，所以相似的影响也必定会伴随相关的电离 (例如，式 (10.5.7) 中的表达式 6~8)。然而，因为关于此问题缺乏相关的可靠信息，所以这些影响还不考虑在内。出于同样的原因，分子的电子态激发对化学反应速率可能带来的影响也很少考虑在内。

　　可以给出许多相似的例子，而且这些结论对电子 (10.12 节) 和辐射 (第 14 章) 气体的弛豫过程在很大程度上都是正确的。

　　鉴于前面所谈及的原因，所公布的关于化学反应速率的数据和物理过程的时间尺度之间通常存有相当大的矛盾，尚未得到问题的本质所在，所以有必要做一定的补充实验。为此，本书暂不对此进行阐述，我们所讨论内容将限制在 10.1 节的框架之内。

第 11 章　非平衡气体流动

　　第 10 章主要讲述了非平衡气体的物理模型。在下文中，我们主要讲述松弛气体流动的纯气体动力学特性。和黏性效应一样，非平衡效应通常出现在低密度空域。例如，标准尺寸的飞行器在 $H \geqslant 50\mathrm{km}$ 高空飞行时，两种效应通常同时出现。因黏性流动将在后续章节予以阐述，本章不予讨论。基于 10.3 节中很简单的三参数气体模型，我们可以系统地建立考虑非平衡气体动力学效应的表征方法。上述气体模型仅包含一个动力学变量 λ 以及两个基本变量 (压力 p、温度 T 或焓 h 等)。为便于描述，在后续诸多实例中，我们将结合有关非平衡多组分混合气体 (通常为空气) 流动的精确数据，重点针对该模型进行讨论。

11.1　非平衡气体流动方程

　　对于无黏流动，非平衡气体流动方程可表示为

$$\rho \frac{\mathrm{d}\boldsymbol{U}}{\mathrm{d}t} = -\mathrm{grad}\,p \tag{11.1.1}$$

$$\frac{\mathrm{d}\rho}{\mathrm{d}t} + \rho\,\mathrm{div}\boldsymbol{U} = \frac{\partial \rho}{\partial t} + \mathrm{div}\rho\boldsymbol{U} = 0 \tag{11.1.2}$$

$$\frac{\mathrm{d}h}{\mathrm{d}t} - \frac{1}{\rho}\frac{\mathrm{d}p}{\mathrm{d}t} = \frac{\mathrm{d}e}{\mathrm{d}t} + p\frac{\mathrm{d}\rho^{-1}}{\mathrm{d}t} = q \tag{11.1.3}$$

$$\rho = \rho\,(p, T, \lambda_n) = \frac{p\bar{M}}{RT}, \quad \frac{1}{\bar{M}} = \sum_i \frac{c_i}{M_i}, \quad h = h(T\lambda_n) \tag{11.1.4}$$

$$\frac{\mathrm{d}\lambda_i}{\mathrm{d}t} = \Lambda_i(p, T, \lambda_n) \tag{11.1.5}$$

如前所述，该方程组与平衡流动的方程组不同。状态方程 (11.1.4) 具有更为一般的形式；动力学变量 λ_i 存在如方程 (11.1.5) 所描述的弛豫过程 (λ_n 指参数 λ_i 的总集合)。动力学变量包括气体组分质量浓度 c_i、某自由度特定组态的量子能级或该组态的温度 (若其处于内部平衡，如 10.7 节所述) 以及电子气体温度 T_{el} 等。方程的演化推导、源形式、Λ_i 函数可参考第 10 章。

　　非平衡流动情况下，气体动力学问题的一般形式与 1.11 节和后续章节中给出的公式的不同之处在于，其仅需指定所有各组分参数 $\lambda_i = \lambda_{i0}$ 的初始分布。

回顾 2.2 节中针对定常绝热流动而得到的伯努利积分，$h + U^2/2 = H$，其总焓 H 沿流线是常数，而对非平衡绝热流动来说该式依旧成立。

控制方程的其他积分形式还包括了守恒条件 (10.5.3) 和 (10.5.5)。在这些积分式中，混合物的独立组分必须包含不同激发的原子和分子或其离子。由于每个由式 (10.9.4) 所控制的第 s 个反应中的这些条件均得以满足，在给定初始数据 $\lambda_i = \lambda_{i0}$ 后方程组 (11.1.5) 的解自动满足这些条件。利用这些积分式，在方程求解过程中，方程的数目可以大大减小。

式 (11.1.5) 可以具有不同的形式。因此，10.9 节中由式 (10.9.3)、式 (10.9.4) 和式 (10.9.7) 所确定的方程右端项 Λ_i 可表达为分压 p_i 或摩尔浓度 x_i 的形式；同时，在这些方程的左端项，我们有 $\lambda_i = c_i$。这些方程也可以用质量–摩尔浓度 $k_i = c_i/\overline{M}_i = x_i/\overline{M}$ 来表达。这些变量尤其便于描述气体各种组分的分子质量差异很大的混合物 (包括具有极小质量分数 c_i 的电子气体) 是非常方便的。在这种情形下，参考式 (10.9.3)，式 (10.9.4) 可以表示为以下形式：

$$\rho \frac{\mathrm{d}k_i}{\mathrm{d}t} = \sum_s \Delta v_{is} r_s, \quad r_s = X_s \Phi_s, \quad \Delta v_s = \sum_i \Delta v_{is}$$

$$X_s = k_{\mathrm{r}s}(p\overline{M})^{\beta_s} \prod_i k_i^{v'_{is}}, \quad \beta_s = \sum_i v'_{is}$$

$$\Phi_s = K_s - (p\overline{M})^{\Delta v_s} \prod_i k_i^{\Delta v_{is}} = p^{\Delta v_s} \Phi_s^*$$

$$\Phi_s^* = \overline{M}_{\mathrm{e}}^{\Delta v_s} \prod_i k_{ie}^{\Delta v_{is}} - \overline{M}^{\Delta v_s} \prod_i k_i^{\Delta v_{is}}, \quad \overline{M}^{-1} = \sum_i k_i \qquad (11.1.6)$$

为便于简化，假设 $\tilde{K}_s = K_s(T)$。

化学计量系数 v'_{is} 和差值 Δv_{is} 参见 10.6 节。当 $\Phi_s = 0$ 时，平衡常数 $K_s(T)$ 可表达为局部平衡参数 $k_{ie}(p, T)$。

根据式 (10.6.15) 和式 (10.6.16)，对离解反应式 (10.5.9) 和置换反应式 (10.5.10) 有

$$\Delta v_s = 1, \quad \beta_s = 2, \quad \text{式 (10.5.9)}$$

$$\Delta v_s = 0, \quad \beta_s = 2, \quad \text{式 (10.5.10)} \qquad (11.1.7)$$

可证明，通过递归将 $k_{ie} = k_i + (k_{ie} - k_i)$ 代入差值 $k_{ie} - k_i$ 及对应系数求和，可消除 Φ_s^*，进而导出式 (10.4.3) 类型的方程：

$$\frac{\mathrm{d}k_i}{\mathrm{d}t} = \sum_k \frac{k_{ke} - k_k}{\tau_{ik}} \qquad (11.1.8)$$

此处，省略了 τ_{ik} 复杂的表达式。某些情况下，这样形式便于方程求解。然而，由此引入的参数 τ_{ik} 在特定情况下称为弛豫时间，因为它们与任何特定过程无关。

对此，单个或孤立的反应是例外情况，因为式 (11.1.8) 中对 s 求和简化为单项。

为便于描述，我们将考虑离解或电离反应具有式 (10.2.4) 或式 (10.5.9) 的形式：$AB + M =\!=\!=\!= A + B + M$，假设这些组分不参加气体混合物中的其他反应，A 和 B 粒子的混合物是化学计量的，从某种意义上说，这些粒子可以在没有平衡的情况下结合形成 AB 粒子。因此，$k_A = k_{AB}$，且从条件 (10.5.3) 可知，满足 $k_A + k_{AB} = k_{Ae} + k_{ABe}$。此时，令 $k_{AB} = k_1$ 和 $k_A = k_2$，式 (11.1.6) 可进一步表示为

$$\frac{\mathrm{d}k_2}{\mathrm{d}t} = \frac{k_{2e} - k_2}{\tau}, \quad \frac{1}{\tau} = k_r^{\mathrm{eff}} p^2 RT \bar{M}_e k_M E$$

$$k_{1e} E = \bar{M} k_1 (k_{2e} + k_1) + \bar{M} k_2 (1 - \bar{M} k_{1e}) \tag{11.1.9}$$

式中，k_r^{eff} 为有效反应率常数 (具有式 (10.9.8) 的类型)；k_M 为参与反应的第三粒子 M 的总浓度；τ 为松弛时间，然而与式 (10.410) 中内部自由度的松弛 τ 截然不同，前者依赖于参与反应的气体组分的浓度。根据式 (11.1.6) 中的 M^{-1} 和条件 $k_1 + k_2 = k_{1e} + k_{2e}$，很容易证明 $\bar{M}^{-1} - k_{1e} > 0$，进而 $E > 0$。此外，τ 的正定性与物理假设直接相关。

11.2 极 限 流 区

在 10.4 节中，参照三参数气体的具体示例，我们给出了冻结和平衡流动概念的数学形式。该式可由基本参数 p 和 T 以及独立的动力学变量 λ 所确定。这些参数与松弛方程的极限解也密切相关，而松弛方程可减少传统的双参数方程的方程数目。下面我们将概括多组分系统的这些结果。要做到这一点，式 (11.1.5) 一般形式如下 (考虑式 (11.1.6))：

$$\frac{\mathrm{d}\lambda_i}{\mathrm{d}t} = \Lambda_i = B_i \sum_s \Delta v_{is} \frac{\Omega_s}{\tau_s} \tag{11.2.1}$$

式中，τ_s 与式 (11.1.8) τ_{ik} 不同，该参数为单个物理化学过程的松弛时间；同时，Ω_s 受函数 Φ_s 归一化的限制，在平衡状态下与 10.6 节所述的函数 Φ_s 和参数 χ_s 同时为零。系数 B_i 反映了参数 λ_i 的具体特征 (例如，当 $\lambda_i = c_i$ 时，$B_i = \bar{M}_i$；当 $\lambda_i = k_i$ 时，$B_i = 1$)。

此外，$t_0 = L/U$ 可表征某一气体流动的时间尺度 (1.1 节和 10.4 节中有相关介绍)，其意义是流体粒子以速度 U 在长度为 L 的流动区域运动所耗的时间。在

流动区域内这些参数的变化遵循

$$\Delta\lambda_i \sim t_0\Lambda_i \tag{11.2.2}$$

正如在 1.4 节中所述，以下的极限情况是可能的。

11.2.1 冻结流

令下述条件满足：

$$t_0 \ll \tau_{\min} = \min\tau_s \tag{11.2.3}$$

与 10.4 节结论相同，当 $t_0/\tau_{\min} \to 0$ 时，恒定冻结量 $\lambda_i = \lambda_{i0}$ 可代表系统 (11.2.1) 的解。显然，参数仅在 $L \ll U\tau_{\min}$ 的有限流动区域范围内保持不变，而在物体远场尾流区域是不满足条件的。正因为如此，在一般情况下，我们可以说松弛方程仅有一个近似冻结解。一个例外是 11.11 节中考虑的硬化效应。这是一个真空中气体膨胀的例子，该例子连续满足条件 (11.2.3)，其中参数 τ_s 随着尺寸 L 而增加。条件 (11.2.3) 在驻点附近也不满足，与此相反，在这种情况下，流动可以是接近平衡的，这将在下文中得到证明。

在冻结状态下，中等稠密气体表现为完全气体，因此 10.3 节的状态方程可以表示为下列形式：

$$h = c_p^{(0)}T + h_{\rm f}, \quad h_{\rm f} = \sum_i c_i(e_i^{(v)} + h_{0i})$$

$$\frac{p}{c_p^{(0)}\rho T} = \frac{R}{\bar{M}c_p^{(0)}} = \frac{\gamma_{\rm f}-1}{\gamma_{\rm f}}, \quad \gamma_{\rm f} = \frac{c_p^{(0)}}{c_v^{(0)}}$$

$$c_p^{(0)}, \bar{M}, h_{\rm f}, \gamma_{\rm f} = {\rm const} \tag{11.2.4}$$

式中，$c_p^{(0)}$，$c_v^{(0)}$ 和 $h_{\rm f}$ 分别为冻结比热和物理化学转化的束缚能；$\gamma_{\rm f}$ 为 1.3 节图 1.10 中冻结绝热指数。基于绝热方程 $\rho dh = dp$，很容易推导出 $p \sim \rho_{\rm f}^\gamma$ 和 $T \sim p^{(\gamma_{\rm f}-1)/\gamma_{\rm f}}$。该式与第 1 章的式 (1.5.9) 类似，但当前情况下 T 不能用 h 代替。

显然，在整个流动过程中仅当 $h_{\rm f}$ 和 $\gamma_{\rm f}$ 恒定的情况下，冻结流量模型才是简单的，譬如，无化学反应激波层中冷空气均匀绕流问题。一般情况下，在不同流动区域中的冻结流是不同的，从这个意义上说流场会变得不均匀。

11.2.2 平衡流

方程 (11.1.5) 总体描述了非平衡流动，而平衡过程须描述为该方程在极快反应条件下对应的特定极限解。也就是满足如下条件：

$$t_0 \gg \tau_{\max} = \max\tau_s \tag{11.2.5}$$

上述情况下式 (11.2.2) 导致悖谬的解, 为此, 将继续假设时间间隔 t_0 内的增量 $\Delta\lambda_i$ 是有限的。将式 (11.2.1) 乘以比值 $\tau_{\max}/t_0$, 并令该比值趋于零, 将式 (11.2.1) 代入一个关于函数 Ω_s 齐次的代数系统。根据 10.6 节, 只有条件 $L = I - J$ 是独立的 (此处, I 是组分的数量, 而 J 是附加约束的个数或是守恒条件 (10.5.3) 或 (10.5.5)), 该系统才满足平衡条件 $\Omega_s = 0$。对于满足条件 (11.2.5) 的绝大多数过程, 该解是可实现的。通常认为它是唯一可能的解。

同时, 无论从形式上还是从物理的角度来看, 我们都无法通过略去左侧导数项来消除系统 (11.2.1) 中非平凡解 $\Omega_s \neq 0$ 的存在。下面将作为整体过程介绍此类准静态但非平衡问题。

回到 10.4 节, 与平衡状态不同, 平衡过程的反应速率不为零:

$$\Lambda_i \approx \frac{\mathrm{d}\lambda_{ie}}{\mathrm{d}t} = \left(\frac{\partial\lambda_{ie}}{\partial p}\right)_T \frac{\mathrm{d}p}{\mathrm{d}t} + \left(\frac{\partial\lambda_{ie}}{\partial T}\right)_p \frac{\mathrm{d}T}{\mathrm{d}t}$$

$$= \left(\frac{\partial\lambda_{ie}}{\partial p}\right)_s \frac{\mathrm{d}p}{\mathrm{d}t} + \left(\frac{\partial\lambda_{ie}}{\partial s}\right)_p \frac{\mathrm{d}s}{\mathrm{d}t} \tag{11.2.6}$$

仅当 p 和 T 是常数, 即处于平衡状态时, 反应速率随即消失。

上述公式也可确定增量 $\Delta\lambda_i \approx \Delta\lambda_{ie}$ 的量级, 这与式 (11.2.2) 仅适用于化学反应过程中远离平衡态的一般估计有所不同。

所获得的结果使得基于主要流动参数梯度的近平衡过程满足平衡条件的准确性评估成为可能:

$$\Omega_s \sim \tau_{\max} \max\left(\frac{\mathrm{d}\Delta\lambda_{ie}}{\mathrm{d}t}\right) \tag{11.2.7}$$

上述评估方法是 10.4 节所获结果 ($\lambda_e - \lambda \sim \tau\mathrm{d}\lambda_e/\mathrm{d}t$, 式 (10.4.14)) 的泛化。

需要注意的是, 近平衡过程只存在于流动参数变化平缓、物理化学过程有响应时间予以调整的区域。然而, 在流动参数突变时该要求不能满足, 如穿越激波、弯曲物体下游等。在这种情况下, 流动中出现松弛区; 但是, 当满足一般性条件 $L \gg U\tau_{\max}$ 时, 相对尺度 $\Delta L/L \sim \tau_{\max}/t_0$ 很小, 松弛区对全局流场无影响。这些问题将在若干特定类型非平衡流动研究中予以分析。

考虑更一般化的部分平衡系统, 其中 $s \leqslant m$ 的部分过程是平衡的, 其弛豫时间满足条件:

$$\tau_s \leqslant \tau^{\max} \ll t_0, \quad s = 1, \cdots, m \tag{11.2.8}$$

该情况的非常规性质表现为: 即使我们只有一个小参数 $\tau = \tau_k \to 0$, 系统 (11.2.1) 所有包含该参数的方程均退化为相同的方程 $\Omega_k = 0$, 因此系统是不定的。为避免该情况, 式 (11.2.1) 中的其中一项 Ω_k/τ_k 的表达式应替换为其他方程, 同时, 方程本身应替换为等式 $\Omega_k = 0$。将该过程依次应用于具有多个近似平衡过程的系统, 形成如下简化形式 (使用变量 λ_i 的相应编号):

$$\frac{\mathrm{d}\lambda_i}{\mathrm{d}t} + \sum_{k=1}^{m} A_{ik}\frac{\mathrm{d}\lambda_k}{\mathrm{d}t} = \sum_{S>m} C_{is}\frac{\Omega_s}{\tau_s} \quad (i = m+1, \cdots, I) \tag{11.2.9}$$

式中, m 是参数 $\tau_s = \tau_k$ 具有最小值的独立近平衡过程的个数; 而 A_{ik} 和 C_{is} 为特定常系数。根据式 (10.9.4), 系数为常值的原因是, 不同的方程中第 s 个反应的对应项只与常数 B_i 和 $\Delta\nu_{is}$ 有关。上述方程与平衡条件 $\Omega_k = 0(k \leqslant m)$ 一起, 形成了不含不定项的封闭方程组。

相反的情况是, 前 s 个反应是冻结的, 而其他的反应是任意的。这通常会导致方程 (11.2.1) 右侧的部分项被略去。只有当某一组分 i 仅由给定条件下的一个冻结反应生成时, 问题才能得到定性简化; 并可给出解 $\lambda_i = \lambda_{i0} = \mathrm{const}$。

考虑平衡–冻结过程, 其中若 $s \leqslant m$ 反应则是平衡状态, 而处于方程 (11.2.9) 右侧的其他过程则是冻结状态, 且具有以下时间尺度:

$$\tau_s^{(\mathrm{min})} \gg t_0, \quad s \geqslant m+1 \tag{11.2.10}$$

这样一来, 方程 (11.2.9) 是齐次的, 并具有积分

$$\lambda_i + \sum_{k=1}^{m} A_{ik}\lambda_k = \lambda_{i0} + \sum_{k=1}^{m} A_{ik}\lambda_{k0} = \mathrm{const} \quad (i = m+1, \cdots, I) \tag{11.2.11}$$

外加平衡条件 $\Omega_k = 0, s \leqslant m$, 可导出极限平衡冻结解的形式为

$$\lambda_i = \lambda_{ie}^{(m)}(p, T, \lambda_{j0}) \quad (i, j = 1, \cdots, I) \tag{11.2.12}$$

然而, 与局部平衡函数 λ_{ie} 不同, 新引入的函数 $\lambda_{ie}^{(m)}$ 是非独立的, 其不仅依赖于 p 和 T, 还依赖于流体部分冻结点的初始设置参数 λ_{i0}。

11.2.3 极限流动的等熵性

前文并未假设流动是绝热的, 因此获得的结果具有一般性。现在假设流体是绝热的 $(q = 0)$, 然后将方程 (10.6.19) 中的 χ_s 和 $\mathrm{d}R_s$ 扩展到第二个相似的求和项中, 并相应地增加过程的数量, 考虑式 (10.9.4), 获得熵的时间导数的如下表达式:

$$\frac{\mathrm{d}s}{\mathrm{d}t} = \sum_s \chi_s \frac{\mathrm{d}R_s}{\mathrm{d}t}, \quad \frac{\mathrm{d}R_s}{\mathrm{d}t} = \frac{r_s}{\rho} = \frac{\Omega_s}{\tau_s} \tag{11.2.13}$$

简洁起见, 我们考虑条件 (11.2.8) 和 (11.2.10) 约束下的一般平衡–冻结过程。在这种情况下, 对于前 m 个过程, $\mathrm{d}R_s/\mathrm{d}t$ 是有限的, 但参数 X_s 以及 Ω_s、比率

$\tau^{(\max)}/t_0$ 等为小量；然而，对于其他过程，导数 $dR_s/dt \sim 1/\tau^{(\max)}$ 则为小量。最后，我们得到这些过程中熵增量的以下估计：

$$\Delta s \sim \frac{\tau^{(\max)}}{t_0} + \frac{t_0}{\tau^{(\min)}} \ll 1 \tag{11.2.14}$$

上式确保了在极限情况下平衡冻结流的等熵性质。对于纯平衡过程，只有第一项应留在求和项 (11.2.14) 中；而对于纯冻结流，则只有第二项应留在求和项中。

同时，实际的非平衡过程可以与局部平衡熵建立关联：

$$s_e(f, \varphi) = s[f, \varphi, \lambda_{ie}(f, \varphi)], \quad f, \varphi = p, T; p, h; \rho, e \tag{11.2.15}$$

式中，$\lambda_{ie}(f, \varphi)$ 是 10.4 节中介绍的局部平衡浓度，对应于一对给定的基本变量 f 和 $\varphi(\lambda_{ie}(p, s)$、$\lambda_{ie}(\rho, s)$ 等，也可以加入通常的 $\lambda_i(p, T)$

我们详细阐述了平衡–冻结系统中熵的另一个属性。让某一初始冻结的第 $m+1$ 个绝热过程逐渐逼近平衡过程，而其他过程处于平衡状态。根据热力学第二定律，上述过程会伴随着熵从 s_m 增加到 s_{m+1}。换言之，用一个平衡过程来代替任何冻结过程会导致熵增。也就是说，对于给定的"解冻"序列，下列不等式序列成立：

$$s_e \geqslant s_L \geqslant s_{L-1} \geqslant \cdots \geqslant s_{m+1} \geqslant s_m \geqslant \cdots \geqslant s_1 \geqslant s_f \tag{11.2.16}$$

其中，下标是指平衡过程的数目；而 s_f 为完全冻结过程的初始能量。

11.2.4 准稳态解

由于平衡流动或部分平衡流动的动力学偏微分方程可退化为常微分方程，该问题的求解也是可以全部或部分退化的，尽管部分平衡流动总体上仍然处于非平衡状态。然而，甚至根本不涉及平衡的解也是会退化的。我们以如下形式的松弛方程 (10.11.9) 和 (10.12.2) 为例予以说明：

$$\frac{d\lambda_i}{dt} = \frac{\Omega_i^{(T)}}{\tau_T} + \frac{\Omega^{(w)}}{\tau_w} \tag{11.2.17}$$

式中,第一项与碰撞有关;而第二项是由其他因素导致分量 λ_i 形成而引起的;τ_T, τ_w 为这些过程中的时间尺度；$\Omega_i^{(T)}, \Omega^{(w)}$ 的结构形式是通过前述方程对比而确定的。

令这两个时间尺度远小于气体动力学时间尺度，即 $\tau_T, \tau_w \ll \tau_0$，但两者相差不大，则方程 (11.2.16) 具有退化解。在一般情况下，其不同于平衡解：

$$\tau_w \Omega^{(T)} + \tau_T \Omega^{(w)} = 0 \tag{11.2.18}$$

这些流态可进一步泛化。例如，在表达式 $\Omega^{(w)} = \Omega_f^{(w)} - \Omega_r^{(w)}$ 中，$\Omega_f^{(w)}, \Omega_r^{(w)}$ 分别是正向和逆向反应速率，其中 $\Omega_f^{(w)}$ 在特定条件下可以忽略不计。此时，方程 (11.2.18) 可以简化为 $\tau_w \Omega^{(T)} = \tau_T \Omega_r^{(w)}$。

这些流态也被称为准稳态。例如，当分子的振动或电子能级的激发因其解离、电离或光猝灭而抵消时，就会出现该情况 (参看 10.12 节)。下面将结合特定问题予以分析讨论。需强调的是，这些解仅代表整个解的中间渐近，当 $t \to \infty$ 且 $\tau_w \neq 0$ 和 $\tau_T \neq 0$ 时，其是接近平衡态的。

综上，需要重点关注近平衡流动数值算法的鲜明特征。$\Omega_s \approx 0$ (通常为近似) 或更准确地 $\Omega_s \sim \tau_s \ll t_0$，是由于方程 (11.1.7) 中 Φ_s 的两项是互补的，也就是说，是由两个很大量之间的微小差异导致的；若不采用适当的算法，将会引起巨大的计算错误 (Voronkin, 1970)。

11.3 极限声速及其等级

在 1.6 节中，小扰动的传播速度由以下极限确定：

$$a^2 = \lim_{\Delta p, \Delta \rho \to 0} (\Delta p)/(\Delta \rho) = \partial p/\partial \rho \tag{11.3.1}$$

公式右端的导数是根据声波特定过程的性质确定的。在同一节中，通过式 (1.6.16) 引入了两个极限声速，即等熵速度 a_e 和等温速度 a_T，其过程分别对应形为 $\rho = \rho(p,s)$ 或 $\rho = \rho(p,T)$ 的简单双参数气体状态方程。在一般情况下，状态方程涉及动力学变量 λ_i。已知其在声波中的行为，方能确定导数 $\partial p/\partial \rho$。

选择形式为 $\rho = \rho(p,s,\xi_l)$ 的状态方程，其中，ξ_l 为 10.6 节中引入的独立广义动力学变量系统。在这些变量中，密度微分具有以下形式：

$$\mathrm{d}\rho = \rho_p^{(s,\xi)}\mathrm{d}p + \rho_s^{(p,\xi)}\mathrm{d}s + \mathrm{d}\omega$$

$$\mathrm{d}\omega = \sum_l \rho_{\xi_l}^{(p,s)}\mathrm{d}\xi_l, \quad \rho_{\xi_l} = \frac{\partial \rho}{\partial \xi_l}, \quad \rho_\alpha^{(\beta,\gamma)} = \left(\frac{\partial \rho}{\partial \alpha}\right)_{\beta,\gamma} \tag{11.3.2}$$

如 3.2 节所述，不连续的阵面总体上是绝热的，阵面内的耗散效应 (包含声学效应) 均集中在一个分子自由程数量级大小的狭窄区域内；假设该宽度与通常流动尺度相比是小量。在该假设基础上，在 1.6 节中，对平衡状态方程 $\rho = \rho(p,s)$，我们确定等熵声速 a_e 是气体状态的函数。下文我们将阐明，对于多组分介质也可以推导确定其仅取决于气体状态的相似声速，尽管仅适用于 11.2 节中的极限过程，即冻结、平衡和平衡–冻结流动。如 11.2 节所述，这些过程是等熵的，因此在式 (11.3.2) 的展开中微分 $\mathrm{d}s$ 可以省略；在此意义上，与在 1.6 节的最后部分阐述的等温声速 a_T 不同，该型声速也是等熵的。

当声波中的物理化学过程十分缓慢足以视为冻结时，则过程中的增量 $\Delta\xi_l$ 可以视为零：$\Delta\xi_l = 0$。根据式 (11.3.2)，可得冻结声速 a_f 的表达式为

$$\frac{1}{a_{\mathrm{f}}^2} = \rho_p^{(s,\xi)} = \left(\frac{\partial \rho}{\partial p}\right)_{s,\xi} \tag{11.3.3}$$

相反地, 当声波中的前述物理化学过程十分迅速而足以视为平衡时, 可令 $\xi_l = \xi_{le}(p,s)$ 和 $\rho = \rho(p,s)$, 根据式 (11.3.2), 可得平衡或等熵声速 a_{e} 的表达式为

$$a_{\mathrm{e}}^{-2} = \left(\frac{\partial \rho}{\partial p}\right)_s = a_{\mathrm{f}}^{-2} + \omega_p, \quad \omega_p = \sum_{l=1}^{L} \rho_{\xi_l}^{(p,s)} = \left(\frac{\partial \xi_{le}}{\partial p}\right)_s \tag{11.3.4}$$

这两种声速均是气体状态的函数; 然而, 冻结声速 a_{f} 可以在任何情况下确定, 而声速 a_{e} 只有当声波前的气体处于总体平衡状态时才可被确定。

下述定理成立: 平衡气体中平衡声速始终小于或等于冻结声速, 即

$$a_{\mathrm{e}} \leqslant a_{\mathrm{f}} \tag{11.3.5}$$

为证明该定理, 需证明式 (11.3.4) 中 ω_p 的总和是正的。取函数 $s = s(p,h,\xi_l)$ 的微分, 写成式 (10.6.1) 的微分形式, 其中最后一项由式 (10.6.25) 代替。然而, 该关系也可以看作是函数 $h = h(p,s,\xi_l)$ 以其自变量表示的微分形式; 因此, 根据式 (10.6.2), 得到两者间的关系为

$$\frac{\partial}{\partial \xi_l}\left(\frac{1}{\rho}\right)_{p,s} = -\frac{\rho_{\xi_l}^{(p,s)}}{\rho^2} = -\left(\frac{\partial TD_l}{\partial p}\right)_{s,\xi} = -T\left(\frac{\partial D_l}{\partial p}\right)_{s,\xi}$$

$$D_l = s_{\xi_l}^{(p,h)} = -\frac{1}{T}h_{\xi_l}^{(p,s)} \tag{11.3.6}$$

这里考虑到了式 (10.6.4) 和平衡条件 $D_l = 0$。然而, 在这种情况下, 当 s 为常数时, 全导数 $\mathrm{d}D_l/\mathrm{d}p$ 为零, 即

$$\frac{\partial D_l}{\partial p} = \left(\frac{\partial D_l}{\partial p}\right)_{s,\xi} + \sum_{k=1}^{L} D_{lk}\left(\frac{\partial \xi_{kl}}{\partial p}\right)_s = 0$$

$$D_{lk} = \left(\frac{\partial D_l}{\partial \xi_k}\right)_{p,s} = \left(\frac{\partial D_l}{\partial \xi_k}\right)_{p,h} \tag{11.3.7}$$

式中, D_{lk} 的第二个表示形式可以通过对复合函数 $D_l = D_l(p,s,\xi_k) = D_l[p,h(p,s,\xi_k),\xi_k]$ 求微分, 并令 $h_{\xi_{kl}}^{(p,s)} = 0$ (发生在平衡时) 得到。从式 (11.3.6) 和式 (11.3.7) 消除偏导数 $(\partial D_l/\partial p)_{s,\xi}$, 可以计算导数 $\rho_{\xi_{kl}}^{(p,s)}$, 则式 (11.3.4) 中的函数 ω_p 等于

$$\omega_p = -T\rho^2 \sum_{l=1}^{L}\sum_{k=1}^{L} D_{lk}\left(\frac{\partial \xi_{le}}{\partial p}\right)_s \left(\frac{\partial \xi_{ke}}{\partial p}\right)_s \geqslant 0 \tag{11.3.8}$$

上述不等式成立的条件为式 (10.6.27)；进一步，式 (11.3.5) 中的不等式成立，即 $a_e \leqslant a_f$。

值得指出的是，1.6 节中已经遇到了相似的声速等级，即等温声速 a_T 总是小于等熵声速 a_e (式 (1.6.16))。

现在，以带有变量 p, T 和 λ_i 的状态方程 (11.1.4) 表达声速。需要注意的是，本节中几乎所有的热力学函数 (包括式 (11.1.5) 中的 Λ_i) 均可由这些参数表示；为此，给出下列微分：

$$\mathrm{d}\rho = \rho_p^{(T,\lambda)}\mathrm{d}p + \rho_T^{(p,\lambda)}T + \sum_i \rho_{\lambda_i}^{(p,T)}\mathrm{d}\lambda_i$$

$$\mathrm{d}h = h_p^{(T,\lambda)}\mathrm{d}p + c_p^{(0)}\mathrm{d}T + \sum_i h_{\lambda_i}^{(p,T)}\mathrm{d}\lambda_i = \frac{1}{\rho}\mathrm{d}p + \mathrm{d}Q$$

$$\mathrm{d}Q = q\mathrm{d}t, \quad c_p^{(0)} = h_T^{(p,\lambda)} \tag{11.3.9}$$

在这里，为考虑一般性，我们分析式 (11.1.4) 中热流 $\mathrm{d}Q$ 和 $h_T^{(p,\lambda)}$ 项等于零的情况。从上述方程消除 $\mathrm{d}T$，得到

$$\mathrm{d}\rho = \frac{1}{a_f^2}\mathrm{d}p + \mathrm{d}\bar{\omega} + \frac{\rho_T^{(p,\lambda)}}{c_p^{(0)}}\mathrm{d}Q$$

$$\frac{1}{a_f^2} = \rho_p^{(T,\lambda)} + \frac{\rho_T^{(p,\lambda)}}{c_p^{(0)}}\left(\frac{1}{\rho} - h_p^{(T,\lambda)}\right), \quad \mathrm{d}\omega = \sum_i \delta_i \mathrm{d}\lambda_i$$

$$\delta_i = \rho_{\lambda_i}^{(p,T)} = \frac{h_{\lambda_i}^{(p,T)}\rho_T^{(p,\lambda)}}{c_p^{(0)}} \tag{11.3.10}$$

在平衡状态下，有 $\lambda_i = \lambda_{ie}(p,T)$，方程 (11.3.10) 中

$$\mathrm{d}\lambda_i = \left(\frac{\partial\lambda_{ie}}{\partial p}\right)_s \mathrm{d}p + \left(\frac{\partial\lambda_{ie}}{\partial s}\right)_p \mathrm{d}s$$

$$\left(\frac{\partial\lambda_{ie}}{\partial p}\right)_s = \left(\frac{\partial\lambda_{ie}}{\partial p}\right)_T + \left(\frac{\partial\lambda_{ie}}{\partial T}\right)_p \left(\frac{\partial T}{\partial p}\right)_s$$

$$\left(\frac{\partial\lambda_{ie}}{\partial s}\right)_p = \left(\frac{\partial\lambda_{ie}}{\partial T}\right)_p \left(\frac{\partial T}{\partial s}\right)_p = \frac{T}{c_p}\left(\frac{\partial\lambda_{ie}}{\partial T}\right)_p \tag{11.3.11}$$

相应地，根据式 (1.6.14) 可以确定偏导数 $(\partial T/\partial p)_s$，即

$$\mathrm{d}\omega = \omega_p \mathrm{d}p + \omega_s \mathrm{d}s, \quad \mathrm{d}s = T^{-1}\mathrm{d}Q$$

$$\omega_p = \sum_i \delta_i \left(\frac{\partial \lambda_{ie}}{\partial p} \right)_s$$

$$\omega_s = \sum_i \delta_i \left(\frac{\partial \lambda_{ie}}{\partial s} \right)_p = \frac{T}{c_p} \sum_i \delta_i \left(\frac{\partial \lambda_{ie}}{\partial T} \right)_p \qquad (11.3.12)$$

将该结果代入方程 (11.3.10)，并与平衡气体的方程 (1.6.8) 比较，可得

$$\mathrm{d}\rho = a_e^{-2}\mathrm{d}p + \rho Q_e \mathrm{d}t, \quad a_e^{-2} = a_f^{-2} + \omega_p$$

$$\rho Q_e = q \left(\frac{\rho_T^{(p,\lambda)}}{c_p^{(0)}} + \omega_s/T \right) = q \left[\frac{\partial \rho(p,h)}{\partial h} \right]_p \qquad (11.3.13)$$

因此，所有的未知量均以 $f = f[p, T, \lambda_{ie}(p,T)]$ 和 $\lambda_{ie}(p,T)$ 函数的导数形式表达。由于 $a_e \leqslant a_f$，则 $\omega_p \geqslant 0$。

正如 11.2 节所述，中等稠密气体在冻结状态时表现为具有冻结绝热指数 $\gamma_f = c_p^{(0)}/c_v^{(0)}$ 的完全气体。变换式 (11.3.10) 可以得到 a_f，通过式 (1.6.16) 和式 (1.6.11) 可以得到 a_e，极限声速可表达为如下形式：

$$a_e^2 = \frac{c_p}{c_v} \left(\frac{\partial p}{\partial \rho} \right)_T = \gamma_e \frac{p}{\rho}, \quad a_f^2 = \frac{c_p^{(0)}}{c_v^{(0)}} \frac{p}{\rho} = \gamma_f \frac{p}{\rho} \qquad (11.3.14)$$

其中，c_p, c_v 为平衡气体的比热；γ_e 为声速的平衡系数。对空气而言，γ_e 和 γ_f 这两个函数均绘制在图 1.10 中 (见 1.3 节)，它们的比值高达 1.5。对单原子气体来说，γ_f 最大值为 $\gamma_f = 5/3$。

还需注意的是，若气体状态仅依赖于 p 和 T，1.6 节中给出了适用于任意气体的推导过程。公式 (11.3.14) 是从该节推导出的。同样适用于所考虑的全部极限过程。因此，声速可以由该式确定，所有辅因子均可按照气体中的过程并使用相应平衡成分和气体状态下的状态方程进行计算，也就是 $\lambda_i = \lambda_{ie}(p,T)$。

概述一下声速的一般理论：除总平衡声速 a_e、冻结声速 a_f 外，还包括与 11.2 节中所考虑的平衡–冻结过程所对应的平衡–冻结声速组 $a_e^{(m)}$；这些速度的个数为 $2^L - 1$，包含 $a_e^{(L)} = a_e$ 在内。为推广不等式 $a_e \leqslant a_f$，可建立不等式 $a_e^{(m)} \leqslant a_f$，即平衡–冻结声速总是小于或等于冻结声速。

令所选集合 L 的前 m 个独立过程为平衡且对应于条件 $\Omega_l = 0$ 或者 $\chi_l = 0$ (其中，$l \leqslant m$)，而其他 $L - m$ 个过程是冻结的，并与关于变量 ξ_l 的参数 (11.2.11) 相关。与式 (11.2.12) 类比，该过程与参数组 $\xi_{le}^m(p,s)$ 相关，其导数将包含于表示 ω_p 的式 (11.3.8) 中，且具有相同系数 D_{lk}。因此，不等式 $\omega_p \geqslant 0$ 和 $a_e^{(m)} \leqslant a_f$ 依旧有效。因而，定理得以证明。

解决该问题的另一种方法是，在 10.6 节熵属性的分析中，假定不存在冻结过程，而从 10.5 节开始，积分 (11.2.11) 被认为是附加约束，如 10.5 节中的质量平衡方程。因此，只有 m 个具有平衡参数 $\xi_{le}^{(m)}(l \leqslant m)$ 的动力学变量是独立的。在这种情况下，式 (11.3.8) 仅包含 m 项，但一般来说，还包括其他的系数项 $\bar{D}_{lk}^{m}$。自然，这种改变并不违反式 (10.6.27) 和式 (11.3.8) 中的不等式，因此不等式可表示为

$$\omega_p^{(m)} = -T\rho^2 \sum_{l=1}^{m} \sum_{k=1}^{m} \bar{D}_{lk}^{(m)} \left(\frac{\partial \bar{\xi}_{le}^{(m)}}{\partial p} \right)_s \left(\frac{\partial \bar{\xi}_{ke}^{(m)}}{\partial p} \right) \geqslant 0$$

$$\left(a_e^{(m)} \right)^{-2} \leqslant a_f^{-2} + \omega_p^{(m)}, \quad a_e^{(m)} \leqslant a_f \tag{11.3.15}$$

前面列出的极限情况穷尽了以状态的确定函数形式表示声速的可能性。一般情况下，实际速度和小扰动传播性质的问题只有基于对非平衡流动控制方程组的分析才能得以解决，我们将在 11.4 节和 11.6 节中详述。

至于声速的相对等级 $a_e^{(m)}$，第 m 个过程是冻结的，就自然地想到其后续发展成平衡状态。然而应当指出的是，由于在式 (11.3.8) 二次形式中用 $\xi_{le}^{(m)}$ 代替 ξ_{le}，ω_p 函数的行为是不可预测的，所以不等式 $a_e^{(m-1)} \geqslant a_e^{(m)}$ 无满足以往推导过程。方程 (11.3.15) 求和项数的减少并不一定导致不等式 $\omega_p^{(m-1)} \geqslant \omega_p^{(m)}$ 成立 (例如，对所有 $x_i \geqslant 0$，有二次函数形式 $f = (x_1 + x_2 - x_3)^2$)。此外，一般情况下，二次函数形式与不同状态下的气体 (也就是本质上具有有不等式 $\bar{D}_{lk}^{(m-1)} \neq \bar{D}_{lk}^{(m)}$ 和 $\bar{\xi}_{lk}^{(m-1)} \neq \bar{\xi}_{lk}^{(m)}$ 的不同气体) 有关，$\omega_p^{(m-1)}, \omega_p^{(m)}$ 的二次函数形式可以是不同的。此外，前面的分析甚至还没有建立相比于其他 $a_e^{(m)}$ 的 $a_e = a_e^{(L)}$ 为最小的等式。

然而，下一个过程的冻结实际上有可能导致出现声速 $a_e^{(m)}$ 增大的情况；以激发原子或分子混合物的 a_e^2 的表达式为例，可以断定这是正确的：

$$\frac{\rho}{p} a_e^2 = \frac{c_p}{c_v} = \frac{c_p^{(0)} + c^{(p)}}{c_v^{(0)} + c^{(v)}}, \quad c^{(v)} = \sum_m c_m^{(v)}, \quad c_m^{(v)} = \frac{\mathrm{d}e_{me}^{(v)}}{\mathrm{d}t} \tag{11.3.16}$$

在这里，$e_m^{(v)}$ 是不同的第 m 个内部自由度的能量；由于 $c_m^{(v)} > 0$ 和 $c_p^{(0)} > c_v^{(0)}$，对任意冻结顺序都会产生如下顺序的不等式：

$$a_e = a_e^{(1)} \leqslant \cdots \leqslant a_e^{(m)} \leqslant a_e^{(m-1)} \leqslant \cdots \leqslant a_f \tag{11.3.17}$$

该不等式具有平衡冻结声速的有序层级。

更一般的例子关乎相当复杂情况分析，对 $l \neq k$ 的系数 D_{lk} 与系数 $(\partial \xi_{le}/\partial p)_s$ 可以具有相反符号。

以下情况是一种特例，即式 (10.6.29) 引入的每一个规范变量 $\bar{\xi}_l$ 由单一的第 l 个过程来确定 (无论孤立于其他过程，还是由与式 (10.6.29) 类型有关的 "原始" 过程所决定的某一奇异组合过程)，这样一来，忽略其他过程或者变量 $\bar{\xi}_k$ ($k \neq l$)，当过程是冻结和平衡状态时，分别有 $\bar{\xi}_l$ 为常量和 $\bar{\xi}_l = \bar{\xi}_{le}$。

在这种情况下，根据式 (10.6.30) 重写函数 (11.3.8) 会得出

$$\omega_p = -T\rho^2 \sum_{l=1}^{L} \bar{D}_{ll} \left(\frac{\partial \bar{\xi}_{le}}{\partial p} \right)_s^2, \quad \bar{D}_{ll} \leqslant 0 \tag{11.3.18}$$

因此，在每个第 m 个过程中的冻结时，即对于 $\bar{\xi}_m$ 为常数的情况，函数 ω_p 仅会减少，从而可以导出方程 (11.3.17) 中的一系列不等式。

11.4 非平衡气体中扰动的传播速度

如 1.6 节所述，在声波中以比率 $\Delta p / \Delta \rho$ 的极限来定义声速，仅在声波冻结和平衡过程的极限情况下才能给出明确的阐释。然而，具体哪种声速应进入气体动力学的数学理论并确定扰动传播的范围及其行为，仍有待解决。同时，在平衡气体动力学中，a 是指等熵声速。

为了回答上述关于非平衡过程的问题，首先回顾一下，当根据平衡方程 (1.6.8) 将连续性方程中的密度导数替换为压力导数时，气体动力学方程中出现了声速。该公式的非平衡泛化由先前的式 (11.3.10) 推导给出。除以 dt 得到与式 (11.3.10) 中标记相同的公式：

$$\frac{\mathrm{d}\rho}{\mathrm{d}t} = \frac{1}{a_{\mathrm{f}}^2} \frac{\mathrm{d}\rho}{\mathrm{d}t} + \rho Q_{\mathrm{f}}, \quad Q_{\mathrm{f}} = Q_\Lambda + Q_q, \quad \rho Q_q = \frac{q \rho_T^{(p,\lambda)}}{c_p^{(0)}}$$

$$\rho Q_\Lambda = \sum_i \delta_i \frac{\mathrm{d}\lambda_i}{\mathrm{d}t} = \sum_i \delta_i \Lambda_i, \quad \rho_T^{(p,\lambda)} = \left(\frac{\partial \rho}{\partial T} \right)_{p,\lambda} \tag{11.4.1}$$

将该结果代入连续性方程，形成与式 (2.4.1) 相似的形式，即

$$\frac{1}{\rho a_{\mathrm{f}}^2} \frac{\mathrm{d}p}{\mathrm{d}t} + \mathrm{div}\boldsymbol{U} = -Q_{\mathrm{f}} \tag{11.4.2}$$

为便于描述，我们给出单动力学变量 λ 的三参数气体模型的方程，以及松弛方程 (10.4.1) (其中 $q = 0$)：

$$L_{\mathrm{f}} = \frac{1}{\rho a_{\mathrm{f}}^2} \frac{\mathrm{d}p}{\mathrm{d}t} + \mathrm{div}\boldsymbol{U} = -Q_\Lambda = -\frac{\delta}{\rho} \frac{\mathrm{d}\lambda}{\mathrm{d}t} = -\frac{\delta}{\rho} \frac{\lambda_e - \lambda}{\tau} \tag{11.4.3}$$

显然，这些方程精确考虑了冻结声速 a_{f}。

由于其他气体动力学方程不包含声速，而 Q_{Λ} 和 Λ_i 作为气体状态的函数不包含未知函数的导数，所以，为了向非平衡流动推广，可以令第 4 章的理论中的 $a = a_{\mathrm{f}}$，$Q = Q_{\mathrm{f}}$。至于动力学方程 $\mathrm{d}\lambda_i/\mathrm{d}t = \Lambda_i$，包含于方程的第二组 (见 2.4 节和 4.1 节)，其特征线为粒子轨迹。

因此，特征线方程精确地包含冻结速度，可以确定扰动的传播速度和扰动的阵面。对于稳态流动，冻结马赫数 $M_{\mathrm{f}} = U/a_{\mathrm{f}}$ 确定相应方程的类型，$M_{\mathrm{f}} < 1$ 为椭圆型方程，而 $M_{\mathrm{f}} > 1$ 为双曲型方程。

特别地，特征线方法几乎不变。根据初始线 AB (图 11.1) 上的数据，除了在 4.2 节中提到的那些参数外，还应指定动力学变量 λ_i，采用相同的方法确定 C 点的压力和速度。同时，沿流线 CD，可计算除熵以外的增量 $\Delta\lambda_i = \Lambda_i\Delta t$。需注意的是，在条件 $a_{\mathrm{f}} \geqslant a_{\mathrm{e}}$ 下，受冻结特性线限制的初始数据，其影响的理论域总是大于物理上可实现的区域 (图 11.1 中的 $A'B'C$)，因此，对于特征线方法，由冻结声速 (或冻结马赫数 $M_{\mathrm{f}})a_{\mathrm{f}}\Delta t \leqslant \Delta x$ 计算的柯朗数稳定性条件对于任何流动都是适用的。

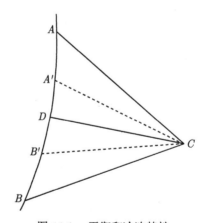

图 11.1　平衡和冷冻特性

结合前面的讨论，即使对几近平衡流动，也存在平衡理论适用性的问题。因为即使流动满足方程 (11.4.2)，通常不等式 $a_{\mathrm{f}} \neq a_{\mathrm{e}}$ 和 $Q_{\Lambda} \neq 0$ 仍然有效。为此，为了构建平衡理论，我们需令连续性方程中 $a = a_{\mathrm{e}}$ 和 $Q = Q_{\mathrm{f}}$，可得下列表达式：

$$L_{\mathrm{e}} = \frac{1}{\rho a_{\mathrm{e}}^2}\frac{\mathrm{d}p}{\mathrm{d}t} + \mathrm{div}\boldsymbol{U} = -Q_{\mathrm{e}} = -\left(\frac{\partial\rho}{\partial h}\right)_p\frac{q}{\rho} \qquad (11.4.4)$$

通过取极限 (对于 11.2 节的估计 $\tau_{\max} \to 0$)，式 (11.4.2) 不能转换为式 (11.4.4)，因为即使在平衡状态时，通常有 $a_{\mathrm{f}} \neq a_{\mathrm{e}}$，而在平衡过程中 Q_{Λ} 和 Λ_i 项以及反应

速率均是非零的。然而，通常从物理角度考虑，在适当条件下采用平衡模型毫无疑问是可能的。换言之，在从通常的非平衡流过渡到平衡流时，控制方程的特性会发生突变。

这种效应称为声速悖论。我们通过下述实例说明该悖论。对 $a_e < U < a_f$，在准确非平衡方程中该流动是亚声速的，而在平衡方程中流动则是超声速的，这将改变控制方程的类型。例如，在喷管流动中，由喷管轮廓改变而引入的扰动，如果以冻结声速传播，将传播至上游喷管喉道，进而影响喉道附近流动；但是，如果扰动传播速度为平衡声速，则和超声速流一样，随对流输运过程传播至下游。

该悖论可通过以下方式解决：在达到平衡极限时，寻求控制方程的解而不是其形式本身。事实证明，冻结阵面的强度随时间趋于零，而实际的扰动阵面是平衡的，由平衡声速决定。流动分析详见 11.6 节和 11.7 节。

在结论中还需注意，在与导数 $\partial q/\partial \rho$ 中不同固定变量相关的不同声速的情况下，也存在类似的悖论。特别是，可回顾一下满足不等式 $a_T < a_e$ 的等温和等熵声速，其类似于不等式 $a_e \leqslant a_f$。

11.5 激波和松弛区

考虑压缩激波的物理化学结构，与激波相关的整个气层包括图 10.2 中入口段 1 (10.4 节) 到某一出口段 3，其中入口段 1 的气体未受干扰，而出口段 3 的气体已处于平衡状态。为此，正如第 3 章中所示，考虑阵面法向的参数分布，也就是说，考虑正激波以速度 $v_{n1} \leqslant u_1$ 在气体中传播。

在 3.2 节中，我们考虑了 Navier-Stokes 方程的框架内耗散激波结构，其厚度 δ_v 为几个分子自由程 l 的量级。正如 1.4 节中所示，耗散激波内的一些粒子的碰撞足以产生 1.4.7 节中的麦克斯韦分布，也就是说，粒子平移和旋转自由度达到平衡状态。后者反过来将足以引入与状态方程相关的温度和其他热力学变量的概念。基于此，如前述和后续理论所述，可假设耗散激波在出口段存在 1.4 节中的气体分子动力学平衡状态。

同时，第 10 章和第 11 章的整个理论是基于物理化学过程时间尺度 τ 远大于粒子间碰撞时间尺度 $\tau_v \sim l/V$ 的假设而建立的 (此处，V 是粒子随机热运动速度，其大小为声速量级)。由此认为这些过程处于分子动力学平衡状态。因此，该假设从逻辑上得出如下两个区域的激波过渡模型：

(1) 冻结激波，即冻结激波过渡区域 (图 10.2 中 1-2)，包含 3.2 节中介绍的所有耗散效应，其物理化学过程是冻结的；

(2) 冻结激波后的松弛区域 2-3，该区域气体达到了对应于平衡激波转换的新状态。

压缩波及其本身的模型称为激波松弛。到目前为止，由于尚未研究激波结构，所以尚未将该模型应用到平衡激波中。

早前研究假设松弛区的厚度 δ_r 远小于需要分析的流场区域尺度 L，为此将该模型应用于无限薄平衡激波过渡区。本章主要介绍 $\delta_r \sim L$ 的流区，然而，直到第 12 章，仍然假设激波过渡区的真实厚度为相对小量 ($\delta_v \ll L$)，因此可将冻结激波表示为一个数学曲面。

结合状态方程，冻结激波过渡过程可由式 (3.3.3) 描述：

$$\rho_1 u_1 = \rho_2 u_2, \quad \lambda_{n1} = \lambda_{n2}$$

$$p_1 + \rho_1 u_1^2 = p_2 + \rho_2 u_2^2, \quad h_1 + u_1^2/2 = h_2 + u_2^2/2$$

$$\rho = \rho(p, T, \lambda_n), \quad h = h(T, \lambda_n) \tag{11.5.1}$$

式中，λ_n 为穿过激波不发生变化的动力学变量集合。如果未受干扰的流动是理想气体，且绝热指数为 γ，那么穿过激波后该性质不变，且冻结指数为 $\gamma_f = \gamma$。这种情况下，3.3 节 $\sim$ 3.5 节中导出的所有理想气体关系式对冻结激波阵面而言依旧有效。混合气体的分子量 $\bar{M}$，冻结比热 $c_p^{(0)}$ 和 $c_v^{(0)}$，以及焓表达式 $h = h_f + c_p^{(0)} T$ 中的束缚物理化学能量 h_f，在穿越激波时是守恒的。确切地说，飞行器在无干扰大气中飞行时该情况是很典型的。

正如 1.7 节中所述，在以下松弛区中，关系 (11.5.1) 在每个部分均有效；这些略去下标 2 的关系式是沿阵面垂直方向一维定常无黏流动方程的简单积分形式。通过略去方程 (3.2.1) 中的耗散项，可证明该形式是正确的。这些方程表达如下：

$$\bar{\rho} u = u_1 = v_{n1}, \quad \bar{\rho} = \rho/\rho_1, \quad \rho = \rho(p, T, \lambda_n)$$

$$\frac{p}{\rho_1} = \bar{p} = \bar{p}_1 + u_1^2 - \bar{\rho} u^2 = \bar{p}_1 + u_1^2 \left(1 - \frac{1}{\bar{\rho}}\right)$$

$$h(T, \lambda_n) = h_1 + \frac{1}{2}\left(u_1^2 - u^2\right) = h_1 + \frac{1}{2} u_1^2 \left(1 - \frac{1}{\bar{\rho}^2}\right) \tag{11.5.2}$$

为封闭上述关系式，需要补充增加动量方程 (11.1.5)

$$\frac{d\lambda_i}{dt} = u \frac{d\lambda_i}{dx} = \Lambda_i(p, T, \lambda_n) \tag{11.5.3}$$

最后，通过条件 (11.5.1) 可使该问题求解封闭，基于关系式 (11.5.2)，条件 (11.5.1) 将自动满足。

该系统还描述了恒定横截面槽道的定常松弛流动；考虑式 (11.4.3)，通过与 2.3 节相同的转换，可得三参数的气体方程为

$$\left(1 - M_{\mathrm{f}}^2\right) \frac{\mathrm{d}u}{\mathrm{d}x} = -Q_\Lambda = -\frac{\delta}{\rho} \frac{\lambda_{\mathrm{e}} - \lambda}{\tau} \tag{11.5.4}$$

该方程在 $M_{\mathrm{f}} = 1$ 点处存在奇异点；根据 2.3 节，只有在通过将其右端项变为零使其规则的情况下，解才具有扩展性。上述问题通过平衡条件 $\lambda_{\mathrm{e}} - \lambda = 0$ 加以解决；因此，在其内部区域没有松弛区域可包含 $M_{\mathrm{f}} = 1$ 点。显然，在传统的平衡激波中可满足该条件，因为在冻结阵面前，$M_{\mathrm{f}} < 1$，而在平衡阵面后，$M_{\mathrm{e}} < 1, M_{\mathrm{f}} < 1$。

当 $x \to \infty$ 时，方程 (11.5.4) 的解渐近逼近平衡流动的极限；因为在 $M_{\mathrm{f}} \neq 1$ 时，$\mathrm{d}u/\mathrm{d}x \to 0$，当 $\lambda_e - \lambda \to 0$ 时，后者的差呈指数减小 (可根据式 (10.4.2) 得到)。

由此建立的模型具有最为一般的特征，可同样适用于气体和凝聚态 (见 4.12 节) 松弛介质中的激波；它不涉及对激波阵面前气体状态的任何限制，既可以是平衡的，也可以是非平衡的 (后一种情况将在本节末尾讨论)。

同时，这个模型自然只是相对的，并且可能是不完整的，例如，对于超高温气体，在耗散阵面上可开始发生反应。

由于冻结的激波阵面在速度 $u_1 < a_{\mathrm{f}1}$ 时无法传播，所以上述激波--松弛模型的根本性限制是仅适用于激波速度 $u_1 > a_{\mathrm{f}1}$ 的情况。然而，在 $u_1 > a_{\mathrm{e}1}$ 时既已满足平衡激波阵面的存在条件。因此，当激波结构在如下条件下的中等速度传播时，就会出现问题：

$$a_{\mathrm{f}1} > u_1 > a_{\mathrm{e}1} \tag{11.5.5}$$

事实表明，在该情况下将形成连续松弛压缩波而非激波阵面；在给定速度 u_1 的激波后，此类波将初始气体状态转换为平衡状态。在压缩波中，随着压力的增加，速度的减小，当地马赫数 M_{f} 也是减小的，因此当 $M_{\mathrm{f}1} < 1$ 时，奇异点 $M_{\mathrm{f}} = 1$ 不会出现在区域内，上述问题由此得以解决 (见 11.7 节)。同时，当 $M_{\mathrm{f}} > 1$ 时，类似的连续松弛压缩波无法存在，因为当 $M_{\mathrm{e}} < 1$ 时，奇异点 $M_{\mathrm{f}} = 1$ 出现在激波中是无法避免的。

我们将在 11.8 节中继续介绍激波的一般理论；目前，考虑若干实例。

11.5.1 高超声速激波

速度 $u_1 \gg a$ 时，密度比 $k = \bar{\rho}_2^{-1}$ 通常是相当小的 (对双原子气体而言，密度比为 1/6)，因此，松弛区内密度更为显著的差异不会显著改变压力和焓。因此，这些量可近似认为是常数，为了简单起见，即 $p = p_2$ 和 $h = h_2$。在这种情况下，问题的解可简化为松弛方程以及 p 和 h 为常数的状态方程的解。该解仅依赖于时间，可表示为如下一般形式：

$$\lambda_i = \lambda_i(t, p_2, h_2), \quad \rho = \rho(t, p_2, h_2), \quad T = T(t, p_2, h_2) \tag{11.5.6}$$

该解不包含速度 u，其应用范围得以扩大。t 和 x 之间的关系由下列方程确定：

$$\mathrm{d}x = u\mathrm{d}t = \frac{u_1}{\bar{\rho}}\mathrm{d}t, \quad x = u_1\int_0^t \frac{1}{\bar{\rho}}\mathrm{d}t \tag{11.5.7}$$

根据式 (10.4.2) 的解，松弛区中的所有参数以幂数律趋向于其极限平衡值。3.4 节的图 3.4 (对密度和温度而言) 和图 11.2 (对分子质量和组分浓度而言) 给出了这些平衡参数对激波在空气中传播速度 U 的依赖关系。很明显，当速度 $U \geqslant$ 4.5km/s 时，波后氧分子完全离解，而氮分子在 $U \geqslant$ 10km/s 时才完全离解；同时，在 $U = 3 \sim 4$km/s 时，NO 的浓度出现峰值 (高达 10%)。电子的摩尔浓度 x_{el} 主要由与 NO 关联的电离 (式 (10.5.7) 中的反应 5) 所确定；而在更高速度时，则主要由氮和氧原子的电离所确定。

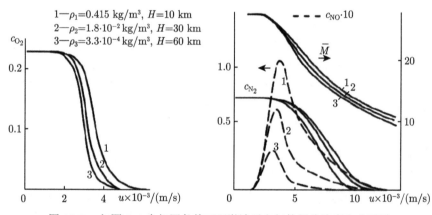

图 11.2　与图 3.4 中相同条件下正激波后空气的组分浓度和分子量

图 11.3 和图 11.4 给出了空气中激波后松弛区的示例 (根据 Vlasov 和 Gorshkov (2001) 发展的模型)。与图 3.4 相同，图 11.2 ~ 图 11.4 中的所有参数基本上都依赖于激波速度，即依赖于激波后的气体温度；同时，这些参数也依赖于压力，即飞行高度 H，但即使在 10^3 量级范围内变化，对压力的依赖度也很弱。

松弛区厚度 δ_r 随气体速度的增加而减小；更重要的是，随飞行高度的降低而减小 (图 11.5)，该结论可从反应速率的相应增加而容易证得 (见 10.9 节)。机体尺寸为 $L \sim 10$m 的飞行器在较高飞行高度 ($H \geqslant 70$km) 下，松弛区的厚度与机身尺寸处于同一量级，表明机体绕流气体是完全非平衡的。

最后，图 11.6 给出了纯氧环境波后松弛区。该区域的显著特点是它可分为两个区，即厚度为 δ_T 的较窄区域，该区域达到近平衡温度，同时原子浓度为 $c_{\mathrm{O}} \approx 1$；

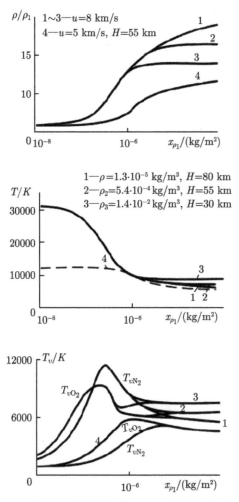

图 11.3 松弛区内的密度以及平动、振动温度的分布

另外是 $\delta \approx 20\delta_T$ 的延伸区，该区域原子振动温度达到平衡，同时氧分子浓度为 $c_{O_2} \sim 10^{-4} \sim 10^{-5}$；后者区域内，存在有一个扩展区域，其振动温度 T_v 接近恒定且明显区别于 T。在该准稳态解的区域内 (在 11.2 节的意义上)，方程 (10.11.9) 右侧的项几乎互相抵消，这导致温度 T_v 在极小分子浓度条件下保持恒定不变 (在空气中，该振动温度松弛区域微乎其微，且没有显示在图 11.4 中)。

但是，由于既往所采纳的物理化学气体模型采用的 V-V 转换率远大于 V-T 转换率的基本性假设 (10.7 节) 对极小分子浓度是不充分的，因此，既往模型可能对该示例不适用。

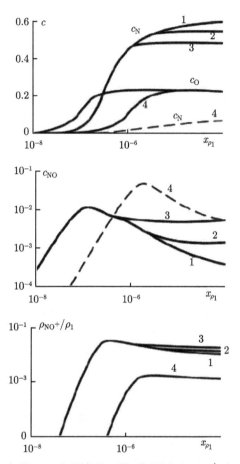

图 11.4   与图 11.3 相同条件下松弛区组分和 NO$^+$ 离子的浓度

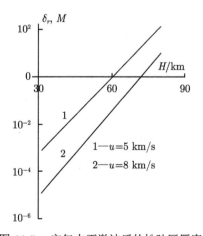

图 11.5   空气中正激波后的松弛区厚度

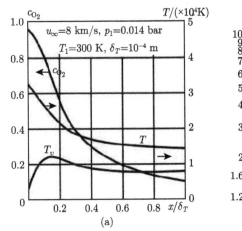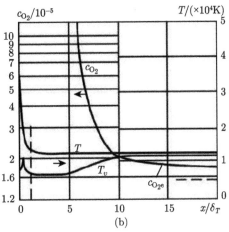

图 11.6　氧的松弛区

11.5.2　非平衡激波

前述示例属于平衡激波；然而，该问题的公式同样适用于非平衡状态下非平衡激波的传播。非平衡激波的一般性分析将在 11.8 节开展。这里只关注满足条件 $v_{n1} > a_{f1}$ 的松弛激波的若干特殊性质，如非平衡绕流、喷管流或射流。激波前的总体状态根据条件可分为 "欠活跃" 区和 "过活跃" 区。前者区域中物理化学过程的束缚能 h_{f1} 小于当地平衡能量 h_{fe1}，而后者区域束缚能 $h_{f1} > h_{fe1}$。对于三参数气体，如果 λ 指的是振动能量或原子浓度，在我们问题中相对应条件为 $\lambda_1 < \lambda_{e1}$ 和 $\lambda_1 > \lambda_{e1}$。

然而，在这种情况下，松弛区定性的结构由参数 λ_1 和图 10.2 (10.4 节) 中 2-2 冻结阵面后的当地平衡参数 λ_{e2} 之间的关系所决定，而不是决定于参数 λ_1 和 λ_{e1} 之间的关系。此处，当 $\lambda_1 < \lambda_{e2}$ 时，正如 $\lambda_1 = 0$ 情况，参数 λ 沿松弛区逐渐增加；当 $\lambda_1 > \lambda_{e2}$ 时，参数 λ 逐渐减小；最后，当 $\lambda_1 = \lambda_{e2}$ 时，冻结激波后的气体状态是平衡的，无松弛区。

还需注意的是，高超声速非平衡激波 (包括冻结激波在内) 存在其他特性。当激波前的气体状态被过度激发时，则 $h_1 = c_p^{(0)} T + h_{f1}$ 与气体总焓相比，可能变成非小量。在该情况下，k 的计算应该采用式 (3.3.21)，而非式 (3.3.18)。

11.6　非平衡态气体中的短波和弱激波

如 11.4 节所述，小扰动在非平衡态气体中传播的理论阵面始终具有冻结流的特征。因此，图 11.7(a) 和 (b) 中所示的膨胀波的理论阵面必须要通过由膨胀阵面前面的冻结速度 a_{f1} 所确定的冻结特性 O_a 来表征。然而，如果波传播的时间相当长，即 $t \gg \tau$ (τ 为松弛时间)，则气体是接近平衡的，波阵面是平衡特征线 bb'，波前平衡声速为 a_{e1}。

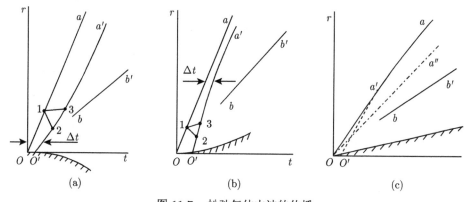

图 11.7　松弛气体中波的传播

固定平衡激波以速度 D_e 在 $a_{e1} \sim a_{f1}$ 范围内传播，同样出现类似情况。

在 $t = 0$ 时刻，活塞的前端瞬时速度 $v_0 > 0$，对冻结过程，激波在相当短的时间内 $t \ll \tau$，以 $D_f > a_{f1}$ 的速度传播 (图 11.8)。仅在较大的时间内 $t \gg \tau$，以传播速度 D_e 传播的定常波才可能会出现。

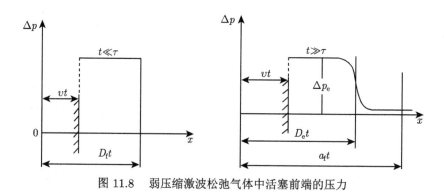

图 11.8　弱压缩激波松弛气体中活塞前端的压力

由此引出两个基本问题：第一，在主导冻结阵面后的扰动会怎么样；第二，平衡阵面附近的流场是什么样的。本节将给出第一个问题的答案，而第二个问题的答案则在 11.7 节给出。

首先考虑静止状态下平衡气体中以冻结声速传播的平面压缩或膨胀波，气体参数分别为 p_1, λ_1 等。例如，图 11.7 给出了由活塞位移引起的此类流动的示意图。假设压缩波 ($v > 0, b$) 为连续的压缩激波 (即使是微弱的压缩激波也需要特殊处理，后续将作介绍），而膨胀波 $(\upsilon < 0, a)$ 可能会是中心型的。仅考虑三参数气体，根据式 (11.4.1) 和式 (11.4.3)，绝热 $(q = 0)$ 非平衡气体的流动关系式 (4.2.5) 和相容性关系式 (4.2.6) 描述为如下形式：

$$\frac{\mathrm{d}r}{\mathrm{d}t} = \upsilon \pm a_{\mathrm{f}} \tag{11.6.1}$$

$$\mathrm{d}p = \rho a_{\mathrm{f}}^2 \mathrm{d}\upsilon = -\rho a_{\mathrm{f}}^2 Q_A \mathrm{d}t = -a_{\mathrm{f}}^2 \delta \frac{\lambda_{\mathrm{e}} - \lambda}{\tau} \mathrm{d}t \tag{11.6.2}$$

考虑受限于特征线 Oa 和 $O'a'$ 之间的宽度为 $\Delta t \ll \tau$ 的短波，其中 Δt 是沿第二族的特征线 1-2 或粒子轨迹 1-3 测得的时间；该波中所有函数的增量均为小量。对于第二族特征线，可忽略式 (11.6.1) 的右侧项，进而可导出 4.7 节黎曼积分式 (4.5.1) ~ 式 (4.5.3)，即

$$\upsilon = P = \int_p^{p_1} \frac{\mathrm{d}p}{\rho a} = \frac{2}{\gamma_{\mathrm{f}} - 1} (a_{\mathrm{f}1} - a_{\mathrm{f}}) \tag{11.6.3}$$

对于小扰动，有

$$\rho_1 a_{\mathrm{f}1} \upsilon = \Delta p = p - p_1 \tag{11.6.4}$$

从 11.2 节可知，对于 $\Delta t \ll \tau$，短波中的流动 (包括活塞 OO' 上的流动) 是冻结的，且 $\lambda = \lambda_1 = \lambda_{\mathrm{e}1}$；因此，在活塞表面积分公式 (11.6.4) 是有效的。在这种情况下，中心稀疏波包含在整个具有发散特征的扇形奇点附近的微小冻结区域，在该区域内积分 (11.6.3) 是有效的。

因此，$\lambda_{\mathrm{e}} - \lambda$ 与方程 (11.6.2) 中的 Q_A 成正比，仅随引发非平衡现象的局部非平衡参数 $\lambda_{\mathrm{e}}(p, T)$ 的变化而改变。该函数随时间的变化遵从

$$\frac{\mathrm{d}\lambda_{\mathrm{e}}}{\mathrm{d}t} = \left(\frac{\mathrm{d}\lambda_{\mathrm{e}}}{\mathrm{d}p}\right)_T \frac{\mathrm{d}p}{\mathrm{d}t} + \left(\frac{\mathrm{d}\lambda_{\mathrm{e}}}{\mathrm{d}T}\right)_p \frac{\mathrm{d}T}{\mathrm{d}t} = \alpha \frac{\mathrm{d}p}{\mathrm{d}t} + (1 - \beta) \frac{\mathrm{d}\lambda}{\mathrm{d}t} \tag{11.6.5}$$

式中，系数 α 和 β 可通过消除式 (11.3.9) 的第二个方程的导数 $\mathrm{d}T/\mathrm{d}t$ 而得到，即

$$\alpha = \lambda_{ep} + \frac{\lambda_{eT}}{c_p^{(0)}} \left(\frac{1}{\rho} - h_p^{(T,\lambda)}\right)$$

$$\lambda_{ep} = \left(\frac{\partial \lambda_{\mathrm{e}}}{\partial p}\right)_T, \quad \lambda_{eT} = \left(\frac{\partial \lambda_{\mathrm{e}}}{\partial T}\right)_p$$

$$c_p^{(0)} \beta = c_p^{(0)} + h_p^{(T,\lambda)} \lambda_{eT}, \quad c_p^{(0)} = h_T^{(p,\lambda)} \tag{11.6.6}$$

在平衡状态下，系数 β 具有如下形式：

$$\beta = \frac{h_{eT}}{c_p^{(0)}} = \frac{c_p}{c_p^{(0)}}, \quad h_{eT} = \left(\frac{\partial h_e}{\partial T}\right)_p = c_p$$

$$h_e = h\left[p, T, \lambda_e(p, T)\right] \tag{11.6.7}$$

在平衡过程中，$\lambda = \lambda_e(p, T)$，由式 (11.6.5) 和式 (11.4.3)，有

$$\rho Q_A = \delta \frac{\mathrm{d}\lambda_e}{\mathrm{d}t} = \omega_p \frac{\mathrm{d}p}{\mathrm{d}t}, \quad \omega_p = \frac{\alpha\delta}{\beta} \tag{11.6.8}$$

在这种情况下，$a_e^2 \mathrm{d}\rho/\mathrm{d}t = \mathrm{d}p/\mathrm{d}t$，通过比较式 (11.6.8) 和式 (11.3.13)、式 (11.4.1)，可得如下关系：

$$\omega_p = \frac{\alpha\delta}{\beta} = \frac{1}{a_e^2} - \frac{1}{a_f^2} \geqslant 0 \tag{11.6.9}$$

在冻结过程中，$\mathrm{d}\lambda/\mathrm{d}t = 0$，由式 (11.6.8) 可知 $\mathrm{d}\lambda_e/\mathrm{d}t = \alpha \mathrm{d}p/\mathrm{d}t$，或对短波有

$$\lambda_e - \lambda = \lambda_e - \lambda_1 = \alpha(p - p_1) \tag{11.6.10}$$

对第一族特征线，将式 (11.6.4) 和式 (11.6.10) 代入式 (11.6.2)，沿该特征线时间 t 无限增加，根据式 (11.6.9) 有以下方程及其解：

$$\frac{\mathrm{d}\Delta p}{\Delta p} = -\frac{\kappa}{\tau}\mathrm{d}t, \quad \frac{\Delta p}{(\Delta p)_0} = \frac{v}{v_0} = \mathrm{e}^{-\kappa(t-t_0)/\tau}$$

$$\kappa = \frac{\beta}{2} a_f^2 \omega_p = \frac{\beta}{2}\left(\frac{a_f^2}{a_e^2} - 1\right) = \frac{\beta}{2} \frac{\gamma_f - \gamma_e}{\gamma_e} \tag{11.6.11}$$

式中，$(\Delta p)_0$、v_0 和 t_0 为活塞上 O 点参数的初始值；而系数 γ_f 和 γ_e 出自式 (11.3.14)。根据式 (11.6.7)，$\beta > 0$，所以 $\kappa > 0$。因此，边界条件变化引起的初始扰动沿第一族冻结特征线随时间呈指数衰减。

为了得到这些特征线的形式，将方程 (11.6.1) 改写成方程 (4.5.6) 和方程 (11.6.4) 的形式：

$$\frac{\mathrm{d}r}{\mathrm{d}t} = a_f + v = a_{f1} + (a_f - a_{f1}) + v = a_{f1} + Av, \quad A = \frac{\gamma_f + 1}{2} \tag{11.6.12}$$

由式 (11.6.11) 可得特征线形式为

$$r - r_0 - a_{f1}(t - t_0) = \Delta r \left(1 - \mathrm{e}^{-\kappa(t-t_0)/\tau}\right) = \Delta r \left(1 - v/v_0\right)$$

$$\Delta r = Av_0\tau/\kappa \tag{11.6.13}$$

式中，r_0 和 t_0 为活塞上初始点 O' 的坐标。对于以 O 点为中心的膨胀波，有 $t_0 = r_0 = 0$。然而，当 $(t - t_0)/\tau \to \infty$ 时，$v_0 \neq 0, \Delta p_0 \neq 0$，在流动未受干扰时，特征线 (11.6.13) 具有相同的斜率；同时，相对于以 O' 为起点的未受扰动的特征线，两者之间的偏移距离为 Δr。在这种情况下，$\Delta r < 0$ 为膨胀波，而 $\Delta r > 0$ 为压缩波。

对压缩波而言，所获得的解仅在特征线相交的区域内有效，考虑到实际上特征线的斜率 (11.6.13) 随时间 t 的增加而减小，由条件 $t \leqslant t_c$ (冻结声速下的式 (4.5.9)) 确定上述区域的下边界。特征线的交点导致了被掩盖的弱激波的形成，该激波以 $D > a_{f1}$ 的速度传播，并与随后被松弛区削弱的压缩波相互作用。

为了揭示这种相互作用的本质，考虑具有恒定初始速度 $v_0 > 0$ 的活塞运动。这种情况对应于速度为 $D_e < a_{f1}$ 的平衡激波。同时，对 $t \ll \tau$，诱导冻结激波以 $D_f > a_{f1}$ 的速度传播，所以应确定这个主扰动阵面的衰减速率。该过程的示意图如图 11.7(c) 所示，其中，Oa 为主激波，而 $O'a'$ 为穿过激波的特征线。

如 4.8 节所述，弱冻结激波和简单波的公式均可由式 (11.6.4) 表示。因此，具有相同的特征关系式 (11.6.13)。弱冻结激波的传播速度由式 (4.8.5) 所确定，参考式 (11.6.12) 可表示为

$$\frac{\mathrm{d}r_s}{\mathrm{d}t} = D = \frac{1}{2}(a_{f1} + a + v) = a_{f1} + \frac{1}{2}Av \tag{11.6.14}$$

式中，速度 v 可通过穿过激波的第一族特征线上的数据来确定，即根据式 (11.6.13) 确定。为此，设公式中 $r = r_s$ 并通过假设 $t \gg t_0$ 去除带有 t_0 和 $r_0 \sim v_0 t_0$ 的相关项，则式 (11.6.14) 为以下形式：

$$\frac{\mathrm{d}R}{\mathrm{d}t} = -\frac{\kappa}{2\tau}R, \quad R = r_s - a_{f1}t - \Delta r, \quad \Delta r = Av_0\frac{\tau}{\kappa} \tag{11.6.15}$$

此方程中的解类似于式 (11.6.13)

$$r_s = a_{f1}t + \Delta r\left(1 - \mathrm{e}^{-\kappa(t-t_0)/\tau}\right) \tag{11.6.16}$$

当 $t \to 0$ 时，该解决定冻结激波的形状 $r_s = (a_{f1} + Av_0/2)t$，而当 $t \to \infty$ 时，激波阵面与主冻结特征线平行，并具有正位移 Δr，且在阵面上扰动渐近衰减。衰减量 $\kappa/2$ 是式 (11.6.11) 中短波衰减量的一半。

因此，在所考虑的问题中，弱扰动的理论阵面将随时间推移而完全脱离实际扰动的影响。这些扰动的衰减时间与松弛时间处于相同的量级，当 $\kappa \ll 1$ 时，如

果声速 a_f 和 a_e 具有相似的值, 这些干扰的衰减时间可能大于松弛时间. 此外, 当 $a_{f1} - a_{e1} \to 0$ 或 $\kappa \to 0$, 扰动不再衰减, 冻结和平衡阵面则无区别.

这项研究仅涵盖了阵面附近 $\Delta t \ll \tau$ 的很小范围; 然而, 考虑到狭窄的连续冻结特征线束, 可得出类似的结论, 即扰动也随它们而衰减. 然而, 当 $t/\tau \to \infty$ 时, 如果阵面前端的气体处于平衡状态, 整体流动须趋向平衡, 为此真实干扰的阵面必须由一个平衡特征线或平衡激波 (如图 11.7 中的 $b\text{-}b'$) 来表示. 然而, 由于阵面前端的非平衡效应仅可以渐近的形式削弱, 这些平衡阵面从非平衡理论角度是不严谨的. 近平衡阵面的结构将在 11.7 节阐述.

根据 2.7 节和 8.3 节与时间相关的比拟, 易得稳态超声速流动结果的定性概述.

11.7   近平衡流动和黏性松弛比拟

11.4 节提出了相关流动过程趋于平衡时非平衡态气体动力学方程组的限制问题. 下文将推导出方程的极限形式, 清晰表明其近平衡性质, 并讨论有关黏性松弛比拟的问题, 以期模拟简单近平衡流动问题. 在此基础上, 我们研究在松弛气体中弱扰动的平衡阵面结构 (在 11.6 节这个问题仍未解决). 我们仅考虑包含单气体动力学变量 λ 满足松弛方程 $\mathrm{d}\lambda/\mathrm{d}t = (\lambda_e - \lambda)/\tau$ (式 (10.4.1)) 的三参数气体. 结合该方程和式 (11.6.5), 可得其他形式:

$$\frac{\tau}{\beta} \frac{\mathrm{d}(\lambda_e - \lambda)}{\mathrm{d}t} + (\lambda_e - \lambda) = \tau \frac{\alpha}{\beta} \frac{\mathrm{d}p}{\mathrm{d}t} \tag{11.7.1}$$

方程 (11.4.3) 的形式则为

$$L_c = \frac{1}{\rho a_c^2} \frac{\mathrm{d}p}{\mathrm{d}t} + \mathrm{div}\boldsymbol{U} = \frac{\delta}{\rho\beta} \frac{\mathrm{d}(\lambda_e - \lambda)}{\mathrm{d}t}, \quad \frac{1}{a_c^2} - \frac{1}{a_f^2} = \omega_c = \frac{\alpha\delta}{\beta} \tag{11.7.2}$$

从这个等式和式 (11.4.3) 中消除 $\lambda_e - \lambda = -(\rho\tau/\delta)L_f$, 我们得到一个不含 λ 导数的方程:

$$L_c = \frac{1}{\rho\beta} \frac{\mathrm{d}}{\mathrm{d}t} \left(\tau \frac{\rho}{\delta} L_f \right), \quad L_f = L_c - \frac{\omega_c}{\rho} \frac{\mathrm{d}p}{\mathrm{d}t} \tag{11.7.3}$$

算子 L_f 和 L_e (式 (11.4.3) 和式 (11.4.4)) 不同于 L_c, 因为 a_c 由 a_f 和 a_e 进行了替换, 函数 ω_c 也不同于式 (11.6.9) 中的 ω_p, 因为式 (11.6.9) 中 a_c 被 a_e 替代. 我们注意到, 在算子 L_c 中的变量 a_c 不再表征 11.3 节和 11.4 节中的声速. 仅针对平衡流动, 我们可以将式 (11.7.3) 写为

$$\omega_c = \omega_p(p, T, \lambda_e), \quad a_e = a_c(p, T, \lambda_e)$$

$$\rho = \rho_e = \rho(p, T, \lambda_e), \quad \lambda_e = \lambda_e(p, T) \tag{11.7.4}$$

从而将其简化为平衡方程 (11.4.4)，其中，$L_c = L_e = 0$（对于 $q = 0$）。

从式 (11.1.2) 和式 (11.1.5) 消除导数 $d\lambda/dt$ 可以得到式 (11.7.3)，这导致其阶数升为二阶。进而可得基本气体动力学方程组，也就是，动量方程 (11.1.1)、连续性方程 (11.7.3) 和能量方程 (11.1.3)，这些方程既不含 λ 导数项，也不含 τ 很小时产生的不确定值 $(\lambda_e - \lambda)/\tau$。在一般情况下，仅这些方程中的系数项包含变量 λ，并由式 (11.7.1) 确定。

该系统与原始系统 (11.1.1)~(11.1.5) 等价，并且该系统对任何 τ 都保留了后者的所有数学或特征性质。特别地，尽管在方程 (11.7.3) 的右侧存在未知函数的二阶导数 (在弱间断点上似乎是无界的)，但具有冻结声速 a_f 的弱间断仍是有可能出现的。因此，从冻结声速 a_f 到平衡声速 a_e 的关键作用将带来原始方程的某种退化。或者像当前示例一样，通过引入所谓的近平衡形式 (该近平衡控制着近平衡流，并允许在有限小 τ 值情况下产生主要影响) 予以体现。与平衡扰动相比，非平衡扰动快速传播，在 $\tau = 0$ 和 $a_c = a_e$ 处消失，冻结声速到平衡声速的关键作用与该守恒特性相吻合。

为此，考虑满足以下条件的流动：

$$\lambda_e - \lambda << \lambda_0, \quad L_c = L_f + \omega_c \frac{1}{\rho} \frac{dp}{dt} \sim O(\lambda_e - \lambda) \tag{11.7.5}$$

这里，λ_0 是参数 λ 的特定尺度，后两个条件来自第一个条件。这些条件表征流动在 $\lambda_0 = \lambda_e$ 和 $L_c = L_e = 0$ 时接近平衡流的程度。此类流动的简单示例是，给定时间尺度 $t_0 \gg \tau$ 可确定所有导数阶数的流动。在这种情况下，将先前的近似依次代入式 (11.7.1) 中具有 τ/t_0 阶的第一项，可得关于 τ 的级数展开：

$$\lambda_e - \lambda = \tau \frac{\alpha}{\beta} \frac{dp}{dt} + F_\lambda, \quad F_\lambda = -\frac{\tau}{\beta} \frac{d}{dt}\left(\tau \frac{\alpha}{\beta} \frac{dp}{dt}\right) + \cdots \tag{11.7.6}$$

这里，F_λ 是关于 τ 的级数 在此仅写出了主项。该级数后面各项随着 τ 幂次的增加包含该阶数的导数，阶数随着级数项的增加而增加。

省略式 (11.7.3) L_f 表达式中的 L_c，仅保留阶数不超过 τ 的项，则

$$L_c = \frac{\delta}{\rho\beta} \frac{d}{dt}\left(\frac{\tau}{\delta} \omega_c \frac{dp}{dt}\right) = -\frac{\delta}{\rho\beta} \frac{d}{dt}\left(\tau \frac{\rho}{\delta} a_c^2 \omega_c \mathrm{div} \boldsymbol{U}\right) \tag{11.7.7}$$

在后者方程中，通过略去方程 (11.7.2) 右端项 τ 阶数，以实现消除导数 dp/dt。

　　该方程具有最一般的形式，且在描述近平衡的连续性方程中是最准确的。从表面上看，它与方程 (11.7.3) 具有相同的类型；然而，后面会证明，这两个方程的特点是完全不同的。方程 (11.7.7) 与运动方程 (11.1.1) 和能量方程 (11.1.3) 一并形成了定性地精确相似 (相对于解的特性) 的 NavierStokes 方程组。

　　方程 (11.7.7) 的系数项依赖于 λ；为了得到该方程的完全近平衡形式，其所有系数必须替换为具有 $f = f_{\mathrm{e}} + f_\lambda(\lambda - \lambda_{\mathrm{e}})$ 展开形式的平衡态 f_{e}，其中，f_λ 是关于 λ 的偏导数。引入外导数符号下的系数 $\delta/\rho\beta$，式 (11.7.7) 变为

$$L_{\mathrm{c}} = \frac{\delta}{\rho a_{\mathrm{e}}^2}\frac{\mathrm{d}p}{\mathrm{d}t} + \mathrm{div}\boldsymbol{U} = -\frac{\mathrm{d}}{\mathrm{d}t}\left(\tau\chi\frac{\rho}{\delta}\mathrm{div}\boldsymbol{U}\right) \tag{11.7.8}$$

在这里，当地平衡参数 ρ_{e} 和 a_{e} 由式 (11.7.4) 确定，而参数 χ 类似于式 (11.6.11) 中的 κ：

$$\chi = \frac{1}{\beta}\left(1 - \frac{a_{\mathrm{e}}^2}{a_{\mathrm{f}}^2}\right) = \frac{\gamma_{\mathrm{f}} - \gamma_{\mathrm{e}}}{\beta\gamma_{\mathrm{f}}} = \frac{2\kappa\gamma_{\mathrm{e}}}{\beta^2\gamma_{\mathrm{f}}}, \quad \beta = \frac{c_p}{c_p^{(0)}}, \quad \gamma_{\mathrm{e}} = \frac{\rho a_{\mathrm{e}}^2}{p}, \quad \gamma_{\mathrm{f}} = \frac{\rho a_{\mathrm{f}}^2}{p}$$

$$\tag{11.7.9}$$

从方程 (11.7.8) 右端项中省略如下各项：

$$F = F_1 + F_2,$$

$$F_1 = \frac{\lambda_{\mathrm{e}} - \lambda}{\rho a_{\mathrm{e}}^2}\frac{\partial}{\partial\lambda}\left(\frac{1}{\rho a_{\mathrm{c}}^2}\right)_{p,s}\frac{\mathrm{d}p}{\mathrm{d}t} = \tau\frac{\alpha}{\beta}\frac{\partial}{\partial\lambda}\left(\frac{1}{\rho a_{\mathrm{c}}}\right)_{p,s}\left(\frac{\mathrm{d}p}{\mathrm{d}t}\right)^2$$

$$F_2 = C\tau\chi\left(\frac{\mathrm{d}p}{\mathrm{d}t}\right)^2 \tag{11.7.10}$$

F_1 和 F_2 项考虑到了近平衡流的等熵性。F_1 项由方程 (11.7.7) 中左端项的变形而产生 (该项后一个表达式是根据右侧省略了最后一项的式 (11.7.6) 而获得的)；而 F_2 项是由方程 (11.7.7) 中右端项的变形而产生的。由于下文中不需要系数 C，因此未给出其具体表达式。需注意的是，由于平衡值 ρ_{e} 替换了密度 ρ，类似于 F_1 的项必然会出现在动量方程 (11.1.1) 和能量方程 (11.1.3) 中。

　　要注意的是，一般来说非线性项 F_i 具有与式 (11.7.8) 右侧第一项相同的阶数。因此，只有在通过补充条件 (11.7.5) 可能忽略这些项时，才能建立近平衡流的合理理论。只有在完成这些转变后，变量 λ 才从主要的气体动力学方程中消失，进而对于 $\lambda = \lambda_{\mathrm{e}}(p, T)$，系数取决于变量 p 和 T。$\lambda_{\mathrm{e}} - \lambda \sim \tau$ 的差可以从式 (11.7.1) 或式 (11.7.6) 的解中获得。准确地说，该系统将被视为方程的近平衡系统。

　　将式 (11.7.8) 应用于跨声速流需施加更多限制条件，我们参考一维流动的示例予以阐述，其中一维流类似于式 (11.5.4)。算子 L_{c} 包含了导数 $\mathrm{d}u/\mathrm{d}x$ 的系数

项 $M_c^2 - 1$。因此，对于 $|M_c^2 - 1| << 1$，M_c 在满足下式条件时则可由 M_e 代替：

$$|\lambda - \lambda_e| << |M_{e1}^2 - 1| \left| \left(\partial M_c^2 / \partial \lambda \right)_{p,T} \right|^{-1}| \tag{11.7.11}$$

其中，M_{e1} 是所考虑区域中的特征马赫数。

下面给出一般性的结果。方程 (11.7.8) 是从精确方程 (11.7.3) 中略去一些高阶导数项而得到的。因此，这个方程相对于精确方程是退化的，为此必然具有其他若干性质。同样地，F 项可以赋予方程 (11.7.8) 一些新的定性性质；没有先验的理由可以省略该项，因为相同阶数的项在二阶导数中更重要。

然而，上述退化一定不能过度。因此，在第一个近似中，将原始方程 (11.7.1) 和 (11.7.3) 中包含系数 τ 的项用平衡解替换，甚至在此基础上进行一些迭代过程，均是自然而然的。然而，在迭代过程中，方程的类型在每次迭代中都会被完全扭曲，因为式 (11.7.3) 右侧的二阶导数完全由前一迭代步决定，并作为已知项进入该方程右侧 (其不影响该方程的类型，如 7.13 节所示)。在这种情况下，所获得的解仅对平衡方程和连续性方程 (11.4.4) 的解给出了 τ 阶修正。但是，该方法完全不适用于在平衡近似中获得非光滑解，在该近似解中，算子 L_f 在主近似中可以是不连续的或无界的，如以下问题中的情况。

首先，考虑到它们有限的适用范围，且难以推广到多组分系统，我们规定所得到的方程不适用于特定的计算。然而，为获得定性的说明性结果，这种渐近方法往往是必不可少的。

为描述起见，应用这一理论研究平衡间断附近近平衡区的弛豫结构。从膨胀波 Ob (图 11.9(a)) 的主特征线附近的流动开始，10.6 节考虑了其冻结阵面。在这一特性上，无黏平衡解存在弱间断 (在一阶导数层面)，这与右侧项含有速度二导数的式 (11.7.8) 是不相容的。然而，边界区域厚度 δ 尽管与 τ 一样很小，但是非零的，因此该导数必是有界的。我们稍后将确定该区域的大小，在此之前权且认为 $\delta << a_e t$。

为解决该问题，变量作如下改变：

$$t, \quad r \to t, \quad \xi = a_{e1} t - r \tag{11.7.12}$$

$\xi = \text{const}$，与主特征线 Ob 是平行的，在其上 $\xi = 0$。在该线很小的区域附近，$\Delta\xi \sim \delta$，ξ 和 t 导数阶数由极限平衡膨胀波所确定，其中，对 ξ 的导数是有限的，对 t 的导数则与特征线偏离 $\xi = 0$ 的角度 $\Delta\varphi$ 成正比，在特征线上解为常数，在边界区域，参数的扰动以及 $\Delta\varphi$ 很小，因此，在该区域有如下关系：

$$\frac{\Delta p}{\rho a_e^2} \sim \frac{v}{a_e} \sim \Delta\varphi \sim \frac{\delta}{a_e t}, \quad \frac{\partial}{\partial \xi} \sim \frac{1}{a_e t} \frac{\partial}{\partial \varphi}$$

$$\frac{\partial}{\partial t} \sim \Delta\varphi a_{\mathrm{e}}\frac{\partial}{\partial \xi} \sim \frac{\Delta\varphi}{t}, \quad (\tan\varphi = v + a) \tag{11.7.13}$$

式中，$\partial/\partial\varphi$ 是与 t 成正比的平衡稀疏波中的特性线斜率的对角度 φ 的偏导数。此外，由于近平衡过程 (10.6 节) 的等熵性质，认为方程系数中的密度和声速仅是压力的函数。

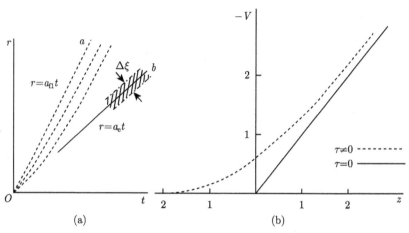

图 11.9　近平衡气体中的稀疏波结构形式

基于新的变量，动量方程 (4.2.1) 和式 (11.7.8) 的形式变为

$$\frac{\mathrm{d}v}{\mathrm{d}t} = \frac{\partial v}{\partial t} + (a_{\mathrm{e}1} - v)\frac{\partial v}{\partial \xi} = \frac{1}{\rho}\frac{\partial p}{\partial \xi} = a_{\mathrm{e}}\frac{\partial P}{\partial \xi}$$

$$\frac{\partial P}{\partial t} + (a_{\mathrm{e}1} - v)\frac{\partial P}{\partial \xi} - a_{\mathrm{e}}\frac{\partial v}{\partial \xi} = a_{\mathrm{e}}\left[\frac{\partial}{\partial t} + (a_{\mathrm{e}1} - v)\frac{\partial}{\partial \xi}\right]\left(\tau\chi\frac{\partial v}{\partial \xi}\right)$$

$$= a_{\mathrm{e}}a_{\mathrm{e}1}\frac{\partial}{\partial \xi}\left(\tau\chi\frac{\partial v}{\partial \xi}\right), \quad P = \int_{p_1}^{p}\frac{\mathrm{d}p}{\rho a_{\mathrm{e}}} \tag{11.7.14}$$

这里，鉴于这些变量为相对小量 (与 δ 一起)，第二个方程右侧括号中的偏导 $\partial/\partial t$ 和 v 项可以省略。但是，如果省略系统 (11.7.14) 中所有 $\Delta\varphi$ 和 τ 阶的项，那么该系统的两个方程都符合第二族特征线 $\xi \approx 0$ 的相容关系，并具有黎曼不变量 $P = v$ 的解。换句话说，在 $\xi \sim \delta$ 区域，两个方程的差别仅在于小量项。为了找到这些项，我们将方程求和，并使用关系 $P = v$ 和 $a_{\mathrm{e}1} - a_{\mathrm{e}} - v = Av$ (式 (11.6.12))，然后设置除 v 之外的所有系数为常数，则有如下等式 (Lunev, 1975)：

$$\frac{\mathrm{d}v}{\mathrm{d}t} - Av\frac{\partial v}{\partial \xi} = \frac{1}{2}a_{\mathrm{e}1}^2\tau\chi\frac{\partial^2 v}{\partial \xi^2} \tag{11.7.15}$$

在设定该方程的边界条件时，考虑到松弛区前的流动是平衡且未受干扰的，因此有 $\xi/\delta \to -\infty$，$v \to 0$。在方程的右侧，在超声速流中，当 $\xi/\delta \to -\infty$，我们只需用渐近方法求解物理上合理的极限形式的解。

方程 (11.7.15) 的解可表达为

$$v = a_\mathrm{e}\sqrt{\frac{\tau\chi}{t}}V(z), \quad z = \frac{\xi}{a_\mathrm{e}\sqrt{\tau\chi t}} \tag{11.7.16}$$

函数 $V(z)$ 满足方程

$$V'' + (z + 2V)\,V' + V = \left(V' + V^2 + zV\right)' = 0 \tag{11.7.17}$$

单独积分并使用复数 $\varUpsilon = Ve^{z^2/2}$，该方程简化为 $\varUpsilon' + \varUpsilon^2 e^{-z^2/2} = 0$ 的形式，其解为

$$V = -\frac{1}{\sqrt{2\pi}}e^{-z^2/2}(C - \varPhi(z))^{-1} = -e^{-z^2/2}\left(\int\limits_z^\infty e^{-z^2/2}\mathrm{d}z\right)^{-1}$$

$$\varPhi = \frac{1}{\sqrt{2\pi}}\int\limits_{-\infty}^z e^{-z^2/2}\mathrm{d}z \tag{11.7.18}$$

当 $z \to -\infty$ 时，该解退化为 $V \sim e^{-z^2/2}$。由于 $\varPhi(\infty) = 1$，根据前述假定，仅当 $C = 1$ 时存在有界解。相应的曲线 $V(z)$ 如图 11.9(b) 所示。当 $z \to -\infty$，$V \to -z(1 + z^{-2} + \cdots)$，将该解与式 (11.7.6) 对比可知，该解进入主特征线 Ob 附近的中心平衡膨胀波的解 $v = -\xi/t = -a_\mathrm{e1} + r/t$。

令 $\Delta z \sim 1$，可确定边界区域厚度的阶数为 $\delta/a_\mathrm{e}t \sim (\tau\chi/t)^{1/2}$，并与式 (11.7.13) 共同确定该区域内参数的阶数。因此，随着 t 增加，该区域所包围的膨胀波部分逐渐变小，因此流动形态总体上趋于平衡。

需要注意的是，式 (11.7.15) 是从系统 (11.7.14) 中得到的，具有相同的 $(\tau/t)^{1/2}$ 阶相对精度。现在我们针对所获得的解评估原始方程 (11.7.8) 的准确性。按照式 (11.7.14) 和式 (11.7.13)，边界区域和膨胀波中的一次导数 $\mathrm{d}p/\mathrm{d}t \sim p/t$，但在估计二阶导数 $(\mathrm{d}p/\mathrm{d}t)/\Delta t$ 时，须了解 $\Delta t \sim \delta/a_\mathrm{e} \sim (\tau t)^{1/2}$。因此，当 $\tau/t \to \infty$ 时，式 (11.7.8) 右侧中省略的 F_i 项的比率 (式 (11.7.10)) 的衰减不慢于 $(\tau/t)^{1/2}$，这决定了弱间断解的渐近精度。式 (11.7.6) 右端项 F_λ 具有相同的相对阶数 $(\tau/t)^{1/2}$，且可被省略。同时，按照式 (11.7.6)，$\lambda_\mathrm{e} - \lambda \sim \tau t$ 为高阶小量 (与光滑解相同)，这使得可以流动假定为准平衡状态。

我们注意到，这样获得的 δ 值大于根据式 (11.7.8) 所有项具有相等阶数这一看似自然的准则所确定的 δ 值，这将导致 $\Delta t \sim \tau$。然而，当 $\tau = 0$ 时，L_e 也为

零，因此在 τ 为小的非零值时，主项可以彼此抵消。该算子与式 (11.7.8) 的右端项一样，具有相同的阶次 $(\tau/t)^{1/2}$。

下面讨论一个弱稳态激波问题。激波前气体参数是 p_1,ρ_1 和 $v_{n1}=u_1$，速度沿 x 方向。基于一维运动方程 $\mathrm{d}p=-\rho u\mathrm{d}u$，式 (11.7.3) 简化为

$$L_{\mathrm{c}}=\left(M_{\mathrm{c}}^2-1\right)\frac{\mathrm{d}u}{\mathrm{d}x}=\frac{\delta u}{\rho\beta}\frac{\mathrm{d}}{\mathrm{d}x}\left(\tau\frac{\rho}{\delta}L_{\mathrm{f}}\right)$$

$$L_{\mathrm{f}}=\left(1-M_{\mathrm{f}}^2\right)\frac{\mathrm{d}u}{\mathrm{d}x},\quad M_{\mathrm{c}}=\frac{u}{a_{\mathrm{c}}},\quad M_{\mathrm{f}}=\frac{u}{a_{\mathrm{f}}}\tag{11.7.19}$$

方程 (11.7.19) 在 $M_{\mathrm{f}}=1$ 有一奇异点。基于该事实，在 11.5 节，在 $u_1>a_{\mathrm{f}1}$ 的流速范围构造激波连续解是不可能的。对于满足 $M_{\mathrm{c}1}=M_{\mathrm{e}1}>1$ 的平衡自由流，通过分析容易证明该推论。事实上，对于 $x\to-\infty$，当 $u\to u_1$，解有以下形式：

$$u-u_1=\mathrm{const}\cdot\mathrm{e}^{x/\bar{\kappa}},\quad\bar{\kappa}=\frac{\tau u_1\left(1-M_{\mathrm{f}1}^2\right)}{\beta\left(M_{\mathrm{e}1}^2-1\right)}\tag{11.7.20}$$

这仅适用于 $\bar{\kappa}>0$，即根据式 (11.6.7)，当 $M_{\mathrm{f}1}<1$，$M_{\mathrm{e}1}>1$ 时 $\beta>0$。正如在 11.5 节所指出的，在这种情况下，存下松弛压缩波；这里仅分析极限弱波情况，其满足

$$u_1-a_{\mathrm{e}1}<<a_{\mathrm{f}1}-a_{\mathrm{e}1},\quad M_{\mathrm{e}1}^2-1<<1-M_{\mathrm{f}1}^2\tag{11.7.21}$$

在这种情况下，我们可以将 $M_{\mathrm{f}}=M_{\mathrm{f}1}=a_{\mathrm{e}1}/a_{\mathrm{f}1}$ 代入 $1-M_{\mathrm{f}1}^2$，并认为 $M_{\mathrm{e}1}-1$ 为该问题的小参数；式 (11.7.19) 中其他系数不仅是平衡的，而且是常数，因此省略式 (11.7.10) 中 F_i 项 (其为 $M_{\mathrm{e}1}^2-1$ 或 τ 中的二阶小量)。然而，式 (11.7.19) 中的 M_{c} 只在约束条件 (11.7.11) 下才能替换为 M_{e}。该条件对于本问题极为苛刻，因为在弱波中，压力差为 $\Delta p\sim\rho a_{\mathrm{e}}^2\left(M_{\mathrm{e}1}^2-1\right)$ 和 $\Delta\lambda\sim\left(\partial\lambda_{\mathrm{e}}/\partial p\right)_{\mathrm{s}}\Delta p$。因此，仅当 $\left(\partial\lambda_{\mathrm{e}}/\partial p\right)_{\mathrm{s}}$ 值相当小时，条件 (1.7.11) 才满足。换言之，不能用方程 (11.7.19) 解的渐近严格性来简化这个问题，进而从方程 (11.7.1) 中剥离出来，也就是说，用基本方程 (11.7.8) 建立的近平衡流模型。

然而，式 (11.7.19) 中差值 M_{c}^2-1 也具有交替符号，因此可以假设其行为与差值 M_{c}^2-1 定性地相似。特别地，在流动域 $x\to\pm\infty$ 的平衡边界中这两个差是相同的。因此，下文定性分析采用 $M_{\mathrm{c}}=M_{\mathrm{e}}$，则式 (11.7.19) 的形式与式 (11.7.8) 的形式一致：

$$\left(M_{\mathrm{e}1}^2-1\right)\frac{\mathrm{d}u}{\mathrm{d}x}=\frac{\mathrm{d}}{\mathrm{d}x}\left(\tau u\chi\frac{\mathrm{d}u}{\mathrm{d}x}\right)\tag{11.7.22}$$

假设与冻结和平衡特征线之间的距离相比，松弛区的厚度很小；当 $x\to\pm\infty$，则该方程渐近边界条件 $\mathrm{d}u/\mathrm{d}x\to0$ 可预先指定。鉴于式 (2.2.19) 和式 (2.2.20)，

令 $M_{\mathrm{e}}^2 - 1 = (2A_*/a_*)(u - a_\infty)$ 并单独积分式 (11.7.22)，并将其写成类似于方程 (3.2.3) 的形式。该方程的右侧 u 包含一个的二次三项式，采用积分 (11.5.2)，转化为形式 (3.2.4)，仅与变量 $z = A_* x (\tau \chi u_1)^{-1}$ 有关，其中，$u_1 \approx a_*$。因此，该方程的解与式 (3.2.5) 的所有含义均一致 (此处不再重复)。

我们注意到，在 $M_{\mathrm{f}}^2 - 1$ 的情况下，也可以得到方程 (11.7.19) 的类似解 (Clarke 和 McChesney，1966)。然而，与前述的解定性类似，尽管不具有说明性。

最后，讨论声速 a_{f} 和 a_{e} 相近且冻结和平衡扰动阵面间距相对较小 (χ 量级) 的情况。在这种情况下，仅当边界层的厚度 $\delta \sim a_{\mathrm{e}}(v \chi t)^{1/2}$ 与极限特征线之间的距离 $\bar{\delta} \sim a_{\mathrm{e}} \chi t$ 相比较小，即 $t^{1/2} \gg (\tau/\chi)^{1/2}$ 时，之前所得的膨胀波的解才是有效的。对较小的 t 而言，边界区域的厚度与之前提到的流动特征线之间的距离相当，此时问题的极限公式不再正确。与此同时，对于稳态压缩波，其松弛阵面厚度 Δx 与 $\bar{\delta}$ 的比是 τ 的量级。然而，根据式 (11.6.16)，为了使扰动在冻结阵面附近是衰减的，之前的条件 $\chi t/\tau \gg 1$ 必须得到满足。实际上，当 $\chi \to 0$ 时，这些间断变得难以区分。

我们注意到，在实际流动中仅有一处极限区域是难以区分的，即要么 $\tau \ll t$，要么 $\tau \gg t$。

所得结果表明，在近平衡流和黏性流之间存在一定的黏度松弛相似性，这是由于它们的耗散特性在本质上相似，从而使流场更平滑。从数学上讲，这种耗散是由式 (11.7.9) 中的二阶导数所引起的，这使近平衡流动的控制方程具有与 Navier-Stokes 方程相同的类型。我们记得，非平衡气体动力学基本方程组的原始系统虽然具有方程 (11.7.3) 中的系数 τ 的二阶导数，但不具有这些耗散特性。仅在这个意义上，我们可以说近平衡流动具有松弛黏度。由 μ_{f} 表示的黏度与 $\tau \chi$ 的积成比例；为使其与物理黏度具有相同的维数，有

$$\mu_{\mathrm{f}} = K \tau \rho \left(a_f^2 - a_e^2\right) \tag{11.7.23}$$

比较式 (11.7.23) 和式 (3.2.4) 中的变量 z，可知系数 K 在 1 的量级；一般来说，如果它由黏度松弛方法所确定，则它可能依赖于问题的本质。

至少在 10.5 节的激波转捩模型的框架内，弛豫黏度必然比物理黏度大得多，该模型假定弛豫区的厚度明显大于黏性区的厚度，大约为 1 个分子平均自由程的量级。

将该黏度 (或更准确地说是参数 $\tau \chi$) 作为速度散度 div$U$ 的系数进入方程 (11.7.8)，因此，它具有与体积的性质。在这方面，一些科学家提出一种想法，可以通过将弛豫黏度系数引入应力张量 (1.10.10) 的各向同性 (球形) 分量 p_* 中来

考虑其影响, 如果该分量的形式为

$$p_* = p + \left(\frac{2}{3}\mu + \mu_{\mathrm{f}}\right) \mathrm{div}\boldsymbol{U} \tag{11.7.24}$$

因此, μ_{f} 等同于 1.10 节提到的第二个黏度 $\mu^{(2)}$, 不需要改变状态方程 $p = nkT$ (式 (1.4.6)) 和连续性方程的平衡形式 $L_{\mathrm{e}} = 0$。

然而, 该模型主要是基于一维问题解的比较而建立的, 其中原始的运动和连续方程简单地叠加。因此, 在一维声波传播的问题中, 同时考虑式 (11.7.24) 和式 (1.10.10) (其中 $\mu = 0$) 中的黏度 $\mu^{(2)}$ 和 μ_{f} 以及式 (11.7.8) 中的 μ_{f}, 其线性化后的运动方程为

$$\frac{\partial u}{\partial t} + \frac{1}{\rho}\frac{\partial p}{\partial x} = \frac{\mu^{(2)}}{\rho}\frac{\partial^2 u}{\partial x^2}, \quad \frac{1}{\rho a_{\mathrm{e}}^2}\frac{\partial p}{\partial t} + \frac{\partial u}{\partial x} = -\frac{\mu_{\mathrm{f}}}{\rho a_{\mathrm{e}}^2}\frac{\partial^2 u}{\partial x \partial t} \tag{11.7.25}$$

我们将考虑波从左侧传播到右侧, 例如, 由活塞在 $x = 0$ 处以频率 ω 和速度 $u = u_0 \mathrm{e}^{iwt}$ 振动引起的波:

$$u = u_0 \mathrm{e}^{iw(a_{\mathrm{e}}t-x)-\varepsilon x}, \quad p = \rho a_{\mathrm{e}} u_0 \bar{p}\mathrm{e}^{iw(a_{\mathrm{e}}t-x)-\varepsilon x} \tag{11.7.26}$$

在这种情况下, 考虑下列条件, 式 (11.7.25) 是一致的:

$$\varepsilon + i\omega = i\omega \left[1 + i\omega \left(\mu^{(2)} + \mu_{\mathrm{f}}\right)/\rho a_{\mathrm{e}}\right]^{-1/2}$$

$$\varepsilon \approx \omega^2 \left(\mu^{(2)} + \mu_{\mathrm{f}}\right)/2\rho a_{\mathrm{e}}, \quad \text{当 } \omega \left(\mu^{(2)} + \mu_{\mathrm{f}}\right) << \rho a_{\mathrm{e}} \tag{11.7.27}$$

正应力为

$$p_{xx} = -p + \mu^{(2)}\frac{\partial u}{\partial x} = \rho a_{\mathrm{e}} u_0 \bar{p}_{xx} \times \mathrm{e}^{iw(a_{\mathrm{e}}t-x)-\varepsilon x}, \quad \bar{p}_{xx} = -\frac{i\omega}{\varepsilon + i\omega} \tag{11.7.28}$$

因此, 随着 x 的增加以及速度和压力相位的变化, 松弛黏性和常规的黏性都会导致声波衰减。显然, 系数 $\mu^{(2)}$ 和 μ_{f} 对称地存在解中, 在这种情况下, 我们实际上只能在式 (11.7.25) 之一中保留右侧, 并令 $\mu^{(2)} = \mu_{\mathrm{f}}$, 则可以获得相同的解。

然而, 这些特殊的结果并不能推广到一般情况, 因为这里介绍的例子通常是与不同的方程系统相关。

最后, 从弛豫黏度的推导本身来看, 它不会出现在运动方程的应力中, 而只会出现在已转换的连续性方程 (11.7.8) 的源项, 其作为精确无黏非平衡气体模型的极限产物, 因此已经存在于后者中。换句话说, 在近平衡条件下无黏非平衡流动控制方程系统的精确解也给出了之前所提到的所有耗散弛豫效应的精确描述。

11.8 松弛介质中稳态波的一般理论

在 11.5 节中, 我们提出了松弛区后的激波问题。接下来, 基于 3.4 节中介绍的激波绝热线的性质, 我们将给出这些波的一般性理论, 平衡的和非平衡的 (在 3.1 节的意义上), 也就是说, 分别在平衡和非平衡介质中传播的理论。在后一种情况下, 介质的最终状态是平衡的。平衡波两侧状态通过相同的平衡状态方程相关联, 对非平衡波则是不可能的。在此意义上, 在激波两侧具有相同的变量 $\lambda_i = \lambda_{i1}$ 的冻结激波 (见 11.5 节) 应归属于平衡激波。这些非平衡绝热波的典型例子还有爆震波和燃烧波。在这些波的反应在没有外部热源的情况下进行。松弛和燃烧的连续稳态波 (区域) 也可以归属于非平衡波, 这种波的任一侧的状态可以采用与激波相同的方程相联系。

连同非平衡波, 我们将考虑非绝热波, 其可能包含外部能量源 (或汇)q_m, 假定它们的反应仅限于波结构内一个相当狭窄的区域内。这些源可能是由于外部辐射气体加热, 或反之亦然, 能量的释放, 由电磁场引起的等离子体加热等。

在非绝热波中还包括由在强大的入射能量通量 (辐射、X 射线、电子通量等) 的作用下冷凝物的蒸发而引起的升华波。

我们注意到, 在任何情况下, 波是指边界上没有耗散项的区域, 且关系 (1.7.12) 变为 (对于 $q_m = 0$) 间断的常规关系, 如式 (3.1.1)、式 (11.5.1) 等。

在这些波间有一点类似, 为了阐明这一点, 我们将绝热方程 (3.3.4) 中的焓 h 传递给外部自由度 $h^{(0)}$ 的焓, 或者实际上传递给温度, 使得方程 (1.7.12) (没有耗散项) 成为下面的形式:

$$\rho v = \rho_1 v_1 = m, \quad p - p_1 = \rho_1 v_1^2 - \rho v^2$$

$$h^{(0)} - h_1^{(0)} = \frac{1}{2} v_1^2 - \frac{1}{2} v^2 + q_0$$

$$q_0 = q_m + \Delta h_{\mathrm{f}}, \quad \Delta h_{\mathrm{f}} = h_{\mathrm{f}1} - h_{\mathrm{f}}$$

$$h_{\mathrm{f}} = h - h^{(0)}, \quad h^{(0)} = c_p^{(0)} T = \frac{\gamma_{\mathrm{f}}}{\gamma_{\mathrm{f}} - 1} \frac{p}{\rho} \tag{11.8.1}$$

此处, 下标 2 被舍去, h_{f} 是物理化学转换的能量, 其变化实际上是 (因为它是) 关于外部自由度子系统的外部能量源。

在气体中以速度 v_1 传播的这些波后的所有可能的气体状态, 均以激波绝热线的形式呈现在相平面 (h, p)(3.4 节) 或 $(p, V = \rho^{-1})$(在 4.12 节的), 激波绝热线是由依赖于 $h = h(p_1, \rho_1, h_1, p, \rho)$ 的状态平衡方程 $\rho = \rho_{\mathrm{e}}(p, h)$ 或 $h = h_{\mathrm{e}}(p, \rho)$ 的

平衡方程替代得到的。需要注意的是, 这些绝热线反映了所考虑的波的整体特点, 且与它们的内部结构无关。

如 3.4 节所述, 从方程 (11.8.1) 中排除参数 v_1, 我们得出了激波绝热线的通用方程, 类似于方程 (3.4.3) (我们将保留该常规项, 尽管它似乎与非绝热波和连续波不相容):

$$h^{(0)} - h_1^{(0)} = \frac{1}{2} \left(\frac{1}{\rho_1} + \frac{1}{\rho} \right) (p - p_1) + q_0 \tag{11.8.2}$$

该方程的形式同所有前面提到的波的方程一样。至于方程 (3.4.3) 的直接推广如下:

$$h - h_1 = \frac{1}{2} \left(\frac{1}{\rho_1} + \frac{1}{\rho} \right) (p - p_1) + q_m \tag{11.8.3}$$

但是, 方程 (11.8.2) 的形式, 对于物理理解的阐明更方便。

我们现在分析绝热线和由绝热控制的过程。按照此类问题的常规做法并与 3.4 节不同, 对于给定的速度 v_1, 我们将选择一个平面 (p, V) 进行分析, 这些波的所有中间状态和最终状态都位于直线 (3.4.4) 或射线上:

$$p - p_1 = \rho_1^2 v_1^2 (V_1 - V), \quad V = \rho^{-1} \tag{11.8.4}$$

目前假定, 式 (11.8.1) ~ 式 (11.8.4) 可以应用到连续松弛区中的任何内部部分, 前提是它们的结构是无黏的。

冻结 (I), 平衡 (II), 非平衡 (III 和 IV) 绝热线定性地显示在图 11.10(a) 中, 假设这些曲线是单调的。对于在 3.4 节研究的绝热平衡和冻结波, 绝热线 I 和 II 分别以切线 $v_1 = f_1$ 和 $v_1 = a_{e1}$ 通过点 1。由于 $a_f \geqslant a_e$, 在点 1 附近, 绝热线 II 位于绝热线 I 之下。同时, 绝热层 III 和 IV 位于绝热层 I 的任一侧, 根据式 (3.1.2) 间断关系的两个解, 其分别构成了压缩波和膨胀波。对于 $q_0 \neq 0$, 这些绝热线不能通过点 1, 就像 $q_0 = 0$ 平衡波的情况。当 $q_0 > 0$, 从点 1 到绝热线上的过程伴随着气体的加热以及压力 (在 $\rho = \rho_1$ 处) 或比体积 (在 $p = p_1$ 处) 的增加。在图中的这些状态对应于点 $1a$ 和 $1'b$。在 $q_0 < 0$ 时, 这个过程是相反的, 与之相对应的是点 $1'a$ 和 $1b$。于是, $q_0 > 0$ 时对应于绝热线 III (我们将有条件地称其为放热波), $q_0 < 0$ 对应于绝热线 IV (我们将有条件地称其为吸热波)。从图中省略该绝热线的区域是不可能的, 因它们与式 (3.1.2) 的条件 $p_2 > p_1$ 时 $\rho_2 > \rho_1$ 和 $p_2 < p_1$ 时 $\rho_2 < \rho_1$ 相矛盾。

在稀疏区, 绝热线 I 和 II 在物理上是不能实现的, 因为从状态 1 到这些绝热线的过程中熵会减小, 如 3.4 节所述, 而熵减是不符合绝热过程热力学第二定律的。然而, 该论断不能扩展到非绝热和非平衡稀疏波, 该情况下熵增是完全可能

的 (即在松弛区)。为此，我们将基于关系式 (3.4.5) 和式 (3.4.9)，沿绝热线同时分析压缩波和膨胀波，当 $\rho > \rho_1$ 时 $W_2 > 0$，$\rho < \rho_1$ 时 $W_2 < 0$：

$$T\frac{\mathrm{d}s}{\mathrm{d}v_1} = v_1\left(1 - \frac{\rho_1}{\rho}\right)^2, \quad \left(1 - M_{\mathrm{e}}^2\right)\frac{\mathrm{d}p}{\mathrm{d}v_1} = W_2 \tag{11.8.5}$$

通过推广在 3.4 节进行的分析，我们可以很容易地相信，这些关系对不通过点 1 的绝热线也是成立的，至少对绝热非平衡波成立，我们将首先对比情况研究。

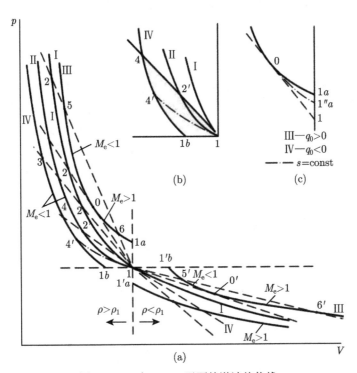

图 11.10 在 p，V 平面的激波绝热线

绝热线 IV 的左右分支分别与射线 (11.8.3) 相交，在其上满足条件 $\mathrm{d}p/\mathrm{d}v_1 > 0$。因此，在这些分支上，对于 $\rho > \rho_1$，$M_{\mathrm{e}} < 1$，即图 11.10(a) 的左侧，对于 $\rho < \rho_1$，$M_{\mathrm{e}} > 1$，在图中右侧。同时，绝热线 III 的两个分支要么与这些射线有两个相交点要么不相交。在被称为 Jouguet 点的 O 和 O' 点处，射线与绝热线相切。在这些点处，$\mathrm{d}v_1 = 0$，$\mathrm{d}s = 0$，$\mathrm{d}p/\mathrm{d}v_1 = \infty$。因此，根据式 (11.8.5)，$M_{\mathrm{e}} = 1$，也就是说，在这些 Jouguet 波后的气流是亚声速的。根据导数 $\mathrm{d}p_1/\mathrm{d}v_1$ 的符号和函数 W_2 一致，在这些点左侧有 $M_{\mathrm{e}} < 1$，右侧有 $M_{\mathrm{e}} > 1$。

在绝热线 III 的 O 点，熵 $s = s_0$ 是最小的；不过，对于实现 O 的状态所必

需的不等式 $s > s_1$ 仍然成立。事实上，在点 O 处，各向同性的 $p = p_e(V)$ 与绝热线 III 相切。于是，凭借我们所分析的式 (3.4.1) 的主条件，即 $(\partial^2 P/\partial V^2)_s > 0$，在图 11.10 中，它与在点 $1''a$ 处与垂线 1-1a 交于点 1 上方。然而，在恒定体积下从点 1 到点 1a 或者点 $1''a$ 的平衡转变会伴随熵的升高 (即 $s_0 > s_1$)，因为只能以增加热量为代价才能实现。出于同样的原因，在图 11.10(a) 中，恒定压力下，从点 1 到点 1'b 的平衡转变也伴随着沿绝热线 III 右分支到点 O' 的熵增，且将达到最大值。于是，此绝热线的分支 1'b-O' 在物理上也是可以实现的。

以同样的方式推理，我们得到点 1b 和 1'a 的熵较点 1 小；因此，就像绝热线 I 和 II 的右支一样，绝热线 IV 的右分支在物理上也是不可实现的，沿着该分支熵随射线的斜率减小。至于绝热线 IV 的左侧 (压缩) 分支，只有绝热线和等熵线 1-4' 的交点 4' 上方的点才可实现。

射线 $M_{f1} = 1$ 与冻结绝热线相切于点 1 且位于它的下方；对于在 1 点附近的 $M_{f1} > 1$ 射线，当 $\rho > \rho_1$ 时，其位于绝热线之上，当 $\rho < \rho_1$ 时，其位于绝热线之下，而对于 $M_{f1} < 1$ 的射线，模式相反。只要绝热线 III 分支 1a-O 的各点满足条件 $M_{f1} > 1$ 和 $M_e > 1$，即，当内部奇异点 $M_f = 1$ 不存在时，这种情况在压缩波中几乎是不可能的，则在连续波中沿 $M_{f1} > 1$ 的“超声速”射线 1-6 是可以得到的。相反，在这些曲线上，由于条件 $M_f < M_e < 1$，绝热线 II 和 IV 以及绝热线 III 的分支 0-5 在连续波中不能得到。然而，在 11.5 节所描述的激波松弛过程中它们是可以得到的，该过程中，气体沿绝热线 I (其上的 $M_f < 1$) 以冻结的激波从状态 1 进入状态 2，然后沿着射线 2-3 或 2-5 的线段连续通过连续松弛波到达最终的相应的绝热线。沿射线 5-6 进一步的运动，以及 6-5 的转变，已不再可能，因为在点 5 (或点 6) 该气体已到达平衡，没有改变其状态的推动力。

在压缩区域，$M_{f1} < 1$ 的亚声速射线位于绝热线 I 之下，并与此曲线相切于 1-2'-4 (图 11.10(b))；因此，位于点 2' 下的平衡绝热线 II，其上的状态，也就是说，速度满足 $a_{f1} \geqslant v_1 \geqslant a_{e1}$，仅能通过连续压缩波才能得到。绝热线 IV 的 4'-4 区域也只能通过连续波得到。

最后，绝热线 III 的右分支只与声速射线相交；在这种情况下，段 1'b-O' 可以沿波 1-5' 得到，然而，出于 5-6 和 6-5 转变的同样原因，沿射线 5'-6' 从状态 5' 到状态 6' 的转变已不再可能。

让我们更详细地考虑在绝热线 III 上的 Jouguet 点 O 和 O'，其上马赫数 $M_e = 1$。值得注意的是，这些点所对应的波不能被其后以平衡声速传播的任何扰动超越，对于这种类型的波，其后的压力有可能是最小的。对速度 $v_1 = D$ 的这些波表达式的推导如下：我们用式 (11.3.14) 和式 (11.2.4) 写为如下形式：

$$a_e^2 = \gamma_e \frac{p}{\rho} = \gamma_e \frac{R}{M_e} T = \frac{\gamma_e (\gamma_f - 1)}{\gamma_f} c_p^{(0)} T, \quad (\gamma_f - 1) c_p^{(0)} T = a_f^2 \qquad (11.8.6)$$

当 $v = a_e$，从方程 (11.8.1) 我们得到

$$a_e = kD, \quad k = \frac{\rho_1}{\rho} = \frac{\gamma_e}{\gamma_e + 1}\left(1 + \frac{p_1}{\rho_1 D^2}\right)$$

$$(\gamma_e + 1)(p - p_1) = \rho_1 D^2 - \gamma_e p_1 \tag{11.8.7}$$

从这些公式表达出 T 和 k，并将它们代入能量方程 (11.8.1)，我们将后者简化为 D 的双二次方程。我们只写下完全气体的解，为达到这个目的，用指数 γ_f 替换指数 γ_{f1} 和 γ_e（因为 $\gamma_f - 1$ 恰好进入大值 q_0 的系数中）：

$$D_\pm = \sqrt{\frac{1}{2}(\gamma_f^2 - 1)q_0 + a_{f1}^2} \pm \sqrt{\frac{1}{2}(\gamma_f^2 - 1)q_0}, \quad D_+ D_- = a_{f1}^2 \tag{11.8.8}$$

此处，解 $D_+ > a_{f1}$ 对应于超声速波，$D_- < a_{f1}$ 对应于亚声速波。很显然，Jouguet 波只有在 $q_0 > 0$ 时才存在。根据图 11.10(a)，以前的公式限制了压缩波的最小可能速度和膨胀波的最大可能速度。如果这些波在静止气体中传播，则在这些波后的气体夹带速度如下 (式 (3.3.5))：

$$u_\pm = D_\pm(1 - k) = D_\pm - a_\pm, \quad u_\pm + a_\pm = D_\pm \tag{11.8.9}$$

在压缩波中 $k < 1$，$a_\pm < D_\pm$，$u_+ > 0$。然而，在膨胀波中 $k > 1$，$a_- > D_-$，$u_- < 0$；因此，在这种情况下，对从波 $u^{(-)} = -u_- > 0$ 流出的气体速度进行操作更加方便。

我们现在将考虑混合型的激波绝热线，其具有与 v_1 有关的交替符号的源 q_0，如图 11.11 所示。例如，在原子和分子的二元混合物中或在等离子体中它们是可能的，在等离子体中，波前的原子和电子的浓度大于波后的平衡值，该波的速度小于某个临界值，$v_1 < D^*$（10.4 节图 10.2 中的例子 $\lambda_1 > \lambda_{2e}$）。这种情况下，重组或去离子反应在 $\Delta h_f > 0$ 的激波后进行。因此，在点 7 (图 11.11(a)) 以下的绝热 V 的相应间隔与图 11.10 中的放热绝热 III 相似。然而，对于 $v_1 > D^*$，进一步 $\Delta h_f < 0$ 的离解或电离在激波后出现，其变为吸热，而在点 7 上方时，绝热线 V 位于冻结绝热线 I 的左侧。当 $v_1 = D^*$，有 $\Delta h_f = 0$，两个绝热线相交于点 7。在这种情况下，Jouguet 点始终位于区域 $\Delta h_f > 0$ 中，也就是，在点 7 下方，可以从氮原子和分子的非平衡二元混合物的图 11.12 看出。

相反，如果波前的解离度或电离度低于波后的平衡值（即，$\Delta h_f < 0$；图 10.2 $\lambda_1 < \lambda_{2e}$ 的情况），则随着温度（或速度 v_1）的增加，在气体混合物中伴随 Δh_f 符号变化的一些放热过程开始出现，然后，相应的绝热线 VI，以及平衡绝热线 II，会相交于绝热 I，然后移到其右侧 (图 11.11(b))。

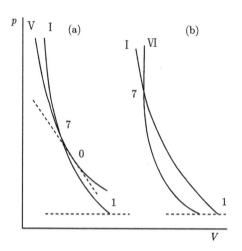

图 11.11　不同混合类型的冲击绝热

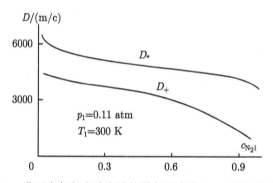

图 11.12　非平衡氮气中冲击波的爆轰波速度 D_+ 和临界速度 D_*

对于非绝热波, 在前述的推理中, $\Delta h_{\rm f}$ 应由 $q_0 = q_m + \Delta h_{\rm f}$ 替换。这不会影响关于图 11.10 和图 11.11 中的绝热体的相对位置的推断。虽然在这种情况下, 绝热线 III 和绝热线 IV 可以有其他的形状, 原因是热源 q_m 通常很大程度上取决于激波后的气体温度或成分, 即速度 v_1 (对于 q_m 的辐射和电磁性质)。在这种情况下, 只有当式 (11.8.1) 中的 $q_m = $ 常数时, 关系式 (11.8.5) 成立; 那么所有的 Jouguet 点的属性都将保留。然而, 即使在这种简单情况下, 基于热力学第二定律关于单个绝热体分支的物理实现的结论也需要对 $q_m \neq 0$ 进行附加分析。

特别是, 对于热喷嘴 (2.1 节) 中的无黏平衡流, 其具有有界区域的热释放或排出的边界区域, 该区域也可视为波, 奇异点为 $M_{\rm e} = 1$, 可达到状态是由 $q_m > 0$ 的绝热线 III 的 $1'b$-$0'$ 分支和 $M_{\rm e1} \geqslant 1$ 吸热绝热线 IV 的右侧分支及在 4 点以下 $q_m < 0$ 分支左侧所描述的那些点。这种热喷嘴的一个例子是, 在基准电弧装置中,

流过电压电弧旋转平面 (在电磁场中) 的气流。

一个纯非绝热波的例子是以超高速传播的波，在波阵面后发生强烈的能量猝灭 (示意性地，在波后有一薄层)。然后，在图 10.10(a) 中，波与沿着线段 2-3 从曲线 I 到 IV 的过渡相关。在另一例中，由激光束引起的激波未被冷气体吸收，其与沿着线段 2-5 从绝热线 I 到 III 的过渡相关。

然而，我们注意到，对所得到的稳态波绝热线类似的分析结果可能在以下情况下确定其存在的条件，即松弛区的每一部分确定的量 q_0 在该区内符号相反。类似的情况也可能发生在松弛区域内放热和吸热反应与时间分离的气体中。这可能会导致出现内部奇异点，$M_f = 1$ (或者 $M_e = 1$)，其不能通过绝热分析预测。

我们也注意到，在图 11.10(a) 中，把波中 $M_f = 1$ 的内部奇异点的存在看作为一个不允许达到的物理状态的预测，该状态对应于图 11.10 中绝热线分离区，通常仅对无黏结构的波 (即松弛波) 是合理的，在该结构中沿射线 (11.8.4)，关系式 (11.8.1) 成立。然而，这些关系式在 (11.12 节) 热波中无效，例如，不允许在绝热线 III 上的 0′-6′ 的状态的实现需要额外的验证 (见 11.12 节和 11.13 节)。

这一理论在亚稳非平衡介质中传播的爆轰波和燃烧波的应用尤其卓有成效[1]。在这些介质中几乎都是爆炸物，包括气态的，在标准的条件下或室内环境下，其成分可保存多年。只有当温度升高到由反应速率的幂律温度决定的某个极限值时，此类介质的燃烧过程才会开始，例如，$k_f \sim e^{-\theta/T}$ 类型的反应速率具有相当高的 θ 值，正如 10.9 节所述。

如 11.5 节所述，冲击爆轰波具有激波弛豫结构 (泽利多维奇，1944，1984)，包括弓形激波和在前者后的弛豫区或燃烧区，具有在其中进行的物理化学反应 (燃烧过程) 的独特特征；它们是由激波后温度的升高引起的。如在传统激波后的松弛区，在这些燃烧区域的流动通常可假设为无黏性和绝热的，其使得先前图 11.10 中绝热线的分析对于爆轰波完全适用。

爆轰波以超声速的速度传播，对应于图 11.10(a) 中绝热线 III 中 0-5 到 O 点左侧的区域。最广泛的是 Jouguet 爆轰波，它可以通过固体炸药棒传播，而不会因波后产生的扰动而衰减。因此，为了加速爆轰波阵面，一定要增加其后的压力。这种爆轰波称为过压缩。同时，一个衰减的平面过压缩的爆轰波仅渐近地或无限地接近 Jouguet 波，就像弱激波接近声波一样 (4.8 节)。然而，与平面波不同的是，相似的圆柱和球面波可以在距它们的起始位置有限的距离内转换为有限的 Jouguet 波 (Levin 和 Chernyi，1967)。

爆轰波强度的可能范围很广。于是，在由 7/8 质量分数的氧和 1/8 质量分数的氢组成的氢氧气体中，在 $p = 1atm$，$T_1 = 300K$ 时，Jouguet 波具有的速度为

---

[1] 该理论的物理数学详细推导见 (Zeldovich, Barenblatt, Librovich, Makhviladze, 1980)。

$D_+ = 2900\mathrm{m/s}$ 以及其后的参数为: $p/p_1 = 18$, $T_1 = 3600K$。在波的背后，该气体主要由水 (H_2O) 分子与其他分子混合组成。同时，在浓缩的爆炸物中，爆轰波后面的压力可以高达 $10^5\mathrm{atm}$。与其他任何激波后一样，气态燃烧产物的密度可能超过原始浓缩物的密度。

不同于爆轰波，燃烧波以亚声速传播；它们与绝热线 III 的右分支，或更准确地说，与区域 5'-0' (见下文) 相关联。在这些波中，燃烧混合物的加热和点燃是通过来自加热的燃烧产物的热传导实现的，这决定了在静止气体中传播的波的固有速度 D_0。该速度取决于介质的属性，以及外部条件 (通常 D_0 相当小，对于在标准条件下的氢氧气体，其量级为几米/秒的量级，根据式 (11.8.8)，对于 Jouguet 波速度，要是可以达到的话，将达到数几十米/秒)，对外部条件的依赖性很小。

其他稀疏波具有相同的属性，即，自然传播速度的存在由内部波结构决定，其他稀疏波 (在高频电磁场、入射辐射通量等条件下，受到作用的气体在其原始状态下是透明的，升华波亦如此)。接下来，所有的这些波，即非平衡和非绝热波，将统一用术语"热波"表示。

我们将考虑非平衡波和非绝热波传播的气体动力学特征。尽管其物理性质不同，但从提出问题的角度来看，所有静止的冲击波都有一些共同点。因此，在其传播速度 v_1 未知时，必须指定波后的另一个参数才能完全确定它，可以是压力、气体速度等，当然，在稳态波存在的范围内。例如，对于爆轰波，其后给定的压力不能小于对应于 Jouguet 点的压力。

我们将参考爆轰波在恒定面积槽道中传播的简单示例来解释它们的这些特性 (图 11.13(a)~(c))。在这个通道中让 Jouguet 爆轰波 $x = D_+t$ 从左至右 (图 11.13(a) 中线路 1 和 b) 行进，使状态 1 和 2 分别在其前面和后面，并让夹带速度 $u_+ = D_+/2 = a_+$ 的活塞紧随该波。活塞速度的突然增加 (图 11.13(a) 中点 O') 引起一个激波，并超过爆轰波，从而增加其速度使 $D > D_+$，将其转换为前面提到的过压缩爆轰波。

相反，活塞在点 O' 突然减速到速度 $u_0 < u_+$ (图 11.13(a) 中的轨迹 0'-4) 导致一个中心稀疏波 2-0'-3，其首特征线 0'-2 与激波阵面 0-1 平行。

当点 O' 接近点 O 时，特征线 0'-2 阵面 0-1 合并，因此，在极限范围内，我们得到了图 11.13(b) 中驻区为 3-0-4 的自相似流型。可以假设，这种模式也限制了最终速度为 $u_0 < u^{(+)}$ 的任何其他过渡轨迹，前提是主激波后面的气体温度足以点燃可燃混合物。

在外部压力 $p_\mathrm{a} > p_+$ 的情况下，爆轰波在左端开口的通道 (图 11.13(c)) 传播时，其将以速度 $D > D_+$ 被过压缩，其中，p_+ 是 Jouguet 波后面的压力。然而，在 $p_\mathrm{a} < p_+$ 时，会形成一个具有速度 D_+ 的 Jouguet 波，并紧邻中心稀疏波 2-3 (图 11.13(c))，出口压力 $p_3 = p_\mathrm{a}$；当在左侧封死的 ($u_0 = 0$) 的槽道内形成爆

轰波时, 在图 11.13(b) 中特征线 0-3 的左侧有一个驻区.

现在我们将考虑稀疏波. 对于热波前的给定状态 1, 前面提到的固有速度 D_0 的附加条件以及关系式 (11.8.1) 可以完全确定波后的状态 2, 与激波相比, 如果不改变波前的状态, 就不可能满足波后的任何条件.

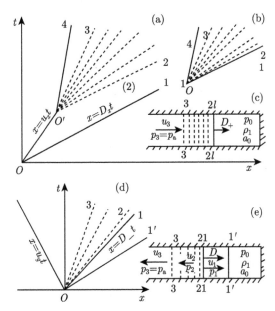

图 11.13　爆轰波在恒定面积槽道中传播的简单例子

作为说明, 我们将考虑右侧封闭和左侧开口的槽道, 其初始压力为 p_0 (图 11.13(d)); 我们将从 p_0 等于外部压力 p_a 的情况开始. 热波 1 沿通道以速度 D 从左到右传播, 其前后分别具有状态 1 和 2. 当波的强度较小时, 由波以速度 u_2 发出的亚声速射流中的压力近似等于大气压力 $p_2 = p_a$; 因此, 使用式 (11.8.1) 我们可以确定压力 $p_1 > p_a$. 因此, 该波之前是压缩波 1', 压缩波后具有速度 u_1. 指定 $p_2 = p_a$, 以及两阵面的关系可以使该问题封闭.

在实验室坐标系中, 波和气体速度 (图 11.13(d)) 关系如下:

$$D = D_0 + u_1, \quad u_2 = u^{(-)} - D, \quad u^{(-)} = D_0 \left(\rho_1/\rho_2 - 1 \right) \tag{11.8.10}$$

其中, D_0 是波的固有速度; $u^{(-)}$ 是从波流出的气体的相对速度. 声波以一定的速度从左向右传播:

$$\frac{\mathrm{d}x}{\mathrm{d}t} = -u_2 + a_2 = a_2 - u^{(+)} + D \tag{11.8.11}$$

因为 $u^{(-)} < a_2$, 这些波将超过波 1, 其结果是外部压力 P_a 对槽道流动产生影响; 然后紧靠阵面 1 的参数 u_2, p_2 等, 出口处的参数 u_3, p_3 等相同.

直到 Jouguet 波速 $D_0 = D_-$，这种流动模式对所有固有速度 D_0 均是质量守恒的 (我们假设 D_0 是一个独立的参数)。然而，对 $D_0 = D_-$ 和 $u^{(-)} = a_2 = a_-$ 从左传播到右的波 (11.8.11) 不再能超过阵面 1；因此，它们对速度和右边的流动参数没有影响。严格地讲，这种推断并不涉及压缩波，根据 4.5 节 ∼ 4.7 节，其行进速度比声波稍微快一点；然而，由压力 P_a 降低引起的稀疏波能够传播到阵面 1 (因为，根据方程 (11.8.11)，对于 $u^{(-)} = a_2$, $u_2 < a_2$)，于是，在图 11.13(d) 中形成一个稀疏波 2-3，且 $p_3 = p_a$。仅当满足条件 $u_3 = a_3$，也就是说，声速射流从槽道流出时，压力 P_a 进一步减小不再对槽道流动产生影响。此射流相对于波阵面 1 是超声速的。图 11.13(e) 给出了 $D_0 = D_-$ 时的极限自相似流型，其中 3-0-2 是中心稀疏波。在 $u_3 = a_3$，特性线 0-3 与 t 轴重合。

由于 $D_0 < a_1$，在有限尺寸的槽道中，压缩阵面 1′ 迟早会到达槽道的右端，并且在这些波反复沿着槽道传播之后，压力为 $p_1 = p_a + \rho_1 D_- u^{(-)} > p_a$ 的驻区将会出现在阵面 1 前；该槽道代表了一个非常简单的喷气发动机模型。

如前所述，我们注意到此处概述的理论并不涉及禁止存在对应于绝热线 Ⅲo′-6′ 区域具有超声速 $u^{(-)} > a_-$ 稀疏波的存在。对于 $p_3 > p_a$，周围的介质对它们也没有影响。然而，从未观察到这样的波，而且在满足所有边界条件当 $t \to \infty$ 时，达到其稳定状态的过程尚未建立，换句话说，甚至在理论上 $u^{(-)} > a_-$ 的流动都是非进化的。此外，有充分的理由认为，考虑到实际的内部耗散效应，这些波结构上相应问题的解不能在阵面后导致超声速流动，就像在 3.2 节中考虑了耗散效应导致仅存在平衡压缩阵面且其后流动为亚声速一样。

最后，我们将简略地讨论一个更重要的问题，即图 11.11(a) 中绝热线 Ⅲ 所允许的两种状态之一的物理实现，例如，相同的 q_0 值下的爆轰波 (5-0 区域) 或燃烧波 (5′-0′ 区域)。从理论上讲，这个问题可以通过寻找一个既考虑边界条件又考虑可燃混合物着火方式的时变问题的极限状态来解决。在雷管爆炸时通常会形成爆轰波，而在简单地点火时，则形成一个燃烧波。然而，原则上，在图 11.13(d) 中激波 1′ 强度相当高的情况下，最初的燃烧波可以转化为爆轰波，当其在槽道中的障碍物或槽道封闭端反射时，则更是如此。然而，对该问题的详细讨论超出了本书的范围。

11.9　二元相似律

由式 (11.1.1)∼(11.1.5) 所描述的松弛气体流动中的物体的表述问题可简化为物体的形状 $f(\bar{x}, \cdots) = 0$ (其中，$\bar{x} = x/L$，这里 L 为长度尺度) 和自由流参数 $\rho = \rho_\infty$ 等。因此，这个问题涉及的参数有 $p_\infty, \rho_\infty, T_\infty, \lambda_{i\infty}, U_\infty$ 和 L。自由流气体可以是任意状态，平衡或非平衡，而流动本身可以是超声速或亚声速。

从相似性理论和维度理论 (参看 1.12 节) 的角度看，与具有任意状态方程 $\rho = \rho(p, T)$ 的不完全平衡气体的情况相比，考虑非平衡效应使得气体流动的相互模拟问题变得更加困难，为此 ρ_∞, U_∞ 等自由流参数不能从相似准则中消除 (参看 1.12 节)。

在高超声速流动的情况下，这些对模拟的严格要求可以在一定程度上得到缓解，ρ_∞ 和 T_∞ 可以从控制参数集中去除，薄的仿射相似体在 8.4 节的相似律框架内具有相似性准则 $M_\infty\theta$ 和 $U_\infty\theta$，其中 θ 是物体的相对厚度。然而，在一般情况下，用一个非平衡流来模拟另一个非平衡流是不可能的。

这个问题的一般表述不能表征流动非平衡效应对流动的影响程度。为此，根据 11.2 节，反应时间尺度 τ_s 应从函数 Λ_i 分离出来；这导致新的相关参数 $U_\infty\tau_s/L$ (而不是 L)，该参数对应于流动的分类，即冻结状态 ($U_\infty\tau_s/L >> 1$)，发展的非平衡 ($U_\infty\tau_s/L \sim 1$) 和平衡状态 ($U_\infty\tau_s/L << 1$)。

然而，鉴于函数 $\tau_s(p, T, \lambda_j)$ 自身的复杂形式，该方法并不能普遍地简化流动相互模拟的问题。简化仅在时间 $\tau_s \sim p^{-1}$ 时才是可能的，也就是说，对于具有特定形式的动力学方程的气体：

$$\frac{\mathrm{d}\lambda_i}{\mathrm{d}t} = \Lambda_i(p, T, \lambda_n) = p\bar{\Lambda}_i(T, \lambda_n) \tag{11.9.1}$$

对于内部自由度的松弛，在 10.4 节中获得了类似的方程；对于交换反应，在 10.9 节中获得了类似的方程 (式 (10.9.6))。此外，在更一般类型的动力学方程 (式 (10.9.5)) 中，对于在冷空气中激波后松弛区的前部，第二项可以忽略。首先是由于该区域中反应的原子产物浓度较低，其次是较高的气体温度，这突出了正向反应速率系数 k_f 的作用，k_f 与温度呈指数关系。我们注意到，方程 (11.9.2) 所描述的过程的平衡条件 $\Lambda_i = 0$ 是不依赖于压力的。

在这种情况下，引入的变量和函数为

$$\bar{x} = x/L, \quad \bar{p} = p/p_\infty, \quad \bar{\rho} = \rho/\rho_\infty \tag{11.9.2}$$

把方程 (11.9.1) 改写成

$$\rho_\infty L\left(u\frac{\partial\lambda_i}{\partial\bar{x}} + \cdots\right) = \bar{p}\bar{\Lambda}_i(T, \lambda_j) \tag{11.9.3}$$

激波关系式 (11.1.1) ~ 式 (11.1.4)、激波关系式 (11.5.2) 和物体上的不可穿透条件在新变量中不会改变其形式。

那么在 1.12 节的意义上，具有相同参数 $\bar{p}_\infty, T_\infty, U_\infty$ 和 $\rho_\infty L$ 的相同气体的无黏性非平衡流相似，即，函数 $\bar{p}, \bar{\rho}, \bar{T}$ 等的分布在无量纲变量 $\bar{x}, \bar{y}, \bar{z}$ 中都是相同的。

这就是二元相似律，而乘积 $\rho_\infty L$ 称为二元相似性参数。至于这个参数和气体动力学函数是有量纲的，根据 1.12 节对不完全气体的解释，它与相似性理论并不矛盾。

11.10 节将对高超声速流动中物体的这种相似准则进行测试，并对所涉及的流场的特征进行分析。在这里，除了 11.5 节，我们将从这个角度考虑激波结构，仅限于正激波的情况。在这种情况下，没有长度尺度 L，因此引入新的变量 $\xi = \rho_\infty t$ 和 $\eta = \rho_\infty x$ (x 坐标方向为激波法向)，简化式 (11.9.1) 和式 (11.9.3) 为

$$\frac{\mathrm{d}\lambda_i}{\mathrm{d}\xi} = u\frac{\mathrm{d}\lambda_i}{\mathrm{d}\eta} = p\bar{\Lambda}_i(T, \lambda_n) \tag{11.9.4}$$

该系统的解，即函数 $\bar{p}, \bar{\rho}, h, \bar{T}, \lambda_i$ 和 u 的集合依赖于二元相似性参数 ξ 和 η，并依赖于激波前端的初始参数 $\bar{p}_\infty, T_\infty, \lambda_{i\infty}$ 和 $u = u_\infty$，但与激波前的密度 ρ_∞ 无关。

由二元相似定律可知，根据二元相似律，激波后弛豫区厚度与 $\delta_r = \eta_\delta/\rho_\infty$ 之间存在简单的依赖关系。在高超声速飞行中，可以忽略参数 $\bar{p}_\infty$ 和 T_∞ 的影响。由于地球大气的组成 (参数 $\lambda_{i\infty}$) 到处都一样，这样得到的解是不依赖于飞行高度参数 H 的。11.5 节图 11.4 和图 11.5 中的数据根据二元相似变量进行了精确处理，图中 ρ_∞ 由 ρ_1 表示。显然，即使密度 ρ_∞ 相差 1000 倍 (对于 $H = 30 \sim 80$ km)，当基于相似变量 η 构造松弛区前部的曲线时，它们几乎重合，尽管在原坐标系下甚至不在同一尺度，对于流动的大多数参数 (除 c_{NO})，在该流动区域的后方这些曲线也相当接近，方程 (10.9.5) 的两项相当，在极限条件下甚至相等。这归因于在恒定或接近恒定的焓 h 下，组分的平衡浓度对压力的依赖性较小 (与波中的密度 ρ_∞ 成比例)。

11.10 流过物体的非平衡流

在本节，我们将研究流过物体的非平衡态高超声速流动的显著特征。定性地讲，这些流动类似于第 7~9 章讨论的平衡流动。然而，非平衡有时产生一些新的定性的影响。

正如前面所述，与非平衡态相关的流动区是由物体的长度 L 和松弛区的纵尺度 l_r 的比确定的。倾斜角为 α 的斜激波后，$l_r = \delta_r/\sin\alpha$，其中 δ_r 是 11.5 节介绍的松弛区的厚度。对于 $L \ll l_r$，流过物体的流动整体上是冻结的，对于 $L \gg l_r$，则是平衡的。在这种情况下，整个保留并非偶然；这表明可能存在分离流动区域，其当地尺度 $L_{\mathrm{loc}} \gg L$，其中先前的评估是不充分的，如物体轮廓的角点附近 (10.6 节)。

已经完成介绍，我们将考虑经典的流过平面 ($v = 0$) 和轴对称物体 ($v = 1$) 的

流动，直到某一确定时刻，参数为 ρ_∞ 等的自由来流被认为是平衡态，且对应于大气飞行环境下的条件。在该节的末尾将考虑一个一般性的例子。

11.10.1　通过带有附加激波的尖锐物体的流动

这种流动的简单例子如图 11.14 所示的流过楔形和圆锥形的流动，x 轴与自由来流速度向量 U_∞ 的方向一致，而 l 轴线沿物体表面。

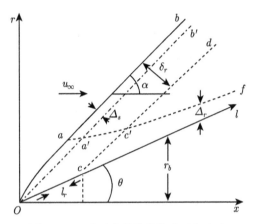

图 11.14　流过尖锐物体的非平衡流动

在头部附近的很小区域 $x \ll l_r$，流动在激波 Ob 附近是冻结的，而在激波附近的具有后阵面 $cc'd$ 的松弛区与平衡流不同。阵面右侧的流动是平衡的；对于 $x \gg l_r$ 的流动将会与流过物体的原始平衡流一样。

然而，即使对于 $x \gg l_r$，一些证据表明也存在非平衡效应。事实上，将非平衡对激波形状的影响仅限于 Oa 段，其形状不同于平衡流中的激波 Oa' 段，而在进一步流动中，激波 ab 和 $a'b'$ 是平行的，且间隔为 Δ_s。对于 $l \gg \Delta_s$，这种差异不再明显；然而，存在于松弛区出口 cc' 的熵分布的差异，在物体和边界流线 $c'f$ 之间保留下来，伴随着流动穿过层 $\psi_b \sim r_b^v U \Delta_r$，其中，$r_b^v$ 是物体的截面半径；U 是气体的流速；Δ_r 是松弛熵层 ((Zhigulev,1962)) 的厚度。在楔形上 Δ_r 为常数，而在圆锥上其随着 $\Delta_r \sim r_b^{-1} \sim x^{-1}$ 减少。

11.10.2　超高声速流动中的薄激波层

正如第 7 章介绍的，在高超声速流动中 $(M_\infty \gg 1)$，当密度比率很低，$k = \rho_\infty/\rho_a \ll 1$ 时，(其中，ρ_a 是物体和激波之间的特征密度)，激波层厚度 δ 太小以至于激波贴近物体，而物体的压强受 γ 的影响很小，主要取决于物体表面对速度矢量 U_∞ 的斜率 (即，在牛顿理论中 $p \approx \rho_\infty U_\infty^2 \sin^2 \alpha$)。然而，同时激波层的结构，即气体的密度、温度、成分、状态和层的厚度都取决于气体的性质。在这种情况下激波层的参数取决于流线方法，或者至少可由流线方法估计，最终变成沿流线 l 在预先指定的压力分布下式 (11.1.4)、式 (11.1.15) 与伯努利方程的联合解：

$$U\frac{\mathrm{d}\lambda_i}{\mathrm{d}l} = \Lambda_i\left(p, T, \lambda_n\right), \quad \rho = \rho\left(p, T, \lambda_n\right)$$

$$h = h\left(T, \lambda_n\right) = H - \frac{1}{2}U^2, \quad p = p(l) \tag{11.10.1}$$

该系统的初始条件由冻结激波在与给定流线相交的点处的关系提供。然后，通过积分 (7.2.4) 确定激波层的厚度，而激波形状 $r_s = r_s\left(x\right)$ 和激波层中的压力可以从流经物体的理想或平衡气体的可用数据中得出。

推广 3.7 节和 6.4 节的解，我们可以从解 (11.5.6) 中确定 $k \ll 1$ 时楔形或圆锥体上的薄激波层：

$$p = \rho_\infty U_{n\infty'}^2, \quad h = h_n = \frac{1}{2}U_{n\infty'}^2$$

$$v_1 = U_{n\infty} = U_\infty \sin\alpha \approx U_\infty \sin\theta \tag{11.10.2}$$

其中，α 是激波的当地倾斜角。

在这种情况下，沿着流线 $\psi = \mathrm{const}$ 在平面弛豫区域中运动的粒子的停留时间 t 与沿着该流线激波的距离 $l - l_0$ 有关，公式为

$$Ut = l - l_0, \quad U = U_\infty \cos\theta$$

$$\psi/\pi^v \rho_\infty U_\infty = r^{1+v}\left(l_0\right) \approx r_b^{1+v}\left(l_0\right) = \left(l_0 \sin\theta\right)^{1+v} \tag{11.10.3}$$

在此，l_0 是激波与给定流线之间的交点，因此，所有激波层参数都是 $\rho = \rho(l-l_0)$ 形式的函数。沿物体表面法线测量的激波层厚度 δ 可由式 (7.2.4) 的积分公式确定：

$$\delta_v = \frac{1}{\left(2\pi r_b\right)^v}\int_0^{\psi_s}\frac{\mathrm{d}\psi}{\rho U} = \frac{\tan\theta}{l^v}\int_0^1\frac{\rho_\infty}{\rho}\mathrm{d}l_0, \quad \psi_s = \psi(l) \tag{11.10.4}$$

当 $\rho = $ 常数时，这个公式可以简化为式 (3.7.6) 和式 (6.4.7)。取 δ_v 对于 l 的微分，并考虑 $\mathrm{d}\rho/\mathrm{d}l = -\mathrm{d}\rho/\mathrm{d}l_0$，我们能确定激波层斜率：

$$\frac{\mathrm{d}\delta_0}{\mathrm{d}l} = \frac{\rho_\infty \tan\theta}{\rho_0}, \quad \rho_0 = \rho\left(\psi = 0\right)$$

$$\frac{\mathrm{d}\delta_1}{\mathrm{d}l} = \frac{\tan\theta}{l}\int_0^1\left(1 - \frac{l_0}{l}\right)\frac{\rho_\infty}{\rho}\mathrm{d}l_0 \tag{11.10.5}$$

显然，在楔形流中，激波和物体表面之间的角度与 $\psi = 0$ 处物面的密度 $\rho_0(l)$ 成反比，其在激波下游松弛区域 l_r 后的壁面密度接近激波后的平衡值 ρ_{se}。在圆锥形流中，由于式 (11.10.5) 中的积分符号下存在权重因子 $1 - l_0/l$，所以延迟了到达平衡状态的过程。由于锥体上的激波层厚度是楔形的一半，所以，锥体上激波后的松弛区域的相对厚度是小于楔形的。

图 11.15 支持了这些推论。考虑到非平衡对物体上的压力几乎没有影响。但是它的确影响了激波层厚度的分布，冻结激波的斜率从 $x \to 0$ 时的冻结值变化到 $x \to \infty$ 时的平衡值。图中的曲线绘制在二元相似性变量中，尽管密度 ρ_∞ 相差 100 倍，但几乎无法区分。

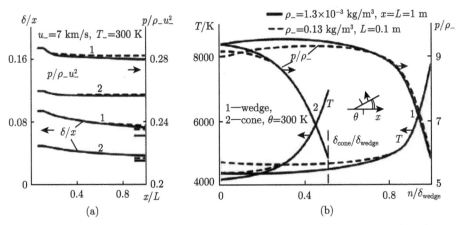

图 11.15　楔型体和锥型体在非平衡流中激波层的相对厚度和压力 (a) 及参数分布 (b)

11.10.3　钝头体驻点

该点的速度 $U = 0$；因此，如前所述的流线方法不适用于钝头体对称轴附近，且其解应由 7.9 节的方法确定。当 $k = \rho_\infty/\rho_s$ 较小时 (其中，ρ_s 是激波后的密度)，该处附近的压强和焓几乎不变；因此，在这种情况下，我们可以对松弛区域应用解 (11.5.16)，在该解中，变量 t 与距离激波的距离 $\delta - y$ 的关系 (图 11.16) 由方程 $dy = -vdt$ 或积分 (7.9.1) 确定。因此，根据 7.8 节，滞点附近 $v \sim -y$，当 $y \to 0$，$t \sim -\ln y$ (即式 (7.9.2))。

即松弛区无限远的点映射到驻点。这种情况下，气体状态接近平衡态，$\rho \to \rho_e(p'_0, H)$，等，其由驻点参数 $p = p'_0$ 和 $h = H$ 确定，这些参数接近于平衡正激波后的参数，因此，激波层的非平衡结构对驻点参数几乎没有影响。

速度分布 $v(y)$ 由式 (7.9.6) 确定，公式右侧包含可变密度 ρ；因此，式 (7.9.6) 和式 (11.5.6) 必须联合求解。为了说明，我们将仅限于包含常数 λ_e 和 τ 的松弛式

(10.4.1) 的解式 (10.4.3)。使用具有相同函数 $\varphi_v(\zeta)$（其中，$\zeta = y/\delta$）的式 (7.9.11)，可得

$$\Phi_v = \frac{\lambda_e - \lambda}{\lambda_e - \lambda_\infty} = \mathrm{e}^{-t/\tau} = \phi_v^{-\kappa(1+v)}$$

$$\kappa = \frac{R_s}{\tau U_\infty \sqrt{2k_0\beta}}, \quad \kappa_0 = \frac{\rho_\infty}{\rho_e} \tag{11.10.6}$$

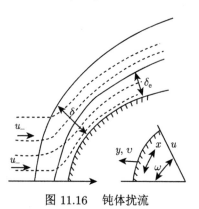

图 11.16　钝体扰流

对于 $k_0 = 0.05, \beta = 1$ 和变值 κ，函数 Φ_v 如图 11.17 所示。当 $k \gg 1$，在激波附近形成薄松弛区，而激波层流动几乎在每个地方都是平衡的；当 $k \gg 1$，整个激波层内的流动是冻结的，然而，在驻点流动总是平衡的，且形成厚度很小 $\Delta \ll \delta$ 的薄松弛子层，平面的子层比轴对称物体的子层厚得多。

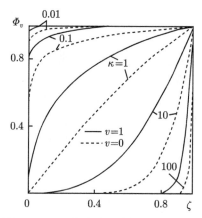

图 11.17　沿钝头体对称轴的浓度分布

因此，流过钝体的非平衡流趋向于冻结极限（$\tau \to \infty$）和平衡极限（$\tau \to 0$），

仅在具有不可移动边界松弛区的基本 (相对于体积) 区域中发生, 尽管随着 $\tau \to 0$ 或 $\tau \to \infty$ 的减小而减小。

在图 11.18 中, 我们绘制了 $u_\infty = 8 \mathrm{km/s}$ 和不同密度 ρ_∞ (对应不同的飞行高度 H) 下不同半径 R_0 球体上激波层中氮原子 (c_N) 和氧分子 (c_{O_2}) 沿对称轴的密度、温度和浓度分布; 所有这些量以及二元相似参数 $B = \rho_\infty R_0 (\mathrm{kg/m^2})$ 在表 11.1 中给出。

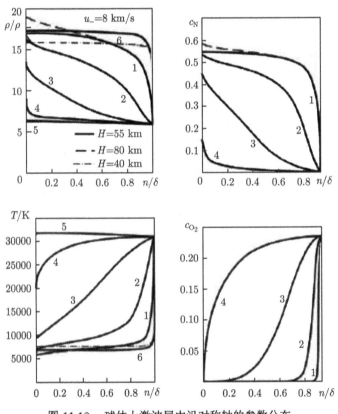

图 11.18　球体上激波层中沿对称轴的参数分布

表 11.1 为图 11.18, 图 11.19, 图 11.23 和图 11.26 中出现的流动的参数表 (R_{ij} 为头部半径 R_0, $B_j = \rho_i R_{ij} (\mathrm{kg/m^2})$, $U_\infty = 8 \mathrm{km/s}$)

对于 $B < 10^{-7}$, 轴上的流动主要是被冻结的 (除壁面松弛子层外), 其与 $\gamma = 1.4$ 的理想气体流动接近。对于 $B \sim 10^{-3}$, 除激波后的狭窄弛豫区外, 其他各处的流动都是近平衡的。B 中间值的曲线位于两条极限曲线之间, 类似图 11.17 的曲线; 依赖于 B 的变量是单调的。在各自的驻点, 这种情况下 $\rho = \rho_e$ 和 $T = T_e$ 的值仅依赖于 ρ_∞ 而与 B 无关 (很难在图的比例尺上显示所有 B)。

表 11.1　图 11.18, 图 11.19, 图 11.23 和图 11.26 中出现的流动的参数表

I	$H = 40$ km	$\rho_{\mathrm{I}} = 4 \cdot 10^{-3} \mathrm{kg/m^3}$	
II	$H = 55$ km	$\rho_{\mathrm{II}} = 5.9 \cdot 10^{-4} \mathrm{kg/m^3}$	
III	$H = 80$ km	$\rho_{\mathrm{III}} = 2.1 \cdot 10^{-5} \mathrm{kg/m^3}$	
1	$B_1 = 2.1 \cdot 10^{-4}$	$R_{\mathrm{II}1} = 0.35$m	$R_{\mathrm{III}1} = 10$m
2	$B_2 = 2.1 \cdot 10^{-5}$	$R_{\mathrm{II}2} = 3.5$m	$R_{\mathrm{III}2} = 1$m
3	$B_3 = 2.1 \cdot 10^{-6}$	$R_{\mathrm{II}3} = 0.35$cm	$R_{\mathrm{III}3} = 0.1$m
4	$B_4 = 2.1 \cdot 10^{-7}$	$R_{\mathrm{II}4} = 0.035$cm	$R_{\mathrm{III}4} = 1$cm
5	$B_5 \to \infty$	$\gamma = 1.4$	
6	$B_6 = 2.1 \cdot 10^{-3}$	$R_{\mathrm{I}6} = 0.52$m	$R_{\mathrm{II}6} = 3.5$m

图 11.18 中, 几乎所有具有相同 B 值的曲线都很难区分, 这验证了二元相似定律。对应于 $B \approx 10^{-3}$ 的壁面层和近平衡曲线是个特例。然而, 即使在这种情况下, 曲线的差异也比较小, 对这些流动状态的平衡参数而言, 相对较小的差是有利的。我们注意到, 该推论还与后续各图中的数据有关, 这些图对应于其他物体的相同流动状态。

11.10.4　球体和细长球型钝锥 ($\theta = 10°$)

与图 11.18 相同条件下, 这些物体的形状和压力分布如图 11.19 所示。当参数 B 增加, 对应的曲线位于准平衡和理想气体曲线之间, 并遵守第 7 章和第 9 章的定性理论。特别地, 球头上的压力分布接近于图 7.2 (7.1 节) 中绘制的压力分布, 并且与近似值 (7.2.6) 一致, 而非平衡效应仅在球的侧面和钝锥的头部才很明显。

同时, 长钝锥上的压力对非平衡效应较不敏感。因此, 在图 11.20 中, 非平衡压力曲线相对于平衡压力曲线仅略有偏移。但是, 应该记住, 即使是压力分布上的细微差异, 对于确定这样的 "精细" 流量参数 (如物体的压力中心) 也很重要 (请参阅 9.5 节的图 9.32)。

如 9.3 节所述, 薄钝体上高熵层中真实气体特性对压力和激波形状的影响取决于有效阻力系数 c_x^*, 或更准确地说, 取决于 c_x^*/c_{x0} 的比, 对于平衡流动就如图 9.8 所示 (c_{x0} 为钝头的阻力系数)。对于 $\theta = 5° \sim 15°$ 的球型钝锥, 在二元相似定律表现良好的域内, c_x^*/c_{x0} 的比如图 11.21 所示。可由公式 (Voronkin, 1970) 近似得到

$$\frac{c_x^*}{c_{x0}} = 1 - 2.85 \left[0.16 \left(u_\infty (\mathrm{km/s}) \right)^2 - 1 \right] B^{1/6}, \quad B = \rho_\infty R_0 (\mathrm{km/m^2}) \quad (11.10.7)$$

局部钝锥的规则 (9.5 节) 也可以扩展到非平衡流。图 11.22 (Antonets 的数据) 证实了这一点。

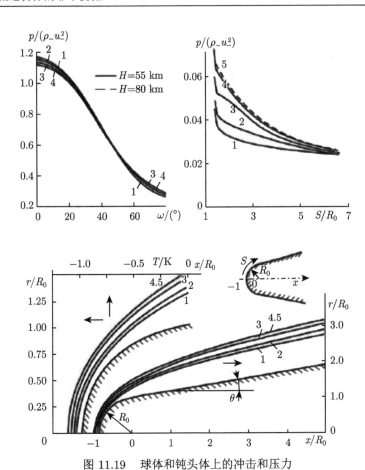

图 11.19 球体和钝头体上的冲击和压力

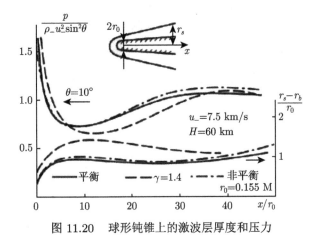

图 11.20 球形钝锥上的激波层厚度和压力

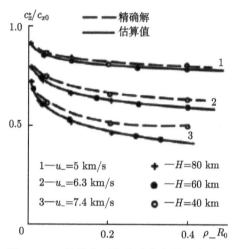

图 11.21　钝锥非平衡流动的有效阻力系数

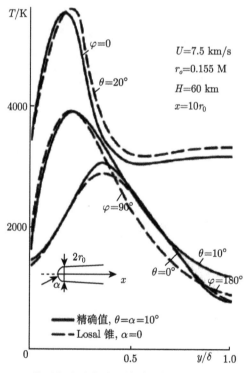

图 11.22　非平衡流动中球形钝锥与其激波之间的温度曲线

现在我们来分析激波层的结构。在图 11.18 的条件下 (另请参见表 11.1 中的数据), 反应在球体的激波层和锥体的高熵层中进行。在高熵层的外部, 锥体上激波层中的气体接近于完全气体。这是通过比较图 11.23 ～ 图 11.27 中组分浓度或密度的曲线得出的。从这个意义上说, 非平衡态激波层结构类似于平衡的情况。然而, 这有本质的区别。壁面层的气体 (有条件地, 在图 11.16 中 $y < \delta_\varepsilon$) 在轴附近的域内处于近平衡态, 在随后的膨胀过程中被冻结, 并保留了过量的原子浓度。这也发生在薄钝体上的高熵层中, 此处的压力相当低。我们将这种流动称为平衡-冻结。在这种情况下, 气体的束缚能 h_f 大于完全平衡流中的束缚能, 并且温度更低。在具有参数 T_f, p_f 等条件的冻结点之后, 它们是根据等熵依赖性确定的:

$$T/T_f = (p/p_f)^{(\gamma_f - 1)/\gamma_f}, \quad h = c_p^{(0)} T + h_f \tag{11.10.8}$$

具有驻参数 (例如 $B \to \infty$) 的气体在冻结的极限情况下, 钝锥表面上的温度分布如图 11.28 所示。在相同的飞行条件下, 温度是平衡状态下温度的几倍, 比理想气体的温度低一个数量级。同时, 在这种平衡冻结流中, 锥表面的焓稍大, 因此, 其流速小于完全平衡和理想气体的流速。这反映在锥体上的激波层中的温度分布图上, 它们在平衡流中是单调的, 在非平衡流中具有内部最大值 (图 11.22 ～ 图 11.24)。

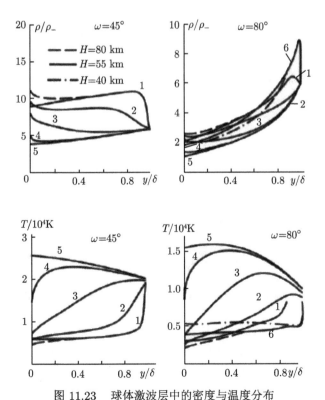

图 11.23 球体激波层中的密度与温度分布

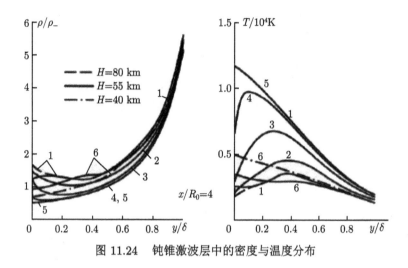

图 11.24 钝锥激波层中的密度与温度分布

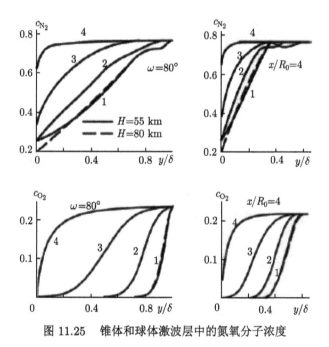

图 11.25 锥体和球体激波层中的氮氧分子浓度

　　自然地, 严格地说, 这个冻结区只是相应松弛区的前部分, 因此在相当大的范围内, 在有限 (非零) 的物体上, 迟早会达到压力平衡 (11.11 节所述的真空中气体流出时的硬化效应是一个例外)。

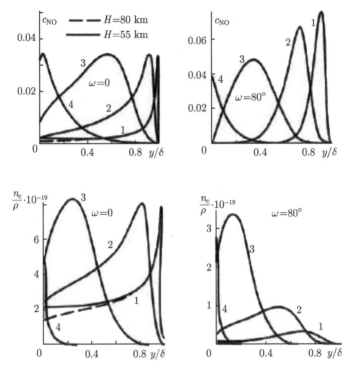

图 11.26 球体激波层中的一氧化氮分子和电子的浓度

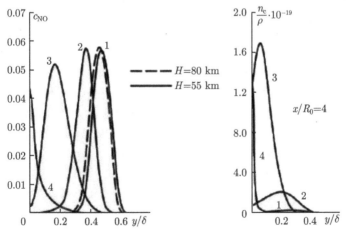

图 11.27 钝锥激波层中的一氧化氮分子和电子的浓度

我们注意到, 在限制平衡–冻结流模型的框架内, 进行了 9.3 节图 9.9 所示的通过钝圆柱的流量的计算: 流动被假设是平衡的, 在球形表面达到激波层的极限特性，且在其下游完全冻结。在此模型的框架内，对薄钝体和激波层上的压力分布的非平衡影响最大。

读者应注意激波层中 NO 分子和电子的浓度分布的独特特征 (图 11.26 和图 11.27)。至于在相同条件下 (参见 11.5 节的图 11.4) 激波后的松弛区域，这些剖面的典型特征是激波层内部的峰值。随着参数 B 的减小，这些峰值从激波移向物体表面。我们注意到，在这些条件下，式 (10.5.7) 中的电子主要由缔合电离反应提供。准确地说，这正是相应曲线定性相似的原因。

11.10.5   非平衡高超声速中的物体

如 11.8 节所述，在欠激发和过激发气体中激波的行为是不同的。前者对应于图 10.2 (10.4 节)$\lambda_1 < \lambda_2$ 或者 $h_{f1} < h_{f2}$ 和图 11.10 (11.8 节) 的绝热线 IV，而后者的条件是 $\lambda_1 > \lambda_{2e}, h_{f1} > h_{f2}$ 和绝热线 III。相应地，在 11.8 节这些激波称之为吸热和放热激波。

流经带有吸热激波的物体的流动与流经相同物体的平衡流没有定性的差异，而定量地来说，差异可能比较明显。然而，带有吸热激波的过激发气体流过物体 (如可燃混合物流动) 伴随着与 Jouguet 点出现相关的新的定性影响。这种情况将会单独考虑。

首先，与物体尺寸相比，松弛区的范围要小，这样，物体前方的激波就可以视为平衡激波。该情况下，由以下不等式描述：

$$U_\infty < D_{\mathrm{g}}, \quad D_{\mathrm{g}} < U_\infty < D_+, \quad D_\infty > D_+ \tag{11.10.9}$$

定性地说是不同的。假设在此考虑爆轰波，D_+ 是 Jouguet 波速 (如爆轰波)，D_{g} 是混合物 "点火" 波速。在第一种情况下，我们有传统的超声速流流经物体；然而，第二种情况下稳态流流经物体是不可能的，因为物体诱导的激波的传播速度大于来流速度。因此，例如，将模型安装在喷嘴中且在冻结流动的情况下 (请参阅 11.11 节)，该波向上游传播，直到达到与实验条件一致的新的稳定流动为止。最后，在 $U_\infty > D_+$ 的情况下流动的模式与传统的流动的模式定性地相似，唯一的区别是，在远离物体的无界空间中，激波的渐近性质是斜激波而不是马赫波。这种激波的法向速度等于 Jouguet 波速：$U_\infty \sin \alpha = D_+$。

为了便于说明，在图 11.29 中，我们绘制了高超声速气流中钝体前方激波的形状，一种是平衡状态时 (没有原子)，另一种是在平衡和冻结流的激波层中具有部分冻结原子浓度。该示例表明，在嵌入流中的模型前部，自由来流的气体状态可能对流场中物体前的流场产生重大影响。

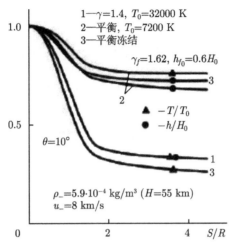

图 11.28   球型钝锥体表面的焓和温度分布

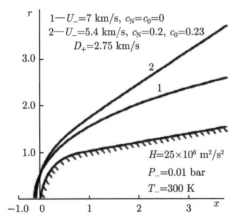

图 11.29   预先指定滞止焓下指定流经物体的非平衡流动

11.11   喷流和射流：硬化效应

在精确的公式中，给定轮廓的喷嘴流和射流中的非平衡流动问题与 5.5 节中的公式没有本质上的区别。唯一的区别是，控制方程系统涉及冻结的声速，而不是平衡声速，并由物理化学动力学方程进行补充。但是，轮廓喷嘴中的流动问题原则上更为复杂，因为无法事先指定出口的均匀非平衡流动 (图 5.12)。

我们将以简单的一维或水力近似研究流动的具体特征。进行类似于 2.3 节的转换，并同时考虑具有相同 Q_A 和 $q = 0$ 的方程 (11.4.1)，我们获得与方程 (2.3.3)

相似的方程:

$$\left(1 - M_{\mathrm{f}}^2\right) \frac{\mathrm{d}u}{\mathrm{d}x} = Q_{\mathrm{eff}} = -Q_\Lambda - \frac{u}{\sigma} \frac{\sigma}{\mathrm{d}x} \tag{11.11.1}$$

其中, $\sigma(x)$ 为槽道横截面积, 与方程 (11.11.1) 共同组成控制方程系统:

$$\frac{\mathrm{d}p}{\mathrm{d}x} = -\rho u \frac{\mathrm{d}u}{\mathrm{d}x} = \rho \frac{\mathrm{d}h}{\mathrm{d}x}, \quad u \frac{\mathrm{d}\lambda_i}{\mathrm{d}x} = \Lambda_n$$

$$\rho = \rho\left(p, T, \lambda_n\right), \quad h = h\left(T, \lambda_n\right) \tag{11.11.2}$$

为求解该方程系统, 在初始部分应指定所有初始未知的流动参数 ($u = u_0$ 等), 包括动力学变量集合 $\lambda_i = \lambda_{i0}$。当应用于高温实验装置或喷气发动机的喷嘴时, 由于涉及高温和高压 (数十个和数百个大气压), 初始部分 (增压室) 中的气体状态可以认为是平衡状态。

该系统的奇点为 $M_{\mathrm{f}} = 1$; 在等截面横截面的槽道中, 解无法通过该点 (这一事实已用于 11.5 节中的弛豫区结构的分析); 当可移动奇异点 $Q_\Lambda = 0$ 时的情况是个特例, 即在此点达到严格平衡。

在具有可变横截面通道的情况下, 特别是会聚的收缩扩张喷嘴或拉瓦尔喷嘴, 流动的定性特性取决于 Q_{eff} 的符号, 这是事先未知的。当喷嘴喉部附近的流动是近平衡且绝热时, 该情况更加明确。这种情况发生在增压室中高压和高温的情况下, 这时流动仅在喉部下游变成非平衡, 该处压力沿喷嘴迅速下降。在这种情况下, 条件 $M_{\mathrm{e}} = u_{\mathrm{e}}/a_{\mathrm{e}} \approx 1$ 在喷嘴喉部附近成立, 条件 $M_{\mathrm{f}} = 1$ 必须在喉道稍下游 (喷嘴的扩张段) 满足; 然后, 根据 2.3 节, 为了使解是正则的, 此时在该点必须满足条件 $Q_{\mathrm{eff}} = 0$。我们注意到, 与等熵流不同的是, 密度通量 ρu 的最大值与 $M_{\mathrm{f}} = 1$ 的横截面无关; 如前所述, 该最大值落在喷嘴喉部, 这是根据 $\rho u \sigma = G = \mathrm{const}$ 的条件得出的。

图 11.30 显示了离解氧的流动示例。这个例子的典型特征是分子氧浓度的行为: 首先, 它在增压室中从接近零值开始增加; 然而, 在离喷嘴喉道一定距离处, 其不再变化 (但不等于 1), 尽管压力和温度继续降低。

气体成分冻结区的出现是由于压力急剧下降, 以及由此出现的复合率的下降, 类似于钝锥上的冻结区 (11.10 节)。在这两种情况下, 该区域的范围是有限的, 但也可能存在绝对冻结流。

为了阐明这种影响, 我们将考虑具有单松弛方程 (10.4.1) 的三参数气体膨胀进入真空的极限情况, 其中局部平衡量 $\lambda_{\mathrm{e}}(t)$ 和松弛时间 $\tau(t)$ 只取决于时间。该方程有一个解, 稍比式 (10.4.3) 更通用。

$$\lambda = \lambda_0 e^{-z} + \lambda_e^*, \quad \lambda_0 = \lambda(0)$$

$$\lambda_e^* = e^{-z} \int_0^z e^z \lambda_e dz, \quad z = \int_0^t \frac{dt}{\tau(t)} \tag{11.11.3}$$

这里，第一项描述初始条件影响域的结构，或 10.4 节中介绍的松弛区。当 $t/\tau \sim z \to \infty$ 时，该项消失，且解的形式为 $\lambda = \lambda_e^* + \lambda_e$。相反，当 z 较小时，解几乎是冻结的。

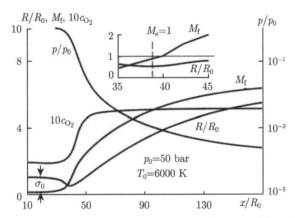

图 11.30　沿具有 $R(x)$ 轮廓的轴对称喷嘴的轴的参数分布

然而，对于一个变量 $\tau(t)$，可以出现 τ 随 t 无界增加的情况，使得积分 z 保界由一个常量值限定：$z \leqslant z_0 \leqslant \infty$。然后从方程 (11.11.3) 我们可得到极限解：

$$\lambda = \lambda_f = \lambda_0 e^{-z_0} + \lambda_e^*(z_0), \quad t \to \infty, \quad z \to z_f \tag{11.11.4}$$

这就是硬化效应。这种情况通常是在气体膨胀到真空时出现。通常，τ 是密度的减函数，例如 $\tau \sim \rho^{-n}$（其中，$n \sim 1$）。如果气体密度按照幂律 $\rho \sim t^{-m}$ 减小，则积分 z 在 $nm > 1$ 时收敛，在 $nm < 1$ 时发散。如果 λ 是原子或离子的浓度或分子的振动能，那么在强气体膨胀的同时冷却（根据泊松绝热有，当 $p \to 0$ 时，$T \sim p^{(\gamma-1)/\gamma} \to 0$），例如，在高空发动机喷嘴出口处，应有当 $t \to \infty$ 时，$\lambda_e \to 0$。因此，当积分 z 发散时，极限解 $\lambda \to \lambda_e^* \to 0$ 就是平衡解。相反，对于有限 z_f，解在 $\lambda = \lambda_f$ 的水平上是冻结的。这个结果是非常明显的，记住，在真空中弹开的原子没有任何相互碰撞和重组成分子的机会；类似地，分子振动的失活不再可能。

作为说明，我们将考虑球形源流，或无限长锥形喷嘴对称轴上的流 (2.3 节)，或射流膨胀到真空中，这相当于前面两个流动。由于气体膨胀，局部马赫数变得很高，

气体速度 U 接近一个恒定的最大值。然后，调用流量方程，我们可得 $\rho U x^2 = \mathrm{const}$。因为 $x \sim Ut$，对于 $n \geqslant 1/2$ (通常发生)，有 $m = 2$，积分是收敛的，因此，气体参数在一定程度的解离度、电离度、振动能等情况下冻结。

流动冻结效应导致气体膨胀到真空中的速度降低。事实上，当 $\lambda \to \lambda_{\mathrm{f}}$ 时，气体焓仍然是有限的：当 $p \to 0$，$h \to h_{\mathrm{f}}(\lambda_{\mathrm{f}})$；然后由伯努利方程得出

$$U_{\mathrm{f}}^{\max} = \sqrt{2(H - h_{\mathrm{f}})} < U_{\max} = \sqrt{2H} \tag{11.11.5}$$

在高空发动机喷嘴出口处也可以获得同样的效果。根据方程 (1.7.22)，喷嘴冻结导致发动机推力损失。

在解释由这些装置获得的实验结果时，还应记住高温基准装置中的喷嘴流动可能被冻结这一事实；这遵循 11.10 节图 11.29 的注释。

11.12 热稀疏波

在 11.8 节中，我们概述了稳态非平衡绝热波的一般理论，并指出可能存在以亚声速传播的不连续或冲击稀疏波。

与压缩冲击波相比，这些波的显著特征是，其传播的速度不仅由式 (11.8.1) 守恒定律所确定，而且还由超出了无黏气体动力学框架的某些额外的物理条件决定。接下来，我们将简要讨论热波，其传播速度由其内部耗散结构决定。在下文中，我们将简要讨论热波，其传播速度由它们的内部耗散结构决定。

热波首先包括燃烧波。这些波在经过特殊准备的可燃或冷凝态易燃混合物中传播，处于亚稳态。混合物的点燃是由气体的燃烧部分向波前介质传递的热量引起的，该热量是通过热传导伴随着燃烧产物和原始成分的扩散，而不是像爆轰波那样通过激波加热引起。热波还包括在其中流动的气体被高频电磁场加热的波。在这些波中，能量与热通量一起传递给气体热电离和扩散逆流产生的自由电子。我们还将提到辐射能反通量引起的热波，由于吸收系数的显著增加，辐射能被已经加热的气体吸收 (见第 14 章)。

尽管这些过程多种多样，但它们具有自调节热释放的共同特性。事实上，在所有这些过程中，波前的冷气体通常可以认为是无反应的，或者对提供给波阵面的能量通量是透明的。然后，简化这个问题，我们可以假设真正的热释放是从某个阈值温度 $T = T^*$ 开始的 (或其他一些参数)。同时，由于燃烧混合物燃尽、波终层完全吸收电磁能或辐射能通量等，热释放在波末端停止。

我们现在来看一个热波模型例子，目的是建立这些波的传播速度 $D = u_1$ 与其内部结构的关系。我们假设气体沿着 x 轴以速度 u 从左到右穿过波。我们从方程 (1.2.7) 导出该波的方程，其中考虑了式 (1.2.9)，只保留涉及温度的项以及特

殊形式的源项；令 $h = c_p T, c_p = \text{const}$ 和 $\lambda = \text{const}$，有

$$c_p m \frac{\partial T}{\partial x} = \lambda \frac{\partial^2 T}{\partial x^2} + \bar{q}, \quad m = \rho u = \rho_1 u_1 = \text{const}$$

$$x \to -\infty, \quad T \to T_1; \quad x \to \infty, \quad \partial T / \partial x \to 0 \tag{11.12.1}$$

$x \to \infty$ 条件源自于以有限总热量加热的问题解的有界性。$\bar{q}$ 模拟化学能或者一些其他能量的来源，这些能量在反应过程中被转化为平移自由度的能量，且等于每单位体积的热流入率。通过将源项 $\bar{q}$ 仅作为温度的函数可以模拟前面提到的自我调节属性。并遵循以下三个条件：

$$(1) \ \bar{q} = 0 \quad T < T^*; \quad (2) \ \bar{q} \geqslant 0 \quad T^* \leqslant T \leqslant T_2; \quad (3) \ \bar{q} = 0 \quad T^* > T_2 \tag{11.12.2}$$

图 11.31(a) 给出了满足条件 11.12.2 的函数 $\bar{q}(T)$ 的例子。该曲线的上升分支模拟了燃烧速率随温度的增加，而下降分支则模拟了混合物燃尽过程中燃烧速率的降低。

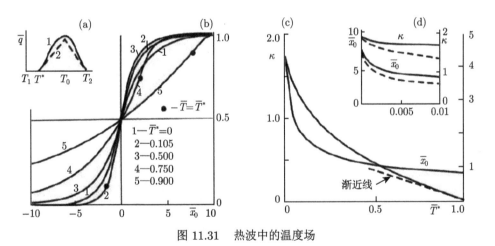

图 11.31 热波中的温度场

达到热波终止的最终温度 T_2 满足条件

$$c_p m (T_2 - T_1) = \int_{-\infty}^{\infty} \bar{q} \mathrm{d}x = m q_m \tag{11.12.3}$$

这是通过将方程 (11.12.1) 在整个 x 轴上积分得到的。式中，q_m 是单位质量的气体在穿过波时所获得的热量。对于燃烧波，准确地说，参数 q_m 通常是预先指定的；因此，最终温度 T_2 也是已知的。然而，通常情况并非如此。

我们将作一个重要的说明。问题 (11.12.1) 和问题 (11.12.2) 也可以有平凡的解 $T = T_1$ 和 $\bar{q} = 0$。例如,可燃混合物中的燃烧通常只能在存在局部初始温度 $T_* \geqslant T^*$ 的初始热源的情况下发生,在该热源的作用下,产生的瞬态过程可通过形成稳态热波而终止。对于前面提到的以相关参数的某些阈值开始的其他过程也是如此。

现在让我们考虑该问题的解。放热区之前是气体预热区。在气体预热区中方程 (11.12.1) 对于 $\bar{q} = 0$ 是齐次的,并且当 $x \to -\infty$ (令 $x = 0$ 有 $T = T^*$) 有渐近解:

$$T^{(1)} - T_1 = C^1 e^{kx}, \quad k = c_p m / \lambda, \quad C = T^* - T_1 \tag{11.12.4}$$

对于任意函数 $\bar{q}(T)$,所考虑的问题是非线性的,这是唯一确定波传播速度 u_1 的决定性因素,而这对于线性问题是无法做到的。我们将参照函数 $\bar{q}(T, T^*)$ 的简单例子证明这一点,该函数与初始和最终热释放点附近的 T 呈线性关系 (例如,图 11.31(a) 中的曲线 2)

$$\bar{q} = \alpha(T - T^*), \quad T \geqslant T^*; \quad \bar{q} = \beta(T_2 - T), \quad T \leqslant T_2 \tag{11.12.5}$$

在这些区域,方程 (11.12.1) 是线性的,并且在起始点 $T \approx T^*$ 附近可以有三种局部解决方案:

$$T^{(2)} - T^* = C_1 e^{k_1 x} + C_2 e^{k_2 x}$$

$$k_{1,2} = \frac{k}{2} \pm \Delta_1, \quad \Delta_1^2 = \frac{1}{4}k^2 - \frac{\alpha}{\lambda} > 0, \quad k = \frac{c_p m}{\lambda} \tag{11.12.6}$$

$$T^{(2)} - T^* = e^{kx/2}(C_1 + C_2 x), \quad \Delta_1 = 0 \tag{11.12.7}$$

$$T^{(2)} - T^* = e^{kx/2}(C_1 \cos \Delta_2 x + C_2 \sin \Delta_2 x), \quad \Delta_2^2 = -\Delta_1^2 > 0 \tag{11.12.8}$$

当 $x \to \infty$,对于 $T \approx T_2$ 的局部有界解的形式为

$$T_2 - T^{(3)} = C_3 e^{k_3 x}, \quad k_3 = \frac{k}{2} - \Delta_3, \quad \Delta_3 = \frac{1}{4}k^2 + \frac{\beta}{\lambda} \tag{11.12.9}$$

在这种情况下,对于 $T = T^*$ 通过式 (11.12.8) 求解式 (11.12.6),必须要匹配方程 (11.12.4) 在区域 $x \leqslant 0$ 的解。区域 $x \leqslant 0$ 中需要考虑来自与温度 $T^{(1)} = T^{(2)} = T^*$ 相等的条件,连同它们的在点 $x = 0$ 的导数 (没有集中热源的条件)。这决定了常数 C_1 和 C_2 的值。那么局部解可以以这种或另一种方式继续求解到更高温度 T 的区域,而方程 (11.12.9) 则求解较低温度 T 的区域。在一个具有特定温度 T_0 的点 $x = x_0$,原则上,我们可以匹配这些解决方案,并确定常数 C_3 和特征值 k。

我们注意到，这种 $\bar{q} = \bar{q}(T, T^*)$ 的非线性问题及类似线性 $\bar{q} = \bar{q}(x)$ 的问题之间的差异。对于任意参数 k，线性问题中的解都存在。然而，有条件 (11.12.2) 的非线性问题中，对给定值 T^* 的条件 $T = T^*$ 必须在放热区的初始点 $x = 0$ 得到满足；确切地说，这唯一地确定了 k 值或 u_1 的值，这使得这样的解法成为可能。

我们将阐述参照对于直线构成的"三角"函数 $\bar{q}(T, T^*)$ (图 11.31(a) 中曲线 2) 问题的解，演示针对单边解的方法。式 (11.12.5) 其解在持续的时间间隔 $[T^*, T_2]$ 内与温度 $T_0 = (\alpha T^* + \beta T_2)(\alpha + \beta)^{-1}$ 相交。事实证明，在这种情况下，给定问题仅有式 (11.12.8) 一类的解决方案。在这种情况下，我们可以获得与点 $x = 0$ 相匹配的函数 $T^{(1)}$ 和 $T^{(2)}$ 所需的解决方案 $T^{(2)}(x)$，其无量纲形式可以表示如下：

$$\bar{T}^{(2)} - \bar{T}^* = \frac{2\bar{T}^*}{\bar{\Delta}_2} e^{k\bar{x}/2} \sin \frac{k\bar{\Delta}_2\bar{x}}{2}, \quad \bar{T} = \frac{T - T_1}{T_2 - T_1}$$

$$\bar{x} = \frac{x}{\delta}, \quad \delta = \sqrt{\frac{\lambda}{\alpha}}, \quad k = \frac{c_p m}{\sqrt{\lambda\alpha}} = k\delta, \quad \bar{\Delta}_2 = \sqrt{\frac{4}{k^2} - 1} \tag{11.12.10}$$

方程 (11.12.9) 在 $\bar{T}^{(3)}(\bar{x}_0) = \bar{T}_0$ 的点 x_0 的解答形式为

$$1 - \bar{T}^{(3)} = \left(1 - \bar{T}_0\right) e^{\bar{k}_3 (\bar{x} - \bar{x}_0)}, \quad \bar{T}_0 = \frac{\bar{T}^* + \beta}{1 + \beta}$$

$$\bar{k}_3 = \frac{k}{2}(1 - \bar{\Delta}_3) < 0, \quad \bar{\Delta}_3 = \sqrt{\frac{4\beta}{k^2} + 1}, \quad \bar{\beta} = \frac{\beta}{\alpha} \tag{11.12.11}$$

方程 (11.12.10) 在点 x_0 处给出了一个 x_0 和 κ 之间的关系式：

$$\frac{1}{\bar{\Delta}_2} e^{\kappa\bar{x}_0/2} \sin \varphi = \frac{\beta\left(1 - \bar{T}^*\right)}{2(1 + \beta)\bar{T}^{*\prime}}, \quad \varphi = \frac{1}{2}\kappa\bar{\Delta}_2\bar{x}_0 \tag{11.12.12}$$

$\bar{x}_0$ 和 κ 之间的另一个关系来自点 $\bar{x}_0$ 处解的光滑性，将此条件与式 (11.12.12) 结合，我们得到

$$\bar{\beta} \cot \varphi = \bar{\Delta}_2^{-1} \left(\bar{\Delta}_3 - \bar{\beta} - 1\right) \tag{11.12.13}$$

我们回顾获得的解对于 $\kappa \leqslant 2$ 是有效的。当 $\kappa \to 2$ 或 $\bar{\Delta}_2 \to 0$ 时，括号中的表达式在式 (11.12.13) 中为负。因此，在式 (11.12.13) 中，在 $\kappa \approx 2$ 附近，我们得到

$$\varphi \approx \pi, \quad \cos \varphi \approx -1, \quad \bar{x}_0 \approx \frac{\pi}{\bar{\Delta}_2}, \quad \sin \varphi \approx A\bar{\Delta}_2, \quad A = \frac{\bar{\beta}}{1 + \bar{\beta} - \sqrt{1 + \beta}}$$

$$\tag{11.12.14}$$

从该式和式 (11.12.10) 可以得出，当 $\kappa \to 2$ 时 $T^* \to 0$，在此极限下，下述近似是有效的：

$$\bar{x}_0 = \ln \frac{B}{\bar{T}^*}, \quad B = \frac{\beta}{2A(1+\beta)'}, \quad \kappa = 2 - \frac{\pi^2}{\bar{x}_0^2} \tag{11.12.15}$$

在另一极限情况下 $\bar{T}^* \to 1$，从式 (11.12.12) 可以得出 $\bar{\Delta}_2 \to \infty$ 或 $\kappa \to 0$；在这种情况下，我们有

$$\kappa \bar{\Delta}_2/2 \to 1, \quad \varphi \to \varphi_1 = \arctan \bar{\beta}^{1/2}, \quad \bar{x}_0 \to \varphi_1, \quad \kappa \to (1 - \bar{T}^*)\sqrt{\frac{\bar{\beta}}{1+\bar{\beta}}} \tag{11.12.16}$$

作为说明，在图 11.31(c) 和 (d) 中，我们绘制了在 $\alpha = \beta$ 时的曲线 $\kappa(\bar{T}^*)$ 和 $\bar{x}_0(\bar{T}^*)$，而在图 11.31(b) 中绘制了穿过点 $\bar{x} = 0, \bar{T} = 1/2$ 的曲线 $\bar{T}(\bar{x})$ 上的某些 T^* 的值。显然，热波厚度随着 T^* 的增加而减小，直到 $T^* = 0.105$ 时对应于式 (11.12.13) 中 $\bar{\Delta}_3 = 2$ 或是 $\kappa = 1.15$。随着 $T^*(T^* \to 0)$ 的进一步减小，波的厚度有所增加。至于参数 $\bar{x}_0$，它随 $\bar{T}^* \to 0$ 而无限制地增加，在这种情况下，它不再表征波的厚度。

在我们的示例中，在 $\bar{T}^* \to 1$ 时参数 $\kappa \to 0$；因此，固有速度 u_1 也随之减小。放热区域的厚度在 $x > 0$ 时保持有界，而预热区域 (1) 的范围内则无限制地增加，从而确定了波的厚度。但是，这些特定的推论不能推广到实际的热波上，因为先前采用的三角函数 $\bar{q}(T, T^*)$ 以及式 (11.12.1) 本身和极限 $T^* \to T_2$，它们仅仅是这些波定性的数学模型。

我们所获得的解可以对有关热波在静止气体上传播唯一的固有速度进行初步的推断。该结果是燃烧理论的基础，并已针对满足条件 (11.12.2) 的多种函数 $\bar{q}(T, T^*)$ 进行了严格证明，然后推广到了可能涉及扩散方程的同类更复杂的系统[①]。类似的结果对高频电磁场中的热波也有效。在这种情况下，平衡电子浓度仅取决于温度，这将问题简化为先前考虑的类型 (Raizer, 1968; Meyerovich, 1971)。对于非平衡过程，它们至少受两个方程控制，即热传导和电子产生的方程 (允许扩散)。在这种情况下，问题解决方案的唯一性也得到了证明 (Lunev 和 Semin, 1989)。

概述的理论中的特殊之处是一个经典问题，即关于燃烧波在最高允许温度 $T^* = T_1$ 的混合物上传播的经典问题。在这种情况下，我们应使式 (11.12.5) 中的 $T^* = T_1$；此时预热区域 (1) 消失，式 (11.12.6)～ 式 (11.12.8) 给出了随着 $x \to -\infty$ 而逐渐减小的解 (由于 $k_{1,2} > 0$)。通过在点 $T = T_0$ 上匹配此两参数解的连续性与单一参数解 (11.12.9) 的连续性，由此可以确定对于任意 k 的常数 C_1, C_2 和

---

① 参见，例如，Zeldovich, Barenblatt, Librovich 和 Makhviladze, 1980, 在 11.8 节中引用。

C_3。从物理意义上讲，应该舍弃形如式 (11.12.8) 类型的含有替代符号的解，而仅在 $\Delta_1^2 \geqslant 0$ 的情况下存在式 (11.12.6)，或者

$$\kappa \geqslant 2, \quad \rho_1 u_1 = m \geqslant m_{\min} = \rho_1 u_{1\min} = (2/c_p)\,(\alpha\lambda)^{1/2} \tag{11.12.17}$$

对于较小的 m，或对于速度 $u_1 < u_{1\min}$，稳态热波的传播是不可能的；然而，对于 $m < m_{\min}$，这个问题有许多解。

然而，这种不确定性的解决方法如下[①]：经证明，当 $\partial T/\partial t$ 添加到方程 (11.12.1) 中，并在 $t = 0$ 时对初始函数 $T = T_0\,(x) > T_1$ 和函数 $\bar{q}\,(T)$ 施加某些约束，当 $t \to \infty$，固有速度为 $u_{1\min} = D_0$ 时，所产生的时间相关问题具有行波 $T\,(x - u_{1\min}t)$ 类型的极限解，此解由条件 (11.12.17) 确定；对于该速度，由方程 (11.12.7) 在 $T \approx T_1$ 处描述的稳态解实际上是在演化过程中实现的。

这一基本结果在经验上 (数值上) 推广到各种与时间有关的这类问题，其解总是导致驻波以一定的固有速度传播。我们注意到，在极限 $t \to \infty$ 这些时变问题的解几乎是热波固有速度理论测定的主要手段。

我们注意到，在 $T \approx T_1$ 时，先前获得的时变问题的极限解与式 (11.12.7) 类型的解相关。对于先前使用的三角形轮廓 $\bar{q}\,(T, T^*) = \bar{q}\,(T, T_1)$，在 $T = T_0$ 处匹配单边解式 (11.12.7) 和式 (11.12.9) 确定所有常数 C_1，C_2 和 C_3。但是，可以证明，先前获得的解式 (11.12.10) 和式 (11.12.13) 在 $\bar{T}^* \to 0$ 时具有相同的极限形式 (精确地表示坐标的偏移；图 11.31(b) 中的曲线 1)。一般来看，两个极限解的这种重合也可能发生在更一般形式的函数 $\bar{q}\,(T, T^*)$ 上。

我们现在解释这些问题特征值的物理意义。式 (11.12.10) 中引入的量 $\delta = (\lambda/\alpha)^{1/2}$ 的量级为波的厚度，即根据式 (11.12.1) 右侧项具有相同阶数的条件确定的波的厚度。由于气体黏度 $\mu \sim \lambda c_p$ (见 1.3 节)，参数 $k \sim \rho_1 u_1 \delta/\mu$ 是基于波厚和入口流速雷诺数的量级，因此，对于 $k \sim 1$，$\delta \sim \mu/\rho_1 u_1$，如激波结构 (3.2 节)。另一方面，热流入率的维数和顺序为 $\bar{q} \sim \rho_0 \tau^{-1} c_p\,(T_1 - T_2)$，其中，$\rho_0$ 是波内的特征密度，τ 是过程的时间 (如燃烧弛豫时间)。因此，$\alpha \sim c_p \rho_0/\tau$，且通过比较 δ 的两个公式，我们得到了估计值 ($\mu \sim \lambda/c_p$)：

$$\delta = \sqrt{\frac{\lambda}{\alpha}} \sim \frac{\lambda}{c_p \rho_1 u_1}, \quad u_1 = \left(\frac{\lambda \rho_0}{c_p \rho_1^2 \tau}\right)^{1/2}, \quad \delta \sim \frac{\rho_1}{\rho_0} u_1 \tau \tag{11.12.18}$$

因此，对于这些过程，参数 δ 具有弛豫区厚度的含义。

我们注意到，对于许多过程，例如燃烧反应，我们有 $\tau \sim \dfrac{1}{\rho}$ 和 $\delta \sim \dfrac{1}{\rho}$，因此这些波的固有速度与密度 (压力) 无关；一般来说，这意味着就像在 11.8 节末尾进

[①] (Kolmogorov, Petrovskii, Piskunov, 1937) 的基础工作，虽与燃烧理论不直接相关，但标志着热波传播数学理论的开始。

行的气体动力学分析, 此处将不再赘述。

11.13　升　华　波

除 11.12 节之外, 我们现在将考虑另一种类型的稀疏波, 即非绝热 (按照 11.8 节中的分类) 的升华波, 这是由冷凝介质在强烈的能量流 (如激光、X 射线或电子束等) 照射下产生的。

让均匀的辐射流 I 从材料半无限表面 W 的右边入射 (如图 11.32(a) 所示)。由外部源 (减去它自己表面的辐射) 引起的通量导致材料的升华, 我们将假定蒸汽流对辐射是透明的。在 W 表面的附近, 我们分离出一个包含整个波带厚度 δ 的控制面; 正如 11.12 节介绍的热波, 其包括三个区域, 即①加热区域; ②升华前沿 (图 11.32(a) 中的 W), 也就是表面很薄的材料层 (可能的话, 仅单分子厚度), 而该层中的能量被吸收; ③以一定顺序的自由分子路径 (见 1.4 节) 排列的, 厚度为 l_k 的壁面层 (克努森 (Knudsen) 层) 中, 蒸汽变为分子动力学的平衡状态。因此, 左侧为初始参数为 ρ_1, T_1 等的固体, 而右侧为初始参数为 ρ_2, T_2 等的气体。我们选择 $x = 0$ 的上表面 W 为参照, 原始凝结材料以速度 u_1 流入波中, 并以速度 u_2 流出。显然, $\rho_1 > \rho_2$, 因此, 分离出来的升华波是稀疏波, 并在其后方存在位于图 11.10 中绝热线 Ⅲ 的右端的平衡状态 (见 11.8 节)。

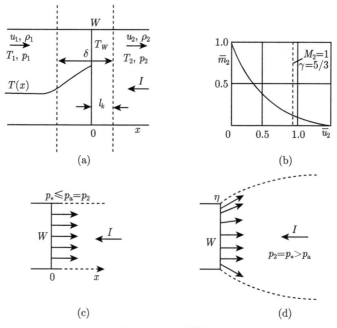

图 11.32　蒸发波

式 (11.8.1) 关联了分离波两侧的参数。针对我们所研究的情况，我们可以将这些关系写成以下形式：

$$m = \rho_1 u_1 = \rho_2 u_2, \quad p_1 + m u_1 = p_2 + m u_2$$

$$q_0 = c_{p2} T_2 + \frac{1}{2} u_2^2 = H_2 = c_{p2} T_0 = c_{p2} T_2 \left(1 + \frac{\gamma - 1}{2} M_2^2 \right)$$

$$q_0 = \frac{I}{m} - \Delta h, \quad \Delta h = c_{p1} (T_\omega - T_1) + h_0, \quad \rho_2 = \frac{p_2 \bar{M}}{R T_2}, \quad M_2 = \frac{u_2}{a_2} \quad (11.13.1)$$

式中，T_ω 为壁面温度；h_0 为相变热；H_2 是滞止温度为 T_0、马赫数为 M_2、比热容比为 γ 的溢出蒸气的总焓。我们假设原始材料的比热 (c_{p1}) 以及其蒸气的比热 (c_{p2}) 为常数。

加热区由方程 (11.12.4) 及由确定材料热通量的方程 $C = T_\omega - T_1$ (图 11.32(a)) 来描述：

$$c_{p1} m (T_\omega - T_1) = -\lambda \frac{\partial T}{\partial x} \Big|_{x=0} \quad (11.13.2)$$

方程 (11.13.1) 所描述的系统涉及包含 7 个未知参数的 4 个方程，这些参数包括 u_1 (或 m)，p_1，u_2，p_2，ρ_2，T_2，以及锋面前给定参数 ρ_1 和 T_1 的 T_ω。对于所考虑的冷凝介质，可以假定这些参数与压力无关。相比 11.12 节中的热波，这个问题中多了一个未知量，即温度 T_ω。

给定第五个关系 p_1 或 p_2 两个参数之一，则需要两个或两个以上的关系来求解该问题。这些关系只能通过对克努森层中的过程进行分析来获得，而克努森层是立足于分子动力学的理论框架内。在下文中，我们将使用这一理论中一个非常简单的模型。

为此，我们将考虑图 11.32(a) 中包含表面 W 和其出口边界间的克努森层 l_k 的控制面。定义整个表面 W 总的蒸气流速为

$$\rho_1 u_1 = m = m_\omega - \alpha_m m_2, \quad m_2 = m_2(p_2, T_2, u_2) \quad (11.13.3)$$

式中，m_ω 是材料蒸发的自然质量流率，材料蒸发是由来自表面的颗粒热辐射造成的并确定的；m_2 为材料蒸气以平均速度 V_2' 从右侧流经控制表面返回的质量流率；α_m 是质量调节系数，其由表面 W 上分子除以其吸收的分子数所确定；速度 V_2' 依赖于温度 T_2 和速度 u_2，这是由于，速度场中分子分布的函数计算 (见 1.4 节) 必须是除以这些分子的平均值，因为壁面垂直的分子热速度分量大大超过了质量平均速度 u_2。

使用式 (1.4.7) 估计麦克斯韦分布，我们得到 m_2 的以下公式 (Bird，1976)：

$$\bar{m}_2 = \frac{m_2}{m_{20}} = \mathrm{e}^{-\bar{u}^2} - 2\bar{u} \int_{\bar{u}}^{\infty} \mathrm{e}^{-\zeta^2} \mathrm{d}\zeta, \quad \bar{u} = u_2 \sqrt{\frac{\bar{M}}{2RT}}$$

$$m_{20} = m_2(p_2, T_2, 0) = \frac{1}{2}\rho_2 V_2(T_2) = p_2 \sqrt{\frac{\bar{M}}{2\pi RT_2'}}, \quad V_2 = \sqrt{\frac{2RT_2}{\pi\bar{M}}} \qquad (11.13.4)$$

式中，V_2 是沿壁面 $u_2 = 0$ 方向上分子热运动的平均质量流速。图 11.32(b) 给出了 $\bar{m}(\bar{u}_2)$ 的函数形式。蒸发的质量速度 m_ω 可以基于细致平衡原理来确定 (参见 10.7 节)。在气–固平衡中有 $u_2 = 0$，$T_2 = T_\omega$，$m_2 = m_{20}(T_\omega)$，压力 $p_2 = p_1 = p_e(T_\omega)$，其中的饱和蒸气压力 $p_e(T_\omega)$ 可由克劳修斯 –克拉珀龙公式 (Clausius-Clapeyron) 确定：

$$p_e = A(T_\omega)\mathrm{e}^{-\theta/T_\omega}, \quad \theta = \bar{M}h_0/R \qquad (11.13.5)$$

式中，θ 为特征蒸发温度；而 $A(T_\omega)$ 是表征温度的一个 "慢" 函数。式 (11.13.3) 中令 $m = 0$，有

$$m_\omega = \alpha_m m_{20}[p_e(T_\omega), T_\omega] = m_\omega(\alpha_m, T_\omega) \qquad (11.13.6)$$

由此，对于给定材料 (如给定的适应系数 α_m 以及温度 θ)，这种近似的量 m_ω 为表面温度的唯一函数。鉴于上述所得的结果，式 (11.13.3) 采用以下形式：

$$m = \alpha_m \sqrt{\frac{\bar{M}}{2\pi RT_\omega}} \left[p_e(T_\omega) - \bar{m}_2 p_2 \sqrt{\frac{T_\omega}{T_2}} \right] \qquad (11.13.7)$$

在偏离平衡的微小偏差下，并令 $\bar{m}_2 = 1$ 和 $T_2 = T_\omega$，我们得到克努森-兰缪方程为

$$m = m_\omega - \alpha_m m_2(p_2, T_\omega) = \frac{\alpha_m[p_e(T_\omega) - p_2]}{\sqrt{2\pi RT_\omega/\bar{M}}} \qquad (11.13.8)$$

问题的求解还需要一个压力 p_1 和 p_2 之间的关系式，即考虑蒸气喷射中的气体动力学特性。如图 11.13(c) 所示，如果我们假设稀疏波由其左侧的辐射能量通量 I (图 11.32(c) 的右侧部分) 所诱发，所有在第 11.8 节结束时提出的关于稀疏波一般特性的说明也可以被用于升华波。特别地，蒸气流在给定值 q_0 处的最大速度等于声速，$u_2 = a_2$，并对应于图 11.10(a) 中绝热线 Ⅲ 的 Jouguet 点 $0'$。这种状况导致有关系式

$$p_2 = p_* = \frac{1}{\gamma}\rho_2 a_2^2 = \frac{1}{\gamma}ma_2 = m\left(\frac{RT_2}{\gamma\bar{M}}\right)^{1/2}, \quad p_1 = (\gamma+1)p_2, \quad T_2 = \frac{2T_0}{\gamma+1}$$
$$(11.13.9)$$

此处，mu_1 是从求 p_1 的公式中推导而来，因为它对 $\rho_2/\rho_1 = u_1/u_2 \ll 1$ 而言为小量。将该式代入式 (11.13.7)，我们得到

$$Bm = \alpha_m p_e(T_\omega)\sqrt{\frac{\bar{M}}{2\pi R T_\omega}}, \quad B = 1 + \frac{\alpha_m \bar{m}_2}{\sqrt{\gamma}}$$

$$Bp_2 = \alpha_m p_e(T_\omega)\sqrt{\frac{T_2}{2\pi\gamma T_\omega}} \tag{11.13.10}$$

因此得出，在 $M_2 = 1$ 时，压力 p_2 比平衡压力 $p_e(T_\omega)$ 小得多。根据图 11.32(b)，有 $M_2 = 1$ 时 $\bar{m}_2 \approx 0.2$，即系数 B 是近乎一致的。

当压力 p_2 大于声速的压力 $(p_2 > p_*)$ 时，应将其设置为等于外部压力，即 $p_2 = p_a$，而外部压力可以决定压力 p_1 的值。当 $u_2 < a_2$ 时令其表面的压力等于外部压力 $p_2 = p_a < p_1$ 和当 $u_2 = a_2$ 时令其表面的压力等于声速压力 $p_2 = p_*$，一定程度上此推论可以推广到有限尺寸的照射斑点，但该斑点相比于加热区厚度 $\Delta x \sim \lambda/c_p m$ 足够大。图 11.32(d) 描绘了此射流的形状。

我们注意到，极限蒸发规则 $u_2 = a_2$ 对应于材料所受的相当强烈的辐射，如式 (11.13.5) 中较大的热流 $h_0 \gg I/c_p T$ 或 $\theta/T_\omega \gg 1$，从式 (11.13.1) 中也可以得到 $m(T_\omega) \approx I/h_0$。因此，从式 (11.13.10) 所得的表面温度 T_ω，在式 (11.13.5) 中与 $p_e(T_\omega)$ 是指数相关的。表面温度 T_ω 在 θ/T_ω 处的变化远小于参数 m。

最终我们将建立求解问题的关于温度 T_ω 和 T_0 之间的关系式。为此，我们将考虑表面附近的流动参数 (下文中用它们用下标 g 表示)。显然，壁面区域被主要由壁面发射的分子填充，并且具有对应于壁面温度 T_ω 的热速度 (特别是 $M_2 = 1$ 和 $\bar{m}_2$ 为小值时)。对于我们定性的估计，我们假设它们的分布是麦克斯韦分布，该流体平均质量蒸气流出速度等于 $V_2(T_\omega)$ (式 (11.13.4))。这种流动中均匀能量分布原理 (见 1.3 节和 1.4 节) 不再成立，这是因为根据式 (1.4.4)，温度正交于 x 轴的各方向分量是相等的。例如，在等熵流动中 $T_{yg} = T_{zg} = T_\omega$，但 x 项中 $T_{xg} = kT_\omega$，其中以平均质量气体速度 u_g 来看，系数 $k < 1$。而平均质量气体速度 u_g 比速度 $V_2(T_2)$ 小，即使是在由返流 $m_2(\bar{u}_2)$ 所产生的 $M_2 = 1$ 极限情况下。因此，在近壁区的平均气体温度为 $T_g = (2 + \kappa)T_\omega/3$，而气体的热焓为

$$H_g = c_{p2}T_g + \frac{1}{2}u_g^2 = c_{p2}T_{0g} = c_{p2}T_\omega(1 - \chi), \quad \chi = \frac{1-k}{3} - \frac{(\gamma - 1)}{\pi\gamma}\frac{u_g^2}{V_2^2(T_\omega)} \tag{11.13.11}$$

两个表达式中 χ 值都很小且相互补偿，因此为了估计 χ，让 $T_{0g} = T_\omega$，甚至流体为近平衡流，则我们有 $T_2 \approx T_{0g} \approx T_\omega$。同时，在该气体射流的流动是绝热的且近

似地等于 $c_{p2}T_\omega$, 因此热焓 $H_{\mathrm{g}} = H_2$ 是守恒的。为了证明这个模型, 我们注意到, 式 (11.13.7) 和式 (11.13.10) 中参数 m 和 p_2 仅依赖于 T_2/T_ω。

我们注意到, 温度的不等式 $T_x \neq T$ 可以作为射流非平衡性质的主要宏观指标之一; 在模型中, 它可以定性地由温度 x 分量的松弛方程描述, 即

$$\frac{\mathrm{d}T_x}{\mathrm{d}t} = \frac{T - T_x}{\tau} \tag{11.13.12}$$

式中, τ 为松弛时间。

只有在严格的分子动力学气体理论的框架内, 才能进行参数 k 和 χ 的确定以及克努森层流的正确描述。这一理论的先进计算工具之一是统计建模方法 (Bird, 1976), 其实质在于直接计算分子碰撞中其相互作用的规律 (在有限的集合中, 比实际的要小)。这样的计算还可以考虑 $\gamma = 5/3$(如金属蒸气), 以及所给温度 $T_0 \approx 0.9T_\omega$ 和 $T_2 \approx 0.65T_\omega$ 的 $M_2 = 1$ 时的情况 (Vlasov 和 Kusov (2000) 的数据), 这些情况类似于我们模型中的 $T_0 = T_\omega$ 和 $T_2 = 3T_\omega/4$。

第 12 章　黏性流动和边界层

本章重点讨论考虑黏性、热传导等耗散效应的真实气体绕流问题，在前面章节讨论的流动中忽略了这些效应，尽管个别地方提到只言片语。首先，在高雷诺数流动中，重点关注边界层理论 (见 1.16 节)，以及相关理论向薄激波层问题中的推广。

在本章 12.1 节 ~12.4 节介绍的主要内容中，我们将会给出黏性流动和边界层流动的基本理论，并通过典型的简单流动问题直观地呈现耗散效应在流动中所起到的作用。更加具体的相关理论除了可查阅第 1 章中已经引用的书籍，还可以参考 Schlichting (1968)、Slezkin (1960) 等专著。

本章主要关注高超声速流动。由于黏性流动中的高超声速效应一般发生在高海拔飞行高度 (如 1.1 节中的图 1.2 所示)，在这个飞行高度流动层流化。因此，若无特殊说明，我们重点研究高超声速层流流动。对于一些湍流流动的例子，直接使用半经验封闭关系来模化，不再给出封闭模型的具体细节。

像无黏流动一样，本章也基于平衡气体介绍基本的气体动力学效应，而在第 13 章介绍非平衡流动。另外，除 12.15 节外，我们只讨论二维 (平面或轴对称) 流动。受本书体量和撰稿时间的限制，三维黏性流动未作详细阐述。

同样，边界层问题中也只考虑无穿透壁面，而不考虑剧烈气动加热所导致的材料熔化或蒸发等影响。

12.1　黏性耗散气体流动的边界条件和运动方程

正如 1.16 节所示，流动中刚体物面的无滑移边界条件需要考虑流体的黏性等耗散特性。类似的效应不仅出现在绕流问题中，任意含有接触间断、激波间断、奇性的流动中也都会存在，如爆炸问题、含热源的问题、不可压流动中集中涡的扩散等流动 (见 6.10 节)。

集中涡扩散问题的特点是除中心奇异点外，其他区域的无黏解满足 Navier-Stokes 方程；因此，如果中心点附近的流动区域 "塌陷"，相应的环形流线被一个与流体一起旋转的小型刚性圆环取代，那么黏性效应就不会再显现出来。这是一个由 Navier-Stokes 方程 (1.10.12) 控制的不可压缩流动的特例，因该方程中的黏性项被消去，所以该流动问题可用 2.4 节介绍的速度势 $\varphi(x, y, z)$ 的拉普拉斯方程 $\Delta \varphi = 0$ 来描述。但是，该问题的解只能满足壁面上的一个边界条件，即不可穿透条件或壁面法向速度为零 ($v_w = 0$, 这里下标为 w 代表壁面上的气体参数, 下同), 不能同时满足无滑移条件或壁面切向速度为零 ($u_w = 0$), 而无滑移壁面边界条件则反映了黏性流动的内在本质。因此, 固定边界的黏性流动不能看作势流, 必须考虑 Navier-Stokes 方程的黏性项。

目前流动中刚性表面使用最普遍的边界条件是无滑移条件及流固界面等温条件:

$$y = 0: \quad u_g = u_w = 0, \quad T_g = T_w \tag{12.1.1}$$

其中, y 为物面法向距离; 下标 g 代表物面附近 ($y \to 0$) 的气体参数; 下标 w 代表物面上的流动参数 (下面我们会证明这两个参数可能会不同)。实际上, 以上边界条件是基于两种相接触介质的分子间相互作用而提出的。流体的分子紧密结合在一起, 能够很直观地得到这样的边界条件; 而在气体中, 这种边界条件是由气体原子和分子入射到刚体表面产生的。然而, 在后面的内容中, 边界条件 (式 (12.1.1)) 的有效性并非显而易见, 后续会详细讨论。

为此, 和 1.4 节处理的方式一样, 我们在分子层面考虑近壁气体边界层 (**克努森层**) 的流动过程。该层的边界 y_l 处于距离壁面一个分子自由程 l 的位置。在远离壁面的一个很小的距离, 可进一步分离出更薄的子层 g, 薄层厚度 $y_g \ll l$ (图 12.1), 并且认为该层中的气体为单组分的。当 $y_g \to 0$ 时, 该子层上的参数可作为物面的边界条件。

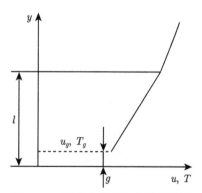

图 12.1　壁面上的速度和温度跳跃

对气体而言, 并非所有撞击到刚体表面的分子都会发生弹性反射 (3.7 节的牛顿模型作此假设), 占比 α 的分子会被表面吸收, 然后以热速度 V (1.4 节) 离开物面, 在包含大量反射粒子的系综中对应的表面温度为 T_w, 且在反射角内分布近似均匀。其中, α 为**切向动量的调节系数**, 它不同于 11.13 节的系数 α_m。显然, 在子层 g 上, 分子的质量平均的法向速度为零。

因此，如果在距离刚体表面 l 处的分子的纵向质量平均速度为 u_l，则在 y_g 处的速度 $u_g = (1 - \alpha/2)u_l$，是分子运动速度 u_l 和反射速度 $(1 - \alpha)u_l$ 的和的一半。同时，$u_l = u_g + l(\partial u/\partial y)$（这里忽略了 y_g，因为与长度 l 相比，y_g 可被忽略）。刚体表面的**气体滑移速度**为

$$u_g = l\frac{2 - \alpha}{\alpha}\frac{\partial u}{\partial y} \tag{12.1.2}$$

该公式适用于单组分气体的简单算例。对多组分气体混合物，该公式只能根据组分 i 的参数 α_i、l_i 和浓度 c_i 确定出各自的速度 u_{ig}。气体混合物的总滑移速度为 $u_g = \sum\limits_i c_i u_{ig}$。

采用类似的推导可得到近壁区的温度 T_g。气体粒子以能量 ε_l 撞击到物面上，在能量 ε_l 守恒条件下，其中有 $1 - \beta$ 的粒子弹性反射出去（这里，β 为**温度或能量调节系数**）。另外 β 的气体粒子被物面吸收，并从物面以能量 ε_w 发射出去，ε_w 与物面温度 T_w 相关。因此，子层内的质量平均能量为

$$\varepsilon_g = \frac{1}{2}\beta\varepsilon_w + \left(1 - \frac{1}{2}\beta\right)\varepsilon_l, \quad \varepsilon_l = \varepsilon_g + l\frac{\partial\varepsilon}{\partial y} \tag{12.1.3}$$

假设能量 ε 与温度 T 成正比，那么刚体物面上存在一定的**温度跳跃**，即

$$\Delta T = T_g - T_w = l\frac{2 - \beta}{\beta}\frac{\partial T}{\partial y} \tag{12.1.4}$$

对无化学反应的多组分气体混合物，其平均温度 $T_g = \sum\limits_i c_i T_{gi}$。

这些定性格式（**麦克斯韦格式**）只能给出 u_g 和 ΔT 的量级以及它们与表面流动参数梯度的依赖关系。显然，滑移速度和温度跳跃均与 l/δ 成正比，其中 δ 是能表征速度的量级及温度法向导数的长度尺度。因此当 $\delta \gg l$ 时，边界条件式 (12.1.2)~(12.1.4) 将退化为无滑移和无温度跳跃边界条件 (12.1.1)，适用于连续介质。

长度尺度比 l/δ 可用流动宏观参数来表示。根据式 (1.4.9)，$l \sim \mu/\rho V$，其中，μ 为动力黏性系数，分子平均热速度 V 和声速 a 具有相同的量级，可以得到

$$\frac{1}{\delta} \sim \frac{\mu}{\rho a\delta} = \frac{1}{Re_{a\delta}} = \frac{M}{Re_b} = Kn_\delta$$

$$Re_{a\delta} = \frac{\rho\delta a}{\mu}, \quad Re_\delta = \frac{\rho\delta U}{\mu}, \quad M = \frac{U}{a} \tag{12.1.5}$$

其中，U 为流动的速度尺度；$Re_{a\delta}$ 和 Re_{δ} 为特征雷诺数；$Kn_{\delta} = M/Re_{\delta}$ 为**克努森数**，在 1.4 节和 11.13 节已作介绍。当 $Kn \to 0$ 时，有 $l/\delta \to 0$，进而得到边界条件 (12.1.1)。

1.16 节指出，边界层厚度量级为 $\delta = L/\sqrt{Re_L}$（其中，L 是纵向或流向的长度尺度）。此处，$Re_{\delta} = \sqrt{Re_L}$，所以 $Kn_{\delta} = M/\sqrt{Re_L}$。

前面介绍的调节系数通常接近于 1，并受多种因素影响，如气体类型、表面物性、表面温度状态及其他气体组分等。在 $\alpha = 0$ 及 $\beta = 0$ 的理想状态下，当 $y \to 0$ 时，边界条件 (12.1.2) 和 (12.1.40) 限制壁面处的速度梯度和温度梯度都为零，即 $\partial u/\partial y = 0$，$\partial T/\partial y = 0$。

现在考虑黏性可压缩气体的动量方程。1.9 节给出了连续性方程和动量方程的原始变量形式 (式 (1.9.1) ∼ 式 (1.9.4)) 和守恒形式 (式 (1.9.7)∼ 式 (1.9.8))，这里不再赘述。根据应力张量 P（黏性应力张量 P_{τ}）和变形率张量 E_{ε} 之间的本构关系（见 1.8 节和 1.10 节），结合 1.13 节和 1.14 节中的数据，流动控制方程很容易改写成笛卡儿坐标系或其他坐标系下的形式。

然而在能量方程 (1.9.6) 或 (1.9.10) 中，还需要阐明热通量进入量 q_{τ}（机械能黏性耗散引起的热通量进入量）和能量通量 J。q_{τ} 可根据变形速率 ε_{ij} 由式 (1.14.2) 或式 (1.9.5) 求得，J 的求解将在下文中具体阐述。因为这些物理量不随坐标变换而改变，这里将使用简单的笛卡儿坐标系作进一步阐述，并取笛卡儿坐标系单位向量为 l_i。在方程 (1.14.2) 中，设系数 $H_i = l$，并令

$$U = \sum_i l_i u_i, \quad \tau_i = \sum_k l_k \tau_{i,k} \tag{12.1.6}$$

可以得到方程 (1.14.2) 的如下形式：

$$q_{\tau} = P_{\tau} \cdot A, \quad A = \left\| \frac{\partial u_i}{\partial x_k} \right\| \tag{12.1.7}$$

然后使用式 (1.8.5)∼ 式 (1.8.10) 的变换关系，得到

$$\frac{\partial u_i}{\partial x_k} = \varepsilon_{ik} + \frac{1}{2}\omega_{ik}, \quad \omega_{ik} = \frac{\partial u_i}{\partial x_k} - \frac{\partial u_k}{\partial x_i} \tag{12.1.8}$$

其中，ω_{ij} 为向量 $\boldsymbol{\omega}$ 的分量，上式可以表示为矩阵形式：

$$A = E_{\varepsilon} + B, \quad B = \frac{1}{2} \begin{vmatrix} 0 & -\omega_{21} & -\omega_{31} \\ \omega_{21} & 0 & -\omega_{32} \\ \omega_{31} & \omega_{32} & 0 \end{vmatrix} \tag{12.1.9}$$

容易看出，矩阵乘积 $P_\tau B = 0$。这是因为当气体做刚体旋转运动时，黏性应力自然不做功。利用式 (1.10.10)，可以得到

$$q_\tau = 2\mu E_\varepsilon^2 - \frac{2}{3}\mu(\mathrm{div}\boldsymbol{U})^2, \quad E_\varepsilon^2 = \sum_i \sum_k \varepsilon_{ik}^2 \tag{12.1.10}$$

上面第二式是根据矩阵 E_ε 的对称性得到的。经过简单的变换，该式可写成如下形式 (Loitsyanskii，1996)

$$q_\tau = 4\mu(\varepsilon_{12}^2 + \varepsilon_{13}^2 + \varepsilon_{23}^2) + \frac{2}{3}\mu[(\varepsilon_{11} - \varepsilon_{22})^2 + (\varepsilon_{11} - \varepsilon_{33})^2 + (\varepsilon_{22} - \varepsilon_{33})^2] \tag{12.1.11}$$

很明显，耗散是不可逆的，所以黏性耗散热量恒非负，即 $q_\tau \geqslant 0$。同时，当气体绝热膨胀时，即 $\varepsilon_{ij} = 0, i \neq k$ 且 $\varepsilon_{11} = \varepsilon_{22} = \varepsilon_{33}$，能量耗散为零。

黏性气体流动的主要气动特性可以很方便地用最简单的气体模型建立起来。假设某段时间内气体处于平衡状态，状态方程和输运系数可表达为如下通用形式：

$$\rho = \rho(p, T), \quad h = h(p, T), \quad \mu = \mu(p, T), \quad \lambda = \lambda_{\mathrm{eff}}(p, T) \tag{12.1.12}$$

和前文一样，p、ρ、T 和 h 分别为气体的压力、密度、温度和焓；而 μ 和 λ 分别为气体的黏性系数和热传导系数；参数 λ_{eff} 的含义同式 (1.3.11)。黏性非平衡流动将在第 13 章讨论。

12.2　Navier-Stokes 方程的精确解

在 3.2 节对激波结构和 6.10 节对自相似准则的讨论外，本节对不可压缩 Navier-Stokes 方程的精确解问题作进一步的阐述，并通过若干流动问题的简单解析解来说明黏性在流动的形成及其特性中所起的作用。

首先，我们讨论分层流动。分层流动中，流体沿平行于纵向 x 轴方向运动，纵向速度 u 和温度只是横向坐标 y 的函数，横向速度和横向压力梯度 $\partial p/\partial y$ 均为零。典型的分层流动有瑞利流动 (6.10 节)、**Couette 流动**和 **Poiseuille 流动**等，并在下文中进行讨论 (下文中通常使用更普遍的术语——**剪切流动**。和分层流动相似，在剪切流动中，流动参数的横向梯度相较于纵向梯度占主导地位，如边界层流动，详见 1.16 节)。

Couette 流动为两个无限长的平行平板间的狭缝流动，平板间距为 d，两平板温度分别为 T_1 和 T_2，其中一平板静止不动，另一平板以速度 U 沿纵向运动 (图 12.2)。如果忽略流向曲率和横向压力梯度，同轴旋转圆环内的狭缝流动与此类流动类似。

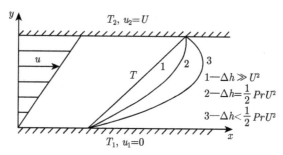

图 12.2　Couette 流动

Poiseuille 流动为在高为 $2r_0$ 的无限长直形通道或直径为 $2r_0$ 的无限长圆形管道内，受压力驱动的流动。通道为等截面，流线平行于通道壁面或轴线，流动是分层的。显然，该无限长的管道模型可近似为相对有限长 $(L \gg r_0)$ 的通道。

为了克服阻力并驱动流体以流量 G 在通道内流动，通道进出口必须施加压力差 $\Delta p = \kappa L$。

在柱坐标系中 (1.14 节)，动量方程 (1.10.12) 和 (1.9.10) 可以写成下面的形式 (当 $\nu = 0$ 时，代表平面流动；当 $\nu = 1$ 时，代表轴对称流动)：

$$-\kappa = \frac{\partial p}{\partial x} = \frac{1}{r^\nu}\frac{\partial r^\nu \tau}{\partial r}, \quad \tau = \mu\frac{\partial u}{\partial r} \tag{12.2.1}$$

$$\kappa u = \frac{1}{r^\nu}\frac{\partial r^\nu \bar{J}}{\partial r}, \quad \bar{J} = -J_T + \tau u$$

$$-J_T = \lambda\frac{\partial T}{\partial r} = \frac{\lambda}{c_p}\frac{\partial h}{\partial r} = \frac{\mu}{Pr}\frac{\partial h}{\partial r}, \quad Pr = \frac{\mu c_p}{\lambda} \tag{12.2.2}$$

其中，$\bar{J}$ 为总的横向能量通量；τ 为摩擦力；h 为焓；μ 和 λ 分别为动力黏性系数和热传导系数；c_p 为气体的定压比热；Pr 为普朗特数。

对 Couette 流动，令 $\kappa = 0$ 及 $\nu = 0$，并施加如下边界条件

$$y = 0: \quad u = u_1 = 0, \quad T = T_1$$

$$y = d: \quad u = u_2 = U, \quad T = T_2 \tag{12.2.3}$$

这里，用 y 替换 r。

Couette 流动中，平板之间的剪切力和能量通量恒定，即 $\tau = \text{const}$ 且 $J = \text{const}$。因此，施加在平板上的边界条件 (12.2.3) 不能通过预设热通量来代替。

对等压流动，普朗特数 Pr 和动力黏性系数 μ 的大小只取决于焓或温度 (1.3 节)，由方程组 (12.2.1) 和 (12.2.2) 可知，对恒定的 Pr，积分 $h = h(\mu)$ 可写成如

下形式:

$$H = h + \frac{1}{2}u^2 = c_1 + c_2 u + \frac{1}{2}(1 - Pr)u^2 \tag{12.2.4}$$

换言之, 对无黏绝热定常流动, 沿流线总焓是恒定的, 且与速度呈二次函数关系。当 $Pr = 1$ 时, 总焓与速度呈线性关系。这种情况下, 积分关系即克罗克 (Crocco) 积分 (6.10 节中提及)。

当输运系数均为常数时, Couette 流动沿 y 向的速度分布是线性的, 焓的分布 (当 c_p 为常数时的温度分布) 是二次的, 如图 12.2 所示。当 $\Delta h = h_2 - h_1 < Pr U^2/2$ 时, 温度最大值从其中一个壁面向内移动, 因此耗散热通量 (方程 (12.2.2) 中的第二个方程中的 τu 项) 是外部热通量的主要部分, 并入射到两个板上。相反, 当 $\Delta h \gg U^2$ 时, 能量的黏性耗散不再重要, 焓剖面呈线性关系。

对不可压缩等温流体, Couette 流动是瑞利问题 (6.10 节) 的一种极端情况: 两个距离 d 的平板中的一个突然启动, 另外一个保持静止, 并且壁面为无滑移边界。为了便于阐述, 图 12.3 中画出了方程 (6.10.20) 沿不同无量纲时间条件 $\tau = \nu t/d^2$ 的精确解的分布。运动平板产生的扰动到达固定平板的时间 $\tau > 0.1$; 在时刻 $\tau > 0.5$ 时, 速度型变成线性, 时间相关的瑞利流动退化为定常分层的 Couette 流动。但是, 当 $\tau < 0.1$ 时, 速度型满足自相似的瑞利解 (图 6.24)。

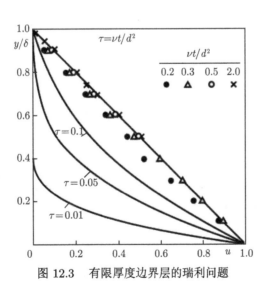

图 12.3　有限厚度边界层的瑞利问题

现在回头考虑 **Poiseuille 流动**, 这个流动只有当密度不依赖于压力 (不可压缩流动) 时才会存在。当动力黏性系数 μ 为常数时, 方程 (12.2.1) 与方程 (12.2.2)

解耦，存在如下解：

$$\frac{u}{u_0} = 1 - \frac{r^2}{r_0^2}, \quad u_0 = \frac{\kappa r_0^2}{2(1+\nu)\mu}$$

$$u_{\mathrm{G}} = \frac{2}{3+\nu}u_0, \quad G = \frac{2\pi\nu}{3+\nu}r_0^{1+\nu}\rho u_0, \quad \tau = 2\mu u_0\frac{r}{r_0^2} \qquad (12.2.5)$$

这里，u_0 和 u_{G} 是槽道内的最大速度及流量平均速度。图 12.4 给出了速度 u/u_0 的剖面。

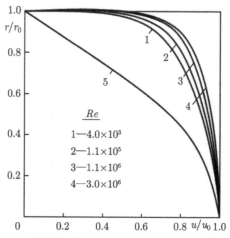

图 12.4   圆管中湍流 (1~4) 和层流 (5) 流动速度型

在槽道尾段这个解不成立，但在槽道内距离末端较远的位置能够给出较好的速度型、摩擦力分布和管流的流量与压差的依赖关系。在沿槽道的纵轴，气体的密度和温度随压力变化，该流动问题无相似解。当动力黏性系数 μ 恒定时，温度场的不同对速度场 (12.2.5) 没有影响；但是，当 $\mu = \mu(T)$ 时，该流动只能是等温的，因为温度的任意横向变化均能带来壁面热通量以及温度和黏性沿槽道的改变。然而这里给出一个例外，带有壁面温度差的平面槽道流道，能量方程为 $\lambda \mathrm{d}T/\mathrm{d}y = \text{const}$。这种情况下，尽管速度型不依赖于纵向坐标，但速度型也不是简单的对称的。

在较长的管道内，湍流也会形成一般速度型。图 12.4 也给出了不同雷诺数 $Re = \rho u_{\mathrm{a}}d/\mu$ (d 为圆管直径，u_{a} 为平均速度，且壁面光滑) 的湍流速度型。湍流速度型比层流速度型更加饱满，这表明湍流摩擦力要比层流摩擦力大很多。在光滑圆管中，当雷诺数低于 2×10^3 时，流动为层流；通常当 $Re > 10^4$ 时，流动变为湍流。圆管内由初始流动到充分发展，需要经历圆管直径几十倍的长度。湍流流动需用的发展距离稍长，层流流动稍短[①]。

黏性流动的驻点。 在 2.11 节给出了笛卡儿坐标系中无限长平板 $(y = 0)$ 中无黏横流平面 $(\nu = 0)$ 和轴对称 $(\nu = 1)$ 驻点 $(x = y = 0$，如图 2.21$)$ 附近的解，下面我们推导出黏性流动的相似问题的精确解。

通过类比式 (2.11.1) 或式 (2.11.4)（将常数 a 替换为 c），我们得到如下形式的解：

$$u = cx\varphi_\nu'(y), \quad \nu = -(1 + \nu)c\varphi_\nu(y) \tag{12.2.6}$$

$$p = p_0 - \frac{1}{2}\rho c^2(x^2 + \bar{p}_\nu(y)), \quad c = \text{const}$$

对任意 φ_ν，该解均满足不可压缩连续性方程，当 $\varphi_\nu = y$ 且 $\bar{p} = (1 + \nu)^2 y^2$ 时，该解也满足无黏方程组。

将式 (12.2.6) 代入方程 (1.10.12) 的第一个动量方程中，得到 φ 的如下方程：

$$\frac{\mu}{\rho c}\varphi_\nu''' + (1 + \nu)\varphi_\nu\varphi_\nu''' + (1 - \varphi_\nu'^2) = 0, \quad \varphi_\nu(0) = \varphi_\nu'(0) = 0 \tag{12.2.7}$$

当 $\mu = 0$ 时，该方程的无黏解 $\varphi = y$。该方程是三阶常微分方程，除了前面提及的无滑移边界条件外，还需要一个边界条件。第三个边界条件在远离壁面无穷远处，认为流动远离物面时黏性效应衰减，即 $y \to \infty$ 时，$\varphi_\nu' \to 1$。代入相关变量：

$$\zeta = \chi y, \quad \Phi_\nu(\zeta) = \chi\varphi_\nu(y)\chi = \left[\frac{2(1 + \nu)c\rho}{\mu}\right]^{1/2}, \quad \varphi_\nu' = \frac{\mathrm{d}\varphi_\nu}{\mathrm{d}y} = \frac{\mathrm{d}\Phi_\nu}{\mathrm{d}\zeta} = \Phi_\nu'$$

$$\varphi_\nu'' = \frac{\mathrm{d}^2\varphi_\nu}{\mathrm{d}y^2} = \chi\frac{\mathrm{d}^2\Phi}{\mathrm{d}\zeta^2} = \chi\Phi'' \tag{12.2.8}$$

方程 (12.2.7) 可写成如下形式：

$$2\Phi_\nu''' + (1 + \nu)\Phi_\nu\Phi_\nu'' + \beta(1 - \Phi_\nu'^2) = 0, \quad \beta = (1 + \nu)^{-1} \tag{12.2.9}$$

最后，根据 y 方向的动量方程 (1.10.12)，我们得到方程 (12.2.6) 中压力函数 $\bar{p}_\nu$ 的表达式：

$$\bar{p}_\nu(y) = (1 + \nu)^2\varphi_\nu^2 + (1 + \nu)\frac{2\mu}{\rho c}\varphi_\nu' = (1 + \nu)\frac{\mu}{\rho c}(\Phi_\nu^2 + 2\Phi_\nu') \tag{12.2.10}$$

[①] 详见前面提及的书籍 Schlichting (1968) 和 Loitsyanskii (1966)。

　　图 12.5 和图 12.6 给出了方程 (12.2.9) 的解。对平面流动 ($\nu = 0$) 和轴对称流动 ($\nu = 1$)，无量纲的纵向速度 $\Phi'_\nu(\zeta)$ 和法向速度 $\Phi_\nu(\zeta)$ 剖面很相似。驻点位置的壁面摩擦力为零，而驻点附近的壁面摩擦力由下面公式给出：

$$\tau = \mu \frac{\mathrm{d}u}{\mathrm{d}y} = x\sqrt{2(1+\nu)\rho\mu c^3}\,\Phi''_\nu(0)$$

$$\Phi''_0(0) = 0.872, \quad \Phi''_1(0) = 0.655 \tag{12.2.11}$$

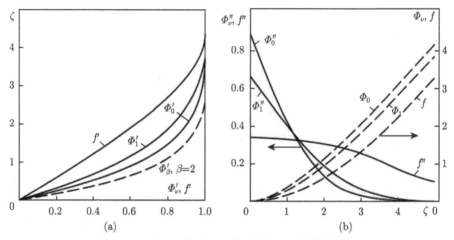

图 12.5　不可压缩边界层流动的速度和摩擦力剖面

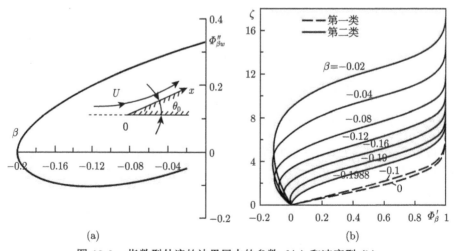

图 12.6　指数型外流的边界层内的参数 β(a) 和速度型 (b)

黏性对无黏外流的影响域由 ζ_δ 来界定: 当 $\zeta \geqslant \zeta_\delta$ 时, $1 - \Phi'_\nu \leqslant \varepsilon \ll 1$; $\Phi'_\nu \approx 1$ 则对应于流过平板壁面的外部无黏流。因此, 边界层厚度为 $\delta = \bar{\delta}_\nu (\mu/\rho c)^{1/2}$ (见 1.16 节), 并在无黏外流的近壁区内发展 (当 $\varepsilon = 0.005$ 时, $\bar{\delta}_0 \approx 2.6$, $\bar{\delta}_l \approx 2.15$)。

但是, 根据图 12.5 所示, 函数 $\Phi_\nu = \zeta - \zeta^*$ ($\zeta^* = \mathrm{const}$) 正比于法向速度 ν, 并随 ζ^*/ζ 缓慢接近外流速度 $\Phi_\nu = \zeta$。因此, 为了消除边界层效应对无黏流动的影响, 物面应该缩回一定的距离 $\delta^*_\nu = y^*_\nu = \bar{\delta}^*_\nu (\mu/c\rho)^{1/2}$ (当 $\nu = 0$ 时, $\bar{\delta}^*_0 \approx 0.65$; 当 $\nu = 1$ 时, $\bar{\delta}^*_l \approx 0.58$), 该厚度即为**边界层位移厚度**。

当 ζ 值很大时, 可以令方程 (12.2.10) 左边项 $\Phi_\nu = \zeta - \zeta$, 并忽略方程的右边项, 得到此问题的渐近解。于是有

$$\Phi''_\nu \approx CE, \quad E = \mathrm{e}^{-(\zeta - \zeta^*)^2} \tag{12.2.12}$$

$$1 - \Phi'_\nu \approx C \int_\zeta^\infty E \mathrm{d}\zeta \approx \frac{1}{2} C (\zeta - \zeta^*)^{-1} E$$

$$\Phi - (\zeta - \zeta^*) \approx -\frac{1}{4} C (\zeta - \zeta^*)^{-2} E, \quad \zeta^* = \int_0^\infty (1 - \Phi'_\nu) \mathrm{d}\zeta$$

以上变换中使用到洛必达法则, 方程 (12.2.9) 被忽略的右边项量级在 $(\zeta - \zeta^*)^{-2} \ll 1$, 与式 (12.2.12) 中的省略项量级相同。常数 C 通过解的匹配来确定。

因此, 这类流动的本质是由无滑移壁面边界条件造成的黏性效应指数衰减, 如 6.10 节中提到的瑞利流动。只有当 $\delta \ll L$ 时, 该精确解才有意义, 其中, L 为钝头体的长度尺度 (而以上建模基于无限大平板壁面假设)。正如 2.1 节所讲, 这种形式的精确解只在钝头体驻点附近成立。它代表精确解沿 x 方向展开的第一项, 与 7.7 节和 7.8 节采用级数截断方法得到的结果类似。按照式 (12.2.10), 在黏性流区内, 横向压力差的量级 $\Delta p / \rho U^2 \sim (\delta/L)$ [①], 也就是说, 边界层的压力可被视为恒定值。

在流动问题的求解过程中, 我们注意到黏性流动和无黏流动越来越多的重要差异。驻点附近的无黏流动是可逆的, 描述扩张点 ($c > 0$) 和会聚点 ($c < 0$) 附近流动的解释是相同的。然而, 对于后一黏性流动问题 (方程 (12.2.7) 中, 当 $y \to \infty$ 时, $\varphi'_\nu \to 1$, $\varphi''_\nu \to 0$), 根本不存在有界解; 因为在该边界条件下方程 (12.2.7) 存在无界的渐近解 $\varphi'' \sim \mathrm{e}^{-\chi^2 y^2}$ (其中, $\chi^2 < 0$)。该算例中流动从外缘向中间流动, 近壁区流体微元速度低, 难以克服逆压梯度, 在物理上必然导致流动形态的改变, 在数学上表现为不存在有界解。

---

① 详见 Falkner 和 Skan (1931) 或 Loitsyanskii(1966) 的解。

同时，受内流摩擦力和外流夹带产生的近壁射流的作用，低雷诺数 ($Re < 50$) 条件下物体绕流很可能会出现连续的无分离流动。

12.2.1　一般形式 $U_\delta = cx^m$

前面所提及的精确解是众多自相似解的一个特例。在楔形的尖缘 (在 $x = 0$ 处) 或尖锥的顶点 (锥角 θ_0) 附近，此类不可压缩黏性流动的自相似解满足幂次律速度型 $U_\delta = cx^m$ (如图 12.6 及 2.11 节中图 2.21(f) 和 (g) 所示)。在 2.11 节和 6.2 节中，相应的无黏流动已经讨论过，其符号标示为 $m = n - 1$。

通过如下变量的变换，该问题可转化成方程 (12.2.9)：

$$\zeta = \sqrt{\frac{\rho c(m+1+2\nu)}{\mu}}\,\frac{y}{x^{(1-m)/2}}, \quad u = cx^m\Phi'_\beta(\zeta), \quad \beta = \frac{2m}{m+1+2\nu} \quad (12.2.13)$$

$m = \beta = 0$ 或 $U_\delta = \text{const}$，代表平板边界流动，将在 12.4 节讨论；$m = 1$ 且 $\beta = 1/2$，代表二维钝头体或旋成钝头体驻点流动。这两种情况中，钝体的半顶角均限制在 $\theta_0 \leqslant \pi/2$，所以，平板边界层流动中 $\beta > 1$，钝头体流动中 $\beta > 1/2$。也就是说，$m > 1$ 代表向后的尖楔或尖锥的内部流动 ($\theta_0 > \pi/2$，图 2.21(f))。与 2.11 节一致，$m = \theta_0/(\pi - \theta_0)$，当 $\beta = 2$ 或 $m \to \infty$ 时的速度型 (图 12.5(a)) 与楔角 $\theta_0 \to \pi$ 的尖楔内的流动有关。

与 2.11 节一致，当 $m < 0$ 时，平面不可压流动 (图 2.21(g)) 的压力梯度为正，$\partial p/\partial x > 0$，方程 (12.2.9) 存在精确解，对应于拐点下游的流动，当然拐点上游的边界层厚度可以忽略。在这种情况下，当 $\beta = \beta_0 = -0.1998$ (或 $\nu = 0$ 时，$m = -0.0904, \theta_0 = -0.0994\pi = 17.9°$) 时，物面摩擦力变为零 ($\Phi''_{\beta w} = \Phi''_\beta(0) = 0$)；然而当 $\beta < \beta_0$ 时，解不存在。

然而，在 $\beta_0 \leqslant \beta < 0$ 范围内，方程 (12.2.9) 有两组解，一组速度直接向前 $\Phi'_\beta > 0$ 且 $\Phi''_{\beta w} > 0$，另一组是由壁面的负摩擦力 $\Phi''_{\beta w} < 0$ 引起的回流。两组解的 $\Phi''_{\beta w}(\beta)$ 曲线见图 12.6(a)，其中第二组剖面见图 12.6(b)[①]。

12.3　抛物化的不可压 Navier-Stokes 方程

6.10 节考虑了时间相关的空间一维的流动问题，尤其是将其应用到了瑞利问题中。

对此类问题，引入**抛物型方程**的思想。一个简单的经典例子是热传导方程 (6.10.12)，以及在瑞利问题中用 T 代替 u，用 $\kappa = \lambda/\rho c_p$ 代替 $\nu = \mu/\rho$ 得到

---

① Shmanenkov 和 Pokrovskii (1979) 在求解分离流问题时采用了这些剖面。

的方程 (6.10.20)。然而，6.10 节中给定边界条件的自相似耗散问题不能够全面揭示该方程的特性，下面将会在一定程度上分析这一问题。

与无黏流体动力学椭圆型或双曲型方程 (如拉普拉斯方程和波动方程) 不同，抛物型方程的二阶至高阶偏导数的符号本质上不同 (这将导致它们解的性质出现本质不同)。抛物型方程的标志是关于某一变量 (在流体动力学方程中为 t) 偏导数是一阶的，关于其他变量的偏导数是二阶的。

和双曲型方程一样，抛物型方程的显著特征是沿时间变量方向单调**演化**，也就意味着初始时刻 $t = t_0$ 的解总能传递到后续的时域 $t > t_0$。举例说明，在方程 (6.10.20) 中，已知初始时刻的偏导数 u_{yy}，**外导数** u_t 同样可以从方程中得到[1]。这为我们根据 $\Delta u = u_t \Delta t$ 计算下一个时间步 $t_1 = t_0 + \Delta t$ 的解提供了理论可能性。

然而，必须注意的是，确定外导数的可能性不足以实现问题的求解，因为初值问题必须也是适定的。双曲型和抛物型方程的适定性可以证明，而椭圆型方程的适定性证明则较困难 (见 4.1 节)。我们注意到，波动方程的显式数值求解方法的稳定性受柯朗准则 $a\Delta t \leqslant \Delta x$ (Δx 为网格单元的空间尺寸，a 为声速，见 4.2 节 ~4.4 节) 的限制，而热传导方程中该准则为 $\Delta t \leqslant (\Delta x/k)^2$，这个差别也表明了两类方程性质上的不同。

热传导方程的等时间线 $t =$ const 即为**特征线**，尽管其意义与波动方程有所不同。特征线上扰动量只能向前传播至 $t > t_0$ 区域，而不能决定其前面时刻 $t < t_0$ 的解。显然，这是特征线最重要的性质，更普遍的情况下该性质同样成立。

在恒定的边界条件下，时间相关的抛物型方程的解会逐渐趋近于定常状态下椭圆型方程的解。因此，平板突然启动而产生的平板间的非定常流动 (瑞利问题) 会随时间推进而逐渐退化成定常的 Couette 流动 (图 12.3)。在无限长壁面平行于 x 轴的等截面槽道流中，方程组 (1.10.14) 退化为单方程，比方程 (6.10.20) 更普遍，即

$$\frac{\partial u}{\partial t} = \nu \Delta u, \quad \Delta u = \frac{\partial^2 u}{\partial x^2} + \frac{\partial^2 u}{\partial y^2} \tag{12.3.1}$$

该二维热传导方程也是抛物型的，当流动达到稳态时，方程的解退化为椭圆型拉普拉斯方程 $\Delta u = 0$ 的解。在第 2 章阐述亚声速流动时同样有这一结论，当然，此结论可以适用于这一类流动。

除了这些例子，我们可从一般性的 Navier-Stokes 方程组出发推导出相关的结论。按照数学物理方程的高阶偏导数的阶次以及对应系数的符号可对偏微分方程进行分类。对时间相关的 Navier-Stokes 方程组，其具有时间一阶导数和空间二阶导数，根据分类准则，该方程组可认为是抛物型。为了求解方程，需要给定

---

[1] 下标 t、y 等表示对该变量的偏导数。

初始时刻 $t = t_0$ 的初值和控制体的边界条件。在无界的物体绕流中，各个方向上均需要施加无穷远的边界条件。

相应地，定常 Navier-Stokes 方程组是椭圆型的，求解方程时只需要在边界上或远场给定边界条件。流动上游区域，边界条件即来流条件。然而，由于这些方程的解不像第 2 章提到的拉普拉斯方程那样具有简单的解析渐近解，所以，物体下游的边界条件就不那么明显了，更不能在物理上随意假设。这个问题将根据具体情况而定。且随着马赫数和雷诺数的增加 (即随着速度的增加)，解对下游条件的依赖性显著减弱。

此外还存在另一类问题，在这类问题中，物体后部或者控制体下游的边界条件不太重要甚至可以忽略。对边界层厚度 $\delta \ll L$ (其中，L 为纵向流动的长度尺度) 的薄层流动可对原始椭圆型定常 Navier-Stokes 方程组作抛物化处理。

抛物化的基本思想已经在 1.16 节通过不可压缩二维平板 (其中 x 和 y 坐标分别表示表面的切向和法向) 流动得到了验证。在高雷诺数下，流动参数的纵向 (沿 x 轴) 导数比横向 (沿 y 轴) 导数的量级 (式 (1.16.3)) 小很多，比例因子为 δ/L，因此，抛物化过程可以忽略对纵向 (x 坐标) 的二阶导数。根据式 (1.16.4)，法向速度分量 (沿 y 轴) 量级为 $v \sim U_0 \delta/L \ll u$ (其中，u 为纵向速度分量，U_0 为速度尺度参考量)。因此，纵向速度分量 $u \sim U$ (其中，U 为总速度)。

基于这些假设，二维不可压缩流动的 Navier-Stokes 方程 (1.10.12) 可表达成如下形式：

$$\rho(uu_x + vu_y) = -p_x + (\mu u_y)_y$$
$$\rho(uv_x + vv_y) = -p_y + (\mu v_y)_y$$
$$u_x + v_y = 0 \tag{12.3.2}$$

需注意的是，动量方程左端两项具有相同的量级 $\rho u^2/L$ 或 $\rho uv/\delta$。

与原始方程组 (1.10.12) 相比，本节得到的方程组 (12.3.2) 是**抛物化的**。换句话说，尽管连续性方程不严格符合这类标准，但根据主要特征，方程整体上属于抛物型 (关于 “时间” 变量 x 的最高阶导数是一阶的)。

方程组 (12.3.2) 即为一般抛物化方程组的实例 (在 12.5 节我们将再次给出该方程组及更一般化的方程组形式)。然而，该方程组还可以进一步作简化处理。考虑到 $u \sim U_0$ 及 $v/U_0 \sim \delta/L$，可以估计，由第二个动量方程的惯性项和黏性项引起的横向 (沿 y 轴方向) 压差为

$$\frac{\Delta p}{\rho U_\delta^2} \sim \frac{\delta}{U_0} \frac{\partial v}{\partial x} \sim \frac{\delta^2}{L^2}$$

$$\frac{\Delta p}{\rho U_0^2} \sim \delta \frac{\mu}{\rho U_0^2} \frac{\partial^2 v}{\partial y^2} \sim \frac{\mu}{\rho uL} = \frac{1}{Re_L} \tag{12.3.3}$$

不可压缩流动中压力本身无意义，仅压力差才有意义，这里，将压力差除以动压 ρU_0^2 进行无量纲化。

因此，在高 $Re_L \gg 1$ 流动中，如果 $\delta/L \ll 1$，则横向压力梯度可以忽略，相当于将横向动量方程退化成 $\partial p/\partial y = 0$。这样方程 (12.3.2) 进一步简化为**边界层方程**或**普朗特方程** (1904)：

$$\rho u u_x + \rho v u_y = -p_x + (\mu u_y)_y$$

$$u_x + v_y = 0, \quad p = p(x) \tag{12.3.4}$$

该方程组包含两个方程，即使 ρ 和 μ 恒定，方程中仍有三个未知变量 u、v 和 p。为了使方程组封闭，我们考虑两个典型例子。

第一个例子是平面窄槽流动，流动具有四个边界条件，即在 $y = 0$ 和 $y = \delta$ 处 $u = v = 0$。该边界条件不全是必需的，因为 v 的连续性方程是一阶方程，只需要一个边界条件即可；但 u 的动量方程是二阶的，自然需要两个边界条件。

另一个额外的边界条件，相当于预先设置了槽道内流量，可以用来确定压力函数 $p(x)$。显然，在截面 x_0 上确定的初始方程，其方程和边界条件足够决定下一截面 $x = x_0 + \Delta x$ 的速度型和压力 p (比如通过一次或多次迭代过程)。

但是，如果在槽道的末端 $x = L$ 的压力 $P = P_L$ 与背压 P_a 不匹配，那么，正如 2.3 节中的水动力学假设一样，流体则会通过改变流量以实现 $P_L = P_a$ (对 $P_a \geqslant P_*$) 或 $P_L = P_*$ (对 $P_a \leqslant P_*$)，其中 P_* 为某平均声速压力。与 2.3 节的一维问题相同，对抛物型槽道流动，因额外的未知函数 (在本例中为 $p(x)$) 的存在，**形式上的抛物型问题具有椭圆型特征**。类似的抛物型和椭圆型方程的椭圆化在 7.13 节薄激波层问题中也有所涉及。

最后，当 $L \geqslant \delta Re_\delta$ (其中 $Re_\delta = \rho u \delta/\mu$) 时，方程 (12.3.4) 的第一个方程中的对流项不再是必需的。因此，对恒定的 ρ 和 μ，这个方程的解超越了 Poiseuille 流动的解 (12.2.5)，在远离槽道末端一定距离可认为这个方程存在有效的中间渐近解。而至于临近范围 $\Delta x \sim \delta$ 的区域内，边界层方程 (12.3.4) 是不充分的。

应用方程 (12.3.4) 的**第二个例子**是物面的薄边界层问题，该例在 1.16 节就有所讨论。边界层无限薄，基本不会在外部的无黏流场中引入扰动。因此，可认为物面上的压力分布是已知的，并等于无黏流动的物面压力。边界层外缘的其他流动参数 (用下标 δ 来表示) 同样符合以上规律，尤其是纵向速度 $u \approx u_\delta$，当 $v \ll u_\delta$ 时，等于总速度 U_δ。

以上是薄边界层问题的经典分析方法，相关问题将在下面几个章节重点介绍。在该情况下，方程组 (12.3.4) 是完全抛物化的。方程组的抛物化特性可通过将 x、y 变量转换成冯·米泽斯 (von Mises) 变量 x、ψ，其中 $\psi(x, y)$ 为流函数 (方程

(2.1.2))。这样，方程组 (12.3.4) 将转换为

$$\frac{\partial u}{\partial x} = \frac{\partial}{\partial \psi}\left(\rho\mu u\frac{\partial u}{\partial \psi}\right) + \frac{1}{\rho u}\frac{\mathrm{d}p}{\mathrm{d}x} \tag{12.3.5}$$

该方程与时间坐标 x、热传导系数为 $\rho\mu u$ 的非线性非均匀热传导方程相似，当压力 $p = \mathrm{const}$ 时，该方程与前面讨论的方程 (6.10.29) 相似。

最后，我们讨论边界层方程边界条件的提法。对不可压缩流动，边界条件如下：

$$y = 0: \quad u = v = 0, \quad y = \delta: \quad u = U_\delta$$

$$x = x_0 : u = u_0(y) \tag{12.3.6}$$

基于这些边界条件，初始位置的函数 $v_0(y)$ 不能任意选取，必须满足消除 u_x 后的方程组 (12.3.4)。以上是 $x = \mathrm{const}$ 截面的基本特征。此外，这些边界条件并不能使方程组封闭，因为它们不能确定边界层的外缘位置 δ。如果从方程组 (12.3.4) 的总量级出发，对任意的 δ 值，方程均可求解。

下文的问题是整个边界层理论中最基础的问题之一，且只能通过黏性绕流问题的一般形式来解决。具体如下：因为在高雷诺数条件下黏性效应只集中在厚度在 $\delta = L$ 的边界层内，边界层内外流场必须光滑匹配，也就是说，边界层内的解必须与外部无黏流动的速度场的连续二阶导数 (广义上也包括其他函数) 光滑过渡。边界层外缘可以由此条件来精确确定。举一简例，外部流场的法向导数 $\partial u/\partial y$ 具有 u/L 的量级，与边界层内的类似导数相比可忽略不计。再者，这些函数穿过厚度量级为 δ 的边界层所产生的变化小到可被忽略，因此无黏流动被边界层吸收的作用也可被忽略，边界层外缘的参数可认为等于物面上的流动参数。尽管需要满足内外流场光滑匹配，但依然认为边界层厚度是很小的。解的匹配过程，主要基于边界层解以指数级趋于外边界条件的事实，通常为 $e^{-\alpha(y/\delta)^2}$ (其中 $\alpha : 1$)。该结论是从 6.10 节和 12.2 节中的所有例子中提取出来的，并将在下面 (12.4 节) 讨论中进一步证实。这使得 $y \to \infty$ 处给出边界层方程的边界条件成为可能，并继而从式 (12.3.7) 中消除参数 δ。

边界层与无黏外流的相互作用问题将在本章的后面几节作进一步讨论。

12.4   不可压流动的平板边界层

在 12.3 节中，基于在原点 $x = 0$，$y = 0$ (图 12.7) 带有尖前缘的半无限大平板，我们讨论了经典的纵向不可压缩流动的薄边界层问题。在本节的例子中，我

们认为压力恒定，方程组 (12.3.4) 和边界条件 (12.3.6) 转化成如下形式：

$$u\frac{\partial u}{\partial x} + v\frac{\partial u}{\partial y} = \frac{\mu}{\rho}\frac{\partial^2 u}{\partial y^2}$$

$$\frac{\partial u}{\partial x} + \frac{\partial v}{\partial y} = 0 \tag{12.4.1}$$

$$x \geqslant 0, \quad y = 0: \quad u = 0, \quad v = 0$$

$$y \to \infty: \quad u \to U_\infty$$

$$x < 0: \quad u = U_\infty, \quad v = 0 \tag{12.4.2}$$

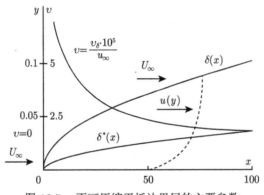

图 12.7　不可压缩平板边界层的主要参数

在 12.3 节结束时，我们提到对方程外边界施加渐近 (如 $y \to \infty$) 边界条件的可能性，下面我们将作进一步验证。方程 (12.4.2) 的最后一个边界条件中，事先假设了平板上游流场没有扰动，这似乎与之前介绍的不可压缩流动的特性相矛盾。但是，对已简化的系统 (12.4.1) (相对于原始的 Navier-Stokes 方程) 和边界条件 (12.4.2) 在 $x < 0$ 时是可接受的。

尽管长度尺度 L 不存在于本问题中，但它并不是自相似的，因为组合变量 $\mu/\rho U_\infty$ 中有长度尺度，致使可以组成无量纲参数 $Re_x = (\rho U_\infty x)/\mu$ 和 Re_y，以及其他无量纲函数 u/U_∞ 和 v/U_∞。所以，方程组 (12.4.1) 和边界条件 (12.4.2) 中的参数都不能随意更改。

但是，这些无量纲变量并不是本节讨论的问题所独有的。实际上，用边界层厚度 δ 来无量纲化变量 y、用组合变量 $U_\infty\delta/x$ 来无量纲化速度 v 将更合适。基于以上考虑，可采用如下变量来求解该问题：

$$u = U_\infty f'(\zeta), \quad \zeta = y\sqrt{\frac{U_\infty\rho}{\mu x}}$$

$$v = -\frac{\partial}{\partial x} \int_0^y u\,\mathrm{d}y = \frac{1}{2}U_\infty \sqrt{\frac{\mu}{\rho U_\infty x}}(\zeta f' - f) \tag{12.4.3}$$

$$\psi = \int_0^y \rho u\,\mathrm{d}y = f\sqrt{\rho\mu U_\infty x}$$

上述问题和方程 (6.1.1) 的形式一致，指数 m，n 和 k 与方程 (12.4.1) 相对应，边界条件 (12.4.2) 也是事先选定的。特别地，速度 v 的形式是由连续性方程推导而来，其中，函数 f 与流函数 ψ 成正比。

将式 (12.4.3) 各式代入式 (12.4.1) 的第一个方程，得到边界条件为 (12.4.2) 的**布拉休斯函数** f 的**布拉休斯方程**[①]。

$$2f''' + ff'' = 0$$

$$\zeta = 0: \quad f = f' = 0, \quad \zeta \to \infty: \quad f' \to 1 \tag{12.4.4}$$

当 $\zeta \to \infty$ 时，施加的边界条件已在 12.3 节有所阐述，这里我们将更加详细解释。方程 (12.4.4) 存在一个解，使得在 $\zeta = \zeta_\delta < \infty$ 边界上满足 $f' = 1$，在其外区域 $\zeta > \zeta_\delta$ 分段光滑连续地满足 $f' = 1$。但是，如果考虑整个求解域 $x > 0, y > 0$ 的话，点 ζ_δ 则是速度剖面 $u(y)$ 上的拐点，这就造成在 $\zeta = \zeta_\delta$ 处 u 对 y 的二阶导数为无穷大。然而，根据方程 (12.2.12) 的渐近理论解 (我们令 $f'' \sim E = \mathrm{e}^{-(\zeta-\zeta^*)^2/4}$)，当 $\zeta_\delta \to \infty$ 时，u 对 y 的一阶和二阶导数应趋于零。因此，边界层内流的解和无黏外流的解在有限厚度 ζ_δ 或远离物面的很小距离 $\delta \approx \zeta_\delta x Re_x^{-1/2}$ 处光滑匹配。边界层的外边界可由 $\delta = \zeta_\delta(\mu x/(\rho U_\infty))^{1/2}$ 来确定，其中，ζ_δ 取值介于 5~5.3，在本例中，$f' = 0.99 \sim 0.995$。

函数 f，f' 和 f'' 的变化规律如图 12.5 和图 12.8[②]所示，变量 ζ^* 表达如下：

$$\zeta^* = \lim_{\zeta \to \infty}(\zeta - f) = \sqrt{\frac{\rho U_\infty}{\mu x}}\delta^* = \int_0^\infty (1 - f')\,\mathrm{d}\zeta = 1.72 \tag{12.4.5}$$

边界层位移厚度可表达为

$$\delta^* = \frac{1}{\rho U_\infty}\int_0^\delta \rho\,(U_\infty - u)\,\mathrm{d}y = \int_0^\delta \left(1 - \frac{u}{U_\infty}\right)\mathrm{d}y \tag{12.4.6}$$

[①] 需要注意的是，不同的教材中方程 (12.4.4) 的表达式不同，特别地，对变量 $\zeta' = \zeta/2$，方程首项的系数 2 将省去。

[②] 很多教科书的边界层理论中均提及这些函数和 12.2 节中的 Φ_ν 等其他函数的数值表，本书不再赘述。

δ^* 可理解为通过厚度为 δ 的边界层流动的流量比通过相同厚度的无黏外流对应的流量小 $\rho U_\infty \delta^*$。和 12.2 节一样,此处给出了 δ^* 的另外一种解释。边界层对外流场产生的扰动和细长体对无黏流动引入的扰动相同。也就是说,绕形状为 $y = -\delta^*(x)$ 的物体的边界层流动不会对外流场带来扰动。边界层外缘的法向速度分量 $v = v_\delta$ 可以表达为 δ^* 的如下形式:

$$\frac{v_\delta}{U_\infty} = \frac{1}{2}\zeta^* Re_x^{-1/2} = \frac{\mathrm{d}\delta^*}{\mathrm{d}x} \tag{12.4.7}$$

函数 $\delta^*(x)$ 和 $v_\delta(x)$ 的变化曲线见图 12.7。

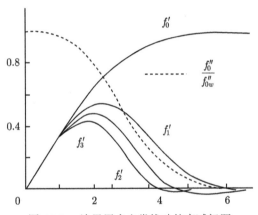

图 12.8 边界层内定常扰动的衰减问题

最后,我们给出平板表面摩擦力 τ_w 的公式:

$$\tau_w = \mu \frac{\partial u}{\partial y}\Big|_{y=0} = \frac{1}{2}\rho U_\infty^2 C_f, \quad C_f = 2f_w'' Re_x^{-1/2}$$

$$f_w'' = f''(0) = 0.332 \tag{12.4.8}$$

其中,C_f 为 **摩擦系数**;变量 τ_w 与 **动量厚度** δ^{**} 相关。与 1.7 节类似,方程组 (12.4.1) 的第二个方程乘以 U_∞,并减去与第一个方程的乘积,y 从 0 至 δ、x 从 0 到 x 积分得到动量方程。因此,可以得到

$$\delta^{**} = \frac{1}{\rho U_\infty^2} \int_0^\delta \rho u \left(U_\infty - u\right) \mathrm{d}y = \sqrt{\frac{\mu x}{\rho U_\infty}} \zeta^{**} = \int_0^x \frac{\tau_w}{\rho U_\infty^2} \,\mathrm{d}x$$

$$\zeta^{**} = \int_0^\infty f' \left(1 - f'\right) \mathrm{d}\zeta = 2f_w'' = 0.664 \tag{12.4.9}$$

其中，第一个关系式代表纵向动量守恒律，原始方程 (12.4.4) 通过分部积分很容易推导出 ζ^{**} 和 f''_w 之间的关系。

δ^{**} 的意义是，通过厚度为 δ 的边界层的流向动量通量比相同厚度的无黏流动对应的通量小 $\rho U_\infty^2 \delta^{**}$。

下面将讨论边界层方程解的性质。点 $x = 0$ 是奇异的，因为当 $x \to 0$ 时，摩擦应力 τ_w 和速度分量 v_δ 以 $x^{-1/2}$ 的量级无限增长。首先在边界层外，该分量在 $x = \text{const}$ 截面是恒定的 (包括 $y \to \infty$ 情况)。其次，由于边界条件 (12.4.2) 的存在，该分量在 $x = 0$ 截面是不连续的，即 $x = 0$ 截面向右是无界的，向左是零值，如图 12.7 所示。因此，只有在边界层极限内才能保证边界层解的真实性和有效性。在平板锐边附近的很小区域，局部雷诺数 $Re_x \sim 1$，边界层相对厚度 $\delta/x \sim Re_x^{-1/2}$ 不是很小的情况下存在个例。

在该区域，对绝对锐边的零厚度的平板而言，流动是完全由 Navier-Stokes 方程组描述，其中在锐边附近用局部奇异解来描述，奇异解由无界压力增长 $p \sim r^{-1/2}$ (r 为到锐边的距离) 来表征 (参见 Shmyglevskii, 1995, 1999)。这个看似意外的结果与无黏流体动力学的理论相悖，在黏性作用下，沿着 x 轴尖角使得黏性流动减速 (见 2.11 节的楔形问题)，阻碍附近夹带流线的发展，进而造成驻点压力无界增长。

但是，仅仅出现在小雷诺数区域，$Re \sim 1$，Navier-Stokes 方程组的解与边界层方程的解不同。因此，平板边界层方程解的主要误差是由其钝度引入的。对本例而言，在平板起始截面 $x = 0$ 处，边界层厚度 δ_0 是有限的。如果在此截面的速度剖面是平板流向 x_0 处的布拉休斯解，那么，当 $x/x_0 \to \infty$ 时，摩擦力等真解以 $(1 + x_0/x)^{1/2}$ 速度趋于原点在 $x = 0$ 截面的尖平板边界层解。

这里，我们考虑边界层速度型发展的线性问题，与起始截面 $x = x_0$ 处的布拉休斯解略有不同。为此，我们令

$$u = u_0 + u' = U_\infty \left[f'_0(\zeta) + \sum_n \varepsilon_n \bar{x}^{-n} f'_n(\zeta) \right]$$

$$|u'| \ll u_0, \quad \varepsilon_n \bar{x}^{-n} \ll 1, \quad \bar{x} = x/x_0 \geqslant 1 \tag{12.4.10}$$

其中，$f_0(\zeta)$ 为布拉休斯函数 (方程 (12.4.4))；而 ε_n 的尺度为 $[\varepsilon_n] = L^{-n}$。方程 (12.4.10) 中的系数 (即函数 $f_n(\zeta)$) 保留至二阶项，方程组 (12.4.1) 可简化成如下形式：

$$2f'''_n + f_0 f''_n + f''_0 f_n = -2n \left(f'_0 f'_n - f''_0 f_n \right) \tag{12.4.11}$$

函数 f_n 还必须满足：

$$\zeta = 0: \quad f_n = f'_n = 0, \quad \zeta \to \infty: \quad f'_n \to 0 \tag{12.4.12}$$

通过与前面的式 (12.2.11) 和式 (12.4.4) 类比，当 $\zeta \to \infty$ 时，上式和式 (12.2.12) 相似，式 (12.4.11) 具有 $f_n \sim (\zeta - \zeta^*)^{-1} \mathrm{e}^{-(\zeta - \zeta^*)^2/4}$ 形式的渐近解。函数 f_n 趋于一个有限值，即 $f_n \to \zeta_n^*$。因此，为了得到速度型的位移厚度 δ^*，式 (12.4.5) 左端项的变量 ζ^* 必须替换为 $\zeta^* + \varepsilon_n \bar{x}^{-n} n \zeta_n^*$。

式 (12.4.11) 及其边界条件是齐次的。因此，根据此类方程的基本理论，方程只在某特定的离散特征值 n 处存在平凡的非零解。在特征值及对应的特征函数 f_n 确定以后，在某特定的起始截面 $x = x_0$ 处，我们可以将式 (12.4.10) 中的差值 $u' = u - u_0$ 展开，从而跟踪初始扰动 u' 随 x 的演变过程。

第一个特征值 n_1 和第一个特征函数 $f_n(\zeta)$ 是通过对比平板长度 x 和 $x + x_1$（其中，$x \gg x_1$）位置所对应的布拉休斯速度剖面 u_0 和 u_1 而确定的。将差值 $u = u_1 - u_0$ 作级数展开，可以得到

$$u_1' = -\frac{1}{2\bar{x}} \zeta f_0'', \quad f_1' = \zeta f_0'', \quad f_1 = \zeta f_0' - f_0 \tag{12.4.13}$$

我们可以很容易地确认，函数 $f_1(\zeta)$ 满足方程 (12.4.11)。通过数值求解该方程，我们可得到如下特征值：$n_1 = 1$，$n_2 = 1.88$ 及 $n_3 = 2.81$。也就是说，最小特征值 $n_1 = 1$ 确实满足展开式 (12.4.13)。因为原始方程组 (12.4.1) 是非线性的，级数 (12.4.13) 的其他被忽略的各项系数不满足方程 (12.4.11)。图 12.8 给出了 $f_n''(0) = f_0''(0)$ 条件下 $f_n'(\zeta)$ 的前三个函数。

初始参考布拉休斯速度剖面 $u_0(y)$ 以及与之相对应的 x_0 坐标的选取通常不唯一，但要求在 $x = x_0$ 处，该速度型和整体速度型 $u(y) = u_0 + u'$ 具有相同的动量厚度 δ^{**}。于是，可以得到

$$I = \int_0^\infty u \left(U_\infty - u' \right) \mathrm{d}y = \int_0^\infty u_0 \left(U_\infty - u_0 \right) \mathrm{d}y + I'$$

$$I' = \int_0^\infty u' \left(U_\infty - 2u_0 \right) \mathrm{d}y \tag{12.4.14}$$

条件 $I' = 0$ 确定了在 $x = x_0$ 处的初始速度型 $u_0(y)$。

12.5 可压缩 Navier-Stoke 方程和边界层方程的抛物化

在 12.3 节，我们给出了抛物化的 Navier-Stokes 方程组，并得到了不可压缩流动的平板边界层方程。下面，我们将这些结论推广到平面 ($\nu = 0$) 和轴对称 ($\nu = 1$) 的可压缩流动中。该流动在任意形状的二维或轴对称体表面形成薄层，该薄层满

足这样的基本条件: 薄层厚度 δ 与物面长度尺度 L 的比值很小, 即 $\delta/L \ll 1$。本节的结论不仅仅局限于薄边界层, 还适用于更普遍的黏性薄激波层 (与第 7~9 章无黏流动中提及的流动相似)。在黏性薄激波层中, 黏性区域厚度和整体黏性层厚度相当。

我们采用贴体的曲线坐标系 (x, y), 如 1.13 节中的图 1.24(c) 和图 12.9 所示, 沿坐标轴的速度分量分别是 u 和 v。下标 δ 和 w 分别代表边界层外缘和物面的流动参数。物体纵向曲率半径的量级假设在 $R \sim L$ 或 $R \gg L$。然而, 为了维持无黏控制方程的原始形式, 我们忽略 Navier-Stokes 方程的黏性项中量级 $\delta/L \ll 1$ 的项。基于以上考虑, 将 12.3 节中的分析流程进行推广, 我们得到对窄层流动变量以及可压缩 Navier-Stokes 方程中每一项的估计。在薄层流动中, 显然纵向速度的量级是 $u \sim u_\delta$, 根据连续性方程 (1.13.21) 来估计, 横向速度量级在 $v \sim u_\delta \delta/L \ll U_\delta$, 与 12.3 节中的结论相一致。因此, 我们有 $u \approx U$ (其中, U 为气体流动总速度)。

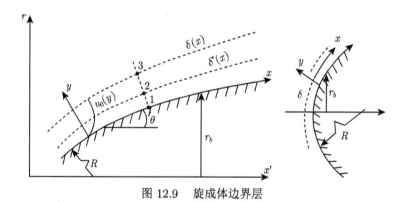

图 12.9   旋成体边界层

和 7.7 节不同, 保持 Navier-Stokes 方程的无黏项不变, 考虑方程的黏性项。根据式 (1.14.1), 我们将黏性应力张量的散度代入动量方程 (1.9.2) 中:

$$H_x r^\nu \operatorname{div} P_\tau = \frac{\partial r^\nu \tau_x}{\partial x} + \frac{\partial H_x r^\nu \tau_y}{\partial y}, \quad H_x = 1 + \frac{y}{R} \tag{12.5.1}$$

其中, r 为给定点到对称轴的距离。如果 $\boldsymbol{i}$ 和 $\boldsymbol{j}$ 分别为 x 和 y 坐标轴的单位向量, 那么, 从式 (1.10.1) 中可得到

$$\tau_x = \boldsymbol{i} \tau_{xx} + \boldsymbol{j} \tau_{xy}, \quad \tau_y = \boldsymbol{i} \tau_{xy} + \boldsymbol{j} \tau_{yy} \tag{12.5.2}$$

其中, τ_{xy} 为向量 τ_x 在 y 轴方向上的投影, 以此类推。

将以上表达式代入方程 (12.5.1)，并结合方程 (1.13.20)，我们得到

$$H_x r^\nu \, \mathrm{div}\, P_\tau = \boldsymbol{i} F_i + \boldsymbol{j} F_j \tag{12.5.3}$$

$$F_i = \frac{\partial r^\nu \tau_{xx}}{\partial x} + \frac{\partial H_x r^\nu \tau_{xy}}{\partial y} + \frac{r^\nu \tau_{xy}}{R}$$

$$F_j = \frac{\partial r^\nu \tau_{xy}}{\partial x} + \frac{\partial H_x r^\nu \tau_{yy}}{\partial y} - \frac{r^\nu \tau_{xx}}{R}$$

为了得到 $\mathrm{div}\, P_\tau$ 的表达式，需要使用关系式 (1.10.10) 和式 (1.14.8)。但是，因这些表达式难于处理，我们只考虑其首项。首项的选取是由速度的量级 ($u \sim U_\delta$，$v \sim U_\delta \delta/L$) 和偏导数的量级 ($\partial/\partial x \sim 1/L$，$\partial/\partial y \sim 1/\delta$) 所确定的：

$$F_i = \frac{\partial}{\partial y}\left(r^\nu \mu \frac{\partial u}{\partial y}\right) \sim \frac{r^\nu \mu U_\delta}{\delta^2}$$

$$F_j = \frac{\partial}{\partial x}\left(r^\nu \mu \frac{\partial u}{\partial y}\right) + 2\frac{\partial}{\partial y}\left(r^\nu \mu \frac{\partial v}{\partial y}\right) \sim \frac{r^\nu \mu U_\delta}{\delta L} \tag{12.5.4}$$

基于以上简化，Navier-Stokes 方程组的纵向动量方程和连续性方程可表达为如下形式：

$$\frac{\rho u}{H_x}\frac{\partial u}{\partial x} + \rho v \frac{\partial u}{\partial y} + \frac{uv}{H_x R} = -\frac{1}{H_x}\frac{\partial p}{\partial x} + \frac{1}{r^\nu}\frac{\partial r^\nu \tau}{\partial y}$$

$$\frac{\partial \rho u r^\nu}{\partial x} + \frac{\partial H_x \rho v r^\nu}{\partial y} = 0, \quad \tau = \tau_{xy} = \mu \frac{\partial u}{\partial y} \tag{12.5.5}$$

至于横向动量方程，我们分开来写，表达为如下形式：

$$\frac{\rho u}{H_x}\frac{\partial v}{\partial x} + \rho v \frac{\partial v}{\partial y} - \frac{\rho u^2}{R+y} = -\frac{\partial p}{\partial y} + \frac{1}{r^\nu}F_j \tag{12.5.6}$$

能量方程 (1.9.6) 同样简化成相似的形式。我们姑且只考虑平衡近似，而具有化学反应作用和扩散作用的气体混合物的应用将在第 13 章介绍。基于此近似，方程 (1.9.6) 右端的主要项是沿 y 轴的能量通量 (即 $\mathrm{div}\boldsymbol{J}$ 项)。按照式 (12.1.11) 和式 (1.14.8)，耗散热通量的主要项是 $q_\tau = \mu(\partial u/\partial y)^2$。最后，能量方程化为如下形式：

$$\frac{1}{H_x}\rho u \frac{\partial h}{\partial x} + \rho v \frac{\partial h}{\partial y} = \frac{u}{H_x}\frac{\partial p}{\partial x}\nu \frac{\partial p}{\partial y} - \frac{1}{r^\nu}\frac{\partial r^\nu J}{\partial y} + v\left(\frac{\partial u}{\partial y}\right)^2$$

$$-J = \lambda_{\mathrm{eff}}\frac{\partial T}{\partial y} = \frac{\lambda_{\mathrm{eff}}}{c_p}\frac{\partial h}{\partial y} = \frac{\mu}{Pr}\frac{\partial h}{\partial y}, \quad Pr = \frac{\mu c_p}{\lambda_{\mathrm{eff}}} \tag{12.5.7}$$

　　能量方程可以很容易地写成总焓 $H = h + U^2/2$ 的形式。为此，方程 (12.5.5) 的第一个方程需乘以 u，方程 (12.5.6) $(F_j = 0)$ 需乘以 v，然后加入方程 (12.5.7) 中，便得到能量方程的总焓形式：

$$\frac{\rho u}{H_x} \frac{\partial H}{\partial x} + \rho v \frac{\partial H}{\partial y} = \frac{1}{r^\nu} \frac{\partial}{\partial y} [r^\nu (\tau u - J)] = \frac{1}{r^\nu} \frac{\partial}{\partial y} \left(\frac{r^\nu \mu}{Pr} \frac{\partial H}{\partial y} \right)$$
$$- \frac{1}{r^\nu} \frac{\partial}{\partial y} \left[\left(\frac{1}{Pr} - 1 \right) r^\nu \mu \frac{\partial}{\partial y} \left(\frac{u^2}{2} \right) \right] \tag{12.5.8}$$

该方程的简便之处在于方程中不再出现 $\partial p / \partial x$ 项。

　　连同平衡状态方程 $(\rho = \rho(p, T)$ 和 $h = h(p, T))$ 及黏性关系 $(\mu = \mu(p, T))$ 和有效导热系数关系 $(\lambda_{\text{eff}} = \lambda_{\text{eff}}(p, T))$，将以上所得的方程组展开，并保留一定的项，我们将在 13.2 节中重点讨论这种**元素分离效应**。

　　严格地说，方程组 (12.5.5)~(12.5.7) 不能归结为抛物型，因为方程 (12.5.6) 右端 F_j 项中包含混合偏导数项 u_{xy}，而对平面不可压缩流动而言，方程 (12.3.2) 中此项是不存在的。因此，若想对以上方程组作严格的抛物化，则需考虑忽略方程 (12.5.6) 中 F_j 项的可能性。

　　下面详细讨论该类问题的典型形式，即薄边界层。令 ρ_* 和 μ_* 分别为特征边界层温度 T_* 对应的边界层密度和黏性系数尺度。根据边界层方程各项尺度的条件，可以估计边界层厚度。比如，方程组 (12.5.5) 的第一个方程的黏性项和该方程右端的第一项具有相同的量级，那么我们可以得到边界层厚度的如下估计：

$$\delta \sim L \left(Re_L^* \right)^{-1/2}, \quad Re_L^* = \frac{\rho_* U_\delta L}{\mu_*} \tag{12.5.9}$$

　　因此，目前采用的薄边界层模型适用于内流边界层特征雷诺数 $Re_L^* \gg 1$。我们注意到，特征温度 T_* 与边界层外缘温度 T_δ 有很大的不同，所以，雷诺数 Re_L^* 和基于边界层外缘流动参数的雷诺数 $R(e_L^\delta) = \rho_\delta U_\delta L / \mu_\delta$ 也明显不同。为了估计特征温度 T_* 或特征焓 $h_s = h(T_*)$，需要估计黏性能量耗散对特征焓的贡献量。为此，使方程 (12.5.7) 左端第一项和右端最后一项的量级相同。结合方程 (12.5.9)，可以得到如下估计：

$$\Delta h_* = h_* - h_\delta \sim \frac{\mu_* U_\infty L}{\rho_* \delta^2} \sim U_\delta^2, \quad h_* \sim h_\delta + U_\delta^2 \sim H_\delta \tag{12.5.10}$$

　　因此，边界层内特征焓 h_* 和外流驻点焓 H_δ 在同一个量级，除非 $h_w \gg H_\delta$ 的特例 (其中，h_w 为气体在物面上的焓)。下面讨论将忽略该特例。

　　从方程 (12.5.8) 中同样可以得到类似的结果。通过与式 (12.5.10) 作类比，对

$Pr \sim 1$，可得到下面估计：

$$\Delta H_* = H_* - H_\delta \sim \frac{\mu_*}{\rho_*} \frac{H_\delta L}{\delta^2 U_\delta} \sim H_\delta \qquad (12.5.11)$$

因此，边界层内的驻点焓 $H = h + u^2/2$ (对 $v^2 \ll h_*$)，且量级和外流驻点焓 H_δ 相同。值得注意的是，当 $Pr = 1$ 时，能量耗散对气体总焓是没有贡献的，因为在此条件下，方程 (12.5.8) 的最后一项不再存在。

我们将进一步归纳方程 (12.3.3) 对边界层内压差的估计。考虑方程 (12.5.6) 左端的第一项和最后一项，右端项使用方程 (12.5.9) 的近似，那么这些项对压差的贡献可表示为

$$\frac{\Delta p}{\rho_* U_\delta^2} \sim \frac{\delta^2}{L^2} + \frac{\delta}{R}, \quad \frac{\Delta p}{p} \sim M_*^2 \rho_* U_\delta^2 \left(\frac{\delta^2}{L^2} + \frac{\delta}{R} \right), \quad M_*^2 \sim \frac{\rho_* U_\delta^2}{p} \qquad (12.5.12)$$

其中，M_* 为边界层内部的特征马赫数。从式 (12.5.10) 来看，尽管边界层外缘马赫数 $M_\delta \gg 1$，但是特征马赫数的值仍是有界的。因此，当 $\delta \ll L$ 时，横穿边界层的压差是很小的，以至于方程 (12.5.6) 的横向压力梯度可完全忽略，而且边界层内压力分布可由物面上给定的无黏外流的压力分布 $p = p(x)$ 来替代。很明显，当 $R \sim L$ 时，方程 (12.5.12) 中与物面纵向曲率相关的量 δ/R 占主导地位。这就意味着，曲面边界层方程的精度要比平板边界层的精度低一阶 (基于 δ/R 的量级)。

同时，方程组 (12.5.5)~(12.5.7) 抛除黏性项后可作为边界层外部流动或者无黏激波层的控制方程，而激波层厚度的估计方法 (包括尖头体和钝头体) 在第 7~9 章已作了介绍。因此，略去方程 (12.5.6) 中的 F_j 项后，我们得到复杂的抛物化 Navier-Stokes 方程组，或者称之为黏性激波层方程组。该方程组恰当地描述了介于物面和激波之间的整个流动，因为在边界层外，方程组 (12.5.5) 和 (12.5.7) 的黏性项很小，对流动有很小的影响，而在边界层区域，截断方程 (12.5.6) 可略去。但是，我们还注意到，方程组 (12.5.5)~(12.5.7) ($F_j = 0$) 的极其复杂的抛物特性一般不能保证其演化特性，也就是说，方程组 (12.3.2) 或 (12.3.4) 的一些特性同样适用于该方程组 (将在 12.14 节详细讨论该问题)。

现在我们再来讨论边界层。因边界层流动的控制方程组 (12.5.5) 和 (12.5.7) 是抛物型的，那么需要给定相应的起始条件 (在给定的截面 $x = x_0$) 和边界条件 (比式 (12.3.6) 更通用)。它们可表达为下面形式：

$$\begin{aligned} y = 0 &: u = 0, \quad v = 0, \quad h = h_w \\ y_\delta(x) &: u = U_\delta(x), \quad h = h_\delta(x) \\ x = x_0 &: u = u_0(y), \quad h = h_0(y) \end{aligned} \qquad (12.5.13)$$

　　12.3 节中对以上条件的相关说明同样有效，也就是说，起始条件 $v_0(y)$ 预先不能任意给出，而边界层厚度 δ 由边界层和外流的速度和焓剖面的光滑匹配条件来确定。边界层的解按照幂次律趋向施加在外边界 $y = \delta(x)$ 的边界条件。基于这一事实，该条件可由 $y \to \infty$ 的渐近条件来替换。

　　当以上结论应用在薄边界层中时，我们将作进一步的约束。这里着重关注轴对称流动，相对于横截面半径 r_b，我们假定边界层厚度 δ 很小。基于这一假定，在方程组 (12.5.5)~(12.5.8) 中，取 $r = r_b(x)$，方程组变为如下形式：

$$\rho u \frac{\partial u}{\partial x} + \rho v \frac{\partial u}{\partial y} = -\frac{\partial p}{\partial x} + \frac{\partial}{\partial y}\left(\mu \frac{\partial u}{\partial y}\right)$$

$$\frac{\partial \rho u r_b^\nu}{\partial x} + \frac{\partial \rho v r_b^\nu}{\partial y} = 0$$

$$\rho u \frac{\partial H}{\partial x} + \rho v \frac{\partial H}{\partial y} = \frac{\partial}{\partial y}\left(\frac{\mu}{Pr}\frac{\partial H}{\partial y}\right) + \frac{\partial}{\partial y}\left(\mu \frac{Pr-1}{2Pr}\frac{\partial u^2}{\partial y}\right) \tag{12.5.14}$$

在该方程组中，$r_b(x)$ 只存在于连续性方程中。准确地说，和 12.3 节相比，这种形式的薄边界层问题可归纳为经典形式。

　　下面我们将讨论薄边界层理论的另一个重要因素。在 12.4 节中，由式 (12.4.6) ($\rho \neq \text{const}$ 时的第一个方程) 所确定的边界层位移厚度 δ^* 很小，致使边界层对外流场的影响很小，而薄边界层理论正是基于这一结论提出的。下面我们将从一个更一般的角度讨论这一问题。

　　为此，我们将提出这样的问题：无黏流动中，当边界层对外流产生影响时，到底什么样的物面轮廓能够有效地反映边界层外缘压力和速度分布 (或者反过来讲，为消除边界层对外流的影响，无黏条件下物面轮廓应作何改变)？显然，要做到这一点，穿过真实黏性流动 (图 12.9 中 1-3 段) 和等效无黏流动 (图 12.9 中 2-3 段) 边界层外缘的流量需相互匹配。准确地说，该条件确定了边界层的位移厚度：

$$(2\pi r_b)^\nu \int_0^\delta \rho u \, \mathrm{d}y = (2\pi r_b)^\nu \rho_\delta U_\delta (\delta - \delta^*)$$

$$\delta^* = \int_0^\delta \left(1 - \frac{\rho u}{\rho_\delta U_\delta}\right) \mathrm{d}y \tag{12.5.15}$$

　　在图 12.9 中 2 点和 3 点之间的 $\delta - \delta^*$ 距离内，等效无黏流动中纵向速度和气体密度值的变化只有 δ/L 量级，所以在边界层内可认为是常数。下面我们将要证明，在绕过等效物体 (相对于原始物面的偏移距离为 δ^*) 的无黏流动中，在曲

线 $y = \delta(x)$ 上的法向速度 v_δ 与同样曲线的原始外形上 (被视为边界层外缘) 的法向速度相同。为此，结合方程 (12.5.15)，对连续性方程进行积分，我们得到如下关系：

$$(\rho v r_b^\nu)_\delta = -\int_0^\delta \frac{\partial}{\partial x}(\rho u r_b^\nu)\,\mathrm{d}y = (\rho u r_b^\nu)_\delta \frac{\mathrm{d}\delta}{\mathrm{d}x} - \frac{\mathrm{d}}{\mathrm{d}x}\left[(\rho u r_b^\nu)_\delta(\delta - \delta^*)\right]$$

$$= (\rho u r_b^\nu)_\delta \frac{\mathrm{d}\delta^*}{\mathrm{d}x} - (\delta - \delta^*)\frac{\mathrm{d}}{\mathrm{d}x}(\rho u r_b^\nu)_\delta \qquad (12.5.16)$$

然而，根据连续性方程，最后一项代表无黏流动中 $\delta(x)$ 和 $\delta^*(x)$ 之间的差值 $\Delta\rho v r^\nu = \rho_\delta r_b^\nu(v_\delta - v^*)$。因此，基于原始物面的贴体坐标系下，在等效物面边界上施加无黏不可穿透条件：

$$\frac{v^*}{U_\delta} = \frac{\mathrm{d}\delta}{\mathrm{d}x} \qquad (12.5.17)$$

在原始和等效流动中，得到相同的 v_δ，也证明了以上结论。

最后，我们认为边界层方程不仅仅局限于物面流动。在讨论剪切层流动中接触间断的耗散光滑性时，至少存在两种流动类型以此为控制方程：第一，喷气尾流的合并流动；第二，喷气或激波下游的远场区域流动。

12.6 可压缩气体边界层

这里我们将要讨论可压缩平衡 (12.5 节定义下) 气体流动的主要性质和层流边界层问题。通过将基本坐标变量转化为 **Dorodnitsyn** 变量，问题将容易解决。Dorodnitsyn 变量已在 7.9 节中有所运用

$$x, y \to x, \bar\eta = \int_0^y \rho\,\mathrm{d}y \qquad (12.6.1)$$

基于以上变量，方程 (12.5.14) 简化成如下形式：

$$u\frac{\partial u}{\partial x} + V\frac{\partial u}{\partial\bar\eta} = -\frac{1}{\rho}\frac{\partial p}{\partial x} + \frac{\partial}{\partial\bar\eta}\left(\rho\mu\frac{\partial u}{\partial\bar\eta}\right)\frac{\partial u r_b^\nu}{\partial x} + \frac{\partial V r_b^\nu}{\partial\bar\eta} = 0, \quad V = \rho v + u\left(\frac{\partial\bar\eta}{\partial x}\right)_y$$

$$u\frac{\partial H}{\partial x} + V\frac{\partial H}{\partial\bar\eta} = \frac{\partial}{\partial\bar\eta}\left(\frac{\rho\mu}{Pr}\frac{\partial H}{\partial\bar\eta}\right) + \frac{\partial H}{\partial\bar\eta}\left(\frac{Pr-1}{2Pr}\rho\mu\frac{\partial u^2}{\partial\bar\eta}\right)$$

$$H = h + \frac{1}{2}u^2 \qquad (12.6.2)$$

从以上方程可以清楚地看出，函数 V 的作用和速度 v 相同，具有质量通量密度的量纲。在推导过程中，使用了如下辅助公式：

$$\left(\frac{\partial \rho u r_b}{\partial x}\right)_y = \rho\left(\frac{\partial u r_b}{\partial x}\right)_{\bar{\eta}} + \rho\left(\frac{\partial u r_b}{\partial \bar{\eta}}\right)_x \left(\frac{\partial \bar{\eta}}{\partial x}\right)_y + u r_b \left(\frac{\partial \rho}{\partial x}\right)_y \tag{12.6.3}$$

$$\left(\frac{\partial \rho}{\partial x}\right)_y = \frac{\partial^2 \bar{\eta}}{\partial x \partial y} = \rho\frac{\partial}{\partial \bar{\eta}}\left(\frac{\partial \bar{\eta}}{\partial x}\right)_y$$

和原始参考系相比，该参考系下流动更像是不可压缩流动，因为连续性方程中不再存在密度项，而且 $\rho\mu$ 乘积项对温度的依赖度 ($\sim h^{-0.3}$) 明显弱于 ρ 和 μ 单独对温度的依赖度。只有方程组 (12.6.2) 中第一个方程的 $\rho^{-1}\,\mathrm{d}p/\mathrm{d}x$ 对温度有较强的依赖性，但此项在恒压条件下为零。

在方程组 (12.6.2) 的表达形式下，边界层外缘的表达有些许变化：

$$\xi(x) = \frac{1}{\rho_*\mu_*U_\delta r^{2\nu}} \int\limits_0^x \rho_*\mu_*U_\delta r^{2\nu}\,\mathrm{d}x$$

$$\zeta(x,\bar{\eta}) = \sqrt{\frac{U_\delta}{\rho_*\mu_*\xi}}\bar{\eta} = \sqrt{\frac{\rho_*U_\delta}{\mu_*\zeta}}\eta, \quad \eta = \frac{\bar{\eta}}{\rho_*} = \int\limits_0^y \frac{\rho}{\rho_*}\,\mathrm{d}y \tag{12.6.4}$$

其中，ρ_* 和 μ_* 是由当地压力 p 和参考焓 h_* 所决定的变量，它们与 12.5 节中边界层对应的特征量具有相同的量级。变量 ξ 和 η 与 x 和 y 具有相同的量纲，而 ζ 是无量纲的，根据式 (12.5.9)，它的量级为 1。式 (12.6.4) 的逆变换可表达为如下形式：

$$y = \sqrt{\frac{\mu_*\xi}{\rho_*U_\delta}}\bar{\zeta} = \sqrt{\frac{\mu_*\xi}{\rho_*U_\delta}}\frac{\rho_*}{\rho_\delta}\tilde{\zeta}$$

$$\bar{\zeta} = \int\limits_0^\zeta \frac{\rho_*}{\rho}\mathrm{d}\zeta, \quad \tilde{\zeta} = \int\limits_0^\zeta \frac{\rho_\delta}{\rho}\mathrm{d}\zeta, \quad \rho = \rho(\xi,\zeta) \tag{12.6.5}$$

使用积分表达 $\tilde{\zeta}$ 的形式，通常应用在低马赫数条件下。

同时，通过与 12.4 节的布拉休斯问题作类比，我们引入了新的无量纲函数：

$$f'(\xi,\zeta) = \frac{\partial f}{\partial \zeta} = \frac{u}{U_\delta}, \quad \bar{H} = \frac{H}{H_\delta} \tag{12.6.6}$$

这里, 上标撇号代表对变量 ζ 求偏导数; 而下标 ξ 和 x 表示对各自变量求偏导数。函数 f 和 $\bar{H}$ 必须满足条件 (12.5.13), 即

$$\zeta = 0: \quad f = f' = 0, \quad \bar{H} = \bar{H}_w = \bar{h}_w$$

$$\zeta \to \infty: \quad f' \to 1, \quad \bar{H} \to 1$$

$$\xi = \xi_0: \quad f = f_0(\zeta), \quad \bar{H} = \bar{H}_0(\zeta) \tag{12.6.7}$$

这里, $\bar{H}_w$ (或 $\bar{h}_w$) 称为壁焓因子; 而 T/T_w 称为温度因子 ($T_{0\delta}$ 为外流驻点温度)。

流函数 ψ 使用新变量表达为如下形式:

$$\psi = (2\pi)^\nu r_b^\nu \int_0^y \rho u \, \mathrm{d}y = (2\pi)^\nu r_b^\nu f \sqrt{\rho_* \mu_* U_\delta} \tag{12.6.8}$$

最后, 我们给出使用新变量的壁面摩擦应力 τ_w 和壁面热通量 q_w 的表达形式:

$$\tau_w = \tau(0) = \mu_w \frac{\partial u}{\partial y}\Big|_{y=0} = \omega_w \rho_* U_\delta^2 \sqrt{\frac{\mu_*}{\rho_* U_\delta \xi}}, \quad \omega_w = \frac{\rho_w \mu_w}{\rho_* \mu_*}$$

$$q_w = -J_w = \lambda_{\mathrm{eff},w} \frac{\partial T}{\partial y}\Big|_{y=0} = \frac{\omega_w \rho_* U_\delta H_\delta \bar{H}'_w}{Pr_w} \sqrt{\frac{\mu_*}{\rho_* U_\delta \xi}} \tag{12.6.9}$$

需要注意的是, 在变量 ξ 和 ζ 及函数 μ_* 和 ρ_* 变换过程中, 式 (12.6.4)$\sim$式 (12.6.9) 与不可压缩平板边界层具有相似的形式。从这个意义上讲, 变量 ξ 具有物面参考长度的意义, 并等于相同流动参数下平板边界层的等效平板长度 L (具体含义将在 12.8 节中进行阐述)。

当原始方程 (12.6.2) 变换到新的变量 $\xi(x)$ 和 $\zeta(\xi, \bar{\eta})$ 时, 我们需要考虑如下关系:

$$\left(\frac{\partial}{\partial x}\right)_{\bar{\eta}} = \xi_x \left(\frac{\partial}{\partial \xi}\right)_{\bar{\eta}} = \xi_x \left[\left(\frac{\partial}{\partial \xi}\right)_\zeta + \left(\frac{\partial \zeta}{\partial \xi}\right)_{\bar{\eta}} \left(\frac{\partial}{\partial \zeta}\right)_\xi\right]$$

$$\left(\frac{\partial}{\partial \bar{\eta}}\right)_x = \left(\frac{\partial \zeta}{\partial \bar{\eta}}\right)_\xi \left(\frac{\partial}{\partial \zeta}\right)_\xi, \quad \xi_x(1+\varphi) = 1, \quad \varphi = \xi \frac{(r_b^{2\nu} \rho_* \mu_* U_\delta)_\xi}{r_b^{2\nu} \rho_* \mu_* U_\delta}$$

$$V = -\frac{1}{2}\sqrt{\frac{\rho_* \mu_* U_\delta}{\xi}} \left[f + 2\xi_x \xi f' \left(\frac{\partial \zeta}{\partial \xi}\right)_{\bar{\eta}} + 2\xi_x \xi f_\xi\right] \tag{12.6.10}$$

这里，V 的公式是根据前面的 ξ_x 公式对方程组 (12.6.2) 的连续性方程积分推导出来的。基于新变量，方程组 (12.6.2) 变换成如下形式：

$$2\left(\omega f''\right)' + f f'' + F_p = F_f = 2\xi_x \xi \left(f' f'_\xi - f_\xi f''\right)$$

$$2\left(\frac{\omega}{Pr}\bar{H}'\right)' + f\bar{H}' + 2B\left[\omega\frac{Pr-1}{Pr}\left((f')^2\right)'\right]' = F_H = 2\xi_x\xi\left(f'\bar{H}_\xi - f_\xi\bar{H}'\right)$$

$$F_p = \beta\left(\frac{\rho_\delta}{\rho} - (f')^2\right), \quad \beta = \frac{2\xi_x\xi}{\rho_\delta U_\delta^2}\frac{\mathrm{d}p}{\mathrm{d}\xi} = 2\frac{\xi_x\xi}{U_\delta}\frac{\mathrm{d}U_\delta}{\mathrm{d}\xi} \tag{12.6.11}$$

在 F_p 的表达式中，我们使用到了边界层外缘的伯努利关系，$\mathrm{d}p = \rho_\delta U_\delta \mathrm{d}U_\delta$。对等压流动，参数 $\beta = 0$。函数 ω 和常数 B 表达为如下形式：

$$\omega = \frac{\mu\rho}{\mu_*\rho_*} = \left(\frac{h}{h_*}\right)^{-n}$$

$$B = \frac{U_\delta^2}{2H_\delta} = \frac{U_\delta^2}{2h_\delta + U_\delta^2} = \frac{(\gamma-1)M_\delta^2}{2 + (\gamma-1)M_\delta^2} \tag{12.6.12}$$

其中，M_δ 为边界层外缘马赫数；关于 ω 的表达式最后一项来自式 (1.3.11)，其中 $n = 0.3$。

下面我们讨论若干特殊问题。

12.6.1　平板边界层 (超声速尖楔或尖锥边界层流动)

当 p 和 U_δ 恒定，且物面为直锥面 $r_b = bx$ 时，式 (12.6.4) 中的变量转换成如下形式：

$$\xi = \frac{\chi}{2\nu+1}, \quad \zeta = \sqrt{\frac{(2\nu+1)\rho_* U_\delta}{\mu_* x}}\eta \tag{12.6.13}$$

该问题中，方程 (12.6.11) 中的 $F_f = F_H = F_p = 0$，方程组转化为与 ν 无关的常微分方程组，方程组的解仅依赖于 ζ。相应地，求解壁面摩擦应力 τ_w 和壁面热通量 q_w 的式 (12.6.9) 变换为如下形式：

$$\tau_w = \omega_w f'' \rho_* U_\delta^2 \sqrt{\frac{(2\nu+1)\mu_*}{\rho_* U_\delta x}}$$

$$q_w = \frac{\omega_w}{Pr_w}\bar{H}'_w \rho_* U_\delta H_\delta \sqrt{\frac{(2\nu+1)\mu_*}{\rho_* U_\delta x}} \tag{12.6.14}$$

对锥面 ($\nu = 1$) 上的热通量和摩擦应力，需乘以因数 $\sqrt{3}$，而根据式 (12.6.5)，锥形边界层厚度要比相同长度下的平板或尖楔的边界层厚度小，需除以因数 $\sqrt{3}$。

下面根据若干特殊问题来研究方程组 (12.6.11) 解的基本特性。最简单的情况是 $Pr = 1$，此时对任意 ω 方程组的两个方程完全相同，这意味着 $\bar{H}$ 和 f' 存在线性关系，即**克罗克积分** (见 12.2 节)。考虑到边界条件，克罗克积分可写成不同的形式：

$$H = h + \frac{1}{2}u^2 = (H_\delta - h_w)\frac{u}{U_\delta} + h_w$$

$$\bar{H} = \bar{h} + Bf'^2 = f' + \bar{h}_w(1 - f'), \quad B = \frac{U_\delta^2}{2H_\delta}$$

$$\bar{h} = \frac{h}{H_\delta}, \quad \tilde{h} = \frac{h}{h_\delta} = f' + \frac{h_w}{h_\delta}(1 - f') + \frac{1}{2}\frac{U_\delta^2}{h_\delta}f'(1 - f') \tag{12.6.15}$$

因普朗特数接近 1，该积分关系可用于非等温边界层特性的定量分析。

另一个简单情况是式 (12.6.12) 中 $\omega = 1$ (或 $n = 0$) 及 Pr 恒定。此时方程组 (12.6.11) 的第一个方程变成布拉休斯方程，布拉休斯解在 12.4 节已经给出。得到布拉休斯解以后，方程组 (12.6.11) 的第二个方程退化为如下形式的关于 $\bar{h}$ 的方程：

$$2\left(\frac{\omega}{Pr}\bar{h}'\right)' + f\bar{h}' + 4B\omega f''^2 = 0$$

$$\bar{h} = (1 - B)\frac{h}{h_\delta} = 1 - CJ_1 + 2BPrJ_2, \quad \bar{H} = \bar{h} + Bf'^2$$

$$CJ_{10} = 1 - \bar{h}_w + 2BPrJ_{20}, \quad J_{i0} = J_i(0)$$

$$J_1 = \int_\zeta^\infty (f'')^{Pr}\,\mathrm{d}\zeta, \quad J_2 = \int_\zeta^\infty (f'')^{Pr}\left[\int_0^\zeta (f'')^{2-Pr}\,\mathrm{d}\zeta\right]\mathrm{d}\zeta \tag{12.6.16}$$

该解满足条件 $\zeta \to \infty$ 时，$\bar{H} \to 1$ 或 $h \to h_\delta$；$\zeta \to 0$ 时，$\bar{H} \to \bar{H}_w$ 或 $h \to h_w$。对 $Pr = 1$，该解变成克罗克积分 (12.6.15)。

图 12.10(a) 给出了不同马赫数 M_δ 和普朗特数 $Pr = 0.5$，0.725 和 1 时，方程 (12.6.16) 所得到的 $\bar{h}$ 曲线。随着马赫数 M_δ 的增大，$\bar{h}$ 曲线对普朗特数 Pr 的依赖度也随之增加，不过通常增加量不大。当壁焓因子 $\bar{h}_w$ 较低、马赫数 M_δ 较高时，边界层内焓存在一个最大值。当 $M_\delta = \infty$ 且 $\bar{h}_w = 0$ 时，最大值为 $h = H_\delta/4$ ($Pr = 1$)，$h = 0.15H_\delta$ ($Pr = 0.5$)，也就是说，h/H_δ 的比值有界，这也证明了特征焓 $h_* \sim H_\delta$ (式 (12.5.10))。在图 12.10(b) 中，我们画出了在 $Pr = 1$ 和 $n = 0$ 时不同马赫数 M_δ 的速度型 $u/u_\delta = f'(y/\delta)$。其中，$y$ 坐标由式 (12.6.5) 来确定：

$\delta = y\left(\zeta_\delta\right)$，其中 $\zeta_\delta = 5.2$。这里需要指出，温度因子不仅对焓剖面有突出影响 (这是很自然的)，还会影响到 $M_\delta = 0$ 时的速度型。

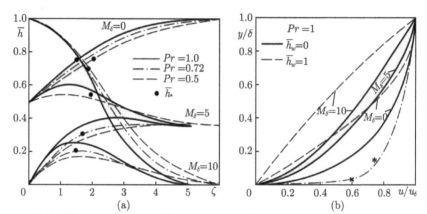

图 12.10　边界层焓 (a) 和速度 (b) 剖面，(b) 图点画线代表湍流边界层速度剖面 (见 12.7 节)

从已经得到的解来看，求解热通量 q_w 的式 (12.6.14) 所用到的导数项 $\bar{H}'_w$ 可写成如下形式：

$$\bar{H}'_w = k f''_w \left(\bar{H}_e - \bar{h}_w\right), \quad H_e = h_\delta + \frac{1}{2}\kappa U_\delta^2 \qquad (12.6.17)$$

这里，H_e 称为绝热壁焓，绝热壁焓作用在绝热壁面 $q_w = 0$ 上；而 κ 为总焓的恢复系数。

Pr 在 $0.5\sim2$ 范围内变化时，k 和 κ 的精确公式的近似形式如下：

$$k = \left(f''_w\right)^{Pr-1} J_{10}^{-1} = Pr^{1/3}, \quad \kappa = 2Pr J_{20} = Pr^{1/2} \qquad (12.6.18)$$

当 $Pr = 1$ 时，可以得到 $J_{10} = 1$，$J_{20} = 1/2$ 及 $k = \kappa = 1$。

需要指出的是，普朗特数对绝热焓的定量影响为：当 $Pr < 1$ 时，$H_e < H_\delta$；当 $Pr = 1$ 时，$H_e = H_\delta$；当 $Pr > 1$ 时，$H_e > H_\delta$。也就是说，对空气而言，永远有 $H_e < H_\delta$。进一步对能量方程的热传导项作估计，与边界层厚度 δ 估计方法相同，我们得到热边界层厚度的量级 $\delta_T = \delta Pr^{-1/2}$。也就是说，当 $Pr < 1$ 时，温度扰动要比速度扰动传播到外流场的距离更远，从图 12.10(a) 中可清楚看出这一点。对气体而言，δ 和 δ_T 的差别很小，仅仅会影响到 ζ 很大时函数 $h - h_w \sim \left(1 - f'\right)^{Pr}$ 的渐近性；但是，对液体而言，二者差别很大，因为液体的普朗特数很高 (在标准温度下从水的 $Pr \approx 7$ 到油的 $Pr \approx 10^3$ 不等)。

对一般情况而言，函数 $\omega(h)$ 和 $Pr(h)$ 均与温度相关，方程组 (12.6.11) 需要数值求解。例如，在温度 $T < 10^4$ K 时，Pr 在 $0.6\sim1$ 范围内变化，速度型 f' 和

焓函数 $h(f')$ 对函数 ω (合理选取参考焓 h_*) 和普朗特数的依赖性较弱, 可使用迭代方法开展数值计算, 如图 1.11(d) 所示 (见 1.3 节)。

基于对高温空气边界层的一系列计算, Eckert(1957) 给出了参考焓 h_* 的近似公式, 可用以计算上述公式中的参数 ρ_* 和 μ_*。这里, 我们令 $\rho\mu = \rho_*\mu_*$ (或令式 (12.6.12) 中 $n = 0$), 也就是说, 使用布拉休斯公式求解 12.4 节的函数 $f(\zeta)$。因此, 我们有

$$h_* = \frac{1}{2}(h_\delta + h_w) + 0.22(H_e - h_\delta) = h_{*0} - \left(\frac{1}{2} - 0.22\kappa\right)\frac{U^2}{2}$$

$$= \frac{1}{2}H_\delta\left[1 + \bar{h}_w - 0.31\frac{2(\gamma-1)M_\delta^2}{2 + (\gamma-1)M_\delta^2}\right] \tag{12.6.19}$$

$$h_{*0} = \frac{1}{2}(H_\delta + h_w)$$

这里, 公式的后半部分是对完全气体 $Pr = 0.71$ 而言的, 而前者至少在壁温 $T_w \leqslant 2\cdot10^3$ K 时对边界层温度 $T \leqslant 8\cdot10^3$ K 是有效的。参考焓 h_* 的量值是相当保守的, 它具有 H_δ 的量级, 且 H_δ 在 $0 \sim \infty$ 的全域内变化。即使 $\bar{h}_w = 0$, 参考焓的量值也不会超过 H_δ 的 3 倍。h_* 的值已在图 12.10(a) 的焓剖面上标出。

最后, 将式 (12.6.17) 和式 (12.6.18) 代入式 (12.6.14), 我们得到平板 (或超声速尖楔或尖锥) 层流 ($q_w = q_l$) 边界层的如下公式:

$$q_w = \alpha_1(H_e - h_w), \quad H_e = h_\delta + \frac{1}{2}Pr_w^{1/2}U_\delta^2$$

$$\tau_w = 0.332U_\delta\sqrt{\frac{(2\nu+1)\rho_*\mu_*U_\delta}{x}}$$

$$\alpha_1 = 0.332Pr_w^{-2/3}\sqrt{\frac{(2\nu+1)\rho_*\mu_*U_\delta}{x}} \tag{12.6.20}$$

其中, α_1 是层流**热传导系数** (该系数与热通量和温差的比值 $q_w/(T_e - T_w)$ 有关, 可表示为 α/c_p); 乘积 $\rho_*\mu_*$ 依赖于当地压力和参考焓 h_* (按 $h_*^{-0.3}$)。壁面普朗特数使用 $Pr_w = Pr(T_w)$, 而不使用 $Pr_* = Pr(h_*)$ (对冷空气 $Pr = 0.71$)。

使用无量纲**摩擦系数** C_f 和**斯坦顿数** St 来描述壁面摩擦力和热通量, 表达如下:

$$C_{f\delta} = \frac{2\tau_w}{\rho_\delta U_\delta^2}$$

$$St_\delta = \frac{q_w}{\rho_\delta U_\delta \left(H_e - h_w\right)} = \frac{1}{2} \bar{k} C_f \tag{12.6.21}$$

下标 δ 代表系数是基于参数 ρ_δ 和 U_δ 的。

摩擦系数 C_f 和斯坦顿数 St 的关系称为**雷诺比拟**。根据式 (12.6.14) 和式 (12.6.20)，**雷诺比拟系数**是 $\bar{k} = Pr_w^{-2/3}$。

在此，我们还给出位移厚度 δ^* 的若干公式。令 $\rho_\delta/\rho = h/h_\delta = \tilde{h}$ 及 $\rho_* \mu_* = \rho_\delta \mu_\delta \left(h_\delta/h_*\right)^n$，结合式 (12.6.4) 和式 (12.6.5)，计算积分式 (12.5.15)，根据一般形式的式 (12.6.16) 和 (12.6.15)(对 $Pr = 1$) 来确定 $\tilde{h}(\zeta)$，得到

$$\delta^* = \int\limits_0^\infty \left(1 - \frac{\rho u}{\rho_\delta U_\delta}\right) \mathrm{d}y = \left(\frac{h_\delta}{h_*}\right)^{n/2} \sqrt{\frac{\mu_\delta \xi}{\rho_\delta U_\delta}} \bar{\delta}^*$$

$$\bar{\delta}^* = \int\limits_0^\infty \left(\tilde{h} - f'\right) \mathrm{d}\zeta = \frac{H_\delta}{h_\delta} K, \quad \xi = \frac{x}{2\nu + 1}$$

$$K = \zeta^* \frac{h_w}{H_\delta} + f_w'' \frac{U_\delta^2}{h_\delta} = 1.72 \frac{h_w}{H_\delta} + 0.332 \frac{U_\delta^2}{H_\delta} \quad (Pr = 1)$$

$$K = 1.94 \frac{h_w}{H_\delta} + 0.58 \frac{U_\delta^2}{2H_\delta} - 0.21 \frac{h_\delta}{H_\delta} \quad (Pr = 0.72) \tag{12.6.22}$$

于是，我们分别得到 $Pr = 0.72$ 和 1 条件下 $\bar{\delta}^*$ 的近似值。通过与不可压缩流动对比，可以清楚地看出，对 $M_\delta = 0$ 且 $h_w = h_\delta$，位移厚度随马赫数 M_δ 和壁焓的增加而逐渐增加。相反，对 $M_\delta \approx 0$ 及冷壁 $h_w \ll h_\delta$，位移厚度接近于零，在 $Pr < 1$ 时甚至会小于零。

最后，根据方程 (12.6.5) 和 12.4 节推导的解的渐近性，当 $\zeta \to \infty$ 时，$f \to \zeta - \zeta^*$，我们得到如下形式的边界层厚度表达式：

$$\delta = \left(\frac{h_\delta}{h_*}\right)^{n/2} \sqrt{\frac{\mu_\delta \xi}{\rho_\delta U_\delta}} \bar{\delta}, \quad \bar{\delta} = \left(f_\delta + \bar{\delta}^*\right), \quad f_\delta \approx 3.3 \tag{12.6.23}$$

图 12.11 给出了 $Pr = 1$ 时无量纲的边界层厚度 $\bar{\delta}$ 及位移厚度 $\bar{\delta}^*$ 对马赫数的依赖性。

我们注意到，当 $M_\delta \gg 1$ 时，$\bar{\delta}^* \gg f_\delta$。因此，由确定变量 ζ_δ 和 f_δ 所引入的误差给整个边界层厚度带来的误差很小。

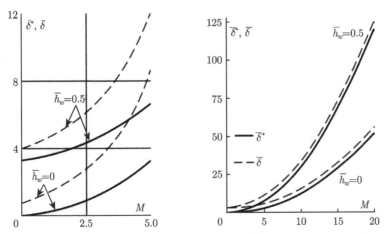

图 12.11 无量纲的边界层厚度 $\bar{\delta}$ 及位移厚度 $\bar{\delta}^*$ 对马赫数的依赖曲线

12.6.2 钝头体驻点边界层

与 7.7 节类似，在驻点附近满足如下近似：

$$U_\delta = cx\left[1 + O\left(\frac{x^2}{L^2}\right)\right], \quad c \sim \frac{U_\infty}{L}, \quad r = x\left[1 + O\left(\frac{x^2}{L^2}\right)\right] \tag{12.6.24}$$

其中，L 为流动空间长度尺度 (驻点流动中为头部曲率半径 R 或弓形激波半径 R_s)；U_∞ 为自由流速度。如 7.7 节所示，在这里，气体无黏流动方程退化为常微分方程，具有二阶 (x^2/L^2 阶) 精度。于是，在保持相同精度的条件下，可以忽略方程 (12.6.11) 中的 F_f 和 F_H 项，因为它们是由 Navier-Stokes 方程中无黏部分产生的。而且，在驻点位置附近，因边界层厚度较小，方程中的黏性项和 12.5 节中边界层横向压差具有相同的量级。因此，在式 (12.6.24) 的展开式中，可以将之限制在首项，即 $U_\delta = cx$ 及 $r = x$。式 (12.6.4) 中变量及参数 β 为如下形式：

$$\xi = \frac{x}{2(1+\nu)}, \quad \zeta = \sqrt{\frac{2(1+\nu)c\rho_*}{\mu_*}}\eta, \quad \beta = \frac{1}{1+\nu} \tag{12.6.25}$$

当 ρ 和 μ 为常数时，变量 ζ 与式 (12.2.8) 中的同一变量相吻合。于是，令方程 (12.6.11) 中的 $F_f = F_H = B = 0$，简化为常微分方程组：

$$2\left(\omega\Phi_\nu''\right)' + \Phi_\nu\Phi_\nu'' + (1+\nu)^{-1}\left(\frac{\rho_\delta}{\rho} - \Phi'^2\right) = 0$$

$$2\left(\frac{\omega}{Pr}\bar{h}'\right)' + \Phi_\nu\bar{h}' = 0 \tag{12.6.26}$$

这里，为了写成与方程 (12.2.9) 相同的形式，我们将方程 (12.6.9) 中的函数 f 视为 Φ_ν，又因速度 u 为小量，可以取 $\bar{H} = \bar{h}$。

通常情况下，因为密度满足关系 $\rho = \rho(h)$ (特殊情况下，$\rho = \rho_\delta h_\delta/h$)，方程组 (12.6.26) 是一个互相关联的耦合方程组。对此方程组，满足 $Pr = 1$ 的平板边界层的克罗克积分关系 (式 (12.6.15)) 不再成立，因为该关系式仅适用于满足压力 $p = p(x)$ (即 $\beta \neq 0$) 的流动。仅对 $\rho_\delta = \rho$ 和 $\omega = 1$，即边界层内温度变化极小时，方程组才解耦。在这种条件下，方程组的第一个方程变为式 (12.2.9)；取 $B = 0$ 并用函数 Φ_ν 替代 f，第二个方程的形式与式 (12.6.16) 相同。同时，如果迭代算法基于方程组顺序求解，方程组 (12.6.26) 的数值解并无特别之处。

最后，需要注意的是，此类问题的解可作为钝头体边界层问题的初始条件。

12.7　湍流模型和湍流特性

由于湍流的主要特性已在 1.15 节中作了讨论，以下将只给出其简要信息[①]。

考虑到湍流的复杂度和随时间发展的特性，湍流模型可分为三大阶段。初始阶段，主要基于实验数据和相似理论的边界层和管流速度型特性的研究，主要结论有：依赖于黏性摩擦力和传热系数的经验判据的雷诺数无关性、温度因子 $\bar{h}_w = h_w/H_\delta$，以及其他相似准则等。尤其是高温平板流动湍流热通量 q_w 和湍流摩擦应力 τ_w，其公式推导如下：

$$\tau_w = 0.0296\rho_* U_\delta^2 Re_*^{-0.2}$$

$$q = A_t\rho_* U_\delta Re_*^{-0.2}\left(H_e - h_w\right) = A_t A_{t1}\rho_\delta U_\delta Re_\delta^{-0.2}\left(H_e - h_w\right)$$

$$A_{t1} = \left(\frac{\rho_*}{\rho_\delta}\right)^{0.6}\left(\frac{\rho_*\mu_*}{\rho_\delta\mu_\delta}\right)^{0.2}, \quad H_e = h_\delta + \frac{1}{2}\kappa U_\delta^2$$

$$Re_* = \frac{\rho_* U_\delta x}{\mu_*}, \quad Re_\delta = \frac{\rho_\delta U_\delta x}{\mu_\delta}$$

$$A_t = 0.0296 Pr^{-0.6} = 0.0363, \quad \kappa = Pr^{1/3} = 0.89 \quad (Pr = 0.71) \qquad (12.7.1)$$

摩擦系数 C_f 与雷诺比拟式 (12.6.21) 相关，其系数 $\bar{k} = Pr^{-0.6}$。在此式中，为求解特征参数 ρ_* 和 μ_*，需要使用 Eckert 的参考焓关系式 (12.6.19)。图 12.12 显示，摩擦系数的实验值和计算所得拟合曲线 $C_f/C_{f0} = A_{t1}$ (其中，C_{f0} 为 $M_\delta = 0$ 时的 C_f 值)，在很大的马赫数范围内都吻合得很好 (数据来自 Hayes 和 Probstein，1966；在 12.8 节中将讨论方程 (12.7.1))。

一个包含**层流、转捩和湍流三个阶段的**边界层流动，其热通量由组合公式确定 (参见 Safiullin，1971)：

$$q_w = q_l(1 - \Gamma) + q_t\Gamma \qquad (12.7.2)$$

---

① 湍流的基本理论详见 Schlichting (1968)，Loitsyanskii (1966)，Hinze (1963)，Lapin(1982) 等的著作。

其中，Γ 为表征边界层中湍流发展程度的 **间歇因子**，囊括纯层流 ($\Gamma = 0$，$q_w = q_1$) 到充分发展的湍流 ($\Gamma = 1$，$q_w = q_t$)。因此，$0 \leqslant \Gamma \leqslant 1$ 区段表示层流到湍流的转捩边界层。而参数 Γ 本身是变量 $\bar{x} = (x - x_1) / (x_2 - x_1)$ 的一种单调函数，其中 x_1 和 x_2 为转捩区的起始和终止位置，转捩区长度 $x_2 - x_1$ 通常等于之前层流区域的长度 x_1。起始点 x_1 由转捩雷诺数 Re_{cr} 来确定，而 Re_{cr} 是基于当地长度 x 或某些边界层特征厚度 δ、δ^*、δ^{**} 等参数。根据经验数据，在光滑表面的超声速或高超声速流动中，转捩发生在雷诺数 Re_{cr} 在 $10^5 \sim 10^6$ 的变化区间内 (不同学者得到的数据可能散布在 2 倍、3 倍甚至更大的区间内)。这表明解释这类实验的客观困难性：扰动等因素对边界层的转捩过程影响很大，而外界扰动天然存在且难以控制，而且不同的风洞其内部扰动各异；另外，物面状态、温度因子等因素同样具有较大的影响。尽管已经开展了大量的研究工作来解决转捩问题，但对转捩位置和转捩区域尚无法实现理论预测。

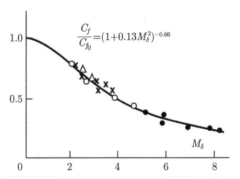

$$\frac{C_f}{C_{f0}} = (1 + 0.13 M_\delta^2)^{-0.66}$$

图 12.12　绝热平板的摩擦系数与 M_δ 相关曲线

同时，在实际应用中边界层转捩问题亦十分重要，因为在局部高雷诺数区，湍流热通量 q_t 和湍流摩擦应力 τ_t 明显大于层流热通量 q_1 和层流摩擦应力 τ_1。实际上，对比平板边界层的式 (12.7.1) 和式 (12.6.20)，我们可得到热通量比 $\lambda_q = q_t/q_1 \approx \tau_t/\tau_1 \approx 10^{-1} Re_x^{0.3}$ (这里就可压缩流动而言，雷诺数需由参考焓 h_* 来确定)。显然，只有当 $Re \leqslant 10^3$ 时，才有 $\lambda_q \leqslant 1$，也就是在边界层湍流形成区域之外。

在相同条件下，相对于层流边界层厚度 δ_1，则湍流边界层厚度 δ_t 较小，这似乎是湍流 q_t 和 τ_t 的值高于 q_1 和 τ_1 的原因。其实不然，在不可压缩平板边界层流动中，通过实验确定的湍流边界层厚度为 $\delta_t = 0.38 x Re_x^{-0.2}$，而层流边界层厚度为 $\delta_1 = 5 x Re_x^{-0.5}$。因此，厚度比 $\delta_t/\delta_1 \sim q_t/q_1$ 在高 Re_x 下也大于 1。在光学测量技术中，有时用边界层厚度比来确定转捩的起始位置和转捩区长度。

该现象表明，**湍流黏性系数** μ_t 要显著大于分子黏性系数或层流黏性系数 $\mu_1 =$

μ。令黏性应力等于 $\tau_t = \mu_t \partial u / \partial y \sim \mu_t U_\delta / \delta_t$，可推出如下关系：

$$\mu_t / \mu_1 \sim \tau_t \delta_t / \tau_1 \delta_1 \sim 10^{-2} Re_x^{0.6} > 1 \quad (Re_x \geqslant 2.2 \times 10^3) \tag{12.7.3}$$

即可得到湍流黏性系数沿边界层的变化满足 $\mu_t \sim x^{0.6} \sim \delta_t^{3/4}$ 的规律。

12.8 节中我们将给出工程方法，通过重新计算或插值方法，进而把平板边界层流动的式 (12.7.1) 或式 (12.6.20) 拓展到一般的边界层问题中。然而，将工程方法应用于边界层微分方程 (12.5.14) 似乎更具吸引力，类似的模型有**代数湍流模型**或**两级模型**。对平均运动而言，它们基于相同的方程形式 (方程 (12.5.14))，并有其特定的黏性系数 μ_t、导热系数 λ_t 等。例如，边界层黏性系数通常按照经验形式 $\mu_t (y/\delta, \Delta_i)$ 给出，其中 Δ_i 表示某种相似准则或经验常数。普朗特首次在**剪切流**中尝试获得该形式的相关性。在剪切流中，变量主要随垂直于物面的 y 坐标而变化，式 (1.15.6) 中的 $p_{x,y} = \tau_t$ 的速度脉动 u' 和 v' 与平均速度的梯度成正比，即 $u' \sim v' \sim l_t \partial u / \partial y$ (其中，l_t 为**湍流尺度**或**混合长度**)，源于 1.4 节分子自由程比拟。最后，基于这种假设得到如下公式：

$$\tau_t = \rho l_t^2 \left| \frac{\partial u}{\partial y} \right| \frac{\partial u}{\partial y}, \quad \mu_t = \rho l_t^2 \left| \frac{\partial u}{\partial y} \right| \tag{12.7.4}$$

式中，使用 $\partial u / \partial y$ 的绝对值作为辅助因子。因为湍流脉动在近壁区衰减，物面处湍流尺度 l_t 为 0，因此在近壁面会形成一个极薄的**黏性底层**，子层内流动受分子黏性控制，远小于湍流黏性，这就致使湍流速度型比层流速度型更加饱满。图 12.4(12.2 节) 中圆管速度型以及图 12.10(b)(12.6 节) 中平板速度型已证实了这一结论。在平板流动中，层流子层 (其边界已在图 12.10(b) 中用符号标出) 外存在指数型的速度型 $u/u_\delta = (y/\delta)^n$ (其中，$n = 1/7$)，该速度型通常与马赫数及温度因子无关。

但是，在边界层外部和靠近轴心位置，式 (12.7.4) 是无效的。其原因是，在这个位置偏导数项 $\partial u / \partial y$ 很小，但脉动强度不可忽略，湍流黏性系数 μ_t 接近恒定值。因此，μ_t 通常是一个很复杂的函数关系[①]。

为了封闭方程 (12.5.14)，需要预设**湍流普朗特数** Pr_t，该数的变化范围通常介于 0.9~1。

对三段边界层而言，**黏性系数**可取如下组合参数：

$$\mu^{(\Sigma)} = \mu_1 (1 - \Gamma) + \mu_t \Gamma \tag{12.7.5}$$

其中，间歇系数 Γ 与式 (12.7.2) 具有相同的意义。

---

① 相关的修正方法的综述和分析文献很多，例如 Lapin (1982)。

这些模型可以用来计算更加复杂的边界层流动,通过建立具体的流动类型,亦可计算带有一定物理化学过程的流动。

最后,与前文所述的只适用于边界层流动或剪切流的模型不同,**微分湍流模型**或**三级模型**对分离流或其他类似流动的计算具有可行性。

从某种角度上来说,这两种模型均是基于 Kolmogorov(1942) 的思想。本质上,这类思想具体如下:首先,假设湍流应力张量 (式 (1.15.1) 和式 (1.15.6)) 与笛卡儿坐标系下由速度脉动量 u'、v' 和 w' 定义的平均动能 k 成正比,其中 k 的定义为

$$k = \frac{1}{2}\left(\overline{u'^2} + \overline{v'^2} + \overline{w'^2}\right) \tag{12.7.6}$$

需要考虑的是,即使在一个平均后的二维流动中,也存在脉动速度分量 $w' \neq 0$,且基于所采用的假设等于其他分量。**伪流变**模型 (1.15.1)(又见式 (1.15.6)) 所需的平均湍流压力 p_t 由下式确定:

$$p_t = \frac{3}{3}\rho k \tag{12.7.7}$$

该公式与分子压力关系式 (1.4.6) 相类似 (又见方程 (1.4.4)),而 k 是无序分子运动的平均动能。更一般地,这种湍流模型在一定程度上类似于局部分子动力学平衡状态下的气体模型。特别地,在以下两种假设下,湍流模型是有效的。一是最活跃漩涡的湍流尺度 l_t 远小于流动特征长度尺度 L (如边界层厚度),二是湍流是近**局部各向同性**或拟**平衡**的。第二个假设的本质最终可化作下式:

$$\overline{u'^2} = \overline{v'^2} = \overline{w'^2} = \frac{2}{3}k, \quad \overline{u'v'} = \overline{u'w'} = \cdots = 0 \tag{12.7.8}$$

这些等式中的部分小量偏差会导致剪应力和湍流正应力的产生。

然而,我们注意到,在流动穿过激波或在奇点 (如角点) 附近,湍流的平衡特性会被破坏,因此此处存在一定的**弛豫区** (通过与第 11 章描述的非平衡气体流动类比),此区域内湍流存在准平衡态。但是,目前尚缺乏描述弛豫区内流动的模型。特别是对于穿过激波的通道内 (忽略湍流脉动影响的厚度),激波后方的湍流参数条件尚不清楚。

在平衡湍流模型的框架内,按照量纲分析,湍流黏性系数 μ_t、热传导系数 λ_t 和扩散系数 D_t 具有如下关系:

$$\mu_t = C_\mu \rho l_t k^{1/2}, \quad \lambda_t = \mu_t c_p / Pr_t, \quad \rho D_t = \mu_t / Sc_t \tag{12.7.9}$$

其中,系数 C_μ 为无量纲常数,或是某无量纲参数的函数;而湍流普朗特数 Pr_t 和施密特数 Sc_t 通常假设是一致的。

　　基于这些假设，积分形式的运动方程 (1.9.7) 和 (1.9.8) 保留了平均运动形式，只有分子应力张量 P_μ 被总应力张量 $P^{(\Sigma)}$ 替换，$P^{(\Sigma)} = P_\mu + P_t$ 由式 (1.15.1) 及式 (12.7.7) 和式 (12.7.9) 来确定。平均能量方程 (1.9.10) 也需增加附加项，具体表达如下：

$$\frac{\partial \rho E^{(\Sigma)}}{\partial t} + \mathrm{div}\left[\left(\rho E^{(\Sigma)} + p^{(\Sigma)}\right) \boldsymbol{U}\right] = \rho q - \mathrm{div}\, \boldsymbol{J}^{(\Sigma)} + \mathrm{div}\left(P_\tau^{(\Sigma)} \boldsymbol{U}\right)$$

$$E^{(\Sigma)} = e + \frac{1}{2}U^2 + k, \quad p^{(\Sigma)} = p_\mu + p_\mathrm{t}$$

$$-\boldsymbol{J}^{(\Sigma)} = (\lambda_\mathrm{eff} + \lambda_\mathrm{t})\,\mathrm{grad}\, T + (\mu + \rho D_\mathrm{t})\,\mathrm{grad}\, k \tag{12.7.10}$$

这里，通量 $\boldsymbol{J}^{(\Sigma)}$ 与式 (1.15.2) 不同，它考虑了湍流脉动作用下由宏观流体微团输运造成的湍动能 k 的扩散。在此公式中，湍流能量 k 是动能和热能 e 互相转化状态下的内部能量。于是，将脉动作用考虑在内的平均总焓表达如下：

$$H^{(\Sigma)} = h + \frac{1}{2}\overline{(U + U')^2} \approx h + \frac{1}{2}U^2 + k \tag{12.7.11}$$

　　我们注意到，在很多流动中，与总能量 $E = e + \frac{1}{2}U^2$ 相比，k 很小，通常忽略不计 (在代数湍流模型中总是这样处理)。但是，我们需要考虑到在能量方程中是存在 k 项的，尤其在分离流动中局部低马赫数位置会出现较高的脉动量值。

　　无论如何，湍动能 k 总是一个待定的未知参数，并被纳入许多参数 (如 μ_τ) 之中。湍动能的演化过程通常用一个微分方程描述，这里未加推导直接给出[①]：

$$\rho \frac{\mathrm{d}k}{\mathrm{d}t} = \mathrm{div}\left[(\mu + \rho D_\mathrm{t})\,\mathrm{grad}\, k\right] + W_\mathrm{G} - W_\mathrm{D}, \quad W_\mathrm{G} = P_\mathrm{t} E_\epsilon \tag{12.7.12}$$

其中，W_G 和 W_D 分别是湍动能生成率和耗散率；E_ϵ 为平均运动的应变率张量。方程 (12.7.12) 本质上是通过合理的准则并由 Navier-Stokes 方程组中黏性项的形式相比拟而得到的，正如之前从雷诺应力 (1.15.6) 得到伪流变关系 (方程 (1.15.1)) 转换的一样。$\rho D_\mathrm{t}\,\mathrm{grad}\, k$ 项是由湍流扩散而产生的湍动能通量。W_G 项由分子黏性能量耗散 q_τ 来定义，由式 (12.1.7) 中用黏性应力张量 P_τ 替换应力张量 P_t 而得到。该关系基于以下假设：平均流动的动能耗散率随湍动能 k 的增大而增大，并且湍流耗散转化为内能 e，在方程 (12.7.12) 中体现为 W_D。通过无量纲分析，得到如下 W_D 的结构形式：

$$W_\mathrm{D} = C_\mathrm{D} \rho k^{3/2} / l_\mathrm{t} \tag{12.7.13}$$

---

① 推导详见 Launder 和 Spalding (1972)，Launder 和 Sharma (1974)。

系数 C_D 和式 (12.7.6) 中的 C_μ 一样，可能是一个常数，或是一个对应无量纲坐标或其他参数的特定函数。

然而，除系数 C_μ 和 C_D 外，函数 μ_t 和 W_D 还包含了湍流尺度 l_t，而该参数的确定是湍流理论中的难点。边界层流动中，该函数可以表达为一些经验形式的代数公式。然而，这也显示了微分湍流模型相对于代数模型的优越之处。像式 (12.7.12) 一样，基于守恒律对方程 l_t 的构造似乎是不可行的。

尽管有学者试图推导函数 l_t 的微分方程 (Glushko，1970)，但是最普遍的处理方法是采用参数 k 和 l_t 的组合形式建立的与方程 (12.7.12) 结构相关的方程，譬如，直接针对函数 W_D 的 k-ε 模型 (Launder 和 Sharma，1974)、针对函数 $\omega \sim \varepsilon/k$ 的 k-ω 模型 (Wilcox，991) 等。在这些模型中，通过前述的函数将湍流尺度 l_t 从方程 (12.7.9) 中消除。而且，还有其他形式的湍流模型，直接基于黏性系数 μ_t 构造方程，而不是基于方程 (12.7.12) 中的 k^2[①]。此类模型超出了本书范畴，我们不作讨论。

总而言之，上述的二级和三级湍流模型，尽管在数学上是严谨的，但其实是**半经验的**，因为它们是通过基本相似性和量纲分析得到的，包括通量和耗散项的结构、守恒律的数学表达形式、经验系数 C_μ 等，是常数或者是通过实验数据拟合得到的理论变量。为此，这种特定流动得到的参数的组合，在应用到其他流动类型之前，需要额外的测试和实验。虽然如此，湍流模型，尤其是微分湍流模型的发展仍是湍流研究的重要进步，我们将在 12.8 节中给出这些理论应用的一些例子。

12.8 积分关系和近似方法：钝头体边界层

边界层方程除数值解之外，其近似解和简化解也已被大量研究。这些近似解和简化解在过去就广受欢迎，现阶段，由于其能够简单准确地确定热通量、摩擦力、边界层厚度等，已被广泛应用于工程实践之中，并且可以清晰反映出边界层的基本特性。

这些方法通常基于 1.9 节提及的积分形式的运动方程。然而，显而易见，它们还可直接通过边界层方程 (12.5.14) 推导出来：将方程组的第一个和第三个方程乘以 r_b^ν，得到如下类似于连续性方程的形式：

$$\frac{\partial \rho u^2 r_b^\nu}{\partial x} + \frac{\partial \rho uv r_b^\nu}{\partial y} = -r_b^\nu \frac{\partial p}{\partial x} + r_b^\nu \frac{\partial}{\partial y}\left(\mu \frac{\partial u}{\partial y}\right)$$

$$\frac{\partial \rho u r_b^\nu H}{\partial x} + \frac{\partial \rho v r_b^\nu H}{\partial y} = r_b^\nu \frac{\partial}{\partial y}\left(\frac{\mu}{Pr}\frac{\partial H}{\partial y}\right) + r_b^\nu \frac{\partial}{\partial y}\left(\mu \frac{Pr-1}{2Pr}\frac{\partial u^2}{\partial y}\right) \qquad (12.8.1)$$

---

① 详见 Gulyaev, Kozlov 和 Sekundov (1993), Spallart 和 Allmaras (1994)。

接着按照 1.7 节的比拟过程，将连续性方程乘以 U_δ，将之从方程组 (12.8.1) 的第一个方程中减掉，然后将方程沿 y 方向从 $0 \sim \delta$ 积分，最后得到如下**积分动量方程**：

$$\frac{\mathrm{d}}{\mathrm{d}x}\left[r_b^\nu \int_0^\delta \rho u\left(U_\delta - u\right)\mathrm{d}y\right] = \frac{\mathrm{d}}{\mathrm{d}x}\left(r_b^\nu \rho_\delta U_\delta^2 \delta^{**}\right) = r_b^\nu \delta^* \frac{\mathrm{d}p}{\mathrm{d}x} + r_b^\nu \tau_w$$

$$\tau_w = \left(\mu\frac{\partial u}{\partial y}\right)_{y=0}$$

$$\delta^* = \int_0^\delta \left(1 - \frac{\rho u}{\rho_\delta U_\delta}\right)\mathrm{d}y, \quad \delta^{**} = \int_0^\delta \frac{\rho u}{\rho_\delta U_\delta}\left(1 - \frac{u}{U_\delta}\right)\mathrm{d}y \tag{12.8.2}$$

其中，**位移厚度** δ^* 与式 (12.5.15) 中提到的相同；但是，**动量厚度** δ^{**} 的形式比不可压缩流动 (方程 (12.4.9)) 中的形式更加普遍。

与上面推导类似，连续性方程乘以 H_δ，将之从方程组 (12.8.1) 的第二个方程中减掉，然后沿 y 方向从 0 到 δ 积分，最后得到如下**积分能量方程**：

$$\frac{\mathrm{d}}{\mathrm{d}x}\left(\rho_\delta U_\delta H_\delta r_b^\nu \Theta\right) = r_b^\nu q_w, \quad q_w = \left(\frac{\mu}{Pr}\frac{\partial h}{\partial y}\right)_{y=0}$$

$$\Theta = \int_0^\delta \frac{\rho u}{\rho_\delta U_\delta}\left(1 - \frac{H}{H_\delta}\right)\mathrm{d}y = \left(1 - \bar{h}_w\right)\delta^{**}, \quad \bar{h}_w = h_w/H_\delta \tag{12.8.3}$$

式中，Θ 为边界层的**总焓厚度**；而 Θ 中的第二个方程是根据克罗克积分关系 (12.6.15) 推导出来的。

层流平板边界层流动中，将方程 (12.8.22) 传递给变量式 (12.6.1) 和式 (12.6.4)，得到和 δ 具有相同形式的 δ^{**} 的方程 (12.6.23)，不过相关参数 $\bar{\delta}^{**} = 0.664$ 而不是 $\bar{\delta}$。不可压边界层流动中 ($\bar{\delta}^* = 1.71$)，边界层厚度比 $\delta^{**}/\delta \approx 0.12$ 较薄，并随着 M_δ 的增加，边界层厚度增加 (比较式 (12.6.22) 和式 (12.6.23))，边界层厚度比随之降低。

通过实验确定的不可压缩平板湍流边界层的厚度可由公式 $\delta \approx 0.38 x Re_x^{-0.2}$ 来描述，而速度型由指数率 $u/U_\delta = (y/\delta)^n$ ($n = 1/7$) 来近似估计。平板流动中，将这些式子代入 δ^{**} 公式及方程 (12.8.2) 中，可得

$$\delta^{**} = \frac{n\delta}{(1+n)(1+2n)} = \frac{7}{72}\delta, \quad \tau_w = 0.0296\rho_\delta U_\delta^2 Re_x^{-0.2}, \quad Re_x = \frac{\rho_\delta U_\delta x}{\mu_\delta}$$

$$\tag{12.8.4}$$

同样在该式中，边界层厚度比非常小。另外，按照雷诺比拟关系 (12.6.21)，前述关于摩擦力的公式解释了式 (12.7.1) 中湍流热通量的出处。

求解边界层问题的第一个积分方法是基于求解不可压缩流动而预设的速度型发展来的，速度型为 $u/U_\delta = f(y/\delta, \Delta_i)$（如 Pohlhausen 方法中的关于 y/δ 的多项式形式），其中**形参** $\Delta_i(x)$ 的个数等于施加在壁面和边界层外缘的边界条件的总数。这些边界条件可以是控制微分方程对函数 f 高阶导数的约束。根据给定的速度型，方程 (12.8.2) 中的位移厚度 δ^{**} 和摩擦应力 τ_w 便可确定。再者，方程 (12.8.2) 随之变换成关于厚度 δ 的常微分方程。

然而，在边界层热通量的计算中，有更精确的估计方法。它们基于更加简单合理的假设，也就是说，摩擦应力 τ_w 和热通量 q_w 仅依赖于局部外流参数。相应地，τ_w 依赖于厚度 δ^{**}，q_w 依赖于厚度 Θ。基于所采用的假设，$\tau_w(\delta^{**}, \lambda_1)$ 及 $q(\Theta, \lambda_1)$（其中的影响参数 $\lambda_i = \rho_\delta, U_\delta, H_\delta, h_\delta$ 等）的相关性与平板边界层流动相同。最后，人们还提出了一些其他类似的方法，如**局部相似性方法** (Lees，1956) 和**有效长度方法** (Avduevskii，1962，1975)。

下面讨论近似方法的具体实现过程。我们给出了平板热通量公式的一般形式：

$$q_w = q_i = B_i x^{-m}$$

$$i = l: \quad m = m_l = \frac{1}{2}, \quad B_1 = 0.332 Pr^{-2/3}\sqrt{\rho_* \mu_* U_\delta}\,(H_{el} - h_w)$$

$$i = t: \quad m = m_t = 0.2, \quad B_t = 0.0296 Pr^{-0.6}(\rho_* U_\delta)^{0.8}\mu_*^{0.2}(H_{et} - h_w) \qquad (12.8.5)$$

层流 $(i = 1)$ 和湍流 $(i = t)$ 边界层中，m 和 B_i 的表达式分别由式 (12.6.20) 和式 (12.7.1) 推出。将方程 (12.8.5) 代入式 (12.8.3) 中，并对后者在 $v = 0$ 时进行积分，得到平板边界层的 Θ 与 x 的关系以及 $q_i(\Theta_i)$ 的相关性：

$$\bar{\Theta}_i = \rho_\delta U_\delta H_\delta(1 - m)\Theta_i = B_i x^{1-m} \qquad (12.8.6)$$

$$q_i = B_i x^{-m} = B_i^{1/(1-m)}\bar{\Theta}_i^{-m/(1-m)} \qquad (12.8.7)$$

我们假设函数 $q_i(\Theta_i)$ 是通用的，那么将方程 (12.8.3) 重写成关于变量 B_i 的方程：

$$\frac{\mathrm{d}}{\mathrm{d}x}\left(r^\nu \bar{\Theta}_i\right) = (1 - m)\left(r^\nu B_i\right)^{1/(1-m)}\left(r^\nu \bar{\Theta}_i\right)^{-m/(1-m)} \qquad (12.8.8)$$

积分可得

$$\left(r^\nu \bar{\Theta}_i\right)^{1/(1-m)} = z_i(x) = \int_0^x \left(r^\nu B_i\right)^{1/(1-m)}\mathrm{d}x \qquad (12.8.9)$$

最后，回到方程 (12.8.7)，可得 $q_i(x)$ 的表达式：

$$q_i = r^{\nu m/(1-m)} B_i^{1/(1-m)} z_i^{-m} = B_i x_{\text{eff}}^{-m}, \quad x_{\text{eff}} = (r^\nu B_i)^{-1/(1-m)} z_i \qquad (12.8.10)$$

其中，x_{eff} 是给定边界层的**有效长度**或者是物面上相同热通量条件下的平板长度。对于层流或湍流边界层，函数 x_{eff} 表达如下：

$$x_{\text{eff,l}} = \frac{\bar{z}_1}{\bar{B}_1}, \quad \bar{z}_1 = \int\limits_0^x \bar{B}_1 \, \mathrm{d}x, \quad \bar{B}_1 = r^{2\nu} \rho_* \mu_* U_\delta \left(H_{\text{el}} - h_w\right)^2$$

$$x_{\text{eff,t}} = \frac{\bar{z}_{\text{t}}}{\bar{B}_{\text{t}}}, \quad \bar{z}_{\text{t}} = \int\limits_0^x \bar{B}_{\text{t}} \, \mathrm{d}x, \quad \bar{B}_{\text{t}} = r^{5\nu/4} \rho_* \mu_*^{1/4} U_\delta \left(H_{\text{et}} - h_w\right)^{5/4} \qquad (12.8.11)$$

当焓差 $H_{\text{el}} - h_w$ 为常数时，函数 x_{eff} 与变量 ξ (式 (12.6.4)) 相一致。在此，我们得到的结果和 $F_p = F_f = F_H = 0$ 条件下的方程 (12.6.11) 的解相一致，即与长度为 $x_{\text{eff}} = \xi$ 的等效平板的局部自相似问题的解相一致。由此我们引出该方法的第二个名字：**局部相似方法**。

当 $h_w = \text{const}$ 或 $h_w \ll H_\delta$ 时，x_{eff} 表达式中的焓差 $H_{\text{el}} - h_w$ 被消除。由式 (12.6.19) 发现，参考焓 h_* 对马赫数 M_δ 的依赖度相对较弱。为此，典型的钝头体流动中 (图 9.2)，在范围 $M_\delta \leqslant 2 \sim 3$ 内，结合式 (1.3.11) 可得

$$\left(h_*/h_{*0}\right)^{-0.3} = 1, \quad \rho_* \mu_* = \rho_{*0} \mu_{*0} \bar{p}, \quad \rho_* \mu_*^{1/4} = \rho_{*0} \mu_{*0}^{1/4} \bar{p}, \quad \bar{p} = p/p_0' \qquad (12.8.12)$$

其中，p_0'，h_{*0}，ρ_{*0} 和 μ_{*0} 是钝头体驻点参数。故式 (12.8.11) 可转化为如下形式：

$$x_{\text{eff},i} = \frac{\tilde{z}_i}{\bar{p}\bar{U}_\delta}, \quad \tilde{z}_i = \frac{1}{r^k} \int\limits_0^x r^k \bar{p} \bar{U}_\delta \mathrm{d}x, \quad \bar{U}_\delta = \frac{U_\delta}{U_*} \qquad (12.8.13)$$

此处，层流边界层中 $\kappa = 2\nu$，湍流边界层中 $\kappa = 5\nu/4$；U_* 是速度尺度，如自由来流的速度 U_∞。由此近似表达式可以清楚地看出，对 $\nu = 0$ 的层流和湍流边界层，函数 x_{eff} 具有相同的形式，而对 $\nu = 1$ 形式则不同。

平板表面摩擦应力 τ_w，可用相同的关系 $\tau_w = \tau_w\left(\delta^{**}\right)$ 来构造其有效长度模型。在此，需要考虑强压力梯度的影响，因为该量直接出现在式 (12.8.2) 中。然而，工程实践中摩擦系数通常由含有斯坦顿数的雷诺关系 (12.6.21) 来确定。

我们利用所得的结果来分析物面热通量分布的特征。图 12.13(a) 中同时展示了半径为 R 的圆柱绕流 ($\nu = 0$) 和圆球绕流 ($\nu = 1$) 中，层流和湍流边界层的变

量 $\bar{x}_{\text{eff}} = x_{\text{eff}}/R$ (式 (12.8.13)) 的分布，其中圆球绕流的压力分布见式 (7.2.6)。对比曲线 $\bar{x}_{\text{eff}}$ 和直线 $\bar{x} = x/R = \omega$ (ω 为中心角度)，可得如下结论：在物体中间区域 $\omega < \omega_c$ (其中，ω_c 为临界角度)，不等式可取值 $x_{\text{eff}} < x_c = \omega_c R$。由此，该区域的热通量大于相同位置相同长度 x 的平板热通量；当 $x_{\text{eff}} > x_c$ 时，反之。我们注意到，式 (12.8.13) 中的乘积项 $\bar{p}\bar{U}_\delta$ 强调了局部流动参数所起的作用，而前面提到的通过 $\tilde{z}_i$ 积分得到的分布只有平均效果。在极小的表面区域内该现象更为显著 (如在锥点附近)，尽管压力变化明显，但参数 $\tilde{z}_i$ 变化极其微小。在该区域，无论是层流还是湍流边界层，热通量都与参数 $\bar{p}\bar{U}_\delta$ 成正比。

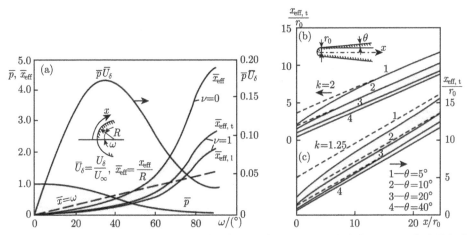

图 12.13 圆球和圆柱的有效长度 (a)，钝锥的层流边界层 (b) 和湍流边界层 (c) 的有效长度

图 12.13(a) 中，$\nu = 0$ 的曲线 x_{eff} 在曲线 $\nu = 1$ 之上。因此，在相同的外流条件下，轴对称边界层热通量 $q_{\nu=1}$ 高于平板边界层热通量 $q_{\nu=0}$。12.6 节中给出了若干层流边界层的特例，从中我们得到尖锥和平板的热通量比，$q_{\nu=1}/q_{\nu=0} = \sqrt{3}$。但是，湍流边界层中二者差别相对较小。在式 (12.8.11) 和式 (12.8.13) 中，令 $r \sim x$、$p = \text{const}$ 及 $U = \text{const}$，在尖锥流动中可以得到

$$\frac{x_{\text{eff}}}{x} = \frac{4}{5\nu + 4} = \frac{4}{9}, \quad \frac{q_{\nu=1}}{q_{\nu=0}} = \left(\frac{x}{x_{\text{eff}}}\right)^{0.2} = 1.176 \tag{12.8.14}$$

在钝头体驻点附近，令 $U_\delta = cx$、$r = x$ 及 $\bar{p} = 1$，根据式 (12.8.5) 和式 (12.8.11)，可得如下的层流边界层公式：

$$x_{\text{eff,l}} = \frac{x}{2(1 + \nu)}, \quad q^{(0)} = A_\nu Pr^{-2/3}\omega_\delta^{-1/2}\sqrt{\rho_\delta\mu_\delta c}\,(H_{\text{el}} - h_w)$$

$$H_{\text{el}} = H_0 = H_\infty, \quad \omega_\delta = \frac{\rho_\delta\mu_\delta}{\rho_*\mu_*} = \left(\frac{h_*}{H_\delta}\right)^h = \left(\frac{1}{2} + \frac{1}{2}\bar{h}_w\right)^h$$

$$A_\nu = 0.47 A'_\nu \sqrt{1+\nu}, \quad A'_0 = 1.2, \quad A'_1 = 1.15 \tag{12.8.15}$$

我们注意到，该方法本身给出的系数的数值为 $A'_\nu = 1$，而上述 A'_ν 数值是修正系数。在中等温度条件下，根据计算结果得到的相关系数为 $A_0 = 0.57$ 及 $A_1 = 0.76$。于是，球头和圆柱驻点热通量比为 $0.76/0.57 = 1.33$（而 $A'_\nu = 1$ 时热通量比为 $\sqrt{2}$）。

高超声速流动中，对比式 (7.7.14)、式 (7.7.16) 及式 (7.8.6)，或者更简单地，对比膨胀波关系 $p = p'_0 \left(1 - \beta x^2/R_s^2\right)$（式 (7.7.14)）和运动方程 $u(\partial u/\partial x) = -\rho^{-1}(\partial p/\partial x)$，我们得到如下公式：

$$R_s c = U_\infty \sqrt{2\bar{p}'_0 \beta k_0}, \quad \bar{p}'_0 = \frac{p'_0}{\rho_\infty U_\infty^2}, \quad k_0 = \frac{\rho_\infty}{\rho_0} \tag{12.8.16}$$

其中，p'_0 和 ρ_0 分别是驻点压力和密度；β 为一系数，但不同于方程 (12.6.11) 中的系数 β；R_s 是对称轴处激波的曲率半径。当 $k_0 \ll 1$ 时，在第 7 章高超声速近似中，沿对称轴取 $p/\rho = \text{const}$，将 $M_\infty^2 \gg 1$ 代入方程 (3.6.5)，可得

$$\bar{p}'_0 = 1 - \frac{1}{2}k, \quad k_0 = k(1 - 0.5k), \quad \bar{p}'_0 k_0 = k(1 - k) = \bar{k}$$

$$R_s c = U_\infty \sqrt{2\beta \bar{k}}, \quad k = \frac{\rho_\infty}{\rho_s}$$

$$\beta = \bar{\beta}\frac{R_s^2}{R^2}, \quad c = \frac{U_\infty}{R}\bar{c}, \quad \bar{c} = \sqrt{2\bar{\beta}\bar{k}} \tag{12.8.17}$$

其中，ρ_s 为波后密度；R 为物体的曲率半径；球体流动中 $\bar{\beta} = 1.17$（参见式 (7.2.6)）。

同时，使用有效长度方法得到的球面相对层流热通量分布 $q_l/q^{(0)}$ 与图 12.14(a) 给出的高超声速压力分布的准确解（式 (7.2.6)）基本保持一致。这种分布是普适的，对多数流动条件（至少对 $U_\infty < 7.5$ km/s）无关，使用如下公式 (Murzinov, 1966) 估计热通量有较高的精度：

$$q_l/q^{(0)} = 0.55 + 0.45 \cos(2\omega) \tag{12.8.18}$$

其中，ω 为角坐标，图 12.14(a) 给出了热通量比的无关性。

对湍流边界层，在驻点附近，从式 (12.8.10) 和式 (12.8.13) 可推出

$$x_{\text{eff}} = \left(\frac{4}{5\nu + 8}\right)x, \quad q_t = 0.0296 Pr^{-0.6} \left(\frac{5\nu + 8}{4}\right)^{0.2} (\rho_{*0} c)^{0.8} \mu_{*0}^{0.2} x^{0.6} (H_{\text{et}} - h_w) \tag{12.8.19}$$

　　这里，轴对称流动的热通量是二维流动中的 1.27 倍。而重要的是，两种情况下，驻点位置本身的湍流热通量值均为零，而在其附近具有 $q_t \sim x^{0.6}$ 型的奇异解。因此，球面 (或其他物体表面) 的 q_t 曲线在物面声速点附近具有最大值 $q_t = q_{t*}$ (图 12.14)。但在亚声速一侧，$\bar{p}\bar{U}$ 曲线的最大值处于点 $M = \gamma^{-1/2}$ 处。层流边界层中，q_t/q_{t*} 曲线在一定的程度上是普遍成立的。因此，在高超声速飞行条件 ($M_\infty \geqslant 3$) 下，根据压力分布 (7.2.6) (图 12.13)，可由下面公式来估计 (Zemlyanskii 和 Stepanov, 1981) 热通量的计算结果 (图 12.14(a) 中粗体曲线)：

$$q_t/q_{t*} = 3.75 \sin \omega - 3.5 \sin^2 \theta \tag{12.8.20}$$

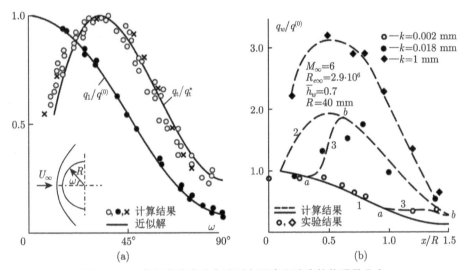

图 12.14　高超声速流动中球面上层流和湍流的热通量分布

其中，(a) ● 和 ○ 是根据 12.6 节和 12.8 节得到的计算结果；× 是根据代数黏性 (12.7 节) 得到的计算结果 (Safarov 和 Tirskii, 1977)；(b) 光滑表面 (1) 和粗糙表面 (2~4，粗糙高度 k) 计算和实验 (Marinin) 结果；ab 是转捩区

　　自然地，在驻点位置，$q_t = 0$ 是与物理概念及经验相矛盾的。因为，即使基于球半径 R 和自由流参数的雷诺数 $Re_{\infty R}$ 相当高，在驻点位置附近 ($x \ll R$)，也总存在一个局部低雷诺数区域，$Re \sim U_\delta x/R \sim (x/R)^2$。该区域为层流边界层，随后转捩发展到湍流边界层 (图 12.14(b))。

　　图 12.14(b) 的转捩区位置 (曲线 ab) 不仅依赖于外流条件，还依赖于局部雷诺数和表面状态。这里不对该复杂过程作详细讨论，我们只给出实验所得的粗糙球面的热通量 (图 12.15)。对粗糙度极小的表面，边界层是层流，计算的热通量值 (曲线 1) 与实验值非常吻合。在此情况，转捩区仅落在表面的次要部位。随着粗糙度增加，转捩区向对称轴漂移。正如 12.7 节所述，转捩区长度近似等于层流区

长度。同时，边界层湍流区的热通量的实验值通常与使用前文中光滑表面所得的计算值 (曲线 2) 相吻合，但是，湍流热通量值是层流的 2 倍。最后，对较大粗糙度的物面，热通量分布满足式 (12.8.14) 所确定的湍流热通量分布 (曲线 4)，不过热通量值存在 1.5 倍的增大因子。对该情况，图 12.14(a) 中粗糙高度与边界层厚度之比为 k/δ。曲线 1 中，$k/\delta_1 \sim 10^{-2} \ll 1$，曲线 2 中，$k/\delta_1 \sim 10^{-1} \ll 1$，曲线 4 中，$k/\delta_t \sim 1$ (其中，δ_1 和 δ_t 分别为层流和湍流边界层的厚度)。

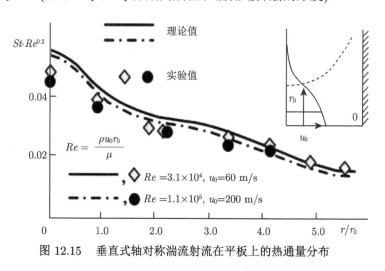

图 12.15　垂直式轴对称湍流射流在平板上的热通量分布

我们注意到，这种层流和湍流边界层区域的相对位置关系仅存在于外流未受干扰的情况。如果外流受很强的扰动 (如湍流射流的钝头体边界层)，那么热通量的表现将完全不同：在驻点位置，热通量的压力相关性表现出 "湍流" 特性 ($\rho^{0.8}$)，而物面热通量分布表现出 "层流" 特性 (Karpov，1966)。图 12.15 给出了与轴对称湍流射流轴线相垂直的平板热通量分布，能够支撑该猜想。这里，测试结果和基于微分型 $k\text{-}\varepsilon$ 湍流模型计算的结果吻合较好 (见 12.7 节)[1]。在驻点附近，该模型给出了 q_m 的有限值，与标准的湍流模型 (12.8.19) 在驻点位置 $q_w = 0$ 不同。

上述分析表明，有效长度方法的精度在工程应用，至少对光滑外形的物体而言是足够的。而在过高的压力梯度区域 (如角点位置附近)，该方法需要作进一步验证。图 12.16 给出了带有圆角点的圆盘热通量分布的计算值和测量值 (Marvin 和 Sinclair，1967)，可用以说明该方法在类似情况下的可行性。前面提到的方法中，方程 (12.8.5) 的系数 B_1 由方程 (12.6.11) 确定，而方程 (12.6.11) 中忽略了和局部压力梯度 (确定系数 β) 相关的右端项。**广义局部相似方法** (曲线 2)，不同于上述可压缩流动的 Falkner 和 Skan 的解 (12.2 节)，可给出较高的精度。但是

---

[1] 实验数据来自 Donaldson, Snedeker 和 Margolis (1971)，计算结果来自 Gorshkov, Lunev 和 Selezneva (1997) 并使用 Lam 和 Bremhorst (1981) 修正的 $k\text{-}\varepsilon$ 湍流模型。

这种方法的推广过程又增加了方法的复杂性。

在细长形的钝锥流动中，因其较高的熵层效应 (第 9 章)，物面边界层不能简单地视为 12.3 节和 12.5 节提到的经典边界层，我们将在 12.13 节讨论这种流动。这里，我们仅讨论钝锥和尖楔的有效长度的估计方法。为此，令式 (12.8.13) 中 $pU = \text{const}$，通过积分可得

$$\bar{x}_{\text{eff}} = \frac{x_{\text{eff}}}{r_0} = \frac{1}{\bar{r}_b^\kappa}\left(x_{\text{eff},0} + \frac{\bar{r}_b^{\kappa+1}-1}{(\kappa+1)\sin\theta}\right)$$

$$\bar{r}_b = \frac{r_b}{r_0} = 1 + \bar{x}\sin\theta, \quad \bar{x} = \frac{x}{r_0} \tag{12.8.21}$$

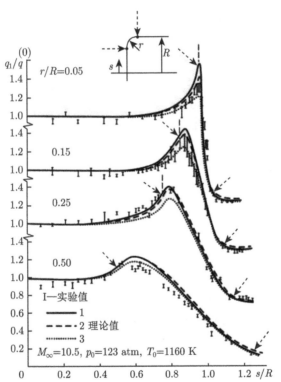

图 12.16 导圆角圆盘的层流热通量分布：1. 精确解；2. 广义局部相似方法；3. 有效长度方法；p_0 和 T_0 为驻点参数

这里，层流边界层中 $\kappa = 2\nu$，湍流边界层中 $\kappa = 4\nu/5$；r_0 和 θ 分别是尖锥或尖楔的头部半径和半顶角；x 轴是沿物体侧面从头部连接处开始计量的；$x_{\text{eff},0}$ 是头部表面的有效长度。在原点附近，因 $\bar{x}\sin\theta \ll 1$，可作如下展开：

$$\bar{x}_{\text{eff}} - \bar{x}_{\text{eff},0} = B\bar{x}, \quad B = 1 - \kappa\bar{x}_{\text{eff},0}\sin\theta \tag{12.8.22}$$

通常情况下 $B > 0$，但是也可能出现 $B < 0$ 的情况。在 $\bar{r}_b^\kappa \gg 1$ 的极限情况下，式 (12.8.21) 可表达成如下渐近形式：

$$\bar{x}_{\text{eff}} = \frac{\bar{x}}{\kappa + 1} + \bar{x}_{\text{eff}}^{(0)}, \quad \bar{x}_{\text{eff}}^{(0)} = \frac{1}{(\kappa + 1)\sin\theta} \tag{12.8.23}$$

只有当 $\bar{x}\sin\theta \gg 1$ 时，钝锥的有效长度才趋于与尖锥相同的极限值 $x/(\kappa + 1)$。

为便于描述，图 12.13 展示了球头半径 R $(r_0 = R\cos\theta)$ 锥角 $\theta = 5° \sim 40°$ 的钝锥层流 ($\kappa = 2$，见图 12.13(b)) 和湍流 ($\kappa = 4/5$，见图 12.13(c)) 边界层的 $\bar{x}_{\text{eff}}(\bar{x})$ 曲线，而其初始值 $\bar{x}_{\text{eff},0}$ 由图 12.13(a) 中的数据来确定。可清楚看出，$\bar{x}_{\text{eff}}(\bar{x})$ 曲线很快趋近于其渐近值 (式 (12.8.23)，图中虚线表示)，而对锥角 $\theta \geqslant 10°$ 的层流边界层 ($\kappa = 2$) 尤其明显。

最后，通过与激波管实验数据[①]作对比来验证式 (12.8.15) 和式 (12.7.1) 的有效性。驻点参数与 $H = 7 \sim 37$ km 地球大气环境里速度 $U_\infty = 7 \sim 8$ km/s 的飞行条件相对应。气体为离解平衡气体，自由来流马赫数 $M_\infty = 2 \sim 3$，焓因子较低，为 $\bar{h}_w = h_w/H_\delta \geqslant 0.02 \sim 0.1$。我们还要使用实验结果作进一步的估计。

Fay 和 Riddell (1982) 给出了驻点处层流边界层的估计公式：

$$q^{(0)} = A_1 A_{11}\sqrt{\rho_\delta\mu_\delta}\,(H_\delta - h_w), \quad A_1 = 0.76 Pr^{-0.6}, \quad A_{11} = \omega_{\delta w}^{0.1} A_{21}$$

$$A_{21} = 1 + \left(Le^{0.52} - 1\right)\frac{h_f}{H_\delta}, \quad \omega_{\delta w} = \frac{\rho_w\mu_w}{\rho_\delta\mu_\delta} \tag{12.8.24}$$

其中，h_f 为边界层外缘的比焓 (空气离解能)。当 $Pr = 0.7$，路易斯数 $Le = \rho D c_p/\lambda$ (式 (1.3.12)，D 为扩散系数) 为常数时进行求解，因流动的解是在**热传导扩散模型**的框架之内的 (比如求解瞬态能量和扩散方程 (参见 13.1 节)，而不是使用有效热传导系数 λ_{eff} (式 (1.2.11)))，故需将路易斯数代入式 (12.8.24) 中。当 $Le = 1.4$ 时，尽管公式是由 Sutherland 公式 (1.3.9) 推导得到的，并且低估了黏性影响 (在 $5 \times 10^3 \sim 6 \times 10^3$ K 的高温下低估量超过 1.5 倍，见图 1.11(b))，但公式推导结果和实验数据吻合得很好。如果式 (12.8.24) 中使用式 (1.3.11) 中的 $\rho\mu$ 数据，则需令 $Le < 1$ 方能与实验保持较高的吻合度。基于该事实，考虑到式 (1.3.11) 中的 $\rho\mu$ 及图 1.8，式 (12.8.15) 与式 (12.8.24) 的计算结果基本一致。因此，式 (12.8.15) 比式 (12.8.24) 更简单，且与实验数据更吻合。

需要注意的是，此类公式及所采用的物理模型，尤其是计算所采用的输运系数，很难在实验中直接测量来获取。

---

① Rose 和 Stark (1958) 的球头驻点边界层数据及 Rose, Probstein 和 Adams (1958) 在 $M_\infty \approx 2$ 来流条件下的钝柱侧面湍流边界层数据 (又见 Hayes 和 Probstein, 1966)。

对湍流边界层，计算所采用的输运系数可由下式来估计：

$$q_w = A_t A_{1t} \rho_\delta U_\delta Re_{e\delta}^{-0.2} (H_e - h_w), \quad A_t = 0.0296 Pr^{-0.6}$$

$$A_{1t} = 1 + 0.4 \frac{h_f}{H_\delta}, \quad Re_\delta = \frac{\rho_\delta U_\delta x}{\mu_\delta}$$

$$\frac{h_f}{H_\delta} \leqslant 0.3, \quad \bar{h}_w \leqslant 0.2, \quad M_\delta \approx 2 \tag{12.8.25}$$

与前面使用的公式相同，式 (12.8.25) 证明了实验条件下与式 (12.7.1) 的等价性。但是，式 (12.7.1) 更具普遍性，因为式 (12.8.25) 在高马赫数 M_δ 下是不适用的，如图 12.12 所示。

12.9 黏性-无黏相互作用：基本效应

12.8 节讨论了经典形式的边界层问题，其边界层厚度 δ 与流动的特征尺度 L 相比很小，即 $\delta/L \ll 1$。特征尺度 L 可以是与流动相关的物面长度，也可以是轴对称体的横截面半径 r_b，因此，在方程组 (12.5.5)~(12.5.8) 中取 $r = r_b$ 可以变换成方程组 (12.5.14)。

然而，通常我们不得不超越经典边界层模型的框架来讨论高超声速流动，譬如细长体绕流 (包括尖头体和钝头体)。高超声速流动通常发生在高空飞行条件，流动具有中等雷诺数 Re 和相当高的马赫数 M_∞。在这种流动中，边界层和外流之间会出现**黏性-无黏相互作用**。此类效应通常会耦合在一起，不过为阐明它们的规律，我们将之分解开单独讨论。

12.9.1 位移效应

正如 12.2 节、12.4 节和 12.5 节所述，为了消除边界层对无黏外流的影响，物面需要向外移动一个位移厚度 $\delta^*(x)$ 的距离，否则，在层流边界层 (以下无特殊说明均为层流边界层) 的外流中会出现 δ^*/L 或 $Re^{-1/2}$ 量级的附加扰动。

在水动力学或中等飞行高度且马赫数 $M_\infty \sim 1$ 条件下的空气动力学问题中，位移效应的影响通常很小，不予考虑 (但也不排除有少数例外)。然而，随着雷诺数的降低或飞行高度的增加，随着局部马赫数的增加 (式 (12.6.22))，边界层相对位移厚度 δ^*/L 会增加。因此，从高超声速高空飞行的某流域开始，边界层厚度 $\delta(x)$ 可能变得与激波层厚度相当，甚至与某些飞行器的整体尺寸相当 (如图 12.17(a) 和 (b)，其中 $r_s(x)$ 为弓形激波形状)。这将会导致物体有效厚度增大，并伴随着压力、密度、热通量等量值的增大。

12.9.2　横向曲率效应

当 $\delta \sim r_b$ 时，不能通过在方程组 (12.5.5)~(12.5.8) 中取 $r \approx r_b$ 转化成方程组 (12.5.14)；前者的方程组只能使用其原始形式。从图 12.27(d) 的分析可知，该

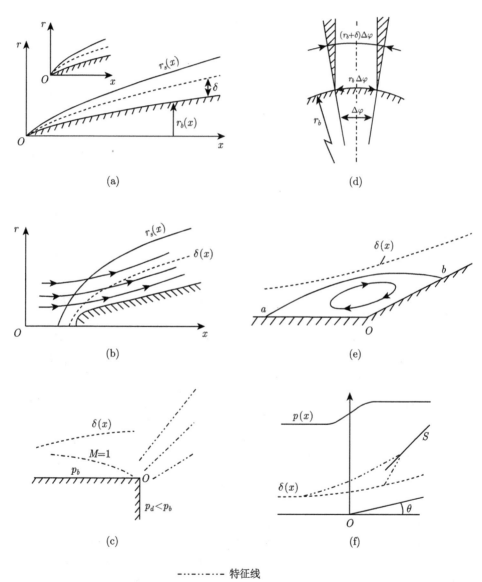

-------- 特征线

图 12.17　黏性–无黏相互作用影响的示意图；图中虚线是特征线

影响是很明显的：由于热通量和动量通量的积累，在确定 $r = r_b$ 的热通量或黏性项中需要加入原本次要的子午向的角度微元 $\Delta\varphi$。

横向曲率效应不仅仅出现在超声速流动中，它在任何流动中都存在，例如，具有无滑移和给定温度壁面边界条件的细长薄体绕流。

12.9.3　尾部效应

光滑壁面上的边界层连续增长，但任何物体长度都是有限的，必定会存在物体尾部，比如，以 O 为角点的基准面 (图 12.17(c))，基准压力 p_d 低于拐点前边界层内的压力 p_b。如果外流 (相对于边界层) 是亚声速的，那么在角点附近将出现与 5.6 节和 6.3 节相似的效应，它们与上游的扰动传播有关。然而，即使在超声速外流中，边界层内物面区域的流动也是亚声速的，因此基准压力会向上游传播，至少会传播亚声速子层厚度量级的距离，而声速线 $M = 1$ 恰巧出现在角点附近。在此情况下，因近壁面无滑移黏性作用的影响，6.3 节的解是不可接受的。为此，通常情况下，在角点附近的局部区域内，必须在完整的 Navier-Stokes 方程框架内求解边界层转捩流动。

其他情况，物体外形可能包含凹角 θ 和角点 O，如图 12.17(e) 和 (g) 所示。在无黏超声速流动中，局部尖楔会诱发激波 s，该压缩波沿边界层的亚声速子层传播至上游，当尖楔角 θ 大于某个临界值 θ_{cr} 时，将产生边界层分离，形成以**分离线 ab** 为界的黏性回流区 (图 12.17(e)，其中，层流边界层的 $\theta_{cr} \approx 5°$，湍流边界层的 $\theta_{cr} \approx 10°$，这些临界角度强依赖于流动条件)。在有回流或分离的流动中，即使考虑位移厚度的影响，边界层模型也是不适用的。

然而，当 $\theta < \theta_{cr}$ 时，压缩波在亚声速子层内的传播只引起流动减速及边界层增宽 (图 12.17)。该问题属于黏性–无黏相互作用问题的范畴。

除了流动分离，尾部的影响特性是局部的，其对上游的影响会迅速衰减。但是，在某些特定的情况下，尾部影响至少在理论上可能会传播至边界层的起始点，就像亚声速流动通过带有角点的物体一样。

12.9.4　外流的非均匀性效应

细且极长的钝头体上，边界层在熵层内发展并沿着不同熵值 s 的流线传播 (图 12.17(b))；这将导致边界层模型超出了经典公式的框架。此时，可进一步考虑非均匀的外流，这样边界层流动问题更具一般性，例如，物面上间断点之后的流动 (如图 12.18(a) 所示的温度间断)，或者是纵向非均匀的射流或尾流中的平板 (图 12.18(b))。

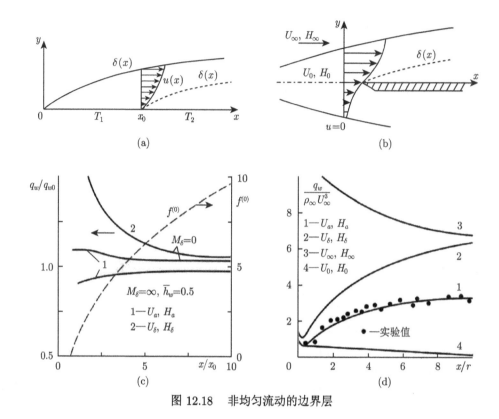

图 12.18　非均匀流动的边界层

12.9.5　非薄 (或扩散) 激波效应

在前文叙述中，我们假设激波相对流动的特征尺度是无限薄的 (如果不考虑弛豫区的话)，理论分析中用一个两侧流动参数满足守恒律的数学曲面模型来代替激波。该模型基于 3.2 节的估计，激波厚度 Δ 的量级与平均分子自由程 l 相当，而雷诺数 $Re_\Delta \sim \rho U \Delta / \mu$ 的量级通常为 1，形式上激波和边界层的厚度比 $\Delta / \delta \ll 1$。

而实际上，在极高雷诺数条件下，激波厚度 Δ 和边界层厚度 δ 可能是同一个量级。如图 12.19 所示，Gorshkov 基于完整的 Navier-Stokes 方程组，计算得到了不同雷诺数 Re_∞ 下激波层内的压力和温度型的分布曲线。当雷诺数 Re_∞ 从 10^4 降低至 10^2 时，流动特性从几乎完全无黏的、激波层边缘具有很窄的黏性子层变为完全黏性的流动，增宽的激波前缘和边界层融合在一起，无黏激波层将不再是流动中的一个明显的界限，物面前方的整体扰动层变为黏性的。这种在**低雷诺数**下出现的**连续黏性层**需要用完整的 Navier-Stokes 方程组来表征。

在钝体和细长钝头体的高超声速流动中 (见第 9 章)，在**中高雷诺数**流动中会

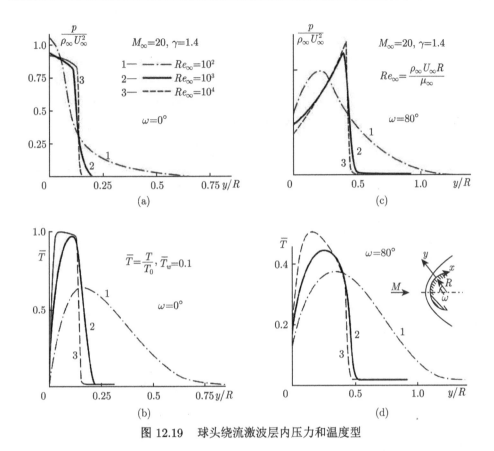

图 12.19　球头绕流激波层内压力和温度型

出现**黏性激波层**①(**黏性**流动模型)。在此流域，激波厚度相对较小 (但不是小到可忽略)，但是边界层厚度与整体扰动层厚度相当，而相对于流向长度尺度很小。这种流动状态可在抛物化的 Navier-Stokes 方程组 (12.5.5)~(12.5.8) 的框架下表征 (简称为 PNSE 系统或模型，将在 12.14 节中证实)。

传统的边界层模型中，无黏激波层的激波间断很窄，边界层相对较薄，对物面压力的影响较小，可通过求解无黏流动来得到外流参数。但以上传统边界层模型只能应用在高雷诺数条件下。

很显然，这些流动的边界以及雷诺数的值是有条件的，它们依赖于其他流动参数和物体形状，我们将在 12.13 节和 12.14 节进行证明。

---

① 术语 "黏性激波层" 中应加入 "薄" 字，因为该模型只对薄激波层才有效。但是，在文献中这通常是一个更简化的应用模型，即除了离心 Busemann 项外，所有的项均从横向动量方程中略去。该模型应用在 7.8 节 ~7.13 节，下面还会提到。

12.10 非均匀流动中的边界层

下面我们讨论 12.5 节中提及的边界层问题, 即初始段 x_0 的速度和焓分布非均匀 (式 (12.5.13)), 如图 12.18(a) 和 (c) 所示。**内部边界层**在 $x > x_0$ 的非均匀外流中发展, 并通过施加在 $y = 0$ 平面的边界条件限制流体流域。尽管该问题在数值上是十分容易求解的, 但研究其特性仍然具有很大价值。

该内流边界层和传统的边界层之间的一个本质的区别是, 在界面 $\delta(x)$ 上匹配非均匀外流和内流边界层的必要性。在传统的有限薄的边界层流动中 (参见 12.5 节), 边界是通过两个沿法向坐标 y 的流动解的光滑匹配条件而确定的。特别地, 速度 u 必须满足下面的条件:

$$y = \delta(x), \quad u_{\mathrm{I}} = u_{\mathrm{II}}, \quad \frac{\partial u_{\mathrm{I}}}{\partial y} \approx \frac{\partial u_{\mathrm{II}}}{\partial y} \tag{12.10.1}$$

这里, 下标 I 和 II 指的是界面 $\delta(x)$ 上下两侧的量, 如图 12.20(a) 所示。

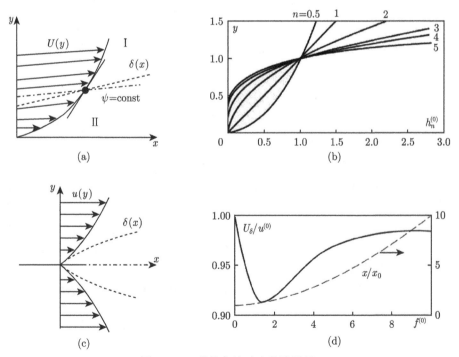

图 12.20 非均匀流动中的边界层

然而通常情况下, 即使在等压流动中, 外流速度型 $u_{\mathrm{I}}(y)$ 和起始段 $x = x_0$ 的

速度型 $u^0(y)$ 也并不一致。这是由于，黏性耗散作用和边界层位移厚度 δ^* 导致外流流线偏移，外流速度型将随着纵向 x 坐标而逐渐变形。

当外流的横向非均匀尺度 Δ 远大于内流边界层厚度 δ 时，可以对**弱非均匀外流**进行一定的简化。内流和外流区域的边界层方程中的耗散项之比为 $(\delta/\Delta)^2 \ll 1$，因此外流耗散可忽略不计，流动可假设为无黏的，沿流线的初始总能 H 和熵 s 的扰动将保持守恒。在此情况下，外流非均匀效应或**涡效应**可归纳为沿内流边界层外缘的流动参数以 δ/Δ 量级的改变，它同样对内流边界层特性具有相同量级的影响。因为在给定局部压力的二维无黏流动中，总焓 $H(\psi)$ 和熵 $s(\psi)$ 沿流线的分布决定速度 $U(\psi)$ 和焓 $h(\psi)$ 的分布，内流边界层外缘的条件 (12.10.1) 可写成一个更一般的形式：

$$y = \delta: \quad \psi = \psi_\delta, \quad H_{\mathrm{II}}\,(\psi_\delta) = H^{(0)}\,(\psi_\delta), \quad s_{\mathrm{II}}\,(\psi_\delta) = s^{(0)}\,(\psi_\delta)$$

$$\frac{\partial H_{\mathrm{II}}}{\partial \psi} \approx \frac{\partial H^{(0)}}{\partial \psi}, \quad \frac{\partial s_{\mathrm{II}}}{\partial \psi} \approx \frac{\partial s^{(0)}}{\partial \psi} \tag{12.10.2}$$

式中，$H^{(0)}(\psi)$ 和 $s^{(0)}(\psi)$ 分别为起始段 $x = x_0$ 相应的总焓和熵函数，根据假设，其在无黏外流中保持不变。

下面将根据一个解析解的例子 (Lunev 和 Rumynskii, 1966) 来讨论内流边界层特性以及与非均匀外流的相互作用。

针对不可压缩流动，对初始段 $x = 0$ 施以恒定来流速度 U_∞ 及非均匀焓分布的条件，焓分布由下面公式来控制：

$$x = 0: \quad h_n^{(0)} = h_c \psi^n \quad (\psi \geqslant 0), \quad h^{(0)} = 0 \quad (\psi \leqslant 0)$$

$$\psi = \psi' \left(\rho \mu U_\infty L\right)^{-1/2}, \quad \psi' = \int_0^y \rho u \, \mathrm{d}y \tag{12.10.3}$$

其中，ψ' 和 ψ 分别是有量纲和无量纲的流函数；长度尺度 L 是条件参数；密度 ρ、黏性系数 μ 和焓 h_c 是常数。图 12.20(b) 给出了不同 n 对应的 $h_n^{(0)} \sim y^n$ 的曲线族。

基于冯米泽斯变量 x 和 ψ (式 (12.3.5)) 和式 (12.10.3)，关于纵向速度 u 和焓 h 的方程组 (当 $Pr = \mathrm{const}$ 时) 可写为如下形式：

$$\frac{\partial u}{\partial x} = \frac{\partial}{\partial \psi}\left(u \frac{\partial u}{\partial \psi}\right), \quad \frac{\partial h}{\partial x} = \frac{1}{Pr}\frac{\partial}{\partial \psi}\left(u \frac{\partial h}{\partial \psi}\right) \tag{12.10.4}$$

其中，参数 h、u 和 x 分别除以 h_c、U_∞ 和 L 无量纲化。当 $u = 1$ 时，方程 (12.10.4) 的初值问题 (12.10.3) 有已知解，可表达成如下形式：

$$h_n = x^{n/2} J_n^{(+)}(f), \quad J_n^{(+)} = \frac{\sqrt{Pr}}{2\sqrt{\pi}} \int_0^\infty \xi^n e^{-Pr(f-\xi)^2/4} \, d\xi, \quad f = x^{-1/2}\psi \quad (12.10.5)$$

当 $f \to \infty$ 时，有 $J_n^{(+)} \to f^n$ 及 $h_n \to \psi^n$，而当 $f \to -\infty$ 时，有 $h_n \to 0$。

考虑求解域 $\psi \geqslant 0$，$x \geqslant 0$ 及平板 $\psi = 0$ 上 (当前流动中 $u = 1$) 的条件 $h = h_w = \text{const}$，我们对一个类似的**半边值**问题开展研究。此时，方程组 (12.10.4) 的第二个方程具有 $h_n = x^{n/2} J_n(f)$ 形式的一组解，其中函数 $J_n(f)$ 满足

$$2J_n'' + Pr f J_n' - nPr J_n = 0 \quad (12.10.6)$$

该方程的一个线性无关解与 $J_n^{(+)}(f)$ 相一致，而第二个解可由刘维尔 (**Liouville**) 公式来确定：

$$J_n^{(-)}(f) = C J_n^{(+)} \int_f^\infty \left(J_n^{(+)}\right)^{-2} e^{-f^2/4} df, \quad C = \text{const} \quad (12.10.7)$$

当 $f \to \infty$ 时，由于 $J_n^{(-)} \sim f^n e^{-f^2/4}$，该解将消失。那么，令 $J_n^{(-)}(0) = 1$，通过选取合适的参数 C，可得一般解：

$$h_n = \bar{h}_n + h_0, \quad \bar{h}_n = h_n^{(+)} - h_n^{(-)}, \quad h_0 = h_w J_0^{(-)}(f)$$
$$h_n^{(+)} = x^{n/2} J_n^{(+)}(f), \quad h_n^{(-)} = x^{n/2} J_n^{(+)}(0) J_n^{(-)}(f) \quad (12.10.8)$$

当 $f = 0$ 时，该解满足 $\bar{h}_n = 0$，$h_0 = h_w$；当 $x \to 0$ 时，$h_n \to \psi^n$ 和 $h_0 = 0$。式 (12.10.8) 中 $h_n^{(+)}$ 项代表柯西问题的解，而 $h_n^{(-)}$ 和 h_0 项引入了对边界条件影响的修正。当 $f \to \infty$ 时，这些项逐渐减小，在物面附近形成积分边界层，并视为边界条件的影响域。

回到原始的完整的流动问题式 (12.10.3) 和式 (12.10.4)，在边界 $y = \psi = 0$，$x > 0$ 处施加无滑移边界条件。于是，得到与式 (12.10.8) 相似的解，即

$$u = u(f), \quad h_n = x^{n/2} I_n(f) + h_0 \quad (f \geqslant 0) \quad (12.10.9)$$

方程组 (12.10.4) 的第一个方程和第二个方程无关，但其解 $u = u(f)$ 是 12.4 节的布拉休斯解，尽管是用其他变量来表达的，在 12.4 节中通过消除相关式 $u = f'(\zeta)$ 和 $f = f(\zeta)$ 中的变量 ζ 而得到的，其中 $f = x^{-1/2}\psi$ 为布拉休斯解。于是，回到 h_n 的解，函数 I_n 可由一个与方程 (12.10.10) 相似的方程来确定，方程的一般形式如下[①]：

$$2\left(u I_n'\right)' + Pr f I_n' - Prn I_n = 0 \quad (12.10.10)$$

---

① 当 $Pr = 0.71$ 及 $n \leqslant 5$ 时，前文引用的文献已经列出了函数 $I_n(f)$。

该方程具有两个线性无关的解，$I_n^{(+)}$ 和 $I_n^{(-)}$。当 $f \to \infty$ 时，$I_n^{(+)}$ 增大，$I_n^{(-)}$ 减小。当 $f \to \infty$ 时，按照指数律 (12.2 节和 12.4 节) 函数 $u \to 1$，而方程 (12.10.10) 与方程 (12.10.7) 相一致，所以可以假设 $I_n^{(+)} \to J_n^{(+)}$。相应地，当 $f \to \infty$ 时，按照与 $J_n^{(-)}$ 相同的规律，方程的第二个解减小。因此，通过与方程 (12.10.8) 相比拟，令 $J_n^{(-)}(0) = 1$，问题的解可表达为如下形式：

$$h_n = \bar{h}_n + h_0, \quad \bar{h}_n = h_n^{(+)} - h_n^{(-)}, \quad h_0 = h_w I_0^{(-)}(f)$$

$$h_n^{(+)} = x^{n/2} I_n^{(+)}(f), \quad h_n^{(-)} = x^{n/2} I_n^{(+)}(0) I_n^{(-)}(f) \tag{12.10.11}$$

当 $Pr = 1$ 时，函数 $I_0^{(-)} = 1 - u$，而 h_0 项为简单的克罗克积分关系 (12.6.15)。如前所述，$h_n^{(-)}$ 和 h_0 项对边界层的形成也有一定的影响。当 $f \to \infty$ 或 $\zeta \to \infty$ 时，施加在物面 $(y = \psi = 0)$ 上的边界条件对外流的影响呈指数衰减。

一般而言，因热传导影响的初始焓剖面 $h_n^{(0)}(\psi)$ 随 x 变化，所以通常情况下，$x > 0$ 时 $h_n(\psi) \neq h_n^{(0)}(\psi)$。然而，结果却是，对相当小的值 $n < 2$，焓 (温度) 分布沿整个流线几乎未改变，直到流线与内流边界层外缘 $f = f_\delta$ 或 $\zeta = \zeta_\delta$ 相交。对流动问题式 (12.10.9) 和式 (12.10.10)，当 $\zeta_\delta = 5.2$ 或 $f_\delta = 3.3$, $Pr = 0.72$ 时，比值 $\lambda_n = h_n/h_n^{(0)}$ 如表 12.1 所示。

表 12.1 λ_n、λ_n' 和 q_w/q_{w0} 的值

n	1/2	1	2	3	4	5
λ_n	0.96	1.00	1.22	1.68	2.50	4.10
λ_n'	0.97	1.00	1.25	1.75	2.50	3.50
q_w/q_{w0}	0.97	0.98	0.96	0.86	0.71	0.51

我们注意到，起始的剖面的变形仅与其形式有关，与雷诺数无关。实际上，根据方程 (12.10.4)，函数 $h_n(\psi)$ 沿流线 $\psi = \text{const}$ 在进入内流边界层时，与起始值 $h_n^{(0)}(\psi)$ 偏差的量级为

$$\Delta h_n \approx \frac{\partial^2 h_n^{(0)}}{\partial \psi^2} \approx \frac{1}{Pr f_\delta^2} \psi^2 \frac{\partial^2 h_n^{(0)}}{\partial \psi^2} \tag{12.10.12}$$

对相同的取值，即 $f_\delta = 3.3$, $Pr = 0.72$，方程 (12.10.12) 所得的函数 h_n 的增量等于 $\Delta h_n = 0.125 n(n-1) h_n^{(0)}(\psi)$，而比值 $\lambda_n' = h_n(\psi)/h_n^{(0)}(\psi)$ 在表 12.1 已给出，与 λ_n 的值相似。当 $n = 1$ 时，边界层外的初始剖面 $h_n^{(0)}(\psi)$ 自然保持不变，这点从式 (12.10.4) 的第二个方程中可直接得出。

另一个例子是平板边界层内从点 $x = x_0$ 开始发展的内流边界层。图 12.20(d) 给出了内流边界层外缘与起始位置 $(x = x_0)$ 的速度比 $U_\delta/U^{(0)}$，比值在 0.9~1。

图中，横坐标是函数 $f^{(0)} = x_0^{-1/2}\psi$ 其中沿流线的函数值为常数。所以，在内流边界层外缘，取 $f^{(0)} = f_\delta \left(x'/x_0\right)^{1/2}$（其中，$x' = x - x_0$，且 $f_\delta = 3.3$）。图 12.20(d) 中也给出了逆函数关系，$x/x_0 = 1 + 0.1 \left(f^{(0)}\right)^2$。

因此，当流动参数的初始剖面比较平缓时，外流区域（相对于内流边界层）可认为是无耗散和无黏的。而且，在前面例子中，外流和内流区域的非均匀性尺度 Δ 和 δ 几乎在同一量级，这对理论的应用而言具有重要意义。

我们探讨的最后一个问题是，在点 x_0 处的初始速度型在近壁区沿 y 方向是线性的，$u^{(0)} = \omega y$（其中，$\omega = \tau_w/\mu$，这里 τ_w 是壁面局部摩擦应力）。因此，在厚度为 δ 的内流边界层的外缘，速度的量级为 $u_\delta \sim \omega\delta$，从式 (1.16.6) 估计可得

$$\delta \sim \left(\frac{\nu x'}{u_\delta}\right)^{1/2} \sim \left(\frac{\nu x'}{\omega\delta}\right)^{1/2}, \quad \delta \sim \left(\frac{\nu x'}{\omega}\right)^{1/3}, \quad x' = x - x_0, \quad \nu = \mu\rho$$

$$(12.10.13)$$

在这个关系中，我们还需提到 Goldstein 问题 (1930)，即零厚度平板的尾流发展问题（如图 12.20(c) 所示，它可能是此类问题的第一个问题）。点 $x = 0$ 处的平板尾缘流动脱落后，按照沿轴向的运动方程，流动加速。边界之前速度型是线性分布的 $u^{(0)} = \omega y$，根据方程 (12.10.13)，流动加速导致在尾部轴线（$y = \psi = 0$）上速度 u_0 产生如下的偏差：

$$u_0^2 \sim \nu x \frac{\partial^2 u}{\partial y^2} \sim \frac{\nu\omega x}{\delta}, \quad u_0 \sim \left(\omega^2 \nu x\right)^{1/3} \qquad (12.10.14)$$

该问题的详细论述可参见 Sychev (1987)。

12.11　非均匀流动中边界层的质量平均参数化方法

在 12.8 节中，我们给出了面向工程问题的**有效长度法**，用来求解传统薄边界层（见 12.3 节和 12.5 节）的物面热通量和摩擦力。通过使用边界层外缘的流动参数（u_δ、H_δ 等）来代替无黏来流参数，可将该方法推广到非均匀流动的边界层。

然而，推广后的方法在内流边界层中违反了守恒定律，会导致结果产生误差。实际上，正如 12.8 节分析的那样，在内流平板边界层的特定段 $x = x_1$ 内，局部速度 $u_\delta = u\left(\psi_\delta\right)$ 和纵向动量通量 $u_{\delta 1}\psi_{\delta 1}$ 与内流边界层的假设有关。但是，在区间 $x_0 \leqslant x \leqslant x_1$ 中，如果速度 $u_\delta < u_{\delta 1}$ 或 $\psi_\delta < \psi_{\delta 1}$，该通量可能会被高估，如图 12.20(a) 所示。

在此关系中，自然地可以假设壁面摩擦和壁面热通量等基本边界层特性是由穿过边界层边缘的总动量和总焓通量决定的，而不是由局部参数决定的。但是，还需要建立一种假设，即在有效长度方法（12.8 节）的公式中必须使用速度 U_a 和

总焓 H_a 的**质量平均值**而非局部外流参数。这些质量平均量的积分形式表达如下 (Lunev，1967)：

$$U_a(p,\psi) = \frac{1}{\psi_\delta} \int_0^{\psi_\delta} U^{(0)}(p,\psi)\mathrm{d}\psi, \quad p = p(x)$$

$$H_a = \frac{1}{\psi_\delta} \int_0^{\psi_\delta} H^{(0)}(\psi)\mathrm{d}\psi, \quad h_a = H_a - \frac{1}{2}U_a^2 \tag{12.11.1}$$

式中，$p(x)$ 是局部压力；而 $U^{(0)}(p,\psi)$ 和 $H^{(0)}(\psi)$ 为边界层以外流动中相应参数的分布。根据 12.10 节的结论，假设外流是无黏的，根据伯努利方程，质量平均焓 h_a 可表达为 U_a 和 H_a 的函数。

为了确定边界层外缘的流动参数的质量平均量，需要已知穿过某截面的气体流量 $\psi_\delta(x)$。与 12.8 节中的假设相同，层流边界层中，取

$$\psi_{\delta l} = (2\pi)^\nu r^\nu f_{\delta l} \left(\rho_{*a}\mu_{*a}U_a x_{\mathrm{eff},l}\right)^{1/2} \tag{12.11.2}$$

其中，$f_{\delta l} = f_\delta = 3.3$，有效长度 x_{eff} 由式 (12.8.11) 确定，根据局部压力和参考焓 h_* 确定参数 ρ_{*a} 和 μ_{*a}，将 H_a 和 h_a 代入式 (12.6.19) 中的 H_δ 和 h_δ 而计算得出。湍流边界层中，取 (参见 12.7 节)

$$\frac{u}{U_a} = \left(\frac{y}{\delta_t}\right)^{1/7}, \quad \delta_t = 0.38 x_{\mathrm{eff},t} Re_{*a}^{-0.2}, \quad Re_{*a} = \frac{\rho_{*a}U_a x_{\mathrm{eff},t}}{\mu_{*a}} \tag{12.11.3}$$

在相同的假设下，有

$$\psi_{\delta t} = (2\pi)^\nu r^\nu f_{\delta t}\mu_{*a}^{1/5} \left(\rho_{*a}U_a x_{\mathrm{eff},l}\right)^{4/5}, \quad f_{\delta t} = 0.33 \tag{12.11.4}$$

结合方程 (12.8.11)，ψ_δ 的公式很易转化为如下微分方程：

$$\frac{\mathrm{d}\psi_{\delta l}^2}{\mathrm{d}x} = (2\pi r_b)^{2\nu} f_{\delta t}^2 \rho_{*a}\mu_{*a}U_a$$

$$\frac{\mathrm{d}\psi_{\delta t}^{5/4}}{\mathrm{d}x} = (2\pi r_b)^{5\nu/4} \rho_{*a}\mu_{*a}^{1/4}U_a \tag{12.11.5}$$

因此，基于下面的假设可以将有效长度方法推广到质量平均量方法，式 (12.8.10)～ 式 (12.8.14) 确定物面热通量 q_w 和摩擦应力 τ_w，其仅与参数 U_a 和 H_a (以此代替边界层参数 U_δ 和 H_δ) 以及气体流量 ψ_δ 有关。

但是，该方法基本是凭直觉提出的，还需进行测试验证。下面给出若干验证的例子。

(1) 边界层起始段为指数形式的焓剖面 $h_n \sim \psi^n$ 的问题，如 12.10 节所讨论的，表 12.1 中给出了相同位置的近似精确的热通量比 q_w/q_{w0} (对 $h_w = 0$ 情况)。当 $n \leqslant 2$ 时，近似方法的精度相当高，当 $n = 3$ 时，近似方法的精度尚可接受。当 n 值很大时，外流中焓剖面变形很大，造成边界层外缘的焓值增加，进而造成物面热通量的增加。

(2) 在图 12.18(b)(12.9 节) 中，给出了层流平板边界层在点 $x = x_0$ 下游的热通量分布 q_w/q_{w0}，此处精确的速度和焓剖面已提前给定。这里需指出，$x > x_0$ 时的内流边界层实际上是不存在的，此处仅是为了展示案例而将该情况纳入考虑。可清楚看出，由质量平均参数方法计算所得的曲线 1 和实验值很接近，而由内流边界层的外流参数 (计算 ψ_δ 时用速度 $U^{(0)}$ 替换式 (12.11.2) 中的 U_a) 计算所得的曲线 2，其得到的热通量在很长一段距离内都明显偏大。图中，我们给出了 $f^{(0)} = x_0^{-1/2}\psi_\delta$ 曲线，结果发现，函数 $f^{(0)}$ 与穿过内流边界层的气体流量成正比。穿过边界层起始段 $x = x_0$ 的外流气体流量 $\psi^{(0)} = x_0^{1/2}f_\delta$ (其中，$f_\delta = 0.33$)。因此，从曲线 2 的变化趋势看，只有在边界层吸收约 3 倍的起始段气体流量时，起始段的影响才有明显衰减。

现在，假设不同段的平板具有不同的温度，$x < x_0$ 为 T_1，$x > x_0$ 为 T_2。在点 x_0 的附近速度和温度型的线性影响区域内，当 $Pr = 1$ 及 $\rho\mu = \text{const}$ 时，$x > x_0$ 时的热通量分布由质量平均参数方法来确定，公式[①]如下：

$$q_w = aq_{w0}\left(1 + \bar{x}^{-1/3}\kappa\Theta\right), \quad \Theta = \frac{h_{w2} - h_{w1}}{H_\delta - h_{w1}}, \quad \bar{x} = \frac{x - x_0}{x_0}$$

$$a = (8/9)f_w''f_\delta \approx 0.975, \quad \kappa = 3\left(4f_w''f_\delta\right)^{-2/3} \approx 1.12 \tag{12.11.6}$$

式中，q_{w0} 是紧邻点 x_0 左侧的热通量。可以看出，当 $x \to x_0$ 时，q_w 将无限制地增长。

该解与精确解几乎一致，可用于小型热量计测热实验中。长度为 Δx 的热量计的平均热通量 $\tilde{q}_w$ 如下 (我们令 $a = 1$)：

$$\bar{q}_w = q_{w0}\left[1 + \frac{3}{2}\kappa\left(\frac{x_0}{\Delta x}\right)^{1/3}\right] \tag{12.11.7}$$

(3) 在图 12.18(d) 所示的二维超声速湍流射流中 (射流起始区域为一个轴对称喷管，详见 Karpov(1971))，我们给出了沿混合区和静止区分界处流线的平板热通量的计算值和实验值。质量平均参数方法给出的结果与实验数据相吻合，而

---

① 公式来自 Zemlyanskii 和 Marinin (1974) 的工作，他们还解决了更为普遍的问题，$x < x_0$ 区域内气体射流。

使用边界层外缘参数计算的热通量值偏高，几乎是实验值的 2 倍。使用射流外边界或分离流线 (曲线 3 和 4) 数据得到的计算结果则毫无意义。

(4) 在超声速或高超声速的钝头体绕流中，驻点附近的气体速度沿物面法向增加 (7.8 节中图 7.23)。因此，在有限厚度的边界层上，边界层外缘的气体速度与物面气流速度不同，12.6 节和 12.8 节的相关解给出了其中差别，下面将作估计。

因为平面流动速度关于物面法向的导数为零，所以我们只讨论轴对称流动 (详见 12.13 节)。在贴体曲线坐标系 x、y 中，在钝头体驻点附近，气体速度变化规律如下：

$$U^{(0)} = cx(1 + by) = cx(1 + z)^{1/2} = c^{(0)}x$$
$$c, b = \text{const}, \quad z = \frac{b\psi}{\pi\rho cx^2} \tag{12.11.8}$$

此种情况下，质量平均速度如下：

$$U_a = c_a x, \quad c_a = c\varphi(z_{\delta a}), \quad \frac{1}{2}\varphi(z) = \frac{(1 + z)^{3/2} - 1}{3z} \tag{12.11.9}$$

对比方程 (12.11.2)，得到 $z_\delta^{(0)}$ 和 $z_{\delta a}$ 边界值：

$$z_\delta^{(0)} = \left(\frac{c^{(0)}}{c}\right)^{1/2}\Omega, \quad z_{\delta a} = \left(\frac{c_a}{c}\right)^{1/2}\Omega, \quad \Omega = f_\delta\left(\frac{\mu}{\rho c}\right)^{1/2}b \tag{12.11.10}$$

其中，$c_a = c_0\varphi(z_{\delta a})$。如图 12.21 所示，当 $\nu = 1$ 且 $f_\delta = 3.3$ 时，考虑/不考虑旋涡所得的热通量比 $q_w/q_w^{(0)} = (c_a/c)^{1/2}$ 随 Ω 的变化关系 (曲线 1)，其很靠近曲线 3(Kemp，1958)。同时，使用外边界速度 $U^{(0)}\left(z_\delta^{(0)}\right)$ 计算得到的热通量值 (曲线 2) 明显偏高。

为了得出质量平均参数方法具有较满意精度的结论，前文所讨论的例子是极具普适性的，至少能够适用于估计外流非均匀特性和其他通过外边界在边界层内引入的扰动。我们将在 12.13 节中讨论该方法在钝头体问题中的应用。

然而，类似的平均方法均未考虑到物面附近引入的扰动。为说明这个问题，我们考虑带有内热源 $Q(x,\zeta) = (H_\delta U_\delta/x)Q_1(\zeta)$ 的不可压缩平板边界层的自相似解。该问题具有一个简单解，当 $Pr = 1$ 时可写成在点 ζ_0 附近的点源形式：

$$\frac{\Delta q}{q_0} = Q_0\frac{1 - f'(\zeta_0)}{f''(\zeta_0)}, \quad Q_0 = \int_0^\infty Q_1 \, d\zeta \tag{12.11.11}$$

这里，Δq 为热源造成的热通量增量。于是，可以确定质量平均总焓：

$$H_a = H_\delta + \frac{1}{\psi_\delta}\int_0^x\int_0^\delta \rho Q \, dx \, dy = H_\delta\left(1 + \frac{2}{f_\delta}Q_0\right) \tag{12.11.12}$$

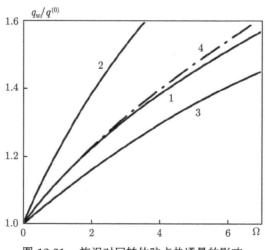

图 12.21　旋涡对回转体驻点热通量的影响

当 ζ_0 很大时, 根据方程 (12.11.11), 使用洛必达法则和布拉休斯方程 $2f'' = -ff'''$, 可得 $\Delta q/q_0 = 2Q_0/f(\zeta_0)$; 当 $\zeta_0 \approx \zeta_\delta$ 且 $f \approx f_\delta$ 时, 根据式 (12.11.12), 该结果与质量平均参数方法得到的近似结果 $\Delta q/q_0 = 2Q_0/f_\delta$ 一致, 这点前文已作讨论。同时, 当 $\zeta_0 \to 0$ 时, 精确解为 $\Delta q/q_0 = Q_0/f_w''$ (其中, $f_w'' = f''(0) = 0.332$), 比预估值大约 5 倍。在此情况下, 释放的热量均直接进入物面, 而边界层内的气体没有加热, 也没有产生任何质量平均效应。

12.12　细尖体高超声速边界层

细尖体的无黏高超声速绕流已在第 8 章进行了讨论。下面我们将第 8 章的结果推广到黏性和热传导气体流动, 我们主要从 12.9 节的黏性–无黏相互作用进行讨论。

在细尖体的高超声速绕流中, 无黏激波层[①]内流动参数的量级需由方程 (8.2.7) 来确定, 方程中边界层相对位移厚度 δ^*/L (L 是长度尺度) 应该加到相对物体厚度 θ_0 之上, 参数 ε 应化为

$$\varepsilon = M_\infty^{-1} + \theta_0 + \delta^*/L \ll 1 \tag{12.12.1}$$

其中, 下标 ∞ 表示自由来流条件。在激波层内, 纵向速度等于总速度, $u \approx U \approx U_\infty$, 总焓 $H \approx U_\infty^2/2$, 马赫数量级为 $M \sim \varepsilon^{-1} \gg 1$, 也就是说, 激波层流动为高超声速流动。

---

① 在本节中, **无黏激波层** 的概念指的是弓形激波和边界层之间的无黏流动区域。

同时, 按照式 (12.5.10), 边界层内焓的量级为 $h : h_* : H_\delta = H_\infty$, 其中, h_* 为边界层内特征焓 (见式 (12.6.15))。为了确定其他特征边界层参数, 如式 (12.5.9)、式 (12.6.4)、式 (12.6.5) 等的 ρ_* 和 μ_*, 通过方程 (1.3.11) 和完全气体的状态方程, 我们将之表达为 ρ_∞、h_∞ 和 μ_∞ 的形式:

$$\rho_* \mu_* = \rho_\infty \mu_\infty \left(\frac{h_*}{h_\infty} \right)^{-n} \frac{p_\delta}{p_\infty} = \rho_\infty \mu_\infty \left(\frac{H_\infty}{h_\infty} h_* \right)^{-n}, \quad \bar{h} = \frac{h}{H_\infty}$$

$$\frac{p}{\rho h} = \frac{\gamma - 1}{\gamma}, \quad \frac{\rho_* h_*}{\rho_\infty h_\infty} = \frac{p_\delta}{p_\infty} = \gamma M_\infty^2 \bar{p}_\delta$$

$$\bar{p} = \frac{p}{\rho_\infty U_\infty^2}, \quad \frac{H_\infty}{h_\infty} = \frac{\gamma - 1}{2} M_\infty^2 \tag{12.12.2}$$

式中, $p_\delta \sim \rho_\infty U_\infty^2 \varepsilon^2$, 为边界层外缘的压力, 其下标用 δ 来标识, 根据式 (12.5.12), 也可以表示边界层内压力。

根据 12.5 节的结论, 严格地讲, 边界层位移效应是由边界层位移厚度 δ^* 来确定的, 而非边界层厚度 δ。在轴对称有限厚度边界层流动中, δ^* 的表达式 (12.5.15) 应该推广到一般形式。为此, 在推导式 (12.5.15) 时, 使通过边界层的气体流量, 与由参数 ρ_δ 以及 $U_\delta = U_\infty$ 确定的边界层的外表面 r_σ 和位移表面 r^* (如前所述, 细长体的半径 $r = r_b(x) + y$, 其中, y 为垂直物面 $r = r_b(x)$ 的坐标) 之间的外流流量相等。于是可得如下关系式:

$$\psi_\delta = (2\pi)^\nu \int_0^\delta \rho u r^\nu \, \mathrm{d}y = \pi^\nu \rho_\delta U_\infty \left(r_\sigma^{1+\nu} - (r^*)^{1+\nu} \right)$$

$$r_\sigma = r_b + \delta, \quad r^* = r_b + \delta^* \tag{12.12.3}$$

因为 $\psi_\delta \sim \rho_* U_\infty r_\sigma^\nu \delta$, 作如下估计:

$$\frac{\delta - \delta^*}{\delta} \sim \frac{\rho_*}{\rho_\delta} \sim \bar{h}_\delta \sim \frac{h_\delta}{H_\infty} \sim M_\delta^{-2} \ll 1 \tag{12.12.4}$$

在高超声速边界层流动中, 由于相对焓 $\bar{h}_\delta$ 和 M_δ^{-2} 很小, 所以厚度 δ 和 δ^* 几乎完全相同 (这些估计在图 12.11 中也有说明)。

因此, 可以得出两个重要的结论: ① 高超声速边界层的外边界 δ 已被清晰定义, 因为式 (12.6.23) 中定义的常规项 f_δ 相对很小; ② 穿过边界层外缘的流量 ψ_δ 与激波层流量 ψ_s 之比很小, $\psi_\delta / \psi_s \sim \rho_* / \rho_\delta$。

因此, 当 $M_\delta \to \infty$ 时, 流动可假设为无黏外流, 围绕与边界层外缘相一致的等效物面 $r = r_\sigma(x)$ 流动。作用在边界上的外流满足条件:

$$y = \delta(x): \quad h_\delta = 0, \quad u = U_\delta = U_\infty \tag{12.12.5}$$

我们注意到,条件 $h_\delta \approx 0$ 无法确定边界层外缘的密度 ρ_δ。因此,由式 (12.5.15) 和式 (12.12.3)(包含有 ρ_δ) 确定的位移厚度 δ^* 毫无意义。变量 ξ 和 ζ (式 (12.6.4)) 更适用于可压缩边界层。可以预期,当 $\zeta \to \infty$ 时,焓将趋于零 ($h \to 0$) 且密度 按指数形式无限增大,这保证了式 (12.6.5) 中积分项 $\bar{\zeta}$ 的收敛性,即 $\zeta \to \infty$ 时 $y \to \delta$ (在 6.10 节中使用了类似的方法求解 Stewartson 问题)。

为了估计出边界层厚度并进一步推导估算公式,如 8.4 节所述,认为激波层 流动是由参数 $M_\infty \varepsilon$ 确定的,因此也是由 $\tilde{\delta} = M_\infty \delta / L$ 所确定的,该参数可表达为 自由流参数 ρ_∞ 等的函数。为此,根据式 (12.12.2),从式 (12.6.5) 和式 (12.6.23) 中可得

$$\tilde{\delta} \sim \tilde{\delta}_\xi = \frac{M_\infty \delta}{\xi} = K_1 \left(\frac{p_\infty}{p_\delta} \right)^{1/2} \chi_\xi, \quad \chi_\xi = \frac{M_\infty^{3-n}}{\sqrt{Re_{\infty\xi}}} \sim \chi = \frac{M_\infty^{3-n}}{\sqrt{Re_{\infty L}}}$$

$$Re_{\infty\xi} = \frac{\rho_\infty U_\infty \xi}{\mu_\infty}, \quad Re_{\infty L} = \frac{\rho_\infty U_\infty L}{\mu_\infty} \tag{12.12.6}$$

式中,系数 K_1 表达式如下:

$$K_1 = \left(\frac{\gamma - 1}{2} \right)^{1-n/2} \bar{h}_*^{-n/2} K, \quad \bar{h} = \frac{h}{H_\infty}, \quad K = \bar{h}_\delta \bar{\delta}_* \tag{12.12.7}$$

式中,系数 K、函数 $\bar{\delta}_*$ 与式 (12.6.22) 中的相同。显而易见,当 $h_\delta \to 0$ 或 $M_\delta \to 0$ 时,系数 K 是有限的。结合该极限值,用方程 (12.6.9) 计算 h_*,$M_\delta \to \infty$ 时可 得系数 K_1:

$$K_1 = \left(\frac{\gamma - 1}{2} \right)^{1-n/2} \left(1.72\bar{h}_w + 0.664 \right) \left(0.35 + 0.5\bar{h}_w \right)^{-n/2}, \quad Pr = 1$$

$$K_1 = \left(\frac{\gamma - 1}{2} \right)^{1-n/2} \left(1.94\bar{h}_w + 0.58 \right) \left(0.35 + 0.5\bar{h}_w \right)^{-n/2}, \quad Pr = 0.72$$

$$\tag{12.12.8}$$

当 $\bar{h}_w = 0 \sim 1$,$\gamma = 1.4$,$n = 0.3$ 时,Pr 取 1 时 $K_1 = 0.2 \sim 0.63$,Pr 取 0.72 时 $K_1 = 0.175 \sim 0.66$。

基于有效长度方法,我们希望式 (12.12.8) 对平面流动 ($\nu = 0$) 及 $\delta > r_b$ 时 的轴对称流动 ($\nu = 1$) 是可靠的。但是,$\nu = 1$ 及 $\delta > r_b$ 时,边界层速度型和导 出公式 (12.12.8) 所用的布拉休斯速度型有很大的不同,下面会具体讨论。

前文所得的公式清晰地说明了位移厚度效应作用下的黏性–无黏相互作用的 过程:边界层厚度 δ 依赖于局部压力 p_δ,反过来 p_δ 同样也依赖于 δ。在式 (12.12.6)

中令 $p_\delta \sim \rho_\infty U_\infty^2 \varepsilon^2$，结合式 (12.12.1)，可得参数 $\tilde{\delta}$、M_∞、θ_0 和 χ 的关系：

$$\left(1 + M_\infty \theta_0 + \tilde{\delta}\right)\tilde{\delta} = \bar{K}\chi \tag{12.12.9}$$

其中，$\bar{K}$ 为无关的系数，利用该关系分析位移效应带来的黏性–无黏相互作用，下面简称为**相互作用效应**。

当 $\chi \ll 1$ 时，表现为**弱相互作用**。此时方程 (12.12.9) 的关系可表达为 $(1 + M_\infty \theta_0)\tilde{\delta} = \bar{K}\chi$ 的形式。此类问题可在经典边界层模型框架下在厚度 δ^* 处使用无黏方法进行线化来解决。

为阐述之便，给出带有尖前缘的平板 ($\theta_0 = 0$) 流动的解。当 $\xi = x$ 时，使用式 (12.12.8)，并使用线性理论公式 (2.8.4) 来计算高超声速薄翼流动的压力：

$$\frac{\Delta p}{p_\infty} = \gamma M_\infty \frac{\mathrm{d}\delta}{\mathrm{d}x} = \frac{1}{2}\gamma K\chi_x \quad (\text{对} L = x, \quad \chi_x = \chi) \tag{12.12.10}$$

图 12.22 给出了高超声速流动绝热平板 ($\bar{h}_w \approx 1$) 流动中，压力比 p/p_∞ 的实验值。该图取自 Hayes 和 Probstein(1966)，横坐标是 $\bar{\chi} = [(\gamma - 1)/2]^{-n/2}\chi_x = 1.27\chi_x$。压力比与 $\bar{\chi}$ 的相关性在 $\bar{\chi} \approx 3$ 以前是接近线性的，且在该范围与式 (12.12.10)，$p/p_\infty - 1 - 0.43\chi_x = 0.32\bar{\chi}$ (直线 1) 的吻合度较好。

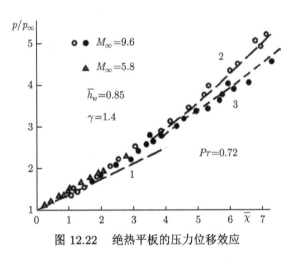

图 12.22 绝热平板的压力位移效应

当 $\chi \gg 1$ 时，且满足 $\tilde{\delta} \sim M_\infty \theta_0$ 或 $\tilde{\delta} \gg M_\infty \theta_0$ 时，表现为**强相互作用**。此时式 (12.12.9) 退化为 $\left(M_\infty \theta_0 + \tilde{\delta}\right)\tilde{\delta} = \bar{K}\chi$ (其中，$\tilde{\delta} \sim \chi^{1/2} \gg 1$)。这些条件意味着，边界层从外流引入的强扰动的量级不小于物体本身引入的扰动 (高超声速意义下)。

然而，此时参数 χ 必须由以下条件来加以限制：

$$\frac{\delta}{L} \sim \frac{1}{M_\infty}\chi^{1/2} \ll 1, \quad Re_{\infty L}^{1/4} \gg M_\infty^{(1-n)/2} \tag{12.12.11}$$

否则，此类问题将超出边界层模型的范畴，需要在完整的 Navier-Stokes 方程组的框架下求解。因此，在相互作用问题中，无黏理论中考虑的传统极限情况 $M_\infty \to \infty$ 将失去意义，除非条件 $Re_{\infty L} \to \infty$ 同时成立。

平板流是一个简单的强相互作用的例子 (Stewartson, 1955)。该情况下，边界层厚度由下式确定：

$$M_\infty \delta = K_2 x \chi_x^{1/2} = K_2' x^{3/4} \tag{12.12.12}$$

其中，系数 K_2 和 K_2' 在边界层问题的求解过程中确定。而有效指数型物体的边界压力由活塞膨胀问题 (满足指数律 $r_p \sim t^m$，详细讨论见 6.8 节和 7.6 节) 的非定常自相似解确定。在时间相关比拟的框架下 (8.2 节)，已知压力，按照式 (12.12.12)，该解可应用于指数型细长体 $r_b \sim x^m$ 的高超声速绕流中。公式如下：

$$\frac{p}{p_\infty} = \gamma A_0 M_\infty^2 \left(\frac{\mathrm{d}\delta}{\mathrm{d}x}\right)^2 = A_0' \chi_x = A_0'' x^{-1/2} \tag{12.12.13}$$

该解是考虑位移厚度效应的细长体绕流 (Lunev，1960) 中边界层自相似解的一个特例。为推导出该解，我们回到方程组式 12.5.5∼ 式 12.5.7，在边界层外或在激波层内，方程中忽略耗散项，所以方程组和无黏激波层具有相同形式的方程，而在边界层区域，可以省略横向动量方程 (12.5.6)。正如前文所述，在高超声速流动中，这些区域界限分明，是由边界 $\delta \approx \delta^*$ 来分开的。在交界处，应该在激波层一侧施加无穿透条件，而在边界层一侧施加条件 $h = 0$、$U = U_\infty$ (式 (12.12.5)) 以及预设的压力分布 $p(x)$，其中，压力分布由有效物面形状 (其整体厚度为 $r_\sigma = r_b + \delta(x)$) 确定。

很显然，为了使解在整体上是自相似的，解在激波层内也必须是自相似的。根据 6.8 节给出的解和 8.2 节的时间相关比拟得出，可能只对指数型有效物面 $r_\sigma \sim x^m$ 才存在自相似解。而当物体表面和位移厚度都是指数型外形 $r_b \sim x^m$ 和 $\delta \sim x^m$ 时，指数型的有效物面存在自相似解。

相应地，这些外形量以及边界层外缘压力可表达为

$$r_b = b_b x^m, \quad \delta = b_\delta x^m, \quad r_\sigma = b_\sigma x^m, \quad b_\sigma = b_b + b_\delta$$

$$\bar{p} = \frac{p}{\rho_\infty U_\infty^2} = A_\nu \left(\frac{\mathrm{d}r_\sigma}{\mathrm{d}x}\right)^2 = m^2 A_\nu b_\sigma^2 x^{2(m-1)} \tag{12.12.14}$$

其中，系数 b_b 已知，而 b_σ 未知，系数 A_ν 由无黏流动的解来确定。

于是，为了使该解在整体上自相似，需要导出边界层流动的解的自相似性条件。为此，我们改变方程组式 (12.5.5) 和式 (12.5.7) 中的变量：

$$x, y \to x, \tilde{\eta}, \quad \tilde{\eta}(x, y) = \int_0^y \rho r^\nu \, \mathrm{d}y \tag{12.12.15}$$

当 $\nu = 0$ 时，变量 $\tilde{\eta}$ 和式 (12.6.1) 中的 $\bar{\eta}$ 相一致。将该过程与 12.6 节中相比拟 (用 ur_b 代替 u，用 ρr^ν 代替 ρ 来变换式 (12.6.3))，方程组变换为如下形式：

$$u\frac{\partial u}{\partial x} + V\frac{\partial u}{\partial \tilde{\eta}} = -\frac{1}{\rho}\frac{\partial p}{\partial x} + \frac{\partial}{\partial \tilde{\eta}}\left(\rho\mu r^{2\nu}\frac{\partial u}{\partial \tilde{\eta}}\right)$$

$$\frac{\partial u}{\partial x} + \frac{\partial V}{\partial \tilde{\eta}} = 0, \quad V = \rho v r^\nu + u\frac{\partial \tilde{\eta}}{\partial x}$$

$$u\frac{\partial h}{\partial x} + V\frac{\partial h}{\partial \tilde{\eta}} = \frac{u}{\rho}\frac{\partial p}{\partial x} + \frac{\partial}{\partial \tilde{\eta}}\left(\frac{\rho\mu r^{2\nu}}{Pr}\frac{\partial h}{\partial \tilde{\eta}}\right) + \rho\mu r^{2\nu}\left(\frac{\partial u}{\partial \tilde{\eta}}\right)^2 \tag{12.12.16}$$

式 (12.6.4) 中的变量变换成如下变量：

$$\xi = \frac{1}{\rho_*\mu_* r_\sigma^{2\nu}}\int_0^x \rho_*\mu_* r_\sigma^{2\nu}\mathrm{d}x = \frac{1}{pr_\sigma^{2\nu}}\int_0^x pr_\sigma^{2\nu}\mathrm{d}x = \frac{x}{2m(1+\nu)-1}$$

$$\zeta = \sqrt{\frac{U_\infty}{\rho_*\mu_* r_\sigma^{2\nu}\xi}}\tilde{\eta} = \sqrt{\frac{\rho_* U_\infty}{\mu_*\xi}}\eta, \quad \eta = \frac{\tilde{\eta}}{\rho_* r_\sigma^\nu} \tag{12.12.17}$$

这里，按照式 (1.3.11) 和式 (12.12.2)，我们令 $U_\delta = U_\infty$，$\rho_*\mu_* = C_* p$，$C_* = Ch_*^{-n} = \mathrm{const}$，因为当 $h_\delta \ll H_\delta = H_\infty$ 及 $\bar{h}_w = \mathrm{const}$ (等温壁) 时，式 (12.6.19) 中变量 $\bar{h}_*$ 也是常数。根据式 (12.12.14)，关于 ξ 的最后一个公式是指数型的，因自相似解 (6.8 节) 中 $m > 2/(3+\nu)$ 的限制，该公式的分母是恒正的。

我们将寻求流动的如下形式的自相似解：

$$u = U_\infty f'(\zeta), \quad h = H_\infty \bar{h}(\zeta) \tag{12.12.18}$$

其边界条件 (考虑到式 (12.12.5)) 为

$$\zeta = 0: \quad f' = f = 0, \quad \bar{h} = \bar{h}_w = \mathrm{const}$$

$$\zeta \to \infty: \quad f' \to 1, \quad \bar{h} \to 0 \tag{12.12.19}$$

基于变量 (12.12.17) 和函数 (12.12.18)，运用方程组 (12.6.11) 比拟的推导过程并结合式 (12.12.14)，方程 (12.12.16) 可简化成一个常微分方程组：

$$2\left(\omega \Upsilon f''\right)' + ff'' = c_1 \bar{h}$$

$$2\left(\frac{\omega}{Pr}\Upsilon \bar{h}'\right)' + f\bar{h}' + 2\omega \Upsilon f''^2 = c_1 f\bar{h}$$

$$\omega = \frac{\rho\mu}{\rho_*\mu_*} = \left(\frac{h}{h_*}\right)^{-n} = \bar{h}_*^n \bar{h}^{-n}, \quad \Upsilon = \frac{r^{2\nu}}{r_\sigma^{2\nu}}, \quad \bar{h} = \frac{h}{H_\infty}$$

$$c_1 = -\frac{2\xi}{\rho h U_\infty^2}\frac{\mathrm{d}p}{\mathrm{d}x} = \frac{4(\gamma-1)(1-m)}{\gamma[2m(1+\nu)-1]} \qquad (12.12.20)$$

细长体流动中，使用等式 $r = r_b + y$，以及式 (12.12.2)、式 (12.12.6) 和式 (12.12.7)，我们可通过关于 $\tilde{\eta}$ 的公式 (12.12.15) 和式 (12.12.17) 的逆变换用变量 ζ 来描述半径 r：

$$r^{1+\nu} - r_b^{1+\nu} = (1+\nu)\sqrt{\frac{\rho_*\mu_* r_\sigma^{2\nu}\xi}{U_\infty}}\int_0^\zeta \frac{\mathrm{d}\zeta}{\rho} = c_2 r_\sigma^\nu \bar{p}^{-1/2} M_\infty^{1-n}\sqrt{\frac{\mu_\infty x}{\rho_\infty U_\infty}}\bar{J}(\zeta)$$

$$J = \int_0^\zeta \bar{h}\,\mathrm{d}\zeta, \quad \bar{J} = \frac{J}{J_\delta}, \quad c_2 = \frac{(1+\nu)K_1}{\sqrt{\gamma[2m(1+\nu)-1]}}, \quad \bar{p} = \frac{p}{\rho_\infty U_\infty^2} \qquad (12.12.21)$$

然后，式 (12.12.21) 中取 $r = r_\sigma$，$J = J_\sigma$。参考式 (12.12.14)，可得求解未知参数 $b_\sigma = b_b + b_\delta$ 的方程：

$$M_\infty^2 b_\sigma^{1-v}\left(b_\sigma^{1+v} - b_b^{1+v}\right) = c_3 x^\beta M_\infty^{3-n}\sqrt{\frac{\mu_\infty}{\rho_\infty U_\infty}}$$

$$c_3 = \frac{c_2}{mA_\nu^{1/2}}, \quad \beta = \frac{3}{2} - 2m \qquad (12.12.22)$$

为了使该问题自相似，右端项必须和 x 无关，只能令 $\beta = 0$ 或 $m = 3/4$。同时，有限薄边界层流动中，当 $(M_\infty r_b/x)^2 \gg \chi_x$ 时，$b_\tau \approx b_b$ 及 $\Upsilon \approx 1$，进而所得到的解扩大了给定压力 $p_b \sim x^m$ 和任意参数 m 时的经典边界层流动的自相似解的范畴。

回到平板边界层强相互作用的问题上来，在式 (12.12.22) 中，令 $b_b = 0$，$b_\tau = b_\delta$，$v = 0$，根据式 (12.12.12) 和式 (12.12.13) 可得

$$\frac{p}{p_\infty} = A_0'\chi_x, \quad A_0' = \frac{9}{16}\gamma c_3 A_0 = \frac{3\gamma^{1/2}}{2\sqrt{2}}A_0^{1/2}K_1 \qquad (12.12.23)$$

根据 6.10 节中给出的数据，当 $\gamma = 1.4$ 时，$A_0 = 1.43$，$A_0' = 1.5K_1$，$p/p_\infty = 0.69\bar{\chi}$。该结果与图 12.22 中绝热平板 ($\bar{h}_w = 0.85$) 的实验数据[①]（曲线 2）吻合得很好。

总的来说，除方程 (12.12.14) 以外，我们还需引入：

$$b_b = \theta_0 L^{1-m}, b_\delta = \bar{b}_\delta \theta_0 L^{1-m}$$

$$b_\sigma = \bar{b}_\sigma \theta_0 L^{1-m}, \bar{b}_\sigma = 1 + \bar{b}_\delta \tag{12.12.24}$$

其中，$m = 1/4$；θ_0 是长为 L 的指数型物面的相对厚度。然后，方程 (12.12.22) 可简化成如下形式：

$$\bar{b}_\sigma^{1-\nu} \left(\bar{b}_\sigma^{1+\nu} - 1 \right) = c_3 N, \quad N = \frac{\chi}{M_\infty^2 \theta_0^2} \tag{12.12.25}$$

在此情况下，基于相似变量 (8.4.2)，物面边界层外缘的压力可写成如下形式：

$$p' = \frac{p}{\rho U_\infty^2 \theta_0^2} = \frac{9}{16} A_\nu \bar{b}_\sigma^2 \left(\frac{L}{x} \right)^{1/2} \tag{12.12.26}$$

当 $\gamma = 1.4$ 时，系数 $A_0 = 1.43$ 及 $A_1 = 0.9$。很清楚地，有效物面 $r_\sigma(x)$ 的边界上，以及激波层内侧的参数 p' 及式 (8.4.2) 中的其他参数 (除参数 γ、n 和 $\bar{h}_w$ 外) 均只与相互作用参数 N 有关。

我们通过图 12.23 进行详细说明。基于方程组 (12.12.20) 给出的回转体，图中绘制了 $\omega = 1$、$n = 0$，以及很大的相互作用参数 $N = 100$ 时的速度和焓分布。此时，半径比 $r_\sigma/r_b \approx 10 \gg 1$，使得在黏性高超声速流场中模拟 $r_b \approx 0$ 的细长体成为可能。速度和焓剖面的一个很明显的特征是其边界值 ($\zeta_\delta = 12 \sim 18$) 大于传统边界层 ($\zeta_\delta \approx 5$)，并且非常依赖焓因子 $\bar{h}_w$。该现象是由方程 (12.12.20) 中系数 Υ 的影响所导致的。

以上所得到的结果，是细长体高超声速黏性绕流的更普遍相似律 (Lunev, 1959；Hayes 和 Probstein, 1966) 的一个特例。为推导出该相似律，与式 (8.4.1) 及式 (8.4.2) 相比拟，并代入式 (12.12.1)。此处引入如下无量纲变量和函数。

在全流域中：

$$x = Lx', \quad r = \varepsilon Lr', \quad r_b = \varepsilon Lr_b'$$

---

① 一般来讲，式 (12.12.10) 和式 (12.12.23) 与图 12.22 中的实验数据的吻合程度不是特别重要，因为 K_1 的取值只是估计值，而实验条件的信息也不够完整，如 (Hammit 和 Bogdonoff, 1956) 首次在类似的实验中发现板钝度的影响。还需注意的是，Hayes 和 Probstein (1966) 给出其他假设下的解，即，对弱相互作用，当 $\bar{\chi} \ll 1$ 时，$p/p_\infty + 1 = 0.31\bar{\chi} + 0.05\bar{\chi}^2$ 与方程 12.12.10 相吻合；而对强相互作用，$p/p_\infty = 0.514\bar{\chi} + 0.76$ (图 12.22 中曲线 3)。

$$p = \rho_\infty U_\infty^2 \varepsilon^2 p', \quad u = U_\infty u', \quad v = \varepsilon U_\infty v'$$

$$\varepsilon = M_\infty^{-1} + \theta_0 + \delta_0/L \ll 1 \tag{12.12.27}$$

其中，δ_0 为式 (12.12.6) 所确定的特征边界层厚度。

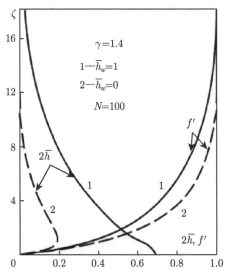

图 12.23 旋成体 $r_b \sim x^{3/4}$ 的边界层的速度和焓剖面

在无黏流域中：

$$h = H_\infty \varepsilon^2 h', \quad \rho = \rho_\infty \rho' \tag{12.12.28}$$

在边界层内：

$$h = H_\infty \bar{h}, \quad \rho = \rho_\infty \varepsilon^2 \bar{\rho}, \quad \mu = \mu_\infty M_\infty^{2(1-n)} \bar{\mu}, \quad \bar{h}_w = \bar{h}_w(x') \tag{12.12.29}$$

根据 8.4 节，仿射外形 $r' = r'_\sigma(x')$ 的物体流动中，具有相同的相似准则 $M_\infty \varepsilon$ 和 γ 的无黏流动也是相似的。因此，在下面的讨论中，建立边界层流动相似性条件是充分的。特别地，在确定边界 $r'_\sigma(x')$ 时，我们应该将方程 (12.12.21) 的第一个方程转换成无量纲变量式 (12.12.27) 和式 (12.12.29)，引入式 (12.12.2)，方程变换成如下形式：

$$(r'_\sigma)^{1+\nu} - (r'_b)^{1+\nu} = \frac{1}{\gamma^{1/2}} (1+\nu) \left(\frac{\gamma-1}{2}\right)^{1-n/2} \bar{h}_w^{-n/2} (p')^{-1/2} \sqrt{\xi'} N_\varepsilon J_\delta(x')$$

$$N_\varepsilon = \frac{\chi}{M_\infty^2 \varepsilon^2} = \frac{\theta_0^2}{\varepsilon^2} N, \quad N = \frac{\chi}{M_\infty \theta_0}, \quad N_\varepsilon = \frac{\delta_0}{\varepsilon L}, \quad \xi' = \frac{\xi}{L}$$

$$\tag{12.12.30}$$

为使用相同的变量, 方程 (12.12.16) 的运动方程的黏性项和热传导项包含参数 N_ε^2。边界条件 (12.12.5) 中, 当 $\zeta \to \infty$ 时, 这些方程形式依旧保持不变。

因此, 在无量纲方程 (12.12.27)~(12.12.29) 中, 流动的解不仅依赖于参数 γ 和 $\bar{h}_w$ 以及黏性律指数 n, 还依赖于两个相似准则, $M_\infty \theta_0$ 和 χ_L 或 N_ε (当 $\varepsilon : \theta_0$ 时, 为 N_0)。严格的相似律公式, 类似于 8.4 节所介绍的。当 $\theta_0 = 0$ 时, 在前文所述的平板或细长体流动中, 只剩下了相似性参数 χ; 图 12.22 阐述了该相似律。

另一个例子是高超声速的弱相互作用的解, 当 $\gamma = 1.4$、$Pr = 0.72$ 时的半锥角 θ_0 的细长尖锥绕流 (Lunev, 1959)。在该例子中, 诱导压力 $\Delta p = p - p_0$ 和边界层厚度如下:

$$\frac{\Delta p}{p_c} = \alpha_1 \left(0.103 + 0.33\bar{h}_w\right) N_x, \quad \bar{\delta} = \frac{\delta}{\theta_0 x} = \alpha_2 \left(0.068 + 0.22\bar{h}_w\right) N_x \quad (12.12.31)$$

其中, 下标 C 代表零厚度边界层情况下的流动参数, 当 $L = x$ 时 $N_x = N$。

因位移厚度效应而产生的摩擦力和热通量的相对增量以及横向曲率的定义如下:

$$\tau = \tau_c + \Delta\tau, \quad q = q_c + \Delta q$$

$$\Delta\tau = \Delta\tau_p + \Delta\tau_r, \quad \Delta q = \Delta q_p + \Delta q_r$$

$$\frac{\Delta\tau_p}{\tau_c} = \alpha_1 \left[0.044 + 0.15\bar{h}_w + 0.036\bar{h}_w^2\right] N_x$$

$$\frac{\Delta\tau_r}{\tau_c} = \alpha_2 \left[0.025 + 0.113\bar{h}_w\right] N_x$$

$$\frac{\Delta q_p}{q_c} = \alpha_1 \left[0.041 + 0.13\bar{h}_w - 0.038\bar{h}_w^2\right] N_x$$

$$\frac{\Delta q_r}{q_c} = \alpha_2 \left[0.03 + 0.12\bar{h}_w\right] N_x \quad (12.12.32)$$

式中, 增量 Δq_p 和 $\Delta\tau_p$ 是因诱导压力 Δp 而产生的; 而 Δq_r 和 $\Delta\tau_r$ 是因横向曲率影响而产生的; 系数 α_1 和 α_2 只与参数 $M_\infty \theta_0$ 有关, 图 12.24 给出了其相关性。

根据前文公式的系数来判断, 参数 N 极大地高估了实际的相对边界层厚度 $\bar{\delta}$, 因而整体上高估了位移厚度的影响, 尤其是在典型的冷壁条件下的高超声速飞行, 即 $\tilde{h}_w \approx 0$ 时的位移厚度影响。数值上, 相对压力增量 $\Delta p/p_c$ 与相对边界层厚度 $\bar{\delta}$ 相似, 因为横向曲率导致 $\Delta q_r/q_c$ 和 $\Delta\tau_r/\tau_c$ 接近 $\tilde{\delta}/2$, 而 $\Delta q_p/q_c$ 和 $\Delta\tau_p/\tau_c$ 接近或小于 $\tilde{\delta}/2$。

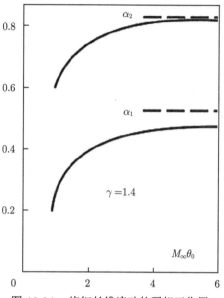

图 12.24　绕细长锥流动的弱相互作用

很显然，在锥形头部附近区域，这种流动的解释是不成立的 (这对前面的问题乃至整个边界层理论都适用)。当 $x \to 0$ 时，流动有渐近解 $\Delta p \sim x^{1/2}$, $\Delta q \sim x^{-1}$, $\Delta \tau \sim x^{-1}$。然而，因为锥面面积正比于 x^2，以上函数均是可积分的。

最后，严格地讲，激波曲率诱导出的流动旋涡对前文的流动解必然有一定的影响。然而，旋涡的影响相对较小，流动解中的相应项可忽略不计。

现在，基于式 (12.8.5) 和式 (12.6.21) 的一般形式，使用相似变量式 (12.12.27)～式 (12.12.29) 写出物面热通量和摩擦力的公式：

$$C_q = \frac{2q_w}{\rho_\infty U_\infty^3} = \varepsilon^3 N_\varepsilon^2 \varphi_1^{(q)}, \quad C_\tau = \frac{2\tau_w}{\rho_\infty U_\infty^2} = \varepsilon^3 N_\varepsilon^2 \varphi_1^{(\tau)}$$

$$\varphi_1^{(q,\tau)} = \varphi_1^{(q,\tau)} \left(x', \chi, M_\infty \theta_0, \bar{h}_w, Pr, n, \gamma \right), \quad x' = x/L \tag{12.12.33}$$

其中，$\varphi_1^{(q,\tau)}$ 是流动确定的无量纲函数；C_q 是式 (12.6.21) 中给定 $H_e = U_\infty^2/2$, $\bar{h}_w = 0$ 时所得的斯坦顿数。

基于对控制参数 ρ_* 和 μ_* 的经验依赖关系 (见 12.7 节)，同样也能够建立类似的湍流边界层的相似律 (Lunev, 1962)。在该近似中，使用变换关系 (12.12.29)，可得边界层厚度：

$$\frac{\delta}{\varepsilon L} \sim \frac{1}{\varepsilon} \left(\frac{\mu_*}{\rho_* UL} \right)^{0.2} \sim \frac{M_\infty^{0.4(1-n)}}{\varepsilon^{1.4} Re_{\infty L}^{0.2}} = N_{\mathrm{t}} = \frac{\chi_t}{\left(M_\infty \varepsilon \right)^{1.4}}$$

$$\chi_t = \frac{M_\infty^{(1.8-0.4n)}}{Re_{\infty L}^{0.2}} \tag{12.12.34}$$

用相同的方式变换湍流绕流的式 (12.7.1)，根据雷诺比拟关系，可得

$$C_q = \frac{2q_w}{\rho_\infty U_\infty^3} = \varepsilon^3 N_t \varphi_t^{(q)}, \quad C_f = \frac{2\tau_w}{\rho_\infty U_\infty^3} = \varepsilon^3 N_t \varphi_t^{(\tau)} \tag{12.12.35}$$

其中，函数 $\varphi_t^{(q)}$ 和 $\varphi_t^{(\tau)}$ 与方程 (12.12.33) 中的 $\varphi_1^{(q)}$ 和 $\varphi_1^{(\tau)}$ 相类比。

我们注意到，在处理极限情况 $M_\infty \varepsilon \to \infty$ 时，按照经典的原始边界层理论引入的相似准则 χ 和 N_ε 不太方便。在无黏理论框架中，因为流动稳定性，温度 T_∞ 变得无关紧要。所以我们可以从相关参数中消除黏性系数 μ_∞，并替换成钝头体驻点焓 (温度) 对应的黏性系数 μ_0。为此，我们令 $\mu = \mu_0 \tilde{\mu}$，并用 $\tilde{\mu}$ 替换方程 (12.12.29) 中的 $\bar{\mu}$。这里引入替换 N_ε 的新相似参数 $N_\varepsilon^{(0)}$，由下式给出：

$$N_\varepsilon^{(0)} = \frac{1}{\varepsilon^2 \sqrt{Re_0}}, \quad \frac{\delta_0}{L} = \frac{1}{\varepsilon \sqrt{Re_0}}, \quad Re_0 = \frac{\rho_\infty U_\infty L}{\mu_0}$$

$$\mu_0 = \left(\frac{\gamma-1}{2}\right)^{1-n} M_\infty^{2(1-n)} \mu_\infty \tag{12.12.36}$$

关于 δ_0 的公式与通用公式 (12.5.9) 的 $\delta \sim (\mu_* L/\rho_* U_\delta)^{1/2}$ 是等价的。在细长体边界层里，则有 $U_\delta = U_\infty$，$\mu_* = \mu_0$ 及 $\rho_* \sim p_\delta / H_\infty \sim \varepsilon^2 \rho_\infty$。

最后，我们将讨论另外一个与 12.9 节提及的尾部相关的效应，即位移厚度效应。用一个简单的模型实例来解释其本质，即在无界超声速流动 (当 $x \to -\infty$ 时，流动参数为 p_∞ 和 M_∞) 中，薄的各向同性平板无黏子层。穿过子层的气体流量是恒定的，即 $G = \rho u \delta = const$，其中，$\rho$，$u$ 和 M (式 (12.12.37)) 分别是密度、速度和马赫数；δ 为子层厚度。

当 $x \to -\infty$ 区域内的扰动恒定时，子层边界及其内部的压力增量由线性理论中的式 (2.8.4) 来确定。简便起见，当 $M_\infty \gg 1$ 时，令

$$\frac{p-p_\infty}{p_\infty} = \gamma M_\infty \frac{d\delta}{dx} = \gamma M_\infty G \frac{d}{dx} \frac{1}{\rho u} = \frac{\kappa \delta}{p_\infty} \frac{dp}{dx}$$

$$\kappa = \frac{M_\infty^2}{M^2} \left(1 - M^2\right) \tag{12.12.37}$$

我们使用式 (2.2.2) 推导系数 κ 的表达式，在小扰动情况下，令 κ 以及 δ 为常数，则式 (12.12.37) 具有以下简单形式的解：

$$\frac{\Delta p}{p_\infty} = C e^{\kappa x/\delta}, \quad C = const \tag{12.12.38}$$

当 $M > 1$ 时，有 $\kappa < 0$，进而只有当 $C = 0$，$\Delta p = 0$ 时，才能使 $x \to -\infty$ 的解有界，超声速流动形成的超声速子层对静止扰动是稳定的。然而，当 $M < 1$ 或 $\kappa > 0$ 时，$x \to -\infty$ 时存在一族衰减的解，其中，系数 C 由下游参数确定，在某特定点 $x = x_*$ 处有 $p = p_*$。形式上，无论亚声速子层厚度多小，它均对这些参数很敏感。

按照 12.9 节的表述，高超声速边界层，包括附近的亚声速区域，对下游参数有类似的敏感性。在图 12.25 中，我们给出该边界层的马赫数剖面。可清楚得到，在绝热壁面 ($\bar{h}_w \approx 1$) 上，亚声速流区占有相当大的区域，而此类**亚临界**边界层实际上对下游条件有很强的依赖性，比如，受物面上压力下降的区域 ($p_d < p_b$) 的影响。

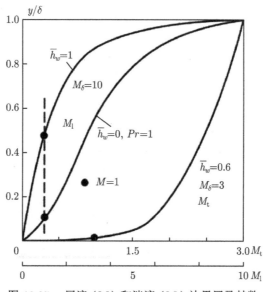

图 12.25　层流 (M_l) 和湍流 (M_t) 边界层马赫数

当然，考虑到较大的黏性作用，将该模型结果直接推广到边界层流动是不合适的，尤其是在边界层的壁面区域。尽管如此，这些定量的讨论也能够为边界层相互作用问题提供支撑。特别地，Neiland(1970) 认为，对强相互作用条件下平板的线性化问题，相应方程具有形如 $C\,(x/x_*)^\alpha$ 的特征解，并含有只能从点 $x = x_*$ 处确定终止条件的任意常数。这里，因边界层亚声速区域的缩小，指数项 α 极大，对 $\bar{h}_w \approx 1$ 有 $\alpha \sim 50$，而对 $\bar{h}_w \to 0$ 有 $\alpha \to \infty$，如图 12.25 所示。如此大的指数值 α，在 $x = x_*$ 附近比率 $(x/x_*)^\alpha$ 很小，可忽略不计。实际上，这将相互作用过程简化为一个局部尾部效应，因此并不妨碍自相似解以及前面推导的真实流动的相似律的使用。尽管从理论上讲，这些解的充分性需要根据尾部效应进行验证。

边界层具有超声速子层的特点，其上游的扰动传播只是局部的，分离区的尺度是有界的，这样的边界层称为**超临界**边界层。特别地，它们通常包括超声速湍流边界层，其中的超声速流动区域几乎延伸至整个物面，如图 12.25 所示。相关理论的细节参见 Neiland(2003)。

12.13 钝体和薄钝头体的熵效应

高超声速钝头体边界层最明显的特征就是非均匀外流中沿流线具有明显的熵梯度，而总焓 $H = H_\infty$ 不变。这种现象是由曲线型的弓形脱体激波造成的。如果被限制在极高雷诺数条件下的黏性激波层和边界层流区 (基于 12.9 节的术语)，此种**涡黏性–无黏相互作用** (或称**熵效应**) 是 12.9 节中所列举的黏性–无黏相互作用效应中最重要的。我们将针对钝体和薄钝头体分别讨论该效应。关于**低雷诺数**下的**连续黏性层**中的流动 (见 12.9 节) 将在 12.14 节中讨论。

钝体。首先对驻点附近的边界层相对厚度进行预估。为此，在有效长度方法的框架内 (12.8 节)，与式 (12.8.17)、式 (12.12.2) 相比拟，并采用相同的标记方式，由式 (12.6.5) 可得

$$\rho_\delta = \rho_0 = \frac{\rho_\infty}{k_0}, \quad h_\delta = H_\delta = H_\infty, \quad \rho h = \rho_0 H_\infty \bar{Z}$$

$$\rho\mu = \rho_0\mu_0 \left(\frac{h}{H_\infty}\right)^{-n}, \quad \rho_0\mu_0 = \rho_\infty\mu_\infty \frac{p_0'}{p_\infty} \left(\frac{h_\infty}{H_\infty}\right)^{-n}$$

$$= \rho_\infty\mu_\infty\gamma \left(\frac{2}{\gamma-1}\right)^n \left(1-\frac{1}{2}k\right) M_\infty^{2(1-n)}$$

$$\xi = \frac{x}{2(1+\nu)}, \quad U_\delta = \bar{c}U_\infty\frac{x}{r_0}, \quad \bar{c} = \sqrt{2\bar{k}\beta}\frac{r_0}{R_s}$$

$$\bar{h}_* = \frac{h_*}{H_\infty} = \frac{1}{2}\left(1+\bar{h}_w\right), \quad k_0 = k\left(1-\frac{1}{2}k\right), \quad \bar{k} = k(1-k)$$

$$k = \frac{\rho_\infty}{\rho_s} = \frac{\gamma_*-1}{\gamma_*+1}, \quad \bar{Z} = \frac{Z}{Z_0} \tag{12.13.1}$$

其中，r_0 是尖头体中间截面半径或薄钝头体头部半径；x 是沿物面测量的曲线坐标 (见 7.1 节中图 7.4)；γ 是自由流的绝热指数；γ_* 是激波后的有效绝热指数 (方程 (1.13.8)，通常和 γ 不同)；R_s 是激波的曲率半径；ρ_0、μ_0、p_0' 和 Z_0 是钝头体驻点位置的无黏流动参数；函数 Z 与状态方程 (式 (1.3.8)) 中的相同。对半径为 $R = r_0$ 的球头，按照式 (12.8.17)，有 $\bar{c} = \sqrt{2\bar{k}\bar{\beta}}$ (其中，$\bar{\beta} = 1.17$)。若考虑到旋涡效应，系数 $\bar{c}$ 应替换为质量平均系数 $\bar{c}_a$，如 12.11 节所述。

12.6 节中推导了 $\bar{Z} = 1$ 情况下的边界层厚度公式 (12.6.23)，此处将使用该公式引出驻点位置估计的平均值 Z_*。根据式 (12.6.22) 中的 δ_*，有

$$\frac{\delta}{r_0} = \tilde{K}_1 Re_0^{-1/2} = \tilde{K}_2 M_\infty^{(1-n)} Re_\infty^{-1/2}, \quad Re_\infty = \frac{\rho_\infty U_\infty r_0}{\mu_\infty}, \quad Re_0 = \frac{\rho_\infty U_\infty r_0}{\mu_0}$$

$$\tilde{K}_1 = \frac{\overline{h}_*^{-n/2} k_0^{1/2} \bar{\delta}}{C[2\bar{c}(1+\nu)]^{1/2}}, \quad \tilde{K}_2 = \left(\frac{k_0}{\gamma}\right)^{1/2} \left(\frac{2}{\gamma-1}\right)^{n/2} \tilde{K}_1, \quad C = \overline{Z}_* \left(\frac{\overline{c}_{\mathrm{a}}}{\overline{c}}\right)^{1/2}$$

$$\bar{\delta} = f_\delta + \overline{\delta}_*, \quad \overline{\delta}_* = 1.94\overline{h}_w - 0.21 \quad (Pr = 0.72, \quad f_\delta = 3.3) \tag{12.13.2}$$

其中，系数 C 考虑了边界层外缘的气体不完全性和流动旋涡。在高超声速流动中，有 $k \ll 1$，系数 $\bar{c} \sim k^{1/2}$、$\delta \sim r_0 k^{1/4} Re_0^{-1/2}$，而根据 7.3 节，无黏激波层厚度为 $\delta_0 \sim k r_0$。厚度比确定了边界层在钝体扰动区整个厚度中所占的比例。我们注意到，当 $\overline{h}_w \ll 1$ 时，由式 (12.13.2) 中 $\bar{\delta}$ 替换为 $\bar{\delta}^*$ 后而确定的边界层位移厚度 δ^* 很小，甚至可能为负。由于等式 $\rho_\infty U_\infty = \rho_s U_s$ (其中，ρ_s 和 U_s 分别是正激波后的密度和速度)，所以雷诺数 Re_0 表征了驻点附近的黏性效应。我们注意到，$Re_\infty/Re_0 = \mu_0/\mu_\infty \sim [(\gamma-1)M_\infty^2]^{1-n} \gg 1$。

进一步分析，在极高雷诺数下的**旋涡** (对于钝体) 和**高熵** (对于薄钝头体，见 9.1 节和 9.2 节) 无黏层 (相对于边界层为外流) 中，在物面等压条件下，基于式 (7.1.4)，准完全气体 (见 1.3.9 节) 的流动参数可表示为如下形式：

$$h^{(0)}\left(\overline{\psi}, \overline{p}_b\right) = h_b\left(\overline{p}_b\right) G(\overline{\psi}), \quad U^{(0)} = \sqrt{2\left(H_\infty - h^{(0)}\right)}$$

$$h_b = H_\infty \overline{p}^{(\gamma_*-1)/\gamma_*}, \quad G(\overline{\psi}) = s^{1/\gamma_*} = [\sin\alpha(\overline{\psi})]^{2/\gamma_*}$$

$$\gamma_* = \gamma_*(\overline{\psi}), \quad \overline{h} = \frac{h}{H_\infty}, \quad \overline{p}_b = \frac{p_b}{p_0'}$$

$$\overline{\psi} = \frac{\psi}{\psi_0}, \quad \psi_0 = \pi^\nu r_0^{1+\nu} \rho_\infty U_\infty \tag{12.13.3}$$

其中，h_b 为物面上的焓；p_b 为物面上的压力；s 为 7.1 节引入的熵函数；$\alpha(\overline{\psi})$ 为给定激波与无量纲流函数 $\overline{\psi}$ 的流线相交点处的激波倾斜角。如图 1.13(1.5 节) 所示，有效绝热指数 γ_* 随流线变化很小。

对钝体和钝头体的高超声速流动，使用了 12.11 节中的质量平均值方法的修正形式，该形式与式 (12.11.1) 不同，质量平均焓 h_{a} 表达为函数 $h^{(0)}$ (式 (12.13.3))

的积分形式, 而质量平均速度由伯努利积分来确定:

$$h_{\mathrm{a}} = h_b G_{\mathrm{a}}(\overline{\psi}), \quad C_{\mathrm{a}}(\overline{\psi}) = \frac{1}{\overline{\psi}} \int_0^{\overline{\psi}} G(\overline{\psi}) \mathrm{d}\overline{\psi}$$

$$U_{\mathrm{a}} = \sqrt{2(H - h_a)} = U_\infty \sqrt{1 - G_{\mathrm{a}} \overline{p}_b^{(\gamma_* - 1)/\gamma_*}} \qquad (12.13.4)$$

另外, 质量平均值的算法和 12.11 节给出的也有所不同。图 12.26 给出了关于平衡空气的函数 $G(\overline{\psi})$ 和 $G_{\mathrm{a}}(\overline{\psi})$, 通过二者的对比可以看出, 在给定经过边界层的流量下, 边界层外缘的质量平均焓 h_{a} 非常滞后于局部焓 h_δ。

正如前面提到的有效长度方法, 在钝头体驻点附近, 式 (12.8.20) 中速度系数 $\overline{c}$ 应该替换为平均值 $\overline{c}_{\mathrm{a}}$, 如 12.11 节所述 (例 4, 见式 12.11.9 和图 12.21)。在确定 $\overline{c}_{\mathrm{a}}$ 时, 我们将关于物面 ($G = 1$) 速度 U_b 和旋涡层中的 $U^{(0)}(\overline{\psi})$ 以及质量平均速度 $U_{\mathrm{a}}(\overline{\psi})$ 的式 (12.13.3) 和式 (12.13.4) 变换为如下形式:

$$U_b = U_\infty \sqrt{1 - \overline{p}_b^{(\gamma_* - 1)/\gamma_*}} = U_\infty \overline{c}\overline{x}, \quad \overline{x} = \frac{x}{r_0}$$

$$U^{(0)} = U_b \sqrt{1 - \frac{1 - G(\overline{\psi})}{U_b^2}} = U_\infty \overline{c}^{(0)} \overline{x}$$

$$U_{\mathrm{a}} = U_b \sqrt{1 - \frac{1 - G_{\mathrm{a}}(\overline{\psi})}{U_b^2}} = U_\infty \overline{c}_{\mathrm{a}} \overline{x} \qquad (12.13.5)$$

基于 7.1 节的图 7.4 给出的图表, 在驻点 $x \approx 0$ 附近, 根据关于 $G(\overline{\psi})$ 和 $\overline{c}$ 的式 (12.13.3) 和式 (12.13.1), 可得表达式如下:

$$\psi = \pi^\nu \rho_\infty U_\infty x^{1+\nu}, \quad \overline{\psi} = \overline{x}^{1+\nu}$$

$$1 - s = \frac{x_s^2}{R_s^2} = \left(\frac{r_0}{R_s}\right)^2 \overline{\psi}^{2/(1+\nu)}, \quad 1 - G = \frac{1}{\gamma_*} \left(\frac{r_0}{R_s}\right)^2 \overline{\psi}^{2/(1+\nu)}$$

$$1 - G_{\mathrm{a}} = g_{\mathrm{a}} \overline{\psi}^{2/(1+\nu)}, \quad g_{\mathrm{a}} = \frac{1+\nu}{\gamma_*(3+\nu)} \left(\frac{r_0}{R_s}\right)^2 \qquad (12.13.6)$$

引入方程 (12.8.15), 重写方程 (12.11.2), 边界函数 $\overline{\psi}_\delta$ 由以下公式确定:

$$\overline{\psi}_\delta = \frac{\psi_\delta}{\psi_0} = \alpha_\nu \overline{Re}^{-1/2} \overline{c}_{\mathrm{a}}^{1/2} \overline{x}^{1+\nu}$$

$$\alpha_\nu = \frac{2^\nu f_\delta}{[2(1+\nu)]^{1/2}}, \quad \overline{Re} = \frac{\rho_\infty^2 U_\infty r_0}{\rho_* \mu_*}, \quad f_\delta = 3.3 \tag{12.13.7}$$

利用关于 $\rho_* \mu_*$ 的方程 (12.13.1)，可得雷诺数 $\overline{Re}$ 表达式：

$$\overline{Re} = \frac{1}{\gamma} \left(\frac{\gamma-1}{2} \right)^n \bar{h}_*^n M_\infty^{-2(1-n)} Re_\infty, \quad Re_\infty = \frac{\rho_\infty U_\infty r_0}{\mu_\infty} \tag{12.13.8}$$

显而易见，当 $M_\infty \gg 1$ 时，有 $\overline{Re} \ll Re_\infty$。

从式 (12.13.6) 和式 (12.13.7) 中可得到，在高雷诺数 ($Re \gg 1$) 轴对称流动中，差值 $1 - G_a$ 是 $\overline{Re}^{-1/2}$ 的量级，而对平面流动是 $\overline{Re}^{-1}$ 的量级，即具有比完全边界层理论中更高的量级。这是因为物面法向速度的导数满足 $\partial U/\partial y = 0$ (7.8 节，图 7.23)。因此，我们将只在 $v = 1$ 时考虑钝头体驻点附近的旋涡对传热的影响。此时，$1 - G_a = 0.5(1 - G)$，进而 $\bar{c}^{(0)}$ 和 $\bar{c}_a$ 表达为如下形式：

$$\frac{\bar{c}^{(0)}}{\bar{c}} = \left[1 + \Omega \left(\frac{\bar{c}^{(0)}}{\bar{c}} \right)^{1/2} \right]^{1/2}, \quad \frac{\bar{c}_a}{\bar{c}} = \left[1 + \Omega \left(\frac{\bar{c}_a}{\bar{c}} \right)^{1/2} \right]^{1/2}$$

$$\Omega = \frac{f_\delta}{\gamma_* \bar{c}^{3/2}} \left(\frac{r_0}{R_s} \right)^2 \overline{Re}^{-1/2} \tag{12.13.9}$$

在驻点位置，热通量比 $q_w/q^{(0)}$ 为考虑旋涡作用 (q_w) 与不考虑旋涡作用 ($q^{(0)}$) 的比值，在质量平均速度 U_a 和外流速度 $U^{(0)}$ 条件下，分别等于 $(\bar{c}_a/\bar{c})^{1/2}$ 和 $\left(\bar{c}^{(0)}/\bar{c} \right)^{1/2}$（其中，系数 $\bar{c}$ 由式 (12.13.1) 确定）。

在式 (12.13.9) 中，参数 Ω 与通过质量平均外流速度 $U^{(0)}$ (式 (12.11.8)) 得到的式 (12.11.10) 的意义相同，而关于 $\bar{c}^{(0)}/\bar{c}$，式 (12.13.9) 和式 (12.11.8) 是相一致的。关于 $\bar{c}_a/\bar{c}$ 的公式，尽管在形式上不同，但定量的结果基本一致，图 12.21 说明了这一点，其中曲线 1 和 4 分别代表式 (12.11.9) 和式 (12.13.9) 对应的 $\bar{c}_a/\bar{c}$ 曲线。随着雷诺数的增大，系数 $(\bar{c}_a/\bar{c})^{1/2}$ 具有 $(\bar{c}_a/\bar{c})^{1/2} - 1 \sim Re_\infty^{1/2}$ 的渐近特性。图 12.27 分别给出了 $M_\infty = 25, \gamma_* = 1.13$ (图 12.26) 和 $M_\infty = 20, \gamma_* = 1.4$ (12.9 节图 12.19) 条件下的球头绕流的热通量比 $q_w/q^{(0)}$ 与 Re_∞ 的相关性。可以清楚地看出，对于 $\gamma = 1.4$，旋涡对热通量几乎没有影响，而对于 $\gamma = 1.13$，其影响是很显著的。

通过使用激波装配和激波捕捉技术，求解 Navier-Stokes 方程组，我们可以得到半径为 R 的球头在激波层内的流动分布。图 12.19 给出了 $\gamma = 1.4$ 的完全气体的结果，图 12.28 给出了平衡空气的结果 (图 12.26 的计算条件)。当 $Re_\infty \geqslant 10^4$ 时，激波面相当薄，而在对称轴处激波层厚度对雷诺数的依赖度较弱，与相应的无黏激波层厚度相似, $\delta_0 \approx 0.8Rk$ (式 (7.3.2))。这是因为, 当 $M_\delta \approx 0$ 时位移厚度 δ^* (式 (12.13.2)) 很小, 并且对于典型高超声速流动, 其焓因子较小 ($\bar{h}_w = 0.05$)。此种情况下, 从式 (12.13.2) 中可得, 在图 12.19 的条件 ($k = 1/6$, $M_\infty = 20$) 下, $\delta/\delta_0 \approx 30Re_\infty^{-1/2}$, 而在图 12.26 的条件 ($k = 0.06$, $M_\infty = 25$, $Re_\infty = 10^5 \sim 10^3$, $C = 1 \sim 0.7$) 下, $\delta/\delta_0 \approx (55/C)Re_\infty^{-1/2}$。当 $Re_\infty \geqslant 10^4$ 时, 后者与图 12.19 和图 12.28 中的温度剖面相一致。同时, 当 $Re_\infty = 10^3$ 时, 前者的边界层向右延伸到较宽的激波层, 而后者的边界层与激波层几乎融合, 后者的激波层厚度与无黏激波层厚度相当 (该流动形态将在 12.14 节中讨论)。

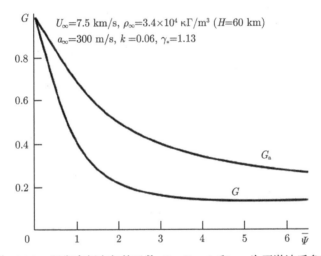

图 12.26　平衡离解空气的函数 G、G_a; k 和 γ_* 为正激波后参数

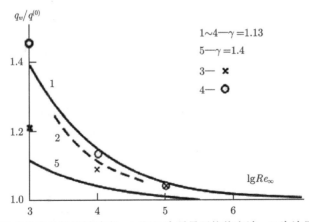

图 12.27　球面驻点热通量的涡量效应: 1 和 5 为质量平均值方法; 2 为边界层方法; 3 和 4 分别是基于激波捕捉和激波装配技术的 Navier-Stokes 方程的精确计算结果

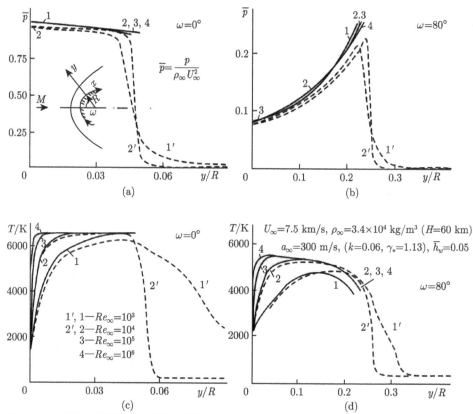

图 12.28　平衡–离解气流中球体上激波层内压力和温度剖面：(a)～(d) 采用激波装配技术计算，其中 1′ 和 2′ 采用激波捕捉技术

　　在图 12.28 的计算条件下，相对热通量比 $q_w(\omega)/q_w(0)$ 在球头表面的分布与 12.8 节的图 12.14 展示的分布定性上相似，并且两者之间的差异不大 (图中未展示出来)。图 12.29 给出了图 12.28 计算条件下锥角为 $\theta = 10°$ 的球锥体的热通量比 q_w/q_{w0} 的分布情况。图中，q_{w0} 是在 $Re_\infty = 10^6$ 时无旋作用下的热通量。这里，曲线 1、1′、2 和 2′ 是用同样的方法获得的，如图 12.28 所示，而曲线 3、4 和 5(对 $Re_\infty = 10^4$) 分别是采用 PNSE 模型框架 (由 Vlasov 得到，见图 12.32～图 12.34 的数据)、精确边界层模型框架[①]和使用质量平均方法得到的。可以看出，曲线 2 和 3 基本上合二为一，曲线 2′ 与它们也很相近；而曲线 4 和 5 之间很接近，也与球头精确解相近。但是，在 $\omega > 50°$ 的区域，可能是受到横向曲率的影响，曲线 4 和 5 位于精确解的下方，因为在此区域边界层厚度与物体半径 r_b 相当 (图 12.28)。至于曲线 1 和 1′ 的差别，将在 12.14 节作讨论。

[①] Murzinov(1966)；基于条件 (12.10.2) 的边界层数值计算结果与无黏高熵层相吻合。

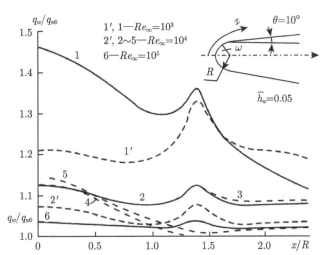

图 12.29 考虑和不考虑涡量情形下球椎体的热通量比：曲线 1、2、6 是基于激波装配技术的 Navier-Stokes 方程计算结果；曲线 1′ 和 2′ 基于激波捕捉技术；曲线 3 采用 PNSE 模型；曲线 4 采用边界层模型；曲线 5 采用质量平均值方法

在图 12.27 中显示了，图 12.29 给出的驻点热通量比 $q_w/q^{(0)}$ 随雷诺数 Re_∞ 的变化关系。在 $Re_\infty \geqslant 5 \cdot 10^3$ 时，曲线的吻合度较高；但在 $Re_\infty = 10^3$ 时，相对于更加准确的数据 3，曲线 1、2 和 4 给出了高估的数据。

考虑到旋涡作用后的钝头体驻点热通量 $q^{(0)}$ 的原始值是由式 (12.8.15) 确定的，它与前面所述的 $Re_\infty \geqslant 10^4$ 时的计算结果相吻合，而且根据变换关系 (12.13.1)，对于 $M_\infty \approx 10 \sim 25$，有 $q^{(0)} Re_\infty^{1/2}/\rho_\infty U_\infty^3 \approx 2.5 \sim 4.5$。

现在我们讨论锥形 $(v = 1)$ 和楔形 $(v = 0)$ 的小钝头体。我们不假设半顶角 θ 足够小，只需假设半顶角小于对应尖头外形的激波脱体临界角。在传统薄边界层模型的框架内，通过对比具有相同有效长度 x_{eff} (式 (12.8.13)) 和侧面压力的尖头外形和小钝头外形的热通量，来估计熵效应可能的最大值。下标 1 和 2 分别代表钝头体和尖头体的相关参数，从式 (12.8.5) 中可得到关于层流 $(\lambda = \lambda_l)$ 和湍流 $(\lambda = \lambda_t)$ 热通量比的公式：

$$\lambda_l = \frac{q_{2l}}{q_{1l}} = \left(\frac{h_{*1}}{h_{*2}}\right)^{0.15} \left(\frac{U_2}{U_1}\right)^{0.5} \frac{He_{2l} - h_w}{He_{1l} - h_w}$$

$$\lambda_t = \frac{q_{2t}}{q_{1t}} = \left(\frac{h_{*1}}{h_{*2}}\right)^{0.66} \left(\frac{U_2}{U_1}\right)^{0.8} \frac{He_{2t} - h_w}{He_{1t} - h_w} \tag{12.13.10}$$

和前面一样，此处星号表示相关的边界层参数 (见 12.6 节)。为了得到摩擦力的相关参数的比值，λ 值应该直接乘以速度比 U_2/U_1。

对于锥形而言，图 12.30 中给出了热通量比 λ_l 随半顶角 θ 的函数关系。正如前述，钝头体的热通量总是小于相应尖头体的热通量。对层流边界层而言，在 $\gamma = 1.4$ 和 $M_\infty = 6$ 条件下的熵效应很小，而在 $\gamma = 1.2$ 和 $M_\infty = 20$ 条件 (1.3 节和 7.1 节的离解空气模型) 下的熵效应则非常明显。同时，对湍流边界层而言，熵效应则相当强：在 $\gamma = 1.4$ 条件下最大值是 $\lambda_t \approx 1.4$，而在 $\gamma = 1.2$ 条件下峰值是 $\lambda_t \approx 2.2$ 且位于 $\theta \approx 40°$ 的区域。

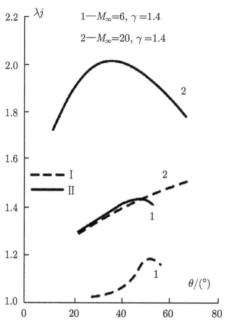

图 12.30　尖锥和钝锥的层流和湍流边界层的热通量比 λ

$\lambda(\theta)$ 曲线主要由速度比 U_2/U_1 来确定，而这两个速度均随 θ 角的增大而增加。实际上，对于 $\theta \approx 30° \sim 60°$ 的锥形体，在采用 7.2 节和 7.5 节的高超声速牛顿近似理论来估计时，可令

$$U_1 = U_\infty \sqrt{1 - \overline{p}_b^{(\gamma-1)/\gamma}} \approx \sqrt{2k}U_\infty \cos\theta$$

$$U_2 \approx U_\infty \cos\theta, \quad \overline{p}_b \approx \sin^2\theta, \quad k = \frac{\gamma-1}{\gamma+1} \ll 1 \tag{12.13.11}$$

于是，当 γ 在 1.1~1.4 区间内，有 $U_2/U_1 \approx (2k)^{-1/2} = 3.2 \sim 1.7$。导致 λ_t 曲线的峰值在 $\theta \approx 40°$ 是受 λ_t 的式 (12.13.10) 中的因子 $(h_{*1}/h_{*2})^{0.66}$ 的影响 (在边界层外缘，平衡焓 H_e 对马赫数 M_δ 的依赖性很弱)。

需要注意到的是，用以描述最大焓效应的热通量比 λ_i 是不依赖于雷诺数的。雷诺数只决定旋涡层或高熵层的吸收长度。当小钝锥边界层被吸收时，物面热通量和摩擦力由 q_1 和 τ_1 变为 q_2 和 τ_2。

在图 12.31 中，我们给出了带有不同尺度球头 $45°$ 钝锥面的热通量测量值。可见，较大的钝度对应的热通量明显较小，即边界层外缘具有更高的熵 (Zemlyanskii, Lunev 和 Marinin, 1981)。实验数据与使用质量平均值方法得到的计算数据吻合得很好。图中还给出了在 $M_\infty = 20$、$\gamma = 1.2$ 条件下，针对相同钝锥采用相同方法计算得到的湍流热通量 (实线)。图中虚线为未考虑黏性的计算结果，该曲线明显落于实线的下方。

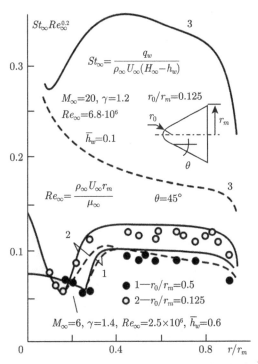

图 12.31 湍流斯坦顿数的实验 (符号) 和计算 (曲线) 结果

现在讨论薄钝头体的高超声速绕流。不同于 12.12 节讨论的尖头体，因马赫数相对较低且处于高熵层之中 ($M \approx 2.5 \sim 4$，见 9.1 节中的图 9.2)，该问题的无黏外流和边界层之间的界面并不明显。因此，在分别描述此类流动时，应该考虑它们之间的相互作用，并使用式 (12.10.1) 或式 (12.10.2) 类型解的光滑匹配方法来处理。

一般而言，在薄钝头体的高超声速流动中，其侧面的边界层和高熵层之间会形成一个单一的横向**等压**低密度层，其气体流量小且等于穿过高熵层的流量，$\psi_0 = \pi^\nu r_0^{1+v} \rho_\infty U_\infty$ (9.1 节和 9.2 节)，直到流量为 ψ_δ 时被边界层吸收 (即直到 $\psi_\delta < \psi_0$ 时)。在接下来的区域，其气体流量等于 ψ_δ，与 12.12 节的细长尖头体的 ψ_δ 具有相同的量级。因此，在任何情况下，按照 9.1 节、9.2 节和 12.12 节的估计，都有 $\psi_s \gg \psi_0$、$\psi_s \gg \psi_\delta$ (其中，ψ_s 为穿过物体与激波之间的整个扰动区域的气体流量)。这就意味着，薄钝头体和薄尖头体一样，主要的气体流量是由穿过毗邻激波的高密度、低熔的无黏激波层所贡献的 (与驻点值相比)。单一等压层内流动理论上可由具有和薄尖头体相同的边界条件 (12.12.5) 的边界层方程来描述。

图 12.32 给出了该流动特征，并绘制了不同雷诺数 Re_∞ 条件下的球头钝锥平衡气体流动的横侧截面上的熔剖面，计算在 PNSE 模型框架下进行，计算条件为图 12.28 和图 12.29 中的条件。可以清楚地看出，即使当 $Re_\infty = 10^3$ 时，在激波附近的熔剖面与原始无黏剖面依旧很相似。

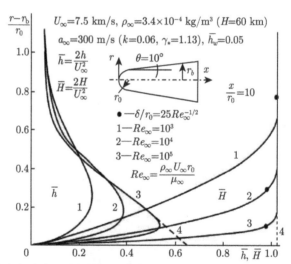

图 12.32　平衡–离解气流中，球形钝锥的激波高熵层 (曲线 4) 和边界层 (曲线 1～3) 的熔 ($\bar{h}$ 和 $\bar{H}$) 剖面；计算条件与图 12.26 和图 12.28 相同

除了熵效应以外，还存在薄钝头体的位移效应以及旋成体横向曲率效应。这些效应是由相对边界层厚度 δ/r_b 来确定 (其中，$r_b(x)$ 为物体侧面外形)。而厚度 δ 是由局部压力和特征熔 h_* (与驻点熔具有相同的量级)，以及考虑钝头体头部在内的边界层有效长度 $\xi = x_{\mathrm{eff}}$ (见 12.18 节) 来确定的。在 12.11 节的质量平均方法的框架内，根据相应的公式 (如式 (12.6.23) 或式 (12.11.3)) 由质量平均值替代精确值并求解瞬态方程 (12.11.5) 来确定参数 δ。然而，在远离头部的位置 ($L \gg r_0$)，其边界层厚度的量级预计与尖头体和钝头体相同，可以由式 (12.12.6) 来估计。在

图 12.32 的条件下，鉴于图 12.33(b) 的 $\bar{p}$ 和图 12.13(b) 的 ξ，给出了合理的结果 $\delta/r_0 = 25Re_\infty^{-1/2}$。

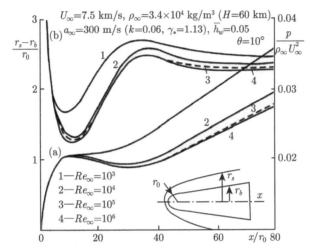

图 12.33　锥体脱体激波距离 (a) 和压力 (b)，计算条件与图 12.28 和图 12.32 相同

采用上述计算方法，计算条件与图 12.32 一致，图 12.33 给出了锥角 $\theta = 10°$ 的球头钝锥在不同雷诺数 Re_∞ 条件下的激波形状和物面压力分布。可见，当 $Re_\infty \geqslant 10^4$ 时，边界层效应并不强。因此该情况下，薄钝头体绕流的边界层位移厚度可忽略不计[1]。还须注意的是，当 $Re_\infty = 10^4$ 时，尽管边界层在整个扰动层中占比较大，但因高超声速飞行条件内在的焓因子很小 (此处 $\bar{h}_w = 0.05$，另见 12.6 节中的图 12.11)，边界层位移厚度比其本身厚度小数倍。与此同时，$Re_\infty = 10^3$ 的边界层明显薄于 $Re_\infty = 10^4$ (图 12.32) 的边界层，而图 12.33 中的压力和激波脱体距离却明显大于 $Re_\infty = 10^4$。

在图 12.33 中的计算外形和计算条件下，图 12.34 给出了热通量比 $q_w/q^{(0)}$ 的分布，其中 $q^{(0)}$ 为不考虑旋涡作用的球头驻点热通量值。可见，当 Re_∞ 减小时，熵效应会引起热通量的增加，热通量最大值为 $q_w/q_{w0} \approx 1.2$ (其中，q_{w0} 为无旋涡作用的热通量值)，且最大值出现在 $Re_\infty = 10^4$ 时 $x/r_0 \approx 40$ 位置处。同时，对于 $Re_\infty = 10^3$，在图 12.34 中，热通量比 q_w/q_{w0} 的值高达 1.4~1.6，这不仅仅是因为受到横向曲率效应的影响，更多的是受到压力升高的影响 (图 12.33)。

为便于对比，图 12.35 给出了边界函数 $\bar{\psi}_\delta$ 以及边界层外流速度 $\bar{U}^{(0)}$、质量平均速度 $\bar{U}_a$ 和锥面速度 $\bar{U}_b$ 的分布，并将之与图 12.26 中的函数 $G(\bar{\psi})$、$G_a(\bar{\psi})$ 相对

---

[1] 该结论的一个特例是振动物体上的非定常边界层 (层流或湍流)，其中位移厚度会影响其衰减特性 (详见 Krasil'nikov, Lipnitskii, Pokrovskii 和 Shmanenkov, 2002)。

比。随着雷诺数的增加，被边界层吸收的高熵层区域按 $\psi_\delta \sim r_b^\nu \, (x/r_0)^{1/2} \, Re_\infty^{-1/2} =$ const 的规律增大。

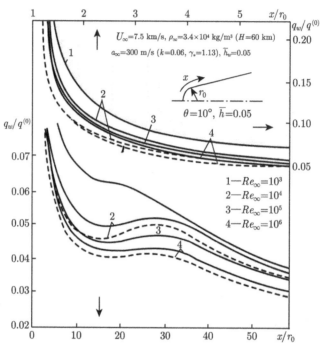

图 12.34　平衡–离解气流中球形钝锥上的热通量分布：实线为 PNSE 方法，虚线为质量平均值方法

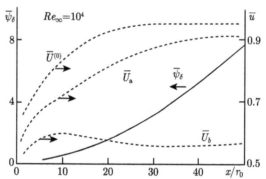

图 12.35　钝锥流函数 $\overline{\psi}_\delta$、外流速度 $\overline{U}^{(0)}$ 和质量平均速度 $\overline{U}_a$ 随边界层外像变化，及速度 $\overline{U}_b$ 在物面的分布

图 12.36 给出了在 $Re_\infty = 10^4$ 条件下的相同锥体的相对热通量 q_w/q_{w0}。图 12.34 中的曲线是在精确边界层模型 (Murzinov, 1966) 的框架下使用质量平均方法进行计算得到的。正如图 12.29 中所示的那样，尽管与精确解相比，在锥形

头部预估偏低，但两种方法的结果是相似的。这应该是因为未考虑到横向曲率效应的影响。

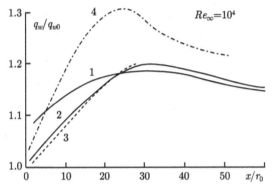

图 12.36 考虑与不考虑涡量时的钝锥表面热通量比：1 为精确计算结果；2 为质量平均值方法 (图 12.34 的数据)；3 为边界层模型；4 为基于外流参数的计算结果

对于平衡空气中的湍流边界层，用质量平均值法得到的钝锥表面热通量密度和摩阻分布如图 12.37 所示。与层流边界层相比 (图 12.30)，熵效应更加显著：湍

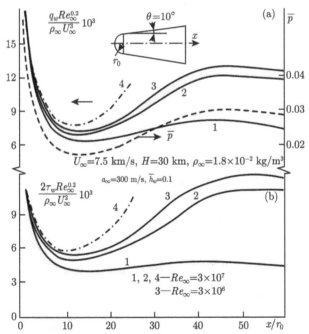

图 12.37 球形钝锥流动的湍流热通量 (a) 和摩擦力 (b) 分布：1 为不考虑涡量的计算结果；2 和 3 为质量平均值方法；4 为基于边界层外缘参数的计算结果

流边界层热通量是层流的 1.5 倍，而摩阻是层流的 2.5 倍。随着雷诺数的降低，被边界层吸收的高熵层区域随即收缩，热通量比 q_w/q_{w0} 相应增加。基于外流速度 $\bar{U}^{(0)}$ 的计算结果将导致吸收区域的进一步收缩以及热通量增加。

我们注意到，钝锥上的热通量分布存在波浪特征。这与图 12.33 中，尤其是关于湍流边界层的图 12.37 中的压力分布特性相似。

图 12.38(a) 给出了细长钝锥物面上的湍流热通量的实验分布，并与基于质量平均值方法 (曲线 1) 和湍流抛物化的 Navier-Stokes 方程 (Kovalev，1997) 的计算结果作对比。曲线 2 是基于代数湍流模型 (Boldwin 和 Lomax，1978) 的计算结果，曲线 3 是基于微分型的 k-ω 湍流模型 (Wilcox，1994，见 12.7 节) 的计算结果。图 12.38(b) 给出了双钝锥外形的相似实验数据 (Karpov)。两种情况下，计算结果均与测量值十分吻合。然而，很重要的一点是，与质量平均方法相比，使用看起来更有前景的高阶模型往往不能得到更高精度的计算结果。但这并不矛盾，因为所有的湍流模型均是根据同组实验进行测试和调整而得来的。

现在，我们简单讨论绕薄钝头体的黏性高超声速流动的相似律 (Lunev，1961，1962)。无黏流动的相似律已在第 9 章论述，尖头体黏性流动的相似律已在 12.12 节论述。在 9.1 节的框架之内，整体考虑到了物体头部对流动的影响，考虑到耗散项的作用，需要引入两个新的相关参数，即头部区域的总热损失 Q_0 和作用于头部的力 X_f。无量纲形式为

$$\overline{Q}_0 = \frac{Q_0}{\pi^\nu r_0^{1+\nu} \rho_\infty U_\infty^3}, \quad \overline{X}_f = \frac{X_f}{\pi^\nu r_0^{1+\nu} \rho_\infty U_\infty^2} \qquad (12.13.12)$$

然而，在极高的雷诺数下，与通过头部区域的总焓通量 $\pi^\nu r_0^{1+\nu} \rho_\infty U_\infty H_\infty$ 及头部阻力 X_0 相比，这些参数可忽略不计。那么，这组相似准则和无黏流动中的准则一样，即是关于几何外形相似及其仿射外形相似的参数式 (9.2.2) 或式 (9.2.8)。于是，我们用阻力系数 c_{x0} 来表征各种钝度外形。

同时，考虑到这一层的密度很小 (见 9.1 节和 9.2 节)，物体侧面上穿过高熵层的压力是恒定的，高熵层和边界层可以结合起来，统一用方程组式 12.5.5～ 式 12.5.8 来描述。对于这种系统，相应的起始条件也应预设在指定侧面的起始截面上。在 9.1 节和 9.2 节采取的体系框架下，起始条件必须包括：① 高熵层内的熵分布 $s(\overline{\psi})$；② 由式 (12.8.2) 和式 (12.8.3) 所确定的动量厚度 δ^{**} 和能量厚度 Θ。正如 9.2 节所示，在高熵层内，由半经验的实践来确定流动相似性，即函数 $s(\varPsi)$ 是通用的，其中，$\varPsi = 2\overline{\psi}/c_{x0}$。尽管参数 δ^{**} 和 Θ 通常依赖于头部形状，所要寻找的相似律与忽略这些参数影响的可能性有关。该可能性在 12.8 节中的图 12.13(b) 和 (c) 已作证实，图中物面边界层的有效长度很快就 "遗忘" 了其初始值

(在 $x = 0$ 处)。

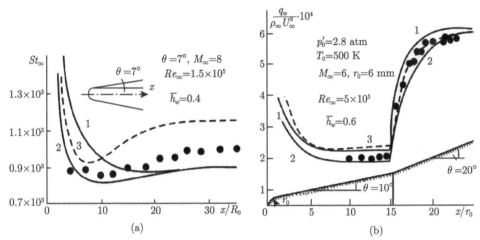

图 12.38　钝锥的计算结果 (曲线) 和实验数据 (符号) 对比: 1 为质量平均值方法; 2 为代数
湍流模型; 3 为微分型湍流模型

在该近似中, 要得到所需的全部相似准则, 必须将 12.12 节中给出的层流和
湍流边界层的准则 χ_l 和 χ_t (式 (12.12.6) 和式 (12.12.34)) 加入方程 (9.2.2) 和方
程 (9.2.8) 的无黏准则中。在此情况下, 相似变量与 8.4 式式 (8.4.1)、式 (8.4.2)
或 12.12 节式 (12.12.27)、式 (12.12.29) 中的相似变量相同。关于热通量和摩阻,
相似流动中关于变量 x/L 的下列无量纲函数是相同的: $\tilde{C}_q = 2q_w/\rho_\infty U_\infty^3 \theta_0^3, \tilde{C}_f = 2\tau_w/\rho_\infty U_\infty^2 \theta_0^3$。

因为钝锥没有特征尺度, 按照 9.2 节, 长度尺度 L 应该由条件 $\bar{X}_2 = 1$ (方程
(9.2.8)) 或 $L = (2/c_{x0})^{1/(1+v)} \theta_0^{-(3+v)/(1+v)} r_0$ 来确定。于是, 参数 χ_l 和 χ_t 可表
达为如下形式:

$$\chi = M_\infty^{3-n} \left(\frac{c_{x0}}{2}\right)^{\frac{1}{2(1+v)}} \theta_0^{(3+\nu)/2(1+\nu)} Re_\infty^{-1/2}, \quad Re_\infty = \frac{\rho_\infty U_\infty r_0}{\mu_\infty}$$

$$\chi_t = M_\infty^{1.8-0.4n} \left(\frac{c_{x0}}{2}\right)^{\frac{0.2}{1+\nu}} \theta_0^{0.2(3+\nu)/(1+\nu)} Re_\infty^{-0.2} \tag{12.13.13}$$

其中, 根据式 (9.2.8), 参数 $M_\infty \theta_0$ 和 γ 是相似准则; 对于理想气体, 自由流参数
ρ_∞ 和 U_∞ 也是相似准则。

在图 12.39(a) 和 (b) 中[①], 对于头部形状不同 (球形头部和平端头部) 的锥体,

---

① 图 12.39～ 图 12.41 的数据来自 Karpov (1968)。

图中给出热通量的测量值随相似变量 $x_1 = (2/c_{x0})^{1/2} (x/r_0)$ 的分布情况。图中同时还展示了热通量比 q_w/q_{wc} 的分布，其中 q_{wc} 为具有相同截面尖锥的局部热通量。图 12.39 的实验数据点主要集中在统一曲线的附近。采用质量平均值方法计算的湍流热通量 (对于球头钝锥) 具有足够的精度，此时熵效应也相当明显。

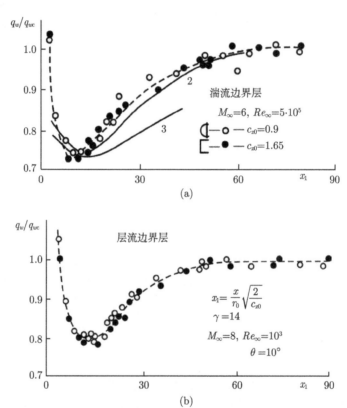

图 12.39　相似坐标下，绕球头和平头钝锥流动的相对热通量分布，实线代表考虑 (2) 与不考虑 (3) 涡量的计算结果，q_{wc} 为尖锥热通量

图 12.40 给出了采用质量平均值方法获得的球头钝锥上湍流热通量的计算结果；改变了锥角 θ，但参数 $M_\infty\theta_0$ 和 $\tilde{\chi}_t$ 保持不变。当使用原始变量时，各曲线有很明显的差别，但使用相似坐标 $\tilde{C}_q(x_2)$ 时 (其中，$x_2 = (2/c_{x0})^{1/2} (x/r_0) \theta^2$)，各曲线则十分接近。最后，图 12.41 给出了在平衡气体流动中计算的锥体热通量比 q_w/q_{w0} 随相似变量 x_2 的变化关系。在这些变量中，所有数据都集中在同一条通用曲线附近。

最后，我们注意到细长钝头体的高熵层还存在另一个特性，与边界层有直接的关系。图 12.42 给出了基于扰动区局部参数 (Re) 与激波后参数 (Re_s) 的雷诺

数比 Re/Re_s。图中可见，在高超声速钝锥物面上，雷诺数 Re 明显小于尖锥的雷诺数。但是，如此之大的雷诺数差别并没有引起相应的热通量差别。热通量主要依赖于边界层的相关参数 (ρ_* 等)，而这些参数反过来很大程度上是由驻点焓而非边界马赫数 M_δ 来确定的。然而，高熵层中雷诺数的减少可以明显地使边界层层流–湍流转捩的起始位置向下游移动，并影响转捩区长度。

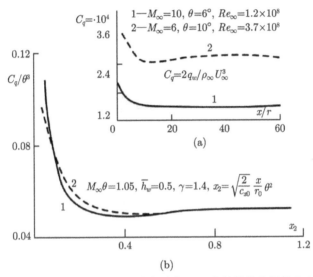

图 12.40　原始坐标 (a) 和相似坐标 (b) 中的钝锥热通量分布

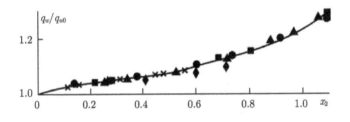

	$U_\infty/(\text{km/s})$	$\theta_0/(°)$	Re_∞
●	4	15	$5 \cdot 10^5$
△	7.5	10	$3 \cdot 10^7$
□	6	10	$5 \cdot 10^6$
◇	3	10	$4 \cdot 10^5$
×	6	5	$2 \cdot 10^7$

图 12.41　在相似坐标中考虑和不考虑涡量对湍流热通量比值的影响 (计算参数在表中给出)

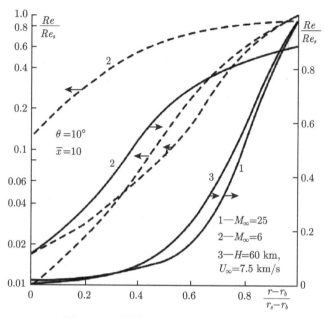

图 12.42　钝锥激波层内的雷诺数分布

12.14　黏性连续介质和激波层流动

12.13 节主要讨论在中高等雷诺数条件下，钝体和钝头体的黏性导热气体绕流，其边界层厚度不大于扰动层厚度 (尽管厚度值可能会相当)。但是，随着雷诺数的降低，物体的流动性质发生变化，在物体前形成**连续黏性层** (见 12.9 节)，如图 12.9 中 $Re_\infty = 10^2$ 和图 12.28 中 $Re_\infty = 10^3$ 的曲线所示。图 12.43 和图 12.44 给出了在完全气体流动中球头钝锥和圆球绕流的**等值线图** (或密度云图) (与图 12.19 的计算条件和计算方法相同)。当 $Re_\infty = 10^3$ 时，在物体和宽激波之间仍存在高密度近似无黏的流动区域，而当 $Re_\infty = 10^2$ 时，该区域不再存在。

图 12.45 给出了钝锥激波层内的密度分布，还包括无黏流动的密度分布。在边界层外，无黏曲线和 $Re_\infty = 10^3$ 时的曲线重合，这说明毗邻激波处存在无黏激波层。但是，黏性会使激波前缘模糊，致使激波后的最大密度比无黏情况低很多。同时，$Re_\infty = 10^2$ 时出现了连续黏性层，即黏性效应扩展到了整个扰动层，增宽的激波面上的最大密度下降为无黏情况的 2/5 倍。

图 12.46 给出了相同外形在相同条件下的压力分布，图 12.47(a) 给出了球头压力分布。正如图 12.33 所示，随着 Re_∞ 的减小，压力显著增大。

在描述此类流动时，至少是对于中等密度的气体 (见 1.1 节和 1.4 节的定义)，应当使用完整的 Navier-Stokes 方程组 (见 12.1 节)，对其描述不需要过渡至玻尔兹曼方程或等效的**统计模拟模型** (见 11.13 节)。物体上游的远场条件，给定渐近于无扰动的流动参数；在物体侧边也施加同样的条件。而在下游段 $l = l_\infty$ (其中 l 为纵向坐标)，需要施加软边界条件 (见 1.11 节和 5.3 节)：

$$\tilde{R} = \sqrt{x^2 + y^2} \to \infty, \quad l < l_\infty : \quad f \to f_\infty$$

$$f = u, v, p, \cdots, \quad l = l_\infty : \quad \frac{\partial f}{\partial l} = 0 \tag{12.14.1}$$

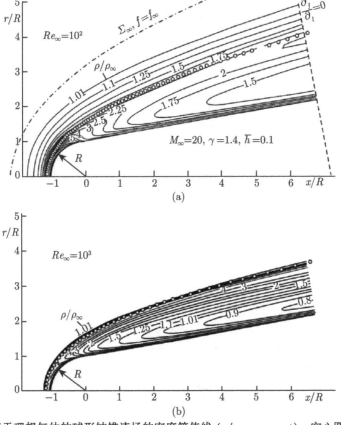

图 12.43　基于理想气体的球形钝锥流场的密度等值线 ($\rho/\rho_\infty = \mathrm{const}$)；空心圆代表 PNSE 方法计算得到的激波面

图 12.43(a) 给出了相应的流动图谱。它与图 5.5(5.3 节) 中概述的情况类似，区别在于，这里在 $l = l_\infty$ 段使用了相比于式 (5.3.2) 更简化的条件。通过与 3.2 节中宽激波面的流动结构相比拟，可以预期，流动的解将在未扰动区域按照指数

律 $f - f_\infty \sim \mathrm{e}^{-\tilde{R}/r_0}$ 变化，因此，实际上，我们可以将无穷远处的边界条件移至远离物面有限距离的某个面 Σ_∞ 上，图 12.43(a) 给出了符合条件的面轮廓。

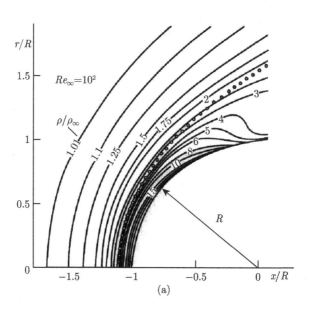

(a)

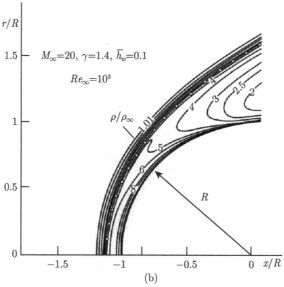

(b)

图 12.44　球形流场的密度等值线 ($\rho/\rho_\infty = \mathrm{const}$)，计算条件同图 12.43，空心圆代表 PNSE 方法计算得到的激波面

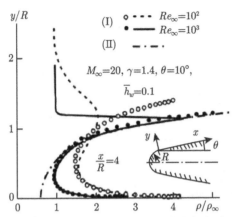

图 12.45 钝锥激波层密度分布，计算条件同图 12.43，曲线代表采用 Navier-Stokes 模型 (I) 和无黏模型 (II) 得到的计算结果，符号代表 PNSE 方法得到的计算结果

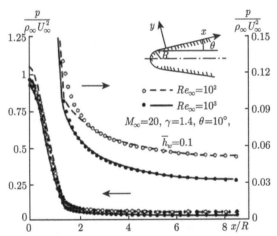

图 12.46 钝锥表面压力分布，计算条件同图 12.43，曲线代表 Navier-Stokes 方程的计算结果，符号代表 PNSE 方法的计算结果

　　然而，在处理 $Re_\infty \leqslant 10^2$ 的物面边界条件时，需要考虑 12.1 节所述的滑移和温度跳跃效应的影响。这些效应通过式 (12.1.2) 和式 (12.1.4) 来描述物面的速度 u_g 和温度 T_g。这里使用广为熟知的局部平均自由程公式 $l = \kappa\,(\mu_g/\rho_g)\,(\pi\bar{M}/(2RT_g))^{1/2}$ (其中，下标 g 表示在温度 $T = T_g$ 处的参数，修正系数 $\kappa \sim 1$) 来进行变换。局部平均自由程公式是结合式 (1.4.9) 和式 (11.13.4) 推导出来的。因为 $\mu(\partial u/\partial y) = \tau_w$，$\lambda(\partial u/\partial y) = q_w + \tau_w u_g \approx q_w$，对完全气体上述公式可表达为如下形式：

$$\overline{u}_g = \frac{u_g}{U_\infty} = \frac{1}{\bar{p}} A_u \bar{T}_g^{1/2} C_f, \quad C_f = \frac{2\tau_w}{\rho_\infty U_\infty^2}, \quad \overline{T} = \frac{T}{T_0}, \quad \overline{p} = \frac{p}{\rho_\infty U_\infty^2}$$

$$\overline{T}_g - \overline{T}_w = \frac{1}{\overline{p}} A_T \overline{T}_g^{1/2} St_\infty, \quad St_\infty = \frac{q_w}{\rho_\infty U_\infty c_p (T_0 - T_w)} \tag{12.14.2}$$

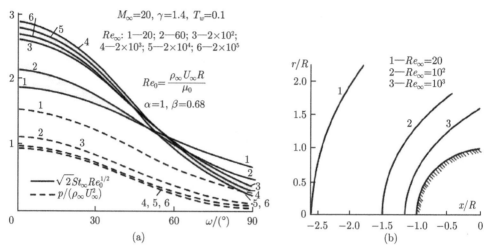

图 12.47   低雷诺数球体表面热通量和压力分布 (a)；扰动层厚度 (b)($\rho/\rho_\infty = 1.1$ 等值线)

其中，T_0 为特征温度；A_u 和 A_T 分别是调节系数 α 和 β 的函数：

$$A_u = \frac{(2-\alpha)\kappa}{4\alpha}, \quad A_T = \frac{(2-\beta)\kappa Pr}{2\beta}, \quad F = \frac{2\mu T_0 R}{U_\infty^2 \overline{M}} \tag{12.14.3}$$

严格地讲，我们所得到的 u_g 和 T_g 应该是具有分子平均自由程量级的克努森 (Knudsen) 层的外缘参数，它们会产生**克努森位移效应**，而在 Navier-Stokes 模型框架内未考虑这一点。

低雷诺数钝头体绕流问题的本质是由脱体激波的相对厚度来确定。因为在 Navier-Stokes 近似中，3.2 节关于激波结构的问题并未牵涉长度尺度，激波面的**高温子区域**的厚度 Δ_0 可由如下关系来确定：

$$Re_{0\Delta} = \frac{\rho_\infty U_\infty \Delta_0}{\mu_0} \sim 1, \quad \mu_0 \sim \mu_\infty M_\infty^{2(1-n)} \tag{12.14.4}$$

其中，μ_0 是驻点温度对应的黏性系数 (由式 (12.12.1) 来确定)。于是，分别可得到 Δ_0 与钝头体边界层厚度 δ 以及物体尺度 r_0 的比值，估计如下：

$$\overline{\Delta}_{0\delta} = \frac{\Delta_0}{\delta} \sim Re_0^{-1/2} \sim \left(\frac{\mu_0}{\mu_\infty}\right)^{1/2} Re_\infty^{-1/2}, \quad \overline{\Delta}_0 = \frac{\Delta_0}{r_0} \sim \frac{\mu_0}{\mu_\infty Re_\infty} \tag{12.14.5}$$

式中，参数 $\overline{\Delta}_0$ 与 $\overline{\Delta}_{0\delta}$ 是 12.1 节中高超声速绕流条件下引入的，和克努森数相对应；Re_∞ 是基于自由流参数的雷诺数，$Re_\infty = \rho_\infty U_\infty r_0/\mu_\infty$。

同时，黏性系数 $\mu \sim \mu_\infty$ 和温度 $T \sim T_\infty$ 的激波层外侧部分，厚度 Δ_∞ 在 $\Delta_\infty/\Delta_0 \sim M_\infty^{2(n-1)} \ll 1$ 的量级，这也是前面数图中高温区域传播阵面边界界定很清楚的原因 (严格地讲，激波阵面界定在 $\mu_\infty/\mu_0 \to 0$；详见 Sychev，1961)。

自然地，当量级为 1 时，估计式 (12.14.5) 是精确的，并描述了 $M_\infty \to \infty$ 和 $Re_\infty \to \infty$ 时参数 $\bar{\Delta}_0$ 与 $\bar{\Delta}_{0\delta}$ 对马赫数和雷诺数的渐近依赖性。对真实、可见的流动型态而言，它还受其他流动参数的影响，特别是扰动层内的气体密度 ρ_0 和厚度比 $\Delta_0/\delta^{(0)}$ (其中，$\delta^{(0)} \sim r_0\rho_\infty/\rho_0$ 是扰动层厚度)。于是，图 12.28 中的 $Re_\infty = 10^3$ 条件下的厚度比 $\delta^{(0)}/r_0$ 明显小于图 12.19(12.9 节) 中的 $Re_\infty = 10^2$ 条件下的比值。但前者的 Δ_0 同样较小，于是两种情况的流动型态定量上相似。还需注意的是，因后者激波厚度受气体扩散的影响，绕钝头体流动的脱体激波和拓宽激波，两者是不同的。

还需注意的是，早在 12.13 节就已证明，在 $Re_\infty \geqslant 10^3$ 条件下，雷诺数的降低会相应地造成钝头体驻点热通量 $q_w/q^{(0)}$ 增加，其中当 $Re_\infty \to \infty$ 时，$q^{(0)} = q_w$ (见图 12.27、图 12.29、式 (12.13.9))。这与边界层厚度增加时激波层流动涡量的影响增大有关。但是，随着雷诺数进一步减小，会出现乘积项 $St_\infty Re_\infty^{1/2}$ 降低的逆过程 ($Re_\infty \to \infty$ 时该乘积项保持不变)，其中 St_∞ 是斯坦顿数 (式 (12.14.2))。这与图 12.47(a)(计算) 和图 12.48 中完全气体流动的球头驻点热通量测量值相符合；当 Re_∞ 由 10^3 降低至 20 左右时，乘积项 $St_\infty Re_\infty^{1/2}$ 下降至原来的 1/2(Gusev 和 Nikol'skii，1971[1])。

为了解释这一效应，图 12.48 同样给出了在 Navier-Stokes 方程组的框架下计算所得的曲线关系 (Vlasov 和 Gorshkov，2001；图 12.50～ 图 12.52 也取自他们的工作)。在合理的参数 $\kappa = 1$、$\beta_1 = 0.68$、$\beta_2 = 0.51$ 条件下，考虑到温度跳跃效应 (见 Kogan，1966)，可得图中的曲线 1 和 2。可见，曲线 1 和实验数据吻合度很好；该图同样也给出了相应的 $T_g/T_0 = \bar{T}_g(Re_\infty)$ 曲线。同时，图 12.48 中不考虑温度跳跃效应得到的曲线 3，位于曲线 1 和实验数据上方的低雷诺数区域。这使得将相对热通量 $q_w/q^{(0)}$ 随雷诺数的降低归咎于温度跳跃效应的猜想成为可能。

结合图 12.47 和图 12.48 的数据，我们注意到，在低雷诺数 ($Re_\infty \approx 20$) 条件下的驻点热通量以及 $Re_\infty < 10^2$ 条件下的压力 p_0' 比最大能量通量 $\rho_0 U_\infty^3/2$ 和动量通量 $\rho_0 U_\infty^2$ 还要大。该效应是由毗邻对称轴的薄层射流喷射作用所引起的[2]，因此是合理的。

---

[1] 在原图中，雷诺数 $Re_0 = \rho_\infty U_\infty r_0/\mu_0$，其中，$\mu_0$ 是驻点温度 $T_0 = 1600$ K 时的黏性系数。此处，自由流温度为 $T_\infty \approx 20$ K；因为计算中使用的 Sutherland 公式 (1.3.9) 在如此低的温度下尚未验证，这里给出的雷诺数 $Re_\infty \approx 20Re_0$ 仅代表其量纲关系。

[2] 该效应也发生在 $M_\infty \approx 0$ 条件下，当 $Re_\infty \approx 20$ 时比值 $2\left(p_0' - p_\infty\right)/(\rho_\infty U_\infty^2) \approx 1.3$ (详见 Shue，1975；Lunev 和 Selezneva，2000)。

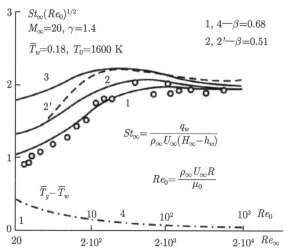

图 12.48 球头驻点热通量和温度对雷诺数的依赖关系曲线：1～4 为 Navier-Stokes 模型；2′ 为 PNSE 方法；3 未考虑温度跳跃；符号为实验数据

根据所给出的结果，有理由认为低雷诺数 (如 $Re_\infty \approx 20$ 时) 下可以预测出可靠的热通量值，但考虑到尚缺乏充分的实验验证，再者调节系数的确定不可能这么简单，所以也不能对此问题过度乐观。此外，在分子运动学理论框架内类似问题的解 (使用统计计算，见 Gupta 和 Simmond，1986) 指出，在 $Re_\infty \approx 20$ 时，球体的扰动层远薄于 Navier-Stokes 模型预测的结果。

现在讨论下一个问题。对**中高雷诺数** (根据 12.9 节的定义)，也就是对**黏性激波层**，抛物化的 Navier-Stokes 方程组模型 (12.9 节中称为 **PNSE 模型**)，是介于全 Navier-Stokes 方程组和无黏流动的经典边界层方法之间的渐近方法。PNSE 模型基于贴体曲线坐标系 x, y 下的方程组式 (12.5.5)～ 式 (12.5.89) (见 12.5 节)，其中速度投影到坐标轴上，且略去方程 (12.5.6) 的右端项 F_j，即为该方程的无黏形式。

在该模型的框架内，有可能存在一个相对有限薄的激波厚度。此种情况下，使用 1.7 节中推导的**广义 Hugoniot 关系** (式 (1.7.12)) 将外流边界条件转化为激波的有条件的中间线 S。我们将该关系写为本问题需要的形式。为此，引入与激波面 S 相贴的局部笛卡儿坐标系 l, n (图 12.49)。其中，法向矢量 n 的方向与图 1.16(d)(1.7 节) 中的相反；因此，若不改变方程形式的话，方程 (1.7.12) 中的矢量 n、$\boldsymbol{\tau}_2$ 及 J_i 的符号必须取反。假设激波前的流动是均匀绝热的，则方程 (1.7.12) 中 $\boldsymbol{\tau}_1 = \boldsymbol{J}_1 = q_m = 0$；于是，黏性应力矢量 $\boldsymbol{\tau}_2$ 表达如下：

$$\boldsymbol{\tau}_2 = \tau_{nn}\boldsymbol{n} + \tau_{nl}\boldsymbol{l} \tag{12.14.6}$$

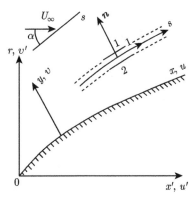

图 12.49 广义 Hugoniot 关系推导

应力矢量的分量 τ_{nn} 和 τ_{nl} 由式 (1.10.10) 和式 (1.8.9) 来确定，其中，坐标 x, y 分别替换为 l, n。当黏性激波层的相对厚度较小时，坐标 l, n 与贴体曲线坐标很相近；在 PNSE 模型的框架内，激波内关于坐标 l 的导数项可以忽略。将速度 $\boldsymbol{U} = \boldsymbol{l}v_l + \boldsymbol{n}v_n$ 在 l 和 n 轴上的分量记作 v_l 和 v_n，可得

$$\tau_{nn} = \frac{4}{3}\mu\frac{\partial v_n}{\partial n}, \quad \tau_{nl} = \mu\frac{\partial v_l}{\partial n} \tag{12.14.7}$$

将式 (12.4.6) 和式 (12.4.7) 代入到式 (1.7.12) 并将动量方程向 $\boldsymbol{n}$ 和 $\boldsymbol{l}$ 轴上投影，可得 PNSE 模型所需的广义 Hugoniot 关系：

$$\rho_s v_{ns} = \rho_\infty v_{n\infty} = m, \quad v_n = -\boldsymbol{n}\cdot\boldsymbol{U}$$

$$mv_{ns} + p_s - \frac{4}{3}\mu\frac{\partial v_n}{\partial n}\bigg|_s = mv_{n\infty} + p_\infty$$

$$mv_{ls} - \mu\frac{\partial v_\tau}{\partial n}\bigg|_s = mv_{l\infty}$$

$$mH_s + J_s - \mu v_l\frac{\partial v_l}{\partial n}\bigg|_s - \frac{4}{3}\mu v_n\frac{\partial v_n}{\partial n}\bigg|_s = H_\infty \tag{12.14.8}$$

其中，式 (1.7.12) 中的下标 1 和 2 被替换为 ∞ 和 s。该关系针对特定条件的激波面——图 12.49 中的零厚度线 S。该情况下，有 $v_{n\infty} = U_\infty\sin\alpha$、$v_{l\infty} = U_\infty\cos\alpha$，其中，$\alpha$ 是激波面 S 处的当地攻角。根据方程 (1.10.14) 以及之前作的简化处理，在方程组 (12.14.8) 的最后一个方程中，能量通量 J 可表达成如下形式：

$$J_2 = J_{\mathrm{T}} + J_{\mathrm{D}}, \quad J_{\mathrm{T}} = -\lambda\frac{\partial T}{\partial n} \tag{12.14.9}$$

式中，J_D 是多组分气体扩散过程产生的能量通量，此时尚未给定 (见 13.1 节)。正如 1.2 节所示，通过与式 1.2.11 相比拟，平衡流动中 $J_D = 0$；此时，热传导系数 λ 需要替换为其有效值 λ_{eff}。

式 (12.5.5)~(12.5.8) 以及 $F_j = 0$ (位于式 (12.5.6) 中) 共计 6 个独立方程，如果在起始段 $x = x_0$ 得到一个柯西问题，那么式 (12.4.8) 中的四个关系式以及三个物面边界条件 (如 $u = v = 0$ 和 $h = h_w$) 是封闭的，该流动问题的解来确定激波形状 S 或其方程 $r_s = r_s(x)$ 是充分的。(在钝头体流动中，它是有缺陷的，将在后面讨论该问题。)

就此，我们注意到方程 (12.5.6) 无黏形式的重要性。实际上，如果关于 F_j 的方程中保留二阶偏导项 $\partial^2 v / \partial y^2$ 时，方程组 (12.5.5)~(12.5.8) 形式上的抛物化性质仍可保持。但是，方程组的总个数会增加，导致激波面 S 位置的过定。换句话说，方程组需要与全 Navier-Stokes 方程组具有相同个数的渐近封闭条件 (12.14.1)。

从形式上讲，该问题出现在守恒形式的抛物型 Navier-Stokes 方程组的求解过程中。而这种方程的守恒形式，是在全方程组 (1.13.30) 的黏性项中省略了除 η (或 y) 的高阶 (二阶) 导数项外的所有导数项后得到的。这些方程的定常状态可写成一般形式：

$$\frac{\partial \overline{F}^*}{\partial \xi} + \frac{\partial \overline{G}^*}{\partial \eta} = 0 \qquad (12.14.10)$$

其中，$\bar{F}^*$ 中只保留了无黏项；而 $\bar{G}^*$ 中同时保留了无黏项和黏性项中关于 η (或 y) 的导数项。然而，与基于简单变量并满足条件 $v \ll u$ 的式 (12.5.5)~(12.5.8) 不同，速度 u' 和 v' (图 12.49) 的笛卡儿分量可能处于同一量级；因此，在方程 (12.14.10) 的一般形式中，必须保留 u' 和 v' 的高阶导数项。此时，为了缩减激波的无黏超声速区，可省略渐近条件 (12.14.1) 或边界条件 Σ_∞。按照图 4.3(d)(4.2 节) 中问题的算法，使用前面的计算层和激波 S 之间的特征关系，可推导出一个附加的边界条件 (Kovalev，1997)。

PNSE 方法在时间推进技术应用方面以及无黏流动和边界层的非定常计算方面具有很好的可行性，因此广泛应用在二维和某些三维流动中 (不同于三维全 Navier-Stokes 方程组)。从算法的观点看，PNSE 方法优于求解无黏和边界层问题 (包括极高雷诺数情况) 的连续求解方法。

当 $Re_\infty \to \infty$ 时，薄激波处可限制为传统而非广义的 Hugoniot 关系。但是，这可能仅适用于平衡流，而不能精确计算非平衡流动。这是由于，在非平衡流动中，激波之后是弛豫区，所有流动参数的梯度均很大，在控制方程中这种大梯度项以耗散项来体现，并产生非物理的热通量、气体组分通量等，不可避免地导致流动违反守恒律[①]。因此，在使用 PNSE 方法计算非平衡流动时，在任何雷诺数条件下均需使用广义 Hugoniot 关系 (另见 13.2 节)。

只有通过比较两种流动的数值解，才能确定 PNSE 方法的解与完整 Navier-Stokes 方程的解之间的对应关系。为便于描述，图 12.43 和图 12.44 给出了 PNSE 方法获得的激波 S。当 $Re_\infty = 10^2$ 时，激波淹没在扰动层内。但当 $Re_\infty = 10^3$ 时，钝锥前的激波 S(与球头情况明显不同) 将压缩层清晰地分开。同时，在 $Re_\infty = 10^3$ 和 $Re_\infty = 10^2$ 条件下，使用两种方法计算钝锥绕流，得到的图 12.45 中物面区域密度分布以及图 12.46 中的压力分布很接近。

此外，全尺寸飞行器 OREX 返回地球大气层 (Inouye, 1995) 的流动中，图 12.50 和图 12.51 给出了在 aa′ 段非平衡流动参数计算所得的分布情况。从图中可得，当雷诺数低至 $Re_\infty = 10^2$ 时，使用 Navier-Stokes 方法和 PNSE 模型计算得到的曲线非常接近。

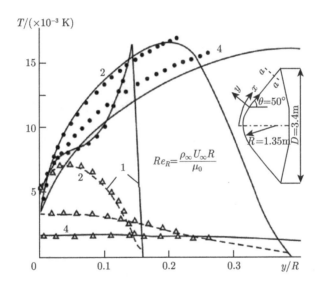

	H/km	$Re_{\infty R}$	$\rho_\infty/(\mathrm{kg/m^3})$	$U_\infty/(\mathrm{m/s})$	T_∞/K	T_w/K
1	84	7300	$1.095 \cdot 10^{-5}$	7416	189	785
2	96.8	630	$9.36 \cdot 10^{-7}$	7456	190	485
3	101.1	320	$4.83 \cdot 10^{-7}$	7455	197	402
4	105	150	$2.34 \cdot 10^{-7}$	7451	211	332

图 12.50 OREX 飞行器外形 a-a′ 段的平动温度 (I) 和振动温度 (II) 分布，飞行器外形在图中右侧给出，曲线代表 Navier-Stokes 模型，符号代表 PNSE 模型；表中为计算参数

[①] 见 Zalogin 和 Lunev(1973)，Voronkin 和 Zalogin(1975) 的著作。

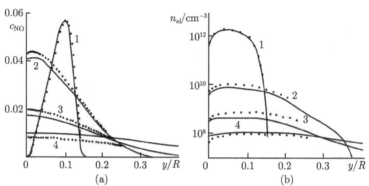

图 12.51 OREX 飞行器外形 a-a' 段 NO 浓度 (a) 和电子密度 (b) 的分布, 计算条件同图 12.50

如图 12.29 (12.13 节中) 所示, 对比了 $Re_{\infty 0} = 10^4$ 时使用两种方法计算得到的钝锥热通量。图 12.52 给出了 OREX 飞行器在 $Re_R \approx 10^3$ 条件下的热通量, 两个例子中同一参数的计算结果非常接近。图 12.48 的球头驻点流动中 (两种方法在定性的流动形态上有很大的矛盾之处, 见图 12.44 和图 12.47), PNSE 方法得到的曲线 2′, 与相同条件下但雷诺数降至 $Re_\infty \approx 10^2$ 或 $Re_0 = \rho_\infty U_\infty R/\mu_0 \approx 5 \sim 10$ 得到的曲线 2 相当接近。

然而, 尽管这些方程也具有抛物特性, 但使用时间推进技术来求解抛物化的 Navier-Stokes 方程组会遇到 7.13 节中求解无黏流动同样的问题。首先, 这些方程需要在截面 $x = x_0$ 预设初始条件。在尖头体流动中, 在对称轴 $x = 0$ 处设置初始条件。然而, 对称轴上只能确定轴对称条件, 并不能确定柯西问题的解。因此, 7.7 节的无黏流动中, 当 $x \to 0$ 时, 确定推进算法的起始条件时必须采用方程的极限形式。

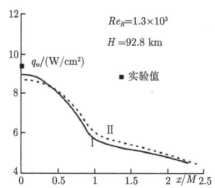

图 12.52 OREX 飞行器表面的热通量分布, 计算条件同图 12.50, (I) 基于 Navier-Stokes 方程, (II) 基于 PNSE 方法

为此，我们将式 (7.7.14) 展开成与高超声速近似相对应的 xK_s 幂级形式。但是，和第 7 章不同的是，不能忽略 k、δK 以及 δK_s 阶项 (其中，k 是扰动层厚度；$K = R^{-1}$ 且 $K_s = R_s^{-1}$，R 和 R_s 分别是对称轴处的物面和激波的曲率半径)，并通过焓 $h = H_\infty \left(h_0 + K_s^2 x^2 h_2 \right)$ 类似的展开式加以补充。于是，根据式 (12.5.5)∼式 (12.5.7) 以及 $F_j = 0$，可得到如下的常微分方程，以及将首项展开为

$$\frac{1}{k_0 Re_s^{(0)}} \left(\bar{\mu} f_1' \right)' + \lambda \rho_0 f_0 f_1' - \frac{1}{H_x} \lambda^2 \rho_0 f_1^2 + \lambda^2 \frac{k_0 \rho_0 f_0 f_1}{H_x K_s R} = -2k_0 \lambda^2 p_2$$

$$\frac{\mathrm{d}}{\mathrm{d}\zeta} \left(H_x \rho_0 f_0 \right) = \left(H_x \rho_0 f_0 \right)' = \lambda (1 + \nu) \rho_0 f_1, \quad p_0' = -k_0 \rho_0 f_0 f_0'$$

$$\frac{1}{k_0 Re_s^{(0)}} \left(\frac{\bar{\mu}}{Pr_{\text{eff}}} h_0' \right)' + \lambda \rho_0 f_0 h_0' = -\lambda k_0^2 \rho_0 f_0^2 f_0' \frac{U_\infty^2}{H_\infty}, \quad \rho_0 = \rho (p_0, h_0) \quad (12.14.11)$$

引入如下符号：

$$\zeta = \frac{y}{\delta}, \quad \lambda = \frac{\delta}{k_0 R_s}, \quad k_0 = \frac{\rho_\infty}{\rho_s^{(0)}}, \quad Pr_{\text{eff}} = \frac{\mu_0}{c_p \lambda_{\text{eff}}}$$

$$\rho_0 = \frac{\rho k_0}{\rho_\infty}, \quad \bar{\mu} = \frac{\mu}{\mu_0}, \quad Re_s^{(0)} = \frac{\rho_\infty U_\infty R_s}{\mu_0}, \quad H_x = 1 + \frac{y}{R} \quad (12.14.12)$$

其中，μ_0 为驻点处的气体黏性系数；$\rho_s^{(0)}$ 为无黏流动正激波后的气体密度。方程组的最后一个方程满足气体状态方程 $\rho = \rho(p, h)$。为简化处理，采用平衡气体的有效热传导系数模型。

类似地，对 $K_s^2 x^2$ 阶项的系数；得到如下方程组：

$$\frac{1}{\lambda \rho_0} p_2' + \frac{R_s}{H_x R} f_1^2 = \Phi_p = -k_0 f_0 f_0' \frac{\rho_2}{\lambda \rho_0} + R_s (K_s - K) \left[\frac{1}{\lambda} (f_0 f_2)' - \frac{2}{H_x} f_1 f_2 \right]$$

$$\frac{1}{k_0 Re_s^{(0)}} \left(\frac{\bar{\mu}}{Pr_{\text{eff}}} h_2' \right)' + \lambda \rho_0 f_0 h_2' - \frac{2}{H_x} \lambda^2 \rho_0 f_1 h_2 = \Phi_h (f_2, p_2)$$

$$\frac{\rho_\infty}{k_0} \rho_2 = -\rho_\infty U_\infty^2 \rho_p p_2 + H_\infty \rho_h h_2$$

$$(12.14.13)$$

函数 Φ_h 的表达式十分复杂，此处知道函数与 f_2 和 p_2 相关就已足够，不再赘述。

类似地，解关于 xK_s 的展开式也应该满足施加在激波处的边界条件 (12.14.8)。正如方程 (12.5.6)，省略第二个动量方程的黏性项，即令 $F_j = 0$。则展式的首项方程可以表达为如下形式：

$$\zeta = 1: \quad \rho_0 f_0 = 1$$

$$p_0 + k_0 f_0 = 1 + \left(\gamma M_\infty^2\right)^{-1}$$

$$f_1 - 1 = \frac{\mu_0}{\rho_\infty U_\infty \delta} f_1' = \frac{\overline{\mu}}{\lambda k_0 Re_s^{(0)}} f_1'$$

$$h_0 - 1 = \frac{\overline{\mu}}{Pr_{\text{eff}} \lambda k_0 Re_s^{(0)}} h_0', \quad \rho_0 = \rho_0 \left(p_0, h_0\right) \tag{12.14.14}$$

根据步骤式 (2.4.11)~ 式 (2.4.13)，将边界条件从真实激波 $y = y_s(x)$ 变换到线 $\zeta = y/\delta = 1$，从式 (12.4.8) 中可推出函数 p_2、h_2、f_2 和 ρ_2 的边界条件。通过与式 (7.7.19) 相比拟，它们的一般形式表达为

$$\varphi\left(y_s\right) = \varphi_0\left(y_s\right) + K_s^2 x^2 \varphi_2\left(y_s\right) = \varphi_0(\delta) + \frac{1}{2\delta}\left(y_s - \delta\right)\varphi_0'(\delta) + K_s^2 x^2 \varphi_2(\delta) \tag{12.14.15}$$

其中，$\varphi = p, u, v, h$。

将表达式 (7.7.14) 和式 (12.14.15) 代入关系式 (12.14.8) 中，并引入式 (7.7.13)，可得到以 $p_2(1), \rho_2(1), h_2(1), f_2(1)$ 为边界条件的线性方程组。由于方程过于复杂，以下将只给出式 (12.14.8) 的第二个关系式：

$$p_2(1) - 1 = k_0 \rho_2 f_0^2 + R_s \left(K_s - K\right)\left[\frac{1}{2}\rho_0 f_0 f_0' - 2\rho_0\left(f_1 + f_2 - \frac{1}{2}\lambda f_0'\right)\right] \tag{12.14.16}$$

下面将具体分析。方程组 (12.14.11) 包括四个微分方程，但有五个未知函数 f_0, f_1, p_0, p_2 和 h_0，而代数状态方程只能确定密度 ρ_0，所以方程组是不封闭的。式 (12.14.13) 中三个方程包含三个新的函数 f_2, ρ_2 和 h_2，未能改善 7.7 节 ~7.11 节中无黏问题相似的境况。

然而，与无黏流动情况相同，这并非方程组不封闭的唯一特点。实际上，方程组 (12.14.11) 整体上具有六阶偏导数，需要六个边界条件方可解。在该方程组上，需要给定三个物面边界条件 ($f_0 = f_1 = 0$ 和 $h_0 = h_{ow}$ 或条件 (12.14.2)) 和四个式 (12.14.14) 中的条件。需要额外的条件来确定未知参数 $\lambda = \delta/k_0 R_s$，而该参数反过来又包含两个未知参数 δ 和 R_s。

在中等钝度物体的流动中，扩展项的主项只有在**薄黏性激波层**模型框架下通过高超声速近似来封闭 (7.1 节)。当 $k_0 \ll 1$ 时，中等钝度物体的激波层厚度是 $\delta \sim k_0 R_s \approx k_0 R \ll R$。此时，方程组 (12.14.13) 中的第一个方程和方程 (12.14.16) 可忽略其右端项，进而产生如下条件来封闭该问题 (如 7.7 节)：

$$R_s = R, \quad f_2 = 0, \quad p_2' = \lambda \rho_0 f_1^2, \quad p_2(1) = 1 \tag{12.14.17}$$

一般情况下，钝体或钝头体的黏性激波层问题可在 PNSE 模型的框架内使用

全局迭代方法 (global iteration method)[①]进行求解。全局迭代方法的概念在 7.13 节无黏流动中有所论述，并几乎可完全地推广到黏性激波层问题上。

这里，只有一个重要的根本性问题需要进一步分析。因为钝头体无黏激波层内流动的亚声速特性，为使用时间推进技术，在每一次迭代过程中都需要对控制方程做人工抛物化处理，并在迭代收敛过程中消除这一矛盾。该过程对于原本就是抛物型的 PNSE 方法来说似乎是多余的；但实际上，PNSE 方法的抛物特性并不能在求解过程中直接使用时间推进技术，因为该方法中方程组初值问题的正确性是由无黏部分来决定的。

为了证实这一点，我们对这些方程的数学特性展开研究；为此，与 2.4 节相类比，我们首先在连续性方程中引入声速，并进行变换。将问题局限于平衡流动，使用关系式 (1.6.8)，可将方程 (2.4.1) 写成如下形式：

$$\frac{1}{\rho a^2}\frac{\mathrm{d}p}{\mathrm{d}t} + \mathrm{div}\,\boldsymbol{U} = \frac{1}{\rho}\left(\frac{\partial\rho}{\partial h}\right)_p q_{\mathrm{eff}}\,, \quad q_{\mathrm{eff}} = T\frac{\mathrm{d}s}{\mathrm{d}t} \tag{12.14.18}$$

其中，q_{eff} 项由式 (1.9.6)、(1.10.14)、(12.1.11) 定义。从 PNSE 模型中略去纵向坐标 x 的低阶偏导数，则 q_{eff} 项化为

$$q_{\mathrm{eff}} = \mu\left(\frac{\partial u}{\partial y}\right)^2 + \frac{\partial}{\partial y}\left(\lambda\frac{\partial T}{\partial y}\right), \quad \lambda\frac{\partial T}{\partial y} = \frac{\mu}{Pr}\frac{\partial h}{\partial y} \tag{12.14.19}$$

虽然式 (12.5.5)~ 式 (12.5.8) 经过了变形，但由于其包含声速，用来作数学分析依旧相当复杂。为此，我们考虑简单的沿 x 轴近似分层的气体流动的线性问题。通过与式 (2.4) 相比拟，引入小量：

$$u_1 = U_0 - u \ll U_0, \quad v = v_1 \ll U_0$$

$$p_1 = p_0 - p \ll p_0, \quad h_1 = h_0 - h \ll h_0$$

$$H_1 = H_0 - H \ll H_0, \quad \rho_1 = \rho_0 - \rho \ll \rho_0 \tag{12.14.20}$$

式中，带有下标 0 的参数是相对于未扰动流动的常数参数。将这些参数代入式 (12.5.5)~ 式 (12.5.8) 中并忽略二次项，可得波动量的线性方程组，并得到无限长直线 $x = 0$ 上的初值问题。下面对方程正确性进行研究。由于当前的目的是说明该问题不适用的流动情况。我们将气体假设为理想气体，黏性系数恒定，并令普朗特数 $Pr = 1$。进一步，限制引入流动的摄动类型满足条件 $H = \mathrm{const}$ 或 $H_1 = h_1 + U_0 u_1 = 0$ ($Pr = 1$ 时，这并不和条件 (12.5.8) 矛盾)。

---

① 该方法是根据 7.13 节的工作发展起来的；详见 Golovachev(1996) 的文章，该作者主要研究黏性激波层问题和数值计算算法。

动量方程 (12.5.5)、(12.5.6) 和连续性方程 (12.14.18) 线性化以后，可得方程组如下：

$$\frac{\partial \bar{u}_1}{\partial x} + j_1 \frac{\partial \bar{p}_1}{\partial x} - \bar{\nu} \frac{\partial^2 \bar{u}_1}{\partial y^2} = Q_u, \quad \bar{\nu} = \frac{\mu_0}{\rho_0 U_0}$$

$$j_2 \frac{\partial \bar{v}_1}{\partial x} + \frac{\partial \bar{p}_1}{\partial y} = Q_v$$

$$M_0^2 \frac{\partial \bar{p}_1}{\partial x} + j_5 \frac{\partial \bar{u}_1}{\partial x} + \frac{\partial \bar{v}_1}{\partial y} + \bar{\nu}(\gamma - 1) M_0^2 \frac{\partial^2 \bar{u}_1}{\partial y^2} = Q_p$$

$$\bar{p}_1 = \frac{p_1}{\rho_0 U_0^2}, \quad \bar{u}_1 = \frac{u_1}{U_0}, \quad \bar{v}_1 = \frac{v_1}{U_0}, \quad M_0^2 = \frac{U_0^2}{a_0^2} \tag{12.14.21}$$

式中，通过和 7.13 节相比拟，与方程组式 (7.7.5)~ 式 (7.7.7) 相同，为了说明特定项对方程组 (12.14.21) 数学特性的影响，在某特定项中引入系数 $j_i \leqslant 1$。类型 $(1 - j_i) \partial/\partial x$ 项出现在右端项 Q_i 中，并由前面的迭代过程来确定，在迭代过程中不会影响方程组的类型。

这类初值问题的一个非常简单的例子是，在 $x = 0$ 处施加条件 $u_1 = u_1(y)$，$v_1 = p_1 = 0$。小量 x 的均匀方程组 (12.14.21) 的解为 $v_1 \approx 0$；那么，从第一个和第三个方程中消去 $\partial \bar{p}_1/\partial x$，可得关于函数 $u_1(x, y)$ 的方程如下：

$$\left(M_0^2 - j_1 j_5\right) \frac{\partial \bar{u}_1}{\partial x} = \bar{\nu} \gamma M_0^2 \frac{\partial^2 \bar{u}_1}{\partial y^2} \tag{12.14.22}$$

该方程即为热传导方程，只有系数为正时初值问题才是适定的。但是，当 $M_0^2 - j_1 j_5 < 0$ 时或亚声速情况下 $j_1 = j_5 = 1$ 时，该问题是不适定的：初值的扰动会随着 $x > 0$ 的增加而无界增长 (负黏性效应)。为此，当 $M_0 < 0$ 时，只能通过适当减小系数 j_1 和 j_5 以满足条件 $M_0^2 > j_1 j_5$，进而保证问题的适定性。

一般来讲，这个简单例子已足以证明该初值问题的不适定性；但是，通过与 4.1 节相比拟，我们还要讨论方程组 (12.14.21) 更一般的解：

$$f_k = C_k \mathrm{e}^{\alpha x} \mathrm{e}^{\mathrm{i}\omega y}, \quad f_k = u_1, v_1, p_1 \tag{12.14.23}$$

式中，ω 是绕 y 轴给定的扰动频率；α 是未知**波数**；系数 C_k 是扰动幅值。将该解代入方程组 (12.14.21) 中，令 $Q_i = 0$，可将方程组简化为带有系数 C_k 的线性均匀方程组。为了使方程组得到一个非平凡解，包含系数的行列式必须为零，进而产生如下关于 α 的特征方程：

$$F(\alpha) = A\alpha^3 + B\alpha^2 + C\alpha + D = 0$$

$$A = j_2(M_0^2 - j_1 j_5), \quad B = j_2 \bar{\nu} \omega^2 M_0^2 [1 + j_1(\gamma - 1)]$$

$$C = \omega^2, \quad D = \bar{\nu} \omega^4 \tag{12.14.24}$$

最简单的情况是 $j_2 = 0$，它与方程 (12.14.24) 的单根 $\alpha = -\bar{\nu}\omega^2 < 0$ 有关，这同样表明该问题是适定的。一般情况下，方程 (12.14.24) 具有三个实根，或一个实根 $\alpha = \alpha_1$ 和两个复根 $\alpha_{\pm} = \alpha_r \pm i\alpha_i$。对 $A < 0$ 或 $M_0^2 < j_1 j_5$，在实变平面上，当 $\alpha \to -\infty$ 时函数 $F(\alpha) \to \infty$，当 $\alpha \to \infty$ 时函数 $F(\alpha) \to -\infty$。因为 $F(0) = D > 0$，此时方程至少有一个正的实根 $\alpha_1 > 0$，这表明初值问题是不适定的。

现在令 $A > 0$。当 $M_0 > 1$ 时方程必然会满足适定性，而当 $1 > M_0 > 0$ 时需要通过选取合适的系数 j_1 和 j_5 方可满足，如 7.13 节激波层方程双曲化一样。通过与 $A < 0$ 的情况相比拟，可以很容易地证明单实根为负；而三个实根为负可由函数 $F(\alpha)$ 的极值 $F'(\alpha) = 0$ 位于 $\alpha < 0$ 区域的事实证明。更为复杂地，也可以证明复根的实部为负 $(\alpha_r < 0)$，具体证明过程可参见 **Routh-Hurwitz 准则** (Chetaev，1955)，由方程 (12.14.24) 满足。

当然，流动特例的初值问题的适定性证明并不能推广到一般情况。但是，基于亚声速流动无黏部分应用的抛物化和双曲化方法 (见 7.13 节) 的 PNSE 方法，可以推广到 PNSE 模型。

现在我们回到 $j_2 = 0$ 的情况，在 7.7 节和 7.13 节中，对应控制方程的无黏算子和上述薄激波层模型的全抛物线化过程，在该框架内，横向动量方程只保留了离心项 (或 Busemann 项)。显然，转换成 PNSE 模型不会对 7.13 节所述的模型性质带来任何根本性的改变。PNSE 模型被用于求解钝头体的无黏和黏性绕流问题，但因其精度较低而差强人意。然而，有一个例外，即对称轴附近的流动使用该模型能够得到一些简单的说明性结果。

最后我们可以得出结论，7.13 节中的三维无黏流动的分析手段同样可以应用到黏性流动问题中，其约束条件为两个对称流动的平面，对称轴上的黏性方程可通过与式 (7.10.5)、式 (7.10.6) 和式 (12.14.11) 相比拟而推导出来。

12.15 三维边界层问题

本节中，我们将对三维边界层流动的基本特性作简要介绍。为使分析更具直观性，主要在 12.8 节提到的近似有效长度方法的框架内进行讨论。为此，使用贴体曲线坐标系 (x_1, x_2, x_3)，并将与物面正交的坐标 x_2 (在物面上 $x_2 = y = 0$) 替换为垂直于物面的坐标 y，速度 u_2 写成 $\mathcal{V}$。在重点讨论的薄边界层流动中，该坐标系接近于三角正交系 (和边界层方程本身的精度相同)。

基于以上变量的假设，Navier-Stokes 方程组的传统边界层近似表达为

$$\frac{u_1}{H_1}\frac{\partial u_1}{\partial x_1} + v\frac{\partial u_1}{\partial y} + \frac{u_3}{H_3}\frac{\partial u_1}{\partial x_3} + \frac{u_1 u_3}{R_{1\Gamma}} - \frac{u_3^2}{R_{3\Gamma}} = -\frac{1}{\rho H_1}\frac{\partial p}{\partial x_1} + \frac{1}{\rho}\frac{\partial}{\partial y}\left(\mu\frac{\partial u_1}{\partial y}\right)$$

$$\frac{u_1}{H_1}\frac{\partial u_3}{\partial x_1} + v\frac{\partial u_3}{\partial y} + \frac{u_3}{H_3}\frac{\partial u_3}{\partial x_3} + \frac{u_1 u_3}{R_{3\Gamma}} - \frac{u_1^2}{R_{1\Gamma}} = -\frac{1}{\rho H_3}\frac{\partial p}{\partial x_3} + \frac{1}{\rho}\frac{\partial}{\partial y}\left(\mu\frac{\partial u_3}{\partial y}\right)$$

$$\frac{\partial}{\partial x_1}(H_2 H_3 \rho u_1) + \frac{\partial}{\partial y}(H_1 H_3 \rho v) + \frac{\partial}{\partial x_3}(H_1 H_2 \rho u_3) = 0$$

$$\frac{u_1}{H_1}\frac{\partial h}{\partial x_1} + v\frac{\partial h}{\partial y} + \frac{u_3}{H_3}\frac{\partial h}{\partial x_3} = \frac{u_1}{\rho H_1}\frac{\partial p}{\partial x_1} + \frac{u_3}{\rho H_3}\frac{\partial p}{\partial x_3} + \frac{1}{\rho}\frac{\partial}{\partial y}\left(\frac{\mu}{Pr}\frac{\partial h}{\partial y}\right)$$

$$+ \frac{\mu}{\rho}\left(\frac{\partial u_1}{\partial y}\right)^2 + \frac{\mu}{\rho}\left(\frac{\partial u_3}{\partial y}\right)^2 \tag{12.15.1}$$

其中，H_i 为尺度因子 ($H_2 = H_y = 1$)；而 $R_{i\Gamma} = K_{i\Gamma}^{-1}$ 是坐标线 (方程 (1.13.23) 中的 R_{13} 和 R_{31}) 的最小曲率半径。二维边界层流动中，只有当 $\delta \ll L, R_{i\Gamma}$ 时，方程组才是有效的 (这里，δ 为边界层厚度，L 为纵向长度尺度)。

方程组采用常规的边界条件，如下：

$$y = 0: \quad u_i = 0, \quad h = h_w$$

$$y = \delta: \quad u_1 \to u_{1\delta}, \quad u_3 \to u_{3\delta}, \quad h \to h_\delta \tag{12.15.2}$$

和前文相同，边界层外缘给定渐近边界条件 $y \to \infty$。

这些方程是抛物型的 (参见 12.3 节和 12.5 节)，时间坐标用流线 $\mathrm{d}x_3/\mathrm{d}x_1 = u_3/u_1$ 表示。因此，当在与 $x_2 = 0$ 面正交的某特定面 Σ 上指定初值时，初值的影响域将通过面 Σ 侧边的流面所界定。

在物面上使用贴近无黏流线 $x_3 = 0$ 的坐标系来分析该结果会更加直观。此时，在边界层外边界和物面上均满足 $u_3 = 0$；但是，在横向压差 (即偏导数 $\partial p/\partial x_3$) 的作用下，边界层内出现速度 $u_3 \neq 0$ 的**二次流**。方程组 (12.5.1) 中第二个方程的 $\partial p/\partial x_3$ 项受外缘离心项 $\rho U^2/R_{1\Gamma}$ (其中 $U = u_1$) 作用以及边界层内右端项的黏性项作用而发生偏移，从而得到 u_3 的估计如下：

$$\frac{\partial}{\partial y}\left(\mu\frac{\partial u_3}{\partial y}\right) \sim \frac{\mu u_3}{\delta^2} \sim \frac{\partial p}{\partial x_3} \sim \frac{\rho U^2}{R_{1\Gamma}}, \quad \frac{u_3}{U} \sim \frac{L}{R_{1\Gamma}} \quad \left(\delta \sim \frac{L}{Re^{1/2}}\right)$$

因此，当 $L \ll R_{1\Gamma}$ 时，也就是当流向曲率 $R_{1\Gamma}$ 远大于流向流动尺度 L 时 (典型的细长体流动)，可以完全忽略二次流，并令方程组 (12.15.1) 中 $u_3 = 0$。于是方程组表达为如下形式：

$$u\frac{\partial u}{\partial l} + v\frac{\partial u}{\partial y} = -\frac{1}{\rho}\frac{\partial p}{\partial x} + \frac{1}{\rho}\frac{\partial}{\partial y}\left(\mu\frac{\partial u}{\partial y}\right), \quad \frac{\partial}{\partial l}(H_3 \rho u) + \frac{\partial}{\partial y}(H_3 \rho v) = 0$$

$$u\frac{\partial H}{\partial l} + v\frac{\partial H}{\partial y} = \frac{1}{\rho}\frac{\partial}{\partial y}\left(\frac{\mu}{Pr}\frac{\partial H}{\partial y}\right) + \frac{1}{\rho}\frac{\partial}{\partial y}\left[\mu\left(1 - \frac{1}{Pr}\right)\frac{\partial u^2}{\partial y}\right] \tag{12.15.3}$$

式中，令 $u_1 = u$，$x_1 = l$，$H_1 = 1$（其中，l 为沿流线的长度），最后得到总焓。

我们注意到，如果无黏流线和物面的短程线重合（如在 7.10 节中的牛顿流动），方程组可得到精确解。与有限薄轴对称边界层相比拟的方程组不同，该体系将参数 H_3 代入物体截面半径 r_b 中，得到的方程组称为**轴对称比拟模型**，或称为三维边界层近似。在此比拟框架内，边界层在与物面正交的流面内发展，边界层外缘则穿过无黏流线。

此时，比例因子 H_3（或称等效轴对称体**有效半径** $H_3 = r_{\text{eff}}$）由物面的无黏速度场来确定。为此，我们运用式 (1.8.13) 来归一化向量 l_1，并将式 (1.13.1) 和式 (1.13.24) 应用到正交坐标系中，有

$$\text{div}\,\boldsymbol{l}_1 = \lim_{\Delta l_1 \to 0} \frac{(\Delta l_2 \Delta l_3)_{x_1 + \Delta x_1} - (\Delta l_2 \Delta l_3)_{x_1}}{\Delta l_1 \Delta l_2 \Delta l_3}$$
$$= \frac{1}{H_1 H_2}\frac{\partial H_2}{\partial x_1} + \frac{1}{H_1 H_3}\frac{\partial H_3}{\partial x_1} = \frac{1}{H_3}\frac{\partial H_3}{\partial l} \tag{12.15.4}$$

其中，第二个方程适用于情况 $\boldsymbol{l}_1 = \boldsymbol{l}$ 及 $H_2 = 1$，根据散度算子的定义，有

$$\frac{1}{r_{\text{eff}}}\frac{\partial r_{\text{eff}}}{\partial l} = \text{div}\,\boldsymbol{l} = \frac{1}{H_1}\frac{\partial}{\partial x_1}\left(H_3 \frac{u_1}{U}\right) + \frac{1}{H_3}\frac{\partial}{\partial x_3}\left(H_1 \frac{u_3}{U}\right) \tag{12.15.5}$$

轴对称比拟最富有成效的结果是将 12.8 节的有效长度方法[①]应用到了热传导计算之中。为此，在关于 x_{eff} 的式 (12.8.11) 中，当 $v = 1$ 时将 r_{eff} 代入 r_b 中。此时，无须沿流线作精确计算。对给定的速度场，通过式 (12.8.11) 中关于 l 的微分关系，可得到任意坐标系 (x_1, x_3) 下的微分方程（对于 $H_e - h_w = \text{const}$）：

$$\frac{\text{d}x_{\text{eff}}}{\text{d}l} = \frac{u_1}{U_\delta H_1}\frac{\partial x_{\text{eff}}}{\partial x_1} + \frac{u_3}{U_\delta H_3}\frac{\partial x_{\text{eff}}}{\partial x_3} = 1 - x_{\text{eff}}\frac{\text{d}}{\text{d}l}\ln\left(\rho_* \mu_* U_\delta r_{\text{eff}}^k\right) \tag{12.15.6}$$

其中（下同），层流边界层流动时 $\kappa = 2$，湍流边界层流动时 $\kappa = 5/4$。在特定的起始线 L^* 上，应该预设 x_{eff} 的起始分布，具体算法在下文给出。

现在讨论**三维驻点流动**。与驻点相关的是两个对称平面，坐标 x_1, x_3 和速度分量 u_1, u_3；此处尺度因子 $H_1 = H_3 = 1$。通过与 12.6 节、7.10 节相比拟，按照方程 (2.11.5)，驻点附近具有如下形式的解：

$$u_i = a_i x_i f_i'(\zeta), \quad \frac{\partial p}{\partial x_i} = \rho_\delta a_i^2 x_i, \quad h = h_w + (h_\delta - h_w)\Theta(\zeta)$$

---

① 详见 Vaglio-Laurin (1959), Avduevskii (1962, 1975), Zemlyanskii (1966) 等的文章。

$$\rho v = -V \sqrt{\frac{1}{2}\rho_* \mu_* (a_1 + a_3)}, \quad V = b_1 f_1 + b_3 f_3, \quad i = 1, 3$$

$$b_1 = \frac{a_1}{a_1 + a_3}, \quad b_3 = \frac{a_3}{a_1 + a_3}, \quad \zeta = \sqrt{\frac{2\rho_* (a_1 + a_3)}{\mu_*}} \int_0^y \frac{\rho}{\rho_*} \mathrm{d}y \qquad (12.15.7)$$

然后, 根据方程 (12.15.1), 可得常微分方程组:

$$2\left(\omega f_i''\right)' + V f_i'' + b_i \left(\frac{\rho_\delta}{\rho} - f_i^{12}\right) = 0, \quad 2\left(\frac{\omega}{Pr}\Theta'\right) + V\Theta' = 0, \quad \omega = \frac{\rho\mu}{\rho_* \mu_*}$$

$$(12.15.8)$$

当 $a_1 = a_3$ 时为轴对称问题, 当 $a_3 = b_3 = 0$ 时为平面问题 (见 12.6 节)。通过方程组的数值解 (Ermak 和 Neiland, 1964) 可以得出, 驻点的热通量与参数 $\bar{a}_3$ 几乎线性相关:

$$q_w(\bar{a}) = q_w(1)(0.75 + 0.25\bar{a}), \quad \bar{a} = a_3/a_1 \qquad (12.15.9)$$

我们在轴对称类比的框架内应用有效长度法来求解该流动问题。按照式 (2.11.5)~ 式 (2.11.7), 驻点附近的无黏流线形状、沿流线的微元 $\mathrm{d}l$、总速度 U 分别表达为如下形式:

$$x_3 = \lambda x_1^{\bar{a}}, \quad u_1 \mathrm{d}l = U \mathrm{d}x_1, \quad U = a_1 \sqrt{x_1^2 + \lambda^2 \bar{a}^2 x_1^{2\bar{a}}} \qquad (12.15.10)$$

此时, 每条流线上的参数 λ 均为定值。有效半径 r_{eff} 由方程 (12.15.5) 来确定, 可表达为如下形式:

$$\frac{\mathrm{d}\ln r_{\text{eff}}U}{\mathrm{d}l} = \frac{a_1 + a_3}{U}, \quad \frac{\mathrm{d}\left(r_{\text{eff}}U\right)^2}{\mathrm{d}l} = 2\left(a_1 + a_3\right) r_{\text{eff}}^2 U \qquad (12.15.11)$$

方程中的第二个形式在下面讨论中还会用到; 至于第一个方程, 它具有单一参数的解:

$$r_{\text{eff}}U = \exp\left[\left(a_1 + a_3\right) \int \frac{\mathrm{d}l}{U(l, \lambda)}\right] = C_0(\lambda) x_1^{1+\bar{a}}, \quad x_1 = x_1(l, \lambda) \qquad (12.15.12)$$

其中, $C_0 = C_0(\lambda)$ 是任意常数, 按照方程 (12.8.11), 它对 x_{eff} 的值无影响。为描述方便, 图 12.53 给出了流线和半径比 $\bar{r}_{\text{eff}} = r_{\text{eff}}/r_0$, 其中系数 C_0 选自半径 r_0 的圆上, 且满足条件 $\bar{r}_{\text{eff}} = 1$。

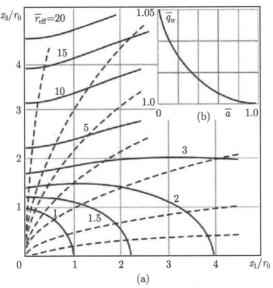

图 12.53　$a_3 = 0.5a_1$ 条件下驻点附近的流线 (虚线) 和 $\overline{f_s}$ 等值线 (实线)：$a_3 = 0.5a_1$ 条件下 (a)；精确—近似热通量比 $\bar{q}_w$ (b)

为确定驻点的热通量，我们需考虑相应的式 (12.8.10) 涉及的精确比值 x_{eff}/U。为此，令 $\rho\mu = \text{const}$，根据方程组 (12.8.11) 的第二个方程，在 $U, l \to 0$ 条件下，得到如下极限的表达式：

$$\frac{x_{\text{eff}}}{U} = \frac{1}{U^2 r_{\text{eff}}^2} \int_0^l U r_{\text{eff}}^2 \mathrm{d}l = \frac{1}{2(a_1 + a_2)} \tag{12.15.13}$$

这就意味着，三维驻点热通量的表达式与式 (12.8.15) 相同，只需用平均速度系数 $(a_1 + a_3)/2$ 来替换 c 即可。这可以通过图 12.53(b) 给出的精确热通量 (式 (12.15.9)) 和由上述方法确定的热通量之比 $\bar{q}_w$ 来证实。很明显，该比值接近于 1。

12.15.1 耗散流动中的热传导

首先，我们将处理物体对称迎风面和机翼前缘的传播线问题。为使问题更具普遍性，我们讨论耗散到流线两侧的流动 (例如直线流动)。我们将沿着 $H_1 = 1$ 的 $x = l$ 轴方向及 $H_3 = 1$ 的 $x_3 = z$ 轴方向进行分析，在这些轴上速度投影分别为 $u_1 = u$ 及 $u_3 = w$。在 x 轴上，我们有 $u = U$ 及 $w = 0$，并令 $w = cz$。则依据式 (12.15.5)，有

$$\frac{1}{r_{\text{eff}}} \frac{\partial r_{\text{eff}}}{\partial x} = \frac{c}{U}, \quad r_{\text{eff}} = \text{const} \cdot \mathrm{e}^J, \quad J = \int \frac{c}{U} \mathrm{d}x \tag{12.15.14}$$

下面给出若干例子。首先给出的是攻角为 $\alpha = \pi/2$ 的半无限长圆柱 (翼前缘) 超声速流动迎风面传播线附近流动。在此情况下，从式 (12.15.14) 和式 (12.8.11) 中可得

$$r_{\text{eff}} = \text{ const } \cdot e^{cx/U}, \quad x_{\text{eff}} = \frac{1}{\chi}\left(1 - e^{-\chi x}\right), \quad \chi = \frac{\kappa c}{U} \qquad (12.15.15)$$

当 $\chi x = 1$ 时，与尖平板情况相同，有 $x_{\text{eff}} = x$。但是，随着 χx 的升高，$x_{\text{eff}} \to 1/\chi$ 满足指数律。在此情况下，传播线上的热通量由式 (12.8.5) 来确定，其极限 ($\chi x \gg 1$) 形式表达如下：

$$q_{w1} = 0.47 Pr^{-2/3}\sqrt{\rho_* \mu_* c}\,(H_{\text{el}} - h_w)$$

$$q_{wt} = 0.031\,(\rho_* U_\delta)^{0.6}\,(\rho_* \mu_* c)^{0.2}\,(H_{\text{et}} - h_w)$$

$$H_{ei} = h_\delta + \kappa_i \frac{U_\delta^2}{2}, \quad \kappa_l = Pr^{1/2}, \quad \kappa_t = 0.89 \qquad (12.15.16)$$

当量焓 H_{ei} 由式 (12.6.17) 和式 (12.7.1) 确定，对给定的外流参数 (U_∞、ρ_∞ 等)，当量焓仅弱依赖于圆柱的攻角 α 或后掠角 $\lambda = \pi/2 - \alpha$，而不依赖于 $\kappa_i = 1$。

下面将估计热通量 q_{wi} 对 α 或 λ 的依赖程度。因为参考焓 h_* 主要依赖于驻点焓 H_δ (式 (12.6.19))，根据式 (1.3.11)，令 $\rho_* \mu_* \sim p \sim \sin^2 \alpha$。

同时，在超声速流动中，圆柱 (一般来讲对任意外形) 的法向位置的流动与该截面法向速度为 $U_n = U_\infty \sin \alpha$ 的等值线的流动相当。此时，按照式 (12.8.17)，可以得到 $c \sim r_0^{-1} \infty \sin a$ (其中，r_0 是圆柱外形曲率半径)。因此，层流边界层流动中，$q_w \sim (\sin \alpha)^{1.5}$。湍流的传热问题中，令 $\rho_* \sim p/h_* \sim \sin^2 \alpha$、$U_\delta \sim U_\infty \cos \alpha$，可得 $q_w \sim (\sin \alpha)^{1.8}(\cos \alpha)^{0.6}$。当 $\alpha \approx 60°$ 时，该函数达到最大值；当 $\alpha \to \pi/2$ 或 $U_\delta \to 0$ 时，该函数变为零，正如在圆柱驻点位置一样 (式 (12.8.19)，其中 x 为沿圆柱横截面外轮廓的距离)。图 12.54 给出了层流和湍流传热的热通量 $q_w/q_{\max}$ 对 λ 的依赖性。

头部半径 r_0、半锥角 θ、攻角 α 的钝锥绕流中，当 $\varphi \ll 1$ 时，有

$$r_b = r_0 + x \sin \alpha$$

$$w = Ug\varphi = Ug\frac{z}{r_b} = cz, \quad c = \frac{gU}{r_b} \qquad (12.15.17)$$

参数 g 由压力的方位分布来确定，与 6.6 节和 9.8 节类似。那么，在相同的假设下，与式 (12.8.21) 推导过程相同，沿迎风锥面的流动参数保持不变，根据方程 (12.15.14)，可以得到

$$r_{\text{eff}} = \text{const} \cdot r_b^{1+\mu}, \quad \mu = \frac{g}{\sin \theta} \qquad (12.15.18)$$

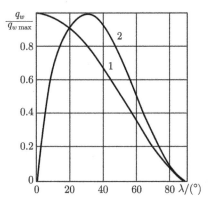

图 12.54　圆柱边缘的层流 (1) 和湍流 (2) 热通量对后掠角 λ 的依赖性

　　根据前面的结果以及方程 (12.8.11),我们可将方程 (12.8.21) 作一定的推广,推导出关于 x_{eff} 的公式。我们将求解对象限制为尖锥 (或 $r_b \gg r_0$ 的钝锥),得到如下公式:

$$x_{\text{eff}} = \frac{x}{\kappa(1+\mu)+1} \tag{12.15.19}$$

当 $\alpha = 0$ 时,有 $\mu = 0$、$x_{\text{eff}} = x/(\kappa+1)$ (见 12.8 节)。

　　显然,当只考虑迎风情况时,每个迎角锥都可以与一个半顶角为 $\theta_l = \theta + \alpha$ 的局部锥面相关联;根据 6.6 节和 9.5 节,这些锥面的主要参数在数值上是相似的。但是,如方程 (12.15.19) 所示,层流的传热 $q_w \sim x_{\text{eff}}^{-1/2}$,而湍流的传热 $q_w \sim x_{\text{eff}}^{-0.2}$,$\mu > 0$ 时的原始锥面的热通量总是高于 $\mu = 0$ 时的局部平衡锥面的热通量。

　　下面我们将评估两种热通量的扩散效应。两种热通量分别为:攻角为 α 时半锥角 θ 的尖锥热通量,和攻角为 $\theta_l = \theta + \alpha$ 时局部锥面热通量 $q_{w,\text{loc}}$。在高马赫数 M_∞ 条件下,流动参数 (p_δ、ρ_δ、U_δ 等) 相同,因而相应的热通量比如下:

$$\frac{q_w}{q_{w,\text{loc}}} = \left(\frac{x_{\text{eff}}^{(0)}}{x_{\text{eff}}} \right)^m = \left(\frac{\kappa(1+\mu)+1}{\kappa+1} \right)^m = (1+K)^m, \quad K = \frac{\kappa\mu}{\kappa+1}$$

$$K_1 = \frac{2}{3}\mu, \quad K_t = \frac{5}{9}\mu, \quad m_l = 0.5, \quad m_t = 0.2 \tag{12.15.20}$$

因此,可得出层流传热的扩散效应明显大于湍流传热的结论。

　　为便于说明,我们将计算小攻角下细长锥面 (即 $\alpha, \theta \ll 1$) 的参数 g 和 μ。此时,从方程 (6.6.11) 中可得

$$\beta M^{-2} \approx \frac{2}{\overline{\rho}_\delta} \cos\theta \sin(\theta+\alpha) \sin\alpha \approx \frac{2}{\overline{\rho}_\delta} \theta^2 (1+\overline{\alpha})\overline{\alpha}$$

$$\overline{\rho}_\delta = \rho_\infty/\rho_\delta, \quad \overline{\alpha} = \alpha/\theta \tag{12.15.21}$$

式中，ρ_δ 是无黏流动中物面上的密度。将该结果代入方程 (6.6.14)，考虑到方程 (12.15.18)，有

$$\mu = \frac{g}{\sin\theta} = \frac{2\mu_0}{1+\sqrt{1+4\mu_0}} < \mu_0, \quad \mu_0 = \frac{2(1+\overline{\alpha})\overline{\alpha}}{\rho_\delta} \tag{12.15.22}$$

显然，在 $4\mu_0 \ll 1$ 或 $\alpha/\rho_0 \ll 1$ 的极限条件下，有 $\mu \approx \mu_0$。显而易见，μ 随 μ_0 的增大而增大，$\bar{\alpha}$ 也是如此。

当 $\mu \ll 1$ (或 $\alpha \ll \theta$) 时，根据式 (12.15.20)，有

$$\frac{q_{w1}}{q_{w,\text{loc}}} = 1 + \frac{1}{3}\mu, \quad \frac{q_{wt}}{q_{w,\text{loc}}} = 1 + \frac{1}{9}\mu, \quad q_{w,\text{loc}} \sim (\theta + \alpha)^2 \tag{12.15.23}$$

同时，对层流和湍流传热而言，当 $\alpha \ll 1$ 时局部锥面传播线上的热通量与 $\alpha = 0$ 时的比值 $q_{w,\text{loc}}/q_{w1}$ 分别为 (局部锥面效应)：

$$\left(\frac{q_{w,\text{loc}}}{q_{w0}}\right)_1 \approx \left(\frac{p_{\text{loc}}}{p_0}\right)^{1/2} \approx 1 + \alpha \quad (q_{w0} \sim \theta^2)$$

$$\left(\frac{q_{w,\text{loc}}}{q_{w0}}\right)_t \approx \left(\frac{p_{\text{loc}}}{p_0}\right)^{0.8} \approx (1+\alpha)^{1.6} \approx 1 + 1.6\alpha \tag{12.15.24}$$

与式 (12.15.23) 及式 (12.15.22) 对比可以得到，层流的传热问题中，当 $\rho_\delta > 1$ 时，虽然局部锥面效应明显强于扩散效应，但二者是处于同一个量级上的。而湍流的传热中，局部锥面效应远大于扩散效应，这使得在传播线附近使用局部锥面方法计算传热问题成为可能。

有攻角钝锥流动中，迎风侧的气体扩散降低了 12.13 节所述的熵效应，这是由于，钝锥的高熵层的密度要小于尖锥，熵效应造成的热通量的降低量被方程 (12.15.19) 中的黏性系数 μ 的增加部分抵消。图 12.55 支持了此推论，图中给出了 Zemlyanskii(1979) 的计算结果 (将 12.11 节的质量平均值方法推广到三维边界层问题中) 和图 12.39 条件下的 Karpov 的实验数据的对比情况。

和图 12.39 一样，该图中的数据是以相同截面处钝锥和尖锥的热通量比的形式给出的。在湍流传热区域，曲线的相对位置和图 12.39(b) 中相似。然而，在层流传热区域，旋涡作用对计算所得的热通量比 $q_w/q_{wc} > 1$ 形成的区域的影响非常显著，这只能归因于钝锥比尖锥具有更强的扩散效应，称之为**熵扩散效应**。

前面提及的例子主要涉及局部压力峰值引起的传播线。但是如 4.10 节、9.6 节和 9.7 节所述，在没有该压力峰值的情况下，惯性驱动气体扩散时，传热依然

可以得到增强。扩散效应最典型的例子是 $\alpha = 0$ 时尖锥的流线变化过程。这种扩散效应还导致钝头三角翼上的热通量增大 (9.7 节的图 9.9)，在远离头部的位置，流线以直线形式向后发散，热通量结果和前面结果完全一致，钝头平板上的热通量约为尖头平板热通量的 $\sqrt{3}$ 倍 (Vlasov 和 Kovalev，2005)。

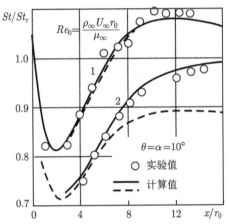

图 12.55　钝锥和尖锥的热通量比：层流区域 (1)，$M_\infty = 8.3$，$Re_0 = 2 \cdot 10^3$，$\bar{h}_w = 0.1$；湍流区域 (2)，$M_\infty = 6$，$Re_0 = 8.3 \cdot 10^5$，$\bar{h}_w = 0.6$；实线为考虑涡量，虚线为不考虑涡量

最后，我们讨论流线收敛对传热可能产生的影响。令 $c < 0$，则式 (12.15.18) 和式 (12.15.19) 中 $\mu < 0$，以定性地模拟相应的影响。以上影响会导致 x_{eff} 增大，进而导致热通量降低。这种定性的分析是毋庸置疑的，因为在给定外流参数时，热通量的增加或减少主要是由边界层厚度的增加或减少造成的，这分别发生在气体扩散和下沉的过程中。然而，因为有效长度方法尚未在收敛流中得到定量验证，所以尚不能应用到工程实际中。

第 13 章　多组分气体黏性流动

第 12 章我们对平衡气体 (式 (12.1.12)) 的高超声速流动问题进行了概述。本章我们将进一步对非平衡气体流动进行讨论，介绍基于气体分子运动论分析结果的非平衡多组分气体耗散模型，并简要概述该模型的基本要素，如黏性、热传导及热扩散等。

13.1　非平衡耗散流的物理化学模型

对于处于物理和化学非平衡状态的多组分气体，其控制方程必须通过补充物理化学动力学方程来求解相关动力学变量。例如，混合气体各组分的质量浓度 c_i 或它们内部自由度 k 的能量 e_{ik}(详见 10.3 节)。此外，必须在第 10 章中得出的非黏性流的相应方程中引入某些耗散项，使其具有式 (11.1.4) 的一般形式，以下我们将考虑这些情况。

质量浓度 c_i 的扩散动力学方程与描述一维流动的方程 (1.2.8) 具有相同的结构，但更一般的形式表示如下：

$$\rho \frac{\mathrm{d}c_i}{\mathrm{d}t} = \rho \Lambda_i - div \boldsymbol{I}_i \tag{13.1.1}$$

这里，$\boldsymbol{I}_i$ 是单位流体区域内组分的质量扩散通量矢量 (见 1.2 节和 1.7 节)；而 Λ_i 是源项；右边的最后一项类似于能量方程 (1.9.6) 的 $div\boldsymbol{J}$ 项。根据质量守恒定律和流体域的定义 (见 1.4 节)，需满足以下条件：

$$\sum_i c_i = 1, \quad \sum_i \Lambda_i = 0, \quad \sum_i \boldsymbol{I}_i = 0$$
$$\sum_i x_i = 1, \quad x_i = \frac{\overline{M}}{M_i} c_i, \quad \frac{1}{\overline{M}} = \sum_i \frac{c_i}{M_i} \tag{13.1.2}$$

我们将在 1.4 节中使用的气体动力学理论基本框架内，提出一些建议来阐述通量表达式 $\boldsymbol{I}_i$ 的结构。为此，我们考虑一种二元气体，各组分物质的量为 n_1 和 n_2，粒子质量为 m_1 和 m_2，平均分子自由程为 l_1 和 l_2，以及热运动速度为 V_{y1} 和 V_{y2}，使其压力和温度，从而总分子数 $n = n_1 + n_2 = p/(kT)$ 为常数。之前，在 1.2 节和 1.4 节中，控制流体区域被定义为限定恒定质量流体的表面，并在 10.4 节中用于推

导方程 (13.1.1)。如果我们选择一个质量平均速度为 $\boldsymbol{U}$(式 (1.4.1)) 的移动表面作为流体区域 (如图 1.12 或图 13.1 中 $y = 0$ 的平面)，并假设该表面上下的温度和热运动速度相等 (我们称这个区域是理想的)，即 $T^{(+)} = T^{(-)}$，$V_{iy}^{(+)} = V_{iy}^{(-)}$，其中，上标 (+) 为表面上，(−) 为表面下。然而，由于各组分的扩散系数 D_i 不同，通过该表面将产生质量传递。为了避免这种质量传递，实际的流体区域必须以速度 u_0 相对于理想的流体区域移动，并且该区域的平均分子速度满足 $W_{iy}^{(\pm)} = (V_{yi} \pm u_0)$。然后，类似于 1.4 节中黏性系数公式的推导方式，可以得到第一类和第二类分子沿 y 轴横跨 $y = 0$ 区域的质量扩散通量表达式：

$$I_i = -m_i D_i \frac{\mathrm{d} n_i}{\mathrm{d} y} + m_i n_i u_0, \quad D_i = \frac{1}{2} l_i V_{yi}, \quad i = 1, 2 \tag{13.1.3}$$

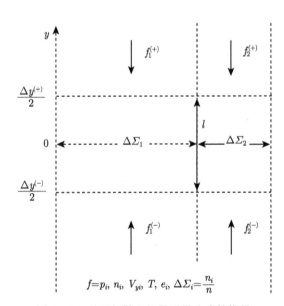

图 13.1　关于扩散和能量通量公式的推导

我们将式 (13.1.3) 中的扩散系数称为原型 (与接下来介绍的其他系数不同)。根据流体 (实际的) 区域的定义，必须满足条件 $I_1 + I_2 = 0$，这样有可能消除掉式 (13.1.3) 中的速度 u_0 项。然后，令 $\mathrm{d} n_1 = -\mathrm{d} n_2$，并使用以下关系式：

$$x_i = \frac{n_i}{n} = \frac{m c_i}{m_i} = \frac{\bar{M}_i}{M} c_i, \quad m = \sum_i m_i x_i, \quad \rho = mn, \quad \mathrm{d} x_i = \frac{m^2}{m_1 m_2} \mathrm{d} c_i \tag{13.1.4}$$

其中，m 表示平均分子量。进一步可以得到扩散通量 I_i 和速度 u_0 的以下表

达式:

$$I_i = m_i n_i U_i = -\rho D_{12} \frac{dc_i}{dy}, \quad u_0 = \left(\frac{m}{m_2} D_1 - \frac{m}{m_1} D_2 \right) \frac{dc_1}{dy}, \quad D_{12} = x_2 D_1 + x_1 D_2$$

(13.1.5)

其中, U_i 是组分 i 的扩散速度。显然, 相对速度 $u_0/V_y \ll 1$, 同时 $l_i/L \ll 1$, 这里, L 是求解问题的特征尺度。当 $m_1 D_1 = m_2 D_2$ 时, $u_0 = 0$。浓度扩散通量由二元扩散系数 D_{12} 所决定。同时考虑到关系式 $l_1 \sim n_2^{-1}$ 和 $l_2 \sim n_1^{-1}$, 在严格理论框架下, D_{12} 与组分浓度无关 (见 13.3 节)。在一般情况下, 还需要考虑温度和压力的梯度项。因此, $\boldsymbol{I}_i$ 的表达式必须包含这些梯度项, 或至少依赖于 $n(p,T) = p/(kT)$ 和 $V_{yi} = V_{yi}(T)$ 等关系式。这将导致热扩散和反向扩散效应的发生。

在本书中, 我们将同时考虑一种电离气体, 即中性组分的三重混合物, 或简单的中性原子、离子和电子混合。其中, 各组分的摩尔量分别为 n_1, $n_{\mathrm{ion}} = n_2$ 和 n_{el}。在没有叠加电场和电流的情况下, 我们可以将等离子体视为准中性体, 即令 $n_2 = n_3$ 或 $x_1 + 2x_2 = 1$。此外, 如前所述, 我们假设分子的摩尔量 $n = n_1 + 2n_2$ 为常数 (对于 $p, T = \mathrm{const}$), 同时忽略电子质量, 即令 $c_1 + c_2 = 1$。然后, 通过类比方程 (13.1.4), 可以得到

$$dx_1 = \frac{2m^2}{m_1 m_2} dc_1, \quad dx_2 = \frac{m^2}{m_1 m_2} dc_2, \quad m = m_1 x_1 + m_2 x_2 \qquad (13.1.6)$$

准中性条件并不表明静电极化场会完全消失, 根据弱电离气体理论的相关定律, 离子的扩散将得到加速 (Smirnov, 1982; Raizer, 1989):

$$D_{\mathrm{ion}}^{(a)} = 2\alpha D_{\mathrm{ion}}, \quad \alpha = \frac{1}{2} \left(1 + \frac{T_{\mathrm{el}}}{T} \right) \qquad (13.1.7)$$

这里, $D_{\mathrm{ion}} = D_2$(D_2 见式 (13.1.3)); $D_{\mathrm{ion}}^{(a)}$ 是离子的双极扩散系数; T_{el} 是电子温度。显然, $D_{\mathrm{el}}^{(a)} = D_{\mathrm{ion}}^{(a)}$。

用表达式 $D_2^{(a)} = D_{\mathrm{ion}}^{(a)}$ 代替式 (13.1.3) 中的扩散系数表达式 $D_2 = D_{\mathrm{ion}}$, 并利用关系式 (13.1.6) 而不是关系式 (13.1.4), 得到对应于二元双极扩散的扩散通量表达式:

$$I_2 = I_2^{\mathrm{ion}} = -\rho D_{12}^{(a)} \frac{dc_2}{dy}, \quad D_{12}^{(a)} = 2 \left(x_2 D_1 + \alpha x_1 D_2 \right) \qquad (13.1.8)$$

显然, 二元双极扩散系数 $D_{12}^{(a)}$ 是常规扩散系数 (对于 $\alpha = 1$) 的两倍, 并且由于分子自由程 l_2 的差异, 离子的扩散系数 D_2 可以与中性粒子的对应系数不同。

在这样的简化理论框架内，这里得到的结果，以及 1.4 节和后面的能量通量 $\boldsymbol{J}$，阐明了各方程中源项的定性和结构性质及其系数的数量级。然而，只有在严格的分子动力学和等离子体物理学的理论框架内，才能声称获得较好的准确性。我们将直接给出这一理论的结果 [1]。

对于多组分气体的质量扩散通量，根据分子动力学理论的 Stephan-Maxwell 方程，有

$$\sum_j \frac{x_i x_j}{\rho D_{ij}}\left(\frac{\boldsymbol{I}_j}{c_j} - \frac{\boldsymbol{I}_i}{c_i}\right) = \nabla x_i + (x_i - c_i)\nabla \ln p + k_{T_i}\nabla \ln T \tag{13.1.9}$$

这里，D_{ij} 表示二元多组分扩散系数，一般不同于方程 (13.1.5) 中的 D_{12}；k_{T_i} 是热扩散系数。

显然，根据守恒定律 (13.1.2)，方程 (13.1.2) 中 i 的所有相似项之和为零，这样就可以从方程组中排除掉一个方程。

方程组 (13.1.9) 是针对电中性气体的混合物而写的，而对于准中性的弱电离气体混合物，方程组必须包括与相应方程中的极化场 $\boldsymbol{E}$ 成比例的项。如前所述，我们将用三重混合物的例子来证明相关情况 (更一般的研究可参考文献 (Tirskii, 1989))。对于 $x_2 \approx x_3$ 的场 $\boldsymbol{E}$，其数量级为 $\boldsymbol{E} \sim x_2 - x_3$，并且随着 $x_2 - x_3 \to 0$ 而消失。在这种情况下，由离子和电子通量相等可得 $\boldsymbol{I}_2/c_2 = \boldsymbol{I}_3/c_3$，从而使这些比率的差异从方程组 (13.1.9) 中消失。在没有压力扩散和热扩散的前提下，可采用如下限制形式：

$$\frac{x_1 x_2}{\rho D_{12}}\left(\frac{\boldsymbol{I}_2}{c_2} - \frac{\boldsymbol{I}_1}{c_1}\right) + \frac{x_1 x_3}{\rho D_{13}}\left(\frac{\boldsymbol{I}_3}{c_3} - \frac{\boldsymbol{I}_1}{c_1}\right) = \nabla x_1$$

$$\frac{x_1 x_2}{\rho D_{12}}\left(\frac{\boldsymbol{I}_1}{c_1} - \frac{\boldsymbol{I}_2}{c_2}\right) = \nabla x_2, \quad \frac{x_1 x_3}{\rho D_{13}}\left(\frac{\boldsymbol{I}_1}{c_1} - \frac{\boldsymbol{I}_3}{c_3}\right) = \nabla x_3 \tag{13.1.10}$$

通过比较后面两个方程可知，当 $x_2 = x_3$ 时，$D_{13} = D_{12}$。进一步，根据式 (13.1.6)，可将其中的第一个方程化简为 $\boldsymbol{I}_1 = -\rho D_{12}\nabla c_1$，同时通过比较式 (13.1.8) 可以得出，系数 D_{12} 必须替换为双极系数 $D_{12}^{(a)}$。

对于方程组 (13.1.9)，通量 $\boldsymbol{I}_i/c_i$ 的解仅为一常数，且在流体边界区域必须补充条件 $\sum_i \boldsymbol{I}_i = 0$。这样，方程组 (13.1.9) 的解具有以下形式：

$$\boldsymbol{I}_i = \boldsymbol{I}_i^{(c)} + \boldsymbol{I}_i^{(T)} + \boldsymbol{I}_i^{(p)}, \quad \boldsymbol{I}_i^{(c)} = \sum_k a_{ik}\nabla x_k = -\rho\sum_k \bar{D}_{ik}\nabla c_k$$

$$\boldsymbol{I}_i^{(p)} = -\rho D_i^{(p)}\nabla \ln p \cdot \boldsymbol{I}_i^{(T)} = -\rho D_i^{(T)}\nabla \ln T \tag{13.1.11}$$

---

[1] 在 Hirshfelder，Curtiss 和 Bird(1954)，Dorrens(1966)，Frank-Kamenetskii(1967)，Kogan(1967)，Bird(1976)，Smirnov(1982)，Alekseev 和 Grishin(1985)，Tirskii(1989) 等的研究中可以找到该理论及其结果的介绍，有助于解决气体动力学相关问题。

这里，$\boldsymbol{I}_i^{(c)}$ 为浓度扩散项；$\boldsymbol{I}_i^{(T)}$ 为热扩散项；$\boldsymbol{I}_i^{(p)}$ 为压力扩散项；$D_i^{(T)}$ 和 $D_i^{(p)}$ 分别为热扩散系数和压力扩散系数；$\bar{D}_{ij}$ 为一元多组分扩散系数，它们与系数 a_{ij} 相关，并且反比关系遵循等式 $c_i = \left(\overline{M}_i/\bar{m}\right) x_i$：

$$\frac{1}{\overline{M}} \nabla x_i = \frac{1}{\overline{M}} \nabla c_i = -\frac{\overline{M}}{\overline{M}_i} c_i \sum_j \frac{1}{\overline{M}_j} \nabla c_j$$

$$\nabla c_i = \sum_j \frac{\overline{M}_i \overline{M}_j}{\overline{M}^2} \left(x_j \nabla x_i - x_i \nabla x_j\right) \tag{13.1.12}$$

对于二元气体混合物，由方程 (12.5.2) 可知：

$$\boldsymbol{I}_i^{(c)} = -\rho D_{12} \nabla c_i, \quad D_i^{(p)} = \rho \left(x_i - c_i\right) D_{12} \frac{\overline{M}_1 \overline{M}_2}{\overline{M}^2}$$

$$D_i^{(T)} = \rho D_{12} \frac{\overline{M}_1 \overline{M}_2}{\overline{M}^2} k_{T_i} \tag{13.1.13}$$

这里，第一个表达式与方程 (13.1.3) 一致。显然，压力扩散有利于较轻的组分 $(x_i > c_i, D_i^{(p)} > 0)$ 往低压区域进行移动，反之亦然。在边界层和近边界层流动中，由于没有横向压力差，压力扩散效应可以忽略。而在计算激波结构时，压力扩散效应将尤为明显。至于热扩散效应，在本书讨论的问题中则通常不进行考虑 (尽管可能没有适当的理由)。

我们还将讨论表征分子自扩散过程的系数 D_{ii}，此时相互扩散的分子具有相同的质量 m_i 和自由程 l_i，但在某个自由度上的激发程度不一样。当然，对于如振动激发和未激发分子，其自由程 l_i 的相等性几乎无法被证实，在这种情况下，用系数 D_{ii} 代替二元系数仅仅是对真实情况的一种粗略近似。尽管如此，在目前阶段几乎不可能考虑这种差异。

将式 (13.1.11) 中的 $\boldsymbol{I}_i$ 代入扩散方程 (13.1.1)，方程的右侧将出现所有 (一般情况下) 组分浓度的二阶导数。同时，在方程 (13.1.1) 的基础上，引入式 (13.1.9) 也将明显提高方程的阶数。在上述两种情况下，即使利用 PNSE 近似 (见 12.14 节)，其解的数学性质和算法也显然过于复杂，因此必须对方程组进行处理。在实践中，通常使用简化的广义 Fick 定律：

$$\boldsymbol{I}_i = -\rho D_{i,\mathrm{eff}} \nabla c_i, \quad D_{i,\mathrm{eff}} = (1 - x_i) \left(\sum_{j \neq i} \frac{x_j}{D_{ij}}\right)^{-1} \tag{13.1.14}$$

就二元扩散系数 D_{ij} 而言，等效扩散系数 D_i 可以用 Wilkie 公式来确定，对于混合气体的所有组分，当 D_{ij} 相同时，有 $D_{i,\mathrm{eff}} = D_{ij}$。

式 (13.1.14) 将特殊问题的求解算法简化为常规 Navier-Stokes 方程的算法。然而，它通常也会导致质量守恒定律 (13.1.1)，或者是通量之和为零的条件无法自动满足。

因此，运动方程中可能出现质量、动量和能量残差，必须使用某种人工方法进行消除。例如，用修正的通量 $I_{i,\mathrm{corr}}$ 来替换式 (13.1.14) 中的通量 I_i：

$$I_{i,\mathrm{corr}} = I_i + c_i\Delta I, \quad \Delta I = -\sum I_i \tag{13.1.15}$$

通量 $I_{i,\mathrm{corr}}$ 则满足守恒定律。

接下来，我们将进一步讨论其他扩散动力学方程。通过在无黏流方程 (10.4.12) 中添加扩散项，可以获得表征内部自由度的能量方程：

$$\rho\frac{\mathrm{d}c_i e_{ik}^{(k)}}{\mathrm{d}t} = \frac{\rho_i\left(e_{ike}^{(v)} - e_{ik}^{(v)}\right)}{\tau_{ik}} - \mathrm{div}\,\boldsymbol{I}_{ik}^{(i)}, \quad \boldsymbol{I}_{ik}^{(i)} = \boldsymbol{I}_i e_{ik}^{(v)} \tag{13.1.16}$$

这里，$e_{ik}^{(k)}$ 表示组分 i 每单位质量在内部自由度 k 上的能量。

对于电离气体，离子浓度 $c_i = c_i^{(\mathrm{ion})}$ 的扩散动力学方程与方程 (13.1.1) 具有相同的形式，都考虑了 10.12 节中的 $\varLambda_i = \varLambda_i^{(\mathrm{ion})}$ 项。通过式 (13.1.14) 的近似，可以获得以下组分 i 的离子扩散通量 $\boldsymbol{I}_i^{(\mathrm{ion})}$ 的表达式：

$$\boldsymbol{I}_{ik}^{(\mathrm{ion})} = -\rho D_i^{(a)}\nabla c_i^{(\mathrm{ion})} \tag{13.1.17}$$

电子浓度可以通过方程 (10.5.5) 或方程 (10.12.3) 的离子浓度来进行确认。

最后，在非黏性流动中，电子温度 T_{el} 由式 (10.12.2) 确定，通过在等式中引入耗散项，我们得到单位质量的电子能量 e_{el} 方程：

$$\frac{\mathrm{d}c_{\mathrm{el}}e_{\mathrm{el}}}{\mathrm{d}t} + \frac{2}{3}c_{\mathrm{el}}e_{\mathrm{el}}\,\mathrm{div}\,\boldsymbol{U} = \varLambda_{\mathrm{el}} - \mathrm{div}\,\boldsymbol{J}_{\mathrm{el}}, \quad c_{\mathrm{el}}e_{\mathrm{el}} = \frac{3n_{\mathrm{el}}kT}{2\rho} \tag{13.1.18}$$

这里，c_{el} 和 n_{el} 分别表示电子的质量和摩尔量浓度，生成函数 $\varLambda_{\mathrm{el}}$ 在 10.12 节中有过描述。接下来将讨论如何确定电子能量通量 I_{el}。

将能量方程 (1.9.6) 和 (1.9.10)(或式 (13.1.18)) 中的能量通量 J 表达成如下的求和形式：

$$\boldsymbol{J} = \boldsymbol{J}_0 + \boldsymbol{J}_D, \quad \boldsymbol{J}_D = \sum_i \boldsymbol{I}_i h_i \tag{13.1.19}$$

这里，$\boldsymbol{J}_0$ 是由各组分内能 e_i 的梯度引起的；而 $\boldsymbol{J}_D$ 则对应于能量的扩散输运。为了阐述各能量通量的结构，我们将参考式 (13.1.3) 的推导，并使用相同的近似模型。

我们首先讨论 J_0 项, 在单组分气体情况下, 根据 1.4 节的图 1.12 或者图 13.1, 假设仅在 y 轴方向存在温度梯度 $\partial T/\partial y$。这样, 通过上边界 $(\Delta y^{(+)}/2)$ 和下边界 $(\Delta y^{(-)}/2)$ 进入中间流体区域 $y=0$ 的单位时间能量流分别为 $(1/2)\,mn^{(+)}V_y^{(+)}e^{(+)}$ 和 $(1/2)\,mn^{(-)}V_y^{(-)}e^{(-)}$。由流体域的定义可知, $n^{(+)}V_y^{(+)}=n^{(-)}V_y^{(-)}=nV_y$。进而, 根据式 $n=p/(kT)$ 可以得出

$$p^{(+)}V_y^{(+)}=nV_ykT^{(+)}, \quad p^{(-)}V_y^{(-)}=nV_ykT^{(-)} \qquad (13.1.20)$$

乘积 $p^{(\pm)}V_y^{(\pm)}/2$ 表示气体穿过边界 $\Delta y^{(\pm)}/2$ 所做的功, 在讨论流体区域 $y=0$ 的能量收支平衡时需要进行考虑 (取系数 $1/2$ 是由于只有一半的分子在同一个方向上移动, 所以也只有一半的分子进行了区域 "穿透")。因此, 使用关系式 $kT=p/n=mp/\rho$, 并与式 (1.4.9) 和式 (13.1.3) 进行比较, 可以得到通量 J_0 的表达式如下:

$$-J_0=\frac{1}{2}nmlV_y\frac{\partial}{\partial y}\left(e+\frac{p}{\rho}\right)=\mu\frac{\partial h}{\partial y}=\rho D\frac{\partial h}{\partial y} \qquad (13.1.21)$$

在上式中, $D=D_{ii}$ 为自扩散系数。总之, 我们可以将单组分气体 i 的通量 J_{0i} 写成以下形式:

$$J_{0i}=-\rho D_{ii}\nabla h \qquad (13.1.22)$$

根据 10.3 节的介绍, 组分 i 的内能和熵为

$$e_i=e_i^{(0)}+e_i^{(\nu)}+h_{0i}, \quad e_i^{(0)}=c_{vi}^{(0)}T, \quad e_i^{(\nu)}=\sum_k e_{ik}^{(\nu)}, \quad h_i=e_i+p_i/\rho_i \quad (13.1.23)$$

这里, h_{0i} 为生成自由能; $e_i^{(0)}$ 为外在的能量, 即平动能和转动能 (参考第 10 章的模型)。因此, 在激发内部自由度的情况下, J_{0i} 的表达式为

$$J_{0i}=J_{Ti}+J_i^{(v)}, \quad J_{Ti}=-\rho D_{ii}\nabla h_i^{(0)}=-\lambda_i^{(0)}\nabla T, \quad J_i^{(v)}=\sum_k J_{ik}^{(v)}$$

$$J_{ik}^{(v)}=-\rho D_{ij}\nabla e_{ik}^{(v)}, \quad \lambda_i^{(0)}=\rho D_{ii}=\mu c_p^{(0)}Sc_i^{-1}, \quad Sc_i^{-1}=\frac{\mu_i}{\rho D_{ii}} \qquad (13.1.24)$$

这里, $\lambda_i^{(0)}$ 为内部自由度冻结时的热导率; Sc_i 为组分 i 的自扩散施密特 (Schmidt) 数。

当一部分能量达到平衡时, 即 $e_{ik}^{(v)}=e_{ike}^{(v)}(T)$, 利用变换 $de_{ik}^{(v)}=\left[de_{ike}^{(v)}/dT\right]dT$,

将对应的 J_{ik} 由的 $J_i^{(v)}$ 求和表达式转化为 J_{Ti}，则 J_{0i} 变为

$$\boldsymbol{J}_{0i} = \boldsymbol{J}_{Ti}^{(k_e)} + \boldsymbol{J}_i^{(v,k_e)}, \quad \boldsymbol{J}_{Ti}^{(k_e)} = -\lambda_i^{(k_e)}\nabla T, \quad \boldsymbol{J}_i^{(v,k_e)} = \sum_{k > k_e} \boldsymbol{J}_{ik}^{(v)}$$

$$\lambda_i^{(k_e)} = \lambda_i^{(0)} + \rho \sum_i D_{ii} \sum_{k=1}^{k_e} \frac{\mathrm{d}e_{ike}^{(v)}}{\mathrm{d}T} \tag{13.1.25}$$

这里，k_e 为组分 i 的平衡内部自由度数；同时类似于方程 (1.2.11)，$\lambda_i^{(k_e)}$ 为对应的等效热导率。当所有的内部自由度都达到平衡时，系数 $\lambda_i^{(k_e)}$ 只取决于温度，即 $\lambda_i^{(k_e)} = \lambda_{ie}(T)$。在这种情况下，有

$$\boldsymbol{J}_{0i} = \boldsymbol{J}_{0ie} = -\lambda_{ie}\nabla T \tag{13.1.26}$$

同时，在本书中我们将对二元气体混合物的能量扩散通量 $\boldsymbol{J}_D$ 进行估计。假设气体组分的温度和能量 $e_i^{(v)}$ 是恒定的，但存在扩散通量 $I_i = m_i n_i U_i$，其中，U_i 为组分 i 流经实际流体区域的质量扩散速度 (式 (13.1.5))。在上述情况下，气体穿过单位面积所做的功等于 $p_i U_i$。同理，我们可以获得组分 i 的能量扩散输运表达式如下：

$$\boldsymbol{J}_{Di} = m_i n_i \boldsymbol{U}_i \left(e_i + \frac{p_i}{\rho_i} \right) = \boldsymbol{I}_i h_i \tag{13.1.27}$$

严格地说，h_i 还要加上一个额外项，它与热扩散系数成正比。但由于该项通常较小，在实际中可以不予考虑 (Tirskii, 1989)。

我们注意到，如果在式 (13.1.21) 和式 (13.1.27) 中考虑压力做功，那么相应的推导过程与推导平面前缘的能量守恒定律 (1.7.12)(图 1.16(d)) 是类似的。如图 13.1 所示，对于二元气体混合物模型，组分 1 和组分 2 的通量被分别表示为两个平行的通量。同时，我们还注意到，在该层面的推理中，相关影响通常不考虑。因此，$\lambda^{(0)} = \mu c_v$，并且普朗特数满足 $Pr = \mu c_p/\lambda = c_p/c_v$。对于式 (13.1.24) 中的 $\lambda^{(0)}$，理想气体可以选取 $Pr \approx Sc \approx 1$。

同理，方程 (13.1.18) 中的 $\boldsymbol{J}_{el}$ 可以表示为

$$\boldsymbol{J}_{el} = -\lambda_{el}\nabla T_{el} + \boldsymbol{I}_{el} h_{el}$$

$$\boldsymbol{I}_{el} = \sum_k \frac{m_{el}}{m_k} \boldsymbol{I}_k^{(ion)}, \quad h_{el} = \frac{5}{2}\frac{n_{el} k T_{el}}{m_{el}} \tag{13.1.28}$$

这里，λ_{el} 是电子热导率；m_{el} 和 m_k 分别为电子和离子质量；而 $I_k^{(ion)}$ 为离子的扩散通量。

对于多组分气体混合物，为获得式 (13.1.27) 的最终形式，可以假设整体通量 $\boldsymbol{J}_D$ 具有方程 (13.1.19) 的可叠加性。同时，由于组分 i 的自由程 l_i 取决于气体混合物的整体组成，总黏性系数 μ 和热导率 $\lambda^{(0)}$ 对相关单组分量 μ_i 和 λ_i 的依赖性将更为复杂，且不具有可叠加性。严格意义上，对于惰性气体，Wilkie 公式是最普遍的 μ 表达式，可以写成以下形式：

$$\mu = \sum_i x_i \mu_i f_{i\mu}^{-1}, \quad f_{i\mu} = \sum_k x_k \varphi_{ik}$$

$$\varphi_{ik} = \frac{\sqrt{2}}{4} \frac{\left[1 + (\mu_i/\mu_k)^{1/2} \left(\overline{M}_k/\overline{M}_i\right)^{1/4}\right]^2}{1 + \left(\overline{M}_i/\overline{M}_k\right)^{1/2}}, \quad x_i = \frac{\overline{M}}{\overline{M}_i} c_i \tag{13.1.29}$$

在一般情况下，$\varphi_{ik} \neq 1$，它体现了气体混合物黏性系数 (和热导率，见下文) 不可加的特征。对于自由度 (振动或电子) 冻结条件下的热导率，可采用已知的 Masson-Saxena 公式[①]：

$$\lambda^{(0)} = \sum x_i \lambda_i^{(0)} f_{i\lambda}^{-1}$$

$$f_{i\lambda} = \frac{\sqrt{2}}{4} \left(\alpha_1 \sum_k x_k \varphi_{ik} - \alpha_2 \right)$$

$$\alpha_1 = 1.065, \quad \alpha_2 = 0.065 \tag{13.1.30}$$

显然，假设关系式 $\boldsymbol{J}_{0i} = -\lambda_i^{(0)} \nabla T$ 成立，即没有考虑内部自由度的非平衡情况，上述公式可以精确地推导出能量通量表达式。由于扩散分子是平动能、转动能和内能的共同载体，可以自然地将式 (12.15.30) 的总能量通量推广如下：

$$\boldsymbol{J}_0 = \sum_i x_i \boldsymbol{J}_{0i} f_{i\lambda}^{-1} \tag{13.1.31}$$

这里，函数 $f_{i\lambda}$ 和通量 $\boldsymbol{J}_{0i}$ 由式 (13.1.25) 获得。同时，根据式 (13.1.25)，应该将式 (13.1.30) 中表示内部自由度处于完全平衡状态下的 $\lambda_i^{(0)}$ 和 $\lambda^{(0)}$ 分别用 λ_{ie} 和 λ_e 进行替换。

从现在开始，我们将进一步研究物体表面扩散动力学方程的边界条件。对于动量和能量方程，采用常规边界条件：如果忽略滑移和温度跳跃效应 (见 12.1 节)，可以采用 $u = v = 0$ 和壁温 $t = T_w$ 的边界条件。接下来的讨论，我们将采用上述假设。

---

① 在公式 (13.1.30) 中选择系数 $\alpha_1 \neq 1$ 和 $\alpha_2 \neq 0$ 将导致一定的逻辑矛盾，因为对于所有组分，当 $\lambda_i^{(0)}$ 和 $\overline{M}_i$ 相等时，可以得到 $\lambda^{(0)} \neq \lambda_1^{(0)}$。尽管如此，这是最初的选择。

同时，在非平衡气体中，壁面上的组分浓度 c_{iw} 和气体焓 h_w 事先是未知的，因为它们将受到非均相过程的显著影响，即那些直接在物体表面上进行的过程。特别地，对于由原子和分子离解形成的二元混合物，与壁面撞击的原子由于吸附过程而黏附其上，并且可以在从壁面分离或解吸后进一步与分子重新结合。因此，在入射和吸附原子的直接碰撞 (Eley-Rideal 机制) 和两个吸附原子的相互作用 (Langmuir-Hinshelwood 机理) 下，将发生重组。对于上述两种情况，入口密度或吸附原子的表面浓度 θ 原则上可以通过吸附和解吸过程的速率来确定。

根据周边条件，所有这些过程都可以在前、后方向上进行，且具有自己的反应速率和活化能，这些反应的总体速率类似于 10.7 节和 10.9 节中的均相反应。只有同时考虑所有这些因素才能确定原子的非均相或催化重组率[①]。

对于多组分气体混合物，相关过程将更为复杂。关键在于单位表面积的活性吸附中心的数量是有限的，并且它们在各组分原子中的分布，即它们的表面浓度 θ_i，是由它们的相对吸附特性和其他条件决定的。这导致了不同组分催化重组速率的相互依赖性，如空气中的氮原子和氧原子。

准确地说，物体表面组分浓度的边界条件正是由前面提到的各种效应所决定的。使用先前的简单分子动力学模型，这些条件可以推导如下。首先，记组分 i 单位时间抵达壁面的质量通量为 $\rho c_i V_{yi}/2$(图 12.53)。其中，V_{yi} 是相同方向上的所有粒子的质量平均热速度，它由式 (11.13.4) 确定，并且 $V_{yi} = V_2$。同样，记 $\bar{\gamma}_i$ 为非均相反应引起的入射粒子消失的比例，它需要用相应的扩散通量来抵消。然后，该组分在壁面的守恒定律具有以下形式：

$$-I_i = \rho D_i \frac{\partial c_i}{\partial y} = \rho K_{\omega i} c_{i\omega} = \bar{\gamma}_i \sqrt{\frac{RT}{2\pi \overline{M}_i}} \tag{13.1.32}$$

这里，系数 $K_{\omega i}$ 称为催化反应速率常数，或者在给定材料和气体的情况下简称为催化常数；而系数 $\bar{\gamma}_i$ 是相同条件下的催化概率。

当 $\bar{\gamma}_i = 0$ 或 $K_{\omega i} = 0$ 时，即在理想的非催化表面上，方程 (13.1.32) 满足条件 $\partial c_i/\partial y = 0$。反之，当 $K_{\omega i} \to \infty$ 时，即在理想的催化表面上 (这是一种数学抽象，因为在物理上，$K_{\omega i}$ 的值将由公式进行限定)，可以得到 $c_{iw} \to \infty$。在非常低的壁面温度下 (例如，对于空气 $T_w < 2000\mathrm{K}$)，该值将近似为空气的平衡值 $c_{ie}(T_w) \approx 0$。然而，在一般情况下，从条件 (13.1.32) 得到的 c_{iw}，既可以大于平衡值 $c_{ie}(T_w)$ 也可以小于它。

内部自由度的能量也将受到非均相过程的影响，因为吸附在壁面上的活性原子和分子有可能离开，或者一般情况下，在壁面上解吸附时会获得其内部能量的

[①] 相关问题的详细讨论可参考 Berkut, Doroshenko, Kovtun 和 Kudryavtsev (1994)，以及 V. L. Kovalev (2002) 的文章。

一部分。此外，在非均相原子重组过程中，产生和解吸的分子可以处于振动和电子的任何能量状态。举例来说，对于单位分子质量的振动能量，我们写下形如表达式 (13.1.32) 的相应边界条件，其中混合物的分子和原子浓度分别为 c_{m} 和 c_{a}:

$$-I_\omega^{(v)} = \rho D_{mm} \frac{\partial c_{\mathrm{m}} e}{\partial y} = \rho K_\omega^{(v)} c_{\mathrm{m}} e_{v\omega} - \rho \bar{\gamma}_v K_{\omega a} c_{aw} \tag{13.1.33}$$

这里，第一项类似于式 (13.1.32) 的右侧，归因于以一定催化常数 $K_\omega^{(v)}$ 与壁面相互作用导致的振动能量变化；而第二项是由原子复合而成的分子在概率 $\bar{\gamma}_v$ 下所具有的振动能量。

至于表面 (壁面) 处离子的边界条件，通常给定 $c_i^{(\mathrm{ion})} = 0$。然而，对于电绝缘壁面，更合理的条件似乎是没有壁面电流，即离子和电子完全相互中和。在该模型中，壁面位置是一个离子阱。因此，通过类比式 (13.1.32)，式 (13.1.8) 可以给出 $\bar{\gamma} = 1$ 时所需的边界条件，其具体形式如下：

$$I^{(\mathrm{ion})} = -\rho D^{(a)} \frac{\partial c^{\mathrm{ion}}}{\partial y} = I_\omega^{(\mathrm{ion})} = -\rho c^{\mathrm{ion}} K_\omega^{\mathrm{ion}}, \quad K_\omega^{\mathrm{ion}} = \sqrt{\frac{RT}{2\pi \bar{M}^{\mathrm{ion}}}} \tag{13.1.34}$$

实际上，这个过程更为复杂，因为对于所考虑的问题，壁面处 Debye 层的厚度可以忽略不计，同时，由于电子的热运动速度大于离子的热运动速度，从而形成一个电势差。该电势差将对电子进行减速并对离子进行加速。将这个因素考虑进来 (Raizer,1989) 可以获得与式 (13.1.34) 类似的表达式，只需要将公式右侧的 T 替换为电子温度 T_{el}。

对于多组分非平衡气体混合物，上述方程组和边界条件必须用状态方程组进行闭合。例如，式 (11.1.5) 以及 13.3 节中将给出的相关传输系数表达式。

13.2　非平衡边界层和黏性激波层特性

我们将参考平板边界层流动的例子来研究二元气体混合物的相关性质。这里，使用式 (13.1.14) 的简化扩散模型将方程 (13.1.1) 写成弛豫形式，并且为了进一步简化，用 D_i 代替 $D_{i,\mathrm{eff}}$:

$$\rho \frac{\mathrm{d}c_i}{\mathrm{d}t} = \rho \Lambda_i - I_i, \quad I_i = -\frac{\partial}{\partial y}\left(\mu_i Sc_i \frac{\partial c_i}{\partial y}\right)$$
$$\Lambda_i = \frac{c_{\mathrm{e}i} - c_i}{\tau_i}, \quad Sc_i = \frac{\rho D_i}{\mu_i} \tag{13.2.1}$$

这里，τ_i、D_i 和 Sc_i 分别为各组分的弛豫时间、扩散系数和施密特数；而 $c_{i\mathrm{e}}(T)$ 是对应组分浓度 c_i 的局部平衡值。对于式 (13.2.1)，必须在边界层和壁面外缘施加相应的边界条件。目前，我们施加的边界条件分别为 $c_i = c_{i\delta}$ 和 $c_i = c_{iw}$。

我们将考虑边界层流动的极限情况。由于施密特数接近于 1，式 (13.2.1) 中的扩散项和对流项具有相同的量级 $\Delta c_i/t_0$(对于任何边界层方程中的耗散项也是如此)。其中，$t_0 = U_\delta/L$ 是气体动力学时间尺度 (这里，U_δ 是边界层外缘的速度，L 是流动尺度)，而 Δc_i 是边界层内的浓度差 (例如，$\Delta c_i = c_{i\delta} - c_{iw}$)。

然后，与 10.4 节和 11.3 节中讨论的非黏性流动情况一致，流型取决于参数 t_0/τ。我们注意到，对于边界层问题，通常将达姆科勒 (Damkohler) 数 $Da = \tau D/\delta^2$ 作为特征流态的准则，其中，δ 为边界层厚度，它与方程 (13.2.1) 中扩散项与源项的比值具有相同的数量级。

因此，根据参数 t_0/τ 的不同，可能出现以下极限流态。

13.2.1 冻结边界层

令 $t_0/\tau \ll 1$，则 Λ_i 可以从方程 (13.2.1) 中消除。然而，不同于无黏流，浓度 c_i 不是常数，而是由齐次方程 (13.2.1) 来确定的，或者在一般情况下，令 $\Lambda_i = 0$，并由式 (13.1.1) 确定，该极限状态对应于 $Da \gg 1$。

13.2.2 平衡边界层

相反地，令 $t_0/\tau \gg 1$，然后将式 (13.2.1) 乘以 τ，我们可以得到极限解 $c_{ie} = c_{ie}(p, T, c_j^*)$，其中，$c_j^*$ 代表混合物所有组分的总浓度，不同于无黏流，它的值事先是未知的。这种极限状态对应于 $Da \ll 1$。对于地球大气层中的飞行，图 13.2 给出了半径为 $R = 1\text{m}$ 的球体驻点附近不同边界层状态的大致范围。

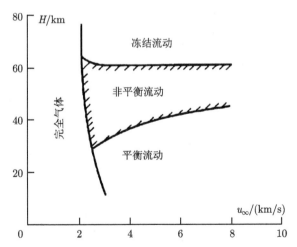

图 13.2 $R = 1\text{m}$ 的球体驻点附近边界层内不同物理和化学过程影响的近似范围

c_j^* 的值仅对单组分气体严格知晓。对于多组分气体混合物，可能发生特定的元素分离现象, 即元素分离效应[①]。为了分析这种效应, 我们对方程组 (13.1.1) 进行适当变换, 将各个 i 方程乘以对应的系数 d_{ij}, 即组分 i 中元素 j 的质量分数 (式 (10.5.3)), 并对它们进行求和。这样, 所有源项都将进行偏移。参考式 (10.5.3), 通过代入元素浓度 c_j^* 和扩散通量 I_j^*, 可以推导出以下元素扩散方程:

$$\rho \frac{\mathrm{d}c_j^*}{\mathrm{d}t} = -\operatorname{div} \boldsymbol{I}_j^*, \quad c_j^* = \sum_i d_{ij} c_i, \quad \boldsymbol{I}_j^* = \sum_i d_{ij} \boldsymbol{I}_i \tag{13.2.2}$$

在边界层外缘, 有 $c_j^* = c_{j\delta}^*$, 而在壁面上, 通量的法向投影满足 $I_{jwn}^* = 0$。进一步的结果则取决于通量 I_i 采用的具体模型。在扩散系数相等的情况下, 即 $D_i = D_{12}$(式 (13.1.14)), 同时不考虑压力扩散和热扩散, 对于边界层, 我们可以得到 $I_j^* = -\rho D_i \left(\partial c_j^* / \partial y \right)$。此时, 方程组 (13.2.2) 变为各向同性, 并具有单一解 $c_j^* = \mathrm{const}$。通常, 利用式 (13.1.11), 可以得到

$$\boldsymbol{I}_j^* = \boldsymbol{I}_j^{*(c)} - \rho D_j^{*(p)} \nabla \ln p - D_j^{*(T)} \nabla \ln T$$

$$\boldsymbol{I}_j^{*(c)} = -\sum_i D_{jk}^* \nabla c_k, \quad D_{jk}^* = \sum_k d_{ij} D_{ik}$$

$$D_j^{*(p)} = \sum_i d_{ij} D_i^{(p)}, \quad D_j^{*(T)} = \sum_i d_{ij} D_i^{(T)} \tag{13.2.3}$$

因此, 元素通量 $\boldsymbol{I}_j^*$ 通常伴随着压力和温度梯度。同时, 通量 $\bar{I}_j^{*(c)}$ 取决于组分浓度梯度, 而一般与元素浓度本身无关。

然而, 当系统处于完全平衡状态下时, 方程组 (13.1.1) 都将退化, 如平衡条件下的无黏流 (见 11.2 节)。因此, 对于所有浓度, 我们有 $c_i = c_{ie}(p, T, c_j^*)$。这样, 浓度通量 $\bar{I}_j^{*(c)}$ 为

$$\boldsymbol{I}_j^{*(c)} = -\rho \sum_k \tilde{D}_{jl}^* \nabla c_l^* - \rho \tilde{D}_j^{*(p)} \nabla \ln p - \tilde{D}_j^{*(T)} \nabla \ln T$$

$$\tilde{D}_{jl}^* = \sum_k D_j^* \frac{\partial c_{ke}}{\partial c_l^*}, \quad \tilde{D}_j^{*(p)} = p \sum_k D_{jk}^* \frac{\partial c_{ke}}{\partial p}, \quad \tilde{D}_j^{*(T)} = T \sum_k D_{jk}^* \frac{\partial c_{ke}}{\partial T} \tag{13.2.4}$$

将上述结果代入方程组 (13.1.1) 中, 可以得到一组各向异性方程 (由于涉及压力和温度的梯度项)。其中 c_j^* 具有非零解, 并且一般 $c_{jw}^* \neq c_{j\delta}^*$。也就是说, 即使不考虑压力扩散和热扩散效应, 元素分离现象也存在。尽管如此, 对于平衡空气, 上述影响相对较弱 (见相关脚注), 且由于其对热通量的影响甚微, 对边界层来说一般可以忽略。

[①] 参见文献 (Anfimov, 1963); (Tirskii, 1964, 1989)。

对于只存在少数反应的部分平衡状态,情况则较为复杂。对于无黏流,11.2 节就相关情况进行了讨论。其中,建议将涉及相关反应项的方程从完整的动力学方程组中去除,而用对应的平衡条件来代替。对于黏性流动,情况尤为复杂,因为上述平衡条件必须由元素方程组 (13.2.2) 来补充。

至于系统完全平衡状态下的能量通量 $\boldsymbol{J}$,可以在式 (13.1.19) 和式 (13.1.11) 的基础上,令 $c_i = c_{ie}\left(T, p, c_j^*\right)$,并与方程 (13.2.4) 进行类比,可以得到以下平衡能量通量 $\boldsymbol{J}$ 的表达式:

$$-\boldsymbol{J} = \lambda_{\text{eff}}\nabla T + \lambda_p \nabla p - \boldsymbol{J}^*, \quad -\boldsymbol{J}^* = \rho \sum_i h_i \sum_k D_{ik} \sum_j \frac{\partial c_{ke}}{\partial c_j^*}\nabla c_j^*$$

$$\lambda_{\text{eff}} = \lambda_{\text{e}} + \rho \sum_i h_i \left(\sum_k \bar{D}_{ik}\frac{\partial c_{ke}}{\partial T} + \frac{1}{T}D_i^{(T)}\right)$$

$$\lambda_p = \rho \sum_i h_i \left(\sum_k \bar{D}_{ik}\frac{\partial c_{ke}}{\partial p} + \frac{1}{p}D_i^{(p)}\right) \tag{13.2.5}$$

其中,平衡空气的有效系数 λ_{eff} 可以通过图 1.11 来获得;而 ∇p 在边界层和近边界层流中很小,一般不予考虑。

现在,我们将进一步考虑扩散动力学方程的外部边界条件。对于经典薄板边界层的平衡外部流动,在其外边缘同样满足平衡条件 $c_i = c_{ei}(T, p)$ 或 $e_i^{(v)} = e_i^{(v)}(T)$。对于钝体流动,将出现边界层平衡状态与激波层平衡状态不一致的情况。

然而,黏性非平衡流边界层的类似条件可以通过无黏非平衡问题的求解来获得。在最简单的近似下,可以沿着给定压力分布 (流线法) 的表面流线,对方程 (11.1.4) 和方程 (11.1.5) 进行求解,因为相比于其他可能的非平衡状态量,压力是相对保守的量 (见 9.4 节和 11.10 节)。

一般来说,钝头和钝体上的边界层是在非均质非平衡高熵层内发展的。12.9 节~12.13 节给出了边界层和熵层之间相互作用的定性描述,然而,将这些章节发展的近似方法定量扩展至非平衡流是非常困难的 (除了冻结流外)。此外,对于中等雷诺数 (见 12.14 节中的定义),可以使用抛物化的 Navier-Stokes 方程 (即 12.14 节中的 PNSE 模型) 来求解上述问题。抛物化方程 (13.1.1) 与 12.5 节介绍的方程没有区别。

最后,在低雷诺数条件下,相关问题可以得到较好的求解,至少可以采用完整的 Navier-Stokes 方程。同时,12.14 节还针对非平衡流的两个不同模型进行了比较分析 (图 12.51 和图 12.52)。

通常,物体的来流条件可以指定为 $c_i = c_{i\infty}$。然而,对于 PNSE 模型,如果装配有条件激波 s(见 12.14 节中的图 12.43),并给定了广义 Hugoniot 条

件 (12.14.18)，就必须补充类似的浓度条件：

$$\rho_\infty v_n \left(c_{is} - c_{i\infty}\right) = -I_{ns} = \rho D_i \left.\frac{\partial c_i}{\partial n}\right|_s \tag{13.2.6}$$

此外，式 (12.14.8) 中的能量通量 J_{ns} 必须由式 (13.1.9) 来确定。此时，根据 10.4 节和 11.5 节中的模型，假设在扩展激波的外部区域所有反应都被冻结 (相对于激波 s)，这一假设很重要。在上述情况下，穿过激波的耗散通量将与相同组分的对流通量相互抵消。

我们在 12.14 节中曾介绍，即使对于高雷诺数条件下相对较薄的激波，同样可以使用非平衡 PNSE 模型中的广义 Hugoniot 条件 (12.14.18) 以及关系式 (13.2.6)。而由于方程耗散项的存在，对薄激波使用常规关系式将产生穿透激波的伪通量。

现在，我们来分析式 (13.1.32) 和式 (13.1.33) 所描述的非均相反应对非平衡边界层的影响，特别是对壁面热通量的影响。如下所述，这种影响可能比较大。我们将具体展示冻结边界层的例子。此时，令方程 (13.2.1) 中的 $\Lambda_i = 0$，并结合方程 (13.1.32)，可以得到以下表达式：

$$-I_{i\omega} = \left(\rho D_i \frac{\partial c_i}{\partial y}\right)_\omega = \beta_i \left(c_{i\delta} - c_{i\omega}\right) = \rho_\omega K_{\omega i} c_{i\omega} \tag{13.2.7}$$

其中，β_i 是传质系数，对应于式 (12.6.20) 中的传热系数 α。为了预测系数 β_i，我们注意到，在 $Sc = 1$ 时，方程 (13.2.1) 与运动方程 (12.5.5) 是相同的，且在 $Sc = Pr = 1$ 时，与能量方程 (12.5.8) 也保持一致。类似于克罗克积分式 (12.6.15)，通过分别积分可以得到

$$\frac{c_i - c_{i\omega}}{c_{i\delta} - c_{i\omega}} = \frac{u}{U_\delta} = \frac{H - h_\omega}{H_\delta - h_\omega} \tag{13.2.8}$$

显然，此时有 $\alpha = \beta$。因此，一般认为 $\alpha \sim \beta$(当 $Sc \sim Pr \sim 1$ 时)。

这样，由式 (13.2.7) 可得

$$c_{i\omega} = c_{i\delta} \left(1 + z_i\right)^{-1}, \quad z_i = \rho_\omega K_{\omega i} / \beta_i \tag{13.2.9}$$

此外，对于冻结边界层，根据式 (12.6.20) 和式 (10.3.6)，可以类似地定义壁面热通量表达式：

$$q_\omega = \alpha \left(H_e - h_\omega\right), \quad h_\omega = \sum_i c_{i\omega} h_{i\omega} = c_p^{(0)} T_\omega + h_{f\omega}$$

$$h_{f\omega} = e_\omega^{(\nu)} + h_{0\omega}, \quad e_\omega^{(\nu)} = \sum_i c_{i\omega} e_{i\omega}^{(\nu)}, \quad h_{0\omega} = \sum_i c_{i\omega} h_{0i} \tag{13.2.10}$$

这里，$c_p^{(0)}$ 是气体的冻结比热容；$e_i^{(0)}$ 是内部各自由度的能量；h_f 是气体物理化学转化的能量，相对于空气的冷态，特别是自由流状态，冻结空气的 h_f 为零。所以，此时 q_w 的值取决于壁面的组分浓度和能量 h_f。

为了表述方便，我们以原子和分子的二元混合物为例，其浓度分别为 c_a 和 $c_m = 1 - c_a$。对于原子，我们令 $e_a^{(0)} = 0$，并且 $h_{0i} = h_{0a}$；对于分子，则令 $h_{0m} = 0$，但是 $c_m^{(v)} > 0$。此时，在冻结边界层中，可以将分子分为两个亚群，或者伪组分 (1) 和 (2)。前者来自边界层外边缘，其浓度为 $c_m^{(1)} = c_{m\delta}$，能量为 $e_m^{(1)} = e_m^{(v)}$，并保存至壁面 (这里不考虑催化作用对能量的贡献)。后者是由非均相分析在壁面产生的分子亚群，其浓度为 $c_{mw}^{(2)} = c_{a\delta} - c_{aw}$，能量为 $e_m^{(v)} = e_{mw}^{(2)}$，且振动能极或电子能级处于激发态，因此通常具有较大能量，比如，$e_{mw}^{(2)} \gg e_{m\delta}^{(v)}$。这样，将方程 (13.2.10) 重写成方程 (13.2.9) 的形式，并令 $H_e = H_\delta$，可得

$$q_\omega = q_{\omega e}(1 - \Phi), \quad q_{\omega e} = \alpha(H_\delta - h_{ew})$$

$$(H_\delta - h_{ew})\Phi = h_\omega - h_{e\omega}, \quad h_\omega = c_{p\omega}^{(0)} T_\omega = h_{f\omega}$$

$$h_{f\omega} = c_{a\omega} h_{0a} + c_{m\delta} e_{m\delta}^{(\nu)} + (c_{a\delta} - c_{aw}) e_{m\nu}^{(2)} \tag{13.2.11}$$

其中，参数 $c_{a\omega}$ 可由方程 (13.2.9) 确定。对于相对较冷的壁面，当 $h_{ew}, c_w^{(0)} T_w \ll H_\delta$ 时，可以假设 $\Phi \approx h_{fw}/H_0$。

如 1.1 节 (图 1.5) 所述，在大气中高速飞行时，即使对于非理想的催化表面，比值 h_f/H_δ 也可以达到 3/4。当 $K_{wa} \approx 0$(或 $z \approx 0$) 时，可以得到 $\Phi \approx h_{f\delta}/H_\delta$，这使得壁面热通量减少了 4 倍。此时 $c_{a\omega} \approx c_{a\delta}$，对于 h_{fw}，式 (13.2.11) 中的能量项 $e_{mv}^{(2)}$ 将消失。然而，与 h_{0a} 相比，$e_{mv}^{(2)}$ 的平均值通常较小，因此默认情况下也会被忽略，即数据 $e_{mv}^{(2)}/h_{0a}$ 实际上不会进行考虑。

反之，在理想的催化表面上，当 $K_{wa} \to \infty$ 时，有 $c_{a\omega} \leqslant 1$。此时，尽管边界层是冻结的，但 Φ 值很小，且壁面热通量接近于平衡值 q_{we}。此外，对于平衡外流的平衡边界层，在相对较冷的壁面上 (对于空气 $T_w < 2000\mathrm{K}$)，平衡值 c_{aew} 和 $e_{me}^{(v)}$ 较小。因此，根据式 (13.2.10)，壁面热通量与壁面材料的催化特性无关。

然而，一般来说，传热的催化效应由参数 $z = \rho K_w/\alpha$ 决定。根据 12.6 节，$\alpha \sim \rho^{1/2}$，则催化效应的量级为 $\rho^{1/2} K_w$。因此，对于低密度 (高飞行高度) 状态，即使在有限 K_w 条件下，表面材料也可表现为非催化的。

我们还注意到，当 $h_w \ll H_\delta$ 时，除了传热系数的比值 $q_{we}/q_{wf} \approx \alpha_e/\alpha_f$ 接近于 1 时 (图 13.3 和图 13.4)，值 q_{we} 将不同于冻结值 q_{wf}。

为了便于说明，图 13.3 绘制了钝头体驻点位置热通量率 q_w/q_{we} 随 K_w 的变

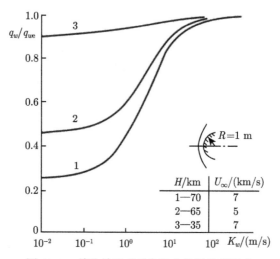

图 13.3　催化效应对球头驻点热通量的影响

化曲线。其中，q_w 和 q_{we} 分别对应于非平衡和平衡边界层的热通量，且在空气的激波层内两者相等。对于氧原子和氮原子，有 $K_{wO} = K_{wN} = K_w$。曲线 1 近似对应于冻结边界层，随着 K_w 值由 0 变化为 ∞，对应的热通量将增大 4 倍。同时，曲线 3 对应于近平衡边界层，热通量随 K_w 值的变化较小。

图 13.4 给出了另外一个例子，即 BOR-4 飞行器的驻点热通量，其横坐标显示

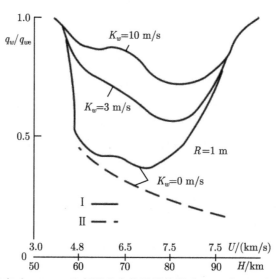

图 13.4　催化效应对 BOR-4 飞行器驻点热通量的影响：q_w 表示平衡空气中的热通量；
I 为黏性激波模型；II 对应于平衡激波层的边界层

了它的飞行轨迹[①]。由图可知，对于任意 K_w 值，在高空和低空区域，比值 q_w/q_{we} 都接近于 1。其中，对于高空区域，即当 $H > 90$km 时，流动处于完全冻结状态。对于低空区域，即当 $H < 55$km 时，一方面流动接近平衡状态，另一方面，物理化学转化的能量随着高度的降低而减小。而在中等高度时，热通量随着 K_w 值的减小而显著降低。我们注意到，在 H 较高的位置，根据计算边界层的外缘平衡参数获得的相关特性与实际曲线存在较大差异。

由之前的讨论可以看出，当飞行器在高度 $H = 55 \sim 90$km 的大气中进行高超声速飞行时，材料的催化特性将基本决定飞行器表面的热通量大小以及对应材料的选择。因此，材料的催化常数 K_{wi} 至关重要。

目前，该常数仅能通过实验来确定，主要是通过比较被测材料与给定高催化性材料 (通常为铂或铜) 的热通量大小。此时，对数据的解读将显得不再重要，因为催化常数 (类似前面第 10 章所提到的反应速率常数) 将只与其材料名称相关。而实际上，根据 13.1 节中所提到的，催化常数将是压力、温度及各组分浓度的复杂函数。此外，13.1 节同样指出，各组分的非均相重组率是相互关联的。因此，严格地说，通过单元素气体实验获得的 K_{wi} 值不能用于混合气体。如前所述，激发能 $e_{mv}^{(2)}$ 在式 (13.2.11) 中所起的相对作用仍不明确。

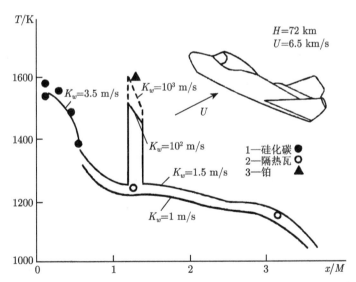

图 13.5　BOR-4 飞行器迎风面的温度分布：曲线对应于计算值，符号对应于全尺寸实验值

由于均相物理和化学过程通常不可控，使得关于常数 K_{wi} 实验数据的解读也

---

① 图 13.4，图 13.5 和图 13.7 取自 Voinov, Zalogin, Lunev 和 Timoshenko (1994)，Lozino-Lozinskii 和 Timoshenko (1998) 的文章。

变得复杂。因此，即使将氧原子和氮原子的直接均相重组过程，以 $O + O \longrightarrow O_2$ 和 $N + N \longrightarrow N_2$ 的形式在边界层内冻结，但非均相氧重组仍始终存在，且由于交换反应 (见 10.5 节)，氮重组过程可能以下列形式发生：

$$N + O_2 \longrightarrow NO + O, \quad NO + N \longrightarrow N_2 + O \tag{13.2.12}$$

图 13.6 给出了真实情况下的一个例子。可以看出，对于高催化表面 (铂)，氮原子将无法抵达壁面，该过程将仅受非均相氧重组和交换反应方程 (13.2.11) 的控制。

上述情况有时可能导致某些意想不到的影响，例如铂在纯氮中的催化升华效应[①]。该效应的产生是由于氮原子重组释放的能量 ($\varepsilon_N = 9.76$ eV) 超过了铂原子释放的能量 ($\varepsilon_P = 5.85$ eV)。同时，在图 13.6 的情况下，空气中则不存在上述效应，因为氧重组释放的能量为 $\varepsilon_O = 5.1$ eV，该值小于 ε_P。

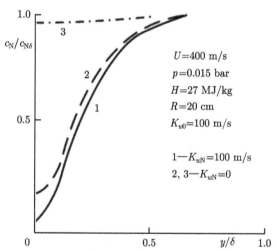

图 13.6   边界层内氮原子的浓度分布：曲线 1 和 2 考虑了交换反应，曲线 3 未考虑交换反应；H 是驻点焓

基于上述原因，目前的实验通常将混合物作为一个整体，并且获得的只是等效催化常数 $K_{w,\text{eff}}$，该常数适用于混合物中所有原子的计算。然而，即使在这种近似中，为了确定函数 $K_{w,\text{eff}}$ 的表达式和具体值，也需要进行大量的实验，并结合一些关于非均相反应速率的先验观念 (可参考文献 (V. L. Kovalev 和 Suslov, 1995)，以及 (Zalogin 和 Lunev, 1997))。

[①] 参考文献 (Itin, Zalogin, Lunev 和 Perov, 1987)。相关实验是在 TsNIIMash 的高频等离子枪中进行的。

只有建立压力、滞止焓、边界层边缘氮和氧的离解度，以及壁面温度 T_w 等相关参数的基准模型，才能确保相关数据转换为全尺寸情况的可靠性。

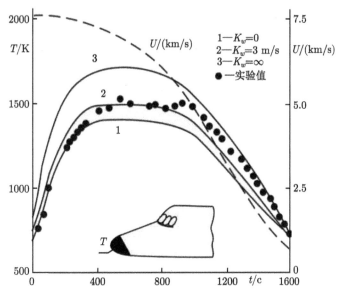

图 13.7　沿着 BURAN 飞行器的再入轨迹，其驻点温度和飞行速度随时间 t 的变化曲线

为了确定 BOR-4 和 BURAN 飞行器低催化热涂层的催化特性，有必要对高频离子枪所需的条件进行模拟[1]。计算中使用的 $K_{w,eff}$ 是通过相关实验测试获得的 (图 13.5 和图 13.7 对实验数据和计算结果进行了对比)。

图 13.8 展示了另一个理论与实验比较的例子，并给出了 OREX 飞行器 (图 12.50) 的全尺寸实验数据。其中，对于催化常数 $K_w = 0$ 的情况，当高度 $H > 92\text{km}$ 时，实验获得的驻点热通量与计算值基本重合。在高度较低时，数据的差异可归因于有限的材料催化特性，而在较高高度时，由于参数 $z = \rho K_w/\beta$ 较小，催化常数将基本不起作用。

通过选择合适精度的电子浓度分析模型，实验和计算获得的电子浓度值 (如图 12.50 所示，沿 $a\text{-}a'$ 截面与物面保持一定的距离) 将非常接近。关键在于，处理由探头获得的相关参数的测量数据时，所用到的理论将比 13.1 节中描述的更为复杂，因为必须考虑电场的叠加。

不幸的是，对于与高速气动动力学问题相关的条件范围，从工程的角度来看，相关物理化学和分子动力学模型的测试技术受限于热通量测量的可行性，更不

---

[1] TsNIIMash (Anfimov, Zalogin, Lunev, et al, 1985)，TsAGI (Zhestkov, 1986) 以及机械问题研究所 (Baronets, Gordeev, Kolesnikov 和 Yakushin, 1990) 等机构开展了相关研究。

用说激波层内电子浓度测量的可行性。同时，前文中介绍了一些此类测试的验证实例。

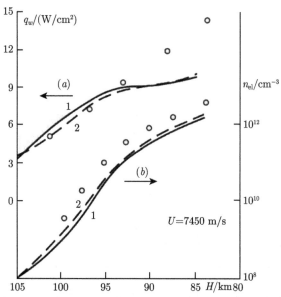

图 13.8　OREX 飞行器 a-a' 截面处的热通量 (a) 和电子浓度 (b) 随高度 H 的变化情况：符号对应于实验数据，曲线对应于 $K_w = 0$ 时的计算结果；1 为 Navier-Stokes 模型；2 为 PNSE 模型

13.3　各个组分的运输系数

通过 1.4 节和 13.1 节，我们初步了解了各气体传输系数，并根据各组分的传输系数给出了气体混合物的对应公式。接下来，我们将对其他系数进行指定。

13.3.1　热导率

通过对著名的 Eiken 公式进行推广，对于内部自由度局部平衡条件，我们可以得到系数 $\lambda_i^{(k_e)}$ 的表达式为

$$\lambda_i^{(k_e)} = \frac{15}{4} \frac{R\mu_i}{\bar{M}_i} \cdot E, \quad E = 0.115 + 0.354 \frac{c_{pi}^{(k_e)} \bar{M}_i}{R} \tag{13.3.1}$$

这里，$c_{pi}^{(k_e)}$ 是组分 i 的比热容；k_e 对应于内部自由度的平衡状态。在冻结流中，对于单原子气体 ($\gamma = 5/3$)，系数 $E = 1$；而对于双原子气体，系数 $E = 1.35$。上

述两种情况下，冷冻普朗特数相似：

$$Pr_i^{(0)} = \frac{c_{pi}^{(0)} \mu_i}{\lambda_i^{(0)}} = \frac{4 c_{pi}^{(0)} \mu_i}{15 RE} = \frac{4 \gamma_i}{15 \left(\gamma_i - 1\right) E}$$

$$Pr_i^{(0)} = \frac{2}{3}, \quad \text{当} \gamma_i = \frac{5}{3} \text{时}; \quad Pr_i^{(0)} = 0.69, \quad \text{当} \gamma_i = \frac{7}{5} \text{时} \tag{13.3.2}$$

此时，总热导率可以通过式 (13.1.30) 来确定。其中，$\lambda^{(0)}$ 和 $\lambda_i^{(0)}$ 需要分别用 $\lambda^{(k_e)}$ 和 $\lambda_i^{(k_e)}$ 来替换，或者在内部自由度处于总体平衡的状态时，分别用 λ_e 和 λ_{ie} 进行替换。

13.3.2 黏度

根据式 (1.4.9)，各组分黏度的量级为 $\mu_i \sim \sigma^{-2} \left(m_i kT\right)^{1/2}$。根据严格的理论推导，$\mu_i$ 的具体表达式如下：

$$\mu_i = 2.67 \cdot 10^{-6} \frac{\left(\bar{M}_i T\right)^{1/2}}{\sigma_i^2 \Omega^{(2,2)} T^*} \quad \left(\frac{\text{kg}}{\text{m} \cdot \text{s}}\right), \quad T^* = \frac{kT}{\varepsilon_i} \tag{13.3.3}$$

这里，$\Omega^{(2,2)}$ 称为碰撞积分，它取决于粒子间碰撞的概率；有效分子直径 σ_i 以埃 ($1\text{Å} = 10^{-8}\text{cm}$) 为单位；$\varepsilon_i$ 是目前理论所采用 Lennard-Jones 势下的特征相互作用能；面积 σ_i^2 也用于表示分子碰撞的传输截面。

对于中性气体，函数 $\Omega^{(2,2)}\left(T^*\right)$ 如图 13.9 所示。空气中各中性分子的 σ_i 和 ε_i 值如表 13.1 所示。

容易看出，所有 $\sigma_i \approx 3 \sim 3.8\text{Å}$，同时 $\varepsilon_i / k \approx 70 \sim 110\text{K}$，即表 13.1 中列出的所有原子和分子的对应参数值都相似。

上述数据足以计算系数 μ_i。然而同时，简单近似公式的实用性也是毋庸置疑的。我们基于不同但相似的两种碰撞积分近似模型，提供对应的计算表达式：

$$\Omega^{(2,2)} = 1.3 \left(T^*\right)^{-\kappa_k}, \quad \mu_i = \bar{\mu}_{ik} \bar{T}^{\omega_k} \cdot 10^{-5} \quad \left(\frac{\text{kg}}{\text{m} \cdot \text{s}}\right), \quad \bar{T} = \frac{T}{200\text{K}}$$

$$\kappa_1 = 0.2. \quad \omega_1 = 0.7. \quad \kappa_2 = 0.15. \quad \omega_2 = 0.65 \tag{13.3.4}$$

图 13.9 绘制了 $\Omega_k^{(2,2)}$ 的近似曲线，而对应的 $\bar{\mu}_{ik}$ 值则在表 13.1 中给出 (Anfimov (1962) 文章中 $k = 2$ 时的近似值)。

对于非离解空气，分别与式 (13.1.29) 和式 (1.3.10) 所获得的第一项总值 $\bar{\mu}_{\Sigma 1} = 1.3$ 是一致的 (我们注意到对于 O 和 N 原子的混合物，只能得到 $\bar{\mu}_{\Sigma 1} \approx 1.2$)。

对于之前提到的所有原子和分子，其黏度值非常接近 (差值不超过 20%)。

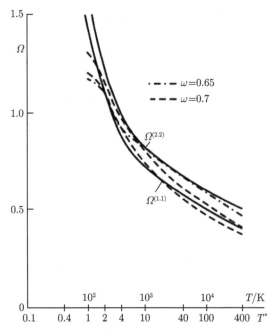

图 13.9　精确与近似温度随碰撞积分的变化情况：T^* 用 $\varepsilon/k = 100\mathrm{K}$ 进行了无量纲化

表 13.1　空气中各中性分子的 σ_i 和 ε_i 值

气体	O_2	O	N_2	N	NO
$\sigma_i/\text{Å}$	3.47	3.05	3.80	3.30	3.49
$\varepsilon_i/k/\mathrm{K}$	107	107	71	71	117
$\bar{\mu}_{i1}$	1.51	1.38	1.29	1.21	1.43
$\bar{\mu}_{i2}$	1.68	1.53	1.38	1.29	1.58

13.3.3　扩散性

根据状态方程 $p\overline{M} = R\rho T$，我们可以得到以下众所周知的二元扩散系数理论公式：

$$\rho D_{ij} = 3.15 \times 10^{-6} \frac{\overline{M} T^{1/2}}{\sigma_{ij}^2 \Omega^{(1,1)}(T^*)} \left(\frac{\overline{M}_i + \overline{M}_j}{2\overline{M}_i \overline{M}_j} \right)^{1/2} \quad \left(\frac{\mathrm{kg}}{\mathrm{m} \cdot \mathrm{s}} \right)$$

$$T^* = \frac{kT}{\varepsilon_{ij}}, \quad \varepsilon_{ij} = (\varepsilon_i \varepsilon_j)^{1/2}, \quad \sigma_{ij} = \frac{1}{2}(\sigma_i + \sigma_j) \tag{13.3.5}$$

这些系数正是以上述形式代入扩散方程中。这里,$\Omega^{(1,1)}(T^*)$ 是根据图 13.9 获得的对应碰撞积分。该函数可以用公式 $\Omega^{(1,1)} = 1.2(T^*)^{-0.2}$ 进行较好地近似 (图 13.9 中的下虚线曲线),并且可以作为起始点。此时,通过类比式 (13.3.4),我们可以将式 (13.3.5) 写成

$$\rho D_{ij} = B_{ij} \cdot 10^{-5}\bar{T}^\omega \left(\frac{\mathrm{m}^2}{\mathrm{s}}\right), \quad \bar{T} = \frac{T}{200\mathrm{K}}, \quad B_{ij} = \bar{B}_{ij} \cdot \bar{M} \tag{13.3.6}$$

系数 $\bar{B}_{ij}$ 只与式 (13.3.5) 中涉及的气体性质有关。对于表 13.1 中涉及的每个组分,可以通过计算给出相应组分对的近似值 $\bar{B}_{ij}$,包括分子–分子 $\bar{B}_{\mathrm{mm}}$,原子–分子 $\bar{B}_{\mathrm{am}}$,原子–原子 $\bar{B}_{\mathrm{aa}}$。同时,各系数值的选择如下:

$$\bar{B}_{\mathrm{mm}} = 0.06, \quad \bar{B}_{\mathrm{am}} = 0.08, \quad \bar{B}_{\mathrm{aa}} = 0.105 \tag{13.3.7}$$

特别地,原子自扩散系数 (D_{mm}) 与分子自扩散系数 (D_{aa}) 的接近度,从另一个角度也反映了式 (13.3.4) 中对应原子与分子黏性系数 $\bar{\mu}_i$ 的接近度。这充分体现了式 (13.3.6) 与式 (13.3.4) 所得结果的相似性,即所有组分的自扩散施密特数相同:

$$Sc_{ii} = 0.847\Omega^{(2,2)}/\Omega^{(1,1)}, \quad \Omega^{(k,k)} = \Omega^{(k,k)}(T^*) \tag{13.3.8}$$

上述表达式使用了相同的参数 $T^* = kT/\varepsilon_i$,且是温度的弱函数。根据之前采用的近似 $\Omega^{(k,k)} \sim T^{-0.2}$,自扩散施密特数为常数,且 $Sc_{ii} = 0.78$。

至于二元系数 B_{am},当摩尔量从约 15(纯原子) 变化至 30(纯分子) 时,其变化范围为 1.2~2.4。此时,与混合物总黏度相对应的施密特数将由近原子气体时的 $Sc_{\mathrm{am}} \approx 1$ 变化为近分子气体时的 $Sc_{\mathrm{mm}} \approx 0.55$。

之前提出的估值是建立在简单模型的基础上的。该模型中,所有组分的扩散系数是相同的,即 $D_{ij} = D$。其中,D 可以通过以下公式求得

$$\rho D = \mu/Sc, \quad Sc \approx 0.7 \sim 0.8 \tag{13.3.9}$$

当不存在 13.2 节所述的元素分离效应时,以上近似将自动满足守恒定律 (13.1.2)。

总之,本书所进行的分析仅对中性粒子有效。同时,之前使用的所有公式,包括式 (13.1.29) 和式 (13.1.30) 都是在此基础上获得的。随着气体电离度的增加 (当飞行速度 $U_\infty > 8 \sim 9\mathrm{km/s}$ 时),总黏度将明显受到离子和电子的影响,但相比于中性粒子,离子和电子本身的黏度非常小。由于库仑相互作用,导致带电粒子传输截面 σ_i^2 的显著增大,同时对应粒子的自由程明显减小。即使从 Wilkie 公式 (13.1.29) 也可以定性地看出,任何单个组分比值 $\mu_k/\bar{M}_k^{1/2}$ 的剧烈减小,都将

导致总黏度的降低。这些效应为图 1.11 中黏度和热导率 (当 $T > 10^4$K 时) 随温度的非单调变化特性提供了一种解释。

然而，这些特殊问题的研究和介绍不是本书所要讨论的主题。

第 14 章 辐射气体动力学基本原理

早在 1.1 节中我们就注意到，辐射效应广泛存在于高温气体流动中的，且表现形式多样。因此，在高空飞行速度小于 10km/s 的 ($U_\infty \leqslant 10\text{km/s}$) 条件下，辐射的能量损失对正激波层流动参数的影响是微不足道的。然而，辐射对飞行目标的侦测，以及物理化学过程的动力学和电子浓度的影响都是相当重要的。

与此同时，在高速飞行状态下，由于激波层中辐射和振动等主要热力学参数的变化，造成了较大的能量损失。该能量损失应在航天器进入不同行星大气层问题中予以考虑。以木星为例，航天器进入木星大气层的速度高达 50km/s。

尽管辐射气体动力学是气体动力学中的一部分，下文将使用一般化的模型和示例对前述现象进行说明。

14.1 气体辐射的物理本质

高温气体辐射是由激发态的分子或原子因能量量子释放 (或叫光猝灭作用) 自发地返回到一个较低激发能级后所释放出来的能量。例如，电子能级从较高的 n 级降为较低的 m 级。反向光致激发效应是由粒子吸收了外界光量子而激发。激发能级之间的能量状态是离散的，辐射或吸收的量子或光子的频率 v_{nm} 由条件 $hv_{nm} = \varepsilon_n - \varepsilon_m$ 严格确定，其中，$h = 6.26 \times 10^{-34}\text{J} \cdot \text{s}$ 是普朗克常量，而 ε_n 和 ε_m 是相应能级的能量。由此构成著名的原子气体的辐射线谱。

更复杂的是分子的辐射机制。假设每个分子激发到电子能级 n 时能量为 ε_n，而其本身的振动模态拥有的能量为 ε_k。因此，从第 n 个电子能级和第 k 个振动能级到第 m 个电子能级和第 l 个振动水平，分子吸收或释放的能量应为

$$\varepsilon_{ij} = \varepsilon_i - \varepsilon_j = hv_{ij} = hv_{nm} + hv_{kl}$$

$$hv_{nm} = \varepsilon_n - \varepsilon_m, \quad hv_{kt} = \varepsilon_k - \varepsilon_l = \varepsilon_{kl} \tag{14.1.1}$$

其中，称 n 级和 k 级组合为 i 级 ($i = n + k$)；同样，称 m 级和 l 级组合为 j 级 ($j = m + l$)。该跃迁本身称为 i-j 跃迁。

对于大多数分子来说，一般状态下相邻能级间的能量差异远大于振动状态下相邻能级间的能量差异 ($\varepsilon_{nm} \gg \varepsilon_{kl}$)，因此有 $v_{nm} \gg v_{kl}$。此外，每个分子中还包含一组旋转模态能量。虽然在介质模型中，假设分子旋转自由度以典型模式在每

个旋转的平均能量 $kT/2$ 处被激发。但由复杂的电子–振动–旋转能级变化引起的辐射仍然满足量子物理学规律。因此, 分子的频率和能量谱集中在以频率 v_{nm} 为基的中心线上。

这种伴随从一个量子能级到另一个量子能级所引起的能量辐射, 称为束缚跃迁。需注意的是, 真实谱线因多种因素影响而存在一个微幅宽度 Δv。该宽度通常不予关注。此外还需强调, 尽管可能存在任何形式上的复杂能级跃迁, 但在量子力学中仍存在限制。

此外, 在电离气体或等离子体中, 可能存在连续的辐射光谱。究其原因, 首先, 对韧致辐射, 正离子或中性粒子附近的电子轨迹是弯曲的 (自由–自由跃迁); 其次, 对二元去离子反应存在过程 $A^+ + e^- \rightleftharpoons A + h\Delta v$(约束–自由跃迁)。在这种情况下, 电子的剩余能量作为频率为 Δv 的量子能量得以释放。从右至左的过程称为光电离过程。然而, 本书中气体流动规律认为, 这些过程发生的概率是极低的。为此, 该过程在 10.5 节的式 (10.5.7) 中不予考虑。

要确定辐射造成的能量损失, 需注意的是, 在一般情况下单位时间单位体积内 n_i/τ_{ij} 发生自发 i-j 跃迁, 这里, n_i 是激发态能级 $i = (n+k)$ 的粒子浓度, τ_{ij} 是生存周期。在这种情况下, 单位时间单位体积释放的能量为

$$\rho q_{ij} = \varepsilon_{ij}\frac{n_i}{\tau_{ij}} = hv_{ij}\frac{n_i}{\tau_{ij}} \tag{14.1.2}$$

单位质量的气体混合物总辐射率 q 是由超过所有默认连续辐射谱线频率部分的能量 q_{ij}, 并考虑到线展宽和连续辐射谱求和而得到的。这是频率范围 $\mathrm{d}v(\mathrm{d}_v q = q_v \mathrm{d}v)$ 内的能量通量, 其中,

$$q_v = q_v^{(+)} - q_v^{(-)}, \quad q_v^{(-)} = 4\pi\eta_v \tag{14.1.3}$$

这里, 正号表示吸收的能量; 负号表示辐射的能量; η_v 是自身辐射的质量系数。$q_v^{(+)}$ 项将在 14.2 节内容中确定。

因此, 气体辐射是由原子、分子或自由电子的振动激发产生的。同时, 从任何量子能级的能量释放都会导致相应粒子浓度的下降, 且能级的跃迁是由光能量的吸收导致的。因此, 激发态粒子的辐射和弛豫过程是相互关联的, 且除能量方程外还受相应的动力学方程 (14.4 节) 和气体介质辐射传播规律 (14.2 节) 控制。

因此, 气体辐射方程引入了气体能量方程中的热源 q 和相应方程中的内部自由度源项。该问题的提法足以解决本书中所考虑的一系列问题, 包括本书中主要考虑的航天器 (或流星) 大气层再入时腔室和喉道的高温气体动力学问题。一般情况下, 对于超高辐射强度, 气体流动方程必须考虑体积辐射能量 (光子气体能量)。可以证明其等于 $e_v = 4\pi I_v/c\rho$, 其中, c 是光速, I_v 是辐射强度 (见 14.2 节), 光

压 (光子气体动量) 等于 $p_v = \rho e_v/3$。然而，在气体动力学问题中不太考虑上述问题，平衡或非平衡辐射气体流动控制方程是由相同的非黏性或黏性方程加上特定的源项 q 或 Λ_i 而得来的。

上面为一般情况下通过动力学方程确定的气体非平衡态。平衡气体的相对浓度是温度和压力的函数。在这种情况下，单位质量气体辐射能量由基尔霍夫定律确定：

$$q_v^{(-)} = 4\pi\eta_v, \quad \eta_v = \alpha_v B_v, \quad B_v = 2hv^3 c^{-2}(e^{hv/(kT)} - 1)^{-1} \tag{14.1.4}$$

这里，B_v 是普朗克函数，该函数由黑体辐射强度的平衡频率分布和质量吸收系数 α_v 确定。这种情况下，总的辐射能量为

$$q_v^{(-)} = 4\pi \int_0^\infty \alpha_v B_v \mathrm{d}v = \bar{\alpha} B(T), \quad B = \frac{\sigma}{\pi} T^4, \quad \sigma = 5.7 \times 10^{-8} \left(\frac{\mathrm{J}}{\mathrm{m}^2 \cdot \mathrm{K}^4}\right) \tag{14.1.5}$$

这里，σ 是斯蒂芬–玻尔兹曼常数；$\bar{\alpha}$ 是频率平均的平均能量吸收系数。对于黑体，有 $\alpha_v = \bar{\alpha} = 1$，其中，$\bar{\alpha}$ 称为介质灰度系数。由于分子和原子的激发程度和电子浓度会随温度上升而增大，所以系数 α_v 和 $\bar{\alpha}$ 随温度上升而迅速增加。对于平衡气体，函数 $\bar{\alpha}(p, T)$ 与气体焓值、温度存在关系 $\overline{\alpha} \sim h^{3.7} \sim T^{7.4}$，如图 14.1 所示。后者的关系 $T \sim h^{1/2}$ 同样如图 14.1 所示。还需注意的是，平衡系数 α_v 与频率 v 呈明显非单调的关系 (几个数量级)，如图 14.2 所示。

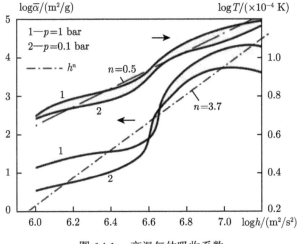

图 14.1 高温气体吸收系数

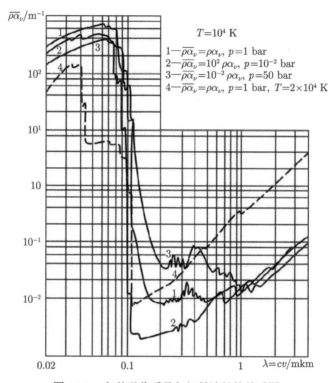

图 14.2　气体吸收系数与辐射波长的关系图

　　但是，气体处于平衡态时假设热流为零，即辐射和吸收的能量相等 $(q_v = 0)$。

　　然而，对于完整和严格的辐射平衡条件，介质的辐射场结构也必须考虑，这将在 14.2 节中详细讨论。

14.2　辐射与吸收喷流中的辐射场

　　考虑气体中辐射能量的传播问题。如图 14.3(a) 所示，设 $\mathrm{d}\Omega$ 为沿 l 方向立体角的微元。在该角度范围内，能量通量沿 l 方向输运，在单位时间内通过横截面 $\mathrm{d}\sigma$，频率范围从 $v + \mathrm{d}v$ 到 v 的能量通量可表示为 $I_{vl}\mathrm{d}v\mathrm{d}\sigma\mathrm{d}\Omega$。严格来说，向量 $\boldsymbol{I}_{vl}$ 本身 $(\boldsymbol{I}_{vl} = I_{vl}\boldsymbol{l})$ 是单位向量在 l 方向的辐射强度。然而，简单起见，视其为标量 I_{vl}。该线束穿过的体积 $\mathrm{d}V = \mathrm{d}\sigma\mathrm{d}l$，能源输运的变化值为

$$\rho q_{vl}\mathrm{d}v\mathrm{d}V\mathrm{d}\Omega = -\frac{\partial}{\partial l}\left(I_{vl}\mathrm{d}\sigma\right)\mathrm{d}v\mathrm{d}\Omega\mathrm{d}l$$

$$= -\left(\frac{\partial I_{vl}}{\partial l} + I_{vl}\frac{\partial \ln\left(\mathrm{d}\sigma\right)}{\partial l}\right)\mathrm{d}v\mathrm{d}V\mathrm{d}\Omega \qquad (14.2.1)$$

式中,体积 $\mathrm{d}V$ 中吸收的能量为 $\rho\alpha_v I_{vl}\mathrm{d}v\mathrm{d}V\mathrm{d}\Omega$;气体自身的辐射为 $\rho\eta_v\mathrm{d}v\mathrm{d}V\mathrm{d}\Omega$;系数 α_v 和 η_v 在 l 方向为各向同性。

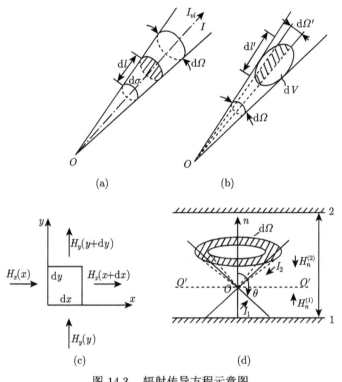

图 14.3 辐射传导方程示意图

此外,一般情况下,从方向 l' 到方向 l 的辐射能量,即气体散射,也应予以考虑。然而,这种效应只存在于含尘气体中,在纯气体中通常很小,基本可忽略。

进一步地,如果从平面 $\mathrm{d}\sigma$ 到角度 $\mathrm{d}\Omega$ 的顶点 O 的距离为 l,则 $\mathrm{d}\ln(\mathrm{d}\sigma)/\mathrm{d}l = 2/l$;因此,固定 $\mathrm{d}\sigma$ 并假设 $\mathrm{d}\Omega \to 0$,可略去式 (13.2.1) 等号右侧的第二项。然后,根据体积 $\mathrm{d}V$ 内的能量平衡,可得辐射能量输运方程:

$$\frac{\partial I_{vl}}{\partial l} = -\rho q_{vl} = \rho\eta_v - \rho\alpha_v I_{vl} \tag{14.2.2}$$

对一般情况下的强非平衡过程,等式左边须含 $c^{-1}\partial I_{vl}/\partial t$ 项。然而,在气体动力学领域,该项很小 (c 是光速),可忽略。因此,认为辐射场是准定常的。

沿平面 $\mathrm{d}\sigma$ 的法线方向 n(图 14.3(d) 中的 O'-O' 截面)的辐射能量通量由通

过该区域所有方向的积分获得

$$H_{vn} = \int\limits_{4\pi} (\boldsymbol{I}_{vl} \cdot \boldsymbol{n}) \mathrm{d}\Omega = H_{vn}^{(2)} + H_{vn}^{(1)}, \quad H_{vn}^{(i)} = \int\limits_{2\pi} I_{vl}(\boldsymbol{l} \cdot \boldsymbol{n}) \mathrm{d}\Omega$$

$$(\boldsymbol{l} \cdot \boldsymbol{n}) > 0, \quad i = 1; \quad (\boldsymbol{l} \cdot \boldsymbol{n}) < 0, \quad i = 2 \tag{14.2.3}$$

这里，H_{vn} 是辐射能量通量 $\boldsymbol{H}_v$ 在向量 $\boldsymbol{n}$ 方向的投影；$H_{vn}^{(2)}$ 是从外法线方向射入该平面的辐射通量，如图 14.3(d) 所示；与之相似，$H_{vn}^{(1)}$ 是从内法线方向射入的辐射通量。还需注意的是，每一条直线在空间关联着两个方向相反的具有不同强度 I_{vl} 的射线 (单位矢量 $\boldsymbol{l}_2$ 和 $\boldsymbol{l}_1$，如图 14.3(d) 所示)。

需注意的是，在真空中 I_{vl} 为常数。通过平面 $\mathrm{d}\sigma$ 的能量通量 H_v 为点光源沿角度 $\mathrm{d}\Omega = \Delta\sigma/l^2$ 在距离 l 的照射量。H_v 随 l 增大而降低，$H_v \sim l^{-2}$。

为了得到每单位质量气体的热流速率公式，考虑对任意体积元 $\mathrm{d}V$ 可划分为角度 $\mathrm{d}\Omega$(图 14.3(d)) 和长度 $\mathrm{d}l'$ 体积 $\mathrm{d}V'$ 的细长带 $\mathrm{d}\Omega'$(其中一个细长带如图 14.3(d) 中画线部分所示)。体积 $\mathrm{d}V'$ 内的能量变化由式 (14.2.1) 确定，从而积分获得体积 $\mathrm{d}V$ 内总的能量变化。将式 (14.1.3) 代入式 (14.2.2) 可得体积 Ω 的积分结果：

$$q_v = \int\limits_{4\pi} q_{vl}\mathrm{d}\Omega = q_v^{(+)} - q_v^{(-)}, \quad q_v^{(-)} = 4\pi\eta_v$$

$$q_v^{(+)} = 4\pi\alpha_v I_v, \quad I_v = \frac{1}{4\pi}\int\limits_{4\pi} I_{vl}\mathrm{d}\Omega \tag{14.2.4}$$

其中，I_v 是各方向平均辐射强度。

通过 1.8 节中对向量 $\boldsymbol{H}_v$ 的描述，可获得关于 q_v 的另一个公式，此时，通过体积 $\mathrm{d}V$ 的辐射能量通量为 (图 14.3(c))

$$q_v = -\frac{1}{\rho}\mathrm{div}\boldsymbol{H}_v \tag{14.2.5}$$

因此，式 (14.2.2) 可变换为

$$I_{vl} = I_{vl}^{(0)}\mathrm{e}^{-(\xi_v - \xi_{v_0})} + \int\limits_{\xi_{v_0}}^{\xi_v} \frac{\eta_v}{\alpha_v}\mathrm{e}^{-(\xi_v - \xi_v')}\mathrm{d}\xi_v'$$

$$\Delta\xi_v = \xi_v - \xi_{v0} = \int\limits_{l_0}^{l} \rho\alpha_v\mathrm{d}l = (\rho\alpha_v)_\mathrm{a}(l - l_0) \tag{14.2.6}$$

这里，l_0 和 $I_{vl}^{(0)}$ 为初始量；$(\rho \alpha_v)_{\mathrm{a}}$ 为平均量。将此式代入式 (14.2.4) 中，若已知参数 ρ、η_v 和 α_v 的体积分布，再加上外部辐射力，可以估算出 q_v 值。

下面详细讨论不同辐射气体之间相互辐射的问题。式 (14.2.6) 中 $\Delta \zeta_v \sim (\rho \alpha_v)_\alpha L_l$，称为沿射线 l 给定体积量 L 的光学厚度。当 $\Delta \xi_v \gg 1$ 时，初始辐射效应衰减，因此相应的 $l_{Rv} = (\rho \alpha_v)_{\mathrm{a}}^{-1}$ 称为对应频率 v 的辐射路径。对于较小的气体体积光学厚度，$l_{Rv} \gg L_l$，忽略式 (14.2.6) 中的第二项，可得 $I_{vl} \approx I_{vl}^{(0)}$。这种情况下，$q_v$ 值只由当地气体参数决定。在没有外部辐射的情况下，$q_v \approx q_v^{(-)}$。这样，我们明确建立了气体体积与当地热辐射通量规律的关系。此外还需注意的是，上述所考虑的情况恰好为再入速度 $U_\infty \leqslant 10\mathrm{km/s}$，飞行器尺寸 $L \leqslant 1\mathrm{m}$ 的情形。

一般情况下，强度 I_{vl} 和 q_v 值取决于沿整个体积的积分。然而，对体积具有极大光学厚度的极限情况，即 $L \gg l_{Rv}$，式 (14.2.6) 中的第一项可忽略不计。当取上限 $\xi_v' = \xi_v$ 时，η_v/α_v 项同样可置于积分符号外。当 l_R/L 趋近于 0 时，可得各向同性的辐射场：

$$q_v = 0, \quad I_{vl} = I_v = \eta_v/\alpha_v \tag{14.2.7}$$

后者条件直接由式 (14.2.4) 得到。

该等式与平衡条件不同，因为该等式仍能满足非平衡的但光学稠密的气体。然而，按照式 (14.1.4)，$\eta_v/\alpha_v = B_v$ 是处于平衡状态的，所以，为保证气体平衡性，须满足两个条件：

$$I_{vl} = I_v = \eta_v/\alpha_v = B_v \tag{14.2.8}$$

换句话说，在各向同性辐射场中的光学密度有限体积的气体中，才有可能实现系统的总体热力学平衡。其中，任意频率范围 $\mathrm{d}v$ 内气体的自身辐射将抵消整体气体辐射吸收的能量，而不会产生体积以外的辐射。

然而，对于小的但参数 l_{Rv}/L 为有限值的介质，针对光学稠密介质的限制条件 (14.2.7) 无法确定辐射热通量 q_v。为使该参数为小量的假设下上述效应同样有效，我们对式 (14.2.6) 进行积分：

$$\frac{\eta_v}{\alpha_v} = f\left(\xi_v'\right) = f(\xi_v) + \frac{\partial f}{\partial \xi_v}\left(\xi_v' - \xi_v\right) \tag{14.2.9}$$

令 $|\xi_v - \xi_{v0}| \gg 1$，可得

$$I_{vl} - \frac{\eta_v}{\alpha_v} = -\frac{\partial}{\partial \xi_v}\left(\frac{\eta_v}{\alpha_v}\right) = -\frac{1}{\rho \alpha_v}\frac{\partial}{\partial l}\left(\frac{\eta_v}{\alpha_v}\right)$$

$$= -\frac{1}{\rho \alpha_v}\left(\boldsymbol{l} \cdot \nabla \frac{\eta_v}{\alpha_v}\right) = (\boldsymbol{l} \cdot \boldsymbol{l}_0) I_{v,\max}$$

$$I_{v,\max} = -\frac{1}{\rho \alpha_v}\frac{\mathrm{d}}{\mathrm{d}l_0}\frac{\eta_v}{\alpha_v} \tag{14.2.10}$$

这里，单位向量 $\boldsymbol{l}_0$ 的方向为给定点上函数 η_v/α_v 梯度的方向。该辐射场是局部轴对称的，平行于 $\boldsymbol{l}_0$ 方向的矢通量 $\boldsymbol{H}_v$ 的分量在任何区域均为零。对于法线 $\boldsymbol{n}=\boldsymbol{l}_0$ 的区域，将式 (14.2.10) 代入式 (14.2.3)，按照图 14.3(d)，令

$$(\boldsymbol{l}\cdot\boldsymbol{l}_0)=\cos\theta, \quad \mathrm{d}\Omega= 2\pi\sin\theta\mathrm{d}\theta$$

$$(\boldsymbol{I}_{vl}\cdot\boldsymbol{n})=I_{v,\max}\cos\theta \tag{14.2.11}$$

可得辐射能量通量的如下表达式：

$$H_{vn} = 2\pi I_{v,\max} \int_0^\pi \cos^2\theta\sin\theta\mathrm{d}\theta=\frac{4\pi}{3}I_{v,\max} \tag{14.2.12}$$

此公式未包含各向同性项 η_v/α_v（ $\boldsymbol{l}\cdot\boldsymbol{n}$ 在 4π 内的积分为 0）。很显然，通量 H_{vn} 与 $I_{v,\max}$ 的值同号，也就是说，向量 $\boldsymbol{H}_v$ 和函数 η_v/α_v 的梯度方向相反。回顾该公式以及式 (14.2.10)，二者只在远离区域边界 (如图 14.3(d) 中的点 O) 的点 $(l\gg l_{Rv})$ 有效，其不受边界的影响。在相同的近似情况下，一个辐射面到某一平面 (例如，图 14.3(d) 中从上表面到平面 1) 的辐射能量通量由下式给出：

$$H_{vn}^{(2)} - \frac{2\pi}{3}I_{v,\max} = 2\pi\frac{\eta_v}{\alpha_v} \int\limits_0^{\pi/2} \cos\theta\sin\theta\mathrm{d}\theta = \pi\frac{\eta_v}{\alpha_v} \tag{14.2.13}$$

将式 (14.2.12) 代入式 (14.2.5)，可得光学薄层中的如下热流计算公式：

$$\rho q_v = -\mathrm{div}\boldsymbol{H}_v = \mathrm{div}\left(\frac{4\pi}{3\rho\alpha_v}\nabla\frac{\eta_v}{\alpha_v}\right) \tag{14.2.14}$$

如果气体处于热力学平衡状态，且 $\eta_v/\alpha_v=B_v\,(T)$，式 (14.2.14) 有如下形式：

$$\rho q_v = \mathrm{div}\,(\lambda_{Rv}\nabla T), \quad \lambda_{Rv}=\frac{4\pi}{3\rho\alpha_v}\frac{\mathrm{d}B_v}{\mathrm{d}T} \tag{14.2.15}$$

这里，λ_{Rv} 是气体的辐射导热系数。如式 (14.2.8) 所示，对于具有存在与 v 无关的系数 $\alpha_v=\overline{\alpha}$ 的 "灰色" 气体，可得 $\lambda_R= 16\sigma T^3/(3\rho\overline{\alpha})$。

总之，可推导出气体平面层 (厚度 δ) 的热流公式，所有参数都只沿法线 $\boldsymbol{n}$ 方向变化 (如图 14.3(d) 所示)。平面中每个点的辐射强度 I_{vl} 只取决于射线 $\boldsymbol{l}$ 与法线之间的夹角 θ。此时，将 $\zeta_v=\zeta_v\cos\theta$ 代入式 (14.2.6)，并在 Ω 内积分。将初始

区域划分为上半层和下半层，式 (14.2.4) 变为如下形式：

$$q_v = -4\pi\eta_v + 2\pi\alpha_v (Q_{v1} + Q_{v2})$$

$$Q_{v1} = I_{v1}^{(0)} E_2(\zeta) + \int_0^\zeta \frac{\eta_v}{\alpha_v} E_1 \left(\zeta_v - \zeta_v'\right) d\zeta'$$

$$Q_{v2} = I_{v2}^{(0)} E_2 \left(\zeta_{v\delta} - \zeta_v\right) + \int_0^{\zeta_\delta} \frac{\eta_v}{\alpha_v} E_1 \left(\zeta_v' - \zeta_v\right) d\zeta'$$

$$E_n(x) = \int_1^\infty e^{-xs} \frac{ds}{s^n}, \quad \zeta_v = \int_0^\eta \rho\alpha_v dn \tag{14.2.16}$$

这里，下标 1 和 2 分别代表该层的上方和下方光线的贡献，而外部入射到此平面的强度 $I_{vi}^{(0)}$ 假设是各向同性的。基于相同的假设，考虑式 (14.2.4)，可得壁面单侧的辐射能量通量 (如图 14.3(d) 中 1 所示) 表达式：

$$H_{vn}^{(2)} = 2\pi \int_{-\pi/2}^0 I_v(\theta)\cos\theta\sin\theta d\theta$$

$$= \pi H_{vn}^{(0)} E_3 \left(\zeta_{v\delta}\right) + 2\pi \int_0^{\zeta_\delta} \frac{\eta_v}{\alpha_v} E_2 \left(\zeta_{v\delta} - \zeta_v'\right) d\zeta' \tag{14.2.17}$$

这里，$H_{vn}^{(0)}$ 是从外部入射到边界 2 的通量。如图 14.4 所示，函数 $E_n(v)$ 有如下关系：

$$\frac{dE_{n+1}}{dx} = -E_n(x), \quad E_0(x) = \frac{e^{-x}}{x}$$

$$nE_{n+1}(x) = e^{-x} - xE_n(x) \tag{14.2.18}$$

当 x 值较大时，所有函数都呈指数下降趋势，其关系为 $E_n(x) \approx e^{-x}/x$。对于 $n \geqslant 2$ 时，有 $E_n(0) = (n-1)^{-1}$。但是，函数 $E_1(x)$ 存在一个对数奇点，当 $x \to 0$ 时，可表示为一个幂级数的形式：

$$E_1(x) = -C_0 - \ln x - \sum_{k=1}^\infty (-1)^k \frac{x^k}{k \cdot k!} \tag{14.2.19}$$

其中，$C_0 = 0.557$，为欧拉数。

在这种情况下，式 (13.2.16) 中的函数 Q_{vi} 随 $x \ln x$ 而下降。因为该层的光学厚度很小，即 $\xi_{v\delta} \ll 1$，尽管在一个方向上是无界的，但该层仍可视为透明的，此时 $q_v = -4\pi\eta_v$。因此，一般情况下，从透明度模型的适用性来看，对辐射体直径的要求 $\Delta\xi_v \sim (\rho\alpha_v)_a L \ll 1$ 是多余的。

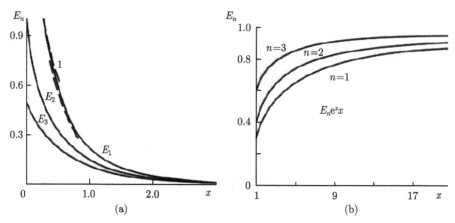

图 14.4　函数 $E_n(x)$ 示意图 (虚线为式 (14.2.19) 中 $k=1$ 和 $k=2$ 之和)

14.3　强辐射气体的流动

本节将研究平衡无黏流的气体辐射效应，其对非平衡气体的影响将放在 14.4 节中讨论。根据先前的假设，气体辐射效应仅表现在能量方程 (1.9.6) 中，在无其他热源的情况下，该式可写为

$$\frac{\mathrm{d}h}{\mathrm{d}t} = \frac{1}{\rho}\frac{\mathrm{d}p}{\mathrm{d}t} + q_{\mathrm{eff}}, \quad q_{\mathrm{eff}} = q + q_\tau - \mathrm{div}\boldsymbol{J}$$

$$q = q^{(+)} - q^{(-)}, \quad q^{(+)} = \int_0^\infty q_v^{(+)}\mathrm{d}v, \quad q^{(-)} = \int_0^\infty q_v^{(-)}\mathrm{d}v \qquad (14.3.1)$$

这里，$q^{(+)}$ 和 $q^{(-)}$ 分别是吸收的能量和向外辐射的能量；$q_v^{(+)}$ 和 $q_v^{(-)}$ 的值由式 (14.2.4) 确定；q_τ 和 $\boldsymbol{J}$ 由式 (12.1.11) 和式 (13.1.9) 确定。(后文也将采用此表述)

首先，在 q 取值只依赖于气体的状态或坐标的框架下，考虑一个非常简单的关于辐射热流的局部规律。该规律为典型的透明体，被重新吸收的能量并不重要，而 $q_v^{(+)} = 4\pi\alpha_v I_v$ 的取值仅由当地吸收系数 α_v 和体外辐射强度 I_v 确定，后者沿着射线方向为常数。根据定义，该变量 $q_v^{(-)} = 4\pi\alpha_v\eta_v$ 是局部的 (η_v 是自身的辐射强度)。

在这种情况下, 式 (14.3.1) 仅剩微分项, 因此, 考虑辐射并不会改变控制方程的数学特性。

否则, 当 $q_v^{(+)}$ 取决于总的气体体积辐射时, 方程为积分-微分方程。然而, 对于光学厚度相对较小的气体, 在 q 中输入积分项通常不会改变控制方程微分算子所确定的基本数学性质 (Znamenskii, 1976)。与黏性热传导气体相同的由具有二阶能量方程的辐射热传导模型 (式 (14.2.14) 中的 q) 描述的光学稠密气体体积, 存在特殊情况。然而, 在空气动力学和气体动力学问题中, 由于标准尺寸下的激波层厚度通常不大, 使用该模型将受到限制。

对于透明体平衡气体流动, 按照式 (14.2.4) 和式 (14.2.8), 式 (14.3.1) 中的 q 可写为

$$q^{(+)} = -4\pi\tilde{\alpha}(T) I^{(0)}, \quad q^{(-)} = 4\pi\overline{\alpha}(T) B(T) \tag{14.3.2}$$

这里, $B(T)$ 是黑体辐射强度; $\overline{\alpha}(T)$ 是平均能量吸收系数 (式 (14.1.5)); $I^{(0)}$ 是辐射平均频率; $\tilde{\alpha}$ 是其吸收系数。一般来说, $\tilde{\alpha} \neq \overline{\alpha}$。在绕流流场问题中, $I^{(0)}$ 通常由温度 $T = T_w$ 时的表面辐射量决定。因此, 可以假设 $I^{(0)}$ 正比于 $B(T_w)$。此时, 当 $T \gg T_w$, 且 $\tilde{\alpha}$ 正比于 $\overline{\alpha}$ 时, 有 $q^{(-)} \gg q^{(+)}$。

当 q 由当地律 (式 (14.3.2)) 决定时, 辐射效应对气体参数的影响通常是最大的, 可通过如下内容进行估计。在特征长度为 L 的给定体积中, 保持 $t_0 \sim U/L$, 此时速度 U 的气体粒子焓的相对变化为

$$\Delta h/h \sim \beta = 4\pi\overline{\alpha}BL/(Uh) \tag{14.3.3}$$

其中, $\overline{\alpha}$, B 和 h 为体积尺度参数。在头激波和钝头体间的对称轴上, 有 $h \approx U_\infty^2/2$, $U \sim U_\infty k$ 和 $L \sim \delta$, 这里, k 是激波前后的密度比, δ 是激波层厚度。对于半径为 R 的球形物体, 有 $\delta \approx kR$ (参见 7.8 节)。因此, $L/U \approx R/U_\infty$。

图 14.5 给出了图 14.1 中参数和头激波后的气体参数与 $\beta(U_\infty)$ 之间的关系。可以看出, 对于半径约为 1m 的球形物体, 辐射效应只在飞行速度 $U_\infty \geqslant 10^4 \text{m/s}$ 时才对主要热力学参数产生影响。

下面考察辐射无黏气体流动的气体动力学特性。最简单的情况是局部的入流热通量定律 (对于平衡和非平衡流动)。只有在光学薄扰动层或主要流动辐射效应轻微时且可认为是在小扰动法框架内的 (如楔形问题, Lunev(1960)), 才能满足这种情况。在这种情况下, 11.10 节中概述的非平衡流流线方法可应用于评估具有薄激波层的高超声速绕流和压力分布的守恒特性。

对于平衡流, 假设式 (14.3.2) 中的强度 $I^{(0)}$ 为常数, 可得 $q = q(h)$, 式 (7.9.1) 的解在积分式 $t = t(h)$ 时有效。根据式 (11.10.3), 对于楔形或圆锥体, 有 $Ut = l - l_0$。其中, $l - l_0$ 是沿流线测量的激波距离。与状态方程 $\rho = \rho(p,h)$ 联立, 可解出式 (7.9.1)。

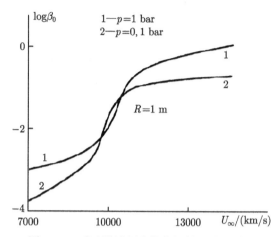

图 14.5   球头激波层参数的辐射影响关系图

通过与 11.10 节类比, 可确定激波层来流参数, 并根据式 (11.10.4) 和式 (11.10.5) 评估激波层厚度。

对于轴对称钝头体, 时间 t 根据式 (7.9.2) 和 7.9 节中由式 (7.9.1) 和状态方程求得的解来确定。这种解法是 11.10 节中非平衡问题的简化过程。在这种情况下, $t \sim -\ln(y/R) \to \infty$, 由于到驻点间的距离 $y \to 0$, 积分 $t(h)$ 是不准确的。并且, 当 $y \to 0$ 时, 具有实际物理意义的解必须与 $q \to 0$ 相关。对于无外部辐射 $(q^{(+)} = 0)$ 的情况, 相应解的特性如图 14.1 中所阐释, 此时, $\overline{\alpha} \sim h^n, T \sim h^{1/2}$。再考虑到 $B(T)$ 正比于 T^4, 令

$$q = Ch^m, \quad m = n+2, \quad C = \mathrm{const} \tag{14.3.4}$$

在图 14.1 所示的条件下, 有 $n = 3.7$ 和 $m = 5.7$。在这种情况下, 式 (7.9.1) 存在如下形式:

$$h^{-(m+1)} - h_s^{-(m+1)} = (m+1)Ct \tag{14.3.5}$$

这里, 激波后有 $h = h_s$ 和 $t = 0$。

显然, 当 $t \to \infty$ 时, 有 $h \to 0$。然而, 在存在外部辐射的情况下, 当 $t \to \infty$ 时, 有 $q \to 0$, 表示气体温度接近某极限值: $T \to T_R$ 或 $h \to h_R$。当 $q = a(h - h_R)$ $a = \mathrm{const} > 0$ 时, 可得如下近似解:

$$h - h_R = \mathrm{const}\, \mathrm{e}^{-at} \tag{14.3.6}$$

对于驻点附近区域, 同时考虑式 (7.9.2), 并令速度 $v = -v_0 y/R$, 当 $y \ll R$ 时, 可得

$$h - h_R = \mathrm{const}\,(y/R)^\chi, \quad \chi = R/(av_0) \tag{14.3.7}$$

至于非平衡流动，当 $y \to 0$ 时，方程的解是奇异的。其与参数 χ 的依赖关系可由图 11.17 中的曲线定性描述，其中，κ 应替换为 χ。

下面简要介绍考虑激波层有限光学厚度的相似问题的若干特征。事实上，这个厚度相对来说还是比较小的，$\delta/L \ll 1$，这使得可使用针对无限平板的式 (14.2.16) 来评估 q。在激波层光学厚度相对较小的情况下，可简化该公式。首先，由于当 $\zeta \to 0$ 时对数函数 $E_1(\zeta)$ 的奇异性，可从积分上限相对应的值求得 η_v/α_v 的值。然后，通过式 (14.2.18) 部分积分并假设外部辐射强度为 $I_v^{(0)} = 0$，可得 $(\zeta = \zeta_v)$：

$$q_v = -2\pi\eta_v \left[E_2(\zeta) + E_2(\zeta_\delta - \zeta) \right] = -4\pi\eta_v E_2^*(\zeta, \zeta_\delta) \tag{14.3.8}$$

图 14.6 给出不同光学厚度 ζ_δ 下的函数 $E_2^*(\zeta, \zeta_\delta)$，其对 ζ 的依赖程度明显弱于函数 $E_2(\zeta)$。该图同时给出 $\zeta_\delta = 1$ 时的函数值。因此，当 ζ_δ 较小时，在估算或迭代求解过程中可用常数替代函数 E_2^*。从而简化为之前所研究的透明气体问题 (Lunev 和 Murzinov, 1962)。

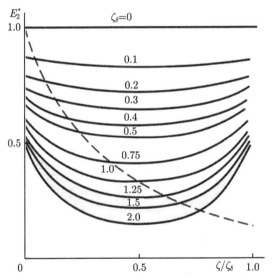

图 14.6   有限激波层光学厚度问题 (虚线为曲线 $E_2(\zeta)$)

首先，对于激波层能量释放问题，当气体温度降低时，表面辐射通量也会随之减小。然而，该效应会因气体内部对能量的吸收而明显减弱。图 14.7 是以来流速度 14.5km/s、绕球体半径 1m 的流动。曲线 2 是函数 $E_2(\zeta_v)$ 中的能量平均系数 $\bar{\alpha}$(式 (14.1.5) 和式 (14.3.2))，该曲线与透明气体的曲线 1 近似。与此同时，曲线 3 为函数 $E_2(\zeta_v)$ 中系数 α_v 的准确光谱分布。换言之，系数 $\bar{\alpha}$ 本身并不决定散色层的光学厚度。在这个意义上，更重要的是，平均光学系数 α_E 表示积分平均值：

$$\overline{\alpha}_\Sigma E_2\left(\alpha_E\rho\delta\right)=\int_0^\infty \alpha_v B_v E_2\left(\rho\alpha_v\delta\right)\mathrm{d}v \tag{14.3.9}$$

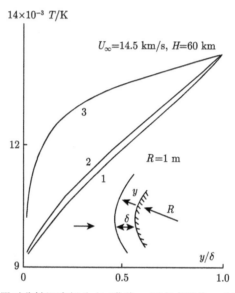

图 14.7　球头激波层对称轴温度场分布 (曲线 1 不考虑吸收；曲线 2 和 3 考虑吸收)

不同于 $\overline{\alpha}$，该系数不仅取决于温度和压力，还取决于辐射层厚度 δ。因此，对于先前的例子有 $\alpha_E/\overline{\alpha}\approx 10$。这也解释了图 14.7 中曲线 2 和曲线 3 存在差异的原因。

对于频率依赖性很强的气体吸收系数 (图 14.2)，相同气体层在一个频率范围内是透明的，在另一个频率范围则具有光学厚度。在此情况下，系数 α_E 几乎不可能事先确定。特别是对于非均匀体，由一般光谱公式 (14.1.5) 难以计算其辐射热通量。针对函数 $E_n\left(x\right)$ 来说，即使是平面气体层，问题也变得很复杂。

总之，我们要简要地阐述黏性辐射气体的流动问题。图 14.7 中的例子涉及一个近乎无黏流通过物体的流动过程。由于相当大的激波层压力 ($p = 0.7$ atm) 和高雷诺数 ($Re \approx 10^6$)，黏性效应集中于壁面边界层。可以说，它实际上吸收了无黏性解 (14.3.5) 中产生的奇点。在边界层和非黏性解匹配时，后者的 "辐射涡" 也应该被考虑。这类似于流过物体的非平衡流动松弛层 (11.10 节) 中的松弛涡 (Lunev 和 Rumynskii，1961)。

例如，当使用黏性激波层模型或抛物化的 Navier-Stokes 方程 (12.5 节) 时，就不会出现求解匹配的问题，这非常适用于描述相当薄的高超声速激波层。这个例子和方法是针对黏性和非黏性的高超声速辐射气体流动的，其流过物体的情况在前面的章节中都已经提到。

14.4 非平衡辐射气体的流动

接下来，我们将考虑非平衡气体流动控制方程 (11.1.1)~ 方程 (11.1.5) 中的辐射问题。与此相关的不仅有热通量 q(非绝热效应在 14.3 节中考虑)，还有一些额外的非平衡效应，这些都将在本节中考虑。

非平衡辐射气体中激发态粒子和电子的浓度是由相应的动力学方程控制的，该方程必须允许能量的释放。为了更好地说明这个问题，我们将考虑一个只含有离子、电子和中性组分气体模型发生单一电子激发能量释放和电离的例子。我们将写下摩尔质量浓度 κ_i 的方程组，用于式 (11.1.7)。将激发态和非激发态粒子浓度 κ_1 和 κ_2 代入式 (10.4.10)，将获得所需的弛豫方程：

$$\frac{\mathrm{d}\kappa_2}{\mathrm{d}t}=\Lambda_2=\frac{\kappa_{2\mathrm{e}}-\kappa_2}{\tau_{\mathrm{c}}}+\Lambda_{\mathrm{R}}-\Lambda_3+\frac{1}{\overline{M}}\mathrm{div}\boldsymbol{I}_2$$

$$\Lambda_{\mathrm{R}}=CI_v\kappa_1-\kappa_2/\tau_{\mathrm{R}}, \quad \kappa_i=\frac{c_i}{\overline{M}} \tag{14.4.1}$$

这里，τ_{c} 为碰撞弛豫时间；Λ_{R} 中的第二项是激发粒子辐射，而其第一项是光致激发粒子吸收能量强度为 I_v 的外部辐射；τ_{R} 为其存活时间；扩散通量 I_2(与式 (14.4.2) 中的 I_3 一样) 与 13.1 节中的形式相同。

式 (14.4.1) 中的 Λ_3 为激发态粒子按式 (10.6.9) 方式电离。AB == A+B，其中，AB 是粒子浓度为 κ_3 的激发态粒子，而 A 和 B 分别是相同粒子浓度情况下的离子和电子。从式 (11.1.6) 可以获得离子的生成速率，因此，式 (13.1.1) 有如下形式：

$$\frac{\mathrm{d}\kappa_3}{\mathrm{d}t}=\frac{1}{\tau_3}\left(\frac{\kappa_{3\mathrm{e}}^2}{\kappa_{2\mathrm{e}}}-\frac{\kappa_3^2}{\kappa_2}\right)+\frac{1}{\overline{M}}\mathrm{div}\boldsymbol{I}_3$$

$$\frac{1}{\tau_3}=\kappa_{\mathrm{r}}^{\mathrm{eff}}p^2RT\overline{M}^3\kappa_{\mathrm{M}}\kappa_2, \quad \left(\frac{\kappa_{3\mathrm{e}}^2}{\kappa_{2\mathrm{e}}}=\frac{\overline{M}}{p}K_S\left(T\right)\right) \tag{14.4.2}$$

其中，κ_{M} 为参与反应的第三粒子浓度；$\kappa_{\mathrm{r}}^{\mathrm{eff}}$ 为有效反应速率 (其含义同式 (10.9.8))。

让我们考虑所得方程组解的性质。首先，这里的流动被限制为无黏流动 ($I_i = 0$)。其次，也是最重要的一点，气体存在透明层，且引起光致激发辐射气体的体积作为一个整体可以被忽略。所以，Λ_{R} 表达式中的第一项可以忽略。此外，为了简单起见，假设气体的电离度很小，此时，式 (14.4.1) 中的 Λ_3 项也可以忽略不计。那么，方程将成为不同于式 (14.4.2) 的新形式：

$$\frac{\mathrm{d}\kappa_2}{\mathrm{d}t}=\frac{\kappa_{2\mathrm{e}}-\kappa_2}{\tau_\mathrm{c}}-\frac{\kappa_2}{\tau_\mathrm{R}} \tag{14.4.3}$$

对于式 (14.4.2) 和式 (14.4.3)，我们将得出如下初值问题：在 $t=0$ 时 (例如，对紧邻激波后的气体状态)，$\kappa_2=\kappa_{20}$，$\kappa_3=\kappa_{30}$。如同 11.9 节，气体微粒运动的时间 t 为自变量。$t=0$ 之后为弛豫区域，为了评估此区域的厚度和性质，将式 (14.4.3) 中的系数变为常数，此时有

$$\kappa_2=(\alpha\kappa_{2\mathrm{e}}-\kappa_{20})\,\mathrm{e}^{-t/\tau_{\mathrm{eff}}}+\alpha\kappa_{2\mathrm{e}}$$

$$\frac{1}{\tau_{\mathrm{eff}}}=\frac{1}{\tau_\mathrm{c}}+\frac{1}{\tau_\mathrm{R}},\quad \alpha=\frac{\tau_\mathrm{R}}{\tau_\mathrm{c}+\tau_\mathrm{R}} \tag{14.4.4}$$

显然，不同于式 (10.4.3)，在这种情况下，松弛区域的厚度由精确有效的弛豫时间 τ_{eff} 和 $\tau_\mathrm{R}/\tau_\mathrm{c}$ 的减小比例共同确定。此外，在 $t\to\infty$ 的限制条件内，κ_2 的值将小于平衡状态值，等于准定常状态值 (在 11.2 节中定义)：

$$\kappa_2=\kappa_2^{(\mathrm{st})}=\alpha\kappa_{2\mathrm{e}}=\frac{\tau_\mathrm{R}}{\tau_\mathrm{c}+\tau_\mathrm{R}}\kappa_{2\mathrm{e}} \tag{14.4.5}$$

对于 $\tau_\mathrm{R}\gg\tau_\mathrm{c}$ 的情况，有 $\alpha\approx1$，以及标准平衡气体状态 $\kappa_2\approx\kappa_{2\mathrm{e}}$。然而，对于 $\tau_\mathrm{R}<\tau_\mathrm{c}$ 的情况，却有 $\kappa_2^{(\mathrm{st})}<\kappa_{2\mathrm{e}}$，此时激发态能级损耗的过程是没有粒子激发碰撞过程补偿的。此外，当 $\tau_\mathrm{R}/\tau_\mathrm{c}\to\infty$ 时，$\kappa_2^{(\mathrm{st})}/\kappa_{2\mathrm{e}}$ 也趋于 0。

现在，通过式 (14.4.2) 解决离子或电子浓度的问题。这将依赖于粒子浓度 κ_2。正是由于这个原因，如果 $\kappa_2=\kappa_{2\mathrm{e}}$ 还不满足时，电子浓度 κ_3 也不能等于平衡状态值 ($\kappa_3=\kappa_{3\mathrm{e}}$)。由此，在扩展范围内的激发粒子的状态是准定常的，其可由式 (14.4.5) 确定。电子浓度也接近于准定常状态。在式 (14.4.5) 中，$\kappa_3=\kappa_3^{(\mathrm{st})}=\alpha^{1/2}\kappa_{3\mathrm{e}}$。

因此，相比于平衡状态值，原子和分子的激发能级的光猝灭会导致形成准静态参数的扩展区，激发态粒子的浓度降低了，因此电子浓度也降低了。此外，源于式 (14.1.2)，激发粒子浓度的降低将导致原子线和分子条带的气体流动强度。此时连续光谱中的电子浓度也会降低。

这些理论得到了激波管实验结果的支持验证。管中的小横截面区域确保了工作气体的透明度。如图 14.8 所示，给出了一个激波后空气中氧原子线和电子浓度 n_{el} 的辐射强度分布 I_v。显然，在一个相对较小的松弛区域，这两个参数是可以做到局部平衡的 ($I_v=40$, $n_{\mathrm{el}}=30$, Zalogin, Lunev，和 Plastinin，1980)。

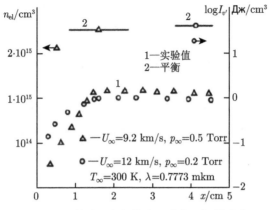

图 14.8 激波后空气的电子浓度和辐射强度

如图 14.9 所示，将在激波管中激波后准静止区域内的 n_{el} 实验值与以来流速度 $U_\infty = 7 \sim 12 \mathrm{km/s}$ 的实验值相比较。在 $U_\infty > 9 \mathrm{km/s}$ 时，计算值远大于实验数据 (Gorelov 和 Kil'dyusheva, 1987)。相应地，对于 $U_\infty < 9 \mathrm{km/s}$，气体温度 T 接近平衡，尽管随着速度增加，它明显增大，并且接近于平衡态，但电子浓度为零 (虚线)。

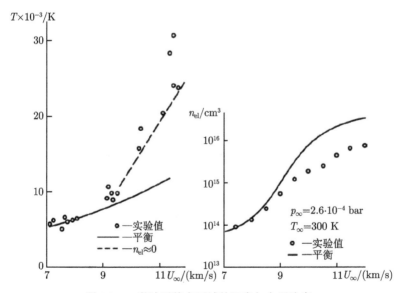

图 14.9 激波后静态区域的温度与电子浓度

通过前面的讨论，我们知道，由于激波后电子浓度未根据电子能级损耗造成的能量释放而作出修正，导致原子电离速率为常数，这可能导致重大错误。

我们注意到，在所有的这些实验中，电子是由原子电离产生的。因此，式 (14.4.2) 中有 $\kappa_M = \kappa_3$。同样，在式 (14.4.1) 中有 $\tau_c \sim \kappa_3^{-1}$。受这些方程控制，弛豫区域可以明显放大。而通常情况下的弛豫区域作为对比，在 11.5 节的图 11.6 示例中已经给出。

在这种情况下，由于气体的密度降低时，碰撞的弛豫时间 τ_c 增大，而激发能级寿命 τ_R 在此过程中考虑为一个常数，因此在相当高的高度飞行时都可认为是准定常辐射。

参 考 文 献 [①]

Abramovich, G. N., *Applied Gas Dynamics* [in Russian], Nauka, Moscow (1976).

Akimov, G. A., *Development of Theoretical and Applied Gas Dynamics by Professor Ginzburg's School* [in Russian], State Baltic Technical University, St. Petersburg (2002).

Alekseev, B. V., and A. M. Grishin, *Physical Gas Dynamics of Reacting Media* [in Russian], Vysshaya Shkola, Moscow (1985).

Anfimov, N. A., *Izv. Akad. Nauk SSSR, Mekh. Mash.*, No. 1, 25 (1962); No. 5, 117 (1963).

Anfimov, N. A., V. G. Voronkin, G. N. Zalogin, and V. V. Lunev, in: *Gagarin Scientific Readings on Cosmonautics and Aviation* [in Russian], Nauka, Moscow (1985).

Antonets, A. V., and A. V. Krasil'nikov, *Fluid Dynamics*, **4**, No. 5, 94 (1969).

Avduevskii, V. S., in: *Foundations of Heat Transfer in Aircraft, Rocket, and Space Engineering* [in Russian], Mashinostroenie, Moscow (1975).

Bachmanova, N. S., V. I. Lapygin, and Yu. M. Lipnitskii, *Fluid Dynamics*, **8**, No. 6, 915 (1973).

Baldwin, B. S., and H. Lomax, *AIAA Paper*, No. 0257 (1978).

Baranov, V. B., K. V. Krasnobaev, and A. G. Kulikovskii, *Dokl. Akad. Nauk SSSR*, **194**, No. 1, 41 (1970).

Barenblatt, G. I., *Similarity, Self-Similarity, and Intermediate Asymptotics* [in Russian], Gidrometeoizdat, Leningrad (1982).

Baronets, P. N., A. N. Gordeev, A. F. Kolesnikov, M. I. Yakushin, *et al.*, in: *Gagarin Scientific Readings on Cosmonautics and Aviation* [in Russian], Nauka, Moscow (1991).

Bashkin, V. A., *Delta Wings in Hypersonic Flow* [in Russian], Mashinostroenie, Moscow (1984).

Belotserkovskii, O. M., *Dokl. Akad. Nauk SSSR*, **113**, No. 3, 509 (1957).

Belotserkovskii, O. M. (ed.), *Supersonic Flow Past Blunt Bodies* [in Russian], USSR Academy of Sciences, Computer Center, Moscow (1966).

Belotserkovskii, S. M., *Thin Lifting Surfaces in Subsonic Flow* [in Russian], Nauka, Moscow (1965).

Berkut, V. D., V. M. Doroshenko, V. V. Kovtun, and N. N. Kudryavtsev, *Nonequilibrium Physical and Chemical Processes in Hypersonic Aerodynamics* [in Russian], Energoat-

---

① 本书所引用的俄罗斯科学期刊论文，大部分发表在以下三种期刊上：*Prikladnaya Matematika i Mekhanika*、*Izvestiya Akademii Nauk, ser. Mekhanika Zhidkosti i Gaza* 和 *Zhurnal Prikladnoi Mekhaniki i Tekhnicheskoi Fiziki*。第一份期刊被 Elsevier 译为 *Applied Mathematics and Mechanic*（《应用数学与力学》），另两份被 Springer 译为 *Fluid Dynamics*（《流体动力学》）和 *Journal of Applied Mechanics and Technical Physics*（《应用力学与技术物理》）。在这些期刊上发表的论文的参考文献按照英文译文给出，而在其他俄罗斯期刊上发表的论文的参考文献则按照原文给出。

omizdat, Moscow (1994).

Bertram, M., *J. Aeronaut. Sci.*, **23**, No. 9 (1956).

Bird, G., *Molecular Gas Dynamics*, Clarendon Press, Oxford (1976).

Blottner, F. G., *J. Computers Fluids*, **20**, No. 3, 295 (1991).

Bond Jr., J. W., K. W. Watson, and J. A. Welch, *Atomic Theory of Gas Dynamics*, Addison-Wesley, Reading, MA (1965).

Brode, H., *Phys. Fluids*, **2**, No. 2, 217 (1959).

Cheng, H., and A. Pallone, *J. Aeronaut. Sci.*, **23**, No. 7 (1956).

Chernyi, G. G., *Applied Math. Mech.*, **29**, No. 4 (1965).

Chernyi, G. G., *Gas Dynamics* [in Russian], Nauka, Moscow (1988).

Chernyi, G. G., *Introduction to Hypersonic Flow Theory*, Academic Press, New York (1966).

Chernyi, G. G., in: *Theoretical Mechanics*, No. 9 [in Russian], Oborongiz, Moscow (1952).

Chernyi, G. G., and S. A. Losev, *Handbook on Physical and Chemical Processes in Gas Dynamics* [in Russian], Moscow University Press, Moscow (1995 [Vol. 1], 2002 [Vol. 2]).

Chetaev, N. G., *Theory of Stability* [in Russian], Gostekhizdat, Moscow (1955).

Chue, S., *Progress Aerospace Sci.*, No. 2 (1975).

Chushkin, P. I., *Appl. Math. Mech.*, **21**, No. 3 (1957).

Clarke, J. F., and M. McChesney, *Dynamics of Real Gases*, Butterworth, London (1964).

Cole, J. D., and L. P. Cook, *Transonic Aerodynamics*, North Holland, Amsterdam (1986).

Davis, R. T., *AIAA J.*, **8**, No. 5, 843 (1970).

Diesperov, V. N., Yu. V. Lifshits, and O. S. Ryzhov, *Fluid Dynamics*, **9**, No. 5, 717 (1974).

Donaldson, C. P., R. S. Snedecker, and D. P. Margolis, *J. Fluid Mech.*, **45**, Pt. 3, 477 (1971).

Dorodnitsyn, A. A., in: *Proceedings of the 3rd All-Union Congress on Mathematics. 1956. Vol. III* [in Russian], USSR Academy of Sciences, Moscow (1958).

Eckert, E., *Trans. ASME*, No. 6 (1956).

Edney, B. E., *AIAA J.*, **6**, No. 1, 15 (1968).

Ermak, Yu. I., and V. Ya. Neiland, *Zh. Vychisl. Mat. Mat. Fiz.*, **4**, No. 5 (1964).

Fal'kovich, S. V., *Appl. Math. Mech.*, **11**, No. 4 (1947).

Fal'kovich, S. V., and I. A. Chernov, *Appl. Math. Mech.*, **28**, No. 5 (1964).

Fay, J. A., and F. R. Riddell, *J. Aeron. Sci.*, **25**, No. 2, 73 (1958).

Ferrari, C., in: A. Miele (ed.), *Theory of Optimum Aerodynamic Shapes*, Academic Press, New York (1965).

Ferri, A., *Elements of Aerodynamics of Supersonic Flows*, McMillan, New York (1949).

Fletcher, C., *Computational Techniques for Fluid Dynamics*, Springer, Berlin (1988).

Frank-Kamenetskii, D. A., *Diffusion and Heat Transfer in Chemical Kinetics* [in Russian], Nauka, Moscow (1967).

Garabedyan, P. J., *Physics*, No. 1 (1958).

Glazkov, Yu. V., G. A. Tirskii, and V. G. Shcherbak, *Mat. Model.*, No. 8 (1990).

Glushko, G. S., in: *Turbulent Flows* [in Russian], Nauka, Moscow (1970).

Godunov, S. K., A. V. Zabrodin, M. Ya. Ivanov, A. N. Kraiko, and G. P. Prokopov, *Numerical Solution of Multi-Dimensional Problems of Gas Dynamics* [in Russian], Nauka, Moscow (1976).

Golovachev, Yu. P., *Numerical Modeling of Viscous Flows in Shock Layers* [in Russian], Fizmatlit, Moscow (1996).

Gonor, A. L., *Izv. Akad. Nauk SSSR. Mekh. Mash.*, No. 7, 102 (1958); *Dokl. Akad. Nauk SSSR.*, **309**, No. 4, 812 (1989).

Gordiets, B. F., A. M. Osipov, and L. A. Shelepin, *Kinetic Processes in Gases and Molecular Lasers* [in Russian], Nauka, Moscow (1980).

Gorelov, V. A., and L. A. Kil'dyusheva, *J. Appl. Mech. Techn. Phys.*, **28**, No. 6, 825 (1987).

Gorshkov, A. B., and V. V. Lunev, *Kosmonavt. Raketostr.*, No. 10 (1997).

Grigoryan, S. S., *Appl. Mat. Mech.*, **22**, No. 2 (1958).

Gubanova, O. I., I. M. Karpman, and V. V. Lunev, *Fluid Dynamics*, **23**, No. 5, 785 (1988).

Gubanova, O. I., V. V. Lunev, and L. I. Plastinina, *Fluid Dynamics*, **6**, No. 2, 298 (1971).

Gubanova, O. I., B. A. Zemlyanskii, A. B. Lesin, V. V. Lunev, and A. N. Nikulin, in: *Aerodynamics of Airspace Systems* [in Russian], Central Hydroaerodynamics Institute (TsAGI) (1992).

Gulyaev, A. N., V. E. Kozlov, and A. N. Sekundov, *Fluid Dynamics*, **28**, No. 4, 485 (1993).

Gupta, R., and A. Simmonds, *AIAA Paper*, No. 1349 (1986).

Gurzhienko, G. A., *Tr. TsAGI*, No. 182 (1934).

Gusev, V. N., and Yu. V. Nikol'skii, *Uch. Zap. TsAGI*, No. 1 (1971).

Hammitt, A. G., and S. M. Bogdonoff, *Jet Propulsion*, **26**, No. 4, 241 (1956).

Hansen, C., *NASA Rept.*, No. R-50 (1959).

Hayes, W. D., *Quart. Appl. Math.*, **5**, No. 1, 105 (1947).

Hayes, W. D., and R. F. Probstein, *Hypersonic Flow Theory*, Academic Press, New York (1966).

Hinze, J. O., *Turbulence. An Introduction to Its Mechanisms and Theory*, McGraw Hill, New York(1959).

Hirschfelder, J. O., C. F. Curtiss, and R. B. Bird, *Molecular Theory of Gases and Liquids*, Wiley, New York (1954).

Il'yushin, A. A., *Appl. Mat. Mech.*, **20**, No. 6 (1956).

Inouye, Y., in: *Proc. 2nd European Symposium on Aerothermodynamics for Space Vehicles. ESTEC, Noordwich, the Netherlands, European Space Agency, 1995* (1995).

Itin, P. G., G. N. Zalogin, V. V. Lunev, and S. L. Perov, *Pisma Zh. Tekhn. Fiz.*, **14**, No. 22 (1988).

Ivanov, V. V., and A. V. Krasil'nikov, *Fluid Dynamics*, **7**, No. 2, 339 (1972).

Kamenshchikov, V. A., V. M. Nikolaev, L. A. Novikov, and Yu. A. Plastinin, *Radiation Properties of Gases at High Temperatures* [in Russian], Mashinostroenie, Moscow (1971).

von Kármán, T., *J. Aeronaut. Sci.*, **14**, No. 7, 373 (1947).

Karpov, V. A., *Fluid Dynamics*, **3**, No. 3, 100 (1968); **6**, No. 6, 1046 (1971); **10**, No. 4, 693 (1975).

Kemp, N. H., *J. Aeronaut. Sci.*, **25**, No. 8 (1958).

Kerson Huang, *Statistical Mechanics*, Wiley, New York (1987).

Kestenboim, Kh. S., G. S. Roslyakov, and L. A. Chudov, *Point Explosion* [in Russian], Nauka, Moscow (1974).

Khristianovich, S. A., in: *Mechanics of Continuous Media* [in Russian], Nauka, Moscow (1981).

Khristianovich, S. A., *Tr. TsAGI*, No. 481 (1940).

Kochin, N. E., I. A. Kibel , and N. V. Roze, *Theoretical Hydromechanics*, Interscience, New York (1964).

Kogan, M. N., *Inzh. Zh.*, **1**, No. 3 (1961).

Kogan, M. N., *Rarefied Gas Dynamics*, Plenum Press, New York (1969).

Kogan, M. N., and N. K. Makashev, *Fluid Dynamics*, **6**, No. 6, 913 (1971).

Kolmogorov, A. N., *Dokl. Akad. Nauk SSSR*, **30** (1941).

Kolmogorov, A. N., I. G. Petrovskii, and N. S. Piskunov, *Bull. MGU, Sektsiya A*, **1**, No. 6 (1937).

Korobeinikov, V. P., *Theory of Point Explosion* [in Russian], Nauka, Moscow (1985).

Kovalev, R. V., *Kosmonavt. Raketostr.*, No. 11 (1971).

Kovalev, V. L., *Heterogeneous Catalytic Processes in Aerodynamics* [in Russian], Fizmatlit,Moscow(2002).

Kovalev, V. L., and O. N. Suslov, *Dokl. Ross. Akad. Nauk*, **345**, No. 4, 483 (1995).

Kraiko, A. N., *Appl. Math. Mech.*, **38**, No. 3, 6 (1974).

Kraiko, A. N., and D. E. Pudovikov, *Appl. Math. Mech.*, **61**, No. 5 (1997).

Kraiko, A. N., and R. A. Tkalenko, *Fluid Dynamics*, **3**, No. 6, 13 (1968).

Krasil'nikov, A. V., *Fluid Dynamics*, **4**, No. 6, 106 (1969).

Kuznetsov, N. M., *Thermodynamic Functions and Shock Adiabats of Air at High Temperatures* [in Russian], Mashinostroenie, Moscow (1965).

Kuznetsov, N. M., *Kinetics of Monomolecular Reactions*, Nauka, Moscow (1982).

Lam, C. K. G., and K. A. Bremhorst, *J. Fluid Engng.*, **103**, No. 456 (1981).

Landau, L. D., and E. M. Lifshitz, *Fluid Mechanics*, Pergamon, London (1959).

Lapin, Yu. V., *Turbulent Boundary Layers in Supersonic Flows* [in Russian], Nauka, Moscow (1982).

Launder, B. E., and B. I. Sharma, *Lett. Heat Mass Transfer*, **1**, No. 1, 131 (1974).

Launder, B. E., and D. B. Spalding, *Computer Methods in Applied Mechanics and Engineering*, **3**, No. 269 (1974).

Lebedev, M. G., and I. D. Sandomirskaya, in: *Numerical Methods and Programming. No. 34*, p. 70 [in Russian], Moscow University Press, Moscow (1981).

Lees, L., *Jet Propulsion*, **26**, No. 4 (1956).

Lesin, A. B., and V. V. Lunev, *Fluid Dynamics*, **29**, No. 2, 258 (1994).

Levin, V. A., and G. G. Chernyi, *Appl. Math. Mech.*, **31**, No. 3 (1967).

Li, T., and R. Geiger, *J. Aeronaut. Sci.*, **24**, No. 1, 25 (1957).

Liepman, H. W., and A. Roshko, *Elements of Gasdynamics*, Wiley, New York (1957).

Lifshitz, E. M., and P. L. Pitaevskii, *Physical Kinetics* [in Russian], Nauka, Moscow (1979).

Lighthill, M., in: H. W. Liepman and A. Roshko, *Elements of Gasdynamics*, Wiley, New York (1957).

Lighthill, M., *J. Fluid Mech.*, **2**, Pt. 1, 1 (1957).

Lipnitskii, Yu. M., A. V. Krasil'nikov, V. N. Pokrovskii, and V. N. Shmanenkov, *Time-Dependent Aerodynamics of Ballistic Flight* [in Russian], Fizmatlit, Moscow (2003).

Loitsyanskii, L. G., *Mechanics of Liquids and Gases*, Pergamon, Oxford (1966).

Lozino-Lozinsky, G. E., and V. P. Timoshenko, in: *Proc. 3rd European Symp. on Aerothermodynamics of Space Vehicles. ESTEC, Hoodwink, the Netherlands, December 1998* (1998).

Lunev, V. V., *Hypersonic Aerodynamics* [in Russian], Mashinostroenie, Moscow (1975).

Lunev, V. V., *Izv. Akad. Nauk SSSR. Mekh. Mash.*, No. 4, 13 (1962); *Appl. Math. Mech.*, **23**, Nos. 1 and 6 (1959); **24**, No. 3 (1960); **25**, No. 6 (1961); *J. Appl. Mech. Techn. Phys.*, **1**, No. 2 (1960); **9**, No. 3 (1968); *Fluid Dynamics*, **2**, No. 1, 83 (1967); **6**, No. 6, 958 (1971); **22**, No. 1, 121 (1987); **35**, No. 3, 443 (2000).

Lunev, V. V., and N. E. Khramov, *Fluid Dynamics*, **5**, No. 3, 444 (1970).

Lunev, V. V., K. M. Magomedov, and V. G. Pavlov, *Hypersonic Flow Past Blunt Cones with Account for Equilibrium Physical and Chemical Processes* [in Russian], USSR Academy of Sciences, Computer Center, Moscow (1968).

Lunev, V. V., and I. N. Murzinov, *J. Appl. Mech. Techn. Phys.*, **2**, No. 2 (1961).

Lunev, V. V., I. N. Murzinov, and O. N. Ostapovich, *Izv. Akad Nauk SSSR. Mekh. Mash.*, No. 3, 121 (1960).

Lunev, V. V., and V. G. Pavlov, *Fluid Dynamics*, **1**, No. 6, 75 (1966).

Lunev, V. V., V. G. Pavlov, and S. G. Sinchenko, *Zh. Vychisl. Mat. Mat. Fiz.*, **6**, No. 1 (1966).

Lunev, V. V., and A. N. Rumynskii, *J. Appl. Mech. Techn. Phys.*, **1**, No. 6 (1960); *Fluid Dynamics*, **1**, No. 5, 20 (1966).

Lunev, V. V., and S. V. Selezneva, *Kosmonavt. Raketostr.*, No. 11 (1997), No. 19 (2000).

Lunev, V. V., and V. A. Semin, *Fluid Dynamics*, **24**, No. 3, 462 (1989).

Lyubimov, A. N., and V. V. Rusanov, *Gas Flows Past Blunt Bodies* [in Russian], Nauka, Moscow (1970).

Magomedov, K. M., and A. S. Kholodov, *Grid-Characteristic Numerical Methods* [in Russian], Nauka, Moscow (1988).

Maikapar, G. I., V. P. Agafonov, V. K. Vertushkin, A. A. Gladkov, and Yu. A. Polyanskii, *Nonequilibrium Physical and Chemical Processes in Aerodynamics* [in Russian], Mashinostroenie, Moscow (1972).

Marrone, P. V., and C. E. Treanor, *Phys. Fluids*, **6**, No. 9, 1215 (1963).

Marvin, J. G., and A. R. Sinclair, *AIAA J.*, **5**, No. 11, 1940 (1967).

Meyerovich, B. E., *Zh. Eksp. Teor. Fiz.*, No. 5 (1971).

Miele, A. (ed.), *Theory of Optimum Aerodynamic Shapes*, Academic Press, New York (1965).

von Mises, R., *Mathematical Theory of Compressible Fluid Flow*, McGraw Hill, New York (1953).

Murzinov, I. N., *Fluid Dynamics*, **1**, No. 2, 131 (1966).

Napolitano, L., *Arch. Mech. Stosowanej*, No. 2 (1964).

Neiland, V. Ya., V. V. Bogolepov, G. N. Dudin, and I. I. Lipatov, *Asymptotic Theory of Supersonic Viscous Flows*, Elsevier, Amsterdam (2007).

Ovsyannikov, L. V., *Lectures on the Foundations of Gas Dynamics* [in Russian], Nauka, Moscow (1982).

Pilyugin, N. N., and G. A. Tirskii, *Dynamics of Ionized Radiating Gases* [in Russian], Moscow University Press, Moscow (1989).

Pirumov, U. G., and G. S. Roslyakov, *Gas Flow in Nozzles*, Springer, Berlin (1986).

Pokrovskii, A. N., and V. N. Shmanenkov, *Fluid Dynamics*, **14**, No. 4, 524 (1979).

Polyanskii, O. Yu., *Fluid Dynamics*, **1**, No. 4, 20 (1966).

Predvoditelev, A. S., E. V. Stupochenko, A. S. Pleshanov, E. V. Samuilov, and I. B. Rozhdestvenskii, *Tables of Thermodynamic Functions of Air for Temperatures from 12,000 to 20,000° K and Pressures from 0.001 to 1000 atm* [in Russian], USSR Academy of Science Press, Moscow (1959).

Probstein, R., M. Adams, and P. Rose, *Jet Propulsion*, No. 1 (1958).

Raizer, Yu. P., *J. Appl. Mech. Techn. Phys.*, **9**, No. 3, 239 (1968).

Raizer, Yu. P., *Physics of Gas Discharge* [in Russian], Nauka, Moscow (1987).

Rakhmatullin, Kh. A., A. Ya. Sagomonyan, A. I. Bunimovich, and I. N. Zverev, *Gas Dynamics* [in Russian], Vysshaya Shkola, Moscow (1965).

Rose, P. H., and W. I. Stark, *J. Aeronaut. Sci.*, **25**, No. 2, 86 (1958).

Roslyakov, G. S., A. L. Starykh, and V. N. Uskov, *Fluid Dynamics*, **22**, No. 4, 614 (1987).

Rouse, C., in: W. G. Chace and H. K. Moore (eds.), *Exploding Wires*, Plenum, New York & Chapman and Hall, London (1959).

Ryzhov, O. S., *Appl. Math. Mech.*, **35**, No. 6 (1971).

Ryzhov, O. S., and S. A. Khristianovich, *Appl. Math. Mech.*, **22**, No. 5 (1958).

Ryzhov, O. S., and E. D. Terent'ev, *Appl. Math. Mech.*, **38**, No. 1 (1974).

Safarov, R. A., and G. A. Tirskii, in: *Turbulent Flows* [in Russian], Nauka, Moscow (1977).

Safiullin, R. A., *Fluid Dynamics*, **6**, No. 6, 989 (1971).

Schlichting, H., *Boundary Layer Theory*, McGraw Hill, New York (1968).

Sedov, L. I., *Mechanics of Continuous Media*, World Science Publishing Company, Singapore (1997).

Sedov, L. I., *Similarity and Dimensional Methods*, London (1959).

Sedov, L. I., *Two-Dimensional Problems in Hydrodynamics and Aerodynamics*, Interscience

Publishing Company, New York (1965).

Selezneva, S. E., *Fluid Dynamics*, **33**, No. 4, 630 (1998).

Shevelev, Yu. D., *Three-Dimensional Problems of Laminar Boundary Layers* [in Russian], Nauka, Moscow (1977).

Shih-I Pai, *Radiation Gas Dynamics*, Springer, New York (1966).

Shmyglevskii, Yu. D., *Analytical Studies in Fluid Dynamics* [in Russian], Editorial URSS, Moscow (1999).

Sinchenko, S. G., *Zh. Vychisl. Mat. Mat. Fiz.*, **8**, No. 4 (1968).

Slezkin, N. A., *Dynamics of Viscous Incompressible Fluids* [in Russian], Gostekhizdat, Moscow (1955).

Smirnov, B. M., *Introduction to Plasma Dynamics* [in Russian], Nauka, Moscow (1982).

Spalart, P. R., and S. R. Allmaras, *AIAA Paper*, No. 0439 (1992).

Stewartson, K., *Proc. Cambridge Soc.*, **51**, No. 1, 202 (1955); *J. Aeronaut. Sci.*, **22**, No. 5, 303 (1955).

Stulov, V. P., V. N. Mirskii, and A. I. Vislyi, *Aerodynamics of Bolides* [in Russian], Fizmatlit, Moscow (1995).

Surzhikov, S. T., *Optical Properties of Gases and Plasmas* [in Russian], Moscow State Technical University Press, Moscow (2004).

Sychev, V. V., *Dokl. Akad. Nauk SSSR*, **131**, No. 4, 776 (1960); *Appl. Mat. Mech.*, **24**, No. 2 (1960); **25**, No. 4 (1961); **29**, No. 3 (1965).

Sychev, V. V., A. I. Ruban, Vic. V. Sychev, and G. L. Korolev, *Asymptotic Theory of Separated Flows*, Cambridge University Press, Cambridge (1998).

Taylor, G., *Proc. Roy. Soc.*, **21**, No. 8, 1065 (1950).

Telenin, G. F., *Similarity Laws at High Supersonic Velocities* [in Russian], Oborongiz, Moscow (1956).

Telenin, G. F., and G. P. Tinyakov, *Dokl. Akad. Nauk SSSR*, **154**, No. 5 (1964).

Tirskii, G. A., *Dokl. Akad. Nauk SSSR*, **155**, No. 6, 1278 (1964); in: N. N. Pilyugin and G. A. Tirskii (eds.), Dynamics of Ionized Radiating Gases [in Russian], Chapter 8, Nauka, Moscow (1982).

Tsien, H., *J. Math. Phys.*, **25**, No. 3, 247 (1946).

Vaglio-Laurin, R., *ARS J.*, No. 2 (1959).

Vaglio-Laurin, R., *J. Fluid Mech.*, **9**, Pt. 1, 81 (1960).

Vaglio-Laurin, R., and A. Ferri, *J. Aeronaut. Sci.*, **25**, No. 12, 761 (1958).

Van Dyke, M. D., *Perturbation Methods in Fluid Mechanics*, Academic Press, New York (1964).

Vasil'evskii, S. A., I. A. Sokolova, and G. A. Tirskii, *J. Appl. Mech. Techn. Phys.*, **25**, No. 4, 510 (1984); **27**, No. 1, 61 (1986).

Vasil'kov, A. P., and I. N. Murzinov, *Fluid Dynamics*, **8**, No. 3, 428 (1973).

Vigneron, Y. C., J. V. Rakich, and J. V. Tannehill, *AIAA Paper*, No. 1137 (1978).

Vlasov, V. I., and A. B. Gorshkov, *Fluid Dynamics*, **36**, No. 5, 812 (2001).

Vlasov, V. I., and R. V. Kovalev, in: *European Conference for Aerospace Sciences (EU-CASS)*, Moscow (2005).

Vlasov, V. I., and A. P. Kusov, in: *Abstracts of 46th Scientific Conference of Moscow Physico-Technical Institute* [in Russian] (2003).

Voinov, L. P., G. N. Zalogin, V. V. Lunev, and V. P. Timoshenko, *Kosmonavt. Raketostr.*, No. 2 (1964).

Vorob'yev, N. F., *Aerodynamics of Lifting Surfaces in Steady Flows* [in Russian], Nauka, Novosibirsk (1985).

Voronkin, V. G., *Fluid Dynamics*, **5**, No. 1, 147 (1970); **9**, No. 6, 950 (1974).

Voronkin, V. G., V. V. Lunev, and A. N. Nikulin, *Fluid Dynamics*, **13**, No. 2, 274 (1978).

Voronkin, V. G., and G. N. Zalogin, *Tr. TsAGI*, No. 1656 (1975).

Zalogin, G. N., and V. V. Lunev, *Fluid Dynamics*, **8**, No. 5, 832 (1973); **32**, No. 5, 748 (1997).

Zalogin, G. N., V. V. Lunev, and Yu. A. Plastinin, *Fluid Dynamics*, **15**, No. 1, 85 (1980).

Zel'dovich, Y. B., in: *Chemical Physics and Fluid Dynamics. Selected Works* [in Russian], Nauka, Moscow (1984).

Zel'dovich, Y. B., G. I. Barenblatt, V. B. Librovich, and G. M. Makhviladze, *The Mathematical Theory of Combustion and Explosion*, Plenum, New York (1985).

Zel'dovich, Y. B., and Y. P. Raizer, *Physics of Shock Waves and High Temperature Hydrodynamic Phenomena. Vols. 1 and 2*, Academic Press, San Diego (1967).

Zemlyanskii, B. A., *Fluid Dynamics*, **1**, No. 4, 47 (1966).

Zemlyanskii, B. A., O. I. Gubanova, V. V. Lunev, *et al.*, in: *Aerodynamics of Aerospace Systems* [in Russian], Central Hydroaerodyamics Institute (TsAGI) (1992).

Zemlyanskii, B. A., A. B. Lesin, V. V. Lunev, and G. A. Shmanenkova, *Fluid Dynamics*, **17**, No. 5, 764 (1982).

Zemlyanskii, B. A., V. V. Lunev, and K. M. Magomedov, *Fluid Dynamics*, **4**, No. 3, 140 (1969).

Zemlyanskii, B. A., V. V. Lunev, and K. M. Marinin, *Fluid Dynamics*, **16**, No. 2, 199 (1981).

Zemlyanskii, B. A., and V. P. Marinin, *Fluid Dynamics*, **9**, No. 5, 765 (1974).

Zemlyanskii, B. A., and G. N. Stepanov, *Fluid Dynamics*, **16**, No. 5, 787 (1981).

Zhestkov, B. E., in: *Proceedings of the 8th All-Union Conference on Rarefied Gas Dynamics* [in Russian], Moscow Aviation Institute (1986).

Zhigulev, V. N., *Dokl. Akad. Nauk SSSR*, **144**, No. 6, 1251 (1962).

Znamenskii, V. V., *Fluid Dynamics*, **11**, No. 2, 266 (1976).

索　引